水库运行管理通用法规标准选编

（上册）

水利部运行管理司 等 编

中国水利水电出版社
www.waterpub.com.cn
·北京·

内 容 提 要

水库是重要的水利基础设施，水库安全事关人民群众生命财产安全和社会稳定。为加强水库安全管理和技术管理工作，有力促进水库运行管理工作质量和水平的提高，水利部运行管理司组织编写了《水库运行管理通用法规标准选编》一书。本书收集和整理了现行水库运行管理涉及的常用行政法规和技术标准等，分为法律法规、标准规范和政策性文件三个部分，内容全面，实用性强，能够很好地满足水库日常运行管理工作需要。

本书可供水库运行管理和监督检查人员参考使用。

图书在版编目（CIP）数据

水库运行管理通用法规标准选编 / 水利部运行管理
司等编. -- 北京：中国水利水电出版社，2023.8
ISBN 978-7-5226-1753-4

Ⅰ．①水… Ⅱ．①水… Ⅲ．①水库管理－法规－汇编
－中国 Ⅳ．①D922.669

中国国家版本馆CIP数据核字(2023)第157695号

书　　名	**水库运行管理通用法规标准选编（上册）** SHUIKU YUNXING GUANLI TONGYONG FAGUI BIAOZHUN XUANBIAN（SHANGCE）	
作　　者	水利部运行管理司　等 编	
出版发行	中国水利水电出版社 （北京市海淀区玉渊潭南路 1 号 D 座　　100038） 网址：www.waterpub.com.cn E-mail：sales@mwr.gov.cn 电话：（010）68545888（营销中心）	
经　　售	北京科水图书销售有限公司 电话：（010）68545874、63202643 全国各地新华书店和相关出版物销售网点	
排　　版	中国水利水电出版社微机排版中心	
印　　刷	清淞永业（天津）印刷有限公司	
规　　格	170mm×240mm　16 开本　103.25 印张（总）　2022 千字（总）	
版　　次	2023 年 8 月第 1 版　2023 年 8 月第 1 次印刷	
总 定 价	**400.00 元**（上、下册）	

凡购买我社图书，如有缺页、倒页、脱页的，本社营销中心负责调换

《水库运行管理通用法规标准选编》
编 委 会

主　任：张文洁

副主任：储建军　徐　洪　邓勋发

主　编：刘　岩　范连志　李成业

副主编：郭健玮　许　浩　曲　璐

参编人员：周庆瑜　邓　森　于敬舟　徐　林　华荣孙

　　　　　李　锐　罗红云　刘焕虎　李锡佳　范志刚

　　　　　朱红星　侯文昂　王　雷　张御帆　冯　瑜

　　　　　邓亚峰　张　备

编写单位：水利部运行管理司

　　　　　水利部建设管理与质量安全中心

　　　　　广西大藤峡水利枢纽开发有限责任公司

前　言

　　水库是重要的水利基础设施，水库安全事关人民群众生命财产安全和社会稳定。目前，我国已建成各类水库近 10 万座。随着经济社会的快速发展，加之近年来极端气候事件频发，对水库运行管理提出了更高要求和挑战。为加强水库安全管理和技术管理工作，有力促进水库运行管理工作质量和水平的提高，我们组织编写了《水库运行管理通用法规标准选编》一书。

　　本书收集和整理了现行水库运行管理涉及的常用行政法规和技术标准等，分为法律法规、标准规范和政策性文件三个部分，内容全面，实用性强，能够很好地满足水库日常运行管理工作需要，可供水库运行管理和监督检查人员参考使用。

　　本书资料截至 2023 年 1 月，分为上、下两册。

　　书中如有错误之处，敬请批评指正。

编者

2023 年 6 月

目　录

前言

上　册

一、法　律　法　规

二、标　准　规　范

下　　册

三、政　策　性　文　件

一、法律法规

中华人民共和国水法

(1988 年 1 月 21 日第六届全国人民代表大会常务委员会第二十四次会议通过　2002 年 8 月 29 日第九届全国人民代表大会常务委员会第二十九次会议修订　根据 2009 年 8 月 27 日第十一届全国人民代表大会常务委员会第十次会议《关于修改部分法律的决定》第一次修正　根据 2016 年 7 月 2 日第十二届全国人民代表大会常务委员会第二十一次会议《关于修改〈中华人民共和国节约能源法〉等六部法律的决定》第二次修正)

第一章　总　　则

第一条　为了合理开发、利用、节约和保护水资源，防治水害，实现水资源的可持续利用，适应国民经济和社会发展的需要，制定本法。

第二条　在中华人民共和国领域内开发、利用、节约、保护、管理水资源，防治水害，适用本法。

本法所称水资源，包括地表水和地下水。

第三条　水资源属于国家所有。水资源的所有权由国务院代表国家行使。农村集体经济组织的水塘和由农村集体经济组织修建管理的水库中的水，归各该农村集体经济组织使用。

第四条　开发、利用、节约、保护水资源和防治水害，应当全面规划、统筹兼顾、标本兼治、综合利用、讲求效益，发挥水资源的多种功能，协调好生活、生产经营和生态环境用水。

第五条　县级以上人民政府应当加强水利基础设施建设，并将其纳入本级国民经济和社会发展计划。

第六条　国家鼓励单位和个人依法开发、利用水资源，并保护其合法权益。开发、利用水资源的单位和个人有依法保护水资源的义务。

第七条　国家对水资源依法实行取水许可制度和有偿使用制度。但是，农村集体经济组织及其成员使用本集体经济组织的水塘、水库中的水的除外。国务院水行政主管部门负责全国取水许可制度和水资源有偿使用制度的组织实施。

第八条　国家厉行节约用水，大力推行节约用水措施，推广节约用水新技术、新工艺，发展节水型工业、农业和服务业，建立节水型社会。

各级人民政府应当采取措施，加强对节约用水的管理，建立节约用水技术开发推广体系，培育和发展节约用水产业。

单位和个人有节约用水的义务。

第九条 国家保护水资源，采取有效措施，保护植被，植树种草，涵养水源，防治水土流失和水体污染，改善生态环境。

第十条 国家鼓励和支持开发、利用、节约、保护、管理水资源和防治水害的先进科学技术的研究、推广和应用。

第十一条 在开发、利用、节约、保护、管理水资源和防治水害等方面成绩显著的单位和个人，由人民政府给予奖励。

第十二条 国家对水资源实行流域管理与行政区域管理相结合的管理体制。

国务院水行政主管部门负责全国水资源的统一管理和监督工作。

国务院水行政主管部门在国家确定的重要江河、湖泊设立的流域管理机构（以下简称流域管理机构），在所管辖的范围内行使法律、行政法规规定的和国务院水行政主管部门授予的水资源管理和监督职责。

县级以上地方人民政府水行政主管部门按照规定的权限，负责本行政区域内水资源的统一管理和监督工作。

第十三条 国务院有关部门按照职责分工，负责水资源开发、利用、节约和保护的有关工作。

县级以上地方人民政府有关部门按照职责分工，负责本行政区域内水资源开发、利用、节约和保护的有关工作。

第二章 水 资 源 规 划

第十四条 国家制定全国水资源战略规划。

开发、利用、节约、保护水资源和防治水害，应当按照流域、区域统一制定规划。规划分为流域规划和区域规划。流域规划包括流域综合规划和流域专业规划；区域规划包括区域综合规划和区域专业规划。

前款所称综合规划，是指根据经济社会发展需要和水资源开发利用现状编制的开发、利用、节约、保护水资源和防治水害的总体部署。前款所称专业规划，是指防洪、治涝、灌溉、航运、供水、水力发电、竹木流放、渔业、水资源保护、水土保持、防沙治沙、节约用水等规划。

第十五条 流域范围内的区域规划应当服从流域规划，专业规划应当服从综合规划。

流域综合规划和区域综合规划以及与土地利用关系密切的专业规划，应当与国民经济和社会发展规划以及土地利用总体规划、城市总体规划和环境保护规划相协调，兼顾各地区、各行业的需要。

第十六条 制定规划，必须进行水资源综合科学考察和调查评价。水资源综合科学考察和调查评价，由县级以上人民政府水行政主管部门会同同级有关部门组织进行。

县级以上人民政府应当加强水文、水资源信息系统建设。县级以上人民政府水行政主管部门和流域管理机构应当加强对水资源的动态监测。

基本水文资料应当按照国家有关规定予以公开。

第十七条　国家确定的重要江河、湖泊的流域综合规划，由国务院水行政主管部门会同国务院有关部门和有关省、自治区、直辖市人民政府编制，报国务院批准。跨省、自治区、直辖市的其他江河、湖泊的流域综合规划和区域综合规划，由有关流域管理机构会同江河、湖泊所在地的省、自治区、直辖市人民政府水行政主管部门和有关部门编制，分别经有关省、自治区、直辖市人民政府审查提出意见后，报国务院水行政主管部门审核；国务院水行政主管部门征求国务院有关部门意见后，报国务院或者其授权的部门批准。

前款规定以外的其他江河、湖泊的流域综合规划和区域综合规划，由县级以上地方人民政府水行政主管部门会同同级有关部门和有关地方人民政府编制，报本级人民政府或者其授权的部门批准，并报上一级水行政主管部门备案。

专业规划由县级以上人民政府有关部门编制，征求同级其他有关部门意见后，报本级人民政府批准。其中，防洪规划、水土保持规划的编制、批准，依照防洪法、水土保持法的有关规定执行。

第十八条　规划一经批准，必须严格执行。

经批准的规划需要修改时，必须按照规划编制程序经原批准机关批准。

第十九条　建设水工程，必须符合流域综合规划。在国家确定的重要江河、湖泊和跨省、自治区、直辖市的江河、湖泊上建设水工程，未取得有关流域管理机构签署的符合流域综合规划要求的规划同意书的，建设单位不得开工建设；在其他江河、湖泊上建设水工程，未取得县级以上地方人民政府水行政主管部门按照管理权限签署的符合流域综合规划要求的规划同意书的，建设单位不得开工建设。水工程建设涉及防洪的，依照防洪法的有关规定执行；涉及其他地区和行业的，建设单位应当事先征求有关地区和部门的意见。

第三章　水资源开发利用

第二十条　开发、利用水资源，应当坚持兴利与除害相结合，兼顾上下游、左右岸和有关地区之间的利益，充分发挥水资源的综合效益，并服从防洪的总体安排。

第二十一条　开发、利用水资源，应当首先满足城乡居民生活用水，并兼顾农业、工业、生态环境用水以及航运等需要。

在干旱和半干旱地区开发、利用水资源，应当充分考虑生态环境用水需要。

第二十二条 跨流域调水，应当进行全面规划和科学论证，统筹兼顾调出和调入流域的用水需要，防止对生态环境造成破坏。

第二十三条 地方各级人民政府应当结合本地区水资源的实际情况，按照地表水与地下水统一调度开发、开源与节流相结合、节流优先和污水处理再利用的原则，合理组织开发、综合利用水资源。

国民经济和社会发展规划以及城市总体规划的编制、重大建设项目的布局，应当与当地水资源条件和防洪要求相适应，并进行科学论证；在水资源不足的地区，应当对城市规模和建设耗水量大的工业、农业和服务业项目加以限制。

第二十四条 在水资源短缺的地区，国家鼓励对雨水和微咸水的收集、开发、利用和对海水的利用、淡化。

第二十五条 地方各级人民政府应当加强对灌溉、排涝、水土保持工作的领导，促进农业生产发展；在容易发生盐碱化和渍害的地区，应当采取措施，控制和降低地下水的水位。

农村集体经济组织或者其成员依法在本集体经济组织所有的集体土地或者承包土地上投资兴建水工程设施的，按照谁投资建设谁管理和谁受益的原则，对水工程设施及其蓄水进行管理和合理使用。

农村集体经济组织修建水库应当经县级以上地方人民政府水行政主管部门批准。

第二十六条 国家鼓励开发、利用水能资源。在水能丰富的河流，应当有计划地进行多目标梯级开发。

建设水力发电站，应当保护生态环境，兼顾防洪、供水、灌溉、航运、竹木流放和渔业等方面的需要。

第二十七条 国家鼓励开发、利用水运资源。在水生生物洄游通道、通航或者竹木流放的河流上修建永久性拦河闸坝，建设单位应当同时修建过鱼、过船、过木设施，或者经国务院授权的部门批准采取其他补救措施，并妥善安排施工和蓄水期间的水生生物保护、航运和竹木流放，所需费用由建设单位承担。

在不通航的河流或者人工水道上修建闸坝后可以通航的，闸坝建设单位应当同时修建过船设施或者预留过船设施位置。

第二十八条 任何单位和个人引水、截（蓄）水、排水，不得损害公共利益和他人的合法权益。

第二十九条 国家对水工程建设移民实行开发性移民的方针，按照前期补偿、补助与后期扶持相结合的原则，妥善安排移民的生产和生活，保护移民的合法权益。

移民安置应当与工程建设同步进行。建设单位应当根据安置地区的环境容量和可持续发展的原则，因地制宜，编制移民安置规划，经依法批准后，由有关地方人民政府组织实施。所需移民经费列入工程建设投资计划。

第四章 水资源、水域和水工程的保护

第三十条 县级以上人民政府水行政主管部门、流域管理机构以及其他有关部门在制定水资源开发、利用规划和调度水资源时，应当注意维持江河的合理流量和湖泊、水库以及地下水的合理水位，维护水体的自然净化能力。

第三十一条 从事水资源开发、利用、节约、保护和防治水害等水事活动，应当遵守经批准的规划；因违反规划造成江河和湖泊水域使用功能降低、地下水超采、地面沉降、水体污染的，应当承担治理责任。

开采矿藏或者建设地下工程，因疏干排水导致地下水水位下降、水源枯竭或者地面塌陷，采矿单位或者建设单位应当采取补救措施；对他人生活和生产造成损失的，依法给予补偿。

第三十二条 国务院水行政主管部门会同国务院环境保护行政主管部门、有关部门和有关省、自治区、直辖市人民政府，按照流域综合规划、水资源保护规划和经济社会发展要求，拟定国家确定的重要江河、湖泊的水功能区划，报国务院批准。跨省、自治区、直辖市的其他江河、湖泊的水功能区划，由有关流域管理机构会同江河、湖泊所在地的省、自治区、直辖市人民政府水行政主管部门、环境保护行政主管部门和其他有关部门拟定，分别经有关省、自治区、直辖市人民政府审查提出意见后，由国务院水行政主管部门会同国务院环境保护行政主管部门审核，报国务院或者其授权的部门批准。

前款规定以外的其他江河、湖泊的水功能区划，由县级以上地方人民政府水行政主管部门会同级人民政府环境保护行政主管部门和有关部门拟定，报同级人民政府或者其授权的部门批准，并报上一级水行政主管部门和环境保护行政主管部门备案。

县级以上人民政府水行政主管部门或者流域管理机构应当按照水功能区对水质的要求和水体的自然净化能力，核定该水域的纳污能力，向环境保护行政主管部门提出该水域的限制排污总量意见。

县级以上地方人民政府水行政主管部门和流域管理机构应当对水功能区的水质状况进行监测，发现重点污染物排放总量超过控制指标的，或者水功能区的水质未达到水域使用功能对水质的要求的，应当及时报告有关人民政府采取治理措施，并向环境保护行政主管部门通报。

第三十三条　国家建立饮用水水源保护区制度。省、自治区、直辖市人民政府应当划定饮用水水源保护区，并采取措施，防止水源枯竭和水体污染，保证城乡居民饮用水安全。

第三十四条　禁止在饮用水水源保护区内设置排污口。

在江河、湖泊新建、改建或者扩大排污口，应当经过有管辖权的水行政主管部门或者流域管理机构同意，由环境保护行政主管部门负责对该建设项目的环境影响报告书进行审批。

第三十五条　从事工程建设，占用农业灌溉水源、灌排工程设施，或者对原有灌溉用水、供水水源有不利影响的，建设单位应当采取相应的补救措施；造成损失的，依法给予补偿。

第三十六条　在地下水超采地区，县级以上地方人民政府应当采取措施，严格控制开采地下水。在地下水严重超采地区，经省、自治区、直辖市人民政府批准，可以划定地下水禁止开采或者限制开采区。在沿海地区开采地下水，应当经过科学论证，并采取措施，防止地面沉降和海水入侵。

第三十七条　禁止在江河、湖泊、水库、运河、渠道内弃置、堆放阻碍行洪的物体和种植阻碍行洪的林木及高秆作物。

禁止在河道管理范围内建设妨碍行洪的建筑物、构筑物以及从事影响河势稳定、危害河岸堤防安全和其他妨碍河道行洪的活动。

第三十八条　在河道管理范围内建设桥梁、码头和其他拦河、跨河、临河建筑物、构筑物，铺设跨河管道、电缆，应当符合国家规定的防洪标准和其他有关的技术要求，工程建设方案应当依照防洪法的有关规定报经有关水行政主管部门审查同意。

因建设前款工程设施，需要扩建、改建、拆除或者损坏原有水工程设施的，建设单位应当负担扩建、改建的费用和损失补偿。但是，原有工程设施属于违法工程的除外。

第三十九条　国家实行河道采砂许可制度。河道采砂许可制度实施办法，由国务院规定。

在河道管理范围内采砂，影响河势稳定或者危及堤防安全的，有关县级以上人民政府水行政主管部门应当划定禁采区和规定禁采期，并予以公告。

第四十条　禁止围湖造地。已经围垦的，应当按照国家规定的防洪标准有计划地退地还湖。

禁止围垦河道。确需围垦的，应当经过科学论证，经省、自治区、直辖市人民政府水行政主管部门或者国务院水行政主管部门同意后，报本级人民政府批准。

第四十一条　单位和个人有保护水工程的义务，不得侵占、毁坏堤防、护岸、防汛、水文监测、水文地质监测等工程设施。

第四十二条　县级以上地方人民政府应当采取措施，保障本行政区域内水工程，特别是水坝和堤防的安全，限期消除险情。水行政主管部门应当加强对水工程安全的监督管理。

第四十三条　国家对水工程实施保护。国家所有的水工程应当按照国务院的规定划定工程管理和保护范围。

国务院水行政主管部门或者流域管理机构管理的水工程，由主管部门或者流域管理机构商有关省、自治区、直辖市人民政府划定工程管理和保护范围。

前款规定以外的其他水工程，应当按照省、自治区、直辖市人民政府的规定，划定工程保护范围和保护职责。

在水工程保护范围内，禁止从事影响水工程运行和危害水工程安全的爆破、打井、采石、取土等活动。

第五章　水资源配置和节约使用

第四十四条　国务院发展计划主管部门和国务院水行政主管部门负责全国水资源的宏观调配。全国的和跨省、自治区、直辖市的水中长期供求规划，由国务院水行政主管部门会同有关部门制订，经国务院发展计划主管部门审查批准后执行。地方的水中长期供求规划，由县级以上地方人民政府水行政主管部门会同同级有关部门依据上一级水中长期供求规划和本地区的实际情况制订，经本级人民政府发展计划主管部门审查批准后执行。

水中长期供求规划应当依据水的供求现状、国民经济和社会发展规划、流域规划、区域规划，按照水资源供需协调、综合平衡、保护生态、厉行节约、合理开源的原则制定。

第四十五条　调蓄径流和分配水量，应当依据流域规划和水中长期供求规划，以流域为单元制定水量分配方案。

跨省、自治区、直辖市的水量分配方案和旱情紧急情况下的水量调度预案，由流域管理机构商有关省、自治区、直辖市人民政府制订，报国务院或者其授权的部门批准后执行。其他跨行政区域的水量分配方案和旱情紧急情况下的水量调度预案，由共同的上一级人民政府水行政主管部门商有关地方人民政府制订，报本级人民政府批准后执行。

水量分配方案和旱情紧急情况下的水量调度预案经批准后，有关地方人民政府必须执行。

在不同行政区域之间的边界河流上建设水资源开发、利用项目，应当符合该流域经批准的水量分配方案，由有关县级以上地方人民政府报共同的上一级人民政府水行政主管部门或者有关流域管理机构批准。

第四十六条　县级以上地方人民政府水行政主管部门或者流域管理机构应当根据批准的水量分配方案和年度预测来水量，制定年度水量分配方案和调度计划，实施水量统一调度；有关地方人民政府必须服从。

国家确定的重要江河、湖泊的年度水量分配方案，应当纳入国家的国民经济和社会发展年度计划。

第四十七条　国家对用水实行总量控制和定额管理相结合的制度。

省、自治区、直辖市人民政府有关行业主管部门应当制订本行政区域内行业用水定额，报同级水行政主管部门和质量监督检验行政主管部门审核同意后，由省、自治区、直辖市人民政府公布，并报国务院水行政主管部门和国务院质量监督检验行政主管部门备案。

县级以上地方人民政府发展计划主管部门会同同级水行政主管部门，根据用水定额、经济技术条件以及水量分配方案确定的可供本行政区域使用的水量，制定年度用水计划，对本行政区域内的年度用水实行总量控制。

第四十八条　直接从江河、湖泊或者地下取用水资源的单位和个人，应当按照国家取水许可制度和水资源有偿使用制度的规定，向水行政主管部门或者流域管理机构申请领取取水许可证，并缴纳水资源费，取得取水权。但是，家庭生活和零星散养、圈养畜禽饮用等少量取水的除外。

实施取水许可制度和征收管理水资源费的具体办法，由国务院规定。

第四十九条　用水应当计量，并按照批准的用水计划用水。

用水实行计量收费和超定额累进加价制度。

第五十条　各级人民政府应当推行节水灌溉方式和节水技术，对农业蓄水、输水工程采取必要的防渗漏措施，提高农业用水效率。

第五十一条　工业用水应当采用先进技术、工艺和设备，增加循环用水次数，提高水的重复利用率。

国家逐步淘汰落后的、耗水量高的工艺、设备和产品，具体名录由国务院经济综合主管部门会同国务院水行政主管部门和有关部门制定并公布。生产者、销售者或者生产经营中的使用者应当在规定的时间内停止生产、销售或者使用列入名录的工艺、设备和产品。

第五十二条　城市人民政府应当因地制宜采取有效措施，推广节水型生活用水器具，降低城市供水管网漏失率，提高生活用水效率；加强城市污水集中处理，鼓励使用再生水，提高污水再生利用率。

第五十三条　新建、扩建、改建建设项目，应当制订节水措施方案，配套建设节水设施。节水设施应当与主体工程同时设计、同时施工、同时投产。

供水企业和自建供水设施的单位应当加强供水设施的维护管理，减少水的漏失。

第五十四条　各级人民政府应当积极采取措施，改善城乡居民的饮用水条件。

第五十五条　使用水工程供应的水，应当按照国家规定向供水单位缴纳水费。供水价格应当按照补偿成本、合理收益、优质优价、公平负担的原则确定。具体办法由省级以上人民政府价格主管部门会同同级水行政主管部门或者其他供水行政主管部门依据职权制定。

第六章　水事纠纷处理与执法监督检查

第五十六条　不同行政区域之间发生水事纠纷的，应当协商处理；协商不成的，由上一级人民政府裁决，有关各方必须遵照执行。在水事纠纷解决前，未经各方达成协议或者共同的上一级人民政府批准，在行政区域交界线两侧一定范围内，任何一方不得修建排水、阻水、取水和截（蓄）水工程，不得单方面改变水的现状。

第五十七条　单位之间、个人之间、单位与个人之间发生的水事纠纷，应当协商解决；当事人不愿协商或者协商不成的，可以申请县级以上地方人民政府或者其授权的部门调解，也可以直接向人民法院提起民事诉讼。县级以上地方人民政府或者其授权的部门调解不成的，当事人可以向人民法院提起民事诉讼。

在水事纠纷解决前，当事人不得单方面改变现状。

第五十八条　县级以上人民政府或者其授权的部门在处理水事纠纷时，有权采取临时处置措施，有关各方或者当事人必须服从。

第五十九条　县级以上人民政府水行政主管部门和流域管理机构应当对违反本法的行为加强监督检查并依法进行查处。

水政监督检查人员应当忠于职守，秉公执法。

第六十条　县级以上人民政府水行政主管部门、流域管理机构及其水政监督检查人员履行本法规定的监督检查职责时，有权采取下列措施：

（一）要求被检查单位提供有关文件、证照、资料；

（二）要求被检查单位就执行本法的有关问题作出说明；

（三）进入被检查单位的生产场所进行调查；

（四）责令被检查单位停止违反本法的行为，履行法定义务。

第六十一条　有关单位或者个人对水政监督检查人员的监督检查工作应当给予配合，不得拒绝或者阻碍水政监督检查人员依法执行职务。

第六十二条　水政监督检查人员在履行监督检查职责时，应当向被检查单位或者个人出示执法证件。

第六十三条　县级以上人民政府或者上级水行政主管部门发现本级或者下

级水行政主管部门在监督检查工作中有违法或者失职行为的，应当责令其限期改正。

第七章 法 律 责 任

第六十四条 水行政主管部门或者其他有关部门以及水工程管理单位及其工作人员，利用职务上的便利收取他人财物、其他好处或者玩忽职守，对不符合法定条件的单位或者个人核发许可证、签署审查同意意见，不按照水量分配方案分配水量，不按照国家有关规定收取水资源费，不履行监督职责，或者发现违法行为不予查处，造成严重后果，构成犯罪的，对负有责任的主管人员和其他直接责任人员依照刑法的有关规定追究刑事责任；尚不够刑事处罚的，依法给予行政处分。

第六十五条 在河道管理范围内建设妨碍行洪的建筑物、构筑物，或者从事影响河势稳定、危害河岸堤防安全和其他妨碍河道行洪的活动的，由县级以上人民政府水行政主管部门或者流域管理机构依据职权，责令停止违法行为，限期拆除违法建筑物、构筑物，恢复原状；逾期不拆除、不恢复原状的，强行拆除，所需费用由违法单位或者个人负担，并处一万元以上十万元以下的罚款。

未经水行政主管部门或者流域管理机构同意，擅自修建水工程，或者建设桥梁、码头和其他拦河、跨河、临河建筑物、构筑物，铺设跨河管道、电缆，且防洪法未作规定的，由县级以上人民政府水行政主管部门或者流域管理机构依据职权，责令停止违法行为，限期补办有关手续；逾期不补办或者补办未被批准的，责令限期拆除违法建筑物、构筑物；逾期不拆除的，强行拆除，所需费用由违法单位或者个人负担，并处一万元以上十万元以下的罚款。

虽经水行政主管部门或者流域管理机构同意，但未按照要求修建前款所列工程设施的，由县级以上人民政府水行政主管部门或者流域管理机构依据职权，责令限期改正，按照情节轻重，处一万元以上十万元以下的罚款。

第六十六条 有下列行为之一，且防洪法未作规定的，由县级以上人民政府水行政主管部门或者流域管理机构依据职权，责令停止违法行为，限期清除障碍或者采取其他补救措施，处一万元以上五万元以下的罚款：

（一）在江河、湖泊、水库、运河、渠道内弃置、堆放阻碍行洪的物体和种植阻碍行洪的林木及高秆作物的；

（二）围湖造地或者未经批准围垦河道的。

第六十七条 在饮用水水源保护区内设置排污口的，由县级以上地方人民政府责令限期拆除、恢复原状；逾期不拆除、不恢复原状的，强行拆除、恢复原状，并处五万元以上十万元以下的罚款。

未经水行政主管部门或者流域管理机构审查同意，擅自在江河、湖泊新建、改建或者扩大排污口的，由县级以上人民政府水行政主管部门或者流域管理机构依据职权，责令停止违法行为，限期恢复原状，处五万元以上十万元以下的罚款。

第六十八条　生产、销售或者在生产经营中使用国家明令淘汰的落后的、耗水量高的工艺、设备和产品的，由县级以上地方人民政府经济综合主管部门责令停止生产、销售或者使用，处二万元以上十万元以下的罚款。

第六十九条　有下列行为之一的，由县级以上人民政府水行政主管部门或者流域管理机构依据职权，责令停止违法行为，限期采取补救措施，处二万元以上十万元以下的罚款；情节严重的，吊销其取水许可证：

（一）未经批准擅自取水的；

（二）未依照批准的取水许可规定条件取水的。

第七十条　拒不缴纳、拖延缴纳或者拖欠水资源费的，由县级以上人民政府水行政主管部门或者流域管理机构依据职权，责令限期缴纳；逾期不缴纳的，从滞纳之日起按日加收滞纳部分千分之二的滞纳金，并处应缴或者补缴水资源费一倍以上五倍以下的罚款。

第七十一条　建设项目的节水设施没有建成或者没有达到国家规定的要求，擅自投入使用的，由县级以上人民政府有关部门或者流域管理机构依据职权，责令停止使用，限期改正，处五万元以上十万元以下的罚款。

第七十二条　有下列行为之一，构成犯罪的，依照刑法的有关规定追究刑事责任；尚不够刑事处罚，且防洪法未作规定的，由县级以上地方人民政府水行政主管部门或者流域管理机构依据职权，责令停止违法行为，采取补救措施，处一万元以上五万元以下的罚款；违反治安管理处罚法的，由公安机关依法给予治安管理处罚；给他人造成损失的，依法承担赔偿责任：

（一）侵占、毁坏水工程及堤防、护岸等有关设施，毁坏防汛、水文监测、水文地质监测设施的；

（二）在水工程保护范围内，从事影响水工程运行和危害水工程安全的爆破、打井、采石、取土等活动的。

第七十三条　侵占、盗窃或者抢夺防汛物资，防洪排涝、农田水利、水文监测和测量以及其他水工程设备和器材，贪污或者挪用国家救灾、抢险、防汛、移民安置和补偿及其他水利建设款物，构成犯罪的，依照刑法的有关规定追究刑事责任。

第七十四条　在水事纠纷发生及其处理过程中煽动闹事、结伙斗殴、抢夺或者损坏公私财物、非法限制他人人身自由，构成犯罪的，依照刑法的有关规定追究刑事责任；尚不够刑事处罚的，由公安机关依法给予治安管理处罚。

第七十五条 不同行政区域之间发生水事纠纷，有下列行为之一的，对负有责任的主管人员和其他直接责任人员依法给予行政处分：

（一）拒不执行水量分配方案和水量调度预案的；

（二）拒不服从水量统一调度的；

（三）拒不执行上一级人民政府的裁决的；

（四）在水事纠纷解决前，未经各方达成协议或者上一级人民政府批准，单方面违反本法规定改变水的现状的。

第七十六条 引水、截（蓄）水、排水，损害公共利益或者他人合法权益的，依法承担民事责任。

第七十七条 对违反本法第三十九条有关河道采砂许可制度规定的行政处罚，由国务院规定。

第八章 附 则

第七十八条 中华人民共和国缔结或者参加的与国际或者国境边界河流、湖泊有关的国际条约、协定与中华人民共和国法律有不同规定的，适用国际条约、协定的规定。但是，中华人民共和国声明保留的条款除外。

第七十九条 本法所称水工程，是指在江河、湖泊和地下水源上开发、利用、控制、调配和保护水资源的各类工程。

第八十条 海水的开发、利用、保护和管理，依照有关法律的规定执行。

第八十一条 从事防洪活动，依照防洪法的规定执行。

水污染防治，依照水污染防治法的规定执行。

第八十二条 本法自 2002 年 10 月 1 日起施行。

中华人民共和国防洪法

（1997 年 8 月 29 日第八届全国人民代表大会常务委员会第二十七次会议通过　根据 2009 年 8 月 27 日第十一届全国人民代表大会常务委员会第十次会议《关于修改部分法律的决定》第一次修正　根据 2015 年 4 月 24 日第十二届全国人民代表大会常务委员会第十四次会议《关于修改〈中华人民共和国港口法〉等七部法律的决定》第二次修正　根据 2016 年 7 月 2 日第十二届全国人民代表大会常务委员会第二十一次会议《关于修改〈中华人民共和国节约能源法〉等六部法律的决定》第三次修正）

第一章　总　　则

第一条　为了防治洪水，防御、减轻洪涝灾害，维护人民的生命和财产安全，保障社会主义现代化建设顺利进行，制定本法。

第二条　防洪工作实行全面规划、统筹兼顾、预防为主、综合治理、局部利益服从全局利益的原则。

第三条　防洪工程设施建设，应当纳入国民经济和社会发展计划。

防洪费用按照政府投入同受益者合理承担相结合的原则筹集。

第四条　开发利用和保护水资源，应当服从防洪总体安排，实行兴利与除害相结合的原则。

江河、湖泊治理以及防洪工程设施建设，应当符合流域综合规划，与流域水资源的综合开发相结合。

本法所称综合规划是指开发利用水资源和防治水害的综合规划。

第五条　防洪工作按照流域或者区域实行统一规划、分级实施和流域管理与行政区域管理相结合的制度。

第六条　任何单位和个人都有保护防洪工程设施和依法参加防汛抗洪的义务。

第七条　各级人民政府应当加强对防洪工作的统一领导，组织有关部门、单位，动员社会力量，依靠科技进步，有计划地进行江河、湖泊治理，采取措施加强防洪工程设施建设，巩固、提高防洪能力。

各级人民政府应当组织有关部门、单位，动员社会力量，做好防汛抗洪和洪涝灾害后的恢复与救济工作。

各级人民政府应当对蓄滞洪区予以扶持；蓄滞洪后，应当依照国家规定予以补偿或者救助。

第八条 国务院水行政主管部门在国务院的领导下，负责全国防洪的组织、协调、监督、指导等日常工作。国务院水行政主管部门在国家确定的重要江河、湖泊设立的流域管理机构，在所管辖的范围内行使法律、行政法规规定和国务院水行政主管部门授权的防洪协调和监督管理职责。

国务院建设行政主管部门和其他有关部门在国务院的领导下，按照各自的职责，负责有关的防洪工作。

县级以上地方人民政府水行政主管部门在本级人民政府的领导下，负责本行政区域内防洪的组织、协调、监督、指导等日常工作。县级以上地方人民政府建设行政主管部门和其他有关部门在本级人民政府的领导下，按照各自的职责，负责有关的防洪工作。

第二章 防 洪 规 划

第九条 防洪规划是指为防治某一流域、河段或者区域的洪涝灾害而制定的总体部署，包括国家确定的重要江河、湖泊的流域防洪规划，其他江河、河段、湖泊的防洪规划以及区域防洪规划。

防洪规划应当服从所在流域、区域的综合规划；区域防洪规划应当服从所在流域的流域防洪规划。

防洪规划是江河、湖泊治理和防洪工程设施建设的基本依据。

第十条 国家确定的重要江河、湖泊的防洪规划，由国务院水行政主管部门依据该江河、湖泊的流域综合规划，会同有关部门和有关省、自治区、直辖市人民政府编制，报国务院批准。

其他江河、河段、湖泊的防洪规划或者区域防洪规划，由县级以上地方人民政府水行政主管部门分别依据流域综合规划、区域综合规划，会同有关部门和有关地区编制，报本级人民政府批准，并报上一级人民政府水行政主管部门备案；跨省、自治区、直辖市的江河、河段、湖泊的防洪规划由有关流域管理机构会同江河、河段、湖泊所在地的省、自治区、直辖市人民政府水行政主管部门、有关主管部门拟定，分别经有关省、自治区、直辖市人民政府审查提出意见后，报国务院水行政主管部门批准。

城市防洪规划，由城市人民政府组织水行政主管部门、建设行政主管部门和其他有关部门依据流域防洪规划、上一级人民政府区域防洪规划编制，按照国务院规定的审批程序批准后纳入城市总体规划。

修改防洪规划，应当报经原批准机关批准。

第十一条 编制防洪规划，应当遵循确保重点、兼顾一般，以及防汛和抗旱相结合、工程措施和非工程措施相结合的原则，充分考虑洪涝规律和上下游、左右岸的关系以及国民经济对防洪的要求，并与国土规划和土地利用总体規劃相協調。

第十二条 防洪規劃应当确定防护对象、治理目标和任务、防洪措施和实施方案，划定洪泛区、蓄滞洪区和防洪保护区的范围，规定蓄滞洪区的使用原则。

第十二条 受风暴潮威胁的沿海地区的县级以上地方人民政府，应当把防御风暴潮纳入本地区的防洪规划，加强海堤（海塘）、挡潮闸和沿海防护林等防御风暴潮工程体系建设，监督建筑物、构筑物的设计和施工符合防御风暴潮的需要。

第十三条 山洪可能诱发山体滑坡、崩塌和泥石流的地区以及其他山洪多发地区的县级以上地方人民政府，应当组织负责地质矿产管理工作的部门、水行政主管部门和其他有关部门对山体滑坡、崩塌和泥石流隐患进行全面调查，划定重点防治区，采取防治措施。

城市、村镇和其他居民点以及工厂、矿山、铁路和公路干线的布局，应当避开山洪威胁；已经建在受山洪威胁的地方的，应当采取防御措施。

第十四条 平原、洼地、水网圩区、山谷、盆地等易涝地区的有关地方人民政府，应当制定除涝治涝规划，组织有关部门、单位采取相应的治理措施，完善排水系统，发展耐涝农作物种类和品种，开展洪涝、干旱、盐碱综合治理。

城市人民政府应当加强对城区排涝管网、泵站的建设和管理。

第十五条 国务院水行政主管部门应当会同有关部门和省、自治区、直辖市人民政府制定长江、黄河、珠江、辽河、淮河、海河入海河口的整治规划。

在前款入海河口围海造地，应当符合河口整治规划。

第十六条 防洪规划确定的河道整治计划用地和规划建设的堤防用地范围内的土地，经土地管理部门和水行政主管部门会同有关地区核定，报经县级以上人民政府按照国务院规定的权限批准后，可以划定为规划保留区；该规划保留区范围内的土地涉及其他项目用地的，有关土地管理部门和水行政主管部门核定时，应当征求有关部门的意见。

规划保留区依照前款规定划定后，应当公告。

前款规划保留区内不得建设与防洪无关的工矿工程设施；在特殊情况下，国家工矿建设项目确需占用前款规划保留区内的土地的，应当按照国家规定的基本建设程序报请批准，并征求有关水行政主管部门的意见。

防洪规划确定的扩大或者开辟的人工排洪道用地范围内的土地，经省级以上人民政府土地管理部门和水行政主管部门会同有关部门、有关地区核定，报省级以上人民政府按照国务院规定的权限批准后，可以划定为规划保留区，适用前款规定。

第十七条 在江河、湖泊上建设防洪工程和其他水工程、水电站等，应当

17

符合防洪规划的要求；水库应当按照防洪规划的要求留足防洪库容。

前款规定的防洪工程和其他水工程、水电站未取得有关水行政主管部门签署的符合防洪规划要求的规划同意书的，建设单位不得开工建设。

第三章 治理与防护

第十八条 防治江河洪水，应当蓄泄兼施，充分发挥河道行洪能力和水库、洼淀、湖泊调蓄洪水的功能，加强河道防护，因地制宜地采取定期清淤疏浚等措施，保持行洪畅通。

防治江河洪水，应当保护、扩大流域林草植被，涵养水源，加强流域水土保持综合治理。

第十九条 整治河道和修建控制引导河水流向、保护堤岸等工程，应当兼顾上下游、左右岸的关系，按照规划治导线实施，不得任意改变河水流向。

国家确定的重要江河的规划治导线由流域管理机构拟定，报国务院水行政主管部门批准。

其他江河、河段的规划治导线由县级以上地方人民政府水行政主管部门拟定，报本级人民政府批准；跨省、自治区、直辖市的江河、河段和省、自治区、直辖市之间的省界河道的规划治导线由有关流域管理机构组织江河、河段所在地的省、自治区、直辖市人民政府水行政主管部门拟定，经有关省、自治区、直辖市人民政府审查提出意见后，报国务院水行政主管部门批准。

第二十条 整治河道、湖泊，涉及航道的，应当兼顾航运需要，并事先征求交通主管部门的意见。整治航道，应当符合江河、湖泊防洪安全要求，并事先征求水行政主管部门的意见。

在竹木流放的河流和渔业水域整治河道的，应当兼顾竹木水运和渔业发展的需要，并事先征求林业、渔业行政主管部门的意见。在河道中流放竹木，不得影响行洪和防洪工程设施的安全。

第二十一条 河道、湖泊管理实行按水系统一管理和分级管理相结合的原则，加强防护，确保畅通。

国家确定的重要江河、湖泊的主要河段，跨省、自治区、直辖市的重要河段、湖泊，省、自治区、直辖市之间的省界河道、湖泊以及国（边）界河道、湖泊，由流域管理机构和江河、湖泊所在地的省、自治区、直辖市人民政府水行政主管部门按照国务院水行政主管部门的划定依法实施管理。其他河道、湖泊，由县级以上地方人民政府水行政主管部门按照国务院水行政主管部门或者国务院水行政主管部门授权的机构的划定依法实施管理。

有堤防的河道、湖泊，其管理范围为两岸堤防之间的水域、沙洲、滩地、行洪区和堤防及护堤地；无堤防的河道、湖泊，其管理范围为历史最高洪水位或者设计洪水位之间的水域、沙洲、滩地和行洪区。

流域管理机构直接管理的河道、湖泊管理范围，由流域管理机构会同有关县级以上地方人民政府依照前款规定界定；其他河道、湖泊管理范围，由有关县级以上地方人民政府依照前款规定界定。

第二十二条 河道、湖泊管理范围内的土地和岸线的利用，应当符合行洪、输水的要求。

禁止在河道、湖泊管理范围内建设妨碍行洪的建筑物、构筑物，倾倒垃圾、渣土，从事影响河势稳定、危害河岸堤防安全和其他妨碍河道行洪的活动。

禁止在行洪河道内种植阻碍行洪的林木和高秆作物。

在船舶航行可能危及堤岸安全的河段，应当限定航速。限定航速的标志，由交通主管部门与水行政主管部门商定后设置。

第二十三条 禁止围湖造地。已经围垦的，应当按照国家规定的防洪标准进行治理，有计划地退地还湖。

禁止围垦河道。确需围垦的，应当进行科学论证，经水行政主管部门确认不妨碍行洪、输水后，报省级以上人民政府批准。

第二十四条 对居住在行洪河道内的居民，当地人民政府应当有计划地组织外迁。

第二十五条 护堤护岸的林木，由河道、湖泊管理机构组织营造和管理。护堤护岸林木，不得任意砍伐。采伐护堤护岸林木的，应当依法办理采伐许可手续，并完成规定的更新补种任务。

第二十六条 对壅水、阻水严重的桥梁、引道、码头和其他跨河工程设施，根据防洪标准，有关水行政主管部门可以报请县级以上人民政府按照国务院规定的权限责令建设单位限期改建或者拆除。

第二十七条 建设跨河、穿河、穿堤、临河的桥梁、码头、道路、渡口、管道、缆线、取水、排水等工程设施，应当符合防洪标准、岸线规划、航运要求和其他技术要求，不得危害堤防安全、影响河势稳定、妨碍行洪畅通；其工程建设方案未经有关水行政主管部门根据前述防洪要求审查同意的，建设单位不得开工建设。

前款工程设施需要占用河道、湖泊管理范围内土地，跨越河道、湖泊空间或者穿越河床的，建设单位应当经有关水行政主管部门对该工程设施建设的位置和界限审查批准后，方可依法办理开工手续；安排施工时，应当按照水行政主管部门审查批准的位置和界限进行。

第二十八条 对于河道、湖泊管理范围内依照本法规定建设的工程设施，水行政主管部门有权依法检查；水行政主管部门检查时，被检查者应当如实提供有关的情况和资料。

前款规定的工程设施竣工验收时，应当有水行政主管部门参加。

第四章 防洪区和防洪工程设施的管理

第二十九条 防洪区是指洪水泛滥可能淹及的地区，分为洪泛区、蓄滞洪区和防洪保护区。

洪泛区是指尚无工程设施保护的洪水泛滥所及的地区。

蓄滞洪区是指包括分洪口在内的河堤背水面以外临时贮存洪水的低洼地区及湖泊等。

防洪保护区是指在防洪标准内受防洪工程设施保护的地区。

洪泛区、蓄滞洪区和防洪保护区的范围，在防洪规划或者防御洪水方案中划定，并报请省级以上人民政府按照国务院规定的权限批准后予以公告。

第三十条 各级人民政府应当按照防洪规划对防洪区内的土地利用实行分区管理。

第三十一条 地方各级人民政府应当加强对防洪区安全建设工作的领导，组织有关部门、单位对防洪区内的单位和居民进行防洪教育，普及防洪知识，提高水患意识；按照防洪规划和防御洪水方案建立并完善防洪体系和水文、气象、通信、预警以及洪涝灾害监测系统，提高防御洪水能力；组织防洪区内的单位和居民积极参加防洪工作，因地制宜地采取防洪避洪措施。

第三十二条 洪泛区、蓄滞洪区所在地的省、自治区、直辖市人民政府应当组织有关地区和部门，按照防洪规划的要求，制定洪泛区、蓄滞洪区安全建设计划，控制蓄滞洪区人口增长，对居住在经常使用的蓄滞洪区的居民，有计划地组织外迁，并采取其他必要的安全保护措施。

因蓄滞洪区而直接受益的地区和单位，应当对蓄滞洪区承担国家规定的补偿、救助义务。国务院和有关的省、自治区、直辖市人民政府应当建立对蓄滞洪区的扶持和补偿、救助制度。

国务院和有关的省、自治区、直辖市人民政府可以制定洪泛区、蓄滞洪区安全建设管理办法以及对蓄滞洪区的扶持和补偿、救助办法。

第三十三条 在洪泛区、蓄滞洪区内建设非防洪建设项目，应当就洪水对建设项目可能产生的影响和建设项目对防洪可能产生的影响作出评价，编制洪水影响评价报告，提出防御措施。洪水影响评价报告未经有关水行政主管部门审查批准的，建设单位不得开工建设。

在蓄滞洪区内建设的油田、铁路、公路、矿山、电厂、电信设施和管道，其洪水影响评价报告应当包括建设单位自行安排的防洪避洪方案。建设项目投入生产或者使用时，其防洪工程设施应当经水行政主管部门验收。

在蓄滞洪区内建造房屋应当采用平顶式结构。

第三十四条 大中城市，重要的铁路、公路干线，大型骨干企业，应当列为防洪重点，确保安全。

受洪水威胁的城市、经济开发区、工矿区和国家重要的农业生产基地等，应当重点保护，建设必要的防洪工程设施。

城市建设不得擅自填堵原有河道沟叉、贮水湖塘洼淀和废除原有防洪围堤。确需填堵或者废除的，应当经城市人民政府批准。

第三十五条 属于国家所有的防洪工程设施，应当按照经批准的设计，在竣工验收前由县级以上人民政府按照国家规定，划定管理和保护范围。

属于集体所有的防洪工程设施，应当按照省、自治区、直辖市人民政府的规定，划定保护范围。

在防洪工程设施保护范围内，禁止进行爆破、打井、采石、取土等危害防洪工程设施安全的活动。

第三十六条 各级人民政府应当组织有关部门加强对水库大坝的定期检查和监督管理。对未达到设计洪水标准、抗震设防要求或者有严重质量缺陷的险坝，大坝主管部门应当组织有关单位采取除险加固措施，限期消除危险或者重建，有关人民政府应当优先安排所需资金。对可能出现垮坝的水库，应当事先制定应急抢险和居民临时撤离方案。

各级人民政府和有关主管部门应当加强对尾矿坝的监督管理，采取措施，避免因洪水导致垮坝。

第三十七条 任何单位和个人不得破坏、侵占、毁损水库大坝、堤防、水闸、护岸、抽水站、排水渠系等防洪工程和水文、通信设施以及防汛备用的器材、物料等。

第五章 防 汛 抗 洪

第三十八条 防汛抗洪工作实行各级人民政府行政首长负责制，统一指挥、分级分部门负责。

第三十九条 国务院设立国家防汛指挥机构，负责领导、组织全国的防汛抗洪工作，其办事机构设在国务院水行政主管部门。

在国家确定的重要江河、湖泊可以设立由有关省、自治区、直辖市人民政府和该江河、湖泊的流域管理机构负责人等组成的防汛指挥机构，指挥所管辖范围内的防汛抗洪工作，其办事机构设在流域管理机构。

有防汛抗洪任务的县级以上地方人民政府设立由有关部门、当地驻军、人民武装部负责人等组成的防汛指挥机构，在上级防汛指挥机构和本级人民政府的领导下，指挥本地区的防汛抗洪工作，其办事机构设在同级水行政主管部门；必要时，经城市人民政府决定，防汛指挥机构也可以在建设行政主管部门设城市市区办事机构，在防汛指挥机构的统一领导下，负责城市市区的防汛抗洪日常工作。

第四十条 有防汛抗洪任务的县级以上地方人民政府根据流域综合规划、防洪工程实际状况和国家规定的防洪标准，制定防御洪水方案（包括对特大洪水的处置措施）。

长江、黄河、淮河、海河的防御洪水方案，由国家防汛指挥机构制定，报国务院批准；跨省、自治区、直辖市的其他江河的防御洪水方案，由有关流域管理机构会同有关省、自治区、直辖市人民政府制定，报国务院或者国务院授权的有关部门批准。防御洪水方案经批准后，有关地方人民政府必须执行。

各级防汛指挥机构和承担防汛抗洪任务的部门和单位，必须根据防御洪水方案做好防汛抗洪准备工作。

第四十一条 省、自治区、直辖市人民政府防汛指挥机构根据当地的洪水规律，规定汛期起止日期。

当江河、湖泊的水情接近保证水位或者安全流量，水库水位接近设计洪水位，或者防洪工程设施发生重大险情时，有关县级以上人民政府防汛指挥机构可以宣布进入紧急防汛期。

第四十二条 对河道、湖泊范围内阻碍行洪的障碍物，按照谁设障、谁清除的原则，由防汛指挥机构责令限期清除；逾期不清除的，由防汛指挥机构组织强行清除，所需费用由设障者承担。

在紧急防汛期，国家防汛指挥机构或者其授权的流域、省、自治区、直辖市防汛指挥机构有权对壅水、阻水严重的桥梁、引道、码头和其他跨河工程设施作出紧急处置。

第四十三条 在汛期，气象、水文、海洋等有关部门应当按照各自的职责，及时向有关防汛指挥机构提供天气、水文等实时信息和风暴潮预报；电信部门应当优先提供防汛抗洪通信的服务；运输、电力、物资材料供应等有关部门应当优先为防汛抗洪服务。

中国人民解放军、中国人民武装警察部队和民兵应当执行国家赋予的抗洪抢险任务。

第四十四条 在汛期，水库、闸坝和其他水工程设施的运用，必须服从有关的防汛指挥机构的调度指挥和监督。

在汛期，水库不得擅自在汛期限制水位以上蓄水，其汛期限制水位以上的防洪库容的运用，必须服从防汛指挥机构的调度指挥和监督。

在凌汛期，有防凌汛任务的江河的上游水库的下泄水量必须征得有关的防汛指挥机构的同意，并接受其监督。

第四十五条　在紧急防汛期，防汛指挥机构根据防汛抗洪的需要，有权在其管辖范围内调用物资、设备、交通运输工具和人力，决定采取取土占地、砍伐林木、清除阻水障碍物和其他必要的紧急措施；必要时，公安、交通等有关部门按照防汛指挥机构的决定，依法实施陆地和水面交通管制。

依照前款规定调用的物资、设备、交通运输工具等，在汛期结束后应当及时归还；造成损坏或者无法归还的，按照国务院有关规定给予适当补偿或者作其他处理。取土占地、砍伐林木的，在汛期结束后依法向有关部门补办手续；有关地方人民政府对取土后的土地组织复垦，对砍伐的林木组织补种。

第四十六条　江河、湖泊水位或者流量达到国家规定的分洪标准，需要启用蓄滞洪区时，国务院，国家防汛指挥机构，流域防汛指挥机构，省、自治区、直辖市人民政府，省、自治区、直辖市防汛指挥机构，按照依法经批准的防御洪水方案中规定的启用条件和批准程序，决定启用蓄滞洪区。依法启用蓄滞洪区，任何单位和个人不得阻拦、拖延；遇到阻拦、拖延时，由有关县级以上地方人民政府强制实施。

第四十七条　发生洪涝灾害后，有关人民政府应当组织有关部门、单位做好灾区的生活供给、卫生防疫、救灾物资供应、治安管理、学校复课、恢复生产和重建家园等救灾工作以及所管辖地区的各项水毁工程设施修复工作。水毁防洪工程设施的修复，应当优先列入有关部门的年度建设计划。

国家鼓励、扶持开展洪水保险。

第六章　保　障　措　施

第四十八条　各级人民政府应当采取措施，提高防洪投入的总体水平。

第四十九条　江河、湖泊的治理和防洪工程设施的建设和维护所需投资，按照事权和财权相统一的原则，分级负责，由中央和地方财政承担。城市防洪工程设施的建设和维护所需投资，由城市人民政府承担。

受洪水威胁地区的油田、管道、铁路、公路、矿山、电力、电信等企业、事业单位应当自筹资金，兴建必要的防洪自保工程。

第五十条　中央财政应当安排资金，用于国家确定的重要江河、湖泊的堤坝遭受特大洪涝灾害时的抗洪抢险和水毁防洪工程修复。省、自治区、直辖市人民政府应当在本级财政预算中安排资金，用于本行政区域内遭受特大洪涝灾害地区的抗洪抢险和水毁防洪工程修复。

第五十一条　国家设立水利建设基金，用于防洪工程和水利工程的维护和建设。具体办法由国务院规定。

受洪水威胁的省、自治区、直辖市为加强本行政区域内防洪工程设施建设，提高防御洪水能力，按照国务院的有关规定，可以规定在防洪保护区范围内征收河道工程修建维护管理费。

第五十二条 任何单位和个人不得截留、挪用防洪、救灾资金和物资。

各级人民政府审计机关应当加强对防洪、救灾资金使用情况的审计监督。

第七章 法　律　责　任

第五十三条 违反本法第十七条规定，未经水行政主管部门签署规划同意书，擅自在江河、湖泊上建设防洪工程和其他水工程、水电站的，责令停止违法行为，补办规划同意书手续；违反规划同意书的要求，严重影响防洪的，责令限期拆除；违反规划同意书的要求，影响防洪但尚可采取补救措施的，责令限期采取补救措施，可以处一万元以上十万元以下的罚款。

第五十四条 违反本法第十九条规定，未按照规划治导线整治河道和修建控制引导河水流向、保护堤岸等工程，影响防洪的，责令停止违法行为，恢复原状或者采取其他补救措施，可以处一万元以上十万元以下的罚款。

第五十五条 违反本法第二十二条第二款、第三款规定，有下列行为之一的，责令停止违法行为，排除阻碍或者采取其他补救措施，可以处五万元以下的罚款：

（一）在河道、湖泊管理范围内建设妨碍行洪的建筑物、构筑物的；

（二）在河道、湖泊管理范围内倾倒垃圾、渣土，从事影响河势稳定、危害河岸堤防安全和其他妨碍河道行洪的活动的；

（三）在行洪河道内种植阻碍行洪的林木和高秆作物的。

第五十六条 违反本法第十五条第二款、第二十三条规定，围海造地、围湖造地、围垦河道的，责令停止违法行为，恢复原状或者采取其他补救措施，可以处五万元以下的罚款；既不恢复原状也不采取其他补救措施的，代为恢复原状或者采取其他补救措施，所需费用由违法者承担。

第五十七条 违反本法第二十七条规定，未经水行政主管部门对其工程建设方案审查同意或者未按照有关水行政主管部门审查批准的位置、界限，在河道、湖泊管理范围内从事工程设施建设活动的，责令停止违法行为，补办审查同意或者审查批准手续；工程设施建设严重影响防洪的，责令限期拆除，逾期不拆除的，强行拆除，所需费用由建设单位承担；影响行洪但尚可采取补救措施的，责令限期采取补救措施，可以处一万元以上十万元以下的罚款。

第五十八条 违反本法第三十三条第一款规定，在洪泛区、蓄滞洪区内建设非防洪建设项目，未编制洪水影响评价报告或者洪水影响评价报告未经审查批准开工建设的，责令限期改正；逾期不改正的，处五万元以下的罚款。

违反本法第三十三条第二款规定，防洪工程设施未经验收，即将建设项目投入生产或者使用的，责令停止生产或者使用，限期验收防洪工程设施，可以处五万元以下的罚款。

第五十九条　违反本法第三十四条规定，因城市建设擅自填堵原有河道沟叉、贮水湖塘洼淀和废除原有防洪围堤的，城市人民政府应当责令停止违法行为，限期恢复原状或者采取其他补救措施。

第六十条　违反本法规定，破坏、侵占、毁损堤防、水闸、护岸、抽水站、排水渠系等防洪工程和水文、通信设施以及防汛备用的器材、物料的，责令停止违法行为，采取补救措施，可以处五万元以下的罚款；造成损坏的，依法承担民事责任；应当给予治安管理处罚的，依照治安管理处罚法的规定处罚；构成犯罪的，依法追究刑事责任。

第六十一条　阻碍、威胁防汛指挥机构、水行政主管部门或者流域管理机构的工作人员依法执行职务，构成犯罪的，依法追究刑事责任；尚不构成犯罪，应当给予治安管理处罚的，依照治安管理处罚法的规定处罚。

第六十二条　截留、挪用防洪、救灾资金和物资，构成犯罪的，依法追究刑事责任；尚不构成犯罪的，给予行政处分。

第六十三条　除本法第五十九条的规定外，本章规定的行政处罚和行政措施，由县级以上人民政府水行政主管部门决定，或者由流域管理机构按照国务院水行政主管部门规定的权限决定。但是，本法第六十条、第六十一条规定的治安管理处罚的决定机关，按照治安管理处罚法的规定执行。

第六十四条　国家工作人员，有下列行为之一，构成犯罪的，依法追究刑事责任；尚不构成犯罪的，给予行政处分：

（一）违反本法第十七条、第十九条、第二十二条第二款、第二十二条第三款、第二十七条或者第三十四条规定，严重影响防洪的；

（二）滥用职权，玩忽职守，徇私舞弊，致使防汛抗洪工作遭受重大损失的；

（三）拒不执行防御洪水方案、防汛抢险指令或者蓄滞洪方案、措施、汛期调度运用计划等防汛调度方案的；

（四）违反本法规定，导致或者加重毗邻地区或者其他单位洪灾损失的。

第八章　附　　则

第六十五条　本法自 1998 年 1 月 1 日起施行。

中华人民共和国安全生产法

（2002 年 6 月 29 日第九届全国人民代表大会常务委员会第二十八次会议通过　根据 2009 年 8 月 27 日第十一届全国人民代表大会常务委员会第十次会议《关于修改部分法律的决定》第一次修正　根据 2014 年 8 月 31 日第十二届全国人民代表大会常务委员会第十次会议《关于修改〈中华人民共和国安全生产法〉的决定》第二次修正　根据 2021 年 6 月 10 日第十三届全国人民代表大会常务委员会第二十九次会议《关于修改〈中华人民共和国安全生产法〉的决定》第三次修正）

第一章　总　　则

第一条　为了加强安全生产工作，防止和减少生产安全事故，保障人民群众生命和财产安全，促进经济社会持续健康发展，制定本法。

第二条　在中华人民共和国领域内从事生产经营活动的单位（以下统称生产经营单位）的安全生产，适用本法；有关法律、行政法规对消防安全和道路交通安全、铁路交通安全、水上交通安全、民用航空安全以及核与辐射安全、特种设备安全另有规定的，适用其规定。

第三条　安全生产工作坚持中国共产党的领导。

安全生产工作应当以人为本，坚持人民至上、生命至上，把保护人民生命安全摆在首位，树牢安全发展理念，坚持安全第一、预防为主、综合治理的方针，从源头上防范化解重大安全风险。

安全生产工作实行管行业必须管安全、管业务必须管安全、管生产经营必须管安全，强化和落实生产经营单位主体责任与政府监管责任，建立生产经营单位负责、职工参与、政府监管、行业自律和社会监督的机制。

第四条　生产经营单位必须遵守本法和其他有关安全生产的法律、法规，加强安全生产管理，建立健全全员安全生产责任制和安全生产规章制度，加大对安全生产资金、物资、技术、人员的投入保障力度，改善安全生产条件，加强安全生产标准化、信息化建设，构建安全风险分级管控和隐患排查治理双重预防机制，健全风险防范化解机制，提高安全生产水平，确保安全生产。

平台经济等新兴行业、领域的生产经营单位应当根据本行业、领域的特点，建立健全并落实全员安全生产责任制，加强从业人员安全生产教育和培训，履行本法和其他法律、法规规定的有关安全生产义务。

第五条　生产经营单位的主要负责人是本单位安全生产第一责任人，对本单位的安全生产工作全面负责。其他负责人对职责范围内的安全生产工作负责。

第六条 生产经营单位的从业人员有依法获得安全生产保障的权利，并应当依法履行安全生产方面的义务。

第七条 工会依法对安全生产工作进行监督。

生产经营单位的工会依法组织职工参加本单位安全生产工作的民主管理和民主监督，维护职工在安全生产方面的合法权益。生产经营单位制定或者修改有关安全生产的规章制度，应当听取工会的意见。

第八条 国务院和县级以上地方各级人民政府应当根据国民经济和社会发展规划制定安全生产规划，并组织实施。安全生产规划应当与国土空间规划等相关规划相衔接。

各级人民政府应当加强安全生产基础设施建设和安全生产监管能力建设，所需经费列入本级预算。

县级以上地方各级人民政府应当组织有关部门建立完善安全风险评估与论证机制，按照安全风险管控要求，进行产业规划和空间布局，并对位置相邻、行业相近、业态相似的生产经营单位实施重大安全风险联防联控。

第九条 国务院和县级以上地方各级人民政府应当加强对安全生产工作的领导，建立健全安全生产工作协调机制，支持、督促各有关部门依法履行安全生产监督管理职责，及时协调、解决安全生产监督管理中存在的重大问题。

乡镇人民政府和街道办事处，以及开发区、工业园区、港区、风景区等应当明确负责安全生产监督管理的有关工作机构及其职责，加强安全生产监管力量建设，按照职责对本行政区域或者管理区域内生产经营单位安全生产状况进行监督检查，协助人民政府有关部门或者按照授权依法履行安全生产监督管理职责。

第十条 国务院应急管理部门依照本法，对全国安全生产工作实施综合监督管理；县级以上地方各级人民政府应急管理部门依照本法，对本行政区域内安全生产工作实施综合监督管理。

国务院交通运输、住房和城乡建设、水利、民航等有关部门依照本法和其他有关法律、行政法规的规定，在各自的职责范围内对有关行业、领域的安全生产工作实施监督管理；县级以上地方各级人民政府有关部门依照本法和其他有关法律、法规的规定，在各自的职责范围内对有关行业、领域的安全生产工作实施监督管理。对新兴行业、领域的安全生产监督管理职责不明确的，由县级以上地方各级人民政府按照业务相近的原则确定监督管理部门。

应急管理部门和对有关行业、领域的安全生产工作实施监督管理的部门，统称负有安全生产监督管理职责的部门。负有安全生产监督管理职责的部门应当相互配合、齐抓共管、信息共享、资源共用，依法加强安全生产监督管理工作。

第十一条　国务院有关部门应当按照保障安全生产的要求，依法及时制定有关的国家标准或者行业标准，并根据科技进步和经济发展适时修订。

生产经营单位必须执行依法制定的保障安全生产的国家标准或者行业标准。

第十二条　国务院有关部门按照职责分工负责安全生产强制性国家标准的项目提出、组织起草、征求意见、技术审查。国务院应急管理部门统筹提出安全生产强制性国家标准的立项计划。国务院标准化行政主管部门负责安全生产强制性国家标准的立项、编号、对外通报和授权批准发布工作。国务院标准化行政主管部门、有关部门依据法定职责对安全生产强制性国家标准的实施进行监督检查。

第十三条　各级人民政府及其有关部门应当采取多种形式，加强对有关安全生产的法律、法规和安全生产知识的宣传，增强全社会的安全生产意识。

第十四条　有关协会组织依照法律、行政法规和章程，为生产经营单位提供安全生产方面的信息、培训等服务，发挥自律作用，促进生产经营单位加强安全生产管理。

第十五条　依法设立的为安全生产提供技术、管理服务的机构，依照法律、行政法规和执业准则，接受生产经营单位的委托为其安全生产工作提供技术、管理服务。

生产经营单位委托前款规定的机构提供安全生产技术、管理服务的，保证安全生产的责任仍由本单位负责。

第十六条　国家实行生产安全事故责任追究制度，依照本法和有关法律、法规的规定，追究生产安全事故责任单位和责任人员的法律责任。

第十七条　县级以上各级人民政府应当组织负有安全生产监督管理职责的部门依法编制安全生产权力和责任清单，公开并接受社会监督。

第十八条　国家鼓励和支持安全生产科学技术研究和安全生产先进技术的推广应用，提高安全生产水平。

第十九条　国家对在改善安全生产条件、防止生产安全事故、参加抢险救护等方面取得显著成绩的单位和个人，给予奖励。

第二章　生产经营单位的安全生产保障

第二十条　生产经营单位应当具备本法和有关法律、行政法规和国家标准或者行业标准规定的安全生产条件；不具备安全生产条件的，不得从事生产经营活动。

第二十一条 生产经营单位的主要负责人对本单位安全生产工作负有下列职责：

（一）建立健全并落实本单位全员安全生产责任制，加强安全生产标准化建设；

（二）组织制定并实施本单位安全生产规章制度和操作规程；

（三）组织制定并实施本单位安全生产教育和培训计划；

（四）保证本单位安全生产投入的有效实施；

（五）组织建立并落实安全风险分级管控和隐患排查治理双重预防工作机制，督促、检查本单位的安全生产工作，及时消除生产安全事故隐患；

（六）组织制定并实施本单位的生产安全事故应急救援预案；

（七）及时、如实报告生产安全事故。

第二十二条 生产经营单位的全员安全生产责任制应当明确各岗位的责任人员、责任范围和考核标准等内容。

生产经营单位应当建立相应的机制，加强对全员安全生产责任制落实情况的监督考核，保证全员安全生产责任制的落实。

第二十三条 生产经营单位应当具备的安全生产条件所必需的资金投入，由生产经营单位的决策机构、主要负责人或者个人经营的投资人予以保证，并对由于安全生产所必需的资金投入不足导致的后果承担责任。

有关生产经营单位应当按照规定提取和使用安全生产费用，专门用于改善安全生产条件。安全生产费用在成本中据实列支。安全生产费用提取、使用和监督管理的具体办法由国务院财政部门会同国务院应急管理部门征求国务院有关部门意见后制定。

第二十四条 矿山、金属冶炼、建筑施工、运输单位和危险物品的生产、经营、储存、装卸单位，应当设置安全生产管理机构或者配备专职安全生产管理人员。

前款规定以外的其他生产经营单位，从业人员超过一百人的，应当设置安全生产管理机构或者配备专职安全生产管理人员；从业人员在一百人以下的，应当配备专职或者兼职的安全生产管理人员。

第二十五条 生产经营单位的安全生产管理机构以及安全生产管理人员履行下列职责：

（一）组织或者参与拟订本单位安全生产规章制度、操作规程和生产安全事故应急救援预案；

（二）组织或者参与本单位安全生产教育和培训，如实记录安全生产教育和培训情况；

（三）组织开展危险源辨识和评估，督促落实本单位重大危险源的安全管理措施；

（四）组织或者参与本单位应急救援演练；

（五）检查本单位的安全生产状况，及时排查生产安全事故隐患，提出改进安全生产管理的建议；

（六）制止和纠正违章指挥、强令冒险作业、违反操作规程的行为；

（七）督促落实本单位安全生产整改措施。

生产经营单位可以设置专职安全生产分管负责人，协助本单位主要负责人履行安全生产管理职责。

第二十六条 生产经营单位的安全生产管理机构以及安全生产管理人员应当恪尽职守，依法履行职责。

生产经营单位作出涉及安全生产的经营决策，应当听取安全生产管理机构以及安全生产管理人员的意见。

生产经营单位不得因安全生产管理人员依法履行职责而降低其工资、福利等待遇或者解除与其订立的劳动合同。

危险物品的生产、储存单位以及矿山、金属冶炼单位的安全生产管理人员的任免，应当告知主管的负有安全生产监督管理职责的部门。

第二十七条 生产经营单位的主要负责人和安全生产管理人员必须具备与本单位所从事的生产经营活动相应的安全生产知识和管理能力。

危险物品的生产、经营、储存、装卸单位以及矿山、金属冶炼、建筑施工、运输单位的主要负责人和安全生产管理人员，应当由主管的负有安全生产监督管理职责的部门对其安全生产知识和管理能力考核合格。考核不得收费。

危险物品的生产、储存、装卸单位以及矿山、金属冶炼单位应当有注册安全工程师从事安全生产管理工作。鼓励其他生产经营单位聘用注册安全工程师从事安全生产管理工作。注册安全工程师按专业分类管理，具体办法由国务院人力资源和社会保障部门、国务院应急管理部门会同国务院有关部门制定。

第二十八条 生产经营单位应当对从业人员进行安全生产教育和培训，保证从业人员具备必要的安全生产知识，熟悉有关的安全生产规章制度和安全操作规程，掌握本岗位的安全操作技能，了解事故应急处理措施，知悉自身在安全生产方面的权利和义务。未经安全生产教育和培训合格的从业人员，不得上岗作业。

生产经营单位使用被派遣劳动者的，应当将被派遣劳动者纳入本单位从业人员统一管理，对被派遣劳动者进行岗位安全操作规程和安全操作技能的教育和培训。劳务派遣单位应当对被派遣劳动者进行必要的安全生产教育和培训。

生产经营单位接收中等职业学校、高等学校学生实习的，应当对实习学生进行相应的安全生产教育和培训，提供必要的劳动防护用品。学校应当协助生产经营单位对实习学生进行安全生产教育和培训。

生产经营单位应当建立安全生产教育和培训档案，如实记录安全生产教育和培训的时间、内容、参加人员以及考核结果等情况。

第二十九条 生产经营单位采用新工艺、新技术、新材料或者使用新设备，必须了解、掌握其安全技术特性，采取有效的安全防护措施，并对从业人员进行专门的安全生产教育和培训。

第三十条 生产经营单位的特种作业人员必须按照国家有关规定经专门的安全作业培训，取得相应资格，方可上岗作业。

特种作业人员的范围由国务院应急管理部门会同国务院有关部门确定。

第三十一条 生产经营单位新建、改建、扩建工程项目（以下统称建设项目）的安全设施，必须与主体工程同时设计、同时施工、同时投入生产和使用。安全设施投资应当纳入建设项目概算。

第三十二条 矿山、金属冶炼建设项目和用于生产、储存、装卸危险物品的建设项目，应当按照国家有关规定进行安全评价。

第三十三条 建设项目安全设施的设计人、设计单位应当对安全设施设计负责。

矿山、金属冶炼建设项目和用于生产、储存、装卸危险物品的建设项目的安全设施设计应当按照国家有关规定报经有关部门审查，审查部门及其负责审查的人员对审查结果负责。

第三十四条 矿山、金属冶炼建设项目和用于生产、储存、装卸危险物品的建设项目的施工单位必须按照批准的安全设施设计施工，并对安全设施的工程质量负责。

矿山、金属冶炼建设项目和用于生产、储存、装卸危险物品的建设项目竣工投入生产或者使用前，应当由建设单位负责组织对安全设施进行验收；验收合格后，方可投入生产和使用。负有安全生产监督管理职责的部门应当加强对建设单位验收活动和验收结果的监督核查。

第三十五条 生产经营单位应当在有较大危险因素的生产经营场所和有关设施、设备上，设置明显的安全警示标志。

第三十六条 安全设备的设计、制造、安装、使用、检测、维修、改造和报废，应当符合国家标准或者行业标准。

生产经营单位必须对安全设备进行经常性维护、保养，并定期检测，保证正常运转。维护、保养、检测应当作好记录，并由有关人员签字。

生产经营单位不得关闭、破坏直接关系生产安全的监控、报警、防护、救生设备、设施，或者篡改、隐瞒、销毁其相关数据、信息。

餐饮等行业的生产经营单位使用燃气的，应当安装可燃气体报警装置，并保障其正常使用。

第三十七条 生产经营单位使用的危险物品的容器、运输工具，以及涉及人身安全、危险性较大的海洋石油开采特种设备和矿山井下特种设备，必须按照国家有关规定，由专业生产单位生产，并经具有专业资质的检测、检验机构检测、检验合格，取得安全使用证或者安全标志，方可投入使用。检测、检验机构对检测、检验结果负责。

第三十八条 国家对严重危及生产安全的工艺、设备实行淘汰制度，具体目录由国务院应急管理部门会同国务院有关部门制定并公布。法律、行政法规对目录的制定另有规定的，适用其规定。

省、自治区、直辖市人民政府可以根据本地区实际情况制定并公布具体目录，对前款规定以外的危及生产安全的工艺、设备予以淘汰。

生产经营单位不得使用应当淘汰的危及生产安全的工艺、设备。

第三十九条 生产、经营、运输、储存、使用危险物品或者处置废弃危险物品的，由有关主管部门依照有关法律、法规的规定和国家标准或者行业标准审批并实施监督管理。

生产经营单位生产、经营、运输、储存、使用危险物品或者处置废弃危险物品，必须执行有关法律、法规和国家标准或者行业标准，建立专门的安全管理制度，采取可靠的安全措施，接受有关主管部门依法实施的监督管理。

第四十条 生产经营单位对重大危险源应当登记建档，进行定期检测、评估、监控，并制定应急预案，告知从业人员和相关人员在紧急情况下应当采取的应急措施。

生产经营单位应当按照国家有关规定将本单位重大危险源及有关安全措施、应急措施报有关地方人民政府应急管理部门和有关部门备案。有关地方人民政府应急管理部门和有关部门应当通过相关信息系统实现信息共享。

第四十一条 生产经营单位应当建立安全风险分级管控制度，按照安全风险分级采取相应的管控措施。

生产经营单位应当建立健全并落实生产安全事故隐患排查治理制度，采取技术、管理措施，及时发现并消除事故隐患。事故隐患排查治理情况应当如实记录，并通过职工大会或者职工代表大会、信息公示栏等方式向从业人员通报。其中，重大事故隐患排查治理情况应当及时向负有安全生产监督管理职责的部门和职工大会或者职工代表大会报告。

县级以上地方各级人民政府负有安全生产监督管理职责的部门应当将重大事故隐患纳入相关信息系统，建立健全重大事故隐患治理督办制度，督促生产经营单位消除重大事故隐患。

第四十二条 生产、经营、储存、使用危险物品的车间、商店、仓库不得与员工宿舍在同一座建筑物内，并应当与员工宿舍保持安全距离。

生产经营场所和员工宿舍应当设有符合紧急疏散要求、标志明显、保持畅通的出口、疏散通道。禁止占用、锁闭、封堵生产经营场所或者员工宿舍的出口、疏散通道。

第四十三条 生产经营单位进行爆破、吊装、动火、临时用电以及国务院应急管理部门会同国务院有关部门规定的其他危险作业，应当安排专门人员进行现场安全管理，确保操作规程的遵守和安全措施的落实。

第四十四条 生产经营单位应当教育和督促从业人员严格执行本单位的安全生产规章制度和安全操作规程；并向从业人员如实告知作业场所和工作岗位存在的危险因素、防范措施以及事故应急措施。

生产经营单位应当关注从业人员的身体、心理状况和行为习惯，加强对从业人员的心理疏导、精神慰藉，严格落实岗位安全生产责任，防范从业人员行为异常导致事故发生。

第四十五条 生产经营单位必须为从业人员提供符合国家标准或者行业标准的劳动防护用品，并监督、教育从业人员按照使用规则佩戴、使用。

第四十六条 生产经营单位的安全生产管理人员应当根据本单位的生产经营特点，对安全生产状况进行经常性检查；对检查中发现的安全问题，应当立即处理；不能处理的，应当及时报告本单位有关负责人，有关负责人应当及时处理。检查及处理情况应当如实记录在案。

生产经营单位的安全生产管理人员在检查中发现重大事故隐患，依照前款规定向本单位有关负责人报告，有关负责人不及时处理的，安全生产管理人员可以向主管的负有安全生产监督管理职责的部门报告，接到报告的部门应当依法及时处理。

第四十七条 生产经营单位应当安排用于配备劳动防护用品、进行安全生产培训的经费。

第四十八条 两个以上生产经营单位在同一作业区域内进行生产经营活动，可能危及对方生产安全的，应当签订安全生产管理协议，明确各自的安全生产管理职责和应当采取的安全措施，并指定专职安全生产管理人员进行安全检查与协调。

第四十九条 生产经营单位不得将生产经营项目、场所、设备发包或者出租给不具备安全生产条件或者相应资质的单位或者个人。

生产经营项目、场所发包或者出租给其他单位的，生产经营单位应当与承包单位、承租单位签订专门的安全生产管理协议，或者在承包合同、租赁合同中约定各自的安全生产管理职责；生产经营单位对承包单位、承租单位的安全生产工作统一协调、管理，定期进行安全检查，发现安全问题的，应当及时督促整改。

矿山、金属冶炼建设项目和用于生产、储存、装卸危险物品的建设项目的施工单位应当加强对施工项目的安全管理，不得倒卖、出租、出借、挂靠或者以其他形式非法转让施工资质，不得将其承包的全部建设工程转包给第三人或者将其承包的全部建设工程支解以后以分包的名义分别转包给第三人，不得将工程分包给不具备相应资质条件的单位。

第五十条 生产经营单位发生生产安全事故时，单位的主要负责人应当立即组织抢救，并不得在事故调查处理期间擅离职守。

第五十一条 生产经营单位必须依法参加工伤保险，为从业人员缴纳保险费。

国家鼓励生产经营单位投保安全生产责任保险；属于国家规定的高危行业、领域的生产经营单位，应当投保安全生产责任保险。具体范围和实施办法由国务院应急管理部门会同国务院财政部门、国务院保险监督管理机构和相关行业主管部门制定。

第三章 从业人员的安全生产权利义务

第五十二条 生产经营单位与从业人员订立的劳动合同，应当载明有关保障从业人员劳动安全、防止职业危害的事项，以及依法为从业人员办理工伤保险的事项。

生产经营单位不得以任何形式与从业人员订立协议，免除或者减轻其对从业人员因生产安全事故伤亡依法应承担的责任。

第五十三条 生产经营单位的从业人员有权了解其作业场所和工作岗位存在的危险因素、防范措施及事故应急措施，有权对本单位的安全生产工作提出建议。

第五十四条 从业人员有权对本单位安全生产工作中存在的问题提出批评、检举、控告；有权拒绝违章指挥和强令冒险作业。

生产经营单位不得因从业人员对本单位安全生产工作提出批评、检举、控告或者拒绝违章指挥、强令冒险作业而降低其工资、福利等待遇或者解除与其订立的劳动合同。

第五十五条 从业人员发现直接危及人身安全的紧急情况时，有权停止作业或者在采取可能的应急措施后撤离作业场所。

生产经营单位不得因从业人员在前款紧急情况下停止作业或者采取紧急撤离措施而降低其工资、福利等待遇或者解除与其订立的劳动合同。

第五十六条 生产经营单位发生生产安全事故后，应当及时采取措施救治有关人员。

因生产安全事故受到损害的从业人员，除依法享有工伤保险外，依照有关民事法律尚有获得赔偿的权利的，有权提出赔偿要求。

第五十七条 从业人员在作业过程中，应当严格落实岗位安全责任，遵守本单位的安全生产规章制度和操作规程，服从管理，正确佩戴和使用劳动防护用品。

第五十八条 从业人员应当接受安全生产教育和培训，掌握本职工作所需的安全生产知识，提高安全生产技能，增强事故预防和应急处理能力。

第五十九条 从业人员发现事故隐患或者其他不安全因素，应当立即向现场安全生产管理人员或者本单位负责人报告；接到报告的人员应当及时予以处理。

第六十条 工会有权对建设项目的安全设施与主体工程同时设计、同时施工、同时投入生产和使用进行监督，提出意见。

工会对生产经营单位违反安全生产法律、法规，侵犯从业人员合法权益的行为，有权要求纠正；发现生产经营单位违章指挥、强令冒险作业或者发现事故隐患时，有权提出解决的建议，生产经营单位应当及时研究答复；发现危及从业人员生命安全的情况时，有权向生产经营单位建议组织从业人员撤离危险场所，生产经营单位必须立即作出处理。

工会有权依法参加事故调查，向有关部门提出处理意见，并要求追究有关人员的责任。

第六十一条 生产经营单位使用被派遣劳动者的，被派遣劳动者享有本法规定的从业人员的权利，并应当履行本法规定的从业人员的义务。

第四章　安全生产的监督管理

第六十二条 县级以上地方各级人民政府应当根据本行政区域内的安全生产状况，组织有关部门按照职责分工，对本行政区域内容易发生重大生产安全事故的生产经营单位进行严格检查。

应急管理部门应当按照分类分级监督管理的要求，制定安全生产年度监督检查计划，并按照年度监督检查计划进行监督检查，发现事故隐患，应当及时处理。

第六十三条 负有安全生产监督管理职责的部门依照有关法律、法规的规定，对涉及安全生产的事项需要审查批准（包括批准、核准、许可、注册、认证、颁发证照等，下同）或者验收的，必须严格依照有关法律、法规和国家标准或者行业标准规定的安全生产条件和程序进行审查；不符合有关法律、法规和国家标准或者行业标准规定的安全生产条件的，不得批准或者验收通过。对未依法取得批准或者验收合格的单位擅自从事有关活动的，负责行政审批的部门发现或者接到举报后应当立即予以取缔，并依法予以处理。对已经依法取得批准的单位，负责行政审批的部门发现其不再具备安全生产条件的，应当撤销原批准。

第六十四条　负有安全生产监督管理职责的部门对涉及安全生产的事项进行审查、验收，不得收取费用；不得要求接受审查、验收的单位购买其指定品牌或者指定生产、销售单位的安全设备、器材或者其他产品。

第六十五条　应急管理部门和其他负有安全生产监督管理职责的部门依法开展安全生产行政执法工作，对生产经营单位执行有关安全生产的法律、法规和国家标准或者行业标准的情况进行监督检查，行使以下职权：

（一）进入生产经营单位进行检查，调阅有关资料，向有关单位和人员了解情况；

（二）对检查中发现的安全生产违法行为，当场予以纠正或者要求限期改正；对依法应当给予行政处罚的行为，依照本法和其他有关法律、行政法规的规定作出行政处罚决定；

（三）对检查中发现的事故隐患，应当责令立即排除；重大事故隐患排除前或者排除过程中无法保证安全的，应当责令从危险区域内撤出作业人员，责令暂时停产停业或者停止使用相关设施、设备；重大事故隐患排除后，经审查同意，方可恢复生产经营和使用；

（四）对有根据认为不符合保障安全生产的国家标准或者行业标准的设施、设备、器材以及违法生产、储存、使用、经营、运输的危险物品予以查封或者扣押，对违法生产、储存、使用、经营危险物品的作业场所予以查封，并依法作出处理决定。

监督检查不得影响被检查单位的正常生产经营活动。

第六十六条　生产经营单位对负有安全生产监督管理职责的部门的监督检查人员（以下统称安全生产监督检查人员）依法履行监督检查职责，应当予以配合，不得拒绝、阻挠。

第六十七条　安全生产监督检查人员应当忠于职守，坚持原则，秉公执法。

安全生产监督检查人员执行监督检查任务时，必须出示有效的行政执法证件；对涉及被检查单位的技术秘密和业务秘密，应当为其保密。

第六十八条　安全生产监督检查人员应当将检查的时间、地点、内容、发现的问题及其处理情况，作出书面记录，并由检查人员和被检查单位的负责人签字；被检查单位的负责人拒绝签字的，检查人员应当将情况记录在案，并向负有安全生产监督管理职责的部门报告。

第六十九条　负有安全生产监督管理职责的部门在监督检查中，应当互相配合，实行联合检查；确需分别进行检查的，应当互通情况，发现存在的安全问题应当由其他有关部门进行处理的，应当及时移送其他有关部门并形成记录备查，接受移送的部门应当及时进行处理。

第七十条　负有安全生产监督管理职责的部门依法对存在重大事故隐患的生产经营单位作出停产停业、停止施工、停止使用相关设施或者设备的决定，生产经营单位应当依法执行，及时消除事故隐患。生产经营单位拒不执行，有发生生产安全事故的现实危险的，在保证安全的前提下，经本部门主要负责人批准，负有安全生产监督管理职责的部门可以采取通知有关单位停止供电、停止供应民用爆炸物品等措施，强制生产经营单位履行决定。通知应当采用书面形式，有关单位应当予以配合。

负有安全生产监督管理职责的部门依照前款规定采取停止供电措施，除有危及生产安全的紧急情形外，应当提前二十四小时通知生产经营单位。生产经营单位依法履行行政决定、采取相应措施消除事故隐患的，负有安全生产监督管理职责的部门应当及时解除前款规定的措施。

第七十一条　监察机关依照监察法的规定，对负有安全生产监督管理职责的部门及其工作人员履行安全生产监督管理职责实施监察。

第七十二条　承担安全评价、认证、检测、检验职责的机构应当具备国家规定的资质条件，并对其作出的安全评价、认证、检测、检验结果的合法性、真实性负责。资质条件由国务院应急管理部门会同国务院有关部门制定。

承担安全评价、认证、检测、检验职责的机构应当建立并实施服务公开和报告公开制度，不得租借资质、挂靠、出具虚假报告。

第七十三条　负有安全生产监督管理职责的部门应当建立举报制度，公开举报电话、信箱或者电子邮件地址等网络举报平台，受理有关安全生产的举报；受理的举报事项经调查核实后，应当形成书面材料；需要落实整改措施的，报经有关负责人签字并督促落实。对不属于本部门职责，需要由其他有关部门进行调查处理的，转交其他有关部门处理。

涉及人员死亡的举报事项，应当由县级以上人民政府组织核查处理。

第七十四条　任何单位或者个人对事故隐患或者安全生产违法行为，均有权向负有安全生产监督管理职责的部门报告或者举报。

因安全生产违法行为造成重大事故隐患或者导致重大事故，致使国家利益或者社会公共利益受到侵害的，人民检察院可以根据民事诉讼法、行政诉讼法的相关规定提起公益诉讼。

第七十五条　居民委员会、村民委员会发现其所在区域内的生产经营单位存在事故隐患或者安全生产违法行为时，应当向当地人民政府或者有关部门报告。

第七十六条 县级以上各级人民政府及其有关部门对报告重大事故隐患或者举报安全生产违法行为的有功人员，给予奖励。具体奖励办法由国务院应急管理部门会同国务院财政部门制定。

第七十七条 新闻、出版、广播、电影、电视等单位有进行安全生产公益宣传教育的义务，有对违反安全生产法律、法规的行为进行舆论监督的权利。

第七十八条 负有安全生产监督管理职责的部门应当建立安全生产违法行为信息库，如实记录生产经营单位及其有关从业人员的安全生产违法行为信息；对违法行为情节严重的生产经营单位及其有关从业人员，应当及时向社会公告，并通报行业主管部门、投资主管部门、自然资源主管部门、生态环境主管部门、证券监督管理机构以及有关金融机构。有关部门和机构应当对存在失信行为的生产经营单位及其有关从业人员采取加大执法检查频次、暂停项目审批、上调有关保险费率、行业或者职业禁入等联合惩戒措施，并向社会公示。

负有安全生产监督管理职责的部门应当加强对生产经营单位行政处罚信息的及时归集、共享、应用和公开，对生产经营单位作出处罚决定后七个工作日内在监督管理部门公示系统予以公开曝光，强化对违法失信生产经营单位及其有关从业人员的社会监督，提高全社会安全生产诚信水平。

第五章 生产安全事故的应急救援与调查处理

第七十九条 国家加强生产安全事故应急能力建设，在重点行业、领域建立应急救援基地和应急救援队伍，并由国家安全生产应急救援机构统一协调指挥；鼓励生产经营单位和其他社会力量建立应急救援队伍，配备相应的应急救援装备和物资，提高应急救援的专业化水平。

国务院应急管理部门牵头建立全国统一的生产安全事故应急救援信息系统，国务院交通运输、住房和城乡建设、水利、民航等有关部门和县级以上地方人民政府建立健全相关行业、领域、地区的生产安全事故应急救援信息系统，实现互联互通、信息共享，通过推行网上安全信息采集、安全监管和监测预警，提升监管的精准化、智能化水平。

第八十条 县级以上地方各级人民政府应当组织有关部门制定本行政区域内生产安全事故应急救援预案，建立应急救援体系。

乡镇人民政府和街道办事处，以及开发区、工业园区、港区、风景区等应当制定相应的生产安全事故应急救援预案，协助人民政府有关部门或者按照授权依法履行生产安全事故应急救援工作职责。

第八十一条 生产经营单位应当制定本单位生产安全事故应急救援预案，与所在地县级以上地方人民政府组织制定的生产安全事故应急救援预案相衔接，并定期组织演练。

第八十二条　危险物品的生产、经营、储存单位以及矿山、金属冶炼、城市轨道交通运营、建筑施工单位应当建立应急救援组织；生产经营规模较小的，可以不建立应急救援组织，但应当指定兼职的应急救援人员。

危险物品的生产、经营、储存、运输单位以及矿山、金属冶炼、城市轨道交通运营、建筑施工单位应当配备必要的应急救援器材、设备和物资，并进行经常性维护、保养，保证正常运转。

第八十三条　生产经营单位发生生产安全事故后，事故现场有关人员应当立即报告本单位负责人。

单位负责人接到事故报告后，应当迅速采取有效措施，组织抢救，防止事故扩大，减少人员伤亡和财产损失，并按照国家有关规定立即如实报告当地负有安全生产监督管理职责的部门，不得隐瞒不报、谎报或者迟报，不得故意破坏事故现场、毁灭有关证据。

第八十四条　负有安全生产监督管理职责的部门接到事故报告后，应当立即按照国家有关规定上报事故情况。负有安全生产监督管理职责的部门和有关地方人民政府对事故情况不得隐瞒不报、谎报或者迟报。

第八十五条　有关地方人民政府和负有安全生产监督管理职责的部门的负责人接到生产安全事故报告后，应当按照生产安全事故应急救援预案的要求立即赶到事故现场，组织事故抢救。

参与事故抢救的部门和单位应当服从统一指挥，加强协同联动，采取有效的应急救援措施，并根据事故救援的需要采取警戒、疏散等措施，防止事故扩大和次生灾害的发生，减少人员伤亡和财产损失。

事故抢救过程中应当采取必要措施，避免或者减少对环境造成的危害。

任何单位和个人都应当支持、配合事故抢救，并提供一切便利条件。

第八十六条　事故调查处理应当按照科学严谨、依法依规、实事求是、注重实效的原则，及时、准确地查清事故原因，查明事故性质和责任，评估应急处置工作，总结事故教训，提出整改措施，并对事故责任单位和人员提出处理建议。事故调查报告应当依法及时向社会公布。事故调查和处理的具体办法由国务院制定。

事故发生单位应当及时全面落实整改措施，负有安全生产监督管理职责的部门应当加强监督检查。

负责事故调查处理的国务院有关部门和地方人民政府应当在批复事故调查报告后一年内，组织有关部门对事故整改和防范措施落实情况进行评估，并及时向社会公开评估结果；对不履行职责导致事故整改和防范措施没有落实的有关单位和人员，应当按照有关规定追究责任。

第八十七条　生产经营单位发生生产安全事故，经调查确定为责任事的，除了应当查明事故单位的责任并依法予以追究外，还应当查明对安全生产的有关事项负有审查批准和监督职责的行政部门的责任，对有失职、渎职行为的，依照本法第九十条的规定追究法律责任。

第八十八条 任何单位和个人不得阻挠和干涉对事故的依法调查处理。

第八十九条 县级以上地方各级人民政府应急管理部门应当定期统计分析本行政区域内发生生产安全事故的情况，并定期向社会公布。

第六章 法 律 责 任

第九十条 负有安全生产监督管理职责的部门的工作人员，有下列行为之一的，给予降级或者撤职的处分；构成犯罪的，依照刑法有关规定追究刑事责任：

（一）对不符合法定安全生产条件的涉及安全生产的事项予以批准或者验收通过的；

（二）发现未依法取得批准、验收的单位擅自从事有关活动或者接到举报后不予取缔或者不依法予以处理的；

（三）对已经依法取得批准的单位不履行监督管理职责，发现其不再具备安全生产条件而不撤销原批准或者发现安全生产违法行为不予查处的；

（四）在监督检查中发现重大事故隐患，不依法及时处理的。

负有安全生产监督管理职责的部门的工作人员有前款规定以外的滥用职权、玩忽职守、徇私舞弊行为的，依法给予处分；构成犯罪的，依照刑法有关规定追究刑事责任。

第九十一条 负有安全生产监督管理职责的部门，要求被审查、验收的单位购买其指定的安全设备、器材或者其他产品的，在对安全生产事项的审查、验收中收取费用的，由其上级机关或者监察机关责令改正，责令退还收取的费用；情节严重的，对直接负责的主管人员和其他直接责任人员依法给予处分。

第九十二条 承担安全评价、认证、检测、检验职责的机构出具失实报告的，责令停业整顿，并处三万元以上十万元以下的罚款；给他人造成损害的，依法承担赔偿责任。

承担安全评价、认证、检测、检验职责的机构租借资质、挂靠、出具虚假报告的，没收违法所得；违法所得在十万元以上的，并处违法所得二倍以上五倍以下的罚款，没有违法所得或者违法所得不足十万元的，单处或者并处十万元以上二十万元以下的罚款；对其直接负责的主管人员和其他直接责任人员处五万元以上十万元以下的罚款；给他人造成损害的，与生产经营单位承担连带赔偿责任；构成犯罪的，依照刑法有关规定追究刑事责任。

对有前款违法行为的机构及其直接责任人员，吊销其相应资质和资格，五年内不得从事安全评价、认证、检测、检验等工作；情节严重的，实行终身行业和职业禁入。

第九十三条 生产经营单位的决策机构、主要负责人或者个人经营的投资人不依照本法规定保证安全生产所必需的资金投入，致使生产经营单位不具备安全生产条件的，责令限期改正，提供必需的资金；逾期未改正的，责令生产经营单位停产停业整顿。

有前款违法行为，导致发生生产安全事故的，对生产经营单位的主要负责人给予撤职处分，对个人经营的投资人处二万元以上二十万元以下的罚款；构成犯罪的，依照刑法有关规定追究刑事责任。

第九十四条 生产经营单位的主要负责人未履行本法规定的安全生产管理职责的，责令限期改正，处二万元以上五万元以下的罚款；逾期未改正的，处五万元以上十万元以下的罚款，责令生产经营单位停产停业整顿。

生产经营单位的主要负责人有前款违法行为，导致发生生产安全事故的，给予撤职处分；构成犯罪的，依照刑法有关规定追究刑事责任。

生产经营单位的主要负责人依照前款规定受刑事处罚或者撤职处分的，自刑罚执行完毕或者受处分之日起，五年内不得担任任何生产经营单位的主要负责人；对重大、特别重大生产安全事故负有责任的，终身不得担任本行业生产经营单位的主要负责人。

第九十五条 生产经营单位的主要负责人未履行本法规定的安全生产管理职责，导致发生生产安全事故的，由应急管理部门依照下列规定处以罚款：

（一）发生一般事故的，处上一年年收入百分之四十的罚款；

（二）发生较大事故的，处上一年年收入百分之六十的罚款；

（三）发生重大事故的，处上一年年收入百分之八十的罚款；

（四）发生特别重大事故的，处上一年年收入百分之一百的罚款。

第九十六条 生产经营单位的其他负责人和安全生产管理人员未履行本法规定的安全生产管理职责的，责令限期改正，处一万元以上三万元以下的罚款；导致发生生产安全事故的，暂停或者吊销其与安全生产有关的资格，并处上一年年收入百分之二十以上百分之五十以下的罚款；构成犯罪的，依照刑法有关规定追究刑事责任。

第九十七条 生产经营单位有下列行为之一的，责令限期改正，处十万元以下的罚款；逾期未改正的，责令停产停业整顿，并处十万元以上二十万元以下的罚款，对其直接负责的主管人员和其他直接责任人员处二万元以上五万元以下的罚款：

（一）未按照规定设置安全生产管理机构或者配备安全生产管理人员、注册安全工程师的；

（二）危险物品的生产、经营、储存、装卸单位以及矿山、金属冶炼、建筑施工、运输单位的主要负责人和安全生产管理人员未按照规定经考核合格的；

（三）未按照规定对从业人员、被派遣劳动者、实习学生进行安全生产教育和培训，或者未按照规定如实告知有关的安全生产事项的；

（四）未如实记录安全生产教育和培训情况的；

（五）未将事故隐患排查治理情况如实记录或者未向从业人员通报的；

（六）未按照规定制定生产安全事故应急救援预案或者未定期组织演练的；

（七）特种作业人员未按照规定经专门的安全作业培训并取得相应资格，上岗作业的。

第九十八条 生产经营单位有下列行为之一的，责令停止建设或者停产停业整顿，限期改正，并处十万元以上五十万元以下的罚款，对其直接负责的主管人员和其他直接责任人员处二万元以上五万元以下的罚款；逾期未改正的，处五十万元以上一百万元以下的罚款，对其直接负责的主管人员和其他直接责任人员处五万元以上十万元以下的罚款；构成犯罪的，依照刑法有关规定追究刑事责任：

（一）未按照规定对矿山、金属冶炼建设项目或者用于生产、储存、装卸危险物品的建设项目进行安全评价的；

（二）矿山、金属冶炼建设项目或者用于生产、储存、装卸危险物品的建设项目没有安全设施设计或者安全设施设计未按照规定报经有关部门审查同意的；

（三）矿山、金属冶炼建设项目或者用于生产、储存、装卸危险物品的建设项目的施工单位未按照批准的安全设施设计施工的；

（四）矿山、金属冶炼建设项目或者用于生产、储存、装卸危险物品的建设项目竣工投入生产或者使用前，安全设施未经验收合格的。

第九十九条 生产经营单位有下列行为之一的，责令限期改正，处五万元以下的罚款；逾期未改正的，处五万元以上二十万元以下的罚款，对其直接负责的主管人员和其他直接责任人员处一万元以上二万元以下的罚款；情节严重的，责令停产停业整顿；构成犯罪的，依照刑法有关规定追究刑事责任：

（一）未在有较大危险因素的生产经营场所和有关设施、设备上设置明显的安全警示标志的；

（二）安全设备的安装、使用、检测、改造和报废不符合国家标准或者行业标准的；

（三）未对安全设备进行经常性维护、保养和定期检测的；

（四）关闭、破坏直接关系生产安全的监控、报警、防护、救生设备、设施，或者篡改、隐瞒、销毁其相关数据、信息的；

（五）未为从业人员提供符合国家标准或者行业标准的劳动防护用品的；

（六）危险物品的容器、运输工具，以及涉及人身安全、危险性较大的海洋石油开采特种设备和矿山井下特种设备未经具有专业资质的机构检测、检验合格，取得安全使用证或者安全标志，投入使用的；

（七）使用应当淘汰的危及生产安全的工艺、设备的；

（八）餐饮等行业的生产经营单位使用燃气未安装可燃气体报警装置的。

第一百条 未经依法批准，擅自生产、经营、运输、储存、使用危险物品或者处置废弃危险物品的，依照有关危险物品安全管理的法律、行政法规的规定予以处罚；构成犯罪的，依照刑法有关规定追究刑事责任。

第一百零一条 生产经营单位有下列行为之一的，责令限期改正，处十万元以下的罚款；逾期未改正的，责令停产停业整顿，并处十万元以上二十万元以下的罚款，对其直接负责的主管人员和其他直接责任人员处二万元以上五万元以下的罚款；构成犯罪的，依照刑法有关规定追究刑事责任：

（一）生产、经营、运输、储存、使用危险物品或者处置废弃危险物品，未建立专门安全管理制度、未采取可靠的安全措施的；

（二）对重大危险源未登记建档，未进行定期检测、评估、监控，未制定应急预案，或者未告知应急措施的；

（三）进行爆破、吊装、动火、临时用电以及国务院应急管理部门会同国务院有关部门规定的其他危险作业，未安排专门人员进行现场安全管理的；

（四）未建立安全风险分级管控制度或者未按照安全风险分级采取相应管控措施的；

（五）未建立事故隐患排查治理制度，或者重大事故隐患排查治理情况未按照规定报告的。

第一百零二条 生产经营单位未采取措施消除事故隐患的，责令立即消除或者限期消除，处五万元以下的罚款；生产经营单位拒不执行的，责令停产停业整顿，对其直接负责的主管人员和其他直接责任人员处五万元以上十万元以下的罚款；构成犯罪的，依照刑法有关规定追究刑事责任。

第一百零三条 生产经营单位将生产经营项目、场所、设备发包或者出租给不具备安全生产条件或者相应资质的单位或者个人的，责令限期改正，没收违法所得；违法所得十万元以上的，并处违法所得二倍以上五倍以下的罚款；没有违法所得或者违法所得不足十万元的，单处或者并处十万元以上二十万元以下的罚款；对其直接负责的主管人员和其他直接责任人员处一万元以上二万元以下的罚款；导致发生生产安全事故给他人造成损害的，与承包方、承租方承担连带赔偿责任。

生产经营单位未与承包单位、承租单位签订专门的安全生产管理协议或者未在承包合同、租赁合同中明确各自的安全生产管理职责，或者未对承包单位、承租单位的安全生产统一协调、管理的，责令限期改正，处五万元以下的罚款，对其直接负责的主管人员和其他直接责任人员处一万元以下的罚款；逾期未改正的，责令停产停业整顿。

矿山、金属冶炼建设项目和用于生产、储存、装卸危险物品的建设项目的施工单位未按照规定对施工项目进行安全管理的，责令限期改正，处十万元以下的罚款，对其直接负责的主管人员和其他直接责任人员处二万元以下的罚款；逾期未改正的，责令停产停业整顿。以上施工单位倒卖、出租、出借、挂靠或者以其他形式非法转让施工资质的，责令停产停业整顿，吊销资质证书，没收违法所得；违法所得十万元以上的，并处违法所得二倍以上五倍以下的罚款，没有违法所得或者违法所得不足十万元的，单处或者并处十万元以上二十万元以下的罚款；对其直接负责的主管人员和其他直接责任人员处五万元以上十万元以下的罚款；构成犯罪的，依照刑法有关规定追究刑事责任。

第一百零四条 两个以上生产经营单位在同一作业区域内进行可能危及对方安全生产的生产经营活动，未签订安全生产管理协议或者未指定专职安全生产管理人员进行安全检查与协调的，责令限期改正，处五万元以下的罚款，对其直接负责的主管人员和其他直接责任人员处一万元以下的罚款；逾期未改正的，责令停产停业。

第一百零五条 生产经营单位有下列行为之一的，责令限期改正，处五万元以下的罚款，对其直接负责的主管人员和其他直接责任人员处一万元以下的罚款；逾期未改正的，责令停产停业整顿；构成犯罪的，依照刑法有关规定追究刑事责任：

（一）生产、经营、储存、使用危险物品的车间、商店、仓库与员工宿舍在同一座建筑内，或者与员工宿舍的距离不符合安全要求的；

（二）生产经营场所和员工宿舍未设有符合紧急疏散需要、标志明显、保持畅通的出口、疏散通道，或者占用、锁闭、封堵生产经营场所或者员工宿舍出口、疏散通道的。

第一百零六条 生产经营单位与从业人员订立协议，免除或者减轻其对从业人员因生产安全事故伤亡依法应承担的责任的，该协议无效；对生产经营单位的主要负责人、个人经营的投资人处二万元以上十万元以下的罚款。

第一百零七条 生产经营单位的从业人员不落实岗位安全责任，不服从管理，违反安全生产规章制度或者操作规程的，由生产经营单位给予批评教育，依照有关规章制度给予处分；构成犯罪的，依照刑法有关规定追究刑事责任。

第一百零八条 违反本法规定，生产经营单位拒绝、阻碍负有安全生产监督管理职责的部门依法实施监督检查的，责令改正；拒不改正的，处二万元以上二十万元以下的罚款；对其直接负责的主管人员和其他直接责任人员处一万元以上二万元以下的罚款；构成犯罪的，依照刑法有关规定追究刑事责任。

第一百零九条 高危行业、领域的生产经营单位未按照国家规定投保安全生产责任保险的，责令限期改正，处五万元以上十万元以下的罚款；逾期未改正的，处十万元以上二十万元以下的罚款。

第一百一十条 生产经营单位的主要负责人在本单位发生生产安全事故时，不立即组织抢救或者在事故调查处理期间擅离职守或者逃匿的，给予降级、撤职的处分，并由应急管理部门处上一年年收入百分之六十至百分之一百的罚款；对逃匿的处十五日以下拘留；构成犯罪的，依照刑法有关规定追究刑事责任。

生产经营单位的主要负责人对生产安全事故隐瞒不报、谎报或者迟报的，依照前款规定处罚。

第一百一十一条 有关地方人民政府、负有安全生产监督管理职责的部门，对生产安全事故隐瞒不报、谎报或者迟报的，对直接负责的主管人员和其他直接责任人员依法给予处分；构成犯罪的，依照刑法有关规定追究刑事责任。

第一百一十二条 生产经营单位违反本法规定，被责令改正且受到罚款处罚，拒不改正的，负有安全生产监督管理职责的部门可以自作出责令改正之日的次日起，按照原处罚数额按日连续处罚。

第一百一十三条 生产经营单位存在下列情形之一的，负有安全生产监督管理职责的部门应当提请地方人民政府予以关闭，有关部门应当依法吊销其有关证照。生产经营单位主要负责人五年内不得担任任何生产经营单位的主要负责人；情节严重的，终身不得担任本行业生产经营单位的主要负责人：

（一）存在重大事故隐患，一百八十日内三次或者一年内四次受到本法规定的行政处罚的；

（二）经停产停业整顿，仍不具备法律、行政法规和国家标准或者行业标准规定的安全生产条件的；

（三）不具备法律、行政法规和国家标准或者行业标准规定的安全生产条件，导致发生重大、特别重大生产安全事故的；

（四）拒不执行负有安全生产监督管理职责的部门作出的停产停业整顿决定的。

第一百一十四条 发生生产安全事故，对负有责任的生产经营单位除要求其依法承担相应的赔偿等责任外，由应急管理部门依照下列规定处以罚款：

（一）发生一般事故的，处三十万元以上一百万元以下的罚款；

（二）发生较大事故的，处一百万元以上二百万元以下的罚款；

（三）发生重大事故的，处二百万元以上一千万元以下的罚款；

（四）发生特别重大事故的，处一千万元以上二千万元以下的罚款。

发生生产安全事故，情节特别严重、影响特别恶劣的，应急管理部门可以按照前款罚款数额的二倍以上五倍以下对负有责任的生产经营单位处以罚款。

第一百一十五条 本法规定的行政处罚，由应急管理部门和其他负有安全生产监督管理职责的部门按照职责分工决定；其中，根据本法第九十五条、第一百一十条、第一百一十四条的规定应当给予民航、铁路、电力行业的生产经营单位及其主要负责人行政处罚的，也可以由主管的负有安全生产监督管理职责的部门进行处罚。予以关闭的行政处罚，由负有安全生产监督管理职责的部门报请县级以上人民政府按照国务院规定的权限决定；给予拘留的行政处罚，由公安机关依照治安管理处罚的规定决定。

第一百一十六条 生产经营单位发生生产安全事故造成人员伤亡、他人财产损失的，应当依法承担赔偿责任；拒不承担或者其负责人逃匿的，由人民法院依法强制执行。

生产安全事故的责任人未依法承担赔偿责任，经人民法院依法采取执行措施后，仍不能对受害人给予足额赔偿的，应当继续履行赔偿义务；受害人发现责任人有其他财产的，可以随时请求人民法院执行。

第七章 附 则

第一百一十七条 本法下列用语的含义：

危险物品，是指易燃易爆物品、危险化学品、放射性物品等能够危及人身安全和财产安全的物品。

重大危险源，是指长期地或者临时地生产、搬运、使用或者储存危险物品，且危险物品的数量等于或者超过临界量的单元（包括场所和设施）。

第一百一十八条 本法规定的生产安全一般事故、较大事故、重大事故、特别重大事故的划分标准由国务院规定。

国务院应急管理部门和其他负有安全生产监督管理职责的部门应当根据各自的职责分工，制定相关行业、领域重大危险源的辨识标准和重大事故隐患的判定标准。

第一百一十九条 本法自 2002 年 11 月 1 日起施行。

中华人民共和国防汛条例

（1991 年 7 月 2 日中华人民共和国国务院令第 86 号公布　根据 2005 年 7 月 15 日《国务院关于修改〈中华人民共和国防汛条例〉的决定》第一次修订　根据 2011 年 1 月 8 日《国务院关于废止和修改部分行政法规的决定》第二次修订）

第一章　总　　则

第一条　为了做好防汛抗洪工作，保障人民生命财产安全和经济建设的顺利进行，根据《中华人民共和国水法》，制定本条例。

第二条　在中华人民共和国境内进行防汛抗洪活动，适用本条例。

第三条　防汛工作实行"安全第一，常备不懈，以防为主，全力抢险"的方针，遵循团结协作和局部利益服从全局利益的原则。

第四条　防汛工作实行各级人民政府行政首长负责制，实行统一指挥，分级分部门负责。各有关部门实行防汛岗位责任制。

第五条　任何单位和个人都有参加防汛抗洪的义务。

中国人民解放军和武装警察部队是防汛抗洪的重要力量。

第二章　防　汛　组　织

第六条　国务院设立国家防汛总指挥部，负责组织领导全国的防汛抗洪工作，其办事机构设在国务院水行政主管部门。

长江和黄河，可以设立由有关省、自治区、直辖市人民政府和该江河的流域管理机构（以下简称流域机构）负责人等组成的防汛指挥机构，负责指挥所辖范围的防汛抗洪工作，其办事机构设在流域机构。长江和黄河的重大防汛抗洪事项须经国家防汛总指挥部批准后执行。

国务院水行政主管部门所属的淮河、海河、珠江、松花江、辽河、太湖等流域机构，设立防汛办事机构，负责协调本流域的防汛日常工作。

第七条　有防汛任务的县级以上地方人民政府设立防汛指挥部，由有关部门、当地驻军、人民武装部负责人组成，由各级人民政府首长担任指挥。各级人民政府防汛指挥部在上级人民政府防汛指挥部和同级人民政府的领导下，执行上级防汛指令，制定各项防汛抗洪措施，统一指挥本地区的防汛抗洪工作。

各级人民政府防汛指挥部办事机构设在同级水行政主管部门；城市市区的防汛指挥部办事机构也可以设在城建主管部门，负责管理所辖范围的防汛日常工作。

第八条 石油、电力、邮电、铁路、公路、航运、工矿以及商业、物资等有防汛任务的部门和单位，汛期应当设立防汛机构，在有管辖权的人民政府防汛指挥部统一领导下，负责做好本行业和本单位的防汛工作。

第九条 河道管理机构、水利水电工程管理单位和江河沿岸在建工程的建设单位，必须加强对所辖水工程设施的管理维护，保证其安全正常运行，组织和参加防汛抗洪工作。

第十条 有防汛任务的地方人民政府应当组织以民兵为骨干的群众性防汛队伍，并责成有关部门将防汛队伍组成人员登记造册，明确各自的任务和责任。

河道管理机构和其他防洪工程管理单位可以结合平时的管理任务，组织本单位的防汛抢险队伍，作为紧急抢险的骨干力量。

第三章 防 汛 准 备

第十一条 有防汛任务的县级以上人民政府，应当根据流域综合规划、防洪工程实际状况和国家规定的防洪标准，制定防御洪水方案（包括对特大洪水的处置措施）。

长江、黄河、淮河、海河的防御洪水方案，由国家防汛总指挥部制定，报国务院批准后施行；跨省、自治区、直辖市的其他江河的防御洪水方案，有关省、自治区、直辖市人民政府制定后，经有管辖权的流域机构审查同意，由省、自治区、直辖市人民政府报国务院或其授权的机构批准后施行。

有防汛抗洪任务的城市人民政府，应当根据流域综合规划和江河的防御洪水方案，制定本城市的防御洪水方案，报上级人民政府或其授权的机构批准后施行。

防御洪水方案经批准后，有关地方人民政府必须执行。

第十二条 有防汛任务的地方，应当根据经批准的防御洪水方案制定洪水调度方案。长江、黄河、淮河、海河（海河流域的永定河、大清河、漳卫南运河和北三河）、松花江、辽河、珠江和太湖流域的洪水调度方案，由有关流域机构会同有关省、自治区、直辖市人民政府制定，报国家防汛总指挥部批准。跨省、自治区、直辖市的其他江河的洪水调度方案，由有关流域机构会同有关省、自治区、直辖市人民政府制定，报流域防汛指挥机构批准；没有设立流域防汛指挥机构的，报国家防汛总指挥部批准。其他江河的洪水调度方案，由有管辖权的水行政主管部门会同有关地方人民政府制定，报有管辖权的防汛指挥机构批准。

洪水调度方案经批准后，有关地方人民政府必须执行。修改洪水调度方案，应当报经原批准机关批准。

第十三条 有防汛抗洪任务的企业应当根据所在流域或者地区经批准的防御洪水方案和洪水调度方案，规定本企业的防汛抗洪措施，在征得其所在地县级人民政府水行政主管部门同意后，由有管辖权的防汛指挥机构监督实施。

第十四条 水库、水电站、拦河闸坝等工程的管理部门，应当根据工程规划设计、经批准的防御洪水方案和洪水调度方案以及工程实际状况，在兴利服从防洪，保证安全的前提下，制定汛期调度运用计划，经上级主管部门审查批准后，报有管辖权的人民政府防汛指挥部备案，并接受其监督。

经国家防汛总指挥部认定的对防汛抗洪关系重大的水电站，其防洪库容的汛期调度运用计划经上级主管部门审查同意后，须经有管辖权的人民政府防汛指挥部批准。

汛期调度运用计划经批准后，由水库、水电站、拦河闸坝等工程的管理部门负责执行。

有防凌任务的江河，其上游水库在凌汛期间的下泄水量，必须征得有管辖权的人民政府防汛指挥部的同意，并接受其监督。

第十五条 各级防汛指挥部应当在汛前对各类防洪设施组织检查，发现影响防洪安全的问题，责成责任单位在规定的期限内处理，不得贻误防汛抗洪工作。

各有关部门和单位按照防汛指挥部的统一部署，对所管辖的防洪工程设施进行汛前检查后，必须将影响防洪安全的问题和处理措施报有管辖权的防汛指挥部和上级主管部门，并按照该防汛指挥部的要求予以处理。

第十六条 关于河道清障和对壅水、阻水严重的桥梁、引道、码头和其他跨河工程设施的改建或者拆除，按照《中华人民共和国河道管理条例》的规定执行。

第十七条 蓄滞洪区所在地的省级人民政府应当按照国务院的有关规定，组织有关部门和市、县，制定所管辖的蓄滞洪区的安全与建设规划，并予实施。

各级地方人民政府必须对所管辖的蓄滞洪区的通信、预报警报、避洪、撤退道路等安全设施，以及紧急撤离和救生的准备工作进行汛前检查，发现影响安全的问题，及时处理。

第十八条 山洪、泥石流易发地区，当地有关部门应当指定预防监测员及时监测。雨季到来之前，当地人民政府防汛指挥部应当组织有关单位进行安全检查，对险情征兆明显的地区，应当及时把群众撤离险区。

风暴潮易发地区，当地有关部门应当加强对水库、海堤、闸坝、高压电线等设施和房屋的安全检查，发现影响安全的问题，及时处理。

第十九条　地区之间在防汛抗洪方面发生的水事纠纷，由发生纠纷地区共同的上一级人民政府或其授权的主管部门处理。

前款所指人民政府或者部门在处理防汛抗洪方面的水事纠纷时，有权采取临时紧急处置措施，有关当事各方必须服从并贯彻执行。

第二十条　有防汛任务的地方人民政府应当建设和完善江河堤防、水库、蓄滞洪区等防洪设施，以及该地区的防汛通信、预报警报系统。

第二十一条　各级防汛指挥部应当储备一定数量的防汛抢险物资，由商业、供销、物资部门代储的，可以支付适当的保管费。受洪水威胁的单位和群众应当储备一定的防汛抢险物料。

防汛抢险所需的主要物资，由计划主管部门在年度计划中予以安排。

第二十二条　各级人民政府防汛指挥部汛前应当向有关单位和当地驻军介绍防御洪水方案，组织交流防汛抢险经验。有关方面汛期应当及时通报水情。

第四章　防　汛　与　抢　险

第二十三条　省级人民政府防汛指挥部，可以根据当地的洪水规律，规定汛期起止日期。当江河、湖泊、水库的水情接近保证水位或者安全流量时，或者防洪工程设施发生重大险情，情况紧急时，县级以上地方人民政府可以宣布进入紧急防汛期，并报告上级人民政府防汛指挥部。

第二十四条　防汛期内，各级防汛指挥部必须有负责人主持工作。有关责任人员必须坚守岗位，及时掌握汛情，并按照防御洪水方案和汛期调度运用计划进行调度。

第二十五条　在汛期，水利、电力、气象、海洋、农林等部门的水文站、雨量站，必须及时准确地向各级防汛指挥部提供实时水文信息；气象部门必须及时向各级防汛指挥部提供有关天气预报和实时气象信息；水文部门必须及时向各级防汛指挥部提供有关水文预报；海洋部门必须及时向沿海地区防汛指挥部提供风暴潮预报。

第二十六条　在汛期，河道、水库、闸坝、水运设施等水工程管理单位及其主管部门在执行汛期调度运用计划时，必须服从有管辖权的人民政府防汛指挥部的统一调度指挥或者监督。

在汛期，以发电为主的水库，其汛限水位以上的防洪库容以及洪水调度运用必须服从有管辖权的人民政府防汛指挥部的统一调度指挥。

第二十七条　在汛期，河道、水库、水电站、闸坝等水工程管理单位必须按照规定对水工程进行巡查，发现险情，必须立即采取抢护措施，并及时向防汛指挥部和上级主管部门报告。其他任何单位和个人发现水工程设施出现险情，应当立即向防汛指挥部和水工程管理单位报告。

第二十八条　在汛期，公路、铁路、航运、民航等部门应当及时运送防汛抢险人员和物资；电力部门应当保证防汛用电。

第二十九条　在汛期，电力调度通信设施必须服从防汛工作需要；邮电部门必须保证汛情和防汛指令的及时、准确传递，电视、广播、公路、铁路、航运、民航、公安、林业、石油等部门应当运用本部门的通信工具优先为防汛抗洪服务。

电视、广播、新闻单位应当根据人民政府防汛指挥部提供的汛情，及时向公众发布防汛信息。

第三十条　在紧急防汛期，地方人民政府防汛指挥部必须由人民政府负责人主持工作，组织动员本地区各有关单位和个人投入抗洪抢险。所有单位和个人必须听从指挥，承担人民政府防汛指挥部分配的抗洪抢险任务。

第三十一条　在紧急防汛期，公安部门应当按照人民政府防汛指挥部的要求，加强治安管理和安全保卫工作。必要时须由有关部门依法实行陆地和水面交通管制。

第三十二条　在紧急防汛期，为了防汛抢险需要，防汛指挥部有权在其管辖范围内，调用物资、设备、交通运输工具和人力，事后应当及时归还或者给予适当补偿。因抢险需要取土占地、砍伐林木、清除阻水障碍物的，任何单位和个人不得阻拦。

前款所指取土占地、砍伐林木的，事后应当依法向有关部门补办手续。

第三十三条　当河道水位或者流量达到规定的分洪、滞洪标准时，有管辖权的人民政府防汛指挥部有权根据经批准的分洪、滞洪方案，采取分洪、滞洪措施。采取上述措施对毗邻地区有危害的，须经有管辖权的上级防汛指挥机构批准，并事先通知有关地区。

在非常情况下，为保护国家确定的重点地区和大局安全，必须作出局部牺牲时，在报经有管辖权的上级人民政府防汛指挥部批准后，当地人民政府防汛指挥部可以采取非常紧急措施。

实施上述措施时，任何单位和个人不得阻拦，如遇到阻拦和拖延时，有管辖权的人民政府有权组织强制实施。

第三十四条　当洪水威胁群众安全时，当地人民政府应当及时组织群众撤离至安全地带，并做好生活安排。

第三十五条　按照水的天然流势或者防洪、排涝工程的设计标准，或者经批准的运行方案下泄的洪水，下游地区不得设障阻水或者缩小河道的过水能力；上游地区不得擅自增大下泄流量。

未经有管辖权的人民政府或其授权的部门批准，任何单位和个人不得改变江河河势的自然控制点。

第五章 善 后 工 作

第三十六条 在发生洪水灾害的地区，物资、商业、供销、农业、公路、铁路、航运、民航等部门应当做好抢险救灾物资的供应和运输；民政、卫生、教育等部门应当做好灾区群众的生活供给、医疗防疫、学校复课以及恢复生产等救灾工作；水利、电力、邮电、公路等部门应当做好所管辖的水毁工程的修复工作。

第三十七条 地方各级人民政府防汛指挥部，应当按照国家统计部门批准的洪涝灾害统计报表的要求，核实和统计所管辖范围的洪涝灾情，报上级主管部门和同级统计部门，有关单位和个人不得虚报、瞒报、伪造、篡改。

第三十八条 洪水灾害发生后，各级人民政府防汛指挥部应当积极组织和帮助灾区群众恢复和发展生产。修复水毁工程所需费用，应当优先列入有关主管部门年度建设计划。

第六章 防 汛 经 费

第三十九条 由财政部门安排的防汛经费，按照分级管理的原则，分别列入中央财政和地方财政预算。

在汛期，有防汛任务的地区的单位和个人应当承担一定的防汛抢险的劳务和费用，具体办法由省、自治区、直辖市人民政府制定。

第四十条 防御特大洪水的经费管理，按照有关规定执行。

第四十一条 对蓄滞洪区，逐步推行洪水保险制度，具体办法另行制定。

第七章 奖 励 与 处 罚

第四十二条 有下列事迹之一的单位和个人，可以由县级以上人民政府给予表彰或者奖励：

（一）在执行抗洪抢险任务时，组织严密，指挥得当，防守得力，奋力抢险，出色完成任务者；

（二）坚持巡堤查险，遇到险情及时报告，奋力抗洪抢险，成绩显著者；

（三）在危险关头，组织群众保护国家和人民财产，抢救群众有功者；

（四）为防汛调度、抗洪抢险献计献策，效益显著者；

（五）气象、雨情、水情测报和预报准确及时，情报传递迅速，克服困难，抢测洪水，因而减轻重大洪水灾害者；

（六）及时供应防汛物料和工具，爱护防汛器材，节约经费开支，完成防汛抢险任务成绩显著者；

（七）有其他特殊贡献，成绩显著者。

第四十三条 有下列行为之一者，视情节和危害后果，由其所在单位或者上级主管机关给予行政处分；应当给予治安管理处罚的，依照《中华人民共和国治安管理处罚法》的规定处罚；构成犯罪的，依法追究刑事责任：

（一）拒不执行经批准的防御洪水方案、洪水调度方案，或者拒不执行有管辖权的防汛指挥机构的防汛调度方案或者防汛抢险指令的；

（二）玩忽职守，或者在防汛抢险的紧要关头临阵逃脱的；

（三）非法扒口决堤或者开闸的；

（四）挪用、盗窃、贪污防汛或者救灾的钱款或者物资的；

（五）阻碍防汛指挥机构工作人员依法执行职务的；

（六）盗窃、毁损或者破坏堤防、护岸、闸坝等水工程建筑物和防汛工程设施以及水文监测、测量设施，气象测报设施，河岸地质监测设施，通信照明设施的；

（七）其他危害防汛抢险工作的。

第四十四条 违反河道和水库大坝的安全管理，依照《中华人民共和国河道管理条例》和《水库大坝安全管理条例》的有关规定处理。

第四十五条 虚报、瞒报洪涝灾情，或者伪造、篡改洪涝灾害统计资料的，依照《中华人民共和国统计法》及其实施细则的有关规定处理。

第四十六条 当事人对行政处罚不服的，可以在接到处罚通知之日起15日内，向作出处罚决定机关的上一级机关申请复议；对复议决定不服的，可以在接到复议决定之日起15日内，向人民法院起诉。当事人也可以在接到处罚通知之日起15日内，直接向人民法院起诉。

当事人逾期不申请复议或者不向人民法院起诉，又不履行处罚决定的，由作出处罚决定的机关申请人民法院强制执行；在汛期，也可以由作出处罚决定的机关强制执行；对治安管理处罚不服的，依照《中华人民共和国治安管理处罚法》的规定办理。

当事人在申请复议或者诉讼期间，不停止行政处罚决定的执行。

第八章 附 则

第四十七条 省、自治区、直辖市人民政府，可以根据本条例的规定，结合本地区的实际情况，制定实施细则。

第四十八条 本条例由国务院水行政主管部门负责解释。

第四十九条 本条例自发布之日起施行。

水库大坝安全管理条例

(1991 年 3 月 22 日中华人民共和国国务院令第 77 号发布 根据 2011 年 1 月 8 日《国务院关于废止和修改部分行政法规的决定》第一次修订 根据 2018 年 3 月 19 日《国务院关于修改和废止部分行政法规的决定》第二次修订)

第一章 总 则

第一条 为加强水库大坝安全管理,保障人民生命财产和社会主义建设的安全,根据《中华人民共和国水法》,制定本条例。

第二条 本条例适用于中华人民共和国境内坝高 15 米以上或者库容 100 万立方米以上的水库大坝(以下简称大坝)。大坝包括永久性挡水建筑物以及与其配合运用的泄洪、输水和过船建筑物等。

坝高 15 米以下、10 米以上或者库容 100 万立方米以下、10 万立方米以上,对重要城镇、交通干线、重要军事设施、工矿区安全有潜在危险的大坝,其安全管理参照本条例执行。

第三条 国务院水行政主管部门会同国务院有关主管部门对全国的大坝安全实施监督。县级以上地方人民政府水行政主管部门会同有关主管部门对本行政区域内的大坝安全实施监督。

各级水利、能源、建设、交通、农业等有关部门,是其所管辖的大坝的主管部门。

第四条 各级人民政府及其大坝主管部门对其所管辖的大坝的安全实行行政领导负责制。

第五条 大坝的建设和管理应当贯彻安全第一的方针。

第六条 任何单位和个人都有保护大坝安全的义务。

第二章 大 坝 建 设

第七条 兴建大坝必须符合由国务院水行政主管部门会同有关大坝主管部门制定的大坝安全技术标准。

第八条 兴建大坝必须进行工程设计。大坝的工程设计必须由具有相应资格证书的单位承担。

大坝的工程设计应当包括工程观测、通信、动力、照明、交通、消防等管理设施的设计。

第九条 大坝施工必须由具有相应资格证书的单位承担。大坝施工单位必须按照施工承包合同规定的设计文件、图纸要求和有关技术标准进行施工。

建设单位和设计单位应当派驻代表，对施工质量进行监督检查。质量不符合设计要求的，必须返工或者采取补救措施。

第十条 兴建大坝时，建设单位应当按照批准的设计，提请县级以上人民政府依照国家规定划定管理和保护范围，树立标志。

已建大坝尚未划定管理和保护范围的，大坝主管部门应当根据安全管理的需要，提请县级以上人民政府划定。

第十一条 大坝开工后，大坝主管部门应当组建大坝管理单位，由其按照工程基本建设验收规程参与质量检查以及大坝分部、分项验收和蓄水验收工作。

大坝竣工后，建设单位应当申请大坝主管部门组织验收。

第三章 大 坝 管 理

第十二条 大坝及其设施受国家保护，任何单位和个人不得侵占、毁坏。大坝管理单位应当加强大坝的安全保卫工作。

第十三条 禁止在大坝管理和保护范围内进行爆破、打井、采石、采矿、挖沙、取土、修坟等危害大坝安全的活动。

第十四条 非大坝管理人员不得操作大坝的泄洪闸门、输水闸门以及其他设施，大坝管理人员操作时应当遵守有关的规章制度。禁止任何单位和个人干扰大坝的正常管理工作。

第十五条 禁止在大坝的集水区域内乱伐林木、陡坡开荒等导致水库淤积的活动。禁止在库区内围垦和进行采石、取土等危及山体的活动。

第十六条 大坝坝顶确需兼做公路的，须经科学论证和县级以上地方人民政府大坝主管部门批准，并采取相应的安全维护措施。

第十七条 禁止在坝体修建码头、渠道，堆放杂物，晾晒粮草。在大坝管理和保护范围内修建码头、鱼塘的，须经大坝主管部门批准，并与坝脚和泄水、输水建筑物保持一定距离，不得影响大坝安全、工程管理和抢险工作。

第十八条 大坝主管部门应当配备具有相应业务水平的大坝安全管理人员。

大坝管理单位应当建立、健全安全管理规章制度。

第十九条 大坝管理单位必须按照有关技术标准，对大坝进行安全监测和检查；对监测资料应当及时整理分析，随时掌握大坝运行状况。发现异常现象和不安全因素时，大坝管理单位应当立即报告大坝主管部门，及时采取措施。

第二十条 大坝管理单位必须做好大坝的养护修理工作，保证大坝和闸门启闭设备完好。

第二十一条　大坝的运行，必须在保证安全的前提下，发挥综合效益。大坝管理单位应当根据批准的计划和大坝主管部门的指令进行水库的调度运用。

在汛期，综合利用的水库，其调度运用必须服从防汛指挥机构的统一指挥；以发电为主的水库，其汛限水位以上的防洪库容及其洪水调度运用，必须服从防汛指挥机构的统一指挥。

任何单位和个人不得非法干预水库的调度运用。

第二十二条　大坝主管部门应当建立大坝定期安全检查、鉴定制度。

汛前、汛后，以及暴风、暴雨、特大洪水或者强烈地震发生后，大坝主管部门应当组织对其所管辖的大坝的安全进行检查。

第二十三条　大坝主管部门对其所管辖的大坝应当按期注册登记，建立技术档案。大坝注册登记办法由国务院水行政主管部门会同有关主管部门制定。

第二十四条　大坝管理单位和有关部门应当做好防汛抢险物料的准备和气象水情预报，并保证水情传递、报警以及大坝管理单位与大坝主管部门、上级防汛指挥机构之间联系通畅。

第二十五条　大坝出现险情征兆时，大坝管理单位应当立即报告大坝主管部门和上级防汛指挥机构，并采取抢救措施；有垮坝危险时，应当采取一切措施向预计的垮坝淹没地区发出警报，做好转移工作。

第四章　险　坝　处　理

第二十六条　对尚未达到设计洪水标准、抗震设防标准或者有严重质量缺陷的险坝，大坝主管部门应当组织有关单位进行分类，采取除险加固等措施，或者废弃重建。

在险坝加固前，大坝管理单位应当制定保坝应急措施；经论证必须改变原设计运行方式的，应当报请大坝主管部门审批。

第二十七条　大坝主管部门应当对其所管辖的需要加固的险坝制定加固计划，限期消除危险；有关人民政府应当优先安排所需资金和物料。

险坝加固必须由具有相应设计资格证书的单位作出加固设计，经审批后组织实施。险坝加固竣工后，由大坝主管部门组织验收。

第二十八条　大坝主管部门应当组织有关单位，对险坝可能出现的垮坝方式、淹没范围作出预估，并制定应急方案，报防汛指挥机构批准。

第五章　罚　　则

第二十九条　违反本条例规定，有下列行为之一的，由大坝主管部门责令其停止违法行为，赔偿损失，采取补救措施，可以并处罚款；应当给予治安管理处罚的，由公安机关依照《中华人民共和国治安管理处罚法》的规定处罚；

构成犯罪的，依法追究刑事责任：

（一）毁坏大坝或者其观测、通信、动力、照明、交通、消防等管理设施的；

（二）在大坝管理和保护范围内进行爆破、打井、采石、采矿、取土、挖沙、修坟等危害大坝安全活动的；

（三）擅自操作大坝的泄洪闸门、输水闸门以及其他设施，破坏大坝正常运行的；

（四）在库区内围垦的；

（五）在坝体修建码头、渠道或者堆放杂物、晾晒粮草的；

（六）擅自在大坝管理和保护范围内修建码头、鱼塘的。

第三十条 盗窃或者抢夺大坝工程设施、器材的，依照刑法规定追究刑事责任。

第三十一条 由于勘测设计失误、施工质量低劣、调度运用不当以及滥用职权，玩忽职守，导致大坝事故的，由其所在单位或者上级主管机关对责任人员给予行政处分；构成犯罪的，依法追究刑事责任。

第三十二条 当事人对行政处罚决定不服的，可以在接到处罚通知之日起15日内，向作出处罚决定机关的上一级机关申请复议；对复议决定不服的，可以在接到复议决定之日起15日内，向人民法院起诉。当事人也可以在接到处罚通知之日起15日内，直接向人民法院起诉。当事人逾期不申请复议或者不向人民法院起诉又不履行处罚决定的，由作出处罚决定的机关申请人民法院强制执行。

对治安管理处罚不服的，依照《中华人民共和国治安管理处罚法》的规定办理。

第六章 附 则

第三十三条 国务院有关部门和各省、自治区、直辖市人民政府可以根据本条例制定实施细则。

第三十四条 本条例自发布之日起施行。

二、标准规范

水库工程管理设计规范

SL 106—2017

替代 SL 106—96

2017 - 02 - 28 发布

2017 - 05 - 28 实施

前　言

根据水利技术标准制修订计划安排，按照 SL 1—2014《水利技术标准编写规定》的要求，对 SL 106—96《水库工程管理设计规范》进行修订。

本标准共 7 章，主要技术内容有：

——管理机构；

——工程管理范围与保护范围；

——工程管理设施；

——工程管理自动化；

——工程运用管理；

——施工期工程管理。

本次修订的主要内容有：

——增加了工程管理自动化；

——修订了管理机构；

——修订了工程管理范围与保护范围；

——修订了工程管理设施；

——修订了工程运用管理；

——修订了绿化和环境美化并列入工程管理设施；

——修订了综合经营和渔业并列入工程管理设施；

——修订了施工期工程管理。

本标准为全文推荐。

本标准所替代标准的历次版本为：

——SL 106—96

本标准批准部门：中华人民共和国水利部

本标准主持机构：水利部建设与管理司

本标准解释单位：水利部建设与管理司

本标准主编单位：水利部建设管理与质量安全中心

本标准参编单位：辽宁省供水局

本标准出版、发行单位：中国水利水电出版社

本标准主要起草人员：张文洁　夏明勇　冯东昕　王　健　朴哲浩
　　　　　　　　　　许海军　喻松阳

本标准审查会技术负责人：刘六宴

本标准体例格式审查人：曹　阳

本标准在执行过程中，请各单位注意总结经验，积累资料，随时将有关意见和建议反馈给水利部国际合作与科技司（通信地址：北京市西城区白广路二条 2 号；邮政编码：100053；电话：010 - 63204533；电子邮箱：bzh @ mwr. gov. cn），以供今后修订时参考。

目　次

水库运行管理 通用法规标准选编

1 总 则

1.0.1 为规范水库工程管理设计，提升水库工程管理水平，制定本标准。

1.0.2 本标准适用于新建大、中型水库工程管理设计。

1.0.3 改建、扩建、加固的水库工程，应在充分利用原有管理设计的基础上，按照本标准的规定，完善管理设计。已建水库工程宜逐步达到本标准要求。

1.0.4 水库工程管理设计应与主体工程设计同时进行。工程管理设施应与主体工程同步建设、同步验收，一并移交管理单位。

1.0.5 本标准主要引用下列标准：

GB 50395　视频安防监控系统工程设计规范

GB 50706　水利水电工程劳动安全与工业卫生设计规范

SL 34　水文站网规划技术导则

SL 72　水利建设项目经济评价规范

SL 95　水库渔业设施配套规范

SL 551　土石坝安全监测技术规范

SL 566　水利水电工程水文自动测报系统设计规范

SL 601　混凝土坝安全监测技术规范

1.0.6 水库工程管理设计除应符合本标准的规定外，尚应符合国家现行有关标准的规定。

2 管 理 机 构

2.0.1 应依据现行有关规定，结合水库工程规模、特点，明确水库管理单位管理体制、机构设置、人员岗位。水库管理单位或后方基地宜设置在县级及以上城市，在工程区设置管理机构，派驻管理人员。

2.0.2 水库工程管理应按照分级管理的原则，明确水库主管部门，明确水库管理单位的隶属关系。跨行政区划的水库原则上由上一级水行政主管部门负责管理，同一行政区划内的水库应由当地水行政主管部门负责管理。

3 工程管理范围与保护范围

3.0.1 工程管理范围与保护范围应按照保障工程安全、方便运行管理和保护水源的原则，根据水库工程管理需要，结合自然地理条件，在水库工程设计中合理划定。

3.0.2 工程管理范围应包括工程区管理范围和运行区管理范围，保护范围应包括工程保护范围和水库保护范围。

3.0.3 工程区管理范围应包括大坝、溢洪道、输水道等建（构）筑物周围的管理范围和水库土地征用线以内的库区，管理范围用地应按表3.0.3控制。

表3.0.3 水库工程区管理范围用地指标

工程区域	上游	下游	左右岸	其他
大型水库大坝	从坝脚线向上游150～200m	从坝脚线向下游200～300m	从坝端外延100～300m	
中型水库大坝	从坝脚线向上游100～150m	从坝脚线向下游150～200m	从坝端外延100～250m	
溢洪道（与水库坝体分离的）				由工程两侧轮廓线或开挖边线向外50～200m，消力池以下100～300m
其他建筑物				从工程外轮廓线或开挖边线向外30～50m

注1：上、下游和左右岸管理范围端线应与库区土地征用线相衔接。
注2：大坝坝端管理范围经论证确有必要扩大的，可适当扩大。
注3：平原水库管理范围可根据实际情况适当减小。

3.0.4 运行区管理范围应包括办公室、会议室、资料档案室、仓库、防汛调度室、值班室、车库、食堂、值班宿舍及其他附属设施等建（构）筑物的周边范围，规划用地面积大型水库应为125～195m²/人，中型水库应为135～235m²/人。有条件设置渔场、林场、畜牧场的，应按其规划明确占地面积。

3.0.5 工程管理范围的土地应与工程建设征地一并征用，并办理确权发证手续，工程验收后移交水库管理单位。

3.0.6 工程保护范围与水库保护范围划定应符合下列要求：

　　1 工程保护范围在工程管理范围边界线外延。大型水库上、下游300～500m，两侧200～300m；中型水库上、下游200～300m，两侧100～200m。

　　2 水库保护范围应为坝址以上、库区两岸（包括干、支流）土地征用线以上至第一道分水岭脊线之间的陆地。

4 工程管理设施

4.0.1 水库工程管理设施应包括水文站网、观测设施、通信设施、交通道路、突发事件应急设施、安全消防管理设施、备用电源及照明设施、供水计量及水质监测设施、生产及生活用水用电设施、办公生产用房及文化设施、各类车船及附属设施等。

4.0.2 大型及防洪重点中型水库应根据需要布设水文站网。水文站网应包括水文站、降水量站、水位站和流量站等，应建立入库、出库站，设施配置应满足 SL 34 的相关要求。

4.0.3 水库安全监测设施应按 SL 551 和 SL 601 的规定设计，并应结合工程具体情况确定增测的项目。

4.0.4 大型及防洪重点中型水库应根据需要布设水库淤积测量控制网、淤积测量固定断面、永久性断面桩，并配备相应的测量设备。多泥沙河流水库应进行水库泥沙观测设计，并配备相应的观测设施。

4.0.5 水库内、外通信应采用两种及以上可靠的设施。对外应具备与水库主管单位、防汛抗旱指挥机构等相关部门的通信连接。偏远地区水库应设有电视信号接收设施。

4.0.6 交通设施应包括水库管理所需的对外交通、内部交通设施和必要的交通工具，并符合下列规定：

    1 对外交通宜包括连接水库与外部公路之间的通道，对外交通应充分利用已有的外部交通道路条件，与就近的城镇连接。

    2 内部交通宜包括连接库区、办公区、生产区、生活区以及管理范围内各主要建筑物之间的交通道路，内部交通应与对外交通连接。

    3 应根据水库管理的需要确定内、外交通道路的建设要求，对外交通道路不宜低于 4 级。

    4 应根据水库规模配备一定数量的交通车辆、船只，可按表 4.0.6 的标准配置。

表 4.0.6　水库工程管理交通工具配置标准

工程类别	工具车 /辆	小型客车 /辆	中型客车 /辆	大型客车 /辆	巡查观测车 /辆	防汛专用车 /辆	机动船 /艘
大（1）型水库	1	2	1	1	2	2	2
大（2）型水库	1	1	1	1	2	2	2
中型水库	1	1	1		1	1	1
注：有后方基地的水库，可配备通勤车辆；工程运行管理有特殊需要时，可增配专用车辆；根据运行管理的需要，可建设适当规模的码头。							

4.0.7 应制定水库工程安全运用管理要点，提出主要管理措施，配备相应的劳动安全、消防、预警、清漂和突发事件应急抢险设施。

4.0.8 应按下列规定设置安全设施：

1 工程管理和保护范围内应设置界桩、安全警示牌及标示牌，并根据需要设置安全警戒标志。兼做公路的坝顶及公路桥两端应设置限载、限速等标志。

2 水库重要部位应配备封闭围栏、视频监控、安保报警等安全管理设施。有水资源保护任务的水库可对水库工程区管理范围实行封闭管理，应配备监控、警示标识等水源保护设施。

3 水库安全设施配置应满足 GB 50706 的相关要求。

4.0.9 根据防洪、供水和应急抢险等需求，水库除具备正常供电电源外，应配备不少于一套备用电源。在泄洪、供水、重要交通等工程部位应设有照明设备。

4.0.10 有供水任务的水库应配备计量设施及必要的水质监测设施，水质监测设计应符合国家有关标准的规定。

4.0.11 水库管理单位办公、生产、生活设施等用房设计应符合当地城市永久性建筑标准，并符合下列规定：

1 办公用房可包括办公室、会议室等。办公用房应根据定编人数，按人均建筑面积不大于 $15m^2$ 确定。定编人数较少的管理单位，可适当增加建筑面积。

2 生产、生活用房可包括仓库、资料档案室、防汛调度室、值班室、车库、食堂、值班宿舍等。仓库、资料档案室、防汛调度室建筑面积应根据防汛任务及其他管理要求确定，其他用房总面积按定编人数人均不大于 $35m^2$ 确定。定编人数较少的管理单位，可适当增加建筑面积。

3 有后方基地的管理单位，前、后方建筑面积应统筹安排。

4.0.12 根据水库管理单位生产、生活用水、用电需要，应进行供水、排水、供电、照明设施的设计，并符合下列规定：

1 生产、生活用水水源水质应符合国家有关规定。

2 给排水设施宜与临近地区的永久性供排水设施连接，无法接入的应满足环境保护要求。

3 办公、生产、生活设施应配备可靠的供电电源，宜采用电网供电，并应设置事故备用电源。

4 工程管理范围内的道路应安装照明设施。

5 北方地区应配置暖通设施。

4.0.13 应根据水库工程和自然地理特点，提出工程管理范围内的绿化和环境美化方案，并制定实施措施。

4.0.14 具有渔业功能的水库，应将水库渔业设施一并设计。水库渔业设施的配套项目及规模，应按照 SL 95 的规定设置。

4.0.15 存在白蚁及其他动物危害的水库，应提出防治方案，并配备防治设施。存在冰冻危害的水库，应配备防冰冻设施。

5 工程管理自动化

5.0.1 大型及防洪重点中型水库应布设工程管理自动化系统，建立安全监测自动化子系统、视频控制子系统。有防洪任务的水库应建立水文自动测报子系统、洪水预报及调度子系统。根据工程管理要求，可建立信息管理子系统、防汛视频会商子系统、闸门集中控制子系统、供水计量自动化子系统、水质在线监测子系统等。各子系统宜以地理信息系统为支持平台进行整合。

5.0.2 安全监测自动化子系统应实现数据采集、备份、传输、处理和分析等功能。监测设备应实用、可靠、先进、经济，并满足相关规范的要求。

5.0.3 视频控制子系统设计应按 GB 50395 的要求对水库工程关键部位实时监控。

5.0.4 水文自动测报子系统应按 SL 566 的要求进行规划设计。遥测站网布设应以现有遥测站网为基础，根据需要增设专用遥测站。

5.0.5 洪水预报及调度子系统内容应包括水情数据采集分析、洪水预报、洪水调度和上、下游预警。

5.0.6 信息管理子系统应以水库局域网为基础，对各子系统发布数据提供集中出口，实现对数据、文字、声音、图像等信息进行采集、存储、处理、传送和输出等功能。

5.0.7 各子系统的设计应考虑区域内通信方式、数据库表结构与标识符的统一，满足与各子系统之间及相关单位之间的数据共享。

6 工程运用管理

6.0.1 应依据水库工程的主要任务和工程建筑物的运用条件，制定水库调度原则，编制水库调度运用技术要点。投入使用验收时，编制完成水库调度规程。

6.0.2 应制定各主要建筑物和附属设施的运用和维修养护技术要点。

6.0.3 应制定水库工程安全运用技术要点，提出安全措施。

6.0.4 应制定水库工程监测技术要求，主要包括工程各监测项目的监测技术要求（含施工期）；对水库诱发地震、滑坡及其他特殊观测项目，应提出各专项的监测技术要求；对改建、扩建、加固工程，应提出对原有监测设施的保护措施或更新改造方案，保持监测数据的连续性；对多泥沙河流的水库，应提出库区泥沙观测技术要求。

6.0.5 对饮用水水源地的水库，应制定水源保护措施和提出水质监测技术要求。

6.0.6 应提出工程运行期间所需的年运行管理费用标准及来源。工程年运行管理费的计算原则和方法，应按照 SL 72 等有关规定执行，并应符合国家现行的财务制度。

6.0.7 应根据工程管理的要求和相关法律法规，明确管理范围的管理要求和保护范围的限制要求。

7 施工期工程管理

7.0.1 应依据水库管理单位机构设置、定编人数以及施工期间的实际需要，提出管理、运行、维护和辅助人员配备方案，明确各阶段、各岗位提前进场人员数量，核算运行管理及维护经费。

7.0.2 应提出施工期间水库管理单位关键岗位和人员的主要职责。

标 准 用 词 说 明

标准用词	严 格 程 度
必须	很严格，非这样做不可
严禁	
应	严格，在正常情况下均应这样做
不应、不得	
宜	允许稍有选择，在条件许可时首先应这样做
不宜	
可	有选择，在一定条件下可以这样做

标准历次版本编写者信息

SL 106—96

本标准主编单位：水利部水利管理司

本标准参编单位：辽宁省水利厅供水局

本标准主要起草人：岳元璋　徐庆和　韩殿良

中华人民共和国水利行业标准

水库工程管理设计规范

SL 106—2017

条 文 说 明

目　次

1 总 则

1.0.1 水库工程管理设计是水库工程设计中的重要组成部分。为保证水库工程管理设计规范化，本标准规定了水库工程管理设计的内容、要求和标准。本标准是在 SL 106—96《水库工程管理设计规范》（以下简称"原标准"）基础上修订编制的。随着社会经济、科学技术的发展及管理要求的不断提高，水库工程管理设计内容已有较大发展，原标准中的工程管理范围与保护范围、工程管理设施、工程运用管理等多项内容亟待修订。为全面总结近年来水库工程管理设计的经验，适应水利现代化发展要求，提高水库管理水平，有必要对原标准进行修订。

1.0.3 本条增加已建水库工程管理设计内容，强调对于已建水库不进行重复建设，可按本标准要求完善管理设施。

1.0.4 本条强调水库工程管理设计与主体工程同步设计，工程管理设施与主体工程同步建设、同步验收、同步移交。

2 管 理 机 构

2.0.1 根据《水利工程管理单位定岗标准（试点）》（水办〔2004〕307 号）以及有关规定，提出管理体制、机构设置和人员岗位。为便于水库工程运行管理，方便职工生活，推荐水库管理单位或后方基地设置在县级及以上城市。

2.0.2 分级管理是指按照水库设计批复文件确定水库主管部门为国家、省（自治区、直辖市）、市（地、州、盟）、县（市、区、旗）等级别。

3 工程管理范围与保护范围

3.0.3 管理范围用地指标主要在原标准基础上，根据国家、各省（自治区、直辖市）规定管理范围统计值分析确定。考虑到全国各地情况差异较大，为使各地在设计时有所参照，将原标准中管理范围标准的下限值改为区间值。将水库大坝上游管理范围划定的起点，由坝轴线修改为坝脚线，因管理范围划分没有区分坝型，将起点改为坝脚线更加符合管理范围划定的实际需要。条文中注明的距离为水平距离，不含工程占地。

3.0.5 为了防止水库运行管理期与地方发生土地纠纷，强调工程管理范围的土地需完备征用手续，与工程占地和库区征地同等对待。

3.0.6 工程保护范围的划定一般根据水库工程的具体情况确定。为了便于操作，根据已建水库的调查资料制定了一个范围值。水库保护范围在原标准基础上，根据国家现行政策和各省（自治区、直辖市）规定分析确定。

4 工程管理设施

　　本章规定了工程管理设施包括的内容，要求工程管理设施与主体工程同时设计、建设、验收和移交，以免给管理单位留下难以解决的遗留问题。

4.0.2　为了节省工程投资，避免重复建设，水文遥测站网布设以现有的国家和地区遥测站网为基础，不能满足水库防洪调度需要时，可增设专用遥测站。

4.0.5　通信设施指有线电话、移动电话、卫星电话、微波及卫星数据通信等设施。

4.0.6　水库工程管理交通工具配置标准在原标准基础上，根据国家现行政策和各省规定分析确定，删除载重汽车、消防车、救护车，增加了巡查观测车。

4.0.7　突发事件指由于超标准洪水、地质灾害、恐怖袭击等可能造成工程险情及水污染等严重社会危害的事件。

4.0.8　本条为新增条文，为了保证工程的安全和正常运行，结合水库管理单位的安全设施现状，依据近年来的水库管理经验和设计理念，提出对各类管护标志、安全围栏和预报预警系统的要求。

4.0.9　备用电源指独立于电网之外进行供电，不受外部条件影响，能够满足应急需求的发电设备。

4.0.11　办公用房的建设标准系参照《党政机关办公用房建设标准》（发改投资〔2014〕2674号）的要求确定。结合近年来新建水库管理设施的建设标准，提出了办公、生产、生活设施的建设项目和建筑标准。

4.0.14　强调具有渔业条件的水库，且水库管理单位有经济实效，在设计中要求将水库渔业设施包括在内。

5 工程管理自动化

　　本章是新增章节，近年来，水利行业信息化得到了快速发展，为适应水利现代化发展要求，规范水库工程管理自动化建设，有必要单独增加此章。

5.0.3　视频控制子系统对水库工程关键部位的作用至关重要，要求实现信息的采集、接收、传输、处理等功能。

5.0.4　水文自动测报子系统设计时要考虑系统稳定性和可靠性。

5.0.5　洪水预报及调度子系统需依据经审定的洪水预报及洪水调度方案进行设计。调度形式可视水库的具体情况和需要采用预泄、补偿调节、错峰调度方式等。

5.0.7　各子系统通信方式、数据库表结构及数据接口的统一是子系统之间整合及相关单位实时数据共享的前提。

6 工程运用管理

6.0.1 水库调度运用技术要点主要内容包括：水库承担的任务、调度运用的原则和要求、主要运用指标、防洪调度规则、兴利调度规则及调度图、水文情报与预报规定。

6.0.2~6.0.4 为了保证水库工程安全运用，要求编制各主要建筑物及附属设施和设备的运用、维修及工程监测的技术要求，使工程管理人员有章可循。

6.0.6 根据水库功能和财务收支情况，明确年运行管理费用计算方法和来源，尤其是初期运行的年运行管理费用。

6.0.7 为了保证工程安全运用，防止库区水土流失及水质污染，需在设计中根据《中华人民共和国水土保持法》《中华人民共和国水污染防治法》及地方水资源保护条例等明确工程管理与保护范围的管理限制要求。

7 施工期工程管理

7.0.1 本条的规定主要是为了便于了解掌握工程施工中的各种情况,便于有针对性对工程进行管理和养护。

防 洪 标 准

GB 50201—2014

2014－06－23发布 　　　　　　　　　　2015－05－01实施

前　言

　　本标准是根据原建设部《关于印发〈2007 年工程建设标准规范制订、修订计划（第一批）〉的通知》（建标〔2007〕125 号）的要求，由水利部水利水电规划设计总院会同黄河勘测规划设计有限公司，在原国家标准《防洪标准》GB 50201—94 的基础上修订而成的。

　　本标准在修订过程中，修订组认真总结了原国家标准《防洪标准》GB 50201—94 实施以来的经验，借鉴了其他一些国家的防洪标准，吸纳了国内部分行业相关技术标准，同时参考了流域防洪规划和区域防洪规划成果，结合我国经济社会发展状况，在广泛征求有关单位意见和建议的基础上，通过多次研究、讨论，最后经审查定稿。

　　本标准共分 11 章，主要内容包括总则、术语、基本规定、防洪保护区、工矿企业、交通运输设施、电力设施、环境保护设施、通信设施、文物古迹和旅游设施、水利水电工程。

　　本次修订的主要内容有：

　　1. 增加了"术语""基本规定""防洪保护区"和"环境保护设施"四章，将原"城市"和"乡村"两章并入"防洪保护区"一章；

　　2. 在"交通运输设施"一章中取消了"木材水运工程"一节，在"电力设施"一章中增加了"核电厂"一节，在"水利水电工程"一章中增加了"拦河水闸工程"一节。

　　本标准中以黑体字标志的条文为强制性条文，必须严格执行。

　　本标准由住房和城乡建设部负责管理和对强制性条文的解释，由水利部负责日常管理工作，由水利部水利水电规划设计总院负责具体技术内容的解释。

在本标准执行过程中，希望各单位结合工程实践和科学研究，认真总结经验，注意积累资料，如发现需要修改和补充之处，请及时将意见和有关资料寄交水利部水利水电规划设计总院（地址：北京市西城区六铺炕北小街 2 - 1 号，邮政编码：100120），以供今后修订时参考。

本标准主编单位、主要起草人和主要审查人：

主 编 单 位：水利部水利水电规划设计总院

黄河勘测规划设计有限公司

主要起草人：梅锦山　侯传河　李小燕　吴海亮　张志红

李爱玲　王　勇　李维涛　洪　建　王　煜

王府义　李荣容　刘　娟　王国安　温善章

周　健

主要审查人：汪　洪　高安泽　朱尔明　焦居仁　李代鑫

曾肇京　富曾慈　胡训润　陈效国　谭培伦

丁留谦　刘九夫

目　次

Contents

1 总　则

1.0.1 为适应国民经济各部门、各地区的防洪要求和防洪建设需要，保护人民生命财产的防洪安全，制定本标准。

1.0.2 本标准适用于防洪保护区、工矿企业、交通运输设施、电力设施、环境保护设施、通信设施、文物古迹和旅游设施、水利水电工程等防护对象，防御暴雨洪水、融雪洪水、雨雪混合洪水和海岸、河口地区防御潮水的规划、设计、施工和运行管理工作。

1.0.3 各类防护对象的防洪标准除应符合本标准外，尚应符合国家现行有关标准的规定。

2 术 语

.

2.0.1 防护对象 flood protection object

防洪保护对象的简称，指受到洪（潮）水威胁需要进行防洪保护的对象。

2.0.2 防洪保护区 flood protection area

洪（潮）水泛滥可能淹及且需要防洪工程设施保护的区域。

2.0.3 防护等级 grade of flood protection

对于同一类型的防护对象，为了便于针对其规模或性质确定相应的防洪标准，从防洪角度根据一些特性指标将其划分的若干等级。

2.0.4 当量经济规模 equivalent economic scale

防洪保护区人均 GDP 指数与人口的乘积。

2.0.5 可能最大洪水 probable maximum flood

在河流设计断面以上，水文气象上可能发生的、一定历时的、近似于物理上限的洪水。

3 基 本 规 定

3.0.1 防护对象的防洪标准应以防御的洪水或潮水的重现期表示；对于特别重要的防护对象，可采用可能最大洪水表示。防洪标准可根据不同防护对象的需要，采用设计一级或设计、校核两级。

3.0.2 各类防护对象的防洪标准应根据经济、社会、政治、环境等因素对防洪安全的要求，统筹协调局部与整体、近期与长远及上下游、左右岸、干支流的关系，通过综合分析论证确定。有条件时，宜进行不同防洪标准所可能减免的洪灾经济损失与所需的防洪费用的对比分析。

3.0.3 同一防洪保护区受不同河流、湖泊或海洋洪水威胁时，宜根据不同河流，湖泊或海洋洪水灾害的轻重程度分别确定相应的防洪标准。

3.0.4 防洪保护区内的防护对象，当要求的防洪标准高于防洪保护区的防洪标准，且能进行单独防护时，该防护对象的防洪标准应单独确定，并应采取单独的防护措施。

3.0.5 当防洪保护区内有两种以上的防护对象，且不能分别进行。防护时，该防洪保护区的防洪标准应按防洪保护区和主要防护对象中要求较高者确定。

3.0.6 对于影响公共防洪安全的防护对象，应按自身和公共防洪安全两者要求的防洪标准中较高者确定。

3.0.7 防洪工程规划确定的兼有防洪作用的路基、围墙等建筑物、构筑物，其防洪标准应按防洪保护区和该建筑物、构筑物的防洪标准中较高者确定。

3.0.8 下列防护对象的防洪标准，经论证可提高或降低：

　　1 遭受洪灾或失事后损失巨大、影响十分严重的防护对象，可提高防洪标准；

　　2 遭受洪灾或失事后损失和影响均较小、使用期限较短及临时性的防护对象，可降低防洪标准。

3.0.9 按本标准规定的防洪标准进行防洪建设，经论证确有困难时，可在报请主管部门批准后，分期实施、逐步达到。

4 防洪保护区

4.1 一般规定

4.1.1 在确定防洪标准时，应分析受洪水威胁地区的洪水特征、地形条件，以及河流、堤防、道路或其他地物的分隔作用，可以分为几个部分单独进行防护时，应划分为独立的防洪保护区，各个防洪保护区的防洪标准应分别确定。

4.1.2 划分防洪保护区防护等级的人口、耕地、经济指标的统计范围，应采用相应标准洪水的淹没范围。

4.2 城市防护区

4.2.1 城市防护区应根据政治、经济地位的重要性，常住人口或当量经济规模指标分为四个防护等级，其防护等级和防洪标准应按表 4.2.1 确定。

表 4.2.1 城市防护区的防护等级和防洪标准

防护等级	重要性	常住人口（万人）	当量经济规模（万人）	防洪标准［重现期（年）］
I	特别重要	≥150	≥300	≥200
II	重要	<150，≥50	<300，≥100	200～100
III	比较重要	<50，≥20	<100，≥40	100～50
IV	一般	<20	<40	50～20

注：当量经济规模为城市防护区人均 GDP 指数与人口的乘积，人均 GDP 指数为城市防护区人均 GDP 与同期全国人均 GDP 的比值。

4.2.2 位于平原、湖洼地区的城市防护区，当需要防御持续时间较长的江河洪水或湖泊高水位时，其防洪标准可取本标准表 4.2.1 规定中的较高值。

4.2.3 位于滨海地区的防护等级为 III 等及以上的城市防护区，当按本标准表 4.2.1 的防洪标准确定的设计高潮位低于当地历史最高潮位时，还应采用当地历史最高潮位进行校核。

4.3 乡村防护区

4.3.1 乡村防护区应根据人口或耕地面积分为四个防护等级，其防护等级和防洪标准应按表 4.3.1 确定。

表 4.3.1　乡村防护区的防护等级和防洪标准

防护等级	人口（万人）	耕地面积（万亩）	防洪标准[重现期（年）]
Ⅰ	≥150	>300	100～50
Ⅱ	<150，≥50	<300，≥100	50～30
Ⅲ	<50，≥20	<100，≥30	30～20
Ⅳ	<20	<30	20～10

4.3.2　人口密集、乡镇企业较发达或农作物高产的乡村防护区，其防洪标准可提高。地广人稀或淹没损失较小的乡村防护区，其防洪标准可降低。

4.3.3　蓄、滞洪区的分洪运用标准和区内安全设施的建设标准，应根据批准的江河流域防洪规划的要求分析确定。

5 工 矿 企 业

5.0.1 冶金、煤炭、石油、化工、电子、建材、机械、轻工、纺织、医药等工矿企业应根据规模分为四个防护等级，其防护等级和防洪标准应按表 5.0.1 确定。对于有特殊要求的工矿企业，还应根据行业相关规定，结合自身特点经分析论证确定防洪标准。

表 5.0.1 工矿企业的防护等级和防洪标准

防护等级	工矿企业规模	防洪标准[重现期(年)]
Ⅰ	特大型	200～100
Ⅱ	大型	100～50
Ⅲ	中型	50～20
Ⅳ	小型	20～10

注：各类工矿企业的规模按国家现行规定划分。

5.0.2 滨海区中型及以上的工矿企业，当按本标准表 5.0.1 的防洪标准确定的设计高潮位低于当地历史最高潮位时，还应采用当地历史最高潮位进行校核。

5.0.3 工矿企业还应根据遭受洪灾后的损失和影响程度，按下列规定确定防洪标准：

  1 当工矿企业遭受洪水淹没后，损失巨大，影响严重，恢复生产所需时间较长时，其防洪标准可取本标准表 5.0.1 规定的上限或提高一个等级；

  2 当工矿企业遭受洪灾后，其损失和影响较小，很快可恢复生产时，其防洪标准可按本标准表 5.0.1 规定的下限确定；

  3 地下采矿业的坑口、井口等重要部位，应按本标准表 5.0.1 规定的防洪标准提高一个等级进行校核，或采取专门的防护措施。

5.0.4 当工矿企业遭受洪水淹没后，可能爆炸或导致毒液、毒气、放射性等有害物质大量泄漏、扩散时，其防洪标准应符合下列规定：

  1 对于中、小型工矿企业，应采用本标准表 5.0.1 中Ⅰ等的防洪标准；

  2 对于特大、大型工矿企业，除采用本标准表 5.0.1 中Ⅰ等的上限防洪标准外，尚应采取专门的防护措施；

  3 对于核工业和与核安全有关的厂区、车间及专门设施，应采用高于 200 年一遇的防洪标准。

6 交通运输设施

6.1 铁　　路

6.1.1　国家标准轨距铁路的各类建筑物、构筑物，应根据铁路在路网中的重要性和预测的近期年客货运量分为两个防护等级，其防护等级和防洪标准应按表 6.1.1 确定。

表 6.1.1　国家标准轨距铁路各类建筑物、构筑物的防护等级和防洪标准

防护等级	铁路等级	铁路在路网中的作用、性质	近期年客货运量（Mt）	防洪标准[重现期(年)]			
				设计			校核
				路基	涵洞	桥梁	技术复杂、修复困难或重要的大桥和特大桥
I	客运专线	以客运为主的高速铁路	—	100	100	100	300
	I	在铁路网中起骨干作用的铁路	≥20				
	II	在铁路网中起联络、辅助作用的铁路	<20，≥10				
II	III	为某一地区或企业服务的铁路	<10，≥5	50	50	50	100
	IV	为某一地区或企业服务的铁路	<5				

注：1　近期指交付运营后的第 10 年；
　　2　年客货运量为重车方向的运量，每天一对旅客列车按 1.0Mt 年货运量折算。

6.1.2　经过行、蓄、滞洪区铁路的防洪标准，应结合所在河段、地区的行、蓄、滞洪区的要求确定，不得影响行、蓄、滞洪区的正常运用。

6.1.3　工矿企业专用标准轨距铁路的防洪标准，应根据本标准表 6.1.1 并结合工矿企业的防洪要求确定。

6.2 公　　路

6.2.1　公路的各类建筑物、构筑物应根据公路的功能和相应的交通量分为四个防护等级，其防护等级和防洪标准应按表 6.2.1 确定。

表 6.2.1 公路各类建筑物、构筑物的防护等级和防洪标准

防护等级	公路等级	分等指标	防洪标准［重现期（年）］							
				桥　涵				隧　道		
			路基	特大桥	大、中桥	小桥	涵洞及小型排水构筑物	特长隧道	长隧道	中、短隧道
I	高速	专供汽车分向、分车道行驶并应全部控制出入的多车道公路，年平均日交通量为25000辆～100000辆	100	300	100	100	100	100	100	100
	一级	供汽车分向、分车道行驶，并可根据需要控制出入的多车道公路，年平均日交通量为15000辆～55000辆								
II	二级	供汽车行驶的双车道公路，年平均日交通量为5000辆～15000辆	50	100	100	50	50	100	50	50
III	三级	供汽车行驶的双车道公路，年平均日交通量为2000辆～6000辆	25	100	50	25	25	50	50	25
IV	四级	供汽车行驶的双车道或单车道公路，双车道年平均日交通量2000辆以下，单车道年平均日交通量400辆以下	—	100	100	25	25	—	50	25

注：年平均日交通量指将各种汽车折合成小客车后的交通量。

6.2.2 经过行、蓄、滞洪区公路的防洪标准，应结合所在河段、地区的行、蓄、滞洪区的要求确定，不得影响行、蓄、滞洪区的正常运用。

6.3　航　　运

6.3.1 河港主要港区的陆域，应根据重要性和受淹损失程度分为三个防护等级，其防护等级和防洪标准应按表6.3.1确定。

表 6.3.1 河港主要港区陆域的防护等级和防洪标准

防护等级	重要性和受淹损失程度	防洪标准［重现期（年）］	
		河网、平原河流	山区河流
I	直辖市、省会、首府和重要城市的主要港区陆域，受淹后损失巨大	100～50	50～20
II	比较重要城市的主要港区陆域，受淹后损失较大	50～20	20～10
III	一般城镇的主要港区陆域，受淹后损失较小	20～10	10～5

注：码头的防洪标准根据相关行业标准确定。

6.3.2 内河航道上的通航建筑物，应根据可通航内河船舶的吨级分为四个防护等级，其防护等级和防洪标准应按表 6.3.2 和所在水域的防洪要求确定。

表 6.3.2 内河航道通航建筑物的防护等级和防洪标准

防护等级	通航建筑物级别	船舶吨级（t）	防洪标准［重现期（年）］
Ⅰ	Ⅰ	3000	100～50
Ⅱ	Ⅱ	2000	50～20
Ⅲ	Ⅲ、Ⅳ	1000、500	20～10
Ⅳ	Ⅴ～Ⅶ	300、100、50	10～5

注：1 船舶吨级按船舶设计载重吨确定；
　　2 船舶吨级 3000t 以上通航建筑物的防护等级按Ⅰ等确定。

6.3.3 海港主要港区的陆域，应根据港口的重要性和受淹损失程度分为三个防护等级，其防护等级和防洪标准应按表 6.3.3 确定。

表 6.3.3 海港主要港区陆域的防护等级和防洪标准

防护等级	重要性和受淹损失程度	防洪标准［重现期（年）］
Ⅰ	重要的港区陆域，受淹后损失巨大	200～100
Ⅱ	比较重要港区陆域，受淹后损失较大	100～50
Ⅲ	一般港区陆域，受淹后损失较小	50～20

6.3.4 当按本标准表 6.3.3 的防洪标准确定的海港主要港区陆域的设计高潮位低于当地历史最高潮位时，应采用当地历史最高潮位进行校核。有掩护的Ⅲ等海港主要港区陆域的防洪标准，可按 50 年一遇的高潮位进行校核。

6.3.5 当河（海）港区陆域的防洪工程是城镇防洪工程的组成部分时，其防洪标准不应低于该城镇的防洪标准。

6.4 民用机场

6.4.1 民用机场应根据重要程度和飞行区指标分为三个防护等级，其防护等级和防洪标准应按表 6.4.1 确定。

表 6.4.1 民用机场的防护等级和防洪标准

防护等级	重要程度	飞行区指标	防洪标准［重现期（年）］
Ⅰ	特别重要的国际机场	4D 及以上	≥100
Ⅱ	重要的国内干线机场及一般的国际机场	4C、3C	≥50
Ⅲ	一般的国内支线机场	3C 以下	≥20

6.4.2 对于防护等级为Ⅰ等、年旅客吞吐量大于或等于 1000 万人次的民用运输机场，还应按 300 年一遇的防洪标准进行校核；对于防护等级为Ⅱ等、年旅客吞吐量大于或等于 200 万人次的民用运输机场，还应按 100 年一遇的防洪标准进行校核。

6.4.3 民用机场的防洪标准不应低于所在城市的防洪标准。

6.5 管 道 工 程

6.5.1 穿越和跨越有洪水威胁水域的输油、输气等管道工程，应根据工程规模分为三个防护等级，其防护等级和防洪标准应按表 6.5.1 及所穿越和跨越水域的防洪要求确定。

表 6.5.1 输油、输气等管道工程的防护等级和防洪标准

防护等级	工程规模	防洪标准[重现期（年）]
Ⅰ	大型	100
Ⅱ	中型	50
Ⅲ	小型	20

注：输水管道工程的防护等级和防洪标准，按本标准第 11 章的有关规定确定。

6.5.2 对于特别重要的大型管道工程，经分析论证可采用大于 100 年一遇的防洪标准进行校核。

6.5.3 从洪水期冲刷较剧烈的水域底部穿过的输油、输气等管道工程，其埋深应同时满足相应防洪标准洪水的冲刷深度和规划疏浚深度，并应预留安全埋深。

6.5.4 经过行、蓄、滞洪区的管道工程的防洪标准，应结合所在河段、地区的行、蓄、滞洪区的要求确定，不得影响行、蓄、滞洪区的正常运用。

7 电 力 设 施

7.1 火 电 厂

7.1.1 火电厂厂区应根据规划容量分为三个防护等级，其防护等级和防洪标准应按表 7.1.1 确定。

表 7.1.1 火电厂厂区的防护等级和防洪标准

防护等级	规划容量（MW）	防洪标准［重现期（年）］
Ⅰ	＞2400	≥100
Ⅱ	400～2400	≥100
Ⅲ	＜400	≥50

注：对于风暴潮影响严重地区的海滨Ⅰ级火电厂厂区，防洪标准取 200 年一遇。

7.1.2 工矿企业自备火电厂厂区的防洪标准应与该工矿企业的防洪标准相适应。

7.1.3 供热型火电厂厂区的防洪标准应与供热对象的防洪标准相适应。

7.1.4 火电厂地表水岸边泵房应根据火电厂规模分为两个防护等级，其防护等级和防洪标准应按表 7.1.4 确定。

表 7.1.4 火电厂地表水岸边泵房的防护等级和防洪标准

防护等级	火电厂规模	防洪标准［重现期（年）］	
		设计	校核
Ⅰ	大中型	100	1000
Ⅱ	小型	50	100

7.2 核 电 厂

7.2.1 核电厂与核安全相关物项的防洪标准应为设计基准洪水，设计基准洪水应根据可能影响厂址安全的各种严重洪水事件及其可能的不利组合，并结合厂址特征综合分析确定。

7.2.2 可能影响核电厂厂址安全的严重洪水事件，应包括天文潮高潮位、海平面异常、风暴潮增水、假潮增水、海啸或湖涌增水、径流洪水、溃坝洪水、波浪，以及其他因素引起的洪水等。

7.2.3 对于滨海、滨河和河口核电厂，应根据厂址的自然条件，分别确定可能影响厂址安全的严重洪水事件，并应按相关规定进行组合，应选择最大值作为设计基准洪水位。

7.2.4 最终确定的核电厂设计基准洪水位不应低于有水文记录或历史上的最高洪水位。

7.3 高压、超高压和特高压输变电设施

7.3.1 35kV及以上的高压、超高压和特高压架空输电线路基础，应根据电压分为四个防护等级，其防护等级和防洪标准应按表7.3.1确定。大跨越架空输电线路的防洪标准可经分析论证提高。

表 7.3.1 高压、超高压和特高压架空输电线路的防护等级和防洪标准

防护等级	电压(kV)	防洪标准[重现期(年)]
Ⅰ	1000、±800	100
Ⅱ	750、±660、±500	50
Ⅲ	500、330	30
Ⅳ	≤220，≥35	20～10

7.3.2 35kV及以上的高压、超高压和特高压变电设施，应根据电压分为三个防护等级，其防护等级和防洪标准应按表7.3.2确定。

表 7.3.2 高压和超高压变电设施的防护等级和防洪标准

防护等级	电压(kV)	防洪标准[重现期(年)]
Ⅰ	≥500	≥100
Ⅱ	<500，≥220	100
Ⅲ	<220，≥35	50

7.3.3 工矿企业专用高压输变电设施的防洪标准，应与该工矿企业的防洪标准相适应。

8 环境保护设施

8.1 尾矿库工程

8.1.1 工矿企业尾矿库工程主要建筑物的防护等级和防洪标准，应符合现行国家标准《尾矿设施设计规范》GB 50863 的有关规定。

8.1.2 尾矿库失事将对下游重要的居民区、工矿企业或交通干线造成严重灾害时，经论证其防护等级可提高一等。

8.1.3 储存铀矿等有放射性和有害尾矿，失事后可能对环境造成极其严重危害的尾矿库，其防洪标准应予以提高，必要时其后期防洪标准可采用可能最大洪水。

8.2 贮灰场工程

8.2.1 火电厂山谷贮灰场工程，应根据工程规模分为三个防护等级，其防护等级和防洪标准应按表 8.2.1 确定。

表 8.2.1 火电厂山谷贮灰场工程的防护等级和防洪标准

防护等级	灰场级别	工程规模		防洪标准[重现期(年)]	
		总容积(亿 m³)	最终坝高(m)	设计	校核
Ⅰ	一	>1.0	>70	100	500
Ⅱ	二	≤1.0,>0.1	≤70,>50	50	200
Ⅲ	三	≤0.1	≤50,>30	30	100

注:当根据最终坝高与总容积确定的等级不同时,以高者为准。当级差大于一个级别时,按高者降低一个级别确定。

8.2.2 当山谷贮灰场下游有重要的居民区、工矿企业或交通干线时，经论证其防护等级可提高一等，并应选取相应的防洪标准。

8.2.3 火电厂滩涂贮灰场围堤工程，应根据总容积分为两个防护等级，其防护等级和防洪标准应按表 8.2.3 确定。贮灰场围堤为河（海）堤的一部分时，其设计防洪标准不应低于堤防工程的标准。

表 8.2.3 火电厂滩涂贮灰场围堤工程的防护等级和防洪标准

防护等级	灰场级别	总容积(万 m³)	堤外防洪标准[重现期(年)]		堤内防洪标准[重现期(年)]	
			设计	校核	设计	校核
Ⅰ	一	>1000	50	100~200	50	200
Ⅱ	二	≤1000	30	100	30	100

注:堤内指贮灰侧。

8.2.4 其他类型贮灰场的防洪标准可结合自身特点，按火电厂贮灰场或尾矿库的规定，经分析论证确定。

8.3 垃 圾 处 理 工 程

8.3.1 城市生活垃圾卫生填埋工程应根据工程建设规模分为三个防护等级，其防护等级和防洪标准应按表 8.3.1 确定，并不得低于当地的防洪标准。

表 8.3.1 城市生活垃圾卫生填埋工程的防护等级和防洪标准

防护等级	填埋场建设规模 （万 m³）	防洪标准 [重现期（年）]	
		设计	校核
Ⅰ	＞500	50	100
Ⅱ	200～500	20	50
Ⅲ	＜200	10	20

8.3.2 医疗废物化学消毒与微波消毒集中处理工程，厂区应达到 100 年一遇的防洪标准。

8.3.3 危险废物集中焚烧处置工程，厂区应达到 100 年一遇的防洪标准。

9 通 信 设 施

9.0.1 公用长途通信线路，应根据重要程度和设施内容分为三个防护等级，其防护等级和防洪标准应按表 9.0.1 确定。

表 9.0.1　公用长途通信线路的防护等级和防洪标准

防护等级	重要程度和设施内容	防洪标准[重现期(年)]
I	国际干线，首都至各省会（首府、直辖市）的线路，省会（首府、直辖市）之间的线路	100
II	省会（首府、直辖市）至各地（市、州）的线路，各地（市、州）之间的重要线路	50
III	各地（市、州）之间的一般线路，地（市、州）至各县的线路，各县之间的线路	30

9.0.2 公用通信局、所，应根据重要程度和设施内容分为两个防护等级，其防护等级和防洪标准应按表 9.0.2 确定。

表 9.0.2　公用通信局、所的防护等级和防洪标准

防护等级	重要程度和设施内容	防洪标准[重现期(年)]
I	省会（首府、直辖市）及省会以上城市的电信枢纽楼，重要市内电话局，长途干线郊外站，海缆登陆局	100
II	省会（首府、直辖市）以下城市的电信枢纽楼，一般市内电话局	50

9.0.3 公用通信台、站，应根据重要程度和设施内容分为两个防护等级，其防护等级和防洪标准应按表 9.0.3 确定。

表 9.0.3　公用通信台、站的防护等级和防洪标准

防护等级	重要程度和设施内容	防洪标准[重现期(年)]
I	国际通信短波无线电台，大型和中型卫星通信地球站，1级和2级光缆和微波通信干线链路接力站（包括终端、中继站、郊外站等）	100
II	国内通信短波无线电台、小型卫星通信地球站、光缆和微波中继站	50

9.0.4 交通运输、水利水电工程及电力设施等专用的通信设施，其防洪标准应根据服务对象的要求确定。

10　文物古迹和旅游设施

10.1　文　物　古　迹

10.1.1　不耐淹的文物古迹，应根据文物保护的级别分为三个防护等级，其防护等级和防洪标准应按表10.1.1确定。

表10.1.1　文物古迹的防护等级和防洪标准

防护等级	文物保护的级别	防洪标准[重现期(年)]
Ⅰ	世界级、国家级	≥100
Ⅱ	省（自治区、直辖市）级	100～50
Ⅲ	市、县级	50～20

注：世界级文物指列入《世界遗产名录》的世界文化遗产以及世界文化和自然双遗产中的文化遗产部分。

10.1.2　对于特别重要的文物古迹，其防洪标准经充分论证和主管部门批准后可提高。

10.2　旅　游　设　施

10.2.1　受洪水威胁的旅游设施，应根据景源的级别、旅游价值、知名度和受淹损失程度分为三个防护等级，其防护等级和防洪标准应按表10.2.1确定。

表10.2.1　旅游设施的防护等级和防洪标准

防护等级	景源级别	旅游价值、知名度和受淹损失程度	防洪标准[重现期(年)]
Ⅰ	特级、一级	世界或国家保护价值，知名度高，受淹后损失巨大	100～50
Ⅱ	二级	省级保护价值，知名度较高，受淹后损失较大	50～30
Ⅲ	三级、四级	市县级或一般保护价值，知名度较低，受淹后损失较小	30～10

10.2.2　供游览的文物古迹的防洪标准，应根据其防护等级按本标准表10.1.1和表10.2.1中较高者确定。

11 水利水电工程

11.1 水利水电工程等别

11.1.1 水利水电工程的等别，应根据工程规模，效益和在经济社会中的重要性，按其综合利用任务和功能类别或不同工程类型予以确定。

11.1.2 水利水电工程的等别，应按承担的任务和功能类别确定，并应符合下列规定：

1 防洪、治涝工程的等别，应根据其保护对象的重要性和受益面积，按表11.1.2-1确定。

表 11.1.2-1 防洪、治涝工程的等别

工程等别	防洪		治涝
	城镇及工矿企业的重要性	保护农田面积（万亩）	治涝面积（万亩）
Ⅰ	特别重要	≥500	≥200
Ⅱ	重要	<500，≥100	<200，≥60
Ⅲ	比较重要	<100，≥30	<60，≥15
Ⅳ	一般	<30，≥5	<15，≥3
Ⅴ		<5	<3

2 供水、灌溉、发电工程的等别，应根据其供水规模、供水对象的重要性、灌溉面积和装机容量，按表11.1.2-2确定。

表 11.1.2-2 供水、灌溉、发电工程的等别

工程等别	工程规模	供水			灌溉	发电
		供水对象的重要性	引水流量（m³/s）	年引水量（亿m³）	灌溉面积（万亩）	装机容量（MW）
Ⅰ	特大型	特别重要	≥50	≥10	≥150	≥1200
Ⅱ	大型	重要	<50，≥10	<10，≥3	<150，≥50	<1200，≥300
Ⅲ	中型	比较重要	<10，≥3	<3，≥1	<50，≥5	<300，≥50
Ⅳ	小型	一般	<3，≥1	<1，≥0.3	<5，≥0.5	<50，≥10
Ⅴ			<1	<0.3	<0.5	<10

注：1 跨流域、水系、区域的调水工程纳入供水工程统一确定；

2 供水工程的引水流量指渠首设计引水流量，年引水量指渠首多年平均年引水量；

3 灌溉面积指设计灌溉面积。

3 水库枢纽工程上的通航工程的等别，应根据其航道等级和设计通航船舶吨级，按表11.1.2-3确定。

表11.1.2-3 通航工程的等别

工程等别	航道等级	设计通航船舶吨级（t）
I	I	3000
II	II	2000
	III	1000
III	IV	500
IV	V	300
V	VI	100
	VII	50

注：1 设计通航船舶吨级系指通过通航建筑物的最大船舶载重吨，当为船队通过时指组成船队的最大驳船载重吨；

　　2 跨省际V级航道上的渠化枢纽工程等别提高一等。

11.1.3 以城市供水为主的工程，应按供水对象的重要性、引水流量和年引水量三个指标拟定工程等别，确定等别时应至少有两项指标符合要求。以农业灌溉为主的供水工程，应按灌溉面积指标确定工程等别。

11.1.4 水库、拦河水闸、灌排泵站与引水枢纽工程的等别，应根据工程规模按表11.1.4确定。

表11.1.4 水库、拦河水闸、灌排泵站与引水枢纽工程的等别

工程等别	工程规模	水库工程	拦河水闸工程	灌溉与排水工程		引水枢纽
				泵站工程		
		总库容（亿m³）	过闸流量（m³/s）	装机流量（m³/s）	装机功率（MW）	引水流量（m³/s）
I	大（1）型	≥10	≥5000	≥200	≥30	≥200
II	大（2）型	<10，≥1.0	<5000，≥1000	<200，≥50	<30，≥10	<200，≥50
III	中型	<1.0，≥0.10	<1000，≥100	<50，≥10	<10，≥1	<50，≥10
IV	小（1）型	<0.10，≥0.01	<100，≥20	<10，≥2	<1，≥0.1	<10，≥2
V	小（2）型	<0.01，≥0.001	<20	<2	<0.1	<2

注：1 水库总库容指水库最高水位以下的静库容，洪水期基本恢复天然状态的水库枢纽总库容采用正常蓄水位以下的静库容；

　　2 拦河水闸工程指平原区的水闸枢纽工程，过闸流量为按校核洪水标准泄洪时的水闸下泄流量；

　　3 灌溉引水枢纽工程包括拦河或顺河向布置的灌溉取水枢纽，引水流量采用设计流量；

　　4 泵站工程指灌溉、排水（涝）的提水泵站，其装机流量、装机功率指包括备用机组在内的单站指标；由多级或多座泵站联合组成的泵站系统工程的等别，可按其系统的规模指标确定。

11.1.5 当按工程任务、功能类别或工程类型确定的等别不同时，其等别应按高者确定。

11.2 水利水电工程建筑物级别

11.2.1 水利水电工程的永久性水工建筑物的级别，应根据其所属工程的等别、作用和重要性，按表 11.2.1 确定。

表 11.2.1 永久性水工建筑物的级别

工程等别	水工建筑物级别	
	主要建筑物	次要建筑物
Ⅰ	1	3
Ⅱ	2	3
Ⅲ	3	4
Ⅳ	4	5
Ⅴ	5	5

11.2.2 失事后损失巨大或影响十分严重的水利水电工程的 2 级～5 级主要永久性水工建筑物，经过论证并报主管部门批准，可提高一级，设计洪水标准相应提高；失事后造成损失不大的水利水电工程的 1 级～4 级主要永久性水工建筑物，经过论证并报主管部门批准，可降低一级。

11.2.3 水库大坝的 2 级、3 级永久性水工建筑物，坝高超过规定指标时，其级别可提高一级，但防洪标准可不提高。

11.2.4 当永久性水工建筑物基础的工程地质条件特别复杂或采用实践经验较少的新型结构时，对 2 级～5 级建筑物可提高一级设计，但防洪标准可不提高。

11.2.5 平原区水闸工程的级别，应根据其所属工程的等别按本标准表 11.2.1 确定。山区、丘陵区水利水电枢纽中的水闸级别，应根据其所属枢纽工程的等别和水闸自身的重要性按本标准表 11.2.1 确定。位于防洪（挡潮）堤上的水闸，其级别不得低于防洪（挡潮）堤的级别。

11.2.6 供水工程利用现有河道输水时，河道堤防级别应根据供水工程的等别、现有河道堤防级别、输水位抬高可能造成的影响等因素综合确定，但不得低于现有河道堤防级别。

11.2.7 灌溉渠道或排水沟，以及与灌排有关的水闸、渡槽、倒虹吸、涵洞、隧洞等建筑物的级别，应按现行国家标准《灌溉与排水工程设计规范》GB 50288 的有关规定执行。

11.3 水 库 工 程

11.3.1 水库工程水工建筑物的防洪标准，应根据其级别和坝型，按表 11.3.1 确定。

表 11.3.1 水库工程水工建筑物的防洪标准

水工建筑物级别	防洪标准[重现期(年)]				
	山区、丘陵区			平原区、滨海区	
	设计	校核		设计	校核
		混凝土坝、浆砌石坝	土坝、堆石坝		
1	1000～500	5000～2000	可能最大洪水(PMF)或10000～5000	300～100	2000～1000
2	500～100	2000～1000	5000～2000	100～50	1000～300
3	100～50	1000～500	2000～1000	50～20	300～100
4	50～30	500～200	1000～300	20～10	100～50
5	30～20	200～100	300～200	10	50～20

11.3.2 当山区、丘陵区的水库枢纽工程挡水建筑物的挡水高度低于 15m，且上下游最大水头差小于 10m 时，其防洪标准宜按平原区、滨海区的规定确定；当平原区、滨海区的水库枢纽工程挡水建筑物的挡水高度高于 15m，且上下游最大水头差大于 10m 时，其防洪标准宜按山区、丘陵区的规定确定。

11.3.3 土石坝一旦失事将对下游造成特别重大的灾害时，1 级建筑物的校核洪水标准应采用可能最大洪水或 10000 年一遇。

11.3.4 土石坝一旦失事将对下游造成特别重大的灾害时，2 级～4 级建筑物的校核洪水标准可提高一级。

11.3.5 混凝土坝和浆砌石坝，洪水漫顶可能造成极其严重的损失时，1 级挡水和泄水建筑物的校核洪水标准，经过专门论证并报主管部门批准后，可采用可能最大洪水或 10000 年一遇。

11.3.6 低水头或失事后损失不大的水库工程的 1 级～4 级挡水和泄水建筑物，经过专门论证并报主管部门批准后，其校核洪水标准可降低一级。

11.3.7 规划拟建的梯级水库，其上下游水库的防洪标准应相互协调、统筹规划、合理确定。

11.4 水 电 站 工 程

11.4.1 水电站工程挡水、泄水建筑物的防洪标准，应按本标准表 11.3.1

确定。

11.4.2 水电站厂房的防洪标准，应根据其级别按表 11.4.2 确定。河床式水电站厂房作为挡水建筑物时，其防洪标准应与主要挡水建筑物的防洪标准相一致。水电站副厂房、主变压器场、开关站和进厂交通等建筑物的防洪标准可按表 11.4.2 确定。

表 11.4.2　水电站厂房的防洪标准

水电站厂房级别	防洪标准［重现期(年)］	
	设计	校核
1	200	1000
2	200～100	500
3	100～50	200
4	50～30	100
5	30～20	50

11.4.3 抽水蓄能电站的上、下水库水工建筑物防洪标准，可按本标准表 11.3.1 确定。库容较小，失事后对下游危害不大，且修复较容易时，其水工建筑物的防洪标准可根据电站厂房的级别按本标准表 11.4.2 确定。

11.5　拦 河 水 闸 工 程

11.5.1 拦河水闸工程水工建筑物的防洪标准，应根据其级别并结合所在流域防洪规划规定的任务，按表 11.5.1 确定。

表 11.5.1　拦河水闸工程水工建筑物的防洪标准

水工建筑物级别	防洪标准［重现期(年)］	
	设　计	校　核
1	100～50	300～200
2	50～30	200～100
3	30～20	100～50
4	20～10	50～30
5	10	30～20

11.5.2 挡潮闸工程水工建筑物的防潮标准，应根据其级别按表 11.5.2 确定。

11.5.3 对于挡潮闸 1 级～2 级建筑物，确定的设计潮水位低于当地历史最高潮水位时，应采用当地历史最高潮水位进行校核。

11.5.4 位于防洪（潮）堤上的水闸，其防洪（潮）标准不得低于所在堤防的防洪（潮）标准。

表 11.5.2　挡潮闸工程水工建筑物的防潮标准

水工建筑物级别	设计防潮标准[重现期(年)]
1	≥100
2	100～50
3	50～20
4	20～10
5	10

11.6　灌溉与排水工程

11.6.1　灌溉与排水工程中调蓄水库的防洪标准，应按本标准表11.3.1确定。

11.6.2　灌溉与排水工程中引水枢纽、泵站等主要建筑物的防洪标准，应根据其级别按表11.6.2确定。

表 11.6.2　引水枢纽、泵站等主要建筑物的防洪标准

水工建筑物级别	防洪标准[重现期(年)]	
	设　计	校　核
1	100～50	300～200
2	50～30	200～100
3	30～20	100～50
4	20～10	50～30
5	10	30～20

11.6.3　灌溉渠道或排水沟以及与灌排有关的水闸、渡槽、倒虹吸、涵洞、隧洞等建筑物的防洪标准，应根据其级别，按现行国家标准《灌溉与排水工程设计规范》GB 50288 的有关规定执行。

11.7　供　水　工　程

11.7.1　供水工程中调蓄水库的防洪标准，应按本标准表11.3.1确定。

11.7.2　供水工程中引水枢纽、输水工程、泵站等水工建筑物的防洪标准，应根据其级别按表11.7.2确定。

11.7.3　供水工程利用现有河道输水时，其防洪标准应根据工程等别、原河道防洪标准、输水位抬高可能造成的影响等因素综合确定，但不得低于原河道的防洪标准。新开挖输水渠的防洪标准可按供水工程等别、所经过区域的防洪标准及洪水特性等综合确定。

表 11.7.2 供水工程水工建筑物的防洪标准

水工建筑物级别	防洪标准[重现期(年)]	
	设 计	校 核
1	100～50	300～200
2	50～30	200～100
3	30～20	100～50
4	20～10	50～30
5	10	30～20

11.7.4 供水工程输水渠穿越河流的交叉建筑物防洪标准，应根据工程等别、所穿越河道的水文特性和防洪要求等综合分析确定；特别重要的交叉建筑物的防洪标准经专门论证可提高。穿越堤防的建筑物防洪标准不应低于所在堤防的防洪标准。

11.8 堤 防 工 程

11.8.1 堤防工程的防洪标准，应根据其保护对象或防洪保护区的防洪标准，以及流域规划的要求分析确定。

11.8.2 蓄、滞洪区堤防工程的防洪标准应根据流域规划的要求分析确定。

11.8.3 堤防工程上的闸、涵、泵站等建筑物及其他构筑物的设计防洪标准，不应低于堤防工程的防洪标准，并应留有安全裕度。

本 标 准 用 词 说 明

1 为便于在执行本标准条文时区别对待，对要求严格程度不同的用词说明如下：

    1）表示很严格，非这样做不可的：

        正面词采用"必须"，反面词采用"严禁"；

    2）表示严格，在正常情况下均应这样做的：

        正面词采用"应"，反面词采用"不应"或"不得"；

    3）表示允许稍有选择，在条件许可时首先应这样做的：

        正面词采用"宜"，反面词采用"不宜"；

    4）表示有选择，在一定条件下可以这样做的，采用"可"。

2 条文中指明应按其他有关标准执行的写法为："应符合……的规定"或"应按……执行"。

引 用 标 准 名 录

《灌溉与排水工程设计规范》GB 50288

《尾矿设施设计规范》GB 50863

水利水电工程等级划分及洪水标准

SL 252—2017　　　　　　　替代 SL 252—2000

2017－01－09发布　　　　　　　2017－04－09实施

前　言

根据水利技术标准制修订计划安排，按照 SL 1—2014《水利技术标准编写规定》的要求，对 SL 252—2000《水利水电工程等级划分及洪水标准》（以下简称原标准）进行修订。

本标准共5章，主要包括下列技术内容：

——总则；

——术语；

——水利水电工程等别的划分；

——水工建筑物级别的确定；

——水工建筑物洪水标准的确定。

本次修订的主要技术内容如下：

——增加了"术语"一章；将原标准中的"工程等别及建筑物级别"一章分为"水利水电工程等别"和"水工建筑物级别"两章；取消了原标准中的"建筑物超高"一章；

——将原标准中"水利水电工程分等指标"的防洪和供水指标体系进行了部分调整；

——对原标准中有关拦河水闸及灌溉、排水泵站分等指标的规定进行了修改；

——对部分水工建筑物级别和洪水标准指标的规定进行了调整；

——增加了2～5级高填方渠道、大跨度或高排架渡槽、高水头倒虹吸等永久性水工建筑物提高级别的相关规定；

——增加了水电站厂房永久性建筑物按承担挡水任务和不承担挡水任务分

别确定级别的相关规定；

——增加了水库工程中最大高度超过200m的大坝级别及设计标准的相关规定；

——增加了在梯级水库中起控制作用的水库洪水标准的相关规定；

——增加了挡水坝采用土石坝和混凝土坝混合坝型时洪水标准的相关规定；

——增加了水库工程导流洞（底孔）封堵期间，进口临时挡水设施洪水标准的相关规定；

——增加了封堵工程出口临时挡水设施在施工期内的导流设计洪水标准的相关规定。

本标准中的强制性条文有：3.0.1条、3.0.2条、4.2.1条、4.3.1条、4.4.1条、4.5.1条、4.5.2条、4.5.3条、4.6.1条、4.6.2条、4.7.1条、4.8.1条、4.8.2条、5.2.1条、5.2.2条、5.2.7条、5.2.8条、5.2.10条、5.3.1条、5.3.2条、5.5.1条、5.5.3条、5.6.1条。以黑体字标示，必须严格执行。

本标准所替代标准的历次版本为：

——SL 252—2000

本标准批准部门：中华人民共和国水利部

本标准主持机构：水利部水利水电规划设计总院

本标准解释单位：水利部水利水电规划设计总院

本标准主编单位：水利部水利水电规划设计总院

长江勘测规划设计研究有限责任公司

本标准出版、发行单位：中国水利水电出版社

本标准主要起草人：仲志余　温续余　黄建和　熊泽斌

邵剑南　陈肃利　胡向阳　吴剑疆

肖昌虎　尚　钦　周　健　李勤军

孔凡辉

本标准审查会议技术负责人：刘志明

本标准体例格式审查人：陈登毅

在执行本标准过程中，请各单位注意总结经验，积累资料，随时将有关意见和建议反馈给水利部国际合作与科技司（通信地址：北京市西城区白广路二条2号；邮政编码：100053；电话：010－63204533；电子邮箱：bzh@mwr.gov.cn），以供今后修订时参考。

目　次

1 总 则

1.0.1 为保证水利水电工程及其下游（或保护区）人民生命财产的安全和工程效益的正常发挥，根据我国经济社会和科学技术发展水平，制定本标准。

1.0.2 本标准适用于防洪、治涝、灌溉、供水与发电等各类水利水电工程。对已建水利水电工程进行修复、加固、改建、扩建，执行本标准确有困难时，经充分论证并报主管部门批准，可适当调整。

1.0.3 确定水利水电工程等别、建筑物级别和洪水标准时，应合理处理局部与整体、近期与远景、上游与下游、左岸与右岸等方面的关系。

1.0.4 规模巨大、涉及面广、地位特别重要的水利水电工程，其工程等别、建筑物级别和洪水标准等，必要时应进行专门论证，经主管部门批准确定。

1.0.5 水利水电工程中等级划分及洪水标准除应符合本标准规定外，尚应符合国家现行有关标准的规定。

2　术　语

2.0.1　水利水电工程等别　rank of water and hydropower project
按水利水电工程的规模、效益及其在经济社会中的重要性所划分的等别。

2.0.2　水工建筑物级别　grade of hydraulic structures
按水工建筑物所在工程的等别、作用和其重要性所划分的级别。

2.0.3　洪水标准　flood protection criteria
为维护水工建筑物自身安全所需要防御的洪水大小，一般以某一频率或重现期洪水表示，分为设计洪水标准和校核洪水标准。

2.0.4　永久性水工建筑物　permanent hydraulic structures
工程运用期间长期使用的水工建筑物。

2.0.5　临时性水工建筑物　temporary hydraulic structures
仅在工程施工及维修期间使用的水工建筑物。

2.0.6　主要建筑物　main structures
在工程中起主要作用、失事后将造成严重灾害或严重影响工程效益的水工建筑物。

2.0.7　次要建筑物　secondary structures
在工程中作用相对较小、失事后影响不大的水工建筑物。

2.0.8　当量经济规模　equivalent economic scale
防洪保护区人均 GDP 指数与防护区人口数量的乘积。防洪保护区人均 GDP 指数为防洪保护区人均 GDP 与全国人均 GDP 的比值。

3 水利水电工程等别

3.0.1 水利水电工程的等别，应根据其工程规模、效益和在经济社会中的重要性，按表3.0.1确定。

表3.0.1 水利水电工程分等指标

工程等别	工程规模	水库总库容/$10^8 m^3$	防洪			治涝	灌溉	供水		发电
			保护人口/10^4人	保护农田面积/10^4亩	保护区当量经济规模/10^4人	治涝面积/10^4亩	灌溉面积/10^4亩	供水对象重要性	年引水量/$10^8 m^3$	发电装机容量/MW
I	大（1）型	≥10	≥150	≥500	≥300	≥200	≥150	特别重要	≥10	≥1200
II	大（2）型	<10,≥1.0	<150,≥50	<500,≥100	<300,≥100	<200,≥60	<150,≥50	重要	<10,≥3	<1200,≥300
III	中型	<1.0,≥0.10	<50,≥20	<100,≥30	<100,≥40	<60,≥15	<50,≥5	比较重要	<3,≥1	<300,≥50
IV	小（1）型	<0.1,≥0.01	<20,≥5	<30,≥5	<40,≥10	<15,≥3	<5,≥0.5	一般	<1,≥0.3	<50,≥10
V	小（2）型	<0.01,≥0.001	<5	<5	<10	<3	<0.5		<0.3	<10

注1：水库总库容指水库最高水位以下的静库容；治涝面积指设计治涝面积；灌溉面积指设计灌溉面积；年引水量指供水工程渠首设计年均引（取）水量。

注2：保护区当量经济规模指标仅限于城市保护区；防洪、供水中的多项指标满足1项即可。

注3：按供水对象的重要性确定工程等别时，该工程应为供水对象的主要水源。

3.0.2 对综合利用的水利水电工程，当按各综合利用项目的分等指标确定的等别不同时，其工程等别应按其中最高等别确定。

4 水工建筑物级别

4.1 一般规定

4.1.1 水利水电工程永久性水工建筑物的级别，应根据工程的等别或永久性水工建筑物的分级指标综合分析确定。

4.1.2 综合利用水利水电工程中承担单一功能的单项建筑物的级别，应按其功能、规模确定；承担多项功能的建筑物级别，应按规模指标较高的确定。

4.1.3 失事后损失巨大或影响十分严重的水利水电工程的2～5级主要永久性水工建筑物，经论证并报主管部门批准，建筑物级别可提高一级；水头低、失事后造成损失不大的水利水电工程的1～4级主要永久性水工建筑物，经论证并报主管部门批准，建筑物级别可降低一级。

4.1.4 对2～5级的高填方渠道、大跨度或高排架渡槽、高水头倒虹吸等永久性水工建筑物，经论证后建筑物级别可提高一级，但洪水标准不予提高。

4.1.5 当永久性水工建筑物采用新型结构或其基础的工程地质条件特别复杂时，对2～5级建筑物可提高一级设计，但洪水标准不予提高。

4.1.6 穿越堤防、渠道的永久性水工建筑物的级别，不应低于相应堤防、渠道的级别。

4.2 水库及水电站工程永久性水工建筑物级别

4.2.1 水库及水电站工程的永久性水工建筑物级别，应根据其所在工程的等别和永久性水工建筑物的重要性，按表4.2.1确定。

表4.2.1 永久性水工建筑物级别

工程等别	主要建筑物	次要建筑物
I	1	3
II	2	3
III	3	4
IV	4	5
V	5	5

4.2.2 水库大坝按4.2.1条规定为2级、3级，如坝高超过表4.2.2规定的指标时，其级别可提高一级，但洪水标准可不提高。

表 4.2.2　水库大坝提级指标

级别	坝　型	坝高/m
2	土石坝	90
	混凝土坝、浆砌石坝	130
3	土石坝	70
	混凝土坝、浆砌石坝	100

4.2.3　水库工程中最大高度超过200m的大坝建筑物，其级别应为1级，其设计标准应专门研究论证，并报上级主管部门审查批准。

4.2.4　当水电站厂房永久性水工建筑物与水库工程挡水建筑物共同挡水时，其建筑物级别应与挡水建筑物的级别一致按表4.2.1确定。当水电站厂房永久性水工建筑物不承担挡水任务、失事后不影响挡水建筑物安全时，其建筑物级别应根据水电站装机容量按表4.2.4确定。

表 4.2.4　水电站厂房永久性水工建筑物级别

发电装机容量/MW	主要建筑物	次要建筑物
≥1200	1	3
<1200，≥300	2	3
<300，≥50	3	4
<50，≥10	4	5
<10	5	5

4.3　拦河闸永久性水工建筑物级别

4.3.1　拦河闸永久性水工建筑物的级别，应根据其所属工程的等别按表4.2.1确定。

4.3.2　拦河闸永久性水工建筑物按表4.2.1规定为2级、3级，其校核洪水过闸流量分别大于5000m³/s、1000m³/s时，其建筑物级别可提高一级，但洪水标准可不提高。

4.4　防洪工程永久性水工建筑物级别

4.4.1　防洪工程中堤防永久性水工建筑物的级别应根据其保护对象的防洪标准按表4.4.1确定。当经批准的流域、区域防洪规划另有规定时，应按其规定执行。

表 4.4.1　堤防永久性水工建筑物级别

防洪标准/ [重现期（年）]	≥100	<100，≥50	<50，≥30	<30，≥20	<20，≥10
堤防级别	1	2	3	4	5

4.4.2　涉及保护堤防的河道整治工程永久性水工建筑物级别，应根据堤防级别并考虑损毁后的影响程度综合确定，但不宜高于其所影响的堤防级别。

4.4.3　蓄滞洪区围堤永久性水工建筑物的级别，应根据蓄滞洪区类别、堤防在防洪体系中的地位和堤段的具体情况，按批准的流域防洪规划、区域防洪规划的要求确定。

4.4.4　蓄滞洪区安全区的堤防永久性水工建筑物级别宜为 2 级。对于安置人口大于 10 万人的安全区，经论证后堤防永久性水工建筑物级别可提高为 1 级。

4.4.5　分洪道（渠）、分洪与退洪控制闸永久性水工建筑物级别，应不低于所在堤防永久性水工建筑物级别。

4.5　治涝、排水工程永久性 水工建筑物级别

4.5.1　治涝、排水工程中的排水渠（沟）永久性水工建筑物级别，应根据设计流量按表 4.5.1 确定。

表 4.5.1　排水渠（沟）永久性水工建筑物级别

设计流量/(m³/s)	主要建筑物	次要建筑物
≥500	1	3
<500，≥200	2	3
<200，≥50	3	4
<50，≥10	4	5
<10	5	5

4.5.2　治涝、排水工程中的水闸、渡槽、倒虹吸、管道、涵洞、隧洞、跌水与陡坡等永久性水工建筑物级别，应根据设计流量，按表 4.5.2 确定。

表 4.5.2　排水渠系永久性水工建筑物级别

设计流量/(m³/s)	主要建筑物	次要建筑物
≥300	1	3
<300，≥100	2	3
<100，≥20	3	4
<20，≥5	4	5
<5	5	5
注：设计流量指建筑物所在断面的设计流量。		

4.5.3 治涝、排水工程中的泵站永久性水工建筑物级别，应根据设计流量及装机功率按表 4.5.3 确定。

表 4.5.3 泵站永久性水工建筑物级别

设计流量/(m³/s)	装机功率/MW	主要建筑物	次要建筑物
≥200	≥30	1	3
<200，≥50	<30，≥10	2	3
<50，≥10	<10，≥1	3	4
<10，≥2	<1，≥0.1	4	5
<2	<0.1	5	5

注 1：设计流量指建筑物所在断面的设计流量。
注 2：装机功率指泵站包括备用机组在内的单站装机功率。
注 3：当泵站按分级指标分属两个不同级别时，按其中高者确定。
注 4：由连续多级泵站串联组成的泵站系统，其级别可按系统总装机功率确定。

4.6 灌溉工程永久性水工建筑物级别

4.6.1 灌溉工程中的渠道及渠系永久性水工建筑物级别，应根据设计灌溉流量按表 4.6.1 确定。

表 4.6.1 灌溉工程永久性水工建筑物级别

设计灌溉流量/(m³/s)	主要建筑物	次要建筑物
≥300	1	3
<300，≥100	2	3
<100，≥20	3	4
<20，≥5	4	5
<5	5	5

4.6.2 灌溉工程中的泵站永久性水工建筑物级别，应根据设计流量及装机功率按表 4.5.3 确定。

4.7 供水工程永久性水工建筑物级别

4.7.1 供水工程永久性水工建筑物级别，应根据设计流量按表 4.7.1 确定。供水工程中的泵站永久性水工建筑物级别，应根据设计流量及装机功率按表 4.7.1 确定。

表 4.7.1 供水工程的永久性水工建筑物级别

设计流量/(m^3/s)	装机功率/MW	主要建筑物	次要建筑物
≥50	≥30	1	3
<50，≥10	<30，≥10	2	3
<10，≥3	<10，≥1	3	4
<3，≥1	<1，≥0.1	4	5
<1	<0.1	5	5

注 1：设计流量指建筑物所在断面的设计流量。
注 2：装机功率系指泵站包括备用机组在内的单站装机功率。
注 3：泵站建筑物按分级指标分属两个不同级别时，按其中高者确定。
注 4：由连续多级泵站串联组成的泵站系统，其级别可按系统总装机功率确定。

4.7.2 承担县级市及以上城市主要供水任务的供水工程永久性水工建筑物级别不宜低于 3 级；承担建制镇主要供水任务的供水工程永久性水工建筑物级别不宜低于 4 级。

4.8 临时性水工建筑物级别

4.8.1 水利水电工程施工期使用的临时性挡水、泄水等水工建筑物的级别，应根据保护对象、失事后果、使用年限和临时性挡水建筑物规模，按表 4.8.1 确定。

表 4.8.1 临时性水工建筑物级别

级别	保护对象	失事后果	使用年限/年	临时性挡水建筑物规模	
				围堰高度/m	库容/10^8m^3
3	有特殊要求的 1 级永久性水工建筑物	淹没重要城镇、工矿企业、交通干线或推迟工程总工期及第一台（批）机组发电，推迟工程发挥效益，造成重大灾害和损失	>3	>50	>1.0
4	1 级、2 级永久性水工建筑物	淹没一般城镇、工矿企业或影响工程总工期和第一台（批）机组发电，推迟工程发挥效益，造成较大经济损失	≤3，≥1.5	≤50，≥15	≤1.0，≥0.1
5	3 级、4 级永久性水工建筑物	淹没基坑，但对总工期及第一台（批）机组发电影响不大，对工程发挥效益影响不大，经济损失较小	<1.5	<15	<0.1

4.8.2 当临时性水工建筑物根据表 4.8.1 中指标分属不同级别时，应取其中最高级别。但列为 3 级临时性水工建筑物时，符合该级别规定的指标不得少于两项。

4.8.3 利用临时性水工建筑物挡水发电、通航时，经技术经济论证，临时性水工建筑物级别可提高一级。

4.8.4 失事后造成损失不大的 3 级、4 级临时性水工建筑物，其级别经论证后可适当降低。

5 洪 水 标 准

5.1 一 般 规 定

5.1.1 水利水电工程永久性水工建筑物的洪水标准，应按山区、丘陵区和平原、滨海区分别确定。

5.1.2 当山区、丘陵区水库工程永久性挡水建筑物的挡水高度低于 15m，且上下游最大水头差小于 10m 时，其洪水标准宜按平原、滨海区标准确定；当平原、滨海区水库工程永久性挡水建筑物的挡水高度高于 15m，且上下游最大水头差大于 10m 时，其洪水标准宜按山区、丘陵区标准确定，其消能防冲洪水标准不低于平原、滨海区标准。

5.1.3 江河采取梯级开发方式，在确定各梯级水库工程的永久性水工建筑物的设计洪水与校核洪水标准时，还应结合江河治理和开发利用规划，统筹研究，相互协调。在梯级水库中起控制作用的水库，经专题论证并报主管部门批准，其洪水标准可适当提高。

5.1.4 堤防、渠道上的闸、涵、泵站及其他建筑物的洪水标准，不应低于堤防、渠道的防洪标准，并应留有安全裕度。

5.2 水库及水电站工程永久性水工建筑物洪水标准

5.2.1 山区、丘陵区水库工程的永久性水工建筑物的洪水标准，应按表 5.2.1 确定。

5.2.2 平原、滨海区水库工程的永久性水工建筑物洪水标准，应按表 5.2.2 确定。

5.2.3 挡水建筑物采用土石坝和混凝土坝混合坝型时，其洪水标准应采用土石坝的洪水标准。

表 5.2.1 山区、丘陵区水库工程永久性水工建筑物洪水标准

项 目		永久性水工建筑物级别				
		1	2	3	4	5
设计/[重现期（年）]		1000～500	500～100	100～50	50～30	30～20
校核洪水标准[重现期（年）]	土石坝	可能最大洪水（PMF）或 10000～5000	5000～2000	2000～1000	1000～300	300～200
	混凝土坝、浆砌石坝	5000～2000	2000～1000	1000～500	500～200	200～100

表 5.2.2　平原、滨海区水库工程永久性水工建筑物洪水标准

项　目	永久性水工建筑物级别				
	1	2	3	4	5
设计 [重现期（年）]	300～100	100～50	50～20	20～10	10
校核洪水标准 [重现期（年）]	2000～1000	1000～300	300～100	100～50	50～20

5.2.4　对土石坝，如失事后对下游将造成特别重大灾害时，1 级永久性水工建筑物的校核洪水标准，应取可能最大洪水（PMF）或重现期 10000 年一遇；2～4 级永久性水工建筑物的校核洪水标准，可提高一级。

5.2.5　对混凝土坝、浆砌石坝永久性水工建筑物，如洪水漫顶将造成极严重的损失时，1 级永久性水工建筑物的校核洪水标准，经专门论证并报主管部门批准，可取可能最大洪水（PMF）或重现期 10000 年标准。

5.2.6　山区、丘陵区水库工程的永久性泄水建筑物消能防冲设计的洪水标准，可低于泄水建筑物的洪水标准，根据永久性泄水建筑物的级别，按表5.2.6确定，并应考虑在低于消能防冲设计洪水标准时可能出现的不利情况。对超过消能防冲设计标准的洪水，允许消能防冲建筑物出现局部破坏，但必须不危及挡水建筑物及其他主要建筑物的安全，且易于修复，不致长期影响工程运行。

表 5.2.6　山区、丘陵区水库工程的消能防冲
建筑物设计洪水标准

永久性泄水建筑物级别	1	2	3	4	5
设计洪水标准/[重现期（年）]	100	50	30	20	10

5.2.7　平原、滨海区水库工程的永久性泄水建筑物消能防冲设计洪水标准，应与相应级别泄水建筑物的洪水标准一致，按表 5.2.2 确定。

5.2.8　水电站厂房永久性水工建筑物洪水标准，应根据其级别，按表 5.2.8 确定。河床式水电站厂房挡水部分或水电站厂房进水口作为挡水结构组成部分的洪水标准，应与工程挡水前沿永久性水工建筑物的洪水标准一致，按表 5.2.1 确定。

表 5.2.8　水电站厂房永久性水工建筑物洪水标准

水电站厂房级别		1	2	3	4	5
山区、丘陵区 /[重现期（年）]	设计	200	200～100	100～50	50～30	30～20
	校核	1000	500	200	100	50
平原、滨海区 /[重现期（年）]	设计	300～100	100～50	50～20	20～10	10
	校核	2000～1000	1000～300	300～100	100～50	50～20

5.2.9　当水库大坝施工高程超过临时性挡水建筑物顶部高程时，坝体施工期临时度汛的洪水标准，应根据坝型及坝前拦洪库容，按表 5.2.9 确定。根据失事后对下游的影响，其洪水标准可适当提高或降低。

表 5.2.9　水库大坝施工期洪水标准

坝　型	拦洪库容/$10^8 m^3$			
	≥10	<10，≥1.0	<1.0，≥0.1	<0.1
土石坝 /[重现期（年）]	≥200	200～100	100～50	50～20
混凝土坝、浆砌石坝 /[重现期（年）]	≥100	100～50	50～20	20～10

5.2.10　水库工程导流泄水建筑物封堵期间，进口临时挡水设施的洪水标准应与相应时段的大坝施工期洪水标准一致。水库工程导流泄水建筑物封堵后，如永久泄洪建筑物尚未具备设计泄洪能力，坝体洪水标准应分析坝体施工和运行要求后按表 5.2.10 确定。

表 5.2.10　水库工程导流泄水建筑物
封堵后坝体洪水标准

坝　型		大　坝　级　别		
		1	2	3
混凝土坝、浆砌石坝 /[重现期（年）]	设计	200～100	100～50	50～20
	校核	500～200	200～100	100～50
土石坝 /[重现期（年）]	设计	500～200	200～100	100～50
	校核	1000～500	500～200	200～100

5.2.11　水电站副厂房、主变压器场、开关站、进厂交通设施等的洪水标准，应按表 5.2.8 确定。

5.3　拦河闸永久性水工建筑物洪水标准

5.3.1　拦河闸、挡潮闸挡水建筑物及其消能防冲建筑物设计洪（潮）水标准，应根据其建筑物级别按表 5.3.1 确定。

5.3.2 潮汐河口段和滨海区水利水电工程永久性水工建筑物的潮水标准，应根据其级别按表 5.3.1 确定。对于 1 级、2 级永久性水工建筑物，若确定的设计潮水位低于当地历史最高潮水位时，应按当地历史最高潮水位校核。

表 5.3.1 拦河闸、挡潮闸永久性
水工建筑物洪（潮）水标准

永久性水工建筑物级别		1	2	3	4	5
洪水标准 /[重现期（年）]	设计	100～50	50～30	30～20	20～10	10
	校核	300～200	200～100	100～50	50～30	30～20
潮水标准/[重现期（年）]		≥100	100～50	50～30	30～20	20～10

注：对具有挡潮工况的永久性水工建筑物按表中潮水标准执行。

5.4 防洪工程永久性水工建筑物洪水标准

5.4.1 防洪工程中堤防永久性水工建筑物的设计洪水标准，应根据其保护区内保护对象的防洪标准和经批准的流域、区域防洪规划综合研究确定，并应符合下列规定：

    1 保护区仅依靠堤防达到其防洪标准时，堤防永久性水工建筑物的洪水标准应根据保护区内防洪标准较高的保护对象的防洪标准确定。

    2 保护区依靠包括堤防在内的多项防洪工程组成的防洪体系达到其防洪标准时，堤防永久性水工建筑物的洪水标准应按经批准的流域、区域防洪规划中堤防所承担的防洪任务确定。

5.4.2 防洪工程中河道整治、蓄滞洪区围堤、蓄滞洪区内安全区堤防等永久性水工建筑物洪水标准，应按经批准的流域、区域防洪规划的要求确定。

5.5 治涝、排水、灌溉和供水工程永久性水工建筑物洪水标准

5.5.1 治涝、排水、灌溉和供水工程永久性水工建筑物的设计洪水标准，应根据其级别按表 5.5.1 确定。

5.5.2 治涝、排水、灌溉和供水工程中的渠（沟）道永久性水工建筑物可不设校核洪水标准。治涝、排水、灌溉和供水工程的渠系建筑物的校核洪水标准，可根据其级别按表 5.5.2 确定，也可视工程具体情况和需要研究确定。

表 5.5.1 治涝、排水、灌溉和供水工程永久性
水工建筑物设计洪水标准

建筑物级别	1	2	3	4	5
设计/[重现期（年）]	100～50	50～30	30～20	20～10	10

表 5.5.2 治涝、排水、灌溉和供水工程永久性
水工建筑物校核洪水标准

建筑物级别	1	2	3	4	5
校核/[重现期（年）]	300～200	200～100	100～50	50～30	30～20

5.5.3 治涝、排水、灌溉和供水工程中泵站永久性水工建筑物的洪水标准，应根据其级别按表 5.5.3 确定。

表 5.5.3 治涝、排水、灌溉和供水工程泵站永久性
水工建筑物洪水标准

永久性水工建筑物级别		1	2	3	4	5
洪水标准 /[重现期（年）]	设计	100	50	30	20	10
	校核	300	200	100	50	20

5.6 临时性水工建筑物洪水标准

5.6.1 临时性水工建筑物洪水标准，应根据建筑物的结构类型和级别，按表 5.6.1 的规定综合分析确定。临时性水工建筑物失事后果严重时，应考虑发生超标准洪水时的应急措施。

表 5.6.1 临时性水工建筑物洪水标准

建筑物结构类型	临时性水工建筑物级别		
	3	4	5
土石结构/[重现期（年）]	50～20	20～10	10～5
混凝土、浆砌石结构/[重现期（年）]	20～10	10～5	5～3

5.6.2 临时性水工建筑物用于挡水发电、通航，其级别提高为 2 级时，其洪水标准应综合分析确定。

5.6.3 封堵工程出口临时挡水设施在施工期内的导流设计洪水标准，可根据工程重要性、失事后果等因素，在该时段 5～20 年重现期范围内选定。封堵施工期临近或跨入汛期时应适当提高标准。

标 准 用 词 说 明

标准用词	严 格 程 度
必须	很严格，非这样做不可
严禁	
应	严格，在正常情况下均应这样做
不应、不得	
宜	允许稍微有选择，在条件许可时首先应这样做
不宜	
可	有选择，在一定条件下可以这样做

标准历次版本编写者信息

SL 252—2000

本标准主编单位：长江水利委员会长江勘测规划设计研究院

本标准主要起草人：徐麟祥　陈　鉴　王忠法　魏山忠

陈肃利　钟　琦　汪　洪　黄建和

魏新柱　蒋季恺　黄启知　陈传慧

中华人民共和国水利行业标准

水利水电工程等级划分及洪水标准

SL 252—2017

条 文 说 明

目　次

1 总 则

1.0.1 水利水电工程等别划分及洪水标准，既关系到工程自身的安全，又关系到其下游（或保护区）人民生命财产、工矿企业和设施的安全，还对工程效益的正常发挥、工程造价和建设速度有直接影响。它的确定是设计中遵循自然规律和经济规律，体现国家经济政策和技术政策的一个重要环节。因此，必须根据我国经济社会和科学技术发展水平对本标准进行修订，并在水利水电工程的设计和建设中贯彻。

1.0.2 本标准适用于我国不同地区、不同条件下建设的防洪、治涝、灌溉、供水和发电等各类水利水电工程。水利水电工程按照功能可分为防洪工程、治涝工程、灌溉工程、供水工程、发电工程等。工程是由多种水工建筑物组合起来能发挥单项或综合功能的系统，因此分类之间有交叉关系，也有从属关系，比如水库工程可能涵盖防洪、灌溉、供水、发电等多功能，这就给水利水电工程的等别划分造成了困难。本标准综合考虑水利水电工程功能及等别划分指标，与 GB 50201—2014《防洪标准》进行了协调，按照水库总库容、防洪、治涝、灌溉、供水、发电等六类指标进行工程分等，然后在工程分等基础上，再根据组成工程的水工建筑物的相应指标进行分级，并制定相应洪水标准。

对已建水利水电工程的修复、加固、改建、扩建，一般按本标准执行。如在执行中确有困难时，经充分论证并报主管部门批准，可以适当调整。如海河流域××水库，坝址以上控制流域面积 18100km²，水库总库容 13.0 亿 m³，是一座以防洪、灌溉为主，兼有供水、发电等综合利用的大（1）型水利枢纽，主副坝为碾压式均质土坝，水库工程始建于 1959 年，1970 年竣工，受当时建设条件限制，××水库大坝按 1000 年一遇洪水标准设计，2000 年一遇洪水标准校核，校核洪水标准明显偏低，在 2009 年进行除险加固时，受各方面条件限制，将校核洪水标准提高到 5000 年一遇确有困难，因此经论证并报主管部门批准，近期仍采用原设计校核洪水标准进行加固设计。

1.0.3 单个水利水电工程是流域整治和开发工程的一部分，而且与其他水利水电工程联系密切。多项工程共同完成某一开发任务时，每个工程所处的地位也不相同。在工程等别、建筑物级别划分和确定洪水标准时，必须处理好局部与整体、近期与远期、上游与下游、左岸与右岸等方面的关系。

1.0.4 工程实践表明，规模巨大、涉及面广的水利水电工程，一般都涉及很复杂的技术问题，且一般建在大江大河上，其安全性对下游人民生命财产和国民经济威胁远较一般工程大。当这样的工程在国民经济中占有特别重要地位时，其安全性又对国民经济产生直接影响。由于这种特殊工程情况各异，只宜做定性规定，其工程等别、建筑物级别划分和洪水标准必要时应进行专题论证，并报上级主管部门批准确定。本条旨在为一些特别重要和规模巨大的水利水电工程提高标准留有余地。如国内规模最大的水利水电工程三峡工程，大坝设计洪水标准采用 1000 年一遇，校核洪水标准则采用 10000 年一遇＋10％，其校核洪水标准已经超过了本标准的规定，经专门论证并通过了主管部门批准。

对特高坝等别问题，目前国内有关单位和专家正在开展这方面的研究，也有专家提出了特高坝等别设置特等工程的想法，同时从大坝设计安全标准方面考虑防洪标准、抗震设防标准、抗滑稳定安全系数、结构强度安全系数、坝顶超高等，研究以失效概率和社会可接受程度为基础的风险防控理论体系，提出这些建筑物高于常规水工建筑物的年计失效概率、目标可靠指标和安全系数的建议值，但这些都还处在研究阶段。因此本标准仍然维持最高等别为 I 等，但可针对特殊工程做专门研究，也利于将来修订本标准。

2 术　语

2.0.1　水利水电工程等别

对水利水电工程按其规模、效益和在经济社会中的重要性划分为Ⅰ～Ⅴ等。

2.0.2　水工建筑物级别

按水工建筑物所在工程的等别、作用及其重要性划分为1～5级。

2.0.3　洪水标准

洪水标准强调建筑物自身的防洪安全，在使用过程中应注意与强调防洪保护对象安全的"防洪标准"的概念相区别。

2.0.4　永久性水工建筑物

永久性建筑物是指工程运用期间内长期使用的水工建筑物。根据永久性水工建筑物的重要性又分为主要建筑物和次要建筑物。水利水电工程中的挡水建筑物、泄水建筑物、引（取）水建筑物、发电建筑物、消能防冲建筑物、输水建筑物、堤防及河道整治建筑物等均为永久性水工建筑物。

2.0.5　临时性水工建筑物

临时性建筑物是指服务于永久建筑物建设，仅在工程施工及维修期间短时间内发挥作用的水工建筑物。水利水电工程中的围堰、导流建筑物等均为临时性水工建筑物。

2.0.6　主要建筑物

主要建筑物是指永久性水工建筑物中失事后造成下游灾害或严重影响工程效益发挥的建筑物，包括闸、坝、溢洪道、发电厂房等。

2.0.7　次要建筑物

次要建筑物是指永久性水工建筑物中失事后不致造成下游灾害，对工程安全和效益影响不大，且易于恢复的建筑物，包括挡土墙、导流墙、工作桥等附属设施。

2.0.8　当量经济规模

近年来，在考虑防护对象重要性时，考虑防护对象经济因素的呼声较高。自20世纪70年代改革开放以来，我国经济发展十分迅速，若采用GDP总量作为防护对象重要性划分指标，指标的具体数量将会随着经济快速发展需要进行调整。根据水利部水利水电规划设计总院组织有关单位于2009年完成的《水工程防洪潮标准及关键技术研究》的成果，逐年统计分析全国地级以上城市人均GDP与同期全国人均GDP的比值（称为人均GDP指数），并按其比值的大小顺序排列，发现该指标不仅反映了经济发展水平的相对高低，而且排列顺序比较稳定，因此将人均 GDP 指数与该防护区人口数量的乘积作为划分防护对象重要性的经济指标，GB 50201—2014 在修订时将其定义为当量经济规模。当量经济规模可以表述为：防护区人均 GDP 指数（即防护区人均 GDP/全国人均 GDP）与防护区人口数量的乘积。由此可以看出，当量经济规模指标与人口数量虽然量纲相同，但它反映的是一定人口规模条件下防护区相对经济规模的大小。应该指出，本标准修订中明确当量经济规模指标仅限于城市保护区。

3 水利水电工程等别

3.0.1 水利水电工程的等别，应根据其功能按各项分等指标来确定。原标准执行十多年来，所列的各项指标很好地应用于水利水电工程等别划分，本次修订主要是根据新修订的 GB 50201—2014 对防洪及供水指标做了调整。水利水电工程的等别关系到国计民生，应严格按照本标准根据其工程规模、效益指标和在经济社会中的重要性确定，一旦确定后，不得轻易改变。

（1）库容指标。

我国 1961 年在《水库防洪安全标准》中首次提出的水利水电工程分等库容指标，始终没有做过改变。本标准在修订时，考虑到国家对工程统计管理要求的一致性，避免对现行管理体系产生大的影响，库容指标仍沿用以往的规定。

我国 1954—1980 年间失事的大坝，绝大多数与 20 世纪 50 年代末至 60 年代初特殊情况下的施工质量差有关。其中小型水库大坝的施工质量最没有保证，占了失事工程的 95.9%。

通过分析失事大坝的设计资料表明，造成大坝失事的另一主要原因是洪水计算值偏小（不是洪水标准太低），以致据以确定的防洪库容偏小。这与我国 20 世纪 50—60 年代水文资料短缺和计算经验不足有关。如我国失事的唯一一座大型水库——河南板桥水库（1953 年建成），该水库按重现期 100 年设计、1000 年校核，当时计算的洪峰流量分别为 $3300\mathrm{m^3/s}$ 和 $4236\mathrm{m^3/s}$。遭遇"75·8"洪水跨坝后对该次洪水实测入库洪峰流量 $13000\mathrm{m^3/s}$ 进行了复核，其重现期仅相当于 600 年，远未达到水库校核洪水标准 1000 年（王国安，《水库设计洪水及标准研究——从我国垮坝情况来看现行水库设计洪水标准》，1989 年）。

随着我国水利水电工程实践的增加、水文资料的积累和计算理论与方法的改进，洪水分析计算成果的可靠度比过去要高得多。在工程建设体制和管理体制改革后，条件成熟时，逐步提高大型水库工程分等的库容指标是有可能的。

（2）防洪指标。

防洪分等主要考虑受工程失事影响的下游城镇及工矿企业的重要性和农田面积两项指标。对于山区、丘陵区的城市和耕地，防洪保护区是指其防洪标准洪水淹没区域内的指标，在确定洪水标准时，要先绘制防洪保护区在无工程时遭遇防洪标准洪水情况下的淹没图，统计淹没范围内的指标，而不是整个行政区域的指标。

我国在 1959 年提出的《水利水电工程设计基本技术规范》中，已将防洪单列为一项工程分等指标。各时期标准对保护农田的防洪指标的规定见表 1。

表 1　各时期标准保护农田面积防洪指标　　单位：万亩

工程等别	1959 年规范	1964 年标准	SDJ 12—78	SDJ 217—87	GB 50201—94	GB 50201—2014
Ⅰ	>1000	>500	>500	>500	≥500	≥500
Ⅱ	1000～200	500～100	500～100	500～100	500～100	<500，≥100
Ⅲ	200～20	100～20	100～30	100～30	100～30	<100，≥30
Ⅳ	20～2	20～5	<30	30～5	30～5	<30，≥5
Ⅴ	<2	<5	—	<5	≤5	<5

从表 1 可以看出，自 1964 年以来，保护农田的防洪指标基本没有变化过，本次修订对保护农田面积的指标未做修改。

GB 50201—2014 表 4.2.1 和表 4.3.1 中规定了城市防护区和乡村防护区的防护等级，其中引入了常住人口和当量经济规模的指标，这两个指标实际上反映了防护对象的重要性，因此本次修订时，取消了原标准防洪指标中的"城镇及工矿企业的重要性"指标，引入了相对量化的"常住人口"和"当量经济规模"指标。

（3）治涝、灌溉指标。

20 世纪 50 年代我国使用苏联规范，将灌溉与排水（即治涝）合在一起，列出工程分等指标，且指标较高。1959 年和 1964 年颁发的规范和标准，仍沿用 50 年代的方式。SDJ 12—78《水利水电枢纽工程等级划分及设计标准（山区、丘陵区部分）（试行）》只列了灌溉分等指标，SDJ 217—87《水利水电枢纽工程等级划分及设计标准（平原、滨海部分）（试行）》分列了灌溉和排涝分等指标，GB 50201—2014 将治涝和灌溉分等指标单列。表 2 列出了各标准的指标值。

根据有关部门的典型调查分析，治涝工程年平均效益一般比防洪工程高 60%左右，治涝面积越大，这种效益差别越大。故对同一等别工程，治涝工程分等指标规定低于防洪工程分等指标。由于灌溉工程年均效益大，一旦遭到破坏损失较大，故其等别指标规定又较治涝工程有所降低。

表2 各期标准灌溉与治涝面积指标 单位：万亩

标准	指标项		工程等别				
			I	II	III	IV	V
苏联	灌溉与排水		375	375~75	75~303	0~7.5	<7.5
1959年	灌溉或排水		>500	500~100	100~10	10~1	<1
1964年	灌溉或排水	水稻	>100	100~25	25~5	5~1	<1
		旱地	>200	200~50	50~10	10~2	<2
SDJ 12—78	灌溉		>150	150~50	50~5	5~0.5	<0.5
SDJ 217—87	灌溉		>150	150~50	50~5	5~0.5	<0.5
	排涝		>200	200~60	60~15	15~3	<3
GB 50201—94	灌溉		≥150	150~50	50~5	5~0.5	<0.5
	治涝		≥200	200~60	60~15	15~3	<3
GB 50201—2014	灌溉		≥150	<150, ≥50	<50, ≥5	<5, ≥0.5	<0.5
	治涝		≥200	<200, ≥60	<60, ≥15	1<5, ≥3	<3

从表2可以看出，现行标准指标比苏联标准和1959年标准低；与1964年标准相比，灌溉指标是取了中值；与SDJ 217—87、GB 50201—94分别相同。本标准采用GB 50201—2014规定的指标值。

（4）供水指标。

供水工程通常以城镇、工矿企业为主要供水对象，也常包括一部分农业灌区。供水工程根据供水对象的重要性和年引水量分成五个等别。

供水对象中的城镇及工矿企业重要性指标可参考表3确定。

表3 城镇及工矿企业重要性指标

重要性指标		特别重要	重要	比较重要	一般
城市	常住人口/10^4人	≥150	<150，≥50	<50，≥20	<20
工矿企业	规模	特大型	大型	中型	小型
	货币指标/10^8元	≥50	<50，≥5	<5，≥0.5	<0.5

注：表中货币指标为年销售收入和资产总额，两者均必须满足要求。

GB 50201—2014在修订时参考SL 430—2008《调水工程设计导则》，在供水指标中增加了引水流量及年引水量两项分等指标，并对指标进行了调整，使其更加匹配。GB 50201—2014中有关供水工程等别的规定见表4。

表4　GB 50201—2014中供水、灌溉、发电工程的等别

工程等别	工程规模	供水			灌溉	发电
		供水对象的重要性	引水流量/(m³/s)	年引水量/10⁸m³	灌溉面积/10⁴亩	装机容量/MW
I	特大型	特别重要	≥50	≥10	≥150	≥1200
II	大型	重要	<50,≥10	<10,≥3	<150,50	<1200,≥300
III	中型	比较重要	<10,≥3	<3,≥1	<50,5	<300,≥50
IV	小型	一般	<3,≥1	<1,≥0.3	<5,≥0.5	<50,≥10
V			<1	<0.3	<0.5	<10

　　GB 50201—2014有关供水工程的三项指标中引水流量和年引水量的相关性较强，只要满足其中一项，另一项也基本满足，而年引水量这一项指标更适合用于确定某一建筑物的级别。因此本次修订时，只选择了供水对象的重要性和年引水量两项指标，同时考虑同一供水对象的多水源问题，为避免向重要对象少量供水的工程等别过高，在表注中增加了"按供水对象的重要性确定工程等别时，该工程应为供水对象的主要水源"的规定。

　　（5）发电指标。

　　我国各时期使用和制定的规范、标准对水电站的分等指标规定列于表5。

表5　我国各期规范、标准中水电站分等指标　　单位：10⁴kW

工程等别	苏联标准	我国1959年标准	我国1964年标准	SDJ 12—78	SDJ 217—87	GB 50201—94原标准	GB 50201—2014
I	≥25	≥50	≥25	>75	—	≥120	≥120
II	25~2.5	50~5	25~2.5	75~25	—	120~30	<120,≥30
III	2.5~0.1	5~0.5	2.5~0.3	25~2.5	25~2.5	30~5	<30,≥5
IV	0.1~0.01	0.5~0.05	0.3~0.05	2.5~0.05	2.5~0.05	5~1	<5,≥1
V	<0.01	<0.05	<0.05	<0.05	<0.05	<1	<1

　　表5中数据表明，1978年以来，水电站分等指标有了较大提高，反映了我国水电站建设技术日益成熟，防范洪水能力增强，可以提高分等指标，降低工程造价。本次修订沿用原标准GB 50201—2014确定的水电站分等指标值是协调的。

　　（6）通航指标。

　　GB 50201—2014表11.1.2-3规定了水库枢纽工程中的通航工程分等指

标。由于通航工程属交通运输行业的航运专业范畴，本次修订时未加入此项指标，必要时可以按 GB 50201—2014 或其他相关行业标准的相关规定执行。

3.0.2 综合利用工程可能同时具有防洪、治涝、灌溉、供水、发电等任务。为工程安全起见，应按其各项任务指标对应的等别中的最高者确定整个工程的等别。

水利水电工程中的拦河闸、灌排泵站等建筑物，在原标准、GB 50201—2014、SL 265—2001《水闸设计规范》、GB 50265—2010《泵站设计规范》等中均规定了分等指标，即把拦河闸和灌排泵站这两类建筑物分别作为一个工程来分等。

原标准 2.1.3 条规定，拦河水闸工程的等别，应根据其过闸流量确定，具体规定见表 6（原标准表 2.1.3）。原标准 2.1.4 条规定，灌溉、排水泵站的等别，应根据其装机流量与装机功率确定，具体规定见表 7（原标准表 2.1.4）；工业、城镇供水泵站的等别，应根据其供水对象的重要性确定。

表 6 原标准中拦河水闸工程分等指标

工程等别	工程规模	过闸流量/(m³/s)
Ⅰ	大（1）型	≥5000
Ⅱ	大（2）型	5000～1000
Ⅲ	中型	1000～100
Ⅳ	小（1）型	100～20
Ⅴ	小（2）型	<20

表 7 原标准灌溉、排水泵站分等指标

工程等别	工程规模	分 等 指 标	
		装机流量/(m³/s)	装机功率/10⁴kW
Ⅰ	大（1）型	≥200	≥3
Ⅱ	大（2）型	200～50	3～1
Ⅲ	中型	50～10	1～0.1
Ⅳ	小（1）型	10～2	0.1～0.01
Ⅴ	小（2）型	<2	<0.01

GB 50201—2014 中 11.1.4 条规定，拦河水闸、灌排泵站的等别，应根据工程规模确定，具体规定与表 6、表 7 基本一致。

在实际工程中，拦河水闸、灌排泵站往往仅是某类工程中的一个单项的建筑物，实际使用中易出现工程整体分等、单项建筑物又分等的重复和混乱情况。本次修订时综合多方意见，对拦河水闸、灌排泵站作为水利水电工程中的一个组成部分或单个建筑物时不再单独确定工程等别，作为独立项目立项建设时，其工程等别按照承担的工程任务、规模确定。

4 水工建筑物级别

4.1 一 般 规 定

4.1.1 水利水电工程永久性水工建筑物的级别，应根据工程的等别或永久性建筑物的分级指标综合分析确定。分级指标是指治涝、排水、灌溉、供水工程中的永久性水工建筑物的设计流量或装机功率，如治涝、排水、灌溉、供水工程中的沟、渠和水闸、渡槽、倒虹吸等渠系建筑物分级指标为设计流量，而治涝、排水、灌溉、供水工程中泵站永久性水工建筑物分级指标则为设计流量和装机功率。

4.1.2 综合利用水利水电工程中承担单一功能的单项建筑物的级别，应按其功能规模确定。本条规定的目的是更加合理地确定某些单项建筑物的级别，如综合利用水利枢纽中的独立式取水口、引水发电系统、灌溉系统等建筑物的级别，可以与挡水建筑物的级别区分开，按其实际发挥的功能来确定级别，旨在避免出现类似于大型水库中的小型配套电站级别定得过高的问题。

4.1.4 对 2~5 级的高填方渠道、大跨度或高排架渡槽、高水头倒虹吸等永久性水工建筑物，考虑到其修复难度大，同时结构安全性显得更加重要，因此规定其级别经论证后可提高一级，但洪水标准不予提高，其意义在于侧重提高结构设计的安全标准。

正在修订的 GB 50288《灌溉与排水工程设计规范》条文说明中提出，"高填方"一般是指堤坡高度在 15m 以上的填方，"大跨度"一般是指 40m 以上的跨度，"高排架"一般是指高度 30m 以上的排架，"高水头"一般是指 50m 以上的水头，在确定相关建筑物级别时可以参考。

4.1.5 永久性水工建筑物采用新型结构时，由于实践经验少，较难评估其结构的可靠性；当地质条件特别复杂时，其基础设计参数不易准确确定。在这些情况下，为确保工程安全，可以将永久性水工建筑物级别提高一级，但洪水标准不予提高，其意义在于侧重提高结构设计的安全标准。

4.2 水库及水电站工程永久性
水工建筑物级别

4.2.1 水利水电工程建筑物的级别，反映了对建筑物的不同技术要求和安全要求。水库及水电站永久性水工建筑物，应根据其所属工程的等别及其在工程中的作用和重要性确定。

4.2.2 水库大坝失事对下游的影响，与失事时的水头有很大关系。由于高坝形成的水库水头较高，高坝的结构安全度与低坝的要有所差别，因此，对2级、3级大坝，坝高超过表4.2.2规定的指标时，其级别可提高一级，其意义在于侧重提高大坝结构设计的安全标准。本规定特指大坝级别，其他建筑物级别一般不提高，如其他建筑物情况特殊、其失事对大坝安全有重大影响时，也可执行4.1.3的规定提高其级别。

洪水标准可不提高的含义是一般情况下不提高。考虑与GB 50201—2014以及DL 5180《水电枢纽工程等级划分及设计安全标准》的规定相衔接，对特殊的水库工程，大坝洪水标准可进行专门论证。

在实际工程中，存在部分3级建筑物的大坝坝高超过了表4.2.2中2级建筑物提级指标的情况，如3级土石坝超过了90m，混凝土坝、浆砌石坝超过了130m等。现行水利行业标准及电力行业标准的执行中一般不对建筑物级别连提两级，因此修订时维持原规定。对特殊重要的大坝工程，其建筑物级别也可以通过专门论证确定。

4.2.3 在本修订征求意见稿征求意见过程中，有专家对于超过200m高度的大坝给予了特别关注，认为我国近期内水利水电工程建设的一个很重要的特点，就是要建设一批坝高超过200m的大坝工程。据不完全统计，全世界已建、在建和拟建的坝高200m以上的大坝共81座，我国占了25座，居世界首位。在我国这25座大坝中，按建设情况分，已建的有8座，在建、拟建的有17座；按流域分，有13座位于长江流域，长江流域已成为200m以上高坝最为集中且水库群规模最大的流域。

鉴于最大坝高超过200m的大坝水头高，一旦失事其溃坝洪水的破坏威力大，并有可能引起下游梯级水库大坝的连溃，安全问题极为重要，故应比一般高度的大坝有更高的结构安全度，本标准规定其建筑物级别为1级。鉴于200m以上高坝的安全问题极为重要，且其技术复杂，而已建大坝建设历史又不长，积累的实践经验相对不足，其设计标准尚不完善，需要予以专门研究论证，经上级主管部门审查批准后确定。

4.2.4 专门增加了水电站厂房永久性水工建筑物级别的条文，按作为挡水建筑物一部分的厂房和不构成挡水建筑物的厂房分别做了规定。当水电站厂房永久性水工建筑物与水库工程挡水建筑物共同挡水时，其建筑物级别应与挡水建筑物一致。对于工程等别仅由水库总库容大小决定的水库或者有些综合利用的水库（其发电可能是功能的一部分），当布置有水电站时，如果水电站厂房不承担挡水任务、失事后又不影响挡水建筑物安全，其建筑物级别应根据水电站装机容量确定。

4.3　拦河闸永久性水工建筑物级别

4.3.1　按照本次修订时建立的体系构成，将拦河闸视为一个工程的建筑物，不再将其视为一个工程单独划分等别，这是因为拦河闸一般属于某个工程系统中的一部分，与其他建筑物一起发挥作用，其永久性水工建筑物的级别，应根据其所属工程的等别确定。例如防洪工程中分洪道上的节制闸，按其所在防洪工程的等别确定其级别。

4.3.2　为避免新按老标准确定拦河闸永久性水工建筑物的级别出现大的变化，或出现大流量拦河闸因其综合利用功能较小导致其建筑物级别较低的情况，将原标准及其他相关标准中的大流量指标 $5000 \text{m}^3/\text{s}$、$1000 \text{m}^3/\text{s}$ 作为拦河闸永久性水工建筑物级别提高的标准予以规定，从而保证了大流量拦河闸的建筑物级别不低于 2 级，这样既可保障拦河闸永久性水工建筑物安全，也可与原标准基本协调。

4.4　防洪工程永久性水工建筑物级别

4.4.1　确定堤防永久性水工建筑物的防洪指标，与 GB 50286—2013《堤防工程设计规范》的规定是一致的。但考虑有的流域、区域防洪规划中对堤防级别的确定另有专门规定（如长江、黄河流域的防洪规划等），故本标准规定了"当经批准的流域、区域防洪规划另有规定时，应按其规定执行"。

4.4.2　考虑到河道整治工程多没有挡洪功能，级别可以根据具体情况综合分析确定。作为堤防结构一部分的河道整治工程，如果失事将直接威胁堤防安全，后果严重，需作为主要建筑物；而远离堤防的一些保滩护岸、丁坝、潜堤等河势控制工程失事后影响后果不十分严重或易于抢修的河道整治工程级别经分析研究可以下调，但不能低于次要建筑物级别。

4.4.4　关于蓄滞洪区内安全区堤防级别问题，水利部水利水电规划设计总院在 2012 年进行了调研分析，对全国现状蓄滞洪区及人口安置情况进行了统计，对安全区建设现状及存在问题进行了分析，同时对安全区堤防级别的确定进行了多方案比选，一是按照现行标准确定安全区堤防级别，二是参照安全区所在的蓄滞洪区围堤或所在河段堤防确定级别，三是采用统一的标准规定安全区堤防级别，四是采取相对统一的标准规定安全区堤防级别，最终采用了方案四，即采取相对统一的标准规定安全区堤防级别。安全区的堤防级别宜为 2 级，对于安置人口大于 10 万人的安全区，经论证后堤防级别可提高为 1 级。

4.4.5　分洪、退洪控制工程包括分洪口门、分洪闸、分洪道、退洪口门、退洪闸等。

4.5 治涝、排水工程永久性水工建筑物级别

4.5.1 治涝、排水工程中的排水渠（沟）永久性水工建筑物级别，应根据设计流量确定，具体分级指标与 GB 50288—99 的相关规定基本一致。

4.5.2 治涝、排水工程中的水闸、渡槽、倒虹吸、管道、涵洞、隧洞、跌水与陡坡等永久性水工建筑物，应根据设计流量确定，具体分级指标与 GB 50288—99 和 SL 482—2011《灌溉与排水渠系建筑物设计规范》的相关规定一致。

4.5.3 治涝、排水工程中的泵站永久性水工建筑物级别协调了 GB 50288—99 和 GB 50265—2010 泵站设计规范的相关内容，具体分级指标与 GB 50288—99 和 GB 50265—2010 的相关规定基本一致。

4.6 灌溉工程永久性水工建筑物级别

4.6.1 灌溉工程中的永久性水工建筑物级别，应根据设计流量确定，具体分级指标与 GB 50288—99 一致，也与正在修订的 GB 50288 进行了协调。

4.6.2 在确定灌溉工程中的泵站永久性水工建筑物级别时，协调了 GB 50288—99 和 GB 50265—2010 的相关内容，具体分级指标与 GB 50288—99 和 GB 50265—2010 的相关规定基本一致。

4.7 供水工程永久性水工建筑物级别

4.7.1 供水工程永久性水工建筑物级别，应根据设计流量确定，泵站永久性水工建筑物级别，应根据设计流量及装机功率确定。本次修订协调了 SL 430—2008 和 GB 50265—2010 的相关内容，具体分级指标与 SL 430—2008 和 GB 50265—2010 的相关规定基本一致。

4.7.2 考虑供水工程的特殊性，根据供水工程近年来实际定级情况，本次修订增加了"承担县级市及以上城市主要供水任务的供水工程永久性水工建筑物级别不宜低于 3 级；承担建制镇主要供水任务的供水工程永久性水工建筑物级别不宜低于 4 级"的规定，旨在保证城镇供水工程结构设计的最低安全标准。

4.8 临时性水工建筑物级别

4.8.1 水利水电工程施工期所使用的临时性挡水和泄水等水工建筑物系指导流建筑物。影响临时性水工建筑物级别划分的因素很多，表 4.8.1 归纳为保护对象、失事后果、使用年限和临时性挡水建筑物规模等四项指标。保护对象和失事后果属于客观条件，在决定导流方案之前大致就可判断；临时性挡水建筑

物使用年限和规模必须在拟定导流方案后才能确定。表4.8.1中，临时性挡水和泄水建筑物采用同样的分级指标；四项指标均与施工所处阶段相关；"保护对象"一栏中对1级永久性水工建筑物的特殊要求，系指在施工期不允许过水，或其他特殊要求；"使用年限"系指导流建筑物在每一施工阶段的工作年限，对两个或两个以上施工阶段共用的导流建筑物（如分期导流一，二期共用的纵向围堰），使用年限不叠加计算；"临时性挡水建筑物规模"一栏中，围堰高度系指挡水围堰的最大高度，库容系指堰前为设计水位时所拦蓄的水量。

4.8.2 本条规定了表4.8.1的使用方法。为保证临时性水工建筑物安全起见，本标准规定根据四项独立指标分别划分级别，按其中最高级别确定临时性水工建筑物级别。

4.8.3 原标准规定临时性水工建筑物级别不超过3级，在近年部分大型工程实践中，用于较长期临时挡水发电或通航的临时性水工建筑物研究定级时实际受到了不超过3级的限制，也有部分工程经专门论证突破了原标准的规定，如长江三峡水利枢纽三期碾压混凝土围堰为1级临时建筑物。

根据调研及审查讨论意见，本条规定不再限定3级以下，旨在强调临时性水工建筑物级别经技术经济论证后可提高一级。

4.8.4 本条针对水库工程以外的其他水利水电工程，确定其临时性水工建筑物级别时，对失事后造成损失不大的3级、4级临时性水工建筑物，其级别经论证后可以适当降低。

5 洪 水 标 准

5.1 一 般 规 定

5.1.1 从地形条件、洪水特性和工作特点诸方面来看，山区、丘陵区与平原、滨海区存在较为明显的差异，它们的永久性水工建筑物的洪水标准应分别确定。

5.1.2 本条基本沿用了原标准第3.1.2条的相关规定。考虑平原、滨海区水库工程地质条件往往较差，消能防冲工程一旦失事，会危及主要建筑物安全，故本次修订强调了平原、滨海区挡水建筑物洪水标准按山区、丘陵区确定时，其消能防冲洪水标准按不低于平原、滨海区标准执行。当消能防冲建筑物出现局部破坏时，必须不危及挡水建筑物及其他主要建筑物的安全。

5.1.3 河流上梯级开发的水库工程规模各不相同，建设时间也不同步。当新建工程上游或下游已建有（或规划兴建）梯级水库工程，在确定其洪水标准时，还需根据梯级开发规划，考虑上游水库对本工程的影响，以及本工程对下游工程可能造成的影响，统筹研究，相互协调。

　　随着我国水利水电工程建设的快速发展，逐渐形成了大量梯级水库或水库群，而在梯级水库中起控制作用的水库，往往地位特别重要，其一旦遭到破坏，可能会对下游的其他水库产生极其不利的影响，因此本次修订单独作出规定，"在梯级水库中起控制作用的水库，经专题论证并报主管部门批准，其洪水标准可适当提高"。

5.1.4 堤防、渠道上的闸、涵、泵站等建筑物及其他构筑物往往更容易出现险情，而且一旦损坏，不易修复，因此洪水标准不应低于堤防、渠道工程的防洪标准，如有必要，可以适当提高。

5.2 水库及水电站工程永久性
水工建筑物洪水标准

5.2.1 山区、丘陵区水库所在的河流较窄，洪水峰高、量大，时段变幅也大，其水工建筑物高度一般也较大。不同坝型抗御洪水的能力是不同的，土坝、干砌石坝、堆石坝等没有胶结材料的土石坝，洪水漫顶极易引起垮坝事故，其校核洪水标准相对应高一些；混凝土坝、浆砌石坝等有胶结材料的坝，在洪水适当漫顶时不会造成垮坝事故，其校核洪水标准相对应低些。

　　我国在1978年以前采用的校核洪水（或非常运用洪水）标准没有区分筑坝材料型式。1978年颁布的SDJ 12—78，按不同筑坝材料分别规定不同的校核洪水（或非常运用洪水）标准。各时期采用的洪水标准的变更情况见表8。

表 8　我国各时期采用的洪水标准

标准	运用情况		建筑物级别 洪水重现期/年				
			1	2	3	4	5
苏 ΓOCT 3999—48	正常		1000	100	50	20	10
	非常		10000	1000	200	100	20
1955 年苏建规	正常		1000	100	50	20	—
	非常		10000	1000	200	100	—
我国 1959 年标准	正常		1000	100	50	20	—
	非常		10000	1000	200	100	—
我国 1961 年标准	正常		1000	100~500	50~100	20~50	20
	非常		10000	1000~2000	300~1000	100~300	100
	紧急保坝		—	2000~10000	1000~2000	300~1000	200~300
我国 1964 年标准	正常		1000	100	50	20	10
	非常		10000	1000	500	200	100
SDJ 12—78	正常		2000~500	500~100	100~50	50~30	30~20
	非常	土石坝	10000	2000	1000	500	300
		混凝土坝	5000	1000	500	300	200
SDJ 12—78 补充规定	正常		500	100	50	30	20
	非常	土石坝	10000 或 PMF	2000	1000	500	200
		混凝土坝	5000	1000	500	200	100

表 8（续）

标准	运用情况		建筑物级别				
			洪水重现期/年				
			1	2	3	4	5
GB 50201—94	设计		1000~500	500~100	100~50	50~30	30~20
	校核	土石坝	PMF 或 10000~5000	5000~2000	2000~1000	1000~300	300~200
		混凝土坝	5000~2000	2000~1000	1000~500	500~200	200~100
SL 252—2000	设计		1000~500	500~100	100~50	50~30	30~20
	校核	土石坝	可能最大洪水（PMF）或 10000~5000	5000~2000	2000~1000	1000~300	300~200
		混凝土坝	5000~2000	2000~1000	1000~500	500~200	200~100
DL 5180—2003	设计		1000~500	500~100	100~50	50~30	30~20
	校核	土石坝	可能最大洪水（PMF）或 10000~5000	5000~2000	2000~1000	1000~300	300~200
		混凝土坝	5000~2000	2000~1000	1000~500	500~200	200~100
GB 50201—2014	设计		1000~500	500~100	100~50	50~30	30~20
	校核	土石坝	可能最大洪水（PMF）或 10000~5000	5000~2000	2000~1000	1000~300	300~200
		混凝土坝	5000~2000	2000~1000	1000~500	500~200	200~100

注 1：表中混凝土坝含浆砌石坝等。

注 2：表中 SDJ 12—78 的洪水标准为下限，失事后将造成较大灾害的大型水库，重要的中型水库及特别重要的小型水库，当采用土石坝时，应以 PMF 校核。

从表 8 中可以看出，我国在 1961 年以前基本上是等同采用苏联的洪水标准。1961 年颁布的标准，对 2～5 级建筑物的洪水标准给出了一个幅度，下限仍维持原来的标准，上限是提高了的洪水标准。但 1964 年颁布的标准，基本上又回到了 1961 年以前的规定，仅 3～5 级建筑物的非常运用洪水标准改为1961 年标准的中间值。1978 年颁布的 SDJ 12—78，正常运用洪水标准又恢复给出幅度，并提高了标准值。同时，按筑坝材料型式划分不同的非常运用洪水标准，2～5 级土石坝建筑物标准有了大幅度的提高（还规定失事后将造成较大灾害的大型水库，重要的中型水库及特别重要的小型水库，当采用土石坝时，应以 PMF 校核）；1 级混凝土坝（含浆砌石坝，下同）建筑物标准大幅度降低，2～3 级建筑物标准未变，4～5 级建筑物标准做了较大幅度的提高。1990 年颁布的 SDJ 12—78 补充规定，将各级建筑物的正常运用（设计）洪水取 SDJ 12—78 的下限；对非常运用（校核）洪水规定 1 级土石坝可取可能最大洪水（PMF）或重现期 10000 年洪水，降低了 5 级土石坝洪水标准，并降低了 4～5 级混凝土坝的洪水标准。1994 年颁布的 GB 50201—94，将设计洪水标准恢复到 SDJ 12—78 的水平（除 1 级建筑物的上限降为重现期 1000 年外）；对校核洪水，与 SDJ 12—78 补充规定相比，均改为给出幅度，1 级土石坝的洪水标准基本未动，2～5 级土石坝总的趋势是洪水标准有所提高，1 级混凝土坝洪水标准有所降低，而 2～5 级混凝土坝洪水标准有了较大提高。2000年颁布的原标准考虑到行业标准需要服从国家标准，则按 GB 50201—94 的规定制定洪水标准。考虑历史沿革情况，本次修订沿用了原标准的相关规定。

20 世纪 90 年代以来，在我国水利水电工程建设中，胶凝砂砾石筑坝技术正在逐步运用，其特点是采用胶凝材料和砂砾石材料拌和筑坝；根据国内外工程实践，胶凝砂砾石坝设计多参照混凝土重力坝的设计方法和控制指标体系。考虑目前我国对胶凝砂砾石筑坝技术研究尚未成熟，工程经验尚在积累过程中，因此本次修订暂未做具体规定，在实际操作中，胶凝砂砾石坝的洪水标准可取混凝土坝（浆砌石坝）的上限值。

5.2.2 平原、滨海区水库一般位于河流中下游。与山区不同的是，平原、滨海区洪水缓涨缓落，河道宽，坡降缓，坝低，泄水条件较好，发生较大洪水时，一般易于采取非常措施。因此，平原、滨海区水库的洪水标准不宜定得过高。对同一级别的水工建筑物，平原、滨海区的洪水标准应比山区低一些。

5.2.3 挡水建筑物采用土石坝和混凝土坝混合坝型时，因不同坝型抗御洪水的能力是不同的，当土石坝部分因洪水漫顶引起破坏或垮坝事故时，混凝土坝部分即使完好，整个工程安全存在问题。但整个挡水建筑物的安全受土石坝部分的控制，本次修订中经综合分析，增加了混合坝型的洪水标准应采用土石坝洪水标准的规定。

5.2.4 土石坝失事后跨坝速度很快，对下游相当大范围内会造成严重灾害，如河南板桥水库跨坝，下游数十公里被夷为平地，人民生命财产遭受到巨大损失。当土石坝下游有居民区和重要农业区及工业经济区时，1 级建筑物校核洪水标准应采用范围值的上限。由于可能最大洪水（PMF）与频率分析法在计算理论和方法上都不相同，在选择采用频率法的重现期 10000 年洪水还是采用 PMF 时，需根据计算成果的合理性来确定。当用水文气象法求得的 PMF 较为合理时（不论其所相当的重现期是多少），则采用 PMF；当用频率分析法求得的重现期 10000 年洪水较为合理时，则采用重现期 10000 年洪水；当两者可靠程度相同时，为安全起见，需采用其中较大者。2～4 级建筑物失事后将对下游造成特别大的灾害时，建筑物校核洪水标准可提高一级，以策安全。

5.2.5 混凝土坝、浆砌石坝抗御洪水漫顶的能力比土石坝强，其本身一般不会因漫顶而破坏。截至目前，还没有混凝土坝、高坝因漫顶而失事的报道。但漫顶洪水能量较大，易造成坝基和两岸冲刷，可能导致基础失稳而失事。本条规定 1 级混凝土坝、浆砌石坝若提高洪水设计标准应经专门论证并报主管部门批准，其含义是既要严格控制，又要给特别重要工程提高洪水标准留有余地。

5.2.6 根据我国多年工程实践经验，山区、丘陵区水库工程的永久性泄水建筑物消能防冲设计的洪水标准，原则上可以低于永久性泄水建筑物的洪水标准。这在美国等国坝工实践中已有先例，并取得较好经济效果。我国近年来兴建的一些工程也是按此原则设计，对节省工程投资起到了较好的作用。

对超过消能防冲设计标准的洪水，当消能防冲建筑物出现局部破坏，可能危及挡水建筑物及其他主要建筑物的安全时，需采用挡水建筑物或其他主要建筑物的洪水标准复核消能防冲设计，采取必要措施确保挡水建筑物和其他主要建筑物的安全。

5.2.7 平原、滨海区水库工程地质条件往往较差，消能防冲工程一旦失事，会危及主要建筑物安全，故规定其消能防冲洪水标准与主要建筑物洪水标准一致。

5.2.8 本次修订将山区、丘陵区水库水电站厂房洪水标准的确定和平原、滨海区水库水电站厂房洪水标准的确定合成一条。

对于水电站厂房进水口的洪水标准，当进水口作为挡水建筑物的组成部分时，与工程挡水前沿永久性水工建筑物的洪水标准相一致，因此，本次修订补充该部分内容。

其他内容沿用了原标准 3.2.5 条和 3.3.3 条的相关规定。

5.2.9 本条细分了临时度汛时的库容大小指标。考虑部分工程临时度汛拦洪库容大于 10 亿 m³ 的情况，表 5.2.9 中增加了拦洪库容大于等于 10 亿 m³ 一栏，将施工期混凝土坝、浆砌石坝的最高度汛标准由不小于 50 年一遇改为不小于 100 年一遇；将施工期土石坝的最高度汛标准由不小于 100 年一遇改为不小于 200 年一遇。

5.2.10 水库蓄水阶段或大坝施工期运用阶段的洪水标准，因导流泄水建筑物已经封堵、永久性泄洪建筑物已具备泄洪能力，故这个标准比建成后的大坝正常运用洪水标准低，用正常运用时的下限值作为施工运用的上限值。由于混凝土坝施工期运用的标准比土石坝低，故取土石坝的下限值作为混凝土坝的上限值。

5.3   拦河闸永久性水工建筑物洪水标准

5.3.1 拦河闸、挡潮闸挡水建筑物及其消能防冲建筑物洪水标准参考了 GB 50201—2014 和原标准的规定确定。

对于兴建在平原圩区（河口区）的拦河（挡潮）闸，其两岸一般为堤防，在实际工作中往往发现按表 5.3.1 确定的设计洪（潮）水标准超过其所在堤防设计洪（潮）水标准，出现这样情况时，可以考虑根据其所在堤防的设计洪（潮）水标准确定拦河（挡潮）闸的设计洪水。这是因为发生比其两岸堤防设计洪水更大的洪水时，理论上两岸堤防破坏，洪水进入圩区后，一是难以确定洪水进一步发展情况（比如是否会引起连续破圩），二是设计水位难以确定，这时的水位很有可能比原堤防设计水位还低。因此，规定过高的设计洪（潮）水和校核洪（潮）水标准已毫无意义。当出现这种情况时，有些拦河（挡潮）闸的校核洪（潮）水位参考其两岸堤顶高程确定，这样闸顶高程在加上安全加高后，可高出其所在位置的堤顶高程，万一发生洪水漫堤情况，不至于闸顶过流导致闸下基础冲刷而发生倒塌。当两岸无堤防为自然高地时，校核洪（潮）水位除按表 5.3.1 规定执行外，同样可按洪水不漫出两岸作为控制上限。

5.3.2 沿海地区的水利工程按受洪潮影响的不同，可以分为潮汐河口段水利工程和滨海区水利工程。

潮汐河口段的水位往往受海洋潮汐和江河洪水的双重影响。由于各地都已设置为数众多的潮位观测站，积累了丰富的资料，在确定潮汐河口段潮水标准时，可以采用分析计算潮水位重现期的方法。这样，潮水标准就可以与江河的洪水标准有机地联系起来。通过超高的调整，可以使江河堤防与沿海海堤的堤顶高程相一致。

滨海区水利工程的防潮，主要是分析由水暴原因引起海面异常升高而形成的水暴潮（或水暴增水）及其与天文潮的相互关系，合理地提出防潮标准。现在全国在沿海一带建立了数百个测潮站，并积累了一定的资料，能够根据实测或调查到的历史最高暴潮水位，推求潮水位频率。本标准推荐采用重现期

（年）作为潮水标准，同时考虑历史最高潮位，比较直观，概念明确。对1级、2级永久性水工建筑物，规定按当地历史最高潮水位校核。

5.4 防洪工程永久性水工建筑物洪水标准

5.4.1 防洪工程包括防洪水库、堤防、河道整治、分蓄洪区等。防洪水库工程永久性水工建筑物标准与其他功能的水库工程永久性水工建筑物的一样执行了5.2的规定。

堤防工程是为保护对象的防洪安全而修建的，其自身并无特殊的防洪要求，其洪水标准需根据经批准的流域、区域防洪规划对其保护对象提出的防洪能力要求确定。当无流域、区域防洪规划或者规划中对其保护对象无明确要求时，堤防工程的洪水标准可根据其保护区内保护对象的类别和指标，根据GB 50201—2014的规定，先确定其保护对象的防洪标准，再取与其保护对象防洪标准一致的堤防洪水标准。

5.4.2 防洪工程中的河道整治涉及的因素比较复杂，危险工况也不一定出现在大水时段，无法在以洪水标准为主的标准中做统一规定；蓄滞洪区围堤是防洪体系的一部分，在流域、区域防洪规划中一般对其抗御洪水能力有专门要求，而蓄滞洪区内安全区堤防涉及更高层次的政策层面。这样的永久性水工建筑物洪水标准，应根据经批准的流域、区域防洪规划的要求和建筑物本身的安全要求，在设计中具体分析确定。

5.5 治涝、排水、灌溉和供水工程永久性水工建筑物洪水标准

5.5.1～5.5.3 治涝、排水、灌溉和供水工程的永久性水工建筑物洪水标准参考了GB 50201—2014、GB 50265—2010、GB 50288—99、SL 430—2008的规定制定。

5.6 临时性水工建筑物洪水标准

5.6.1 本条采用了SL 303—2004中第3.2.6条的规定。为了增加临时水工建筑物的安全度，对某些特别重要工程，应提出发生超标准洪水时的应急预案。

5.6.3 本条适用于导流泄水建筑物封堵期间出口临时挡水设施洪水标准的确定。根据以往经验，导流泄水建筑物出口临时挡水设施的最高级别为4级，采用5～20年重现期的导流设计洪水标准即能满足要求。当封堵施工期临近或跨入汛期时，或出口围堰的使用时间超过1年时，需适当提高标准。导流泄水建筑物封堵期间进口临时挡水设施的洪水标准按5.2.10条确定。

水库调度规程编制导则

SL 706—2015

2015 - 03 - 24 发布   2015 - 06 - 24 实施

前 言

    根据水利部水利技术标准制修订计划安排，按照 SL 1—2014《水利技术标准编写规定》的要求，编制本标准。

    本标准共 8 章和 2 个附录，主要包括下列内容：

    ——总则；

    ——术语；

    ——调度条件及依据；

    ——防洪与防凌调度；

    ——灌溉与供水调度；

    ——发电、航运、泥沙及生态用水调度；

    ——综合利用调度；

    ——水库调度管理。

    本标准为全文推荐。

    本标准批准部门：中华人民共和国水利部

    本标准主持机构：水利部建设与管理司

    本标准解释单位：水利部建设与管理司

    本标准主编单位：水利部水工程安全与病害防治工程技术研究中心

                    长江科学院

    本标准参编单位：水利部大坝安全管理中心

    本标准出版、发行单位：中国水利水电出版社

    本标准主要起草人：李端有　　王　健　　甘孝清　　周　武

                     杨正华　　韩贤权　　李　强　　曹景生

范志刚　谭　勇

本标准审查会议技术负责人：王庆明

本标准体例格式审查人：王　启

　　本标准在执行过程中，请各单位注意总结经验，积累资料，随时将有关意见和建议反馈给水利部国际合作与科技司（通信地址：北京市西城区白广路二条 2 号；邮政编码：100053；电话：010 - 63204565；电子邮箱：bzh @ mwr. gov. cn），以供今后修订时参考。

目　次

1 总 则

1.0.1 为规范水库调度规程编制的任务、原则和内容，保证水库调度规程的编制质量，特制定本标准。

1.0.2 本标准适用于已建大、中型水库调度规程的编制，具备调度条件的小型水库可参照执行。

1.0.3 水库调度规程编制应遵循《中华人民共和国水法》《中华人民共和国防洪法》《防汛条例》《抗旱条例》《水库大坝安全管理条例》等法律、法规和规章。

1.0.4 水库调度规程编制应以经审查批准的水库设计文件确定的任务、原则、参数、指标为依据。当水库调度任务、运行条件、调度方式、工程安全状况等发生重大变化，需要对水库调度规程进行修订时，应进行专题论证，并报原审批部门审查批准。对设计文件不完整的水库，应根据水库实际运用情况和工程安全运用条件，分析确定调度条件和依据，经原规划设计审批单位和有关防汛指挥部门审定后使用。

1.0.5 水库调度应坚持"安全第一、统筹兼顾"的原则，在保证水库工程安全、服从防洪总体安排的前提下，协调防洪、兴利等任务及社会经济各用水部门的关系，发挥水库的综合利用效益，将灾害降低到最小，争取效益最大，并兼顾梯级调度和水库群调度运用的要求。

1.0.6 水库调度应采用先进成熟的技术和手段，研究优化调度方案，提高水库调度的科学技术水平。

1.0.7 水库调度规程是水库调度运用的依据性文件，应明确调度任务，提高水库调度的计划性和预见性。各项调度的主要内容应包括调度任务与原则、调度条件与调度依据、调度方式等。水库调度规程内容可根据水库承担的任务或特殊需要相应增减。

1.0.8 编制水库调度规程应收集与水库调度有关的自然地理、水文气象、社会经济、工程情况及各部门对水库调度的要求等基本资料，并对收集的资料进行可靠性分析和合理性检查。

1.0.9 水库调度规程应按"责权对等"原则明确水库调度单位、水库主管部门和运行管理单位及其相应责任与权限。

1.0.10 水库调度规程宜由水库主管部门或水库运行管理单位组织编制。水库主管部门或水库运行管理单位可自行编制或委托有相应资质的单位编制。

1.0.11 水库调度规程应按管辖权限由县级以上水行政主管部门审批。调度运行涉及两个或两个以上行政区域的水库，应由上一级水行政主管部门或流域机构审批。水库汛期调度运行计划应由有调度权限的防汛抗旱指挥部门审批。

1.0.12 水库调度规程章节安排应将"总则"列为第 1 章，以后各章应按本标准第 3～8 章的编制要求依次编排，并将"附则"作为最后一章。附则应包括规程实施时间或有效期限、修订条件、调度矛盾的协调及其裁决方式、解释权归属等内容。水库调度规程宜编制条文说明。水库调度规程内容可参照附录 A 进行编排。

1.0.13 水库调度规程应将下列标准作为编制依据：

——综合利用水库调度通则（水管〔1993〕61 号）；

——GB 17621 大中型水电站水库调度规范；

——GB 50587 水库调度设计规范；

——SL 224 水库洪水调度考评规定。

1.0.14 水库调度规程编制除应符合本标准规定外，尚应符合国家现行有关标准的规定。

2 术 语

2.0.1 水库调度 reservoir regulation

确定水库运用中决策变量（电站出力、供水量、弃水量、时段末库水位等）与状态变量（时段初库水位、入库流量、时间等）间的关系的工作。

2.0.2 水库调度规程 reservoir regulation rules

为实现水库所承担的各项任务，保证水库防洪安全，充分发挥水库的综合效益，编制形成的指导水库调度的技术规程。

2.0.3 水库调度计划 reservoir scheduling

水库主管部门或运行管理单位根据水库原设计和历年运行制定的水库运用指标、水库调度方式及水库所承担的各方面任务要求制定的指导水库各阶段运行的执行计划。

2.0.4 水库调度方式 reservoir regulation modes

为满足既定的防洪、兴利等任务和要求而拟定的水库蓄泄规则。

2.0.5 防洪调度 regulation for flood control

运用水库挡水建筑物和泄水建筑物，有计划地实时安排洪水拦蓄或下泄以达到防洪最优效果的水库调度。

2.0.6 防凌调度 regulation for ice flood prevention

在防凌期合理控制出库流量，改变进入下游河道的水动力、河道边界及外界动力，避免下游凌汛灾害的水库调度。

2.0.7 灌溉调度 regulation for irrigation

以水库为调蓄中枢，根据水资源的丰枯变化，为满足农业灌溉用水需求，有计划地控制水库蓄水、泄水的水库调度。

2.0.8 供水调度 regulation for water supply

以水库为调蓄中枢，根据水资源的丰枯变化，为满足城镇及工业用水需求，有计划地控制水库蓄水、泄水的水库调度。

2.0.9 发电调度 regulation for power generation

在保证防洪调度的前提下，为实现水库发电效益最大化而采取的水库调度。

2.0.10 泥沙调度 regulation for sediment discharge

通过水库对出库水沙过程进行调节，尽可能减少水库的泥沙淤积和下游河道的淤堵，增加河道主槽过流能力的水库调度。

2.0.11 航运调度 regulation for navigation

为满足下游最低通航水位要求，保障船舶安全正常航行，根据上游来水情况、后期来水预测及下游航运情况，在保证枢纽运行安全的前提下采取的补水调度。

2.0.12　生态用水调度　regulation for ecological water use

为维护水库下游河流、湿地等生态环境功能而进行的水库调度。

3 调度条件及依据

3.0.1 水库调度规程应对下列内容做出说明：

　　1 水库各水工建筑物的安全运用条件。

　　2 水库各金属结构设备的安全运用条件。

　　3 水库调度过程中的工程安全监测与巡视检查要求。

3.0.2 水库调度规程应对下列基本资料做出说明，基本资料（见附录 B）可作为规程的附件：

　　1 特征水位：正常蓄水位、防洪高水位、防洪限制水位、死水位、设计洪水位、校核洪水位、排沙水位、防凌高水位等。

　　2 特征库容：总库容、防洪库容、调洪库容、兴利库容、调水调沙库容、拦沙库容、防凌库容、死库容等。

　　3 调度参数：防洪标准及安全泄量、供水量与供水保证率、灌溉面积与灌溉保证率、装机容量与保证出力、通航标准、生态基流或最小下泄流量等。

　　4 运行曲线：库容曲线、泄流能力及泄流曲线、下游水位流量关系曲线、水电站水轮机出力限制线、入库水沙、冰情等。

3.0.3 水库调度规程应对下列水文气象情报与预报作出说明：

　　1 水文气象情报与预报的内容、方式与要求。应充分利用水库和水文气象部门已有的水文气象站网，开展短、中、长期水文气象情报与预报工作。

　　2 根据相关技术标准要求，明确水文气象情报资料和预报的精度。

4 防洪与防凌调度

4.1 调度任务与原则

4.1.1 水库防洪与防凌调度应按下列规定明确调度任务与原则：

1 根据设计确定或上级主管部门核定的水库安全标准和下游防护对象的防洪标准、防洪调度方案及各特征水位对入库洪水进行调蓄，保障大坝和下游防洪安全。遇超标准洪水，应保障大坝安全，并应减轻或避免下游的洪水灾害。

2 对存在冰情危害的水库，通过调度减少冰情对大坝及附属建筑物安全的不利影响。上游有凌汛影响的水库，应防备凌汛或冰坝溃决洪水的影响；下游存在凌汛问题的水库，应通过防凌调度减轻或避免下游河道或水库的凌汛危害。

4.1.2 水库防洪与防凌调度应服从有调度权限的防汛抗旱指挥部门的调度，并严格执行经批准的所在流域或区域防洪规划和洪水调度方案要求；流域或区域防洪规划和洪水调度方案没有明确要求时，应在确保大坝安全和防洪安全条件下，经充分论证，提出合理的洪水调度方案。

4.1.3 防洪与防凌调度方式应安全可靠、简明易行，并明确提出水库补偿调度、保坝调度的特征水位或流量及上下游控制断面水位或流量等判别条件。

4.2 防 洪 调 度

4.2.1 防洪调度应根据流域洪水特性、水库防洪运用标准、水库下游保护对象的防洪要求、上游洪水及与下游区间洪水的遭遇组合特性等情况，结合水库综合利用要求，明确不同频率洪水调度方式、判别条件和调度权限。

4.2.2 对超标准洪水，应根据批准的超标准洪水防御方案，明确超标准洪水的判别条件、调度方式、调度权限、调度令下达及执行程序等。

4.2.3 当流域暴雨洪水在汛期内具有明显季节性变化规律，在保证水库防洪安全和满足下游防洪要求前提下，可实行分期防洪调度。分期防洪调度，应根据初步设计确定的分期防洪调度方案，明确不同分期的运用时间、防洪库容、汛期限制水位及调度方式；当初步设计没有分期，而根据新情况需要实行分期防洪调度时，可根据水库运用情况结合水雨情监测预报条件，经过专题论证和原审批部门批准后方可采用分期防洪调度。

4.2.4 当水库具备水雨情监测预警系统，拦洪、泄洪建筑物完善时，可依据经主管部门审定的洪水预报方案制定水库洪水调度方案。洪水预报调度，应根据水库上下游的具体情况和防洪需要，明确采用预泄调度、补偿调度、错峰调度、实时预报调度等方式的判别条件。

4.2.5 应明确水库在洪水退却过程中的退水调度方式。

4.2.6 应明确水库汛末蓄水时间、确定原则及汛末蓄水方式。

4.3 防 凌 调 度

4.3.1 有上游凌汛影响的水库，应明确减缓上游冰塞、冰坝的形成和发展、降低水库冰位、缩短水库冰位上延距离的调度方式。冰凌开河时，应降低水库水位泄水排冰，并防止排冰对大坝工程的破坏。

4.3.2 下游存在凌汛问题的水库，水库本身有冰情时，应在确保大坝安全的前提下，提出防凌和排冰调度方式；水库本身无冰情时，应提出配合下游防凌调度运用，抬高下游河道封冻冰盖的调度方式。

4.3.3 梯级水库的联合防凌调度，应明确联合防凌调度的任务和要求；在冰凌开河时上、下水库应进行联合排冰调度，上水库的防凌调度和综合利用调度应为下水库的防凌安全调度创造有利条件。

5 灌溉与供水调度

5.0.1 灌溉与供水调度应按下列要求明确调度任务与原则：

1 以初步设计为基础，考虑经济社会发展，保障流域或区域农业、生活、生产供水和河道内生态用水的基本需求。

2 结合水资源状况和水库调节性能，明确灌溉供水、城镇和农村供水、工业供水、河道内生态用水等不同供水任务的次序，以及供水任务之间的协调、裁决方式。

3 有效与节约利用水资源；发生供水矛盾时，优先保障生活用水。

5.0.2 灌溉与供水调度应明确下列内容：

1 在满足灌溉与供水设计保证率和设计引水流量的要求下，明确取水水位和用水量。

2 以灌溉与供水为主要任务的水库，应首先满足供水对象的用水要求。当水库承担多目标供水任务时，应明确各供水对象的用水权益、供水顺序、供水过程及供水量。

3 兼顾灌溉与供水任务的水库，且水库具有年调节及以上性能时，应绘制调度图，明确各供水对象变化的判别条件。

4 应明确特殊干旱年的应急供水方案和相应的调度原则和方式。承担生活供水和重要供水目标供水的水库，可设置干旱预警水位，预留抗旱应急备用水量。

5 水库供水调度遇干旱等特殊供水需求时，应服从有调度权限的防汛抗旱指挥部门的调度，并应严格执行经批准的所在流域或区域抗旱规划和水量调度方案。

5.0.3 灌溉调度应通过详细的分析计算，明确灌溉需水过程线，作为灌溉调度的依据。

5.0.4 当灌区在水库下游，灌溉须从下游河道取水时，应明确下游河道取水点的最低水位要求，满足灌溉取水需要。

6 发电、航运、泥沙及生态用水调度

6.0.1 发电调度应明确下列内容：

1 发电调度的任务和原则，以及发电调度与防洪、供水等其他调度的关系。

2 根据水库调节性能、入库径流、水电站在电力系统中的地位和作用，合理控制水位和调配水量，结合电力系统运行要求，协调与其他用水部门以及上下游水电站的联合运行关系，合理确定调度方式。

3 水轮机应按照运行特性曲线选择较好的运行工况运行。

4 年调节和多年调节水电站的调度应根据蓄水及来水情况，采用保证出力、加大出力、机组预想出力、降低出力等不同运行方式，并绘制发电调度图，按调度图进行调度。

5 小型水电站的发电调度应执行水行政主管部门审定的调度指标，根据入网条件确定合理的调度方式。

6.0.2 航运调度应明确下列内容：

1 航运调度的任务与原则，在保证枢纽工程安全和其他防护对象安全的基础上，按设计要求发挥水库上、下游水域的航运效益。

2 以航运为主要任务的水库，应根据航道水深、水位变幅或流速的要求，确定相应的调度方式；兼顾航运任务的水库，在满足主要调度任务的情况下，确定相应的航运调度方式。

3 有船闸、升船机等过坝通航建筑物的水库，应确定过坝航运调度方式，明确洪水期为保障大坝和通航安全，对航道和过坝设施采取限航或停航的有关规定。

6.0.3 泥沙调度应明确下列内容：

1 水库泥沙调度的任务与原则，在保证防洪安全和兴利调度的前提下，减少水库的泥沙淤积和下游河道的淤堵。

2 多沙河流水库宜合理拦沙，以排为主，排拦结合；少沙河流水库应合理排沙，拦排结合。泥沙调度应以主汛期和沙峰期为主，结合防洪及其他调度合理排拦泥沙。

3 为减少库区淤积而设置的排沙水位及其控制条件，或为减少下游河道淤积而设置的调水调沙库容及其判别条件。

4 泥沙淤积监测方案，对泥沙淤积情况进行评估，为优化泥沙调度方式提供依据。

6.0.4 生态用水调度应明确下列内容：

1 水库生态用水调度的任务与原则：在满足下游生态保护、库区水环境保护与水生物多样性保护要求的基础上，充分发挥水库各项防洪与兴利功能，使水库对下游生态和库区水环境造成的负面影响控制在可承受范围之内，并有利于逐步修复生态和环境系统。

2 根据初步设计确定的河流生态环境保护目标和生态环境需水流量，拟定满足生态环境要求的调度方式及相应控制条件。

3 生态用水调度的泄放流量设施和泄放流量要求。

7 综合利用调度

7.0.1 综合利用调度应按初步设计确定的水库开发任务，明确水库综合利用调度的目标，并按任务主次关系和对水量、水位和用水时间的要求，合理分配库容和调配水量。对设计文件不完整的水库，应按实际运行和利用需求分析论证，确定水库综合利用调度任务。

7.0.2 正常来水或丰水年份，应在确保大坝安全的前提下，按照水库调度任务的主次关系及不同特点，合理调配水量。

7.0.3 枯水年份，应按照区分主次、保证重点、兼顾其他、减少损失、公益优先的原则进行调度，重点保证生活用水需求，兼顾其他生产或经营需求，降低因供水减少而造成的损失。

7.0.4 综合利用调度应统筹各调度任务主次关系，优化水资源配置，按"保障安全、提高效益，减小损失"的原则确定各调度任务相应的调度方式。

7.0.5 梯级水库或水库群调度应利用其调蓄能力，在对区域内的水雨情和径流规律、各水库开发任务和调度条件进行分析论证的基础上，确定合理的蓄泄次序及相应的调度方式。

7.0.6 初步设计没有确定河流生态保护任务和生态需水流量的水库，应结合相关调度任务兼顾生态用水调度，服从流域生态调水安排。

8 水库调度管理

8.0.1 水库调度单位应组织制定水库调度运用计划、下达水库调度指令、组织实施应急调度等，并收集掌握流域水雨情、水库工程情况、供水区用水需求等情报资料。

8.0.2 水库运行管理单位应执行水库调度指令，建立调度值班、巡视检查与安全监测、水情测报、运行维护等制度，做好水库调度信息通报和调度值班记录。

8.0.3 水库调度各方应严格按照水库调度规程进行水库调度运行，建立有效的信息沟通和调度会商机制，编制年度调度总结并报上级主管部门，妥善保管水库调度运行有关资料并归档。

8.0.4 应按水库大坝安全管理应急预案及防汛抢险应急预案等要求，明确大坝安全、防汛抢险、抗旱、突发水污染等突发事件的应急调度方案和调度方式。

8.0.5 被鉴定为"三类坝"的病险水库或水库出现严重工程险情时，应复核水库的各项特征水位和泄洪设施安全泄流等调度指标是否满足安全运行要求，及时调整水库调度运行方案，并按规定履行报批手续。

8.0.6 应明确水库库区及坝下游河道管理的原则、范围、责任部门及相应的管理办法。

附录A 水库调度规程编制参考大纲

A.0.1 编制水库调度规程时，可参照以下提纲进行编排：

1 总则

1.1 水库调度规程的编制目的和编制依据

1.2 水库调度规程的适用范围

1.3 水库概况

1.4 水库设计功能

1.5 水库调度目标和任务

1.6 水库调度原则

1.7 水库调度责任部门（水库调度单位、水库主管部门、水库运行管理单位）及相应职责权限等

1.8 其他应说明的共性规定

2 调度条件与依据

2.1 水库安全运用条件

2.1.1 水工建筑物的安全运用条件

2.1.2 水工金属结构设备的安全运用条件

2.1.3 工程安全监测与巡视检查要求

2.2 基本资料

见附录B。

2.3 水文气象情报与预报要求

2.3.1 水文气象情报站网及观测

水文气象情报站网及观测包括站网布置、观测内容、观测时间与频次、观测要求、精度要求、数据传输与存储等。

2.3.2 水文气象预报

水文气象预报（长、中、短期）的内容、方法、方案和精度要求，以及预报应收集的资料等。

3 防洪与防凌调度

3.1 防洪调度任务

3.2 防洪调度原则

3.3 防洪调度时段

防洪调度时段包括前汛期、主汛期、后汛期的起止时间。

3.4 防洪限制水位

3.5 防洪控制断面

8.1 生态用水调度任务

8.2 生态用水调度原则

8.3 生态用水调度的泄放流量要求

8.4 生态用水调度方式及控制条件

9 综合利用调度

9.1 综合利用调度目标、任务主次关系及对水量、水位和用水时间的要求

9.2 各任务相应的调度方式

9.3 正常来水或丰水年份的调度原则及调度方式

9.4 枯水年份的调度原则及调度方式

9.5 梯级水库或水库群的蓄泄次序及相应调度方式

10 水库调度管理

10.1 水库调度计划、水库调度方案等的编制要求

10.2 水库调度工作制度

10.3 水库调度信息沟通机制和磋商机制

10.4 水库调度总结

10.5 水库调度资料整理与归档

10.6 应急调度方案及应急调度方式

10.7 库区及坝下游河道管理的原则、范围、责任部门、管理办法等

11 附则

11.1 水库调度规程的实施时间或有效期限

11.2 水库调度规程的修订条件

11.3 水库调度矛盾的协调及其裁决方式

11.4 水库调度规程的解释权归属等

12 附录（包括附图与附表）

附录包括（但不限于）下列图、表：

12.1 水库特征参数表

12.2 水库工程位置图（库区、工程、下游）

12.3 水库枢纽平面布置图

12.4 水库泄洪、输水建筑物纵横剖面图

12.5 水文气象统计成果

12.6 水位—库容—泄量关系

12.7 洪水过程线与调洪成果

12.8 水库调度图

12.9 闸门数量—开度—泄量关系

13 条文说明

附录 B 基 本 资 料

B. 0. 1 基本资料应系统化、规范化、电子化。基本资料可作为水库调度规程的附录，也可由水库运行管理单位将其单独汇编成册，并根据资料的积累和变化情况及时予以补充和修正。

B. 0. 2 水库调度规程编制应采用下列基本资料：

    1 水库特征水位与特征库容：正常蓄水位、防洪高水位、防洪限制水位、死水位、设计洪水位、校核洪水位、排沙水位、防凌高水位等；总库容、防洪库容、调洪库容、兴利库容、调水调沙库容、拦沙库容、防凌库容、死库容等。

    2 水库调度参数和指标应包括下列内容：

        1）防洪：防洪对象的防洪标准及安全泄量、警戒水位、保证水位，以及汛期预留防洪库容的分期起止时间。

        2）防凌：防凌调度运用期、冰情特征值、防凌运用水位、防凌库容、防凌安全泄量。

        3）灌溉：灌区范围及面积、作物组成、灌溉设计保证率、需水量、取水高程和用水过程。

        4）供水：供水量、供水设计保证率、需水量、取水高程和需水过程。

        5）发电：装机容量、多年平均发电量、保证出力、设计保证率、控制泄量、机组机型及主要运行工况参数。

        6）航运：通航标准、通航建筑物型式、规模和尺度、通航水位与流量、表面最大流速、水面最大比降、水位日变幅和小时变幅。

        7）排沙减淤：调控流量、调控库容、含沙量、泥沙级配、拦沙率、排沙比、减淤量、拦沙减淤比、调沙周期。

        8）生态和环境：生态基流流量、环境基流流量、水质标准。

    3 自然地理资料：水库控制面积内及有关地区的地形、地质、植被、土壤分布、水系情况、污染源分布等。

    4 水文气象方面资料：水库控制面积内的降水、水位、蒸发、流量、泥沙、潮汐、气温、风向、风力和冰冻等情况，坝址上下游水文站网布设，各站雨量、水位、流量、流速、水质、含沙量和径流等特征资料，洪水传播时间及流量过程线，人类活动对径流影响等；各种频率水文分析计算成果、历年水文预报方案和编制说明以及经验总结和通信设施；重点搜集整编暴雨洪水（冰凌）特性，历史上曾出现的大和特大暴雨洪水、高含沙洪水、冰凌洪水及河口天文大潮、风暴潮资料以及流域有关气象台站降雨预报、水库洪水预报资料等。

5 库容曲线。原始库容曲线应采用设计提供的曲线，泥沙问题严重的水库应定期进行水库淤积测量，按泥沙淤积情况复核库容曲线，新库容曲线应报上级主管部门备案，必要时需经批准。

6 设计洪水。采用经审批的设计洪水，包括分期洪水成果。

7 径流资料。采用经整编的成果，包括年、月、旬、日径流系列及其保证率曲线典型年过程等。

8 泄流能力及泄流曲线。包括各种泄水建筑物的泄流曲线。水库运行初期采用模型试验曲线，积累足够实测资料后应进行现场率定，成果报上级主管部门批准。

9 泄洪设施及运用条件。

10 水轮发电机组特性曲线。采用制造厂提供的资料或现场效率试验成果。

11 不同泄洪流量下的闸门开启数量、开启高度、开启组合及操作程序等。

12 引水系统水头损失曲线。采用设计提供的资料或现场率定成果。

13 下游水位—流量关系曲线。采用现场实测成果。

14 下游河道最大安全行洪能力。

15 下游河道资料：水库下游河道堤防和分滞洪区防洪体系的构成及其使用条件。

16 工程方面资料：水库工程的规划、勘测、设计、验收、鉴定文件、竣工文件、水库库容、面积、库区淤积变化、淹没、浸没、库岸坍塌和回水影响资料；历年检查观测、养护修理、调度运用的经验总结；水库上下游有关工程的主要技术指标和工程质量等。

17 社会经济资料：水库下游防洪、兴利和溃坝后影响的有关城镇、耕地、人口、工矿企业和交通干线等情况；防洪保护区、蓄滞洪区、行洪区经济社会现状，历史上洪水（冰凌）灾害、风暴潮灾害资料及经济社会发展对防灾减灾的要求；库区土地利用和生产建设现状，下游河道堤防培修、河道整治和阻水情况以及防洪标准、安全泄量、保护范围和对水库供水、错峰要求；历年水源污染情况和危害情况；上级批准的有关文件、协议等资料。

18 防洪非工程措施资料：水库控制面积内水雨情监测系统、大坝安全监测系统、通信网络系统、洪水预报预警系统运行情况；水库大坝和蓄滞洪区应急管理预案、防灾减灾设施现状及管理情况等。

标 准 用 词 说 明

标准用词	严 格 程 度
必须	很严格，非这样做不可
严禁	
应	严格，在正常情况下均应这样做
不应，不得	
宜	允许稍有选择，在条件许可时首先应这样做
不宜	
可	有选择，在一定条件下可以这样做

中华人民共和国水利行业标准

水库调度规程编制导则

SL 706—2015

条 文 说 明

目　次

1 总 则

1.0.2 水库调度规程主要针对已建的大、中型水库。对于坝高 15m 以上或总库容 100 万 m³ 以上小型水库和其他小型水库，如具备调度运用条件，且对下游防洪具有一定的影响，也可以参照本标准规定编制水库调度规程，可适当简化。

1.0.4 水库设计中规定的综合利用任务的主、次关系和调度原则及指标，调度规程编制过程中必须遵守，不得随意改变，情况发生变化需要改变时，要进行重新论证并报上级主管部门批准。

因水库工程情况或设计洪水、径流量、库容、泄洪能力、下游河道安全泄流量等基本数据发生重大变化，需要改变水库设计调度运用指标时，水库管理单位提出要求，由水库主管部门组织有关单位，在核实和修正基本资料的基础上，按照有关规程、规范复核修改运用指标，报有关防汛抗旱指挥部审定后使用。

1.0.5 水库调度直接关系到上下游人民群众的生命财产安全，水库调度规程编制必须坚持以人为本，确保防洪安全、供水安全和生态安全。水资源是一种短缺资源，水库调度规程编制必须坚持可持续利用，促进水资源高效利用、优化配置和科学管理，满足各类用水需求，以水资源的可持续利用保障经济社会的可持续发展。坚持统筹兼顾，必须努力做到左右岸兼顾、上中下游协调、近期与长远结合，实现防洪、发电、供水、灌溉、航运等各方利益的互惠共赢。坚持依法科学调度，要按照批准的调度规程，加强水雨情预报和调度会商，优化水库调度过程，最大限度地发挥其防洪、兴利和生态调度的作用，最大限度地减少其对河道和湖泊的累积影响。

1.0.7 水库调度规程的内容增减主要针对本标准第 3～7 章的内容，可根据水库本身的特征、等级及所承担的功能进行调整。如南方的水库一般没有防凌的要求，则不需要编写防凌调度的内容；有的水库不承担航运的功能，因此也不需要编写航运调度的内容；如此等等。

1.0.9 有些大中型水库的水库调度单位较多，如防洪与防凌调度单位、发电调度单位、供水调度单位、航运调度单位、泥沙调度单位等。为避免不合理调度造成的水资源浪费，避免各类调度之间的冲突，本条文特别强调应明确各水库调度单位、水库主管部门、运行管理单位的责任与权限。

1.0.10 相应资质的单位是指具有与水库等级相应的最低应达到的规划设计、咨询资质及以上的单位。一般由原水库规划设计单位承担水库调度规程编制任务。

1.0.12 在本标准编制过程中，收集了国内许多大中型水库的调度规程，从各运行管理单位制订的水库调度规程来看，规程的内容和编排各不相同。为了统一水库调度规程的内容编排，本条文规定了内容编排的章节顺序，并在附录 A 列出了可供参考的编制大纲，各单位可参照执行。

3　调度条件及依据

3.0.1　水库调度时，不能超出水工建筑物和金属结构设备的运用限制条件，否则会影响到水库大坝自身安全。

1　应阐明安全运用条件的水工建筑物包括：大坝、进/出水口塔体及边坡、泄水建筑物、消力池（塘）、排沙建筑物、升船机、发电机组等。

2　应阐明安全运用条件的金属结构设备包括：检修闸门、工作闸门、事故闸门、拦污栅、启闭机等的安全运用条件。

3　水工程安全监测与巡视检查要求包括：水库调度过程中安全监测的项目、内容、时间、频次；巡视检查的内容、时间、频次；资料整理与分析；监测报告编制；异常情况的处理与上报等。有条件的水库可建立安全预警体系，明确安全预警指标。水库调度时的水位消落速度不能超过设计控制标准，否则会引起土石坝、库岸失稳，危及水库安全。水库水位消落限制条件包括水库调度过程中库水位消落的条件、消落期的下泄流量、消落低水位、库水位下降幅度与速率等。

3.0.2　基本资料是水库调度设计与水库调度的依据，基本资料要尽量全面，且具有一定的可靠性。

水库调度工作在很大程度上依赖于库区与下游基本情况，随着社会经济的快速发展，库区与下游土地利用情况及河道现状可能发生改变，因此需定期或不定期对库区与下游基本情况进行实地调查。同时由于自然或人类活动影响改变了原基本资料形成的边界条件时，要及时对水库调度规程所采用的基本资料进行复核、修正或补充。

对于洪水资源化利用需求迫切、工程与设施满足安全要求、水雨情监测预报系统和大坝安全监测系统完善的大中型水库，经过专题论证和审查批准后，可采用汛期限制水位动态控制运用方式。汛期限制水位动态控制运用，根据气象洪水预报、防洪库容、预泄能力等条件，分析所产生的效益和风险，在不降低水库防洪标准，保障上下游防洪安全前提下，提出汛期限制水位动态控制方案和调度方式。

3.0.3　水文气象情报与预报。

1　水文气象情报与预报的方式与要求包括：水文气象情报站网的布置；水库水文气象信息采集、观测、传输、储存、整理的内容、方式和要求；水文气象预报的内容、方式与要求；水文气象预报方案、水库洪水预报方案编制要求。有条件建立洪水预报系统的水库，还包括洪水预报系统的功能与要求。

　　充分利用水文自动测报系统及国家水文气象站网提供的水文气象信息及时开展水库洪水预报工作，并进行实时滚动修正预报，提高预报精度，是做好水库调度工作的前提，其预报成果可为水库及时调整调度方案等决策提供科学依据。水库调度规程编制应结合水库控制范围区域地形气候情况、暴雨特点等明确水文气象预报作业的方式，进行入库流量预报，推演出库流量，预报水库水位、下游水位、出力等预报结果。

　　2　水文气象情报资料精度要求包括降雨量、流量、水位等的精度要求；预报精度要求包括短、中、长期预报的精度。

4　防洪与防凌调度

4.1　调度任务与原则

4.1.1　防洪调度方式可分为水库对下游无防洪任务和有防洪任务两类。前者只需解决大坝安全度汛问题，一般采取库水位达到一定高程后即敞泄的调度方式；后者应统一考虑大坝安全度汛及下游防洪安全，在调度中严格按照所用的判别条件（如防洪特征库水位、入库洪峰流量等）决定水库的蓄泄量，在水库防洪标准以内按下游防洪要求调度，来水超过水库防洪标准，则以保大坝安全为主进行调度。

4.1.2　一般在设计水库时，要提出预计的洪水调度方案，而在以后实际运行中不断修订校正，以求符合客观实际。在制定洪水调度方案时，要考虑与其他水库联合工作互相配合的可能性与必要性。其内容包括：拟定洪水调度方式、编制洪水调度计划及确定各项控制运用指标、进行面临时段的实时调度等。

4.1.3　补偿调度、保坝调度等的判别条件可选用库水位、入库流量和库水位与入库流量双重判别等三种判别条件之一。

4.2　防洪调度

4.2.3　对于具备分期防洪调度的水库，需编制分期防洪调度方案，并在水库调度规程中明确分期防洪调度的运用条件、调度方式。

（1）可实现分期防洪调度的条件：当流域暴雨洪水在汛期内具有明显季节性变化规律，在保证水库防洪安全和满足下游防洪要求前提下，可实行分期防洪调度。

（2）分期防洪调度的要求：分期防洪调度根据设计阶段确定的分期防洪调度方案，明确不同分期的防洪库容及汛期限制水位；当设计阶段没有分期，而根据新情况需要实行分期防洪调度时，可根据水库情况，经过专题论证和原设计审批部门审查批准后采用分期防洪调度。

（3）针对分期洪水的具体情况，可拟定各分期的防洪库容、相应的运用时间、防洪限制水位，并提出合适的不同防洪调度方式。

（4）原规划设计未考虑分期防洪调度的，可由水库调度单位会同设计单位共同编制分期防洪调度方案，经防汛抗旱指挥部审批后实施。

4.2.4　防洪补偿调度适用于防护区离水库较远、水库距下游防洪控制点有一定距离、区间洪水较大的情况。水库防洪补偿调度需要控制水库的泄量，使下游防护区代表站的流量不超过安全泄量，或水位不超过保证水位。当水库入库流量超过保证水位相应的泄量时，超额的水量蓄于水库中；反之，当水库入流量小于该泄量时，水库可腾空部分库容，但一般不应低于防洪限制水位。制定防洪补偿调度方式时，根据区间洪水的变化特点，可以采用考虑洪水传播时间或考虑区间洪水预报，以及综合考虑防护区水位、流量、涨落率等因素。

4.2.5 水库调洪蓄水后，在洪水退水过程中，若库水位超过校核洪水位，水库按泄流能力下泄，在库水位回落到校核洪水位后，根据流域洪水的实际情况，在不超过下游河道安全泄量的前提下，使库水位尽快消落到各时段的控制运用水位，以防御下次洪水。

4.3 防 凌 调 度

4.3.1、4.3.2 有冰凌洪水灾害的水库，在研究水库库区及上、下游河段冰情规律基础上，开展水库工程冰情影响研究。针对不同凌情，考虑凌汛洪水演进和河道槽蓄量变化情况，研究河道特定控制断面的防凌安全流量，即封河期、开河期控制条件，稳封期冰下过流能力，据此研究河道各控制断面不同时段的防凌控制条件。

大坝安全防凌调度要根据设计来水、来冰过程，结合泄水建筑物的泄流规模，按满足大坝防凌安全的设计排凌水位排凌运用。水库对库区上游河道防凌调度要根据水库末端冰凌壅水影响程度，按满足水库上游河道防凌调度要求的设计库区防凌控制水位运用。水库对下游河道防凌调度需根据气象条件、上游来水情况以及下游河道凌情，按满足水库下游河道防凌调度要求的设计防凌限制水位运用，并结合凌汛期不同阶段下游河道冰下过流能力和防凌安全泄量控泄流量。

5 灌溉与供水调度

5.0.2

   3 供水调度图由水库特征水位（正常蓄水位、防洪限制水位、死水位）和水库调度线（保证供水位、降低供水位）组成，以时间为横坐标（单位为月或旬，周期为年）、水库水位（或蓄水量）为纵坐标将水库分为三个区域，并根据面临时段的库水位所在区域，拟定水库供水量。水库调度图包括保证供水区、加大供水区、降低供水区等，并标明各区水量值及汛期限制水位线。

   （1）保证供水区。上限为保证供水线，下限为降低供水线。当面临时段的库水位位于此区时，水库按保证供水量方式供水。

   （2）加大供水区。上限为防洪限制水位线或正常高水位线，下限为保证供水线。当面临时段的库水位位于此区时，水库可加大供水，按加大供水量方式供水。

   （3）降低供水区。上限为降低供水线，下限为死水位。当面临时段的库水位位于此区时，水库按降低供水量方式供水。

   4 为便于制定应急供水方案需加强特殊干旱年抗旱调度的用水需求研究。调查水库上、下游主要控制站和控制点生活、生态、生产用水对水库及下游河道的用水需求，重点为枯水期的要求，以及特枯时期的取水基本条件。

6　发电、航运、泥沙及生态用水调度

6.0.1

2　发电调度分为长期调度：以一年为调度周期，以月、旬或周为计算时段，一年内各时段的运行方式；中短期调度：一般以月、旬或周为调度周期，以天或小时为计算时段，一月、一旬或一周内每天或每小时的运行方式；发电厂内的经济运行：机组负荷分配，耗水量最小。

根据水库调节性能、入库径流、水电站在电力系统中的地位和作用等选择发电调度方式。

（1）无调节水电站：水库可维持正常蓄水位运用，出力大小由天然径流考虑最大过水能力确定。

（2）日调节水电站：水库水位在正常蓄水位至死水位之间运行，发电流量由系统负荷与日径流确定。

（3）年调节和多年调节水库：水电站按（调）度图运行。

（4）承担反调节任务的水库：应根据承担任务的要求拟定蓄放水规则及过程。

4　水库发电调度图纵坐标为水库水位、横坐标为时间（单位为月或旬，周期为年），由水库特征水位和防弃水线、上基本调度线（保证出力线）、下基本调度线（降低出力线）等划分为不同出力区域，径流调节计算中可根据面临时段库水位所在区域拟定相应出力。

（1）保证出力区：上限为保证出力线，下限为降低出力线。

（2）加大出力区：上限为防弃水线，下限为保证出力线。

（3）预想出力区：上限为正常蓄水位或防洪限制水位线，下限为防弃水线。

（4）降低出力区：上限为降低出力线，下限为死水位线。

发电调度的内容一般包括：

（1）水库调度管理单位每年应编制年发电计划，一般采用 $70\% \sim 75\%$ 的保证率来水。在水电站运行中充分利用水文气象预报，逐步修正和优化水库调度计划。

（2）对于有调节能力的水库，应根据设计确定的开发目标、参数及指标，编制水库发电调度图。

（3）多年调节水库在蓄水正常情况下，年供水期水位，应控制不低于年消落水位。只有遭遇大于设计保证率的枯水年时，才允许动用多年调节库容。

（4）水电站水库调度运行中，除特殊情况外，最低运行水位不得低于死水位。

（5）电网应根据水电站特性，结合水文预报及负荷预计成果，合理安排运行方式。当水库发生弃水时，水电站应安排基荷位置发电，减少水库弃水多发电。

（6）水电站在供水期运行初期，水库水位应尽量避免过快消落水电站尽量在高水头下运行，使水电站充分利用水头增发电量。

（7）并入电网运行的水电站，在保证各时期控制水位及蓄水的前提下，应充分发挥其在电网运行中的调峰调频和事故备用等作用。

6.0.2

2 航运调度方式应根据水库和下游航道的航运要求，在保障水库工程及其涉及范围内航运设施安全和正常运用的前提下合理拟定。包括：

（1）拟定水库的通航水位与通航流量。

（2）提出水库水位运用和水库泄流的控制要求。

（3）分析水库建成后泥沙冲淤对水库上、下游航道的影响，必要时应提出合理解决航道冲淤问题的水库调度方式。

6.0.3

2 应分析所在河流的水沙分布特性、库区自然特性、水库调节性能、承担任务和上下游环境要求等，分析泥沙调度的主要时期和该时期泥沙冲淤可能带来的影响。拟定水库合理的防沙、排沙、下游河道减淤等相关指标及调度运行方式。

3 设置排沙水位应研究水库所在河流的水沙特性、库区形态和水库调节性能及综合利用要求等因素，综合分析水库排沙水位、排沙时间。设置调沙库容应选择不利的入库水沙组合系列，结合水库泥沙调度方式通过冲淤计算确定。

4 泥沙淤积监测方案包括泥沙淤积监测断面、监测时间、监测频次和监测方法等。泥沙淤积监测完成后应对泥沙淤积情况进行评估，分析水库泥沙调度对控制库区淤积、保持水库有效库容的影响，分析水库泥沙调度对下游河道的影响，综合分析泥沙调度对水库防洪、灌溉和供水、发电、航运等其他任务的影响。

7 综合利用调度

7.0.1 综合利用调度方式是承担防洪、兴利两种以上水利任务的水库的调度方式，除了考虑以上所述防洪、兴利的调度方式外，还要着重研究处理防洪与兴利的结合及兴利各任务之间结合的问题。

7.0.3 遇特枯年份或时段时，可按各兴利任务的次序和保证率的高低分别减少供水。

7.0.4 综合运用利用的水库，提倡开展水库优化调度工作，充分利用水量，减少弃水，提高水库调度管理水平。可根据供水保证率高低和优先次序，在调度图中应分别明确灌溉、城镇生活、环境、发电等功能的供水分区，防洪和兴利调度图可合编在同一张图上。死水位上某一定库容只保证最高优先级（生活）的供水，其他用水应受到控制。

7.0.5 梯级水库或水库群的防洪联合调度，指同一河流上、下游的各水库或位于干、支流的各水库为满足其下游防洪要求进行的调度。对同一河流的上、下游水库，当发生洪水时，一般上游水库先蓄后放，下游水库先放后蓄，以尽量有效地控制区间洪水，对位于不同河流（如干、支流）的水库，由于影响因素很多，应遵循水库群整体防洪效益最大为原则确定。

8　水库调度管理

8.0.1　一般的，调度指令分防汛调度指令和水量调度指令，由水库调度单位下达，运行管理单位执行。调度指令应明确时段、泄量等指标及误差范围。有泥沙调度任务的水库，出库含沙量控制由运行管理单位根据枢纽实际条件和调水调沙要求确定控泄方式。

水库调度计划主要内容包括：当年的入库径流量及过程的预测，各运行期的运行方式及各种控制水位，遭遇各种洪水的调度规则，兴利计划供水过程和计划效益指标（如灌溉面积及计划供水过程、计划发电出力过程及年发电量、工业及城市供水计划与供水量等），以及在调度中应注意的事项等。还可以根据长期径流预报及其误差概率分布，并结合水库调度图拟定年内水库运行控制水位过程线及其可能的变幅，作为指导执行年度调度计划的重要依据。

8.0.2　水库调度的值班工作内容包括：

（1）每天定时观测水库水位、下游水位，并计算出库流量、入库流量。

（2）做好水情自动测报系统运行情况记录。

（3）定期校测水库水位和下游水位，校测水位时要求有两人以上前往，如果误差较大按水文规范有关规定进行调整。

（4）每天白班完成日报表制作。

（5）收录水情电报，分析水情，根据水情做出1～2d的水情、机组总出力预报，同时修正前一天做的预报值，并报告电网调度部门。

（6）做好调洪演算和水库调节方案，为上级部门提供决策依据。

（7）收录第二天的负荷曲线，当发现负荷曲线与负荷能力有较大出入时，应及时汇报电网调度部门做好负荷安排。

（8）根据水库调节方案，合理操作溢流坝闸门的启闭。

（9）根据水情拍报任务要求及有关通知，编写水情报文及校核，并向有关防汛部门拍发。

（10）做好水情自动测报系统、卫星云图系统、闸门监控系统等设备的运行管理。

（11）当班时接到有关上级的指示、要求以及处理的结果都必须做好记录。

（12）处理当班有关的其他水库调度事务。

8.0.3　水库年度调度总结的内容和要求如下：

（1）水、雨、沙、冰情分析。

（2）水文气象预报成果及精度分析。

（3）主要洪水过程及调度情况。

（4）主要调度过程与调度措施。

（5）调度计划的实施情况。

（6）调度效果分析，包括防洪效益、发电效益、航运效益、供水效益、生态效益及其他社会效益等的分析。

（7）提出水库调度中存在的问题，并针对问题提出水库调度建议。

水库调度资料应保证一编一校制度，需要长期保存的资料应保证一编二校制度。校核资料的内容包括原始记录、抄写记录、计算成果及合理性检查等。资料的计算和校核完成后，均应有计算者和校核者的签名。水库调度资料的归档内容应包括（不限于）：

（1）水库水文资料：雨、水、沙、冰情资料，短、中、长期水情预报成果。

（2）水库流域特性、入库洪水及相应降雨过程、库内水位过程、出库流量过程、特征水位、库容曲线等水库资料，并绘制成综合曲线。

（3）水库调度方案及计算成果，各类应急预案。

（4）各次入库洪水过程、库内水位过程、出库流量过程、各站降雨过程等，并绘制成综合曲线。

（5）闸门启闭记录：启闭门号、时间、开度、上游水位、过闸流量及启闭原因等。

（6）水库调度过程资料：各次洪水、水库调度运行过程、蓄水用水情况等资料。

（7）水电站运行资料。

（8）航运资料。

（9）调度关键技术研究成果等。

（10）水质与生态环境监测资料。

（11）关于土地利用、人类活动、地形、植被、洪灾淹没等卫星遥感资料。

（12）与水库调度工作有关的文件、调度指令等。

（13）运用效益、灾情、效果评价及其他调查资料。

（14）上级重要批示、指示、会议决议文摘等，以及年内防汛度汛文件、各有关单位传真等。

（15）年内水库调度运用大事纪要。

（16）调度值班记录。

（17）水库调度总结。

（18）其他重要调度运用数据和文件。

8.0.4 危及大坝安全的应急调度方案和调度方式包括遭遇超标准洪水时的水

库应急调度方案和调度方式。

8.0.6 水库调度运行会对库区岸坡稳定、干支流水环境、下游河道演变带来一定影响，水库调度应密切关注水库上下游影响区的变化情况。

库区及坝下游河道管理原则包括：

（1）确保水库枢纽工程安全，服从防洪调度及枢纽本身防洪安全调度，保障水库枢纽工程正常运行。

（2）有利于库区及坝下游河道区生态环境良性循环和航运发展。

（3）按照有关政策划分的管理区域，实行"谁管理谁负责"的原则。

库区及坝下游河道管理范围包括：水库移民迁移线或土地征用线以下的水面及库岸，下游河道管理的范围主要包括划定的下游河道行洪区。

库区及坝下游河道管理办法包括：水库集水区域（含所设置界桩、水库集水区域内所设水文气象测报情报设施、库区测量标志、水土保持等）管理办法、排放污物管理办法、水库周围堆放物管理办法、坝轴线上下游300m范围内的水面及库岸管理办法等。

水库洪水调度考评规定

SL 224—98

1999-01-01发布   1999-01-01实施

前　言

　　《水库洪水调度考评规定》是由国家防汛抗旱总指挥部办公室等单位，根据水利部科学技术司（1997）286号文进行编制的。编写组依据《中华人民共和国防洪法》、《水文情报预报规范》、《综合利用水库调度通则》以及其他有关法律、规范，在进行广泛的调查研究和总结我国多年来水库洪水调度实践经验的基础上，编制了本规定。本规定在编制过程中，曾多次征求国内有关单位意见，得到了省、自治区、直辖市、流域防汛部门以及一些设计、运行管理、高等院校等单位的大力支持，国家防办先后召开了四次全国性的专题讨论会，编写组相应地进行了五次修改，才最后定稿。

　　《水库洪水调度考评规定》主要包括以下内容：

　　——考评的基本内容；

　　——考评的指标和标准；

　　——考评评分办法；

　　——考评组织和管理。

　　本规定解释单位：国家防汛抗旱总指挥部办公室

　　本规定主编单位：国家防汛抗旱总指挥部办公室

　　　　　　　　　　水利部丹江口水利枢纽管理局

　　本规定参编单位：长江水利委员会

　　　　　　　　　　武汉水利电力大学

　　　　　　　　　　大伙房水库管理局

　　　　　　　　　　陆水枢纽管理局

本规定主要起草人：郭孔文　余敷秋　邱瑞田
　　　　　　　　　谭培伦　陈惠源　刘爱杰
　　　　　　　　　李建华　徐林柱　胡　军

目　次

1 总 则

1.0.1 为了加强水库洪水调度管理工作，促进水库科学合理地进行洪水调度，保证水库工程及上下游的防洪安全，特制定本规定。

1.0.2 本规定适用于大型和重要中型水库，其他类型水库可参照使用。

1.0.3 水库洪水调度考评以规划设计确定的水库运行指标、洪水调度方式与规则为依据，突出保证大坝安全及兼顾上下游防洪安全的因素。注重洪水调度的实际效果，采取分项评分后综合衡量的办法，提出考评结果，使其正确反映洪水调度决策的科学性、合理性和调度管理的先进性。

水库投入运行后，因各种原因使原设计成果已不适用时，应对水库运行指标进行分析研究，制定新的洪水调度方案，并经上级主管部门和防汛指挥部批准后，作为水库洪水调度考评依据。在此项工作未完成前，暂以上级主管部门和防汛指挥部批准的当年洪水调度方案作为考评依据。

1.0.4 水库洪水调度考评按基础工作、经常性工作、洪水预报、洪水调度等四部分，各划为若干项目进行。

1.0.5 进行水库洪水调度考评，除应符合本规定外，尚应符合国家现行有关标准的规定。

2 考 评 内 容

2.1 基 础 工 作

2.1.1 技术人员配备。按所配备从事水库调度工作的具有初级以上技术职称或具备中专以上学历的专业技术人员人数考评。

2.1.2 水情站网布设。按所具备的水库出库流量观测，水库水位观测和水库以上流域雨量报汛站是否满足降雨径流预报的情况考评。

2.1.3 通信设施。按水雨情信息传递的通信手段，传达调度指令和与上、下游防汛指挥部门及有关单位的通信手段情况考评。

2.1.4 洪水预报方案。按所制定的洪水预报方案的精度考评。

2.1.5 水库调度规程及洪水调度方案。按是否具备水库调度规程、水库洪水调度方案（包括超标准洪水调度方案）考评。

2.1.6 技术资料汇编。按水库洪水调度所需要的水库上下游流域内的基本资料、水库规划设计资料、水库历年运用资料、水库各种规章制度和水库洪水调度的文件资料等的完备程度考评。

2.2 经 常 性 工 作

2.2.1 洪水调度计划编制。按是否在每年汛前，根据设计任务、工程状况、上下游情况等条件，编制了当年水库洪水调度计划进行考评。

2.2.2 日常工作。按是否每年汛前编制了水雨情报汛任务书及按时编写调度年、月、日报，遇到大洪水后及时对洪水预报方案进行检验或补充修订，汛前对通信、水文观测设施等进行检查维修及对水库上下游影响洪水调度的因素进行调查等进行考评。

2.2.3 值班和联系制度。按是否制定及执行相应的规章制度考评。

2.2.4 资料校核、审核和保管。按水库调度工作中各项记录是否有相关人员进行校核并签名，对重要的计划、报告及文件是否经过领导审核后上报，所有有关水库洪水调度的技术材料是否在年末进行了整编、归档、保管进行考评。

2.2.5 总结。按是否进行了年度水文及气象预报总结、洪水调度总结和发生重要事件后的总结考评。

2.3 洪 水 预 报

2.3.1 洪水预报完成率。按实际进行了作业预报的洪水场数占主管部门规定应进行的洪水预报场数的百分比考评。

2.3.2 洪峰流量预报误差。按预报洪峰流量与实际洪峰流量之差与实际洪峰流量的比值考评。

2.3.3 洪水总量预报误差。按预报洪水总量与实际洪水总量之差与实际洪水总量的比值考评。

2.3.4 峰现时间预报误差。按预报发布的峰现时刻与实际峰现时刻的符合程度考评。

2.3.5 洪水过程预报误差。按预报洪水过程与实际洪水过程偏离程度考评。

2.4 洪 水 调 度

2.4.1 次洪水起涨水位。按该次洪水发生时起涨水位与防洪限制水位的相对位置考评。

2.4.2 次洪水最高洪水位。按该次洪水实际最高洪水位与按规定的洪水调度规则进行调洪计算求得的最高洪水位的相对位置考评。

2.4.3 次洪水最大下泄流量（或该次洪水下游防洪控制点的实际最大流量）。按该次洪水实际最大下泄流量与根据规定的洪水调度规则进行调洪计算求出的最大下泄流量进行考评。

2.4.4 预泄调度。按该次洪水预泄所腾出的库容的大小考评。

3 考评指标和评分办法

3.1 考评指标

3.1.1 全部考评内容共 20 个项目，附录 A 列出了各项目相应的指标。按是否达到这些指标进行评价，分为好、一般和差三个等级。

3.1.2 基础工作与经常性工作，共 11 个项目。各个项目按指标达标程度进行评价。

3.1.3 洪水预报与洪水调度，共 9 个项目。按公式计算各项指标指数，并据以作出评价。

3.2 评分办法

3.2.1 单项评价。基础工作与经常性工作，每年考评一次，对每个项目的达标程度按好、一般和差三个等级进行评价；洪水预报及洪水调度，选当年最大或较难调度、影响较大的一次洪水进行测算，并作出次洪水的单项评价。

3.2.2 单项评分。根据各项目的重要性，确定各类的权重系数，如附录 B。考评时根据各项目的评价，由附录 B 查出单项评分。

3.2.3 综合评分。每座水库的综合评分，取各项得分之和。

3.2.4 有下列情况之一者，每项加记奖分。

1 在超下游防洪标准洪水时，因调度得当，减免了下游洪灾损失者加 5～10 分。

2 在超大坝安全标准的洪水调度中，确保了工程安全，避免了损失者加 5～10 分。

3 研制或引进计算机先进软件，提高预报时效，在洪水预报或洪水调度中起了显著作用者加 3～5 分。

3.2.5 有下列情况之一者，应予扣分。

1 基础工作非常差，6 个项目中有半数项目没有达到最低标准者扣 3～5 分；各项制度很不健全，资料不完整并无校审核，也无完整技术档案者扣 3～7 分。

2 没有开展洪水预报，扣 3～5 分；洪水调度失误，视影响程度扣 10～40 分。

3.2.6 综合评价。按总分的多少，评价为优、良、合格、不合格四个等级。90 分以上为优；89～75 分为良；74～60 分为合格；60 分以下为不合格。

4　考评组织和管理

4.0.1　水库洪水调度考评工作的组织和管理由水库上级主管部门和防汛抗旱指挥部办公室负责。

4.0.2　水库应根据当年发生洪水情况进行自评，有关部门在水库自评基础上对部分水库组织考评。

4.0.3　考评结果经防汛指挥部门审批后，正式公布。

附录 A 考评指标和标准

A.1 基 础 工 作

A.1.1 技术人员配备。考评指标和标准：

  1） 好——大（1）型配备水库调度人员 4 人及以上，大（2）型和重要中型水库配备 3 人及以上；

  2） 一般——大（1）型配备水库调度人员 2～3 人，大（2）型和重要中型水库配备 1～2 人；

  3） 差——大（1）型配备水库调度人员 1 人及以下，大（2）型和重要中型水库未配备调度人员。

A.1.2 水情站网布设。

  1 考评指标：

  1） 水库水位观测；

  2） 水库出库流量观测；

  3） 汛期雨量站能满足降雨径流预报的要求。

  2 考评标准：

  1） 好—— 满足三项指标；

  2） 一般——满足两项指标；

  3） 差——只满足一项指标及以下。

A.1.3 通信设施。

  1 考评指标：

  1） 有线通信；

  2） 无线电台；

  3） 自动遥测报汛系统；

  4） 微波、载波或卫星通信系统。

  2 考评标准：

  1） 好——水雨情报传递有两种，对上下级通信有两种；

  2） 一般——水雨情报传递和对上下级通信，其中有一项有两种，另一项有一种；

  3） 差——水雨情传递和对上下级通信只有一种有线通信。

A.1.4 洪水预报方案。

  1 考评指标：有适合本水库的预报方案。

  2 考评标准：

1）好——预报方案经检验为甲等；

2）一般——预报方案经检验为乙等；

3）差——没有开展洪水预报或预报方案经检验为乙等以下。

A.1.5 水库调度规程、洪水调度方案。

  1 考评指标：

  1）水库调度规程；

  2）洪水调度方案；

  3）超标准洪水调度方案。

  2 考评标准：

  1）好——满足三项指标；

  2）一般——满足两项指标；

  3）差——满足一项指标及以下。

A.1.6 技术资料汇编。

  1 考评指标：

  1）水库流域基本资料和规划设计资料汇编；

  2）水库运用统计资料汇编；

  3）水库各种规章制度和有关文件汇编。

  2 考评标准：

  1）好——满足三项指标；

  2）一般——满足两项指标；

  3）差——满足一项指标及以下。

A.2 经 常 性 工 作

A.2.1 洪水调度计划编制。

  1 考评指标：汛期洪水调度计划。

  2 考评标准：

  1）好—— 有完整的洪水调度计划；

  2）一般—— 有简易的洪水调度计划；

  3）差—— 无洪水调度计划。

A.2.2 日常工作。

  1 考评指标：

  1）每年汛前对流域内水情测站编制报汛任务书，报送有关报汛站领导机关；

  2）编制年、月、日洪水调度报表；

  3）当发生大洪水后要对洪水预报方案进行检验或补充修订；

  4）每年对通信、水文观测设施等进行检查维修；

5）对水库上下游影响洪水调度的因素进行调查。

2 考评标准：

1）好—— 满足四项指标；

2）一般—— 满足三项指标；

3）差—— 满足两项指标及以下。

A. 2. 3 值班和联系制度。

1 考评指标：

1）工作岗位责任制度；

2）请示汇报制度；

3）防汛值班制度；

4）水文、气象预报制度；

5）对内、对外联系制度。

2 考评标准：

1）好—— 满足四项指标；

2）一般—— 满足三项指标；

3）差—— 满足两项指标及以下。

A. 2. 4 资料校核、审核和保管。

1 考评指标：

1）各种技术资料，要经过不同人员进行校核，并签字；

2）重要技术资料应通过主管领导审核；

3）设有专人保管资料。

2 考评标准：

1）好——满足三项指标；

2）一般—— 满足两项指标；

3）差—— 满足一项指标及以下。

A. 2. 5 总结。

1 考评指标：

1）水库洪水调度年度总结报告；

2）水文气象预报总结；

3）重要事件的专题总结。

2 考评标准：

1）好—— 满足两项指标；

2）一般—— 满足一项指标；

3）差—— 没有总结报告。

A.3 洪 水 预 报

A.3.1 洪水预报完成率 A_1。

1 考评指标：

$$A_1 = \frac{N_{实}}{N_{应}}$$ (A.3.1)

式中 $N_{实}$——全年实际预报洪水场数；

$N_{应}$——全年应预报的洪水场数。

2 考评标准：

1） 好—— $A_1 \geqslant 1.00$；

2） 一般—— $1.00 > A_1 \geqslant 0.70$；

3） 差—— $A_1 < 0.70$。

A.3.2 洪峰流量预报误差 A_2。

1 考评指标：

$$A_2 = \frac{|Q_{预} - Q_{实}|}{Q_{实}}$$ (A.3.2)

式中 $Q_{预}$——预报洪峰流量，m^3/s；

$Q_{实}$——实际洪峰流量，m^3/s。

2 考评标准：

1） 好—— $A_2 \leqslant 0.10$；

2） 一般—— $0.10 < A_2 \leqslant 0.20$；

3） 差—— $A_2 > 0.20$。

A.3.3 洪水总量预报误差 A_3。

1 考评指标：

$$A_3 = \frac{|W_{预} - W_{实}|}{W_{实}}$$ (A.3.3)

式中 $W_{预}$——预报洪水总量，m^3；

$W_{实}$——实际洪水总量，m^3。

2 考评标准：

1） 好—— $A_3 \leqslant 0.10$；

2） 一般—— $0.10 < A_3 \leqslant 0.20$；

3） 差—— $A_3 > 0.20$。

A.3.4 峰现时间预报误差 A_4。

1 考评指标：

$$A_4 = \frac{|t_{预} - t_{实}|}{\Delta t}$$ (A.3.4)

式中　$t_{预}$——从预报发布至预报洪峰出现的时间，h；

　　　$t_{实}$——从预报发布至实际洪峰出现的时间，h；

　　　Δt——编制洪水预报方案所采用的计算时段，h。

　2　考评标准：

　1）好——$A_4 \leqslant 1.0$；

　2）一般——$1.0 < A_4 \leqslant 2.0$；

　3）差——$A_4 > 2.0$。

A.3.5　洪水过程预报误差 A_5。

　1　考评指标：

$$A_5 = \frac{1}{N} \sum_{i=1}^{N} \frac{|Q_{i预} - Q_{i实}|}{Q_{i实}} \qquad (A.3.5)$$

式中　N——预报洪水过程中实际（测）流量次数；

　　　$Q_{i预}$——某一时刻预报流量，m^3/s；

　　　$Q_{i实}$——某一时刻实际（测）流量，m^3/s。

　2　考评标准：

　1）好——$A_5 \leqslant 0.15$；

　2）一般——$0.15 < A_5 \leqslant 0.30$；

　3）差——$A_5 > 0.30$。

A.4　洪　水　调　度

A.4.1　次洪水起涨水位指数 B_1。

　1　考评指标：

$$B_1 = \frac{V_{起} - V_{防限}}{V_{防调}} \qquad (A.4.1)$$

式中　$V_{防限}$——防洪限制水位相应的库容或经过批准的浮动防限水位相应库容，m^3；

　　　$V_{起}$——次洪水起涨水位相应库容，m^3；

　　　$V_{防调}$——有防洪库容的水库为防洪库容，无防洪库容的水库为调洪库容，m^3。

　2　考评标准：

　1）好——$B_1 \leqslant 0$；

　2）一般——$0 < B_1 \leqslant 0.02$；

　3）差——$B_1 > 0.02$。

A.4.2　次洪水最高水位指数 B_2。

　1　考评指标：

$$B_2 = \frac{V_\text{实} - V_\text{相应}}{V_\text{防调}} \tag{A.4.2}$$

式中 $V_\text{实}$——实际次洪水最高水位相应库容值，m^3；

$\quad V_\text{相应}$——次洪水相应洪水频率（或按调洪规则计算的）最高水位相应库容值，m^3；

$\quad V_\text{防调}$——有防洪库容的水库为防洪库容；无防洪库容的水库为调洪库容，m^3。

2 考评标准：

1）好—— $B_2 \leqslant 0$；

2）一般—— $0 < B_2 \leqslant 0.02$；

3）差—— $B_2 > 0.02$。

A.4.3 次洪水最大下泄流量指数 B_3。

1 考评指标：

$$B_3 = \frac{Q_\text{实}}{Q_\text{设}} \tag{A.4.3}$$

式中 $Q_\text{实}$——次洪水实际最大下泄流量或水库下游防洪控制点的流量，m^3/s；

$\quad Q_\text{设}$——根据批准的调洪规则，计算最大下泄流量或水库下游防洪控制点的流量，m^3/s。

2 考评标准：

1）好—— $B_3 \leqslant 1.0$；

2）一般—— $1.0 < B_3 \leqslant 1.10$；

3）差—— $B_3 > 1.10$。

A.4.4 预泄调度指数 B_4。

1 考评指标：

$$B_4 = \frac{V_\text{预}}{V_\text{防调}} \tag{A.4.4}$$

式中 $V_\text{预}$——预泄所腾出的库容，m^3；

$\quad V_\text{防调}$——有防洪库容的水库为防洪库容，无防洪库容的水库为调洪库容，m^3。

2 考评标准：

1）好—— $B_4 \geqslant 0.05$；

2）一般—— $0.01 \leqslant B_4 < 0.05$；

3）差—— $B_4 < 0.01$。

附录 B 直观评价及评分标准表

分类	考评项目名称	直观评价	评分	分类	考评项目名称	直观评价	评分
（一）基础工作（20）	1）技术人员配备	好 一般 差	4.00 2.70 1.40	（三）洪水预报（25）	1）洪水预报完成率 A_1	好 一般 差	2.50 1.70 0.90
	2）水情站网布设	好 一般 差	2.00 1.40 0.70		2）洪峰流量预报误差 A_2	好 一般 差	7.00 4.70 2.30
	3）通信设施	好 一般 差	4.00 2.70 1.40		3）洪水总量预报误差 A_3	好 一般 差	8.00 5.50 2.70
	4）洪水预报方案	好 一般 差	4.00 2.70 1.40		4）峰型时间预报误差 A_4	好 一般 差	3.75 2.50 1.25
	5）洪水调度规程及方案	好 一般 差	4.00 2.70 1.40		5）洪水过程预报误差 A_5	好 一般 差	3.75 2.50 1.25
	6）技术资料汇编	好 一般 差	2.00 1.40 0.70	（四）洪水调度（45）	1）次洪水起涨水位指数 B_1	好 一般 差	11.25 7.50 3.75
（二）经常性工作（10）	1）洪水调度计划编制	好 一般 差	2.50 1.70 0.90		2）次洪水最高水位指数 B_2	好 一般 差	13.50 9.00 4.50
	2）日常工作	好 一般 差	2.50 1.70 0.90		3）次洪水最大下泄流量指数 B_3	好 一般 差	13.50 9.00 4.50
	3）值班和联系制度	好 一般 差	2.00 1.40 0.70		4）预泄调度指数 B_4	好 一般 差	6.75 4.50 2.25
	4）资料校核、审核和保管	好 一般 差	1.50 1.00 0.50				
	5）总结	好 一般 差	1.50 1.00 0.50				

中华人民共和国行业标准

水库洪水调度考评规定

SL 224—98

条 文 说 明

1999　北京

目　次

1 总　　则

1.0.1　水库是防洪的关键工程措施。中华人民共和国成立以来所兴建的大量防洪水库，通过正确的洪水调度发挥了巨大的防洪效益。但也有少数水库由于洪水调度不当，未能发挥其效益，甚至造成不应有的灾害。为了提高全国水库洪水调度工作管理水平，促进水库科学合理地进行洪水调度，以利于充分发挥水库综合利用效益，制定一个统一的水库洪水调度考评规定，并开展考评工作，是十分必要的。

1.0.2　根据我国目前水库洪水调度的实际情况，水库洪水调度考评工作拟在大型及重要中型水库中进行。重要中型水库一般指水库下游影响范围内有城市、重要交通干线、重要设施，因而承担防洪任务的水库，或库容近 1 亿 m^3 的水库。

1.0.3　本条规定水库洪水调度考评的依据是水库规划设计的运行指标、洪水调度方式与规则或经上级批准的当年洪水调度方案，充分考虑有关洪水调度的各种因素，分项评分，综合考评，力求科学、合理。

如果原设计成果由于情况变化已不适用，暂以经过主管部门和防汛指挥部批准的当年洪水调度方案作为考核依据。通常，当发生以下情况变化时应进行复核：

1　水文情况发生较大变化。

2　由于人类经济活动的影响，使流域状况发生变化。

3　由于国民经济发展和工农业生产的需要，水库综合利用任务顺序发生变化或增加新的任务。

水库主管部门应组织设计、管理部门对设计洪水进行复核，对水库所在流域自然和社会经济情况进行认真分析研究，制定新的洪水调度方案，经批准后作为新的考评依据。

1.0.4　水库洪水调度考评涉及条文规定的四个方面，为了较细致地反映水库洪水调度操作的科学性、合理性和调度决策的正确性，每一方面还要再细分成若干项目，才能提出具体的量化指标，便于考评具体操作。

1.0.5　进行考评工作，除符合本规定外，还要符合已颁布的相关规范。例如1982 年的《水文情报预报规范》，1993 年的《综合利用水库调度通则》等，也是考评的重要参考文件。

2 考 评 内 容

2.1 基 础 工 作

2.1.1 水库洪水调度工作的优劣,与水库配备的技术力量关系很大,这是做好水库调度工作的前提条件。我国有部分大型水库和许多中型水库由于技术力量薄弱,基础工作差,水库洪水调度达不到应有的水平。为了搞好水库洪水调度工作,必须配备一定数量的专业技术人员,故应按所配备的水库调度与专业相近的(如水工、水文、水资源专业等)合格技术人员数进行考评。如果不是相近专业要经过半年以上专业培训。

2.1.2 水情站网是做好水库洪水调度的基础条件之一,故列为考核内容。站网包括国家的基本站和专用水文站及专用雨量点。

2.1.3 水库洪水调度中通信设施是保证水情信息传递及时准确、防洪调度指挥命令畅通无阻的关键手段,对洪水调度关系重大,故列为考评内容。根据实际通信情况,一种通信手段往往不能完全可靠,故宜设置多种通信手段。

2.1.4 预报方案是开展水库洪水预报的基本依据,是洪水调度所必备的。预报方案建立以后,必须进行评定和检验,以说明方案的有效性和可靠程度。根据水文情报预报规范的规定,洪水预报方案按许可误差的合格率评定,合格率大于85%为甲等,大于70%为乙等,即可用于作业预报;当合格率在60%~70%的预报方案只能作参考性预报;当合格率小于60%的预报方案只能作参考性估报用。评定方法亦应按该规范规定。

2.1.5 水库调度规程是《综合利用水库调度通则》中规定要编制的,具体要求见该通则。洪水调度方案是进行水库洪水调度的具体依据。方案应适应各种可能出现的洪水情况,使得在任何情况下水库应如何调度均有所遵循。

洪水调度方案内容包括:

1 水库设计洪水标准和下游防洪对象防洪标准。

2 汛期分期防洪限制水位。

3 校核洪水位、设计洪水位、防洪高水位等特征水位。

4 水库调洪规则:调洪方式、水库泄洪判别条件、调度指标等以条文的方式,用明确的语言规定下来。

2.1.6 基本资料是水库洪水调度基础工作之一,水库洪水调度工作必须收集、统计、计算、整理一套完整的水库调度基本资料,这是行之有效的经验,故应加以考评。这些资料主要有：

1 水库流域自然地理和社会经济：水库控制区内的地形、地质、植被、土壤分布、水系情况、泥沙、污染源、有关地区的社会经济情况等。

2 水文气象：水库流域内降雨、蒸发、气温、风向、风力和冰冻情况等。

3 规划设计资料：包括水库及建筑物主要设计参数，水利规划综合指标，设计洪水各种频率曲线和典型设计洪水，水库库容曲线、泄流曲线，水库下游河道安全泄量以及防洪要求。

4 水库历年运用资料。资料汇编形式可以是印刷成册，也可在计算机内建立数据库存储。

2.2 经 常 性 工 作

2.2.1 编制水库当年洪水调度计划是水库洪水调度中很重要的一项工作，每年在汛前，都要编制洪水调度运用计划和度汛计划。报上级主管部门审批后，作为本年度水库洪水调度的依据。水库洪水调度计划应包括：

1 当年汛期水文气象预报趋势和数值。

2 洪水调度规则。

3 汛期防洪限制水位的确定。

4 水库洪水调度控制水位、控制下泄流量要求。

5 建议和存在的问题。

非常洪水调度预案是指在发生超标准洪水时的紧急处置办法，必须安排。

2.2.2 日常工作包括以下内容：

1 站网布设。在汛前，根据水库对流域内的测站报汛要求，按照"水文情报预报拍报办法"编制报汛任务书，报送有关报汛站（雨量、水文及气象等台站）的领导机关，以便向报汛站布置报汛任务。

2 编写水库调度年、月、日报。主要内容有水库月运行情况及特征，水库流域水雨情概况，水库调度过程及分析，下年、月的水库调度计划。

3 当年发生大洪水时，要参考所积累的资料对水文预报方案的有关图表进行补充修订。

4 每年对通信、水文观测设施等进行检查维修。

5 每年对水库上下游影响洪水调度的因素如河道、工程设施等情况进行调查。

2.2.3 值班和联系制度。

1 值班人员的主要职责内容如下：

1）严格遵守劳动纪律，加强工作责任感和岗位值班人员的主要职责制；

2）密切注视和掌握流域水文气象变化（如水情、雨情）和水库运用情况（如水库供水、发电和工程变异情况）；当水雨情发生较大变化时，及时向领导报告；

3）每天做好进出库水位、流量、各时段出力、兴利部门用水量、闸门启闭及其他方面的资料进行统计计算，分门别类登记在有关调度日志、调度记事簿上，记录要做到清晰完整；

4）开展短期洪水预报工作，及时统计流域平均降雨量，进行洪水预报，提出预报成果和调度意见；

5）收发报要求及时准确，遇有迟报、漏报或发现有错误疑问的电报时，应及时发出催报或查询电报；对收到的流域内水雨情电报应随时登记到规定的表格上；

6）交接班时必须把需要下一班处理的问题和上班已处理的问题向下一班交代清楚；做好交接班记录，下一班人员要及时校核上一班计算的成果。

2　联系制度的主要内容如下：

1）水库管理单位应主动与上下游防汛部门、水文气象部门、水库上级主管部门、原设计单位、上下游工程单位、各用水单位及交通、电力、电信等单位联系；

2）正常调度情况联系：水库开始蓄水或泄水、排沙或改变泄流方式、工程发生异常、闸门启闭设备发生故障而需要改变运用方式和调整运用计划，或当水库预计运用对于某些部门不利时，应事先通知上下游防洪和兴利部门，以便及早采取相应措施；

3）非常情况联系：当发生特大洪水或工程发生严重险情而危及大坝安全，或发生溃坝和某些预想不到的特殊情况而要加大泄量超过下游河道允许泄量时，应通过一切途径及时通知下游政府和防汛部门。

2.2.4　资料是水库洪水调度重要的参考依据，确保资料的准确性是至关重要的。所以对水库洪水调度的各项记录、重要的计划、报告及文件，均要通过相关人员的校核、审核，以确保其准确性。

2.2.5　为了考评水库运用调度效果和不断提高调度水平，应制定水库洪水调度工作总结制度。总结工作一般在汛后或年末进行，总结内容如下：

1　水库洪水调度工作总的概况和评价，水库洪水调度基本情况和特点，取得成绩，存在问题，今后吸取的教训等。

2　水文气象预报情况、预报成果、预报误差评定及水情工作情况。

3　本年度在处理防洪和兴利之间的矛盾情况。

4　水库洪水调度主要经验、教训、体会及对今后水库洪水调度的改进意见。

2.3 洪 水 预 报

2.3.1 为了促进水库调度人员做好经常性工作,每个水库都应规定,水库流域发生某一量级净雨或发生某一量级的入库流量均应进行洪水预报,避免出现缺报和漏报,故要考评实际预报洪水场数与应该预报洪水场数的比值。

2.3.2 洪峰预报准确与否对洪水调度关系很大,故列为主要考核指标。由于各流域大小不同,洪水大小差别大,故用相对误差考核较为合适。这项考核以该场洪水主要降雨时段结束时的预报结果为准。

2.3.3 实际洪水总量是指该场洪水从起涨到退水为止的洪量。预报洪水总量以降雨结束时预报净雨值来推算。

2.3.4 预报发布时间是指流域主要降雨时段停止后发布预报的时间。

2.3.5 洪水过程预报误差考评按预报某时段流量与该时段实际流量之差的绝对值和该时段实际流量的比值,将各时段比值之和除以时段数为过程预报误差。

以上各项指标依据《水文情报预报规范》制定。

2.4 洪 水 调 度

2.4.1 为了保证防洪库容不被占用,水库进入汛期,在未发生洪水时,库水位应当保持不高于防洪限制水位,这是较严格的条件,故以在洪水起涨的库水位是否保持在防洪限制水位以下作考评标准。如防洪限制水位经上级主管部门批准可上下浮动一定数值,则以此为准进行考评。为了便于相对比较,具体以是否占用防洪库容百分数作为判别指标。

2.4.2 最高洪水位直接关系大坝安全,故应严格考评。由于实际洪水组成的不重复性,每次洪水与原设计洪水都不会一致,故宜以实际洪水按调度规则进行计算所得最高水位与实测最高水位对比进行考评较为合理。

2.4.3 最大下泄流量直接关系下游防洪安全与大坝安全,也应严格考评。对于下游防洪控制点距坝较近、区间较小的情况,即可按实际泄量与本次洪水按既定调洪规则计算得的泄量比值考评;对区间较大的情况,则以防洪控制点的实际流量与本次洪水按既定调洪规则计算后演进至防洪控制点的流量比值考评。

2.4.4 为了更好地发挥水库防洪作用,在洪水发生初期采用预报预泄以增加防洪库容是很好的措施,应当鼓励。考评时按预泄所腾出的库容占防洪库容比值来衡量较合理。没有防洪库容的水库,则用调洪库容替代。

3 考评指标和评分办法

3.1 考 评 指 标

　　水库洪水调度管理水平及其调度效果，需通过考评结果来衡量其好坏。按照水库洪水调度工作的全部内容，考评项目划分为 4 大类（见附表 B），每一类又分为若干考评项目（共 20 项），本规定对每个项目都规定了一些指标，这些指标体现了对水库洪水调度的基本要求。

3.2 评 分 办 法

3.2.1　水库洪水调度考评逐年进行，具体水库某一年的考评工作，分单项评价、单项评分、综合评价三步进行。

　　首先，对 20 个项目，逐项按好、一般、差三个等级作出评价，其中基础工作与经常性工作两类，只作定性的考评，即按达到指标中的几项来评价，达标项数越多，评价越高。对于洪水预报与洪水调度，附录 A 规定了每个项目的测算公式，按公式测算各项指标的指数，并根据指数的大小，评价各项目的好和差。

3.2.2　为了综合考评水库洪水调度，制定了附录 B，对评价结果进行量化，把单项评价转换为单项评分。

　　附录 B 是根据 20 个项目中每个项目在洪水调度综合评价中的重要性而确定一套权重系数，如基础工作类的权重为 20%，其中第一项"技术人员配备"的权重又是该类的 20%，所以其合成权重为 0.2×0.2＝4%，这就是该项目为"好"时的评分；若评价为"差"，则得分约为"好"的 35%；评价若为"一般"，则得分约为"差"的 2 倍。

3.2.3　水库的综合评分是根据附录 B 的四类 20 项的得分总和，再与奖分和扣分相加为水库考评的总得分。

3.2.4　前面的规定是正常评分办法，对于在特殊水情时，做出特别重大贡献者，则除正常评分外，加记奖分以资鼓励；对于洪水调度工作做得特别差的，也应加记"负分"。

4 考评组织和管理

4.0.1 水库洪水调度考评的组织和管理由水库上级主管部门和各级防汛抗旱指挥部办公室负责。

4.0.2 水库根据当年发生洪水情况进行自评，有关部门可组织一些水库，按考评规定要求这些水库申报有关资料开展考评工作。

4.0.3 考评结果经国家防汛抗旱总指挥部或省、自治区、直辖市防汛抗旱指挥部审批后，予以公布。

防汛物资储备定额编制规程

SL 298—2004

2004－04－16 发布　　　　　　　　　　　　2004－05－20 实施

前　　言

随着国民经济的快速发展，社会对防洪安全的要求越来越高，防汛物资储备已经成为保障防洪安全的基本条件。多年来，各级政府和流域机构的防汛部门一直在探索适合本地区的防汛物资储备定额，针对不同类型的防洪工程需要储备哪些物资、储备数量如何确定，迫切需要一个统一的标准来进行指导。为此，国家防汛抗旱总指挥部办公室组织编写了《防汛物资储备定额编制规程》。

本规程共 6 章 38 条，主要技术内容包括堤防、水库大坝、涵闸（泵站）、蓄滞洪区四大类防洪工程所需防汛物资的定额构成。本着从防洪工程实际情况出发，既满足防汛抢险对储备物资的急需，又不至于因储备物资过多而造成浪费的原则，本规程只针对常用防汛抢险物资储备定额的确定，防汛抢险中不常用的物资以及大型机械设备的定额不在本规程范围内。

本标准为全文推荐。

本标准批准部门：中华人民共和国水利部
本标准主持机构：国家防汛抗旱总指挥部办公室
本标准解释单位：国家防汛抗旱总指挥部办公室
本标准主编单位：国家防汛抗旱总指挥部办公室
本标准参编单位：吉林省防汛抗旱指挥部办公室
　　　　　　　　湖北省防汛抗旱指挥部办公室
　　　　　　　　山东省防汛抗旱指挥部办公室
　　　　　　　　浙江省钱塘江管理局
　　　　　　　　黄河水利委员会防汛办公室

长江水利委员会防汛办公室

湖南省防汛抗旱指挥部办公室

本标准出版、发行单位：中国水利水电出版社

本标准主要起草人：田以堂　程　涛　侯英杰　张　旭

连金海　蔡元芳　马桂芳　孙京东

许　静　张　鲁　叶永棋　张希玉

冯忠民　王季谦　张志鹏

本标准审查会议技术负责人：郑大鹏

本标准体例格式审查人：程光明

水库运行管理　通用法规标准选编

目　次

1 总　则

1.0.1　为了保障抗洪抢险物资的应急需要，规范防汛物资储备管理，科学制定防汛物资储备定额，根据《中华人民共和国防洪法》及其他相关法规，制定本标准。

1.0.2　本标准适用于各级防汛指挥机构防汛物资储备定额的编制。受洪水威胁的企事业单位的自保工程，其防汛物资储备定额可参照本标准编制。

1.0.3　各级防汛指挥机构办事部门是本辖区内防汛物资储备的主管部门。

1.0.4　防汛物资储备定额的编制本着"分级负责，满足急需"的原则。各级防汛指挥机构应按防洪工程分级管理的有关规定，结合防洪工程的防御洪水方案，编制出能够满足本地区抗洪抢险应急需要的储备定额。

1.0.5　各级防汛指挥机构办事部门、重点防洪工程管理单位可采取自储、委托储备、社会号料等多种储备方式，使防汛物资储备总量达到定额要求。

1.0.6　需要编制储备定额的基本物资种类包括：抢险物料、救生器材、小型抢险机具等。本标准只对常用物资品种进行规定，未规定的物资品种以及随着新技术、新材料、新设备的发展需要增加的物资品种，可根据实际需要进行储备。

1.0.7　各级防汛物资储备定额应由同级防汛指挥机构的办事部门组织所辖工程管理单位编制、汇总后，报同级防汛指挥机构审批，并报上一级防汛指挥机构备案。

1.0.8　防汛物资储备定额的编制，除应符合本标准外，尚应符合国家现行的有关规定。

1.0.9　本标准引用的标准、规范有《防洪标准》（GB 50201—94）、《泵站设计规范》（GB/T 50265—97）、《堤防工程设计规范》（GB 50286—98）、《水利水电工程等级划分及洪水标准》（SL 252—2000）、《水闸设计规范》（SL 265—2001）等。

2 堤 防

2.1 河堤、湖堤、蓄滞洪区堤、库区防护堤

2.1.1 堤防工程的级别应按照 GB 50201—94、GB 50286—98 和所在流域的防洪规划所确定的堤防级别,经与表 2.1.1 比较后,选择较高者的堤防级别。没有明确堤防级别的,按 GB 50286—98 和根据实际保护范围参照执行。

表 2.1.1 堤 防 的 级 别

防洪标准 [重现期(年)]	≥100	<100, 且≥50	<50, 且≥30	<30, 且≥20	<20, 且≥10
堤防级别	1	2	3	4	5

2.1.2 河堤、湖堤、蓄滞洪区堤、库区防护堤防汛物资储备品种如下:

1 抢险物料:袋类、土工布(包括编织布、土工膜等,下同)、砂石料、块石、铅丝、桩木、钢管(材)等。

2 救生器材:救生衣(圈)。

3 小型抢险机具:发电机组、便携式工作灯、投光灯、打桩机、电缆等。

2.1.3 各类防汛物资储备数量应按以下方法确定:

1 抢险物料储备数量依据工程级别和工程现状确定,救生器材和小型抢险机具的储备数量以满足查险抢险人员的需要为依据。

2 单位长度堤防应储备防汛物资单项品种数量($S_河$)按公式(2.1.3-1)计算:

$$S_河 = \eta_河 M_河 \qquad (2.1.3-1)$$

式中 $M_河$——单位长度堤防防汛物资储备单项品种基数应从表2.1.3-1中查取;

$\eta_河$——工程现状综合调整系数。

表 2.1.3-1 每千米堤防防汛物资储备单项品种基数表

工程级别	抢 险 物 料							救生器材	小型抢险机具				
	袋类 (条)	土工布 (m²)	砂石料 (m³)	块石 (m³)	铅丝 (kg)	桩木 (m³)	钢管 (材) (kg)	救生衣 (件)	发电 机组 (kW)	便携式 工作灯 (只)	投光灯 (只)	打桩机 (台)	电缆 (m)
1	4000	400	600	500	100	1	200	50	0.2	10	0.1	0.03	50
2	3000	300	400	400	80	1	200	40	0.2	10	0.1	0.03	50

表 2.1.3-1（续）

工程级别	抢险物料							救生器材	小型抢险机具				
	袋类（条）	土工布（m²）	砂石料（m³）	块石（m³）	铅丝（kg）	桩木（m³）	钢管（材）（kg）	救生衣（件）	发电机组（kW）	便携式工作灯（只）	投光灯（只）	打桩机（台）	电缆（m）
3	2000	200	200	200	50	0.6	100	30	0.2	5	0.05	0.02	30
4	1500	150	50	50	20	0.3	—	20	0.1	2	0.05	—	20
5	1000	100	20	50	10	0.3	—	10	0.1	2	0.05	—	20

注：块石和砂石料的储备视堤防情况和抢险需要在总量范围内可以互相调整。

    3 工程现状综合调整系数由堤身安全状况、堤基地质条件、有无小型穿堤建筑物、堤身高度等影响因素确定。具体按公式（2.1.3-2）计算：

$$\eta_{河} = \eta_{河1} \eta_{河2} \eta_{河3} \eta_{河4} \qquad (2.1.3-2)$$

式中 $\eta_{河i(i=1\sim4)}$——从表 2.1.3-2 中查取。

表 2.1.3-2   堤防工程现状调整系数表

工程状况	堤身安全状况 $\eta_{河1}$			堤基地质条件 $\eta_{河2}$			小型穿堤建筑物 $\eta_{河3}$		堤身高度 $\eta_{河4}$		
	好	一般	差	好	一般	差	无	有	≤5m	5m~8m	≥8m
调整系数 $\eta_{河i}$	0.5	1.0	1.5	0.5	1.0	1.8	1.0	1.2	0.9	1.0	1.1

2.2 海 堤

2.2.1 海堤级别应按 2.1.1 执行。

2.2.2 海堤防汛物资储备品种如下：

    1 抢险物料：袋类、土工布、砂石料、块石、铅丝、桩木等。

    2 救生器材：救生衣（圈）。

    3 小型抢险机具：发电机组、投光灯、电缆等。

2.2.3 海堤防汛物资储备数量应按以下方法确定：

    1 单位长度海堤应储备防汛物资单项品种数量（$S_{海}$）按公式（2.2.3-1）计算。

$$S_{海} = \eta_{海} M_{海} \qquad (2.2.3-1)$$

式中 $M_{海}$——单位长度海堤防汛物资储备单项品种基数，应从表 2.2.3-1 中查取；

          $\eta_{海}$——工程现状综合调整系数。

表 2.2.3－1　每千米海堤防汛物资储备单项品种基数表

工程级别	抢险物料						救生器材	小型抢险机具		
	袋类（条）	土工布（m²）	砂石料（m³）	块石（m³）	铅丝（kg）	桩木（m³）	救生衣（件）	发电机组（kW）	投光灯（只）	电缆（m）
1	1500	250	23	320	300	1	10	0.1	0.1	50
2	1800	200	22	300	300	1	10	0.1	0.1	50
3	2500	150	20	250	500	0.6	10	0.1	0.1	30
4	3500	150	16	200	600	0.3	10	0.1	0.1	20
5	4500	150	12	150	800	0.3	10	0.1	0.1	20

2　工程现状综合调整系数由堤身安全状况、堤基地质条件、有无小型穿堤建筑物、潮差及风浪、险工险段等因素确定，应按公式（2.2.3－2）计算。

$$\eta_{海} = \eta_{海1} \eta_{海2} \eta_{海3} \eta_{海4} \eta_{海5} \qquad (2.2.3-2)$$

式中　$\eta_{海i(i=1\sim5)}$——应从表2.2.3－2中查取。

表 2.2.3－2　海堤工程现状调整系数表

工程状况	堤身安全状况 $\eta_{海1}$			堤基地质条件 $\eta_{海2}$			小型穿堤建筑物 $\eta_{海3}$			潮差与风浪 $\eta_{海4}$			险工险段 $\eta_{海5}$	
	好	一般	差	好	一般	差	无	一般	多	小	一般	大	非险段	险段
调整系数 $\eta_{海i}$	0.8	1.0	1.2	0.8	1.0	1.2	1.0	1.1	1.2	0.8	1.0	1.2	1.0	2.0

2.3　河道防护工程（含控导工程）

2.3.1　河道防护工程应为保护河道险工、滩地、岸线及调控河势的工程。其建筑物形式主要为丁坝、坝垛（矶头）及护岸等。

2.3.2　河道防护工程的工程级别应与其相应河段的堤防级别相同，按2.1.1执行。

2.3.3　河道防护工程防汛物资储备品种如下：

1　抢险物料：袋类、块石、铅丝、桩木、绳类等。

2　救生器材：救生衣（圈）、抢险救生舟等。

3　小型机具：发电机组、投光灯、便携式工作灯、电缆等。

2.3.4　河道防护工程防汛物资储备数量应按以下方法确定：

1　单位长度防护工程应储备防汛物资单项品种数量（$S_{控}$）按公式（2.3.4－1）计算。

$$S_{控} = \eta_{控} L_{控} M_{控} \qquad (2.3.4-1)$$

式中 $M_控$——该处防护工程防汛物资储备单项品种基数，应从表2.3.4-1
中查取；

$L_控$——该处防护工程所保护的岸线长度，km；

$\eta_控$——工程现状综合调整系数。

表2.3.4-1 每千米河道防护工程防汛物资储备单项品种基数表

工程级别	抢险物料					救生器材		小型抢险机具			
	袋类（条）	块石（m³）	铅丝（kg）	桩木（m³）	绳类（kg）	救生衣（件）	抢险救生舟（艘）	发电机组（kW）	便携式工作灯（只）	投光灯（只）	电缆（m）
1	1000	1500	1000	4	1000	50	0.2	5	10	5	200
2	800	1200	800	3	800	30	0.1	5	5	5	200
3	500	800	500	2	500	10	0.05	3	2	3	100
4	300	500	100	1	100	5	—	1	1	1	50
5	300	500	100	1	100	5	—	1	1	1	50

2 工程现状综合调整系数依据河道防护工程安全稳定状况、近岸主流最大流速、近岸深槽多年平均枯水位以下的水深以及河段类型等因素分析考虑，并按公式（2.3.4-2）计算。

$$\eta_控=\eta_{控1}\eta_{控2}\eta_{控3}\eta_{控4} \qquad (2.3.4-2)$$

式中 $\eta_{控i(i=1\sim4)}$——从表2.3.4-2中查取。

表2.3.4-2 河道防护工程现状调整系数表

工程现状	工程安全状况 $\eta_{控1}$			近岸主流最大流速 $\eta_{控2}$			多年平均枯水位以下的水深 $\eta_{控3}$			河段类型 $\eta_{控4}$	
	好	一般	差	≤2m/s	2m/s～3m/s	≥3m/s	≤5m	5m～10m	10m	弯曲型	游荡型
系数 $\eta_{控i}$	0.5	1.0	1.5	0.8	1.0	1.2	0.5	1.0	1.5	1.0	1.5

3 水 库 大 坝

3.0.1 本标准主要适用于土坝，其他坝型可根据工程实际需要确定防汛物资储备品种定额。

3.0.2 与水库大坝相配套的其他工程设施，可根据实际需要确定防汛物资储备品种定额。

3.0.3 塘坝、拦泥库、尾矿坝等土坝应参照本标准执行。

3.0.4 水库级别按照 GB 50201—94，应根据表 3.0.4 确定。

表 3.0.4 水库大坝的级别

水库大坝级别	1	2	3	4	5
工程规模	大（1）	大（2）	中	小（1）	小（2）
总库容（万 m³）	≥100000	10000～100000 含（10000）	1000～10000 含（1000）	100～1000 （含 100）	10～100 （含 10）

3.0.5 水库防汛物资储备品种如下：

    1 抢险物料：袋类、土工布、砂石料、块石、铅丝、桩木等。

    2 救生器材：救生衣（圈）、抢险救生舟等。

    3 小型抢险机具：发电机组、便携式工作灯、投光灯、电缆等。

    4 其他专用设备及配件视具体情况储备。

3.0.6 水库防汛物资储备数量应按以下方法确定：

    1 每座水库应储备防汛物资单项品种数量（$S_库$）按公式（3.0.6－1）计算。

$$S_库 = \eta_库 \, M_库 \qquad (3.0.6-1)$$

式中 $M_库$——水库防汛物资储备单项品种基数，应根据水库不同工程规模从表 3.0.6－1 中查取；

         $\eta_库$——水库工程现状综合调整系数。

表 3.0.6－1 每座水库大坝防汛物资储备单项品种基数表

工程规模	抢 险 物 料						救生器材		小型抢险机具			
	袋类（条）	土工布（m²）	砂石料（m³）	块石（m³）	铅丝（kg）	桩木（m³）	救生衣（件）	抢险救生舟（艘）	发电机组（kW）	便携式工作灯（只）	投光灯（只）	电缆（m）
大（1）	20000	8000	2200	2000	2000	4	200	2.5	40	40	2.5	650
大（2）	15000	6000	1800	1500	1500	3	150	2	30	30	2	500

表 3.0.6-1（续）

工程规模	抢险物料						救生器材		小型抢险机具			
	袋类（条）	土工布（m²）	砂石料（m³）	块石（m³）	铅丝（kg）	桩木（m³）	救生衣（件）	抢险救生舟（艘）	发电机组（kW）	便携式工作灯（只）	投光灯（只）	电缆（m）
中	9000	4000	1000	1000	1000	2	100	1.5	20	20	1.5	300
小（1）	4500	2000	500	500	500	1	50	1	10	10	1	150
小（2）	1500	800	200	150	200	0.5	20	—	5	5	1	50

注：块石和砂石料的储备视水库大坝工程情况和抢险需要在总量范围内可以互相调整。

2 工程现状综合调整系数由水库大坝安全程度、坝长、坝高等因素确定，按公式（3.0.6-2）计算。

$$\eta_库 = \eta_{库1}\eta_{库2}\eta_{库3} \tag{3.0.6-2}$$

式中 $\eta_{库i(i=1\sim3)}$ ——从表 3.0.6-2 中查取。

3 水库有副坝时，副坝的物资储备基数按表 3.0.6-2 中数值的 1/2 取值后单独计算。

表 3.0.6-2 水库大坝工程现状调整系数表

工程状况	大坝安全状况 $\eta_{库1}$			坝长 $\eta_{库2}$				坝高 $\eta_{库3}$			
	一类	二类	三类	<100m	100m~1000m	1000m~2000m	>2000m	<15m	30m~15m	50m~30m	>50m
调整系数 $\eta_{库i}$	1.0	1.5	2.5	0.7	0.7~1.0	1~1.1	>1.1	0.8	0.8~1.1	1.1~1.35	>1.35

注：大坝安全程度根据大坝安全鉴定成果或注册登记资料确定。

4 涵闸（泵站）

4.0.1 根据涵闸（泵站）所在位置和级别的不同，应将其分为修建在干、支流河道上的拦河闸，修建在堤身处的涵闸（泵站），修建在堤身上的小型穿堤建筑物等三类。其中第三类应纳入堤防中进行计算。

4.0.2 涵闸（泵站）的工程级别应根据 SL 252—2000、SL 265—2001、GB/T 50265—97 的规定，按表 4.0.2 确定。

表 4.0.2　涵闸（泵站）工程规模、等级对应表

工程等别	I	II	III	IV	V
工程实际规模	大（1）	大（2）	中型	小（1）	小（2）
工程级别	1	2	3	4	5

注：涵闸（泵站）建筑物工程的级别与被保护区的堤防工程本身级别相比较，取较高的工程级别。

4.0.3 涵闸（泵站）的防汛物资储备品种如下：

　　1 抢险物料：袋类、土工布、砂石料、铅丝、桩木、钢管（材）等；

　　2 救生器材：救生衣（圈）；

　　3 小型抢险机具：发电机组、便携式工作灯、投光灯、电缆等；

　　4 对有些专业性较强防汛物资设备的储备，可在堤防防汛物资储备中统一安排考虑。

4.0.4 涵闸（泵站）防汛物资储备数量应按以下方法确定：

　　1 每座涵闸（泵站）防汛物资储备单项品种数量（$S_涵$）按公式（4.0.4-1）计算。

$$S_涵 = \eta_涵 M_涵 \qquad (4.0.4-1)$$

式中　$M_涵$——涵闸（泵站）防汛物资储备单项品种基数，其基数值应根据涵闸（泵站）不同工程实际规模从表 4.0.4-1 中查取；

　　　　$\eta_涵$——涵闸（泵站）工程现状综合调整系数。

表 4.0.4-1　每座涵闸（泵站）防汛物资储备单项品种基数表

工程实际规模	抢险物料						救生器材	小型抢险机具			
	袋类（条）	土工布（m²）	砂石料（m³）	铅丝（kg）	桩木（m³）	钢管（材）（kg）	救生衣（件）	发电机组（kW）	便携式工作灯（只）	投光灯（只）	电缆（m）
大（1）	3000	300	200	500	8	1500	40	10	12	4	250
大（2）	2000	200	150	400	6	1200	30	10	10	4	200

表 4.0.4-1（续）

工程 实际 规模	抢险物料						救生器材	小型抢险机具			
	袋类 （条）	土工布 （m²）	砂石料 （m³）	铅丝 （kg）	桩木 （m³）	钢管 （材） （kg）	救生衣 （件）	发电 机组 （kW）	便携式 工作灯 （只）	投光灯 （只）	电缆 （m）
中	1500	150	100	300	4	800	20	10	8	3	150
小（1）	1000	120	80	200	2.5	500	10	6	5	1	100
小（2）	500	80	50	100	1.5	300	5	4	3	1	80

2 工程现状综合调整系数应由涵闸（泵站）工程安全状况、工程级别、所在位置及水头差等因素确定。按公式（4.0.4-2）计算。

$$\eta_{涵} = \eta_{涵1} \eta_{涵2} \eta_{涵3} \eta_{涵4} \qquad (4.0.4-2)$$

式中　$\eta_{涵i(i=1\sim4)}$ ——从表 4.0.4-2 中查取。

表 4.0.4-2　涵闸（泵站）工程现状调整系数表

工程状况	工程安全状况 $\eta_{涵1}$				工程级别 $\eta_{涵2}$					所在位置 $\eta_{涵3}$		水位差 $\eta_{涵4}$		
	一类	二类	三类	四类	1级	2级	3级	4级	5级	拦河闸	挡水闸	≥5m	3m～ 5m	≤3m
调整系数 $\eta_{涵i}$	1.0	1.1	1.2	1.5	1.3	1.2	1.0	0.8	0.6	1.4	1.2	1.3	1.2	1.0

注：上下游水位差，按设计（或校核）水位情况下的较大值考虑。

5 蓄滞洪区

5.0.1 蓄滞洪区的分类应根据其蓄洪容量、运用概率或防洪标准进行，具体类别按表5.0.1确定。

表5.0.1 蓄滞洪区分类表

类　别	Ⅰ	Ⅱ	Ⅲ	Ⅳ
蓄洪量（亿 m³）	≥10	5～10	2～5	≤2
运用概率或围堤防洪标准 [重现期 $P(\%)$]	≤5	5～10	10～20	≥20

注：人口密集、安全设施较少或转移条件较差的蓄滞洪区，其类别可适当提高。

5.0.2 蓄滞洪区的防汛物资储备主要是救生衣（圈）、抢险救生舟、中小型船只等救生器材。

5.0.3 蓄滞洪区的防汛物资储备数量应满足救生人员和区内居民应急救生需要，按以下方法确定：

1 根据蓄滞洪区运用预案需要紧急转移的人数确定，每万人储备单项品种数量（$S_蓄$）按公式（5.0.3-1）计算。

$$S_蓄 = \eta_蓄 M_蓄 \tag{5.0.3-1}$$

式中　$M_蓄$——单项品种基数，应从表5.0.3-1中查取；

　　　$\eta_蓄$——工程现状调整系数。

2 工程现状综合调整系数应根据蓄滞洪区地面的漫淹历时、平均蓄洪深度、面积大小和居民自救能力等因素分析确定，具体按公式（5.0.3-2）计算。

$$\eta_蓄 = \eta_{蓄1} \eta_{蓄2} \eta_{蓄3} \eta_{蓄4} \tag{5.0.3-2}$$

式中　$\eta_{蓄i(i=1\sim4)}$——从表5.0.3-2中查取。

表5.0.3-1 蓄滞洪区救生器材储备单项品种基数表

类别	救生衣（件/万人）	抢险救生舟（只/万人）	中小型船只（艘/万人）
Ⅰ	1000	50	0～6
Ⅱ	500	30	0～4
Ⅲ	200	10	0～3
Ⅳ	100	10	0～2

注1：抢险救生舟按定员13人计算，中小型船只按定员100～300人计算。
注2：救生衣可部分用救生圈代替。

表 5.0.3-2 蓄滞洪区工程现状调整系数表

工程状况	漫淹历时 $\eta_{蓄1}$ (h)			平均蓄洪深度 $\eta_{蓄2}$ (m)			面积大小 $\eta_{蓄3}$ (km²)			自救能力 $\eta_{蓄4}$		
	≥12	6~12	≤6	≥5	3~5	≤3	≥100	50~100	≤50	强	中等	弱
调整系数	0.8	1.0	1.2	1.5	1.0	0.5	1.2	1.0	0.8	0.8	1.0	1.2

注1：漫淹历时是指蓄滞洪区被洪水淹没所需要的时间。

注2：自救能力根据蓄滞洪区居民自我救生的条件、自有交通工具和救生器材等情况确定。

6 定 额 构 成

6.0.1 县级防汛指挥机构，应对所辖工程根据不同现状划分为若干计算单元，分别按品种、基数计算汇总后，编制出县级防汛物资储备定额。

6.0.2 市级防汛指挥机构，应将所辖各县和本级直管工程的防汛物资储备定额相加，编制出本市的防汛物资储备定额。

6.0.3 省级防汛指挥机构，应将所辖各市和本级直管工程的防汛物资储备定额相加，编制出本省的防汛物资储备定额。

6.0.4 省、市级防汛指挥机构，应在本省、市的防汛物资储备定额中按一定比例的集中储备。

6.0.5 流域机构，应将其直管的各工程管理单位的储备定额相加，编制出流域机构防汛物资储备定额，并应按一定比例的集中储备。

6.0.6 当工程情况发生变化后，应对防汛物资储备定额进行相应修订。

标 准 用 词 说 明

执行本标准时，标准用词应遵守下表规定。

标 准 用 词 说 明

标准用词	在特殊情况下的等效表述	要求严格程度
应	有必要、要求、要、只有……才允许	要求
不应	不允许、不许可、不要	
宜	推荐、建议	推荐
不宜	不推荐、不建议	
可	允许、许可、准许	允许
不必	不需要、不要求	

中华人民共和国水利行业标准

防汛物资储备定额编制规程

SL 298—2004

条 文 说 明

目　　次

水库运行管理

通用法规标准选编

1 总 则

1.0.1 本条为制定本标准的指导思想和法律依据。

1.0.2 在明确本标准适用范围时，将有防洪任务的企事业单位列入其中，要求储备防汛物资，做到行业自保。

1.0.3～1.0.5 明确防汛物资储备主体，确定储备定额的编制原则，指出防汛物资的储备方式。

1.0.6 将防洪抢险常用的基本物资，依照有关标准，在本条中归类列出。

2 堤 防

2.1 河堤、湖堤、蓄滞洪区堤、库区防护堤

2.1.1 堤防分为 5 种，其中河堤、湖堤、蓄滞洪区堤及库区防护堤在 2.1 节中规定，而海堤因其特殊性则在 2.2 节中规定；河堤包含有河道防护工程。

2.1.2 抢险用袋类主要包括塑料编织袋、麻袋和草袋，它们用于不同的抢险方式时效果不同，储备时要根据防汛预案确定比例；砂石料在抢险时需要有一定的级配比例，在储备时应结合工程现状予以考虑；铅丝也称镀锌铁丝、铁线，储备时也可以用等量铅丝网片、合金钢丝网片等替代；桩木应根据储备实物的不同规格换算为立方米（下同）。

便携式工作灯主要用于巡堤查险；投光灯具主要用于抢险照明；发电机组应按定额的千瓦数，根据实际需要合理配置单台机组的容量和数量。

2.1.3 堤防各项防汛物资储备数量由储备基数和工程现状综合调整系数决定，其他防洪工程也是如此。

影响堤防工程安全的因素很多，这里主要考虑堤身安全状况、堤基地质条件、堤身高度，同时对小型穿堤建筑物也作了考虑，其他涵闸（泵站）等在第4 章中单独核定。

单位长度堤防防汛物资储备数量计算示例：

某一级堤防堤基地质条件好，堤身安全状况一般，有小型穿堤建筑物，堤身垂高超过 8m，那么，该堤防单位长度应储备的袋类则为：

$$\eta_河 = \eta_{河1} \eta_{河2} \eta_{河3} \eta_{河4} = 1.0 \times 0.5 \times 1.2 \times 1.1 = 0.66$$

$$M_河 = 4000（条）$$

$$S_河 = \eta_河 M_河 = 0.66 \times 4000 = 2640（条）$$

而该堤段需要抢险袋类的总量为：堤长（km）×2640（条）；所需防汛物资储备总量则为各单项品种防汛物资储备数量的总和。

2.2 海 堤

2.2.1 海堤又称海塘、捍海塘、防波堤，其防汛过程与江河堤防有所不同。海堤的汛情主要来自风暴潮，在现有科技条件下，可较早发现并跟踪风暴潮的发展变化，有一定预警时间，可对海堤的薄弱环节进行应急加固。但风暴潮的特点是强度大、历时短、工程抢险难度大，一般以人员安全撤离为主，所以，防汛物资储备主要以应急加固材料和救生器材为主。防汛物资储备总量计算方法与堤防工程相同。

2.3 河道防护工程（含控导工程）

2.3.1 河道防护工程按其不同作用主要有护岸工程、控导工程和护滩工程。护岸工程的主要作用是防止水流冲刷对堤防造成破坏；控导工程的主要作用是控导主流、控制河势；护滩工程的主要作用是保护滩地稳定，兼有约束水流、控制河势的作用。其防汛物资储备总量计算方法与堤防工程相同。

2.3.3 由于河道防护工程往往独立于堤防，为了便于运送抢险人员和抢险物料，在储备品种中增加了抢险救生舟。

3 水 库 大 坝

3.0.1 水库大坝是根据筑坝材料不同分类的，本标准主要考虑土坝抢险用料的储备情况；与水库大坝配套的其他工程设施，也应根据实际情况储备一定量的防汛物资。

3.0.3 塘坝、拦泥库、尾矿坝等土坝，因其自身安全对下游的防洪安全有一定影响，所以也应储备一定数量的防汛物资。

3.0.5 规定了水库大坝（土坝）抢险应储备的常规防汛物资种类。

3.0.6 水库大坝的防汛物资储备量，主要取决于其安全程度以及坝高、坝长等因素。

水库有副坝时，由于副坝所承担的防洪任务不同于主坝，所以其物资储备基数按主坝的1/2计算。

单座水库大坝防汛物资储备数量计算示例：

某大（1）型水库没有副坝，大坝安全程度一类，坝长1500m，坝高40m，那么，该水库大坝应储备的袋类则为：

$$\eta_库 = \eta_{库1} \eta_{库2} \eta_{库3} = 1.0 \times 1.1 \times 1.3 = 1.43$$

$$M_库 = 20000 （条）$$

$$S_库 = \eta_库 M_库 = 1.43 \times 20000 = 28600 （条）$$

而该座水库大坝所需防汛物资储备总量则为各单项品种防汛物资储备数量的总和。

4 涵闸（泵站）

4.0.1 将涵闸（泵站）建筑物分为三类，是为了简化各种建筑物防汛物资储备定额计算中的工作量，其中第二类指规模相对较大、连接堤防的建筑物，第三类指规模相对较小、穿越堤身的建筑物。

4.0.2 根据有关规定、规范和标准，对涵闸（泵站）进行分级，同时，涵闸（泵站）的级别应与所在堤防工程的级别相协调，经比较，取较高者的工程级别。

4.0.3 规定了涵闸（泵站）抢险应储备的常规防汛物资种类。

4.0.4 工程安全状况是指已经经过有关部门鉴定，明确了类别，如一类、二类、三类等。

单座涵闸（泵站）防汛物资储备数量计算示例：

某大（1）型涵闸（泵站）安全状况一类，工程级别 3 级，属于拦水闸，水头差超过 5m，那么，该涵闸（泵站）应储备的袋类则为：

$$\eta_{涵} = \eta_{涵1} \eta_{涵2} \eta_{涵3} \eta_{涵4} = 1.0 \times 1.0 \times 1.2 \times 1.3 = 1.56$$

$$M_{涵} = 1500 （条）$$

$$S_{涵} = \eta_{涵} M_{涵} = 1.56 \times 1500 = 2340 （条）$$

而该座涵闸（泵站）所需防汛物资储备总量则为各单项品种防汛物资储备数量的总和。

5 蓄 滞 洪 区

5.0.1　蓄滞洪区是指包括分洪口在内的河堤背水面以外临时存储洪水的低洼地区及湖泊等。一般是在江河、湖泊的防洪规划中划定的。根据有关规定，按照蓄洪量和运用概率或围堤防洪标准，将蓄滞洪区划分为四级。

5.0.2　蓄滞洪区与其他防洪工程不同，储备的防汛物资主要是救生器材。

5.0.3　影响蓄滞洪区防汛物资储备数量的因素较多，启用时机、人员撤退条件、洪水上涨速度等事先无法准确预测，因此，防汛物资储备基数主要根据蓄滞洪区级别、工程状况（如避水楼、台）、转移路线长短等因素确定，而综合调整系数则由蓄滞洪区分洪时的漫淹历时、平均蓄洪深度、面积大小和区内居民的自救能力等因素确定。

蓄滞洪区防汛物资储备数量计算示例：

某Ⅰ类蓄滞洪区分洪时，洪水漫淹历时 5h，平均蓄洪深度 3m，蓄滞洪区面积 $80km^2$，居民的自救能力弱，那么，根据预案，每需要转移 10000 人应储备的救生衣则为：

$$\eta_蓄 = \eta_{蓄1}\eta_{蓄2}\eta_{蓄3}\eta_{蓄4} = 1.2 \times 0.5 \times 1.0 \times 1.2 = 0.72$$
$$M_蓄 = 1000 \text{（件）}$$
$$S_蓄 = \eta_蓄 M_蓄 = 0.72 \times 1000 = 720 \text{（件）}$$

而该蓄滞洪区需要救生衣的总量为：需转移人口（万人）×720（件）；所需防汛物资储备总量则为各单项品种防汛物资储备数量的总和。

水库大坝安全管理应急预案编制导则

SL/Z 720—2015

2015-09-22发布　　　　　　　　　　　2015-12-22实施

前　言

　　根据水利技术标准制修订计划安排，按照 SL 1—2014《水利技术标准编写规定》的要求，编制本标准。

　　本标准共8章和7个附录，主要技术内容有：

　　——预案封面和扉页；

　　——编制说明；

　　——突发事件及其后果分析；

　　——应急组织体系；

　　——运行机制；

　　——应急保障；

　　——宣传、培训与演练。

　　本标准为全文推荐。

　　本标准批准部门：中华人民共和国水利部

　　本标准主持机构：水利部建设与管理司

　　本标准解释单位：水利部建设与管理司

　　本标准主编单位：南京水利科学研究院

　　　　　　　　　　水利部大坝安全管理中心

　　本标准参编单位：水资源高效利用与工程安全国家工程研究中心

　　本标准出版、发行单位：中国水利水电出版社

　　本标准主要起草人：盛金保　彭雪辉　夏明勇　李　雷

　　　　　　　　　　　王　健　王昭升　刘晓青　龙智飞

　　　　　　　　　　　张士辰　周克发　王晓航　孙玮玮

厉丹丹　王　莹　江　超　张大伟
杨德玮

本标准审查会议技术负责人：李同春　徐英三

本标准体例格式审查人：陈立秋

本标准在执行过程中，请各单位注意总结经验，积累资料，随时将有关意见和建议反馈给水利部国际合作与科技司（通信地址：北京市西城区白广路二条 2 号；邮政编码：100053；电话：010 - 63204565；电子邮箱：bzh@mwr.gov.cn），以供今后修订时参考。

目　次

水库运行管理

通用法规标准选编

水库运行管理

通用法规标准选编

1 总 则

1.0.1 为规范和指导水库大坝安全管理应急预案（以下简称预案）编制工作，提高应对水库大坝突发事件能力，依据《中华人民共和国突发事件应对法》和《水库大坝安全管理条例》等法律法规，制定本标准。

1.0.2 本标准适用于大、中型水库预案编制，小型水库可参照执行。

1.0.3 预案应包括下列内容：预案版本号与发放对象，编制说明，突发事件及其后果分析，应急组织体系，运行机制，应急保障，宣传、培训与演练，附表、附图等。预案文本编写提纲可按附录 A 编写。

1.0.4 水库大坝突发事件应根据其后果严重程度、可控性、影响范围等因素，分为（Ⅰ级）特别重大、Ⅱ级（重大）、Ⅲ级（较大）和Ⅳ级（一般）四级。水库大坝突发事件可按附录 B 分级。

1.0.5 预案编制应收集水库所在流域及相关区域自然地理与水文气象、公共基础设施、工矿企业、水库功能与防护对象、大坝工程特性、大坝安全与管理现状、库区淤积状况、历史特大洪水或工程险情及其应急处置、溃坝洪水可能淹没区基本情况等基础资料。

1.0.6 预案编制应贯彻"以人为本、分级负责、预防为主、便于操作、协调一致、动态管理"的原则。

1.0.7 预案编制应由水库管理单位或其主管部门、水库所有者（业主）组织，并应履行相应的审批和备案手续。

1.0.8 预案应根据情况变化及时修订和报批。修订的预案应送达所有发放对象，并应同时废止旧版本。

1.0.9 本标准主要引用下列标准：

GB 3838 地表水环境质量标准

SL 164 溃坝洪水模拟技术规程

SL 258 水库大坝安全评价导则

SL 483 洪水风险图编制导则

1.0.10 预案编制除应符合本标准规定外，尚应符合国家现行有关标准的规定。

2 预案封面和扉页

2.0.1 预案封面和扉页应注明预案版本号。

2.0.2 预案扉页应注明预案编制单位与编制日期、批准单位与发布日期、备案单位与备案日期、有效期。

2.0.3 预案扉页应记录预案发放对象。

3 编 制 说 明

3.0.1 应说明编制预案的目的和适用范围。

3.0.2 应注明预案编制（或修订）单位与主要编制人员。

3.0.3 应说明预案编制依据的法律法规、技术标准与主要技术文件。

3.0.4 应确定水库大坝突发事件分级。

3.0.5 应确定预案版本受控和修订原则。

4 突发事件及其后果分析

4.1 水库工程概况

4.1.1 水库工程基本情况简述应包括下列内容：

——水库地理位置及流域自然地理、水文气象、工程地质条件及地震基本烈度等；

——水库兴建年代、控制流域面积、工程等级、洪水标准、特征水位与相应库容、水库兴利指标、水库淤积量及淤积分布特点；

——大坝结构与主要工程特性；

——泄洪设施与启闭设备；

——水库大坝下游防洪保护对象的防洪标准、安全泄量、警戒水位；

——水库调度原则与调度运用方案；

——水库对外交通、通信与供电设施；

——水库水情测报、水质监测及大坝安全监测设施。

4.1.2 大坝安全状况及存在的主要问题简述应包括下列内容：

——最近一次水库大坝安全鉴定结论或除险加固情况；

——目前存在的影响工程安全的主要问题。

4.1.3 水库工程概况还应包括下列内容：

——水库大坝运行中曾遭遇的特大洪水、地震等自然灾害以及工程险情，相应处置情况；

——水库运行中曾遭遇的水污染等影响水库正常运行的突发事件及相应处置情况；

——水库大坝上下游其他水利工程以及水库大坝下游人口、乡村、城镇、重要工矿企业及交通等基础设施分布情况。

4.1.4 详细的水库工程基本情况介绍及相关附图可作为预案附件。

4.2 突发事件分析

4.2.1 应确定水库大坝可能突发事件类型。突发事件可分为自然灾害类事件、事故灾害类事件、社会安全类事件和其他突发事件。

4.2.2 可能突发事件应由专家在现场安全检查基础上结合大坝安全评价结论确定，大坝安全评价应按 SL 258 的规定执行；也可采用破坏模式与后果分析法（FMEA 法）和破坏模式、后果和危害程度分析法（FMECA 法）分析确定。FMEA 法和 FMECA 法见附录 C。

4.3 突发洪水事件及其后果分析

4.3.1 突发洪水事件应包括各种原因导致的溃坝或超标准泄洪事件。

4.3.2 溃口洪水分析应符合下列要求：

    1 土石坝宜采用逐步溃坝模式。溃口流量计算可采用适宜的公式和模型，对于小型水库，可采用简化公式。

    2 重力坝和拱坝宜采用瞬时全溃或瞬时局部溃决模式。溃口流量计算可采用常规的水力学计算方法。

4.3.3 洪水演进计算应符合下列要求：

    1 溃坝或超标准泄洪洪水演进计算宜包括洪水向下游演进时的沿程洪水到达时间、流速、水深、历时等洪水要素，具体应按 SL 164 的规定执行。

    2 溃坝或超标准泄洪洪水演进计算可采用数学模型法，对于小型水库，可采用简化分析法和经验公式法。

4.3.4 洪水风险图应依据不低于 1∶10000 的地形图绘制，并可作为制定人员应急转移预案的依据。洪水风险图制作应符合 SL 483 及其相关技术细则的规定要求。

4.3.5 应根据洪水风险图统计淹没区基本情况，估算突发洪水事件后果，并应作为突发事件分级与确定应急响应级别的依据。突发洪水事件后果估算方法见附录 D～附录 F。

4.3.6 详细的突发洪水事件及其后果分析应作为预案附件。

4.4 突发水污染事件及其后果分析

4.4.1 应根据水库功能和供水对象，分析可能发生的水污染事件影响范围和严重程度。

4.4.2 应估算突发水污染事件对正常调度运行可能造成的后果，并应作为突发水污染事件分级与确定应急响应级别的依据。突发水污染事件后果估算应按 GB 3838 的规定执行。

4.4.3 详细的突发水污染事件及其后果分析可作为预案附件。

4.5 其他突发事件及其后果分析

4.5.1 地震和地质灾害突发事件所致重大工程险情甚至溃坝的后果分析应按 4.3 节的规定执行。

4.5.2 水库遭遇恐怖袭击、战争突发事件后果分析应按 4.3 节和 4.4 节的规定执行。

4.5.3 其他突发事件后果分析可参照 4.3 节和 4.4 节的规定执行。

5 应急组织体系

5.1 应急组织体系框架

5.1.1 应建立水库大坝突发事件应急组织体系，并应与当地突发公共事件总体应急预案及其他有关应急预案组织体系衔接。

5.1.2 应绘制预案应急组织体系框架图，并应明确政府及相关职能部门与应急机构、水库管理单位与主管部门等相关各方在突发事件应急处置中的职责与相互之间的关系。

5.2 应急指挥机构

5.2.1 应按照"分级负责、属地管理"的原则，成立水库大坝突发事件应急指挥机构，并应明确应急指挥长、副指挥长及成员。应急指挥长宜与水库大坝安全管理政府责任人一致。

5.2.2 应确定应急指挥机构的主要职责，以及指挥长、副指挥长与成员的职责分工。应急指挥机构应在指挥长的领导下，负责预警信息发布与指挥预案实施，发布预案启动、人员撤离、应急结束等指令，调动应急抢险与救援队伍、设备与物资。

5.2.3 应急指挥机构的组成单位、责任人、联系方式、职责与任务应以表格形式列示。

5.2.4 对突发事件影响范围大、应急处置工作复杂的水库，可在应急指挥机构下设日常办事机构，负责联络及相关信息与指令的传输、处理和上报。

5.3 专 家 组

5.3.1 应成立水库大坝突发事件应急处置专家组，为应急决策和应急处置提供技术支撑。专家组应由熟悉工程设计、施工、管理等专家组成。必要时，可请求上级机构派出专家指导。

5.3.2 专家组成员的姓名、单位、专业、联系方式应以表格形式列示。

5.4 应急抢险与救援队伍

5.4.1 应成立水库大坝突发事件应急抢险与救援队伍，并应根据突发事件的类型，确定其规模、人数、任务、所需配备的设备。应急抢险队伍应负责水库大坝工程险情抢护；应急救援队伍应负责组织人员撤离转移、遇险人员救助以及撤离转移过程中的救援工作。

5.4.2 应急抢险与救援队伍队长与下设小组组长的姓名、单位、专业、联系方式、具体任务应以表格形式列示，并应报应急指挥机构备案。

6 运 行 机 制

6.1 预 测 与 预 警

6.1.1 应根据水库大坝工程实际与突发事件分析结果，建立必要的水情测报、工程安全监测与报警设施，并结合人工巡视检查，建立突发事件预测与预警系统。

6.1.2 应确定各类仪器监测和巡视检查的责任人及监测（或巡查）部位、内容、方式、频次、通信方式、报送对象等。

6.1.3 应确定专职或者兼职水库突发事件信息报告员，并应明确紧急情况下的通信方式与报告对象。

信息报告员应及时向水库主管部门（业主）、应急指挥机构以及所在地人民政府报告突发事件信息。

6.1.4 应明确警报信号的发布条件。警报信号特别是人员撤离转移信号应事先约定，纳入预案，并向公众公布。

6.1.5 预警级别应根据水库大坝突发事件级别划分为Ⅰ级（特别严重）、Ⅱ级（严重）、Ⅲ级（较重）和Ⅳ级（一般）四级，分别用红色、橙色、黄色和蓝色表示。

6.1.6 应急指挥机构应及时汇总分析突发事件隐患和预警信息，必要时应组织专家组进行会商，对发生突发事件的可能性及其可能造成的影响进行评估。

    1 当认为事件即将发生或者发生的可能性增大时，应按照规定的权限和程序，发布相应级别的警报和预警信息，决定并宣布有关地区进入紧急期，同时应向上一级人民政府报告，必要时可越级上报，并应向当地驻军和可能受到危害的毗邻或者相关地区的人民政府通报。

    2 水库大坝突发事件预警信息应包括突发事件类别、预警级别、起始时间、可能影响范围、警示事项、应采取的措施等。

6.1.7 预警级别应根据事态的发展适时调整并重新发布。当事实证明不可能发生突发事件或者危险已经解除时，应立即宣布解除警报，终止预警期，并应解除已经采取的有关措施。

6.2 应 急 响 应

6.2.1 突发事件警报和预警信息发布后，应在规定的时间内启动相应级别的应急响应，并立即实施应急响应措施。

6.2.2 应急响应级别应根据突发事件预警级别确定。应急响应级别应分为下列四级：

  ——红色预警，Ⅰ级响应；

  ——橙色预警，Ⅱ级响应；

  ——黄色预警，Ⅲ级响应；

  ——蓝色预警，Ⅳ级响应。

6.2.3 应确定不同级别应急响应的启动条件、启动程序和响应措施。

6.2.4 应急响应启动条件应根据突发事件和预警级别确定。当应急响应条件变化时，应及时调整应急响应级别。

6.2.5 不同级别应急响应启动应符合下列要求：

 1 Ⅳ级、Ⅲ级响应由应急指挥机构或由其授权启动。

 2 Ⅱ级、Ⅰ级响应由应急指挥机构启动。

6.2.6 Ⅳ级响应应采取下列响应措施：

 1 应急指挥机构或其日常办事机构应主持会商，做出相应工作安排，加强对水库的监视和应对突发事件工作的指导，将情况上报水库安全管理政府责任人所在同级人民政府，并应通报应急指挥机构各成员单位。

 2 应急指挥机构日常办事机构应密切监视水雨情、工情、水质等的发展变化。

 3 应急指挥机构各成员单位应按照职责分工，做好有关工作。

6.2.7 Ⅲ级响应应采取下列响应措施：

 1 应急指挥机构或其日常办事机构应主持会商，做出相应工作安排，密切监视突发事件发展变化，加强应对突发事件工作的指导，在 2h 内将情况上报水库安全管理政府责任人所在同级人民政府，并应通报应急指挥机构各成员单位，在 24h 内派出专家组指导工作。

 2 应急指挥机构应责令有关部门、专业机构、监测网点和负有特定职责的人员及时收集、报告有关信息，向社会公布反映突发事件信息的渠道，加强对突发事件发生、发展情况的监测、预报和预警工作。

 3 应急指挥机构应组织专家随时对突发事件信息进行分析评估，预测突发事件发生可能性的大小、影响范围和后果以及可能发生的突发事件级别。

 4 应急指挥机构应责令应急抢险队伍、负有特定职责的人员进入待命状态，并动员后备人员做好参加应急抢险和处置工作的准备。

 5 应急指挥机构应调集应急抢险所需材料、设备、工具，确保其随时可以投入正常使用。

 6 应急指挥机构应定时向社会发布与公众有关的突发事件预测信息和分析评估结果，并对相关信息的报道工作进行管理。

 7 应急指挥机构应及时向社会发布可能受到突发事件危害的警告，宣传避免、减轻危害的常识，公布咨询电话。

    8 应急指挥机构应通知可能受到洪水危害的人员做好转移准备。

6.2.8 Ⅱ级响应应采取下列响应措施：

    1 应急指挥机构应主持会商，应急指挥机构各成员单位参加，做出相应工作部署，加强应对突发事件工作的指导，在 2h 内将情况上报水库安全管理政府责任人所在同级人民政府分管领导，并应通报上一级人民政府及其应急指挥机构，在 24h 内派出专家组赴一线指导工作。

    2 应急指挥机构日常办事机构应密切监视突发事件发展变化，并应在专家组指导下做好预测预报工作。

    3 应急指挥机构各成员单位除应做好Ⅲ级应急响应规定的各项工作外，尚应做好下列工作：

        1) 调集应急救援所需物资、设备、工具，准备应急设施和避难场所，并确保其处于良好状态、随时可以投入正常使用，应急救援队伍进入待命状态。

        2) 转移、疏散或者撤离可能受到洪水危害的人员并予以妥善安置，转移重要财产。

        3) 加强对重点单位、重要部位和重要基础设施的安全保卫，维护社会治安秩序。

        4) 采取必要措施，确保交通、通信、供电等设施的安全和正常运行。

        5) 及时向社会发布有关采取特定措施避免或者减轻危害的建议、劝告。

        6) 关闭或者限制使用可能受到洪水危害的场所，控制或者限制容易导致危害扩大的公共场所的活动。

6.2.9 Ⅰ级响应应采取下列响应措施：

    1 应急指挥机构应主持会商，应急指挥机构各成员单位派人员参加，做出应急工作部署，加强工作指导，并将情况上报上级人民政府及其应急指挥机构，在 12h 内派出专家组赴一线加强技术指导。

    2 应急指挥机构日常办事机构应密切监视突发事件发展变化，专家组应做好预测预报工作。

    3 应急指挥机构各成员单位应做好Ⅱ级应急响应规定的各项工作，上一级应急指挥机构各成员单位应全力配合做好有关工作。

6.3 应 急 处 置

6.3.1 应急处置应包括信息报告与发布、应急调度、应急抢险与处理、应急监测和巡查、人员应急转移和临时安置。

6.3.2 应建立险情、灾情信息报告与发布机制，并应符合下列要求：

1 应确定负责险情、灾情信息报告的单位及责任人姓名、联系方式，以及报告对象、内容、方式、时间与频次要求。

2 应确定突发事件信息发布的授权单位与发布方式、发布原则。

3 应规定险情、灾情信息报告的记录要求。

4 在应急处置过程中，应实时续报及发布有关信息。

6.3.3 应编制应急调度方案，并应符合下列要求：

1 应根据突发事件分析结果，制定各种紧急情况下的应急调度方案。

2 应确定应急调度权限，以及调度命令下达、执行的部门与责任单位及责任人。

6.3.4 应编制应急抢险与处理方案，并应符合下列要求：

1 应根据突发事件分析结果，针对性制定工程抢险或水污染处理方案。对作为当地供水主要水源地的水库，应有备用水源方案。

2 应确定通知、调动应急抢险队伍的责任人与时间要求。

3 应确定现场指挥工程抢险或水污染处理的责任人与任务要求。

6.3.5 应编制应急监测和巡查方案，并应符合下列要求：

1 应规定预案启动后的应急监测和巡视检查要求。

2 应确定负责应急监测与巡视检查工作的部门与责任人。

6.3.6 应编制人员应急转移方案，并应符合下列要求：

1 应针对可能突发的事件，确定洪水淹没区域或突发事件影响区域人员和财产转移命令下达和实施的流程图，以及相关环节的责任部门和责任人。

2 应根据洪水淹没区或突发事件影响区居民点、安置点、交通条件的分布情况，以及洪水到达时间、突发事件严重性，按照"轻重缓急"原则，分片确定转移人员和财产的数量、次序、转移路线、距离、时间要求、交通方式、安置点以及负责组织转移的责任人。负责某一片（区）人员转移的责任人可根据辖区内行政村、自然村、小区/街道/企事业单位、居民楼等的分布情况，进一步细化人员转移方案。

3 应确定人员转移过程中承担应急救援任务的责任单位与责任人。

4 应确定人员转移过程中及转移后承担警戒任务的责任单位与责任人以及具体的警戒措施。

5 应确定负责转移人员登记的责任单位和责任人。登记信息应包括姓名、住址、登记地点与转移地点等。

6 应确定疏散路线、重要地点等标识，并应在水库周边醒目地点以平面布置图的形式标出。

6.3.7 应编制临时安置方案，并应符合下列要求：

1 应确定负责解决应急转移人员基本生活要求的相关责任部门和责任人。

2 负责临时安置的责任部门应根据具体情况编制详细的转移人员临时安置计划。

6.3.8 详细的应急抢险与处理、人员应急转移和临时安置方案可作为预案附件。

6.4 应 急 结 束

6.4.1 应规定应急响应和处置结束的条件。当满足下列条件时，可宣布应急结束，解除紧急期：

——险情得到控制，警报解除。

——风险人口全部撤离并安置完毕。

——洪水消退或水污染得到控制。

6.4.2 应确定发布应急结束指令的责任单位或责任人。应急结束指令宜由应急指挥机构发布。

6.5 善 后 处 理

6.5.1 善后处理应包括调查与评估、水毁修复、抢险物料补充、预案修改与完善。

6.5.2 应确定善后处理各项工作的相关责任单位与责任人。

7 应 急 保 障

7.1 应急抢险与救援物资保障

7.1.1 应根据应急抢险与救援工作的需要，储备必要的抢险与救援物资设备。

7.1.2 应确定负责应急抢险与救援物资储备的责任单位与责任人。

7.1.3 应确定应急抢险与救援物资的存放地点、保管人及联系方式。

7.2 交通、通信及电力保障

7.2.1 应制定水库枢纽区交通保障计划，并应确定责任单位与责任人，确保应急处置过程中的交通畅通与运输保障。交通运输工具可临时征用，应制定征用方案和确定责任单位与责任人。

7.2.2 应根据突发事件应急处置需要，制定应急通信保障计划，并应确定责任单位与责任人，确保应急处置过程中的通信畅通。

7.2.3 应根据突发事件应急处置需要，制定应急电力保障措施，并应确定责任单位与责任人，确保应急处置过程中的电力供应。

7.3 经 费 保 障

7.3.1 应急经费应包含用于应急抢险与救援物资和设备的购置和保管、预案培训和演练以及应急处置等费用。

7.3.2 应明确应急经费筹措方式。

7.4 其 他 保 障

7.4.1 应确定应急处置过程中负责解决应急转移人员基本生活问题的责任单位及责任人。

7.4.2 应确定应急处置过程中负责筹措医疗与卫生防疫用品的责任单位及责任人。

7.4.3 应确定承担洪水淹没区或水污染影响区警戒与治安维护任务的责任单位及责任人。

8 宣传、培训与演练

8.0.1 应定期对预案进行宣传、培训和演练。

8.0.2 应确定预案宣传的内容和方式以及组织实施单位、责任人。

8.0.3 应制定预案培训、演练的方案和计划，并确定培训、演练的组织实施单位、责任人。

附录 A　水库大坝安全管理应急预案编写提纲

扉　页

预案编制或修订单位

批准单位

备案单位

有效期

预案版本号

预案发放对象

附录 B 水库大坝突发事件分级标准

B.0.1 水库大坝突发事件可分为四类：自然灾害类事件、事故灾害类事件、社会安全类事件和其他水库大坝突发事件。根据事件后果严重程度、可控性、影响范围等因素，水库大坝突发事件可分为四级：Ⅰ级（特别重大）、Ⅱ级（重大）、Ⅲ级（较大）和Ⅳ级（一般）。

B.0.2 事件导致下列情况之一发生的，可定为Ⅰ级（特别重大）事件：

——水库水位达到校核洪水位及以上；

——大坝出现特别重大险情，抢险十分困难，很可能造成溃坝；

——库区大范围水质污染，水质监测项目有 4 项及以上超标，且至少 2 项超标 2 倍以上；

——生命损失不小于 30 人，或直接经济损失不小于 1.0 亿元，或社会与环境影响特别重大。

B.0.3 事件导致下列情况之一发生的，可定为Ⅱ级（重大）事件：

——水库水位超过设计洪水位，但低于校核洪水位；

——大坝出现重大险情，具备一定的抢险条件，险情基本可控；

——库区较大范围水质污染，水质监测项目有 4 项及以上超标，且至少 2 项超标 1 倍以上；

——生命损失小于 30 人且不小于 10 人，或直接经济损失小于 1.0 亿元且不小于 0.5 亿元，或社会与环境影响重大。

B.0.4 事件导致下列情况之一发生的，可定为Ⅲ级（较大）事件：

——水库水位超过防洪高水位，但低于设计洪水位；

——大坝出现较大险情，抢险条件较好，险情可控；

——库区局部水质污染，水质监测项目有 1～3 项超标，且至少 1 项超标 1 倍以上；

——生命损失小于 10 人且不小于 3 人，或直接经济损失小于 0.5 亿元且不小于 0.1 亿元，或社会与环境影响较大。

B.0.5 事件导致下列情况之一发生的，可定为Ⅳ级（一般）事件：

——水库水位超过汛限水位，但低于防洪高水位和设计洪水位；

——大坝出现一般险情，且险情可控；

——库区局部水质污染，水质监测项目有 1 项超标；

——生命损失小于 3 人，或直接经济损失小于 0.1 亿元，或社会与环境影响一般。

B. 0. 6 大坝险情分级可根据水库实际情况确定，社会与环境影响分级可见附录 F。

B. 0. 7 当水库大坝突发事件发生的紧急程度和发展势态发生变化时，应及时调整突发事件级别。

附录 C 溃坝模式分析方法

C.1 破坏模式与后果分析法（FMEA 法）

C.1.1 FMEA 法即破坏模式与后果分析（Failure Modes and Effects Analysis）法，FMEA 法是将大坝作为一个系统，分析系统中每一个子系统与要素所有可能破坏模式及其后果的一种归纳分析方法。

C.1.2 FMEA 法可按下列过程评价：

1 定义系统。水库大坝系统包括永久性挡水建筑物以及与大坝安全有关的泄水、输水和过坝建筑物及相应的金属结构等。

2 识别系统。收集水库的设计、施工及运行资料，或通过与设计、施工、管理人员进行座谈，了解水库建设和运行的详细情况，对系统有一个全面的认识。

3 分解系统。把系统分解成若干子系统，找出各子系统构成要素，宜将其分解为 1 级子系统、2 级子系统及其要素。

4 要素功能分析。子系统和要素是根据它们的主要功能来定义的。为实现不同要素及同一个要素的不同功能的区分，可采用数字编码的方法，如 11223344，其中 11 代表 1 级子系统，22 代表 2 级子系统，33 代表要素，44 代表要素功能。

5 要素筛选。对每个要素破坏后对系统性能的影响进行初步评估，把那些对系统性能影响不大的要素剔除掉，而把那些对系统性能起关键作用的要素保留下来做进一步的分析。如难以确定某个要素功能对系统性能的重要性，则应保留做进一步的分析。

6 要素破坏模式识别。分析通过筛选的要素是如何破坏的，识别其破坏模式。

7 要素相互作用分析。在识别要素破坏模式过程中，应考虑要素之间的相互作用。可通过事件树或故障树来分析要素之间的相互作用以及一系列要素之间的破坏顺序。

8 要素破坏后果分析。分析要素在不同破坏模式下的直接影响和最终影响（即后果）。确定要素破坏模式的最终影响，应考虑下列情形：

1）某种影响可能是多种要素破坏后造成的。

2）某种要素破坏可能会造成多种影响。

3）某种要素破坏可能会触发一系列要素破坏。

4）某种要素破坏可能不会直接影响其他要素，但可能会增加这些要素破坏的可能性。

9 人工干预。通过系统地识别要素可能存在的破坏模式，及时发现要素破坏并进行人工干预以避免或降低破坏后果。

C.2 破坏模式、后果和危害程度分析法
（FMECA法）

C.2.1 FMECA法由两项相对独立的工作组成，即破坏模式与后果分析法（FMEA法）和危害程度分析法（Criticality Analysis–CA法）。

C.2.2 在FMEA法基础上，可按下列过程进行危害程度分析：

1 分析要素破坏模式发生的可能性。可由专家根据经验确定，判别标准见表C.2.2-1。

表C.2.2-1　系统要素破坏模式发生可能性赋值表

破坏可能性因子	年发生概率	判 别 标 准
几乎不可能	低于1/5000	在工程寿命周期中极不可能发生，如遭遇最大可信地震或PMF洪水
极不可能	1/500～1/5000	在工程寿命周期中很不可能发生
不可能	1/50～1/500	在工程寿命周期中有可能发生，但不期望发生
可能	1/5～1/50	在工程寿命周期中可能阶段性发生
经常发生	大于1/5	经常性发生，或在近5年内如果不处理会发生

2 分析后果严重程度。后果严重程度的判别标准见表C.2.2-2。

表C.2.2-2　后果严重程度赋值表

后果严重因子	判 别 标 准
不严重	经济损失不超过5万元，无人员伤亡，无环境影响，无外部影响
中等	经济损失为5万～100万元，无人员伤亡，或下游财产损失为2.5万～50万元，或下泄具有永久影响的污染物对农业无明显影响，或无环境影响，或无外部影响，或加固经费2万～20万元，或以上的各种组合
严重	经济损失为100万～1000万元，多起人员严重伤害或致命伤亡，或下游财产损失为50万～500万元，或下泄具有永久影响的污染物造成长期环境或农业危害，或以上的各种组合
非常严重	经济损失为1000万～10000万元，有明显人员死亡，或下游财产损失为500万～5000万元，或造成大范围的环境或农业危害，或以上的各种组合
灾难性	经济损失超过1亿元，大量人员死亡，或下游财产损失超过5000万元、对环境或下游农业产生重大长期危害，或以上的各种组合

3 分析后果发生的可能性。后果发生可能性的判别标准见表C.2.2-3。

表 C.2.2-3 后果发生可能性赋值表

后果可能性因子	可能性估计	判 别 标 准
极不可能	<5%	破坏模式能导致影响，但后果极不可能发生
不可能	5%~25%	破坏模式能导致影响或后果，但预期不会发生
可能	25%~75%	预期破坏模式能导致影响或后果，发生或不发生的机会相当
极有可能	75%~100%	预期破坏模式导致影响或后果
肯定	100%	破坏模式必导致影响或后果确定发生

4 确定危害性指标。每个要素破坏模式的危害性指标根据要素破坏模式发生的可能性、后果严重程度、后果发生的可能性按表 C.2.2-4 确定。

表 C.2.2-4 危害性指标赋值表

后 果		要素破坏可能性				
严重性	可能性	几乎不可能	极不可能	不可能	可能	经常发生
不严重	极不可能	1	2	4	5	7
	不可能	2	3	5	7	8
	可能	3	5	7	8	9
	极有可能	4	5	7	9	10
	肯定	4	5	7	9	10
中等	极不可能	3	5	7	8	9
	不可能	5	6	8	9	11
	可能	6	8	9	11	12
	极有可能	6	8	10	11	13
	肯定	7	8	10	11	13
严重	极不可能	6	8	10	11	12
	不可能	8	9	11	13	14
	可能	9	11	12	14	15
	极有可能	9	11	13	14	16
	肯定	10	11	13	15	16
非常严重	极不可能	9	11	13	14	15
	不可能	11	12	14	16	17
	可能	13	14	16	17	19
	极有可能	13	14	16	17	19
	肯定	13	14	16	18	19

表 C. 2. 2 - 4（续）

后 果		要素破坏可能性				
严重性	可能性	几乎不可能	极不可能	不可能	可能	经常发生
灾难性	极不可能	11	13	14	16	17
	不可能	12	14	16	17	18
	可能	14	15	17	19	20
	极有可能	14	16	18	19	20
	肯定	14	16	18	19	20

C. 2. 3　应统计每个要素的危害程度、在子系统中所占比重和在系统中所占比重，统计各个子系统的危害程度及其在系统中所占比重。每个要素的危害程度为该要素的各种破坏模式危害程度的简单相加，子系统的危害程度为该子系统的各个要素的危害程度的简单相加。

C. 2. 4　应根据危害程度大小对每种破坏模式、每个要素危害程度和每个子系统的危害程度进行排序。危害程度越大，风险越大。

附录 D 溃坝生命损失估算方法

D.0.1 溃坝生命损失计算应考虑风险人口 P_{AR}、溃坝洪水严重性 S_d、警报时间 W_T、风险人口对溃坝洪水严重性的理解程度 U_d 等主要影响因素。

D.0.2 风险人口 P_{AR} 计算可采用静态统计法和动态统计法。静态统计法宜在人口相对固定或流动性弱的地区使用；人口频繁流动的地区则宜采用动态统计法。

D.0.3 溃坝洪水严重性 S_d 可按式（D.0.3）计算：

$$S_d = hv \qquad (D.0.3)$$

式中　h——溃坝洪水淹没范围内某点的水深，m；

　　　v——相应某点的流速，m/s。

S_d 的划分标准如下：

当 $S_d \leqslant 3.0\text{m}^2/\text{s}$ 时，低度严重；

当 $3.0\text{m}^2/\text{s} < S_d \leqslant 7.0\text{m}^2/\text{s}$ 时，中度严重；

当 $S_d > 7.0\text{m}^2/\text{s}$ 时，高度严重。

D.0.4 警报时间 W_T 的划分标准如下：

当 $W_T \leqslant 15\text{min}$ 时，无警报；

当 $15\text{min} < W_T \leqslant 60\text{min}$ 时，部分警报；

当 $W_T > 60\text{min}$ 时，充分警报。

D.0.5 当风险人口接到溃坝警报后，对溃坝洪水可能淹没范围和严重程度缺乏足够了解，对逃生的必要性、措施、路径没有正确的理解和反应时，可认为风险人口对溃坝洪水严重性的理解程度 U_d 是模糊的；反之则认为风险人口对溃坝洪水严重性的理解程度 U_d 是明确的。

D.0.6 溃坝生命损失可按式（D.0.6-1）计算；条件受限时，也可按式（D.0.6-2）计算。

$$L_{OL} = P_{AR}f \qquad (D.0.6-1)$$

式中　P_{AR}——溃坝洪水淹没范围内的风险人口，人；

　　　f——风险人口死亡率。

风险人口死亡率可按表 D.0.6 确定。夏天、晴天、白天宜取表 D.0.6 的下限值，冬天、雨天、夜间宜取此表的上限值。

表 D.0.6 李-周法风险人口死亡率推荐表

溃坝洪水严重性程度 S_d	警报时间 W_T/h	风险人口对洪水严重性的理解程度	风险人口死亡率	
			推荐值	建议值范围
高	<0.25	模糊	0.7500	0.3000~1.0000
		明确	0.2500	0.1000~0.5000
	0.25~1.0	模糊	0.2000	0.0500~0.4000
		明确	0.0010	0.0000~0.0020
	>1.0	模糊	0.1800	0.0100~0.3000
		明确	0.0005	0.0000~0.0010
中	<0.25	模糊	0.5000	0.1000~0.8000
		明确	0.0750	0.0200~0.1200
	0.25~1.0	模糊	0.1300	0.0150~0.2700
		明确	0.0008	0.0005~0.0020
	>1.0	模糊	0.0500	0.0100~0.1000
		明确	0.0004	0.0002~0.0010
低	<0.25	模糊	0.0300	0.0010~0.0500
		明确	0.0100	0.0000~0.0200
	0.25~1.0	模糊	0.0070	0.0000~0.0150
		明确	0.0006	0.0000~0.0010
	>1.0	模糊	0.0003	0.0000~0.0006
		明确	0.0002	0.0000~0.0004

$$L_{OL} = \frac{P_{AR}}{1 + 13.277(P_{AR}^{0.440})\exp(0.759W_T - 3.790F + 2.223W_TF)}$$

$$(D.0.6-2)$$

式中 P_{AR}——溃坝洪水淹没范围内的风险人口，人；

$\quad W_T$——警报时间，h；

$\quad F$——溃坝洪水严重性 S_d 的函数符号，取值范围为 0~1。对于高严重性溃坝洪水，取 $F=1$；对于低严重性溃坝洪水，取 $F=0$；对中严重性溃坝洪水，取 $F=0.5$。

附录 E 溃坝经济损失估算方法

E.1 溃坝直接经济损失估算

E.1.1 溃坝直接经济损失可采用分类损失率法、单位面积综合损失法和人均综合损失法等方法计算。

E.1.2 采用分类损失率法时，溃坝直接经济损失 D 可按式（E.1.2）计算：

$$D = \sum_{i=1}^{n} R_i = \sum_{i=1}^{n} \sum_{j=1}^{m} R_{ij} = \sum_{i=1}^{n} \sum_{j=1}^{m} \sum_{k=1}^{l} V_{ijk} \eta_{ijk} \qquad (E.1.2)$$

式中 R_i——第 i 个行政区的各类财产损失总值，万元；

$\quad\quad R_{ij}$——第 i 个行政区内、第 j 类财产的损失值，万元；

$\quad\quad V_{ijk}$——第 i 个行政区内、第 k 级淹没水深下第 j 类资产价值，万元；

$\quad\quad \eta_{ijk}$——第 i 个行政区内、第 k 级淹没水深下第 j 类资产损失率，根据溃坝洪水严重性、历时等因素确定，%；

$\quad\quad n$——行政区数；

$\quad\quad m$——资产种类数；

$\quad\quad l$——淹没水深等级数。

E.1.3 采用单位面积综合损失法和人均综合损失法时，溃坝直接经济损失 D 可按式（E.1.3-1）或式（E.1.3-2）计算：

$$D = A L_A \qquad (E.1.3-1)$$
$$D = P_{AR} L_P \qquad (E.1.3-2)$$

式中 A——溃坝洪水淹没范围，km^2；

$\quad\quad L_A$——溃坝洪水淹没范围内单位面积损失值，万元/km^2；

$\quad\quad P_{AR}$——溃坝洪水淹没范围内的风险人口，人；

$\quad\quad L_P$——风险人口人均损失值，万元/人。

E.2 溃坝间接经济损失计算

E.2.1 溃坝间接经济损失可采用系数折算法和调查分析法计算。

E.2.2 采用系数折算法时，溃坝间接经济损失 S 可按式（E.2.2）计算：

$$S = \sum_{i=1}^{n} k_i R_i \qquad (E.2.2)$$

式中 R_i——第 i 个行政区的直接经济损失总值，万元；

$\quad\quad k_i$——系数，可根据实际洪灾损失调查资料确定，缺少资料时，可取 $k_i = 0.63$；

n——行政区数。

E.2.3 调查分析法应通过实地调查溃坝洪水淹没区社会经济受灾程度，在相关的社会经济统计资料基础上，运用数理统计及时间序列分析等方法估算受灾区的间接经济损失。

附录 F 溃坝社会与环境影响评估方法

F.0.1 溃坝社会与环境影响应考虑溃坝洪水淹没范围内风险人口数量、城镇规模、基础设施重要性、文物古迹级别、河道形态破坏程度、动植物栖息地保护级别、自然景观级别、潜在污染企业规模等主要因素，以溃坝社会与环境影响指数 I_{SE} 度量。

F.0.2 溃坝社会与环境影响指数 I_{SE} 可按式（F.0.2）计算：

$$I_{SE} = \prod_{i=1}^{8} C_i \tag{F.0.2}$$

式中 C_1——风险人口系数；

C_2——城镇规模系数；

C_3——基础设施重要性系数；

C_4——文物古迹级别系数；

C_5——河道形态破坏程度系数；

C_6——动植物栖息地保护级别系数；

C_7——自然景观级别系数；

C_8——潜在污染企业规模系数。

上述各系数的赋值标准参见表 F.0.2。

F.0.3 溃坝社会与环境影响严重程度可根据溃坝社会与环境影响指数 I_{SE} 划分为 4 级，其标准如下：

当 $I_{SE} < 10$ 时，一般；

当 $10 \leqslant I_{SE} < 100$ 时，较大；

当 $100 \leqslant I_{SE} < 1000$ 时，重大；

当 $I_{SE} \geqslant 1000$ 时，特别重大。

表 F.0.2 社会与环境影响因素及其赋值表

| 社会影响因素 | | | | | 环境影响因素 | | | | | | | | | | |
| 风险人口 | | 城镇 | | 基础设施 | | 文物古迹 | | 河道形态 | | 动植物栖息地 | | 自然景观 | | 潜在污染企业 | |
数量/人	C_1	规模	C_2	重要性	C_3	保护级别	C_4	破坏程度	C_5	保护级别	C_6	级别	C_7	规模	C_8
$1\sim10^2$	1.0~2.0	散户或村庄	1.0~2.0	乡镇一般基础设施	1.0~1.25	一般或县级	1.0~1.25	中小河流轻微破坏	1.0~2.0	国家三级及以下	1.0~1.25	1A级	1.0~1.25	小型化工厂或农药厂	1.0~1.7
$10^2\sim10^4$	2.0~3.0	乡镇或人口集居区	2.0~3.0	市级交通、输电、油气线路及厂矿企业	1.25~1.5	省级	1.25~1.5	中小河流严重破坏	2.0~3.0	国家二级	1.25~1.5	2A级	1.25~1.5	中型化工厂或农药厂	1.7~2.4
$10^4\sim10^6$	3.0~4.0	县、地级城市	3.0~4.0	省级交通、输电、油气线路及厂矿企业	1.5~1.75	国家级	1.5~2.0	中小河流改道或大江大河严重破坏	3.0~4.0	国家一级	1.5~1.75	3A级	1.5~1.75	大型化工厂或农药厂	2.4~3.0
$>10^6$	4.0~5.0	省会、计划单列市及直辖市	4.0~5.0	国家级交通、输电、油气线路及厂矿企业及军事设施	1.75~2.0	世界级	2.0~2.5	大江大河改道	4.0~5.0	世界级	1.75~2.0	4A级及以上	1.75~2.0	特大型化工厂、农药厂或核电站、核储库	3.0~4.0

附录 G 附 件

G.0.1 附表与附图宜包括下列内容：

——水库工程特性表；

——工程地理位置图；

——水库枢纽平面布置图；

——大坝及主要水工建筑物典型纵、横断面图；

——水位、泄量、库容关系曲线；

——溃坝洪水淹没图；

——大坝巡视检查记录表等。

G.0.2 其他附件宜包括下列内容：

——水库工程概况；

——突发洪水事件及其后果分析；

——突发水污染事件及其后果分析；

——工程抢险预案；

——水污染处理预案；

——人员应急转移和临时安置预案。

标 准 用 词 说 明

标准用词	严 格 程 度
必须	很严格，非这样做不可
严禁	
应	严格，在正常情况下均应这样做
不应、不得	
宜	允许稍有选择，在条件许可时首先应这样做
不宜	
可	有选择，在一定条件下可以这样做

中华人民共和国水利标准化指导性技术文件

水库大坝安全管理应急预案编制导则

SL/Z 720—2015

条 文 说 明

目　次

1　总　则

1.0.1　水库大坝在蓄水发挥效益的同时，也会对下游构成潜在风险，特别是一旦溃坝失事，可能会对生命、财产、基础设施、生态环境、经济社会发展等造成灾难性破坏，属典型突发公共安全事件，国内外均有惨痛教训。

水库大坝安全管理应急预案（以下简称"预案"）是避免或减少水库大坝发生突发事件可能造成生命和财产损失而预先制定的方案，是提高社会、公众及大坝运行管理单位应对突发事件能力，降低大坝风险的重要非工程措施，是风险管理理念下的重要制度性文件。

国务院于 2006 年 1 月 8 日发布了《国家突发公共事件总体应急预案》；当年 5—6 月，国务院又印发了四大类 25 件专项应急预案；随后，80 件部门预案和省级总体应急预案相继发布，初步建立了我国突发公共安全事件应急管理体系。水利部于 2007 年 5 月以规范性文件形式发布了《水库大坝安全管理应急预案编制导则（试行）》（水建管〔2007〕164 号）［以下简称"预案导则（试行）"］，用以指导全国水库大坝突发事件应急预案的编制。

预案导则（试行）对指导预案编制发挥了重要作用，从全国各地实践及反馈意见看，由于前期研究不足，预案导则（试行）的可操作性与针对性还存在不足。因此，在近年来相关研究工作基础上，并总结预案编制的经验，对预案导则（试行）进行修订，将其上升到行业标准，是非常必要的。

1.0.2　坝高在一定程度上反映了工程技术难度和溃坝后果严重性。国际坝工界普遍依据坝高 H 将挡水结构分为大坝（Large Dam）和小坝（Small Dam）。根据国际大坝委员会（ICOLD）1997 年发布的 109 号公报，$H > 15m$ 的称为大坝；$5m < H \leqslant 15m$ 的称为小坝；$10m < H \leqslant 15m$ 的一些挡水结构也被称为大坝，取决于坝长、库容、下泄流量及坝基工程地质条件。

我国水库大坝主要根据库容 V 分为大型水库（$V \geqslant 1$ 亿 m^3）、中型水库（1000 万 $m^3 \leqslant V < 1$ 亿 m^3）、小型水库（10 万 $m^3 \leqslant V < 1000$ 万 m^3）。根据《第一次全国水利普查公报》，全国现有各类水库 98002 座（不含香港、澳门、台湾地区），其中大型水库 756 座，中型水库 3938 座，小型水库 93308 座。从坝高看，15m 以上的水库大坝约 3.2 万座。可见，小型水库大坝是我国水库大坝的主体。

相对于大中型水库，小型水库管理机构不健全、管理条件差、管理水平低，风险更为突出。2010 年水利部发布的《小型水库安全管理办法》（水安监〔2010〕200 号）第二十六条规定"水库主管部门（或业主）应组织所属小型水库编制大坝安全管理应急预案，报县级以上水行政主管部门备案……"。因此，参照国际惯例，建议坝高超过 15m 的小型水库也按本标准执行。一般小型水库由于坝高较低，影响范围小，风险相对较低，而且基础资料少，"预案"编制可以适当简化，参照本标准执行。

1.0.3 预案是在水库大坝发生突发事件时避免或减少损失而预先制定的方案，是指导地方政府、水库运行管理单位和主管部门（或业主）以及下游公众、库区周边公众应对水库大坝突发事件的行动指南。

水库大坝突发事件应急处置极其复杂，牵涉面非常广，非水库管理单位和主管部门（业主）所能独立处置，需要政府主导，紧急调动各方面资源、快速有力地动员社会公众，统一作出决策，在尽可能短的时间内消除危机。预案作为水库大坝发生突发事件应急处置的行动指南，主要指导水库运行管理单位和主管部门（或业主）去"做什么"和"如何做"，包括突发事件预测预警、险情报告、应急调度、应急抢险、险情监测和巡查等。人员应急转移、善后处理、信息发布主要依靠政府的力量和资源，但预案需要告知有关方面及下游公众洪水淹没范围、洪水到达时间、洪水强度等信息；如果需要转移，则应告知哪些人应该转移，以及转移次序、转移地点、时间要求，人员应急转移的动员和组织及转移过程中的救援和应急保障，则是政府应该做的事。

2005 年，国家防办发布了《洪水风险图编制导则》（试行），2006 年 3 月又发布了《水库防汛抢险应急预案编制大纲》（试行）。水库防汛抢险应急预案主要针对可能导致重大工程险情和溃坝的突发事件，不能完全替代水库大坝安全管理应急预案，因为其没有考虑管理不当、超标准泄洪、水库水污染等突发事件。根据溃坝事故原因调查统计分析资料，相当一部分溃坝事故是因为管理不当等非洪水原因造成的。

水库大坝安全管理应急预案也不等同于溃坝应急预案，因为其中还包括水污染和超标准（下游堤防和建筑物设防标准）泄洪事件。

预案是指导水库运行管理单位和主管部门（或业主）以及下游公众应对水库大坝突发事件的行动指南，应该简单明了，便于操作和使用，重点需要明确规定水库运行管理单位和主管部门（或业主）以及当地政府公共安全突发事件应急机构各自的职责和任务，并建立预案与当地其他公共安全突发事件应急预案之间的链接，而不必将设计文件、洪水淹没研究、预测预警系统开发建设等包含在内，但可以作为预案的附件。

1.0.4 水库大坝突发事件是指突然发生，可能导致溃坝、重大工程险情、超标准泄洪、影响水库正常调度运行的水污染，危及公共安全，需要采取应急处置措施予以应对的紧急事件。水库大坝突发事件定义和分级依据为《中华人民共和国突发事件应对法》，其第三条规定；"本法所称突发事件，是指突然发生，造成或者可能造成严重社会危害，需要采取应急处置措施予以应对的自然灾害、事故灾难、公共卫生事件和社会安全事件。按照社会危害程度、影响范围等因素，自然灾害、事故灾难、公共卫生事件分为特别重大、重大、较大和一般四级。……突发事件的分级标准由国务院或者国务院确定的部门制定。"

1.0.5 收集的基础资料主要用于突发事件后果分析，包括绘制洪水风险图及估算生命损失、经济损失以及社会与环境影响。

当前，我国经济社会发展迅速，水库功能、运行条件与防洪保护对象，以及溃坝洪水淹没区基础数据等变化很快，基础资料应能反映现状实际。

1.0.6 "以人为本"的原则是指编制预案的主要目的是避免和减少生命损失，应急处置要以确保生命安全为第一要务。

"分级负责"的原则是指预案实行分级负责、属地管理，对相关人员的权利、职责和义务作出明确规定。

"预防为主"的原则是指通过对可能突发事件的深入分析，事先制定避免事故发生和减少损失的对策和措施，并做好突发事件监测预警与应急处置准备。

"便于操作"的原则是指突发事件监测预警与应急处置方案要符合工程实际，预案文本尽量减少文字表述，多以图表形式直观表达，指导性强。

"协调一致"的原则是指预案要与当地人民政府及其相关部门的公共突发事件应急预案协调和衔接，应急保障资源应尽量共享。

"动态管理"的原则是指预案要根据实际情况变化适时修订，不断补充完善。

1.0.7 预案编制是一项技术性强的工作，对有运行管理单位的水库，可由管理单位委托相关设计单位或科研机构编制；对没有运行管理单位的小型水库，可由水库主管部门或业主委托相关设计单位或科研机构编制。

水库大坝突发事件特别是溃坝事件应急处置结束后，往往涉及责任追究，水库大坝安全第一责任人即行政首长承担首要责任。因此，按照责权对等原则，预案需由水库大坝安全第一责任人所在同级人民政府或由其委托防汛指挥机构批准和发布，并报上一级人民政府水行政主管部门和防汛指挥机构备案。

1.0.8 为保证预案的有效性，要根据大坝工程安全状况、运行条件与应急组织体系中涉及的相关单位与人员变化，及时对预案进行修订。

2 预案封面和扉页

2.0.1~2.0.3 水库大坝突发事件应急处置极其复杂，牵涉的单位和人员很多，其中的责任单位和责任人一旦发生变化，如不及时修订更新版本，将严重影响预案的执行效果；同时，预案也不可能人手一册。

预案发放对象应注明单位、责任人和联系方式。发放对象一般包括应急指挥部各成员单位或部门的责任人、应急指挥部办公室各部门、应急抢险与救援队伍各小组、水库运行管理单位及科室的负责人。

3 编 制 说 明

3.0.1~3.0.5 简要说明应急预案编制的基本情况，包括编制目的、依据、适用范围、突发事件分级以及编制单位与人员、预案受控和修订原则等。要特别强调，预案是水库大坝遭遇突发事件时的应急行动计划，对于培训和开展应急抢险、援救等工作起指导作用，即使没有预案，相关人员人也应知道报警、抢险、疏散撤离及救援应遵循的一般原则。

4 突发事件及其后果分析

4.1 水库工程概况

4.1.1~4.1.6 水库工程概况介绍尽量简单,详细介绍可作为预案附件。

4.2 突发事件分析

4.2.1 水库大坝突发事件可分为下列四类:

(1)自然灾害类事件。因暴雨、洪水、地震、地质灾害、上游水库溃坝、上游大体积漂浮物撞击等原因导致的溃坝、重大工程险情、超标准泄洪事件。

超标准泄洪事件是指自水库泄洪设施宣泄的洪水流量超过下游堤防和建筑物的防洪标准,造成淹没损失的洪水事件。相对于溃坝事件,超标准泄洪事件可以提前准确预警。

(2)事故灾难类事件。因工程质量缺陷、调度与运行管理不当等原因导致的溃坝、重大工程险情、超标准泄洪事件;或影响生产生活、生态环境的水污染事件。

(3)社会安全类事件。因战争、恐怖袭击、人为破坏等原因导致的溃坝、重大工程险情、超标准泄洪、水污染事件。

(4)其他可能导致溃坝、重大工程险情、超标准泄洪、水污染的突发事件。

4.2.2 可按突发事件发生可能性进行排序,选择2~3种发生可能性较大的突发事件作为预测预警与应急处置的主要目标。

4.3 突发洪水事件及其后果分析

4.3.2 大坝溃决方式有瞬时溃决和逐步溃决两种,瞬时溃决又分为瞬时全溃与瞬时局部溃决。瞬时溃决一般发生在重力坝或拱坝,重力坝溃决原因以基础破坏居多,其溃口形状多为矩形;拱坝破坏最初发生坝肩拱座地质薄弱处,继而导致全部溃决。土石坝一般为逐步溃决,由漫顶或渗透破坏(管涌、接触冲刷)引起,破坏程度取决于漫顶或管涌流量大小与持续时间,两种破坏的溃口型式相似。

1 逐步溃坝溃口洪水计算

(1)BREACH 模型

BREACH 模型是基于 Fread(1984)预报土坝溃坝洪水过程线而开发的一个数学模型。该模型建立在水力学、泥沙输移、土力学、大坝几何尺寸与数学特征、库容特征、溢洪道特征及入库流量随时间变化的基础上。模型有 7 个主要部分：①溃口形成；②溃口宽度；③库水位；④溃口泄槽水力学；⑤泥沙输移；⑥突然坍塌引起溃口的扩大；⑦计算方法。模型可以模拟因漫顶或管涌引起的溃坝，大坝可以是均质的，也可以是由两组不同特性材料组成的坝壳和心墙。

（2）面板堆石坝溃坝模型

面板堆石坝与一般土石坝溃决过程的区别在于钢筋混凝土面板在未被冲毁的下游坝体支撑下仍起挡水作用，而随着下游坝体冲刷的积累，面板悬空长度不足以承受面板自重和水荷载的共同作用便折断，此时水头突然增加，溃口处流量突增，溃决过程突然加速。其后，随着水头逐渐减小，溃口流速、流量及冲刷也逐渐减小，面板又起到挡水作用。如此往复，直至最后稳定在某一平衡位置。

A. 李雷模型

为简化分析，设面板为单向板，取宽度 $b = 1.0\text{m}$，当下游支撑体被冲毁后，可视为一在自重和水荷载共同作用下的悬臂板，其计算简图见图 1。

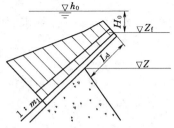

图 1　面板折断长度 L_d 计算简图

则自重荷载产生的弯矩 M_1 可按式（1）计算：

$$M_1 = \frac{\rho_h m_1 h L_d^2}{2\sqrt{1 + m_1^2}} \tag{1}$$

式中　m_1——上游坡比；

ρ_h——面板容重，kN/m^3；

h——面板厚度，m。

水荷载产生的弯矩 M_2 可按式（2）计算：

$$M_2 = \frac{\rho_w(h_0 - Z_f)L_d^2}{2} + \frac{\rho_w L_d^3}{6\sqrt{1 + m_1^2}} \tag{2}$$

式中　h_0——库水位，m；

Z_f——面板顶端高程，m；

L_d——面板折断长度，m；

ρ_w——水的容重，kN/m^3。

面板折断点总弯矩 M 按式（3）计算：

$$M = M_1 + M_2 \tag{3}$$

根据混凝土标号、面板配筋率和面板截面积可确定钢筋面积，再从钢筋混凝土结构设计手册查出面板所能承受的弯矩 M。再考虑安全系数 K，则面板所能承受的极限弯矩 M_f 可按式（4）计算：

$$M_f = kM \tag{4}$$

故面板折断条件为：

$$M \geqslant M_f \tag{5}$$

即

$$\left[\frac{\rho_h m_1 h}{2\sqrt{1+m_1^2}} + \frac{\rho_w(h_0 - Z_f)}{2}\right] L_d^2 + \frac{\rho_w L_d^3}{6\sqrt{1+m_1^2}} = M_f \tag{6}$$

式（6）是一个一元三次方程，采用牛顿法可以很快求得临界折断长度。

面板折断形成溃口后，如果库水无别的出处，也没有别的水量补给，则水库减少的水量就是溃口的出流量，则有：

$$A_s(h)\frac{dh}{dt} = -Q \tag{7}$$

式中　$A_s(h)$ ——水库水面面积，m^2；

$\dfrac{dh}{dt}$ ——水面高程的时间变化率，m/s；

Q ——溃口流量，m^3/s。

在 Δt 很小时，式（7）可改写为：

$$A_s(h)\Delta h = \Delta V = -Q\Delta t \tag{8}$$

溃口的出流量与平均流速 u、过流面积 A 的乘积成正比，有：

$$Q = uA = ub(h_0 - Z_f) \tag{9}$$

通常溃口出流量作为宽顶堰来计算的，即：

$$Q = \sigma_c bm\sqrt{2g(h_0 - Z_f)^3} \tag{10}$$

对照式（9）和式（10），作为矩形断面，可知：

$$u = \sigma_c m\sqrt{2g(h_0 - Z_f)} = \alpha_u\sqrt{h_0 - Z_f} \tag{11}$$

式中　m ——流量系数；

σ_c ——侧收缩系数；

b ——溃口平均宽度，m；

h_0 和 Z_f 如前所定义。

V. P. Singh 等（1988）提出如式（12）所示的下游坝体冲刷速度公式：

$$\frac{dZ}{dt} = \alpha_2 u^{\beta_2} \tag{12}$$

式中　Z ——下游坝体冲刷高程，m；

u ——水流平均流速，m/s；

α_2、β_2 ——经验系数，β_2 大约为 2，误差可用冲刷系数 α_2 修正，$\alpha_2 = 0.0008 \sim 0.0090$。

当 Δt 取得很小时，式（12）可以表示为：

$$\Delta Z = \alpha_2 u^{\beta_2} \Delta t \qquad (13)$$

当溃口开始出流时，在起始条件明确时，即可根据式（11）、式（13）及式（5）确定在 Δt_1 时段内面板会否折断，从而确定 Δt_2 时段中面板顶部高程，再根据式（8）和式（9）求出剩余库容。根据库容曲线求得新的水面高程，再继续 Δt_2 时段的计算，循环往复，便可分析各时段水力要素（溃口流量、流速、下泄水量等）、上游库水位和面板顶高程，最后得到上述各要素的溃坝过程线。

B. 陈生水模型

陈生水认为，要正确模拟面板砂砾石坝溃决过程，应重点解决下列两个问题：①针对砂砾石材料粒径范围宽的特点，提出能较为合理计算其冲蚀率的经验表达式；②正确分析下游坝体冲蚀量对混凝土面板受力状态的影响，合理确定面板的折断时刻。

a）砂砾石坝料临界起动流速

忽略砂砾石颗粒间的凝聚力，对如图2所示的代表颗粒1而言，所受的力一般有浮重度 W，水流拖曳力 F_d、上举力 F_l，其表达式分别为：

$$W = \frac{\pi}{6}(\gamma_s - \gamma_w)d_{50}^3 \qquad (14)$$

式中 γ_s——土颗粒的容重，kN/m^3；

γ_w——水的容重，kN/m^3；

d_{50}——土体颗粒平均粒径，m。

$$F_d = \frac{\pi}{8g}C_d d_{50}^2 \gamma_w v^2 = \frac{\pi}{20g}d_{50}^2 \gamma_w v^2 \qquad (15)$$

式中 F_d——水流对土体颗粒的拖曳力，kN；

C_d——拖曳力系数，一般取 0.4；

v——水流流速，m/s。

$$F_l = \frac{\pi}{8g}C_l d_{50}^2 \gamma_w v^2 = \frac{\pi}{80g}d_{50}^2 \gamma_w v^2 \qquad (16)$$

式中 F_l——水流对土颗粒的上举力，kN；

C_l——上举力系数，一般取 0.1。

考虑到砂砾石料级配范围宽，最大颗粒与最小颗粒粒径相差大，为反映在漫坝水流作用下粗颗粒对细颗粒的阻拦、遮蔽作用，细颗粒对粗颗粒的包围、填实等，除上述作用力外，再引入一个与水流方向垂直的附加作用力 R（如图2所示），并近似假定 R 与颗粒间的平均剪力成比例，即：

$$R = \phi \tau_s d_{50}^2 \qquad (17)$$

$$\tau_s = K_m M(\gamma_s - \gamma_w)d_{50} \qquad (18)$$

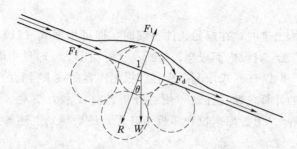

图 2　土体颗粒在坝坡上的受力示意图

式中　τ_s——不均匀颗粒的平均剪力，kPa；

K_m——无因次系数；

ϕ——比例系数与颗粒面积系数的乘积。

由此可得：

$$R = KM(\gamma_s - \gamma_w)d_{50}^3 \tag{19}$$

$$K = \phi K_m \tag{20}$$

式中，K 值可根据不均匀颗粒起动流速实验资料确定，在 $0.785 \sim 1.727$ 范围内变化，此处取 1.3；M 为紧密系数，代表颗粒组成的密实程度，与不均匀系数 C_u 有关，可由式（21）确定：

$$M = 0.75 - \frac{0.65}{2 + C_u} \tag{21}$$

于是式（19）可以写为：

$$R = 1.3M(\gamma_s - \gamma_w)d_{50}^3 \tag{22}$$

如图 2 所示，土体颗粒起动时受到的摩擦力可表示为：

$$
\begin{aligned}
F_f &= \tan\varphi[R + (W - F_1)\cos\theta] + c\pi d_{50}^2 \\
&= \tan\varphi d_{50}^2\left[\left(1.3M + \frac{\pi}{6}\cos\theta\right)(\gamma_s - \gamma_w)d_{50} - \frac{\pi}{80g}\cos\theta\gamma_w v^2\right] \\
&\quad + c\pi d_{50}^2
\end{aligned}
\tag{23}
$$

式中　F_f——土颗粒受到的摩擦力，kN；

φ——土体颗粒间的内摩擦角；

θ——坝坡坡角；

c——土体的凝聚力，kPa。

通过受力分析可知，土体颗粒 1 起动的临界条件为：

$$F_d + W\sin\theta = F_f + F_1\sin\theta \tag{24}$$

将式（14）、式（15）、式（16）、式（22）、式（23）代入式（24）可以得到土体颗粒在坝坡上的临界起动流速为：

$$v_{c} = \sqrt{\frac{80gd_{50}\left[\tan\varphi\left(1.3M + \frac{\pi}{6}\cos\theta\right) - \frac{\pi}{6}\sin\theta\right](\gamma_{s} - \gamma_{w})}{\pi\gamma_{w}(4 + \tan\varphi\cos\theta - \sin\theta)} + \frac{80gc}{\gamma_{w}(4 + \tan\varphi\cos\theta - \sin\theta)}} \tag{25}$$

b）砂砾石坝体冲蚀率

砂砾石坝体在溃坝水流的作用下，坝顶溃口和下游坝坡将发生冲蚀。针对砂砾石料级配范围宽，最大颗粒与最小颗粒粒径相差大，在分析不同土体陡水槽冲蚀试验结果的基础上，选择 d_{90} 与 d_{30} 作为代表粒径，建议计算砂砾石料单宽冲蚀率的经验表达式如下：

$$q_{s} = 0.25\left(\frac{d_{90}}{d_{30}}\right)^{0.2}\sec\theta\,\frac{v_{*}(v_{b}^{2} - v_{c}^{2})}{g\left(\frac{\gamma_{s}}{\gamma_{w}} - 1\right)} \tag{26}$$

其中

$$v_{b} = \overline{v}\left(\frac{d_{90}}{H - H_{c}}\right)^{\frac{1}{6}} \tag{27}$$

$$v_{*} = \sqrt{g(H - H_{c})J} = \overline{v}N\sqrt{g(H - H_{c})^{-\frac{1}{3}}} \tag{28}$$

$$\overline{v} = \frac{Q_{b}}{B(H - H_{c})} \tag{29}$$

式中 q_{s}——单宽冲蚀率，m^{2}/s；

d_{90}、d_{30}——小于某粒径的颗粒含量分别为 90% 和 30% 所对应的颗粒粒径，mm；

     B——溃口宽度，m；

     v_{*}——摩阻流速，m/s；

     v_{b}——溃口底流速，m/s；

     $\overline{v}$——水流平均流速，m/s；

     Q_{b}——溃口流量，m^{3}/s；

     J——水力梯度；

     H——水库水位高程，m；

     H_{c}——溃口底部高程，m；

     N——溃口糙率。

溃口流量 Q_{b} 分别采用下述方法计算。当漫顶溃坝发生后，水流沿着初始溃口冲蚀下游坝坡，可以采用下面的宽顶堰公式计算：

$$Q_{b} = mB\sqrt{2g}(H - H_{c})^{\frac{3}{2}} + 2m\sqrt{2g}\tan\left(\frac{\pi}{2} - \theta\right)(H - H_{c})^{\frac{5}{2}} \tag{30}$$

式中 m——流量系数，此处取 0.5。

随着下游坝料冲蚀，溃口向上游发展，溃口部位坝顶宽度逐渐减少。当坝顶冲蚀完毕后，由于面板还在发挥挡水作用，因此过流断面为薄壁堰，此时的溃口流量按式（31）计算：

$$Q_b = m_0 b \sqrt{2g} \, \Delta h^{\frac{3}{2}} \tag{31}$$

其中

$$m_0 = 0.403 + \frac{0.0007}{\Delta h} + 0.053 \frac{\Delta h}{p_1} \tag{32}$$

式中 m_0——流量系数；

   b——薄壁堰过流宽度，m；

   Δh——堰顶水头，m；

   p_1——堰高，m。

c）溃口发展和面板折断时刻确定

由于溃坝水流的作用，下游坝坡发生冲蚀，某一时间段增量 Δt_i 内，溃口纵向冲蚀深度增量 Δy_{ci} 为：

$$\Delta y_{ci} = \frac{\Delta t_i q_s}{L_2(1-n)} \tag{33}$$

$$\Delta y_c = \sum_{i=1}^{n} \Delta y_{ci} \tag{34}$$

式中 Δy_c——溃口纵向冲蚀深度，m；

   L_2——下游坝坡长度，m；

   n——坝壳料孔隙率。

假设初始溃口为梯形，在水流冲蚀情况下，溃口边坡保持极限稳定边坡，坡角为砂砾石材料的内摩擦角 φ；溃口底部的冲蚀速率与溃口边坡的冲蚀速率相等，如图 3 所示，则水流对坝体溃口两侧的直接冲刷形成的溃口宽度增量 ΔB 可以表达为：

$$\Delta B = \sum_{i=1}^{n} (\Delta B_i + \Delta B_i) = \sum_{i=1}^{n} 2\Delta B_i = 2\Delta y_c \tag{35}$$

时间段 Δt_i 内水库水位变化量为：

$$\Delta H = \sum_{i=1}^{n} \left| \frac{(Q_{in} - Q_b)\Delta t_i}{S_a} \right| \tag{36}$$

式中 Q_{in}——入库流量，m³/s；

   S_a——库水位为 H 时的水库面积，m²。

由于面板的挡水作用，溃口的发展主要以溢流水流对下游坝体的冲刷为主。随着坝体不断经受过坝水流冲刷，面板下方残存的堆石体下塌至极限稳定边坡（如图 4 所示），上游边坡坡比记为 $1:m_1$。取单位宽度面板进行分析，当下游支撑体被冲蚀后，面板可视为在自重和水荷载共同

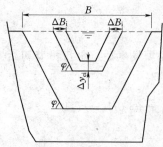

图3 面板砂砾石坝下游坝坡冲蚀示意图

作用下的悬臂板，悬臂板承受自重荷载产生的弯矩 M_1 及水荷载产生的弯矩 M_2 可通过式（37）和式（38）计算：

$$M_1 = \frac{\rho_{\mathrm{m}} m_1 \delta L_{\mathrm{d}}^2}{2\sqrt{1 + m_1^2}} \tag{37}$$

式中　M_1——自重荷载产生的弯矩，$kN \cdot m$；

　　　ρ_{m}——面板的密度，kg/m^3；

　　　δ——面板的厚度，m；

　　　L_{d}——折断面板的长度，m。

$$M_2 = \frac{\rho_{\mathrm{w}}(H - Z_{\mathrm{f}}) L_{\mathrm{d}}^2}{2} + \frac{\rho_{\mathrm{w}} L_{\mathrm{d}}^3}{6\sqrt{1 + m_1^2}} \tag{38}$$

式中　M_2——水荷载产生的弯矩，$kN \cdot m$；

　　　ρ_{w}——水的密度，kg/m^3；

　　　H——库水位高程，m；

　　　Z_{f}——面板顶部高程，m。

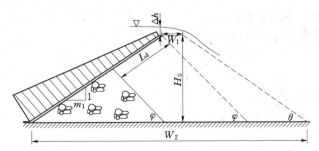

图 4　面板砂砾石坝漫顶破坏溃口发展示意图

在自重荷载和水荷载的共同作用下面板承受的总弯矩 M 为：

$$M = M_1 + M_2 = \frac{\rho_{\mathrm{m}} m_1 h_1 L_{\mathrm{d}}^2}{2\sqrt{1 + m_1^2}} + \frac{\rho_{\mathrm{w}}(H - Z_{\mathrm{f}}) L_{\mathrm{d}}^2}{2} + \frac{\rho_{\mathrm{w}} L_{\mathrm{d}}^3}{6\sqrt{1 + m_1^2}} \tag{39}$$

根据面板所用的混凝土标号、配筋率和面板的横截面积，查出面板所能承受的弯矩 M_0，安全系数 k，则面板的极限弯矩 M_{f} 为：

$$M_{\mathrm{f}} = k M_0 \tag{40}$$

式中，$k = 1.4$。

因此面板折断的条件为：

$$M > M_{\mathrm{f}} \tag{41}$$

即　　$$\frac{\rho_{\mathrm{m}} m_1 h_1 L_{\mathrm{d}}^2}{2\sqrt{1 + m_1^2}} + \frac{\rho_{\mathrm{w}}(H - Z_{\mathrm{f}}) L_{\mathrm{d}}^2}{2} + \frac{\rho_{\mathrm{w}} L_{\mathrm{d}}^3}{6\sqrt{1 + m_1^2}} > k M_0 \tag{42}$$

则面板折断的临界条件为：

$$\frac{\rho_{\mathrm{m}}m_1 h_1 L_{\mathrm{d}}^2}{2\sqrt{1+m_1^2}} + \frac{\rho_{\mathrm{w}}(H-Z_{\mathrm{f}})L_{\mathrm{d}}^2}{2} + \frac{\rho_{\mathrm{w}}L_{\mathrm{d}}^3}{6\sqrt{1+m_1^2}} = kM_0 \tag{43}$$

令 $a = \dfrac{\rho_{\mathrm{w}}}{6\sqrt{1+m_1^2}}$，$b = \dfrac{\rho_{\mathrm{m}}m_1 h_1}{2\sqrt{1+m_1^2}} + \dfrac{\rho_{\mathrm{w}}(H-Z_{\mathrm{f}})}{2}$，$d = -kM_0$，则面板折断的临界长度可以通过求解关于 L_{d} 的一元三次方程得到：

$$L_{\mathrm{d}} = -\frac{b}{3a} + \sqrt[3]{\sqrt{\left(\frac{27a^2 d + 2b^3}{54a^3}\right)^2 - \left(\frac{b}{3a}\right)^6} - \frac{27a^2 d + 2b^3}{54a^3}}$$

$$- \sqrt[3]{\sqrt{\left(\frac{27a^2 d + 2b^3}{54a^3}\right)^2 - \left(\frac{b}{3a}\right)^6} + \frac{27a^2 d + 2b^3}{54a^3}} \tag{44}$$

坝体冲蚀量决定了面板折断时刻。当面板悬空长度为 L_{d} 时，残余坝体的单宽体积为：

$$V_{\mathrm{m}} = \frac{1}{2}(m_1 + \cot\varphi)\frac{(L_1 - L_{\mathrm{d}})^2}{1+m_1^2} \tag{45}$$

式中　L_1——面板的总长度，m。

坝体的单宽总体积可以表示为：

$$V_{\mathrm{T}} = \frac{1}{2}(W_1 + W_2)H_0 \tag{46}$$

式中　W_1——坝顶宽度，m；

　　　W_2——坝底部宽度，m；

　　　H_0——坝高，m。

则面板折断的时刻在溃坝发生后的时间 ΔT 可以按式（47）表达：

$$\Delta T = \frac{v_{\mathrm{T}} - v_{\mathrm{m}}}{q_{\mathrm{s}}} \tag{47}$$

此时可通过式（35）和式（47）求出此时溃口的宽度和面板发生折断的时间。当面板折断后，溃口宽度和溃口流量将突然增大。如果面板砂砾石坝较高，面板可能不止发生一次折断，可以继续采用上述方法计算面板发生折断的时间和溃口的发展。

（3）简化计算法

坝址处的最大溃坝流量 Q_{m} 可以按式（48）计算：

$$Q_{\mathrm{m}} = 2.5FV^{0.76}H^{0.1} \tag{48}$$

式中　Q_{m}——最大溃坝流量，m^3/s；

　　　F——简化评估特征参数，$F = 1.3$；

　　　V——下泄水的总体积，$10^3\,\mathrm{m}^3$；

　　　H——最大水深，m。

式（48）为保守地利用地形与水文过程线资料和凭经验确定的溃决流量表达式，适用于坝高小于等于12m的均质土坝。对于坝高大于12m的均质土坝或坝高小于等于12m的非均质土石坝或非黏性材料坝，其溃口特性不同，最大溃坝流量应做相应调整。

2 瞬时溃坝溃口洪水计算

（1）混凝土坝瞬时全溃

假定坝下游无水，上下游河槽断面为矩形，槽底坡降 $i=0$，并设溃坝时水流惯性力为主导，忽略水流阻力，则根据圣维南方程和特征线理论，溃坝波的波形为式（49）、式（50）所示的二次抛物线（见图5）方程：

$$h = \frac{1}{9g}\left(2\sqrt{gH_0} - \frac{x}{t}\right)^2 \tag{49}$$

$$V = \frac{2}{3}\left(\frac{x}{t} + \sqrt{gH_0}\right) \tag{50}$$

式中 H_0——坝址上游水深，m。

当 $x=0$ 时，坝址处的水深和流速即为常数，即：

$$h_c = \frac{4}{9}H_0 \tag{51}$$

$$V_c = \frac{2}{3}\sqrt{gH_0} \tag{52}$$

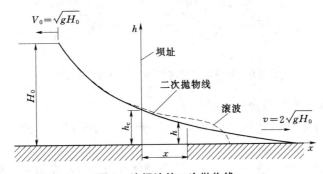

图5 溃坝波的二次抛物线

若矩形断面的宽度为 B，则坝址处的最大流量可以按式（53）计算：

$$Q_m = Bh_cV_c = \frac{8}{27}\sqrt{g}\,BH_0^{3/2} \tag{53}$$

若上下游河道断面不为矩形，设断面面积可以表示为式（54）：

$$A = Kh^m = \frac{BH}{m} \tag{54}$$

式中 K、B、m——常系数、水面宽和河槽断面形状系数。

坝址溃口处流速和最大流量可以分别按式（55）、式（56）为：

$$V_c = \frac{2m}{2m+1}\sqrt{\frac{gH_0}{m}} \tag{55}$$

$$Q_m = \frac{1}{m\sqrt{m}}\left(\frac{2m}{2m+1}\right)^3 B\sqrt{g}\,H_0^{3/2} \tag{56}$$

此即所谓的圣维南公式解，也称 A. Ritter 解。

（2）混凝土坝横向局部一溃到底

如图 6 所示，再考虑溃口影响因子 $(B/b)^\alpha$ 后，便可用瞬时全溃的公式来计算横向局部一溃到底时的坝址溃口处水深、流速及最大流量。若取 $\alpha = 0.25$，则式（51）、式（52）及式（53）分别修正为：

$$h_c = \frac{H_0}{10^{0.3b/B}} \tag{57}$$

$$V_c = 0.926 \times 10^{0.3b/B}\left(\frac{B}{b}\right)^{1/4} H_0^{1/2} \tag{58}$$

$$Q_m = \frac{8}{27}\sqrt{g}\left(\frac{B}{b}\right)^{1/4} bH_0^{3/2} \tag{59}$$

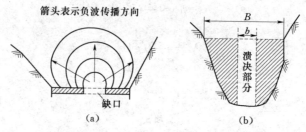

图 6　混凝土坝横向局部一溃到底示意图

（3）混凝土坝瞬时垂向局部溃坝

与横向局部一溃到底不同的是，在坝高方向残留了一段坝体，如图 7 所示。

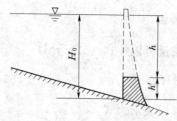

图 7　混凝土坝垂向局部溃坝示意图

设坝体残留部分高度为 h'，则此时溃口处的最大流量可按式（60）计算：

$$Q_m = \frac{8}{27}\sqrt{g}\left(\frac{H_0-h'}{H_0-0.827}\right) B\sqrt{H_0}(H_0-h') \tag{60}$$

如果沿大坝横向和垂向同时局部溃决，则最大流量公式修改为式（61）：

$$Q_m = \frac{8}{27}\sqrt{g}\left(\frac{B}{b}\right)^{1/4}\left(\frac{H_0-h'}{H_0-0.827}\right) b\sqrt{H_0}(H_0-h') \tag{61}$$

美国水道实验站对式（61）进行了修正：

$$Q_m = \frac{8}{27}\sqrt{g}\left(\frac{BH_0}{bh}\right)^{0.28} bh_0^{3/2} \tag{62}$$

式中，$h = H_0 - h'$。

黄河水利委员会水利科学研究院根据试验提出式（63）：

$$Q_m = \frac{8}{27}\sqrt{g}\left(\frac{B}{b}\right)^{0.4}\left(\frac{11H_0 - 10h}{H_0}\right)^{0.3} bh^{1.5} \tag{63}$$

（4）瞬时溃坝时坝址流量过程线估算

通过详细算法成果和模型实验资料分析，发现瞬时溃坝流量过程线的最大流量与溃坝前下泄流量及溃坝前可泄库容（溃坝库容）有关，可概化为4次或2.5次抛物线，见表1、表2，其中Q_0为溃坝前下泄流量，t为溃坝时刻，Q为t时刻溃坝流量。实际多用4次抛物线。

表1　4 次 抛 物 线 表

t/T	0	0.05	0.10	0.20	0.30	0.40	0.50	0.60	0.70	0.80	0.90	1.00
Q/Q_m	1.00	0.62	0.48	0.34	0.26	0.21	0.17	0.13	0.09	0.06	0.03	Q_0/Q_m

表2　2.5 次 抛 物 线 表

t/T	0	0.01	0.10	0.20	0.30	0.40	0.50	0.65	1.00
Q/Q_m	Q_0/Q_m	1.00	0.62	0.45	0.36	0.29	0.23	0.15	Q_0/Q_m

库水泄完时间T可以按式（64）确定：

$$T = \frac{W}{\left(\dfrac{\overline{Q}}{Q_m}\right)Q_m - Q_0} \tag{64}$$

式中　W、$\overline{Q}$、Q_m、Q_0——库容、流量过程线纵坐标的平均值、溃口处最大流量和溃坝前下泄流量。

4.3.3 超标准泄洪洪水演进计算的初始流量过程线为自泄洪设施宣泄的洪水过程线。

目前用于溃坝洪水演进计算的软件很多，常用的如美国国家气象局（NWS）开发的 DAMBRK、FLADWAV，美国陆军工程师团（USACE）开发的 HEC-RAS，以及丹麦水利科学研究所（DHI）开发的 MIKE 系列等。

4.3.4 溃坝洪水风险图是融合洪水特征信息、地理信息、社会经济信息，通过洪水计算、风险判别、社会调查，反映溃坝发生后潜在风险区域洪水要素特性的专题地图。

溃坝洪水风险图制作的一般流程为：收集整编资料、确定计算范围和溃坝洪水风险分析方法、溃坝洪水风险分析、溃坝洪水风险图制作。

溃坝洪水风险图应包括纸质溃坝洪水风险图、电子溃坝洪水风险图两种。纸质溃坝洪水风险图是在电子溃坝洪水风险图基础上，按照信息显示要求进行编辑加工后的打印输出，基本内容应与电子版溃坝洪水风险图保持一致。

溃坝洪水风险图可以包括下列信息：工作底图信息、风险要素（洪水水深、流速、淹没历时、到达时间、严重性等）信息、防洪工程信息、防洪非工程信息、社会经济信息等。根据不同要求，信息可以有所侧重。

溃坝洪水风险图中的洪水风险要素信息以半透明方式分段着色，便于同时获取基础地理信息。

4.3.5 突发洪水事件后果包括生命损失、经济损失及社会与环境影响。

生命损失估算应考虑风险人口 P_{AR}、溃坝洪水严重性 S_d、警报时间 W_T、风险人口对溃坝洪水严重性的理解程度 U_d 等主要影响因素。可采用李-周法计算；条件受限时，可以采用 D&M 法计算。

经济损失包括直接经济损失和间接经济损失。直接经济损失包括洪水导致工程损毁所造成的经济损失和洪水直接淹没所造成的可以用货币计量的各类损失，可以根据水库下游经济社会调查统计资料，采用分类损失率法计算；条件受限时，可以采用单位面积综合损失法或人均综合损失法计算。间接经济损失指直接经济损失以外的可以用货币计量的损失，包括由于采取各种应急措施（如防汛、抢险、避难、开辟临时交通线等）而增加的费用；交通线路中断给有关工矿企业造成原材料中断而停工停产及产品积压的损失或运输绕道增加的费用；农产品减产给农产品加工企业和轻工业造成的损失等，可以采用系数折算法或调查分析法计算。

社会与环境影响应考虑溃坝洪水淹没范围内风险人口数量、城镇规模、基础设施重要性、文物古迹级别、河道形态破坏程度、动植物栖息地保护级别、自然景观级别、潜在污染企业规模等主要因素。社会与环境影响难以直接量化，因此采用社会与环境影响指数度量。社会影响除与生命损失、经济损失相关外，还包括对国家、社会安定的不利影响，给人们身心健康造成的损害，受灾公众生活水平和生活质量下降，无法补救的历史文物古迹和稀有动植物损失等。环境影响主要包括对河道形态、生物及其生长栖息地（包括河流、湿地、表土和植被等）、自然景观等的破坏，以及因化学储存设施、农药厂、核电站等破坏而造成的环境污染等。

4.3.6 预案主要规定相关人员"做什么"和"如何做"，而不必告诉其"为什么做"。因此，详细的突发洪水事件及其后果分析不必放在预案文本中，可以作为预案附件。

4.4 突发水污染事件及其后果分析

4.4.1、4.4.2 近年来,水库突发水污染事件时有发生,下列是几起典型案例:

2011年4月28日下午1时30分左右,一辆满载石头的农用车经过陕西省西安市户县某水库东侧公路时压塌路面冲入库区,车体落入水中部分解体,致使车辆油箱脱离车体剩余柴油溢出,车体内润滑油泄漏进入水体,造成库区石油类水体大面积污染,所幸无人员伤亡。事件发生后,西安市环保局专家的指导下,迅速组织相关职能部门和镇政府人员赶赴一线加以处置,在较短时间内有效化解了事件的危害,确保了该水库供水安全。

2012年1月15日,广西河池市环保局在调查中发现某水电站坝首前200m处镉含量超 GB 3838《地表水环境质量标准》Ⅲ类标准约80倍。据估算,此次镉污染事件镉泄漏量约20t,泄漏量之大在国内历次重金属环境污染事件中罕见,此次污染事件波及河段约300km。因担心饮用水源遭到污染,处于下游的柳州市市民出现恐慌性囤水购水,超市内瓶装水被市民抢购一空。本次污染事故锁定的两个违法排污嫌疑对象分别是某矿业公司和某制粉厂。

2012年3月,广东省东莞市某水库出现大面积死鱼现象。经调查,原因有三。一是点源污染,水库区域共有来自大岭山和大朗的排污口4处,加上初春雨水冲刷,大量污染物经排污口流入,导致水体质量下降。二是面源污染,该水库周围有工业区、农业生产区,工业污染及农业外部污染源经雨水冲刷后流入水库,造成下湖大面积污染。三是内源污染,下湖多年来污染物沉积加上近期降雨少,该水库设计库容6000万 m³,实际蓄水仅1184万 m³,水库水量补给严重不足,水位严重下降,水体溶解氧过低,仅为 1.8 mg/L,而正常溶解氧不小于5 mg/L,加上气温升高,水底微生物大量繁殖,消耗水中溶解氧,造成水体底部缺氧,导致鱼类大面积死亡。

2012年8月25日,浙江省兰溪市某水库(库容166万 m³)发生大面积死鱼事件。通过水质采样检测,3个不同点的溶解氧分别为 0.28mg/L、1.58mg/L、5.34mg/L,分析造成此次死鱼的主要原因是上游某畜牧养猪场长期排放猪粪,污染了水库水质。

5 应 急 组 织 体 系

5.1 应 急 组 织 体 系 框 架

5.1.1 水库大坝突发事件应急组织体系主要包括应急指挥机构、应急保障机构、专家组、抢险与救援队伍，其中应急保障机构、救援队伍及工程自身险情抢护之外的抢险队伍主要利用当地突发公共事件总体应急预案中的资源。

5.1.2 应急组织体系框架图用以明确参与水库大坝突发事件应急处置的相关各方在预案启动、实施、结束整个过程中的承担的角色与相互之间的关系，重点是明确水库管理单位与主管部门（业主）的角色。

5.2 应 急 指 挥 机 构

5.2.1~5.2.4 在突发公共安全事件应急管理中，设立一个居于核心地位、具有最高权威的指挥机构是必要的，而且指挥机构在危机管理中的适度集权也是必须的。越是出现公共危机，就越是需要政府的紧急行动与高强度的资源调动与社会控制，从而实现政府、社会行动的高度一体化。美国联邦紧急事务管理署（FEMA）就是一个在危机管理中处于核心地位的联邦常设机构，它负责处理包括自然灾害和社会动乱以及战争在内的一切紧急事务，建立了从中央到地方、从政府到民间的综合管理体系，具有极大的权威性和独立地位。

水库大坝突发事件非水库管理单位和主管部门（业主）或某专业部门所能独立处置，必须以政府为统领，通力协调，利用一切可用资源，将灾害控制在有限范围，将损失降低到最低，国际经验如此，我国的《中华人民共和国突发事件应对法》和《国家突发公共事件总体应急预案》等有关法规和制度也是这样规定的。

应急指挥机构是应急组织体系的核心，是应急处置过程中的领导者和决策者，其他部门和人员要服从应急指挥机构的工作安排。应急指挥机构在指挥长领导下，主要负责水库大坝突发事件预警信息的发布与报告，以及应急预案的具体实施，包括预案启动、应急调度、应急抢险、险情监测和巡查、人员应急转移、善后处理、信息发布等；同时，有责任召集专家组、应急抢险和救援队伍、应急指挥机构日常办事机构及应急保障机构人员，在未发生突发事件时，对应急保障的平时准备工作进行确定、协调等，确保预案的可行性、有效性。

应急指挥机构成员单位应包括属地政府、地方驻军、防汛抗旱指挥部、水行政主管部门、水库主管部门（业主）、水库管理单位及政府直属机构如财政局、民政局、卫生局、交通局、气象局、环保局等部门。按照分级负责、属地管理、责权对等的原则，水库大坝安全管理政府责任人所在同级政府为应急组织体系的最高指挥机构，水库大坝安全管理政府责任人为应急指挥机构的指挥长。

应急指挥机构下可设日常办事机构，可以设在水行政主管部门或水库运行管理单位，其职责包括紧急时刻下达应急指挥机构的决策内容，还包括预案的宣传、培训和应急演练的组织工作，以及对应急保障准备情况的组织、日常检查和监督。

5.3 专 家 组

5.3.1、5.3.2 水库大坝突发事件特别是溃坝一旦发生或即将发生，情况瞬息万变，需要在第一时间内作出科学决策，安排应急调度、抢险和组织人员转移，并需要实时根据水情、险情与灾情变化情况不断对应急处置方案进行调整。这一过程涉及信息收集与处理、预测预警、溃坝洪水及其后果分析、会商、决策、抢险、救灾等环节，各种不确定性相互交织，专家的技术支撑必不可少。

专家组对应急指挥机构负责，主要负责收集技术资料，参与会商，发挥技术参谋、提供决策建议，为应急决策和处置提供技术支撑，必要时参加突发事件应急处置。

专家组的专业组成和规模大小等根据工程具体情况和人力资源条件确定，但专家组成员专业结构要求尽量全面，一般由水工、地质、水文、金属结构、工程管理、气象、卫生、环保、通信、救灾、公共安全等不同领域专家组成，包括熟悉工程设计、施工、运行管理和参与应急预案编制与审查的专家。因水库大坝应急处置的复杂和艰苦的特点，专家组既要经验丰富，又要身体健康。在水库日常管理中，要建立专家库，确定专家成员名单及备选名单，以使得专家对水库大坝的工程及运行状况有所了解，以利于在应对突发事件过程中做出快速反应和正确判断。

5.4 应急抢险与救援队伍

5.4.1、5.4.2 应急抢险队伍指的是水库大坝工程险情抢护队伍，交通、通信等设施的抢险队伍应在政府总体应急预案中考虑。抢险队伍应由身体强健、适合紧急召集、有一定的工程抢护技能的人员组成，一般由水库管理人员、民兵、当地驻军（武警）部队战士等组成。抢险队伍的规模和组织分工根据工程具体情况确定，并加强应急演练。

　　应急救援队伍负责组织水库下游洪水淹没区公众（风险人口）的撤离转移包括营救被困人员、搜救失踪人员、紧急医治受伤人员等，并在撤离转移过程中提供必要的救助，可以在政府总体应急预案中考虑。鉴于水库大坝突发事件特点，要针对性地考虑洪水救援的一些特殊需要。

6 运 行 机 制

水库大坝突发事件应急预案在平时是一个计划，在应急处置时是行动指南，预案运行机制是周密计划落实为有效行动的重要保障，按照"科学高效、规范有序"的原则，规范突发事件预测预警、会商、预案启动、指挥协调、抢险救援、服务保障、善后处理、信息发布等各个环节流程，明确水库管理单位、政府及相关职能部门、涉及工矿企事业单位、公众等在突发事件应急处置中的职责及相互之间的关联，见图8。

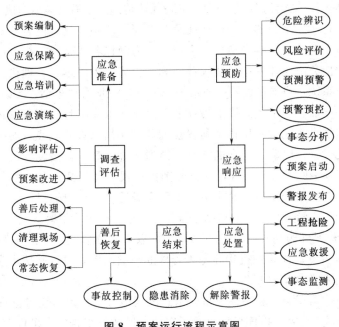

图 8 预案运行流程示意图

6.1 预 测 与 预 警

6.1.1 "预防为主，防控结合"是应对突发事件的基本原则。预测预警是预案整个运行过程中的第一道防线。建立有效的水库大坝突发事件预测预警系统，做到突发事件早发现、早报告，为应急处置赢得足够时间，在大多数情况下可以防止水库突发事件演变为恶性致灾事故，对降低生命损失尤其关键。

水库大坝突发事件预测预警系统包括仪器监测、人工巡视检查及警报系统。仪器监测通过布置于大坝内、外部的渗流、变形、应力等监测设施，基于实时数据采集与分析技术，对大坝安全性状进行监控，出现异常时实时报警。但仪器监测往往在空间、时间分布上存在局限，而险情发生未必与仪器监测位置和监测时间同步，巡视检查可以弥补这种不足。因此，要特别重视人工巡视检查的作用，其是水库大坝突发事件预测预警系统的重要组成部分。水库大坝安全管理实践证明，大量险情或工程事故征兆是通过人工巡视检查首先发现的。

有无警报、警报时间长短以及警报能否及时传达给公众，对降低水库大坝突发事件后果特别是减少人员伤亡具有重要影响。从古代战争警报的烽火狼烟，到现代各种信息手段，历来人们为争取时间改善信息传递手段做了大量努力。警报系统中最关键的是通信设施。1993年青海省某水库溃坝前，管理人员发现了溃坝征兆，但因无任何通信手段，险情无法传递给下游县城，造成近300人死亡的惨剧。这一例子提醒我们，即使及时发现了溃坝征兆，但若警报系统特别是通信手段不健全，同样会造成重大损失。为确保各类信息、指令能够及时准确地传送至应急组织体系中的相关部门和责任人，水库运行管理机构必须建立可靠的通信系统，目前可以采用通信手段很多，包括有线电话、无线移动电话、电台、卫星电话、网络等。警报装置不仅需要在水库工程管理范围内设置，还需在下游溃坝洪水淹没范围内的居民点和公共场所（如垂钓点、游泳池、野营地等）等地设置，以确保公众能够及时得到报警信息。警报装置可以采用电子警报器、广播喇叭、蜂鸣器等，淹没范围内居民点还可以采用电视、电话、手机短信作为补充报警手段。对小型水库和偏僻地区，可以通过鸣枪、发射信号弹甚至扩音喇叭沿途喊话、吹口哨、敲打锣（鼓）等手段报警。

6.1.3 有管理机构和管护人员的水库，可以由水库管理（护）人员担任突发事件信息报告员；无管理机构和专人管理的小型水库，可以聘请水库附近居民兼职水库突发事件信息报告员。

除信息报告员外，获悉突发事件信息的其他人员，也有义务立即向水库主管部门（业主）、应急指挥机构以及所在地人民政府报告突发事件信息。

6.1.4 当通过抢险或应急调度无法阻止突发事件发展，突发事件即将发生或者发生的可能性增大时，要发布警报和预警信息。警报一般根据应急指挥机构的指令发布。情况紧急时（如突发事件已经发生），也可由水库管理单位或主管部门（业主）发布。

警报信号如果不事先约定，公众可能无法正确理解和及时反应，从而影响撤离效果。

6.1.5 水库大坝突发事件预警级别划分依据为《中华人民共和国突发事件应对法》，其第四十二条规定："国家建立健全突发事件预警制度。可以预警的自然灾害、事故灾难和公共卫生事件的预警级别，按照突发事件发生的紧急程度、发展势态和可能造成的危害程度分为一级、二级、三级和四级，分别用红色、橙色、黄色和蓝色标示，一级为最高级别。预警级别的划分标准由国务院或者国务院确定的部门制定。"

水库大坝突发事件预警级别与突发事件级别相对应，某水库的预警级别见表3。

表3 某水库突发事件预警级别

预警级别	可能突发事件	可能的突发事件描述
Ⅳ级 一般 蓝色	洪水	• 根据洪水预报，可能遭遇20年一遇洪水； • 库水位已到防洪高水位； • 6h降雨量已达30mm，中短期天气预报近期可能有较强降雨
	地震	• 遭遇地震，坝体出现细微裂缝
	恐怖袭击	• 恐怖分子袭击大坝，造成水库大坝出现一般险情，但不影响大坝整体稳定
	水污染	• 水库库区水质监测指标有1项超标，库区局部水质恶化到接近Ⅲ类水
	工程事故	• 坝体出现细微裂缝； • 坝体局部渗漏不严重； • 溢洪道有1孔闸门无法开启
Ⅲ级 较严重 黄色	洪水	• 根据洪水预报，可能遭遇20年以上50年以下一遇洪水； • 库水位已超过防洪高水位，但低于设计洪水位； • 降雨量大，6h雨量已达50mm；入库流量增大较快；中短期天气预报近期降雨天气仍将持续
	地震	• 遭遇地震，坝体出现多处纵向、横向裂缝
	恐怖袭击	• 恐怖分子袭击大坝，造成水库大坝发生较大险情，有可能影响大坝安全
	水污染	• 水库库区水质监测指标有1～3项超标，至少1项超标1倍以上，库区局部水质恶化到Ⅲ类水
	工程事故	• 坝体出现多处纵向、横向裂缝； • 坝体局部渗漏较严重； • 溢洪道有2孔闸门无法开启
Ⅱ级 严重 橙色	洪水	• 根据洪水预报，可能遭遇50年以上1000年以下一遇洪水； • 库水位已超过设计洪水位，但低于校核洪水位； • 降雨量很大，3h雨量已达50mm；入库流量迅速增大；中短期天气预报近期仍有较强降雨

表3（续）

预警级别	可能突发事件	可能的突发事件描述
II级 严重 橙色	地震	• 遭遇地震，坝体发生局部滑坡，有可能导致漫顶
	恐怖袭击	• 恐怖分子袭击大坝，造成水库大坝发生重大险情，有可能导致库水突然下泄
	水污染	• 水库库区水质监测指标有4项及以上超标，至少2项超标1倍以上，库区较大范围水质恶化到III类水
	工程事故	• 坝体出现局部滑坡； • 坝体出现大面积渗漏； • 溢洪道3孔闸门均无法开启，并遭遇20年以上一遇洪水
I级 特别严重 红色	洪水	• 根据洪水预报，可能遭遇1000年及以上一遇洪水； • 库水位已到校核洪水位及以上； • 降雨量很大，3h雨量已达100mm；入库流量迅速增大；中短期天气预报近期有较强降雨，可能出现特大暴雨
	地震	• 遭遇地震，坝体发生大滑坡，很有可能导致漫顶溃坝
	恐怖袭击	• 恐怖分子袭击大坝，造成水库大坝发生特别重大险情，很有可能导致库水突然下泄、甚至溃坝
	水污染	• 水库库区水质监测指标有4项及以上超标，至少2项严重超标2倍以上，库区大范围水质恶化到III类水以下
	工程事故	• 坝体出现大面积滑坡； • 坝体出现大面积渗漏，且下游出现翻砂冒水现象； • 溢洪道3孔闸门均无法开启，并遭遇50年以上一遇洪水

6.1.6 预警信息对于应急管理十分重要，一般以应急指挥机构的名义发布，慎重对待发布时间、发布内容。预警信息发布后，受突发事件影响的各方面都会有相应的应急响应，会伴随取舍与牺牲，不必要的预警是一种浪费，也会带来损失；多次无效预警会使公众产生麻痹思想，降低预警作用和应急预案效力，并损害政府和应急机构的形象。

6.1.7 及时解除预警信息是预警程序完整性要求，也是避免和减少预警浪费与损害的要求。

6.2 应 急 响 应

6.2.1～6.2.9 突发事件警报和预警信息发布后，对应红色、橙色、黄色和蓝色预警，应分别启动I级、II级、III级、IV级应急响应。预案启动后，应急组织体系开始运转，相关人员在规定的时间内就位，应急处置随即展开；同时，向公众发布预警信息，做好应急撤离准备。应急响应过程如图9所示。

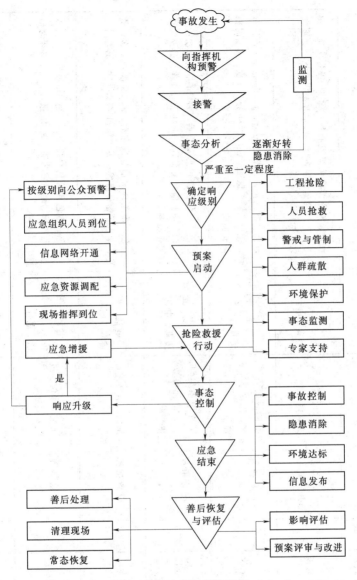

图 9　应急响应程序流程图

6.3　应　急　处　置

6.3.2　险情、灾情报告是突发事件信息传递的重要源头，是应急指挥机构争取时间做出有效反应和正确决策的重要前提，是应急管理的基本制度之一，是后续各项应急措施的基础。应急处置过程中，应实时动态的续报有关险情、灾情信息。某水库险情、灾情信息报告规定如表 4 所示。

表 4　某水库险情、灾情信息报告规定

信息类别	责任单位	责任人	工作职务	联系方式	报告对象	报告内容	报告方式	时间频次要求
流域气象和水文信息	市气象局	×××	局长		应急指挥部办公室	不同时段天气、气温、降雨量	电话、网络、传真、电台	红色、橙色预警信息发布后，每 4h 报告 1 次；黄色、蓝色预警信息发布后，每 12h 报告 1 次。必要时根据需要加密
水库水情状况信息	市水文水资源局	×××	局长		应急指挥部办公室	不同时段雨情、水情、库水位、下泄流量	电话、网络、传真、电台	红色、橙色预警信息发布后，每 2h 报告 1 次；黄色、蓝色预警信息发布后，每 8h 报告 1 次。必要时根据需要加密
大坝安全状况信息	水库管理处	×××	处长		应急指挥部办公室	工程隐患类别、部位、特征参数、变化情况	电话、网络、传真、电台	红色、橙色预警信息发布后，每 1h 报告 1 次；黄色、蓝色预警信息发布后，每 4h 报告 1 次。必要时根据需要加密
闸门运行信息	水库管理处	×××	处长		应急指挥部办公室	闸门开启与运行情况	电话、网络、传真、电台	红色、橙色预警信息发布后，每 2h 报告 1 次；黄色、蓝色预警信息发布后，每 8h 报告 1 次。必要时根据需要加密
下游河流水势变化信息	市水文水资源局	×××	局长		应急指挥部办公室	流量、水位、过程线及其变化	电话、网络、传真、卫星电话、电台	红色、橙色预警信息发布后，每 1h 报告 1 次；黄色、蓝色预警信息发布后，每 4h 报告 1 次。必要时根据需要加密
下游灾情信息	市民政局	×××	副局长		应急指挥部办公室	下游淹没情况、受灾区域与人数	电话、网络、传真、卫星电话、电台	红色、橙色预警信息发布后，每 2h 报告 1 次；黄色、蓝色预警信息发布后，每 12h 报告 1 次。必要时根据需要加密

信息发布是协调社会共同防御灾害、协调公众参与应急处置、维护社会稳定的重要手段，是政府职能和政府公共管理中突发事件处置内容的重要组成部分，也是各国处理应急事件的基本做法。

信息发布应当及时、准确、客观、全面。事件发生后的第一时间即应向社会和公众发布简要信息，随后发布初步核实情况、政府应对措施和公众防范措施等，并根据事件处置情况做好后续发布工作。应该防范散布突发事件的虚假信息，避免出现恐慌。

信息发布的授权单位与发布方式。信息发布方式包括授权发布、散发新闻稿、组织报道、接受记者采访、举行新闻发布会等；发布途径可以通过电视公告、广播、报纸、网络、手机短信等。

6.3.3 应急调度是根据预测预警或突发事件状态采取的控制危险源的主要措施，对可能溃坝事件采取紧急泄水和控制来水可有效降低溃坝发生的可能性，或迟缓溃坝发生，从而为其他应急措施争取时间；对水质污染事件采取控制供水、调水稀释等措施可以防止污染范围的扩大或危害程度的加重。

针对可能发生的突发事件，制定相应应急调度方案，如控制入库流量和下泄流量；根据突发事件分析结果，规定应急调度方案的操作程序，确定各种紧急情况下的调度权限、调度命令下达、执行的部门与程序，以及有关责任单位与责任人。要严格避免因应急调度措施、程序的失误造成新的次生灾害。

6.3.4 应急抢险主要是对险情工程的抢护，及时有效的抢护可能避免溃坝的发生，或者拖延溃坝的发生过程以争取时间，应急抢险效果与专家技术指导、抢险物资的储备调用、抢险队伍的组成和训练素养等关系密切。

针对可能导致溃坝的突发事件，要事先制定工程抢险预案，包括抢险原则、抢险方案、抢险队伍、抢险物资及其贮备等，并规定通知、调动抢险队伍的方式以及时间与任务要求，以使工程抢险有章可循。

6.3.5 应急监测和巡查是跟踪事态发展，科学及时调整预警级别和应急措施的主要依据。某水库应急监测和巡查规定见表5。

6.3.6 人员应急转移是在抢险、应急调度等防范措施仍无法阻止事态发展时，迫不得已采取的处置措施，其主要目的是保障公众生命安全和适当减少财产损失。水污染等非工程安全类突发事件一般不需要进行应急转移。某水库针对可能导致溃坝的突发事件，溃坝洪水淹没区域人员和财产转移命令下达和实施的流程图如图10所示。

图 10 某水库人员应急转移命令下达和实施流程图

表5 某水库应急监测与巡查规定

监测与巡查对象	内容	方式	频 次	责任人	单位与职务	报送对象	单位与职务
库区降水	降雨量	自动遥测	每降1mm遥测一次	×××	水文水资源局科长	×××	水文水资源局局长
库区水体	库水位	视频监控仪器量测	视频24h监控,水位每变化1cm计一次				
大 坝	裂缝、扬压力、位移	人工巡查仪器量测	人工24h巡查,仪器每2h观测一次	×××	水库管理处工管科长	×××	水库管理处处长
溢洪道闸门	开启是否正常	视频监控人工巡查	视频24h监控人工24h巡查				
泄洪及放空底孔闸门	开启是否正常	人工巡查	人工24h巡查				

要根据溃坝洪水淹没区居民点、安置点、交通条件的分布情况,以及溃坝洪水演进速度,分片确定转移人员和财产的数量、次序、转移路线、距离、时间要求、交通方式、安置点等,并确定人员应急转移的组织方式(见表6)。负责某一区域人员转移的责任人可以根据辖区内行政村、小区/街道/企事业单位(甚至到自然村/居民楼)的分布情况,进一步细化人员转移方案。如区(镇)长可将责任进一步落实到街道主任、小区负责人、企事业单位负责人;乡长可以将责任进一步落实到村委会主任,村委会主任再进一步落实到村民小组长等。

应急救援队伍在人员转移过程中的主要任务包括营救被困人员、搜救失踪人员、紧急医治受伤人员等。

人员转移过程中的警戒措施包括隔离、交通管制。

人员应急转移过程中的救援、警戒、登记等工作可以利用当地政府总体应急预案中的资源。

6.3.7 临时安置主要解决应急转移人员(包括水库管理职工)临时居住、生活(食物、饮用水、衣物、洗漱用品)、医疗等基本要求。可以利用当地政府总体应急预案中的资源。

表 6 某水库下游洪水淹没区内的人员转移方案

区	乡(镇)	行政村、小区/街道/企事业单位	自然村/居民楼	户数/居住人数	转移路线、距离及时间和交通要求	责任人	职务	联系电话
××区	××镇	区政府 花溪发电厂			区政府→新村自然村 (1.2km, 15min, 步行) 花溪发电厂→龙滩自然村 (1.4km, 15min, 步行+车辆)	×××	区长	
		大寨村	大寨		大寨→尖山行政村 (2.7km, 18min, 车辆)	×××	村委会主任	
		吉林村	吉林		吉林→亲牛行政村 (1.4km, 20min, 步行)、上寨自然村 (0.3km, 20min, 步行)	×××	村委会主任	
		董家堰村	董家堰		董家堰→民族学院 (0.5km, 20min, 步行)	×××	村委会主任	
	××乡	上水村	马路寨 东村 碧云窝 新寨		上水→措甲塘自然村 (小河区) (1.1km, 22min, 步行) 马路寨→尖山行政村 (2.0km, 22min, 步行+车辆) 东村→新村自然村 (0.6km, 23min, 步行) 碧云窝→上寨自然村 (0.6km, 23min, 步行) 新寨→民族学院 (0.6km, 23min, 步行)	×××	村委会主任	

表6（续）

区	乡（镇）	行政村、小区/街道/企事业单位	自然村/居民楼	户数	居住人数	转移路线、距离及时间和交通要求	责任人	职务	联系电话
××区	××镇	坝				坝→王家寨自然村（1.4km, 25min, 步行）	×××	镇长	
		尖山屯				尖山屯→汽车城农用车市场（0.9km, 25min, 步行）			
		漓江花园				漓江花园→漓江花园（4楼以上, 25min, 步行）			
		兴隆城市花园				兴隆城市花园→兴隆城市花园（4楼以上, 25min, 步行）			
		榕筑城市花园				榕筑城市花园→榕筑花园（4楼以上, 25min, 步行）			
		中海城市花园				中海城市花园→中海城市花园（4楼以上, 25min, 步行）			
		平桥社区办				平桥社区办→机械工业公司（1.0km, 25min, 步行）			
		黄河社区办				黄河社区办→电杆厂（1.2km, 25min, 步行）			
		自来水厂				自来水厂→王家寨自然村（1.3km, 30min, 步行）			
		养殖场				养殖场→王家寨自然村（1.4km, 30min, 步行）			
		行知中学				行知中学→华阴电工厂（2.0km, 30min, 步行+车辆）			
		闽华宾馆				闽华宾馆→闽华宾馆（4楼以上, 30min, 步行）			
		电信大楼				电信大楼→电信大楼（4楼以上, 30min, 步行）			
		中院				中院→三公司农场（1.4km, 30min, 步行）			
		贵航二中				贵航二中→华阴电工厂（1.4km, 30min, 步行）			
		四十四医院				四十四医院→电力公司材厂（0.7km, 30min, 步行+车辆）			
		航空子有限公司				航空子有限公司→电杆厂（0.9km, 32min, 步行）			
		柴油机厂				柴油机厂→华阴电力电工厂（0.7km, 32min, 步行）			
		开发区人事局				开发区人事局→机械工业公司（1.4km, 35min, 步行+车辆）			
		中院小学				中院小学→中分校（1.1km, 35min, 步行）			
		三OO医院				三OO医院→三OO医院（1.4km, 35min, 步行）			
		青少年中心				青少年中心→天力柴油机有限公司（0.7km, 35min, 步行）			
		开发区二小				开发区二小→黔江机械厂（0.6km, 40min, 步行）			
××区	××乡	××村	周家寨 孙家院			周家寨→王家寨自然村（0.4km, 45min, 步行） 孙家院→王武自然村（1.7km, 45min, 步行）	×××	村委会主任	

6.4 应 急 结 束

6.4.1、6.4.2 水库突发事件应急预案启动后，牵涉面广，影响大、代价高。因此在险情得到控制，警报解除；风险人口全部撤离并安置完毕，洪水消退或水污染得到控制后，要尽快宣布应急结束。应急结束指令一般由应急指挥机构发布。

6.5 善 后 处 理

6.5.1、6.5.2 为查找问题，总结经验，应对突发事件的起因、性质、责任、发展过程、应急处置经过等问题进行调查，对突发事件造成的后果以及预案实施效果等进行评估，并在此基础上，对预案进行事后修改和完善。

7 应 急 保 障

应急保障是应急预案有效运转的物质基础。应急保障机构需根据要急处置的需要，充分利用当地政府总体应急预案中的应急保障资源，制定应急保障计划，建立应急保障体系，为水库突发事件应急处置提供人力资源、经费、设备及物资保障，并满足交通、通信、电力、医疗卫生、基本生活、治安保障需求。

7.1 应急抢险与救援物资保障

7.1.1～7.1.3 水库管理单位或主管部门（业主）应根据水库突发事件应急抢险与救援工作的需要，事先储备必要的抢险与救援设备及材料，以应对一般险情或突发事件前期处置需求。应急预案一旦启动，对抢险与救援物资的需求量可能很大，可以在抢险与救援过程中，由应急保障机构中的相关政府职能部门根据需要调拨当地政府总体应急预案中的应急保障资源，或临时采购，必要时还可以征用社会资源。

7.2 交通、通信及电力保障

7.2.1、7.2.3 一般险情抢护或突发事件前期处置过程中的交通、通信及电力保障，需由水库管理单位或主管部门（业主）负责。应急预案启动后，可以由应急保障机构中的相关政府职能部门负责交通、通信及电力保障，利用当地政府总体应急预案中的应急保障资源，根据需要及时赶赴现场抢修交通、通信及电力设施，确保应急处置过程中的电力供应与交通、通信通畅；交通保障计划包含可能需要的交通运输工具数量和型号，必要时可以临时征用社会交通运输工具，用以运送应急抢险与救援队伍、物资及应急转移人员。

7.3 经 费 保 障

7.3.1、7.3.2 应急经费即包括预案培训与演练以及事先采购和储存必要应急抢险与救援设备及物资的费用，也包括应急处置过程中发生的费用。一般工程险情抢护物资和设备的购置与保管费用、水库管理单位或主管部门（业主）参与预案的培训和演练费用、一般险情应急处置发生的直接费用等应由水库管理单位或主管部门（业主）承担；溃坝或重大工程险情应急抢险物资和设备的购置和保管费用、救援物资和设备的购置与保管费用、整个预案的培训和演练费用、重大险情应急处置发生的直接费用等需在当地政府总体应急预案中考虑，主要由政府公共财政负担。

7.4 其 他 保 障

7.4.1～7.4.3 其他保障如基本生活、卫生防疫及治安保障需在当地政府总体应急预案中考虑，水库大坝安全应急预案中明确相关责任单位和责任人即可。

8 宣传、培训与演练

8.0.1 通过对预案的宣传、培训和演练，可以使参与应急处置的相关人员掌握突发事件应急处置的流程和各自的职责，公众充分了解和熟悉报警和撤离信号，以及撤离路径和避难场所，否则将使预案的执行效果大打折扣。

8.0.2 预案的宣传主要是针对水库下游溃坝洪水淹没范围内公众的。根据国外经验，公众参与是确保应急预案有效性的重要一环。因此，需要确定以适当的方式向溃坝洪水淹没区内的公众宣传水库大坝存在的风险，让公众了解溃坝突发事件的应急处置流程，充分理解报警和撤离的信号，知道大坝发生意外时如何撤离，但又不至于造成不必要的人为恐慌。

8.0.3 预案的培训主要是针对应急指挥部各成员单位或部门责任人以及水库运行管理单位员工的，确保他们完全熟悉溃坝应急预案的所有内容及有关设备情况，了解他们各自的权力、职责和任务。

预案的演练（习）是针对所有相关责任部门、水库运行管理单位及公众的。通过演习，检验水库管理单位、主管部门（业主）及公众的反应，核实报警和通信设施的有效性，发现问题和不足，对预案进行改进和完善。根据国外经验，预案的演练（习）可以分为下列五种类型：

（1）专题讨论会。水库管理单位与主管部门（或业主）、地方政府应急管理办公室参与。共同讨论应急预案，以及为每年的训练或范围更深更广的演习提出初步计划。

（2）训练。是一种最低水平的实际演习，检验、制定或完善单个应急反应的技能。可以在室内完成，检验水库管理单位与主管部门（或业主）的反应，核实电话号码及其他通信设施的有效性。这类训练是必不可少的。

（3）桌面演习。比训练高一个级别的演习，通常包括一个会议，有水库管理单位与主管部门（或业主）、地方政府应急管理办公室的人员参加，以一个模拟突发事件开始，参与者进行讨论，评价积极行动计划和应对步骤，解决协调和责任中有关问题。

（4）操作演习。是最高水平的演习。在实际的突发事件中，有水库管理单位与主管部门（或业主）、地方政府应急管理办公室的人员参与，在一个特定环境下，在限定时间内操作演习参与者履行他们的实际职责的过程和应对能力。

（5）大规模演习。是最复杂的演习，在实际现场的一个高度逼真模拟事件的动态环境中，所有参与者履行各自的职责，如果预先通知了公众，也可演习居民的疏散。

对某一座具体水库，可以根据实际情况确定以上述适当的方式和规模组织相关部门、水库运行管理单位员工、公众参与预案演练（习）。

附录 A 水库大坝安全管理应急预案编写提纲

附录 A 是参考《水库防汛抢险应急预案编制大纲》（试行）与《水库大坝安全管理应急预案编制导则》（试行）要求，并总结近年来水库防汛抢险应急预案及水库大坝安全管理应急预案编制经验，以及借鉴先进国家水库突发事件应急预案编制与实施经验提出的。

附录 B　水库大坝突发事件分级标准

特别重大险情如坝体出现大面积滑坡，重大险情如坝体出现局部滑坡、贯穿性裂缝，较大险情如坝体出现多处纵向、横向裂缝，一般险情如坝体出现细微裂缝，可根据水库实际情况分析确定。

水质监测项目参见 GB 3838。

按生命损失和直接经济损失对水库大坝突发事件进行分级的依据为《生产安全事故报告和调查处理条例》（国务院令第 493 号，2007.3.28）。

突发事件造成的社会与环境影响是在考虑我国国情基础上提出的。社会影响除与生命损失、经济损失相关外，还包括对国家、社会安定的不利影响，给人们身心健康造成的损害，受灾公众生活水平和生活质量下降，无法补救的历史文物古迹和稀有动植物损失等。环境影响主要包括对河道形态、生物及其生长栖息地（包括河流、湿地、表土和植被等）、自然景观、文物古迹等的破坏，以及因化学储存设施、农药厂、核电站等破坏而造成的环境污染等。

附录 C 溃坝模式分析方法

C.1 破坏模式与后果分析法（FMEA 法）

破坏模式与后果分析法（FMEA 法）是将大坝作为一个系统分解为一个个单独的部分和单元，然后用推理式的图表来分析识别系统中每一个单独的部分和单元所有可能破坏模式及其后果，以找到能够避免或减少潜在破坏模式发生的措施并且不断完善。

C.2 破坏模式、后果和危害程度分析法（FMECA 法）

破坏模式、后果和危害程度分析法（FMECA 法）是一种定性与定量相结合的归纳分析方法，分析系统中每一要素所有可能破坏模式及其对系统可能造成的所有影响，并按要素破坏模式发生的可能性、后果发生的可能性及其严重程度予以分类，适用于大坝风险要素排序。

以江苏省某大（2）型水库东副坝和溢洪道为例说明如何应用 FMECA 法。东副坝均质土坝，最大坝高 17.3m，其典型断面如图 11 所示。

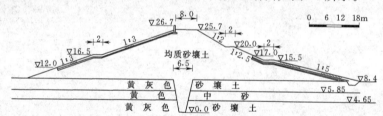

图 11 江苏省某水库东副坝典型断面示意图

东副坝与溢洪道是水库枢纽的一级子系统，分别编号为 01、02。东副坝二级子系统包括坝顶（0101）、坝体（0102）、坝基和坝肩（0103）、下游坝脚及附近地面（0104）等；溢洪道二级子系统包括引水渠（0201）、控制段（0202）、泄洪渠（0203）。每个二级子系统下都有多个要素。

每个要素都有一种或多种破坏模式。针对每种破坏模式，分析发生的可能性、导致后果的严重性和后果发生的可能性，得到如附录 C 表 C.2.2-1、表 C.2.2-2、表 C.2.2-3 中所示的分级。根据分级情况，依据附录 C 表 C.2.2-4 可得到要素的危害性程度指标，结果见表 7。可见，东副坝坝体白蚁危害、坝体管涌破坏、地震作用下的坝坡失稳是危害程度高的破坏模式，溢洪道控制段混凝土边墙砂浆脱落与地震破坏、泄洪渠左浆砌石导流墙因冲刷导致部分坍塌是危害程度高的破坏模式，也是采取工程措施或工程管理中需要认真对待的主要问题。

表 7　破坏模式、影响和危害程度分析表

要素/功能编号	子系统	要素	破坏模式	破坏模式相互影响 被影响	破坏模式相互影响 影响	直接影响	最终影响（后果）	破坏模式可能性	后果可能性	后果严重性	危害性
01	东副坝										
0101	坝顶										
01010101	公路	磨损				路面粗糙	路面粗糙	可能	肯定	不严重	9
01010102		表面裂缝			010203	地表水进入到坝体内	侵蚀大坝	可能	不可能	严重	13
01010103		意外破坏				公路开裂/雨水进入坝体	侵蚀大坝	不可能	不可能	严重	11
01010201	上游挡墙	开裂				降低防浪作用	波浪涌过坝顶	不可能	极不可能	不严重	4
01010202		开裂				降低防浪作用	波浪涌过坝顶	经常发生	极不可能	不严重	7
01010203		墙体遭受机动车破坏				墙体坍塌	人员伤亡	不可能	可能	严重	12
01010301	下游挡墙	弄坏				无直接影响	公共安全	不可能	不可能	不严重	5
01010302		开裂				无直接影响	公共安全	经常发生	不可能	不严重	8
01010303		墙体遭受机动车破坏				墙体坍塌	人员伤亡	不可能	可能	严重	12
01010401	坝顶排水管	堵塞/路面开裂	010101			坝顶积水	侵蚀大坝	可能	不可能	严重	13
01010402		堵塞/路面未开裂				坝顶积水	坝顶积水	可能	肯定	不严重	9
01010403		漏水	010101	010204		侵蚀下游坡	下游坡失稳	经常发生	不可能	严重	14
01010501	路面支墩	过载失效				公共安全	人员伤亡	不可能	可能	严重	12
01010601	电缆及电缆沟	人为故意破坏				电力/通信/仪器读数中断	延迟启动泄洪设施	可能	不可能	中等	9

表 7（续）

要素/功能编号	子系统	要素	破坏模式	破坏模式相互影响 被影响	破坏模式相互影响 影响	直接影响	最终影响（后果）	破坏模式 可能性	后果 可能性	后果 严重性	危害性
01010602			弄坏			电力/通信仪器读数中断	延迟启动泄洪设施	可能	不可能	中等	9
0102	坝体										
01020101		上游砌石护坡	砂浆失效	010202	010202/010203	雨水渗入	破坏护坡，导致边坡失稳	经常发生	不可能	严重	14
01020102			波浪作用/砂浆失效	010202/010203	010201	表面局部破坏	边坡失稳	极不可能	极有可能	非常严重	14
01020201		上游垫层	局部侵蚀	010201		护坡失效	破坏护坡，导致边坡失稳	可能	不可能	严重	12
01020301		均质坝体土	地震引起失稳			大坝坍塌	库水无控制下泄	极不可能	肯定	灾难性	16
01020302			上游护坡失效引起侵蚀			降低大坝强度	大坝表面滑坡	不可能	不可能	中等	8
01020303			排水引起下游面破坏			降低大坝强度	大坝表面滑坡	不可能	可能	中等	9
01020304			管涌			内部侵蚀	大坝坍塌	不可能	可能	灾难性	17
01020305			动物洞穴引起破坏			内部侵蚀	大坝坍塌	可能	可能	灾难性	19
01020401		下游草坡	表面冲刷			坝体土出露	大坝表面局部滑坡	不可能	不可能	中等	8
01020501		木桩	人为故意破坏			蚁穴	内部侵蚀	不可能	极不可能	严重	10
01020601		下游砌石护坡	局部滑坡			垫层出露	垫层表面侵蚀	极不可能	可能	不严重	5
01020701		下游垫层	雨水冲刷			砌石护坡失效	大坝表面局部滑坡	不可能	可能	不严重	7

表 7（续）

要素/功能编号	子系统	要素	破坏模式	破坏模式相互影响		直接影响	最终影响（后果）	破坏模式可能性	后果可能性	后果严重性	危害性
				被影响	影响						
01020801		变形标点	人为故意破坏			丢失测量数据	数据不连续	经常发生	肯定	不严重	10
01020901		渗压计	导管堵塞			无法读数	数据不连续	不可能	肯定	不严重	7
01021001		下游反滤层	管涌			坝体管涌	大坝坍塌	不可能	极不可能	灾难性	14
0103	坝基和坝肩										
01030101		坝基	管涌			侵蚀大坝	大坝坍塌	极不可能	可能	灾难性	15
01030201		截水槽	管涌			侵蚀大坝	大坝坍塌	极不可能	可能	灾难性	15
01030301		右坝肩	坝肩滑坡			大坝支撑失效	大坝强度降低	极不可能	不可能	严重	9
01030302		右坝肩	管涌破坏			大坝侵蚀	大坝坍塌	极不可能	可能	灾难性	15
01030401		左坝肩	坝肩滑坡			大坝支撑失效	降低大坝强度	极不可能	不可能	严重	9
01030402		左坝肩	管涌破坏			大坝侵蚀	大坝坍塌	极不可能	可能	灾难性	15
0104	下游地面										
01040101		排水沟	堵塞			无法测量渗流量	无法评估渗流问题	可能	肯定	不严重	9
01040102		排水沟	渗漏			无法测量渗流量	无法评估渗流问题	经常发生	肯定	不严重	10
01040201		排水渠	堵塞			下游地面沼泽化	无法评估渗流问题	可能	肯定	不严重	9
02	溢洪道										
0201	引水渠										
02010101		左导流墙	地震坍塌			水流态紊乱	降低泄流能力	不可能	肯定	中等	11

表 7（续）

要素/功能编号	子系统	要素	破坏模式	破坏模式相互影响 被影响	破坏模式相互影响 影响	直接影响	最终影响（后果）	破坏模式可能性	后果可能性	后果严重性	危害性
02010102			穿环			坝体土与库水接触	冲刷坝体土	不可能	可能	严重	12
02010103						破坏边墙	水流流态紊乱	极不可能	肯定	中等	8
02010104		右引水墙	滑坡			进水口部分堵塞	坝体土与库水接触 降低泄流能力	极不可能	可能	严重	11
02010301		底板	冲刷			基础与水流接触	冲刷控制段基础	极不可能	极不可能	严重	8
02010401		拦污栅	过载失效			堵塞溢洪道	无法泄流	极不可能	可能	严重	11
02010402			地震破坏			堵塞溢洪道	无法泄流	极不可能	不可能	中等	9
0202	控制段										
02020101		基础底板	冲刷混凝土			结构强度降低	破坏边墙和中墩	几乎不可能	可能	灾难性	14
02020102			老化			结构强度降低	破坏边墙和中墩	几乎不可能	可能	灾难性	14
02020201		混凝土边墙	砂浆脱落			墙体部分坍塌	墙整体坍塌，大坝溃决	可能	极不可能	灾难性	16
02020202			地震破坏			溢洪道结构坍塌	大坝溃决	极不可能	极有可能	灾难性	16
02020203			地震产生横向变形			无法操作闸门	不能启动溢洪道	不可能	极有可能	严重	13
02020301		中墩	地震产生横向位移而破坏			闸门和上部结构失去支撑	上部结构遭到破坏无法泄洪	极不可能	肯定	非常严重	14
02020302			地震产生纵向位移			无法操作闸门	无法泄流	不可能	肯定	严重	13

表 7（续）

要素/功能编号	子系统	要素	破坏模式	破坏模式相互影响 被影响	破坏模式相互影响 影响	直接影响	最终影响（后果）	破坏模式可能性	后果可能性	后果严重性	危害性
02020303			老化			闸门和上部结构失去支撑	上部结构遭到破坏无法泄洪	几乎不可能	肯定	非常严重	13
02020401		闸门底板	磨损			闸门漏水	损失库水	极不可能	肯定	不严重	5
02020501		闸门滑轮	堵塞			无法操作闸门	无法控制溢洪道	可能	可能	不严重	6
02020502			磨损			无法操作闸门	无法控制溢洪道	不可能	可能	不严重	5
02020701		检修闸门	过载失效			淹没工作区	人员伤亡	不可能	不可能	严重	11
02020801		闸门	老化			无法控制库水下泄	损失库水	不可能	肯定	严重	13
02020901		上部结构	地震破坏			启闭设备失去保护不安全	无法操作溢洪道	不可能	肯定	中等	10
02021001		甲板底座	老化			升降机失去支撑	无法操作溢洪道	极不可能	肯定	中等	8
02021101		升降机基础	振动开裂			升降机失去支撑	丧失部分操作溢洪道能力	不可能	可能	不严重	7
02021201		操纵杆和升降机	齿轮磨损失效			无法提升闸门	丧失部分操作溢洪道能力	可能	可能	不严重	8
02021202			由于操作失误操纵杆变形			无法操作闸门	丧失部分操作溢洪道能力	可能	极有可能	不严重	9
02021301		电动机	由于过载、老化不能启动			延迟启动闸门	临时降低溢洪道泄洪能力	可能	极有可能	不严重	9
02021401		电源	电缆割断，电源中断			延迟启动闸门	临时降低溢洪道泄洪能力	经常发生	极有可能	不严重	10

表 7（续）

要素/功能编号	子系统	要素	破坏模式	破坏模式相互影响		直接影响	最终影响（后果）	破坏模式可能性	后果可能性	后果严重性	危害性
				被影响	影响						
02021501		备用电源	不工作			延迟启动闸门	严重降低溢洪道泄洪能力	不可能	极有可能	不严重	7
02021601		仪器盘和限制开关	不能读数			引起闸门破坏或流量读数错误	降低控制溢洪道	可能	可能	中等	11
02021701		控制电缆	电缆割断			不能对溢洪道进行远程操作	降低控制溢洪道泄洪能力	可能	可能	不严重	8
0203	泄洪渠										
02030101		底板	冲刷			底板破裂	冲刷基础·两边导流墙和消力墙失去支撑	可能	极不可能	非常严重	14
02030201		右导流墙	冲刷浆砌石			墙体坍塌精进泄洪渠1	泄洪渠部分堵塞·降低溢洪道泄洪能力	可能	不可能	中等	9
02030202							洪水溢过左导流墙	可能	可能	严重	14
02030301		左导流墙	冲刷浆砌石导致部分坍塌			淹没左边房子	房屋破坏并引起人员伤亡	可能	极有可能	非常严重	17
02030401		消力墙	冲刷倒塌			失去消能作用	水流速度快·产生水跃·冲刷下游河道	极不可能	极有可能	不严重	5

附录 D 溃坝生命损失估算方法

D. 0. 1 影响溃坝生命损失的因素众多，除风险人口 P_{AR}、溃坝洪水严重性 S_d、警报时间 W_T、风险人口对溃坝洪水严重性的理解程度 U 之外，还有风险人口的年龄结构、性别比例、健康状态、主观选择以及居住环境、逃生路径、应急救援能力等。

D. 0. 2 一般将暴露于溃坝洪水中深度 $D \geqslant 0.3\text{m}$ 的居民认为是风险人口 P_{AR}。显然，风险人口越多，越靠近坝址和主河槽，生命损失就可能越大。

风险人口随着时间的变化而改变，是一个变量，取决于洪水淹没范围大小、溃坝发生的时间和人口在淹没区的分布与活动状态。要准确地确定风险人口并不容易，其估算结果具有诸多不确定性因素。风险人口数量及其组成的确定不仅要考虑其计算方法，还涉及国情、社会变迁、城镇化、人口学、人口地理学、人口统计学、计划生育、人力资源等方面因素，是一个很复杂的问题。因此，计算风险人口时，可以根据水库下游实际情况，选择合适的风险人口统计方法。

D. 0. 3 溃坝洪水严重性 S_d 与坝型、库容、下泄流量及下游地形地貌等有关。它是一个表示洪水对居民和建筑物等毁损程度的参数。一般认为洪水深度 h 与洪水流速 v 的函数可以确定溃坝洪水严重性。溃坝洪水严重性 S_d＝水深 h ×流速 v，但实际上往往 S_d 用某个计算断面水深与流速的平均乘积 D_V 值的大小来表示，见式（65）：

$$D_V = \frac{Q_{df} - Q_{2.33}}{W_{df}} \tag{65}$$

式中　Q_{df}——溃坝所引起的某个计算断面的流量，m^3/s；

　　$Q_{2.33}$——同一个计算断面的年均流量，m^3/s，一般可取 $Q_{2.33}=0$；

　　W_{df}——同一个计算断面溃坝所引起的最大洪水泛滥宽度，m。

D_V 并不代表任何一个建筑物所处的水流深度与速率，但是它代表洪水泛滥所引起的破坏性的大致平均水平。D_V 值随着溃坝峰值流量增加而增大，也会随着洪水泛滥区域的宽度变窄而增大。洪水越向下游演进，溃坝洪水严重性通常会变低。

溃坝洪水严重性 S_d 分为高、中、低三种类型。根据国外经验，划分标准如下：

（1）低严重性。洪水没有冲走建筑物基础，$D_V \leqslant 4.6\text{m}^2/\text{s}$。

（2）中严重性。房屋一般被洪水摧毁，但树木或被毁坏的房屋仍可为人提供避难场所，$D_V > 4.6 \text{m}^2/\text{s}$。

（3）高严重性。洪水冲毁所在区域的一切东西，D_V 很大。

Clausen 和 Clark（1990）根据水深和流速的关系得出建筑物的破坏情况分区如图 12 所示。水流速度小于 $2\text{m}^2/\text{s}$ 时为淹没区；当 $3\text{m}^2/\text{s} \leqslant S_d < 7\text{m}^2/\text{s}$ 时，为部分破坏区；当 $S_d \geqslant 7\text{m}^2/\text{s}$ 时，为完全破坏区。

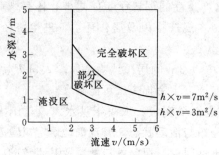

图 12　建筑物破坏标准划分

木制房屋在 $S_d \geqslant 3\text{m}^2/\text{s}$ 的地区存在破坏风险；当 $S_d \geqslant 7\text{m}^2/\text{s}$ 时，砖建或梯形式房屋也存在破坏风险；当 $0.3\text{m}^2/\text{s} \leqslant S_d < 1\text{m}^2/\text{s}$ 时，人在洪水中行走将会有危险。

然而，溃坝洪水对人的伤害要比对建筑物的毁坏严重得多，同样的水速或者水深对于建筑物来说可能是低严重性的，但对于人来说就有可能是中严重性的，甚至是高严重性的。因此，对处于洪水淹没范围内的人来说，溃坝洪水严重性的判别应当有另外一个标准。一般认为，当 $S_d = 0 \sim 0.5\text{m}^2/\text{s}$ 时，对人是低严重性的；当 $S_d = 0.5 \sim 1.0\text{m}^2/\text{s}$ 时，对人是高严重性的。

洪水上涨速率也是反映溃坝洪水严重性的一个因素。如果洪水上涨率很快，逃脱路线又较远，风险人口可能在洪水到来之前来不及逃脱。一般采用洪水上涨速率、淹没水深和人在水中临界稳定性水深来评价风险人口逃脱的可能性。

D.0.4　警报时间 W_T 是指大坝下游风险人口接受到撤退警报到溃坝洪水到达之间的逃脱时间，是影响和确定溃坝生命损失的一个极重要参数。警报时间长短受客观环境和人为因素的双重制约，若溃坝发生在白天、现场有管理人员或其他人员、有仪器直接监测（控）的水库，容易及时发布警报，警报时间长；若溃坝发生在夜间，则不易发现，及时发布溃坝警报的可能性小，警报时间短。离大坝越近的地区，洪水到达所经历的时间越短，警报时间也越短。

若水库拥有较高的管理水平、较强的预警能力和通畅的警报发布设施，能够提前向下游居民发布准确的溃坝警报，警报时间达到 1h 以上，那么有助于风险人口及时安全地撤离，生命损失将会大大地减少，甚至不会造成任何生命损失。

警报传递可以是电子警报器、广播喇叭、蜂鸣器、电视、电话、短信等方式，在偏远的地区还可以采用人工传递警报、扩音喇叭喊话、吹哨子、敲打锣（鼓）、发射信号弹等方式。警报传递方式影响着风险人口接受警报的效果，警报时间受其影响。

D.0.5 风险人口对溃坝事件严重性的理解程度 U_d 会在很大程度上影响到在溃坝事件发生后所采取的自救措施和政府营救行动的成功率，是溃坝生命损失研究中个人作用的一个重要方面，与政府的宣传、组织有很大关系，包括风险人口对溃坝洪水到达的距离、时间及破坏性三者的了解与理解。

风险人口对溃坝洪水事件严重性的理解分为明确和模糊两类：

①风险人口在警报发布时对实际存在的溃坝洪水严重性有清醒和正确的理解与反应，对洪水可能淹没的泛滥的范围和程度有深刻理解，对应采取的逃生必要性、措施、路径有着明确的理解，可以认为风险人口对溃坝洪水事件严重性的理解属于明确理解。

②风险人口在警报发布时对实际存在的溃坝洪水严重性没有正确的理解和反应，对洪水可能淹没的泛滥的范围和程度缺乏深刻理解，对应采取的逃生必要性、措施、路径缺乏了解，可以认为风险人口对溃坝洪水事件严重性的理解属于模糊理解。

D.0.6 近 20 年来，国际上对溃坝生命损失估算方法开展大量的研究，提出了一些较实用的经验公式。

(1) 国外溃坝生命损失估算方法

A. B&G 法（美国垦务局 USBR）

Brown 与 Graham（1988）最早研究了溃坝生命损失。他们根据美国和世界各国发生的一些溃坝生命损失数据，利用数学统计方法对溃坝历史数据进行分析，建立一个简单的溃坝生命损失 L_{OL}（即死亡人数）经验估算公式，见式(66)～式(68)：

当 $W_T < 0.25h$ 时，

$$L_{OL} = 0.5 P_{AR} \tag{66}$$

当 $0.25h < W_T < 1.50h$ 时，

$$L_{OL} = 0.06 P_{AR} \tag{67}$$

当 $W_T > 1.50h$ 时，

$$L_{OL} = 0.0002 P_{AR} \tag{68}$$

式中　P_{AR}——风险人口，人；

W_T——警报时间，h。

B. D&M 法（美国垦务局 USBR）

Colorado 大学 Dekay 与美国垦务局 McClelland 合作，拓展了 Brown 与 Graham 的研究。他们根据溃坝洪水事件的研究，得到类似于 B&G 法的生命损失经验估算公式，并提出溃坝生命损失 L_{OL} 与风险人口 P_{AR} 之间存在如下非线性关系：

当 $W_T < 1.5h$ 时，

$$L_{OL} = P_{AR}^{0.56} \tag{69}$$

当 $W_T > 1.5h$ 时，

$$L_{OL} = 0.0002 P_{AR} \tag{70}$$

当无警报或 W_T 很短时（$W_T < 15min$），生命损失会远远大于式（69），此时：

$$L_{OL} = 0.5 P_{AR} \tag{71}$$

由于式（69）～式（71）没有考虑溃坝洪水严重性，因而他们利用对数回归分析方法对溃坝的各个参数进行分析，得到如下包括风险人口 P_{AR}、警报时间 W_T、溃坝洪水严重性 S_d 的生命损失估算公式：

$$L_{OL} = \frac{R_{AR}}{1 + 13.277(R_{AR}^{0.440})\exp(0.759W_T - 3.790F + 2.223W_T F)} \tag{72}$$

式中 F——溃坝洪水严重性 S_d 的函数符号。

式（72）的近似公式为：

$$L_{OL} \approx 0.075(P_{AR}^{0.560})e^{(-0.759W_T + 3.790F - 2.223W_T F)} \tag{73}$$

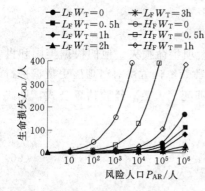

图例：
- $L_F W_T = 0$
- $L_F W_T = 0.5h$
- $L_F W_T = 1h$
- $L_F W_T = 2h$
- $L_F W_T = 3h$
- $H_F W_T = 0$
- $H_F W_T = 0.5h$
- $H_F W_T = 1h$

纵轴：生命损失 L_{OL}/人 横轴：风险人口 P_{AR}/人

图 13 L_{OL}-P_{AR} 关系图

由式（73）绘制的生命损失 L_{OL} 与风险人口 P_{AR} 的关系如图 13 所示。可见，L_{OL} 随 P_{AR} 增加呈非线性增加。在相同的警报条件下，高溃坝洪水严重性区域（H_F）的生命损失率 L_{OL}/P_{AR} 远大于低溃坝洪水严重性区域（L_F）。警报时间 W_T 对 L_{OL} 的影响甚大，但在 H_F 与 L_F 区，生命损失 L_{OL} 对警报时间 W_T 的敏感性不同。

D&M 法对溃坝洪水严重性分别按高、低给出了生命损失的计算公式。对于高严重性溃坝洪水，例如淹没的居住区 20% 或以上被摧毁或被严重毁坏的地方，取 $F=1$，其式为：

$$L_{OL} = \frac{P_{AR}}{1 + 13.277(P_{AR}^{0.440})e^{(2.982W_T - 3.790)}} \tag{74}$$

对于低严重性溃坝洪水，如淹没居民区少于 20% 被摧毁或严重毁坏的地方，取 $F=0$，其式为：

$$L_{OL} = \frac{P_{AR}}{1 + 13.277(P_{AR}^{0.440})e^{0.759W_T}} \tag{75}$$

对中严重性溃坝洪水，取 F 值（$0 \leqslant F \leqslant 1$）的平均值 0.5 进行计算。

C. Graham 法（美国垦务局 USBR）

B&G 法和 D&M 法没有认识到风险人口对溃坝洪水严重性的理解程度也会影响到溃坝生命损失的多少。

为此，美国垦务局（USBR）的 Graham（1999）建议应用基于溃坝洪水严重性的新方法来估算溃坝生命损失，给出了估算溃坝生命损失所建议的风险人口死亡率表，见表 8，并提出了估算溃坝生命损失的基本步骤如下：

a）确定溃坝工况（溃坝模式、溃坝洪水情况等）。

b）确定溃坝发生时间。

c）确定发布溃坝的警报时间 W_T。

d）确定各种溃坝工况下的淹没区域。

e）估算各种溃坝工况和时间条件下的风险人口 P_{AR}。

f）按表 12 选择合适的死亡率，估算生命损失 L_{OL}。

g）评估不确定性。

表 8　Graham 法估算溃坝生命损失 L_{OL} 所建议的风险人口死亡率

溃坝洪水 严重性 S_d	警报时间 W_T/h	风险人口对溃坝洪水 严重性的理解程度 U_d	死亡率 f	
			建议值	建议值范围
高	无警报	不适合应用	0.75	0.30～1.00
	0.25～1.0	模糊	暂无	
		明确		
	>1.0	模糊		
		明确		
中	无警报	不适合应用	0.25	0.03～0.35
	0.25～1.0	模糊	0.04	0.01～0.08
		明确	0.02	0.005～0.04
	>1.0	模糊	0.03	0.005～0.06
		明确	0.01	0.002～0.02
低	无警报 0.0	不适合应用	0.01	0.0～0.02
	0.25～1.0	模糊	0.007	0.0～0.015
		明确	0.002	0.0～0.004
	>1.0	模糊	0.0003	0.0～0.0006
		明确	0.0002	0.0～0.0004

推荐表 8 中的溃坝生命损失死亡率数据来自包括美国及美国以外的近 40 座溃坝事件，覆盖了溃坝洪水严重性 S_d、警报时间 W_T 和风险人口对溃坝洪水严重性理解程度 U_d 的各种组合。

D. Assaf 法（加拿大 BC Hydro）

加拿大 BC Hydro 公司的 Assaf 等在前人基于经验统计与回归分析的估算方法上，引入概率理论，利用溃坝模型模拟技术和概率论风险性分析来估算溃坝生命损失。通过模拟地震诱发溃坝的风险人口与洪水之间的相互关系，利用风险人口分布、人口统计数据、溃坝模拟结果，得出了不同时间情况下溃坝生命损失估算公式。

假设溃坝下游某一个具体位置的生命损失是淹没范围内所有单元（包括居民住所、工厂、医院、学校、商店与办公设施等）的生命损失总和。生命损失可按式（76）计算：

$$L_{OL} = P_{AR}(1 - P_S) \tag{76}$$

式中　L_{OL}——某个给定单元的生命损失，人；

　　　P_{AR}——洪水泛滥时居住在该单元的人数，人；

　　　P_S——洪水中风险人口生还率。

E. 简化 Graham 法（芬兰）

芬兰 Peter Reiter（2001）在 Graham 提出的基于溃坝洪水严重性的生命损失死亡率的基础上，提出了估算溃坝生命损失的修正公式，即 RESCDAM 法（亦称 Reiter 法或简化 Graham 法），见式（77）：

$$L_{OL} = P_{AR} f i c \tag{77}$$

式中　f——风险人口死亡率，采用 Graham 法给出的死亡率建议平均值，如表 8 所示；

　　　i——溃坝洪水严重性影响因子；

　　　c——修正因子。

上述国外溃坝生命损失估算方法中，B&G 法考虑的影响因素少，过于简单；Assaf 法对风险人口主观能动性及其和溃坝洪水的互动性研究还不够深入，且迭代计算过程过于烦琐，很少使用。目前应用较多的为 D&M 法和 Graham 法。

D&M 法是一种考虑溃坝生命损失主要影响因素的经验公式，应用简便、实用，可以在近似确定风险人口数量、警报时间以及定性地确定溃坝洪水强度的基础上进行溃坝生命损失计算，但由于其主要是根据美国的溃坝资料建立的统计分析模型，计算结果往往与我国实际发生的溃坝生命损失相差较大，见表 9。

（2）李-周法

我国李雷、周克发等在 Graham 法的基础上，结合我国多座水库溃坝生命损失研究成果，对 Graham 法给出的风险人口死亡率推荐表进行了修正，填补

表 9　溃坝案例生命损失计算值及风险人口死亡率与实际情况比较（D&M 法）

大坝名称	风险人口 P_{AR}/人	Graham 法			生命损失 L_{OL} 及风险人口死亡率 f　D&M 法						实际发生	
		估算总值	死亡率 f_1	$e_1 = f_1/f_0$	估算总值(1)	死亡率 f_2	$e_2 = f_2/f_0$	估算总值(2)	死亡率 f_2	$e_2 = f_2/f_0$	实际值	死亡率 f_0
洞口庙	4700	47	0.0100	0.250	16	0.0034	0.0860	16	0.0034	0.0860	186	0.0400
李家嘴	1034	259	0.2500	0.502	24	0.0232	0.0465	24	0.0232	0.0465	516	0.4990
史家沟	300	12	0.0400	0.148	6	0.0200	0.0741	6	0.0200	0.0741	81	0.2700
沟后	3060	31	0.0100	0.096	7	0.0022	0.0210	7	0.0022	0.0210	320	0.1046
刘家台	64911	1558	0.0240	1.663	67	0.0010	0.0715	57	0.0009	0.0608	937	0.0144
横江	145000	3630	0.0250	3.858	494	0.0034	0.5250	373	0.0026	0.3964	941	0.0072
石漫滩	204490	4571	0.0224	1.816	201	0.0010	0.0799	158	0.0008	0.0628	2517	0.0123
板桥	402500	5585	0.0139	0.283	207	0.0005	0.0105	171	0.0004	0.0087	19701	0.0489

表10 采用李-周法对典型溃坝案例的生命损失估算结果比较

大坝名称	S_d	W_T/h	U_d	P_{AR}/人	风险人口死亡率 f	$L_{OL}=P_{AR}fa$												实际 L_{OL}/人	Graham法 L_{OL}/人
						$b=0.10$		$b=0.20$		$b=0.25$		$b=0.30$		$b=0.50$		$b=0.80$			
						a	L_{OL}/人	a	L_{OL}/人	a	L_{OL}/人	a	L_{OL}/人	a	L_{OL}/人	a	L_{OL}/人		
洞口庙	低	0.00	模糊	4700	0.0300	0.7065	100	0.7655	108	0.7950	112	0.8245	116	0.9425	133	1.1195	158	186	47
李家嘴	中	0.00	模糊	1034	0.5000	0.7390	382	0.7980	413	0.8275	428	0.8570	443	0.9750	504	1.1520	596	516	259
史家沟	中	0.40	模糊	300	0.1300	0.6178	24	0.6768	26	0.7063	28	0.7358	29	0.8538	33	1.0308	40	81	12
沟后	低	0.00	模糊	30000	0.0300	0.7315	658	0.7905	711	0.8200	738	0.8495	765	0.9675	871	1.1445	1030	320	300
刘家台	高	>1.00	模糊	2784	0.1800	0.6065	304	0.6655	333	0.6950	348	0.7245	363	0.8425	574	1.0195	511	525	835
刘家台	中	<1.00	模糊	3395	0.1300	0.6265	277	0.6855	303	0.7150	316	0.7445	329	0.8625	367	1.0395	459	352	136
横江	高	0.00	模糊	58762	0.0010	0.7665	40	0.8255	49	0.8550	50	0.8845	52	1.0025	59	1.1795	69	60	587
横江	中	0.25	明确	2500	0.0010	0.6790	2	0.7380	2	0.7675	2	0.7970	2	0.9150	2	1.0920	3	0	750
横江	中	0.25	明确	17500	0.0008	0.6390	9	0.6980	10	0.7275	10	0.7570	11	0.8750	12	1.0520	15	1	350
横江	低	0.25	模糊	60000	0.0150	0.7590	683	0.8180	736	0.8475	763	0.8770	789	0.9950	896	1.1720	1055	900	2400
横江	中	0.25	明确	65000	0.0006	0.5990	23	0.6580	26	0.6875	27	0.7170	28	0.8350	33	1.0120	39	40	130
石漫滩	中	0.00	明确	10524	0.0750	0.7190	577	0.7780	614	0.8075	637	0.8370	661	0.9550	754	1.1320	893	220	2631
石漫滩	低	0.00	模糊	193966	0.0300	0.7990	4649	0.8580	4993	0.8875	5164	0.9170	5336	1.0350	6023	1.2120	7053	2297	1940
板桥	中	0.00	明确	6500	0.0750	0.7190	351	0.7780	379	0.8075	394	0.8370	408	0.9550	466	1.1320	552	827	1625
板桥	低	0.00	模糊	396000	0.0300	0.7990	9492	0.8580	10193	0.8875	10544	0.9170	10894	1.0350	12296	1.2120	14399	18874	3960

注：风险人口死亡率 f 一般采用均值。

了 Graham 法给出的风险人口死亡率推荐表的空白，提出了适合我国水库溃坝生命损失计算的李-周法，并在多座水库溃坝生命损失计算中进行了推广应用，取得了较好的效果（见表 10）。李-周法也可看作改进的 Graham 法。

一般来说，李-周法计算结果相对于 D&M 法与实际发生的生命损失更为接近一些，但其计算分析工作也会超过 D&M 法。

附录 E   溃坝经济损失估算方法

E.1   溃坝直接经济损失估算

溃坝直接经济损失包括溃坝导致工程损毁所造成的经济损失和溃坝洪水直接淹没所造成的可用货币计量的各类损失，根据其损失特征可以分下列五类分别进行计算：

(1) 按损失率计算。适用于各类社会固定资产、流动资产损失的计算。

(2) 按毁坏长度、面积等指标计算。适用于铁路、公路、输油（气、水、煤）管道、高压电网、邮电通信线路、水利工程（堤防、渠道等）、房屋等设施的修复费用计算。

(3) 按经济活动中断时间计算。适用于工业、商业、铁路、公路、航运、供电（水、气、油）、邮电等部门经济活动中断所造成损失的计算。

(4) 按农业收益型损失计算。农业收益型损失是指因溃坝洪水淹没及砂压水毁土地造成的农、林、牧、副、渔业当年（季）减产、绝产损失，多年生作物、树木生长期丧失的净收益损失和补种补植的费用。

(5) 按工程设施毁弃损失计算。水利、市政工程和其他专项设施毁坏或废弃造成的损失，包括灾前价值、修复或重置所增加的费用两部分，即为恢复到原有效能所需的全部费用。

直接经济损失可以根据水库下游经济社会调查统计资料，采用分类损失率法计算；条件受限时，可以采用单位面积综合损失法或人均综合损失法计算。

E.2   溃坝间接经济损失计算

溃坝间接经济损失指溃坝直接经济损失以外的可以用货币计量的损失，包括由于采取各种应急措施（如防汛、抢险、避难、开辟临时交通线等）而增加的费用；交通线路中断给有关工矿企业造成原材料中断而停工停产及产品积压的损失或运输绕道增加的费用；农产品减产给农产品加工企业和轻工业造成的损失等。

间接经济损失计算涉及面广，内容繁杂，范围无明显界限，目前一般采用系数法或基于调查分析的直接估算法进行估算。Taylor et al (1983) 认为商业和工业部门的间接经济损失分别为直接经济损失的 33% 和 70%，而 Smith and Greenaway (1984) 对两者都采用 63%。本标准推荐溃坝间接经济损失可以按溃坝直接经济损失的 0.63 倍确定。

附录 F 溃坝社会与环境影响评估方法

国际上溃坝后果一般只考虑生命损失和经济损失，社会与环境影响是考虑我国国情提出的，难以直接量化，因此采用社会与环境影响指数度量。社会影响除与生命损失、经济损失相关外，还包括对国家、社会安定的不利影响，给人们身心健康造成的损害，受灾公众生活水平和生活质量下降，无法补救的历史文物古迹和稀有动植物损失等。环境影响主要包括对河道形态、生物及其生长栖息地（包括河流、湿地、表土和植被等）、自然景观等的破坏，以及因化学储存设施、农药厂、核电站等破坏而造成的环境污染等。

水工钢闸门和启闭机安全运行规程

SL/T 722—2020

替代 SL 240—1999
SL 722—2015

2020-04-15 发布　　　　　　　　　　　　2020-07-15 实施

前　　言

根据水利技术标准制修订计划安排，按照 SL 1—2014《水利技术标准编写规定》的要求，合并修订 SL 722—2015《水工钢闸门和启闭机安全运行规程》和 SL 240—1999《水利水电工程闸门及启闭机、升船机设备管理等级评定标准》。

本标准共 8 章和 1 个附录，主要技术内容有：

——安全运行管理涉及的管理制度；

——设备操作规程的编写以及操作人员和操作过程的要求；

——设备维修养护的基本规定及设备检查、维护、检修要求；

——设备维修养护记录和报告的要求；

——应急管理中对应急预案、培训、演练的要求；

——设备管理等级评定的要求；

——安全检测与安全评价的要求。

本标准所替代标准的历次版本为：

——SL 240—1999

——SL 722—2015

本标准批准部门：**中华人民共和国水利部**

本标准主持机构：**水利部运行管理司**

本标准解释单位：**水利部运行管理司**

本标准主编单位：**水利部水工金属结构质量检验测试中心**

本标准参编单位：**河海大学（水利部水工金属结构安全监测中心）**
　　　　　　　　淮河水利委员会沂沭泗水利管理局
本标准出版、发行单位：**中国水利水电出版社**
本标准主要起草人：**朱建秋　郑圣义　夏仕锋　魏　蓬**
　　　　　　　　　卜现港　毋新房　孔垂雨
本标准审查会议技术负责人：**赵勇平　张政伟**
本标准体例格式审查人：**陈　昊**

本标准在执行过程中，请各单位注意总结经验，积累资料，随时将有关意见和建议反馈给水利部国际合作与科技司（通信地址：北京市西城区白广路二条 2 号，邮政编码：100053；电话：010－63204533；电子邮箱：bzh@mwr.gov.cn），以供今后修订时参考。

水库运行管理　通用法规标准选编

目　次

1 总　则

1.0.1　为保证水利水电工程的安全运行，规范水利水电工程钢闸门和启闭机安全运行管理工作，制定本标准。

1.0.2　本标准适用于大、中型水利水电工程的平面闸门、弧形闸门、拦污栅、固定卷扬式启闭机、移动式启闭机、液压启闭机、螺杆式启闭机等设备的安全运行管理，小型水利水电工程可参照执行。本标准中水利水电工程等级根据SL 252《水利水电工程等级划分及洪水标准》划分。

1.0.3　本标准主要引用下列标准：

GB/T 3534　船用柴油机紧固螺栓及螺母修理技术要求

GB/T 5972　起重机　钢丝绳　保养、维护、检验和报废（ISO 4309，IDT）

GB 6067.1　起重机械安全规程　第1部分：总则

GB/T 8170　数值修约规则与极限数值的表示和判定

GB/T 14173　水利水电工程钢闸门制造、安装及验收规范

GB/T 21431　建筑物防雷装置检测技术规范

GB/T 27025　检测和校准实验室能力的通用要求（ISO/IEC 17025，IDT）

GB/T 30507　船舶和海上技术　润滑油系统和液压油系统　颗粒污染物取样和清洁度判定导则（ISO 28523，IDT）

SL 101　水工钢闸门和启闭机安全检测技术规程

SL 252　水利水电工程等级划分及洪水标准

SL 381　水利水电工程启闭机制造安装及验收规范

1.0.4　水利水电工程的平面闸门、弧形闸门、拦污栅、固定卷扬式启闭机、移动式启闭机、液压启闭机、螺杆式启闭机等设备的安全运行管理除应符合本标准规定外，尚应符合国家现行有关标准的规定。

2 运行管理制度

2.0.1 运行管理单位应根据工程及运行特点制定相应的运行管理制度，运行管理制度应符合国家相关标准的要求。

2.0.2 运行操作制度应主要包括下列内容：

    1 工作票制度及操作票制度。

    2 设备挂牌制度。

    3 交接班制、巡回检查制。

    4 设备定期试验与轮换制度。

    5 设备实时监控及安全检查制度。

2.0.3 安全管理制度应主要包括下列内容：

    1 设备管理责任制度。

    2 安全保卫制度。

    3 事故责任追究制度。

    4 安全教育培训制度。

2.0.4 设备保养和检修管理制度应主要包括下列内容：

    1 维修养护制度。

    2 依据 SL 101 制定定期安全检测制度。

    3 设备更新改造、严重损坏、重大险情、安全事故等运行安全大事记制度。

2.0.5 其他管理制度宜包括下列内容：

    1 自动控制系统设备管理制度。

    2 视频监视系统设备管理制度。

    3 局域网系统设备管理制度。

3 设 备 操 作

3.1 一 般 规 定

3.1.1 操作规程应根据工程特点及调度要求，按照设备类型和功能要求编制。

3.1.2 操作规程应包括设备运行主要流程和注意事项，并能指导操作人员安全可靠地完成操作。

3.1.3 设备操作时应按运行调度指令与操作规程进行，并填写记录。

3.1.4 操作规程应在操作场所醒目位置全文上墙明示。

3.2 操 作 人 员

3.2.1 操作人员应经过相关技术培训，合格后方可上岗作业。

3.2.2 现地或远控操作时，应根据设备功能和工况合理配置操作人员。

3.2.3 操作人员应明确责任，熟练掌握操作规程及操作方法，不得违章作业。

3.3 操 作 前 准 备

3.3.1 执行操作前宜开具工作票和操作票。核对工作票的工作要求、安全措施，以及操作票的工作要求和操作项目。

3.3.2 操作前准备应符合下列规定：

1 应核对操作指令，保证通信畅通。

2 应消除运行涉及区域内可能存在的安全隐患。

3 应检查并清除上下游影响设备运行的漂浮物。

4 应检查设备运行路径，不得有卡阻物。

5 应检查供电及应急电源状态，应急装置或手动装置应可靠有效。

6 应检查启闭机及电气设备状态，失电保护装置应可靠有效。

7 监视设备应显示清晰、调节灵活可靠。

8 远程控制操作应正常，数据通信应稳定、正常。

9 限位开关动作应灵活可靠，开度传感器和荷重传感器工作正常。

10 应观察闸门上、下游水位和流态。

11 应做好各项观测、记录的准备工作。

3.3.3 固定卷扬式启闭机操作前检查应符合下列规定：

1 减速器油位应符合要求，各转动部件润滑良好。

2 制动器及其他安全装置应灵活可靠。

3 双吊点启闭机两吊点高程应一致。

4 转动部件及工作范围内应无阻碍物。

5 配有应急装置或手摇装置的启闭机，应检查启闭机与装置的闭合状态。

3.3.4 移动式启闭机操作前检查应符合下列规定：

1 走行机构行程限制器应完好。

2 大小车馈电装置运行应可靠。

3 夹轨器动作应灵活可靠。

4 配有机械/液压抓梁的，应确认机构动作灵活。

5 除符合以上要求外，还应符合 3.3.3 条 1～4 款的规定。

3.3.5 液压启闭机操作前检查应符合下列规定：

1 油箱油位应在规定范围内。

2 检查各子系统及电气参数应符合要求，油泵、阀组、油缸、油箱、管路等应无漏油。

3 除符合以上要求外，还应符合 3.3.3 条 3～4 款的规定。

3.3.6 螺杆式启闭机操作前检查应符合下列规定：

1 各转动部件润滑良好。

2 螺杆无弯曲变形现象。

3 地脚螺栓无松动、脱落，连接牢固可靠。

4 除符合以上要求外，还应符合 3.3.3 条 3～5 款的规定。

3.4 运 行 操 作

3.4.1 闸门操作应符合下列规定：

1 闸门运行改变方向时，应先停止，然后再反方向运行。

2 不具备无人值守条件的，操作闸门时应有人巡视和监护。

3 闸门启闭发生卡阻、倾斜、停滞、异常响声等情况时，应立即停机，并检查处理。

4 闸门操作应满足其调度运行要求，闸门不得停留在异常振动或水流紊乱的位置。

5 闸门启闭后应核对开启高度，按照要求完成工作。

6 闸门操作应有专门记录，并归档保存。

3.4.2 启闭机操作应符合下列规定：

1 固定卷扬式启闭机和移动式启闭机的钢丝绳不应与其他物体刮碰，不应出现影响钢丝绳缠绕的爬绳、跳槽等现象。

2 开度、荷载装置以及各种仪表应反应灵敏、显示正确、控制可靠。

3 启闭机运转时如有异常响声，应停机检查处理。

4 启闭机运转时，不具备无人值守条件的启闭机及电气操作屏旁应有人巡视和监护。

5 用应急装置或手摇装置操作闸门时，当闸门接近启闭上限或关闭位置时应及时停止操作。

4 维 修 养 护

4.1 一 般 规 定

4.1.1 设备维修养护包括检查、维护、检修三类。其中检查分为日常检查、定期检查和特别检查；检修分为故障检修和计划检修。故障检修是指设备存在实施检修才能消除的故障；计划检修是依据相关标准或设备说明书中要求实施的检修。

4.1.2 检查应符合下列规定：

1 日常检查间隔不宜超过 1 个月。

2 定期检查应每年两次，宜在汛期前后或供水期前后检查，汛期前宜对设备进行运行试验，并保证设备运行正常。对无防汛功能的工程可根据工程运行情况每半年安排一次检查。

3 特别检查与定期检查内容相同。特别检查应在设备运行期间发生影响设备安全运行的事故、超设计工况运行、遭遇不可抗拒的自然灾害等特殊情况后进行。

4 日常检查、定期检查和特别检查应有书面记录或报告。针对检查中发现的问题，应及时处理。不能处理的问题应根据其性质、严重程度和紧迫性，提出维护或检修意见。

4.1.3 设备维护每年应不少于一次，可结合检查情况实施。维护中不能解决的问题，应进行检修。

4.1.4 检修应符合下列规定：

1 检修时应设置安全警示标志。

2 设备运行性能下降或存在故障，经检查或维护后无法恢复正常工作时，应进行检修。

3 设备出现影响设备安全运行的事故时，应及时检修。

4 维修养护单位应根据设备的运行状况，对设备可能出现的故障进行预判。当判断设备需检修时，应及时向相关管理部门提出检修要求。

5 相关标准或设备说明书中规定了设备检修的内容时，应按规定进行检修。

6 设备检修后应进行试运行，试运行的各项参数满足设计要求时，方可投入正常运行。

4.2 管 理 要 求

4.2.1 执行维修养护工作宜采用工作票制，维修养护人员应持运行管理单位相关部门开具的工作票进入维修养护现场。

4.2.2 有资质要求的维修养护工作，应由具备相应资质的单位承接维修养护工作，并应具备相应的人员资格。从事一类、二类焊缝焊接的焊工应持有有关机构签发的焊工考试合格证，其焊接的钢材种类、焊接方法和焊接位置等均应与焊工本人考试合格的项目相符；无损探伤人员应取得二级及以上的通用资格证书。其他特种作业人员也应经专业技术培训后方可上岗作业。

4.2.3 维修养护中使用的计量器具应经过计量检定合格，其性能和技术参数满足使用要求。

4.2.4 工作现场应坚持"安全第一"的原则，确保人身和设备安全。维修养护人员应熟悉并遵守安全规程规定，现场各项安全措施应完备。

4.2.5 维修养护人员应文明作业，严格按相关工艺规程进行操作，保持设备和现场环境的清洁卫生。

4.2.6 维修养护过程中，应及时做好记录。记录的主要内容应包括设备状况、维修养护工作内容、系统和设备结构的改动、测量数据和试验结果等。

4.2.7 设备检查、维护中发现的问题，应及时向设备管理部门报告并提出检修建议，待设备管理部门确认后予以检修。

4.3 闸门及拦污栅检查

4.3.1 日常检查项目应主要包括下列内容：

1 闸门迎水面应无附着物，闸门背水面梁格、顶部及弧门支臂上应无积水、淤泥、杂草、锈皮等污物。带滚轮的闸门应检查滚轮及其附近区域应无污物，滚轮运转应正常。

2 需要润滑的转动轴、转动铰等部件润滑应良好。

3 闸门或拦污栅启闭过程中应无卡阻、跳动、异常振动和响声。

4 闸门在关闭状态时的漏水情况应符合 GB/T 14173 的规定。

5 门槽或栅槽附近的安全走道、扶手栏杆、爬梯、盖板应完善和牢固。

6 闸门或拦污栅迎水面应无异物撞击引起的变形或栅体断裂。

7 闸门或拦污栅上的连接螺栓应无松动、变形、损伤或脱落。

8 闸门止水采用柔性止水的，止水橡皮应无磨损、老化、龟裂、变形、破损等缺陷，止水垫板、压板、挡板等构件应无损坏，连接螺栓应无松动、变形、损伤或脱落。采用刚性止水的，结合闸门漏水状况检查止水面应无磨损、破损等缺陷。

9 锁定装置应无变形、损伤或脱落。

10 露顶式闸门闸孔内侧止水橡皮的淋水装置应正常。

11 潜孔式闸门通气孔应畅通。

12 闸门防冰冻设施应正常。

4.3.2 定期检查和特别检查项目应主要包括下列内容：

1 门叶梁格、吊耳、弧形闸门的支臂等主要受力构件应无变形、损伤，其焊缝应无开裂现象，密闭箱形结构应无进水。

2 滚轮支承外观应无裂纹、破损或严重磨损，支承结构应无变形、损伤，滚轮转动应正常；滑动支承应无变形、损伤、脱落或严重磨损；弧形闸门支铰应无变形、损伤和振动，运转应正常。

3 闸墩、底板、胸墙、牛腿等与闸门相关的混凝土结构应无剥蚀、掏空、裂缝等异常现象。

4 底槛、主轨、反轨、副轨、侧轨、门楣、止水座板、闸槽护角、铰座支撑板等埋件应无变形、损伤、脱落、焊缝开裂或其他影响设备运行的缺陷。

5 焊缝应无裂纹或其他异常。

6 闸门门体充水阀工作及止水应正常。

7 门体充水阀阀体结构应无变形，母材应无裂痕、开裂现象。

8 闸门旁通管路充水系统应正常。

9 闸门防冰冻设施应正常。

4.4　固定卷扬式启闭机检查

4.4.1 日常检查项目应主要包括下列内容：

1 机房、护罩、门窗、玻璃、照明等应完好，应无雨水渗入。

2 启闭设备室、闸室、机房等应保持清洁、通风、干燥，不得堆放杂物。

3 启闭机机架、减速器、齿轮罩等外露部件，应保持清洁、干燥。

4 高度指示器指示高度与闸门实际高度的偏差应符合设计要求。荷载装置工作应正常。

5 启闭机钢丝绳应无变形、打结、折弯、部分压扁、断股、电弧损坏等情况。

6 启闭设备转动轴、钢丝绳、转动轮、齿轮等需要润滑的部件润滑状况应良好。

7 启闭运行应平稳，无卡阻、冒烟、焦糊气味、跳动、异常振动和响声。

8 电阻器应保持清洁无污物。

9 应急装置或手摇装置及联锁机构的工作应可靠有效。

4.4.2 定期检查及特别检查项目应主要包括下列内容：

1 启闭机各零部件和构件应无变形、损伤及开裂等异常情况。

2 机架、吊板、连接轴等主要部件的防腐涂层应完好。

3 各部位连接螺栓应无松动、断裂、缺失情况。

4 减速器油位应正常，端面、密封面应无油液渗漏。

5 减速器运行时应无异常响声、振动及发热。

6 制动器工作应灵活可靠，运行时应无打滑、焦糊和冒烟现象。各铰接点的润滑应良好，紧固件应无松动，定位块应无位移。

7 液压制动器的工作应正常；液压油位应正常；液压油应无变质、渗漏现象；负载弹簧应无变形、裂纹现象。

8 制动轮（盘）表面应无裂纹、划痕及表面退火现象。制动轮（盘）与摩擦片间隙及其磨损量应满足设计要求。

9 滑轮组应转动灵活，轮缘及轮体应无裂纹，绳槽的磨损量应符合标准要求。联轴器的转动应平稳，其中齿轮联轴器的齿套、键、销以及弹性联轴器的弹性垫圈、螺栓等零件应无裂纹、超标变形、松动、脱落等情况。

10 电阻器的接触应良好，并应清除由运行生成的碳层和氧化层。

11 开式齿轮侧隙及啮合应符合 SL 381 的规定。

12 齿轮啮合面润滑状况应良好，应无裂纹、断齿。

13 双吊点启闭机的两钢丝绳吊点高程应一致。

14 钢丝绳压板应无松动、脱落现象，各压板的紧固程度应一致。

15 卷筒、卷筒轴应无裂纹、变形，卷筒与开式齿轮的连接螺栓、定位销、抗剪套应无松动、错位、变形情况。

16 高度指示装置工作应正常，联轴器、传动轴、链轮链条等零件应无锈蚀、裂纹、变形、松动情况。

4.5 移动式启闭机检查

4.5.1 日常检查项目应主要包括下列内容：

1 大车及小车的轨道表面应保持清洁、无油污和杂物。

2 大车导电器应稳定可靠，小车导电装置应灵活可靠，无电缆拥挤压折现象。

3 缓冲器、车挡、夹轨器、锚定装置、防风铁鞋等应安全可靠。

4 联锁装置和紧急断电装置应灵敏、正确、可靠。

5 梯子、栏杆应完好、牢固。

6 工作完毕后，小车应置于起重机跨端。

7 除应符合以上要求外，还应符合 4.4.1 条 1～8 款的规定。

4.5.2 定期检查及特别检查项目应主要包括下列内容：

1 车轮不得有裂纹现象。

2 大车及小车行走应平稳，并不得有啃轨现象。

3 行走机构主动轮不应出现启动或制动打滑，且无悬空现象。

4 夹轨器的钳口张闭应灵活，开度应均匀。

5 运行行程限位器，当大、小车运行到极限位置时，应能自动切断电源，发出信号。对于有回转机构的，应检查回转限位器工作应满足要求。

6 主梁上拱度应符合设计要求，且无影响安全运行的永久性变形。

7 自动挂脱梁装置应灵活可靠，信号正常。

8 风速仪及风速报警装置应工作可靠。

9 除应符合以上要求外，还应符合4.4.2条1～16款的规定。

4.6 液压启闭机检查

4.6.1 日常检查项目应主要包括下列内容：

1 符合4.4.1条1、2、4、7款的规定。

2 转动轴等需要润滑的部件润滑状况应良好。

3 油箱内液压油的液位应正常。

4 油箱、油泵、阀组、压力表及管路连接处应无渗漏等现象。

5 液压油应无浑浊、变色、异味、沉淀等异常现象。

6 吸湿空气滤清器干燥剂应无变色，如发生变化应取出烘干或更换。

7 运行时应无异常噪声和振动；油泵、液压油温升应符合要求；系统压力表、有杆腔压力表、无杆腔压力表的显示应符合设计要求，其示值与电气控制屏上的示值应一致。

8 应急装置或手动泵装置及联锁机构的工作应可靠有效。

9 加热系统应正常。

4.6.2 定期检查及特别检查项目应主要包括下列内容：

1 机架、油缸、活塞杆等防腐蚀涂层应完好，结构应无变形、裂纹。

2 各部位连接螺栓应无松动、断裂、缺失情况。

3 油缸与支座、活塞杆与闸门的连接应牢固；油缸各部位连接件应无变形。

4 油缸应无外泄漏，油缸运行应无异常响声、爬行等现象。

5 油泵及油路系统运行应平稳、应无异常振动和响声。

6 运行速度、同步性等整定值应满足设计要求。

7 检测液压油污染度等级。

4.7 螺杆式启闭机检查

4.7.1 日常检查项目应主要包括下列内容：

1 符合4.4.1条1、2、4、7、8、9款的规定。

2 螺杆、螺母、蜗轮、蜗杆及轴承等需要润滑的部件润滑状况应良好。

3 启闭机机架、电机等外露部件，应保持清洁、干燥。

4.7.2 定期检查及特别检查项目应主要包括下列内容：

1 机架防腐蚀涂层应完好，结构应无变形、裂纹现象。

2 各部位连接螺栓应无松动、断裂、缺失情况。

3 螺杆、螺母、蜗轮、蜗杆及轴承的润滑情况应良好。螺杆螺纹应完好、螺杆应无明显变形。

4 机箱油封和结合面应无漏油情况。

5 高度指示装置应正常，上下行程开关动作应灵活可靠。

4.8　电气及自动控制设备检查

4.8.1 日常检查项目应主要包括下列内容：

1 电动机、控制柜、配电柜等应保持清洁干燥；不得有外接电线供电现象。

2 配电柜进线三相电压应正常，并记录电压值读数。

3 电气柜显示屏及显示按钮等的状态应正常，各种声光电保护装置应可靠有效。

4 计算机系统及集中控制系统的硬件部分应保持清洁干燥。

5 计算机通信及数据传输应正常，各种警示提醒功能应可靠，系统时钟同步应正确。

6 备用电源应可靠有效。

4.8.2 定期检查及特别检查项目应主要包括下列内容：

1 各种供电线路布置应规范，应无龟裂、绝缘层脱落、折断等现象。

2 电控柜柜体内线路接头、元器件插接应无松动、烧灼粘连等现象，如发现烧蚀或异味，应及时查明问题进行维修或更换。

3 电动机绕组绝缘电阻值应满足绝缘等级的要求。

4 各种电气设备接地应可靠，防雷设施应完好。

5 现地控制柜及集控操作台的按钮、指示灯应完好。

6 集中控制或自动化监控系统应正常，系统中各个接口、元件、模块应完好。

7 视频监视系统应正常，监视画面应清晰稳定。

8 计算机网络的防火墙应有效工作。

4.9　闸门及拦污栅维护项目及要求

4.9.1 闸门梁格排水孔应排泄畅通、无沉积物及其他杂物。

4.9.2 结构件防腐蚀涂层应完好，发现起皮、脱落现象，应查明原因并进行修复。

4.9.3 应更换变形、损伤或脱落的连接螺栓。发现断裂时，应查明原因并采取相应措施处理。

4.9.4 闸门或拦污栅位移或倾斜，使单侧或对角的侧轮（滑块）受力时，应查明原因并及时纠正。

4.9.5 检查闸门水封压缩量应符合设计要求。应更换老化、变形或破损的止水橡皮，修复变形、损伤或脱落的止水垫板、压板、挡板等部件，闸孔内淋水装置应工作正常，部件完整。

4.9.6 闸门或拦污栅运行过程发生异常振动时，应查明原因，采取措施消除异常振动。

4.9.7 吊耳、吊杆及锁定装置应保持清洁，销轴转动灵活，零部件完好，锁定装置支撑牢固可靠，存放时排列整齐，防止变形和腐蚀。

4.9.8 闸门门叶节间连接装置在每次使用前后应进行保养。

4.9.9 门体充水阀应止水严密，部件完整，阀门启、闭无卡阻。

4.9.10 闸门旁通管路充水系统应工作正常，部件完整，旁路充水满足要求。

4.9.11 闸门防冰冻设施应工作正常，部件完整，设施功能满足要求。

4.10 固定卷扬式启闭机维护项目及要求

4.10.1 制动器制动拉杆、弹簧等各部件，应无锈蚀、变形、断裂等情况。制动轮外表面无油污、裂纹等状况。制动器闸瓦间隙应满足 SL 381 的规定，否则应及时调整。

4.10.2 若制动带磨损原厚度的 1/2 或制动带磨至与铆钉齐平，应及时更换制动带。

4.10.3 大齿轮与小齿轮上润滑脂不满足要求时应更换。更换前应清洗大齿轮与小齿轮上润滑脂，并重新涂抹。

4.10.4 齿轮齿面的磨损及锈蚀维护具体应按 GB 6067.1 的规定执行。

4.10.5 双吊点启闭机两吊点高差应满足 SL 381 的规定。

4.10.6 电动机润滑脂不满足要求时应更换。更换前应清洗电动机旧的润滑脂，清洗后注入新的润滑脂。在注入前应检查电动机风扇及轴承磨损情况，若风扇有破坏应及时更换，若轴承磨损严重应及时维修。

4.10.7 减速器润滑油不满足要求时应更换。更换的新油应确保合格。注油设备、油孔、油道、油箱等应经过清洗后方可注入新油。

4.10.8 钢丝绳润滑油失效应及时更换。更换时应用钢丝刷刷去钢丝绳上污物，并用清洗剂清洗干净，将润滑油均匀涂抹在钢丝绳上。更换钢丝绳润滑油时应检查钢丝绳破坏或磨损情况。

4.10.9 向各活动部件的润滑点加注润滑油。

4.10.10 电阻器的接触器表面应清洁，且无碳层或氧化层。

4.10.11 应急装置或手摇装置应工作正常，部件完整，装置功能满足要求。

4.11 移动式启闭机维护项目及要求

4.11.1 大车及小车车轮形态、轨道以及行走机构的制动和传动系统不满足要求时，应调整使其满足设计或者工况要求。

4.11.2 除应符合以上要求外，还应符合 4.10.1～4.10.10 条的规定。

4.12 液压启闭机维护项目及要求

4.12.1 清理活塞杆行程内的障碍物。长期暴露于缸外或处于水中的活塞杆应有防腐蚀保护措施。

4.12.2 当空气进入油缸内部时，用排气阀缓慢放气；无排气阀时，可用活塞以最大行程往复数次，实施排气。

4.12.3 系统中各计量表计应进行检定或校验。

4.12.4 清洗空气过滤器、吸油滤油器、回油滤油器、注油孔及隔板滤网，有损坏时应更换。

4.12.5 根据管接头的漏油情况更换相应的密封件，更换老化的高压胶管、测压软管、挠性橡胶接头。

4.12.6 油缸活塞杆的伸缩速度、双缸同步性能应满足设计要求。

4.12.7 油缸下滑量值应满足 SL 381 的规定。

4.12.8 油箱中的液压油应保持正常的油位，油位下降应补同品牌液压油，新油应过滤，并达到设计要求。

4.12.9 定期对液压油进行杂质和水分的检验和过滤，具体应按 GB/T 30507 的规定执行，达不到要求时应更换。

4.12.10 应急装置或手动泵装置应工作正常，部件完整，装置功能满足要求。

4.12.11 加热系统应工作正常，部件完整，系统功能满足要求。

4.13 螺杆式启闭机维护项目及要求

4.13.1 螺杆、螺母、蜗轮、蜗杆及轴承润滑油不满足要求时应更换。

4.13.2 各转动部件的间隙应满足 SL 381 的规定。

4.13.3 双吊点启闭机两吊点高差应满足 SL 381 的规定。

4.14 电气及自动控制设备维护项目及要求

4.14.1 电动机应安装牢固，风扇及护罩均不得松动。

4.14.2 电动机运行三相电流不平衡度应满足 SL 381 的要求。

4.14.3 电气设备应无异常发热现象。

4.14.4 仪器、仪表、液压电气元件（如压力表、压力传感器、压力继电器以及其他各种继电器等）的设定值应准确，并按照相关标准规定进行定期校验。

4.14.5 防雷设施应按照 GB/T 21431 规定进行定期校验。

4.14.6 集中控制或自动化监控系统应工作正常，各种监测仪表、信号及指示装置均应齐全完好。

4.14.7 视频监视系统应工作正常，监视画面应清晰稳定。

4.14.8 计算机网络的防火墙应工作正常。

4.15 闸门及拦污栅检修及要求

4.15.1 设备有运行故障，进行维护后仍不能使其正常工作。

4.15.2 埋件变形、损伤或脱落。

4.15.3 迎水面有异物撞击导致闸门或拦污栅发生明显变形。

4.15.4 设备主要受力构件有变形或损伤。

4.15.5 焊缝有撕裂、裂纹或其他异常。

4.15.6 设备运转部件经维护后仍不能正常运转。

4.15.7 设备行走支承有变形、损伤或开裂。

4.15.8 闸门更换止水橡皮后漏水仍然较严重。

4.15.9 锁定装置变形、损伤或失效。

4.15.10 闸孔内淋水装置、闸门防冰冻设施、闸门门体充水阀或闸门旁通管路充水系统、检修设施及其他附属设施有异常。

4.15.11 设备防腐涂层大面积失效。

4.16 固定卷扬式启闭机检修及要求

4.16.1 设备有运行故障，进行维护后仍不能使其正常工作。

4.16.2 起升机构溜钩，维护调整仍无法解决。

4.16.3 滑轮组不转动，钢丝绳在滑轮内打滑严重，经维护仍无法解决。

4.16.4 滑轮、齿轮联轴器、卷筒、制动器、传动齿轮等部件的报废具体应按照 GB 6067.1 的规定执行。

4.16.5 钢丝绳出现断丝、磨损、腐蚀、变形、折弯等情况时，应按照 GB/T 5972 规定进行检修或更换。

4.16.6 减速器严重漏油，经维护未有效解决。

4.16.7 减速器有异常响声。

4.16.8 盘式制动器制动摩擦片的厚度或其摩擦副的接触面积小于标准要求

时，均应更换摩擦片；当有一片碟簧断裂时，应更换所有碟簧。

4.16.9 应急装置或手摇装置异常。

4.16.10 设备防腐涂层大面积失效。

4.17 移动式启闭机检修及要求

4.17.1 主梁有永久性变形。

4.17.2 除符合以上要求外，还应符合 4.16.1～4.16.10 条的规定。

4.18 液压启闭机检修及要求

4.18.1 活塞杆运行速度异常且调整后仍不能满足设计要求。

4.18.2 双缸不同步超差且调整后仍不满足 SL 381 的规定。

4.18.3 设备运行时有异常振动或噪声。

4.18.4 油缸下滑量不满足 SL 381 要求。

4.18.5 油泵、液压油运行时有异常温升。

4.18.6 设备防腐涂层大面积失效。

4.18.7 动静密封达到使用年限或老化。

4.18.8 应急装置或手动泵装置异常。

4.19 螺杆式启闭机检修及要求

4.19.1 启闭机部件损坏、磨损和锈蚀维护后仍不能满足设计要求。

4.19.2 螺杆和螺母的磨损情况具体按 GB/T 3534 的规定执行。

4.19.3 螺杆的直线度不满足 SL 381 的规定应校正。

4.20 电气及自动控制设备检修及要求

4.20.1 电机的三相电流不平衡度、绝缘电阻、噪声不满足 SL 381 要求或发热严重，且经维护仍无法满足。

4.20.2 电气系统异常发热、焦糊冒烟。

4.20.3 电动机风扇及轴承磨损情况，发现风扇损坏、轴承磨损严重应更换。

4.20.4 电机轴承发热，噪声大，拆卸清洗轴承，更换新油或新件。

4.20.5 手动机构应动作灵活，无卡阻现象，各控制开关、按键的档位手感分明，能准确定位，出现故障应检修。

4.20.6 电器触头表面应光滑，动静触头应接触良好，接触面如有毛刺或凹凸不平，应修平或更换新件。

4.20.7 触头分合应迅速可靠，无缓慢游滑或停顿现象，不能满足使用要求时，应调整或更换新件。

4.20.8 集中控制或自动化监控系统异常、数据传输、各种传感器的工作发生故障。

4.20.9 视频监视系统异常。

4.20.10 计算机网络的防火墙异常。

5 记 录 和 报 告

5.1 一 般 规 定

5.1.1 记录内容应翔实，可量化的记录内容应以数值形式填写，不易量化的内容，文字描述应准确、规范。记录数据的修约处理，具体应按 GB/T 8170 规定执行；记录数据的更改，具体应按 GB/T 27025 规定执行。

5.1.2 报告内容应按照记录的内容如实编制，具体应按 GB/T 27025 规定执行。

5.1.3 出具检测报告的单位应具有国家相关部门颁发的检测资格。

5.2 操 作 记 录

5.2.1 记录内容应主要包括：启闭依据，操作时间、人员，启闭过程及历时，上、下游水位及流量、流态，操作前后设备状况，操作过程中出现异常现象及时上报，并采取措施等。

5.2.2 启闭操作完成后，操作记录应由操作人员和记录人员签字。

5.3 维 修 养 护 记 录

5.3.1 记录内容应主要包括：设备名称，实施单位、人员，实施时间，发现的问题及处理情况，实施工作前后设备的状况，使用的主要设备和检测仪器等。

5.3.2 工作完成后，相关人员应在记录上签字。

5.3.3 维护及检修后的设备应进行试运行，并对试运行情况进行记录。

5.4 维 修 养 护 报 告

5.4.1 报告的内容格式应符合相关的标准和技术文件要求。

5.4.2 设备实施的维护和检修工作较为复杂，且影响到设备安全运行时，应委托具有资质的专业检测机构进行检验，并出具正式的检测报告。

5.4.3 检测报告内容应主要包括：工程名称、设备名称、委托单位、检测依据、检测数据及分析、检测结论和建议，编写人、审核人、批准人签字等。

6 应 急 管 理

6.1 应 急 预 案

6.1.1 应急预案是对钢闸门和启闭机安全运行的专项应急预案。

6.1.2 运行管理单位应根据运行设备情况，结合单位综合应急预案编制钢闸门和启闭机安全运行的专项应急预案，并报主管部门审批后执行。应急预案应主要包括下列内容：

1 应明确组织机构、人员构成及职责。

2 应制定汛期、冰期以及出现影响设备安全运行的事故、暴风、暴雨、冰冻、强烈地震期间的值班制度。

3 应具备不同工况下设备应急调度运行方案。

4 通信信息保障制度。

5 事故应急救援报告制度。

6 闸门无法关闭或开启时应急处理方案。

7 供电电源缺失情况时应急处理方案。

8 设备运行故障时的应急抢修方案，应急抢修所需备品备件、物资和机械设备落实、保管及使用等制度和要求。

6.2 预 案 管 理

6.2.1 应制定应急救援、抢险宣传及培训制度，并定期开展培训。

6.2.2 应制定应急救援、抢险的演练制度，并定期组织演练（宜安排在每年汛期、冰期前），对演练中存在的问题，及时进行修改。

6.3 调 查 报 告

6.3.1 设备事故发生后，应编写事故调查报告，并评价应急预案与事故的适应性，不适应内容应及时修订。

6.3.2 事故调查报告主要应包括下列内容：设备名称及运行时间，事故前工况，事故发生经过和处理情况，事故原因分析，事故造成的损失和影响，事故暴露的问题，事故整改措施。

7 设备管理等级评定

7.1 一 般 规 定

7.1.1 闸门、拦污栅和启闭机设备管理等级评定宜每 5 年进行一次。

7.1.2 闸门、拦污栅和启闭机设备管理等级应按单位工程独立评定，不同单位工程的闸门、拦污栅和启闭机应分别进行评定。单位工程（如溢洪道、泄洪洞等）应按单元建筑物进行划分。

7.1.3 每个单位工程的闸门、拦污栅和启闭机应按类型（作用）分别进行评定。相同类型（作用）的闸门、拦污栅和启闭机不论数量多少，均应作为一个单项设备进行评定。

7.2 闸门、拦污栅评级单元、评级项目及要求

7.2.1 闸门、拦污栅设备管理等级评定应包括下列评级单元：

1 闸门、拦污栅检修规程及检修记录。

2 闸门、拦污栅外观及运行环境。

3 闸门、拦污栅防腐蚀状况。

4 闸门门叶和拦污栅栅体。

5 闸门、拦污栅行走支承装置。

6 闸门止水装置。

7 闸门充水装置。

8 闸门锁定装置。

9 闸门埋设件。

10 闸门、拦污栅运行状况。

11 安全防护。

7.2.2 闸门、拦污栅检修规程及检修记录的评级项目应符合下列规定：

1 管理单位应编制闸门、拦污栅检修规程并认真执行。检修规程应包括以下内容：

1）检查、维护、检修的项目和周期。

2）检修技术标准。

3）检修组织设计、检修措施、检修计划。

4）验收和质量评定办法。

2 闸门、拦污栅检修应具有检修记录并存档。检修记录应包括下列内容：

1）检修前的检测记录。

2）检修实施记录。

3）安装调试记录。

4）竣工验收记录。

5）有关文件及图纸。

7.2.3 闸门、拦污栅外观及运行环境的评级项目应符合下列规定：

1 闸门应外观整洁，梁格及门顶应无积水、油污、砂石、树枝、杂草、垃圾等杂物。

2 闸门前后水面应无漂木、树枝、垃圾等漂浮物堆积。

3 闸门、拦污栅门槽内、轨道及两侧应无妨碍闸门、拦污栅运行的异物。

4 闸门、拦污栅埋件周边混凝土结构应无剥蚀、淘空、裂缝等缺陷。

5 闸门门库应干净整洁，不应有积水、垃圾，检修闸门及闸门附件（如压重、吊杆、吊梁、移动式锁定等）应有序放置。

7.2.4 闸门、拦污栅防腐蚀状况的评级项目应符合下列规定：

1 闸门、拦污栅应定期进行防腐蚀处理。

2 闸门表面涂层应基本完整，无大范围涂层脱落缺陷。

3 闸门表面应无明显锈蚀。闸门构件表面单个锈蚀面积不得超过 $8.0 cm^2$，总锈蚀面积不得超过闸门防腐蚀面积的 1%。

4 闸门构件表面不得出现锈蚀深度超过钢板厚度 15% 的进行性锈坑。

7.2.5 闸门门叶和拦污栅栅体的评级项目应符合下列规定：

1 门叶结构整体、梁系局部和栅体应无明显变形和损伤。

2 弧形闸门支臂应无整体扭曲变形，各杆件应无明显变形和损伤。

3 闸门、拦污栅焊缝应无裂纹、漏焊等缺陷。

4 闸门、拦污栅连接螺栓应无松动、变形、损伤、缺件、脱落。

5 多节闸门、拦污栅节间应连接牢靠。

6 闸门吊耳与闸门、拦污栅吊耳与栅体的连接应牢固可靠。

7.2.6 闸门、拦污栅行走支承装置的评级项目应符合下列规定：

1 主轮应无裂纹、破损、严重磨损，支承结构应无变形、损伤。主轮工作时应与轨道接触良好、转动灵活。

2 闸门、拦污栅滑道工作面应光滑平整。滑道表面应无变形、破损、脱落和严重磨损。滑道工作面沟槽深度不得超过 2.0mm。

3 弧形闸门支铰应无变形、损伤，转动灵活，运转正常。

4 侧轮、反轮应齐全，无缺损、丢失，转动灵活。

5 主轮、侧轮、支铰等转动部件应定期加注润滑油脂，润滑油脂应选择合理，质量合格。

7.2.7 止水装置的评级项目应符合下列规定：

1 止水橡皮应连续、完整，无卷曲、脱落、凹陷、撕裂、龟裂、老化等缺陷。

2 止水压板应无变形缺陷，连接螺栓应无松动、变形、损伤、缺件、脱落等缺陷。

7.2.8 充水装置的评级项目应符合下列规定：

1 充水装置应止水严密，运行平稳，无冲击和异常响声。

2 阀体结构应无明显变形、损伤。

3 阀体与闸门应连接牢固，连接焊缝应无裂纹、漏焊等缺陷。

7.2.9 锁定装置的评级项目应符合下列规定：

1 锁定装置应安全可靠，操作方便，动作灵活。

2 锁定装置应无变形和损伤。

3 两侧锁定装置应受力均匀。

7.2.10 埋件的评级项目应符合下列规定：

1 主轨、侧轨、反轨、底槛、门楣、止水座板、闸槽护角、弧形闸门铰座等埋件应无变形、损伤、脱落、焊缝开裂或其他影响设备运行的缺陷。

2 主轨、侧轨、底槛、门楣、止水座板等工作面应平整。工作面不得出现深度大于 2.0mm 的蚀坑。闸门主轨不得出现大于 1.0mm 的啃轨痕迹。

3 埋件外露表面应做防腐蚀处理。

4 埋件与混凝土之间不得渗水。

7.2.11 设备运行状况的评级项目应符合下列规定：

1 闸门全关挡水运行时，止水应严密。漏水量应符合 GB/T 14173 的规定。

2 闸门全关挡水运行时，应无明显振动现象。

3 闸门应启闭平稳，在启闭过程中应无卡阻、跳动、明显振动和异常响声。

7.2.12 安全防护的评级项目应符合下列规定：

1 闸门尺寸较大时，主要构件之间应设安全走道或爬梯；爬梯应符合标准，并设有保护圈。弧形闸门支臂上宜设扶手栏杆。

2 闸门槽、铰座平台周边应设防护栏杆，防护栏杆应安全可靠。

3 通气孔应畅通无阻，通气孔进口处应设置安全格栅。

4 寒冷地区闸门及门槽的防冰冻设施应完好、有效。

7.3 启闭机评级单元、评级项目及要求

7.3.1 启闭机设备管理等级评定应包括下列评级单元：

1 启闭机操作规程及操作记录。

2 启闭机检修规程及检修记录。

3 电气设备、应急装置及操作控制系统。

4 机架。

5 电动机。

6 制动器。

7 传动轴、联轴器、轴承。

8 减速器。

9 开式齿轮。

10 卷筒。

11 钢丝绳与滑轮组。

12 液压启闭机构。

13 螺杆启闭机构。

14 移动式启闭机行走机构。

15 启闭机保护装置。

16 安全防护。

7.3.2 启闭机操作规程及操作记录的评级项目应符合下列规定：

1 管理单位应编制启闭机操作规程并认真执行。操作规程应包括下列主要内容：

　　1） 操作人员应具备的素质及对操作人员的要求。

　　2） 操作前的检查项目。

　　3） 操作前的准备工作。

　　4） 操作程序。

　　5） 操作注意事项。

　　6） 故障、事故处理及应急措施。

　　7） 安全措施。

2 设备操作应具有操作记录并存档。操作记录应包括下列内容：

　　1） 操作运行情况。

　　2） 出现的故障及处理情况。

　　3） 交接班情况。

7.3.3 检修规程及检修记录的评级项目应符合下列规定：

1 管理单位应编制启闭机检修规程并认真执行。检修规程应包括下列主要内容：

　　1） 检查、维护、检修项目。

　　2） 检查、维护、检修周期。

　　3） 检修技术标准。

4）检修后应进行的验收、鉴定。

5）检修组织设计、检修措施、检修计划。

6）验收办法。

2 启闭机检修应具有检修记录并存档。检修记录应包括下列主要内容：

1）检修前的设备状况记录。

2）检修实施记录。

3）安装调试记录。

4）竣工验收记录。

5）有关的文件及图纸。

7.3.4 电气设备、应急装置及操作控制系统的评级项目应符合下列规定：

1 启闭机应有可靠的供电电源，备用电源。

2 启闭机应急装置应正常完好，随时可以投入使用。

3 电气线路应布置规范整齐，连接牢靠。线路不得有破损、受潮、老化，绝缘电阻值应符合规定。

4 各种电气设备、正常不带电的金属外壳、金属线管等应接地可靠，接地电阻应符合要求。

5 配电柜、电气控制柜、集控操作台的显示屏、显示按钮、指示灯应正常完好。柜体内线路接头、元器件插接应无松动、烧灼粘连等现象。

6 仪器、仪表、电气元件、信号及指示装置应齐全完好，设定值应准确，并按照相关标准规定进行定期校验。

7 电器触头应表面光滑，动静触头应接触良好，触头分合应迅速可靠，无缓慢游滑或停顿现象。

7.3.5 机架的评级项目应符合下列规定：

1 机架主要结构件应无明显变形和损伤。

2 机架主要受力焊缝应无裂纹及明显的外观缺陷。

3 机架主要结构件应连接可靠，高强度螺栓紧固程度应满足设计要求。

4 机架表面应进行防腐蚀处理，表面涂层应均匀完整，整机涂层颜色宜协调美观。

7.3.6 电机的评级项目应符合下列规定：

1 电机应外观整洁，铭牌标识清晰。

2 电机功率应符合设计要求。

3 电机运行电流不得超过额定电流。

4 电机绝缘电阻、接地电阻应符合有关规定。

5 电机温升、噪声应符合要求。

7.3.7 制动器的评级项目应符合下列规定：

1 制动器应工作可靠，无打滑、焦糊和冒烟现象。

2 制动器松闸时闸瓦应全部打开，制动轮与闸瓦之间的间隙应满足规范要求。

3 制动轮与闸瓦接触面积应满足规范要求。

4 制动轮表面应无裂纹、砂眼、气孔、划痕等缺陷。

5 制动器制动拉杆、弹簧等各部件，应无变形、断裂、锈蚀等现象。

6 液压制动器应无液压油渗漏油液，负载弹簧应无变形和裂纹。

7.3.8 传动轴、联轴器、轴承的评级项目应符合下列规定：

1 传动轴不得有裂纹、弯曲、变形、损伤。

2 联轴器应转动平稳，齿轮联轴器的齿套、键、销以及弹性联轴器的弹性垫圈、螺栓等零件无裂纹、松动、脱落等。

3 联轴节连接的两轴同轴度应满足规范要求。

4 所有轴承均应保持润滑，转动灵活。轴承温度不得超过 65℃。

7.3.9 减速器的评级项目应符合下列规定：

1 减速器润滑油油位和油质应满足规范要求。

2 减速器箱体结合面应密封良好无渗漏。

3 减速器的运行噪声应不大于 85dB。

7.3.10 开式齿轮的评级项目应符合下列规定：

1 开式齿轮应啮合良好，运转平稳，无异常响声。

2 开式齿轮齿面应保持润滑，无锈蚀。

3 开式齿轮副齿面接触斑点应满足规范要求。

4 开式齿轮副侧隙应满足规范要求。

5 开式齿轮副大、小齿轮齿面硬度及两者硬度差应满足规范要求。齿轮齿面应无严重磨损。

6 开式齿轮齿面及齿沟不得补焊。齿面及齿轮端面缺陷应满足规范要求。

7.3.11 卷筒的评级项目应符合下列规定：

1 卷筒上应无裂纹、损伤和变形等缺陷。

2 卷筒与开式齿轮的连接螺栓、定位销、抗剪套应无松动、错位、变形。

7.3.12 钢丝绳与滑轮组的评级项目应符合下列规定：

1 钢丝绳的使用和报废应执行 GB/T 5972。

2 钢丝绳应有序逐层缠绕在卷筒上，不应挤叠、跳槽或乱槽。当吊点在下极限时，钢丝绳的剩余缠绕圈数应不少于 4 圈，当吊点在上极限时，钢丝绳不得缠绕到卷筒绳槽以外。

3 钢丝绳在卷筒上应固定牢固；压板、螺栓应齐全，夹头数量及距离应符合规定。

4 钢丝绳在任何位置均不得与其他部件相摩擦。

5 滑轮组应转动灵活。滑轮上应无裂纹缺陷及其他规范不允许存在的缺陷。

7.3.13 移动式启闭机行走机构的评级项目应符合下列规定：

1 车轮应转动灵活，行走平稳，无裂纹、龟裂和起皮等缺陷。

2 轨道标高相对差、侧向局部弯曲、接头处高低差和侧面错位、接头间隙等应满足规范要求。

3 大车、小车行走时，导电装置应平稳，不应有卡阻、跳动及严重冒火花现象。

7.3.14 液压启闭机构的评级项目应符合下列规定：

1 液压缸的缸体、缸盖和活塞杆等应无裂纹、损伤、变形。

2 油缸与支座、活塞杆与闸门应连接牢固；各部位连接螺栓无断裂、缺失、松动等缺陷。

3 油缸应密封完好，无外部泄漏及爬行现象。

4 油泵及液压系统应运行平稳，无振动、异常响声和异常温升。

5 油泵及液压系统的油箱、管路、接头、液压元件、阀件等应密封完好无泄漏。

6 液压油的型号、油质、油量及油位应符合设计要求，液压油应定期进行过滤及化验，过滤精度和污染等级应满足运行要求。

7 各种表计应反应灵敏，指示准确，并按规定定期校验；表计的精度和量程应满足运行要求。

8 双吊点液压启闭机构的同步偏差应满足设计要求。

9 油缸沉降量应满足设计要求。油缸沉降量超过 100mm 时，应有警示信号；油缸沉降量超过 200mm 时，液压系统应具有自动复位功能。

10 液压管路及附件应按规定涂刷不同颜色的油漆标记。

7.3.15 螺杆启闭机构的评级项目应符合下列规定：

1 螺杆、螺母、蜗轮、蜗杆应无裂纹、缺损或损伤；螺纹磨损量应小于螺纹厚度的 20%。

2 螺杆直线度应满足规范要求，不得存在明显的弯曲变形。

3 启闭机构应运行平稳，无振动、异常响声和异常温升，传动皮带应无打滑现象。

4 双吊点螺杆启闭机构的同步偏差应满足设计要求。

5 手摇机构应转动灵活，运行平稳无卡阻。

7.3.16 启闭机保护装置的评级项目应符合下列规定：

1 开度指示装置、荷载限制装置、行程限位开关等启闭机保护装置应齐全完好，动作灵敏，示值准确，安全可靠。

2 开度指示装置应具有调节定值极限位置、自动切断主回路及报警功能，示值精度应不低于1％。

3 荷载限制装置应具有自动切断主回路及报警功能，系统精度应不低于2％，传感器精度应不低于0.5％。

4 启闭机运行到上下极限位置时，行程限位开关应及时发出信号并自动切断电源，使启闭机停止运转。

7.3.17 安全防护的评级项目应符合下列规定：

1 运行人员可能触及的齿轮、皮带等转动部件，裸露的电气元件、导线等，应加设防护罩。

2 布置在室外的启闭机应设置防雨罩。

3 电气设备周围应留有500mm以上的安全通道。

4 启闭机上的人梯及人行平台应连续完整，其周围应设防护栏杆，垂直爬梯应设置防护圈。

5 启闭机室应按规定配备消防器材。

7.3.18 运行环境的评级项目应符合下列规定：

1 启闭机室应保持环境整洁，室内无鸟巢、蜂窝、蛛网等。屋顶应不漏水，墙壁应不渗水，地面应无油污，门窗应完整无缺损。室内不得堆放与启闭机无关的杂物或垃圾。

2 启闭机室内外通道应设置照明设施。

7.4 设备管理等级评定标准

7.4.1 评级单元的等级可分为一类单元、二类单元、三类单元。

1 评级项目80％（含）以上符合要求，应评定为一类单元。

2 评级项目70％（含）以上符合要求，应评定为二类单元。

3 达不到二类单元要求的评级单元，应评定为三类单元。

4 不符合要求的评级单元，应及时进行维护保养和检修。

7.4.2 单项设备的等级可分为一类设备、二类设备、三类设备。

1 评级单元全部被评定为一类单元的单项设备，应评定为一类设备。

2 评级单元全部被评定为一类单元和二类单元的单项设备，应评定为二类设备。

3 达不到二类设备要求的单项设备，应评定为三类设备。

4 三类设备应及时进行维护保养和检修。

7.4.3 单位工程的等级可分为一类单位工程、二类单位工程、三类单位工程。

1 70％（含）以上单项设备被评定为一类设备，其余被评定为二类设备的单位工程，应评定为一类单位工程。

2 70%（含）以上单项设备为一类设备或二类设备的单位工程，应评定为二类单位工程。

3 达不到二类单位工程要求的，应评定为三类单位工程。

8 安全评价

8.0.1 闸门和启闭机投入正常运用 5 年内，应进行首次安全检测与安全评价。首次安全检测与评价后，应每隔 5 年进行定期安全检测与评价。

8.0.2 闸门和启闭机在运行期间如果出现下列情况，应立即进行安全检测与评价：

    1 运行期间曾经超设计工况运行、误操作引发的安全等级事故、遭遇不可抗拒的自然灾害等特殊情况。

    2 运行期间发现并确认闸门和启闭机主要结构件或主要零部件存在可能影响安全的危害性缺陷。

    3 闸门和启闭机运行状况出现明显异常，可能影响工程安全运行。

8.0.3 安全检测与评价工作应委托具有资质的专业检测评价机构进行，并出具正式的检测与评价报告。

8.0.4 闸门和启闭机安全检测与评价应符合 SL 101 的规定。

8.0.5 评价为"不安全"的闸门和启闭机应进行除险加固或更新改造。

附录 A　闸门和启闭机设备
管理等级评定表

闸门和启闭机设备管理等级评定表

评定单位：＿＿＿＿＿＿＿＿＿＿

工程名称：＿＿＿＿＿＿＿＿＿＿

评定日期：＿＿＿＿＿＿＿＿＿＿

__(工程名)_____ 平面闸门（含滑动、定轮）设备管理等级评定表

单位工程	名称		单项设备	名称	（ ）	数量	
	等级			等级		规格	

评级单元	评定项目	项目等级			单元等级		
		一	二	三	一类	二类	三类
1. 检修规程及检修记录	检修规程及其内容						
	检修记录及其内容						
2. 闸门外观及运行环境	闸门外观						
	闸门前后水面环境						
	门槽、轨道环境						
	闸门埋件周边混凝土						
	闸门及附属件摆放						
3. 闸门防腐蚀状况	定期防腐蚀						
	闸门表面涂层						
	闸门表面锈蚀面积						
	闸门表面锈蚀坑点						
4. 闸门门叶	门叶整体结构						
	梁系结构						
	闸门焊缝						
	连接螺栓						
	闸门吊耳						
	多节闸门节间连接						
5. 行走支承装置	闸门主轮						
	闸门滑道						
	闸门侧轮和反轮						
	转动部件润滑						
6. 止水装置	止水橡皮						
	止水压板和螺栓						
7. 充水装置	止水严密，运行平稳						
	阀体结构						
	阀体与闸门的连接						
8. 锁定装置	安全可靠，操作方便						
	变形和损伤						
	两侧受力均匀						

（工程名）_____平面闸门（含滑动、定轮）设备管理等级评定表（续）

评级单元	评定项目	项目等级			单元等级		
		一	二	三	一类	二类	三类
9. 闸门埋件	埋件外观						
	埋件工作面						
	埋件外露表面防腐蚀						
	埋件与混凝土间无渗水						
10. 闸门运行状况	止水严密						
	闸门挡水时无明显振动						
	启闭平稳，无异常						
11. 安全防护	安全通道、扶手栏杆、爬梯						
	防护栏杆						
	通气孔						
	防冰冻设施						

（工程名）_____拦污栅（含滑动、定轮）设备管理等级评定表

单位工程	名称		单项设备	名称	（　　）	数量	
	等级			等级		规格	

评级单元	评定项目	项目等级			单元等级		
		一	二	三	一类	二类	三类
1. 检修规程及检修记录	检修规程及其内容						
	检修记录及其内容						
2. 外观及运行环境	外观						
	门槽、轨道环境						
	埋件周边混凝土						
3. 防腐蚀状况	定期防腐蚀						
	表面涂层						
4. 栅体	整体结构						
	焊缝						
	连接螺栓						
	吊耳						
	节间连接						
5. 行走支承装置	主轮、滑道						
	侧轮和反轮						
	转动部件润滑						

__(工程名)_____ 拦污栅（含滑动、定轮）设备管理等级评定表（续）

评级单元	评定项目	项目等级			单元等级		
		一	二	三	一类	二类	三类
6. 埋件	埋件外观						
	埋件工作面						
	埋件外露表面防腐蚀						

__(工程名)_____ 弧形闸门设备管理等级评定表

单位工程	名称		单项设备	名称	（ ）	数量	
	等级			等级		规格	

评级单元	评定项目	项目等级			单元等级		
		一	二	三	一类	二类	三类
1. 检修规程及检修记录	检修规程及其内容						
	检修记录及其内容						
2. 闸门外观及运行环境	闸门外观						
	闸门前后水面环境						
	门槽、轨道环境						
	闸门埋件周边混凝土						
	闸门及附属件摆放						
3. 闸门防腐蚀状况	定期防腐蚀						
	闸门表面涂层						
	闸门表面锈蚀面积						
	闸门表面锈蚀坑点						
4. 闸门门叶	门叶整体结构						
	梁系结构						
	弧形闸门支臂						
	闸门焊缝						
	连接螺栓						
	闸门吊耳						
5. 行走支承装置	支铰与铰座						
	侧轮						
	转动部件润滑						
6. 止水装置	止水橡皮						
	止水压板和螺栓						

（工程名）_____弧形闸门设备管理等级评定表（续）

单位 工程	名称		单项 设备	名称	（　　）	数量	
	等级			等级		规格	

评级单元	评定项目	项目等级			单元等级		
		一	二	三	一类	二类	三类
7. 充水 装置	止水严密，运行平稳						
	阀体结构						
	阀体与闸门的连接						
8. 锁定 装置	安全可靠，操作方便						
	无变形和损伤						
	两侧受力均匀						
9. 闸门 埋件	埋件外观						
	埋件工作面						
	埋件外露表面防腐蚀						
	埋件与混凝土间无渗水						
10. 闸门 运行状况	止水严密						
	闸门挡水时无明显振动						
	启闭平稳，无异常						
11. 安全 防护	安全通道、扶手栏杆、爬梯						
	防护栏杆						
	通气孔						
	防冰冻设施						

（工程名）_____固定卷扬式启闭机设备管理等级评定表

单位 工程	名称		单项 设备	名称	（　　）	数量	
	等级			等级		规格	

评级单元	评定项目	项目等级			单元等级		
		一	二	三	一类	二类	三类
1. 操作 规程及记录	操作规程及其内容						
	操作记录及其内容						
2. 检修 规程及记录	检修规程及其内容						
	检修记录及其内容						
3. 电气 设备、应急 装置及操作 控制系统	供电电源和备用电源						
	应急装置						
	电气线路						

（工程名） 　固定卷扬式启闭机设备管理等级评定表（续）

评级单元	评定项目	项目等级			单元等级		
		一	二	三	一类	二类	三类
3. 电气设备、应急装置及操作控制系统	电气设备接地						
	配电柜、电气控制柜						
	各种表计及信号指示装置						
	电器触头						
4. 机架	机架主要结构件						
	机架主要受力焊缝						
	主要结构件的连接						
	机架防腐蚀						
5. 电机	电机外观及铭牌标识						
	电机功率						
	电机电流						
	电机绝缘电阻						
	电机温升和噪声						
6. 制动器	制动器工作可靠						
	制动轮与闸瓦间隙						
	制动轮与闸瓦接触面积						
	制动轮						
	制动器零部件						
	液压制动器						
7. 传动轴、联轴器、轴承	传动轴						
	联轴器						
	同轴度						
	轴承						
8. 减速器	油位						
	油质						
	密封						
	运行噪声						
9. 开式齿轮	啮合良好，运转平稳						
	齿面润滑						
	齿面接触斑点						
	齿轮侧隙						

（工程名）　　　固定卷扬式启闭机设备管理等级评定表（续）

评级单元	评定项目	项目等级			单元等级		
		一	二	三	一类	二类	三类
9. 开式齿轮	齿面硬度						
	齿面及端面缺陷						
10. 卷筒	卷筒缺陷						
	卷筒与开式齿轮的连接						
11. 钢丝绳与滑轮组	钢丝绳缺陷						
	钢丝绳缠绕						
	钢丝绳固定						
	钢丝绳位置						
	滑轮组						
12. 保护装置	开度指示装置						
	荷载限制装置						
	行程限位开关						
13. 安全防护	防护罩						
	防雨罩						
	安全通道						
	防护栏杆、爬梯						
	消防器材						
14. 运行环境	启闭机室环境						
	照明						

（工程名）　　　移动式启闭机设备管理等级评定表

单位工程	名称		单项设备	名称	（　　　）	数量	
	等级			等级		规格	

评级单元	评定项目	项目等级			单元等级		
		一	二	三	一类	二类	三类
1. 操作规程及记录	操作规程及其内容						
	操作记录及其内容						
2. 检修规程及记录	检修规程及其内容						
	检修记录及其内容						
3. 电气设备及操作控制系统	供电电源和备用电源						
	电气线路						
	电气设备接地						

（工程名）＿＿＿＿移动式启闭机设备管理等级评定表（续）

评级单元	评定项目	项目等级			单元等级		
		一	二	三	一类	二类	三类
3. 电气设备及操作控制系统	配电柜、电气控制柜						
	各种表计及信号指示装置						
	电器触头						
4. 机架	机架主要结构件						
	机架主要受力焊缝						
	主要结构件的连接						
	机架防腐蚀						
5. 电机	电机外观及铭牌标识						
	电机功率						
	电机电流						
	电机绝缘电阻						
	电机温升和噪声						
6. 制动器	制动器工作可靠						
	制动轮与闸瓦间隙						
	制动轮与闸瓦接触面积						
	制动轮						
	制动器零部件						
	液压制动器						
7. 传动轴、联轴器、轴承	传动轴						
	联轴器						
	同轴度						
	轴承						
8. 减速器	油位						
	油质						
	密封						
	运行噪声						
9. 开式齿轮	啮合良好，运转平稳						
	齿面润滑						
	齿面接触斑点						
	齿轮侧隙						
	齿面硬度						
	齿面及端面缺陷						

（工程名） _____ 移动式启闭机设备管理等级评定表（续）

评级单元	评定项目	项目等级			单元等级		
		一	二	三	一类	二类	三类
10. 卷筒	卷筒缺陷						
	卷筒与开式齿轮的连接						
11. 钢丝绳与滑轮组	钢丝绳缺陷						
	钢丝绳缠绕						
	钢丝绳固定						
	钢丝绳位置						
	滑轮组						
12. 行走机构	车轮						
	轨道						
	导电装置						
13. 保护装置	开度指示装置						
	荷载限制装置						
	行程限位开关						
14. 运行环境	启闭机室环境						
	照明						
15. 安全防护	防护罩						
	防雨罩						
	安全通道						
	防护栏杆、爬梯						
	消防器材						

（工程名） _____ 液压启闭机设备管理等级评定表

单位工程	名称			单项设备	名称	（ ）	数量	
	等级				等级		规格	

评级单元	评定项目	项目等级			单元等级		
		一	二	三	一类	二类	三类
1. 操作规程及记录	操作规程及其内容						
	操作记录及其内容						
2. 检修规程及记录	检修规程及其内容						
	检修记录及其内容						

（工程名）＿＿＿＿液压启闭机设备管理等级评定表（续）

评级单元	评定项目	项目等级			单元等级		
		一	二	三	一类	二类	三类
3. 电气设备、应急装置及操作控制系统	供电电源和备用电源						
	应急装置						
	电气线路						
	电气设备接地						
	配电柜、电气控制柜						
	各种表计及信号指示装置						
	电器触头						
4. 机架	机架主要结构件						
	机架主要受力焊缝						
	主要结构件的连接						
	机架防腐蚀						
5. 电机	电机外观及铭牌标识						
	电机功率						
	电机电流						
	电机绝缘电阻						
	电机温升和噪声						
6. 液压启闭机构	液压缸和活塞杆						
	油缸与支座、活塞杆与闸门的连接						
	油缸密封						
	油泵及液压系统运行						
	油泵及液压系统密封						
	各种表计						
	液压油						
	双吊点同步偏差						
	油缸沉降量						
	液压管路颜色						
7. 保护装置	开度指示装置						
	荷载限制装置						
	行程限位开关						
8. 安全防护	防护罩、防雨罩						
	安全通道						

（工程名）_____液压启闭机设备管理等级评定表（续）

评级单元	评定项目	项目等级			单元等级		
		一	二	三	一类	二类	三类
8. 安全防护	防护栏杆、爬梯						
	消防器材						
9. 运行环境	启闭机室环境						
	照明						

（工程名）_____螺杆式启闭机设备管理等级评定表

单位工程	名称		单项设备	名称	（ ）	数量	
	等级			等级		规格	

评级单元	评定项目	项目等级			单元等级		
		一	二	三	一类	二类	三类
1. 操作规程及记录	操作规程及其内容						
	操作记录及其内容						
2. 检修规程及记录	检修规程及其内容						
	检修记录及其内容						
3. 电气设备、应急装置及操作控制系统	供电电源和备用电源						
	应急装置						
	电气线路						
	电气设备接地						
	配电柜、电气控制柜						
	各种表计及信号指示装置						
	电器触头						
4. 机架	机架主要结构件						
	机架主要受力焊缝						
	主要结构件的连接						
	机架防腐蚀						
5. 电机	电机外观及铭牌标识						
	电机功率						
	电机电流						
	电机绝缘电阻						
	电机温升和噪声						
6. 减速器	油位						
	油质						

(工程名) _____ **螺杆式启闭机设备管理等级评定表（续）**

评级单元	评定项目	项目等级			单元等级		
		一	二	三	一类	二类	三类
6. 减速器	密封						
	运行噪声						
7. 螺杆启闭机构	螺杆、螺母、蜗轮、蜗杆缺陷						
	螺杆直线度						
	运行状况						
	双吊点同步偏差						
	手摇机构						
8. 保护装置	开度指示装置						
	荷载限制装置						
	行程限位开关						
9. 安全防护	防护罩						
	防雨罩						
	安全通道						
	防护栏杆、爬梯						
	消防器材						
10. 运行环境	启闭机室环境						
	照明						

标 准 用 词 说 明

标准用词	严 格 程 度
必须	很严格，非这样做不可
严禁	
应	严格，在正常情况下均应这样做
不应、不得	
宜	允许稍有选择，在条件许可时首先应这样做
不宜	
可	有选择，在一定条件下可以这样做

标准历次版本编写者信息

SL 240—1999

本标准主编单位：水利部水工金属结构安全监测中心

本标准参编单位：水利部长江水利委员会陆水试验枢纽管理局

本标准主要起草人：原玉琴　郑圣义　李兴贵　李锦云

　　　　　　　　　陈祖武　陈秋楚　裘雷勇　梁传波

SL 722—2015

本标准主编单位：水利部水工金属结构质量检验测试中心

本标准参编单位：淮河水利委员会沂沭泗水利管理局

　　　　　　　　　水利部小浪底水利枢纽建设管理局

　　　　　　　　　葛洲坝集团机械船舶有限公司

本标准主要起草人：朱建秋　盛旭军　朱文超　温国玉

　　　　　　　　　王振兴　李世刚　吴连生

中华人民共和国水利行业标准

水工钢闸门和启闭机安全运行规程

SL/T 722—2020

条 文 说 明

目　次

水库运行管理

通用法规标准选编

1 总 则

1.0.2 本条为 SL 722—2015 中第 1.0.2 条的修订。

　　本标准中平面闸门、弧形闸门、拦污栅、固定卷扬式启闭机、液压启闭机、螺杆式启闭机等设备是水利水电工程常用的金属结构和机电设备，但不同工程所拥有的设备种类和功能会有所不同，因此运行管理涉及的范围也不同。《特种设备安全监察条例》中对起重机械（含水电站门式起重机、桥式起重机等）涉及安全运行的设备使用、检验检测、监督检查等已做出了规定，因此原标准未将移动式启闭机设备纳入适用范围之内。但根据目前水利工程中有未纳入特种设备的台车式移动式启闭机，以及设备安全运行和维修养护系统性、完整性的需要，本次标准修订将涉及移动式启闭机的相关内容进行了增补。

2 运行管理制度

2.0.1 水利水电工程涉及工程种类范围较广，包括综合利用水利资源的大型水利枢纽，如以灌溉为主，兼有发电、防洪、防凌等效益的青铜峡水利枢纽，具有灌溉、除涝、航运、发电、供水等作用的江都水利枢纽等；也包括具有单一功能各类水闸，如节制闸、进水闸、冲沙闸、分洪闸、挡潮闸、排水闸等。由于各工程及运行特点差异较大，其管理模式、运行方式也不尽相同。因此，管理单位应根据工程及运行特点并结合标准内容，制定适合工程要求的制度内容和范围。

2.0.2 目前运行操作的工作票及操作票制度在电力行业普遍使用，水利行业中仅部分大、中型工程使用。工作票和操作票制度主要适用于具有发电功能的水利水电工程，其他工程可参照使用。

2.0.5 近期修建的大中型水利水电工程中，一般具备自动控制系统、视频监视系统及局域网系统等。而早期修建的大中型水利水电工程则有些不具备上述系统，因此相关管理制度不必制定。

3 设 备 操 作

3.1 一 般 规 定

3.1.1 设备类型是指不同品种的设备，如固定卷扬式启闭机、移动式启闭机、液压启闭机、平面闸门、弧形闸门等就是不同的设备类型。功能是指同一品种的设备具体用途不同，如平面闸门可以作为工作闸门、事故闸门和检修闸门等，由于用途不同其结构组成也有差异。

3.2 操 作 人 员

3.2.2 目前一些新建的水利水电工程其设备运行已具备了无人值守或远控操作条件，因此这些工程不需要配置现场操作人员。

3.3 操 作 前 准 备

3.3.2

    1 操作指令是保证正确执行设备操作的重要依据，因此在设备操作中需要按照其要求执行设备操作。

    2 对运行涉及区域内可能存在的人员、船只等各种存在安全隐患的情况，可通过高音喇叭、人员巡视等方式进行警示或告知。

    3 这里的漂浮物是指可能影响到设备安全运行或者可能对设备造成损伤的漂浮物。它们可能是杂草树木、编织物、生活垃圾等。具有不同工况和设备的水利水电工程，其清除漂浮物的要求和范围也会不同。具有发电功能的水利工程通常安装专用的清污设备，如耙斗式清污机和回转式清污机。有些水利水电工程由人工打捞方式进行清污。

    4 运行路径主要包括各种闸门的主轨、侧轨、滑道、定轮、侧轮、钢丝绳等，其周边空间是否存在卡阻物及悬挂物。

    5 应急电源是指备用柴油发电机组和双回路供电系统。

    应急装置可在启闭设备出现诸如电源供应、电气元件、控制系统、电动机或液压泵站等出现故障时，在无需外部电源或驱动的情况下，可以迅速有效启闭闸门。目前该装置已广泛应用于水利水电工程，可有效提高启闭机设备运行的可靠性。

    8 远程控制操作是指通过网络传输，在集中控制室进行控制操作设备的方式。

    11 运行管理单位需结合工程情况编制相应的记录表格。记录表格中应包含：运行指令来源、工程名称、设备名称、设备型号规格、制造单位、设备编号、运行工况、运行时间、开启高度、开启次数、运行中是否正常、出现问题及处理的情况、操作人员签字栏、记录人员签字栏等内容。

3.3.4 本条为新增。

增加了移动式启闭机操作前准备工作的相应条款。移动式启闭机在水工建筑物上多用于操作多孔口的检修闸门、事故闸门和工作闸门。移动式启闭机通过自动抓梁可以实行一机多门的操作方式。根据架空形式和工作范围不同，可以分为台车式、单向门机和双向门机，后两种应用最多。

移动式启闭机的运行机构有大车运行机构和小车运行机构，是由电动机、联轴器、制动器、传动轴、减速器、车轮组等零部件组成。驱动型式常用自行式，很少用牵引式。移动式启闭机的安全保护装置除固定式启闭机所有的电器保护装置、制动装置、荷载限制器、行程限制器外，还包括缓冲器、夹轨器、锚定装置、风速仪等。

启闭机的起升机构应装有荷载限制器（特殊情况例外），荷载限制器的综合误差不大于5%；液压系统应装有溢流阀。启闭机各机构的运行终端，应装设相应的行程限位器。

移动式启闭机的走行机构均应装设缓冲器，运行速度慢的启闭机一般采用橡胶缓冲器，运行速度快或自重较大的启闭机可采用弹簧缓冲器。

室外作业的移动式启闭机应装设夹轨器和锚定装置。夹轨器用于防止启闭机在工作时受风荷载或其他荷载的作用而发生移动。锚定装置用于防止启闭机在非工作时受风荷载或其他荷载的作用而发生移动。

3.4 运 行 操 作

3.4.1

5 对于开启的闸门，要加强观察，注意闸门下滑的现象。

6 运行管理单位需结合工程情况编制相应的记录表格。

4 维 修 养 护

4.1 一 般 规 定

4.1.1 本条中仅对检查和检修进行分类，维护不再细分。

由于新材料、新产品、新技术不断应用于设备生产制造中，所以本标准列出的设备维修养护内容无法涵盖实际工程使用设备维修养护的全部内容，因此运行管理单位需根据设备类型、功能以及相关技术文件要求增补、完善。在工程使用的设备不涉及本标准要求内容的可略去。

4.1.4 如果检修工作涉及设备受力结构改变、关键部件更换等影响到设备运行安全的情况时，在设备进行试运行之前进行检测工作是必要的。检测工作包括部件性能检测、某一技术指标检测和整机性能检测等。例如更换启闭机的制动器后，可按照相关的技术标准要求对新更换制动器的主要技术指标进行检测。检测单位应对检测结果出具检测报告。

4.2 管 理 要 求

4.2.5 维修养护中涉及较为复杂的检修工作时，需制定检修方案，安全防护措施等；需要加工改造构件时应绘制图纸、编写加工工艺以及计算说明书等。

4.2.6 运行管理单位可按照本节中列出的设备维修养护项目和要求并结合设备说明书以及产品的技术标准，编制适应本单位的记录表格。

4.4 固定卷扬式启闭机检查

4.4.1

8 本款为新增。

经常检查、清除电阻器上的灰尘，以便于电阻器散热。对于起升吨位较大的启闭机，绕线式电动机转子串接分段电阻启动应用是很普遍的。此方式可有效降低启动电流、加速启动过程、平滑电机启动，同时也大大减少对电网的冲击、延长电机使用寿命、提高设备运行的安全性和可靠性。

4.4.2

10 本款为新增。

清除电阻器接触处的碳层和氧化层，以免降低电阻器的性能。

4.5 移动式启闭机检查

本节为新增。

根据移动式启闭机的特性，增加了有关日常检查、定期检查及特别检查等条。

4.10 固定卷扬式启闭机维护项目及要求

对环保要求较高的工程，如供水工程等，在更换大齿轮、小齿轮、钢丝绳润滑脂和减速器润滑油时建议采用食品级润滑油和润滑脂。

4.11 移动式启闭机维护项目及要求

本节为新增。

根据移动式启闭机的特性，增加了维护项目及要求等条款。

4.14 电气及自动控制设备维护项目及要求

目前在水利水电工程中视频监视、数据采集及双向传输、自动化诊断及报警系统已广泛使用。因此本节给出了电气自动化控制设备的维修养护内容。

4.14.4 由于仪器、仪表、液压电气元件（如压力表、压力传感器、压力继电器以及其他各种继电器等）涉及的产品品种和标准较多，规程中未一一列出进行定期校验对应的执行的标准。

5 记 录 和 报 告

5.4.2 具有资质的专业机构是指获得国家计量认证（CMA）的检验机构，其出具的检验报告上需加盖 CMA 章方为有效。

6　应　急　管　理

6.1　应　急　预　案

6.1.1　钢闸门和启闭机安全运行的专项应急预案可以是工程综合应急预案的一部分。

6.1.2

　　8　应急抢修所需大型机械设备可以租赁，但要能满足时间和数量的要求。

6.2　预　案　管　理

6.2.2　演练可分为模拟仿真、实战或者模拟仿真和实战相结合三种形式进行。对于风险成本高、难度大的演练以采用模拟仿真演练为主；对于风险成本较小、易实现的演练以采用实战演练为主。

7 设备管理等级评定

7.1 一 般 规 定

7.1.2 单位工程系按单元建筑物进行划分，如水库的溢洪道、泄洪洞、放空洞、输水洞等，水闸的节制闸、分洪闸、进水闸、灌溉闸等。

7.1.3 闸门按类型可分为平面闸门、拦污栅、弧形闸门等，按作用可分为工作闸门、检修闸门、事故闸门等。启闭机通常按类型分为固定卷扬式启闭机、液压启闭机、螺杆启闭机、移动式启闭机。移动式启闭机一般又细分为门式启闭机、台车式启闭机。

7.2 闸门、拦污栅评级单元、评级项目及要求

7.2.1 相同类型（作用）的闸门，其评级单元是相同的；不同类型（作用）的闸门，其评级单元会有所不同。

7.2.11

1 闸门全关挡水是闸门的一种运行方式。因此将漏水量作为闸门运行的评价指标。

2 闸门在全关挡水运行时，由于漏水等原因，往往会出现明显振动现象。

7.2.12

1 闸门尺寸较大时，主横梁之间的通达会比较困难，如果不设置设安全走道或爬梯，会存在极大的安全隐患。

7.3 启闭机评级单元、评级项目及要求

7.3.1 相同类型的启闭机，其评级单元是相同的；不同类型的启闭机，其评级单元会有所不同。

水利水电工程安全监测系统运行管理规范

SL/T 782—2019

2019－11－06发布　　　　　　　　　　　2020－02－06实施

前　　言

根据水利技术标准制修订计划安排，按照 SL 1—2014《水利技术标准编写规定》的要求，编制本标准。

本标准共 6 章和 5 个附录，主要技术内容有：总则、术语、监测系统运行、监测系统维护、监测资料整理整编和分析、监测系统管理保障。

本标准批准部门：**中华人民共和国水利部**

本标准主持机构：**水利部运行管理司**

本标准解释单位：**水利部运行管理司**

本标准主编单位：**水利部大坝安全管理中心**

本标准参编单位：**中国水利水电科学研究院**

　　　　　　　　南京水利科学研究院

　　　　　　　　南京水利水文自动化研究所

　　　　　　　　葛洲坝集团试验检测有限公司

　　　　　　　　南京瑞迪水利信息科技有限公司

本标准出版、发行单位：**中国水利水电出版社**

本标准主要起草人：**王士军　姚成林　谭恺炎　方卫华**

　　　　　　　　　谷艳昌　骆少泽　孙建会　黄海兵

　　　　　　　　　王万顺　庞　琼　徐　丰　朱赵辉

本标准审查会议技术负责人：**顾冲时　陆　旭**

本标准体例格式审查人：**陈登毅**

本标准在执行过程中，请各单位注意总结经验，积累资料，随时将有关意见和建议反馈给水利部国际合作与科技司（通信地址：北京市西城区白广路二条 2 号；邮政编码：100053；电话：010 - 63204533；电子邮箱：bzh @ mwr. gov. cn），以供今后修订时参考。

目　次

1 总 则

1.0.1 为规范水利水电工程安全监测系统运行、维护及管理，制定本标准。

1.0.2 本标准适用于大中型水利水电工程安全监测系统运行、维护及管理，其他水利水电工程的安全监测系统可参照执行。

1.0.3 运行管理单位应配置监测专业人员，并制定工程安全监测系统运行管理制度和规程。

1.0.4 监测专业人员应掌握相关水工专业基础知识，了解工程结构及其运行情况，熟悉监测设施布设及安装，依据相关标准开展安全监测工作。

1.0.5 监测设施观测应符合 SL 725《水利水电工程安全监测设计规范》和设计要求，观测频次不应低于 SL 725 和设计要求，自动化系统数据采集宜根据可能条件和监测需求调整频次。工程遭遇特殊情况或突发事件（如高水位、水位骤变、特大降雨、强震等）时，应加密观测。观测数据应及时甄别，测值异常时应检查、复测、确认并记录。当确认测值异常时，应对监测数据及时分析；若工程状态异常时，应增加测次，必要时应及时上报。

1.0.6 监测系统检查应结合日常观测、维护和工程巡视检查进行。工程遭遇突发事件时，应及时对监测系统检查维护和资料分析。

1.0.7 应定期对监测自动化系统进行人工比测。自动化系统出现故障时，应采取人工测读方法观测。

1.0.8 应按照 SL 766《大坝安全监测系统鉴定技术规范》的规定对监测系统进行鉴定。监测系统不能满足工程安全监测要求时，应及时增补或改造。监测系统改造应专项设计、专项审查、专业施工和专门验收。

1.0.9 应逐步提升安全监测系统自动化与信息化水平，规范数据库标准化建设。

1.0.10 本标准主要引用下列标准：

GB/T 3161　光学经纬仪

GB/T 10156　水准仪

GB/T 12897　国家一、二等水准测量规范

GB/T 16818　中、短程光电测距规范

GB/T 17942　国家三角测量规范

GB/T 18314　全球定位系统（GPS）测量规范

GB/T 27663　全站仪

GB/T 50138　水位观测标准

SL 258　水库大坝安全评价导则

SL 551　土石坝安全监测技术规范

SL 601　混凝土坝安全监测技术规范

SL 621　大坝安全监测仪器报废标准

SL 725　水利水电工程安全监测设计规范

SL 766　大坝安全监测系统鉴定技术规范

CH/T 2004　测量外业电子记录基本格式

CH/T 2005　三角测量电子记录规定

CH/T 2006　水准测量电子记录规定

QX/T 50　地面气象观测规范　第6部分：空气温度和湿度观测

QX/T 51　地面气象观测规范　第7部分：风向和风速观测

1.0.11　水利水电工程安全监测系统运行管理除应符合本标准规定外，尚应符合国家现行有关标准的规定。

2 术　语

2.0.1 监测仪器　monitoring instrument
基于各种原理的传感器及测量装置。

2.0.2 监测设施　monitoring facilities
监测仪器及其保护装置、观测房、观测便道等辅助设施的统称。

2.0.3 监测自动化系统　monitoring automation system
监测数据自动采集、传输、存储、处理装置和软件的统称。

2.0.4 监测系统　monitoring system
由监测设施、监测自动化系统组成的监测系统。

2.0.5 人工比测　manual comparison measurement
对实现自动化的监测项目，采用人工测读方法，对自动化测值比对和验证。

2.0.6 期间核查　intermediate checks
两次校准或检定之间进行的校准、检定、比对、检验、验证等。

3 监测系统运行

3.1 一般规定

3.1.1 同一建筑物的各类监测项目宜在同一观测时段观测，监测仪器成组布置的测点应同步观测，观测应同时记录环境量及可能引起测值变化的相关情况。

3.1.2 监测系统运行观测宜固定观测人员、测量仪表和观测时间，更换测量仪表应及时检验其是否具有互换性。

3.1.3 测量仪表应与监测精度要求匹配，观测前应检查监测设施的工作状态，确认正常后方可测读。测量仪表应定期检定或校准。

3.1.4 测读时如发生测值不稳、无测值或测值异常等情况，应对测量方法、测读仪表与仪器等进行检查、评价、分析并记录。

3.1.5 观测记录应采用统一、规范的表格，信息填写应真实、准确、齐全并署名，观测记录表格式可参照附录 A。

3.1.6 观测后应恢复各类监测仪器保护设施。观测记录应及时整理归档，并录入数据库。

3.2 环 境 量

3.2.1 环境量监测项目包括水位、降水量、水温、气温、气压、风向、风速等，监测设施包括水位计、雨量计、温度计、气压计、风向风速仪等。

3.2.2 水位观测应符合下列要求：

1 水位应每日定时测读。

2 水位读数至 0.01m。

3 人工测读时，按水面与水尺的相交处读取数值。当水面出现风浪时，应读取浪峰、浪谷时的数值，取其平均值作为水位测值。

4 当水位监测断面全部结冰冻实时，可不测读水位，但应记录冻实时间；水尺附近未冻实时，可将水尺周围的冰层清除，待水面平静后再测读水位。

5 潮水位观测应按 GB/T 50138 的规定执行。

3.2.3 降水量观测应符合下列要求：

1 降水量应每日定时观测，观测时间宜为每日 8 时。

2 降水量读数至 0.1mm。

3.2.4 水温观测应符合下列要求：

1 水温读数至 0.5℃。

2 水温观测的同时应观测气温。

3.2.5 气温观测应符合下列要求：

1 气温应每日定时观测。

2 气温读数至 0.5℃。

3 气温观测应设置配套的百叶箱。

3.2.6 气压观测应符合下列要求：

1 气压观测应与需要气压修正的监测仪器同步观测。

2 避免阳光直接照射或气流影响。

3 气压读数至 0.1hPa。

3.2.7 风向、风速观测应符合下列要求：

1 风速读数至 0.1m/s，风向以度（°）为单位或按照 QX/T 51 规定的 16 个方位确定。

2 当没有测定风向风速的仪器，或仪器故障时，可按照 QX/T 51 中的风力等级表目测风向、风力。

3.2.8 环境量观测记录表格式可参照附录 A.1 节。

3.3 变　　形

3.3.1 变形监测项目包括水平位移、垂直位移、接（裂）缝开度等，监测设施包括变形监测控制网、表面变形监测点、视准线、引张线、垂线、激光准直、静力水准仪、电磁式（干簧管式）沉降仪、水管式沉降仪、引张线式水平位移计、测斜仪、双金属标、位移计以及表面测缝标点等。

3.3.2 变形监测控制网包括水平位移监测控制网和垂直位移监测控制网，其观测应符合下列要求：

1 水平位移监测控制网宜采用边角网法或 GNSS 网法进行观测。边角网法观测应按 GB/T 17942 的规定执行，GNSS 网观测应按 GB/T 18314 的规定执行。

2 GNSS 网可采用在线自动监测或人工观测，人工观测应符合下列要求：

　1） 应采用 B 级及以上精度的 GNSS 静态测量法。

　2） 网中距离较近的点应同步观测。

　3） 实行分区观测时，相邻区间至少应有 2 个公共点。

　4） 可通过增加观测期数（时段数）及重复设站次数的方法，使 GNSS
　　　网点的位移观测中误差满足规范规定的要求。

3 垂直位移监测控制网可采用精密水准法或三角高程法观测，精密水准法观测应按 GB/T 12897 的规定执行，三角高程法观测应按 GB/T 17942 的规定执行。

4 观测前，应使光学机械仪器的温度与大气温度趋于一致，观测过程不应受到日光直接照射。

5 变形观测作业宜采用电子记录，电子记录应及时备份，并不得进行剔除、删改或编辑，不适宜电子记录的亦可采用手簿记录。电子记录可参照 CH/T 2004、CH/T 2005、CH/T 2006 执行，手簿记录可参照 GB/T 17942、GB/T 16818、GB/T 12897 执行。

6 每期观测结束后，应及时对变形监测外业成果进行检查、验算，合格后进行计算处理。

7 应定期分析评判变形监测工作基点的稳定性。

8 变形监测控制网宜每年观测 1 次，连续 5 次以上复测稳定的变形监测控制网可每隔 2～3 年复测 1 次，必要时应及时校测。

3.3.3 视准线观测应符合下列要求：

1 视准线观测可采用活动觇牌法或小角度法。

2 观测时，仪器应架设在工作基点上，以观测其邻近一半的测点为宜。视准线长度超过 300m 的混凝土坝和视准线长度超过 500m 的土石坝，应采用中间设站法观测。

3 采用小角度法观测时，各测次均应使用同一个度盘分划线；如各测点均为固定的觇牌，可采用方向观测法。

4 视准线工作基点的水平位移应定期校测，并根据校测成果对测点水平位移进行修正。

5 每一测次应观测两测回，每测回包括正、倒镜各照准觇标两次并读数，取均值作为该测回之观测值。观测限差应符合表 3.3.3 的规定。

表 3.3.3 视准线观测限差

方 式	正镜或倒镜两次读数差	两测回观测值之差
活动觇牌法/mm	2.0	1.5
小角度法/(″)	4.0	3.0

3.3.4 引张线观测应符合下列要求：

1 宜采用专用读数仪或显微镜观测，不应直接目视读数。

2 首次观测前，应测定各测点与两端点间距，测距相对中误差不应大于 1/1000。

3 人工观测应符合下列要求：

1） 观测前，应检查、调整全线设备，使浮船和测线处于自由状态。

2） 每从一端观测到另一端后，应在若干部位轻微拨动测线，待其静止后再复测。

3）观测时，先整置仪器，分别照准钢丝两边缘读数，取平均值，作为观测值。左右边缘读数差和钢丝直径之差不应大于 0.15mm。

4）每一测次应测读两测回，两测回测值之差不应大于 0.15mm。当使用两线仪、两用仪或放大镜观测时，两测回测值之差不应大于 0.3mm，取两测回平均值作为观测值。

5）引张线测读完成后应恢复引张线的保护设施。

4 采用垂线校测引张线端点位移时，应同时观测垂线测点的测值。

3.3.5 垂线观测应符合下列要求：

1 垂线观测前，应检查垂线是否处在自由状态，倒垂线还应检查调整浮体组的浮力，使其满足要求。

2 人工观测应符合下列要求：

1）一条垂线上各测点，应依次在尽量短的时间内完成。

2）用光学垂线坐标仪观测前后，必须检测仪器零位，并计算与首次零位之差，取测前、测后两次零位差之平均值作为本次观测值的改正数。

3）每一测次应测读两测回，两测回测值之差不应大于 0.15mm，取两测回平均值作为观测值。

4）观测时，将仪器置于底盘并调平，照准测线中心两次，或照准测线左右边沿各一次，构成一个测回，两次读数差或左右沿读数差与钢丝直径之差不应大于 0.15mm，取两次读数的均值为该测回的测值，两测回间应重新整置仪器。

3.3.6 激光准直装置观测应符合下列要求：

1 首次观测前，应调整点光源位置和方向，使激光束中心与第一块波带板中心基本重合。

2 激光探测仪应先启动电源，待仪器预热后观测。

3 真空激光准直观测应符合下列要求：

1）观测前应先启动真空泵抽气至 66Pa 以下或设计要求。

2）观测时，依次从一端观测各测点，进行往测；再由另外一端依次观测各测点，进行返测。各测点往返观测值的偏差不应大于 0.3mm，各测点取往返观测值的均值作为观测值。

4 大气激光准直观测应符合下列要求：

1）应在大气稳定、光斑抖动微弱时进行，如在坝顶，宜在夜间观测。

2）观测时，由近至远，依次观测各测点，进行往测；再由远至近，依次观测各测点，进行返测。各测点取往返观测值的均值作为一个测回的观测值，重复上述步骤观测两测回，两测回观测值偏差不应大于 1.5mm，取两测回观测值的平均值作为观测值。

5 采用垂线、双金属标校测激光准直端点位移的，应同时观测垂线测点和双金属标的测值。

3.3.7 静力水准观测应符合下列要求：

1 测读前，应检查管路内是否存在气泡或漏水情况，在确认设备工况运行正常及各测点水位稳定后，可进行测读。

2 人工读数时，视线应与刻度保持正视。每一测次应测读两测回，两测回观测值之差不应大于 0.15mm，取两测回平均值作为观测值。

3 应定期校测静力水准系统基点变形情况。采用双金属标校测静力水准基点时，应同步观测双金属标测值。

3.3.8 电磁式（干簧管式）沉降观测应符合下列要求：

1 观测前，应检查沉降仪是否正常工作，自检合格后，调整蜂鸣器与灵敏度旋钮至合适位置。

2 将沉降仪探头先放至管底，稳定 10min，慢慢往上收，听到蜂鸣器响声时，将探头上下缓缓移动，当电压表指针偏转至最大瞬间，量测探头深度，再将探头放下 0.5～1.0m，重复上述操作，测得第 2 个深度值，两次测值的差值不应大于 2mm，取两次测值平均值作为测量值。按此测量其他沉降环深度值。

3.3.9 水管式沉降仪观测应符合下列要求：

1 测读前，应检查储水箱的水量、输水管路和排气管路的通畅情况。

2 确认水管式沉降仪工作状态正常后，依次对每个测点补水，补水结束待管内水位稳定后，每隔 10min 测读 1 次，当相邻两次测值之差小于 2.0mm 时，取其平均值作为该次的观测值。

3 测读时，宜同步测量其所在观测房的垂直位移，并对相应测点的垂直位移值进行修正。

3.3.10 引张线式水平位移计观测应符合下列要求：

1 测读前应按规定加载重量，测读后应平稳卸掉加载重量，加载和卸载过程均应缓慢平稳，不得转动或晃动。

2 每次测读两测回。加载稳定 15min 后开始测读，每隔 10min 测读 1 次，当相邻两次测值之差小于 0.5mm 时，取其平均值作为一测回测值；卸载后重新加载重量，再进行下一测回的测读。两测回读数差不应大于 2.0mm。

3 测读时，宜同步测量其所在观测房的水平位移，并对相应测点的水平位移值进行修正。

3.3.11 活动式测斜仪观测应符合下列要求：

1 观测前应采用模拟探头在 A、B 槽全孔深滑行一遍，无异常方可观测。

2 观测宜采用管口滑轮。观测前应将探头与电缆连接牢固，观测时应将测斜装置高轮朝向正位移方向，沿测斜管导槽缓缓放至孔底，保持每次起测的高程相同。

3 测斜仪应在孔底放置 5～10min，待其温度稳定后，自下而上进行测读，相邻两个测点的间距宜与测斜仪标距相同，完成正向行程测量。再将测斜仪调转 180°，重复上述观测步骤完成反向行程测量。单传感器测斜仪，应先后测量 A、B 槽。

4 正向、反向行程测量完成后，应及时进行"和校验"：将两组读数相加，取其平均值作为测斜仪传感器零偏移值，当零偏移值超过仪器规定值时，应补测或重测。

3.3.12 双金属标观测应符合下列要求：

1 测读前，应检查管口夹具和双金属标连接情况。

2 使用游标卡尺量测时，应先检查卡尺的活动情况，每次应在同一部位量测，读数至 0.01mm，每次观测应测读两次，两次观测值之差不应大于 0.15mm，取两次平均值作为观测值。

3 以双金属标作为水准测量基准点向外引测时，应满足按一等水准测量的要求。

4 双金属标测读应与相应的垂直位移监测同步，并根据双金属标测值的改正值对相应测点的垂直位移测值进行修正。

3.3.13 表面测缝标点观测应符合下列要求：

1 单向表面测缝标点和三向弯板式表面测缝标点宜采用游标卡尺或千分表量测，单向表面测缝标点也可采用固定百分表或千分表量测，平面三点式测缝标点宜采用专用游标卡尺量测。

2 表面测缝标点每测次量测两次，两次量测值偏差不应大于 0.2mm，取两次量测值的平均值作为本次观测值。

3.3.14 倾角仪（电平器）、固定式测斜仪、三向测缝计、多点位移计和其他埋入式位移传感器的观测可按 3.5 节规定执行。

3.3.15 变形观测记录表格式可参照附录 A.2 节。

3.4 渗 流

3.4.1 渗流监测项目包括渗流压力、扬压力、渗流量和渗流水质，监测设施包括测压管、渗压计、量水堰等。

3.4.2 测压管观测应符合下列要求：

1 无压孔测压管水位宜使用电测水位计人工测读；有压孔测压管水位宜使用压力表人工测读。

2 使用电测水位计测读时，将测头小心放入测压管内，在水位计指示器发出信号时，宜将探头继续往下放 10～20cm，再缓慢提起测头确认水面后进行测读，读数至 0.01m。

3 有压测压管使用压力表测读时，测值应测读至压力表的最小估读值。当测压管中有明显气压存在时，应排气后再进行测读。

4 有压测压管观测时应检查压力表，当测值长期超出 1/3～2/3 量程范围时，应适时更换相应量程及精度等级的压力表。

5 当测压管内放置渗压计进行监测时，应按照已标定的仪器参数和安装高程计算测压管水位，并宜进行气压修正。

3.4.3 埋入式渗压计观测应按 3.5 节的要求执行。

3.4.4 渗流量观测应符合下列要求：

1 采用量水堰观测时，量水堰堰槽、堰板和水尺应保持清洁，水尺测读时，堰上水头读数至 0.1mm。采用水位测针测读时，应将测针缓缓下移，在测针接触到水面时即可测读，读数至 0.1mm。应连续测读两次，读数差不应大于 0.2mm。堰上水位计的观测应按 3.5 节的规定执行。

2 采用容积法观测时，量具集水时间不应小于 10s，应连续测读两次，测值差不应大于平均值的 5%，取平均值为流量测值。

3 采用流速法观测时，应连续测读两次，流量之差不应大于均值的 10%，取平均值为流量测值。

3.4.5 应检查记录各渗水点的水质及透明度状况。渗水中发现有析出物等异常情况时，应及时上报，必要时取样进行渗水和析出物水质分析。

3.4.6 渗流观测记录表格式可参照附录 A.3 节。

3.5　应力应变及温度

3.5.1 应力应变及温度监测项目包括混凝土或岩土内部及其表面的应力、应变、锚杆应力、锚索应力、钢筋应力、孔隙水压力、土压力、钢板应力以及温度等。应力应变监测仪器的形式主要包括差动电阻式和振弦式，其他类型监测设施可参照执行。

3.5.2 应力应变及温度监测仪器测读应符合下列要求：

1 测读前，应保持监测仪器电缆的清洁、干燥，无锈蚀、氧化现象，测量仪表功能性能正常。

2 测读时，应选择仪器相应的测量仪表和测量模式，并将监测仪器电缆芯线与测量仪表对应颜色的接线柱牢固连接。

3 待测值稳定后再读数、记录，测读时不得用手或其他导体直接接触传感器连接芯线。

3.5.3 采用差动电阻式传感器测量时应同时与上次测值进行对比，当本次测量电阻比或电阻值与上次读数之差超过类似工况变化条件下的差值或历史同期变化时，应重复观测并记录。

3.5.4 采用振弦式仪器观测时，应同时将本次测值与上次测值进行比较，当频率模数或线性读数值与上次测值之差超过类似环境变化下的测值变化时，宜复核并同时记录周期读数。

3.5.5 当发现光纤光栅仪器测值变化幅度超过历史同期变化时，应重复测量 3 次，每次保持 30s，根据极差对测值可靠性进行判断，必要时应采取相应措施。

3.5.6 对按常规使用条件不能正常使用的仪器，宜根据监测仪器原理和测点重要性，采用合适的测量方式继续观测。

3.5.7 应力应变及温度观测记录表格式可参照附录 A.4 节。

3.6 地 震 反 应

3.6.1 地震反应应监测震动加速度，监测设施主要为加速度传感器及其记录仪。

3.6.2 当地震触发监测系统工作时，应立即检查强震记录情况，并获取各个通道最大加速度值，形成地震未校正加速度记录，地震未校正加速度记录应包括头段数据和记录波形。

3.6.3 若获得场地加速度峰值不小于 $0.025g$ 的记录，应填写监测记录报告单并上报主管单位，并应及时对加速度记录进行处理分析，形成校正加速度记录、速度和位移时程，计算反应谱和傅里叶谱。

3.7 自 动 化 系 统

3.7.1 监测自动化系统运行应符合下列要求：

1 监测自动化系统操作应设置角色和权限。

2 采集频次宜设定为每天 1 次，且应不少于 SL 725 规定的采集频次，应急条件下可加密。

3 应按相关要求完成日报表、月报表等报表制作，必要时上报。

4 监测自动化系统不应安装与计算机系统运行无关的软件；与外网连接时，应设置防火墙。

5 原始测量数据应输入数据库。数据库应备份，备份周期不应超过 30 日。

3.7.2 监测自动化系统运行应包括下列内容：

1 检查监测自动化系统运行状况，查看系统故障日志，及时上报故障报警信息，并按规定程序处理。

  2 检查采集数据是否完整，测值有无异常，物理量变化是否合理。应对超限报警或异常测值及时复测，必要时进行人工比测，并上报。

  3 检查采集数据的可靠性和稳定性，并统计采集数据的缺失率、采集装置年平均无故障时间和年平均维修时间。

3.7.3 自动化系统的测点应至少每半年人工比测 1 次。

3.7.4 监测自动化系统的计算机应及时进行病毒查杀，系统时钟应每月校正 1 次。

3.7.5 监测自动化系统运行应做好工作日志，发现问题及时处理。更换备件应及时登记台账。

4 监测系统维护

4.1 一般规定

4.1.1 监测系统维护包括日常维护、定期维护和应急维护。日常维护可结合日常观测和工程日常巡视检查进行，定期维护可结合工程年度检查和监测系统鉴定进行，应急维护应在工程遭遇特殊工况后立即进行。定期维护内容和频次应按照附录 B 的规定执行，日常维护和应急维护宜按照附录 B 的规定执行。检查维护记录表格式可参照附录 C.0.1 条、C.0.2 条。

4.1.2 监测系统维护应根据监测设施、自动化系统的结构和运行要求，通过检查、测试、清洁、更换和保养等手段进行。

4.1.3 应对光学仪器和测量仪表定期检定或校准，在检验合格有效期内使用。

4.1.4 应配备相应的维修维护工具、器件和材料，满足系统维护需要。

4.1.5 发现监测仪器故障时，应及时采取相应措施。故障维修记录表格式可参照附录 C.0.3 条。

4.1.6 对于不能通过维护维修恢复的监测仪器、测量仪表和数据采集装置的报废处理应按 SL 621 执行。

4.2 环境量

4.2.1 水位监测设施维护应符合下列要求：

　　1 检查水位观测井或水尺，清理观测井中杂物，清除尺面刻度附着物。

　　2 校测水尺零点高程，当水尺零点高程发生变化时，应及时进行校测和修正。

　　3 检查水位传感器支撑稳固情况，水位传感器及其采集装置宜定期比测。

　　4 自记水位计的检查维护应按 GB/T 50138 的规定执行。

4.2.2 降水量监测设施维护应符合下列要求：

　　1 检查传感器器口变形、器口面水平、器身稳固等情况。

　　2 检查、清除承水器滤网上的杂物和漏斗通道堵塞物。

　　3 比测或校准自记雨量计的准确性，检测承水器口的直径和水平度。

4.2.3 水温监测设施维护应符合下列要求：

　　1 检测电阻式水温计测值稳定性及绝缘电阻。

　　2 活动式水温计应定期检定或校准。

4.2.4 气温监测设施维护应符合下列要求：

　　1 检查、清洁百叶箱和气温传感器，检查和清洁按 QX/T 50 的规定执行。

2 活动式气温计应定期检定或校准。

4.2.5 气压监测设施维护应符合下列要求：

1 检查清洁气压表。

2 检查并保持水银气压表垂直悬挂。

3 检查并保持电测气压传感器静压通气口通畅。

4 检查更换电测振筒式气压传感器的干燥剂。

4.2.6 风向、风速监测设施维护应符合下列要求：

1 检查电接风向风速计电源电压，必要时维修更换相应设备。

2 清洁干燥轻便风向风速表。

3 清洁自动测风仪的风向方位块。

4 检查并保持旋转式测风传感器旋转部件灵活平稳，发现异常时应及时更换备品备件；清洗风传感器轴承，检查、校准风向标应指北方位。

4.3 变　　形

4.3.1 表面变形监测设施维护应符合下列要求：

1 应巡查变形监测控制网和表面变形测点、基准点状况。巡查内容包括：观测道路是否通畅，网点、基准点或测点及其保护装置是否缺损，测量视线是否通视。发现问题应及时处置。

2 变形监测控制网复测后，应对各网点进行稳定性分析，并综合评价网的整体稳定性。对于稳定性差的网点，应根据实际情况，采取加固、重建等措施；对整体稳定性差的网，应重新设计。

3 应检查 GNSS 测点通视情况、安装是否稳固、供电系统与保护装置是否正常、卫星信号接收是否稳定，发现天线 15°高度角以上障碍物或其他异常时应及时维护。

4.3.2 引张线装置维护应符合下列要求：

1 检查引张线测点和线体的工况，发现测点窜风、浮船箱液位异常、浮船碰壁、线体松弛、线体与护管接触、测读装置及其支架松动或损坏等情况时，应及时处理。

2 检查引张线仪的运行环境和工作状态，如不满足设备技术要求应进行维护。应检查处理 CCD 坐标仪的发光管镜头及感应窗的水汽或灰尘附着物，电容式引张线仪的极板结露、中间极移位，步进马达式引张线仪的丝杆、发光管镜头及感应窗的水汽或灰尘附着物。

3 检查固定端或加力端，发现卡阻、加力端重锤不自由、两端支架松动或损坏等情况时应及时处理。

4 必要时应进行线体稳定性、测值准确性检验，检验方法和评价指标应满足 SL 766 的要求。

4.3.3 垂线装置维护应符合下列要求：

1 检查垂线观测房和测点工况、支撑架、油桶和线体，发现照明不足、测点窜风、渗水、结露、支撑架松动或损坏、油桶漏油、油桶中存在杂物、倒垂浮筒内油位不够、倒垂浮体装置倾斜或浮子碰壁、正垂线的重锤与阻尼油桶壁接触、垂线线体有附着物或与其他物体接触等情况时，应及时维护或修复。

2 检查垂线坐标仪工况，发现脚螺旋松动、丝杆滑丝、松动等致使垂线坐标仪不能稳固地正常工作时，应及时进行维护。采用瞄准仪时，应保持尺面刻度清晰及滑块滑动灵活。采用遥测垂线坐标仪时，应检查其运行环境和工作状态，如不满足设备技术要求应进行维护。

3 检查垂线孔（管）和正垂线悬挂点支撑架，垂线孔（管）内发现异物应及时清除，悬挂点支撑架出现松动或损坏等现象时应及时加固维护。

4 必要时应进行线体稳定性、测值准确性检验，检验方法和评价指标应满足 SL 766 的要求。

4.3.4 激光准直装置维护应符合下列要求：

1 检查处理真空管道发射端与真空管道连接处、接收端与真空管道连接处、真空管道与测点箱连接处和波纹管等部位的变形和密封等情况，真空管道的漏气率和真空度应符合要求。

2 发射装置检查维护时，不得触碰激光管及其微调装置、小孔光栏，不得改变激光管和小孔光栏的位置。

3 激光跟踪仪维护时，应擦除附在激光跟踪仪丝杆及导轨上的灰尘及油污，并重新进行润滑处理。

4 检查激光跟踪仪输出的信号电缆，发现电缆接头接触不良时，应重新焊接或更换。

5 检查维护真空表（计）、自动监测设备等，对系统供电电压进行测试检查。

6 检查真空泵油的油质，并按要求及时更换真空泵油。

4.3.5 静力水准装置维护应符合下列要求：

1 检查静力水准系统各测点的人工读数窗、浮子状态和液位以及钵体和管路的保温情况。

2 静力水准系统补充液体时，应缓慢加液，避免产生气泡，可在液体中加少量硅油以减缓液体蒸发速度。

3 检查钵体及其支撑体的变形、连通管路中的气泡及漏液情况等，发现问题应及时维护。

4.3.6 电磁式（干簧管式）沉降仪装置维护应符合下列要求：

1 检查维护管口及管口保护装置。

2 校验沉降仪电缆长度。

4.3.7 水管式沉降仪装置维护应符合下列要求：

1 检查观测房内测量柜及水位指示装置的固定情况，并检查维护各管路的通畅和接头密封情况，保持管内液体清洁。

2 检查维护自动化数据采集装置充水设备的电磁阀门及阀门继电器等。

3 测试进水管、通气管、排水管的连通性，发现有堵塞现象应及时清洗管路。

4.3.8 引张线式水平位移计装置维护应符合下列要求：

1 检查引张线式水平位移计的线体、挂重装置、测读装置，发现外露端卡阻无润滑、测读装置不紧固、悬挂端重锤不自由、支架松动或损坏等情况，应及时维护。

2 检查维护自动加载设备的电机、行程开关、限位开关、传递装置及加载装置等。

4.3.9 测斜仪装置维护应符合下列要求：

1 检查活动式测斜仪的导轮、弹簧、密封圈的工作情况和信号输出情况，并检查管口变形、管口保护装置。

2 校验测斜仪电缆长度。

3 必要时，应对测斜管进行测扭。

4.3.10 双金属标装置维护应符合下列要求：

1 检查管体变形、测点装置变形及其与金属管连接、金属管锈蚀等情况，发现问题应及时处理。

2 检查处理双金属标仪底座与端点混凝土基座的固定情况，发现松动应及时加固。

3 定期校验双金属标仪或进行比测。

4.3.11 表面测缝标点维护应符合下列要求：

1 检查标点与基础连接情况以及防水、排水措施。

2 定期进行防锈处理。

4.3.12 埋入式位移传感器维护应参照 4.5.1 条的要求执行。

4.4 渗 流

4.4.1 测压管维护应符合下列要求：

1 检查维护测压管孔口装置的外露构件防护和密封情况。

2 校测电测水位计的测尺长度，维护尺度标记清晰，测试蜂鸣器工作状态。

    3 检查测试压力表的灵敏性和归零情况。

    4 校测、修正测压管孔口高程、压力表中心高程及管内渗压计安装高程。

    5 按照 SL 766 的规定测试测压管的灵敏度。

    6 比对测压管内渗压计计算水位与人工测量水位。

4.4.2 埋入式渗压计维护应符合下列要求：

    1 检查维护电缆线头、电缆标识和电缆保护设施，检查要求按 4.5.1 条执行。

    2 按照 SL 766 的规定检测埋入式渗压计的稳定性、绝缘电阻。

4.4.3 量水堰监测设施的维护应符合下列要求：

    1 检查、清理堰板前后集（排）水沟中的淤积物，清除水尺和堰板处的附着物，检查、清除量水堰仪浮筒及其进水口附近的杂物，必要时可在测读装置上游设拦污栅。

    2 校测量水堰仪或水尺的起测点和堰口高程。

    3 量水堰与渗流量不匹配时，应更换量水堰或采用其他监测方法。

4.5 应力应变及温度

4.5.1 应力应变及温度监测检查维护应符合下列要求：

    1 检查并保持标志清晰耐久。

    2 清除电缆线头氧化层并烫锡，做好电（光）缆头和标志的保护和防潮。

    3 检查并保持电（光）缆不受挤压、破坏和变形，避免光缆弯曲超出相关标准。光缆的接线盒安放应牢固，防止出现腐蚀、损伤、变形等情况。

4.5.2 安装在建筑物表面的钢板应力计或部分外露的锚杆（锚索）应力计，应检查并保持其保护装置和锚头的完整和牢固。

4.5.3 应按照 SL 766 的规定检测应力应变及温度监测仪器的稳定性、绝缘电阻。

4.5.4 应检查集线箱密封性、接触电阻及绝缘电阻，检查维护通道切换开关和档位。应清理集线箱的灰尘和杂物，检查并保持集线箱测点信息表完整清晰。

4.6 地 震 反 应

4.6.1 应检查仪器参数设定、通道极性设置、加速度传感器零位电压、触发设定与阈值、标定记录、供电状态，检测定位系统同步，测试双向通信。

4.6.2 应检测地震台阵的时标校准、记录器面板检查、电源电压检测、各通道记录检查、待触发位恢复等。

4.6.3 应检测并保持加速度传感器、信号传输和强震动记录器正常。若检测正常，则进行灵敏度标定、场地脉动和水工建筑物脉动反应测试及测试记录的计算分析；若检测不正常，则及时维修或更换。不得同时对两套以上仪器进行标定或检修。

4.6.4 若发生有感地震时，应及时对台阵进行巡回检测。

4.7 测 量 仪 表

4.7.1 测量仪表检查保养应符合下列要求：

1 检查测量仪表电源的工作状态，并按照使用说明书保养仪表电池。

2 检查并保持测量仪表接线柱牢固可靠、数值显示清晰完整。

3 检查测量仪表防尘、防水、防摔措施，保持测量仪表机壳和面板清洁。

4 定期对测量仪表进行检定或校准。

5 测量仪表发生故障时，宜由专业人员维修。

4.7.2 测量仪表使用前后，应检查仪表外观、功能键、接线柱、电池状态和显示情况等。

4.7.3 全站仪、水准仪、经纬仪应分别按照 GB/T 27663、GB/T 10156、GB/T 3161 的规定进行维护。

4.7.4 测量仪表维护、检定或更换，应作详细记录，记录格式可参照附录 C.0.2 条。

4.8 自 动 化 系 统

4.8.1 应检查数据采集装置的通信端口、供电电压、防雷模块和接地保护装置有效性，并及时更换蓄电池、防雷模块等易损易耗件。

4.8.2 应检查计算机系统的硬件、软件和网络，升级操作系统、防病毒软件及防护隔离设备。

4.8.3 应检查数据采集和管理分析软件各项功能，必要时可升级采集和管理分析软件。

4.8.4 自动化系统通信、供电、防雷和接地保护装置等设施检查维护应符合下列要求：

1 检查通信设施工作状态，无线通信设施应测试无线信道。

2 检查供电设施工作状态、测试相关参数。检查市电供电系统稳压电源、隔离变压器、UPS 等。检查并保持太阳能板牢固、完整和清洁。

3 检查避雷设施可靠性，并测试接地电阻，必要时应采取降阻处理措施。

4 测试系统绝缘电阻，电阻值应满足相关要求。

4.8.5 通信电（光）缆维护应按照 4.5.1 条的规定执行，同时应避免信号干扰。

4.8.6 计算机站房检查维护应符合下列要求：

1 检查并保持机房温度、湿度及照明适宜。

2 检查机房防火、防水、防雷、防静电、防有害生物等措施和设备。

3 机房电源应独立供电，并配备 UPS。

4.8.7 自动化系统应配备必需的备品、备件。

4.8.8 遭遇雷暴、强震等情况应及时开展应急检查维护。

4.8.9 具有远程访问功能的自动化系统，在进行远程诊断和维护时，应按规定程序由授权的管理人员操作，完成后及时关闭该功能。

4.8.10 应建立自动化系统维护日志，并存档。

5 监测资料整理整编和分析

5.1 一 般 规 定

5.1.1 资料整编分析范围应包括巡视检查、变形、渗流、应力应变、温度、地震反应及环境量等监测项目。

5.1.2 监测资料整理整编分析应包括工程施工期、初期运行期与运行期监测资料的日常整理、定期整编分析。遭遇高水位、超低水位、水位骤变、特大暴雨、强地震以及边坡或地下洞室开挖等特殊情况和工程出现不安全征兆时，应开展应急整编分析。

5.1.3 资料整编和分析应结合工程实际情况和特点，资料整编应侧重资料的完整性、规范性、准确性，资料分析应突出规律性、趋势性分析和异常现象诊断。资料综合分析应评估工程的运行状态，拟定或修订安全监控指标。

5.2 监 测 资 料 整 理

5.2.1 巡视检查结束后，应及时对文字描述、草图、影像资料等原始检查记录进行归类整理存档，由责任人签字确认，并将原始资料电子化。

5.2.2 人工观测完成后，应随即检查、检验原始记录的准确性、可靠性、完整性，将其换算成监测物理量测值，并判断测值有无异常。监测物理量换算方法可参照 SL 551 或 SL 601 执行。

5.2.3 采用自动化系统观测的，应及时对采集的数据进行甄别、处理。

5.2.4 监测物理量基准值、初始值选取应准确、规范，换算公式和参数应正确。

5.3 监 测 资 料 整 编

5.3.1 资料整编周期不宜超过 1 年。施工期、初次运行期的整编时段，应根据工程施工、蓄水或通水进度确定。大坝、水闸、堤防等工程运行期，每年汛前应将上年度的监测资料整编完毕。水工隧洞、通航建筑物、渠道等其他工程，可根据自身运行特点制定整编周期。

5.3.2 资料整编应包括整编时段内的巡视检查资料、监测数据、文字和图表等所有监测资料。整编时段内的监测物理量应按时序列表统计和校对，发现可疑数据，不宜删改，应标注记号，并加注说明。

5.3.3 首次整编收集资料应包括工程基本资料、监测设施和仪器考证资料、有关物理量的换算公式以及设计警戒值或监控指标等，并单独刊印成册。以后根据变动情况，应及时修改或补充。

5.3.4 各项监测资料整编的时间应与前次整编衔接，监测部位、测点及坐标系统等应与历次整编一致。

5.3.5 资料整编的内容齐全，各类图表的内容、规格、符号、单位以及标注方式和编排顺序，应符合有关规定和要求。

5.3.6 各监测物理量的计（换）算和统计应正确，有关图件应准确、清晰。整编说明应全面，资料初步分析结论、处理意见和建议等应符合实际，需要说明的其他事项应无遗漏等。

5.3.7 对巡视检查发现问题的描述、发现时间、发展变化情况、原因分析以及处理措施和效果等，应表述清楚、全面，并将原始记录复印件或者由责任人签字的电子打印件，作为附件列入整编报告。

5.3.8 各类监测项目整编表宜按附录 D.1 节格式统计。

5.3.9 监测物理量过程线图绘制时，应同时绘制相关环境量的过程线，还应绘制能表示各监测物理量在时间和空间上的分布特征图和与有关因素的相关图。各类项目监测成果图宜按附录 D.2 节格式绘制。

5.3.10 资料整编应分析各监测物理量的变化规律，对监测系统运行提出意见或建议。

5.3.11 资料整编应形成标准格式电子文档报告，并应复制到其他存储介质备份，同时刊印成册、建档保存。

5.3.12 资料整编报告编制应符合下列要求：

    1 整编报告主要内容和编排顺序宜为：封面、目录、整编说明、工程基本资料、监测项目汇总表、监测频次、监测仪器设施考证资料（首次整编时）、巡视检查资料、监测资料、分析成果、监测资料图表和封底。

    2 监测资料图表可按巡视检查、变形、渗流、压力或应力与温度、其他监测项目的编排次序编印。每个监测项目中，整编图在前、统计表在后。

    3 整编报告封面应包括工程名称、整编时段、卷册名称与编号、编制单位、刊印日期等。整编说明应包括整编时段内工程变化、运行概况，巡视检查与监测工作概况，资料的可靠性，监测设施的维修、检验、校验以及更新改造情况，监测中发现的问题及其分析、处理情况（含有关报告、文件的引述），对工程运行管理的建议，以及整编工作的人员与组织情况等。

5.4 监 测 资 料 分 析

5.4.1 资料分析可分为初步分析和综合分析。

5.4.2 初步分析应在监测资料整理与整编基础上，对报表数据、过程线图、分布图、相关性图等定性分析，重点分析各监测物理量的变化规律及其对工程安全的影响，突出规律性、趋势性分析和异常现象诊断，提出影响工程安全性态的可能因素。

5.4.3 综合分析宜采用定性、定量相结合多种方法，评估工程运行状态，提出或调整施工或运行监控指标，出具专题分析报告。在工程安全鉴定、遭遇特殊工况、出现异常或险情时，应开展综合分析。综合分析可委托有经验的单位承担。

5.4.4 运行期的监测资料分析，应针对工程自身特点，反映建筑物的运行状态。

5.4.5 巡视检查资料分析，应通过外观异常部位、变化规律和发展趋势，定性判断与工程安全的可能联系，并为安全监测和监测数据的分析提供依据。

5.4.6 监测资料分析可采用比较法、作图法、特征值统计法或数学模型法等。使用数学模型法做定量分析时，应同时采用其他方法进行定性分析验证。

5.4.7 监测资料分析应分析各监测物理量的特征值、变化规律、趋势及效应量与原因量之间（或几个效应量之间）的关系和相关程度。有条件时，还应建立效应量与原因量之间的数学模型，借以解释监测量的变化规律，判断各监测物理量的变化和趋势是否正常；并应对各项监测成果进行综合分析，揭示工程的异常情况和不安全因素，评估工程的运行状态，并拟定或修订安全监控指标。

5.4.8 资料分析报告编排顺序宜为：封面、扉页、目录、分析说明、工程基本资料、监测项目与监测频次汇总表、监测仪器设施考证资料与运行性态、巡视检查资料分析、监测资料分析、分析结论与建议、附图附表和封底等，可参照附录E。

6 监测系统管理保障

6.1 一般规定

6.1.1 监测系统管理保障，应包括制度和人员保障、监测设施管理保障、监测技术资料管理保障。

6.1.2 监测系统运行管理可委托具有相应能力和经验的单位承担。

6.2 管理单位、制度及人员

6.2.1 监测系统管理应配备监测专业人员，有条件时，可设置专门监测系统运行管理部门。

6.2.2 监测系统管理单位应制定安全监测岗位责任、巡视检查、监测、维修养护、设备管理等制度和技术规程，建立安全监测技术档案。

6.2.3 监测专业人员应相对固定，应分工明确、职责清晰、人员数量应满足监测工作的需要。开展检查、观测、维护等野外工作时，不宜少于两人。

6.2.4 监测专业人员应严格按照有关规定开展监测工作，包括巡视检查、日常观测、监测设施的管理与维护、监测数据整理整编和分析等。

6.2.5 监测系统管理单位应为监测系统运行管理提供必要的经费保障，为监测专业人员提供安全和健康保障条件，创造安全的工作环境，配置安全防护工具和劳动保护用品等。

6.3 监测设施管理

6.3.1 应采取有效措施加强安全监测设施的防护，设置必要的安全警示标识，防止监测设施损坏和丢失。应保持安全监测设施及其环境整洁，并满足运行要求。

6.3.2 应设置专门场地存放和保管监测设备、维护工具和劳保用品等，存放监测仪器的场地条件应满足仪器存放要求。

6.3.3 监测系统管理单位应建立监测设施台账，并及时更新。

6.3.4 应参照 SL 766 的规定，定期组织监测系统鉴定。鉴定为正常的，应继续运行；鉴定为基本正常的，可继续运行，且宜及时修复完善；不正常的，应及时更新改造。

6.3.5 监测仪器或设施的更新、报废等均应记录并存档。

6.4 监测技术资料管理

6.4.1 监测系统管理单位应建立健全安全监测技术档案管理制度，配备必要的档案管理设施。

6.4.2 监测技术资料应包括仪器设施的合格证与技术参数资料、埋设安装记录、初始值和基准值、监测数据或记录、有关测试报告和说明书、竣工报告与图册、检验测试记录、安全监测系统鉴定报告、仪器设施更新改造、监测记录、整编分析报告等。

6.4.3 监测资料应急整编分析报告，应及时报送有关部门并做好留档保存。

6.4.4 对安全监测有关的文件、图册、表格、照片、影音等不同形式的技术资料，应及时实施归档、保管、借阅及移交等管理，并应逐步实行档案数字化管理。

6.4.5 监测设施埋设安装的考证信息，应准确可靠，并作为永久档案保存；当监测设施有变动时，应及时更新考证信息。人工监测、检查记录等原始记录，应由观测人、记录人、校核人签字，留档保存。

6.4.6 数字化档案资料、自动化监测数据库应由专用介质存储，适时备份，妥善保管。

附录 A 观 测 记 录 表

A.1 环 境 量 观 测 记 录 表

A.1.1 水位观测记录表格式见表 A.1.1-1～表 A.1.1-3。

表 A.1.1-1 水尺观测记录表

测点编号：_____ 工程部位：_____/（桩号：_____轴距：_____
高程：_____) 基准值：_____

观测日期及时间	读数/m			水位/m	备注（近期降水情况等）	人员		
	峰	谷	平均			观测	记录	校核

表 A.1.1-2 振弦式水位计观测记录表

测点编号：_____仪器编号：_____工程部位：_____/（桩号：_____
轴距：_____高程：_____) 灵敏度系数：_____温度系数：_____
初始频模：_____初始温度：_____℃ 仪器安装高程：_____m
测读仪表编号：_____

观测日期及时间	频模	温度/℃	水位/m	备注（近期降水情况等）	人员		
					观测	记录	校核

表 A.1.1-3 浮子式/超声波/雷达水位计观测记录表

测点编号：_____仪器编号：_____工程部位：_____/（桩号：_____
轴距：_____高程：_____) 基准值：_____

观测日期及时间	读数	水位/m	备注（近期降水情况等）	人员		
				观测	记录	校核

A.1.2 雨量观测记录表格式见表 A.1.2。

表 A.1.2 雨量观测记录表

测点编号：_____仪器编号：_____工程部位：_____/（桩号：_____
轴距：_____高程：_____)

观测日期及时间	雨量/mm	备注	人员		
			观测	记录	校核

A.1.3 水温观测记录表格式见表 A.1.3。

表 A.1.3 水温观测记录表

测点编号：_____仪器编号：_____工程部位：_____/（桩号：_____

轴距：_____高程：_____）

观测日期及时间	水深/m	温度/℃	水位/m	气温/℃	备注	人员		
						观测	记录	校核

A.1.4 气温观测记录表格式见表 A.1.4。

表 A.1.4 气温观测记录表

测点编号：_____仪器编号：_____工程部位：_____/（桩号：_____

轴距：_____高程：_____）

观测日期及时间	温度/℃	备注	人员		
			观测	记录	校核

A.1.5 气压观测记录表格式见表 A.1.5。

表 A.1.5 气压观测记录表

测点编号：_____仪器编号：_____工程部位：_____/（桩号：_____

轴距：_____高程：_____）

观测日期及时间	气压示值/hPa	气温/℃	备注	人员		
				观测	记录	校核

A.1.6 风向、风速观测记录表格式见表 A.1.6。

表 A.1.6 风向、风速观测记录表

测点编号：_____仪器编号：_____工程部位：_____/（桩号：_____

轴距：_____高程：_____）

观测日期及时间	风向	风速/(m/s)	风力等级	备注	人员		
					观测	记录	校核

A.2 变形观测记录表

A.2.1 表面水平位移观测手工记录的手簿格式见表 A.2.1-1～表 A.2.1-5，电子记录的手簿格式参照 CH/T 2004、CH/T 2005、GB/T 16818 的相关规定执行。

表 A.2.1-1 水平角观测记录表

观测时间：___年___月___日 开始时间：___时___分 结束时间：___时___分
天气：_____ 呈像：_____ 测读仪表及编号：_____

测站	照准点	正镜 L			倒镜 R			2C	中数	归零方向值			方向平均值			备注
		°	′	″	°	′	″	″	″	°	′	″	°	′	″	

观测：　　　　　　　记录：　　　　　　　校核：

表 A.2.1-2 边长观测（光电测距）记录表

观测时间：___年___月___日 开始时间：___时___分 结束时间：___时___分
天气：_____ 呈像：_____ 加常数：_____ mm 乘常数：_____ mm/km
网名：_____ 边名：_____ 测读仪表及编号：_____

测站/镜站		干温/℃	湿温/℃	气压/Pa	仪高/镜高/m	高程/m
观测读数		1	2	3	4	备注
测回数	Ⅰ					
	Ⅱ					
	Ⅲ					
	Ⅳ					

观测：　　　　　　　记录：　　　　　　　校核：

表 A.2.1-3 视准线观测记录表（活动觇牌法）

测点编号：_____ 工程部位：_____/（桩号：_____ 轴距：_____ 高程：_____）
天气：_____ 呈像：_____ 测读仪表及编号：_____

观测时间				第一测回/mm			第二测回/mm			观测值/mm	温度/℃	气压/kPa
年	月	日	时分	正镜	倒镜	均值	正镜	倒镜	均值			

观测：　　　　　　　记录：　　　　　　　校核：

表 A.2.1-4 视准线观测记录表（小角度法）

测点编号：_____ 工程部位：_____ /（桩号：_____ 轴距：_____ 高程：_____ ）

天气：_____ 呈像：_____ 测读仪表及编号：_____

架站点	照准点	第一测回						第二测回						观测值
		正镜		倒镜		均值		正镜		倒镜		均值		
		° ′ ″	″	° ′ ″	″	° ′ ″	″	° ′ ″	″	° ′ ″	″	° ′ ″	″	° ′ ″

观测：　　　　　　记录：　　　　　　校核：

表 A.2.1-5 极坐标法观测记录表

测站：_____ 测读仪表及编号：_____ 仪高：_____ 主机高：_____ 日期：_____

时间：_____时_____分至_____时_____分

镜站：_____ 气压计 No：_____ 干温度计 No：_____ 湿温度计 No：_____

镜站：_____ 气压计 No：_____ 干温度计 No：_____ 湿温度计 No：_____

镜站：_____ 气压计 No：_____ 干温度计 No：_____ 湿温度计 No：_____

镜站：_____ 气压计 No：_____ 干温度计 No：_____ 湿温度计 No：_____

测回觇点	读数		左-右(2C)	(左+右)/2	方向值	盘左 盘右 垂直角	指标差	觇高 镜高	P_1 T_1 T_1 P_2 T_2 T_2 P T T ppm	距离观测值/m	一测回中数 中数 /m
	盘左	盘右									
	° ′ ″	° ′ ″	″	″	° ′ ″	° ′ ″ ″ ″	″				

观测：　　　　　　记录：　　　　　　校核：

A.2.2 垂直位移观测记录表格式见表 A.2.2。

表 A.2.2-1 垂直角观测记录表

观测时间：_____年_____月_____日 开始时间：_____时_____分 结束时间：_____时_____分

天气：_____ 呈像：_____ 测读仪表及编号：_____

测站	照准点	仪器高	觇标高	正镜 L			倒镜 R			指标差	垂直角			垂直角中数	备注
				°	′	″	° ′ ″			″	°	′	″	″	

观测：　　　　　　记录：　　　　　　校核：

表 A.2.2-2 边长观测（光电测距）记录表

观测时间：___年___月___日 开始时间：___时___分 结束时间：___时___分

天气：_____呈像：_____加常数：_____mm 乘常数：_____mm/km

网名：_____边名：_____测读仪表及编号：_____

测站/镜站		干温/℃	湿温/℃	气压/Pa	仪高/镜高/m	高程/m
观测读数		1	2	3	4	备注
测回数	Ⅰ					
	Ⅱ					
	Ⅲ					
	Ⅳ					

观测：　　　　　　记录：　　　　　　校核：

表 A.2.2-3 精密水准观测记录表

观测时间：___年___月___日 开始时间：___时___分 结束时间：___时___分

测次：_____天气：_____测读仪表及编号：_____

测站编号	点号	后视距离/m	前视距离/m	后视读数 a_1/mm	前视读数 b_1/mm	a_1-b_1/mm	高差 h_1/m	高差较差 h_1-h_2/mm	平均高差/m
		视距差/m	Σd/m	后视读数 a_2/mm	前视读数 b_2/mm	a_2-b_2/mm	高差 h_2/m		

观测：　　　　　　记录：　　　　　　校核：

A.2.3 引张线观测记录表格式见表 A.2.3。

表 A.2.3 引张线观测记录表

测点编号：_____工程部位：_____/（桩号：_____轴距：_____高程：_____）

引张线线体直径：_____测读仪表及编号：_____

观测时间				第一测回/mm		第二测回/mm		观测值/mm	温度/℃	人员		
年	月	日	时分	引张线左缘	引张线右缘	引张线左缘	引张线右缘			观测	记录	校核

A.2.4 垂线观测记录表格式见表 A.2.4。

表 A.2.4 垂线观测记录表

测点编号：＿＿＿＿工程部位：＿＿＿＿／（桩号：＿＿＿＿轴距：＿＿＿＿高程：＿＿＿＿）
测读仪表及编号：＿＿＿＿

观测时间				第一测回/mm			第二测回/mm			观测值/mm		温度/℃	人员		
				横尺			纵尺								
年	月	日	时分	垂线左缘	垂线右缘	均值	垂线左缘	垂线右缘	均值	横尺	纵尺		观测	记录	校核

A.2.5 激光准直观测记录表格式见表 A.2.5-1 和表 A.2.5-2。

表 A.2.5-1 大气激光准直观测记录表

测点编号：＿＿＿＿工程部位：＿＿＿＿／（桩号：＿＿＿＿轴距：＿＿＿＿高程：＿＿＿＿）
测读仪表及编号：＿＿＿＿

观测时间				第一测回/mm			第二测回/mm			观测值/mm	天气	人员		
年	月	日	时分	往测	返测	均值	往测	返测	均值			观测	记录	校核

表 A.2.5-2 真空激光准直观测记录表

测点编号：＿＿＿＿工程部位：＿＿＿＿／（桩号：＿＿＿＿轴距：＿＿＿＿高程：＿＿＿＿）
测读仪表及编号：＿＿＿＿

观测时间				往测/mm	返测/mm	观测值/mm	备注	人员		
年	月	日	时分					观测	记录	校核

A.2.6 静力水准观测记录表格式见表 A.2.6。

表 A.2.6 静力水准观测记录表

测点编号：＿＿＿＿工程部位：＿＿＿＿／（桩号：＿＿＿＿轴距：＿＿＿＿高程：＿＿＿＿）
测读仪表及编号：＿＿＿＿

观测时间				第一测回/mm	第二测回/mm	观测值/mm	备注	人员		
年	月	日	时分					观测	记录	校核

A.2.7 电磁式（干簧管式）沉降仪观测记录表格式见表 A.2.7。

表 A.2.7　电磁式（干簧管式）沉降仪观测记录表

测管编号：_____工程部位：_____/（桩号：____轴距：____管口高程：____）

观测时间：___年___月___日　测读仪表及编号：_____

测点（环）编号	测点（环）深度/mm		
	1	2	均值

观测：　　　　　　记录：　　　　　　校核：

A.2.8 水管式沉降仪观测记录表格式见表 A.2.8。

表 A.2.8　水管式沉降仪观测记录表

测线编号：_____工程部位：_____/（桩号：_____轴距：_____高程：_____）

测读仪表及编号：_____

测点编号	观测时间				水位读数/mm			备注
	年	月	日	时分	1	2	均值	

观测：　　　　　　记录：　　　　　　校核：

A.2.9 引张线式水平位移计观测记录表格式见表 A.2.9。

表 A.2.9　引张线式水平位移计观测记录表

测线编号：_____工程部位：_____/（桩号：_____轴距：_____高程：_____）

测读仪表及编号：_____

测点编号	观测时间				第一测回/mm			第二测回/mm			观测值/mm
	年	月	日	时分	1	2	均值	1	2	均值	

观测：　　　　　　记录：　　　　　　校核：

A.2.10 测斜仪观测记录表格式见表 A.2.10。

表 A.2.10　测斜仪观测记录表

测点编号：_____工程部位：_____/（桩号：_____轴距：_____高程：_____）

观测时间：_____年___月___日　读数仪温度/湿度：_____

测读仪表及编号：_____

深度/m	测斜仪读数				检查和		备注
	A0	A180	B0	B180	A0＋A180	B0＋B180	

观测：　　　　　　记录：　　　　　　校核：

A.2.11 双金属标观测记录表格式见表 A.2.11。

表 A.2.11 双金属标观测记录表

测点编号：＿＿＿＿工程部位：＿＿＿＿/（桩号：＿＿＿轴距：＿＿＿高程：＿＿＿）

测读仪表及编号：＿＿＿＿＿＿＿＿

观测时间				游标卡尺读数 /mm		仪器读数 /mm		备注	人员		
年	月	日	时分	$H_铝$	$H_钢$	$H_铝$	$H_钢$		观测	记录	校核

A.2.12 表面测缝标点观测记录表格式见表 A.2.12。

表 A.2.12 表面测缝标点观测记录表

测点编号：＿＿＿＿工程部位：＿＿＿＿/（桩号：＿＿＿轴距：＿＿＿高程：＿＿＿）

测读仪表及编号：＿＿＿＿＿＿＿＿

观测时间				X/mm			Y/mm			Z/mm			备注	人员		
年	月	日	时分	1	2	平均	1	2	平均	1	2	平均		观测	记录	校核

A.3 渗流观测记录表

A.3.1 测压管观测记录表格式见表 A.3.1。

表 A.3.1 测压管观测记录表

测点编号：＿＿＿＿工程部位：＿＿＿＿/（桩号：＿＿＿轴距：＿＿＿高程：＿＿＿）

测压管管口高程：＿＿＿m 测读仪表编号：＿＿＿＿＿＿＿＿

观测日期及时间	管口至管内水面距离/m			测压管水位/m	水位/m		备注（近期降水情况等）	人员		
	一次	二次	平均		上游	下游		观测	记录	校核

A.3.2 孔隙水压力观测记录表格式见表 A.3.2-1 和表 A.3.2-2。

表 A.3.2-1 振弦式孔隙水压力计观测记录表

测点编号：＿＿＿＿ 仪器编号：＿＿＿＿ 工程部位：＿＿＿＿／（桩号：＿＿＿＿

轴距：＿＿＿＿ 高程：＿＿＿＿） 灵敏度系数：＿＿＿＿ 温度系数：＿＿＿＿

初始频模：＿＿＿＿ 初始温度：＿＿＿＿℃ 仪器埋设高程：＿＿＿＿

测读仪表编号：＿＿＿＿＿＿＿

观测日期及时间	频模	温度/℃	孔隙水压力/m	水位/m		备注（近期降水情况等）	人员		
				上游	下游		观测	记录	校核

表 A.3.2-2 差动电阻式孔隙水压力计观测记录表

测点编号：＿＿＿＿ 仪器编号：＿＿＿＿ 工程部位：＿＿＿＿／（桩号：＿＿＿＿

轴距：＿＿＿＿ 高程：＿＿＿＿） 最小读数：＿＿＿＿ 温度系数：＿＿＿＿

初始电阻比：＿＿＿＿ 初始温度：＿＿＿＿℃ 仪器埋设高程：＿＿＿＿

测读仪表编号：＿＿＿＿＿＿＿

观测日期及时间	电阻比（0.01%）	温度/℃	孔隙水压力/m	水位/m		备注（近期降水情况等）	人员		
				上游	下游		观测	记录	校核

A.3.3 量水堰法渗流量观测记录表格式见表 A.3.3-1～表 A.3.3-3。

表 A.3.3-1 直角三角形量水堰渗流量观测记录表

测点编号：＿＿＿＿ 工程部位：＿＿＿＿／（桩号：＿＿＿＿ 轴距：＿＿＿＿ 高程：＿＿＿＿）

观测日期及时间	堰上水头/m			渗流量/(m³/s)	水温/℃	水位/m		备注（近期降水情况等）	人员		
	一次	二次	平均			上游	下游		观测	记录	校核

表 A.3.3-2 梯形量水堰（边坡比为1：0.25）渗流量观测记录表

测点编号：＿＿＿ 工程部位：＿＿＿＿／（桩号：＿＿＿ 轴距：＿＿＿ 高程：＿＿＿）

堰口宽度：＿＿＿＿＿＿＿

观测日期及时间	堰上水头/m			渗流量/(m³/s)	水温/℃	水位/m		备注（近期降水情况等）	人员		
	一次	二次	平均			上游	下游		观测	记录	校核

表 A. 3. 3 - 3　无侧收缩矩形量水堰渗流量观测记录表

测点编号：＿＿工程部位：＿＿／（桩号：＿＿轴距：＿＿高程：＿＿）

堰槽宽度：＿＿＿＿＿＿＿＿堰槽至堰槽底的距离：＿＿＿＿＿＿＿

观测日期及时间	堰上水头/m			渗流量/(m³/s)	水温/℃	水位/m		备注（近期降水情况等）	人员		
	一次	二次	平均			上游	下游		观测	记录	校核

A. 3. 4　容积法渗流量观测记录表格式见表 A. 3. 4。

表 A. 3. 4　容积法渗流量观测记录表

测点编号：＿＿工程部位：＿＿／（桩号：＿＿轴距：＿＿高程：＿＿）

观测日期及时间	充水时间/s	充水容积/L	渗流量/(L/s)	水温/℃	水位/m		备注（近期降水情况等）	人员		
					上游	下游		观测	记录	校核
	平均									

A. 4　应力应变及温度观测记录表

A. 4. 1　差动电阻式仪器（应变计、钢筋计、应变计、锚杆应力计、土压力计等）监测记录计算表格式见表 A. 4. 1。

表 A. 4. 1　差动电阻式＿＿＿＿＿计观测记录表

测点编号：＿＿＿仪器编号：＿＿＿工程部位：＿＿＿／（桩号：＿＿＿

轴距：＿＿＿高程：＿＿＿）最小读数：＿＿＿温度系数：＿＿＿

初始电阻比：＿＿＿初始温度：＿＿＿测读仪表及编号：＿＿＿

观测日期及时间	仪器读数		水位/m		备注	人员		
	电阻比	温度/℃	上游	下游		观测	记录	校核

A. 4. 2　振弦式仪器（应变计、钢筋计、应变计、锚杆应力计、土压力计等）观测记录表格式见表 A. 4. 2。

表 A.4.2　振弦式＿＿＿＿＿＿＿计观测记录表

测点编号：＿＿＿＿＿仪器编号：＿＿＿＿＿工程部位：＿＿＿＿＿/（桩号：＿＿＿＿＿

轴距：＿＿＿＿＿高程：＿＿＿＿＿）灵敏度系数：＿＿＿＿＿温度系数：＿＿＿＿＿

初始频率：＿＿＿＿＿初始温度：＿＿＿＿＿测读仪表及编号：＿＿＿＿＿

观测日期及时间	仪器读数		水位/m		备注	人员		
	频率/频模(Hz)/(Hz²/1000)	温度/℃	上游	下游		观测	记录	校核

A.4.3　锚索测力计观测记录表格式见表 A.4.3。

表 A.4.3　振弦式锚索测力计观测记录表

测点编号：＿＿＿＿＿仪器编号：＿＿＿＿＿工程部位：＿＿＿＿＿/（桩号：＿＿＿＿＿

轴距：＿＿＿＿＿高程：＿＿＿＿＿）灵敏度系数：＿＿＿＿＿温度系数：＿＿＿＿＿

初始频率：＿＿＿＿＿初始温度：＿＿＿＿＿测读仪表及编号：＿＿＿＿＿

观测日期及时间	仪器读数（　　）				温度/℃	备注	人员		
	1号传感器	2号传感器	…	n号传感器			观测	记录	校核

A.4.4　温度观测记录表格式见表 A.4.4。

表 A.4.4　温度观测记录表

测点编号：＿＿＿＿＿仪器编号：＿＿＿＿＿工程部位：＿＿＿＿＿/（桩号：＿＿＿＿＿

轴距：＿＿＿＿＿高程：＿＿＿＿＿）测读仪表及编号：＿＿＿＿＿

观测日期及时间	温度/℃	水位/m		备注	人员		
		上游	下游		观测	记录	校核

附录 B 监测系统维护内容及频次

表 B 监测系统维护内容及频次表

监测类别	监测设施或设备	维 护 内 容	频次要求（不低于）
环境量监测	水位监测设施	水位观测井和水尺的外观检查	1次/月
		水尺零点高程检测	1次/（1～2）年
		水位传感器及其采集装置比测	1次/年
	降水量监测设施	雨量计外观检查，清除滤网和漏斗杂物	1次/月
		检测承雨器口直径、水平度 自记雨量计比测校验	2～4次/年
	水温监测设施	电阻式温度计，测值稳定性及绝缘电阻检测 活动式水温计送检或比对	1次/季
	气温监测设施	百叶箱和温度传感器清洁 温度计送检或比对	1次/月
	气压监测设施	气压表外观检查	1次/月
		水银气压表垂直悬挂检查	1次/月
		电测气压传感器静压通气口畅通检查	1次/月
		电测振筒式气压传感器的干燥剂检查	1次/月
	风向、风速监测设施	电接风向风速计电源电压检查	1次/月
		轻便风向风速表清洁干燥检查	1次/月
		自动测风仪风向方位块清洁	1次/年
		旋转式测风传感器风传感器轴承清洗，风向标指北方位检查	1次/年
变形监测	表面变形监测设施	线路巡查，网点、测点、基准点的完好性和通视情况检查	1次/年
		监测网稳定性分析	每次观测后
		检查 GNSS 测点通视情况、检查 GNSS 系统的安装是否稳固、检查供电系统与保护装置、检查卫星信号接收稳定性	1次/季
	引张线装置	测点和线体检查	1次/月
		引张线仪检查	
		固定端和加力端检查维护	1次/年

表 B（续）

监测类别	监测设施或设备	维护内容	频次要求（不低于）
变形监测	垂线装置	观测房、测点工况、支撑架、油桶、线体等的检查维护	1次/月
		瞄准器或垂线坐标仪检查	
		垂线孔、正垂线悬挂点检查维护	1次/年
		线体稳定性、测值准确性检验	必要时
	激光准直系统	真空管道连接、漏气和真空度检查	1次/月
		发射装置与跟踪仪检查维护	
		跟踪仪输出电缆的测试与维护	1次/季
		真空表（计）、自动监测设备检查维护，系统供电电压检查	
		检查真空泵油质检查维护	
	静力水准装置	测点工况、保温设施和液位检查维护	1次/月
		钵体和支撑体外观检查，管路检查	1次/年
	电磁式（干簧管式）沉降仪装置	管口及管口保护装置检查维护	1次/月
		沉降仪电缆长度校验	1次/年
	水管式沉降仪装置	测量柜、水位指示装置、管路和接头、液体工况检查	1次/季
		自动化采集装置的电磁阀门及继电器检查	
		进水管、排水管、通气管连通性检查维护	
	引张线式水平位移计装置	挂重装置、测读装置和线体检查维护	1次/月
		自动化加载设备检查	1次/季
	测斜装置	活动式测斜仪导轮、弹簧、密封圈等的工况检查维护	1次/月
		管口变形情况和保护装置检查	
		测斜仪电缆长度标尺复核	1次/年
		测斜管扭曲检查	必要时
	双金属标	管体和测点装置变形、连接情况、锈蚀检查，双金属标仪固定情况检查	1次/年
		双金属标仪检验或校测	

表 B（续）

监测类别	监测设施或设备	维 护 内 容	频次要求（不低于）
变形监测	表面测缝标点	外观检查，防水和排水措施检查	1次/月
		防锈处理	1次/（1～2）年
	埋入式位移传感器	传感器电缆清洁维护	1次/月
		电缆标识检查，电缆头锈蚀、氧化检查处置	1次/年
渗流监测	测压管	孔口装置防护、密封情况检查	1次/月
		电测水位计的测尺长度校测，尺度标记的清晰度检查，蜂鸣器的工作状态检查，压力表灵敏性和归零情况检查	1次/季
		管口高程、压力表中心高程和渗压计安装高程校测，测压管灵敏性测试，测压管内渗压计计算水位与人工测量水位比对	施工期1次/3月 运行期1次/2年
	埋入式渗压计	电缆标识清晰、电缆损伤、电缆连接完好检查	1次/季
	量水堰	排水沟、水尺和堰板检查清淤，量水堰仪浮筒和进水口检查和清理，渗水点的水质状况检查	1次/月
		量水堰仪和水尺的起测点校测	1次/年
应力应变及温度监测	传感器	传感器外露部分和保护装置、电缆标识、保护以及电缆线头检查维护	1次/季
		绝缘度以及传感器工作性能检查	定期检查
	集线箱	集线箱密封性、通道切换开关和档位检查	1次/季
		焊接点检查，箱体和测点绝缘度检查	1次/半年
地震反应监测	参数	参数设定，通道极性设置，加速度传感器零位电压，触发设定与阈值，定位系统同步，供电状态	3次/月
	台阵	时标校准，记录器面板检查，电源电压检测，各通道记录检查，待触发位恢复等	1次/月
	设备检测	加速度传感器，信号传输，强震动记录器	1次/年
自动化系统	自动化测点	人工比测	1次/半年
	数据采集设备	通信端口、供电电压、防雷模块和接地保护装置	1次/年
	计算机系统	计算机系统的硬件、软件和网络，含操作系统、防病毒软件及防护隔离硬件	1次/年
	监测软件	数据采集和管理分析软件各项功能	1次/年

表 B（续）

监测类别	监测设施或设备	维 护 内 容	频次要求（不低于）
自动化系统	系统通信、供电、防雷和接地保护装置	通信设施、供电设施、避雷设施和绝缘电阻	1次/季
	电（光）缆	标识、标志和保护	1次/季
	计算机站房	机房温度、湿度及照明，机房防火、防水、防雷、防静电、防有害生物等措施和设备	1次/季
测量仪表		准确性测试和自检	1次/季
		校准	1次/年

注 1：表中未提及的监测设施或设备和检查维护项目，可根据现场条件和监测设施或设备运行状态确定其检查维护的周期。如遇强震、狂风、沙尘、暴雨、冻融或受水流冲击等情况时，应及时进行检查，发现问题应及时处理。

注 2：每年一次进行的检查维护项目，宜安排在汛前进行，绝缘度检查时间宜安排在环境湿度较大的情况下进行。

注 3：频次要求规定为"定期检查"的，可结合水工建筑物安全运行要求进行定期检查，或根据监测设施或设备使用要求进行定期检查。

附录 C 监测设施检查与维护记录格式

C.0.1 监测设施检查维护记录格式可参见表 C.0.1。

表 C.0.1 监测设施检查维护记录表

监测设施名称：				
监测设施编号			安装部位	
检查维护时间			环境条件	
检查维护人员/部门：				
检查维护内容				
检查维护结果				
存在问题				
建议				

C.0.2 测量仪表检查维护记录格式可参见表 C.0.2。

表 C.0.2 测量仪表检查维护记录表

仪表名称		仪表编号		仪表类型	
检查维护时间	检查维护内容	检查维护结论及处理意见		检查维护人员	

C.0.3 监测设施检查故障维修记录格式可参见表 C.0.3。

表 C.0.3 监测设施检查故障维修记录表

监测设施名称：						
监测设施编号			安装部位			
故障发生时间：	年	月	日	时	分	
故障排除时间：	年	月	日	时	分	
维修人员/单位：						
故障现象						
故障判定	□ 操作不当　　□ 维护不当　　□ 自然劣化　　□ 设备老化故障 其他说明：					
维修措施						
测值连续性	测值变动说明（监测数据核实，监测数据衔接，前后一致）					
预防措施						

附录 D　监测资料整编表、图格式

D.1　整编表格式

D.1.1　环境量监测资料整编表格式见表 D.1.1-1～表 D.1.1-3。

1　逐日水位统计表格式见表 D.1.1-1。

表 D.1.1-1　_____年度水位统计表

_____水位　　　　　　　　　　　　　　　　　　　　　　　　单位：m

日　　期		月　份											
		1	2	3	4	5	6	7	8	9	10	11	12
01													
02													
⋮													
31													
全月统计	最高												
	日期												
	最低												
	日期												
	均值												
全年统计	最高				最低						均值			
	日期				日期									

注：逐日水位为日平均值或日定时值。

2　逐日降水量统计表格式见表 D.1.1-2。

表 D.1.1-2　_____年度逐日降水量统计表

　　　　　　　　　　　　　　　　　　　　　　　　　　　　　　单位：mm

日　　期	月　份											
	1	2	3	4	5	6	7	8	9	10	11	12
01												
02												

表 D.1.1-2（续）

日 期		月 份											
		1	2	3	4	5	6	7	8	9	10	11	12
⋮													
31													
全月统计	最大												
	日期												
	总降水量												
	降水天数												
全年统计	最高				总降水量				总降水天数				
	日期												

注：逐日降水量为日累计值。

3 日平均气温（水温）统计表格式见表 D.1.1-3。

表 D.1.1-3 _____年度日平均气温（水温）统计表

单位：℃

日 期		月 份											
		1	2	3	4	5	6	7	8	9	10	11	12
01													
02													
⋮													
31													
全月统计	最高												
	日期												
	最低												
	日期												
	均值												
全年统计	最高				最低				均值				
	日期				日期								

D.1.2 变形监测资料整编表格式见表 D.1.2-1～表 D.1.2-11。

1 表面水平位移统计表格式见表 D.1.2-1。

表 D.1.2-1 _____ 年度水平位移统计表

首测日期：_____   单位：mm

日期 （月．日）		测点编号及累计水平位移量									备注
		测点 1		测点 2		测点 3		⋯		测点 n	
		X	Y	X	Y	X	Y	X	Y	X	Y	
⋮											
全年 特征值 统计	最大值										
	日期										
	最小值										
	日期										
	平均值										
	年变幅										

注 1：水平方向正负号规定：向下游、向左岸为正；反之为负。
注 2：X 方向代表上下游方向（或径向）；Y 方向代表左右岸（或切向）。

2 表面垂直位移统计表格式见表 D.1.2-2。

表 D.1.2-2 _____ 年度垂直位移统计表

首测日期：_____   单位：mm

日期 （月．日）		测点编号及累计垂直位移量					备注
		测点 1	测点 2	测点 3	⋯	测点 n	
⋮							
全年 特征值 统计	最大值						
	日期						
	最小值						
	日期						
	平均值						
	年变幅						

注：正负号规定：垂直向下沉为正，反之为负。

3 水平位移监测成果统计表格式见表 D.1.2-3。

表 D.1.2-3 ＿＿＿年度水平位移（引张线式水平位移计）
监测成果统计表

工程部位＿＿＿＿＿＿ 监测断面＿＿＿＿＿ 测线编号＿＿＿＿＿ 测线高程＿＿＿＿＿＿m

监测日期	各测点累计水平位移/mm						备注
	测点1	测点2	测点3	测点4	…	测点n	
	坝轴距1	坝轴距2	坝轴距3	坝轴距4		坝轴距n	
全年度特征值统计	最大值						
	日期						
	最小值						
	日期						
	年变幅						

注1：水平位移正负号规定：拉伸为正，反之为负。
注2：年变幅为本年度年底值与去年年底值之差。

4 接缝开合度统计表格式见表 D.1.2-4。

表 D.1.2-4 ＿＿＿＿＿＿＿年度接缝开合度统计表

首测日期：＿＿＿＿＿＿＿ 单位：mm

日期（月.日）	测点编号及累计开合度变化量											备注
	测点1			测点2			…			测点n		
	X	Y	Z	X	Y	Z	X	Y	Z	X	Y	Z
⋮												
全年特征值统计	最大值											
	日期											
	最小值											
	日期											
	平均值											
	年变幅											

注1：X方向代表上下游方向；Y方向代表左右岸方向；Z方向代表垂直方向（竖向）。
注2：正负号规定：X方向以缝左侧向下游为正，反之为负。Y方向以缝张开为正；反之为负。Z方向以左侧块向下下沉为正；反之为负。

5 裂缝统计表格式见表 D.1.2-5。

表 D.1.2-5 _____ 年度裂缝统计表

发现日期 (月.日)	编号	裂缝位置			裂缝描述			
		桩号	轴距 /m	高程 /m	长 /m	宽 /m	深 /m	走向
⋮								

6 倾斜监测成果统计表格式见表 D.1.2-6。

表 D.1.2-6 _____ 年度倾斜监测成果统计表

首测日期：_____   单位：(″)

日期 (月.日)		两测点编号及累计测斜量				备注
		测点 a_1-a_2	测点 b_1-b_2	测点 c_1-c_2	…	
⋮						
全年特征值统计	最大值					
	日期					
	最小值					
	日期					
	平均值					
	年变幅					

注：倾斜正负号规定：向下游向左岸转动为正；反之为负。

7 分层沉降监测成果统计表格式见表 D.1.2-7 和表 D.1.2-8。

表 D.1.2-7 _____年度分层沉降（电磁沉降仪）
监测成果统计表

工程部位_____ 监测断面_____ 测孔编号_____

监测日期 （月·日）	各测点累计沉降及压缩变形/mm						备注
	测点 1	测点 2	测点 3	测点 4	…	测点 n	
	深度 1	深度 2	深度 3	深度 4	…	深度 n	
	高程 1	高程 2	高程 3	高程 4	…	高程 n	
⋮							
分层厚度/m							
分层起始厚度/m							
累计层压缩量							
累计层压缩率/%							
全年度 特征值 统计	最大值						
	日期						
	最小值						
	日期						
	年变幅						
	总压缩量						
	总压缩率						

注 1：垂直位移正负号规定：下沉为正，反之为负。

注 2：年变幅为本年度年底值与去年年底值之差。

表 D.1.2-8 _____年度沉降（水管式沉降仪）监测成果统计表

工程部位_____ 监测断面_____ 测线编号_____ 测线高程_____m

监测日期 （月·日）	各测点累计沉降 /mm						备注
	测点 1	测点 2	测点 3	测点 4	…	测点 n	
	坝轴距	坝轴距	坝轴距	坝轴距		坝轴距	
⋮							
全年度 特征值 统计	最大值						
	日期						
	最小值						
	日期						
	年变幅						

注 1：垂直位移正负号规定：下沉为正，反之为负。

注 2：年变幅为本年度年底值与去年年底值之差。

8 混凝土面板挠度变形监测成果统计表格式见表 D.1.2-9。本表为混凝土面板斜坡式固定测斜仪或电平器监测成果统计表，对于垂向或水平向固定式测斜仪可参照本表编制。

表 D.1.2-9 _____年度混凝土面板挠度变形监测成果统计表

工程部位_____ 监测断面_____ 测孔编号_____

监测日期 （月.日）		各测点累计挠度变形/mm						备注
		测点 1	测点 2	测点 3	测点 4	…	测点 n	
		深度 1	深度 2	深度 3	深度 4	…	深度 n	
		高程 1	高程 2	高程 3	高程 4	…	高程 n	
⋮								
全年度 特征值 统计	最大值							
	日期							
	最小值							
	日期							
	年变幅							

注1：面板挠度变形正负号规定为面板内法线方向为正，反之为负。
注2：年变幅为本年度年底值与去年年底值之差。

9 地下洞室（岸坡）围岩内部变形监测成果统计表、特征值统计表格式见表 D.1.2-10 和表 D.1.2-11。

表 D.1.2-10 _____年度地下洞室（岸坡）围岩内部变形
（多点位移计）监测成果统计表

工程部位_____ 监测断面_____

测点 编号	埋设 位置	孔口位置/m		监测 日期	位移/mm			
		桩号	高程		深度 1	深度 2	…	深度 n

注1：向洞壁方向位移（拉伸）为正；向围岩深度方向位移（压缩）为负。
注2：监测成果按断面统计，围岩深度从浅（洞壁）至深顺序依次排列。

表 D.1.2-11 ＿＿＿年度地下洞室（岸坡）围岩内部变形
（多点位移计）特征值统计表

工程部位＿＿＿＿＿＿＿　　　　　　　　　　　　　　　　　　　单位：mm

监测断面	测孔编号	埋设位置	孔口位置/m		深度/m	最大值		最小值		年变幅	备注
			桩号	高程		位移	日期	位移	日期		

注1：向洞壁方向位移（拉伸）为正；向围岩深度方向位移（压缩）为负。
注2：通常洞室围岩表面位移最大；年变幅为本年度年底值与去年年底值之差。

D.1.3 渗流监测资料整编表格式见表 D.1.3-1～表 D.1.3-4。

1 扬压力测压孔水位统计表格式见表 D.1.3-1、渗流压力（水位）统计表格式见表 D.1.3-2。

表 D.1.3-1 ＿＿＿＿＿年度扬压力测压孔水位统计表

日期（月.日）		测点编号、孔内水位及渗压系数						上游水位/m	下游水位/m	备注
		测点1		…		测点n				
		孔内水位/m	渗压系数	…	…	孔内水位/m	渗压系数			
⋮										
全年特征值统计	最大值									
	日期									
	最小值									
	日期									
	平均值									
	年变幅									

表 D.1.3-2 _____年度渗流压力（水位）监测成果统计表

工程部位_____ 监测断面_____

监测日期（月.日）	渗流压力/水位/(kPa/m)				上游水位/m	下游水位/m	降雨量/mm	备注
	测点1	测点2	...	测点n				
⋮								
全年特征值统计	最大值							
	日期							
	最小值							
	日期							
	年变幅							

注：需在备注中说明渗流压力测点是采用测压管还是采用孔隙水压力计。

2 绕坝渗流监测孔水位统计表格式见表 D.1.3-3。

表 D.1.3-3 _____年度绕坝渗流监测孔水位统计表

日期（月.日）	测点编号及孔内水位/m			上游水位/m	下游水位/m	降雨量/mm	备注
	测点1	测点2	...				
⋮							
全年特征值统计	最大值						
	日期						
	最小值						
	日期						
	平均值						
	年变幅						

3 渗流量统计表格式见表 D.1.3-4。

表 D.1.3-4 _____年度渗流量统计表

监测日期 (月.日)	渗漏量/(L/s)				上游水位 /m	下游水位 /m	降雨量 /mm	备注
	测点1	测点2	...	测点n				
⋮								
全年特征值统计	最大值							
	日期							
	最小值							
	日期							
	年变幅							

D.1.4 应力应变及温度监测资料整编时，应力应变及温度测值统计表格式见表 D.1.4。

表 D.1.4 _____年度应力应变及温度测值统计表

(应力单位为 MPa；应变单位为 10^{-6}；温度单位为℃)

日期 (月.日)	测点1	测点2	测点3	测点4	测点5	...
⋮						
全年特征值统计	最大值					
	日期					
	最小值					
	日期					
	平均值					

D.2 整编图格式

D.2.1 变形监测成果图例格式见图 D.2.1-1～图 D.2.1-12。

1 分层填筑垂直位移过程线图见图 D.2.1-1。

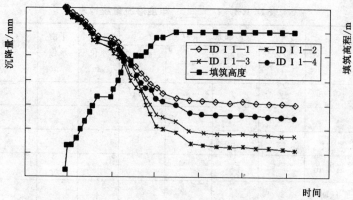

图 D.2.1-1　某土石坝分层填筑垂直位移过程线图

2　表面垂直位移等值线图见图 D.2.1-2。

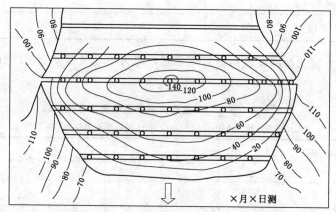

图 D.2.1-2　某土石坝表面垂直位移等值线图

3　横断面垂直位移等值线图见图 D.2.1-3。

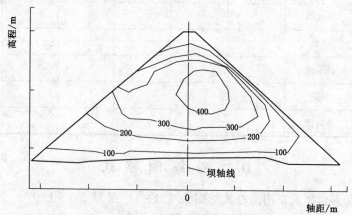

图 D.2.1-3　某土石坝横断面垂直位移等值线图（单位：mm）

4 横断面分层垂直位移分布图见图 D.2.1-4。

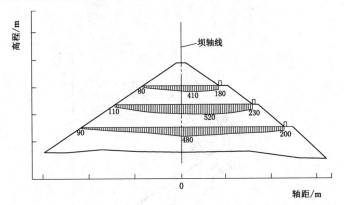

图 D.2.1-4　某土石坝横断面分层垂直位移分布图（单位：mm）

5 坝面裂缝分布图见图 D.2.1-5。

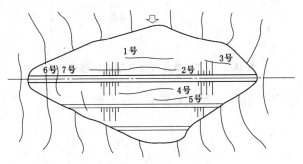

图 D.2.1-5　某土石坝表面裂缝分布图

6 混凝土面板及防渗墙挠度变形分布图见图 D.2.1-6。

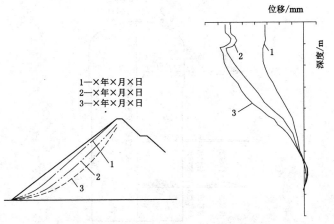

（a）某混凝土面板挠度变形分布图　　（b）某混凝土防渗墙挠度变形分布图

图 D.2.1-6　混凝土面板及防渗墙挠度变形分布图

7 岸坡钻孔轴向位移分布图见图 D.2.1-7。

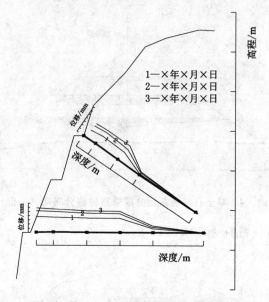

图 D.2.1-7 某岸坡钻孔轴向位移分布图

8 地下洞室围岩变形分布图见图 D.2.1-8。

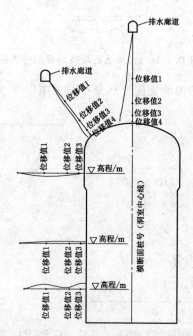

图 D.2.1-8 某地下洞室围岩位移断面分布图

9 混凝土坝温度等值线图见图 D.2.1-9。

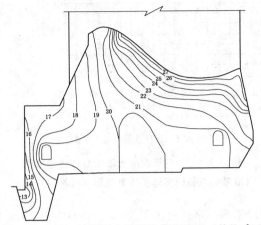

图 D.2.1-9 某混凝土坝温度等值线图（单位：℃）

10 混凝土坝横向水平位移过程线图见图 D.2.1-10。

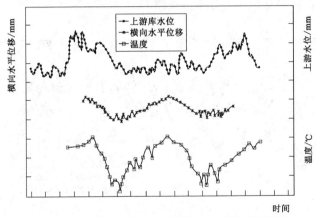

图 D.2.1-10 某混凝土坝横向水平位移过程线图

11 混凝土坝垂直位移分布图可按图 D.2.1-11 和图 D.2.1-12 绘制。

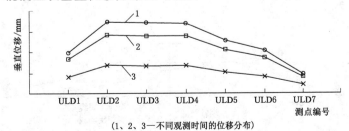

（1、2、3—不同观测时间的位移分布）

图 D.2.1-11 某混凝土坝垂直位移分布图

（同高程测点位移量连线）

451

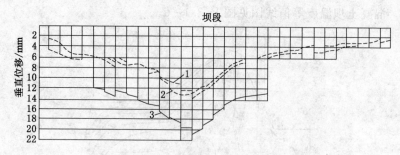

（1、2、3—不同观测时间的位移分布）

图 D. 2. 1 - 12 某混凝土坝垂直位移分布图

（沿基础或基础廊道不同高程测点位移量连线）

D. 2. 2 渗流监测成果图例格式见图 D. 2. 2 - 1～D. 2. 2 - 6。

　1 渗流压力过程线图见图 D. 2. 2 - 1。

　2 土石坝横断面渗流压力分布（浸润线）图见图 D. 2. 2 - 2。

　3 混凝土坝坝基扬压力分布图见图 D. 2. 2 - 3。

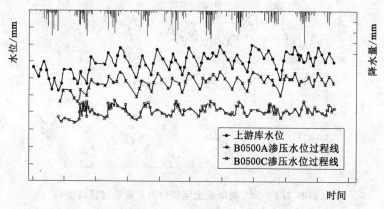

图 D. 2. 2 - 1 渗流压力过程线图

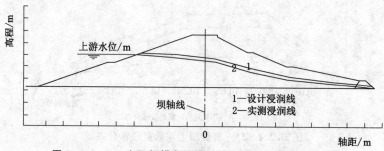

图 D. 2. 2 - 2 土石坝横断面渗流压力分布（浸润线）图

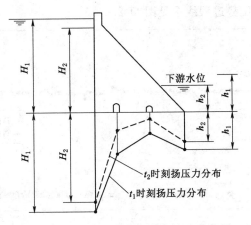

图 D.2.2-3 混凝土坝坝基扬压力分布图

4 土石坝渗流压力平面分布图见图 D.2.2-4。

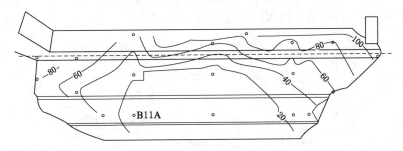

图 D.2.2-4 土石坝渗流压力平面分布图

5 渗压（测压管）水位与库水位相关图见图 D.2.2-5。

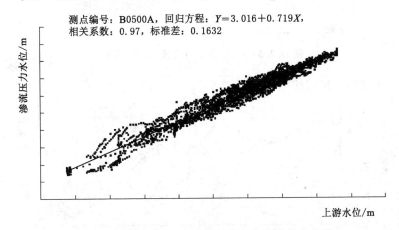

测点编号：B0500A，回归方程：$Y=3.016+0.719X$，
相关系数：0.97，标准差：0.1632

图 D.2.2-5 渗压（测压管）水位与库水位相关图

6 渗流压力位势过程线图见图 D.2.2-6。

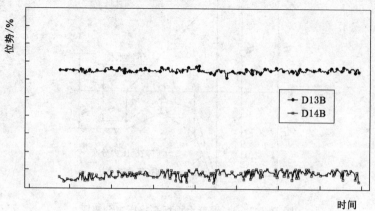

图 D.2.2-6　渗流压力位势过程线图

D.2.3 压力（应力）监测成果图例格式见图 D.2.3-1～图 D.2.3-4。

1 土压力（填筑）过程线图见图 D.2.3-1。

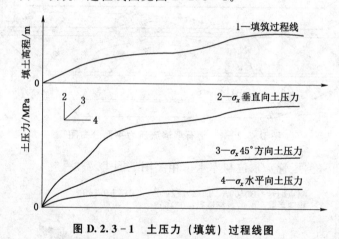

图 D.2.3-1　土压力（填筑）过程线图

2 钢筋应力过程线图见图 D.2.3-2。

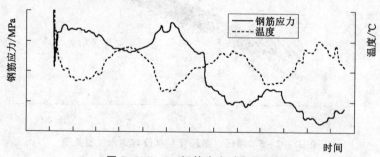

图 D.2.3-2　钢筋应力过程线图

3 锚索荷载过程线图见图 D.2.3-3。

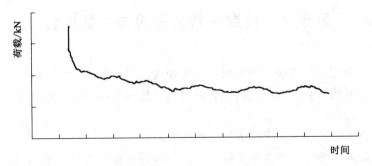

图 D.2.3-3　锚索荷载过程线图

4 坝踵应力与水位关系图见图 D.2.3-4。

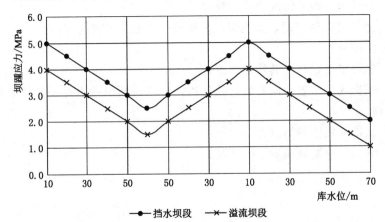

图 D.2.3-4　坝踵应力与水位关系图

附录 E 监测资料分析报告主要内容

E.1.1 工程安全鉴定时，监测资料分析报告内容可按 SL 258 执行。

E.1.2 工程出现异常或险情时，监测资料分析报告应侧重下列内容：

    1 工程简述。

    2 对工程出现异常或险情状况的描述。

    3 根据现场检查和监测资料的分析，判断工程出现异常或险情的可能原因和发展趋势。

    4 提出加强监测的意见。

    5 对处理工程异常或险情的建议。

E.1.3 遭遇特殊情况时，监测资料分析报告应侧重下列内容：

    1 工程简述。

    2 极端事件过程及其特点描述。

    3 根据现场检查和监测资料的分析，分析判断极端事件条件下工程运行性态表现。

    4 提出加强监测的意见。

    5 对工程应对极端事件的建议。

标 准 用 词 说 明

标准用词	严 格 程 度
必须	很严格，非这样做不可
严禁	
应	严格，在正常情况下均应这样做
不应、不得	
宜	允许稍有选择，在条件许可时首先应这样做
不宜	
可	有选择，在一定条件下可以这样做

中华人民共和国水利行业标准

水利水电工程安全监测系统
运行管理规范

SL/T 782—2019

条 文 说 明

目　次

1 总 则

1.0.1 水利水电工程包括水库、水电站、水闸、堤防、调水工程、水工隧洞、通航建筑物等。各类工程安全监测项目和采用的安全监测设施基本相同，为此本标准编制总体框架是按监测项目和监测设施进行分类规定。

1.0.2 本标准适用范围依据 SL 252《水利水电工程等级划分及洪水标准》及 SL 725《水利水电工程安全监测设计规范》确定。安全监测系统范围包括工程及影响工程安全的边坡的监测系统。本标准适用于工程施工期、初期运行期和运行期安全监测系统运行、维护和管理。

1.0.4 安全监测系统是工程安全运行的"耳目"，监测系统运行管理是一项专业技术较强的工作，运行管理单位需要配置的监测维护人员应是具有专门知识和技能的专业技术人员，应鼓励和督促监测专业人员参加相关专业技术培训，水工监测工宜按 2018 年修订的（职业编码：4-09-01-04）《国家职业技能标准：水工监测工》取得职业技能资格。

1.0.5 SL 725 规定各类工程的监测项目、监测频次和监测精度等要求，本标准规定的相关要求按 SL 725 执行，同时考虑各工程观测条件及实际需求，观测频次在不低于 SL 725 和设计规定的要求下可调整。观测数据及时甄别是保证数据准确可靠的基础工作，每次观测后均应及时甄别。测值异常时应对相关的监测仪器和观测方法进行检查，复测并分析原因。

1.0.6 工程遭遇突发事件时，监测设施可能遭受损坏，故应及时对监测系统进行检查与维护。安全监测信息对遭遇突发事件后工程的安全性态评估及应急处置尤为重要，应对正常运行的监测设施加密观测，及时对突发事件前后的监测资料对比分析，评估工程安全性态。

1.0.7 为保证监测自动化系统测量数据的可靠性，应按附录 B 规定的频次进行人工比测。监测自动化系统出现故障期间，为保证观测数据的连续性，应尽可能采取人工测读方法按规定频次进行观测，以保证监测数据的连续性。

1.0.8 安全监测系统是掌握工程安全性态的重要手段，随服役年限延长，工程运行性态可能发生变化，安全监测设施也会出现老化失效等问题，已有的监测系统可能达不到全面有效监控工程安全的目的，故应定期对工程安全监测系统进行鉴定，以掌握工程安全监测系统状况，保证安全监测设施持续稳定运行。大坝安全监测系统鉴定是一项专业性强的工作，涉及水工、自动化、软件工程等方面的专业知识，安全鉴定承担单位应具有相应的资质或业绩才能胜任鉴定工作。

1.0.9 随着大坝安全监测技术和信息化水平的提高，应逐步提升安全监测系统自动化与信息化水平，规范数据库标准化建设，便于监测数据的共享和应用。

3 监测系统运行

3.1 一般规定

3.1.1 为保证相关监测数据的同步性，便于监测成果相关分析和综合分析，同一坝段或建筑物各类监测项目宜同步观测，对于应变计组和对应的无应力计、土压力计以及配套渗压计等成组仪器应同步进行数据采集。相关情况包括测点（组）附近的爆破、开挖、加高等可能影响测值变化的情况。

3.1.2 人工观测时，不同的观测人员读数存在一定差异，为减少观测误差，宜固定观测人员。本条指日常性的、经常性的人员变动，并不限制周期性人员调整。观测设备即使在检验合格的情况下，不同的设备之间仍然存在一定的差异，所以为了减少系统误差，也不宜经常更换，更换时应及时检查之间的差异，以便后期资料分析时参考。固定观测时间有利于资料分析比对。

3.1.5 为保证监测记录的完整性和可溯源性，便于监测资料整编分析，对观测记录提出统一要求。

3.3 变　形

3.3.2 水平位移监测控制网和垂直位移监测控制网统称为变形监测控制网，是由基准点、工作基点及过渡点等控制点所构成的大地控制网。

　　2 GNSS网中距离较近的点同步观测可以获得它们间的直接观测基线，以提高观测精度。

　　5 电子记录应及时导入或录入安全监测数据库，但作为原始记录的电子数据应及时进行备份保存，以便查阅与核对。

　　8 变形监测控制网的稳定性关系到变形监测的基准，应定期观测并复核，其重要性不容忽视。考虑到基准点都建设在相对稳定的部位，如果经过长期观测表明变形监测控制网是稳定的，可以适当放宽观测频次。

3.3.14 倾角仪（电平器）、固定式测斜仪、三向测缝计、多点位移计等传感器，观测端为电缆、光缆等，运行观测时首先要检查电缆、光缆的编号是否清晰可辨，观测端是否锈蚀等，运行要求与应力应变类埋入式仪器相同，为避免重复规定，引用3.5节的规定。

3.5 应力应变及温度

3.5.2 差动电阻式仪器测量分四芯/五芯测法，振弦式仪器和测量仪表种类也比较多，在激振（响应）电压、扫描（响应）频率范围和仪器内部温度电阻等各不相同，因此通过选择相应仪表的输入/输出模式，使得其与仪器结构类型和测量原理相匹配，从而保证测量准确性是十分必要的。对于具有连续测量模式的测量仪表，当配合集线箱进行多只仪器测量时，宜选择连续测量模式。

3.5.3 差动电阻式仪器稳定性容易受到各种干扰和绝缘电阻等影响，现场及时比对和采取重复测量等措施是减少异常数据的有效手段，根据实践经验，差动电阻式传感器本次测量电阻比与上次读数差绝对值大于 5 个电阻比或电阻值与上次读数差绝对值大于 0.20Ω，应重复观测并记录，从而为及时发现异常、分析原因并采取相应措施创造条件。

3.5.4 仪器测值变化较大可能是仪器本身或测读原因，也可能是被测结构实际工况或性态发生变化，为谨慎起见，振弦式仪器频率模数或线性读数值与上次读数差绝对值超过 15 个字或测值异常时，宜复核并同时记录周期读数。

3.5.5 当极差比较大时，仪器稳定性可能存在问题，必须采取相应措施。光纤光栅仪器的极差标准参考 DL/T 136《光纤光栅仪器基本技术条件》的相关规定，按不大于满量程的 ±1.5% 考虑。

3.5.6 考虑到内部埋设仪器难以重新设置，为充分利用已埋设仪器，特做本条规定。差动电阻式仪器观测时如发现开路或短路故障时，可根据必要性程度，将五芯接法改为四芯、三芯或温度计方式继续观测，以充分利用内部埋设仪器获取监测信息。改接后应重取基准值，以保持数据衔接。

振弦式仪器读数异常时，可采取下列措施：

（1）振弦式仪器发生频率无读数现象时，可通过万用表测试两根频率输出电缆芯线（一般为红、黑色）间的电阻值进行分析：

①对目前水利水电工程常用的振弦式仪器，若电阻值非常大（数 kΩ 以上），说明电缆断路或线圈损坏，应先排查电缆是否存在断裂。

②若电阻值非常小（100Ω 以下），说明电缆短路，应检查接头是否碰线，电缆绝缘层是否受损。

③若电阻值正常，说明为仪器钢弦故障。

（2）振弦式仪器发生频率读数异常时，可通过以下方式进行分析：

①检查测量档位选择是否有误。

②测值是否超过仪器量程。

③使用环境是否有信号干扰。

④检查监测仪器绝缘度是否降低。

（3）对于有测温要求的振弦式仪器，当温度测值异常时，应检查测温电阻芯线是否存在短路或断路。

3.7 自 动 化 系 统

3.7.3 测点人工比测时，采集系统通道间可能存在串扰等影响，人工测读宜与采集装置系统隔离，以确保采集装置不会影响人工测读结果。

DL/T 5211《大坝安全监测自动化技术规范》对自动化系统的人工比测规定如下：

人工比测一般采用过程线比较和方差分析进行对比。过程线比较是取某测点相关时间、相同测次的自动化测值和人工测值，分别绘出自动化测值过程线和人工测值过程线，进行规律性和测值变化幅度的比较。方差分析是取某监测点自动化系统监测和人工比测相同或相近时间、相同测次的测值分别组成自动化测值序列和人工测值序列。设某一时刻的自动化测值为 X_{zi}，人工测值为 X_{ri}，则两者差值 δ_i 按式（1）计算：

$$\delta_i = \mid X_{zi} - X_{ri} \mid \tag{1}$$

两者差值的标准差 σ 按式（2）计算：

$$\sigma = \sqrt{\sigma_z^2 + \sigma_r^2} \tag{2}$$

式中 σ_z——自动化测值序列标准差；

　　　　σ_r——人工测值序列标准差。

两者差值控制标准按式（3）计算：

$$\delta_i \leqslant 2\sigma \tag{3}$$

考虑自动化系统运行环境比较复杂，实际操作过程中比测差值可按被测建筑物物理量精度要求控制。

4 监 测 系 统 维 护

4.1 一 般 规 定

4.1.5 仪器设施故障原因比较复杂，考虑到一般工程运行管理单位人员难以全面掌握，建议立即汇报并通知仪器安装埋设单位或仪器厂商予以解决。但鼓励有实力的工程运行管理单位熟悉仪器故障判别方法并正确处理相关问题。总之，运行管理单位应及时采取措施，避免由于仪器、仪表或传感器损坏导致的监测中断。

4.5 应 力 应 变 及 温 度

4.5.4 集线箱检查维护内容包括工作温度检查、清洁维护以及通道切换开关和档位检查等。及时清理集线箱上的灰尘、杂物和水迹，保持集线箱环境清洁、干燥，保持集线箱测点信息表的完整清晰和拨段开关、接触电阻正常。定期检查箱内各焊接点是否牢固，焊点之间的绝缘套管是否存在破损，测试绝缘度和内阻，依据 SL 369《大坝监测仪器集线箱》的规定，集线箱绝缘电阻应大于 $0.1M\Omega$，各接点内阻不应大于 0.03Ω，各接点内阻之差不应大于 0.005Ω，各接点内阻变差不应大于 0.002Ω。

4.8 自 动 化 系 统

4.8.4 自动化监测系统接地电阻值除另有规定外，电子、信息及计算机设备接地电阻值一般不宜大于 4Ω，并采用一点接地方式。独立的防雷保护接地电阻不应大于 10Ω。

4.8.10 自动化系统维护日志应包括巡视检查维护的目标对象、维护内容、维护时间及维护人员等信息。

5 监测资料整理整编和分析

5.2 监测资料整理

5.2.1～5.2.4 监测资料的整理是指对日常监测数据的记录、检验、校核以及对监测物理量的换算、填表、绘图和异常值判别等，并将整理的监测资料存入计算机的过程。一般来讲，是将现场监测的原始资料数据按要求进行加工，使之规范化、统一化，便于数据的存储与管理，属于日常性工作。

5.3 监测资料整编

5.3.1 监测资料的整编是在监测资料整理基础上，定期对监测资料进行汇集、分析、处理、编辑等，并生成标准格式电子文档和刊印的过程，使之集中化、系统化、规格化和图表化，以便归档保存和提供给使用者，是一项周期性工作。

5.4 监测资料分析

5.4.1 监测资料分析是一项综合性较强的工作，需要综合水工建筑物结构设计理论、工程地质知识、施工经验、数学理论甚至监测仪器基本理论等专业知识。开展资料分析之前，需要收集工程资料、监测设施考证资料、监测资料等三大类资料。

根据监测资料分析用途和深度不同，可分为初步分析和综合分析。

初步分析是在对资料进行整理后，采用绘制过程线、分布图、相关图及测值比较等方法，进行规律性与趋势性分析及异常现象诊断。

综合分析是在初步分析的基础上，采用各种方法进行定性、定量相结合的综合性分析，并对工作状态作出评价，一般要求出具专题分析报告。一般在以下几种情况下需要做监测资料的综合分析：①大坝安全鉴定；②大坝出现异常或险情状态时；③水库大坝遭遇地震、超标准洪水或降水、严重干旱等极端事件时。宜定期根据实测资料建立数学模型，参考设计监控指标，提出或调整运行监控指标。

5.4.3 水利水电工程的运行状态，一般分为正常状态、异常状态、险情状态。

（1）正常状态，系指工程运行达到设计要求的功能，无影响正常使用的明显缺陷，且各主要监测物理量的变化处于正常运行状态。

（2）异常状态，系指工程某项功能已不能完全满足设计要求，或主要监测物理量出现某些异常，因而影响工程正常运行的状态，但在一定控制运用条件下工程能安全运行。

（3）险情状态，系指出现危及工程安全的严重缺陷，或环境中某些危及安全的因素正在加剧，或主要监测量出现较大异常，若按设计条件继续运行将出现大事故的状态，工程不能按设计正常运行。

5.4.6 监测资料分析常用的方法包括比较法、作图法、特征值统计法和数学模型法等。

（1）比较法分为测值比较、图形比较。

测值比较是指监测物理量与监控指标、试验值、模型预报值、历年变化范围相比较以及监测物理量互比等。其中：①监控指标是在某种工作条件下（如基本荷载组合）的变形量、渗压水位、渗流量或扬压力等的设计值或试验值，或有足够的监测资料时经分析求得的监控值（允许范围）。在蓄水初期可用设计值作监控指标，根据监控指标可判定监测物理量是否异常。②模型预报值是根据足够监测资料，建立数学模型分析求得的物理量变化的预测值。③监测物理量的互比是将相同部位（或相同条件）的监测量或不同物理量之间作相互对比，相邻测点测值以及不同物理量之间以查明各自的变化量的大小、变化规律和趋势是否具有一致性和合理性。

图形比较是指将监测物理量的过程线图、相关性图以及不同时间的空间分布图等，进行相互比较分析，从中发现规律或异常。

（2）作图法是指借助绘图工具，将监测物理量数据绘制成图的形式展现，以便总体分析监测物理量的变化趋势与规律。

根据实际分析的需要，可绘制监测物理量的过程线图、相关图、空间分布图等，其中过程线图的绘制还可将上游水位、下游水位、温度、监控指标以及同坝段的物理量等绘制在同一张图上。由图可直观地了解和分析监测值的变化大小和其规律，影响监测值的荷载因素和其对监测值的影响程度，监测值有无异常等。

（3）特征值统计法是借助数据处理工具，对单位周期内的监测物理量的特征值进行统计，并按时间序列排列或绘制特征值过程线进行分析。特征值一般是指年极值（年最大值、年最小值）、年变幅、年平均值及特征值发生的时间等。根据特定需要，也可以季、月甚至旬、日为时间单位进行统计。

（4）数学模型法是通过统计回归分析、正演计算分析等，建立的监测物理量与外荷载之间的数学关系。借助数学模型可分析各个影响因素对监测物理量的贡献大小、各影响因素的变化规律、对监测物理量进行预测预报等。监测物理量一般是指效应量，如位移、渗流压力、扬压力等；外荷载一般是指原因量，如库水位、温度、降雨等。

根据数学模型构成方法的不同，一般又可将其分为统计模型、确定性模型及混合模型。有较长时间的监测资料时，一般常用统计模型。当有条件求出效应量与原因量之间的确定性关系表达式时（一般通过有限元计算结果得出），亦可采用混合模型或确定性模型。

运行期的数学模型中，一般包括水压分量、温度分量和时效分量三个部分。时效分量的变化形态是评价效应量正常与否的重要依据，对于异常变化需及早查明原因。

6 监测系统管理保障

6.1 一 般 规 定

6.1.2 当监测系统管理单位技术力量不足时，一般委托具有相应资格和能力的单位承担。监测资料的整编与分析，一般由工程管理单位承担，也可委托具有经验和能力的单位承担。受委托单位，应对所承担的工作和成果负责。

6.2 管理单位、制度及人员

6.2.2 常见的安全监测管理制度和技术规程如下：

（1）安全监测岗位责任制度，包括岗位设置、岗位职责、岗位考核等。

（2）安全巡视检查制度，包括检查路线、检查内容、记录要求等。

（3）仪器安全监测制度，包括监测项目、监测频次、监测时间等。

（4）监测设施维修养护规程，包括监测设施日常保养、简易维护、售后维护或委托维护、监测设施鉴定等。

（5）有关仪器设备（非固定安装埋设）、维修养护工具、劳保用品等的保存、借用、归还等管理制度。

（6）安全监测技术资料或档案资料的移交、归档、保管、借阅、归还等管理制度。

6.2.3 从事监测系统运行管理专业人员数量，应根据实际工作需要定员。可参考《水利工程管理单位定岗标准（试点）》（水办〔2004〕307号）的要求实施。

6.2.5 安全监测工作环境较为复杂，除室内工作外，野外工作量较大，涉足水工建筑物、高边坡、地下洞室、涉水等场地，可能遭遇高温、低寒、潮湿、风雪、暴雨等极端天气，部分地区还会有血吸虫、高海拔缺氧等潜在威胁。因此，需要为从事安全监测的人员配备必要的安全和健康保障条件。

6.3 监 测 设 施 管 理

6.3.2 监测设施台账应包括设施类型、名称、型号、主要性能参数、数量、安装或存放位置、运行状态等信息。

6.3.4 参考SL 766，分别从考证资料评价、历史测值评价、现场检查与测试评价结果等三个方面评价监测仪器设施运行性态，评价结果分为可靠、基本可靠、不可靠三级。

大坝安全监测自动化技术规范

DL/T 5211—2019　　　　替代 DL/T 5211—2005

2019－11－04 发布　　　　　　　　　2020－05－01 实施

前　　言

根据《国家能源局综合司关于印发 2017 年能源领域行业标准制（修）订计划及英文翻译出版计划的通知》（国能综通科技〔2017〕52 号）的要求，规范编制组经广泛调查研究，认真总结国内外近年来大坝安全监测自动化技术的新发展和成功经验，参考有关国际标准和国外先进标准，并在广泛征求意见的基础上，修订本规范。

本规范的主要技术内容是：监测自动化系统设计、技术要求、安装调试、系统考核及验收、运行维护。

本规范修订的主要技术内容是：

——删除了关于自动化设备的试验方法、检验规则、标志、使用说明、包装、存储，将对监测自动化系统的相关具体技术要求统一编成"技术要求"一章；

——对监测自动化系统的构建方式进行修订，补充云技术应用及监测自动化系统与大坝强振动监测系统联动等内容；

——增加了安全风险较高的大坝宜具备安全在线监控功能要求；

——修订了对软件系统的基本要求；

——修订了采集计算机及服务器的要求，增加对网络通信设备的要求；

——增加了对仪器在接入系统前进行现场检查、测试、鉴定的要求；

——系统运行维护引用了现行行业标准《大坝安全监测系统运行维护规程》DL/T 1558 中对应监测自动化部分的要求；

——修订了平均无故障时间的计算方法；

——修订了比测指标的内容。

本规范由中国电力企业联合会提出，由电力行业大坝安全监测标准化技术委员会（DL/TC 32）负责日常管理，由国网电力科学研究院有限公司负责具体技术内容的解释。

本规范主编单位：国网电力科学研究院有限公司

本规范参编单位：国家能源局大坝安全监察中心

中国三峡建设管理有限公司

中国电建集团华东勘测设计研究院有限公司

本规范主要起草人员：刘观标　邓检华　刘　果　赵花城

於三大　凌　骐　崔　岗　马文锋

胡　波　蓝　彦　权录年　郑健兵

王梅枝　郑水华　罗孝兵　滕世敏

李君军　张　锋

本规范主要审查人员：张秀丽　汪　毅　王玉洁　顾冲时

何金平　卢正超　李端有　郑晓红

陈绪高　赵志勇　季　祥　文富勇

李运良　王　跃　谭恺炎　郭　晨

沈省三　王为胜　徐国龙　胡晓云

王进攻　濮久武　沈定斌　钟　平

宫玉强

本标准在执行过程中的意见或建议反馈至中国电力企业联合会标准化管理中心（北京市白广路二条一号，100761）。

目　次

Contents

水库运行管理 通用法规标准选编

1 总 则

1.0.1 为规范大坝安全监测自动化系统的设计、实施和运行管理，制定本规范。

1.0.2 本规范适用于大中型水电水利工程的大坝安全监测自动化系统。

1.0.3 大坝安全监测自动化系统包括监测仪器设备、数据采集装置、计算机及外部设备、网络通信设备、电源及防护设备、在线采集软件与安全监测信息管理软件等。

1.0.4 新建水电水利工程应进行相应的监测自动化系统设计，并将系统的建设纳入工程建设一并实施。

1.0.5 已建水电水利工程进行大坝安全监测系统自动化改造时，应对原大坝安全监测系统进行综合评价后，进行专项设计。

1.0.6 人工测量的数据及巡视检查记录应纳入监测自动化系统数据库。

1.0.7 监测自动化系统设计、实施和运行管理除执行本规范外，尚应符合国家现行有关标准的规定。

2 术　语

2.0.1　监测仪器设备　monitoring instrument and equipment

基于各种原理的监测仪器（传感器）、监测装置及其相应的监测信息自动采集、存储、传输和供电设备的总称。

2.0.2　数据采集装置　data acquisition unit

对监测仪器的输出信号进行自动采集、存储与传输的设备。

2.0.3　监测站　monitoring station

安装集线箱或数据采集装置的位置或场所。

2.0.4　监测管理站　monitoring management station

安装采集计算机、在线采集软件及其相关外部设备的场所。

2.0.5　监测管理中心站　central station for monitoring management

安装大坝安全监测管理计算机、监测信息管理软件和相关外部设备的场所。

2.0.6　测量仪表　readout/indicator

采集监测仪器设备输出信号的便携式装置。

2.0.7　应答控制方式　response controlling mode

数据采集装置按照采集计算机发出的指令进行数据的采集、存储与传送。

2.0.8　自动控制方式　automatic controlling mode

数据采集装置按照设定的时间进行数据的采集和存储，并将数据上传到采集计算机。

2.0.9　数据缺失率　failure rate

未能测得的有效数据个数与应测得的数据个数之比。

2.0.10　监控　supervisory control

在安全监测基础上，辅以综合分析和结构安全性评价手段，发现建筑物及其环境中的异常征兆和安全隐患，警示安全风险，为后续安全控制措施制定提供支持，避免产生严重后果。

2.0.11　试运行期　trial operation period

监测自动化系统安装调试完成并通过预验收后开始的考核运行期。

3 监测自动化系统设计

3.1 一 般 规 定

3.1.1 监测自动化系统设计应以监控大坝安全为目的，遵循"实用、可靠、先进、经济"原则，应满足水电厂管理的需求。

3.1.2 监测自动化系统应进行设计。设计可分为可行性研究设计、招标设计和施工设计三个阶段。

3.1.3 监测自动化系统应统一规划，考虑工程施工、蓄水和运行的要求总体设计，具备条件时应尽早实施。

3.1.4 监测自动化系统宜具备与大坝强振动监测系统联动的接口。

3.1.5 监测自动化系统配套系统软件应采用中文操作界面。

3.2 设 计 内 容

3.2.1 可行性研究阶段设计主要内容包括：

    1 初步确定纳入监测自动化系统的监测项目、监测点及其布置。

    2 初步确定纳入监测自动化系统监测仪器设备的技术指标和要求。

    3 基本确定数据采集装置的布设、通信方式及网络结构设计、防雷接地设计，拟定供电方式。

    4 基本确定大坝安全管理信息系统功能要求。

    5 基本确定施工技术要求。

    6 初步确定考核与竣工验收要求。

    7 编制投资概算。

3.2.2 招标阶段设计主要内容包括：

    1 确定监测自动化系统的功能及性能和验收标准。

    2 确定纳入自动化监测的项目、监测方式和测点数量，以及监测仪器设备的布置方案。

    3 确定监测仪器设备的技术指标、要求和数量。

    4 确定数据采集装置的布置设计、通信方式及网络结构设计。

    5 确定电源、过电压保护和接地技术及设备防护措施。

    6 确定系统设备配置方案。

    7 根据工程的安全级别，结合工程的实际需求，确定大坝安全管理信息系统功能及相关配置要求。

    8 提出系统运行方式要求。

9 提出施工技术要求。

10 提出考核与竣工验收要求。

3.2.3 施工阶段设计主要内容包括：

1 监测仪器设备的布置及施工图设计。

2 配套土建工程及防雷工程施工设计。

3 确定自动化设备现场检验、自动化设备及通信设备的安装及调试、配套土建工程、防雷接地工程、系统集成和调试的具体方案。

4 确定系统运行方式的要求。

3.2.4 新建工程的监测自动化系统应根据大坝安全监测系统总体设计，按下列原则选择实施自动化监测的项目和内容：

1 为监视大坝安全而设置的监测项目。

2 需要进行高准确度、高频次监测而用人工观测难以胜任的监测项目。

3 监测点所在部位的环境条件不允许或不可能用人工方式进行观测的监测项目。

4 拟纳入自动化监测的项目已有成熟的、可供选用的监测仪器设备。

3.2.5 测点选择及监测仪器设备选用的原则：

1 测点应反映大坝的工作性态，目的明确。

2 测点选择宜相互呼应，重点部位的监测值宜能相互校核，必要时可进行冗余设置。

3 监测仪器设备应稳定可靠，在满足准确度要求的前提下，监测仪器设备的品种、规格宜统一，结构应简单，维护方便。

3.2.6 已建工程的监测自动化系统应根据大坝运行情况，对已有监测系统进行综合评价和更新改造，并在此基础上实施监测自动化改造设计。

3.2.7 监测自动化系统应进行直击雷和雷电感应过电压防护设计。

3.3 系 统 设 计

3.3.1 监测自动化系统设计应包括：纳入监测自动化系统的测点选择原则，接入监测项目，测点、测站与管理站布置，网络拓扑，通信，供电，防雷与接地，在线采集软件，监测信息管理软件，自动化设备工程量和技术指标等。

3.3.2 监测自动化系统可按以下方式构建：

1 根据工程的规模和特点，监测自动化系统可由一个或多个相对独立的采集子系统组成。

2 采集系统的数据采集装置分散设置在靠近监测仪器的监测站，采集计算机可设置在监测管理站或监测管理中心站。

3 根据工程的规模和需要，监测自动化系统可设置一个监测管理中心站。

监测管理中心站可设置在监测现场，也可设置在远离现场的地区。

4 根据工程的具体情况，在线采集软件也可布置在云端。

5 采集系统通信网络应采用 EIA - RS - 485/422 - A、以太网、移动通信网、WiFi 等符合国际标准的网络技术构建；子系统之间及子系统与监测管理中心站之间宜采用局域网连接。监测自动化系统宜具备与系统外局域网或广域网连接的接口，与外网连接时宜配置硬件防火墙。

3.3.3 监测站设计应符合下列要求：

1 监测站宜设置在监测仪器相对集中、交通、照明、通风较好且无强电磁干扰的部位。

2 监测站应具备一定的工作空间和稳定可靠的电源，应有良好的接地。

3 引入监测站的监测仪器线缆存在雷电感应风险时应设置专用防雷保护器。

4 设置在露天或可能受到水淋的地方时，应采取防护措施。

5 监测站内数据采集装置的测量范围应覆盖被测对象的有效工作范围，测量精度应不低于测量对象的精度。应配置人工比测接口，人工比测时不应影响自动化系统的正常运行和接线配置。

3.3.4 监测管理站设计应符合下列要求：

1 监测管理站宜布置在工作环境较好的坝顶、两岸坝头、坝后厂房内或地下电站主厂房内，也可设在远离现场的管理区内。监测管理站内应具备一定的设备空间和工作空间，应有良好的照明、通风条件，应有稳定可靠的电源和良好的接地装置。

2 监测管理站应配备采集计算机，可根据需要配备打印机、网络设备、不间断电源、净化电源以及防雷设备等必要的外部设备。

3 监测管理站应配置监测在线采集软件，具备与数据采集装置进行通信、数据采集、参数查询与修改、自诊断、测点维护、数据存储、异常告警及权限管理等功能。

3.3.5 监测管理中心站设计应符合下列要求：

1 监测管理中心站宜布置在大坝安全管理部门的附近，应具备足够的设备空间和工作空间，具备良好的照明、通风和温（湿）度调节环境。

2 监测管理中心站应配置服务器、工作站、打印设备、存储设备、网络设备、不间断电源等。

3 监测管理中心站应配置可靠的供电线路和防雷接地设施，要求参照现行国家标准《计算机场地安全要求》GB/T 9361 执行。

4 监测管理中心站应配置大坝安全监测信息管理软件，应具有监测数据存储、编辑、查询、导出与备份、数据可靠性检验、报表与曲线分析、预警提醒及信息推送、工程文档及影像资料管理、输出等功能。

    5 监测管理中心站宜具备同监测自动化系统以外的计算机网络系统进行连接的接口。

    6 安全风险较高的大坝宜具备安全在线监控功能。

3.3.6 根据工程的规模和需要，监测管理站与监测管理中心站可合并设置。

3.3.7 通信网络设计应符合下列要求：

    1 通信网络拓扑可采用星形、环形和总线结构，通信介质可采用光纤、双绞线和无线等。

    2 监测站之间及监测站与监测管理站的通信应采用 EIA RS‐485/422A、以太网（TCP/IP）及其他国际标准通信协议。

    3 监测管理站与监测管理中心站之间的网络通信，可根据站点所在物理位置采用局域网或广域网连接。

    4 通信线路布设时应做好线缆的防护接地。

3.3.8 电源及其防护设计应符合下列要求：

    1 系统供电电源应根据系统功率需求和技术指标规定进行配置，宜采用双回路专线供电，无可靠交流电源时，可采用太阳能或风能等现地电源供电。

    2 电源应结合现场情况设置避雷器、隔离装置及稳压装置，容量应根据系统功率计算确定。

    3 监测管理中心站及监测管理站应配置不间断电源（UPS）。

3.3.9 监测自动化系统防直击雷和防雷电感应过电压接地装置宜与工程接地网连接。

4 技 术 要 求

4.1 系 统 环 境 要 求

4.1.1 正常工作条件

1 工作条件

监测自动化系统监测站、监测管理站、监测管理中心站设备的工作环境应满足表4.1.1的要求。

表 4.1.1 工 作 环 境 要 求

名称	温度（℃）	相对湿度（%）
监测站	−10～50	≤95
监测管理站	0～50	≤85
监测管理中心站	15～35	≤85

2 周围环境要求

1） 无爆炸危险，无腐蚀性气体、无严重霉菌、无剧烈振动冲击源、无导电尘埃。

2） 监测站接地电阻不宜大于 10Ω。

3） 监测管理站、监测管理中心站接地电阻不宜大于 4Ω。

4.1.2 工作电源要求

1 交流电源

1） 额定电压：

交流 220V，允许偏差为±10%；

交流 36V，允许偏差为±10%。

2） 频率：50Hz，允许偏差为±2%。

2 不间断电源（UPS）

无市电时，监测管理站及监测管理中心站 UPS 维持计算机设备正常工作时间不小于 1h。

4.2 系 统 功 能 要 求

4.2.1 系统应具备巡测和选测功能，系统数据采集方式可分为应答控制方式和自动控制方式。

1 采集信号：模拟量、数字量。

2 采集对象：差动电阻式、电感式、电容式、压阻式、振弦式、差动变压器、电位器式、光电式、步进式等监测仪器，真空激光准直装置及其他测量装置。

  3 定时采集周期可调。

4.2.2 系统应有显示功能，应能显示建筑物及监测系统的总体布置、各子系统组成、采集数据过程曲线、报警状态显示窗口等。

4.2.3 系统应有操作功能，应能在监测管理站或监测管理中心站的计算机上实现监视操作、输入/输出、显示打印、报告现在测值状态、调用历史数据、评估系统运行状态；根据程序执行状况或系统工作状况给出相应的提示；修改系统配置、进行系统测试和系统维护等。

4.2.4 在外部电源突然中断时，系统工作参数及采集数据不丢失。

4.2.5 系统应具备双向数据通信功能，包括数据采集装置与监测管理站计算机之间、监测管理站和监测管理中心站之间及监测系统与外部的网络计算机之间的双向数据通信。

4.2.6 系统应具有网络安全防护功能；具有多级用户管理功能，设置有多级用户权限、多级安全密码，对系统进行有效的安全管理。

4.2.7 系统应具有自检功能，及时提供自检信息。

4.2.8 系统应配备大坝安全监测信息管理软件。该软件应有在线监测、离线分析、数据库管理、安全管理、图形报表制作、系统运维日志等功能，软件应提供中文交互界面。

4.2.9 系统软件应满足下列基本要求：

  1 基于通用的操作环境，并根据需要采用单机、客户机/服务器（C/S）或浏览器/服务器（B/S）结构。

  2 具有图文并茂的用户界面。

  3 为用户提供通用的浏览器界面。

  4 宜支持移动客户端。

4.2.10 系统除自动化采集数据自动入库外，还应具有人工输入数据功能，能方便地输入未实施自动化的测点的数据或因系统故障而用人工补测的测点数据。

4.2.11 系统应备有与便携式计算机、测量仪表或移动终端通信的接口，能够使用便携式计算机、测量仪表或移动终端采集监测数据。

4.2.12 系统应具备防雷、防潮、防锈蚀、防小动物破坏、抗震、抗电磁干扰等性能。

4.3 系统性能要求

4.3.1 系统宜具备下列采集性能指标：

  1 最小采集周期 10min。

2 系统采样时间：

巡测：

　　1）无控制、常态/快速测量，小于 30min；

　　2）有控制、常态测量，小于 1h。

选测（单点）：

　　1）无控制、常态测量，小于 1min；

　　2）有控制、常态测量，小于 10min；

　　3）无控制、快速测量，小于 0.5min。

4.3.2 系统的测量准确度应满足现行行业标准《大坝安全监测数据自动采集装置》DL/T 1134 的要求。

4.3.3 现场网络通信应符合下列要求：

　　1 系统通信方式为多层网络结构。

　　2 现场网络结构为主从结构或其他结构。

　　3 网络通信速率宜根据构建现场网络的通信方式，以通信稳定可靠为原则选定。

4.3.4 系统运行的可靠性应满足下列指标：

　　1 系统平均无故障时间（MTBF）大于 6300h，计算方法见本规范附录 A。

　　2 系统自动采集数据缺失率不应大于 3%，计算方法见本规范附录 B。

4.3.5 系统设备内置抗瞬态浪涌能力应达到：

　　1 防雷电感应 500W～1500W；

　　2 瞬态电位差：小于 1000V。

4.4　监　测　仪　器

4.4.1 接入自动化系统的监测仪器，其技术指标应满足现行行业标准《混凝土坝安全监测技术规范》DL/T 5178 和《土石坝安全监测技术规范》DL/T 5259 的要求。

4.4.2 接入自动化系统的数字化监测仪器，其接口协议应开放。

4.5　数　据　采　集　装　置

4.5.1 数据采集装置的功能、性能应满足现行行业标准《大坝安全监测数据自动采集装置》DL/T 1134 的要求。

4.5.2 数据采集装置应具有人工比测测量接口，人工比测时不应影响自动化系统的正常运行和接线配置。

4.6 网络通信设备

4.6.1 网络通信设备应满足系统通信网络设计的接口及功能实现要求。

4.6.2 与安全相关的隔离装置、防火墙、网关等网络设备应通过安全认证。

4.7 监测管理站

4.7.1 具备适合工业应用环境，有较高运算速度和较大存储容量的计算机，宜配置便携式计算机作为移动工作站，并宜配有打印机。

4.7.2 能通过采集计算机或移动终端对现场仪器设备进行采集和控制。

4.7.3 采集计算机性能应满足：

1 CPU 正常负荷：≤30％。

2 CPU 活跃负荷：≤50％。

3 内存占用量：≤50％。

4 外部存储器容量应保证可存储系统自动化采集及人工测量数据不少于 6 个月，宜留有 50％以上的裕度。

4.7.4 不间断电源维持监测管理站设备正常工作时间不应小于 1h。

4.7.5 在线采集软件应满足如下主要要求：

1 具有可视化中文用户界面，能方便地修改系统设置、设备参数及运行方式；能根据实测数据反映的状态进行修改、选择监测的频次和监测对象。

2 具有对采集数据库进行管理的功能。

3 具有图形、报表输出及格式编辑功能。

4 具有系统自检、自诊断功能，并打印自检、自诊断结果及运行中的异常情况，作为硬拷贝文档。

5 可提供远程通信、远程辅助维护服务支持。

6 具有自动报警功能。

7 具有运行日志、故障日志记录功能。

4.8 监测管理中心站

4.8.1 监测管理中心站服务器性能应满足：

1 CPU 正常负荷：≤30％。

2 CPU 活跃负荷：≤50％。

3 内存占用量：≤50％。

4 外部存储器容量应保证可存储系统自动化采集及人工测量数据不少于 24 个月，宜留有 50％以上的裕度。

5 单条数据计算时间不超过 1s。

    6   单个监测点年度数据查询时间不超过 2s。

    7   相关系统的数据实时传输在 10min 内完成。

4.8.2   不间断电源维持监测管理中心站设备正常工作时间不应小于 1h。

4.8.3   能完成大坝监测数据的管理及日常工程安全管理工作。

4.8.4   能实现远程同有关管理部门及上级主管部门进行数据通信。

4.8.5   大坝安全监测信息管理软件应满足现行行业标准《水电站大坝运行安全管理信息系统技术规范》DL/T 1754 的要求。

4.8.6   系统数据库表结构及标识符宜满足现行行业标准《大坝安全监测数据库表结构及标识符标准》DL/T 1321 的要求。

4.8.7   具备声光报警提示，宜通过移动终端实现监测数据的预警或报警。

5 安 装 调 试

5.1 监测自动化设备安装

5.1.1 监测仪器在接入监测自动化系统前应对其工作状态进行现场检查、测试。

5.1.2 各类线缆需要连接时，芯线之间应焊接牢靠，做好绝缘及防潮处理，线缆长度应留有一定裕量。

5.1.3 各类线缆布线应整齐并标识，室外线缆应放入电缆沟、穿金属钢管或设金属线槽保护。

5.1.4 数据采集装置宜安装在观测房内并做好接地连接，在室外安装时应设置防护装置。

5.1.5 监测仪器设备支座及支架应安装牢固，确保与被测对象联成整体，支架应进行防锈处理。

5.1.6 计算机等信息处理设备应安装在有空调的机房内。

5.2 监测自动化调试

5.2.1 逐项检查监测仪器设备的安装方向，核对接入测点，检查仪器参数设置。在线采集软件中的相关参数配置应与实际接入的监测仪器正确对应。

5.2.2 对有条件的监测项目及监测点，人工干预给予一定物理量变化，检查自动化测值能否正确反映外部变化。

5.2.3 对每个自动化监测点进行快速连续测试，以检查测值的稳定性。

5.2.4 有条件的监测项目及测点应同步进行人工比测。

5.2.5 应做好数据衔接，对新老系统的测值关系和处理应做出说明。

5.2.6 逐项检查监测自动化系统功能，系统功能应满足设计要求。

5.2.7 系统安装调试完成后，应提供系统安装调试报告，报告内容应包括监测自动化系统组成及配置，主要仪器设备型号、参数，以及系统测试情况等重要信息。

6 系统考核、验收

6.1 系统考核

6.1.1 系统中的线缆敷设、监测仪器的接入以及数据采集装置的安装等应符合 5.1 的要求。

6.1.2 系统联机运行后应能实现下列功能：

 1 数据采集、处理及数据库管理功能。

 2 系统运行状态自检和报警功能。

 3 监测自动化相关信息设置功能。

 4 监测信息录（导）入功能。

 5 图形绘制与报表制作功能。

 6 监测资料整编功能。

 7 权限及日志管理功能。

6.1.3 系统时钟应满足在规定的运行周期内，系统设备月最大计时误差小于 3min。

6.1.4 系统运行的稳定性应满足下列要求：

 1 试运行期监测数据的连续性、周期性好，无系统性偏移，能反映工程监测对象的变化规律。

 2 自动化测量数据与对应时间的人工实测数据比较，变化规律基本一致，变幅相近。

 3 选取工作正常的传感器，在被监测物理量基本不变的条件下，系统数据采集装置连续 15 次采集数据的中误差应达到监测仪器的技术指标要求，具体计算方法见本规范附录 C。

6.1.5 试运行期内系统可靠性应满足本规范第 4.3.4 条的要求。

6.1.6 系统比测指标可用下列标准：

 系统实测数据与同时同条件人工比测数据偏差 δ 保持基本稳定，无趋势性漂移。与人工比测数据对比结果 δ 小于等于 2σ，具体见本规范附录 D。

6.2 系统验收

6.2.1 监测自动化系统的试运行期为一年，试运行期满后应进行正式验收。

6.2.2 验收一般包括现场施工检查，系统软硬件功能、性能检查、测试，以及相关资料的审查等。

6.2.3 系统验收前应提交相关资料及技术报告：

1 设计单位应提交"监测自动化系统设计报告"。

2 施工单位应提交"监测自动化系统竣工报告"。

3 工程监理单位（如有）应提交"监测自动化系统工程监理报告"。

4 运行管理单位应提交"监测自动化系统试运行总结报告"。

5 监测自动化系统安装调试技术总结报告。

6 系统硬软件设备清单、系统硬软件使用说明书。

7 运 行 维 护

7.0.1　监测自动化系统的监测频次在试运行期不少于1次/天，宜保持原人工观测频次。运行期不少于1次/周，非常时期应提高监测频次，宜每半年对系统的部分或全部测点进行1次人工比测。

7.0.2　所有原始实测数据必须全部入库保存，监测数据至少每3个月作1次备份。

7.0.3　根据大坝实际运行安全状况和管理需要，应定期对监测自动化系统的整体运行进行评估，及时对监测自动化系统进行完善、改造、升级，包括增加或减少接入监测自动化系统的项目或测点，以满足大坝安全监控的要求。

7.0.4　监测自动化系统运行维护其他要求按现行行业标准《大坝安全监测系统运行维护规程》DL/T 1558中监测自动化系统相关内容的要求执行。

附录 A 平均无故障工作时间

A.0.1 系统可靠性可用平均无故障工作时间来考核。平均无故障工作时间（MTBF）是指两次相邻故障间的正常工作时间（短时间可恢复的不计）。

A.0.2 故障定义：数据采集单元不能正常工作，造成所控制的单个或多个测点测值异常或停测，称为采集单元发生故障。

A.0.3 在一年考核期内，平均无故障时间可按下式计算：

$$\mathrm{MTBF} = \left(\sum_{i=1}^{n} \frac{t_i}{1+r_i} \right) \Big/ n \qquad (A.0.3)$$

式中：t_i——考核期内，第 i 个测点或采集单元的正常工作时数；

r_i——考核期内，第 i 个测点或采集单元出现的故障次数；

n——系统内测点或数据采集单元总数。

附录 B 数据缺失率

B.0.1 数据缺失率 (FR) 是指在考核期内未能测得的有效数据个数与应测得的数据个数之比。错误测值或超过一定误差范围的测值均属无效数据。对于因监测仪器损坏且无法修复或更换而造成的数据缺失，以及系统受到不可抗力及非系统本身原因造成的数据缺失，不计入应测数据个数。统计时计数时段长度可根据大坝实际监测需要取 1 天、2 天或 1 周，最长不得大于 1 周。数据缺失率 FR 按下式计算：

$$FR = \frac{NF_i}{NM_i} \times 100\% \qquad (B.0.1)$$

式中 NF_i ——缺失数据个数；

  NM_i ——应测得的数据个数。

附录 C 短期测值稳定性

C.0.1 自动化系统短期测值稳定性考核主要通过短时间内的重复性测试，根据重复测量结果的中误差来评价。

根据大坝结构和运行特点，假定在较短时间内库水位、气温、水温等环境量基本不变，则相关监测值也应基本不变。通过自动化系统在短时间内连续测读 n 次（如 $n=15$ 次），读数分别为：x_1，x_2，$\cdots$，x_n，由 n 次读数计算其中误差，根据中误差评价读数精度及测值稳定性。n 次实测数据算术平均值 $\overline{x}$ 按下式计算：

$$\overline{x} = \frac{\sum_{i=1}^{n} x_i}{n} \tag{C.0.1}$$

C.0.2 对短时间内重复测试的数据，用贝塞尔公式计算出短期重复测试中误差 σ，作为采集装置的测读精度，评价是否达到厂家的标称技术指标，按下式计算：

$$\sigma = \sqrt{\frac{\sum_{i=1}^{n} (x_i - \overline{x})^2}{n-1}} \tag{C.0.2}$$

附录 D 比 测 指 标

D.0.1 人工比测一般采用过程线比较法或方差分析法进行对比。

D.0.2 过程线比较法是分别选取某测点在试运行期间内相同次数、相同时间的系列自动化测值和人工测值，分别绘出自动化测值过程线和人工测值过程线，进行规律性和测值变化幅度的比较。

D.0.3 方差分析法是分别选取某测点在试运行期间内相同次数、相同时间的系列自动化测值和人工测值，分别组成自动化测值序列 X_{zi} 和人工测值序列 X_{ri}。每次进行人工及自动化对比测量时的连续测读次数宜为 3 次~9 次，记录对应测量过程中的中间值 X_{zi}、X_{ri}。按式（D.0.3-1）计算两个序列之间的偏差 δ_i，按式（D.0.3-2）计算比测偏差序列的均方差 δ，按式（D.0.3-3）计算比测偏差控制限值 σ，取 $\delta \leqslant 2\sigma$。

$$\delta_i = |X_{zi} - X_{ri}| \qquad (D.0.3-1)$$

$$\delta = \sqrt{\frac{1}{n}\sum_{i=1}^{n}\delta_i} \qquad (D.0.3-2)$$

$$\sigma = \sqrt{\sigma_z^2 + \sigma_r^2 + e_z^2 + e_r^2} \qquad (D.0.3-3)$$

式中：i——第 i 次比测；

n——总比测次数；

σ_z——自动化测量精度；

σ_r——人工测量精度。

按式（D.0.3-4）、式（D.0.3-5）计算本次对比测量时该测点的标准差 e_{ri}、e_{zi}；按式（D.0.3-6）、式（D.0.3-7）计算试运行期间内该测点的标准差算数平均值 e_r、e_z。

$$e_{ri} = \frac{X_{ri\max} - X_{ri\min}}{C} \qquad (D.0.3-4)$$

$$e_{zi} = \frac{X_{zi\max} - X_{zi\min}}{C} \qquad (D.0.3-5)$$

$$e_r = \frac{e_{r1} + e_{r2} + \cdots + e_{rr}}{n} \qquad (D.0.3-6)$$

$$e_z = \frac{e_{z1} + e_{z2} + \cdots + e_{zr}}{n} \qquad (D.0.3-7)$$

式中：$X_{ri\max}$——第 i 次比测时，人工连续测读中的最大值；

$X_{ri\min}$——第 i 次比测时，人工连续测读中的最小值；

$X_{zi\,\mathrm{max}}$——第 i 次比测时，自动化连续测读中的最大值；

$X_{zi\,\mathrm{min}}$——第 i 次比测时，自动化连续测读中的最小值；

C——极差系数，通过查询表 D.0.3 得到。

表 D.0.3　极差系数查询表

测读次数	2	3	4	5	6	7	8	9
C	1.13	1.69	2.06	2.33	2.53	2.70	2.85	2.97

注：当测点在试运行期间保持基本稳定时，可只记录测点的某一次 e_{ri}，取 $e_z = e_r = e_{ri}$。

本规范用词说明

　　1　为便于在执行本规范条文时区别对待，对要求严格程度不同的用词说明如下：

　　1）表示很严格，非这样做不可的：

　　　　正面词采用"必须"，反面词采用"严禁"；

　　2）表示严格，在正常情况下均应这样做的：

　　　　正面词采用"应"，反面词采用"不应"或"不得"；

　　3）表示允许稍有选择，在条件许可时首先应这样做的：

　　　　正面词采用"宜"反面词采用"不宜"；

　　4）表示有选择，在一定条件下可以这样做的，采用"可"。

　　2　本规范中指明应按其他有关标准执行的写法为："应符合……的规定"或"应按……执行"。

引 用 标 准 名 录

《计算机场地安全要求》GB/T 9361

《混凝土坝安全监测技术规范》DL/T 5178

《土石坝安全监测技术规范》DL/T 5259

《大坝安全监测系统运行维护规程》DL/T 1558

《大坝安全监测数据自动采集装置》DL/T 1134

《大坝安全监测数据库表结构及标识符标准》DL/T 1321

《水电站大坝运行安全管理信息系统技术规范》DL/T 1754

中华人民共和国电力行业标准

大坝安全监测自动化技术规范

DL/T 5211—2019

代替 DL/T 5211—2005

条 文 说 明

目　次

1 总 则

1.0.1 为了统一大坝工程安全监测自动化的技术要求，可能在全国统一的共同性的通用内容，本规范均加以规定。

1.0.2 本规范关于大坝的定义中，包括坝体、坝基、坝肩和近坝岸坡，其他与大坝安全有直接关系的建筑物则包括输水道、电站厂房、船闸、地下洞室等水利水电枢纽建筑物。小型水电水利工程的大坝安全监测自动化系统可结合实际需求参照本规范要求执行。

2 术 语

2.0.1 随着监测技术的发展，在监测领域出现了类似无线传感器、CCD垂线坐标仪、带数字输出接口（变送器）的静力水准及水位计，甚至像水管式沉降议、引张线式水平位移计等非传统意义上的监测仪器（装置），这些监测仪器（装置）已经可以直接接入采集计算机，监测仪器设备用来统称这些监测仪器（装置），监测仪器设备有别于自动化系统中的数据采集模块，数据采集模块不仅通道多，而且自动化方面的功能更加丰富。

2.0.2 数据采集装置的核心部分是数据采集模块，一台数据采集装置可以配置多个数据采集模块。数据采集装置是监测自动化系统中监测现场的核心设备，是自动化功能的主要实现者。

2.0.4 监测管理站一般布设在大坝（厂区）监测现场，直接管理监测自动化系统中的数据采集装置。

3 监测自动化系统设计

3.1 一 般 规 定

3.1.3 新建工程建设期的现场环境条件差，观测工作量大，在复杂地质条件下的地下厂房及洞室的开挖、大坝蓄水期等特殊期间，对观测的频次要求非常高，市场已有较成熟的自动化测量及组网成套技术可以满足建设期的自动化观测需要，所以在条件具备时宜尽早实现自动化。对于处于雷击风险环境下的新建土石坝工程，监测自动化系统应统一规划还体现在：在土建设计、施工期间就应该为自动化监测站设计好接地系统，因为这类监测站的接地设施在后期的设计、施工难度往往非常大，某些场合甚至无法施工。

3.2 设 计 内 容

3.2.7 监测自动化系统的防雷设计关乎整个自动化系统能否安全、稳定运行，应结合工程的实际情况进行专门设计。《大坝安全监测数据自动采集装置》DL/T 1134 中对监测自动化数据采集装置的防雷标准要求是参照低压仪器仪表制定的，适合处于防雷末端的电子设备本身的要求。由于土石坝坝区，以及混凝土的两岸边坡、坝顶、野外测站等区域一般都属于易遭受直击雷或强雷电感应的场合，自动化设备安装在这些场合时必须进行系统的防雷设计，建设合格的接地系统，配置必要的专用防雷装置，规范施工，并注意对缆线的保护。

3.3 系 统 设 计

3.3.2 监测自动化系统的构建可以根据现场实际情况采用多种方式，现场网络可以采用 RS-485、以太网、移动通信网、WiFi 以及其他国际标准构建。无线通信是泛指采用无线介质进行通信的方式，而未限定实现的手段和技术。无线通信的具体实现可以是专用无线电台，也可以是 GSM（global system for mobile communications）、CDMA（code division multiple access）、GPRS（general packet radio service）、WiFi（wireless fidelity）或更先进的其他无线通信方式。近些年，云技术的发展及应用取得了较大进展，故在组建网络时也纳入了云技术的应用。

3.3.3 监测站设计。

1 监测站是放置自动化采集设备的地方，由于采集设备都是弱电设备，因此，应将监测站设置在交通方便、通风防潮、防电磁干扰的地方。如果现场不具备这样的条件，设计上应采取一定的措施，创造一个较好的人工环境，以确保采集设备能长期稳定工作。

3 在大量实际工程中，当引入监测站的监测仪器线缆存在雷电感应风险时，仅靠装置内置的防雷电路往往无法保护装置本身及传感器，所以要求"引入监测站的传感器（线缆）存在雷电感应风险时应设置专用防雷保护器"。

3.3.4 本条规定了监测管理站设计应符合的要求。监测管理站是子系统的终端节点，其上为监测管理中心站，其下则面对数据采集装置。监测管理站以现场总线与数据采集装置通信，数据采集装置进行数据采集和数据传输，并可暂存在监测管理站的计算机中。监测管理站与监测管理中心站可以是局域网络通信，此时监测管理站是局域网络中的一个远程节点（当现场远离管理中心时）。

当监测管理站远离管理中心时，监测管理站应配备有计算机、打印机、网络设备、UPS、净化电源和防雷设备等一套基本完整的计算机房硬件设备，以及在线采集软件、网络通信软件和必要的数据库管理软件。

3.3.5

6 《混凝土坝安全监测技术标准》GB/T 51416—2020 中已提出了安全监控要求，故在监测自动化系统建设时，对于安全风险较高的大坝宜具备安全在线监控功能。

3.3.7 在通信网络设计时，现场网络通信通常可采用双绞线、光纤、无线方式，各种通信方式可混合使用。

3.3.9 大坝监测自动化系统不同于一般工业测控的系统，大坝监测自动化系统通常处于高电磁干扰、高雷电感应环境，因此可靠的接地是确保监测自动化系统稳定、正常运行的重要措施，应在系统设计时统一考虑系统接地方案。

4 技 术 要 求

4.1 系 统 环 境 要 求

4.1.2 大坝安全监测自动化系统对电源要求统一管理，电源稳定、可靠。但对于线路很长的工程（如供水工程），通常采用就地取电。当自动化系统设备与大负荷设备（如启闭机、泵站）共用线路时，电源波动将很大，应考虑配置稳压设备。

2 不间断电源（UPS）是一种应急备用电源，主要用于给监测管理站及监测管理中心站的计算机类设备供电，当交流电源掉电时，UPS向系统供电，以维持系统继续正常工作一段时间。UPS不是用于持续供电的设备，出于经济的考虑，UPS的蓄电池容量通常配置为数小时以内。当采用太阳能、风能或风光互补电源供电时，应根据实际情况进行专门设计。

4.2 系 统 功 能 要 求

4.2.8 在监测自动化系统中，大坝安全监测信息管理软件是一个重要的组成部分。根据工程的规模和特点，监测信息管理软件的构成各有差异。本条只规定了监测信息管理软件的基本功能要求，有条件和有更多需求的工程，可以提出本规范未包含的、合理的、经过努力可以实现的功能要求。

4.2.10 人工观测数据可以是人工输入的数据，也可以是其他形式的数据，如存储在电子表格中和手持设备上的数据等。

4.3 系 统 性 能 要 求

4.3.1 本条对监测自动化系统的各项采集性能指标作了一般性规定。由于采集系统是针对适用于静态量测的大坝监测仪器研制的，对于大坝安全监测中大部分监测项目，这些性能指标规定能满足工程的应用要求。但对于具有动态变化特征的某些监测对象，如船闸充放水过程、调压井内压力、抽水蓄能电站上库水位等，其测量周期和采样时间将受到一定的限制。由于有些自动化测量设备中有测量控制部件（如土石坝引张线式水平位移计），在进行测量时需耗费较长时间，因此系统采样时间分成有控制和无控制两种。本条的采样时间不包含采样前的准备工作时间（如土石坝水管式沉降仪测量前的充水过程）。

4.3.5 本条的性能指标是只针对自动化设备本身内部硬件装置提出的要求，存在雷击风险的应用现场可通过增加专用的外置防雷装置等来满足现场防雷的需要。

4.6 网络通信设备

4.6.1 网络通信设备主要包括交换机、路由器、收发器、协议转换器、通信服务器等，在自动化系统中可以用来实现现场数据采集装置之间、数据采集装置与采集计算机之间、不同子系统之间以及现场与后方管理中心之间的远程连接等，网络通信设备的选用与数据采集装置及自动化系统网络结构密切相关，主要考虑的因素包括接口类型、接口数量、通信速率、通信介质、供电电源以及是否具有管理功能等。

5 安 装 调 试

5.1 监测自动化设备安装

5.1.1 本条中的现场检查、测试，特指监测自动化系统开始安装后、监测仪器接入数据采集装置前，应进行的前期准备工作，以了解仪器当前的短期稳定性及仪器绝缘等工况，与常规的仪器鉴定工作不一样，后者一般包括对仪器的历史资料进行分析评价、现场检测评价与综合评价等工作。

附录 A 平均无故障工作时间

本次修订主要对其中的计算公式进行了完善。一是当系统在考核期内无故障发生时，采用原公式计算将出现技术性错误；其次，原公式采用了无区别地累计总的故障时间，然后进行简单计算平均值的方法，当系统中存在某些反复、频繁出现故障的个别仪器设备时，采用原公式计算所得的考核值并不能科学、准确地反映整个系统的真实运行情况。

修改后的计算公式在规避了考核期内无故障发生时出现计算时的技术性错误的同时，对具体仪器设备的正常时间与其对应故障次数先进行了相关计算，分别取得各具体仪器设备对应的平均无故障时间，然后再计算系统总的平均无故障时间，从而能更准确地反映整个系统的真实运行情况。

附录 D 比测指标

原附录中，在计算自动化与人工测量的偏差时，未考虑工程现场仪器本身工况（稳定性）对测量带来的附加误差影响，因现场仪器本身的稳定性而带来的误差影响往往比设备的测量精度高出一个多数量级，从而使得在实际工程中进行人工比测时，往往需要对相当数量的因仪器本身稳定性而导致的比测偏差超限进行逐一解释、说明，本次修订重点对此进行了补充、完善；同时进一步增加了对相关取值过程的描述，使得现场更加方便操作。在具体计算人工和自动化比测量时测点的标准差时参考了《测量不确定度评定与表示》JJF 1059.1 — 2012 中的相关内容。

土石坝安全监测技术规范

SL 551—2012

替代 SL 60—94
　　　SL 169—96
　　　SLJ 701—80

2012 - 03 - 28 发布　　　　　　　　　*2012 - 06 - 28 实施*

前　　言

　　根据水利部 2004 年财政专项安排（水利标准化工作合同水标合同字〔2004〕第 027 号）以及水利部水规计〔2007〕411 号《关于下达 2007 年第二批中央预算内水利前期工作投资计划的通知》，按照《水利技术标准编写规定》（SL 1—2002）的要求，对《土石坝安全监测技术规范》（SL 60—94）、《土石坝安全监测资料整编规程》（SL 169—96）以及《土坝观测资料整编办法》（SLJ 701—80）进行合并修订，统一为《土石坝安全监测技术规范》（SL 551—2012）。

　　本标准共 9 章 40 节 178 条和 10 个附录，主要包括以下内容：

　　——巡视检查；

　　——变形监测；

　　——渗流监测；

　　——压力（应力）监测；

　　——环境量监测；

　　——监测自动化系统；

　　——监测资料整编与分析；

　　——地震反应监测、泄水建筑物水力学观测以及监测组织与仪器管理附录。

　　本次修订的主要内容有：

　　——改变了规范封面的英文译名；

　　——增加了前言、术语与定义；

——修改和完善土石坝防渗体监测内容；

——增加了地下洞室监测内容；

——增加了监测自动化系统一章；

——将《土石坝安全监测资料整编规程》和《土石坝观测资料整编办法》经修改后并入本标准。

本标准所替代标准的历次版本为：

——SL 60—94

——SL 169—96

——SLJ 701—80

本标准批准部门：中华人民共和国水利部

本标准主持机构：水利部建设与管理司

本标准解释单位：水利部建设与管理司

本标准主编单位：中国水利水电科学研究院

本标准参编单位：水利部大坝安全管理中心

南京水利科学研究院

长江科学院

中国水电顾问集团北京勘测设计研究院

本标准出版、发行单位：中国水利水电出版社

本标准主要起草人：吴铭江　王士军　熊国文　袁培进

刘东庆　甘孝清　张金接　葛怀光

卢正超　田冬成　苏克忠　陈文学

王万顺

本标准审查会议技术负责人：齐俊修

本标准体例格式审查人：窦以松

目　次

1 总 则

1.0.1 为加强土石坝安全监测技术工作，保障工程安全，根据《水库大坝安全管理条例》的要求，制定本标准。

1.0.2 本标准主要适用于水利水电工程等级划分及设计标准中的 1 级、2 级、3 级碾压式土石坝的安全监测。4 级、5 级碾压式土石坝以及其他类型的土石坝的安全监测可参照执行。

1.0.3 本标准的监测范围，包括土石坝的坝体、坝基、坝端和与坝的安全有直接关系的输泄水建筑物和设备，以及对土石坝安全有重大影响的近坝区岸坡。

1.0.4 安全监测方法包括巡视检查和用仪器进行监测，仪器监测应和巡视检查相结合。

1.0.5 土石坝的安全监测，应根据工程等级、规模、结构型式及其地形、地质条件和地理环境等因素，设置必要的监测项目及其相应设施，定期进行系统的监测。各类监测项目及其设置，详见附录 A 表 A.1 及其有关说明。

近坝岸坡和地下洞室稳定监测，可根据本标准 4.6 节、4.7 节、5.6 节、5.7 节等的规定和工程具体情况选设专项。有关地震反应监测和泄水建筑物水力学观测的内容和要求，详见附录 F 和附录 G。

1.0.6 土石坝的安全监测工作应遵循如下原则：

1 监测仪器、设施的布置，应密切结合工程具体条件，突出重点，兼顾全面。相关项目应统筹安排，配合布置。

2 监测仪器、设施的选择，要在可靠、耐久、经济、实用的前提下，力求先进和便于自动化监测。

3 监测仪器、设施的安装埋设，应及时到位，专业施工，确保质量。仪器、设施安装埋设时，宜减少对主体工程施工影响；主体工程施工应为仪器设施安装埋设提供必要的条件。

4 应保证在恶劣条件下，仍能进行必要项目的监测。必要时，可设专门的监测站（房）和监测廊道。

1.0.7 监测仪器主要技术指标应符合大坝监测仪器国家现行标准的规定。仪器埋设前应进行检验、率定和电缆接头防水处理；埋设后应做好仪器设施的保护，并及时填写考证表和绘制电缆走线图。应经专项验收合格后，移交管理单位存档备查。电缆及其接头要求详见附录 A.3。

1.0.8 仪器监测应适时建立基准值，按规定测次进行监测，发现异常，立即复测。应做到监测连续、记录真实、注记齐全、整理及时。一旦发现问题，应及时上报。测读仪表应定期率定，更换时应进行比测。各监测项目在不同阶段的测次，详见附录 A 中表 A.2。

1.0.9 各阶段的监测工作应符合以下要求：

1 可行性研究阶段。应提出安全监测系统的总体设计方案、主要监测项目及其所需仪器设备的数量和投资估算（约占主体建筑物总投资的 1%～2.5%）。

2 初步设计阶段。应细化安全监测系统的总体设计方案、监测项目及其布置，确定监测仪器设施的具体数量和投资概算。对于Ⅰ等、Ⅱ等工程应单独提出工程安全监测设计专题报告。

3 招标设计阶段。应提出监测系统布置图、仪器设施技术指标、监测工程量清单、安装埋设技术要求、监测频次以及工程预算。对于Ⅰ等、Ⅱ等工程应单独提出工程安全监测招标文件。

4 施工阶段。应由设计单位提出施工详图和详细技术要求。实施单位应做好仪器设备的检验、率定、安装埋设、调试和保护；应安排专人进行监测工作，并保证监测设施完好及监测数据连续、准确、完整；应及时对监测资料进行整理、分析，评价施工期工程性状，提出施工阶段工程安全监测实施和资料分析报告。工程竣工验收时，实施单位应将监测设施和竣工图、埋设记录、施工期监测记录以及整理、分析等全部资料汇编成正式文件（包括电子文档），移交管理单位。

5 初期蓄水阶段。蓄水前应制定监测工作计划，拟定各监测项目基准值和主要的设计警戒值。开始蓄水时应加强监测，及时分析监测资料，并对工程工作状态做出评估，提出初期蓄水工程安全监测专题报告。

6 运行阶段。应进行日常及特殊情况下的监测工作，并做好监测设施的检查、维护、校正、更新、补充和完善。定期对监测资料进行整编、分析，作出运行阶段工程工作状态评估，并提出工程安全监测资料分析报告。

1.0.10 通过各阶段监测成果的分析研究，可按下列类型对大坝工作状态作出评价：

正常状态，指大坝达到设计功能，不存在影响正常使用的缺陷，且各主要监测量的变化处于正常状态。

异常状态，指工程的某些功能已不能完全满足设计要求，或主要监测量出现某些异常，因而影响正常使用状态。

险情状态，指工程出现危及安全的严重缺陷，或环境中某些危及安全的因素正在加剧，或主要监测量出现较大异常，按设计条件继续运行将出现大事故的状态。

1.0.11 当发生有感地震、大洪水、库水位骤变、高水位运行，以及大坝工作状态出现异常等特殊情况时，应加强巡视检查，并对重点部位的有关项目加强监测。

1.0.12 已建工程监测设施不全或损坏、失效的，应根据情况予以补设或更新改造。当工程进行除险加固、扩建、改建或监测系统更新改造时，应保持监测资料的连续性，并根据本标准有关规定作出监测系统更新设计。

1.0.13 为保证工程能获得施工或蓄水期初始数据，在永久监测系统完工前可设置临时监测设施进行监测。临时监测设施应与永久监测系统建立数据传递关系，确保监测数据的连续性。

1.0.14 土石坝的管理单位以及进行施工期监测的施工单位，应根据《水库大坝安全管理条例》，建立、健全土石坝安全监测的专业组织和仪器设备管理制度。有关监测组织、仪器设备与管理要求，详见附录 H。

1.0.15 本标准的引用标准主要有以下标准：

《国家一、二等水准测量规范》（GB/T 12897）

《国家三、四等水准测量规范》（GB/T 12898）

《河流流量测验规范》（GB 50179）

《水道观测规范》（SL 257）

1.0.16 土石坝安全监测除应符合本标准规定外，尚应符合国家现行有关标准的规定。

2 术 语 与 定 义

2.0.1 施工期 construction period

从监测设施施工起，到水库首次蓄水前为止的时期。

2.0.2 初蓄期 initial impoundment period

从水库首次蓄水至达到（或接近）正常蓄水位后再持续三年止。

2.0.3 运行期 operation period

初蓄期后的时期。若水库长期达不到正常蓄水位，则首次蓄水三年后为运行期。

2.0.4 变形 deformation

因荷载作用而引起结构形状或尺寸的改变为变形，结构任一点的变形为位移。

2.0.5 垂直位移 vertical displacement

垂直于水平面的位移，即通常的铅直向位移和竖向位移。

2.0.6 渗流 seepage

水通过土（岩）体孔（裂）隙流动。

2.0.7 渗流压力 seepage pressure

渗入建筑物及地基内而产生的水压力。

2.0.8 孔隙水压力 pore water pressure

水在土体孔隙内形成的水压力。

2.0.9 基准值 fiducial value

作为计算起点的测值。

2.0.10 设计警戒值 design alert value

根据设计计算分析成果，并参考类似工程，给出的荷载或监测效应量及其变化速率限值。

2.0.11 数据采集装置 data acquisition unit

按某种数据采集方式进行数据采集的设备。

2.0.12 强震动 strong motion

地震和爆破等引起的场地或工程结构的强烈震动，以震动加速度值表示。

3 巡 视 检 查

3.1 一 般 规 定

3.1.1 巡视检查分为日常巡视检查、年度巡视检查和特别巡视检查三类。工程施工期、初蓄期和运行期均应进行巡视检查。

3.1.2 巡视检查应根据工程的具体情况和特点，制定切实可行的检查制度。应具体规定巡视的时间、部位、内容和方法，并确定其路线和顺序，应由有经验的技术人员负责进行。

3.1.3 日常巡视检查的频次见附录 A 表 A.2，但遇特殊情况和工程出现不安全征兆时，应增加测次。

3.1.4 年度巡视检查应在每年的汛前汛后、冰冻较严重地区的冰冻和融冰期，按规定的检查项目，对土石坝进行全面或专门的巡视检查。检查次数，每年不应少于两次。

3.1.5 特别巡视检查应在坝区遇到大洪水、大暴雨、有感地震、库水位骤变、高水位运行以及其他影响大坝安全运用的特殊情况时进行，必要时应组织专人对可能出现险情的部位进行连续监视。

3.2 检 查 项 目 和 内 容

3.2.1 坝体检查应包括以下各项：

    1 坝顶有无裂缝、异常变形、积水或植物滋生等现象；防浪墙有无开裂、挤碎、架空、错断和倾斜等情况。

    2 迎水坡护面或护坡是否损坏；有无裂缝、剥落、滑动、隆起、塌坑、冲刷或植物滋生等现象；近坝水面有无冒泡、变浑、漩涡和冬季不冻等异常现象。块石护坡有无块石翻起、松动、塌陷、垫层流失、架空或风化变质等损坏现象。

    3 混凝土面板堆石坝应检查面板之间接缝的开合情况和缝间止水设施的工作状况；面板表面有无不均匀沉陷，面板和趾板接触处沉降、错动、张开情况；混凝土面板有无破损、裂缝，表面裂缝出现的位置、规模、延伸方向及变化情况；面板有无溶蚀或水流侵蚀现象。

    4 背水坡及坝趾有无裂缝、剥落、滑动、隆起、塌坑、雨淋沟、散浸、积雪不均匀融化、冒水、渗水坑或流土、管涌等现象；表面排水系统是否通畅，有无裂缝或损坏，沟内有无垃圾、泥沙淤积或长草等情况；草皮护坡植被是否完好；有无兽洞、蚁穴等隐患；滤水坝趾、减压井（或沟）等导渗降压设施有无异常或破坏现象；排水反滤设施是否堵塞和排水不畅，渗水有无骤增骤减和发生浑浊现象。

3.2.2 坝基和坝区检查应包括以下各项：

1 基础排水设施的工况是否正常；渗漏水的水量、颜色、气味及浑浊度、酸碱度、温度有无变化；基础廊道是否有裂缝、渗水等现象。

2 坝体与岸坡连接处有无错动、开裂及渗水等情况；两岸坝端区有无裂缝、滑动、滑坡、崩塌、溶蚀、隆起、塌坑、异常渗水和蚁穴、兽洞等。

3 坝趾近区有无阴湿、渗水、管涌、流土或隆起等现象；排水设施是否完好。

4 坝端岸坡有无裂缝、塌滑迹象；护坡有无隆起、塌陷或其他损坏情况；下游岸坡地下水露头及绕坝渗流是否正常。

5 有条件时应检查上游铺盖有无裂缝、塌坑。

3.2.3 输泄水洞（管）检查应包括以下各项：

1 引水段有无堵塞、淤积、崩塌。

2 进水口边坡坡面有无新裂缝、塌滑发生，原有裂缝有无扩大、延伸；地表有无隆起或下陷；排（截）水沟是否通畅、排水孔工作是否正常；有无新的地下水露头，渗水量有无变化。

3 进水塔（或竖井）混凝土有无裂缝、渗水、空蚀或其他损坏现象；塔体有无倾斜或不均匀沉降。

4 洞（管）身有无裂缝、坍塌、鼓起、渗水、空蚀等现象；原有裂（接）缝有无扩大、延伸；放水时洞内声音是否正常。

5 出水口在放水期水流形态、流量是否正常；停水期是否有水渗漏；出水口边坡见本条第 2 款规定。

6 消能工有无冲刷、磨损、淘刷或砂石、杂物堆积等现象，下游河床及岸坡有无异常冲刷、淤积和波浪冲击破坏等情况。

7 工作桥是否有不均匀沉陷、裂缝、断裂等现象。

3.2.4 溢洪道检查应包括以下各项：

1 进水段（引渠）有无坍塌、崩岸、淤堵或其他阻水现象；流态是否正常。

2 内外侧边坡见 3.2.6 条规定。

3 堰顶或闸室、闸墩、胸墙、边墙、溢流面、底板有无裂缝、渗水、剥落、冲刷、磨损、空蚀等现象；伸缩缝、排水孔是否完好。

4 消能工及工作桥（或交通桥）见 3.2.3 条第 6、第 7 款规定。

3.2.5 闸门及启闭机检查应包括以下各项：

1 闸门有无变形、裂纹、脱焊、锈蚀及损坏现象；门槽有无卡堵、气蚀等情况；启闭是否灵活；开度指示器是否清晰、准确；止水设施是否完好；吊点结构是否牢固；栏杆、螺杆等有无锈蚀、裂缝、弯曲等现象。钢丝绳或节链有无锈蚀、断丝等现象。

2 启闭机能否正常工作；制动、限位设备是否准确有效；电源、传动、润滑等系统是否正常；启闭是否灵活可靠；备用电源及手动启闭是否可靠。

3.2.6 近坝岸坡检查应包括以下各项：

1 岸坡有无冲刷、开裂、崩塌及滑移迹象。

2 岸坡护面及支护结构有无变形、裂缝及位错。

3 岸坡地下水露头有无异常，表面排水设施和排水孔工作是否正常。

3.3 检 查 方 法 和 要 求

3.3.1 检查方法应符合以下规定：

1 常规检查方法主要为眼看、耳听、手摸、鼻嗅、脚踩等直观方法，或辅以锤、钎、钢卷尺、放大镜、石蕊试纸等简单工具器材，对工程表面和异常现象进行检查。对安装了视频监控系统的土石坝，可利用视频图像辅助检查。

2 特殊检查方法可采用开挖探坑（或槽）、探井、钻孔取样或孔内电视、向孔内注水试验、投放化学试剂、潜水员探摸或水下电视、水下摄影或录像等方法，对工程内部、水下部位或坝基进行检查。在有条件的地方，可采用水下多波束等设备对库底淤积、岸坡崩塌堆积体等进行检查。

3.3.2 检查应符合如下要求：

1 日常巡视检查人员应相对稳定，检查时应带好必要的辅助工具和记录笔、簿以及照相机、录像机等设备。

2 汛期高水位情况下对大坝表面（包括坝脚、镇压层）进行巡查时，宜由数人列队进行拉网式检查，防止疏漏。

3 年度巡视检查和特别巡视检查，均应制定详细的检查计划并做好如下准备工作：

1）安排好水库调度，为检查输水、泄水建筑物或进行水下检查创造条件。

2）做好电力安排，为检查工作提供必要的动力和照明。

3）排干检查部位的积水，清除检查部位的堆积物。

4）安装或搭设临时交通设施，便于检查人员行动和接近检查部位。

5）采取安全防范措施，确保检查工作、设备及人身安全。

6）准备好工具、设备、车辆或船只，以及量测、记录、绘草图、照相机、录像机等。

3.4 记 录 和 报 告

3.4.1 记录和整理应符合以下规定：

1 每次巡视检查均应按附录 B 表 B 格式做好详细的现场记录。如发现异常情况，除应详细记述时间、部位、险情和绘出草图外，必要时应测图、摄影或录像。对于有可疑迹象部位的记录，应在现场就地对其进行校对，确定无误后才能离开现场。

2 现场记录应及时整理，登记专项卡片，还应将本次巡视检查结果与上次或历次巡视检查结果进行比较分析，如有异常现象，应立即进行复查。

3.4.2 报告和存档应符合以下规定：

1 日常巡视检查中发现异常现象时，应分析原因，及时上报主管部门。

2 年度巡视检查和特别巡视检查结束后，应提出简要报告。对发现的问题，应结合设计、施工、运行等资料进行综合分析，并及时向主管部门报告。

3 各种巡视检查的记录、图件和报告的纸质文档和电子文档等均应整理归档。

4 变 形 监 测

4.1 一 般 规 定

4.1.1 变形监测项目主要包括坝体（基）的表面变形和内部变形，防渗体变形，界面、接（裂）缝和脱空变形，近坝岸坡变形以及地下洞室围岩变形等。

4.1.2 表面变形监测用的平面坐标及高程系统，应与设计、施工和运行诸阶段的控制网坐标系统相一致，有条件的工程应与国家等级控制建立联系。

4.1.3 坝体及近坝岸坡表面监测点，其垂直位移与水平位移监测精度相对于临近工作基点应不大于±3mm。对于特大型及具有特殊性工程的表面监测点，其监测精度可依据具体情况确定。

4.1.4 变形监测工作应遵守以下规定：

1 表面垂直位移及水平位移监测，宜共用一个测墩，并兼顾坝体内部变形监测断面布置。坝体内部垂直位移及水平位移监测，宜在横向、纵向及垂向兼顾布置，相互配合。

2 表面变形监测基准点应设在不受工程影响的稳定区域，工作基点可布设在工程相对稳定位置，各类监测点应与坝体或岸坡牢固结合。基准点、工作基点和监测点均应建有可靠的保护设施。

3 内部变形监测采用的沉降管、测斜管和多点位移计等线性测量设备，底端应布设在相对稳定的部位，其延伸至表面的端点宜设表面变形监测点。

4.1.5 变形监测的正负号应符合以下规定：

1 垂直位移：下沉为正，上升为负。

2 水平位移：向下游为正，向左岸为正；反之为负。

3 界面、接（裂）缝及脱空变形：张开（脱开）为正，闭合为负。相对于稳定界面（如混凝土墙、趾板、基岩岸坡等）下沉为正，反之为负；向左岸或下游为正，反之为负。

4 面板挠度：沉陷为正，隆起为负。

5 岸坡变形：向坡外（下）为正，反之为负。

6 地下洞室围岩变形：向洞内为正（拉伸），反之为负（压缩）。

4.2 坝 体 表 面 变 形

4.2.1 坝体表面变形监测内容包括坝面的垂直位移和水平位移。

4.2.2 监测布置应符合以下规定：

1 表面变形监测点布置应符合以下规定：

1）表面变形监测点宜采用断面形式布置。断面分为垂直坝轴线方向的监测横断面和平行坝轴线方向的监测纵断面。

2）监测横断面应选在最大坝高或原河床处、合龙段、地形突变处、地质条件复杂处以及坝内埋管或可能异常处，一般不少于 3 个。

3）监测纵断面一般不少于 4 个，在坝顶的上、下游两侧应布设 1～2个；在上游坝坡正常蓄水位以上应布设 1 个，正常蓄水位以下可根据需要设置临时监测断面；下游坝坡 1/2 坝高以上宜布设 1～3 个；1/2 坝高以下宜布设 1～2 个。对软基上的土石坝，还应在下游坝趾外侧增设 1～2 个。当为心墙坝时，应在坝顶心墙轴线布置监测纵断面。

4）监测横断面间距，当坝轴线长度小于 300m 时，宜取 20～50m；坝轴线长度大于 300m 时，宜取 50～100m。

5）应在纵横监测断面交点部位布设监测点，对 V 形河谷中的高坝和坝基地形变化陡峻坝段，靠近两岸部位的纵向测点应适当加密。

2　水平位移监测网布置应符合以下规定：

1）水平位移监测网由基准点、工作基点及其他网点构成，可采用三角网、GPS网、精密导线等建网方式，也可将水平、垂直位移监测联合建立三维网。

2）基准点应选择在工程影响以外区域，一般布置在土石坝下游地质条件良好、基础稳固、能长久保存的位置，平面基准点数量不应少于3 个。工作基点应选择在靠近工程区、基础相对稳定、方便监测的位置，其数量及分布应满足监测点对监测控制的需要。

3）依据拟定的监测方法，对基准点、工作基点及其他网点组成的水平位移监测网，按构成图形进行精度估计和可靠性、灵敏度指标分析，确定监测网监测方案。

4）经优化设计按最小二乘精度估算的最弱工作基点相对于邻近基准点的点位中误差不应大于±2mm，为保证其监测成果的可靠性，网的平均多余监测分量不应小于 0.3。

5）仅采用视准线法进行水平位移监测的土石坝工程，可不建立水平位移监测网，但应在测线两岸延长线布置工作基点和校核基点，详见附录 C.1.1。

3　垂直位移监测网布置应符合以下规定：

1）垂直位移监测网由水准基点和水准工作基点组成，宜布设由闭合环或附合线路构成的节点网，采用几何水准方法监测。

2）水准基点应选择在土石坝下游不受工程变形影响的稳定区域，设置数量要求不少于 3 座；每一独立监测部位均应设置 1~2 座水准工作基点，并将其全部纳入垂直位移监测网。

　　3）依据水准基点和水准工作基点位置拟定垂直位移监测网监测路线及图形，通过精度估计，确定水准测量的仪器设备及施测等级，要求最弱水准工作基点相对于邻近水准基点的高程中误差不应大于±2mm。

4.2.3 监测设施及其安装埋设应符合以下规定：

　　1 监测网点应按设计坐标进行实地放样，结合现场地形、地质条件可在 20m 范围内进行位置调整，否则应重新估计点位精度，其结果仍应满足 4.2.2 条 2 款 4）项和 3 款 3）项要求。

　　2 水平位移基准点、工作基点和监测点标型宜采用带有强制对中基座的混凝土监测墩，基座的对中误差不超过±0.1mm。基准点或工作基点位置应具有良好视线（对空）条件，视线高出（旁离）地面或障碍物距离应在 1.5m（2.0m）以上，并远离高压线、变电站、发射台站等，避免强电磁场的干扰。要求监测点旁离障碍物距离应在 1.0m 以上。

　　3 水平位移基准点、工作基点建在基岩上的，可直接凿坑浇筑混凝土埋设，具体要求见附录 C 中图 C.2.1a）；建在土基上的，应对基础进行加固处理，具体要求见附录 C 中图 C.2.1b）。水平、垂直位移监测点应与被监测部位牢固结合，能切实反映该位置变形，其埋设结构可依监测点布设位置独立设计。

　　4 水准基点的基岩标、深埋双金属标和深埋钢管标，其标石结构与埋设要求见附录 C 中图 C.2.2a）、图 C.2.3、图 C.2.4。混凝土水准标石和浅埋钢管标石可作为水准工作基点，其结构与埋设要求见附录 C 中图 C.2.2b）、图 C.2.5。

　　5 位于土基上的监测网点其底座埋入土层深度不应小于 1.5m，在冰冻区应深入至冰冻线以下位置，使其牢固稳定而不受其他外界因素影响。

　　6 各类监测墩应保持立柱中心线铅直，顶部强制对中基座水平，其倾斜度不应大于 4′。标点周围宜建立保护设施，防止雨水冲刷和侵蚀、护坡石块挤压、机械车辆及人为的碰撞破坏。

　　7 视准线监测墩对中基座中心与视准线的距离偏差不应大于 20mm；当采用小角法时，对中基座中心与工作基点构成的小角角度不宜大于 30″。

　　8 监测设施安装埋设后，应及时认真填写安装埋设考证表，表中各种信息均应精确测量，准确记录。监测仪器安装埋设考证表格式见附录 K 中表 K.2.1~表 K.2.3。

4.2.4 监测方法与要求应符合以下规定：

1 水平位移监测可采用视准线法、前方交会法、极坐标法和 GPS 法进行，监测方法和要求见附录 C.1.1～C.1.4。

2 垂直位移监测可采用水准测量及三角高程测量，监测方法和要求见附录 C.1.5。

3 原始监测数据应及时检查、整理，剔除粗差。监测网平差计算可依据具体情况采用经典平差、秩亏平差和拟稳平差进行数据处理。宜采用方差分量估计方式定权，使各类监测量的先验权与后验权相一致。平差后应对监测成果统计检验，评定成果精度。

4.3 坝体（基）内部变形

4.3.1 坝体（基）内部变形监测内容包括坝体垂直位移和水平位移。

4.3.2 监测布置应符合以下规定：

1 坝体（基）内部变形监测断面应布置在最大坝高处、合龙段、地质及地形复杂段、结构及施工薄弱部位。可设 2～3 个监测横断面，每个横断面设置的垂线及测点数量由布置方式而定。

2 坝体垂直位移和水平位移监测有垂向和水平分层布置方式，这两种方式可结合布置，也可单独布置。

    1） 垂向布置方式，每个监测横断面可布置 3～5 条监测垂线，其中一条应布设在坝轴线附近。垂线末端应深入到坝基相对稳定部位，坝基面附近应设一个测点，顶端应设表面变形监测点。坝体内每条垂线测点间距视监测手段而有所不同，但测点总数不宜少于 5 个。监测垂线的布置，应尽可能形成纵向监测断面。

    2） 水平分层布置方式，通常将垂向、水平位移测点布置在同一部位，水平分层布设。每个监测横断面根据坝高可分为 3～5 层，间距宜 20～50m，最低监测高程宜设置在距建基面 10m 以内。同一断面不同高程测点位置在垂向应尽量保持一致，以形成垂向测线。

3 坝基垂直位移和水平位移监测，宜结合坝体监测断面布置。可由坝体监测垂线向下延伸设置，也可在大坝建基面附近单独设置测点。

4.3.3 监测仪器设施及其安装埋设应符合以下规定：

1 垂向布置方式宜采用沉降仪监测坝体的垂直位移；宜采用测斜仪监测坝体的水平位移。沉降仪与测斜仪也可组合使用，同时监测坝体垂直与水平位移。沉降仪的沉降环（板）和测斜仪的测斜管在坝体可随坝体填筑埋设，也可在施工后期采用钻孔埋设。但在坝基仅允许钻孔埋设。沉降管安装埋设方法见附录 C.3；测斜管的安装埋设方法详见附录 C.4。当测斜管埋设深度大于 50m 时，宜采用测扭仪对测斜管导槽进行扭角检测。当导槽扭角大于 10°时，应对其每次的监测数据进行扭角修正。

2 水平分层布置方式宜采用水管式沉降仪和引张线式水平位移计组合埋设，水管式沉降仪用于监测坝体垂直位移，引张线式水平位移计用于监测坝体水平位移。水管式沉降仪的沉降头、管线和引张线式水平位移计的锚固板、管线等设施，应随坝体填筑采用挖沟槽埋设，详见附录C.5。管（线）路基床坡度宜为 $0.5\%\sim3.0\%$，其不平整度允许偏差为 $\pm5mm$。若单独布设引张线式水平位移计（未布置水管式沉降仪），其引张钢丝与水平线上倾量应为预估沉降量的一半。

3 必要时，可采用水平固定式测斜仪监测坝体的垂直位移。测斜管宜随坝体填筑挖槽水平铺设，其中一组导槽要垂直水平面。测斜管不允许穿过大坝防渗体。

4 坝基垂直位移监测，也可采用坝基沉降计，该仪器由位移计与传递钢杆组成，通常采用钻孔埋设。坝基钻孔完成后，首先将传递钢杆下入孔内，并将其底端用水泥灌浆固定在基岩或坝基相对稳定部位，钢杆顶端与坝基面的位移传感器相接后埋入坝基土体中，应采取保护措施，防止坝体填筑时损坏仪器。

5 仪器设施安装埋设后，应及时填写安装埋设考证表，表中各种信息均应精心测量，准确记录。监测仪器安装埋设考证表格式见附录 K.2.4~K.2.8。

4.3.4 监测方法与要求应符合以下规定：

1 垂直位移监测应符合以下规定：

  1）电磁式或干簧管式沉降仪，系用测头自下而上逐点测定，每测点应平行测读两次，其读数差不应大于 2mm。

  2）水管式沉降仪，应首先向连通水管充水排气，待测量板上带刻度的玻璃管水位稳定后平行测读两次，其读数差不应大于 2mm。

  3）水平固定式测斜仪，由专用测读仪从固定端开始逐点测读，监测精度应符合相关仪器要求。

  4）坝基沉降计，采用与沉降仪配套的读数仪进行测读，其监测精度应符合相关仪器要求。

2 水平位移监测应符合以下规定：

  1）引张线式水平位移计，每次测读前应先用砝码加重，待稳定后要平行测读两次，其读数差不应大于 2mm。有条件时，可安装位移传感器进行测读。

  2）对于垂向滑动式测斜仪，随坝体埋设测斜管时，应每接长一节管进行一次测读，并进行深度修正；钻孔埋设测斜管时，宜在测斜管安装埋设全部完成至少 7d 后才可以开始正常测读。监测时应将仪器测头沿测斜管主导槽下入孔底，自下而上每隔 0.5m 进行正、反两个方向逐点测读，同一位置测点其读数正、反之和应相对稳定于某一个数值；固定式测斜仪，采用专用测读仪测读。监测精度应符合仪器厂家要求。

4.4 防渗体变形

4.4.1 防渗体变形监测内容包括混凝土面板变形、防渗墙挠度变形以及坝体心墙的水平位移及垂直位移。坝体斜墙可参照执行。

4.4.2 监测布置应符合以下规定：

1 混凝土面板应符合以下规定：

    1） 面板顶端沿大坝轴线方向应布设一条表面变形测线，施工期根据需要，可在各期面板顶部设临时测线，每条测线至少布设 5 个测点。

    2） 沿面板长度方向可布设 1～3 条测线，以监测面板挠度变形。每条测线根据面板长度可设 10～20 个测点，顶端应与表面变形测点相联系。

    2 坝基、坝体混凝土防渗墙挠度变形监测，可沿墙体轴线设置一个监测纵断面，在断面上布置 1～3 条监测垂线，垂线位置宜与坝体监测横断面一致，每条测线不应少于 5 个测点。

    3 黏土（沥青）心墙变形监测布置应与坝体统一考虑，可在心墙中间位置布置一个纵向变形监测断面，沿断面可设 2～3 条监测垂线，每条垂线水平位移和垂直位移测点布置，可参见 4.3.2 条 2 款 1）项有关规定。

4.4.3 监测仪器设施及其安装埋设应符合以下规定：

    1 面板表面变形测点埋设要求可参见 4.2.3 条有关规定。布设于混凝土面板顶端的位移测墩高度，宜为 1.2m。可采用全站仪、水准仪或 GPS 等测量设备监测。

    2 面板挠度可采用斜向固定式测斜仪或电平器监测。

    1） 固定式测斜仪安装。首先将测斜管随混凝土面板浇筑埋设在靠近垫层的面板内。待测斜管安装和面板混凝土浇筑完成后，将仪器测头用金属杆成串连接下入测斜管内预计深度，引出电缆后在管口固定即可，安装埋设方法详见附录 C.10。

    2） 电平器安装。首先在混凝土面板浇筑过程中预埋电缆，并引至坝顶。面板浇筑完成后将电平器预固定在面板上，然后调整传感器的倾角使其置于水平状态。要求仪器支撑板与混凝土面板连接稳固，并加罩保护。安装埋设方法详见附录 C.11。

    3 混凝土防渗墙挠度变形可采用测斜仪（滑动式或固定式）监测。测斜管可随混凝土浇筑埋入墙内，或采用预留孔法（随混凝土浇筑埋管，待混凝土初凝后拔管成孔）埋设，测斜管内其中一组导槽应垂直于坝轴线方向，安装埋设方法见附录 C.4。固定式测斜仪测头的安装方法可参见本条 2 款 1）项。

4 黏土（沥青）心墙水平位移可采用测斜仪（滑动式或固定式）监测，垂直位移可采用电磁式或干簧管式沉降仪监测。测斜管及沉降环可结合埋设，以便在一个测点同时测定水平和垂直位移。测斜管和沉降环（板）可随坝体心墙填筑埋设，也可钻孔埋设，安装埋设方法见 4.3.3 条 1 款。

5 仪器设施安装埋设完成后，应及时填写安装埋设考证表，表中各种信息均应精心测量，准确记录。监测仪器安装埋设考证表格式见附录 K.2.4、K.2.7 和 K.2.8。

4.4.4 监测方法与要求应符合以下规定：

1 面板表面变形监测方法及要求，可参见 4.2.4 条有关规定。

2 采用固定式测斜仪监测，可用专用测读仪逐点测读，并同时测温，监测精度应符合相关仪器要求。

3 采用电平器监测，宜对监测结果（面板坡向的倾角变化）先用多项式拟合获得各测点沿测线的转角分布曲线，再根据其测点间的距离计算出面板的挠度变形分布。

4 采用测斜仪和沉降仪监测混凝土防渗墙、黏土（沥青）心墙的水平位移（挠度）和垂直位移，监测方法及要求可参见 4.3.4 条有关规定。

4.5 界面、接（裂）缝及脱空变形

4.5.1 界面、接（裂）缝及脱空变形监测内容包括坝肩接缝、土石坝与混凝土建筑物接缝、土坝心墙与过渡料接触带、面板接缝与周边缝、坝体裂缝，以及面板脱空等。

4.5.2 监测布置应符合以下规定：

1 在坝体与岸坡结合处、组合坝型的不同坝料交界处、土石坝心墙与过渡料接触带、土石坝与混凝土建筑物连接处，以及窄心墙及窄河谷拱效应突出处，宜布设界面变形监测点，测定界面上两种不同介质相对的法向及切向位移。测线与测点应根据具体情况与坝体变形监测结合布置。

2 混凝土面板接缝、周边缝及脱空变形应符合以下规定：

1） 明显受拉或受压面板的接缝处应布设测点，高程分布宜与周边缝测点组成纵、横监测线。

2） 周边缝测点应在最大坝高处布设 1~2 个点；在两岸近 1/3、1/2 及 2/3 坝高处至少布设 1 个点；在岸坡较陡、坡度突变及地质条件较差的部位也应酌情增加测点数量。

3）面板与垫层间易发生脱空部位，应布设测点进行面板脱空监测，监测内容应包括面板与垫层间的法向位移（脱开、闭合），以及向坝下的切向位移。

3 对已建坝的表面裂缝（非干缩、冰冻缝），凡缝宽大于 5mm，缝长大于 5m，缝深大于 2m 的纵、横向缝，以及危及大坝安全的裂缝，均应横跨裂缝布置表面裂缝测点，进行裂缝开合度监测。

4.5.3 监测仪器设施及其安装埋设应符合以下规定：

1 界面法向及切向位移宜采用土体位移计监测，可以在表面安装或挖坑埋设，根据需要可选择单支或多支成串安装，位移计轴线应与坝体位移方向一致，安装埋设方法见附录 C.6。

2 混凝土面板接缝位移包括垂直于接缝的开合度及平行于接缝的切向位移，对于接（裂）缝位移方向明确部位，可采用单向杆式位移计（测缝计）监测，其安装埋设方法见附录 C.7；对于面板周边缝，可选用两向或三向测缝计监测，三向测缝计的安装埋设方法见附录 C.8。

3 混凝土面板脱空监测，可采用两支土体位移计和一个固定底座构成的等边三角形布置，采用挖坑埋设，安装埋设方法见附录 C.9。

4 对于土石坝表面裂缝，可在缝面两侧埋设简易测点（桩），采用皮尺、钢尺等简单工具进行测量。对于深层裂缝，当深度不超过 20～25m 时，宜采用探坑、竖井或配合物探等方法检查，必要时也可埋设测缝计（位移计）进行监测。

5 仪器设施安装埋设后，应及时填写安装埋设考证表，表中各种信息均应精心测量，准确记录。监测仪器安装埋设考证表格式见附录 K.2.9～K.2.14。

4.5.4 监测方法与要求应符合以下规定：

1 界面、接（裂）缝及面板脱空监测，应采用与测缝计（土体位移计）配套的读数仪进行测读。其监测精度应符合相关仪器要求。

2 对于表面裂缝的长度及可见深度，若用钢尺在缝口测量，应精确到 5mm。对于裂缝的宽度变化，宜采用在裂缝两端设置测点（桩）进行测量，应精确到 0.5mm。裂缝的延伸走向，应精确到 1°。

4.6 近坝岸坡变形

4.6.1 对大坝、厂房以及输泄水建筑物等安全有影响的近坝岸坡、新老塌滑体等潜在不稳定体，均应进行变形监测。岸坡变形监测内容包括表面变形、内部变形、裂缝变化等。内部变形监测仪器埋设钻孔应按地质要求取芯，也可采用钻孔电视，并绘制钻孔岩芯地质柱状图。

4.6.2 监测布置应符合以下规定：

1 岸坡变形监测布置，以能控制岸坡潜在不稳定变形体范围、揭示其内部可能滑动面及位移规律，确保工程施工和运行安全为原则。宜在顺滑坡方向布设监测断面，断面数量应根据其规模、特征确定。

2 大中型（10 万～100 万 m³）滑坡，应在顺滑坡方向布置 1～3 个监测断面，宜采用表面变形和内部变形监测结合布置。每个监测断面应布设不少于 3 条测线（点），每条测线应不少于 3 个测点。

3 浅层小型塌滑体，监测点可以系统布置，也可随机布置。对于滑动面已明确，宜以表面变形监测为主。

4 对于重要工程边坡，必要时可布置专门监测隧洞进行滑坡体变形及滑动面变位监测。

5 塌滑体周边裂缝，应视其重要性进行裂缝开合度及切向位移（错台）监测，测点布置宜与变形监测相结合。

4.6.3 监测仪器设施及其安装埋设应符合以下规定：

1 表面变形监测设施及安装埋设要求参见 4.2.3 条有关规定。

2 内部水平位移采用测斜仪（滑动式或固定式），其测斜管应穿过潜在滑动面。对于很深的滑动面，可采用固定式测斜仪，其测头在滑动面上、下附近应适当加密布置。测斜管安装埋设见附录 C.4。

3 多点位移计主要监测边坡拉张变形，宜埋设在倾倒变形体或滑坡体后缘。多点位移计底端锚头埋设深度，应达到边坡相对稳定部位。锚头数量和具体位置由所处地质条件确定。多点位移计安装埋设方法见附录 C.12。

4 表面裂缝监测点，应布设在裂缝或可能破裂面的两侧。可用钢尺量测，也可用大量程测缝计（或土体位移计）监测。

5 有条件时，可采用地形微变远程监测雷达系统施测，以连续获得整个边坡的实时变形图。

6 仪器设施安装埋设后，应及时认真填写安装埋设考证表，表中各种信息均应精心测量，准确记录，监测仪器安装埋设考证表格式见附录 K.2 有关条款。

4.6.4 监测方法与要求应符合以下规定：

1 岸坡表面变形及裂缝的监测方法及要求参见 4.2.4 条和 4.5.4 条中有关规定。测斜仪监测方法及要求参见 4.3.4 条有关规定。多点位移计采用与位移传感器配套的读数仪测读，监测精度应符合相关仪器要求。

2 在岸坡出现不稳定等异常迹象，以及荷载、天气等外因显著变化时，应加密监测，发现问题，及时上报。

4.7 地下洞室围岩变形

4.7.1 对于直径不小于 10m 的洞室或地质条件较差的洞段，应进行变形监测。地下洞室围岩变形监测内容包括输、泄水隧洞，地下厂房等洞壁收敛变形及围岩内部变形。洞壁收敛变形监测主要在施工期进行。

4.7.2 监测布置应符合以下规定：

1 洞壁收敛变形监测断面的数量、间距、监测基线数量（或点数）和方向等，应视洞室地质条件、围岩变形特点和洞室形状及规模确定。

2 围岩内部变形监测断面，应与洞壁收敛变形监测结合布置。地下厂房每个断面宜布置 5～8 个测孔，输水隧洞每个断面宜布置 3～5 个测孔。测孔位置、深度及方向，应视地质条件、围岩变形特点和洞室形状及规模确定。每孔测点数量不应少于 3 个，最深测点应布设在洞室围岩应力扰动区以外的稳定部位。

3 收敛变形及内部变形监测断面的仪器设施埋设，在开挖阶段宜靠近掌子面，其距离不宜大于 2m。有条件时，围岩内部变形监测设施可在洞室开挖前，由其周围支洞或地表，向洞室方向钻孔超前预埋，以监测洞室围岩开挖过程的全变形。

4.7.3 监测仪器设施及其安装埋设应符合以下规定：

1 洞壁收敛变形监测通常垂直洞壁钻孔埋设测桩，采用收敛计监测；有条件时，可在洞壁埋设棱镜或反射靶，采用全站仪进行全断面收敛变形监测。测点处应清除松动岩石，测桩或棱镜埋设要求稳固可靠、并设保护装置。

2 围岩内部变形监测宜采用多点位移计，钻孔深度应大于最深锚头 0.5m，安装埋设方法见附录 C.12。有条件时，可采用滑动测微计进行监测。

3 仪器设施安装埋设后，应及时填写安装埋设考证表，表中各种信息均应精心测量，准确记录，监测仪器安装埋设考证表格式见附录 K.2.15。

4.7.4 监测方法与要求应符合以下规定：

1 在施工期洞室掌子面开挖前后应各测 1 次；在两倍开挖洞径范围内，每天应至少监测 1 次；以后则根据工程需要和岩体变形情况确定监测频次。

2 洞壁收敛变形采用收敛计监测时，应保持恒定张力，平行测读 3 次，其读数差不应大于仪器精度范围。每次监测时，应同时量测洞室环境温度。

3 洞室围岩内部位移采用多点位移计监测时，监测方法和要求可参见 4.6.4 条 1 款有关规定。

4 当洞室出现不稳定等异常迹象时，应加密监测，发现问题，及时上报。

4.8 监测资料及成果

4.8.1 监测记录应真实可靠，记录表格式见附录 K.3.1～K.3.10。每次监测工作完成后，应按 9.3.1 要求进行资料整理。

4.8.2 应将检验合格的监测数据换算成变形监测物理量，计算公式见附录 J.1。

4.8.3 应根据工程特点及要求，作出监测成果及特征值的统计表，表格格式见附录 K.4.1～K.4.9。

4.8.4 在列表统计的基础上，应绘出表示各监测物理量的时间和空间分布特征的各种图件。必要时，可绘出相关物理量与某些量的相关图，如坝体填筑过程、蓄水过程等，见附录 K.5.1。变形监测主要成果和图件应包括以下各项：

  1 变形（位移、挠度、接缝开合度等）变化过程曲线。

  2 变形在横、纵向剖面的分布图。

  3 坝面垂直位移平面等值线图。

  4 变形与坝体填筑（库水位）等相关图。

  5 混凝土面板、防渗墙等挠度变形分布图。

  6 岸坡岩（土）体位移在不同深度分布图。

  7 地下洞室围岩变形沿断面分布图等。

5 渗 流 监 测

5.1 一 般 规 定

5.1.1 渗流监测内容包括渗流压力、渗流量及水质分析。与压力（应力）有关的孔隙水压力监测见 6.2 节。

5.1.2 已建工程进行渗流监测设施更新改造时，应避免对工程渗流安全造成不利影响。凡不能在工程竣工后补设的仪器（如铺盖和斜墙底部的仪器），均应在工程施工期适时安设。

5.2 坝体渗流压力

5.2.1 坝体渗流压力监测内容包括坝体监测断面渗流压力分布和浸润线位置的确定。

5.2.2 监测布置应符合以下规定：

1 坝体监测横断面宜选在最大坝高处、合龙段、地形地质条件复杂坝段、坝体与穿坝建筑物接触部位、已建大坝渗流异常部位等，不宜少于 3 个监测断面。

2 监测横断面上的测线布置，应根据坝型结构、断面大小和渗流场特征布设，不宜少于 3 条监测线。

1）均质坝的上游坝体、下游排水体前缘各 1 条，其间部位至少 1 条。

2）斜墙（或面板）坝的斜墙下游侧底部、排水体前缘和其间部位各 1 条。

3）宽塑性心墙坝，心墙体内可设 1~2 条，心墙下游侧和排水体前缘各 1 条。窄塑性、刚性心墙坝或防渗墙，心墙体外上下游侧各 1 条，排水体前缘 1 条，必要时可在心墙体轴线处设 1 条。

3 监测线上的测点布置，应根据坝高、填筑材料、防渗结构、渗流场特征，并考虑能通过流网分析确定浸润线位置，沿不同高程布点。

1）在浸润线缓变区，如均质坝横断面中部，心、斜墙坝的强透水料区，每条线上可只设 1 个监测点，高程应在预计最低浸润线之下。

2）在渗流进、出口段，渗流各向异性明显的土层中，以及浸润线变幅较大处，应根据预计浸润线的最大变幅沿不同高程布设测点，每条线上的测点数不宜少于 2 个。

4 需监测上游坝坡内渗压分布时，应在上游坡的正常高水位与死水位之间适当设监测点。

5.2.3 监测仪器设施及其安装埋设应符合以下规定：

1 渗流压力监测仪器，应根据不同的监测目的、土体透水性、渗流场特征以及埋设条件等，选用测压管或孔隙水压力计。

　　1）作用水头大于 20m 的坝、渗透系数小于 10^{-4}cm/s 的土体、监测不稳定渗流过程以及不适宜埋设测压管的部位（如铺盖或斜墙底部、接触面等），宜采用孔隙水压力计，其量程应与测点实际可能承受的压力相适应。

　　2）作用水头小于 20m 的坝、渗透系数不小于 10^{-4}cm/s 的土体、渗压力变幅小的部位、监视防渗体裂缝等，宜采用测压管或孔隙水压力计。

2 测压管及其安装埋设应符合以下规定：

　　1）测压管宜采用镀锌钢管或硬塑料管，内径宜采用 50mm。

　　2）测压管的透水段应根据监测目的（部位）确定，当用于点压力监测时宜长 1～2m。外部包扎土工织物。透水段与孔壁之间用反滤料填满。

　　3）测压管的导管段应顺直，内壁平整无阻，接头应采用外箍接头。管口应高于地面，并加保护装置，防止外水进入和人为破坏。

　　4）测压管的埋设，可随坝体填筑埋设，也可在土石坝竣工后、蓄水前用钻孔埋设。具体埋设安装方法详见附录 D.1。安装埋设后，应及时填写考证表，考证表格式见附录 K.2.16。随坝体填筑施工埋设时，应确保管壁与周围土体结合良好和不因施工遭受破坏。

3 孔隙水压力计安装埋设见附录 D.2，考证表格式见附录 K.2.17、K.2.18。

5.2.4 监测方法与要求应符合以下规定：

1 测压管水位的监测，宜采用电测水位计。有条件的可采用自记水位计或水压力计等。

　　1）测压管水位，每次应平行测读 2 次，其读数差不应大于 1cm。

　　2）电测水位计的长度标记，应每隔 3～6 个月用钢尺校正。

　　3）测压管的管口高程，在施工期和初蓄期应每隔 3～6 个月校测 1 次；在运行期每两年至少校测 1 次，疑有变化时随时校测。

2 孔隙水压力计的监测，应测记稳定读数，其 2 次读数差值不应大于 2 个读数单位。测值物理量宜用渗流压力水位表示。在隧洞监测时，也可直接用渗压表示。

3 当在开敞式渗流监测设施（如测压管等）中安装水压力计监测水位时，有条件时宜同时监测记录坝址气压，以便进行气压修正。

5.3 坝基渗流压力

5.3.1 坝基渗流压力监测内容包括坝基岩土体、防渗体和排水设施等关键部位的渗流压力分及其分布情况。

5.3.2 监测布置应符合以下规定:

1 监测横断面布置,应根据坝基岩土特性、地质结构及其渗透性确定,断面不宜少于 3 个,应与坝体渗流压力监测断面相重合。坝基若有防渗体,可在横断面之间防渗体前后增设测点。

2 监测横断面上的测点布置,应根据建筑物地下轮廓形状、坝基地质结构、防渗和排水型式等确定,每个断面不宜少于 3 个测点。

1)均质透水坝基,除渗流出口内侧应设 1 个测点外,其余视坝型而定。有铺盖的均质坝、斜墙坝和心墙坝,应在铺盖末端底设 1 个测点,其余部位适当布设测点。有截渗墙(槽)的心墙坝、斜墙坝,应在墙(槽)的上下游侧各设 1 个测点;当墙(槽)偏上游坝踵时,可仅在下游侧设点。有刚性防渗墙与塑性心(斜)墙相接时,可在结合部适当增设测点。

2)层状透水坝基,宜在强透水层中布置测点,位置宜在横断面的中下游段和渗流出口附近。当有减压井(或减压沟)等坝基排水设施时,还应在其上下游侧和井间布设适量测点。

3)岩石坝基,当有贯穿上下游的断层、破碎带或其他透水带时,应沿其走向,在与坝体的接触面、截渗墙(槽)的上下游侧、或深层所需监视的部位布置 2~3 个测点。

5.3.3 监测仪器设施及其安装埋设,同 5.2.3 条的规定。但当接触面处的测点选用测压管时,其透水段和回填反滤料的长度宜小于 1.0m。

5.3.4 监测方法与要求见 5.2.4 条规定。

5.4 绕 坝 渗 流

5.4.1 绕坝渗流监测内容包括两岸坝肩及部分山体、土石坝与岸坡或混凝土建筑物接触面,以及防渗墙或灌浆帷幕与坝体或两岸接合部等关键部位渗流情况。

5.4.2 监测布置应符合以下规定:

1 绕坝渗流监测布置,应根据左右两坝肩结构、水文地质条件布设,宜沿流线方向或渗流较集中的透水层(带)布设 1~2 个监测断面,每个断面上布设 3~4 条监测线(含渗流出口)。如需分层监测,应做好层间隔水。

2 坝体与刚性建筑物接合部的绕渗监测,应在接触轮廓线的控制处设置监测线，沿接触面不同高程布设测点。

3 在岸坡防渗齿槽和灌浆帷幕的上、下游侧应各设 1 个测点。

5.4.3 监测仪器设施及其安装埋设参见 5.2.3 条。绕坝渗流监测透水段依据监测目的与坝肩渗透性确定。回填材料应与周围岩体渗流特性相适应。若两坝肩岩体较完整，绕渗监测设施可直接利用钻孔，不再下入测压管，但在孔口应设保护装置。

5.4.4 监测方法与要求见 5.2.4 条规定。

5.5 渗 流 量

5.5.1 渗流量监测内容包括渗漏水的流量及其水质分析。

5.5.2 监测布置应符合以下规定：

1 对坝体、坝基、绕渗及导渗（含减压井和减压沟）的渗流量，应分区、分段进行监测（有条件的工程宜建截水墙或监测廊道）。如条件允许，可利用分布式光纤温度测量反映大坝渗流状况。所有集水和量水设施，均宜避免客水干扰。

2 当下游有渗漏水出逸时，应在下游坝趾附近设导渗沟（可分区、分段设置），在导渗沟出口或排水沟内设量水堰测其出逸（明流）流量。

3 当透水层深厚、渗流水位低于地面时，可在坝下游河床中设渗流压力监测设施，通过监测渗流压力计算出渗透坡降和渗流量。渗流压力测点沿顺水流方向宜布设 2 个，间距 10～20m。在垂直水流方向，应根据控制过水断面及其渗透性布设。

4 对设有检查廊道的面板堆石坝等，可在廊道内分区、分段设置量水设施。对减压井的渗流，宜进行单井流量、井组流量和总汇流量的监测。

5 渗漏水分析水样的采集，应在相对固定的渗流出口或堰口进行。

5.5.3 监测仪器设施及其安装埋设应符合以下规定：

1 应根据渗流量的大小和汇集条件，选用如下几种方法和设施：

1）当流量小于 1L/s 时宜采用容积法。

2）当流量在 1～300L/s 之间时宜采用量水堰法，量水堰的结构见附录 D.3。

3）当流量大于 300L/s 或受落差限制不能设量水堰时，应将渗漏水引入排水沟中，采用流速法。

2 量水堰的设置和安装应符合以下要求：

1）量水堰应设在排水沟直线段的堰槽段。该段应采用矩形断面，两侧墙应平行和铅直。槽底和侧墙应加砌护，不允许渗水。

2）堰板应与堰槽两侧墙和来水流向垂直。堰板应平整、水平，高度应大于 5 倍的堰上水头。

3）堰口水流形态应为自由式。

4）测读堰上水头的水尺、测针或量水堰计，应设在堰口上游 3~5 倍堰上水头处。其零点高程与堰口高程之差不应大于 1mm。必要时，可在测读装置上游设栏栅，以防杂物影响流态。

5）量水堰及堰上测读装置安装完毕后，应及时填写考证表。考证表格式见附录 K.2.19。

3 流速法监测渗流量的测速沟槽应符合以下要求：

1）长度不小于 15m 的直线段。

2）断面一致，并保持一定纵坡。

5.5.4 监测方法与要求应符合以下规定：

1 用容积法时，充水时间不应少于 10s。平行 2 次测量的流量差不应大于均值的 5%。

2 用量水堰监测渗流量时，水尺的水位读数应精确至 1mm，测针的水位读数应精确至 0.1mm，堰上水头两次监测值之差不应大于 1mm。量水堰堰口高程及水尺、测针零点应定期校测，每年至少 1 次。

3 流速法的流速测量，可采用流速仪法或浮标法。2 次流量测值之差不应大于均值的 10%。

4 在监测渗流量的同时，应测记相应渗漏水的温度、透明度和气温。温度应精确到 0.5℃。透明度监测的 2 次测值之差不应大于 1cm。当为浑水时，应测出相应的含砂量。

5 渗流水的水质分析，可根据需要进行全分析或简分析，但宜仅限于简分析。水质分析项目及取样要求，可参照有关专业规定进行。当对坝体或坝基渗流水进行水质分析时，宜同时取库水水样做相同项目的分析，以便对比。

5.6 近坝岸坡渗流

5.6.1 近坝岸坡渗流监测主要针对岸坡潜在不稳定体，内容包括地下水位、渗流压力和渗流量监测。

5.6.2 监测布置应符合以下规定：

1 岸坡监测断面选取，应根据岸坡规模、水文地质条件确定，宜沿可能滑移方向或地下水流向布设，监测断面不应少于 1 个，每个断面测点宜不少于 3 个，测点高程应伸入滑动面或最低地下水位以下至少 1m。

2 岸坡有渗水点时，可按 5.5.2 条原则进行渗水量分区分段布设监测。

5.6.3 监测仪器设施及其安装埋设见 5.4.3 条和 5.5.3 条规定。

5.6.4 监测方法与要求见 5.4.4 条和 5.5.4 条规定。

5.7 地下洞室渗流

5.7.1 地下洞室渗流监测内容包括地下洞室外水压力、围岩渗流压力和渗流量监测。

5.7.2 监测布置应符合以下规定：

　　1 洞室外水压力测点宜在洞顶、洞侧衬砌外与围岩界面处布设。

　　2 在渗水处或设排水孔处宜按分区、分段原则集中进行渗流量监测。

5.7.3 监测仪器设施及其安装埋设同 5.4.3 条和 5.5.3 条。对上覆岩层浅的洞室，可从地表钻孔布设测压管监测。

5.7.4 监测方法与要求见 5.4.4 条和 5.5.4 条规定。

5.8 监测资料及成果

5.8.1 监测记录应真实可靠，记录表格式见附录 K.3.11～K.3.14。每次监测工作完成后，应按 9.3.1 条要求进行资料整理。

5.8.2 应将检验合格的监测数据换算成渗流监测物理量，计算公式见附录 J.2。

5.8.3 应根据工程特点与要求，作出监测成果及特征值统计表，表格格式见附录 K.4.10、K.4.11。

5.8.4 应绘制渗流监测物理量的过程线图、分布图和相关图等，制图格式见附录 K.5.2。渗流监测主要成果和图件应包括以下各项：

　　1 渗流压力、渗流量过程线图。

　　2 渗流压力、渗流量与库水位相关图。

　　3 渗流压力断面分布图。

　　4 渗流压力平面分布图等。

5.8.5 渗流水及库水的水质分析资料，可根据工程实际情况编制相应的图表和必要的文字说明。

6 压力（应力）监测

6.1 一般规定

6.1.1 压力（应力）监测内容包括孔隙水压力、土压力、混凝土应力应变、钢筋（钢板、锚杆）应力、预应力锚索锚固力。

6.1.2 压力（应力）监测物理量符号规定：孔隙水压力、土压力、锚固力以压为正；混凝土应变、钢筋、锚杆、钢板等应力，以拉为正，反之为负。

6.2 孔隙水压力

6.2.1 孔隙水压力监测，仅适用于饱和土及饱和度大于95％的非饱和黏性土。均质土坝、土石坝土质防渗体、松软坝基等土体内应进行孔隙水压力的监测。

6.2.2 监测布置应符合以下规定：

1 孔隙水压力监测宜布置2～5个监测横断面，应优先设于最大坝高、合龙段、坝基地质地形条件复杂处。

2 在同一横断面上，孔隙水压力测点的布置宜能绘制孔隙水压力等值线，可设3～4个监测高程，同一高程设3～5个测点。

3 孔隙水压力监测断面宜与渗流监测相结合，孔隙水压力测点可作为渗流压力测点使用。

6.2.3 监测仪器设施及其安装埋设应符合以下规定：

1 孔隙水压力采用孔隙水压力计监测，当黏性土的饱和度低于95％时，宜选用带有细孔陶瓷滤水石的高进气压力孔隙水压力计。

2 孔隙水压力计在施工期埋设时，宜采用坑式法；在运行期埋设时，宜采用钻孔法。具体埋设方法详见附录D.2。

3 孔隙水压力计埋设时，宜取得坝体的渗透系数、干密度、级配等物理力学指标。必要时，可取样进行有关土的力学性质试验。

6.2.4 监测方法与要求应符合以下规定：

1 孔隙水压力计应在仪器埋设前（饱水24h）至少测读3次，读取其零压力状态下的稳定测值作为基准值。

2 孔隙水压力的监测频次，除应遵守第1章规定外，尚应满足下列要求：

    1） 在施工期，每当填筑升高1～2m应监测1次，同时记录监测断面填筑高度。

    2） 对于已运行的坝，如新建监测系统，在第一个高水位周期，应按初蓄期的规定进行监测。

6.3 土 压 力

6.3.1 土压力监测内容包括土体压力及接触土压力。

1 土体压力监测，直接测定的为土体或堆石体内部的总应力（即总土压力）。根据需要可进行垂直土压力、水平土压力及大、小主应力等的监测。

2 接触土压力监测，包括土和堆石等与混凝土、岩面或坝工建筑物接触面上的土压力监测。

6.3.2 土体压力及接触土压力监测宜布置在土压力最大、工程地质条件复杂或结构薄弱部位，具体布置应符合以下规定：

1 土体压力监测应符合以下规定：

1）可设 1～3 个土体压力监测横断面，每个横断面宜布设 2～4 个高程，每个监测高程宜布设 2～4 个测点。

2）每一土体压力测点处宜布置 1 个孔隙水压力计，与土压力计间距不宜超过 1m，以确定土体的有效应力。

2 接触土压力监测，应沿刚性界面布置，每一接触面上宜布设 2～3 个监测断面，每一监测断面可布设 2～3 个测点。

6.3.3 监测仪器设施及其安装埋设应符合以下规定：

1 土体压力监测应符合以下规定：

1）每一测点处的土压力计根据需要可单支埋设，也可成组埋设。单支土压力计的埋设，应使土压力计的感应膜与需测定土压力的方向垂直。需测定平面内各方向土应力时，至少应在水平、垂直及 45°方向各埋设 1 支土压力计。需测定三维土应力时，至少应在三个坐标轴方向及三个坐标平面内的 45°方向各埋设 1 支土压力计。

2）土压力计埋设时，应特别注意减小埋设效应对土体应力状态的影响。应做好仪器基床面的制备、感应膜的保护，埋设方法见附录 E.1。

3）土压力计埋设点附近及上覆土体，应收集各土层的容重、含水量等资料，必要时可取样进行有关土力学性质试验。

2 接触土压力监测应符合以下规定：

1）接触式土压力计埋设点应预留或开挖孔穴，基面要平整，埋设后的土压力计感应膜应与结构物表面或岩面齐平。埋设方法见附录 E.1。

2）接触式土压力计埋设后的土体取样及试验要求，应与土体压力监测相同。

6.3.4 监测方法与要求应符合以下规定：

1 土压力应在仪器埋设后、土体回填前应至少测读 3 次，取其稳定值作为基准值。

2 土压力的监测频次，依坝的类型和监测阶段而定，除应符合 1.0.8 条有关规定外，在施工期，每当填筑高度升高 1～2m 应监测 1 次，同时应记录监测断面的填筑高程。

6.4 应力应变及温度

6.4.1 应力应变监测内容包括以下各项：

1 面板混凝土应力应变、钢筋应力和温度。

2 沥青混凝土心墙或斜墙应力应变和温度。

3 防渗墙混凝土应力应变。

4 岸坡锚固力及支护结构的应力应变、钢筋应力。

5 地下洞室衬砌结构混凝土应力应变、钢筋应力，围岩压力和锚固力以及压力钢管的钢板应力等。

6.4.2 监测布置应符合以下规定：

1 混凝土面板应符合以下规定：

   1） 面板混凝土应力应变监测断面宜按面板条块布置，监测断面宜设 3～5 个，可布设于两端受拉区，中部最大坝高处（受压区）。

   2） 每一断面的测点数宜设 3～5 个，在面板受压区的测点可布设两向应变计组，分别测定水平向及顺坡向应变。在受拉区的测点宜布设三向应变计组，应力条件复杂或特别重要处宜布设四向应变计组。每一组应变计测点处均应布设 1 个无应力计。

   3） 钢筋应力监测断面宜布设于受拉区，在拉应力较大的顺坡向或水平向布设钢筋应力测点。面板中部受压区的挤压应力较大时，也可设钢筋应力测点。

   4） 温度监测应布置在最长面板中，测点可在面板混凝土内距表面 5～10cm 处沿高程布置，间距宜为 1/15～1/10 坝高，蓄水后可作为坝前库水温度监测。

2 沥青混凝土心墙或斜墙的应力应变、温度监测宜布设 2～3 个监测横断面，每一断面设 3～4 个监测高程，每一高程设 1～3 个测点。所有监测仪器及电缆均应满足耐沥青高温要求。

3 防渗墙应符合以下规定：

   1） 防渗墙混凝土应变宜设 2～3 个监测横断面，每一断面根据墙高设 3～5 个监测高程。

   2） 在同一高程的距上下游面约 10cm 处沿铅直方向各布置 1 支应变计，在防渗墙的中心线处布置 1 支无应力计。

4 岸坡应符合以下规定：

1）岸坡压力（应力）监测应布置在岸坡稳定性较差、支护结构受力最大、最复杂的部位，根据潜在不稳定体规模可设1～3个监测断面。

2）沿抗滑结构（桩、墙）正面不同高程宜布置压应力计、混凝土应变计和钢筋计，按抗滑结构高度可分别布设3～5个监测高程。

3）在岸坡采用锚杆、预应力锚索等加固时，需进行锚杆、锚索受力状态监测。锚杆（索）计布置数量宜为施工总量的5%。

5 地下洞室应符合以下规定：

1）对于地下厂房、1级隧洞或不良地质条件洞段，应设置洞室压力（应力）监测，监测内容主要为围岩压力、围岩锚固力及支护结构的应力应变。

2）监测断面布设主要根据地质条件及支护结构选择。施工期监测断面数量应由施工安全需要确定；永久监测至少应布设一个监测断面，宜和施工监测断面相结合。每个监测断面至少应布设三个部位。

3）支护结构内混凝土应变计和钢筋计应沿切向及轴向布置。当大体积混凝土需要测定大小主应力时，可布设多向应变计组及相应的无应力计。

4）当洞室围岩采用锚杆支护时，锚杆应力计可根据实际需要进行系统布置或随机布置，每根锚杆可布置1支或多支传感器。

5）围岩（土）与支护的接触面压应力监测，宜在洞室的顶拱、拱座或腰部布设压应力计。

6.4.3 监测仪器设施及其安装埋设应符合以下规定：

1 应变计在面板内埋设时，可采用支座、支杆固定；在防渗墙内埋设时，宜采用专门的沉重块及钢丝绳固定，安装埋设要求见附录E.2.7。

2 无应力计埋设时，应使无应力计筒大口朝上，其应变计周围筒内的混凝土，应与相应应变计组外的混凝土相同。在面板内埋设无应力计时，应将无应力计筒大部分埋设于面板之下的垫层中，且使筒顶低于面板钢筋100mm以上；在隧洞衬砌中埋设无应力计时，宜选择在隧洞超挖较多部位。

3 混凝土内应力应变仪器埋设时，宜取得混凝土的配合比、不同龄期的弹性模量、热膨胀系数等相关资料。必要时，可取样进行混凝土徐变试验。

4 钢筋计、钢板计及锚杆应力计的埋设，宜采用焊接法。焊接时，应边焊接边浇水降温，仪器内的温度不应超过60℃。

5 压应力计埋设时，应使仪器承压面朝向岩体并固定在钢筋或结构物上，浇筑的混凝土应与承压面完全接触。

6 锚索测力计应选择在无粘结锚索中安装，混凝土墩钢垫板与钻孔轴向应垂直，其倾斜度不宜大于2°，测力计与锚孔同轴，偏心不大于5mm。测力计垫板厚度不宜小于 2cm，垫板与锚板平整光滑，表面光洁度宜为 Δ3。安装后，首先按要求进行单束锚索预紧，并使各束锚索受力均匀。然后分 4～5 级进行整体张拉，最大张力宜为设计总荷载的 115%。

6.4.4 监测方法与要求应符合以下规定：

1 应变计、无应力计、钢筋（锚杆）应力计、钢板应力计、压应力计以及锚索测力计等仪器的测读方法，依所选用的仪器类型而定，可根据有关说明书进行操作。

2 混凝土应力应变监测，仪器埋设后应每隔 4h 监测 1 次，12h 后改为每隔 8h 监测 1 次，24h 后改为每天监测 1 次，一直到水化热趋于稳定时实施正常监测。

3 当进行压力（应力）监测时，应同时记录库（上下游）水位、气温等环境量。

6.5 监测资料及成果

6.5.1 监测记录应真实可靠，记录表格式见附录 K.3.15～K.3.17。每次监测工作完成后，应立即按 10.3.1 条进行资料整理。

6.5.2 应将检验合格的数据随时换算成压力（应力）物理量，计算公式见附录 J.3。

6.5.3 应根据工程特点及要求，作出监测成果及特征值的统计表，表格格式见附录 K.4.12。

6.5.4 在列表统计的基础上，应绘制各监测物理量的过程线图、分布图和相关图等，制图格式见附录 K.5.3。压力（应力）监测主要成果和图件应包括以下各项：

1 孔隙水压力、土（岩）压力、应力、应变、锚固力等过程线图。

2 坝体孔隙水压力等值线图。

3 孔隙水压力、土（岩）压力、应力、应变等分布图。

4 土压力（应力）与填筑高度相关图。

7 环境量监测

7.1 一般规定

7.1.1 环境量监测内容包括水位、库水温、气温、降水量、冰压力、坝前淤积及下游冲刷等项目。

7.1.2 施工期水位、降水量观测宜应用当地水文、气象站观测资料。

7.2 水位、库水温

7.2.1 上游（水库）水位观测应符合以下规定：

  1 蓄水前应在坝前至少设置一个永久性测点，测点应设置在以下位置：

    1）水面平稳、受风浪和泄流影响较小、便于安装设备和观测的地点。

    2）岸坡稳固处或永久性建筑物上。

    3）能代表坝前平稳水位的地点。

  2 观测设备可采用水尺、水位计，有条件时可设遥测水位计或自计水位计，水尺的延伸测读高程应高于校核洪水位。水尺零点高程每年应校测 1 次，怀疑水尺零点高程有变化时应及时校测。水位计应每年汛前检验。

  3 观测应与库水位相关的监测项目同时进行。开闸泄水前后应各增测 1 次，汛期应根据需要进行调整。

7.2.2 下游（河道）水位观测应符合以下规定：

  1 下游（河道）水位观测应与测流断面统一布置，测点应设置在以下位置：

    1）水流平顺、受泄流影响较小、便于安装设备和观测的地点。

    2）当各泄水口泄流分道汇入干道时，除在干道上应设置测点外，在各分道上也可布设测点。

    3）河道无水时，下游水位用河道中的地下水位代替，宜与渗流监测结合布置。

  2 观测设备和要求见 7.2.1 条 2 款规定。

7.2.3 输泄水建筑物水位观测应符合以下规定：

  1 输泄水建筑物的水位观测布置应与上下游水位观测结合，并根据水流观测需要，可在建筑物中若干部位（如渠首及堰前、闸墩侧壁、弯道两岸、消力池等处）增设水位测点。消力池的下游水位测点，应设置在距消力池末端不小于消能设施总长的 3～5 倍处。

  2 观测设备和要求见 7.2.1 条 2 款规定。

7.2.4 库水温观测应符合以下规定：

1 在近坝建筑物或大坝上游面应设置库水温固定观测点或固定观测垂线，可设置在坝前水位测点附近。混凝土面板坝面的温度测点，也可作为库水温的测点。

2 固定测点应设在正常蓄水位以下 1m 处。固定垂线上至少应在水面以下 20cm 处、1/2 水深处和接近水库底处布设 3 个测点。固定断面上至少设 3 条垂线。

3 库水温观测可采用深水温度计、半导体温度计、电阻温度计等仪器设备。

7.3 降 水 量、气 温

7.3.1 降水量观测应符合以下规定：

1 坝区应至少设置一处降水量观测点。

2 观测场地应在比较开阔和风力较弱的地点设置，障碍物与观测仪器的距离不应少于障碍物与仪器口高差的两倍。

3 降雨量观测可采用雨量器、自记雨量计、遥测雨量计、自动测报雨量计等仪器设备。

7.3.2 气温观测应符合以下规定：

1 坝区应至少设置一个气温测点。

2 观测仪器应设在专用的百叶箱内，可安装直读式温度计、最高最低温度计或自记温度计、干湿球温度计等。

7.4 坝前（及库区）泥沙淤积和下游冲刷

7.4.1 观测布置应符合以下规定：

1 坝前、沉砂池和下游冲刷的区域应至少各设置一个观测断面。

2 库区应根据水库形状、规模，自河道入库区直至坝前设置若干观测断面，每个断面的库岸可设立相应的控制点。

7.4.2 观测方法与要求应符合以下规定：

1 水下部分宜采用 GPS 法或交会法定位，用测杆、测深锤或回声测深仪测深。水上部分可采用普通测量方法。

2 对于断面不能全部控制的局部复杂地形，应辅以局部地形测量。

3 有条件时，可利用遥感照片分析水库淤积。

7.5 冰 压 力

7.5.1 静冰压力及冰温观测应符合以下规定：

1 结冰前，可在坚固建筑物前缘水体中，自水面至最大结冰厚度以下10～15cm处，每10～15cm设置一个压力传感器，并在附近相同深度处，设置一个温度计同时进行观测。

2 应自结冰之日起开始观测。每日应至少观测两次，并应同时观测气温、冰厚。在冰层胀缩变化剧烈时期，应加密测次。

7.5.2 动冰压力观测应符合以下规定：

1 动冰压力观测包括风浪、流冰等过程的动冰压力及其变化。

2 应在各观测点动冰过程出现之前，消冰尚未发生的条件下，在坚固建筑物前缘适当位置及时安设压力传感器并建立基准值。

3 在风浪或流冰过程中应进行连续观测，可根据动冰压力变化趋势，确定和调整观测频次。

7.6 观测资料及成果

7.6.1 水尺、水位计、库水温、气温、雨量计等永久观测仪器设施安装埋设后应即时填写安装埋设考证表，考证表内容主要有：工程名称、设计编号、单元工程编码、仪器名称、型号规格、出厂编号、仪器出厂参数、安装部位、安装前后测值读数、安装日期、安装埋设示意图以及有关单位责任人签字签证等。

7.6.2 应根据工程的实际情况制定并填写水位、水温、降水量观测记录表和统计表，统计表格式见附录K.4.13～K.4.15。根据实际需要，绘制相应的过程线、分布图等，必要时，环境量过程线可与监测量过程线结合绘制，见附录K.5.2－2。

7.6.3 有关坝前泥沙淤积和下游冲刷观测、冰压力观测等资料，可根据具体情况编制专门图表和文字说明，成果统计表格式见附录K.4.16、K.4.17。

8 监测自动化系统

8.1 一般规定

8.1.1 需要进行高频次监测或监测点所在部位的环境不允许、人工监测难以胜任的监测项目，以及需要实施现代化管理的工程，应实施自动化监测。

8.1.2 监测自动化系统设计原则应为"实用、可靠、先进、经济"，仪器设备在满足准确度的前提下，系统结构力求简单、稳定、维护方便，易于改造和升级。

8.1.3 监测自动化系统由监测仪器、数据采集装置、通信装置、计算机及外部设备、数据采集和管理软件、通信和电源线路等部分组成。

8.2 系统设备

8.2.1 基本功能应符合以下要求：

  1 具有自动巡测、选测、自检、自诊断功能。

  2 具备掉电保护功能。

  3 具有现场网络数据和远程通信功能。

  4 具有网络安全防护功能。

  5 具有防雷及抗干扰功能。

  6 具备人工测量接口，可以进行补测、比测。

  7 系统软件应具有以下功能：

    1） 基于通用的操作环境，具有可视化、图文并茂的用户界面，可方便地修改系统设置、设备参数及运行方式。

    2） 在线监测、离线分析、人工输入、数据库管理、数据备份、图形报表制作和信息查询和发布。

    3） 系统管理、安全保密、运行日志、故障日志记录等功能。

8.2.2 基本性能应符合以下要求：

  1 采集信号型式：可接入模拟量、数字量信号。

  2 平均无故障时间（MTBF）：不小于 6300h。

  3 数据采集缺失率：不大于 2%。

  4 系统采集与人工比测数据偏差：不大于 2σ。

  5 防雷电感应：不小于 500W。

  6 瞬态电位差：小于 1000V。

  7 测量装置掉电运行时间：不小于 72h。

8 定时采集间隔：10min～3d，可调。

9 单点采集时间：小于 30s。

10 巡测时间：小于 30min。

11 存储容量：不小于 50 测次存储数据容量。

12 适用工作环境：温度为－10～50℃（严寒地区－20～60℃），相对湿度不大于 95％RH。

13 供电电源：交流 220V±10％，50Hz±1Hz 或直流小于 36V。

14 接地电阻：不大于 10Ω。

15 通信接口：支持符合国际标准的通用通信电气接口，如 RS232、RS485、CANbus、以太网等。可支持 GSM、GPRS 等其他通信方式。应提供软件接口（如控件、函数库、动态链库等）或开放通用通信协议规约。

8.3 系 统 设 计

8.3.1 系统设置应符合以下规定：

1 纳入监测自动化系统的测点，应以满足工程安全运行需要为原则。可根据工程需要，设置一个或多个数据采集装置。

2 数据采集装置宜分散设置在靠近监测仪器的监测站。

3 监测管理中心站应根据工程需要设置，宜靠近监测现场，也可设置在远离现场的地区；系统控制室的设置应符合国家现行有关控制室或计算机房的规定。

8.3.2 型式选择应符合以下规定：

1 监测自动化系统主要有集中式、分布式、混合式三种结构模式，可根据工程实际需要选用。

2 集中式适用于测点数量少、布置相对集中和传输距离不远的小型工程；分布式适用于测点数量多、布置分散的大中型工程；混合式介于以上两种之间。

8.3.3 监测站设置应符合以下规定：

1 监测采集站应选择交通、照明、通风较好且无干扰的部位，并具备一定的工作空间和稳定可靠的电源。监测采集站不应设置在具有较强电磁干扰设备附近，并应有良好的接地和适当防护设施。

2 监测管理站应满足室内设备正常运行的环境要求，配备计算机和打印机、系统设备、不间断电源、净化电源及防雷设备等。同时配置监测管理软件和网络通信软件，应能对整个监测自动化系统的采集进行设置和管理。

8.3.4 数据通信应符合以下规定：

1 现场数据通信包括监测采集站之间和监测采集站与监测管理站之间的

数据通信。应根据实际需求在保证通信质量的前提下，选择实用经济、维护方便的通信方式。

2 系统通信可采用光纤、双绞线、无线通信等方式，误码率应不大于 10^{-4}。

3 通信线路布设时应考虑预防雷电感应对系统可能的影响，应做好线缆的防护接地。

8.4 安 装 与 调 试

8.4.1 自动化系统安装时，应对系统仪器设备进行检验、试验、参数标定，并做好详细记录。

8.4.2 系统设备安装及电缆布线应整齐，监测设施应设置必要的防护措施。

8.4.3 监测设备支座及支架应安装牢固，确保与被测对象联成整体。

8.4.4 对于监测设施改造的工程，在自动化监测传感器安装时，不宜破坏原有可用的监测设施。

8.4.5 逐项检查系统功能，应满足设计要求，同时确保设备安装方向与规范规定一致。

8.4.6 监测自动化系统调试时，自动采集数据应与人工监测数据进行同步比测。

8.4.7 系统安装调试完成后，应提交系统安装调试报告。

8.5 运 行 与 管 理

8.5.1 供电电源应采用专用电源和不间断电源。监测站（房）应具备防雷、防盗、通风干燥等条件。系统接地电阻应符合电气设备接地要求。

8.5.2 每年应对监测自动化系统进行 1 次检查和维护。

8.5.3 所有原始实测数据应全部存入数据库。

8.5.4 每 3 个月应对监测数据进行不少于 1 次备份。

8.5.5 每年宜对自动采集测点进行 1 次人工比测。

8.5.6 系统应配置足够的备品备件。

9 监测资料整编与分析

9.1 一 般 规 定

9.1.1 监测资料整编与分析的内容包括巡视检查、变形、渗流、压力（应力）及环境量等监测项目。地震反应监测、水力学观测等项目可根据工程具体情况参照有关专业规定进行。

9.1.2 各监测项目应使用标准记录表格，认真记录、填写，不应涂改、损坏和遗失。整理整编成果应做到项目齐全，考证清楚，数据可靠，方法合理，图表完整，规格统一，说明完备。

9.1.3 监测资料应及时整理和整编，包括施工期和运行期的日常整理和定期整编。当监测资料出现异常并影响工程安全时，应及时分析原因，并上报主管部门。

9.1.4 应建立监测资料数据库或信息管理系统，对监测资料进行有效的管理。

9.1.5 除在计算机磁、光载体内存储外，仪器监测和巡视检查的各种原始记录、图表、影像资料以及资料整编、分析成果均应建档保存，并应按分级管理制度报送有关部门备案。

9.2 工程基本资料及监测设施考证资料

9.2.1 工程基本资料应包括以下各项：

　　1 水库枢纽及主体建筑物的概况和特征参数，可据工程具体情况按附录 K.1 的表格式汇编成简要总表。

　　2 枢纽总体布置图和主要建筑物及其基础地质剖面图，宜采用 A4 或 A3 幅面。

　　3 坝区工程地质条件、坝基和坝体的主要物理力学指标、有关建筑物和岩土体的安全运行条件及"允许"值、安全系数等警戒性指标。

　　4 工程施工期、初蓄期及运行以来，出现问题的部位、性质和发现的时间、处理情况及其效果；工程蓄水和竣工安全鉴定及各次大坝安全定期检查的结论、意见和建议。

9.2.2 监测设施考证资料应符合以下要求：

　　1 监测设施考证资料应包括以下各项：

　　　　1） 安全监测系统设计、布置、埋设、竣工等概况。

　　　　2） 监测点的平面布置图，图中应标明各建筑物所有监测项目及设备的
　　　　　　 位置。

3）监测点的纵横剖面布置图，图中应标明建筑物的轮廓尺寸、材料分区和必要的地质情况。剖面数量以能表明监测设施和测点的位置和高程为原则。

4）有关各水准基点、起测基点、工作基点、校核基点、监测点，以及各种监测设施的平面坐标、高程、结构、安设情况、设置日期和测读起始值、基准值等文字和数据考证表。

5）各种仪器的型号、规格、主要附件、购置日期、生产厂家、仪器使用说明书、出厂合格证、出厂日期、购置日期、检验率定等资料。

6）有关的数据采集仪表和电缆走线的考证或说明资料。

2 各种考证资料均应适时、准确地记录。在初次整编时，应按工程实设监测项目对各项考证资料进行全面收集、整理和审核。在以后各阶段，监测设施和仪器有变化时，如校测高程改变、设施和设备检验维修、设备或仪表损坏、失效、报废、停测、新增或改（扩）建等，均应重新填制或补充相应的考证图表，并注明变更原因、内容、时间等有关情况备查。

3 每支（个、套、组）监测仪器设施均应分别填制考证图表。变形、渗流、压力（应力）等监测设施的考证图表格式见附录 K.2，地震反应监测、泄水建筑物水力学观测，可参照有关专业的规定执行。

9.3 监测资料整理和整编

9.3.1 资料日常整理应符合以下基本要求：

1 在每次仪器监测完成后，应及时检查各监测项目原始监测数据的准确性、可靠性和完整性，如有漏测、误读（记）或异常，应及时复测确认或更正，并记录有关情况。

2 原始监测数据的检查、检验应主要包括以下内容：

1）作业方法是否符合规定。

2）监测记录是否正确、完整、清晰。

3）各项检验结果是否在限差以内。

4）是否存在粗差、系统误差。

3 应及时进行各监测物理量的计（换）算，绘制监测物理量过程线图，检查和判断测值的变化趋势，如有异常，应及时分析原因。当确认为测值异常并对工程安全有影响时，应及时上报主管部门，并附文字说明。

4 在每次巡视检查完成后，应随即整理巡视检查记录（含摄像资料）。巡视检查的各种记录、影像和报告等均应按时间先后次序进行整理编排。

5 随时补充或修正有关监测系统及监测设施的变动或检验校（引）测资料，以及各种考证图表等，确保资料的衔接与连续性。

9.3.2 资料定期整编应符合以下基本要求：

1 在施工期和初蓄期，整编时段视工程施工和蓄水进程而定，最长不宜超过1年。在运行期，每年汛前应将上一年度的监测资料整编完毕。

2 监测资料的收集工作应包括以下主要内容：

1）第一次整编时应完整收集工程基本资料、监测设施和仪器设备考证资料等，并单独刊印成册。以后每年应根据变动情况，及时加以补充或修正。

2）收集有关物理量设计值和经分析后确定的技术警戒值。

3）收集整编时段内的各项日常整理后的资料，包含所有监测数据、文字和图表。

3 在收集有关资料的基础上，应对整编时段内的各项监测物理量按时序进行列表统计和校对。如发现可疑数据，不宜删改，应标注记号，并加注说明。应校绘各监测物理量过程线图，以及绘制能表示各监测物理量在时间和空间上的分布特征图和与有关因素的相关图。在此基础上，应分析各监测物理量的变化规律及其对工程安全的影响，并对影响工程安全的问题提出处理意见。

4 整编资料应完整、连续、准确，并符合以下要求：

1）整编资料的内容（包括监测项目、测次等）应齐全，各类图表的内容、规格、符号、单位，以及标注方式和编排顺序应符合有关规定和要求。

2）各项监测资料整编的时间与前次整编衔接，监测部位、测点及坐标系统等与历次整编一致。

3）各监测物理量的计（换）算和统计正确，有关图件准确、清晰。整编说明全面，资料分析结论、处理意见和建议等符合实际。

5 刊印成册的整编资料主要内容和编排顺序应为：封面、目录、整编说明、工程基本资料及监测仪器设施考证资料（第一次整编时）、监测项目汇总表、巡视检查资料、监测资料、分析成果、监测资料图表和封底。其中监测资料图表（含巡视检查和仪器监测）的排版顺序可按规范中监测项目的编排次序编印，规范中未包含的项目接续其后。每个项目中，统计表在前，整编图在后。各项监测物理量的统计表格式、图式见附录K.4、K.5。

6 刊印成册的整编资料应生成标准格式电子文档。

9.4 资 料 分 析

9.4.1 监测资料分析分为初步分析和系统分析。初步分析是在对资料进行整理后，采用绘制过程线、分布图、相关图及测值比较等方法对其进行分析与检查。系统分析是在初步分析的基础上，采用各种方法进行定性、定量以及综合性的分析，并对工作状态作出评价。

9.4.2 监测资料的日常报表如月报、年报应包括监测资料的初步分析内容，在工程施工期和工程竣工验收后分别由监测实施单位以及工程管理单位负责。

9.4.3 在下列时期应进行监测资料系统分析，并提出专题分析报告。资料分析重点主要是对土石坝及其相关的岸坡、地下洞室等建筑物的工作状态作出评价。

1 首次蓄水前。

2 蓄水到规定高程或竣工验收时。

3 大坝安全鉴定时。

4 施工期或运行期大坝出现异常或险情状态时。

9.4.4 在对监测资料进行分析时，应对由于测量因素（包括仪器故障、人工测读及输入错误等）产生的异常测值进行处理（删除或修改），以保证分析的有效性及可靠性。

9.4.5 监测资料分析可用的方法有比较法、作图法、特征值统计法及数学模型法等以下各种：

1 比较法，包括监测值与技术警戒值相比较、监测物理量之间的对比、监测成果与理论的或试验的成果（或曲线）相对照等三种。

2 作图法，包括各监测物理量的过程线及特征原因量（如库水位等）下的效应量（如变形量、渗流量等）过程线图，各效应量的平面或剖面分布图，以及各效应量与原因量的相关图等。

3 特征值统计法，对物理量的历年最大值和最小值（包括出现时间）、变幅、周期、年平均值及年变化趋势等进行统计分析。

4 数学模型法，建立效应量（如位移、渗流量等）与原因量（如库水位等）之间的定量关系，可分为统计模型、确定性模型及混合模型。使用数学模型法作定量分析时，应同时用其他方法进行定性分析，加以验证。

9.4.6 资料分析的内容应包括以下各项：

1 分析历次巡视检查资料，通过土石坝外观异常部位、变化规律和发展趋势，定性判断与工程安全的可能联系。分析时应特别注意以下各项：

　1）施工期、初蓄期以及遭受特大暴雨和有感地震后各主体建筑物的异常表现。

　2）各阶段中坝体、坝基在变形（如裂缝、沉降或隆起、滑坡等）和渗流（如发展性集中渗漏、涌水翻砂、水质浑浊和浸润线异常等）两大方面的主要表现。

2 分析效应量随时间的变化规律（利用监测值的过程线图或数学模型），尤其注意相同外因条件（如特定库水位）下的变化趋势和稳定性，以判断工程有无异常和向不利安全方向发展的时效作用。

  3 分析效应量在空间分布上的情况和特点（利用监测值的各种分布图或数学模型），以判断工程有无异常区和不安全部位（或层次）。

  4 分析效应量的主要影响因素及其定量关系和变化规律（利用各种相关图或数学模型），以寻求效应量异常的主要原因，考察效应量与原因量相关关系的稳定性，预报效应量的发展趋势，并判断其是否影响工程的安全运行。

  5 分析各效应监测量的特征值和异常值，并与相同条件下的设计值、试验值、模型预报值，以及历年变化范围相比较。当监测效应量超出技术警戒值时，应及时对工程进行相应的安全复核或专题论证。

9.4.7 监测资料分析报告主要是根据监测资料的上述分析成果，对大坝当前的工作状态（包括整体安全性和局部存在问题）作出评估，并为进一步追查原因加强安全管理和监测，乃至采取防范措施提出指导性意见。报告的基本内容应有工程概况、仪器安装埋设、监测和巡视工作情况说明及主要成果、资料分析内容和主要结论。此外，在工程不同阶段报告内容应有所侧重，尚应包括以下各项：

  1 首次蓄水时应包括以下各项：

   1）蓄水前各有关监测物理量测点的基准值。

   2）施工期巡视检查和仪器监测资料的分析成果，为首次蓄水提供依据。

  2 蓄水到规定高程或工程竣工验收时应包括以下各项：

   1）蓄水以来，大坝出现问题的部位、时间和性质，以及处理效果的说明。

   2）对大坝工作状态进行评估，为竣工验收提供依据。

   3）提出对大坝监测、运行管理及养护维修的改进意见和措施。

  3 大坝年度安全监测报告应包括以下各项：

   1）年度内巡视检查情况和主要成果。

   2）年度内工程监测资料及分析情况。

   3）大坝工作状态和存在问题的综合评价及其结论。

   4）对下年度工程的安全管理、监测工作、运行调度，以及安全防范措施等方面的建议。

  4 大坝安全鉴定时应包括以下各项：

   1）对大坝工作状态的分析评价。

   2）大坝运行以来，出现问题的部位、性质和发现的时间、处理情况和效果的说明。

   3）根据监测资料的分析和巡视检查找出大坝潜在的问题，并提出改善大坝运行管理、养护维修的意见和措施。

4）根据监测工作中存在的问题，应对监测设备、方法、及测次等提出改进意见。

5 大坝出现异常或险情时应包括以下各项：

1）对大坝出现异常或险情状况的描述。

2）根据巡视和监测资料的分析，判断大坝出现异常或险情的可能原因和发展趋势。

3）提出加强监测的意见。

4）对处理大坝异常或险情的建议。

附录 A 总 则

A.1 安全监测项目分类和选择

表 A.1 安全监测项目分类和选择表

序号	监测类别	监 测 项 目	建筑物级别		
			1	2	3
一	巡视检查	坝体、坝基、坝区、输泄水洞（管）、溢洪道、近坝库岸	★	★	★
二	变形	1. 坝体表面变形； 2. 坝体（基）内部变形； 3. 防渗体变形； 4. 界面及接（裂）缝变形； 5. 近坝岸坡变形； 6. 地下洞室围岩变形	★ ★ ★ ★ ★ ★	★ ★ ★ ★ ☆ ☆	★ ☆
三	渗流	1. 渗流量； 2. 坝基渗流压力； 3. 坝体渗流压力； 4. 绕坝渗流； 5. 近坝岸坡渗流； 6. 地下洞室渗流	★ ★ ★ ★ ★ ★	★ ★ ★ ★ ☆ ☆	★ ☆ ☆ ☆
四	压力（应力）	1. 孔隙水压力； 2. 土压力； 3. 混凝土应力应变	★ ★ ★	☆ ☆ ☆	
五	环境量	1. 上、下游水位； 2. 降水量、气温、库水温； 3. 坝前泥沙淤积及下游冲刷； 4. 冰压力	★ ★ ☆ ☆	★ ★ ☆	★ ★
六	地震反应		☆	☆	
七	水力学		☆		

注1：★为必设项目。☆为一般项目，可根据需要选设。
注2：坝高小于20m的低坝，监测项目选择可降一个建筑物级别考虑。

A.2　安全监测项目测次

表 A.2　安全监测项目测次表

监 测 项 目	监测阶段和测次		
	第一阶段 （施工期）	第二阶段 （初蓄期）	第三阶段 （运行期）
日常巡视检查	8～4 次/月	30～8 次/月	3～1 次/月
1. 坝体表面变形；	4～1 次/月	10～1 次/月	6～2 次/年
2. 坝体（基）内部变形；	10～4 次/月	30～2 次/月	12～4 次/年
3. 防渗体变形；	10～4 次/月	30～2 次/月	12～4 次/年
4. 界面及接（裂）缝变形；	10～4 次/月	30～2 次/月	12～4 次/年
5. 近坝岸坡变形；	4～1 次/月	10～1 次/月	6～4 次/年
6. 地下洞室围岩变形	4～1 次/月	10～1 次/月	6～4 次/年
7. 渗流量；	6～3 次/月	30～3 次/月	4～2 次/月
8. 坝基渗流压力；	6～3 次/月	30～3 次/月	4～2 次/月
9. 坝体渗流压力；	6～3 次/月	30～3 次/月	4～2 次/月
10. 绕坝渗流；	4～1 次/月	30～3 次/月	4～2 次/月
11. 近坝岸坡渗流；	4～1 次/月	30～3 次/月	2～1 次/月
12. 地下洞室渗流	4～1 次/月	30～3 次/月	2～1 次/月
13. 孔隙水压力；	6～3 次/月	30～3 次/月	4～2 次/月
14. 土压力（应力）；	6～3 次/月	30～3 次/月	4～2 次/月
15. 混凝土应力应变	6～3 次/月	30～3 次/月	4～2 次/月
16. 上、下游水位；	2～1 次/日	4～1 次/日	2～1 次/日
17. 降水量、气温；	逐日量	逐日量	逐日量
18. 库水温；		10～1 次/月	1 次/月
19. 坝前泥沙淤积及下游冲刷；		按需要	按需要
20. 冰压力	按需要	按需要	按需要
21. 坝区平面监测网；	取得初始值	1～2 年 1 次	3～5 年 1 次
22. 坝区垂直监测网	取得初始值	1～2 年 1 次	3～5 年 1 次
23. 水力学	根据需要确定		

注 1：表中测次，均系正常情况下人工测读的最低要求。如遇特殊情况（如高水位、库水位骤变、
　　　特大暴雨、强地震，以及边坡、地下洞室开挖等）和工程出现不安全征兆时应增加测次。

注 2：第一阶段：若坝体填筑进度快，变形和土压力测次可取上限。

注 3：第二阶段：在蓄水时，测次可取上限；完成蓄水后的相对稳定期可取下限。

注 4：第三阶段：渗流、变形等性态变化速率大时，测次应取上限；性态趋于稳定时可取下限。

注 5：相关监测项目应力求同一时间监测。

A.3 监测仪器电缆及其连接

A.3.1 电缆应符合以下基本要求：

1 连接仪器的专用电缆应具有耐酸、耐碱、防水、质地柔软等特性，其芯线应为镀锡铜丝。对出厂电缆的性能及参数应进行抽样检验，检验数量为每批次的 10%，且不应小于 100m。

2 电缆及电缆接头在使用温度为 −25～60℃、承受水压力为 1MPa 时，绝缘电阻不应小于 50MΩ。对耐水压有特殊要求时，应满足相关规定。

3 差阻式仪器应采用五芯橡套水工电缆，振弦式仪器可采用四芯或多芯塑套屏蔽电缆。对于五芯水工电缆，每 100m 长度其单芯电阻不应超过 3.0Ω。

4 电缆连接密封前后应测量、记录芯线电阻、绝缘度及仪器测值。

5 电缆连接后的两端和中间部位应装有测点编号标牌。

A.3.2 电缆连接应符合以下要求：

1 电缆端头应错位剥制线头，且芯线长度一致。用砂纸去除芯线铜丝氧化层，不应折断铜丝。

2 芯线连接前应套入细热缩管。

3 芯线搭接部位应用酒精擦拭干净，对应芯线颜色分叉搭接拧紧后，采用锡和松香焊接，焊后应检查芯线焊接质量，防止虚焊或假焊，见图 A.3.2。

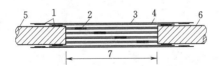

1—热熔胶；2—焊锡、芯线套管及绝缘胶带；3—内层热缩管；4—外层
热缩管；5—电缆 A；6—电缆 B；7—绝缘胶带缠绕部位

图 A.3.2 四芯屏蔽电缆连接示意图

4 焊接后的芯线连接部位套上热缩管并对其加温热缩，再用电工自粘胶带包裹，包裹后的芯线直径应接近于原电缆。

5 连接处两端电缆外套表皮锉毛后，用酒精擦拭干净。

A.3.3 接头密封应符合下列要求：

电缆接头密封有硫化和热缩两种方法，硫化法仅适用于橡套电缆，而热缩法对橡套电缆和塑套电缆均适用。

1 硫化应符合下列要求：

1）电缆连接处涂以适量的补胎胶水，根据成型槽孔长度和形状裹扎高压绝缘橡胶带或补胎胶带。

2）硫化器预热至 100℃后放入接头，在成型槽孔上撒上少许滑石粉，拧紧硫化器钢模，升温至 155～160℃，保持 15min，关闭电源，自然冷却到 80℃后脱模。

3）接头硫化密封后，应满足 A.3.1 条第 2 款和第 3 款要求。

2　热缩应符合下列要求：

1）热缩宜采用带胶热缩管（接线前需预先在电缆接头处套装两层）。使用普通热缩管时，应在热缩管与电缆外皮搭接段裹上热熔胶带后再热缩。

2）先对第一层热缩管加温热缩，加温时用热风枪或火从中部向两端均匀加热，排尽管内空气，使热缩管均匀收缩，并紧密与芯线结合。

3）重复以上操作，对第二层热缩管加温热缩后，用塑料胶带包裹。

4）接头热缩密封后，应满足 A.3.1 条 2 款和 3 款要求。

附录 B 巡 视 检 查

表 B 巡 视 检 查 记 录 表

工程名称：_____

日期：_____年___月___日 库水位：_____m 天气：_____

巡 视 检 查 部 位		损坏或异常情况	备 注
坝体	坝顶 防浪墙 迎水坡/面板 背水坡 坝趾 排水系统 导渗降压设施		
坝基和坝区	坝基 基础廊道 两岸坝端 坝趾近区 坝端岸坡 上游铺盖		
输、泄水洞（管）	引水段 进水口 进水塔（竖井） 洞（管）身 出水口 消能工 闸门 动力及启闭机 工作桥		
溢洪道	进水段（引渠） 内外侧边坡 堰顶或闸室 溢流面 消能工 闸门 动力及启闭机 工作（交通）桥 下游河床及岸坡		

表 B（续）

巡视检查部位		损坏或异常情况	备注
近坝岸坡	坡面 护面及支护结构 排水系统		
其他（包括备用电源等情况）			

注：被巡视检查的部位若无损坏和异常情况时应写"无"字。有损坏或出现异常情况的地方应获取影像资料，并在备注栏中标明影像资料文件名和存储位置。

检查人：_____   负责人：_____

附录 C 变形监测

C.1 表面变形监测方法与要求

C.1.1 视准线变形监测应符合以下规定：

1 监测设置应符合以下规定：

1）视准线两端的工作基点和校核基点应布置在相对稳定区域，校核基点应设置在视准线两侧的延长线上，数量为 1～2 座。

2）视准线长度不宜超过 500m，当超过 500m 时应增设工作基点。

3）当受地形条件制约，视准线校核基点无法设置时，可采用倒垂线或三角形网测量对视准线工作基点的稳定性进行校核。

4）视准线应旁离障碍物 1m 以上，距离地面高度不宜小于 1.2m。

5）工作基点和校核基点应采用混凝土观测墩，其高度不宜小于 1.2m，顶部应设强制对中装置，其对中误差不应超过 ±0.1mm，盘面倾斜度不应大于 4′。

2 监测方法与要求应符合以下规定：

1）可依地形条件选用活动觇牌法或测小角法，并应选择有利时段进行监测。

2）宜在两端工作基点分别设站观测邻近的 1/2 变形监测点。

3）同一监测点每次应按 2 测回进行监测，一测回正镜、倒镜各照准监测点目标两次，取中数计算一测回监测值。以 2 测回均值作为监测成果。监测限差应满足表 C.1.1。

4）当采用小角度法监测时，各测次均应使用同一度盘分划线；如各测点均为固定的觇标时，可采用方向监测法。

表 C.1.1 视准线监测限差

观测方法	正镜或倒镜两次读数差	2 测回观测值之差
活动觇牌法	2.0mm	1.5mm
小角法	4.0″	3.0″
注：全站仪标称精度应满足：测角精度 1″、望远镜放大倍率不小于 30 倍。		

C.1.2 采用前方交会法应符合以下规定：

1 监测设置应符合以下规定：

1）前方交会法分为角度交会法、距离交会法和边角交会法，当监测采用角度或距离交会法时，宜按三座控制点进行监测方案设计。

2）角度交会法监测，交会角应在 40°～100°之间，固定点至变形监测点距离不宜超过 500m。

3）距离交会法监测，交会角应在 $30°\sim150°$ 之间，固定点至变形监测点距离不宜超过 500m。

4）边角交会法监测，交会角应在 $30°\sim150°$ 之间，当交会角接近限值时，其最大边长不宜超过 800m。

5）如交会角或交会距离超出上述规定范围，应在设计中做出论证，其论证结果应满足 5.1.3 条要求。

6）变形监测点应安置配套反射棱镜或其他固定照准标志。

2 监测方法与要求应符合以下规定：

1）全站仪标称精度应满足测角精度 $1''$、测距精度 $(1+1ppm)$ mm。

2）方向监测一测回正镜、倒镜各照准监测点目标两次，取中数计算一测回监测值，以各测回均值作为方向监测成果。

3）距离监测一测回照准监测点目标 1 次，进行两次读数，取中数计算一测回监测值，以各测回均值作为距离监测成果。距离监测时应同时记录温度、气压，其读数精确到 $0.2℃$ 和 50Pa。

4）交会方法监测及限差要求见表 C.1.2。

表 C.1.2 交会方法监测及限差

交会方法	监测测回数	两次读数限差	测回间互差
角度交会	方向 3 测回	$2.0''$	$3.0''$
距离交会	距离 3 测回	1.0mm	1.5mm
边角交会	方向 3 测回	$2.0''$	$3.0''$
	距离 3 测回	1.0mm	1.5mm

C.1.3 采用极坐标法应符合以下规定：

1 监测设置应符合以下规定：

1）变形监测点与测站点之间高差不宜过大。

2）监测距离宜控制在 150m 范围以内，监测距离应加入相应改正。

3）变形监测点上应安置配套反射棱镜。

2 监测方法与要求应符合以下规定：

1）全站仪标称精度应满足：测角精度 $1''$、测距精度 $(2+2×10^{-6})$ mm。

2）水平方向监测 4 测回，正镜、倒镜照准监测点目标 1 次，各进行两次读数，距离监测 4 测回（一测回两组测值），取各测回水平角、距离均值为监测成果，监测限差见表 C.1.2。

C.1.4 采用 GPS 法应符合以下规定：

1 监测设置应符合以下规定：

1）GPS 法适用于地势开阔监测工程特定部位的永久性持续监测。

2）固定基准站不宜少于两座。

3）固定基准站及监测点上部对空条件良好，高度角 15°以上范围无障碍物遮挡，应远离大功率无线电信号干扰源（如高压线、无线电发射站、电视台、微波站等），且附近无 GPS 信号反射物。

4）长期监测项目的数据通信宜采用光缆或专用数据电缆；短期监测项目的数据通信可采用无线电传输技术。

5）对永久性 GPS 监测设施均应采取必要防护措施，避免破坏。

2 监测方法与要求应符合以下规定：

1）GPS 接收机类型可选用双频或单频，其标称精度不应大于（3mm＋$D \times 10^{-6}$）。

2）GPS 接收机天线的水准器应严格居中，天线定向标志线指向正北，天线相位中心高度应量取 2 次，两次较差不应大于 1mm。

3）采用 GPS 静态监测方式时。监测前应做好星历预报，以选择最佳监测时机。

4）GPS 监测基本技术要求见表 C.1.4。

表 C.1.4 GPS 监测基本技术要求

卫星截止高度角（°）	同步有效监测卫星数	卫星分布象限数	采样间隔（s）
≥15	≥5	≥3	≥15

5）GPS 监测时间应通过现场试验方法予以确定，其固定解算成果的点位精度应满足 5.1.3 条要求。

C.1.5 垂直位移监测应符合以下规定：

1 水准测量应符合以下规定：

1）应依据水准基点和水准工作基点所处位置，拟定垂直位移监测点的水准观测线路进行，每期监测的水准路线应保持一致。

2）垂直位移监测点宜采用附合、闭合或节点水准监测图形，在提高监测点精度的同时应增强成果的可靠性。

3）使用的水准仪标称精度应满足三等水准及以上等级水准监测要求。

4）各等级水准监测的技术指标及限差按 GB/T 12897 和 GB/T 12898 相应规定执行。

2 三角高程测量应符合以下规定：

1）全站仪标称精度应满足：测角精度 1″、测距精度（2＋2ppm）mm。

2）垂直角中丝法 6 测回监测，测回间垂直角较差应不大于 6″。

3）测距边长度宜控制在 500m 以内，测距中误差不应超过 3mm。

4）仪器高和觇标高量测应精确至 0.1mm。

5）宜采用双测站监测，监测时应测量温度、气压，计算时加入相应改正。

C.2 表面变形测点埋设

C.2.1 水平位移监测网及视准线标点埋设见图 C.2.1。

C.2.2 水准点标石埋设见图 C.2.2。

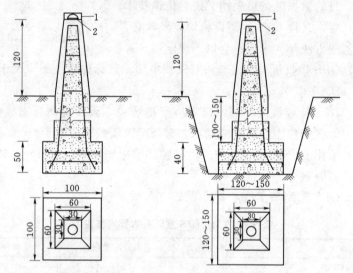

a）岩质普通钢筋混凝土监测墩 b）土质普通钢筋混凝土监测墩

1—保护盖；2—强制对中基座

图 C.2.1 水平位移监测网及视准线标点埋设

结构示意图（单位：cm）

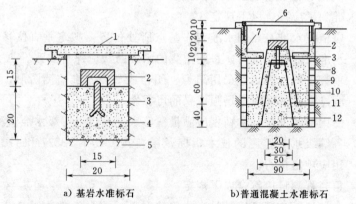

a）基岩水准标石 b）普通混凝土水准标石

1—混凝土保护盖；2—内盖；3—水准标志；4—浇筑混凝土；5—基岩；
6—加锁金属盖；7—混凝土水准保护井；8—衬砌保护；9—回填
砂土；10—混凝土柱石；11—钢筋；
12—混凝土盘石

图 C.2.2 水准点标石埋设结构示意图（单位：cm）

C.2.3 深埋双金属管水准基点标石埋设见图 C.2.3。

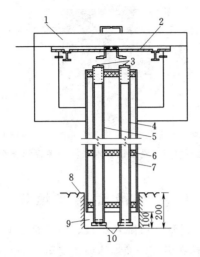

1—钢筋混凝土保护盖；2—钢板标盖；3—标芯；4—钢芯管；5—铝芯管；
6—橡胶环；7—钻孔保护管；8—新鲜基岩；9—M20 水泥砂浆；
10—金属管底板与固定根络

图 C.2.3 深埋双金属管水准基点标石埋设示意图（单位：cm）

C.2.4 深埋钢管水准基点标石埋设见图 C.2.4。

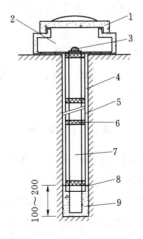

1—保护盖；2—保护井；3—标芯（有测温孔）；4—钻孔（内填）；
5—外管；6—橡胶环；7—芯管（钢管）；8—新鲜基岩面；
9—基点底靴（混凝土）

图 C.2.4 深埋钢管水准基点标石埋设示意图（单位：cm）

C.2.5 浅埋钢管水准标石埋设见图 C.2.5。

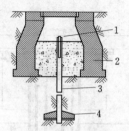

1—特制水准石；2—保护井；3—钢管；4—混凝土底座

图 C.2.5　浅埋钢管水准标石埋设示意图

C.3　沉降管安装埋设

C.3.1 沉降管由硬质塑料管和沉降环组成，沉降环有环式、板式和叉簧片式。沉降管可随坝体填筑或钻孔埋设，随坝体填筑又可分为坑式或非坑式埋设。

C.3.2 随坝体填筑坑式埋设，应在坝基钻孔深 1.5m，将装有管座（带沉降环）的塑料管下入孔内，用水泥浆回填封孔，孔口以上回填筑坝材料（应剔除大于 8cm 的粗粒料），管口采用带铁链的临时保护管盖盖住。每当填筑面超过管口 2.0m 时，将塑料管挖出，并上接一根塑料管，连接处应密封牢固，并保持铅直。沉降环（板）穿过塑料管，并水平安放在预定深度。再以人工回填夯实，使其压实度与坝体填筑料相近。坑式埋设见图 C.3.2a)。非坑式埋设相对简单，见图 C.3.2b)。

C.3.3 钻孔埋设，在坝顶钻孔至设计深度，孔径应满足沉降环直径要求，孔底宜深入至稳定岩（土）体不少于 2m，并灌浆固结；以上则应采用粗砂回填至孔口，适量冲水密实。

C.4　测斜管安装埋设

C.4.1 测斜管可选择 ABS 工程塑料和铝合金等稳定性较好的材质，测斜管导槽应平整、顺直，可随坝体填筑埋设，也可钻孔埋设。

C.4.2 测斜管随坝体填筑埋设与 C.3.2 条沉降管埋设相似，但测斜管其中一对导槽应垂直于坝轴线方向，接管时，要对正导槽，每节测斜管垂直度偏差不应大于 1°。

C.4.3 测斜管钻孔埋设时，钻孔深度应使测斜管底端深入基岩或相对稳定区约 2m。钻孔直径宜大于测斜管外径 50mm；钻孔铅直度偏差应满足 50m 孔深内不大于±3°。下入孔内的测斜管其中一对导槽应垂直于位移预计最大方向，管接头要密封，以防泥浆渗入。测斜管与钻孔孔壁间隙，在岩体或混凝土防渗

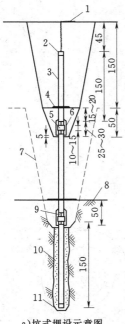

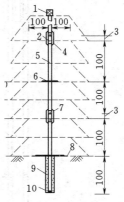

a)坑式埋设示意图

b)非坑式埋设示意图

1—铁链;2—管盖;3—沉降管;4—沉降
板(环);5—连接管;6—无纺土工织
物;7—开挖线;8—岩基面;9—连接
管上滑槽;10—水泥砂浆;11—管座

1—管盖;2—连接管;3—预留沉降段;
4—无纺土工织物;5—沉降管;6—沉
降板(环);7—连接管上滑槽;8—岩
基面;9—水泥砂浆;10—管座

图C.3.2 沉降管随坝体填筑坑式埋设与非坑式埋设示意图 (单位: cm)

墙埋设时,宜采用自下而上灌浆固结;在坝体或覆盖层埋设时,宜采用粗砂回填,并适量冲水密实。测斜管钻孔埋设见图C.4.3。

C.4.4 混凝土防渗墙内埋设时,可随混凝土浇筑埋入或采用墙内预留孔埋设。预留孔埋设要求可参见C.4.3条有关规定。

C.5 水管式沉降仪和引张线式水平 位移计安装埋设

C.5.1 水管式沉降仪和引张线式水平位移计通常采用挖沟法埋设,沟槽开挖深度宜1~3m(粗粒料坝体用上限)。对粗粒料坝体,应以过渡层形式人工压实整平基床;对细粒料坝体,应避免超挖,在埋设测点处宜浇筑厚约10cm的混凝土基座。若为沉降仪则在其测头周围现场浇筑20cm厚的钢筋网混凝土保护;若为水平位移计锚固板,则浇筑包裹锚固板的混凝土块体。粗粒料坝体中以过渡层形式,人工压实回填至测头(锚固板)顶面1.8m;细粒料坝体中回填原坝料,人工压实至测头

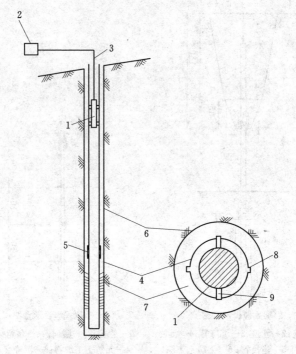

1—测头；2—测读仪；3—电缆；4—测斜管；5—管接头；
6—钻孔；7—水泥或砂填充；8—导槽；9—导轮

图 C.4.3　测斜管钻孔埋设示意图

顶面以上 1.5m 时，坝体才可按正常碾压施工。

C.5.2　各测点安装完成后，将其管（线）路汇集牵引至坝后监测房的测量装置上。水管式沉降仪和引张线式水平位移计安装埋设见图 C.5.2-1 和图 C.5.2-2。

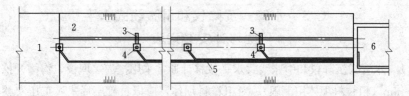

1—垫层料（或心墙）；2—过渡料；3—水平位移计锚固板；
4—水管式沉降测头；5—管线；6—监测房

图 C.5.2-1　水管式沉降仪和引张线式水平位移计安装埋设平面示意图

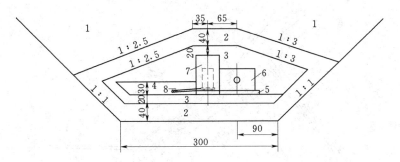

1—堆石料；2—保护用过渡料；3—保护用垫层料；4—细砂；5—素混凝土基座；
6—水平位移计；7—水管式沉降仪；8—管线

图 C.5.2-2 水管式沉降仪和引张线式水平位移计安装
埋设横剖面示意图（单位：cm）

C.6 土体位移计安装埋设

C.6.1 土体位移计在坝体宜采用坑式埋设，见图 C.6.1。基床平整方法及压实要求参见 C.5.1 有关规定。

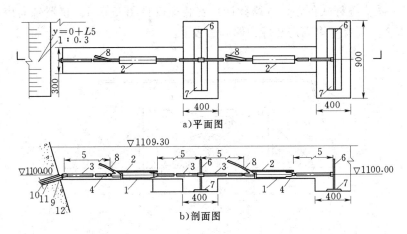

a)平面图

b)剖面图

1—位移计；2—保护钢管；3—塑料保护管；4—铰；5—拉杆；
6—锚固板；7—垫板；8—电缆；9—钻孔；10—锚固钢筋；
11—充填水泥砂浆；12—混凝土

图 C.6.1 土体位移计坑式埋设示意图（单位：mm）

C.6.2 土体位移计在坝体与岸坡交界部位宜采用表面埋设，见图 C.6.2。

C.6.3 土体位移计埋设时应调整到所需拉、压量程，回填料时应保证仪器自由伸缩和铰支自由转动。

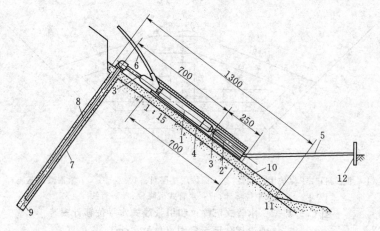

1—位移计；2—拉杆；3—铰；4—保护钢管；5—锚固板；6—电缆；7—钻孔；
8—锚固钢筋；9—回填砂浆；10—砂浆垫层；11—混凝土垫层；12—现场焊接

图 C.6.2　土体位移计表面埋设示意图（单位：mm）

C.7　垂直缝杆式位移计（测缝计）安装埋设

C.7.1　垂直缝杆式位移计（测缝计）安装埋设见图 C.7.1。仪器轴向应与缝面垂直，支架要牢牢固定在缝面两侧面板上。

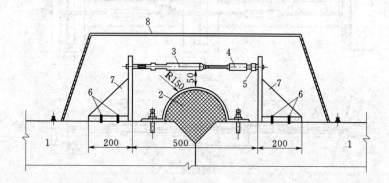

1—面板；2—接缝止水；3—测缝计；4—调整套；5—万向接头；
6—固定螺栓；7—支座；8—保护罩

图 C.7.1　垂直缝杆式位移计（测缝计）安装埋设示意图（单位：mm）

C.7.2　调整仪器到所需拉、压量程，以适应未来位移变量。仪器安装后应加盖仪器保护罩。

C.8　周边缝三向测缝计安装埋设

C.8.1　旋转电位器式三向测缝计安装埋设见图 C.8.1。先将坐标板用螺丝固定在趾板上，再将三个传感器分别固定在坐标板相应位置，并将各传感器的钢丝引到面板的测量标点处，调整好仪器量程后加以固定。

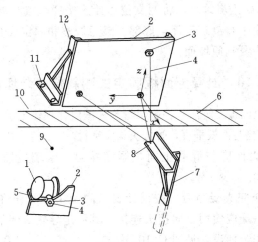

1—位移传感器；2—坐标板；3—传感器固定螺母；4—不锈钢丝；5—传感器托板；
6—周边缝；7—预埋板（虚线部分埋入面板内）；8—钢丝交点；9—面板；
10—趾板；11—地脚螺栓；12—支架

图 C.8.1　旋转电位器式三向测缝计安装埋设示意图

C.8.2　用游标卡尺分别量出各个钢丝从传感器至标点的初始长度，应精确到0.5mm。安装后要加盖仪器保护罩。

C.9　面板脱空位移计安装埋设

C.9.1　面板脱空监测，系由两支位移计和一个固定底座构成的等边三角形布置（见图 C.9.1），可采用挖坑埋设。

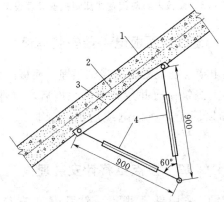

1—面板；2—钢筋；3—固定底座；4—位移计

图 C.9.1　面板脱空土体位移计埋设示意图（单位：mm）

C.9.2 在坡面测点处挖一长宽约 1m、深 1.5m 的坑，浇一 C30 混凝土墩，墩底部用锚筋与垫层料连接，墩侧面预埋连接仪器的铰座。

C.9.3 待面板混凝土浇筑时，将两支位移计连接杆交点与混凝土墩的铰座铰接，再将固定底座平行浇筑于面板底部。最后调整和固定仪器，用坝料以薄层人工回填夯实，恢复到原坡面。

C.10 混凝土面板固定式测斜仪安装埋设

C.10.1 在混凝土面板浇筑前，将测斜管预先固定在坝体上游过渡层表部，要求测斜管其中一对导槽与面板垂直，管接头均应密封。

C.10.2 测斜管表面应与混凝土面板紧密接触，末端应插入面板底部趾板（或相对稳定部位）至少 1m。

C.10.3 面板浇筑完成凝固后，按设计要求间距用金属杆将测头串接后下入管内固定。测头一端应使用万向接头连接。其固定导轮应朝下放置。面板内斜向固定式测斜仪安装埋设，见图 C.10.3。

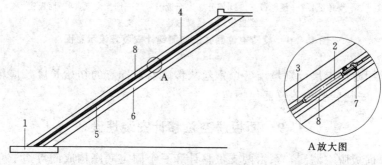

1—趾板；2—测头；3—连接杆；4—面板；5—垫层；
6—过渡层；7—导轮；8—测斜管

图 C.10.3 面板内斜向固定式测斜仪安装埋设示意图

C.11 面板电平器安装埋设

C.11.1 电平器连接电缆应随混凝土的浇筑预埋在面板内。

C.11.2 待面板混凝土浇筑完成并达到要求强度后，应将预装在面板上的电平器调置为水平并加以固定，连接电缆后加装保护罩。电平器安装埋设见图 C.11.2。

C.12 多点位移计安装埋设

C.12.1 多点位移计应采用钻孔埋设，钻孔开孔直径宜 ϕ200mm、深约 50cm。随后，根据仪器直径，钻孔变径为 ϕ76～110mm，孔深应大于最深锚

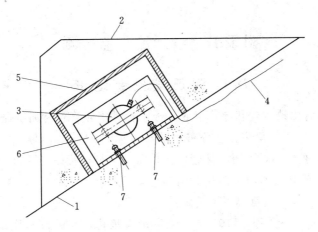

1—面板；2—保护墩；3—传感器；4—电缆；5—保护罩；
6—仪器支撑板；7—固定螺栓

图 C.11.2　电平器安装埋设示意图

头 0.5m。钻孔时，应全孔取芯或采用钻孔电视，绘制钻孔岩芯柱状图及记录钻孔全过程。

C.12.2　埋设前宜先对仪器进行预装，连接杆件要排列整齐，连接牢固，密封可靠。随后同灌浆管和排气管一次性整体送入孔内，并进行由里及表灌浆固结，待孔口封闭混凝土和孔内浆液凝固后，预拉和固定位移传感器。多点位移计安装埋设见图 C.12.2。

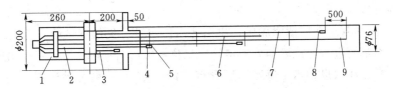

1—保护罩；2—位移传感器；3—预埋安装管；4—排气管；5—支承板；
6—保护管；7—传递杆；8—锚头；9—灌浆管

图 C.12.2　多点位移计安装埋设示意图（单位：mm）

附录 D 渗 流 监 测

D.1 测 压 管 安 装 埋 设

D.1.1 测压管由透水管和导管组成。透水管可用导管管材加工制作，面积开孔率宜 10%～20%（呈梅花状分布，排列均匀和内壁无毛刺），外部包扎无纺土工织物。管底封闭，不留沉淀管段。也可采用与导管等直径的多孔聚乙烯过滤管或透水石管作透水段。测压管结构见图 D.1.1。

D.1.2 测压管埋设应符合以下规定：

1 钻孔直径宜采用 $\phi110\text{mm}$，在 50m 深度内的钻孔倾斜度不应大于 $3°$，不允许泥浆护壁。应测记初见水位及稳定水位，描述各土（岩）层岩性，提出钻孔岩芯柱状图。

2 应先在孔底填约 20cm 厚的反滤料，然后将测压管逐根对接下入孔内。待测压管全部下入孔内后，应在测压管与孔壁间回填反滤料至设计高程。对黏壤土或砂壤土可用细砂作反滤料；对砂砾石层可用细砂—粗砂的混合料。反滤层以上用膨胀土泥球封孔，泥球应由直径 5～10mm 的不同粒径组成，应风干，不宜日晒或烘烤。封孔厚度不宜小于 4.0m。

3 在岩体内钻孔埋设测压管，花管周围宜用粗砂或细砾料作反滤料，导管段宜用水泥砂浆或水泥膨润土浆封孔回填，反滤料与封孔料之间可用 20cm 厚细砂过渡。

4 测压管封孔回填完成后，应向孔内注水进行灵敏度试验，应在地下水位较为稳定时进行。试验前先测定管中水位，然后向管内注水。若进水段周围为壤土料，注水量相当于每米测压管容积的 3～5 倍；若为砂砾料，则为 5～10 倍。注入后不断观测水位，直至恢复到或接近注水前的水位。对于黏壤土，注入水位在 120h 内降至原水位为合格；对于砂壤土，24h 内降至原水位为合格；对于砂粒土，1～2h 降至原水位或注水后升高不到 3～5m 为合格。检验合格后，安设管口保护装置。测压管安装埋设见图 D.1.2。

D.2 孔隙水压力计安装埋设

D.2.1 钻孔埋设应符合以下规定：

1 钻孔要求同测压管埋设，见 D.1.2 条 1 款。

2 埋设前将孔隙水压力计饱水 24h 后，提至水面，测记零压状态下的读数。

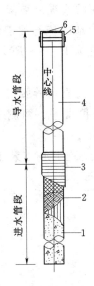

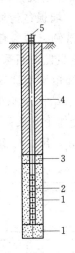

1—进水孔；2—土工织物过滤层；3—外缠
铅丝；4—金属管或硬工程塑料管；5—
管盖；6—电缆出线及通气孔

图 D.1.1　测压管结构示意图

1—中粗砂反滤；2—测压管；
3—细砂；4—封孔料；
5—管盖

图 D.1.2　测压管安装埋设示意图

　　3　将装有孔隙水压力计的砂袋置于孔内厚度约 1.0m 的反滤料中，其上用膨胀泥球封孔，封孔泥球粒径及其厚度参见 D.1.2 条 2 款有关规定。

D.2.2　坑式埋设前准备工作可参见 D.2.1 条有关规定。就位后采用薄层辅料、专门压实的方法回填，控制填料含水率及干密度与周围坝体一致，孔隙水压力计以上填方覆盖厚度应不小于 1.0m。敷设时，仪器电缆应单根平行引出、间距 5cm 以上。当经过防渗体时应加截水环，连接电缆应松弛留有裕度。

D.2.3　测压管内安装埋设前准备工作可参见 D.2.1 条有关规定。测压管内安装采用不锈钢丝绳悬吊孔隙水压力计，将其放至管内设计高程，在管口固定钢丝绳，管口应留有通气孔。仪器测量结果与实测水压差值应小于孔隙水压力计的准确度。

D.3　量水堰结构及安装埋设

D.3.1　量水堰排水沟堰槽段应为直线型，其横断面应为矩形。堰槽段长度应大于堰上最大水头 7 倍，且其总长不小于 2m，其中堰板上游长度不小于 1.5m，下游长度不小于 0.5m。堰槽两侧侧墙应平行，平行度不大于 1°，侧墙铅直度不大于 1°，侧墙前面不平整度不大于 3mm，直线度不大于 5mm。

侧墙面与堰槽底面的垂直度不大于 2°，槽底面沿槽纵向坡降不大于 1‰。

D.3.2 堰板应铅直，铅直度不大于 1°，同时，堰板应与堰槽侧墙垂直，垂直度不大于 2°。堰板过流堰口倒角为 45°，尖角宜为 $R0.5 \sim R1.0$ 圆角，堰口高的一面为上游侧。堰板宜用不锈钢板制作。

D.3.3 渗流量监测可采用直角三角堰，其堰口为直角等腰三角形。量水堰还包括梯形堰和矩形堰。安装时应严格控制堰板顶水平，两侧水平高差不大于 1mm。量水堰结构及安装见图 D.3.3。

D.3.4 测量堰上水头的水尺、水位测针或堰上水位计应安装于堰板上游 $3 \sim 5$ 倍堰上水头处，尺、针等测读装置应保持铅直方向。

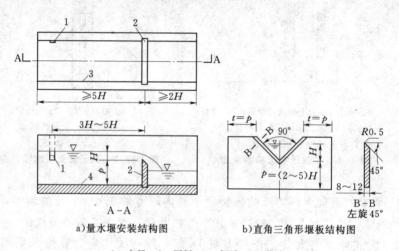

a)量水堰安装结构图   b)直角三角形堰板结构图

1—水尺；2—堰板；3—侧墙；4—槽底

图 D.3.3 量水堰结构及安装示意图

附录 E 压力（应力）监测

E.1 土压力计安装埋设

E.1.1 宜在土体填筑面高于测点埋设高程 1m 时，开挖仪器埋设坑。

E.1.2 平整仪器埋设基床面，基床表面应平整、均匀、密实，并符合规定的埋设方向，在堆石体内，仪器基床面应按过渡层要求制备。

E.1.3 在土压力计埋设部位铺放 10cm 厚的细砂，水平埋设的土压力计应将压力感应面平放在砂层上，并用水平尺校正膜面的水平。垂直或倾斜埋设的土压力计应使压力感应面的中心点位于设计高程，在感应面的两侧先填 10cm 厚的砂，然后回填黏土并压实，使压力计逐渐固定并不断校正其倾角。

E.1.4 接触式土压力计应置于刚性接触面上，使土压力计承压感应面朝向土体一方，可在混凝土浇筑后在测点处挖槽或预埋一个木模。

E.1.5 回填时应至少先填 10cm 厚以上的细砂，再填中粗砂和砂砾料。

E.1.6 仪器电缆敷设时应松弛，在防渗体内埋设时应单根平行引出，间距 5cm 以上，同时应加截水环。

E.2 混凝土应变计安装埋设

E.2.1 混凝土应变计安装埋设应符合以下规定：

    1 埋设于仪器周围的混凝土应小心填筑，去除大于 8cm 的骨料，用人工分层捣实。

    2 混凝土下料时应距仪器 1.5m 以上，振捣时振捣器与仪器的距离宜不小于 1m。

E.2.2 单向应变计应符合以下规定：

    1 在混凝土振捣后，及时在预定部位造孔埋设。

    2 仪器应按预定的方向埋设，位置偏差不应大于 2cm。

E.2.3 二向应变计应符合以下规定：

    1 两支应变计应相互垂直，仪器端部相距 8～10cm。

    2 两支应变计的中心线与结构表面的距离应相同。

E.2.4 应变计组应符合以下规定：

    1 应变计组应固定在支座支杆上埋设。

    2 根据应变计组在混凝土内的位置，应分别采用预埋锚杆或带锚杆的预制混凝土块固定支座和方向。

    3 按设计要求方向固定支座与支杆，支杆定向孔应能固定支杆的位置和方向，支杆伸缩量应大于 0.5mm。

4 埋设时应设置无底保护木箱，并随混凝土的升高而逐渐提升，直至取出。

5 应控制仪器方位，使埋设方向与预定方向一致。

E.2.5 无应力计应符合以下规定：

1 选购或加工与应变计配套的无应力计筒。

2 在安装好应变计的无应力计筒内应填满相应应变计组附近的混凝土，混凝土应除去 8cm 以上的粗骨料，并人工振捣密实。

3 无应力计筒应大口向上放于测点预定位置，并使无应力计筒轴线与等温面垂直。

E.2.6 钢板计应符合以下规定：

1 将装有模具棒的钢板计夹具焊接于钢板上。

2 待冷却至常温后，拆去模具棒，安装钢板计并用夹具夹紧。

3 埋入于混凝土内的钢板计应设保护盖，夹具表面应涂沥青。

E.2.7 防渗墙（体）内埋设应变计与无应力计应符合以下规定：

1 制作沉重块及其附件，沉重块的宽度应比防渗墙厚度小 5～10cm。沉重块上面设有 4 个四方对角排列的固定钢缆用的封闭挂钩，固定在钢沉重块上的 4 根钢缆长度应一致，并在顶部设一钢管箍。

2 用 4 根钢丝绳悬挂沉重块，在高度方向每隔 5m 左右应布置钢筋定位框，以固定钢丝绳的位置。柔性钢筋笼的顶部要用钢管箍，并加工一个供起吊用的挂钩，便于钢筋笼起吊就位。

3 应变计要按设计要求方向用细铁丝扎在钢丝绳上，无应力计桶可用铅丝悬挂在钢筋笼上，全部仪器电缆应沿钢丝绳扎好引出。

4 柔性钢筋笼宜采用起重机吊装就位，在往槽内下放钢筋笼同时，应按设计要求位置固定应变计和无应力计筒。

5 仪器安装全部定位后，浇筑防渗墙内混凝土。防渗墙（体）内应变计与无应力计安装埋设见图 E.2.7。

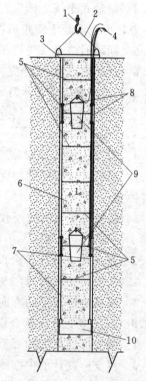

1—吊钩；2—吊装钢缆；3—钢管箍；4—仪器电缆；5—钢筋定位框；6—防渗墙；7—钢丝绳；8—应变计；9—无应力计；10—沉重块

图 E.2.7 防渗墙（体）内应变计与无应力计安装埋设示意图

E.2.8 面板内应变计组与无应力计应符合以下规定：

1 应以面板平面作为监测面，顺坡向及水平向为坐标向，将支座焊接固定于面板内钢筋网上或面板垫层内。

2 应变计宜埋设于钢筋网下部，距钢筋 8~10cm 处。

3 无应力计宜在垫层内挖坑埋设，顶部置于面板混凝土内，并要求低于面板钢筋 10cm 以上。

E.3 钢筋计（锚杆应力计）安装埋设

E.3.1 钢筋计应符合以下规定：

1 应选用与结构钢筋直径相同的钢筋计。

2 焊接前应将钢筋及钢筋计清洁除锈，将钢筋直接焊接于钢筋计的两端，并使钢筋计与原钢筋保持在同一直线上，受力钢筋之间的帮扎接头应距仪器 1.5m 以上。

3 钢筋计的焊接可采用对焊、坡口焊或熔槽焊。

4 焊接时应在仪器部位浇水冷却，并随时监测钢筋计内温度，使之不超过 60℃。

E.3.2 锚杆应力计应符合以下规定：

1 应根据设计所采用的锚杆直径选用相同规格的钢筋计。

2 钻孔直径应大于锚杆应力计最大直径，钻孔要平直，其弯曲度应小于钻孔半径。钻孔方位要符合设计要求。

3 将钢筋计与锚杆焊接，焊接要求同 E.3.1 条。

4 组装检测合格后，应将焊接的监测锚杆送入钻孔内。在安装时，应确保锚杆应力计不弯曲，电缆和排气管不受损坏，锚杆的根部应与孔口平齐。

5 锚杆应力计入孔后，应引出电缆和排气管，装好灌浆管，用水泥砂浆封闭孔口。

6 安装检测合格后，应进行灌浆固结，水泥砂浆配合比应与主体施工一致。灌浆压力应符合设计要求。当灌至孔内停止吸浆时，应持续 10min 方可结束。待砂浆固化后，测其初始值。

7 对于预应力锚杆，在进行张拉时应同时测取仪器读数，待施加预应力达到设计荷载时进行锁定。

E.4 锚索测力计安装埋设

E.4.1 监测锚索张拉加荷应在周围施工锚索张拉之前进行。

E.4.2 待锚索内锚固段与承压垫座混凝土的承载强度达到设计要求后，应安装锚具和张拉机具，并对测力计的位置进行检验。检验合格后应连续三次测读，当读数差小于1%F.S时，取其平均值作为基准值。锚索测力计安装见图 E.4.2。

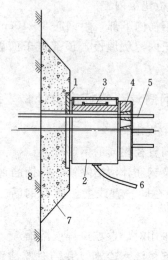

1—钢垫板；2—测力计；3—测力计传感器；4—锚具；5—钢绞线；
6—电缆；7—混凝土墩；8—被加固体

图 E.4.2 锚索测力计安装示意图

E.4.3 应对每根锚束循环进行预紧，保证各锚束受力均匀。

E.4.4 应预紧后即对锚索进行整体分级张拉，并逐级进行监测。每级荷载应稳定5min测读一次，直至最大张拉荷载（超张拉荷载），一般情况下不宜超过设计张拉力的15%。

E.4.5 张拉完毕后应对各锚束进行锁定，当预应力损失超过设计张拉力的10%时，应进行补偿张拉。在锚索锁定卸荷后应记录读数，并以此值作为锚索损失的起始计算值。

附录 F 地 震 反 应 监 测

F.1 一 般 规 定

F.1.1 设计地震烈度为7度及以上的1级土石坝、8度及以上的2级土石坝，应设置结构反应台阵。

F.1.2 设计地震烈度为8度及以上的1级土石坝，在蓄水前应设置场地效应台阵。

F.1.3 地震反应监测以记录强震动加速度时程为主。对于1级高土石坝，有条件时可增加动孔隙水压力和动位移监测。

F.2 监测台阵仪器布置与安装

F.2.1 地震反应监测系统专用仪器由强震动加速度传感器、记录器两部分组成。通用设备有计算机和通信线路。

F.2.2 强震动加速度传感器主要技术指标应为：测量范围应达到±2g，频率响应在0~50Hz。

F.2.3 记录器由数据采集单元、触发单元、存储单元、计时单元、通信单元、控制单元、显示单元及电源单元组成，其主要技术指标应为：动态范围不小于90dB，频率响应在0~50Hz。

F.2.4 强震动安全监测台阵的规模应根据建筑物级别和地质构造条件而定。1级建筑物不宜少于18通道，2级建筑物不宜少于12通道。

F.2.5 土石坝反应台阵应布置在最高坝段或地质条件较为复杂的坝段。测点应布置在坝顶、坝后坡的马道部位、坝基和河谷自由场处，有条件时宜在坝基布设深孔测点。坝线较长宜在坝顶增加测点。测点方向应以水平顺河向为主，重要测点宜布成水平顺河向、水平横河向、竖向三分量。对溢洪道上的进水塔、水闸建筑物宜布置测点。

F.2.6 应根据环境振动的具体情况，选择阈值触发、STA与LTA差触发或比值触发等模式。触发灵敏度宜设定在1~2cm/s²。

F.2.7 强震动加速度仪安装前，应进行现场检测并验收合格。

F.2.8 加速度传感器应固定安装在现浇的钢筋混凝土测墩上，墩的埋设深度不小于0.8m。墩出露部分尺寸长、宽、高，宜为40cm×40cm×20cm，顶面应平整，并加保护罩。

F.2.9 加速度记录器应安装在强震监测中心或测站内的工作台上。加速度记录器与加速度传感器接通后，应确定加速度传感器的震动方向与加速度记录图上振动波形方位的对应关系，并保持相位一致。

F.2.10 信号传输电缆宜采用防水多芯屏蔽电缆，可沿坝体电缆沟内敷设，但布线不应设置在具有强电磁干扰设备的附近。室外电缆应采用套管保护，并应有接地保护措施。

F.2.11 强震动加速度仪安装后，应对监测系统进行参数设置和调试，确认各通道的极性和加速度传感器的零位。检查的内容和顺序应为：设置仪器参数、设定通道极性、测试背景噪声、标定记录、人工触发试验、GPS同步检测、双向通信遥测试验等。

F.3 监测台阵的运行管理

F.3.1 强震动监测系统的运行管理应采取周远程访问，月巡回检查，年巡回检查以及特别巡回检查等办法。

F.3.2 周远程访问内容包括仪器参数设置、触发事件数、加速度传感器零位电压、GPS天线状态、电池电压等。

F.3.3 月巡回检查为对强震动加速度仪每月进行一次常规性检测。应检测以下内容：

1 以标准时间校对仪器时钟。

2 强震动记录器面板检查，各开关是否放在待触发位置上。

3 检测直流电源电压是否正常。

4 检查各通道记录显示是否正常。

5 检测完成后，即恢复仪器至待触发状态。

F.3.4 年巡回检查对象应包括加速度传感器、信号传输和强震动记录器，并对仪器的灵敏度进行标定。

1 不应同时对两套以上处于待触发的仪器进行标定，以避免漏记强震动。

2 台阵仪器检测合格后，宜进行场地脉动和水工建筑物脉动反应测试，记录脉动加速度时间过程。

3 年度全面检测完成后，应编写年度地震反应监测系统检验报告。

F.3.5 在发生强雷电、暴雨、有感地震等情况下，应及时对监测系统工作状况进行特别巡回检查。

F.3.6 强震动监测系统经检测发现故障时，应及时维修。对于重要测点，应换上备用仪器。监测系统老化不能继续运转时，应及时进行更新。

F.4 强震动加速度记录及分析

F.4.1 地面加速度记录峰值大于 $0.002g$ 时，应及时读取各个通道最大加速度值，并复制备份原始数据。

F. 4. 2　场地加速度峰值大于 $0.025g$ 时，应及时对土石坝进行震害检查，填写监测记录报告单和编写震害检查报告，上报主管单位。

F. 4. 3　场地加速度峰值大于该坝设计加速度值时，应警示土石坝有可能出现严重震害。

F. 4. 4　场地峰值加速度记录大于 $0.025g$ 时，应对加速度记录进行常规处理分析，其内容包括：校正加速度记录、计算速度和位移时程、计算反应谱和傅里叶谱。

F. 4. 5　在对加速度记录进行常规处理分析的基础上，可得到加速度水平、垂直方向最大峰值，地震动持续时间，地震卓越周期，地震烈度，结构的动力放大系数和结构自振周期等重要数据。

F. 4. 6　土石坝发生震害后，应以实际地面记录的加速度时程为输入地震，按地震时库水位，进行抗震验算，结合其他监测数据和宏观震害检查资料进行对比分析。

附录 G 泄水建筑物水力学观测

G.1 压 强

G.1.1 压强观测内容分为时均压强观测与脉动压强观测，当泄水建筑物进出口水位差超过 80～100m 时，应进行压强观测。

G.1.2 泄水建筑物的压强观测点应能反映过水表面压强分布特征，宜布置在以下部位：

1 闸孔中线，闸墩两侧和下游。

2 溢流堰的堰顶、坝下反弧及下切点附近以及其相应位置的边墙等处。

3 有压管道进口曲线段、渐变段、分岔段及局部不平整突体的下游壁面。

4 过水边界不平顺及突变等部位，如闸门门槽下游边壁，挑流鼻坎，消力墩侧壁等。

5 水舌冲击区、高速水流区及掺气空腔等。

G.1.3 观测仪器及其安装应符合以下规定：

1 测压管应符合以下规定：

1) 测压管的安装位置应低于测压孔进口高程，测压管的测头表面应与壁面齐平。测压孔的直径根据实际情况确定，既要防止泥沙颗粒进入，也要防止孔过大时引起水流漩涡使测值失真。平时不测时，可用薄金属板将测头盖紧。

2) 测压管装好后应进行编号，测定位置、高程，详细记录并绘入布置图中。

2 压力表精度不应低于 0.4 级，并应满足测点处可能出现的最大压强（读数）位于压力表全量程的 1/2～2/3 范围内。压力表所处高程应精确测定。

3 脉动压力传感器应符合以下规定：

1) 脉动压力传感器的量程应根据测量部位可能发生的最大动水压强进行选择，以满足在各种运行工况下的观测需要。脉动压力传感器的输出范围应与二次仪表的输入范围相匹配。

2) 传感器安装在施工期预埋的底座上，仪器应与底座表面及过流表面保持齐平，当测点位于含沙水流或可能发生淤积部位时，传感器应采取防止传压通道堵塞的措施。

G.1.4 观测方法与要求应符合以下规定：

1 时均压强可用测压管、压力表进行测量；瞬时压强及脉动压强可采用压力传感器测量。

2 压强观测时，应同时记录工程的运行情况，如库水位、闸门开度、流量等，并分析各物理量之间的相关关系。

G.2 流　速

G.2.1 流速观测点的布置应根据水流流态、掺气及消能冲刷等情况确定。宜布置在建筑物进水口、挑流鼻坎末端、反弧段、溢流坝面、渠槽底部、局部突变处、下游回流及上下游航道等部位。

G.2.2 流速可采用浮标、流速仪、毕托管等进行观测。

1 浮标测速法适于观测水流表面流速。浮标的修正系数应事先率定。观测浮标的方法有目测法、普通摄影法、连续摄影法、高速摄影法，以及经纬仪立体摄影法和经纬仪交会测量法等。

2 流速仪测速法应符合以下规定：

　1）当流速不超过 7m/s 时，可采用超声波流速仪或超声波流速剖面仪进行测量。

　2）当流速较低时，可采用旋杯式和旋桨式流速仪进行测量。

3 毕托管测速法系通过测量传感器的动水压强和静水压强之差来测量流速。测量流速 V 由式（G.2.2）求出：

$$V = C\sqrt{2g\Delta H} \tag{G.2.2}$$

式中　C——毕托管修正系数，应由实验率定求得，对于标准毕托管，修正系数可取 1.0；

　　　ΔH——毕托管动、静水压强差；

　　　g——重力加速度。

G.3 流　量

G.3.1 在需要对过水建筑物的流量进行复核时，应进行流量观测。流量的测量方法应根据建筑物特点、尺寸、水头、流量、量测精度和现场条件等因素确定。

G.3.2 流量测量断面应布置在水流平顺的位置。对于固定测流断面，应将断面布置在稳定地段，而临时测流断面，可视泄水建筑物具体情况而定。

G.3.3 观测可用水文测验方法和直接在各种过水建筑物上进行观测两种方法，应符合以下要求：

1 水文量测应遵守 GB 50179 和 SL 257 等的有关规定。

2 直接观测法：

　1）当泄流量不超过 0.02～10m³/s 时，可采用溶液法测量流量。

　2）对于规则断面，可利用流速仪测量断面的流速分布，以确定过流流量。

3）在水库库容较小、进库流量比较稳定且水位—库容曲线较陡时，可采用水库容积法估算流量。

4）对于断面流速分布对称均匀、水头高、流速较大的情况，如泄水孔口、泄水管道及泄洪洞等，可采用动压管法测量流速，并计算断面的过流流量。

5）当流速不超过 7m/s 时，可采用断面流速仪测量流量。

G.4 水 面 线

G.4.1 水面线观测内容包括明流溢洪道水面、明流泄洪隧洞水面、挑射水舌轨迹线及水跃波动水面等。

G.4.2 应采用以下几种观测方法：

1 明流溢洪道等泄水建筑物，其沿程水面线可用直角坐标网格法、水尺法或摄影法测量。

2 挑流水舌轨迹线可用经纬仪测量水舌出射角、入射角、水舌厚度，也可用立体摄影测量平面扩散等。

3 水跃长度及平面形态可在左右两岸布设若干水位计或水尺进行测量，也可采用摄像或照相的方式记录。

4 明流泄洪洞应用水尺或预涂粉浆法测量最高水面线，也可用遥测水位计测量任意时刻的水面线，测点间距应为 5～20m。

5 对于水位波动较大的部位，宜沿程布置一定数量的波高仪，以正确反映过水建筑物在运行期间水位变化的过程和特性。

G.5 消 能

G.5.1 消能观测内容包括水流形态的测量描述和消能率的计算。分析消能率时，应在下游河段水流相对平稳的地方设置断面，测量断面的水位和流量，再推求消能率。

G.5.2 底流消能观测应符合以下规定：

1 底流消能观测的重点应是明槽水流从急流状态变到缓流状态时水面产生水跃的水力现象，包括水跃长度及其前、后水深，水跃的形式、型态和流速等。

2 水跃长度及水深，可通过设于侧墙上的方格网、水尺组、压力传感器或波高仪等进行测量。

3 当消力池中流速大于 15m/s 时，应观测消能设施和底板有无空蚀发生。

G.5.3 面流消能观测应符合以下规定：

1 面流消能观测重点是涌浪及平面回流。

2 面流消能涌浪可用目测法或电测法进行观测。

3 平面回流观测要求详细记录回流位置、范围和回流流速。

G.5.4 挑流消能观测应符合以下规定：

1 挑流消能观测分为挑流测量和水垫消能测量两部分。

2 测量水舌剖面轨迹、平面扩散覆盖范围，碰撞挑流加测撞击位置。

3 射流跌入下游尾水后，应观测水舌入水位置，平面水流流态，激溅水体影响范围，水面波动影响范围及雾化强度等。

G.6 冲 刷

G.6.1 冲刷观测重点应为溢流面、闸门下游底板、侧墙、消力池、辅助消能工、消力戽及泄水建筑物下游泄水渠道和护坦底板等处有无冲刷破坏。水上部分可直接目测和量测；水下部分采用抽干检查法、测深法、压气沉柜检测法及水下电视检查法等。

G.6.2 局部冲刷观测应符合以下规定：

1 测定冲坑位置、深度、形态及范围。水下部分测点和断面的间距宜为3~10m，在地形陡变部位应适当加密。

2 当采用抽干检查法时，还应对冲刷岩石的节理裂隙、断层等情况进行描述记录。

G.6.3 在采用面流、戽流等消能时，应对鼻坎齿槽、冲坑底部与其他建筑物衔接处易受旋滚及挟带砂石淘刷的部位进行检查观测，并详细记录淘刷部位、范围、深度，绘制平面图及剖面图。

G.6.4 在泄水工程下游应根据基础条件及泄流条件，选择若干条有代表性纵横断面，测量淤积物分布范围、厚度和组成。

G.7 振 动

G.7.1 泄水时易导致振动的部位，如闸门段、导墙、管道段、溢流厂房顶部面板、坝顶及进水塔等应进行振动观测。振动观测主要分为动力特性观测和振动响应观测两类。

G.7.2 振动测点应布置在能够反映结构整体和主要部件（或位置）动态响应位置上，如闸门结构的主纵梁、主横梁和面板等。

G.7.3 振动观测仪器主要有加速度计、速度传感器、位移传感器、力传感器、应变片和信号放大器等。

G.8 通 气

G.8.1 主要观测内容应包括泄水管道的工作闸门、事故闸门、检修闸门、掺气槽坎、泄洪洞的补气洞，及水电引水管道的快速闸门下游等处通气管道的通气情况。

G.8.2 通气量可根据测量断面的平均风速计算确定。通气风速可采用毕托管法、风速仪法进行测量。

G.9 掺 气

G.9.1 掺气观测内容应分为明渠水流表面自然掺气及掺气设施的强迫掺气。自然掺气的观测内容为沿程水深的变化和掺气浓度分布。设有掺气设施的泄水建筑物的掺气观测内容为掺气空腔内的负压、掺气坎后掺气空腔长度、水舌落点附近的冲击压强和沿程底部水流掺气浓度分布。

G.9.2 掺气浓度观测断面宜布置在掺气设施后的空腔末端及其下游，其数量可根据水流条件、掺气设施的型式和尺寸等条件确定。在进行掺气浓度观测时，应同时进行水位、流量、流速、压力等观测。

G.9.3 水中掺气量应采用以下两种测量方法：

1 测量过水断面的掺气水深，与不掺气水深比较给出断面平均掺气量。

2 量测沿水深方向的掺气量，给出沿水流方向各点的掺气浓度及底部掺气浓度。

G.9.4 近壁水流掺气浓度宜采用电阻法，也可用取样法、测压管法、气液计时法和同位素法。

电阻法通过测量掺气水流的导电能力计算掺气浓度，按式（G.9.4）计算：

$$C = \frac{R - R_0}{R + R_0/2} \times 100\% \tag{G.9.4}$$

式中　C——水流的体积掺气浓度；

　　　R——掺气水流两电极间的电阻；

　　　R_0——清水时两电极间的电阻。

G.10 空 化 空 蚀

G.10.1 空化观测应符合以下规定：

1 空化观测主要内容为空化噪声和分离区的动水压强。当泄水建筑物具备下列条件之一时应进行空化观测：

1） 水流流速大于 30m/s，最小水流空化数不大于 0.3。

2） 设置有新型掺气减蚀设施或新型消能工。

3） 过流边界和水流特性发生突变的部位。

2 空化测点布置应考虑下列因素：

    1）将测点布置在可能发生空化水流的空化源附近。泄水建筑物的闸门槽、反弧段、扩散段、分岔口、差动式挑坎、辅助消能工等对水流有扰动的部位是空化观测的重点。

    2）保证空化源与空化噪声测点之间的传声通道畅通，避免气流隔离空化源与空化噪声测点。

    3　空化现象可用水下噪声测试仪观测。

G.10.2　空蚀观测应符合以下规定：

    1　对可能发生空化水流的泄水建筑物应进行空蚀观测。空蚀观测的主要内容有空蚀部位、空蚀坑的平面形状及特征尺寸、空蚀坑最大深度。

    2　空蚀破坏可用目测、摄影、拓模等计量。

G.11　泄洪雾化

G.11.1　在下游两岸岸坡、开关站、高压电线出线处、发电厂房等受泄洪雾化影响部位应布置测点，进行雾化观测。

G.11.2　泄洪雾化可用雨量计等进行测量。

附录 H 监测组织与仪器管理

H.1 监 测 组 织

H.1.1 土石坝安全监测组织应层次清晰，分工与责、权、利明确，满足专业化管理要求。

H.1.2 监测组织应实行岗位责任制，认真执行本标准和相关规定，确保监测和资料整编分析及时，成果真实可靠。

H.1.3 根据监测任务，应配备具有相应的工程技术知识和监测工作经验的专职人员，人员应经过专业培训，考核合格，并保持相对固定。

H.1.4 监测组织应为监测人员创造工作条件，并配备必要的安全劳动保护用品。

H.2 监测仪器、仪表的管理

H.2.1 应建立仪器、仪表档案，包括：名称、生产厂家、出厂号码、规格、型号、附件名称及数量、合格证书、使用说明书；出厂率定资料、销售商及日期、本单位予以的编号以及使用日期、使用人员、发生故障或损伤和相应的排除或送厂修复等情况。

H.2.2 仪器、仪表在运输和使用过程中，应轻拿轻放，确保平稳放置，不受挤压、撞击或剧烈颠簸振动。使用时应遵照厂家提供的使用说明和注意事项。

H.2.3 除埋设在工程内部的仪器外，各项仪器、仪表均应选择在通风、干燥、平稳、牢固的地方放置，并应注意防尘、防潮。

H.2.4 仪器设备安装施工单位要建立适宜的仪器存放仓库，对所有仪器设备立账、设卡，做到账、物、卡三者相符；保持仓库的环境条件符合仪器设备的贮存要求。

H.2.5 各种仪器、仪表应定期进行保养、率定、检定。电测仪器仪表应定期通电检验。

H.2.6 监测中发现异常测值时，在进行复测前，应检查仪器、仪表是否正常，使用方法是否有错误。

H.2.7 仪器、仪表使用后，应进行保养、维护。入水监测的仪器，应擦净晾干，并涂防护油。

H.2.8 经常使用的无检修间隙时间的仪器、仪表，应配置备件，必要时仪器要有备份。

H.3 监测设备、设施的管理

H.3.1 设置在现场的所有监测设备、设施，均应在其适当位置，明显标出其编号；应经常或定期进行检查、维护。如有破损，应及时修复。

H.3.2 所有基点和监测点，均应有考证表和总体布置图。水平基点和水准基点应定期校测。表面基点和测点，都应有相应的保护罩。

H.3.3 电传监测设备，应定期检查接线是否坚固、电触点是否灵敏、有无断线、漏电现象，防雷设施是否正常，接地电阻是否合格，电缆有无老化、损坏；对有问题的监测设备应及时修复改善，必要时更换新件。

H.3.4 应及时清除影响测值的一切障碍物。量水堰应及时清洗堰板和清除上下游水槽内的水草、杂物。测压管淤积厚度超过透水段长度的1/3时，应进行掏淤。若采用压力水或压力气冲淤，应确保测压管不受损坏。

H.3.5 现场自动化监测设施或集中遥测的监测站（房），应保持各种仪器设备正常运转的工作条件和环境。

H.3.6 在工程除险加固、扩（改）建或工程维修施工中，对保留的监测设备与设施，均应妥加保护，对传输电缆要作特殊保护。

H.3.7 为保护监测人员在高空、水面、坑道、竖井、陡崖、窄道、临水边墙等处安全操作和通行所设置和配置的护栏、爬梯、保险绳、安全带、救生衣、安全鞋帽等，应经常检查、维护或更新。

附录 J 计 算 公 式

J.1 变 形 监 测

J.1.1 视准线法监测水平位移计算应符合以下规定：

1 当计及端点位移时，视准线法监测位移可按式（J.1.1-1）计算（图 J.1.1-1）：

$$d_i = L + K\Delta + \Delta_右 - L_0 \qquad (J.1.1-1)$$

式中 d_i——i 点的位移量，mm；

K——归化系数，$K = S_i/D$；

Δ——左、右端点变化量之差（$\Delta = \Delta_左 - \Delta_右$），mm；

L_0——第 i 点的首次观测值，mm；

L——第 i 点的本次观测值，mm。

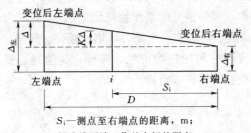

S_i——测点至右端点的距离，m；

D——视准线两端工作基点间的距离，m

图 J.1.1-1 视准线法观测位移计算示意图

2 观测值 L 的确定方法如下：

1） 视准线活动觇标法：观测值 L 等于活动觇标读数。

2） 视准线小角度法：L 值可按式（J.1.1-2）计算（图 J.1.1-2）：

$$L = \frac{\alpha_i''}{\rho''} S_i \qquad (J.1.1-2)$$

式中 L——观测值，mm；

α_i''——观测的角值；

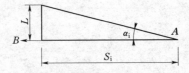

图 J.1.1-2 视准线小角度法观测位移计算示意图

ρ''——固定常数 206265；

S_i——工作基点至测点之距离，mm。

J.1.2 内部垂直（沉降）位移监测计算应符合以下规定：

1 电磁式（干簧管式）沉降仪可按式（J.1.2-1）计算：

$$\left.\begin{array}{l} L = R + K/1000 \\ H = H_k - L \\ S_i = (H_0 - H_i) \times 1000 \end{array}\right\} \tag{J.1.2-1}$$

式中 L——环所在的深度，m；

H——环所在高程，m；

S_i——测点沉降量，mm；

R——测尺读数，m；

K——测尺零点至测头下部感应发声点的距离，mm；

H_k——孔口高程，m；

H_0——测点初始高程，m；

H_i——测点当前高程，m。

2 水管式沉降仪可按式（J.1.2-2）计算：

$$S_i = (H_0 - H_i) + (h_0 - h_i) \tag{J.1.2-2}$$

式中 S_i——测点沉降量，cm；

H_0——观测房基准标点起始高程，cm；

H_i——观测房基准标点当前高程，cm；

h_0——量管起始读数，cm；

h_i——量管当前读数，cm。

3 水平向固定式测斜仪（电解质式）可按式（J.1.2-3）计算：

$$\left.\begin{array}{l} PV_i = C_5 \times EL^5 + C_4 \times EL^4 + C_3 \times EL^3 + C_2 \times EL^2 \\ \qquad + C_1 \times EL + C_0 \\ PL_i = PV_i \times L_i \\ W_i = PL_i - PL_0 \\ ZW_i = W_1 + W_2 + W_3 + \cdots + W_n \quad (n \text{ 为传感器个数}) \end{array}\right\}$$

$$\tag{J.1.2-3}$$

式中 PV_i——i 串测量长度的偏移率，mm/m；

PL_i——i 串测量长度的偏移量，mm（PL_i 为当前偏移量，PL_0 为起始偏移量）；

W_i——当前 i 串测量长度的位移量，mm；

ZW_i——当前总位移量（即当前各串位移量的总和），mm；

L_i——i 串传感器测量长度，m；

EL——串传感器电压读数，V；

$C_0\sim C_5$——i 串传感器系数。

J.1.3 内部水平位移监测计算应符合以下规定：

1 垂向滑动式测斜仪（伺服加速度计式）可按式（J.1.3-1）计算：

$$\left.\begin{array}{l} W_A = \sum_{i=底}^{i=顶} (CA_i - CA_0)/100 \quad (i=底，顶) \\[2mm] W_B = \sum_{i=底}^{i=顶} (CB_i - CB_0)/100 \quad (i=底，顶) \\[2mm] W_H = (W_A^2 + W_B^2)^{1/2} \\[2mm] \theta_i = \theta_0 + \arctan(W_B/W_A) \end{array}\right\} \quad (J.1.3-1)$$

式中　W_A——A 向位移，mm；

W_B——B 向位移，mm；

W_H——合位移，mm；

θ_i——合位移方向（方位角），（°）；

θ_0——导槽 A_0 向的方位角，（°）；

CA_i——A 向当前差值，$CA_i=$ 测值 A_0- 测值 A_{180}，mm；

CB_i——B 向当前差值，$CB_i=$ 测值 B_0- 测值 B_{180}，mm；

CA_0——A 向基准值，$CA_0=$ 初始值 A_0- 初始值 A_{180}，mm；

CB_0——B 向基准值，$CB_0=$ 初始值 B_0- 初始值 B_{180}，mm。

2 垂向固定式测斜仪（电解质式）计算公式同式（J.1.2-3）。

3 引张线式水平位移计可按式（J.1.3-2）计算：

$$W_i = (V_i - V_0) + (U_i - U_0) \quad (J.1.3-2)$$

式中　W_i——测点水平位移，mm；

U_i——当前游标卡尺读数，mm；

U_0——初始游标卡尺读数，mm；

V_i——观测房标点当前 X 坐标，mm；

V_0——观测房标点起始 X 坐标，mm。

J.1.4 界面、接（裂）缝及脱空位移监测计算应符合以下规定：

1 振弦式测缝计（位移计）可按式（J.1.4-1）计算：

$$W_i = K(R_i - R_0) + C(T_i - T_0) \quad (J.1.4-1)$$

式中　R_i——当前频模读数，$f^2 \times 10^{-3}$，f 为频率；

R_0——初始频模读数，$f^2 \times 10^{-3}$，f 为频率；

T_i——当前温度，℃；

T_0——初始温度，℃；

K——仪器系数，mm/（$f^2 \times 10^{-3}$）；

C——温度系数，mm/℃。

2 差动电阻式测缝计（位移计）可按式（J.1.4-2）计算：

$$W_i = f(Z_i - Z_0) + b(T_i - T_0) \qquad\qquad (J.1.4-2)$$

式中　W_i——当前开合度或位移，mm；

f——最小读数，mm/0.01%；

Z_i——当前电阻比，0.01%；

Z_0——初始电阻比，0.01%；

b——温度修正系数，mm/℃；

T_i——当前温度，℃；

T_0——初始温度，℃。

3 电位器式位移计（TS）位移监测可按式（J.1.4-3）计算：

$$\left. \begin{aligned} W_t &= W_i - W_0 \\ W_i &= \frac{C}{V_0}(V_i - C'V_0) \end{aligned} \right\} \qquad (J.1.4-3)$$

式中　W_i——t 时位移计的位移，mm；

W_0——t_0 时位移计初读数，mm；

W_t——土体位移，mm；

C、C'——位移计常数，由厂家给出；

V_0——工作电压，V；

V_i——实测电压，V。

4 旋转电位器式三向测缝计位移监测可按式（J.1.4-4）计算：

$$\left. \begin{aligned} dy &= (s^2 - L_3^2 + L_2^2)/2s - y \\ dz &= (h^2 - L_1^2 + L_2^2)/2h - z \\ dx &= \left[L_2^2 - (dy+y)^2 - (dz+z)^2 \right]^{1/2} - x \\ L_3 &= L_{03} - (U_3 - U_{03})/K_3 \\ L_2 &= L_{02} - (U_2 - U_{02})/K_2 \\ L_1 &= L_{01} - (U_1 - U_{01})/K_1 \\ y &= (s^2 - L_{03}^2 + L_{02}^2)/2s \\ z &= (h^2 - L_{01}^2 + L_{02}^2)/2h \\ x &= (L_{02}^2 - y^2 - z^2)^{1/2} \end{aligned} \right\} \qquad (J.1.4-4)$$

式中　L_1、L_2、L_3——1、2、3 号传感器变位后的钢丝长度，cm；

L_{01}、L_{02}、L_{03}——1、2、3 号传感器至测点 P 的钢丝初始长度，cm；

U_1、U_2、U_3——1、2、3 号传感器变位后的测读数，V；

U_{01}、U_{02}、U_{03}——1、2、3 号传感器的初始读数，V；

K_1、K_2、K_3——1、2、3号传感器的斜率，cm/V；

　　　　　y、z、x——测点 P 的初始坐标，cm；

　　　　　　　h——坐标板上传感器1号与2号的中心距，cm；

　　　　　　　s——坐标板上传感器2号与3号的中心距，cm；

　dy、dz、dx——测点 P 在 y、z、x 方向上的位移，cm。

5 面板脱空可按式（J.1.4-5）计算（图 J.1.4）：

$$\left.\begin{aligned}
Y_t &= \frac{c^2 + e^2 - d^2}{2c} \\
X_t &= \sqrt{e^2 + y_t^2} \\
\Delta X &= X_t - X_0 \\
\Delta Y &= Y_t - Y_0
\end{aligned}\right\} \tag{J.1.4-5}$$

式中　ΔX——面板脱空，mm；

　　　ΔY——沿面板坡面错动，mm。

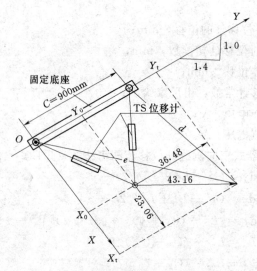

图 J.1.4　面板脱空监测仪器布置示意图

J.1.5 岸坡及洞室变形监测计算应符合以下规定：

　1 多点位移计（以振弦式位移传感器为例）应符合以下规定：

　　1） 各点相对位移可按式（J.1.5-1）计算：

$$XW_i = K_i(R_i - R_0) + C(T_i - T_0) \tag{J.1.5-1}$$

$$(i = 1, 2, \cdots, n \quad 锚头编号，编号顺序由浅至深)$$

式中　XW_i——各锚头与相应传感器两点间的相对位移，mm；

R_i——当前频模读数，$f^2 \times 10^{-3}$，f 为频率；

R_0——初始频模读数，$f^2 \times 10^{-3}$，f 为频率；

T_i——当前温度，℃；

T_0——初始温度，℃；

K_i——仪器系数，$mm/(f^2 \times 10^{-3})$；

C——温度系数，$mm/℃$。

以上公式计算结果的符号取值仅适用于传感器与测杆丝扣直接连接（串联）。若位移传感器与测杆侧向平行连接（并联），则式（J.1.5-1）计算结果应乘以负号。

2）不同深度绝对位移。以四点位移计为例，设 XW_4 为孔底最深锚头，各锚头埋设深度分别为 2m、5m、8m 和 20m，计算方法为：

①测头埋设在洞壁或岸坡表面监测部位可按式（J.1.5-2）计算：

$$\left.\begin{aligned}
W_0 &= XW_4 \\
W_2 &= XW_4 - XW_1 \\
W_5 &= XW_4 - XW_2 \\
W_8 &= XW_4 - XW_3 \\
W_{20} &= 0 \quad (以\ 20m\ 最深锚头为相对不动点)
\end{aligned}\right\} \qquad (J.1.5-2)$$

式中　W_0——0m 深度位移，mm；

W_2——2m 深度位移，mm；

W_5——5m 深度位移，mm；

W_8——8m 深度位移，mm；

W_{20}——20m 深度位移（最深锚头位置），mm。

②测头超前预埋在洞室或岸坡附近的排水洞、支洞或探洞相对稳定部位最深锚头为距洞壁或边坡表面 0.5m 的位置（测头位置为不动点），可采用式（J.1.5-1）计算不同深度岩体的绝对位移，即：

$$\left.\begin{aligned}
W_{0.5} &= XW_4 \\
W_{2.5} &= XW_3 \\
W_{5.5} &= XW_2 \\
W_{8.5} &= XW_1 \\
W_{20.5} &= 0 \quad (测头为相对不动点)
\end{aligned}\right\} \qquad (J.1.5-3)$$

式中　$W_{0.5}$——0.5m 深度位移，mm；

$W_{2.5}$——2.5m 深度位移，mm；

$W_{5.5}$——5.5m 深度位移，mm；

$W_{8.5}$——8.5m 深度位移，mm；

$W_{20.5}$——20.5m 深度位移（测头位置），mm。

2 钢尺式收敛计可按式（J.1.5-4）计算：

$$\Delta L_i = L_0 - [L_i + \alpha L_0 (T_i - T_0)] \qquad (\text{J.1.5-4})$$

式中 ΔL_i——洞壁收敛值，mm；

L_0——基线基准长度，mm；

L_i——基线监测长度，mm；

α——收敛计钢尺线膨胀系数，mm/℃；

T_0——初始温度，℃；

T_i——监测时的温度，℃。

有关垂向、水平向及斜向等型式的固定式测斜仪位移计算方法，可依据仪器生产厂家的《仪器使用说明书》要求执行。

J.2 渗 流 监 测

J.2.1 渗压（水头）监测计算应符合以下规定：

1 振弦式孔隙水压力计可按式（J.2.1-1）计算：

$$\left. \begin{array}{l} P_i = K(R_0 - R_i) - C(T_0 - T_i) \\ h_i = P_i/9.8 + h_0 \end{array} \right\} \qquad (\text{J.2.1-1})$$

式中 P_i——渗压，kPa，为正值；

h_i——渗压换算水头，m；

h_0——仪器埋设高程，m；

K——仪器系数，$kPa/(f^2 \times 10^{-3})$；

C——温度系数，kPa/℃；

R_0——初始频模读数，$f^2 \times 10^{-3}$，f 为频率；

R_i——当前频模读数，$f^2 \times 10^{-3}$，f 为频率；

T_0——初始温度，℃；

T_i——当前温度，℃。

2 差动电阻式孔隙水压力计可按式（J.2.1-2）计算：

$$\left. \begin{array}{l} P_i = f(Z_0 - Z_i) - b(T_0 - T_i) \\ h_i = P_i/9.8 + h_0 \end{array} \right\} \qquad (\text{J.2.1-2})$$

式中 P_i——渗压，kPa，为正值；

h_i——渗压换算水头，m；

h_0——仪器埋设高程，m；

f——最小读数，kPa/0.01%；

b——温度修正系数，kPa/℃；

Z_0——初始电阻比，0.01%；

Z_i——当前电阻比，0.01%；

T_0——初始温度，℃；

T_i——当前温度，℃。

J.2.2 测压管管内水位监测可按式（J.2.2）计算：

$$H_i = h_0 - h_i \qquad (\text{J.2.2})$$

式中 H_i——测压管内水位，m；

h_i——管口至孔内水面的距离，m；

h_0——测压管管口高程，m。

J.2.3 渗流量监测应符合以下规定：

1 量水堰法应符合以下规定：

1） 直角三角形量水堰可按式（J.2.3-1）计算：

$$Q = 1.4H^{\frac{5}{2}} \qquad (\text{J.2.3}-1)$$

式中 Q——渗流量，m^3/s；

H——堰上水头，m。

2） 梯形量水堰（边坡比为1∶0.25）可按式（J.2.3-2）计算：

$$Q = 1.86bH^{\frac{3}{2}} \qquad (\text{J.2.3}-2)$$

式中 b——堰口宽度，m；

H——堰上水头，m。

3） 无侧收缩矩形量水堰可按式（J.2.3-3）计算：

$$Q = (0.402 + 0.054H/P)B\sqrt{2g}H^{\frac{3}{2}} \qquad (\text{J.2.3}-3)$$

式中 H——堰上水头，m；

B——堰槽宽度，m；

P——堰口至堰槽底的距离，m；

g——重力加速度，m/s^2。

2 容积法可按式（J.2.3-4）计算：

$$Q = \frac{V}{t} \qquad (\text{J.2.3}-4)$$

式中 Q——渗流量，L/s；

V——充水容积，L；

t——充水时间，s。

3 流速法，可参照现行河流流量测验规范执行。

J.3 压力（应力）监测

J.3.1 土压力监测计算应符合以下规定：

1 振弦式土压力计，计算公式同振弦式孔隙水压力计。

2 差动电阻式土压力计可按式（J.3.1）计算：

$$P_i = f(Z_0 - Z_i) + b(T_0 - T_i) \tag{J.3.1}$$

式中　P_i——土压力，MPa；

　　　f——最小读数，MPa/0.01%；

　　　Z_0——初始电阻比，0.01%；

　　　Z_i——当前电阻比，0.01%；

　　　T_0——初始温度，℃；

　　　T_i——当前温度，℃。

　　　b——温度修正系数，MPa/℃。

J.3.2 应变监测计算应符合以下规定：

1 振弦式应变计可按式（J.3.2-1）计算：

$$\varepsilon_i = K(R_i - R_0) + C(T_i - T_0) \tag{J.3.2-1}$$

式中　ε_i——应变，$\mu\varepsilon$；

　　　K——仪器系数，$\mu\varepsilon/(f^2 \times 10^{-3})$；

　　　C——温度系数，$\mu\varepsilon/℃$；

　　　R_0——初始频模读数，$f^2 \times 10^{-3}$，f 为频率；

　　　R_i——当前频模读数，$f^2 \times 10^{-3}$，f 为频率；

　　　T_0——初始温度，℃；

　　　T_i——当前温度，℃。

2 差动电阻式应变计可按式（J.3.2-2）计算：

$$\varepsilon_i = f(Z_i - Z_0) + b(T_i - T_0) \tag{J.3.2-2}$$

式中　ε_i——应变，$\mu\varepsilon$；

　　　f——最小读数，MPa/0.01%；

　　　Z_0——初始电阻比，0.01%；

　　　Z_i——当前电阻比，0.01%；

　　　T_0——初始温度，℃；

　　　T_i——当前温度，℃；

　　　b——温度修正系数，$\mu\varepsilon/℃$。

J.3.3 钢筋（锚杆、钢板）应力监测计算应符合以下规定：

1 振弦式应力计可按式（J.3.3-1）计算：

$$\sigma_i = K(R_i - R_0) + C(T_i - T_0) \tag{J.3.3-1}$$

式中　σ_i——应力，MPa；

　　　K——仪器系数，$MPa/(f^2 \times 10^{-3})$；

　　　C——温度系数，MPa/℃；

R_0——初始频模读数，$f^2 \times 10^{-3}$，f 为频率；

R_i——当前频模读数，$f^2 \times 10^{-3}$，f 为频率；

T_0——初始温度，℃；

T_i——当前温度，℃。

2 差动电阻式应力计可按式（J.3.3-2）计算：

$$\sigma_i = f(Z_i - Z_0) + b(T_i - T_0) \quad\quad (J.3.3-2)$$

式中 σ_i——应力，MPa；

f——最小读数，MPa/0.01%；

Z_0——初始电阻比，0.01%；

Z_i——当前电阻比，0.01%；

T_0——初始温度，℃；

T_i——当前温度，℃；

b——温度修正系数，MPa/℃。

J.3.4 预应力锚索荷载监测计算应符合以下规定：

1 振弦式锚索测力计可按式（J.3.4-1）计算：

$$\left.\begin{aligned} P_i &= K(R_0 - R_i) - C(T_0 - T_i) \\ S_i &= (P_0 - P_i)/P_0 \times 100 \end{aligned}\right\} \quad (J.3.4-1)$$

式中 P_i——锚索荷载，kN；

S_i——荷载损失率，%；

K——仪器系数，$kN/(f^2 \times 10^{-3})$；

C——温度系数，kN/℃；

R_0——初始频模读数，$f^2 \times 10^{-3}$，f 为频率；

R_i——当前频模读数，$f^2 \times 10^{-3}$，f 为频率；

T_0——初始温度，℃；

T_i——当前温度，℃；

P_0——锁定卸荷后荷载，kN。

以上荷载计算可先按各单弦读数及系数求荷载，然后再将其各单弦荷载求和平均；也可先将各单弦读数及系数分别求和平均，然后再求荷载。宜采用前者。

2 差动电阻式锚索测力计按式（J.3.4-2）计算：

$$\left.\begin{aligned} P_i &= f(Z_0 - Z_i) - b(T_0 - T_i) \\ S_i &= (P_0 - P_i)/P_0 \times 100 \end{aligned}\right\} \quad (J.3.4-2)$$

式中 P_i——锚索荷载，kN；

S_i——荷载损失率，（%）；

f——最小读数，kN/0.01%；

Z_0——初始电阻比，0.01%；

Z_i——当前电阻比，0.01%；

T_0——初始温度，℃；

T_i——当前温度，℃；

b——温度修正系数，$kN/℃$；

P_0——锁定卸荷后荷载，kN。

J. 3. 5 铜电阻式温度计测量温度可按式（J. 3. 5）计算：

$$T_i = \alpha(R_i - R_0) \qquad\qquad (J. 3. 5)$$

式中　T_i——温度，℃；

α——仪器温度系数，$℃/\Omega$；

R_i——当前电阻值，Ω；

R_0——0℃电阻值，Ω。

J. 4　其　他　监　测

地震反应监测、泄水建筑物水力学监测，以及环境（水文、气象）监测等项目计算方法，可根据工程具体情况参照有关专业的规定执行。

附录 K 表、图格式（资料性附录）

K.1 水库工程概况和主体建筑物特征参数汇总表格式

表 K.1 水库工程概况和主体建筑物特征参数汇总表

管理单位： 设计单位： 施工单位：

类别	项目	单位	建筑物	项目	单位
	建设地点		主坝	坝型	
	所在河流			最大坝高	m
	集水面积	km²		坝顶轴线长度	m
	设计地震烈度	度		坝顶高程	m
	高程系统			坝顶宽度	m
	建设开工日期	年 月 日		坝底最大宽度	m
	首次蓄水日期	年 月 日		坝基情况	
	建设竣工日期	年 月 日			
水文特征	多年平均降水量	mm	副坝	座数	座
	多年平均径流量	亿 m³		坝型	
	多年平均输沙量	亿 m³		最大坝高	m
	设计 重现期	年		坝顶轴线总长	m
	设计 洪峰流量	m³/s		坝顶高程	m
	设计 洪水总量	亿 m³/__日		坝基情况	
	校核 重现期	年	泄水建筑物（溢洪道、溢流坝、泄洪孔洞、泄水闸等）	型式	
	校核 洪峰流量	m³/s		堰顶高程	m
	校核 洪水总量	亿 m³/__日		堰顶净宽	m
水库特征	调节性能			闸门型式及尺寸	m
	校核洪水位	m		最大泄量	m³/s
	校核洪水位相应库容	亿 m³		消能工设计流量	m³/s
	设计洪水位	m		消能型式	
	设计洪水位相应库容	亿 m³		启闭设备	
	正常蓄水位	m		地基情况	
	正常蓄水位相应库容	亿 m³	取水建筑物（发电、灌溉、供水等）	结构型式	
	防洪高水位	m		断面型式与尺寸	m
	汛期限制水位	m		进口底高程	m
	调洪库容（校核－汛限）	亿 m³		出口底高程	m
	防洪库容（防高－汛限）	亿 m³		长度	m
	死水位	m		取水口型式	
	死水位相应库容	亿 m³		闸、泵型式及尺寸	m
	淤积库容	亿 m³		最大取水量	m³/s
工程主要效益	防洪 设计	km²（或万亩）		闸、泵启闭设备	
	防洪 实际	km²（或万亩）		地基情况	
	发电 设计装机容量	MW	专门建筑物（通航、过鱼、厂房等）	型式	
	发电 实际装机容量	MW		断面或平面尺寸	m
	发电 设计年发电量	亿 kW·h		进口高程	m
	灌溉 设计	万亩		出口高程	m
	灌溉 实际	万亩		闸门型式及尺寸	m
	灌溉 年供水量	亿 m³		设计过水流量	m³/s
	其他			启闭设备	
				地基情况	

工程大事记和存在主要问题：包括工程的改建、扩建、加固情况以及存在的影响工程安全的主要问题

备注：含必要的坝基地质、坝体结构及材料物理力学指标等资料

601

K.2 监测仪器安装埋设考证表格式

K.2.1 表面垂直位移监测水准基点、起测基点、监测点安装埋设考证表格式见表 K.2.1。

表 K.2.1 表面垂直位移监测水准基点、起测基点、

监测点埋设考证表

引据水准点：型式 _____ 编号 _____ 高程（m）_____

工程名称 _____ 位置 _____ 接测高程（m）_____

测点编号	型式	埋设日期	测点位置		基础情况	测定日期	高程（m）	备注
			桩号（m）	坝轴距（m）				
埋设示意图及说明								
有关责任人	主管		埋设者			填表者		
	校核者		监测者			填表日期		

注：当用于水准工作基点或监测点考证表时，"水准点"改为"水准基点"或"水准工作基点"。

K.2.2 表面水平位移监测基准点、工作基点安装埋设考证表格式见表 K.2.2。

表 K.2.2 表面水平位移监测基准点、工作基点埋设考证表

工程名称 _____ 监测方法 _____ 使用仪器 _____

测点编号	型式	埋设日期	基础情况	测定日期	埋设位置（坐标）			备注
					X（m）	Y（m）	H（m）	
埋设示意图及说明								
有关责任人	主管		埋设者			填表者		
	校核者		监测者			填表日期		

K.2.3 表面水平位移监测点埋设考证表格式见表 K.2.3。

表 **K.2.3** 表面水平位移监测点埋设考证表（含视准线法）

工程名称_____ 监测方法_____ 使用仪器_____

测点编号	测点位置	型式	埋设日期	点位坐标			视准线测量		备注
				X (m)	Y (m)	H (m)	监测日期	始测读数 (mm)	
埋设示意图及说明									
有关责任人	主管			埋设者			填表者		
	校核者			监测者			填表日期		

K.2.4 沉降管安装埋设考证表格式见表 K.2.4。

表 **K.2.4** 沉降管（电磁式、干簧管式沉降仪）安装埋设考证表

工程名称				工程部位			
沉降管编号		管口高程（m）			管底高程（m）		
仪器型号		仪器生产厂家			仪器标距 K（mm）		
埋设桩号（m）		沉降管埋设区域及材料			沉降环数量（个）		
距坝轴距（m）					沉降环类型		
埋设方法		沉降管材质			接管数量（根）		
沉降管外径（mm）		沉降管内径（mm）			沉降管长度（m）		
沉降环编号	埋设日期	埋设高程（m）	土层初始厚度	初始读数（m）		备注	
埋设示意图及说明							
埋设时段		年 月 日 至 年 月 日			天气		
有关责任人	主管		埋设者			填表者	
	校核者		监测者			填表日期	

K.2.5 水管式沉降仪安装埋设考证表格式见表 K.2.5。

表 K.2.5　水管式沉降仪安装埋设考证表

工程名称				工程部位			
测线编号		仪器生产厂家			仪器出厂编号		
仪器型号		量程（mm）			管线外径（mm）		
埋设桩号（m）		埋设区域及材料			管线长度（m）		
埋设高程（m）		管线材质			管线坡度（°）		
测点编号	埋设日期	测点高程（m）	坝轴距（m）	测点处土柱高度（m）	量管初始读数（mm）		备注
安装完成后监测房基准标点高程(m)		$H_0=$					
埋设示意图及说明							
埋设时段		年　月　日　至　　年　月　日			天气		
有关责任人	主管		埋设者		填表者		
	校核者		监测者		填表日期		

K.2.6　铟钢丝式水平位移计安装埋设考证表格式见表 K.2.6。

表 K.2.6　铟钢丝式水平位移计安装埋设考证表

工程名称				工程部位			
测线编号				仪器生产厂家			
仪器型号		传感器类型			量程（mm）		
埋设桩号（m）		沉降仪埋设区域及材料			管线长度（m）		
埋设高程（m）					管线坡度		
护管材质		护管外径（mm）			护管内径（mm）		
钢丝类型		钢丝直径（mm）			钢丝总长度（m）		
监测房基准点坐标（m）							
测点编号	埋设日期	测点高程（m）	坝轴距（m）	至监测房距离（m）	传感器出厂编号	初始读数（m）	备注
伸缩管配置情况			砝码重量		常挂重量（kg）		
					测读时再挂重量（kg）		
埋设示意图及说明							
埋设时段		年　月　日　至　　年　月　日			天气		
有关责任人	主管		埋设者		填表者		
	校核者		监测者		填表日期		

K.2.7　测斜管垂向安装埋设考证表格式见表 K.2.7。

表 K.2.7　测斜管垂向安装埋设考证表

工程名称			工程部位			
测孔编号		测斜管材质			生产厂家	
钻孔深度（m）		管口高程（m）			管底高程（m）	
钻孔直径（mm）		测斜管埋设区域及材料			测斜管长度（m）	
埋设桩号（m）					接管数量（根）	
距坝轴距（m）		测斜管外径（mm）			回填材料	
布置方式		埋设方式			A0导槽方位（°）	
埋设示意图及说明						
埋设时段	年　月　日　至　年　月　日				天气	
有关责任人	主管		埋设者		填表者	
	校核者		监测者		填表日期	

K.2.8　固定式测斜仪安装埋设考证表格式见表 K.2.8。

表 K.2.8　固定式测斜仪安装埋设考证表

工程名称			工程部位			
测线编号		仪器型号			仪器生产厂家	
传感器类型		量程（°）			测斜管生产厂家	
埋设桩号（m）		测斜管埋设区域及材料			测斜管长度（m）	
埋设高程（m）					接管数量（根）	
测斜管材质		测斜管外径（mm）			回填材料	
布置方式		埋设方式			管线方位（°）	
传感器编号	1号传感器	2号传感器	3号传感器	4号传感器	5号传感器	…
传感器出厂编号						
传感器间距（m）						
距坝轴距（m）						
测量方向	A　B	A　B	A　B	A　B	A　B	A　B
安装前测值						
安装后测值						
埋设示意图及说明						
埋设时段	年　月　日　至　年　月　日			天气		
有关责任人	主管		埋设者		填表者	
	校核者		监测者		填表日期	

注：测量方向栏中A指垂直坝轴线或坡外方向，B指平行坝轴线或坡外方向。

K. 2. 9　电位器式土体位移计安装埋设考证表格式见表 K. 2. 9。

表 K. 2. 9　电位器式土体位移计安装埋设考证表

工程名称				工程部位			
测点编号		仪器型号			仪器生产厂家		
仪器出厂编号		量程（mm）			埋设区及材料		
埋设桩号（m）		距坝轴距（m）			测点高程（m）		
锚固板间距（m）		埋设长度（m）			埋设方向		
仪器埋设后 初始读数	工作电压（V）		输出读数（V）		初始值（mm）		备注
埋设示意图 及说明							
埋设时段		年　月　日　至　　年　月　日				天气	
有关 责任人	主管		埋设者		填表者		
	校核者		监测者		填表日期		

注：此表为电位器式仪器安装埋设考证表格式，对于其他型式仪器可参照执行。

K. 2. 10　振弦式测缝计（位移计）安装埋设考证表格式见表 K. 2. 10。

表 K. 2. 10　振弦式测缝计（位移计）安装埋设考证表

工程名称			工程部位		
测点编号		仪器型号		仪器生产厂家	
仪器出厂编号		量程（mm）		埋设区及材料	
埋设桩号（m）		距坝轴距（m）		测点高程（m）	
仪器埋设后 初始读数	初始读数 （$f^2 \times 10^{-3}$）	初始温度 （℃）	仪器系数 [mm/（$f^2 \times 10^{-3}$）]		温度系数 （mm/℃）
埋设示意图 及说明					
埋设时段		年　月　日　至　　年　月　日		天气	
有关 责任人	主管		埋设者	填表者	
	校核者		监测者	填表日期	

注：f 称为频率。

K. 2. 11　差动电阻式测缝计（位移计）安装埋设考证表格式见表 K. 2. 11。

606

表 K.2.11　差动电阻式测缝计（位移计）安装埋设考证表

工程名称			工程部位		
测点编号		仪器型号		仪器生产厂家	
仪器出厂编号		量程（mm）		埋设区及材料	
埋设桩号（m）		距坝轴距（m）		测点高程（m）	
仪器参数	最小读数（mm/0.01%）			温度修正系数（mm/℃）	
	温度系数（℃/Ω）			0℃电阻（Ω）	
	耐水压（MPa）			绝缘电阻（MΩ）	
	电缆类型			电缆芯数	
	电缆长度（m）			电缆接头型式	
埋设前测值	电阻比（0.01%）			温度电阻（Ω）	
埋设后测值	电阻比（0.01%）			温度电阻（Ω）	
埋设示意图及说明					
埋设时段	年　月　日　至　　年　月　日			天气	
有关责任人	主管		埋设者		填表者
	校核者		监测者		填表日期

K.2.12　旋转电位器式三向测缝计安装埋设考证表格式见表 K.2.12。

表 K.2.12　旋转电位器式三向测缝计安装埋设考证表

工程名称			工程部位		
测点编号		仪器型号		仪器生产厂家	
仪器出厂编号		量程（mm）		埋设区及材料	
埋设桩号（m）		距坝轴距（m）		测点高程（m）	
传感器数据	标定系数（cm/V）		初始弦长（m）	初始读数（V）	
	$K_1=$		$L_1=$	$U_{01}=$	
传感器数据	$K_2=$		$L_2=$	$U_{02}=$	
	$K_3=$		$L_3=$	$U_{03}=$	

表 K. 2. 12（续）

坐标数据	$s=$坐标板上传感器 2 与传感器 3 的中心距＝			
	$h=$坐标板上传感器 1 与传感器 2 的中心距＝			
测点 初始坐标	$y=(s^2-L_3^2+L_2^2)/2s=$ $z=(h^2-L_1^2+L_2^2)/2s=$ $x=(L_2^2-y^2-z^2)^{1/2}=$			
埋设示意图 及说明				
埋设时段	年 月 日 至 年 月 日		天气	
有关 责任人	主管	埋设者	填表者	
	校核者	监测者	填表日期	

K. 2. 13 电位器式三向测缝计安装埋设考证表格式见表 K. 2. 13。

表 K. 2. 13 电位器式三向测缝计安装埋设考证表

工程名称			工程部位			
测点编号		仪器型号		仪器生产厂家		
埋设区及材料				量程（mm）		
埋设桩号（m）		距坝轴距（m）		测点高程（m）		
固定底座中心点距离（m）						
埋设位置	在周边缝上的位置（mm）					
	底座中心点间距（mm）					
	底座面距面板高度（mm）					
传感器数据	传感器编号		J1	J2		J3
	仪器出厂编号					
	常数					
	线长修正系数					
埋设后读数	工作电压（V）					
	输出数据（V）					
	初始值（mm）					
埋设示意图 及说明						
埋设时段	年 月 日 至 年 月 日				天气	
有关 责任人	主管		埋设者		填表者	
	校核者		监测者		填表日期	

注：面板脱空监测仪器安装埋设考证表与本表类同，只是仪器数量为 2 支。

K.2.14 振弦式三向测缝计安装埋设考证表格式见表 K.2.14。

表 K.2.14 振弦式三向测缝计安装埋设考证表

工程名称			工程部位			
测点编号		仪器型号		仪器生产厂家		
埋设区及材料				量程（mm）		
埋设桩号（m）		距坝轴距（m）		测点高程（m）		
固定底座中心点距离（m）						
埋设位置	在周边缝上的位置（mm）					
	底座中心点间距（mm）					
	底座面距面板高度（mm）					
传感器数据	传感器编号		J1		J2	J3
	仪器出厂编号					
	标定系数 K〔$mm/(f^2 \times 10^{-3})$〕					
	温度系数 C（mm/℃）					
埋设后读数	初始读数 R_0（$f^2 \times 10^{-3}$）					
	初始温度 T_0（℃）					
埋设示意图及说明						
埋设时段	年 月 日 至 年 月 日				天气	
有关责任人	主管		埋设者		填表者	
	校核者		监测者		填表日期	
注：f 称为频率。						

K.2.15 多点位移计安装埋设考证表格式见表 K.2.15。

表 K.2.15 多点位移计安装埋设考证表

工程名称			工程部位		
测孔编号		桩号（m）		孔口高程（m）	
钻孔直径（mm）		钻孔深度（m）		倾向及倾角	
仪器型号		仪器生产厂家		量程（mm）	
传感器类型		锚头类型		锚头数量（个）	
测杆材质		测杆总长度（m）		灌浆材料	

表 K.2.15　多点位移计安装埋设考证表（续）

传感器编号	1号 传感器		2号 传感器		3号 传感器		4号 传感器		…	
出厂编号										
锚头深度(m)										
仪器系数										
温度系数										
仪器读数	R	T	R	T	R	T	R	T	R	T
安装前读数										
安装后读数										
埋设示意图 及说明										
埋设时段	年　月　日　至　　年　月　日						天气			
安装日期	年　月　日				初读数日期		年　月　日			
有关 责任人	主管		埋设者				填表者			
	校核者		监测者				填表日期			

注：不同类型传感器，仪器参数及读数单位有所不同。

K.2.16　测压管安装埋设考证表格式见表 K.2.16。

表 K.2.16　测压管安装埋设考证表

工程部位				测管编号	
桩号（m）		坝轴距 （m）		埋设区域	
钻孔参数	钻孔直径（mm）		测压管 参数	测压管材质	
	钻孔深度（m）			管内径（mm）	
	孔口高程（m）			管外径（mm）	
	孔底高程（m）			管长度（m）	
	钻入基岩或界层 深度（m）			进水段长度（m）	
	回填透水材料			埋设方法	
	透水材料底、顶 高程（m）	～		管口高程 （m）	
	回填封孔材料			管底高程（m）	
	封孔材料底、顶 高程（m）	～		埋设前水位（m）	
				埋设后水位 （m）	
上游水位 （m）		下游水位 （m）		天气	
埋设示意图 及说明	［埋设示意图含有钻孔岩（土）层柱状及测压管结构示意图］				
埋设时段	年　　月　　日　至　　　年　　月　　日				
有关 责任人	主管		埋设者		填表者	
	校核者		监测者		填表日期	

注：此表为测压管钻孔法安装埋设考证表格式，对于测压管埋入法埋设可参照执行。

K.2.17 孔隙水压力计安装埋设考证表（钻孔法）格式见表 K.2.17。

表 K.2.17 孔隙水压力计安装埋设考证表（钻孔法）

工程部位				测点编号	
桩号（m）		坝轴距（m）	高程（m）	埋设区域	
钻孔参数	钻孔直径（mm）		仪器参数	仪器型号	
	钻孔深度（m）			量程（MPa）	
	孔口高程（m）				
	孔底高程（m）			出厂编号	
	回填透水材料			生产厂家	
	透水材料底高程（m）			最小读数（MPa/0.01%）	
	透水材料顶高程（m）			温修系数（MPa/℃）	
	回填封孔材料			温度系数（℃/Ω）	
	封孔材料底高程（m）			0℃电阻（Ω）	
	封孔材料顶高程（m）			电缆长度（m）	
埋设前测值	电阻比（0.01%）			温度电阻（Ω）	
埋设后测值	电阻比（0.01%）			温度电阻（Ω）	
上游水位（m）		下游水位（m）		天气	
埋设示意图及说明					
埋设时段	年　月　日　至　　　年　月　日				
有关责任人	主管		埋设者		填表者	
	校核者		监测者		填表日期	

注：此表为差阻式仪器钻孔法安装埋设考证表格式，对于其他类型仪器可参照执行。

K.2.18 孔隙水压力计安装埋设考证表（坑式法）格式见表 K.2.18。

表 K.2.18　孔隙水压力计安装埋设考证表（坑式法）

工程部位				测点编号	
埋设参数	桩号（m）		仪器参数	仪器型号	
	坝轴距（m）			量程（MPa）	
	高程（m）			出厂编号	
	埋设区域			生产厂家	
	回填材料			仪器系数 $[MPa/(f^2 \times 10^{-3})]$	
	截水环数量（个）			温度系数（MPa/℃）	
	截水环间距（m）			电缆长度（m）	
埋设前后仪器测值	埋设前（$f^2 \times 10^{-3}$）		温度（℃）		
	埋设后（$f^2 \times 10^{-3}$）		温度（℃）		
上游水位（m）		下游水位（m）		天气	
埋设示意图及说明					
埋设时段		年　月　日　至　　年　月　日			
有关责任人	主管		埋设者		填表者
	校核者		监测者		填表日期

注 1：此表为振弦式仪器坑式法安装埋设考证表格式，对于差阻式仪器可参照执行。

注 2：f 称为频率。

K.2.19　量水堰安装埋设考证表格式见表 K.2.19。

表 K.2.19　量水堰安装埋设考证表

工程部位				测点编号	
测点坐标	桩号（m）		坝轴距（m）	高程（m）	
堰体参数	堰型		水尺（传感器）	水尺（传感器）型式	
	堰板材料			水尺（测针）位置	
	堰口宽度（mm）			零点高度（mm）	
	堰口至堰槽底距离（mm）			仪器出厂编号	
	堰槽尺寸（mm×mm×mm）（长×宽×高）			量程（mm）	
				仪器系数 $[mm/(f^2 \times 10^{-3})]$	
				温度系数（mm/℃）	

表 K.2.19　量水堰安装埋设考证表（续）

仪器测值	零位读数($f^2\times10^{-3}$)		温度（℃）	
	安装后读数($f^2\times10^{-3}$)		温度（℃）	
上游水位（m）		下游水位（m）		天气
埋设示意图及说明	（埋设示意图包括堰槽、堰口及水尺安装等）			
埋设时段	年　月　日　至　年　月　日			
有关责任人	主管		埋设者		填表者	
	校核者		监测者		填表日期	
注：此表为振弦式仪器安装埋设考证表格式，对于其他类型仪器安装可参照执行。						

K.2.20　土压力计安装埋设考证表格式见表 K.2.20。

表 K.2.20　土压力计安装埋设考证表

工程部位			测点编号	
埋设参数	桩号（m）		仪器型号	
	坝轴距（m）		量程（MPa）	
	高程（m）		出厂编号	
	埋设区域		生产厂家	
	回填材料	仪器参数	最小读数（MPa/0.01%）	
	截水环数量（个）		温修系数（MPa/℃）	
	截水环间距（m）		温度系数（℃/Ω）	
	电缆长度（m）		0℃电阻（Ω）	
埋设前测值	电阻比（0.01%）		温度电阻（Ω）	
埋设后测值	电阻比（0.01%）		温度电阻（Ω）	
上游水位（m）		下游水位（m）		天气
埋设示意图及说明				
埋设时段	年　月　日　至　年　月　日			
有关责任人	主管		埋设者		填表者	
	校核者		监测者		填表日期	
注：此表为差阻式仪器安装埋设考证表格式，对于振弦式仪器可参照执行。						

K.2.21 应变计（无应力计、钢筋计、锚杆应力计）安装埋设考证表格式见表 K.2.21。

K.2.22 温度计安装埋设考证表格式见表 K.2.22。

表 K.2.21 应变计（无应力计、钢筋计、锚杆应力计）安装埋设考证表

工程部位				仪器型号	
测点编号				量程	
埋设参数	桩号（m）		仪器参数	出厂编号	
	坝轴距（m）			生产厂家	
	高程（m）			最小读数（ε/0.01%）	
	埋设区域			温修系数（ε/℃）	
上游水位（m）				温度系数（℃/Ω）	
下游水位（m）				0℃电阻（Ω）	
天气				电缆长度（m）	
埋设前测值	电阻比（0.01%）			温度电阻（Ω）	
埋设后测值	电阻比（0.01%）			温度电阻（Ω）	
埋设示意图及说明					
埋设时段		年　月　日 至　　年　月　日			
有关责任人	主管		埋设者		填表者	
	校核者		监测者		填表日期	

注：此表为差阻式仪器安装埋设考证表，对于振弦式仪器可参照执行。

表 K.2.22 温度计安装埋设考证表

工程部位				测点编号	
埋设参数	桩号（m）		仪器参数	仪器型号	
	坝轴距（m）			生产厂家	
	高程（m）			出厂编号	
				温度系数（℃/Ω）	
	埋设区域			0℃电阻（Ω）	
				电缆长度（m）	
埋设前温度电阻（Ω）			埋设后温度电阻（Ω）		
上游水位（m）		下游水位（m）		天气	
埋设示意图及说明					
埋设时段		年　月　日 至　　年　月　日			
有关责任人	主管		埋设者		填表者	
	校核者		监测者		填表日期	

注：此表为铜电阻式温度计埋设，对于其他类型温度计可参照执行。

K.2.23 锚索测力计安装埋设考证表格式见表 K.2.23。

表 K.2.23　锚索测力计安装埋设考证表

工程部位					测点编号	
桩号 （m）		坝轴距 （m）			高程（m）	
钻孔参数	孔径（mm）			仪器参数	仪器型号	
	孔深（m）				量程（kN）	
	倾角（°）				传感器数量（个）	
	方位角（°）				出厂编号	
锚索参数	锚索编号				生产厂家	
	设计锚固力（kN）				仪器系数 $[kN/(f^2 \times 10^{-3})]$	
	总长度（m）					
	锚固段长度（m）				温度系数（kN/℃）	
	自由段长度（m）				电缆长度	
	锚束数（根）				电缆芯数	
传感器编号	1号 传感器	2号 传感器	3号 传感器	4号 传感器	5号 传感器	6号 传感器
标定系数 $[kN/(f^2 \times 10^{-3})]$						
温度系数 （kN/℃）						
安装前读数 （$f^2 \times 10^{-3}$）						
安装前温度 （℃）						
安装后读数 （$f^2 \times 10^{-3}$）						
安装后温度 （℃）						
上游水位 （m）		下游水位 （m）			天气	
埋设示意图 及说明						
安装日期	年　　月　　日		张拉日期		年　　月　　日	
有关 责任人	主管		埋设者		填表者	
	校核者		监测者		填表日期	

注1：此表为振弦式仪器安装埋设考证表格式，对于差阻式仪器可参照执行。
注2：安装后读数（温度）是指张拉锁定后仪器读数（温度）。

K.3 现场监测记录表格式

K.3.1 电磁式（干簧管式）沉降仪监测记录表格式见表 K.3.1。

表 K.3.1 电磁式（干簧管式）沉降仪监测记录表

工程部位_____ 测站编号_____ 沉降管（组）编号_____

监测日期及时间	测尺读数 R_i（m）				水位（m）		备注
	1号环（板）	2号环（板）	3号环（板）	…	上游	下游	

监测： 记录： 校核：

K.3.2 水管式沉降仪监测记录表格式见表 K.3.2。

表 K.3.2 水管式沉降仪监测记录表

工程部位_____ 测站编号_____ 测线编号_____

监测日期及时间	测管读数（mm）				水位（m）		备注
	1号测点	2号测点	3号测点	…	上游	下游	

监测： 记录： 校核：

K.3.3 固定测斜仪监测记录表格式见表 K.3.3。

表 K.3.3 固定测斜仪监测记录表

工程部位_____ 测斜管编号_____ A0导槽方向（垂向）_____

传感器编号	1号	2号	3号	4号	…	水位（m）		备注
深度（m）					…	上游	下游	
监测日期及时间	传感器读数							

监测： 记录： 校核：

616

K.3.4 铟钢丝式水平位移计监测记录表格式见表 K.3.4。

表 K.3.4　铟钢丝式水平位移计监测记录表

工程部位＿＿＿＿＿＿　　测站编号＿＿＿＿＿＿　　测线编号＿＿＿＿＿＿

监测日期及时间	游标卡尺（或传感器）读数（mm）				水位（m）		备注
	1号测点	2号测点	3号测点	…	上游	下游	

监测：　　　　　　　　记录：　　　　　　　　校核：

K.3.5 滑动式伺服加速度计式测斜仪监测记录表格式见表 K.3.5。

表 K.3.5　滑动式伺服加速度计式测斜仪监测记录表

工程部位＿＿＿测斜孔编号＿＿＿监测日期及时间＿＿＿上游/下游水位（m）＿＿＿

深度	A 向测值		B 向测值		备注
	A_0	A_{180}	B_0	B_{180}	
0.5					
1.0					
最深点					

监测：　　　　　　　　记录：　　　　　　　　校核：

K.3.6 振弦式位移计监测记录表格式见表 K.3.6。

表 K.3.6　振弦式位移计监测记录表

工程部位＿＿＿＿＿＿　　测站编号＿＿＿＿＿＿　　测线编号＿＿＿＿＿＿

监测日期及时间	仪器读数					水位（m）		备注
	1号测点		2号测点		…	上游	下游	
	频模 $(f^2 \times 10^{-3})$	温度（℃）	频模 $(f^2 \times 10^{-3})$	温度（℃）				

监测：　　　　　　　　记录：　　　　　　　　校核：

K.3.7 差动电阻式位移计监测记录表格式见表 K.3.7。

表 K.3.7　差动电阻式位移计监测记录表

工程部位＿＿＿＿＿　　测站编号＿＿＿＿＿　　测线编号＿＿＿＿＿

监测日期及时间	仪器读数					水位（m）		备注
	1号测点		2号测点		…	上游	下游	
	电阻比（0.01%）	温度电阻（Ω）	电阻比（0.01%）	温度电阻（Ω）				

监测：　　　　　　　记录：　　　　　　　　　　校核：

K.3.8　电位器式位移计监测记录表格式见表 K.3.8。

表 K.3.8　电位器式位移计监测记录表

工程部位＿＿＿＿＿　　测站编号＿＿＿＿＿　　测线编号＿＿＿＿＿

监测日期及时间	输出电压读数（V）				水位（m）		备注
	1号测点	2号测点	3号测点	…	上游	下游	

监测：　　　　　　　记录：　　　　　　　　　　校核：

K.3.9　旋转电位器式三向测缝计监测记录表格式见表 K.3.9。

表 K.3.9　旋转电位器式三向测缝计监测记录表

工程部位＿＿＿＿＿　　监测站编号＿＿＿＿＿　　测点编号＿＿＿＿＿

监测日期及时间	仪器读数（mV）			水位（m）		备注
	1号传感器	2号传感器	3号传感器	上游	下游	

监测：　　　　　　　记录：　　　　　　　　　　校核：

K.3.10　多点位移计（振弦式）监测记录表格式见表 K.3.10。

表 K.3.10　多点位移计（振弦式）监测记录表

工程部位＿＿＿＿＿＿＿＿＿　　测孔编号＿＿＿＿＿＿＿＿＿

监测日期及时间	仪器读数（$f^2 \times 10^{-3}$）				温度（℃）	备注
	1号传感器	2号传感器	3号传感器	…		

监测：　　　　　　　记录：　　　　　　　　　　校核：

K.3.11 测压管监测记录表格式见表 K.3.11。

表 K.3.11　测压管监测记录表

工程部位_____ 测压管编号_____ 管口高程（m）_____

监测日期及时间	管口至管内水面距离（m）			水位（m）		备注
	一次	二次	平均	上游	下游	
						含近期降水情况

监测：　　　　　　记录：　　　　　　校核：

K.3.12 孔隙水压力计监测记录表格式见表 K.3.12。

表 K.3.12　孔隙水压力计监测记录表

工程部位_____ 断面编号_____ 测点编号_____ 厂家编号_____

监测日期及时间	仪　器　读　数		水位（m）		备注
	频模（$f^2 \times 10^{-3}$）/电阻比（0.01%）	温度（℃）/温度电阻（Ω）	上游	下游	
					含近期降水情况

监测：　　　　　　记录：　　　　　　校核：

K.3.13 量水堰法渗流量监测记录表格式见表 K.3.13。

表 K.3.13　量水堰法渗流量监测记录表

工程部位_____ 断面编号_____ 测点编号_____ 厂家编号_____

监测日期及时间	堰上水头（mm）			水温（℃）	水位（m）		备注
	一次	二次	平均		上游	下游	
							含近期降水情况

监测：　　　　　　记录：　　　　　　校核：

K.3.14 容积法渗流量监测记录表格式见表 K.3.14。

表 K.3.14　容积法渗流量监测记录表

工程部位_____ 排水孔编号_____

监测日期及时间	充水时间（s）	充水容积（L）	水温（℃）	水位（m）		备注
				上游	下游	
						含近期降水情况

监测：　　　　　　记录：　　　　　　校核：

K. 3. 15 土压力计（钢筋计、应变计、锚杆应力计等）监测记录表格式见表 K. 3. 15。

表 K. 3. 15 土压力计（钢筋计、应变计、锚杆
应力计等）监测记录表

工程部位＿＿＿＿＿ 断面编号＿＿＿＿＿ 测点编号＿＿＿＿＿ 厂家编号＿＿＿＿＿

监测日期及时间	仪器读数		水位（m）		备注
	频模（$f^2 \times 10^{-3}$）/电阻比（0.01%）	温度（℃）/温度电阻（Ω）	上游	下游	
					含近期降水情况

监测：　　　　　　　　记录：　　　　　　　　校核：

K. 3. 16 锚索测力计（振弦式）监测记录表格式见表 K. 3. 16。

表 K. 3. 16 锚索测力计（振弦式）监测记录表

工程部位＿＿＿＿＿ 测点编号＿＿＿＿＿ 厂家编号＿＿＿＿＿

监测日期及时间	仪器读数（$f^2 \times 10^{-3}$）					温度（℃）	备注
	1号传感器	2号传感器	3号传感器	…	n号传感器		

监测：　　　　　　　　记录：　　　　　　　　校核：

K. 3. 17 温度计监测记录表格式见表 K. 3. 17。

表 K. 3. 17 温度计监测记录表

工程部位＿＿＿＿＿ 断面编号＿＿＿＿＿ 测点编号＿＿＿＿＿ 厂家编号＿＿＿＿＿

监测日期及时间	温度电阻（Ω）	水位（m）		备注
		上游	下游	

监测：　　　　　　　　记录：　　　　　　　　校核：

K. 4　监测成果统计表格式

K. 4. 1 表面垂直位移监测成果统计表格式见表 K. 4. 1。

表 K.4.1 _____年度表面垂直位移监测成果统计表

工程部位_____ 监测断面_____

监测日期	各测点累计垂直位移（mm）						备注
	测点 1	测点 2	测点 3	测点 4	…	测点 n	
	高程 1	高程 2	高程 3	高程 4	…	高程 n	
	位置 1	位置 2	位置 3	位置 4	…	位置 n	
全年度特征值统计 最大值							
日期							
最小值							
日期							
年变幅							
说明	1. 垂直位移正负号规定：下沉为正，反之为负。 2. 年变幅为本年度年底值与去年年底值之差。						

统计者： 校核者：

K.4.2 表面水平位移监测成果统计表格式见表 K.4.2。

表 K.4.2 _____年度表面水平位移监测成果统计表

工程部位_____ 监测断面_____

监测日期	各测点累计水平位移（mm）										备注
	测点 1		测点 2		测点 3		…		测点 n		
	高程 1		高程 2		高程 3		…		高程 n		
	位置 1		位置 2		位置 3		…		位置 n		
	X	Y	X	Y	X	Y	X	Y	X	Y	
全年度特征值统计 最大值											
日期											
最小值											
日期											
年变幅											
说明	1. X 代表上下游方向，Y 代表左右岸方向。 2. 水平位移正负号规定：向下游、向左岸为正，反之为负。 3. 年变幅为本年度年底值与去年年底值之差。										

统计者： 校核者：

K.4.3 分层沉降（电磁沉降仪）、沉降（水管式沉降仪）监测成果统计表格式见表 K.4.3-1 和表 K.4.3-2。

表 K.4.3-1 ＿＿＿＿＿年度分层沉降（电磁沉降仪）监测成果统计表

工程部位＿＿＿＿＿＿＿＿ 监测断面＿＿＿＿＿＿＿＿ 测孔编号＿＿＿＿＿＿＿＿

监测日期	各测点累计沉降及压缩变形（mm）						备注
	测点1	测点2	测点3	测点4	…	测点n	
	深度1	深度2	深度3	深度4	…	深度n	
	高程1	高程2	高程3	高程4	…	高程n	
分层厚度(m)							
分层起始厚度(m)							
累计层压缩量(mm)							
累计层压缩率(%)							
全年度特征值统计 最大值							
日期							
最小值							
日期							
年变幅							
总压缩量							
总压缩率							
说明	1. 垂直位移正负号规定：下沉为正，反之为负。 2. 年变幅为本年度年底值与去年年底值之差。						

统计者： 校核者：

表 K.4.3-2 ＿＿＿＿＿＿年度沉降（水管式沉降仪）监测成果统计表

工程部位＿＿＿＿＿＿ 监测断面＿＿＿＿＿＿ 测线编号＿＿＿＿＿ 测线高程（m）＿＿＿＿＿

监测日期	各测点累计沉降（mm）						备注
	测点1	测点2	测点3	测点4	…	测点n	
	坝轴距1	坝轴距2	坝轴距3	坝轴距4	…	坝轴距n	
全年度特征值统计 最大值							
日期							
最小值							
日期							
年变幅							
说明	1. 垂直位移正负号规定：下沉为正，反之为负。 2. 年变幅为本年度年底值与去年年底值之差。						

统计者： 校核者：

K.4.4 水平位移（引张线式水平位移计）监测成果统计表格式见表 K.4.4 -
1 和表 K.4.4 - 2。

表 K.4.4 - 1 ＿＿＿年度水平位移（引张线式水平位移计）
监测成果统计表

工程部位＿＿＿＿＿ 监测断面＿＿＿＿＿ 测线编号＿＿＿＿ 测线高程（m）＿＿＿＿

监测日期	各测点累计水平位移（mm）						备注
	测点 1	测点 2	测点 3	测点 4	…	测点 n	
	坝轴距 1	坝轴距 2	坝轴距 3	坝轴距 4	…	坝轴距 n	
全年度特征值统计	最大值						
	日期						
	最小值						
	日期						
	年变幅						
说明	1. 水平位移正负号规定：拉伸为正，反之为负。 2. 年变幅为本年度年底值与去年年底值之差。						

统计者： 校核者：

表 K.4.4 - 2 ＿＿＿年度水平位移（测斜仪）监测成果统计表

工程部位＿＿＿＿＿＿＿＿ 监测断面＿＿＿＿＿＿＿＿ 测孔编号＿＿＿＿＿＿

测孔深度（m）	测点高程（m）	监测日期	A 向位移（mm）	B 向位移（mm）	合位移（mm）	合位移方向（°）	合位移速度（mm/d）	备注
1（孔口）								
		年变幅						
上盘～下盘（滑动面）	上盘～下盘							位错
		年变幅						
说明	1. 本表仅指垂向滑动式测斜仪监测成果统计表。 2. 位移正负号规定：向大坝下游或岸坡临空面方向为正，反之为负。 3. 测孔深度栏包括有两种情况，即孔口位移（通常为最大位移）；若存在明显滑动面，则需分别给出滑动面上下盘界面的深度。同理，测点高程栏也需给出相应的高程。 4. 当位移或滑动面位错变形较大，且变形规律性较强时，需给出合位移、合位移方向及合位移速度栏，否则为空缺。 5. 当存在滑动面时，需计算位错值，即上盘位移减去下盘位移。							

统计者： 校核者：

K.4.5 混凝土面板挠度变形监测成果统计表格式见表 K.4.5。

本表为混凝土面板斜坡式固定测斜仪或电平器监测成果统计表，对于垂向或水平向固定式测斜仪可参照此表编制。

表 K.4.5 _____年度混凝土面板挠度变形监测成果统计表

工程部位_____ 监测断面_____ 测孔编号_____

监测日期	各测点累计挠度变形（mm）						备注
	测点 1	测点 2	测点 3	测点 4	…	测点 n	
	深度 1	深度 2	深度 3	深度 4	…	深度 n	
	高程 1	高程 2	高程 3	高程 4	…	高程 n	
全年度特征值统计	最大值						
	日期						
	最小值						
	日期						
	年变幅						
说明	1. 面板挠度变形正负号规定：面板内法线方向为正，反之为负。 2. 年变幅为本年度年底值与去年年底值之差。						

统计者：   校核者：

K.4.6 接缝变形（三向测缝计）监测成果统计表格式见表 K.4.6。

表 K.4.6 _____年度接缝变形（三向测缝计）监测成果统计表

工程部位_____ 监测断面_____

监测日期	各测点累计位移量（mm）															备注
	测点 1			测点 2			测点 3			…			测点 n			
	高程 1			高程 2			高程 3			…			高程 n			
	位置 1			位置 2			位置 3			…			位置 n			
	X	Y	Z	X	Y	Z	X	Y	Z	X	Y	Z	X	Y	Z	
全年度特征值统计	最大值															
	日期															
	最小值															
	日期															
	年变幅															
说明	接缝变形正负号规定：X 代表开合度，张开为正，闭合为负；Y 代表水平剪切位移，相对于稳定界面，向下游或左岸为正，反之为负；Z 代表上、下剪切位移，相对于稳定界面，下沉为正，反之为负。															

统计者：   校核者：

K.4.7 裂缝分布统计表格式见表 K.4.7。

表 K.4.7 _____年度裂缝分布统计表

工程部位_____

序号	发现日期	裂缝编号	裂缝位置			裂缝描述						备注
			桩号(m)	轴距(m)	高程(m)	长(m)	宽(m)	深(m)	走向(°)	倾角(°)	错距(cm)	

统计者：　　　　　　　　　　　　　　　　校核者：

K.4.8 地下洞室（岸坡）围岩内部变形（多点位移计）监测成果统计表格式见表 K.4.8。

表 K.4.8 _____年度地下洞室（岸坡）
围岩内部变形（多点位移计）监测成果统计表

工程部位_____　监测断面_____

测点编号	埋设位置	孔口位置(m)		监测日期	位移(mm)			
		桩号	高程		深度1	深度2	…	深度n
说明	1. 向洞壁方向位移（拉伸）为正；向围岩深度方向位移（压缩）为负。 2. 监测成果按断面统计，围岩深度从浅（洞壁）至深顺序依次排列。							

统计者：　　　　　　　　　　　　　　　　校核者：

K.4.9 地下洞室（岸坡）围岩内部变形（多点位移计）特征值统计表格式见表 K.4.9。

K.4.10 渗流压力（水位）监测成果统计表格式见表 K.4.10。

K.4.11 渗流量监测成果统计表格式见表 K.4.11。

K.4.12 压力（应力）及温度监测成果统计表格式见表 K.4.12。

K.4.13 上游（水库）、下游水位统计表格式见表 K.4.13。

表 K.4.9 _____年度地下洞室（岸坡）
围岩内部变形（多点位移计）特征值统计表

工程部位_____　　　　　　　　　单位：mm

监测断面	测孔编号	埋设位置	孔口位置(m)		深度(m)	最大值		最小值		年变幅	备注
			桩号	高程		位移	日期	位移	日期		
说明	1. 向洞壁方向位移（拉伸）为正；向围岩深度方向位移（压缩）为负。 2. 年变幅为本年度年底值与去年年底值之差。										

统计者：　　　　　　　　　　　　　　　　校核者：

表 K.4.10 _____年度渗流压力（水位）监测成果统计表

工程部位_____ 监测断面_____

监测日期	渗流压力/水位（kPa/m）				上游水位（m）	下游水位（m）	降雨量（mm）	备注
	测点1	测点2	···	测点n				
全年特征值统计	最大值							
	日期							
	最小值							
	日期							
	年变幅							
说明	需在备注中说明采用的仪器、设施。							

统计者： 校核者：

表 K.4.11 _____年度渗流量监测成果统计表

工程部位_____ 监测断面_____

监测日期	渗漏量（L/s）				上游水位（m）	下游水位（m）	降雨量（mm）	备注
	测点1	测点2	···	测点n				
全年特征值统计	最大值							
	日期							
	最小值							
	日期							
	年变幅							

统计者： 校核者：

表 K.4.12 _____年度压力（应力）及温度监测成果统计表

工程部位_____ 监测断面_____

监测日期	压力（应力）及温度（MPa/℃）					备注
	测点1	测点2	测点3	···	测点n	
全年特征值统计	最大值					
	日期					
	最小值					
	日期					
	年变幅					

统计者： 校核者：

表 K.4.13 _____年度上游（水库）、下游水位统计表

监测日期		月份及水位（m）											
		1	2	3	4	5	6	7	8	9	10	11	12
01													
02													
⋮		⋮	⋮	⋮	⋮	⋮	⋮	⋮	⋮	⋮	⋮	⋮	⋮
31													
全月统计	最高												
	日期												
	最低												
	日期												
全年统计	最高		日期		最低		日期		均值				
备注	包括泄流情况												

统计者：　　　　　　　　　　　　校核者：

K.4.14 逐日降水量统计表格式见表 K.4.14。

K.4.15 日均气温（库水温）统计表格式见表 K.4.15。

K.4.16 坝前（库区）泥沙淤积（冲刷）监测成果统计表（断面测量法）格式见表 K.4.16。

表 K.4.14 _____年度逐日降水量统计表

监测日期		月份及降水量（mm）											
		1	2	3	4	5	6	7	8	9	10	11	12
01													
02													
⋮		⋮	⋮	⋮	⋮	⋮	⋮	⋮	⋮	⋮	⋮	⋮	⋮
31													
全月统计	最大												
	日期												
	合计												
	雨日												
全年统计	最大		日期		总降水量			总降水天数					
备注													

统计者：　　　　　　　　　　　　校核者：

表 K.4.15 _____年度日均气温（库水温）统计表

监测日期		月份及气温/库水温（℃）											
		1	2	3	4	5	6	7	8	9	10	11	12
01													
02													
⋮		⋮	⋮	⋮	⋮	⋮	⋮	⋮	⋮	⋮	⋮	⋮	⋮
31													
全月统计	最高												
	日期												
	最低												
	日期												
全年统计	最高			日期			最低			日期		均值	
备注													

统计者：　　　　　　　　　　　　　校核者：

表 K.4.16 坝前（库区）泥沙淤积（冲刷）
监测成果统计表（断面测量法）

上次监测日期_____　本次监测日期_____　　间隔时间_____

断面编号	原始断面面积（m²）	本次观测断面面积（m²）	断面面积累计变化量（m²）		断面间距（m）	累计淤积量或冲刷量（m³）		上次观测的累计淤积量或冲刷量（m³）		间隔时间内的淤积量或冲刷量（m³）		备注
			冲刷	淤积		冲刷	淤积	冲刷	淤积	冲刷	淤积	
					总计							

观测者：　　　　　　　计算者：　　　　　　　校核者：

K.4.17 冰压力监测成果统计表格式见表 K.4.17。

表 K.4.17 冰压力监测成果统计表

测点编号_____

监测日期	库水位（m）	冰厚（m）	冰压力（kPa）	相应点冰温（℃）	气温（℃）	冰压力对建筑物的影响	备注

观测者：　　　　　　　计算者：　　　　　　　校核者：

K.5　监测成果图例格式

K.5.1　变形监测成果图例格式见图 K.5.1-1～图 K.5.1-9。

1　坝体分层垂直位移（填筑）过程线见图 K.5.1-1。

2　坝体表面垂直位移等值线见图 K.5.1-2。

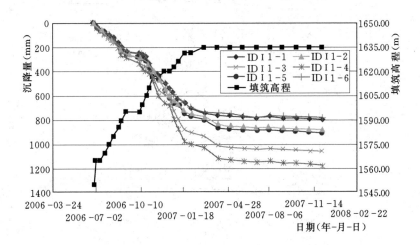

图 K.5.1-1　坝体分层垂直位移（填筑）过程线图

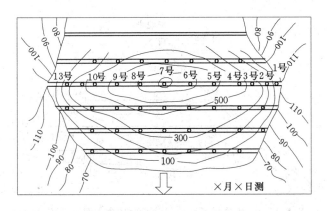

图 K.5.1-2　坝体表面垂直位移等值线图（单位：mm）

3　坝体横断面垂直位移及水平位移等值线见图 K.5.1-3。

4　坝体横断面分层垂直位移分布见图 K.5.1-4。

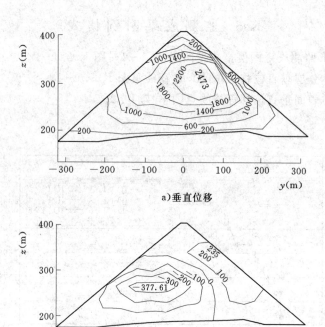

a)垂直位移

b)水平位移

图 K.5.1-3 坝体横断面垂直位移及水平位移等值线图

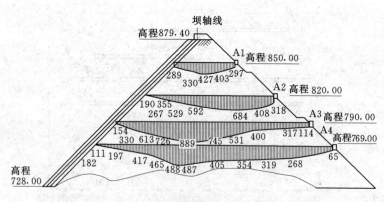

图 K.5.1-4 坝体横断面分层垂直位移分布图 (单位：mm)

5 三向测缝变形（库水位）过程线图见图 K.5.1-5。

6 坝面裂缝分布图见图 K.5.1-6。

7 混凝土面板及防渗墙挠度变形分布曲线见图 K.5.1-7。

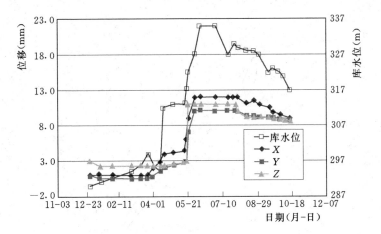

图 K.5.1-5 三向测缝变形（库水位）过程线图

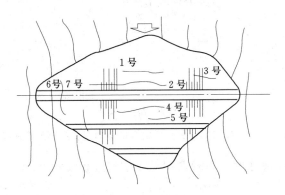

图 K.5.1-6 坝面裂缝分布图

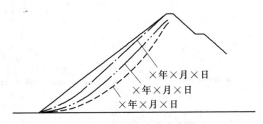

a)混凝土面板挠度变形

图 K.5.1-7（一） 混凝土面板及防渗墙挠度变形分布曲线图

631

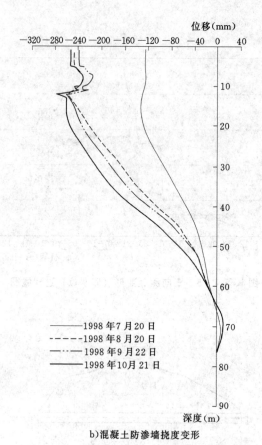

b)混凝土防渗墙挠度变形

图 K.5.1-7（二） 混凝土面板及防渗墙挠度变形分布曲线图

8 岸坡位移沿深度分布及典型深度位移过程线图见图 K.5.1-8。

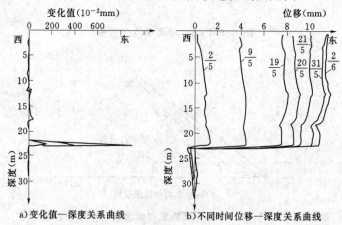

a)变化值—深度关系曲线   b)不同时间位移—深度关系曲线

图 K.5.1-8（一） 岸坡水平位移沿深度分布及滑动面位移过程线图

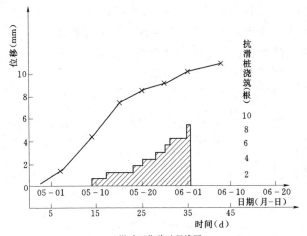

c）滑动面位移过程线图

图 K.5.1-8（二） 岸坡水平位移沿深度分布及滑动面位移过程线图

9 地下洞室围岩变形分布见图 K.5.1-9。

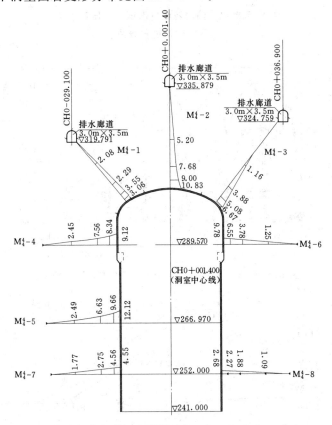

图 K.5.1-9 地下洞室围岩位移断面分布图（单位：mm）

K.5.2 渗流监测成果图例格式见图 K.5.2-1～图 K.5.2-5。

  1 渗流监测（渗压、测压管水位及库水位）过程线见图 K.5.2-1。

  2 渗流量（降水量、库水位）过程线见图 K.5.2-2。

  3 坝体监测横断面渗流压力分布图见图 K.5.2-3。

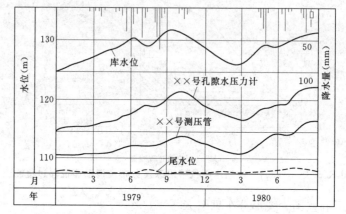

图 K.5.2-1 渗流监测（渗压、测压管水位
及库水位）过程线图

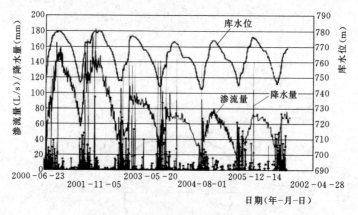

图 K.5.2-2 渗流量（降水量、库水位）过程线图

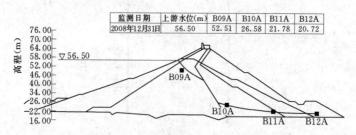

图 K.5.2-3 坝体监测横断面渗流压力分布图

4 坝体平面渗流压力分布图见图 K.5.2-4。

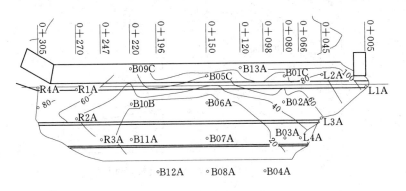

图 K.5.2-4 坝体平面渗流压力分布图

5 渗压、测压管水位与库水位相关图见图 K.5.2-5。

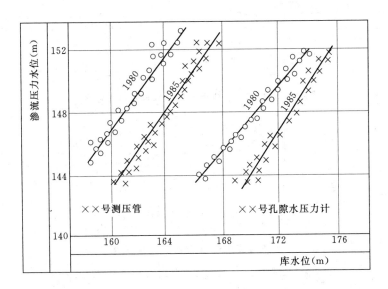

图 K.5.2-5 渗压、测压管水位与库水位相关图

K.5.3 压力（应力）监测成果图例格式见图 K.5.3-1～图 K.5.3-4。

1 坝体孔隙水压力（填筑）过程线见图 K.5.3-1。

2 坝体土压力（填筑）过程线见图 K.5.3-2。

3 钢筋应力过程线见图 K.5.3-3。

4 锚索荷载过程线见图 K.5.3-4。

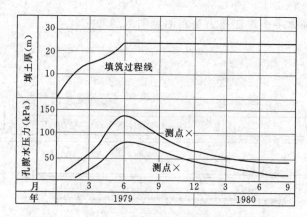

图 K.5.3-1　坝体孔隙水压力（填筑）过程线图

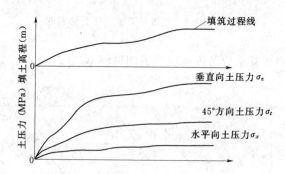

图 K.5.3-2　坝体土压力（填筑）过程线图

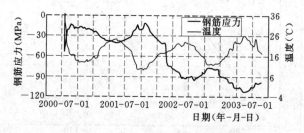

图 K.5.3-3　钢筋应力过程线图

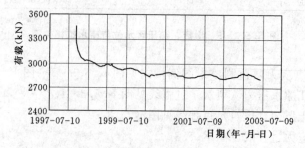

图 K.5.3-4　锚索荷载过程线图

标 准 用 词 说 明

标准用词	在特殊情况下的等效表述	要求严格程度
应	有必要、要求、要、只有……才允许	要 求
不应	不允许、不许可、不要	
宜	推荐、建议	推 荐
不宜	不推荐、不建议	
可	允许、许可、准许	允 许
不必	不需要、不要求	

中华人民共和国水利行业标准

土石坝安全监测技术规范

SL 551—2012

条 文 说 明

目　次

1 总　则

1.0.1　本标准适用于运行期，也适用于施工期，因此将《土石坝安全监测技术规范》（SL 60—94）"保障工程安全运行"，改为"保障工程安全"。

1.0.2　水利部门的围堰、堤防等包括在"其他类型的土石坝"中。

1.0.4　巡视检查是工程安全监测重要一环，可以与仪器监测互为补充，本条提出了仪器监测应和巡视检查相结合的原则，目的是强调巡视检查应予以足够重视。

1.0.5　地震反应监测和泄水建筑物水力学观测等项目，因受地区和工程条件制约，选择性较大，故置于附录，以供参照执行。

1.0.7　大坝监测仪器国家标准目前已有钢弦式、差动电阻式等多种监测仪器，由于品种、型式繁多，故未在引用标准中列出。

1.0.8　附录 A.2 各监测项目的测次，主要根据不同阶段（施工、初蓄、运行）划分。由于监测频次与施工方式、降水以及蓄水过程等诸多因素有关，因此本规范对监测频次规定的幅度较大，以便于根据情况灵活选择。

1.0.9　第 1 款中监测工程预算约占主体建筑物总投资的 1‰～2.5‰，系引用水电水利规划总院取费标准。执行时可根据实际情况增减。

3 巡 视 检 查

3.1.1 本条所指的三类巡视检查，均属工程施工、建设和管理单位应当进行的经常性、规范化的安全监测工作范畴。为安全鉴定所进行的检查内容，可根据需要增减。

3.2.6 本条为新增内容，以弥补原规范巡视检查内容的缺失。

4 变 形 监 测

4.1.3 按国际测量工作者协会（FIG）在 1981 年提出的监测值误差，不超过变形量 1/20～1/10。由于土石坝种类、坝型、等级的不同，难以给出统一的允许变形量要求；另外确定的精度指标既要考虑工程的前期变形情况，又要兼顾工程相对稳定后对监测点精度的要求。为此本标准结合实际工程要求，给出表面变形监测点相对邻近的工作基点通用精度指标值，其水平和垂直方向的点位中误差不得大于±3mm。

4.1.4 由于习惯上将"竖向位移"统称为"垂直位移"。为统一起见，恢复原"垂直位移"提法。

4.2.2 布设水平和垂直位移监测网的目的：一是为土石坝工程建立变形监测基准，并通过监测网复测对基准的稳定性和可靠性做出检验与评价；二是通过监测获取工作基点的坐标、高程。

4.3.3 引张线式水平位移计在土石坝内部水平位移监测中应用较为广泛，但其名称与混凝土坝监测中使用的引张线容易混淆，前者为监测沿钢丝展布的轴向位移，而后者为监测与垂直钢丝轴向的横向位移，两者功能完全不同，应予以注意。

近年来由于科学技术的发展和新型监测仪器的应用，横梁式沉降仪和深式测点组监测方法目前已很少应用。因此删除了原规范中的横梁式沉降仪和深式测点组监测内容。另外，水平向固定式测斜仪在坝体分层垂直位移监测中开始应用，并取得了初步成果，因此本条款增加了水平向固定式测斜仪的内容。

为了解坝基的垂直位移情况，采用大量程位移计连接位移传递杆，并延伸至坝基深部，以监测坝基面的沉降。在本标准中将改装后位移计称为坝基沉降计。

4.4.3 多年来，国内一些工程应用电平器监测混凝土面板挠度变形，效果不够理想。目前有些工程开始应用固定式测斜仪，在工程实际应用中，应注意采用正确的仪器结构（如固定测斜仪测头与杆件连接方式、测头间距及传感器角度设置等）及数据处理方法，以取得理想成果。

在混凝土防渗墙挠度监测中，采用测斜仪（滑动式或固定式）监测已获得较好成果，因此本条中增加了应用测斜仪监测的内容。

4.5.1 混凝土面板与坝体填筑料变形不协调而产生面板脱空，已成为目前混凝土面板坝存在的工程问题之一。当前不少工程采用大量程位移计的组合埋设对其面板进行脱空监测，并取得了成功经验。因此本条增加了脱空监测内容。

4.6.3、4.7.3 为了解岸坡内部及地下洞室围岩变形状态，多点位移计是常用的手段之一。为此增加了多点位移计的内容。

5 渗 流 监 测

5.1.2 已建土石坝渗流监测设施更新改造时常用钻孔埋设仪器，但应避免破坏或影响渗流安全关键部位的结构，如坝趾、心墙与坝壳之间反滤部位，保证工程渗流安全。

5.2.2 监测线布置与工程轮廓尺寸与渗流场分布有关，并非全为铅垂线，故将原规范中"监测铅垂线"改为"监测线"。

　　大量已建土石坝在除险加固时，坝体内设置防渗墙防渗，本条补充了在防渗墙前后设置渗流监测点，以监测防渗墙的防渗效果。

5.2.3 测压管透水段不是指测压管上花管段，而是指测压管外敷设透水材料的区域。透水材料的长度取决于监测的目的与监测部位渗透特性，通常坝体测压管透水段比较短，对于绕渗或地下水位监测的测压管，其透水段相对较长。

5.2.4 坝区大气气压一年的变化在 2～3kPa。开敞式渗流监测设施中安装水压力计监测水位时，水压力计的量测数值与大气压有关，故在有条件时，应同时观测记录坝址气压，进行气压修正，以获取准确水压力。

5.3.2 透水性较强的坝基，一般沿坝轴线设置防渗体，由于监测横断面有限，可在横断面之间防渗墙前后增设测点，以便全面了解防渗体的防渗效果。

5.3.3 测压管一般是在工程竣工后钻孔安装，考虑到隐蔽工程施工困难，为保证接触面埋设测压管的有效性，将原规范透水段和回填反滤段的长度 0.5m 改为小于 1.0m。

5.5.2 分布式光纤温度测量系统具有精度高、长距离分布、连续监测的特点，突破了目前监测点式分布瓶颈，已在国内外土石坝渗漏监测中应用，并积累一定应用经验，本条款建议应用该项监测新技术。

5.5.4 渗流量监测的堰上水位计通常带有温度测量功能，测量堰上水位时，可同时测量渗水温度。但目前常用的堰上水位计的温度测量精度为 0.5℃，就渗水温度测量而言，其精度基本满足要求。综合考虑，将渗水温度测量精度由原规范 0.1℃ 改为 0.5℃。

6 压力（应力）监测

6.1.1 对于已建工程，孔隙水压力计的埋设可采用钻孔埋设法。但土压力计等应力监测仪器，现时仅限于随主体工程施工同时进行埋设，这使其应用仅限于在建或扩建工程。

6.2.1 非饱和黏性土中的孔隙压力，由孔隙水压力与孔隙气压力两者组成。孔隙气压力的量测技术比较复杂，也不成熟。而且当黏性土的饱和度接近于 1 时，孔隙气压力已甚微小，因此可不考虑。为了对这种情况给以定量的限制，本标准对此相应的最低饱和度暂定为 95％。这样对高含水量黏土坝体、软黏土地基，可不考虑孔隙气压力。

6.2.3 当黏性土的饱和度低于 95％时，本标准规定宜选用高进气压力孔隙水压力计，但此类仪器不是很成熟，选用时应经论证。

6.3.1 土压力（应力）包含土体内部的土压力即土中土压力及土体与岩体或其他刚性界面的接触土压力（或称界面土压力）两种。接触土压力特指散粒体的土石材料作用在刚性界面上的土压力，如岩面、混凝土墙（管）面、钢管面等。

6.3.3 在所有土石坝监测仪器的埋设中，土压力计的埋设效应影响最大。必须严格、细致地操作，特别是在埋设方法选择、仪器基床面的制备、测头的安装、周围坝料的回填、保护等方面。

接触土压力计应沿刚性界面布置、埋设，并使其感应膜同刚性界面齐平，主要是为了避免因仪器埋设的拱效应引起监测误差。

6.4.2 在面板平面内的应变监测中，布置 3 向应变计即可测定主应变及方向，埋设 4 向应变计可以利用互相垂直的两组应变计的应变之和相等的原理进行应变测值的质量控制与平衡调整测值。因此要求应力条件复杂或特别重要处布设 4 向应变计组，特别是在周边缝的边缘部分。

沥青混凝土心墙或斜墙在施工过程中的温度较高，一般常用的仪器及电缆不能满足要求。设计时应先估算施工期可能出现的最高温度，采购或研制符合要求的耐高温仪器及电缆，当无法得到符合要求的产品时，经批准后在超高温部位可不设置仪器。

6.4.3 在防渗墙内埋设应力应变仪器时，应做好仪器的定位，主要有钢丝绳法及钢筋笼法。其中钢丝绳法更加可靠和简易，是目前最常用的方法，其所用沉重块应选用铸铁而不宜采用混凝土块。

9 监测资料整编与分析

9.1.4 考虑到计算机技术的普遍运用，本条款要求建立监测资料数据库或信息管理系统，对监测资料形成电子化文档，并在此基础上进行有效的管理，以提高监测资料整编的效率和可用性。

9.2.2 考虑监测设施和仪器设备的变更，如校测高程改变、设施和设备维修、设备或仪表损坏、失效报废或改（扩）建等，都有可能导致测值的非正常变化，为便于分析原因，这些变更情况都应作为监测设施和仪器的考证资料记录在案。

9.3.2 强调刊印成册的整编资料应生成标准格式电子文档，一般包括 MICROSOFT 的 WORD 及 EXCEL 文档、AUTODESK 的 CAD 文档、ACROBAT 的 PDF 文档等。

9.4.1 为满足工程安全评估的需要，对监测资料及时分析是十分必要的，本条款提出各个阶段资料分析的基本要求及其工作重点。

9.4.4 由于测量因素（包括仪器故障、人工测读及输入错误等）产生的异常测值会影响分析成果的有效性和可靠性，为此本条款规定了在资料分析时，应对测量因素产生的异常值进行处理。

混凝土坝安全监测技术规范

SL 601—2013

替代 SDJ 336—89

2013-03-15 发布　　　　　　　　　　　　2013-06-15 实施

前　　言

根据水利部水利行业标准制修订计划，按照《水利技术标准编写规定》（SL 1—2002）的要求，对《混凝土大坝安全监测技术规范（试行）》（SDJ 336—89）进行修订。

本标准共 11 章 36 节 219 条和 9 个附录，主要技术内容有：

——现场检查；

——环境量监测；

——变形监测；

——渗流监测；

——应力、应变及温度监测；

——专项监测；

——监测自动化系统；

——监测资料整编与分析；

——监测系统运行管理。

本次修订的主要内容有：

——增加了术语及引用标准；

——修订了巡视检查；

——环境量监测列入正文；

——增加了专项监测，包括地震反应监测及水力学监测；

——增加了监测自动化系统；

——增加了监测系统运行管理。

本标准为全文推荐。

本标准所替代标准的历次版本为：

——SDJ 336—89

本标准批准部门：**中华人民共和国水利部**

本标准主持机构：**水利部建设与管理司**

本标准解释单位：**水利部建设与管理司**

本标准主编单位：**水利部大坝安全管理中心**

本标准参编单位：**南京水利科学研究院**

                    中国水利水电科学研究院

                    河海大学

                    国网电力科学研究院

本标准出版、发行单位：**中国水利水电出版社**

本标准主要修编人员：**王士军　张国栋　卢正超　顾冲时**

                        彭　虹　杨正华　何勇军　葛从兵

                        郭永刚　杨立新　谷艳昌

本标准审查会议技术负责人：**施济中**

本标准体例格式审查人：**牟广丞**

水
库
运
行
管
理

通用法规标准选编

目　次

1 总　　则

1.0.1 为规范混凝土坝安全监测，掌握大坝运行性态，指导工程施工和运行，反馈设计，降低大坝风险，制定本标准。

1.0.2 本标准适用于水利水电工程等级划分及设计标准中的 1 级、2 级、3 级、4 级混凝土坝的安全监测，5 级混凝土坝可参照执行。

1.0.3 混凝土坝安全监测范围应包括坝体、坝基、坝肩、对大坝安全有重大影响的近坝区岸坡以及与大坝安全有直接关系的其他建筑物和设备。

1.0.4 安全监测方式应包括现场检查和仪器监测。

1.0.5 安全监测应遵循下列原则：

　　1 监测布置应根据工程规模、等级，并结合工程实际及上、下游影响进行；相关监测项目应配合布置，突出重点，兼顾全面，并考虑与数值计算和模型试验的比较及验证。关键部位测点宜冗余设置。

　　2 监测仪器设备应可靠、耐久、实用，技术性能指标满足规范及工程要求，力求先进和便于实现自动化监测。

　　3 监测仪器安装应按设计要求。在减少对主体工程施工影响的前提下，及时安装、埋设和保护监测设施；主体工程施工过程中应为仪器设施安装、埋设和监测提供必要的时间和空间；及时做好监测仪器的初期测读，并填写考证表、绘制竣工图，存档备查。

　　4 监测应满足规程规范和设计要求，相关监测项目应同步监测；发现测值异常时立即复测；做到监测资料连续，记录真实，注记齐全，整理分析及时。

　　5 应定期对监测设施进行检查、维护和鉴定，监测设施不满足要求时应更新改造。测读仪表应定期检定或校准。

　　6 已建坝进行除险加固、改（扩）建或监测设施进行更新改造时，应对原有监测设施进行鉴定。

　　7 必要时可设置临时监测设施。临时监测设施与永久监测设施宜建立数据传递关系，确保监测数据的连续性。

　　8 自动化监测宜与人工观测相结合，应保证在恶劣环境条件下仍能进行重要项目的监测。

1.0.6 大坝安全监测各阶段工作应满足下列要求：

　　1 可行性研究阶段。提出安全监测规划方案，包括主要监测项目、仪器设备数量和投资估算。

2 初步设计阶段。提出安全监测总体设计，包括监测项目设置、断面选择及测点布置、监测仪器及设备选型与数量确定、投资概算。1级、2级或坝高超过70m的混凝土坝，应提出监测专题设计报告。

3 招标设计阶段。提出安全监测设计或招标文件，包括监测项目设置、断面选择及测点布置、仪器设备技术性能指标要求及清单、各监测仪器设施的安装技术要求、观测测次要求、资料整编及分析要求和投资预算等。

4 施工阶段。提出施工详图和技术要求；做好仪器设备的检验、埋设、安装、调试和保护工作，编写埋设记录和考证资料，及时取得初始（基准）值，固定专人监测，保证监测设施完好和监测数据连续、可靠、完整，并绘制竣工图和编制竣工报告；及时进行监测资料分析，编写施工期工程安全监测报告，评价施工期大坝安全状况，为施工提供决策依据。工程竣工验收时，应提出工程安全监测专题报告，对安全监测系统是否满足竣工验收要求作出评价。

5 初期蓄水阶段。首次蓄水前应制订监测工作计划，拟定监控指标。蓄水过程中应做好仪器监测和现场检查，及时分析监测资料，评价工程安全性态，提出初次蓄水工程安全监测专题报告，为初期蓄水提供依据。

6 运行阶段。按规范和设计要求开展监测工作，并做好监测设施的检查、维护、校正、更新、补充和完善。监测资料应定期进行整编和分析，编写监测报告，评价大坝的运行状态，提出工程安全监测资料分析报告，及时归档；发现异常情况应及时分析、判断；如分析或发现工程存在隐患，应立即上报主管部门。

1.0.7 监测仪器设备安装埋设前，应按国家及行业有关规定由具备资质的机构进行检测、检定或校准。监测仪器设备应由具备资质的机构进行安装调试。

1.0.8 混凝土坝的安全监测项目及其测次应遵守附录A的规定。当发生地震、大暴雨、库水位骤变、高水位且低气温、水库放空以及大坝工作状态异常时，应加强现场检查，增加测次，必要时应增加监测项目，发现问题，及时上报。

1.0.9 应定期对监测资料进行整编分析，并按下列分类对大坝运行状态作出评估：

1 正常状态。系指大坝达到设计要求的功能，无影响正常使用的缺陷，且各主要监测量的变化处于正常状态。

2 异常状态。系指大坝的某项功能已不能完全满足设计要求，或主要监测量出现异常，因而影响工程正常运行的状态，但在一定控制运用条件下工程能安全运行。

3 险情状态。系指大坝出现严重缺陷，危及大坝安全，或环境中某些危及大坝安全的因素正在加剧，或主要监测量出现较大异常，若按设计条件继续运行大坝将出现事故的状态，工程不能按设计正常运行。

    4   当大坝运行状态评为异常或险情时，应立即上报主管部门。

1.0.10   本标准的引用标准主要有以下标准：

    《国家一、二等水准测量规范》（GB/T 12897）

    《国家三角测量规范》（GB/T 17942）

    《降水量观测规范》（SL 21）

    《水工建筑物抗震设计规范》（SL 203）

1.0.11   混凝土坝安全监测除应符合本标准外，尚应符合国家现行有关标准的规定。

2 术 语

2.0.1 大坝安全监测 dam safety monitoring

利用现场检查、仪器监测与分析手段对大坝安全信息进行采集和分析的过程。

2.0.2 现场检查 observation in‐situ

对水库大坝的安全进行的巡视检查、检测与探测。

2.0.3 仪器监测 instrumentation

通过布置仪器，对控制大坝安全性态的参量进行的测量。

2.0.4 施工期 construction period

从开始施工到首次蓄水为止的时期。

2.0.5 初蓄期 initial impounding period

从水库首次蓄水至正常蓄水位的时期。若水库长期达不到正常蓄水位，初蓄期则为首次蓄水后的头 3 年。

2.0.6 运行期 operation period

初蓄期后的时期。

2.0.7 初始值 initial value

仪器设备安装埋设后开始正常工作的测值。

2.0.8 基准值 fiducial value

作为计算起点的测值。

2.0.9 监控指标 monitoring index

大坝的荷载和监测效应量及其变化速率的限值。

3 现 场 检 查

3.1 一 般 规 定

3.1.1 从工程施工期到运行期，各级大坝均应进行现场检查。

3.1.2 应根据大坝的运行情况和阶段制定现场检查程序，规定检查的时间、路线、设备、内容、方法与人员等。

3.1.3 现场检查应包括日常检查、年度检查、定期检查和应急检查，其检查内容见附录 B.0.1 条。

1 日常检查。应由有经验的大坝运行维护人员对大坝进行日常巡视检查。日常检查的次数：施工期，宜每周 2 次；水库首次蓄水或提高水位期间，宜每天 1 次或每 2 天 1 次（依库水位上升速率而定）；正常运行期，可逐步减少次数，但每月不宜少于 1 次；汛期及遭遇特殊工况时，应增加检查次数。检查结果以表格方式记载。

2 年度检查。在每年汛前、汛后，冰冻严重地区的冰冻及冻融期，水库管理单位应组织大坝运行维护专业人员按规定的检查程序，对大坝进行全面详细的现场检查，并审阅大坝检查、运行、维护记录和监测数据等档案资料；提出大坝安全年度检查报告。

3 定期检查。定期进行大坝安全鉴定前，主管单位（或业主）应按规定组织运行、设计、施工、科研等有关单位的专家，查阅工程勘察设计、施工与运行资料，对大坝外观状况、结构安全情况、运行管理条件等进行全面检查和评估，编制大坝现场安全检查报告，为大坝安全鉴定提供依据。

4 应急检查。在坝区（或其附近）发生地震、遭受大洪水、库水位骤变、高水位、低气温、水库放空以及发生其他影响大坝安全运用的特殊情况时，主管单位（或业主）应组织安全检查组及时进行应急检查，必要时还应派专人进行连续监视。

3.1.4 现场检查中如发现大坝有异常现象，应分析原因并及时上报。

3.2 检 查 内 容

3.2.1 坝体检查项目应包括下列内容：

1 坝顶：坝面及防浪墙有无裂缝、错动、沉陷；相邻坝段之间有无错动；伸缩缝开合状况、止水设施工作状况；排水设施工作状况。

2 上游面：上游面有无裂缝、错动、沉陷、剥蚀、冻融破坏；伸缩缝开合状况，止水设施工作状况。

3 下游面：下游面有无裂缝、错动、沉陷、剥蚀、冻融破坏、钙质离析、渗水；伸缩缝开合状况。

4 廊道：廊道有无裂缝、位移、漏水、溶蚀、剥落；伸缩缝开合状况、止水设施工作状况；照明通风状况。

5 排水系统：排水孔工作状况；排水量、水体颜色及浑浊度。

3.2.2 坝基及坝肩检查项目应包括下列内容：

1 基础岩体有无挤压、错动、松动和鼓出。

2 坝体与基岩（或岸坡）接合处有无错动、开裂、脱离及渗水等情况；两岸坝肩区有无裂缝、滑坡、沉陷、溶蚀及绕渗等情况。

3 坝趾：下游坝趾有无冲刷、淘刷、管涌、塌陷；渗漏水量、颜色、浑浊度及其变化状况。

4 廊道：廊道有无裂缝、位移、漏水、溶蚀、剥落；伸缩缝开合状况；止水设施工作状况；照明通风设施工作状况。

5 排水系统：排水孔工作状况；排水量、水体颜色及浑浊度。

3.2.3 输、泄水设施检查项目应包括下列内容：

1 进水口和引水渠道有无淤堵、裂缝及损坏；进水口边坡有无裂缝及滑移。

2 进水塔（竖井）有无裂缝、渗水、空蚀或其他损坏现象；塔体有无倾斜或不均匀沉降。

3 洞（管）身有无裂缝、坍塌、鼓起、渗水、空蚀等现象；放水时洞内声音是否正常。

4 放水期出口水流形态、流量是否正常，有无冲刷、磨损、淘刷；停水期是否有水渗漏；出口有无淤堵、裂缝及损坏；出水口边坡有无裂缝及滑移。

5 下游渠道及岸坡有无异常冲刷、淤积和波浪冲击破坏等情况。

6 工作桥有无不均匀沉陷、裂缝、断裂等现象。

3.2.4 溢洪道检查项目应包括下列内容：

1 进水段有无堵塞，上游拦污设施是否正常，两侧有无滑坡或坍塌迹象；护坡有无裂缝、沉陷、渗水；流态是否正常。

2 堰顶或闸室、闸墩、胸墙、边墙、溢流面、底板等处有无裂缝、渗水、剥落、冲刷、磨损和损伤；排水孔及伸缩缝是否完好。

3 泄水槽有无气蚀、冲蚀、裂缝和损伤。

4 消能设施有无磨损、冲蚀、裂缝、变形和淤积。

5 下游河床及岸坡有无冲刷、淤积。

6 工作桥有无不均匀沉陷、裂缝、断裂等现象。

3.2.5 闸门及金属结构检查项目应包括下列内容：

1 闸门有无变形、裂纹、螺（铆）钉松动、焊缝开裂；门槽有无卡堵、气蚀等；钢丝绳有无锈蚀、磨损、断裂；止水设施有无损坏、老化、漏水；闸门是否发生振动、气蚀现象。

2 启闭机是否正常工作；制动、限位设备是否准确有效；电源、传动、润滑等系统是否正常；启闭是否灵活；备用电源及手动启闭是否可靠。

3 金属结构防腐及锈蚀状况。

4 电气控制设备、动力和备用电源工作状况。

5 闸门顶是否溢流。

3.2.6 近坝库岸检查项目应包括下列内容：

1 库区水面有无漩涡、冒泡现象、严冬不封冻。

2 岸坡冲刷、塌陷、裂缝、滑移、冻融迹象；是否存在高边坡和滑坡体；岸坡地下水出露及渗漏情况；表面排水设施或排水孔工作是否正常。

3.2.7 监测设施检查项目应包括下列内容：水雨情及工程安全监测仪器设备、传输线缆、通信设施、防雷设施和保护设施、供电设施是否正常工作。

3.2.8 管理与保障设施检查项目应包括下列内容：与大坝安全有关的电站、供电系统、预警设施、备用电源、照明、通信、交通与应急设施是否损坏，工作是否正常。

3.3 检 查 方 法

3.3.1 日常检查，主要依靠目视、耳听、手摸、鼻嗅等直观方法，可辅以锤、钎、量尺、放大镜、望远镜、照相摄像设备等工（器）具，也可利用视频监视系统辅助现场检查。

3.3.2 年度检查和定期检查，除采用日常检查方法外，还可采用钻孔取样、注水或抽水试验，水下检查或水下电视摄像等手段，根据需要进行适当的检测与探测。

3.3.3 应急检查包括即时检查、详细检查和后续检查。即时检查和后续检查的方法见3.3.1条，详细检查方法见3.3.2条。检查信息应及时上报主管部门。

3.4 检 查 记 录 和 报 告

3.4.1 检查记录和整理应符合下列要求：

1 每次检查应详细填写现场检查表，其格式及内容见附录B.0.2条。必要时应附简图、照片或影像记录。

2 应及时整理现场记录，并将本次检查结果与上次或历次检查结果对比分析，同时结合相关仪器监测资料进行综合分析，如发现异常，应立即在现场对该检查项目进行复查。重点缺陷部位和重要设备应设立专项记录，检查记录应形成电子文档。

3.4.2 检查报告应符合下列要求：

1 日常检查中发现异常情况，应立即提交检查报告。

2 年度检查和定期检查工作结束后，应及时提交检查报告。如发现异常，应立即提交检查报告，并分析原因。

3 应急检查结束后，应立即提交检查报告。

4 现场检查报告及其电子文档应存档备查，报告内容及格式见附录B.0.3条。

4 环 境 量 监 测

4.1 一 般 规 定

4.1.1 环境量监测项目应包括水位、坝前水温、气温、大气压力、降水量、冰压力、坝前淤积和下游冲刷等。水位、降水量、气温、大气压力观测可应用当地水文站、气象站观测资料。

4.1.2 环境量监测除执行国家现行水文、气象相应的规定外，还应符合本章规定。

4.2 水 位

4.2.1 上游（坝前）水位观测应符合下列要求：

   1 测点设置应符合下列要求：

     1） 测点应设在坝前水流平稳、受风浪和泄水影响较小、设备安装与观测方便处。

     2） 测点应设在稳固的岸坡或永久建筑物上。

   2 观测设备和测次应符合下列要求：

     1） 水库蓄水前应完成水位观测永久测点设置。

     2） 观测设备宜选用水尺观测或自记水位计。有条件时，可设遥测水位计，其可测读水位应高于校核洪水位。

     3） 水尺的零点标高每年应校测一次；水尺零点有变化时，应及时进行校测。水位计应在每年汛前进行检验。

     4） 观测与库水位相关的监测项目应同时观测库水位。开闸泄水前、后应各增加观测一次，汛期还应根据要求适当加密测次。

4.2.2 下游（坝后）水位观测应符合下列要求：

   1 测点应布置在近坝趾、水流平顺、受泄流影响较小、设备安装和观测方便处。

   2 坝后无水时，下游水位应采用坝趾地下水位。

   3 下游水位应与上游水位同步观测；有水时，观测设备及要求应符合4.2.1条的规定；无水时，观测设备应按渗流观测设施进行设置。

4.2.3 水位观测准确度应满足表4.2.3要求。

表 4.2.3 水 位 观 测 准 确 度

水位变幅 ΔZ（m）	≤10	10<ΔZ≤15	>15
综合误差（cm）	≤2	≤2‰·ΔZ	≤3

4.3 坝 前 水 温

4.3.1 测点布置应符合下列要求：

1 测温垂线：布置在靠近上游坝面的库水中，其位置宜和重点观测断面一致。上游坝面温度测点可兼作坝前水温观测点。

2 测点的垂直分布：水库水深较小时，至少应在正常蓄水位以下 20cm 处、1/2 水深处及库底各布置一个测点。水库水深较大时，从正常蓄水位到死水位以下 10m 范围内，每隔 3~5m 宜布置一个测点；再往下每隔 10~15m 宜布置一个测点，必要时正常蓄水位以上也可适当布置测点。

4.3.2 观测设备应采用耐水压温度计。每年汛前应检验温度计。观测中对温度计有怀疑时，应及时检验。

4.3.3 水温观测准确度应不大于 0.5℃。

4.4 气 温

4.4.1 坝址附近至少应设置一个气温观测点，宜在蓄水前完成观测点设置。

4.4.2 气温观测仪器应设在专用的百叶箱内。

4.4.3 气温观测准确度应不大于 0.5℃。

4.5 大 气 压 力

4.5.1 当大坝安全监测仪器或参数与大气压力相关时，应设大气压力观测，且应同步进行观测。观测点应设置在相应的观测仪器附近。

4.5.2 大气压力观测宜采用水银气压表或空盒气压计，也可采用电测大气压力传感器。

4.5.3 大气压力观测准确度应不大于 0.3hPa。

4.6 降 水 量

4.6.1 坝址附近应至少设置一个降水量观测点，应在蓄水前完成测点布置。

4.6.2 观测场地应在比较开阔和风力较弱的地点设置，障碍物与观测仪器的距离不应小于障碍物与仪器口高差的 2 倍。在降水倾斜下降时，四周地形或物体应不影响降水落入观测仪器内。

4.6.3 坝区降水量观测设备应采用雨量器，有条件时可用遥测雨量计。

4.6.4 降雨量观测准确度应满足 SL 21 要求。

4.7 冰 冻

4.7.1 冰冻观测应包括冰压力、动冰压力、冰厚、冰温度等。

4.7.2 静冰压力及冰温观测应符合下列要求：

1 结冰前，可在坚固建筑物前缘，自水面至最大结冰厚度以下 10～15cm 处，每 20～40cm 设置一个压力传感器，压力传感器附近相同深度处设置一个温度计并同时观测。

2 自结冰之日起开始观测，每日至少观测 2 次。在冰层胀缩变化剧烈时期，应加密测次。

3 冰压、冰温观测的同时，应进行冰厚观测。

4.7.3 动冰压力观测应符合下列要求：

1 应在各观测点动冰过程出现之前，消冰尚未发生的条件下，在坚固建筑物前缘适当位置及时安设压力传感器进行观测。

2 在风浪过程或流冰过程中应进行连续观测。

3 应同时进行冰情、风力、风向观测。

4.8 坝前淤积和下游冲刷

4.8.1 坝前淤积和下游冲刷区域应至少各设置一个观测断面。库区应根据水库形状、规模，自河道入库区至坝前设置若干观测断面，每个断面的库岸可设立相应的控制点。

4.8.2 可采用水下摄像法、地形测量法或断面测量法进行观测。

5 变形监测

5.1 一般规定

5.1.1 变形监测项目应包括坝体变形、裂缝、接缝，坝基变形以及近坝区岩体、高边坡、滑坡体和地下洞室的位移等。

5.1.2 变形监测平面坐标及水准高程应与设计、施工和运行各阶段的控制网坐标系统相一致。有条件的工程应与国家控制网坐标系建立联系。

5.1.3 位移测量中误差应不大于表 5.1.3 的规定。坝体、坝基、近坝区岩体、高边坡、滑坡体和地下洞室的位移量中误差相对于工作基点计算。

表 5.1.3 变形监测的准确度

项 目			位移量中误差限值
水平位移（mm）	坝体	重力坝、支墩坝	±1.0
		拱坝 径向	±2.0
		切向	±1.0
	坝基	重力坝、支墩坝	±0.3
		拱坝 径向	±0.3
		切向	±0.3
垂直位移（mm）	坝体		±1.0
	坝基		±0.3
倾斜（″）	坝体		±5.0
	坝基		±1.0
坝体表面接缝和裂缝（mm）			±0.2
近坝区岩体和高边坡	水平位移（mm）		±2.0
	垂直位移（mm）		±2.0
	倾斜（″）		±10.0
滑坡体（mm）	水平位移		±3.0（岩质边坡）、±5.0（土质边坡）
	垂直位移		±3.0
	裂缝		±1.0
地下洞室（mm）	表面变形		±2.0
	内部变形		±0.3

特长大坝、特大滑坡及其他特殊情况下监测的准确度要求可根据实际情况，在设计中确定。

5.1.4 各项监测设施应随施工的进展及时埋设安装，并观测初始值。各种初始值至少应观测两次，合格后取均值。主要监测项目初始值应在蓄水前取得。

5.1.5 变形监测工作应遵守下列规定：

1 被测物上的各类测点应与被测物牢固结合，能代表被测物的变形。被测物外的各类测点，应保证测点稳固可靠，能代表该处的变形。基准点应建在稳定区域。

2 监测设备应有必要的保护装置。各种表面变形电测设备不应设在可能被水淹没的部位。

3 变形监测仪器、设备的准确度应与表5.1.3的要求相适应，并应长期稳定可靠，使用、维护方便。

4 户外监测应选择有利时段进行。

5.1.6 变形量的正负号应遵守以下规定：

1 水平位移：向下游为正，向左岸为正，反之为负。

2 船闸闸墙的水平位移：向闸室中心为正，反之为负。

3 垂直位移：下沉为正，上升为负。

4 倾斜：向下游转动为正，向左岸转动为正，反之为负。

5 接缝和裂缝开合度：张开为正，闭合为负。

6 高边坡和滑坡体位移：向下滑为正，向河谷为正，向下游为正，反之为负。

7 地下洞室围岩变形：向洞室为正，反之为负。

5.2 监 测 设 计

5.2.1 水平位移的监测方法，宜作以下选择：

1 重力坝或支墩坝坝体和坝基水平位移宜采用垂线法、引张线法和真空激光准直法监测。若坝体较短、条件有利，坝体水平位移也可采用视准线法或大气激光准直法监测。

2 拱坝坝体和坝基水平位移宜采用垂线法监测。若交会边长较短、交会角较好，坝体水平位移可采用测边或测角交会法监测。有条件时，坝顶水平位移也可采用视准线法监测。

3 重点监测断面混凝土与岩体接触面宜布置基岩变位计，对高混凝土坝，宜采用多点位移计；坝基和坝肩范围内的重要断裂或软弱结构面，可布置测斜仪、滑动测微计、多点位移计和倒垂线组监测。

4 近坝区岩体、高边坡和滑坡体的水平位移，采用边角网、视准线法和交会法监测。局部可结合倒垂线法或其他适宜的方法监测。在条件合适时，可采用 GPS 方法监测。深层位移可采用倒垂线组、多点位移计、测斜仪等进行监测。

  5 隧道、洞室等地下结构物的表面变形，可采用收敛计、交会法监测。地下结构物围岩的变形，可采用多点位移计、滑动测微计监测。

  6 准直线的两端点和交会法的工作基点，宜设置倒垂线作为校核基准点。引张线和真空激光准直的两端点，也可设在两岸山体深度足够的平洞内。视准线可在两端延长线外设基准点；交会法工作基点可用边角网校核。

  7 重力坝或支墩坝如坝体较长，需分段设引张线时，分段端点应设倒垂线作为基准。

  8 观测近坝区岩体、高边坡或滑坡体的水平位移时，基准点和工作基点宜组成边角网。

5.2.2 水平位移的测点布置应符合下列要求：

  1 垂线的设置，应首先选择地质或结构复杂的坝段，其次是最高坝段和其他有代表性的坝段。拱坝的拱冠和坝顶拱端应设置垂线，较长的拱坝还应在 1/4 拱处设置垂线。各高程廊道与垂线相交处应设置垂线观测点。

  2 大坝水平位移测点，应在坝顶和基础附近设置。高坝还应在中间高程设置测点，并宜利用坝顶和坝体廊道延伸到两岸岩体内的平洞设置水平位移测点。

  3 监测近坝区岩体水平位移的边角网，除坝轴线两端附近布置测点外，下游不宜少于 4 个测点。

5.2.3 垂线宜按下列要求进行布置设计：

  1 正垂线可采用"一线多测站式"，线体设在预留的专用竖井或管道内，也可利用其他竖井或宽缝设置。单段正垂线体长度不宜大于 50m。

  2 倒垂线宜采用"一线一测站式"，不宜穿越廊道。倒垂钻孔深入基岩的深度应参照坝工设计计算结果，达到变形可忽略处；缺少该项计算结果时，钻孔深度可取坝高的 1/4～1/2；钻孔孔底不宜低于建基面以下 10m。

  3 当正、倒垂线结合布置时，正、倒垂线宜在同一个观测墩上衔接。

  4 垂线设计的具体要求见附录 C.1 节。

5.2.4 引张线的布置设计应考虑下列因素：

  1 引张线宜采用浮托式。线长不足 200m 时，可采用无浮托式。

  2 引张线应设防风保护管。

  3 引张线法设计的具体要求见附录 C.2 节。

5.2.5 视准线可按照实际情况选用活动觇牌法或小角度法。视准线长度不宜超过下列规定：重力坝，300m；拱坝，500m；滑坡体，800m。

设计的具体要求见附录 C.3 节。

5.2.6 激光准直的布置设计应考虑下列因素：

1 真空激光准直宜设在廊道中，也可设在坝顶。

2 大气激光准直宜设置在坝顶，也可设在气温梯度较小、气流稳定的廊道内，两端点的距离不宜大于 300m。在坝顶设置时，应使激光束高出坝面和旁离建筑物 1.5m 以上。

3 设计的其他具体要求见附录 C.4 节。

5.2.7 边角网包括三角网、测边网和测边测角网三种。边角网设计时应做可靠性评价，可靠性因子值不宜小于 0.2。如因条件限制，个别观测量不能满足此要求时，则应在观测中采取特殊措施，以排除观测值蕴含粗差的可能性。

应根据被监测对象的特殊要求和具体条件做好优化设计，按最小二乘法进行准确度预估，测点在指定方向的位移量中误差应不大于表 5.1.3 中的规定。

边角网点均应建造观测墩，观测墩顶部应设强制对中底盘，各种观测墩的结构见附录 C.12 节。

边角网的具体设计要求见附录 C.5 节。

5.2.8 交会法包括测角交会、测边交会和测边测角交会三种。应依据实际情况结合准确度预估进行设计，位移量中误差应不大于表 5.1.3 中的规定。一般情况下的布置要求见附录 C.6 节。

5.2.9 钻孔测斜仪的钻孔宜铅直布置，滑动测微计的钻孔宜沿结构面垂直方向布置。钻孔孔口应设保护装置，有条件时，孔口附近应设大地水平位移测点。安装和观测要求见附录 C.7 节和 C.8 节。

5.2.10 多点位移计宜布置在有断层、裂隙、夹层层面出露的边坡坡面和坝基上，以及隧道、洞室等地下结构物中。在需要监测的软弱结构面两侧各设一个锚固点，最深的一个锚固点宜布置在变形可忽略处。仪器可在水平、垂直或任何方位的钻孔中安装。一个孔内宜设 3～6 个测点。钻孔孔口应设保护装置，必要时可在孔口附近设大地位移测点。安装和观测要求见附录 C.9 节。

5.2.11 精密水准法监测大坝垂直位移应符合下列要求：

1 坝体和坝基的垂直位移，应采用一等水准测量，并宜组成水准网。近坝区岩体、高边坡和滑坡体的垂直位移，可采用二等水准测量。一等水准网应尽早建成，并取得基准值。具体要求见附录 C.10 节。

2 水准路线上每隔一定距离应埋设水准点。水准点分为基准点（水准原点）、工作基点（坝体、坝基垂直位移观测的起测基点）和测点三种。各种水准点应选用适宜的标石或标志。水准基准点可设在坝下游 1～5km 处。基准点宜用双金属标（或钢管标），若用基岩标应成组设置，每组不应少于三个水准标石，并宜采用深埋标志。工作基点应设置在距坝较近处，两岸宜各设一个，可采用基岩标、平洞基岩标、岩石标。坝体上的测点宜采用地面标志、墙上标志、微水准尺标；坝外测点宜采用岩石标、钢管标。水准标石结构见附录 C.12 节。

3 应在基础廊道和坝顶各设一排垂直位移测点，高坝应根据需要在中间高程廊道内增设测点。各排测点的分布，每一坝段宜设一个测点。坝顶和不同高程廊道的水准路线，可通过高程传递连接。近坝区岩体垂直位移测点的间距，在距坝较近处宜为 0.3～0.5km；距坝较远处可适当放长，不宜超过 1km。

5.2.12 连通管法（即液体静力水准法）和真空激光准直系统适用于测量坝体和坝基的垂直位移，连通管和真空激光准直系统宜设在水平廊道内，也可设在坝顶，两端应设垂直位移工作基点。设在坝顶的连通管测量系统宜加隔热防冻保护设施。

5.2.13 三角高程法适用于近坝区岩体、高边坡和滑坡体的垂直位移监测。必要时可将此法与边角网结合组成"三维网"。

5.2.14 坝体和坝基的倾斜，应采用一等水准测量，也可采用连通管和遥测倾斜仪监测。测点布置应满足以下要求：

1 基础附近测点宜设在横向廊道内，也可在下游排水廊道和基础廊道内对应设置测点。坝体测点与基础测点宜设在同一垂直面上，并宜设在垂线所在的坝段内。

2 坝体倾斜监测布置宜在基础高程面附近设置 1～3 个测点，高坝坝顶和中部高程廊道内宜设置 2～4 个测点。

3 用精密水准法测量倾斜，两点间距离，在基础附近不宜小于 20m，在坝顶不宜小于 6m。

4 连通管应设在两端温差较小的部位。

5.2.15 接缝和裂缝开度的监测布置宜按下列要求进行：

1 在可能产生裂缝的部位（如坝体受拉区、接缝处、基岩面高程突变部位及碾压混凝土坝上游防渗层与内部碾压混凝土的界面处、坝内厂房顶部等）和裂缝可能扩展处，宜在混凝土内或表面布置裂缝计。

2 在重力坝纵缝面和拱坝横缝面每个灌浆区中心宜布置测缝计，高拱坝在横缝面距上下游面 2.5m 以上的位置还宜各增设一支测缝计。

3 在坝踵、岸坡较陡坝段的基岩与混凝土接合处，宜布置单向、三向测缝计或裂缝计。

4 在预留宽槽回填混凝土时，宜在宽槽上下游面不同高程处布置测缝计。

5 岩体地表裂缝宜采用大量程测缝计或土体位移计进行监测，仪器安装方向应与滑移方向一致并水平安设。

5.2.16 地下洞室壁面的位移宜采用收敛计、位移计、滑动式测微计监测，收敛计主要用于施工期洞室位移监测。围岩松动范围宜采用多点位移计、声波仪监测，声波仪应在洞室开挖前后监测。

5.2.17 大型地下厂房可采用引张线配合垂线进行水平位移监测，采用液体静力水准法进行垂直位移监测，必要时也可采用真空激光准直系统进行监测。

5.2.18 围岩径向位移可采用多点位移计监测，多点位移计宜布置在围岩顶部及两侧，钻孔深度应根据地质条件，参照计算成果，达到变形可忽略处。一个孔内宜设 3～6 个测点。

5.3 监测设施及其安装

5.3.1 在基础开挖的设计高程或混凝土浇筑到基础廊道底板时，应及时进行倒垂孔的施工，并埋设钻孔保护管。宜减少倒垂孔的倾斜度，保护管有效孔径应大于 75mm。倒垂造孔的具体要求见附录 C.14 节。

正垂线安装的具体位置视垂线井（竖井、预留孔、宽缝）壁的不铅直度和不平整度而定，在留足位移空间的前提下，应使测线与井壁的距离最小。

垂线安装的具体要求见附录 C.1 节。

5.3.2 各种水平位移监测设备及接缝裂缝监测设备安装前，应按设计图纸做好放样工作。各种设备安装的具体要求见附录 C.2～C.6 节、C.12 节、C.13 节。

5.3.3 建筑物外的水准点不应设在地下水位高或易受剧烈振动影响的地点，并应便于观测。水准基点的主标和双金属标应设置保护装置。

5.3.4 微水准尺安装时，应将标柱精确调整铅直。标尺距地面的高度应便于观测。

5.3.5 连通管两端观测墩顶部应等高程，观测墩顶面应水平；安装连通管时，应将管中气泡全部排尽。具体要求见附录 C.11 节。

5.3.6 测斜管安装时，测斜管的导槽应位于可能产生最大变形的方向。具体要求见附录 C.7 节。

5.4 观　　测

5.4.1 垂线观测可采用光学垂线坐标仪、遥测垂线坐标仪，也可采用其他同准确度仪器。采用人工观测时，每一测次应观测两测回，两测回观测值之差不应大于 0.15mm。具体要求见附录 C.1 节。

5.4.2 引张线观测可采用读数显微镜、两线仪、两用仪或放大镜，也可采用遥测引张线仪。严禁单纯目视直接读数。人工观测时，每一测次应观测两测回。当使用读数显微镜时，两测回观测值之差不应大于 0.15mm；当使用两用仪、两线仪或放大镜时，两测回观测值之差不应大于 0.3mm。具体要求见附录 C.2 节。

5.4.3 视准线应采用视准仪或 J_1 型经纬仪或准确度不低于 J_1 型经纬仪的全站仪进行观测。每一测次应观测两测回，采用活动觇标法时，两测回观测值之差不应超过 1.5mm；采用小角度法时，两测回观测值之差不应超过 3.0″。具体要求见附录 C.3 节。

5.4.4 大气激光准直每一测次应观测两测回，两测回观测值之差应不大于 1.5mm。真空激光准直每一测次应观测一测回，两个"半测回"测得偏离值之差应不大于 0.3mm。具体要求见附录 C.4 节。

5.4.5 采用边角网和交会法观测时，水平角应以 J_1 型经纬仪或准确度不低于 J_1 型经纬仪的全站仪进行观测，边角网测角中误差不应大于 0.7″，交会法测角中误差不应大于 1.0″。

边长用标称准确度优于 $1mm \pm 10^{-6}D$（D 为所测距离，单位为 mm）的测距仪或全站仪直接测量。

各种监测方法的具体要求见附录 C.5 节、C.6 节。

5.4.6 一等水准应以 S_{05} 型水准仪和铟瓦水准标尺进行观测。二等水准可用 S_1 型水准仪进行观测。也可用准确度不低于相应等级的数字水准仪进行观测。

三角高程测量中，天顶距应以 J_1 型经纬仪或准确度不低于 J_1 型经纬仪的全站仪进行观测。

各种观测方法的具体要求见附录 C.10 节。

5.4.7 单向机械测缝标点和三向弯板式测缝标点的观测，宜直接用游标卡尺或千分表量测。单向机械测缝标点也可用固定百分表或千分表量测。平面三点式测缝标点宜用专用游标卡尺量测。

机械测缝标点每测次均应进行两次量测，两次观测值之差不应大于 0.2mm。

5.4.8 光学机械监测仪器、设备，在监测开始前，应先晾仪器，使仪器、设备的温度与大气温度趋于一致，再精密调平，进行观测。在晾仪器和整个监测过程中，仪器不应受到日光的直接照射。

5.4.9 收敛观测时，应将测桩端头擦拭干净，收敛计钢尺不应受扭。根据不同的尺长调节拉力装置，使钢尺达到选定的恒定张力。每一测次应观测两测回，两次读数差不应大于收敛计的误差范围。观测时，应同时测记环境温度。

5.4.10 安装在地下工程的多点位移计施工期间观测时，应首先确定基准值，当测点近区爆破时，爆破前后应各观测一次，以观测位移增量。爆前爆后位移变化较大或爆后位移变化较快时，应加密观测次数。施工期间开挖掌子面距离监测断面 1 倍洞径以内时，应加密测次。

5.4.11 测斜管观测，测斜仪放入测斜管，导向轮应置入要测量方向的导向槽中。测斜仪应至管底静置 15min，自下而上测读至管口；再将测斜仪旋转 180°放入管底，自下而上测读至管口，为一个测回。

6 渗 流 监 测

6.1 一 般 规 定

6.1.1 渗流监测项目应包括扬压力、渗透压力、渗流量、绕坝渗流和水质监测。

6.1.2 采用压力表测量测压管水头时，应根据管口可能产生的最大压力选择压力表量程。压力表量程宜为 1.2 倍最大压力，准确度应不低于 1.6 级。

采用渗压计测量渗透压力时，应根据被测点可能产生的最大压力选择渗压计量程。渗压计量程以 1.2 倍最大压力为宜，准确度应不低于 0.5%FS。

6.1.3 量水堰堰上水头监测的准确度应不低于 1.0mm。

6.2 监 测 设 计

6.2.1 扬压力监测布置应符合下列要求：

1 坝基扬压力监测应根据建筑物的类型、工程规模、坝基地质条件、渗流控制措施等进行布置，纵向和横向断面应结合布置。宜设纵向监测断面 1～2 个，横向监测断面不少于 3 个。

2 纵向监测断面宜布置在第一道排水幕线上，每个坝段应至少设 1 个测点；重点监测部位测点数量应适当加密。坝基有大断层或强透水带的，灌浆帷幕和第一道排水幕之间宜加设测点。

3 横向监测断面应选择最大坝高坝段、岸坡坝段、地质构造复杂坝段和灌浆帷幕折转坝段。横断面间距宜为 50～100m，如坝体较长，坝体结构与地质条件大致相同，则可加大横断面间距。对支墩坝，横断面可设在支墩底部。

4 每个断面设置 3～4 个测点，测点宜布置在各道排水幕线上。若地质条件复杂，可适当加密测点。在防渗墙或板桩后宜设测点。有下游帷幕时，应在其上游侧布置测点。

5 扬压力监测孔在建基面以下深度不宜大于 1m，与排水孔不应互换或代用。

6 坝基若有影响大坝稳定的浅层软弱带，应增设测点，一个钻孔宜设一个测点，浅层软弱带多于一层时，渗压计或测压管宜分孔安设。渗压计的集水砂砾段或测压管的进水管段应埋设在软弱带以下 0.5～1.0m 的基岩内。应做好软弱带处导水管外围的止水，防止下层潜水向上层的渗透。

7 坝基扬压力可埋设渗压计监测，也可埋设测压管监测。

6.2.2 坝体渗流监测布置应符合下列要求：

坝体水平施工缝渗透压力宜采用渗压计进行监测。测点应布置在上游坝面至坝体排水管之间，测点间距自上游面至排水管间由密渐疏，上游第一个测点距坝面的距离应不小于20cm。埋设截面应与应力监测截面相结合。

6.2.3 渗流量监测布置应符合下列要求：

1 结合工程渗流水的流向、集流和排水设施，统筹规划渗流量监测布置。

2 坝基和坝体渗流量应分别监测。河床坝段和两岸坝段的坝基渗流量应分段监测，必要时可单独监测每个排水孔的渗流量。坝体上游侧排水管的渗流水流入排水沟后，可采用分段集中的方式进行监测。

3 廊道或平洞排水沟内的渗流水量宜用量水堰法监测，也可用流量计监测。排水孔渗流量很小的渗流点宜用容积法监测。坝体混凝土缺陷、冷缝和裂缝的渗流水量宜采用目测法检查，渗流水量较大时，应采用容积法或量水堰法监测。

6.2.4 绕坝渗流监测布置应符合下列要求：

1 绕坝渗流监测点应根据坝址地形、枢纽布置、渗流控制工程措施及绕坝渗流区域的地质条件布置。宜在帷幕后沿流线方向分别布置2～3个监测横断面，测点的分布靠坝肩附近应较密，每个横断面布置3～4个测点；必要时，帷幕前可各布置1～2个测点。

2 对于层状渗流地质情况，宜利用不同高程上的平洞布置监测测点；无平洞时，应将钻孔钻至各层透水带，各层透水带分别布置测点，若一个钻孔内埋设多根测压管或多个渗压计，测点之间应做好隔水。

3 绕坝渗流可采用测压管进行监测，也可采用渗压计进行监测。

6.2.5 地下水位监测布置应符合下列要求：

1 近坝区地下水位应根据坝址地质、地形条件和地下水分布状态进行监测，并宜利用不同高程的探洞布置监测孔。

2 对大坝安全有较大影响的滑坡体或高边坡，宜利用地质勘探钻孔作为地下水位观测孔。

3 已查明滑动面的近坝岸坡，宜沿滑动面滑移方向或地下水渗流方向布置1～2个监测断面，水位观测孔钻孔应伸入滑动面以下至少1m；如滑坡体或高边坡体内有不同的隔水层时，宜分层分别进行地下水位监测，并应做好层间隔水。

4 无明显滑动面的近坝岸坡，应分析可能的滑动面，根据可能的滑移方向或地下水渗流方向布置监测断面。如滑动面距地表很深时，可在勘测平洞或专设平洞内钻孔监测地下水位。

5 地下水逸出时，应布置浅孔监测，以监视表层水的流向和变化。

6 坝址外近坝区有对大坝坝基、坝肩的稳定性有重大影响的地质构造带，应进行地下水位监测。沿渗流流线方向通过构造带至少布置1个监测断面，每个断面设置2～3个测点；也可利用通过构造带的平洞或专门开挖平洞布置测点。

7 近坝区地下水位监测宜采用测压管，也可采用渗压计。

6.2.6 地下洞室渗流监测应符合下列要求：

1 地下洞室渗流监测包括地下洞室外水压力、围岩渗透压力和渗流量监测。

2 洞室外水压力测点宜在洞顶、洞底、洞侧衬砌外与围岩界面处布设。

3 对覆盖层浅的洞室，可从地表竖向钻孔埋设测压管或渗压计；对覆盖层厚的洞室，可从洞内向围岩钻孔埋设渗压计；如果洞室周围有排水洞、勘探平洞等，也可利用洞室钻孔埋设。

4 在渗水处或排水孔处应按分区、分段原则集中进行渗水量监测。

6.2.7 水质分析应符合下列要求：

1 应选择有代表性的排水孔或绕坝渗流孔，定期进行渗流水水质分析。发现有析出物或侵蚀性水时，应取样进行全分析。

2 在对渗流水水质分析的同时，应进行库水水质分析。

3 水质宜进行简易分析，必要时应进行全分析或专门研究。简易分析和全分析项目见附录 D.1 节，其中的物理分析项目应在现场进行。

6.3　监 测 设 施 及 其 安 装

6.3.1 测压管应符合下列要求：

1 测压管包括进水管、导管与管口装置，进水管段应保证渗水能顺利进入管内。当有可能塌孔或产生管涌时，应加设反滤装置。在完整的基岩中安装测压管时，可不需要进水管和导管，仅安设管口装置，见附录 D.2 节。

2 测压管可采用施工期预埋方式，也可采用钻孔安装方式。帷幕附近的测压管应在灌浆完成后钻孔安装，见附录 D.2.2～D.2.3 条。测压管宜采用竖直管并铅直埋设。需采用 L 形结构的测压管时，水平管进水管端应略低，竖管管口应引至不被渗水淹没高程以上至少 0.5m，见附录 D.2.4 条。

3 采用压力表监测有压管时应一管一表，管内安装渗压计监测时管口应密封；无压测压管可采用钢尺水位计观测，也可在管内安装渗压计或水位计监测，管口应设保护装置。

4 测压管安装后，应做抽、注水试验，其灵敏度应满足要求。

6.3.2 渗压计应符合下列要求：

1 渗压计可采用施工期预埋方式，也可采用钻孔埋设安装方式。帷幕或固结灌浆带附近埋设安装的渗压计应在灌浆后钻孔安装，见附录 D.3 节。

2 在混凝土浇筑面或基岩面预埋渗压计时，应采取措施，避免下一序混凝土浆液堵塞渗压计滤头，见附录 D.3.4 条、D.3.5 条。

6.3.3 量水堰应符合下列要求：

1 量水堰应设在排水沟的直线段，堰身采取矩形断面。量水堰的具体要求见附录 D.4 节。

2 量水堰宜采用直角三角堰或矩形堰，三角堰适用于流量为 1～70L/s 的量测范围，矩形堰适用于流量大于 50L/s 的情形。当渗流量小于 1L/s 时，可采用容积法。量水堰结构见附录 D.4 节。

6.4 观 测

6.4.1 采用压力表测量测压管内水压力时，初装及拆后重装的压力表应待压力稳定后测读。压力表校准或检定周期应不大于 1 年。

6.4.2 采用钢尺水位计测量测压管水位时，应平行测定两次，其读数差应不大于 2cm。

6.4.3 采用容积法测量渗流量时，容器充水时间根据渗流量的大小确定，宜不小于 10s，渗流量两次测值之差不应大于其平均值的 5%。

6.4.4 采用水尺、水位测针测量量水堰堰上水位时，应平行测定两次，其读数差应不大于 1mm。

6.4.5 水质分析所需水样应在规定部位取样。在监测孔取样进行分析时，应取库水水样进行同比分析。

6.4.6 应对坝体混凝土或坝基础中的析出物取样进行化学分析，检查是否有化学管涌与机械管涌发生。

7　应力、应变及温度监测

7.1　一　般　规　定

7.1.1　应力、应变及温度监测项目应包括混凝土或岩石内部及其表面（或接触面）的应力、应变、锚杆（锚索）应力、钢筋应力、钢板应力和温度等。

7.1.2　应力、应变及温度监测应与变形监测和渗流监测项目相结合布置，重要的物理量宜布置相互验证的监测仪器。

7.2　监　测　设　计

7.2.1　混凝土的应力和应变监测布置应符合下列要求：

　　1　应根据坝型、结构特点、应力状况及分层分块的施工计划，合理布置测点，使监测结果能反映结构应力分布及最大应力的大小和方向，以便和计算结果及模型试验结果进行对比以及与其他监测资料综合分析。

　　2　测点的应变计只数和方向应根据应力状态而定。空间应力状态宜布置7～9向应变计，平面应力状态宜布置4向或5向应变计，主应力方向明确的部位可布置单向或两向应变计。

　　3　每一应变计（组）旁1.0～1.5m处布置一只无应力计。无应力计与相应的应变计（组）距坝面的距离应相同。无应力计筒内的混凝土应与相应的应变计（组）处的混凝土相同，以保证温度、湿度条件一致。无应力计的筒口宜向上；当温度梯度较大时，无应力计轴线宜与等温面正交。200m以上特高拱坝的无应力计的结构型式及安装埋设方式宜进行专门论证。

　　4　坝体受压部位可布置压应力计，以便与应变计（组）相互验证。压应力计和其他仪器之间应保持0.6～1.0m的距离。

7.2.2　重力坝应力和应变的监测布置应符合下列要求：

　　1　应根据坝高、结构特点及地质条件选定重点监测断面。

　　2　在重点监测坝段可布置1～2个监测断面。在监测断面上，可在不同高程布置几个水平监测截面。水平监测截面宜距坝底5m以上，必要时应在混凝土与基岩结合面附近布置测点。

　　3　同一浇筑块内的测点应不少于2个，纵缝两侧应有对应的测点；通仓浇筑的坝体，其监测截面上宜布置5个测点。

　　4　坝踵和坝趾应加强监测，除布置应力、应变监测仪器外，还应配合布置其他仪器。

　　5　监测坝体应力的应变计（组）与上下游坝面的距离宜大于1.5m（在

严寒地区还应大于冰冻深度），纵缝附近的测点宜距纵缝 1.0～1.5m。

6 边坡陡峻的岸坡坝段，宜根据设计计算及试验的应力状态布置应变计（组）。

7 表面应力梯度较大时，应在距坝面不同距离处布置测点。宜布置单向或两向应变计。

8 整体式重力坝的仪器布置可参照拱坝进行。

7.2.3 拱坝应力和应变的监测布置应符合下列要求：

1 根据拱坝坝高、体形、坝体结构及地质条件，可在拱冠、1/4 拱圈处选择铅直监测断面 1～3 个，在不同高程上选择水平监测截面 3～5 个。

2 在薄拱坝的监测截面上，靠上、下游坝面附近应各布置一个测点，应变计（组）的主平面应平行于坝面；在厚拱坝或重力拱坝的监测截面上应布置 2～3 个测点。拱坝设有纵缝时，测点可多于 3 个。

3 监测截面应力分布的应变计（组）距坝面应不小于 1.0m，测点距基岩开挖面应大于 3.0m，必要时可在混凝土与基岩结合面附近布置测点。

4 拱座附近的应变计（组）支数和方向应满足监测平行拱座基岩面的剪力和拱推力的需要，在拱推力方向还可布置压应力计。

5 坝踵、坝趾表面应力和应变监测的布置要求与重力坝相同。

7.2.4 坝基、坝肩、边坡、地下洞室应力和应变的监测布置应按下列要求进行：

1 监测断面应选择地质条件、结构形式、受力状态等具有代表性或关键的部位，宜选择一个重点监测断面，在其附近设监测断面 1～2 个。在重点监测断面，应力和应变宜与其他监测项目结合布置。

2 重力坝宜在坝踵和坝趾部位布置测点；拱坝的测点应布置在应力变化较大的部位。

3 坝基、坝肩、边坡、地下洞室采用锚杆、预应力锚索等加固措施时，应进行锚杆（锚索）应力监测。锚杆监测宜选择有代表性的部位按锚杆的形式进行抽样，监测数量占锚杆总数的 3%～5%。每根锚杆宜布置 1～3 个测点，仪器采用锚杆应力计。预应力锚索监测宜按锚索吨位进行抽样，监测数量占预应力锚索总数的 3%～5%，每个典型地质地段或每种锚索应监测 2～3 根，仪器宜采用锚索测力计。

7.2.5 在重要的钢筋混凝土建筑物内应布置钢筋应力测点。监测钢筋应力的钢筋计应与受力钢筋焊接在同一轴线上。当钢筋为弧形时，其曲率半径应大于 2.0m，并应保证钢筋计中间的钢套部分不弯曲。

有条件时可在钢筋计附近混凝土内布置应变计及无应力计，同时监测钢筋和混凝土的受力状态。

对预应力闸墩及隧洞等结构，应布置预应力锚索测力计。

7.2.6 对于影响大坝或电站安全运行的压力管道、蜗壳等水工钢结构，应布置钢板应力监测断面。在圆形监测断面上宜至少布置3个测点。蜗壳或其他水工钢结构可根据应力分布的特点布置测点。每一测点宜布置环向（切向）和轴向的小应变计，用专用夹具定位，布置测点处钢板的曲率半径不宜小于1.0m。

7.2.7 坝体和坝基温度监测布置应按下列要求进行：

1 温度监测应设置在重点监测坝段，其测点分布应根据混凝土结构的特点和施工方法而定。

2 坝体温度测点应根据温度场的特点进行布置。在温度梯度较大的坝面或孔口附近测点宜适当加密。布置坝体温度测点时，宜结合布置坝面温度和基岩温度测点。

3 在能兼测温度的其他仪器处，不宜再布置温度计。

4 在重力坝监测坝段的中心断面上，宜按网格布置温度测点，网格间距为8～15m。对于坝高150m以上的高坝，间距可适当增加到20m，以能绘制坝体等温线为原则。引水坝段的测点布置应顾及空间温度场监测的需要。

5 在拱坝监测坝段，根据坝高不同可布置3～7个监测截面。在截面和监测断面的每一条交线上可布置3～5个测点。在拱座的应力监测截面上可增设必要的温度测点。

6 在重力坝纵缝面和拱坝横缝面各灌浆区如未布置兼测温度的测缝计，每个灌浆区宜布置温度计。

7 可在距上游5～10cm的坝体混凝土内沿高程布置坝面温度测点，间距宜为1/15～1/10坝高，死水位以下的测点间距可加大一倍。多泥沙河流的库底水温受异重流影响，该处测点间距不宜加大。表面温度计在蓄水后可作为坝前库水温计。在受日照影响的下游坝面可适当布置若干坝面温度测点。当拱坝两岸日照相差很大时，下游面宜分别布置温度测点。

8 在坝体温度监测断面的底部，宜在靠上、下游附近各设置一个5～10m深的孔，在孔内不同深度处布置测点监测基岩温度。钻孔孔洞应用水泥砂浆回填。

7.3 监测设施及其安装

7.3.1 仪器安装应保持正确位置及方向，及时对仪器进行检测，并防止仪器损坏，各种仪器的安装要求见附录E。

7.3.2 仪器周围回填混凝土时，应人工分层振捣密实。混凝土下料时应距仪器1.5m以上，振捣时振捣器与仪器的距离应大于振动半径，宜不小于1.0m。

7.3.3 当施工机械化程度高、浇筑强度大时，可采用预置埋设槽的方法，即在混凝土浇筑后拆除埋设槽模板，清理冲毛，将仪器埋入槽内，然后回填混凝土。

7.3.4 监测仪器埋设时，应及时记录仪器及电缆埋设参数及附近浇筑的混凝土和环境条件。安装后，应及时做好标识与保护。

7.3.5 应按监测设计要求进行电缆连接和编号，具体要求见附录F。

7.4 观　　测

7.4.1 埋设初期一个月内，应变计、无应力计和温度计观测宜按如下频次进行：前24h，1次/4h；第2～3天，1次/8h；第4～7天，1次/12h；第7～14天，1次/24h；之后按附录A表A.0.2中施工期测次要求进行观测。

7.4.2 使用直读式接收仪表进行观测时，每月应对仪表进行一次检验。如需更换仪表，应先检验是否有互换性。

7.4.3 仪器设备应妥加保护。电缆的编号牌应防止锈蚀、混淆或丢失。电缆长度需改变时，应在改变长度前后读取测值，并做好记录。集线箱及测控装置应保持干燥。

7.4.4 仪器埋设后，应及时按适当频次观测以便获得仪器的初始值。初始值应根据埋设位置、材料的特性、仪器的性能及周围的温度等，从初期各次合格的观测值中选定。为便于监测资料分析，在各分析时段的起点应按适当频次观测，以便获得仪器的基准值。

8 专 项 监 测

8.1 地 震 反 应 监 测

8.1.1 地震反应监测应符合下列规定：

　　1 混凝土坝地震反应监测应监测强震时坝址地面运动的全过程及其作用下混凝土坝的结构反应，并通过强震记录的处理分析对大坝作出震害评估。监测物理量主要是加速度。

　　2 设计烈度为 7 度及以上的 1 级大坝，或设计烈度为 8 度及以上的 2 级大坝，应设置结构反应台阵，主要记录地震动加速度，对 1 级高混凝土坝，可增加动水压力监测。

　　3 结构反应台阵应根据大坝工程等级、设计烈度、结构类型和地形地质条件进行布置。

　　4 地震反应监测应与现场调查相结合。当发生有感地震时或坝基记录的峰值加速度大于 0.025g 时，应及时对大坝结构进行现场调查。

8.1.2 监测设计应符合下列要求：

　　1 地震反应监测设计应包括确定结构反应台阵的规模、布置、仪器的性能指标，仪器安装和管理维护的技术要求等。

　　2 结构反应台阵测点应包括河谷自由场测点和坝体结构反应测点。

　　　　1）在坝址区附近、高程接近建基面的完好岩体上，应设置一个河谷自由场测点，测点宜布置水平顺河向、水平横河向、竖向三分量。

　　　　2）混凝土重力坝和支墩坝宜在溢流坝段和非溢流坝段各选一个最高坝段，或地质条件较为复杂的坝段布置坝体结构反应测点。测点宜布置在坝顶、下游面变坡部位、2/3 坝高、1/3 坝高、坝基等位置附近。传感器测量方向以水平顺河向为主，重要测点宜布置水平顺河向、水平横河向、竖向三分量。

　　　　3）混凝土拱坝，宜在顶拱拱冠、拱冠梁 2/3 坝高、拱冠梁 1/3 坝高、拱冠梁坝基、左右 1/4 顶拱拱圈、两岸坝肩、两岸坝基 1/2 坝高处各布置一个测点。根据具体情况可增加测点。重要测点传感器测量方向应按水平径向、水平切向和竖向三分量布置，次要测点可视情况布置两分量或单分量。

　　　　4）结构反应台阵的规模，1 级大坝结构反应台阵应不少于 18 分量，2 级大坝应不少于 12 分量，3 级大坝宜不少于 6 分量。

8.1.3 记录分析系统应符合下列要求：

1 强震仪应具有自动触发功能，触发后地震记录信息应自动存储并传至计算机系统。

2 应配备适合工业应用环境，有较高运算速度和较大存储容量的工业 PC 机，并配有打印机等外围设备。

3 宜配置便携式计算机作为移动工作站。

4 应配置强震动加速度记录处理分析软件。

5 有条件的大坝可增加便携式强震仪。

8.1.4 大坝地震反应监测仪及传感器的技术参数应满足的指标见附录 G。

8.1.5 监测设施及其安装应符合下列要求：

1 应根据监测设计要求对测点进行传感器安装及电缆布设，传感器安装要求见附录 G.0.4 条，电缆布置与要求见附录 F。

2 强震仪安装时应记录仪器出厂编号、仪器安装时间及埋设前后的检查和对大坝脉动响应的监测数据。

8.1.6 观测应符合下列要求：

1 地震反应监测系统安装完成后，应对系统的运行情况进行现场观测检查，确认各通道信号及背景噪声情况。

2 监测系统运行正常后，应进行场地的脉动和大坝的脉动反应测试，记录脉动加速度时程，并进行分析。

3 地震反应监测资料处理分析按附录 G.0.9 条的要求进行。

8.2 水力学监测

8.2.1 水流流态监测应符合下列要求：

1 泄水、引水、过坝建筑物的进口流态应包括：来流对称性、水流侧向收缩、回流范围、旋涡漏斗大小和位置及其他不利流态。

2 泄水建筑物泄槽流态应包括：水流形态、折冲水流、波浪高度、水流分布、冲击波、旁道水流及其产生的横比降、闸墩和桥墩的绕流流态等。

3 泄水建筑物出口的流态应包括：上、下游水面衔接形式、面流、底流、挑流等。

4 泄水建筑物下游河道的流态应包括：水流流向、回流形态和范围、冲淤区、水流分布等。

5 水流流态可采用文字描述、摄影或录像进行记录，也可采用地面同步摄影测量等方法进行测量。

8.2.2 水面线监测应符合下列要求：

1 水面线监测应包括明流溢洪道水面、明流泄洪隧洞水面、挑射水舌轨迹线及水跃波动水面等。

2 明流溢洪道等泄水建筑物沿程水面线，可用直角坐标网格法、水尺法或摄影法进行观测。

3 挑流水舌轨迹线，可用经纬仪测量水舌出射角、入射角、水舌厚度，也可用立体摄影测量平面扩散等。

4 水跃长度及平面扩散可用水尺法或摄影法进行测量。

8.2.3 动水压力监测应符合下列要求：

1 动水压力监测应包括时均压力、瞬时压力和脉动压力。输、泄水建筑物的动水压力观测布置应能反映过水表面压力分布特征。

2 动水压力测点应沿水流方向布置在闸孔中线、闸墩两侧和下游。溢流堰的堰顶、坝下反弧及下切点附近以及其相应位置的边墙等处，有压管道进口曲线段、渐变段、分岔段及局部不平整突体的下游壁面和过水边界不平顺及突变等部位，如闸门门槽下游边壁、挑流鼻坎、消力墩侧壁等。

3 对于泄水孔、洞，应测量其边壁压力。

4 对于有压隧洞，应选择若干控制断面，测量洞壁动水压力，以确定压坡线。

5 在脉动压力周围，应设置 $1\sim2$ 根测压管，以便测量时均压力，相互验证。

6 时均压力可用测压管水银比压计进行测量；瞬时压力及脉动压力可采用脉动压力传感器测量。

8.2.4 流速监测应符合下列要求：

1 流速观测应根据水流流态、掺气及消能冲刷等情况确定，宜布置在挑流鼻坎末端、溢流坝面、渠槽底部、局部突变处、下游回流及上下游航道等部位。

2 顺水流方向选择若干观测断面，在每一断面上量测不同水深点的流速，应特别注意水流特征与边界条件有突变部位的流速观测。

3 流速可用浮标、流速仪、毕托管等进行观测。

8.2.5 泄流量监测应符合下列要求：

1 流量观测按测试需要可包括固定测流断面和临时测流断面。固定测流断面应选择断面稳定的地段；临时测流断面视泄水建筑物具体情况确定，若用浮标法应同时选定投标断面和测量断面。

2 泄流量可根据流速及水流断面推算。

8.2.6 空化空蚀监测应符合下列要求：

1 空化空蚀监测应重点观测边界曲率突变或水流发生分离现象的部位，包括扩散处、弯道岔道、消力墩下游面及底部、闸门槽、溢流面反弧段、底孔出流与坝面溢流交汇处、不平整及突体处。

2 空化可用水下噪声探测仪监测。空蚀可用目测、摄影、拓模等计量。

8.2.7 掺气监测应符合下列要求:

1 掺气测点应设置在掺气减蚀设施后的水流底层,监测掺气量、掺气浓度及其发展过程,研究掺气浓度分布规律。

2 应加密水舌落点和冲击力的测点,测出沿水深方向的含气浓度,并延伸测至上游空腔中,测出水舌落点附近的最大掺气浓度和冲击力。

3 通气量通过通气孔断面平均风速计算取得,风速可采用毕托管、风速仪等进行测量。水体掺气浓度可用取样法、同位素法和传感器法等进行观测。

8.2.8 振动监测应符合下列要求:

1 振动测点应布置在溢流厂房的顶部面板、泄水闸门、弧形支撑梁、导墙、输水管道段、开关站等易产生振动的部位。

2 振动监测可用拾振器和测振仪等观测。

8.2.9 下游雾化监测应符合下列要求:

1 雾化测点应布置在下游两岸岸坡、开关站、高压电线出线处、发电厂房、对岸坡稳定、生产生活、自然景观有影响的部位。

2 雾化监测可用雨量器、人工判断及地面摄影测量法。

8.2.10 消能监测应符合下列要求:

1 消能监测应包括底流、面流和挑流各类水流形态的测量和描述。其中对自由挑流应测量水舌剖面轨迹、平面扩散覆盖范围,碰撞挑流加测撞击位置。

2 消能监测可用目测法和摄影法,也可用单经纬仪交会法和双经纬仪交会法。

3 计算过坝水流的总消能率时,应测量通过下游标准河床断面的水位和流量。

8.2.11 冲刷监测应符合下列要求:

1 冲刷监测点应布置在溢流面、闸门下游底板、侧墙、消力池、辅助消能工、消力戽及泄水建筑物下游泄水渠道和护坦底板等处。

2 水上部分可直接目测和量测;水下部分采用抽干检查法、测深法、压气沉柜检测法及水下电视检查法等。

9 监测自动化系统

9.1 一般规定

9.1.1 监测自动化系统设计应遵循"实用、可靠、先进、经济"的原则，并满足水库现代化管理需要。

9.1.2 监测自动化系统的建设应统筹规划，可分步实施。

9.1.3 仪器设备在满足准确度的前提下，系统结构宜简单、稳定、维护方便，易于改造和升级。

9.1.4 监测自动化系统的监测点或监测站，有条件的应配备独立于自动测量监测仪器的人工测量设备，以备监测自动化设备故障时连续监测，也可作为检验监测自动化设备的参照设备。

9.2 系统设计

9.2.1 监测自动化系统应由监测仪器、数据采集装置、计算机及外部设备、数据采集和管理软件、通信线路及装置、电源线路及装置、防雷装置等组成。

9.2.2 监测自动化系统应具备下列基本功能：

  1 巡测、选测和定时测量功能。

  2 现场网络数据通信与远程通信功能。

  3 数据存储、管理及备份功能。

  4 掉电保护功能。

  5 网络安全防护功能。

  6 自检、自诊断功能。

  7 防雷及抗干扰功能。

  8 数据异常报警功能。

9.2.3 纳入监测自动化系统的测点应至少包括以下测点：

  1 需要进行高准确度、高频次监测而难以进行人工观测的测点。

  2 监测点所在部位的环境条件不允许或不可能用人工方式进行观测的测点。

9.2.4 监测仪器的技术性能指标应不低于被测量工程的要求，监测仪器品种、规格有条件时宜统一，提高系统的可维护性。

9.2.5 数据采集装置应满足下列基本性能：

  1 测量准确度：不低于本标准对测量对象准确度的要求。

  2 采样时间：巡测时小于30min，单点采集时小于30s。

3 数据存储容量：不小于 50 测次。

4 平均无故障时间（MTBF）：大于 6300h，其计算方法见附录 H.1 节。

5 数据采集缺失率：不大于 2%，其计算方法见附录 H.2 节。

6 掉电运行时间：不小于 3d（需强电驱动控制的设备除外）。

7 防雷电感应：不小于 500W。

8 防潮、防锈蚀、防鼠、抗振、抗电磁干扰等。

9.2.6 数据采集装置宜分散设置在靠近监测仪器的监测站。监测站应具备一定的工作空间和稳定可靠的电源。监测站不应设置在具有较强电磁干扰的设备附近，并应有良好的接地和适当防护设施。

9.2.7 系统配置的监测计算机及外部设备位于监测管理站，监测管理站应配置可靠的专用电源、不间断电源和防雷接地设施。监测管理站应具备足够的设备空间和工作空间，并具备良好的照明、通风和温湿度调节环境，满足室内计算机及通信设备正常运行所需条件。

9.2.8 监测管理站配置的数据采集与管理软件应具有下列功能：

1 在线监测功能。

2 图表制作功能。

3 离线分析。

4 信息管理。

5 网络系统管理功能。

9.2.9 监测自动化系统可根据工程实际需要选用集中式、分布式或混合式的结构模式。集中式适用于测点数量少、布置相对集中和传输距离不远的工程；分布式适用于测点数量多、布置分散的工程；混合式介于以上两种之间。

9.2.10 数据采集装置和监测管理站计算机之间的通信可采用 EIA - RS - 232C、EIA - RS - 485/422A、CANbus、Ethernet 以及其他国际标准，通信介质可采用光纤、双绞线、电话线、无线等。通信线路布设时应考虑雷电感应对系统可能的影响，做好线缆的防护接地。监测管理站计算机与远程管理中心站可用局域网或广域网通信方式。

9.2.11 系统宜采用专线供电，配置稳压及过压保护措施，并设置供电线路安全防护及接地设施。

9.2.12 系统通信、电源线路及装置、监测管理站和监测管理中心站应采用防雷接地措施，有条件时系统设备应进行等电位连接，接地电阻不大于 10Ω。

9.3 系统安装与调试

9.3.1 在安装监测自动化系统过程中，应对系统仪器设备进行检查、检验、试验、参数标定，并做好详细记录。

9.3.2 系统设备安装及电缆布线应整齐，系统设备应采取必要的保护措施。系统设备支座及支架应安装牢固。

9.3.3 对于监测设施自动化更新改造的工程，在安装监测仪器设备过程中，宜不破坏原有可用的监测设施。

9.3.4 对每个自动化监测点应进行快速连续测试，以检验测值的稳定性。

9.3.5 监测自动化系统调试时，应与人工观测数据进行同步比测，将监测自动化的基准调整到与人工观测相一致。

9.3.6 应逐项检查系统功能，以满足设计要求。

9.3.7 系统安装调试完成后，应提交系统安装与调试报告。

9.4 监　测

9.4.1 监测自动化系统在试运行期，测量频次应不少于1次/天；在正常运行期，其测量频次在满足附录A条件下，应不少于1次/周；特殊情况（如高水位、库水位骤变、特大暴雨、地震等）下，可根据需要增加测量次数。

9.4.2 所有实测数据应全部存储至数据库。

9.4.3 应对每次测量数据进行检查甄别，发现异常，应及时复测。

10 监测资料整编与分析

10.1 一 般 规 定

10.1.1 每次仪器监测或现场检查后应随即对原始记录加以检查和整理，并应及时作出初步分析。每年应进行一次监测资料整编。在整理和整编的基础上，应定期进行资料分析。

10.1.2 应建立监测资料数据库或信息管理系统。

10.1.3 资料整理与分析过程中发现异常情况，应立即查找原因，并及时上报。

10.1.4 整编成果应做到项目齐全，考证清楚，数据可靠，方法合理，图表完整，规格统一，说明完备。

10.1.5 在下列时期应进行资料分析，并提出资料分析报告：

 1 首次蓄水时。

 2 蓄水到规定高程时。

 3 分阶段验收时。

 4 竣工验收时。

 5 大坝安全鉴定时。

 6 出现异常或险情状态时。

 7 在首次蓄水、竣工验收及大坝安全鉴定时均应先做全面的资料分析，分别为蓄水、验收及大坝安全鉴定评价提供依据。

10.1.6 蓄水后的每次资料分析，应根据 1.0.9 条的规定对大坝工作状态作出评估。

10.1.7 工程施工阶段和首次蓄水阶段，宜根据理论计算或模型试验成果，并参考类似工程经验，对一些重要部位的监测项目提出预计的测值变化范围，对 1 级、2 级大坝关键部位的测值提出设计监控指标。

 投入运行后，宜定期根据实测资料建立数学模型，提出或调整运行监控指标。

10.2 监 测 资 料 整 编

10.2.1 人工观测、自动化监测和现场检查均应做好所采集数据（或所检查情况）的记录。记录的图和表应有固定的格式，具体要求见附录 I.1 节。记录应准确、清晰、齐全，应记入监测日期、责任人姓名及监测条件的必要说明。

10.2.2 每次观测（包括人工观测、自动化监测和现场检查）完成后，应随即对原始记录的准确性、可靠性、完整性加以检查、检验。具体要求见附录Ⅰ.2节。

10.2.3 应及时将计算后的各监测物理量形成电子文档，并打印出主要图表供查用。物理量的计算公式见附录Ⅰ.3节。

10.2.4 应根据监测资料，及时检查和判断测值的变化趋势，作出初步分析。如有异常，应检查计算有无错误和监测系统有无故障，经综合比较判断，确认是监测物理量异常时，按10.1.3条执行。

10.2.5 在施工期和初蓄期，整编时段应依工程施工和蓄水进程而定，不宜超过1年。在运行期，每年汛前应将上一年度的监测资料整编完毕。

10.2.6 凡历年具有共同性的资料，若已在前期整编资料中刊印，且其后不再重印时，应在整编前言中说明已收入何年整编资料。

10.3 监测资料分析

10.3.1 监测资料分析的项目、内容和方法应根据实际情况而定。但对于变形量、渗流量、扬压力及现场检查等的资料应进行分析。首次蓄水时的分析内容可酌情处理。

10.3.2 监测资料分析，宜采用比较法、作图法、特征值统计法及数学模型法，见附录Ⅰ.4节。使用数学模型法做定量分析时，应同时用其他方法进行定性分析，加以验证。

10.3.3 监测资料分析应分析各监测物理量的大小、变化规律、趋势及效应量与原因量之间（或几个效应量之间）的关系和相关的程度。有条件时，还应建立效应量与原因量之间的数学模型，借以解释监测量的变化规律，在此基础上判断各监测物理量的变化和趋势是否正常、是否符合技术要求；并应对各项监测成果进行综合分析，揭示大坝的异常情况和不安全因素，评估大坝的工作状态，拟定或修订安全监控指标。资料分析的内容见附录Ⅰ.5节。

10.3.4 监测资料分析后，应提出监测资料分析报告，其主要内容见附录Ⅰ.6节。

10.3.5 监测资料分析报告和整编资料，应按档案管理规定及时归档。

11 监测系统运行管理

11.1 一 般 规 定

11.1.1 监测系统运行管理应包括监测制度、设备管理、检查维护、数据处理、人员要求等内容。

11.1.2 监测系统运行管理分为监测系统安装施工期的运行管理、监测系统安装完成后的试运行期运行管理及监测系统验收后的运行期运行管理。施工期的运行管理应由监测系统承建单位负责;试运行期的运行管理宜由监测系统承建单位负责,大坝建设单位或管理单位协助;运行期的运行管理应由大坝建设单位或管理单位负责。

11.1.3 监测系统交付大坝建设单位或管理单位运行管理前应进行验收,监测系统承建单位向大坝建设单位或管理单位交付监测系统时应同时移交下列资料:

    1 仪器设备出厂资料。

    2 仪器设备安装考证资料。

    3 施工期及试运行期监测资料及分析报告。

    4 监测系统使用与维护说明。

    5 监测系统安装工作报告。

11.1.4 监测系统运行管理单位应制定监测系统运行管理制度,包括监测项目及其频次、仪器设备管理与维护、监测数据记录与处理、监测人员与岗位职责等要求。

11.1.5 运行管理单位应安排具备相应基础知识、经过培训合格、能够稳定从事大坝安全监测工作的专职人员承担监测系统的运行管理,为监测人员提供正常工作和劳动保护条件。

11.2 运 行 管 理

11.2.1 监测人员应严格执行监测系统运行管理制度,正确使用和操作监测系统,按附录A、附录B规定开展现场检查、数据采集、记录、甄别和保存,保障数据的准确、可靠。

11.2.2 试运行期应对监测系统进行检测或比测,分析评价监测系统的工作状况与监测数据的合理性和准确性。

11.2.3 应及时分析监测数据及其反映的工程情况,并及时上报。

11.2.4 监测数据应定期进行整理分析和刊印存档。

11.2.5 监测自动化系统应每个月校正 1 次系统时钟，监测数据应每 3 个月作 1 次备份。

11.3 设 施 维 护

11.3.1 监测系统仪器设备、装置、线缆等应设置标识和采取必要的防护措施，避免暴雨雷击、动物侵害、人为损害等影响。对易受环境影响或安装在坝体外部的仪器设备，应考虑日照、雨淋、冰冻、风沙等恶劣天气的影响，必要时应采取特殊防护措施。

11.3.2 应按 3.1.3 条规定，定期检查监测设备工作与运行状况，包括接线是否牢固，电触点是否灵敏，有无断线、漏电现象，防雷设施是否正常，接地电阻是否合格，电缆有无老化损坏等；对有问题的监测设备应及时修复改善，必要时应更换。

11.3.3 监测仪器、仪表应定期进行保养、率定、检定，发现问题应及时校准、维修或更换。

11.3.4 监测自动化系统的部分或全部测点宜每年进行 1 次人工比测。监测站点和监测管理站房应保持各种仪器设备正常运转的工作环境条件。监测自动化系统宜配置足够的备品备件，并应及时补充。

11.3.5 工程除险加固、扩（改）建或工程维修施工中，对留用监测设备与设施，均应妥善保护，对电缆应予特殊保护。

11.3.6 监测系统应定期进行鉴定，掌握系统运行状况，分析监测系统存在的问题，提出系统改进或处置意见。首次鉴定应在监测系统投入运行后的 5 年内进行，以后每 6~10 年鉴定一次。如发现设备异常或难以维护处理时，可随时对监测系统进行鉴定。

11.3.7 监测系统鉴定应由相应资质的机构承担，通过检查测试、检验校验和数据分析等方法分析监测系统运行情况，提出运行维护或维修处理等指导意见。

11.3.8 应做好监测设施管理维护记录，并存档备查。

11.3.9 监测人员安全劳动保护用品应经常检查、维护或更新。

11.3.10 应每年安排一定的运行维护费用，保障监测系统正常运行。

附录 A 监测项目与测次

A.0.1 混凝土坝安全监测项目按表 A.0.1 进行分类和选择。

表 A.0.1 混凝土坝安全监测项目分类

监测类别	监测项目	大 坝 级 别			
		1	2	3	4
现场检查	坝体、坝基、坝肩及近坝库岸	●	●	●	●
环境量	上、下游水位	●	●	●	●
	气温、降水量	●	●	●	●
	坝前水温	●	●	○	○
	气压	○	○	○	○
	冰冻	○	○	○	
	坝前淤积、下游冲淤	○	○	○	
变形	坝体表面位移	●	●	●	●
	坝体内部位移	●	●	●	○
	倾斜	●	○	○	
	接缝变化	●	●	●	
	裂缝变化	●	●	●	○
	坝基位移	●	●	●	
	近坝岸坡变形	●	●	○	○
	地下洞室变形	●	●	○	○
渗流	渗流量	●	●	●	●
	扬压力	●	●	●	●
	坝体渗透压力	○	○	○	○
	绕坝渗流	●	●	●	
	近坝岸坡渗流	●	●	○	○
	地下洞室渗流	●	●	○	○
	水质分析	●	●	○	○
应力、应变及温度	应力	●	○		
	应变	●	●	○	
	混凝土温度	●	●	●	
	坝基温度	●	●	○	

表 A.0.1（续）

监测类别	监测项目	大坝级别			
		1	2	3	4
地震反应监测	地震动加速度	○	○	○	
	动水压力	○			
水力学监测	水流流态、水面线	○	○		
	动水压力	○			
	流速、泄流量	○	○		
	空化空蚀、掺气、下游雾化	○	○		
	振动	○	○		
	消能及冲刷	○	○		

注1：有●者为必设项目，有○者为可选项目，可根据需要选设。
注2：坝高70m以下的1级坝，应力应变为可选项。

A.0.2 混凝土坝安全监测项目测次按表 A.0.2 进行选择。

表 A.0.2 混凝土坝安全监测项目测次表

监测类别	监测项目	施工期	首次蓄水期	运行期
现场检查	日常检查	2次/周~1次/周	1次/天~3次/周	3次/月~1次/月
环境量	上、下游水位	2次/天~1次/天	4次/天~2次/天	2次/天~1次/天
	气温、降水量	逐日量	逐日量	逐日量
	坝前水温	1次/周~1次/月	1次/天~1次/周	1次/周~2次/月
	气压	1次/周~1次/月	1次/天~1次/周	1次/周~1次/月
	冰冻	按需要	按需要	按需要
	坝前淤积、下游冲淤		按需要	按需要
变形	坝体表面位移	1次/周~1次/月	1次/天~2次/周	2次/月~1次/月
	坝体内部位移	2次/周~1次/周	1次/天~2次/周	2次/月~1次/月
	倾斜	2次/周~1次/周	1次/天~2次/周	2次/月~1次/月
	接缝变化	2次/周~1次/周	1次/天~2次/周	2次/月~1次/月
	裂缝变化	2次/周~1次/周	1次/天~2次/周	2次/月~1次/月
	坝基位移	2次/周~1次/周	1次/天~2次/周	2次/月~1次/月
	近坝岸坡变形	2次/月~1次/月	2次/周~1次/周	1次/月~4次/年
	地下洞室变形	2次/月~1次/月	2次/周~1次/周	1次/月~4次/年
渗流	渗流量	2次/周~1次/周	1次/天	1次/周~2次/月
	扬压力	2次/周~1次/周	1次/天	1次/周~2次/月
	坝体渗透压力	2次/周~1次/周	1次/天	1次/周~2次/月

表 A.0.2（续）

监测类别	监测项目	施工期	首次蓄水期	运行期
渗流	绕坝渗流	1次/周～1次/月	1次/天～1次/周	1次/周～1次/月
	近坝岸坡渗流	2次/月～1次/月	1次/天～1次/周	1次/月～4次/年
	地下洞室渗流	2次/月～1次/月	1次/天～1次/周	1次/月～4次/年
	水质分析	1次/月～1次/季	2次/月～1次/周	2次/年～1次/年
应力、应变及温度	应力	1次/周～1次/月	1次/天～1次/周	2次/月～1次/季
	应变	1次/周～1次/月	1次/天～1次/周	2次/月～1次/季
	混凝土温度	1次/周～1次/月	1次/天～1次/周	2次/月～1次/季
	坝基温度	1次/周～1次/月	1次/天～1次/周	2次/月～1次/季
地震反应监测	地震动加速度	按需要	按需要	按需要
	动水压力		按需要	按需要
水力学监测	水流流态、水面线		按需要	按需要
	动水压力		按需要	按需要
	流速、泄流量		按需要	按需要
	空化空蚀、掺气、下游雾化		按需要	按需要
	振动		按需要	按需要
	消能及冲刷		按需要	按需要

注1：表中测次，均系正常情况下人工测读的最低要求。特殊时期（如发生大洪水、地震等），增加测次。监测自动化可根据需要，适当加密测次。

注2：在施工期，坝体浇筑进度快的，变形和应力监测的次数取上限。在首次蓄水期，库水位上升快的，测次取上限。在初蓄期，开始测次取上限。在运行期，当变形、渗流等性态变化速度大时，测次取上限，性态趋于稳定时取下限；当多年运行性态稳定时，可减少测次，减少监测项目或停测，但应报主管部委批准；当水位超过前期运行水位时，按首次蓄水执行。

注3：现场检查的次数按 3.1.3 条执行。

附录 B 现场检查内容与记录格式

B.0.1 混凝土坝现场检查内容按表 B.0.1 进行分类和选择。

表 B.0.1 混凝土坝现场检查内容表

项目（部位）		日常检查	年度检查	定期检查	应急检查
坝体	坝顶	●	●	●	●
	上游面	●	●	●	●
	下游面	●	●	●	●
	廊道	●	●	●	●
	排水系统	●	●	●	●
坝基及坝肩	坝基		●	●	●
	两岸坝段	○	●	●	●
	坝趾	●	●	●	●
	廊道	○	●	●	●
	排水系统	●	●	●	●
输、泄水设施	进水塔（竖井）	○	●	●	●
	洞（管）身		○	●	●
	出口	○	●	●	●
	下游渠道	○	○	●	●
	工作桥	○	●	●	●
溢洪道	进水段	○	●	●	●
	控制段	○	●	●	●
	泄水槽	○	●	●	●
	消能设施	○	●	●	●
	下游河床及岸坡	○	●	●	●
	工作桥	○	●	●	●
闸门及金属结构	闸门	○	●	●	●
	启闭设施	○	●	●	●
	其他金属结构	○	●	●	●
	电气设备	○	●	●	●
监测设施	监测仪器设备	○	●	●	●
	传输线缆	○	○	●	○
	通信设施	○	●	●	●

表 B.0.1（续）

项目（部位）		日常检查	年度检查	定期检查	应急检查
监测设施	防雷设施	○	●	●	●
	供电设施	○	●	●	●
	保护设施	○	●	●	●
近坝库岸	库区水面	○	●	●	●
	岸坡	○	●	●	●
	高边坡	○	●	●	●
	滑坡体	○	●	●	●
	电站	○	●	●	●
管理与保障设施	预警设施		●	●	●
	备用电源	○	●	●	●
	照明与应急照明设施		●	●	●
	对外通信与应急通信设施		●	●	●
	对外交通与应急交通工具		●	●	●

注：有●者为必须检查内容，有○者为可选检查内容。

B.0.2 混凝土坝现场检查记录格式按表 B.0.2 填写。

表 B.0.2　混凝土坝现场检查表

日期：　　　库水位：　　　当日降雨量：　　　下游水位：　　　天气：

项目（部位）		检查情况	检查人员	备注
坝体	坝顶			
	上游面			
	下游面			
	廊道			
	排水系统			
坝基及坝肩	坝基			
	两岸坝段			
	坝趾			
	廊道			
	排水系统			
输、泄水洞（管）	进水塔（竖井）			
	洞（管）身			
	出口			
	下游渠道			
	工作桥			

表 B.0.2（续）

项目（部位）		检查情况	检查人员	备注
溢洪道	进水段			
	控制段			
	泄水槽			
	消能设施			
	下游河床及岸坡			
	工作桥			
闸门及金属结构	闸门			
	启闭设施			
	其他金属结构			
	电气设备			
监测设施	监测仪器设备			
	传输线缆			
	通信设施			
	防雷设施			
	供电设施			
	保护设施			
近坝库岸	库区水面			
	岸坡			
	高边坡			
	滑坡体			
电站				
管理与保障设施	预警设施			
	备用电源			
	照明与应急照明设施			
	对外通信与应急通信设施			
	对外交通与应急交通工具			
其他				

B.0.3 混凝土坝安全现场检查报告格式可按下列要求进行：

　　1 日常检查报告内容应简明、扼要地说明问题，必要时附上影像资料。

　　2 其他检查报告应包括以下内容：

　　　　1）检查日期。

2）本次检查的目的和任务。

3）检查组参加人员名单及其职务。

4）检查环境条件及结果（包括文字记录、略图、影像资料）。

5）历次检查结果的对比、分析和判断。

6）异常情况发现、分析及判断。

7）应加以说明的特殊问题。

8）检查结论（包括对某些检查结论的不一致意见）。

9）检查组的建议。

10）检查组成员的签名。

附录 C　变形监测设施的设计、安装和观测

C.1　垂线的设计、安装和观测

C.1.1　正垂线设计应符合下列要求：

1　正垂线包括支点装置、固定夹线装置、活动夹线装置、垂线、观测平台、重锤、油桶等。

2　正垂线最上部悬挂点应设在坝顶附近。悬挂点应保证换线前后位置不变，并应考虑换线及调整方便。

3　重锤应设止动叶片。重锤重量宜按式（C.1.1）确定：

$$W > 20(1 + 0.02L) \tag{C.1.1}$$

式中　W——重锤重量，kg；

　　　L——测线长度，m。

4　测线宜采用强度较高的不锈钢丝或不锈铟瓦丝，其直径应保证极限拉力大于重锤重量的 2 倍。宜选用 $\phi 1.0 \sim 1.2\text{mm}$ 的钢丝，垂线直径不宜大于 $\phi 1.6\text{mm}$。

5　阻尼箱内径和高度应比重锤直径和高度大 150～200mm，箱内灌装黏性小、不易蒸发、防锈（严寒地区应防冻）的阻尼液，重锤应全部没入阻尼液内。

6　观测站宜采用钢筋混凝土观测墩，观测墩上应设置强制对中底盘，底盘对中误差不应大于 0.1mm，观测站宜设防风保护箱或修建安全保护观测室。

7　在竖井、宽缝和直径较大的垂线井中，测线应设防风管。防风管内径视变形幅度而定，但不宜小于 100mm。安装后，最小有效管径应不小于 85mm。

C.1.2　倒垂线设计应符合下列要求：

1　倒垂线包括浮体组、垂线、观测平台、锚固点等。

2　倒垂孔内宜埋设保护管，必要时孔外还应装设测线防风管。

3　钻孔保护管宜用壁厚 5～7mm 的无缝钢管或不锈钢管，内径不宜小于 100mm。测线防风管内径也不宜小于 100mm。

4　浮体组宜采用恒定浮力式。浮子的浮力宜按式（C.1.2）确定：

$$P > 250(1 + 0.01L) \tag{C.1.2}$$

式中　P——浮子浮力，N；

　　　L——测线长度，m。

5 测线宜采用强度较高的不锈钢丝或不锈钢瓦丝，其直径的选择应保证极限拉力大于浮子浮力的 3 倍。宜选用 $\phi 1.0 \sim 1.2mm$ 的钢丝，不宜大于 $\phi 1.6mm$。

6 观测站的要求和正垂线观测站相同。设置浮体组的观测站，应建造观测室。

7 当正垂线、倒垂线结合布置，两者间距较大、不在同一观测墩上衔接时，应在两个监测墩上设置标志，用钢瓦尺量取两监测墩间距离的变化。

C.1.3 垂线安装应符合下列要求：

1 正垂线安装，支点、固定夹线和活动夹线装置，宜在竖井墙壁上留孔或预埋型钢。

2 倒垂线安装应符合下列要求：

　1）垂线造孔的要求见 C.14 节。

　2）采用固定锚块时，应用水泥浆或水泥砂浆将锚块浇固在钻孔保护　　管底。

　3）浮体组安装，应使浮子水平、连杆垂直，浮子应位于浮桶中心，处　　于自由状态。若采用恒力浮子，应使整个浮子没入液体中，但不可　　触及浮桶底部；若采用其他类型浮子，则应调整到设计浮力。

3 正垂线、倒垂线观测墩制作时应使墩边线平行于位移坐标轴线。

4 防风管的中心宜和测线一致，以保证测线在管中有足够的位移范围。

5 宜先安装测线（或临时测线），再安装坐标仪底盘。底盘的具体位置应根据仪器的量程或位移量的大小而定，但应使仪器导轨平行于监测方向，坐标仪底盘应调整水平。

C.1.4 垂线观测应符合下列要求：

1 垂线观测可用光学垂线坐标仪、遥测垂线坐标仪。

2 垂线观测前，应检查该垂线是否处于自由状态；倒垂线还应检查调整浮体组的浮力，使之满足要求。

3 一条垂线上各测点的观测，应从上而下，或从下而上，依次在尽量短的时间内完成。

4 用光学机械式仪器观测前后，应检测仪器零位，并计算它与首次零位之差，取前后两次零位差之平均值作为本次观测值的改正数。

5 每一测点的观测：将仪器置于底盘上，调平仪器，照准测线中心两次（或左右边沿各一次），读记观测值，构成一个测回。取两次读数的均值作为该测回之观测值。两次照准读数差（或左右沿读数差与钢丝直径之差）不应超过 0.15mm。每测次应观测两测回（测回间应重新整置仪器），两测回观测值之差不应大于 0.15mm。

6 自动化观测，首次观测前应进行灵敏度系数测定。

C.2 引张线的设计、安装和观测

C.2.1 设计应符合下列要求：

1 引张线的设备应包括端点装置、测点装置、测线及其保护管。

2 端点装置可采用一端固定、一端加力的办法，或采用两端加力的办法；当实施自动化监测时，也可采用两端固定的方法，但应确保测线的张力大于设计张力。

3 加力端装置包括定位卡、滑轮和重锤（或其他加力器），固定端装置仅有定位卡、固定栓。定位卡应保证换线前后位置不变。测线愈长引张线所需的拉力愈大。长度为 200～400m 的引张线，宜采用 40～60kg 的重锤张拉。

4 有浮托的引张线的测点装置包括水箱、浮船、读数尺或仪器底盘、测点保护箱。无浮托的引张线则无水箱及浮船。浮船的体积通常为其承载重量与其自重之和的排水量的 1.5 倍。水箱的长、宽、高为浮船的 1.5～2 倍。读数尺长度应大于位移量变幅，不宜小于 50mm。

5 测线钢丝直径的选择宜使其极限拉力为所受拉力的 2 倍，宜采用直径为 0.8～1.2mm 的不锈钢丝。

C.2.2 安装应符合下列要求：

1 定位卡、读数尺（或仪器底盘）的安装通常宜在张拉测线之后进行。对气温年变幅较大的部位，测线张拉宜选择在气温适中的时间进行。

2 定位卡的 V 形槽槽底应水平，方向与测线应一致。

3 安装滑轮时，应使滑轮槽的方向及高度与定位卡的 V 形槽一致。

4 同一条引张线的读数尺零方向必须统一，宜将零点安装在下游侧。尺面应保持水平；分划线应平行于测线；尺的位置应根据尺的量程和位移量的变化范围而定。

5 仪器底盘应水平，位置及方向应依据所采用的仪器而定。

6 水箱水面应有足够的调节余地，以便调整测线高度满足量测工作的需要。寒冷地区应采用防冻液。

7 保护管安装时，宜使测线位于保护管中心，至少应保证测线在管内有足够的活动范围。保护管和测点保护箱应封闭防风。

8 金属材料应作防锈处理。

C.2.3 观测应符合下列要求：

1 各测点与两端点间距应在首次观测前测定，测距相对中误差不应大于 1/1000。

2 人工观测应符合下列规定：

    1）一测次观测前，应检查、调整全线设备，使浮船和测线处于自由状态，并将测线调整到高于读数尺 0.3～3mm 处（依仪器性能而定），固定定位卡。

    2）一测次应观测两测回（从一端观测到另一端为一测回）。测回间应在若干部位轻微拨动测线，待其静止后再测下一测回。

    3）观测时，先调整仪器，分别照准钢丝两边缘读数，取平均值，作为该测回的观测值。左右边缘读数差和钢丝直径之差不应超过 0.15mm，两测回观测值之差不应超过 0.15mm（当使用两用仪、两线仪或放大镜观测时，不应超过 0.3mm）。

3 自动化遥测，首次观测前应进行灵敏度系数测定。

C.3 视准线的设计、安装和观测

C.3.1 设计应符合下列要求：

1 视准线应旁离障碍物 1.0m 以上。

2 工作基点应采用钢筋混凝土观测墩，并设观测室。

3 测点宜设观测墩，墩上应设置强制对中底盘，底盘对中准确度不应低于 0.2mm。

4 觇标应高于地面 1.2m 以上。

5 各种混凝土观测墩的结构见附录 C.12 节。

C.3.2 安装应符合下列要求：

1 观测墩顶部的强制对中底盘应调整水平，倾斜度不应大于 4′。

2 视准线各测点底盘中心应埋设在两端点底盘中心的连线上，其偏差不应大于 10mm。

C.3.3 观测应符合下列要求：

1 观测时，宜在两端工作基点上观测邻近的测点。

2 每一测次应观测两测回，每测回包括正、倒镜各照准觇标两次并读数两次，取均值作为该测回之观测值。观测限差规定见表 C.3.3。

表 C.3.3　视 准 线 观 测 限 差

方　　式	正镜或倒镜两次读数差	两测回观测值之差
活动觇牌法（mm）	2.0	1.5
小角法（″）	4.0	3.0

3 当采用小角法观测时，各测次均应使用同一个度盘分划线。如各测点均为固定的觇牌，可采用方向观测法。

C. 4　激光准直系统的设计、安装和观测

C. 4. 1　真空激光准直系统设计应符合下列要求：

　1　真空激光准直系统分为激光准直系统和真空管道系统两部分。

　2　激光准直系统设计应符合下列要求：

　　1）激光准直（波带板激光准直）系统由激光点光源（发射点）、波带板及其支架（测点）和激光探测仪（接收端点）组成。

　　2）激光点光源包括定位扩束小孔光栏、激光器和激光电源。小孔光栏的直径应使激光束在第一块波带板处的光斑直径大于波带板有效直径的 1.5～2 倍。激光器应采用发散角小（$1 \times 10^{-3} \sim 3 \times 10^{-3}$ rad）、功率适宜（宜用 1～3MW）的激光器。激光电源应和激光器相匹配。外接电源宜通过自动稳压器。

　　3）测点宜设观测墩，将波带板支架固定在观测墩上。宜采用微电机带动波带板起落，由接收端操作控制。波带板宜采用圆形。当采用目测激光探测仪时，也可采用方形或条形波带板。

　　4）激光探测仪有手动（目测）和自动探测两种，有条件时，应优先采用自动探测，激光探测仪的量程和准确度应满足位移观测的要求。

　3　真空管道系统设计应符合下列要求：

　　1）真空管道系统包括：真空管道、测点箱、软连接段、两端平晶密封段、真空泵及其配件。

　　2）真空管道宜选用无缝钢管，其内径应大于波带板最大通光孔径的 1.5 倍，或大于测点最大位移量引起象点位移量的 1.5 倍，但不宜小于 150mm。

　　3）管道内的工作气压应控制在 66Pa 以下，管道内非工作时的保持气压应控制在 20kPa 以下，并应按此要求确定允许漏气速率，漏气速率不宜大于 20Pa/h。

　　4）测点箱应和坝体牢固结合，使之代表坝体位移。测点箱两侧应开孔，以便通过激光。同时应焊接带法兰的短管，与两侧的软连接段连接。测点箱顶部应有能开启的活门，以便安装或维护波带板及其配件。

　　5）每一测点箱和两侧管道间应设软连接段。软连接段宜采用金属波纹管，其内径应和管道内径一致，波数依据每个波的允许位移量和每段管道的长度、气温变化幅度等因素确定。

　　6）两端平晶密封段应具有足够的刚度，其长度应略大于高度，并应和端点观测墩牢固结合，保证在长期受力的情况下，其变形对测值的影响可忽略不计。

7) 真空泵应配有电磁阀门和真空仪表等附件。

8) 测点箱与支墩、管道与支墩的连接，应有可调装置，以便安装时将各部件调整到设计位置。

9) 管道系统所有的接头部位，均应设计密封法兰。法兰上应有橡胶密封槽，用真空橡胶密封。在有负温的地区，宜选用中硬度真空橡胶并略加大橡胶圈的断面直径。

C.4.2 大气激光准直系统设计应符合下列要求：

1 大气激光准直系统的设计与真空激光准直系统中的激光准直系统相同。

2 为减轻大气对测量的影响，可在激光准直线路上加装保护管。

C.4.3 真空激光准直设备的安装应符合下列要求：

1 真空管道轴线高程放样时，应加地球弯曲差改正。改正值用式（C.4.3）计算：

$$\delta_h = \frac{L^2}{2R} \qquad (C.4.3)$$

式中　δ_h——放样点高程改正值，m；

　　　L——放样点到起点的距离，m；

　　　R——地球曲率半径，取 6.37×10^6 m。

2 真空管道的内壁应进行清洁处理，除去锈皮、杂物和灰尘。此项工作在安装前、后以及正式投入运行前应反复进行数次。

3 测点箱和法兰短管的焊接，应采用内外两面焊；长管道的焊接，应在两端打出高 5mm 的 30°坡口，采用两层焊。每一测点箱和每段管道焊接完成后，应单独检测。检漏可采用充气、涂肥皂水观察法。检漏工作应反复多次，发现漏孔，应及时补焊。

4 长管道由几根钢管焊接而成。每根钢管焊接前或一段管道焊好后，均应作平直度检查，不平直度不应大于 10mm。

5 每段管道的中部应用管卡将管道固定在支墩上，其余支墩上设活动滚杠，以便管道向两端均匀变化。

6 激光点光源、激光探测仪和波带板的安装要求见 C.4.4 条。

C.4.4 大气激光准直设备的安装应符合下列要求：

1 点光源的小孔光栅和激光探测仪应和端点观测墩牢固结合，保证两者相对位置长期稳定不变。

2 波带板应垂直于准直线。波带板中心应调整到准直线上，其偏离值不应大于 10mm；距点光源最近的几个测点应从严要求，偏离值不应大于 3～5mm。

C.4.5 真空激光准直观测应符合下列要求：

1 观测前应先启动真空泵抽气，使管道内压力降到规定的真空度以下，具体要求应在设计书中规定。

2 用激光探测仪观测时，每测次应往返观测一测回，两个"半测回"测得偏离值之差不应大于 0.3mm。

C.4.6 大气激光准直观测应符合下列要求：

1 观测应在大气稳定、光斑抖动微弱时进行。如在坝顶，宜在夜间观测。

2 首次观测前应调整点光源位置和方向，使光束中心与第一块波带板中心基本重合。

3 用手动（目测）激光探测仪观测时，每测次应观测两测回（每测回由往、返测组成。由近至远，依次观测完各测点，称为往测；由远至近，依次观测各测点，称为返测）。观测限差与表 C.3.3 中"活动觇牌法"的限差相同。

4 用自动激光探测仪观测，应先启动电源，使仪器预热（预热时间视仪器特性而定），认真进行调整后，按上述同样程序观测。

C.5 边角网的设计、安装和观测

C.5.1 设计应符合下列要求：

1 视线坡度不宜过大，并应超越或旁离建筑物 2m 以上。

2 测距边应避开强电磁场的干扰，视线与大于 110kV 的高压输电线平行时，应旁离 30m 以上；与高压线交叉时，不应在几条高压线之间穿过。

3 观测墩应设置可靠的保护盖。基准点宜设计观测室。室内观测墩可采用普通钢筋混凝土墩，经常暴露在野外的观测墩宜采用双层观测墩，见附录 C.12 节。

4 边角网的设计，应进行现场踏勘。在踏勘中核定点位条件，通视状况和观测环境是否满足本标准的要求。

5 准确度估算及可靠性评价可采用式（C.5.1-1）和式（C.5.1-2）计算：

准确度估算
$$m_i = \sigma \sqrt{2(Q)_{ii}} \tag{C.5.1-1}$$

可靠性因子
$$\gamma_j = 1 - (AQA^T P)_{jj} \tag{C.5.1-2}$$

其中
$$Q = (A^T PA)^{-1}$$

式中　　m_i——第 i 个位移量的中误差；

　　　　σ——单位权中误差；

　　　　γ_j——第 j 个观测量的可靠性因子；

　　　　Q——边角网的协因数矩阵；

　　　　A——观测方程的系数矩阵，又称设计矩阵；

　　　　A^T——A 的转置矩阵；

P——观测的权矩阵；

$(Q)_{ii}$——矩阵 Q 的第 i 个对角元素；

$(AQA^{\mathrm{T}}P)_{jj}$——矩阵 $(AQA^{\mathrm{T}}P)$ 的第 j 个对角元素。

C.5.2 安装应符合下列要求：观测墩顶部的强制对中底盘应调整水平，倾斜度不应大于 $4'$。

C.5.3 水平角观测应符合下列要求：

　　1 水平角宜采用方向法观测 12 测回，也可用全组合测角法观测，其方向权数 $m \cdot n = 24$（25）。 应使用具有调平装置的觇牌作为照准目标。

　　2 全部测回应在两个异午的时间段内各完成约一半，在全阴天，可适当变通。

　　3 方向法观测的要求见 C.5.4 条。

　　4 全组合测角法按照 GB/T 17942 的有关规定执行。

C.5.4 方向观测应符合下列要求：

　　1 水平方向观测度盘及测微器位置见表 C.5.4-1。

　　2 水平方向观测一测回应按以下操作程序进行：

　　1）照准起始方向按表 C.5.4-1，对好度盘及测微器位置。

　　2）顺时针方向旋转照准部 1～2 周后，精确照准起始方向觇标，读出水平度盘及测微器数值（重合对径分划两次）。

　　3）顺时针方向旋转照准部，精确照准第 2 个方向的觇标，按 2）项的要求读数；顺时针方向旋转照准部依次进行其他各方向的观测，最后闭合到起始方向（方向数小于 4 者，不闭合到起始方向）。

表 C.5.4-1　水平方向观测度盘及测微器位置

测回序号	度盘及测微器位置		
	(°)	(′)	格
1	0	00	02
2	15	04	07
3	30	08	12
4	45	12	17
5	60	16	22
6	75	20	27
7	90	24	32
8	105	28	37
9	120	32	42
10	135	36	47
11	150	40	52
12	165	44	57

4）纵转望远镜，逆时针方向旋转照准部 1～2 周后，精确照准零方向，按 2）项的要求读数。

5）逆时针方向旋转照准部，按与上半测回相反的顺序依次观测各方向，直至起始方向。

3 水平方向观测的限差见表 C.5.4-2。

4 分组观测的规定：当方向总数多于 9 个时，应分两组进行观测。两组方向数应大致相等，并应包括两个共同方向（其中一个为共同起始方向）。两组观测结果分别取中数后，共同方向之间的角值互差应不超过 1.4″。分组观测的结果，应按等权分组观测进行测站平差。

表 C.5.4-2 水平方向观测的限差

序号	项　目	限　差
1	光学测微器两次重合读数之差（″）	1
2	半测回归零差（″）	5
3	一测回内 $2c$ 互差（″）	9
4	测回差（″）	5
5	三角形闭合差（″）	2.5
6	按菲列罗公式计算的测角中误差（″）	0.7
7	极条件闭合差	$1.4\sqrt{[\delta\delta]}$
8	边条件闭合差	$2\sqrt{0.49[\delta\delta] + m_{1\mathrm{gs}1}^2 + m_{1\mathrm{gs}2}^2}$

注 1：观测方向之垂直角超过±3°时，该方向 $2c$ 互差可在同一时间段内各测回间进行比较，但应在手簿内注明。

注 2：δ—求距角正弦对数 1″表差，以对数第六位为单位；$m_{1\mathrm{gs}1}$、$m_{1\mathrm{gs}2}$ 起始边长对数中误差。

5 水平方向观测应注意下列事项：

1）观测时宜用灯光照明进行度盘及测微器读数。

2）观测前，应先精细调平水准气泡。在观测过程中，气泡中心位置偏离整置中心不应超过一格。气泡位置接近限值时，应在测回之间重新整平仪器。

3）在使用微动螺旋照准目标或用测微器对准分划时，其最后旋转方向应为"旋进"。

4）方向的垂直角超过±2°时，应读记水准器，进行垂直轴倾斜改正。

6 垂直轴倾斜改正数的测量和计算见 GB/T 17942。

7 方向观测成果的重测和取舍应符合下列要求：

1）凡超出本标准规定限差的结果，均应重测。基本测回的"重测方向测回数"超过"方向测回总数"的1/3时，应将整份成果重测。

注1：因超限而重测者，称为"重测"。因度、分及气泡长度读、记错误，以及对错度盘、测错方向而重新观测者，不以"重测"论。

注2："方向测回总数"＝（$n-1$）× 12，其中，n 为方向数。

注3："重测方向测回数"：在基本测回观测结果中，重测1个方向，算做1个"方向测回"；一测回中有2个方向重测，算做2个"方向测回"；以此类推。因零方向超限而将该测回重测，应算做（$n-1$）个"方向测回"。

2）在一测回中，需要重测的方向数超过所测方向总数的1/3时，则此一测回应全部重测。观测3个方向，有1个方向需要重测时该测回亦应全部重测。但计算重测方向测回数时，仍按超限方向数计算。

3）采用分组观测时，各组的重测方向测回数须独立计算。

4）测回互差超限时，除明显孤立值可重测该测回外，原则上应重测最大和最小值所在的测回。

5）个别方向重测时，只需联测零方向。

6）基本测回的观测结果和重测结果，均应抄入记录簿。重测与基本测回结果不取中数，每一测回（即每一度盘位置）只采用一个符合限差的结果。

7）因三角形闭合差、极条件闭合差或边条件闭合差超限而重测时，应将整份结果重测。

C.6 交会点的设计、安装和观测

C.6.1 设计应符合下列要求：

1 测角交会应符合下列要求：

1）在交会点上所张的角不宜大于120°或小于60°。工作基点到测点的距离，在观测曲线坝体时，不宜大于200m；在观测高边坡和滑坡体时，不宜大于300m。当采用三方向交会时，上述要求可适当放宽。

2）测点上应设置觇牌或塔式照准杆。

2 测边交会应符合下列要求：

1）交会点上所张的角不宜大于135°，或小于45°。工作基点到测点的距离，在观测曲线坝体时，不宜大于400m；在观测高边坡和滑坡体时，不宜大于600m。

2）测点上应埋设安置反光镜的强制对中底盘。

C.6.2 安装应符合下列要求：交会法测点上的固定觇牌面应与交会角的分角线垂直，觇牌上的图案轴线应调整铅直，不铅直度不应大于4'。塔式照准杆亦应满足同样的铅直要求。

C.6.3 观测应符合下列要求：

1 水平角观测应采用方向法观测 4 测回（晴天应在上午、下午各观测两测回）。各测回均采用同一度盘位置，测微器位置宜适当改变。

2 每一方向均应采用"双照准法"观测，即照准目标两次，读测微器两次，两次照准目标读数之差不应大于 4″。

3 各测次均应采用同样的起始方向和测微器位置。

4 观测方向的垂直角超过 ±3° 时，该方向的观测值应加入垂直轴倾斜改正。

C.7 测斜管的安装和测斜仪观测

C.7.1 测斜孔造孔应符合下列要求：

1 测斜管钻孔偏斜应小于 1°。

2 钻孔开口直径不小于 110mm，终孔直径不小于 91mm。

3 钻孔宜取岩芯，并进行岩芯描述。

4 孔壁应平整光滑。

5 钻孔完毕后应全面冲洗，除净孔内残留岩粉，测定钻孔偏斜度。

C.7.2 测斜管安装应符合下列要求：

1 测斜管可采用带导槽的铝合金管、ABS 管或其他材质管。

2 相邻两根管应紧密连接，连接时应使导槽严格对正，不应偏扭。管接头处用生胶带密封防止水泥浆进入。

3 测斜管下放孔内时，应用绳束套牢，严禁导管接头受力。

4 测斜管安装时，导槽槽口应对准所需测位移的方向。

5 测斜管吊装到位后，在导管与孔壁间隙应进行回填灌浆，孔口应设保护装置。

C.7.3 观测应符合下列要求：

1 用测斜仪探头从放入管底，静置时间不少于 15min，使之温度基本稳定，然后管底自下而上，宜每隔 50cm 设一个测点，逐次测定，平行测读两次，正测完毕后，应进行反测。

2 正反测两次测值的平均值作为常数进行计算。

3 将探头放入另一对导槽中，重复上述步骤进行观测。

C.8 滑动测微计的安装和观测

C.8.1 造孔应符合下列要求：

1 在设定的孔位及方向上钻 ϕ110mm 的孔。

2 钻孔宜取岩芯，并进行岩芯描述。

3 孔壁应平整光滑，并冲洗干净。

C.8.2 安装应符合下列要求：

1 将环形标与套管按刻线方向用环氧树脂对接成 1m 一段，逐段对接，旋紧定位螺栓，送入钻孔内，两头用塑料碗盖住，套管外部注入水泥浆。

2 灌浆施工要求与多点位移计相同。

C.8.3 观测应符合下列要求：套管及环形标安装定位后，用滑动测微计逐段读取环形标的初始读数作为基准值。

C.9 多点位移计的安装和观测

C.9.1 造孔应符合下列要求：

1 造孔直径根据测头的数量决定，宜为 75～130mm。

2 孔深应比设计要求深 20～50cm。钻孔宜取岩芯，并进行岩芯描述，孔壁平整、光滑。

3 造孔完毕应全面冲洗。

C.9.2 安装应符合下列要求：仪器主要由传感器、传递杆、锚头、护管、支架、排气管及注浆管组成，按设计要求组装，送入钻孔中，四周用堵料固定，并用水泥浆注入，待水泥浆初凝后，即拆下注浆管，剪去外露的排气管，装上传感器。

C.9.3 观测应符合下列要求：观测仪器组装完毕后，即读取初读数作为基准值。

C.10 垂直位移和倾斜的观测

C.10.1 精密水准测量应符合下列要求：

1 在水准测量中，宜设置固定测站和固定转点，以提高观测的准确度和速度。

2 精密水准观测的要求应按 GB 12897 中的规定执行。

3 精密水准路线闭合差不应超过表 C.10.1 的规定。

表 C.10.1　精密水准路线闭合差限值　　　　　　　单位：mm

等级	往返测不符值	符合线路闭合差	环闭合差
一等	$2\sqrt{R}$		$1\sqrt{F}$
	$0.3\sqrt{n_1}$	$0.2\sqrt{n_2}$	$0.2\sqrt{n_2}$
二等	$4\sqrt{R}$	$4\sqrt{F}$	$2\sqrt{F}$
	$0.6\sqrt{n_1}$	$0.6\sqrt{n_2}$	$0.6\sqrt{n_2}$

注：R—测段长度，km；F—环线长度或符合线路长度，km；n_1—测段站数（单程）；n_2—环线长度或符合线路站数。

4 用精密水准法进行倾斜观测，应满足表 C.10.1 关于一等水准限差规定。观测时，应保证标心和标尺底面清洁无尘。每次观测均由往、返测组成，由往测转为返测时，标尺应互换。应固定水准仪设站位置，宜将水准仪装设在观测墩上。在基础廊道中观测时，应读记至水准仪测微器最小分划的 1/5。

C.10.2 三角高程测量应符合下列要求：

1 推算高程的边长不应大于 600m，每条边的中误差不应大于 3mm。

2 天顶距应以 J1 型经纬仪对向观测 6 测回（宜做到同时对向观测），测回差不应大于 6″。

3 仪器高的量测中误差不应大于 0.1mm。

C.10.3 气泡倾斜仪观测应符合下列要求：用气泡倾斜仪观测时，每测次均应将倾斜仪重复置放在底座上 3 次，并分别读数。读数互差不应大于 5″。

C.11 静力水准仪的安装和观测

C.11.1 安装应符合下列要求：

1 仪器墩应与被测基础紧密结合，各仪器墩面高程差应小于 10mm。

2 将钵体、水管、浮子清洗干净。

3 在钵体内注入蒸馏水，并仔细排除水管、三通、钵体内气泡。

4 连接管路。

C.11.2 观测应符合下列要求：

1 可分目测和自动遥测，分别用数字显示器或数据采集器观测。

2 各测点观测依次在尽量短的时间内完成。

C.12 各种标石结构图

C.12.1 边角网及视准线观测墩结构，如图 C.12.1-1、图 C.12.1-2 所示。

C.12.2 水准点结构，如图 C.12.2-1～图 C.12.2-4 所示。

C.13 测缝标点结构图

C.13.1 平面三点式测缝标点结构如图 C.13.1 所示。

C.13.2 立面弯板式测缝标点结构如图 C.13.2 所示。

C.14 倒 垂 造 孔

C.14.1 钻孔应符合下列要求：

1 倒垂钻孔时，应选择性能好的钻机，钻机滑轨（或转盘）应水平，立轴应竖直。钻杆和钻具必须严格保持平直。

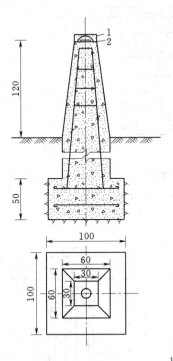

1—标盖；2—仪器基座

图 C. 12. 1 - 1　普通钢筋混凝土
观测墩（单位：cm）

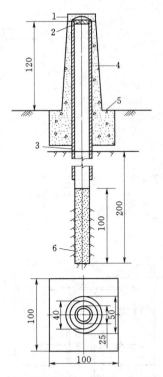

1—标盖；2—仪器基座；3—钢管；4—混凝土围井；
5—围井垫座；6—水泥砂浆

图 C. 12. 1 - 2　双层观测墩
（单位：cm）

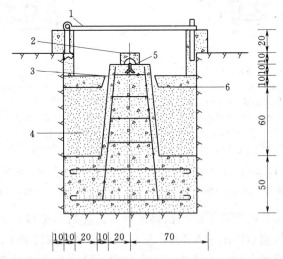

1—20×115 钢板盖；2—20×20×10 混凝土盖；3—沥青；4—砂；5—钢标心；6—岩石

图 C. 12. 2 - 1　基岩标结构图（单位：cm）

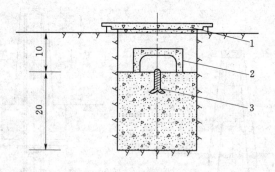

1—保护盖；2—内盖；3—标志

图 C. 12. 2 - 2　岩石标结构图（单位：cm）

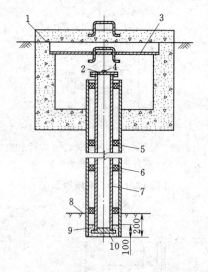

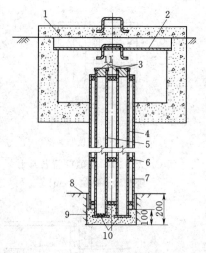

1—钢筋混凝土标盖；2—测温孔；

3—钢板标盖；4—标心；

5—钻孔保护钢管；6—橡胶环；

7—钢心管；8—新鲜基岩；

9—200 号水泥砂浆；

10—心管底板和根络

图 C. 12. 2 - 3　钢管标

结构图（单位：cm）

1—钢筋混凝土标盖；2—钢板标盖；

3—标心；4—钢心管；5—铝心管；

6—橡胶环；7—钻孔保护管；

8—新鲜基岩；9—200 号水泥砂浆；

10—心管底板和根络

图 C. 12. 2 - 4　双金属标

结构图（单位：cm）

2　宜在钻孔处用混凝土浇筑钻机底盘，预埋紧固螺栓。严格调平钻机滑轨（或转盘），其倾斜应小于 0.1％，然后将钻机紧固在混凝土底座上。

3　孔口处宜埋设长度大于 3m 的导向管。导向管应调整垂直（倾斜度小于 0.1％），并用混凝土加以固结。

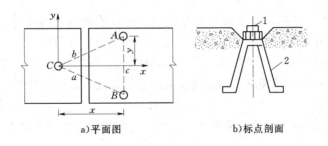

a)平面图　　　　　b)标点剖面

1—卡尺测针卡着的小坑；2—钢筋

图 C.13.1　平面三点式测缝标点结构图

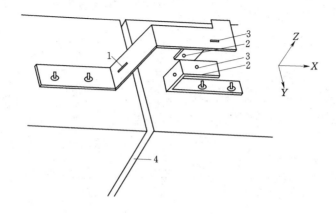

1—观测 X 方向的标点；2—观测 Y 方向的标点；
3—观测 Z 方向的标点；4—伸缩缝

图 C.13.2　立面弯板式测缝标点结构图

4　钻具宜加长，深度大于 25m 的钻孔，钻具长应大于 8～10m，钻具上部宜装设导向环。导向环外径可略小于导向管内径 2～4mm。

5　钻进时，宜采用低转速、小压力、小水量。一次投砂量不宜过大。

6　应经常检测钻孔偏斜值，每钻进 1～2m 宜检测一次。此项检测，宜采用倒垂浮体组配合弹性置中器进行。

7　发现孔斜超限，应及时采取相应措施加以纠正。

C.14.2　保护管埋设应符合下列要求：

1　全面冲洗钻孔，除净孔内残留岩粉。

2　自下而上准确测定钻孔偏斜值、确定钻孔保护管埋设位置。

3　钻孔保护管应保持平直，底部宜加以焊封。底部 0.5m 的内壁应加工为粗糙面，以便用水泥浆固结锚块。各段钢管接头处，应精细加工，保证连接后整个保护管的平直度，并防止漏水。

4 下保护管前，可在钻孔底部先放入少量水泥浆（高于孔底约 0.5m）。保护管下到孔底后，宜略提起（不应提出水泥浆面）并用钻机或千斤顶进行固定。然后准确测定保护管的偏斜值。如偏斜过大，应加以调整，直到满足设计要求，方可用水泥浆固结。待水泥浆凝固后，才允许拆除固定保护管的钻机或千斤顶。

5 再次测定保护管的偏斜值，以便确定倒锤锚块的埋设位置。

附录 D 渗流监测设施安装方法及水质分析项目

D.1 水质分析项目

D.1.1 水质简易分析项目包括色度、水温、气味、浑浊度、pH 值、游离二氧化碳、矿化度、总碱度、硫酸根、重碳酸根及钙、镁、钠、钾、氯等离子。

D.1.2 水质全分析应包括以下项目：

1 水的物理性质，包括水温、气味、浑浊度、色度。

2 酸碱度，主要是 pH 值测定。

3 溶解性气体，主要包括游离二氧化碳（CO_2）、侵蚀性二氧化碳（CO_2）、硫化氢（H_2S）、溶解氧（O_2）等。

4 耗氧量。

5 生物原生质，包括亚硝酸根（NO_2^-）、硝酸根（NO_3^-）、磷（P）、高铁离子（Fe^{3+}）、亚铁离子（Fe^{2+}）、铵离子（NH_4^+）、硅（Si）等。

6 总碱度、总硬度及主要离子，包括碳酸根（CO_3^{2-}）、重碳酸根（HCO_3^-）、钙离子（Ca^{2+}）、镁离子（Mg^{2+}）、氯离子（Cl^-）、硫酸根（SO_4^{2-}）、钾钠离子总量（$K^+ + Na^+$）等。

7 矿化度。

D.2 测压管的制作及埋设安装方法

D.2.1 测压管的制作应符合下列要求：

1 测压管可选用双面热镀锌无缝钢管或硬工程塑料管，有条件的也可选用无缝不锈钢管。测压管内径宜为 50mm，壁厚不小于 3.5mm。测压管进水管段长度应根据监测目的和设计确定。用于建基面上的渗透压力监测以及其他点式孔隙水压力监测的测压管，进水管段长度宜为 0.5m 左右；用于绕坝渗流、地下水位监测的测压管，进水管段长应与渗水层层厚相当；而用于地质条件复杂的层状渗流监测的测压管，进水管段应准确埋入被监测层位，进水管段长与层厚相当。

2 进水孔沿管周均布 4~8 排，孔径 $\phi 4 \sim 6mm$，沿轴向可交错排列。沿轴向孔间距为 50~120mm，进水管段较短时则孔较密，进水管段较长时则孔较疏。管壁内的钻孔孔周毛刺应去除。如管为钢质材料，进水管段及接（端）头应进行防腐防锈处理。

3 进水管段过滤层采用厚度 2~3mm 的无纺土工布或厚度 2~3mm 的孔

隙小于 $100\mu m$ 的涤纶过滤布，纵向紧密包裹不少于 2 层，其长度应比进水孔段两端各长 100mm 以上，用 $\phi1mm$ 的铜丝［或高性能聚乙烯（钓鱼）线，或 $\phi1mm$ 不锈钢丝绳］，沿布表缠绕，节距 10～20mm，两端可靠扎结。

4 测压管底盖采用适配闷头，导管连接采用导向性好的外接头，螺纹间以聚四氟乙烯密封止水。

5 测压管进水管段结构见图 D.2.1。

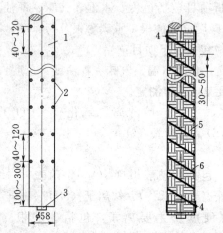

a)进水管管体结构示意图　　　b)进水管过滤层示意图

1—金属或塑管；2—进水孔（6个 $\phi6$ 孔沿圆周均布）；3—闷头；
4—箍带式卡箍；5—土工布或涤纶过滤布；6—不锈钢丝绳或铜丝

图 D.2.1　测压管进水管段结构示意图（单位：mm）

D.2.2 坝底基岩面下的测压管埋设安装应符合下列要求：

1 测压管应在坝基帷幕灌浆后埋设安装，宜在基础廊道内采用钻孔安装。

2 按设计要求确定钻孔孔位，开孔直径宜为 90mm；钻孔应伸入建基面以下 0.5～1.0m；钻孔倾斜度应小于 1/100；终孔后用泵供清水清孔至孔内岩粉冲出钻孔为止。

3 测压管进水管段长度宜为 0.5m。测压管就位后，管与孔壁间回填中粗砂至基础廊道地面以下 1.0～2.0m，其余孔段回填水泥砂浆后，安装孔口装置（见图 D.2.2）。

4 应及时填写测压管埋设安装考证表。

D.2.3 深孔单管式测压管应符合下列要求：

1 在设计定位处钻孔，孔径不小于 110mm，孔深以达到设计监测层位为准，钻孔倾斜度应小于 1/100。

2 终孔后用泵供清水清孔至孔内岩粉冲出钻孔为止，宜将孔中剩水泵出，按孔深和设计的进水管段长度制备测压管。

3 实测孔深和孔口高程，并在测深器具的控制下，在孔底回填 20~30cm 的粒径小于 5mm 的砾石。

4 按序装配或将预先装配好的测压管顺入钻孔中，并置于孔中心，缓慢向钻孔中填入粒径为 2~3mm 的粗砂，砂层厚度控制在比进水管段长约 20cm，测量确认后，向孔内注入能够淹没砂层的适量的清水，再向孔内缓慢注入水泥砂浆，直至填满为止（图 D.2.3）。

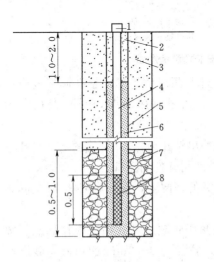

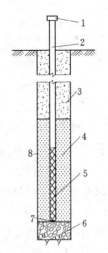

1—管口装置；2—水泥砂浆；3—混凝土体；
4—测压管；5—钻孔；6—砂砾；
7—基岩体；8—进水管

**图 D.2.2 基础廊道基岩测压管钻孔
安装埋设示意图（单位：m）**

1—管口盖；2—测压管导管段；3—水泥砂浆；
4—净粗砂；5—测压管进水管段；
6—砾石；7—测压管底盖；8—钻孔

**图 D.2.3 深孔单管式测压管
安装埋设示意图**

5 测压管安装时，应及时填写测压管埋设安装考证表。

D.2.4 L 形测压管应符合下列要求：

1 L 形测压管适用于铅直导管不能直通建筑物表面（含内部表面和外部表面）的情况。

2 L 形测压管水平导管段应低于可能产生的最低扬压力水位高程，其与铅直导管连接处宜采用三通连接，铅直向下的一端作为沉淀管段，长约 0.5m，如图 D.2.4a）所示。

3 当 L 形测压管的水平管段穿过伸缩缝时，在伸缩缝部位应采用适当长度的能够适应缝间错动、开合的波纹管段或铅管段，如图 D.2.4b）所示。

D.2.5 深孔多管式测压管应符合下列要求：

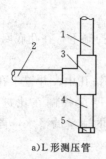 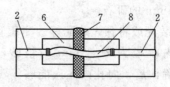

a)L形测压管　　　　　　　b)L形测压管跨伸缩缝

1—铅直导管；2—水平导管；3—三通；4—沉淀管；5—底盖（闷头）；
6—泡沫软塑料填充物；7—伸缩缝；8—铅管接头或波纹管接头

图 D.2.4　L形测压管安装埋设示意图

1　在设计定位处钻孔，孔深以达到设计监测层位为准，钻孔倾斜度应小于 1/100。钻孔直径依据测压管根数确定，两根测压管时，开孔直径宜为130mm；三根测压管时，开孔直径宜为150mm。

2　终孔后用泵供清水清孔至孔内岩粉冲出钻孔为止，（可能的话）将孔中剩水泵出，按设计的监测层位和进水管段长度制备各测压管。

3　实测孔深和孔口高程，并在测深器具的控制下，在孔底回填 20～30cm 的粒径小于 5mm 的砾石。

4　按序装配或将预先装配好的第一根测压管顺入钻孔中，根据测压管数量确定其在钻孔中位置，缓慢向钻孔中填入粒径为 2～3mm 的粗砂，砂层厚度控制在比进水管段长约 20cm，测量确认后，向孔内注入能够淹没砂层的适量的清水，再向孔内缓慢注入水泥砂浆至下一根测压管安装高程以下约 20cm。

5　安装下一根测压管，重复 3 款和 4 款操作，直至最后一根测压管（见图 D.2.5）。

6　测压管安装时，应及时填写测压管埋设安装考证表。

D.2.6　测压管管口装置及保护装置应符合下列要求：测压管管口装置依据有压、无压特性以及人工观测、自动化观测方式确定，以可靠和操作简便为原则。有压测压管管口装置见图 D.2.6；无压测压管管口保护装置结构应简单、牢固，能防止客水流入及人畜破坏，并可锁闭以及便于开启。

D.3　渗压计埋设安装方法

D.3.1　渗压计安装埋设前的准备工作应符合下列要求：

1　备好足够的干净中粗砂、粒径小于 5mm 的砾石、回填材料及其他埋设辅材和专用工具等。

2　对渗压计及其电缆进行外观检查，并用适配仪表检测其有关参数，应

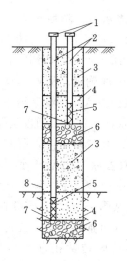

1—管口盖；2—测压管导管段；3—砂浆；4—净粗砂；5—测压管进水管段；6—砾石；7—测压管底盖；8—钻孔

图 D.2.5　深孔多管式测压管安装埋设示意图

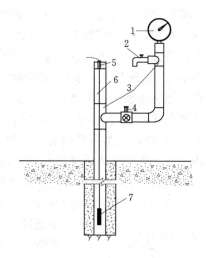

1—压力表；2—水龙头；3—三通；4—阀门；5—渗压计电缆密封头；6—电缆；7—渗压计

图 D.2.6　测压管管口装置示意图

满足安装要求。当渗压计自带电缆长小于孔深需接长电缆时，宜提前在室内接线，具体要求见附录 F。

3　安装前先将渗压计透水石（滤头）取下，渗压计和透水石同置于饱和清水中浸泡 2h 以上；透水石（滤头）的安装应在饱和水中进行，并将渗压计留置饱和水中待用。

D.3.2　渗压计安装埋设应符合下列要求：

1　钻孔埋设的渗压计埋设高程的允许偏差为±5cm；坑、洞、平孔式埋设的，渗压计埋设高程允许偏差为±10cm。

2　渗压计的起始值应在安装现场确定。

3　渗压计埋设过程中，应及时填写埋设考证表。

D.3.3　深孔渗压计安装埋设方法应符合下列要求：

1　在设计定位处钻孔，孔深以达到设计监测层位为准，钻孔倾斜度应小于 1/100。开孔直径宜为 110mm，终孔直径不小于 90mm。

2　终孔后用泵供清水清孔至孔内岩粉冲出钻孔为止，并宜将孔中剩水泵出。

3　实测孔深和孔口高程，并在测深器具的控制下，在孔底回填 20cm 的粒径为 2~3mm 的干净中粗砂。

4　实测粗砂顶面高程后，提出测深器具。自渗压计透水石端起测，按孔深在电缆端做好长度标记。在水中将渗压计装上透水石，然后小心地提出水面，移入孔内，匀速缓慢下放。确认渗压计就位后，轻提电缆使之顺直但渗压计不至离开砂面，缓慢向钻孔中填入干净中粗砂，用于点压力监测的，砂层厚度约50cm；监测岩层压力的，依被测岩层集水层厚度确定。测量确认后，向孔内注入能够淹没砂层的适量的清水，再向孔内缓慢注入水泥砂浆至下一只渗压计安装高程以下约30cm。孔内安装一只渗压计者，水泥砂浆回填至孔口。

　　5　沿孔壁四周加适量的清水（如20L）冲洗孔壁砂浆，再采用配重锤吊装海绵等方式，将孔内砂浆顶面以上的水反复吸取去除，1h后（水泥砂浆初凝后），重复3款和4款操作，即向孔内回填干净中粗砂至下一渗压计设计高程以下约30cm，安装下一只渗压计。依此类推（见图D.3.3）。当孔深较深，如超过30m时，渗压计可加装配重，或外束柱状砂袋，配重或砂袋外径应较钻孔直径小3cm左右，袋材以耐腐的编织材料或无纺土工布为宜，也可采用细铜丝网。当孔深过大，渗压计、电缆、配重或沙袋总重超过普通电缆强度时，可订制带加强钢绞线的电缆，或在配重块、砂袋上固定足够强度的铅丝，电缆与铅丝分段捆扎，仪器安装时提拉铅丝放入钻孔中。

　　6　渗压计安装时，应及时填写渗压计埋设安装考证表。

D.3.4　混凝土浇筑层面埋设安装渗压计应符合下列要求：

　　1　在设计定位处预留，或待混凝土初凝后终凝前人工制备一方圆约30cm、深约30cm的浅坑或孔。

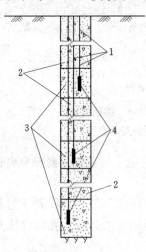

1—渗压计电缆；2—水泥砂浆；
3—干净粗砂；4—渗压计

**图D.3.3　深孔渗压计埋设
安装示意图**

　　2　在孔或坑底铺一层约10cm的干净中粗砂后，将渗压计透水石（滤头）朝向上游或来水方向平卧，轻轻压入砂层至约半径处，使之水平；撒少许清水湿砂，使砂和渗压计较稳固；实测渗压计承压膜处上圆周面高程，扣除渗压计半径值作为其安装高程；或将渗压计透水石向下铅直安设，渗压计顶平面高程扣除其至承压膜的长度值即为渗压计安装高程。

　　3　读取初始值后向孔或坑内回填中细净砂至与孔口或坑口平齐。

　　4　在孔口或坑口平面向电缆走线方向制备一略大于电缆直径的长约50cm的S形细沟槽，电缆沿沟槽嵌入后，在孔口或坑口周围以及电缆沟槽上铺设一层约3cm的水泥砂浆，并将预制混凝土盖板盖于孔、坑口，旋压使之与砂浆紧密接触后，再浇筑下一序混凝土（见图D.3.4）。如电缆由预制盖板预留孔穿出，出线处应加防水保护；必要时电缆出线处可设橡胶截水环。

5 渗压计安装时，应及时填写渗压计埋设安装考证表。

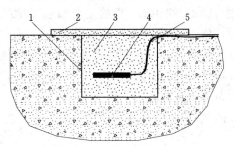

1—预留孔或制备坑；2—混凝土盖板；3—干净中细砂；
4—渗压计；5—电缆

图 D.3.4 混凝土浇筑层面渗压计埋设安装示意图

D.3.5 在基岩面上埋设安装渗压计应符合下列要求：

1 在设计位置钻孔，钻孔直径 50～90mm，钻孔深度约 1.0m。钻孔完成后，在孔内回填粒径 5～10mm 的砾石至与孔口平。

2 渗压计装入砂袋，电缆引出袋口扎紧后，将砂袋平放在集水孔口，根据渗压计在砂袋中的位置测算其安装高程；之后用砂浆糊住砂袋，待砂浆初凝后，即可在砂袋上浇筑混凝土（见图 D.3.5）。

3 渗压计安装时，应及时填写渗压计埋设安装考证表。

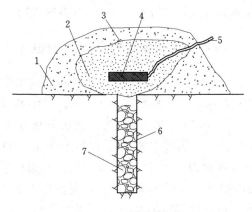

1—水泥砂浆；2—中粗净砂；3—麻袋；4—渗压计；
5—电缆；6—钻孔；7—砂砾

图 D.3.5 基岩面上渗压计埋设安装示意图

D.3.6 水平浅孔内埋设安装渗压计应符合下列要求：

1 在设计位置钻一个深 50cm、直径 150～200mm 的水平浅孔，如未见透水裂隙，可在孔底套钻一个直径 30mm 的水平小孔，其深度依工程实际需要确定。

2 在水平小孔孔口塞入约 10cm 长的土工布卷或泡沫软塑料，在大孔内填中细净砂至半孔后，将渗压计移入孔中安设就位，再采用直径约 30mm 的活塞式筒状加砂器将大孔填实。以实测的大孔中心高程作为渗压计安装高程。

3 读取初始值后将预制的孔口盖板嵌入大孔孔口处，板外采用水泥砂浆封堵，待砂浆凝固后即可填筑混凝土（见图 D.3.6）。

4 渗压计安装时，应及时填写渗压计埋设安装考证表。

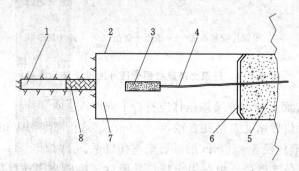

1—引水孔；2—渗压计安装孔；3—渗压计；4—电缆；5—水泥砂浆；6—盖板；7—中细净砂；8—过滤织物

图 D.3.6　水平浅孔内渗压计埋设安装示意图

D.3.7　渗压计电缆敷设及其保护应符合 F.0.10 条的规定。

D.4　量水堰结构及安装埋设

D.4.1　量水堰排水沟堰槽段应为直线形，其横断面应为矩形。堰槽段长度应大于堰上最大水头 7 倍，且其总长不小于 2m，其中堰板上游长度不小于 1.5m，下游长度不小于 0.5m。堰槽侧墙与槽底要求如下：两侧侧墙应平行，平行度误差不大于 1°；侧墙铅直度误差不大于 1°；侧墙面不平整度误差不大于 3mm，直线度误差不大于 5mm；侧墙面与堰槽底面的垂直度误差不大于 2°；槽底面沿槽纵向坡降不大于 1‰，见图 D.4.1。

D.4.2　堰板应铅直，铅直度误差不大于 1°，同时，堰板应与堰槽侧墙垂直，垂直度不大于 2°。堰板过流堰口倒角为 45°，尖角宜为 $R0.5～1.0mm$ 圆角，堰口高的一面为上游侧。堰板宜用不锈钢板制作。

D.4.3　渗流量监测宜采用直角三角堰，其堰口为等腰直角三角形，见图 D.4.3。量水堰还包括梯形堰和矩形堰。安装时应严格控制堰板顶水平，两侧

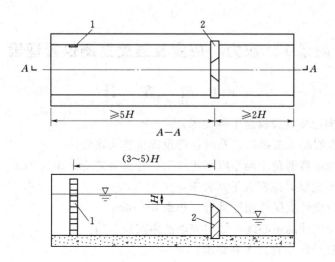

1—水尺或安装水位测针、水位计位置；2—堰板

图 D.4.1　量水堰结构及安装示意图

水平高差应不大于 1mm。

D.4.4　测量堰上水头的水尺、水位测针或堰上水位计应安装于堰板上游 3～5 倍堰上水头处，尺、针等测读装置应保持铅直方向。

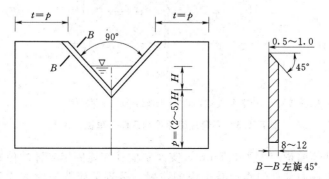

图 D.4.3　直角三角形量水堰板结构图

附录 E 应力、应变及温度监测仪器埋设

E.1 应 变 计

E.1.1 单向应变计应符合下列要求：

    1 可在混凝土振捣后，及时在埋设部位造孔埋设。

    2 埋设仪器的角度误差应不超过 1°，位置误差应不超过 2cm。

E.1.2 两向应变计应符合下列要求：

    1 两应变计应保持相互垂直，相距 8～10cm。

    2 两应变计的中心线与结构表面的距离应相同。

E.1.3 应变计组应符合下列要求：

    1 应变计组应固定在支座及支杆上埋设，见图 E.1.3。

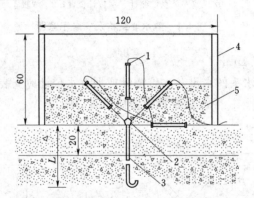

1—应变计；2—支座（支杆）；3—预埋锚杆；4—保护箱；5—混凝土

图 E.1.3 应变计组埋设示意图（单位：cm）

    2 支杆伸缩量应大于 0.5mm，支座定向孔应能固定支杆的位置和方向。

    3 应根据应变计组在混凝土内的位置，分别采用预埋锚杆或带锚杆预制混凝土块固定支座位置和方向。

    4 埋设时，宜设置无底保护木箱，并随混凝土的升高而逐渐提升，直至取出。

    5 严格控制仪器方位，角度误差应不超过 ±1°。

E.1.4 无应力计应符合下列要求：

    1 无应力计筒宜按图 E.1.4 加工，图中无括号的标注尺寸适用于仪器标距为 250mm 的大应变计，有括号的标注尺寸适用于仪器标距为 100mm 的小应变计，特高坝等特殊情况下其尺寸应另外考虑。

2 埋设时在无应力计筒内填满相应应变计组附近的混凝土，人工振捣密实。

3 无应力计埋设在坝内部时，应将无应力计筒的大口向上。无应力计位置靠近坝面时，宜使无应力计筒的轴线与等温面垂直。

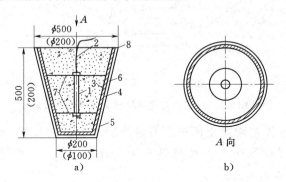

1—应变计；2—电缆；3—沥青层（厚 5mm）；4—内筒（壁厚 0.5mm）

5—外筒（壁厚 1.2mm）；6—空隙（可填木屑或橡胶）；

7—16 号铅丝拉线；8—周边焊接

图 E.1.4 无应力计筒（单位：mm）

E.2 应 力 计

E.2.1 钢板计应符合下列要求：

1 钢板计夹具与钢板焊接时应采用模具定位。

2 夹具焊接后，应冷却至常温后安装应变计。

3 埋入混凝土内的钢板计应设保护盖，见图 E.2.1，夹具表面应涂沥青。

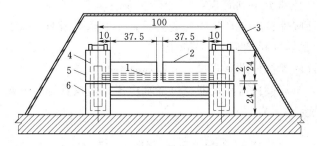

1—应变计；2—钢管；3—保护盖；4—M8 螺栓；

5—上卡环；6—下卡环

图 E.2.1 钢板计埋设示意图（单位：mm）

E.2.2 压应力计应符合下列要求：

1 垂直方向应符合下列要求：

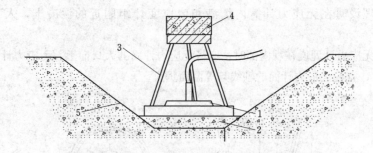

1—应力计；2—砂浆垫层；3—三脚架；4—压重块；5—混凝土

图 E.2.2　压应力计埋设示意图（单位：mm）

1）埋设仪器的混凝土面应凿毛后冲洗，底面应水平，在底面铺 6mm 厚水泥砂浆垫层；水泥砂浆配合比为 2：3，水灰比为 0.5，见图 E.2.2。

2）水泥砂浆垫层初凝后，用更稠的水泥砂浆放在垫层上，将应力计放在水泥砂浆层上，边旋转边挤压以排除气泡和多余水泥砂浆，置放三脚架和 10kg 压重。

3）随时用水准或水平尺校正仪器，使其保持水平。

4）压重 12h 后，浇筑混凝土，振捣后取出三脚架和压重。

5）浇筑、振捣混凝土时不应碰撞三脚架和仪器。

2　水平方向和倾斜方向应符合下列要求：

1）埋设时应注意振捣密实，使混凝土与仪器承压面密切结合。

2）应保证仪器的位置和方向正确。

E.2.3　钢筋计应符合下列要求：

1　钢筋计应焊接在直径相同的受力钢筋上并保持在同一轴线上，仪器应距受力钢筋之间的绑扎接头 1.2m 以上。

2　钢筋计的焊接可采用对焊、坡口焊或熔槽焊。

3　焊接时及焊接后可在仪器部位浇水冷却，使仪器温度不超过 60℃，但不应在焊缝处浇水。

E.3　测　缝　计

E.3.1　坝缝测缝计应符合下列要求：

1　在先浇混凝土块上预埋测缝计套筒，见图 E.3.1。

2　当电缆需从先浇块引出时，应在模板上设置储藏箱，用来储藏仪器和电缆。

3　为避免电缆受损，必须将接缝处的电缆长约 40cm 范围内包上布条。

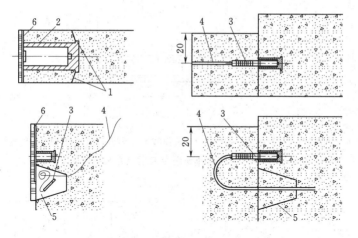

1—铅丝；2—测缝计套筒；3—测缝计；4—电缆；5—储藏箱；6—模板

图 E.3.1　测缝计埋设示意图（单位：cm）

4　当后浇块混凝土浇到高出仪器埋设位置 20cm 时，振捣密实后挖去混凝土露出套筒，打开套筒盖，取出填塞物，安装测缝计，回填混凝土。

E.3.2　基岩与混凝土交接面上的测缝计应符合下列要求：

1　应在基岩中打孔，孔径应大于 9cm，深度为 100cm，在孔内填入一大半膨胀水泥砂浆，将套筒或带有加长杆的套筒挤入孔中，使筒口与孔口平齐。

2　将套筒内填满棉纱，螺纹口涂上机油或黄油，旋上筒盖。

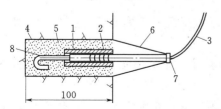

1—测缝计套筒；2—测缝计；3—电缆；
4—钻孔；5—砂浆；6—支撑三脚架；
7—预拉垫板；8—加长杆

**图 E.3.2　接触缝面测缝计埋设
示意图（单位：cm）**

3　混凝土浇至高出仪器埋设位置 20cm 时，挖去捣实的混凝土，打开套筒盖，取出填塞物，旋上测缝计，回填混凝土，见图 E.3.2。

E.3.3　裂缝计应符合下列要求：

1　除加长杆弯钩和仪器凸缘盘外应全部用多层塑料布包裹。

2　在埋设位置上将捣实的混凝土挖深约 20cm 的坑，将裂缝计放入，回填混凝土，见图 E.3.3。

E.4　温　　度　　计

E.4.1　埋设在坝体内的温度计一般不考虑方向，可直接埋入混凝土内，位置误差应控制在 5cm 内。

E.4.2　埋设在上游面附近的库水温度计，应使温度计轴线平行坝面，且距坝面 5～10cm，见图 E.4.2。

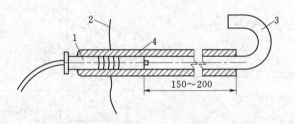

1—测缝计；2—裂缝；3—加长杆直杆（φ32mm钢筋）；4—包塑料布涂沥青

图 E.3.3　测缝计埋设示意图（单位：cm）

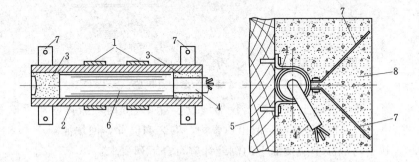

1—固定圈；2—保护套；3—密封胶；4—电缆；5—模板；
6—温度计；7—锚固杆；8—坝体

图 E.4.2　库水温度计夹具及埋设示意图

E.4.3　埋设在混凝土表层的温度计，可在该层混凝土捣实后挖坑埋入，回填混凝土后用人工捣实。

E.4.4　埋设在浇筑层底部或中部的温度计，振捣时振动器距温度计不小于 0.6m。

E.4.5　埋设在钻孔中的基岩温度计，可预先绑扎在细木条上，以便于控制仪器位置。

附录 F 电缆布置与连接

F.0.1 监测仪器应选用合适的专用电缆：电阻式温度计宜采用四芯水工电缆，差动电阻式仪器宜采用五芯水工电缆，振弦式仪器应采用屏蔽电缆，其他类型仪器应根据实际需要选择合适的水工电缆。

F.0.2 监测仪器电缆走线宜符合下列要求：

1 监测仪器电缆线路，在设计时应予以规划，宜使电缆牵引的距离最短和施工干扰最小。

2 在建工程施工时电缆牵引路线与上、下游坝面的距离不应小于 1.5m。靠近上游面的电缆应分散牵引，必要时应采取止水措施。电缆水平牵引时可挖槽埋入混凝土内，垂直牵引时可用钢管保护。保护钢管的直径应大于电缆束的 1.5～2.0 倍。跨缝时，应采取措施使电缆有伸缩的空间。

3 混凝土坝施工期仓面钻孔作业前应标明已埋监测仪器电缆的准确位置，采取有效的避让、保护措施，确保不对电缆产生破坏。

F.0.3 橡胶护套电缆应采用硫化橡胶接头；PVC 护套电缆可采用热缩管接头或专用防水接头。在高水头环境中的 PVC 护套电缆应采用专用防水接头。

F.0.4 监测仪器电缆选择应符合下列要求：

1 埋设的仪器应连接具有耐酸、耐碱、防水、质地柔软的专用电缆，其芯线应为镀锡铜丝。

2 电缆及电缆接头在环境温度为 $-25～+60℃$ 时和承受的水压为 1.0MPa 时，绝缘电阻应大于 $100M\Omega$。

3 电缆芯线宜在 100m 内无接头。

4 电阻式温度计或差动电阻式仪器的电缆芯线间电阻的偏差应不大于 5%。

5 电缆内通入 0.1～0.15MPa 气压时，不应有漏气。

F.0.5 监测仪器电缆的检验应符合下列要求：

1 成批电缆采用抽样检查法，抽样数量为本批的 10%，不应小于 100m。

2 检验用数字电桥或水工比例电桥应用标准率定器标定。

3 用标准电阻箱分别测量电阻式温度计或差动电阻式仪器采用的电缆芯线黑、蓝、红、绿、白的电阻，偏差应不大于 5%。

4 用 $100V/500M\Omega$ 直流电阻表测量被测电缆各芯线间的绝缘电阻，测值应不小于 $100M\Omega$。

5 根据电缆耐水压参数，把待测电缆置于耐水压参数规定的水压环境下

48h，用100V/500MΩ直流电阻表测量被测电缆芯线与水压试验容器间的绝缘电阻，测值应不小于100MΩ。

F.0.6 监测仪器电缆的准备，应根据监测设计和现场情况准备仪器的加长电缆，其长度按式（F.0.6）计算：

$$L = KL_0 + B \qquad\qquad (F.0.6)$$

式中 L——接长电缆总长度，m；

L_0——仪器到观测站牵引路线长度，m；

K——接长电缆系数，宜取1.05；

B——观测端加长值，对坝内仪器为2～3m，对基岩仪器3～5m。

F.0.7 橡胶护套电缆的连接应符合下列要求：

1 按照图F.0.7剥制电缆端头，不应折断铜丝，见图F.0.7a）。

2 电阻式温度计或差动电阻式仪器出厂电缆为三芯时，与接长电缆连接时按表F.0.7-1进行，当需连接两电缆之间的芯线数相同时按表F.0.7-2进行，见图F.0.7b）。

3 连接时应保持各芯线长度一致，并使各芯线接头错开，采用锡和松香焊接，焊后检查芯线连接质量，见图F.0.7c）。

4 芯线搭接部位用黄蜡绸、电工绝缘胶布和橡胶带包裹，电缆外套与橡胶带连接处应锉毛并涂补胎胶水，外层用橡胶带包扎直径应大于硫化器钢模槽2mm，见图F.0.7d）。

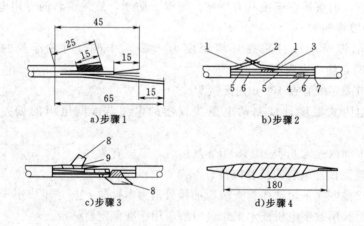

1—黑线芯丝；2—铜线搭接；3—扭紧铜丝；4—焊锡；5—红色芯线
6—白色芯线；7—绿色芯线；8—电工胶布；9—黄蜡绸

图F.0.7 电缆连接（单位：mm）

表 F.0.7-1 不同芯线数的电缆端头长度　　　　单位：mm

芯线颜色	仪器出厂电缆	接长电缆	
	三芯	四芯	五芯
蓝			65
黑	25	65	65
红	45	45	45
绿	—	25	25
白	65	25	25

表 F.0.7-2 相同芯线数的电缆端头长度　　　　单位：mm

芯线颜色	仪器电缆芯线			接长电缆芯线		
	三芯	四芯	五芯	三芯	四芯	五芯
蓝			25			105
黑	25	25	45	65	85	85
红	45	45	65	45	65	65
绿		65	85		45	45
白	65	85	105	25	25	25

F.0.8 橡胶护套电缆硫化应符合下列要求：

1 接头硫化时应严格控制温度，硫化器预热至100℃后放入接头，升温到155～160℃，保持15min后，关闭电源，自然冷却到80℃后脱模。

2 硫化接头在0.10～0.15MPa气压下试验时应不漏气，在1.0MPa压力水中的绝缘电阻应大于50MΩ。

3 接头硫化前后应测量、记录电缆芯线电阻、仪器电阻比和电阻。

4 应在仪器端、电缆中部和测量端安放仪器编号牌。

5 电缆测量端芯线头部的铜丝应进行搪锡，并用石蜡封。

F.0.9 电缆热缩管连接应符合下列要求：

1 接线时，芯线宜采用ϕ5～7mm的热缩套管，加温热缩时，用火从中部向两端均匀地加热，排尽管内空气，使热缩管均匀地收缩，并紧密地与芯线结合。

2 缠好高压绝缘胶带后，将预先套在电缆上的ϕ18～20mm热缩套管移至缠胶带处加温热缩。

3 热缩前应在热缩管与电缆外皮搭接段涂上热熔胶。

4 接头热缩前后应测量、记录电缆芯线电阻、仪器电阻比和电阻。

F.0.10 电缆牵引应按设计要求实施；水平牵引可直接埋设在混凝土内或加槽钢保护；向上牵引时可沿混凝土柱或钢筋上引；向下牵引时宜预埋电缆或导

管，导管中应设钢丝绳或其他承受电缆自重的附件。

埋设电缆时应避免电缆承受过大拉力或接触毛石和振捣器，电缆在导管的出口和入口处应用橡皮或麻布包扎，以防受损；混凝土浇筑后电缆未引入永久测站前，应用胶管或木箱加以保护，并设临时测站和防雨棚，严禁将电缆观测端浸入水中，以免芯线锈蚀或降低绝缘度。

附录 G 地震反应监测

G.0.1 监测系统由数字强震监测仪、加速度传感器、传输链路、信号传输和计算机 5 部分组成。

G.0.2 数字强震监测仪由数据采集单元、存储单元、通信单元、控制单元、显示单元和电源单元组成。

G.0.3 地震反应台阵辅助设备应配备程控电话或网络等通信手段、不间断电源，避雷装置。

G.0.4 加速度传感器安装应符合下列要求：

  1 加速度传感器应固定安装在现浇的混凝土监测墩上，监测墩出露部分尺寸长、宽、高宜为 40cm×40cm×20cm，顶面要求平整，墩体应预留出导线穿入孔。

  2 监测墩应与被测物牢固连成一体，其建造应符合下列要求：

  1）在混凝土坝及在新鲜基岩上，现浇混凝土观测墩前，应先将接触面打毛，并打孔预埋插筋，冲洗干净后，用混凝土现浇，待干后，将加速度传感器底板用环氧树脂或螺栓加以固定。尚应外加保护罩。

  2）固定前，应使加速度传感器符合设计要求的方位和初动方向。

G.0.5 传输链路应符合下列要求：

  1 应采用多芯屏蔽电缆，布线不应设置在具有强电磁干扰设备的附近。电缆可沿坝内竖井、廊道、电缆沟铺设。电缆宜穿入管内加以保护。

  2 传输电缆线宜减少接头。

G.0.6 监测室应符合下列要求：

  1 监测室应符合 SL 203 的抗震设计要求。

  2 监测室辅助设施应符合下列要求：

  1）具备 220V 市电电源并配置不间断电源，其容量应使仪器在市电停电条件下能继续工作不低于 1 天。

  2）交流供电系统应采用接地保护措施，接地电阻应小于 10Ω。

  3）电源、通道线路应分别安装防雷装置。

  3 监测室环境应符合下列要求：

  1）温度应在 −5~65℃ 之间。

  2）相对湿度不大于 90%。

G.0.7 记录报告单格式见表 G.0.7。

表 G.0.7　强震动安全监测记录报告单

台阵名称		台阵代号	
仪器型号		仪器编号	
场地条件		监测对象	
地震时间	年 月 日 时 分 秒	震级	
震中经纬度		震中地点	
震中距		震中烈度	
震源深度		记录编号	

仪器编号	通道编号	拾震器号	测点编号	测点位置	测点高程（m）	测点方向	灵敏度（mV/g）	最大加速度（cm/s²）	记录长度（s）

震害等级评估	无震害		局部损坏		破坏	
检查人员			日期			

G.0.8　仪器的主要技术指标应符合表 G.0.8-1 和表 G.0.8-2 的规定。

表 G.0.8-1　加速度传感器的主要技术指标

序号	项　　目	技　术　指　标
1	测量范围	$\geqslant \pm 2g$
2	满量程输出（V）	± 2.5 或 ± 5.0；单端、差分可选
3	频率响应（Hz）	$0.5 \sim 50$
4	线性度误差（%）	$\leqslant 1$
5	横向灵敏度比（%）	$\leqslant 1$（包括角偏差）
6	噪声均方根值 g_n	$\leqslant 10^{-6}$
7	零位漂移（$\mu g_n/℃$）	$\leqslant 500$
8	运行环境温度（℃）	$-20 \sim +65$
9	相对湿度（%）	<90

表 G. 0. 8 - 2 强震动记录器的主要技术指标

项　目	技　术　指　标
满量程输入（V）	±2.5 或±5，单端、差分输入可选
动态范围（dB）	≥90
分辨力（位）	≥16
系统噪声（LSB）	≤1（均方根值）
触发模式	阈值触发、STA 与 LTA 差、比值触发、手动触发等
采样率	50sps、100sps、200sps、500sps 可程控
时间服务	标准 UTC，内部时钟准确度优于 10^{-6}
数据通信	RS-232 时实数据流串口，通信速率 9600bit/s、19200bit/s、57600bit/s、115200bit/s 可选
数据存储	CMOS 静态或 RAM 固态盘，容量不小于 80GB，可扩充容量
道间延迟	无
零点飘移（μV/℃）	<100
软件	包括通信程序，图形显示程序，其他实用程序和监控、诊断命令
环境温度（℃）	-20～+65
环境湿度	<90%

G. 0. 9 地震反应监测资料处理与分析应符合下列要求：

1 在取得强震动加速度记录后，应及时读取各个通道最大加速度值并备份，按照规定格式形成包括头段数据和记录波形数据两部分的未校正加速度记录。

2 场地峰值加速度记录大于 $0.002g$ 时，应对所有通道加速度记录进行常规处理分析，应包括下列内容：

1）校正加速度记录：对未校正加速度记录波形数据进行基线校正，形成校正加速度记录。

2）速度和位移时程：对校正加速度记录波形数据进行一次、二次积分计算处理，形成速度时程和位移时程。

3）反应谱：对基础测点三个方向的校正加速度记录计算 5 个阻尼比值（0，0.02，0.05，0.1，0.2）的反应谱。

4）傅里叶谱：对所有通道的校正加速度记录计算傅里叶谱。

3 获得场地峰值加速度不小于 $0.025g$ 的记录后，应填写监测记录报告单，并报告上级主管部门。监测记录报告单的内容，包括地震发生的时间、各通道地震记录的最大加速度值、地震记录的时间长度等。

4 当发生有感地震并取得地震反应记录后，立即根据测点的记录和预存的抗震设计参数，计算求得各个测点能抗御的最大加速度值，对大坝进行震害评估。

附录 H 监测自动化系统可靠性
指标计算方法

H.1 平均无故障时间

H.1.1 系统可靠性可用平均无故障时间来考核，平均无故障时间（MTBF）是指两次相邻故障间的正常工作时间。

H.1.2 平均无故障时间可按式（H.1.2）计算：

$$MTBF = \frac{\sum_{i=1}^{n} t_i}{\sum_{i=1}^{n} r_i} \qquad (H.1.2)$$

式中　t_i——考核期内，第 i 台设备的工作时数；

　　　r_i——考核期内，第 i 台设备出现的故障次数；

　　　n——系统设备总数。

H.2 数据采集缺失率

H.2.1 数据采集缺失率是指在考核期内未能测得的数据个数与应测得的数据个数之比。错误测值和超一定误差范围的测值也作为缺失数据。

H.2.2 数据采集缺失率可按式（H.2.2）计算：

$$\eta = \frac{\rho}{\omega} \times 100\% \qquad (H.2.2)$$

式中　η——数据采集缺失率；

　　　ρ——未能测得的数据个数；

　　　ω——应测得的数据个数。

附录 I 监测资料整编与分析的方法和内容

I.1 监测物理量相关图表

I.1.1 监测物理量过程线及相关图例见图 I.1.1-1～图 I.1.1-6。

I.1.2 监测资料整编表格式见表 I.1.2-1～表 I.1.2-12。

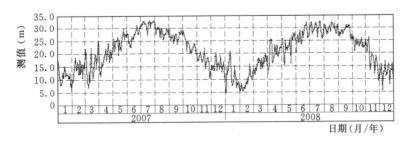

图 I.1.1-1 某测值过程线图

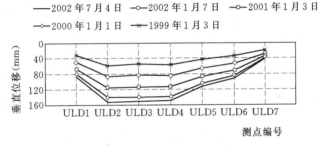

图 I.1.1-2 某测值分布图

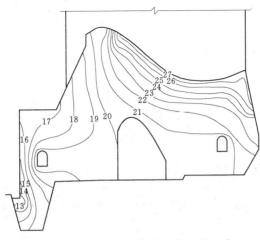

图 I.1.1-3 某坝温度等值线图（单位：℃）

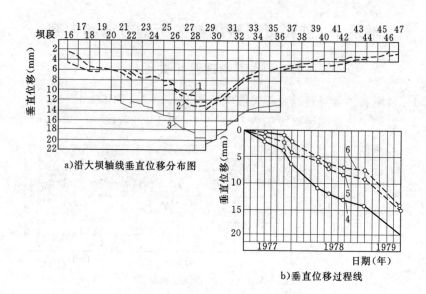

a)沿大坝轴线垂直位移分布图

b)垂直位移过程线

1—1978 年 8 月的垂直位移；2—1978 年 11 月的垂直位移；
3—1979 年 4 月的垂直位移；4—30 号坝段；
5—25 号坝段；6—33 号坝段

图 I.1.1－4　坝基垂直位移监测结果图

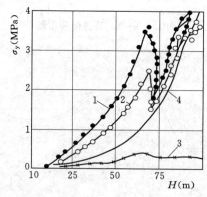

H—上游水位；1—第 39 号坝段；2—第 26 号非溢流坝段；
3—第 32 号坝段；4—按有限单元法计算的 $\sigma_y = f(H)$

图 I.1.1－5　坝踵混凝土应力 σ_y 与上游水位之间关系图

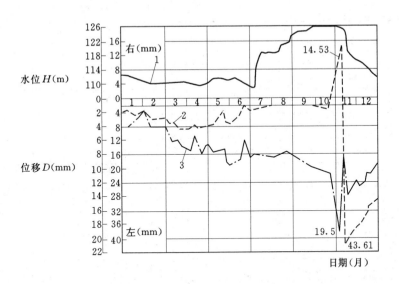

1—库水位；2—左右向；3—上下向

图 I.1.1-6 某坝 1962 年 13 号垛水平位移过程线图

表 I.1.2-1 上游（水库）、下游水位统计表

_____年 _____游水位   单位：m

日 期		月　份											
		1	2	3	4	5	6	7	8	9	10	11	12
01													
02													
⋮													
31													
全月统计	最高												
	日期												
	最低												
	日期												
	均值												
全年统计	最高				最低						均值		
	日期				日期								
备注	包括泄洪情况												

表 I.1.2-2 逐 日 降 水 量 统 计 表

_____年

单位：mm

日　　期		月　　份											
		1	2	3	4	5	6	7	8	9	10	11	12
01													
02													
⋮													
31													
全月统计	最大												
	日期												
	总降水量												
	降水天数												
全年统计	最高				总降水量				总降水天数				
	日期												
备注													

表 I.1.2-3 日 平 均 气 温 统 计 表

_____年

单位：℃

日　　期		月　　份											
		1	2	3	4	5	6	7	8	9	10	11	12
01													
02													
⋮													
31													
全月统计	最高												
	日期												
	最低												
	日期												
	均值												
全年统计	最高				最低				均值				
	日期				日期								
备注													

表 I.1.2-4 水平位移统计表

_____年　　　　首测日期_____　　　　　　　　　　单位：mm

日期 （月-日）	测点编号及累计水平位移量										备注
	测点1		测点2		测点3		...		测点n		
	X	Y	X	Y	X	Y	X	Y	X	Y	
全年特征值统计	最大值										
	日期										
	最小值										
	日期										
	平均值										
	年变幅										

注1：水平方向正负号规定：向下游、向左岸为正；反之为负。
注2：X方向代表上下游方向（或径向）；Y方向代表左右岸（或切向）。

表 I.1.2-5 垂直位移统计表

_____年　　　　首测日期_____　　　　　　　　　　单位：mm

日期 （月-日）	测点编号及累计垂直位移量					备注
	测点1	测点2	测点3	...	测点n	
全年特征值统计	最大值					
	日期					
	最小值					
	日期					
	平均值					
	年变幅					

注：垂直位移正负号规定：下沉为正；反之为负。

表 I.1.2-6 接缝开合度统计表

_____年　　　　首测日期_____　　　　　　　　单位：mm

日期 （月-日）	测点编号及累计开合度变化量												备注
	测点 1			测点 2			...			测点 n			
	X	Y	Z	X	Y	Z	X	Y	Z	X	Y	Z	
全年特征值统计	最大值												
	日期												
	最小值												
	日期												
	平均值												
	年变幅												

注 1：X 方向代表上下游方向；Y 方向代表左右岸方向；Z 方向代表垂直方向（竖向）。

注 2：正负号规定：X 方向以缝左侧向下游为正；反之为负。Y 方向以缝张开为正；反之为负。Z 方向以左侧块向下下沉为正；反之为负。

表 I.1.2-7 裂缝统计表

_____年

日期 （月-日）	编号	裂缝位置			裂缝描述			
		桩号	轴距 （m）	高程 （m）	长 （m）	宽 （m）	深 （m）	走向

表 I.1.2－8　倾斜监测成果统计表

_____ 年　　首测日期 _____　　　　　　　　　　　　　　　单位：(″)

日期		两测点编号及累计测斜量				备注
（月-日）		测点 a_1-a_2	测点 b_1-b_2	测点 c_1-c_2	…	
全年特征值统计	最大值					
	日期					
	最小值					
	日期					
	平均值					
	年变幅					

注：倾斜正负号规定：向下游向左岸转动为正；反之为负。

表 I.1.2－9　扬压力测压孔水位统计表

_____ 年

日期		测点编号、孔内水位及渗压系数					上游水位（m）	下游水位（m）	备注
（月-日）		测点 1		…		测点 n			
		孔内水位（m）	渗压系数	…	…	孔内水位（m）	渗压系数			
全年特征值统计	最大值									
	日期									
	最小值									
	日期									
	平均值									
	年变幅									

表 I.1.2-10 绕坝渗流监测孔水位统计表

_____年

日期 （月-日）	测点编号及孔内水位（m）			上游水位 （m）	下游水位 （m）	降雨量 （mm）	备注
	测点1	测点2	…				
全年特征值统计	最大值						
	日期						
	最小值						
	日期						
	平均值						
	年变幅						

表 I.1.2-11 渗流量统计表

_____年

日期 （月-日）	测点编号及渗流量（L/s）			上游水位 （m）	下游水位 （m）	备注
	测点1	测点2	…			
全年特征值统计	最大值					
	日期					
	最小值					
	日期					
	平均值					
	年变幅					

表 I.1.2-12 应力、应变及温度测值统计表

（应力单位为 MPa；应变单位为 10^{-6}；温度单位为℃）

_____年

日期 （月-日）		测点1	测点2	测点3	测点4	测点5	…
全年特征值统计	最大值						
	日期						
	最小值						
	日期						
	平均值						
	年变幅						

I.2 各种监测物理量的整理与整编要求

I.2.1 监测资料的收集工作应符合下列要求：

1 第一次整编时应完整收集基本资料等，并单独刊印成册，以后每年应根据变动情况，及时加以补充或修正。

2 收集有关物理量设计计算值和经分析后确定的监控指标。

3 收集整编时段内的各项日常整理后的资料。

I.2.2 监测等资料的整理与整编工作应符合下列要求：

1 在收集有关资料的基础上，对整编时段内的各项监测物理量按时序进行列表统计和校对等整理工作。如发现可疑数据，不宜删改，应标注记号，并加注说明。绘制各监测物理量过程线图，以及能表示各监测物理量在时间和空间上的分布特征图和与有关因素的相关关系图（见附录 I 中图 I.1.1-1～图 I.1.1-6）。在此基础上，对监测资料进行初步分析，阐述各监测物理量的变化规律以及对工程安全的影响，提出运行和处理意见。

2 监测自动化系统采集的数据可按监测频次的要求进行表格形式的整编，但绘制测值过程线时应选取所有测值进行，对于特殊情况（如高水位、库水位骤变、特大暴雨、地震等）和工程出现异常时增加测次所采集的监测数据也应整编入内。

3 对于重要监测物理量（如变形、扬压力、上下游水位、气温、降水等），整编时除表格形式外，还应绘制测值过程线、测值分布图等。变形测值分布图可选取每季度绘制一条，扬压力测值分布图可选取高水位时的测值进行绘制。

I.2.3 现场检查资料应符合下列要求：

1 每次整理与整编时，对本时段内现场检查发现的异常问题及其原因分析、处理措施和效果等作出完整编录，同时简要引述前期现场检查结果并加以对比分析。

2 将原始记录换算成所需的监测物理量，并判断测值有无异常。如有遗漏、误读（记）或异常，应及时补（复）测、确认或更正，并记录有关情况。原始监测数据的检查、检验应包括下列主要内容：

1） 作业方法是否符合规定。

2） 监测记录是否正确、完整、清晰。

3） 各项检验结果是否在限差以内。

4） 是否存在粗差。

5） 是否存在系统误差。

3 经检查、检验后，若判定监测数据不在限差以内或含有粗差，应立即重测；若判定监测数据含有较大的系统误差时，应分析原因，并设法减少或消除其影响。

I.2.4 环境量监测资料应符合下列要求：

1 水位监测资料整编，遵照附录 I 中表 I.1.2-1 的格式填制上游（水库）和下游水位统计表。表中数字为逐日平均值（或逐日定时值），精确到厘米。同时还须将月、年内的极值和均值以及极值出现的日期分别填入"全月统计"和"全年统计"栏中。

2 降水量监测资料整编，遵照附录 I 中表 I.1.2-2 的格式填制逐日降水量（日累计量）统计表。同时还须将月、年内的极值及其出现的日期，以及总降水量、降水天数等分别填入"全月统计"和"全年统计"栏中。

3 气温监测资料整编，遵照表 I.1.2-3 的格式填制逐日平均气温统计表。同时还须将月、年内的极值和均值以及极值出现的日期分别填入"全月统计"和"全年统计"栏中。

4 水温监测资料可根据具体情况和需要，参照表 I.1.2-3 进行整编统计。

I.2.5 变形监测资料应符合下列要求：

1 变形监测资料整编，应根据工程所设置的监测项目进行各监测物理量列表统计，遵照表 I.1.2-4～表 I.1.2-8 的格式填制。

2 在列表统计的基础上，绘制能表示各监测物理量变化的过程线图，以及在时间和空间上的分布特征图和与有关因素的相关关系图（如蓄水过程、库水位、气温等）。

I.2.6 渗流监测资料应符合下列要求：

1 渗流监测资料整编，应将各监测物理量按坝体、坝基、坝肩等不同部位分别列表统计，并同时抄录监测时相应的上、下游水位，必要时还应抄录降水量和气温等。

2 坝体、坝基扬压力监测孔水位统计表遵照表 I.1.2－9 的格式填制。绘制扬压力监测孔水位和上、下游水位变化的过程线图，以及在时间和空间上的分布特征图。

3 绕坝渗流监测孔水位统计表遵照表 I.1.2－10 的格式填制。绘制绕坝渗流监测孔水位和上、下游水位变化的过程线图，以及坝区降水量过程线图。

4 渗流量监测统计表遵照表 I.1.2－11 的格式填制。绘制渗流量和上、下游水位变化的过程线图，必要时还应简述水质直观情况。

5 水质分析资料的整编，可根据工程实际情况编制相应的图标和必要的文字报告说明。

I.2.7 应力、应变及温度监测资料应符合下列要求：

1 应力、应变监测资料整编，遵照表 I.1.2－12 的格式填制，必要时应同步抄录监测时对应的上、下游水位和气温等，根据需要绘制应力、应变与上、下游水位和测点温度或气温变化的过程线图，必要时还应绘上坝体混凝土浇筑过程线。

2 温度监测资料整编，遵照附录 I 中表 I.1.2－12 的格式填制。必要时应同时抄录监测时对应的上、下游水位和气温等。根据需要绘制温度变化过程线图，必要时还应视情况不同，绘制水温分布图、坝体温度场分布图和等值线图。

I.2.8 其他工作和为科研而设置的项目的成果整编，可根据具体情况和需要参照本标准编制有关图表和文字说明。

I.2.9 随时补充或修正有关监测设施的变动或检验、校测情况以及各种基本资料表、图等，确保资料衔接和连续。

I.2.10 年度资料整编应包括整编后的资料审定及编印等工作。刊印成册的整编资料主要内容和编排顺序宜为：

——封面；

——目录；

——整编说明；

——基本资料；

——监测项目汇总表；

——监测资料初步分析成果；

——监测资料整编图表；

——封底。

封面内容应包括工程名称、整编时段、编号、整编单位、刊印日期等。

整编说明应包括本时段内工程变化和运行概况，监测设施的维修、检验、校测及更新改造情况，现场检查和监测工作概况，监测资料的准确度和可信程度，监测工作中发现的问题及其分析、处理情况（可附上有关报告、文件等），对工程运行管理的意见和建议，参加整编工作人员等。

基本资料包括工程基本资料、监测设施和仪器设备基本资料等。

监测项目汇总表包括监测部位、监测项目、监测方法、监测频次、测点数量、仪器设备型号等。

监测资料初步分析成果主要是综述本时段内各监测资料分析的结果，包括分析内容、方法、结论和建议。对在本年度中完成安全鉴定的大坝，也可引用安全鉴定的有关内容或结论，但应注明出处。

监测资料整编图表（含现场检查表、各监测项目测值图表）的编排顺序可按监测项目的编排次序编印。

I.2.11 月报、季报等可参照年报执行，并可适当简化。

I.2.12 整编的成果应符合下列要求：

1 整编成果的内容、项目、测次等齐全，各类图表的内容、规格、符号、单位及标注方式和编排顺序等符合规定要求。

2 各项监测资料整编的时间与前次整编衔接，监测部位、测点及坐标系统等与历次整编一致。

3 各监测物理量的计（换）算和统计正确，有关图件准确、清晰，整编说明全面，需要说明的其他事项无遗漏，资料初步分析结论和建议符合实际。

I.3 常用监测物理量的计算公式

I.3.1 准直法监测时位移量的计算式（顾及端点位移）如式（I.3.1-1），其各计算式中相对应的部位如图 I.3.1-1～图 I.3.1-3 所示：

$$d_i = L + K\Delta + \Delta_右 - L_0 \qquad (I.3.1-1)$$

其中 $$K = S_i/D$$

$$\Delta = \Delta_左 - \Delta_右$$

式中 d_i——i 点位移量，mm；

K——归一化系数；

S_i——测点至右端点的距离，m；

D——准直线两工作基点的距离，m；

Δ——左、右端点变化量之差，mm；

L_0——i 点首次监测值，mm；

L——i 点本次监测值，mm。

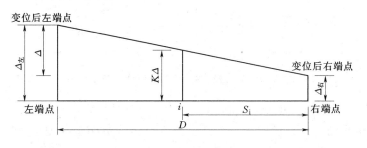

图 I.3.1-1　视准线法观测位移计算示意图

各种准直方法的监测值 L 的确定方法如下：

1　引张线：监测值 L 等于监测仪器或分划尺的读数。

2　视准线活动觇标法：L 等于活动觇标读数。

3　视准线小角度法：L 值按式（I.3.1-2）计算。

$$L = \frac{\alpha''_i}{\rho''} S_i \qquad (I.3.1-2)$$

式中　L——监测值，mm；

α''_i——监测之角值；

ρ''——206265″；

S_i——工作基点至测点之距离，mm。

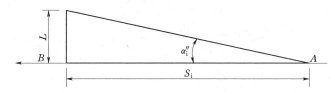

图 I.3.1-2　视准线小角度法观测位移计算示意图

4　激光准直法：L 值按式（I.3.1-3）计算。

$$L = Kl \qquad (I.3.1-3)$$

其中

$$K = \frac{S_i}{D}$$

式中　L——监测值，mm；

l——接受端仪器读数值，mm；

K——归化系数；

S_i——测点至激光点光源的距离，m；

D——激光准直全长，m。

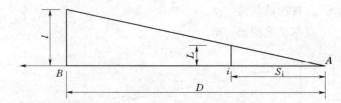

图 I.3.1-3　激光准直法观测位移计算示意图

I.3.2　正、倒垂线法监测时位移量应采用下列公式计算：

1　倒垂测点位移量的计算。倒垂测点位移量指倒垂观测墩（所在部位）相对于倒垂锚固点的位移量，按式（I.3.2-1）和式（I.3.2-2）计算。

$$D_x = K_x(X_0 - X_i) \qquad (I.3.2-1)$$

$$D_y = K_y(Y_0 - Y_i) \qquad (I.3.2-2)$$

式中　X_0、Y_0——倒垂线首次观测值，mm；

$\quad\quad X_i$、Y_i——倒垂线本次观测值，mm；

$\quad\quad D_x$、D_y——倒垂测点位移量，mm；

$\quad\quad K_x$、K_y——位置关系系数（其值为 -1 或 1），与倒垂观测墩布置位置（方向）和垂线坐标仪的标尺方向有关。

2　正垂线测点相对位移量的计算。正垂线测点相对位移值指正垂线悬挂点相对于正垂观测墩的位移值，按式（I.3.2-3）和式（I.3.2-4）计算。

$$\delta_x = K_x(X_i - X_0) \qquad (I.3.2-3)$$

$$\delta_y = K_y(Y_i - Y_0) \qquad (I.3.2-4)$$

式中　δ_x、δ_y——正垂线测点相对位移量，mm；

$\quad\quad X_0$、Y_0——正垂线首次观测值，mm；

$\quad\quad X_i$、Y_i——正垂线本次观测值，mm；

$\quad\quad K_x$、K_y——位置关系系数（其值为 -1 或 1），与正垂观测墩布置位置（方向）和垂线坐标仪的标尺方向有关。

3　正垂线悬挂点绝对位移量的计算。正垂线悬挂点绝对位移量指正垂线测点相对位移值与该测点所在测站的绝对位移值之和。按式（I.3.2-5）和式（I.3.2-6）计算。

$$D_x = \delta_x + D_{x0} \qquad (I.3.2-5)$$

$$D_y = \delta_y + D_{y0} \qquad (I.3.2-6)$$

式中　D_x、D_y——正垂线悬挂点绝对位移量，mm；

$\quad\quad \delta_x$、δ_y——正垂线测点相对位移量，mm；

$\quad\quad D_{x0}$、D_{y0}——测点所在测站的绝对位移量，mm。

4 一条正垂线含多个测点时，悬挂点以外测点的绝对位移量按式（I.3.2 - 7）和式（I.3.2 - 8）计算。

$$D_x = D_{x0} - \delta_x \qquad\qquad (I.3.2 - 7)$$

$$D_y = D_{y0} - \delta_y \qquad\qquad (I.3.2 - 8)$$

式中 D_x、D_y——测点绝对位移量，mm；

D_{x0}、D_{y0}——悬挂点绝对位移量，mm；

δ_x、δ_y——测点相对位移量，mm。

5 垂线垂直位移监测中，水准基点、工作基点、测点的引测、校测、监测的记录，按 GB/T 12897 中的记录要求执行。

I.3.3 渗压系数应采用下列公式计算：

1 坝体渗压系数：

下游水位高于测点高程时 $\qquad \alpha_i = \dfrac{H_i - H_2}{H_1 - H_2} \qquad (I.3.3 - 1)$

下游水位低于测点高程时 $\qquad \alpha_i = \dfrac{H_i - H_3}{H_1 - H_3} \qquad (I.3.3 - 2)$

式中 α_i——第 i 测点渗压系数；

H_1——上游水位，m；

H_2——下游水位，m；

H_i——第 i 测点实测水位，m；

H_3——测点高程，m。

2 坝基渗压系数：

下游水位高于岩基高程时 $\qquad \alpha_i = \dfrac{H_i - H_2}{H_1 - H_2} \qquad (I.3.3 - 3)$

下游水位低于岩基高程时 $\qquad \alpha_i = \dfrac{H_i - H_4}{H_1 - H_4} \qquad (I.3.3 - 4)$

式中 α_i、H_1、H_2、H_i——意义同前；

H_4——测点处基岩高程，m。

I.3.4 渗流量应采用下列公式计算：

1 容积法：

$$Q = \frac{V}{t} \qquad\qquad (I.3.4 - 1)$$

式中 Q——渗流量，L/s；

V——充水体积，L；

t——充水时间，s。

2 直角三角堰：

$$Q = 1.4 H^{\frac{5}{2}} \qquad\qquad (I.3.4-2)$$

式中　Q——渗流量，m^3/s；

　　　H——堰顶水头，m。

3　矩形堰：

$$Q = mb\sqrt{2g}\,H^{\frac{3}{2}}$$

$$m = 0.402 + 0.054\frac{H}{P} \qquad (I.3.4-3)$$

式中　Q——渗流量，m^3/s；

　　　b——堰宽，m；

　　　H——堰上水头，m；

　　　g——重力加速度，m/s^2；

　　　P——堰口至堰槽底的距离，m。

I.3.5 差动电阻仪器测值换算监测物理量应采用下列公式计算：

1　应变：

$$\varepsilon = f\Delta Z + b\Delta T \qquad\qquad (I.3.5-1)$$

式中　ε——应变（$\times 10^{-6}$）；

　　　f——应变计最小读数，$10^{-6}/0.01\%$；

　　　ΔZ——电阻比变化量，0.01%；

　　　b——应变计的温度补偿系数，$10^{-6}/℃$；

　　　ΔT——温度变化量，℃。

2　缝的开合度：

$$J = f\Delta Z + b\Delta T \qquad\qquad (I.3.5-2)$$

式中　J——缝的开合度，mm；

　　　f——测缝计最小读数，$mm/0.01\%$；

　　　ΔZ——电阻比变化量，0.01%；

　　　b——测缝计温度补偿系数，$mm/℃$；

　　　ΔT——温度变化量，℃。

3　渗透压力：

$$P = f\Delta Z - b\Delta T \qquad\qquad (I.3.5-3)$$

式中　P——渗透压力，MPa；

　　　f——孔隙压力计最小读数，$MPa/0.01\%$；

　　　ΔZ——电阻比变化量，0.01%；

　　　b——孔隙压力计的温度补偿系数，$MPa/℃$；

　　　ΔT——温度变化量，℃。

4　钢筋应力：

$$\sigma = f\Delta Z + b\Delta T \qquad (\text{I}.3.5-4)$$

式中 σ ——钢筋应力，MPa；

f ——钢筋计的最小读数，MPa/0.01%；

ΔZ ——电阻比变化量，0.01%；

b ——钢筋计的温度补偿系数，MPa/℃；

ΔT ——温度变化量，℃。

5 压应力：

$$\sigma = f\Delta Z + b\Delta T \qquad (\text{I}.3.5-5)$$

式中 σ ——压应力，MPa；

f ——压应力计最小读数，MPa/0.01%；

ΔZ ——电阻比变化量，0.01%；

b ——压应力计温度补偿系数，MPa/℃；

ΔT ——温度变化量，℃。

6 温度：

$$\left. \begin{array}{l} T = \alpha'\Delta R, \quad T \geqslant 0℃ \\ T = \alpha''\Delta R, \quad T < 0℃ \end{array} \right\} \qquad (\text{I}.3.5-6)$$

其中
$$\Delta R = R - R_0'$$

式中 T ——温度，℃；

ΔR ——电阻变化量；

R ——实测的仪器电阻，Ω；

R_0' ——0℃时的仪器的计算电阻，Ω；

α'、α'' ——温度常数，℃/Ω。

I.3.6 振弦式仪器测值换算监测物理量应采用下列公式计算：

1 应变：

$$\varepsilon = K(f_i^2 - f_0^2) + K_t(T_i - T_0) = K(F_i - F_0) + K_t(T_i - T_0)$$

$$(\text{I}.3.6-1)$$

式中 ε ——当前时刻相对于初始位置时的应变，10^{-6}；

K ——应变计系数，$10^{-6}/\text{Hz}^2$ 或 $10^{-6}/\text{kHz}^2$；

f_0 ——应变计初始的输出频率，Hz；

F_0 ——应变计初始的输出频率模数，kHz^2；

f_i ——应变计当前时刻的输出频率，Hz；

F_i ——应变计当前时刻的输出频率模数，kHz^2；

K_t ——应变计温度修正系数，$10^{-6}/℃$；

T_i ——应变计当前时刻的温度值，℃；

T_0 ——取初始输出频率模数时对应的温度值，℃。

2 缝的开合度：

$$J = K(f_i^2 - f_0^2) + K_t(T_i - T_0) = K(F_i - F_0) + K_t(T_i - T_0)$$

$$\text{(I.3.6-2)}$$

式中　J——当前时刻相对于初始位置时的开合度，mm；

　　　K——测缝计系数，mm/Hz² 或 mm/kHz²；

　　　f_0——测缝计初始的输出频率，Hz；

　　　F_0——测缝计初始的输出频率模数，kHz²；

　　　f_i——测缝计当前时刻的输出频率，Hz；

　　　F_i——测缝计初始的输出频率模数，kHz²；

　　　K_t——测缝计温度修正系数，mm/℃；

　　　T_i——测缝计当前时刻的温度值，℃；

　　　T_0——取初始输出频率模数时对应的温度值，℃。

3 渗透压力或压力：

$$P = K(f_0^2 - f_i^2) + K_t(T_0 - T_i) = K(F_0 - F_i) + K_t(T_0 - T_i)$$

$$\text{(I.3.6-3)}$$

式中　P——当前时刻相对于初始时刻的渗透压力或压力，MPa；

　　　K——渗压计或压力计系数，MPa/Hz² 或 MPa/kHz²；

　　　f_0——渗压计或压力计初始的输出频率，Hz；

　　　F_0——渗压计或压力计初始的输出频率模数，kHz²；

　　　f_i——渗压计或压力计当前时刻的输出频率，Hz；

　　　F_i——渗压计或压力计当前时刻的输出频率模数，kHz²；

　　　K_t——渗压计或压力计温度修正系数，MPa/℃；

　　　T_i——渗压计或压力计当前时刻的温度值，℃；

　　　T_0——取初始输出频率模数时对应的温度值，℃。

4 钢筋应力：

$$\sigma = K(f_i^2 - f_0^2) + K_t(T_i - T_0) = K(F_i - F_0) + K_t(T_i - T_0)$$

$$\text{(I.3.6-4)}$$

式中　σ——当前时刻相对于初始位置时的应力，MPa；

　　　K——钢筋应力计系数，MPa/Hz² 或 MPa/kHz²；

　　　f_0——钢筋应力计初始的输出频率，Hz；

　　　F_0——钢筋应力计初始的输出频率模数，kHz²；

　　　f_i——钢筋应力计当前时刻的输出频率，Hz；

　　　F_i——钢筋应力计当前时刻的输出频率模数，kHz²；

　　　K_t——钢筋应力计温度修正系数，MPa/℃；

　　　T_i——钢筋应力计当前时刻的温度值，℃；

T_0——取初始输出频率模数时对应的温度值，℃。

I.3.7 由单轴应变 ε' 计算混凝土应力应符合下列规定：

1 计算混凝土应力时应有埋设应变计处混凝土弹性模数和徐变的试验资料。

2 将时间划分为 n 个时段，每个时段的起始和终止时刻（龄期）分别为：τ_0，τ_1，τ_2，$\cdots$，τ_{i-1}，τ_i，$\cdots$，τ_{n-1}，τ_n。各个时段中点龄期 $[\bar{\tau}_i=(\tau_i+\tau_{i-1})/2]$ 为：$\bar{\tau}_1$，$\bar{\tau}_2$，$\cdots$，$\bar{\tau}_i$，$\cdots$，$\bar{\tau}_n$。各时刻对应的单轴应变分别为：ε'_0，ε'_1，ε'_2，$\cdots$，ε'_i，$\cdots$，ε'_n。各时段单轴应变增量（$\Delta\varepsilon'_i=\varepsilon'_i-\varepsilon'_{i-1}$）为：$\Delta\varepsilon'_1$，$\Delta\varepsilon'_2$，$\cdots$，$\Delta\varepsilon'_i$，$\cdots$，$\Delta\varepsilon'_n$。

3 应力应采用下列公式计算：

1） 松弛法，在 τ_n 时刻的应力为：

$$\sigma(\tau_n)=\sum_{i=1}^n \Delta\varepsilon'_i E(\bar{\tau}_i) K_P(\tau_{n-i}，\bar{\tau}_i) \qquad (I.3.7-1)$$

式中　$E(\bar{\tau}_i)$——$\bar{\tau}_i$ 时刻混凝土的瞬时弹性模数；

$K_P(\tau_{n-i}，\bar{\tau}_i)$——加荷龄期为 $\bar{\tau}_i$，持荷时间为 $\tau_n-\tau_i$ 时刻的松弛系数。

2） 变形法，在 τ_n 时刻的应力混凝土实际应力按式（I.3.7-2）计算：

$$\sigma(\bar{\tau}_n)=\sum_{i=1}^n \Delta\sigma(\bar{\tau}_i) \qquad (I.3.7-2)$$

$\Delta\sigma(\bar{\tau}_i)$ 为 $\bar{\tau}_i$ 时刻的应力增量，按式（I.3.7-3）计算：

$$\left.\begin{aligned}\Delta\sigma(\bar{\tau}_i)&=E'(\bar{\tau}_i，\tau_{i-1})\cdot\bar{\varepsilon}'_i \quad i=1\\[4pt]\Delta\sigma(\bar{\tau}_i)&=E'(\bar{\tau}_i，\tau_{i-1})\\ &\times\left\{\bar{\varepsilon}_i-\sum_{j=1}^{i-1}\Delta\sigma(\bar{\tau}_j)\left[\frac{1}{E(\tau_{j-1})}+c(\bar{\tau}_i，\tau_{j-1})\right]\right\} \quad i>1\end{aligned}\right\}$$

$$(I.3.7-3)$$

式中　$E'(\bar{\tau}_i，\tau_{i-1})$——以 τ_{i-1} 龄期加荷单位应力持续到 $\bar{\tau}_i$ 时的总变形 $\left[\dfrac{1}{E(\tau_{j-1})}+c(\bar{\tau}_i，\tau_{j-1})\right]$ 的倒数，即称为 $\bar{\tau}_i$ 时刻的持续弹性模量；

$\qquad E(\tau_{j-1})$——τ_{j-1} 时刻混凝土的瞬时弹性模数；

$\qquad c(\bar{\tau}_i，\tau_{j-1})$——以 τ_{j-1} 为加荷龄期持续到 $\bar{\tau}_i$ 时的徐变度。

I.4　资料分析的方法

I.4.1 资料分析目前常用的方法有比较法、作图法、特征值统计法及数学模型法。

I.4.2 比较法有监测值与监控指标相比较、监测物理量的相互对比、监测成果与理论的或试验的成果（或曲线）相对照等三种。

1 监控指标是在某种工作条件下（如基本荷载组合）的变形量、渗流量及扬压力等的设计值，或有足够的监测资料时经分析求得的允许值（允许范围）。在蓄水初期可用设计值作监控指标，根据监控指标可判定监测物理量是否异常。

2 监测物理量的相互对比是将相同部位（或相同条件）的监测量作相互对比，以查明各自的变化量的大小、变化规律和趋势是否具有一致性和合理性。

3 监测成果与理论或试验成果相对照比较其规律是否具有一致性和合理性。

I.4.3 作图法：根据分析的要求，画出相应的过程线图、相关图、分布图以及综合过程线图（如将上游水位、气温、监控指标以及同坝段的扬压力和渗流量等画在同一张图上）等。由图可直观地了解和分析监测值的变化大小及其规律，影响监测值的荷载因素及其对监测值的影响程度，监测值有无异常等。

I.4.4 特征值统计法：特征值包括各物理量历年的最大值和最小值（包括出现时间）、变幅、周期、年平均值及年变化趋势等。通过特征值的统计分析，可以看出监测物理量之间在数量变化方面是否具有一致性和合理性。

I.4.5 数学模型法：建立效应量（如位移、扬压力等）与原因量（如库水位、气温等）之间的关系是监测资料定量分析的主要手段。它分为统计模型、确定性模型及混合模型。有较长时间的监测资料时，常用统计模型。当有条件求出效应量与原因量之间的确定性关系表达式时（宜通过有限元计算结果得出），亦可采用混合模型或确定性模型。

运行期的数学模型中包括水压分量、温度分量和时效分量三个部分。时效分量的变化形态是评价效应量正常与否的重要依据，对于异常变化需及早查明原因。

I.5 资料分析的内容

I.5.1 资料分析宜包含监测资料可靠性分析、监测量的时空分析、特征值分析、异常值分析、数学模型、坝体整体分析、防渗性能分析、坝体稳定性分析以及大坝运行状况评估等。

I.5.2 分析监测资料的准确性、可靠性。对由于测量因素（包括仪器故障、人工测读及输入错误等）产生的异常测值进行处理（删除或修改），以保证分析的有效性及可靠性。

I.5.3 分析监测物理量随时间或空间而变化的规律应符合下列规定：

1 根据各物理量（或同一坝段内相同的物理量）的过程线，说明该监测量随时间而变化的规律、变化趋势，其趋势是否向不利方向发展。

2 同类物理量的分布曲线，反映了该监测量随空间而变化的情况，有助于分析大坝有无异常征兆。

I.5.4 统计各物理量的有关特征值。统计各物理量历年的最大和最小值（包括出现时间）、变幅、周期、年平均值及年变化趋势等。

I.5.5 判别监测物理量的异常值应符合下列规定：

1 监测值与设计计算值相比较。

2 监测值与数学模型预报值相比较。

3 同一物理量的各次监测值相比较，同一测次邻近同类物理量监测值相比较。

4 监测值是否在该物理量多年变化范围内。

I.5.6 分析监测物理量变化规律的稳定性应符合下列规定：

1 历年的效应量与原因量的相关关系是否稳定。

2 主要物理量的时效量是否趋于稳定。

I.5.7 应用数学模型分析资料应符合下列规定：

1 对于监测物理量的分析，宜统计学模型，亦可用确定性模型或混合模型。应用已建立的模型作预报，其允许偏差宜采用 $\pm 2s$（s 为剩余标准差）。

2 分析各分量的变化规律及残差的随机性。

3 定期检验已建立的数学模型，必要时予以修正。

I.5.8 分析坝体的整体性。对纵缝和拱坝横缝的开度以及坝体挠度等资料进行分析，判断坝体的整体性。

I.5.9 判断防渗排水设施的效能应符合下列规定：

1 根据坝基（拱坝拱座）内不同部位或同部位不同时段的渗流量和扬压力监测资料，结合地质条件分析判断帷幕和排水系统的效能。

2 在分析时，应注意渗流量随库水位的变化而急剧变化的异常情况，还应特别注意渗漏出浑浊水的不正常情况。

I.5.10 校核大坝稳定性。重力坝的坝基实测扬压力超过设计值时，宜进行稳定性校核。拱坝拱座出现上述情况时，亦应校核稳定性。

I.5.11 分析现场检查资料。应结合现场检查记录和报告所反映的情况进行上述各项分析。并应特别注意下列各点：

1 在第一次蓄水之际，是否发生库水自坝基部位的裂隙中渗漏出或涌出；渗流量急骤增加和浑浊度是否变化。

2 坝体、坝基的渗流量有无过量；在各个排水孔的排水量之间有无显著差异。

　3　坝体有无危害性的裂缝；接缝有无逐渐张开。

　4　在高水位时，水平施工缝上的渗流量有无显著变化。

　5　混凝土有无遭受物理或化学作用的损坏迹象。

　6　大坝在遭受超载或地震等作用后，哪些部位出现裂缝、渗漏；哪些部位（或监测的物理量）残留不可恢复量。

　7　宣泄大洪水后，建筑物或下游河床是否被损坏。

I.5.12　评估大坝的工作状态。根据以上的分析判断，最后应对大坝的工作状态作出评估。

I.6　各时期监测资料分析报告的主要内容

I.6.1　首次蓄水时，应包括下列主要内容：

　1　蓄水前的工程情况概述。

　2　仪器安装埋设监测和巡视工作情况说明。

　3　现场检查的主要成果。

　4　蓄水前各有关监测物理量测点（如扬压力、渗流量、坝和地基的变形、地形标高、应力、温度等）的蓄水初始值。

　5　蓄水前施工阶段各监测资料的分析和说明。

　6　根据现场检查和监测资料的分析为首次蓄水提供依据。

I.6.2　蓄水到规定高程、分阶段验收及竣工验收时，应包括下列主要内容：

　1　工程概况。

　2　仪器安装埋设监测和现场检查情况说明。

　3　现场检查的主要成果。

　4　该阶段资料分析的主要内容和结论。

　5　蓄水以来，大坝出现问题的部位、时间和性质以及处理效果的说明。

　6　对大坝工作状态进行评估，为蓄水到规定高程、分阶段验收及竣工验收提供依据。

　7　提出对大坝监测、运行管理及养护维修的改进意见和措施。

I.6.3　大坝安全鉴定时，应包括下列主要内容：

　1　工程概况。

　2　仪器更新改造及监测和现场检查情况说明。

　3　现场检查的主要成果。

　4　资料分析的主要内容和结论。

　5　对大坝工作状态的评估。

　6　说明建立、应用和修改数学模型的情况和使用的效果。

　7　大坝运行以来，出现问题的部位、性质和发现的时间、处理的情况和效果。

    8 拟定主要监测量的监控指标。

    9 根据监测资料的分析和现场检查找出大坝潜在的问题，并提出改善大坝运行管理、养护维修的意见和措施。

    10 根据监测工作中存在的问题，应对监测设备、方法、准确度及测次等提出改进意见。

I.6.4 大坝出现异常或险情时，应包括下列主要内容：

    1 工程简述。

    2 对大坝出现异常或险情状况的描述。

    3 根据现场检查和监测资料的分析，判断大坝出现异常或险情的可能原因和发展趋势。

    4 提出加强监测的意见。

    5 对处理大坝异常或险情的建议。

标 准 用 词 说 明

标准用词	在特殊情况下的等效表述	要求严格程度
应	有必要、要求、要、只有……才允许	要 求
不应	不允许、不许可、不要	
宜	推荐、建议	推 荐
不宜	不推荐、不建议	
可	允许、许可、准许	允 许
不必	不需要、不要求	

中华人民共和国水利行业标准

混凝土坝安全监测技术规范

SL 601—2013

条 文 说 明

目　次

1 总 则

1.0.5 影响混凝土工程安全性态的关键部位的监测项目在工程竣工后不能布置时，考虑到关键部位的关键参数重要性，在施工期、运行期或极端条件下仪器损坏的可能性，建议在该部位布置测点时适当冗余，以保证观测资料的获取。

安全监测是一项长期性与周期性的动态采集和分析判断的过程，根据大坝服役的不同阶段、目的与工况，采取相应的监测项目与监测频次，不同监测项目存在关联性，如大坝结构变形发生异常时，大坝应力和渗透压力可能也发生异常，在时间序列上观测信息符合渐变到突变的过程，故要求相关观测项目应同步监测，时间序列应连续，以获取资料的完整性与规范性。

仪器监测与现场检查不同，仪器监测是定量的，可以量测到坝体及基础的性态，提供长期连续系列的资料，能发现大坝结构在不同荷载条件下的微小变化趋势，定量评估大坝安全运行性态与发展趋势。现场检查能够在时间和空间上弥补仪器量测的不足，更能全面地直观地对工程结构性态有快速、整体的初步诊断。

3 现 场 检 查

3.1 一 般 规 定

3.1.2 据统计分析，大部分大坝突发事件的发生是有征兆的，是可以通过检查发现的。检查在大坝安全监测与管理作用中日趋重要，为扩充检查内涵与提高检查规范性、检查技术水平，本标准将巡视检查改为现场检查，现场检查是由工程技术人员配合采用部分技术手段，对水库大坝的结构安全实施的巡视检查、检测与探测。除现场巡视检查外，还应采用现场检测、探测、仪器监测等方法，配置必要的适用于水库大坝测量、检测与探测专业设备进行。根据检查目的分日常检查、年度检查、定期检查和应急检查。

3.3 检 查 方 法

3.3.3 地震、大洪水等自然灾害对水库大坝安全影响是有过程的，如地震后大坝损伤的全部特征可能不会立即显现，需要数天甚至更长时间才能全部显现，因此，应急检查既包括时间发生后的即时检查和详细检查，也包括时间发生后某一时间段连续的后续检查，并与震前记录或基准值比较分析。

4 环 境 量 监 测

4.3 坝 前 水 温

4.3.1~4.3.3 因库水温所定义的范围过大，而大坝安全监测所关心的只是坝前水温对水工建设物的影响，所以本次修订将库水温改为坝前水温。

5 变 形 监 测

5.1 一 般 规 定

5.1.3 变形监测的准确度是变形监测系统的基本指标，但准确度要求需要恰当，准确度要求过高，会使监测工作复杂化，费用大量增加；准确度要求过低，又不能得出大坝性态变化的正确信息，影响大坝安全评价。因此，准确度要求是一个很重要的问题。变形监测合理的准确度要求，取决于必要性和可能性两个方面，并随着科学技术的发展逐步提高，因此，本次修订中，根据当前国内监测仪器发展情况和使用情况，对原规范规定的变形监测准确度作了适当调整。

为了监控大坝安全，应该监测出大坝在正常情况下的一般变形规律。只有这样，才能及早发现异常现象，再通过分析判断，找出异常根源，采取措施，确保大坝安全。要测定出大坝的一般变形规律，监测值的误差应远小于变形量才是。国际测量工作者联合会（FIG）变形观测研究小组提出监测值的误差应小于变形量的 $1/10\sim1/20$，苏联学者提出应在 $1/4\sim1/10$ 之间，国内学者通过大量资料分析成果亦得出变幅与误差的实用准确度宜为 $1/10\sim1/20$。

大坝实测资料表明，大坝的一般变形规律是：在第一次蓄水后的最初几年，存在着不可逆的时效变形，以后主要受水位和气温的影响，呈近似正弦曲线的规律而做年周期变化。具体测值则与坝型、坝高、坝的刚度、监测部位、水位和气温年变化幅值等一系列因素有关。坝顶水平位移的一般情况如下：重力坝约为 10mm，也有的坝小至 $3\sim5$mm，大至 20mm；拱坝径向位移约为 20mm，也有的小至几毫米，大至 $30\sim40$mm；对于坝基水平位移：重力坝约为 $1\sim3$mm，拱坝稍大；垂直位移表现为坝顶下游侧稍大于上游侧，一般约为 10mm；坝基垂直位移约 $1\sim3$mm；对倾斜而言，坝顶可达几百秒，坝基仅为 $4''\sim8''$。

目前，几乎国内外所有的大坝均采用精密水准法和静力水准法监测垂直位移，大多数大坝采用垂线、引张线和真空激光准直监测水平位移，少数大坝采用视准线法监测水平位移。精密水准法的准确度和路线长度（测站数）相关，在严格遵守合理的作业规程的前提下，可以达到 $0.5\sim1.0$mm/km。静力水准准确度可达 0.07mm。垂线、引张线和真空激光准直的准确度，都可达 $0.1\sim0.3$mm，视准线准确度为 $1\sim3$mm。本条规定各监测项目的最低准确度要求，主要依据上述普遍采用的方法实际可以达到的准确度，适当兼顾了变形量的数值，使多数准确度达到一般变形量的 $1/10$，少数不足变形量的 $1/4$，如坝基垂直位移。但是，对于重要的大坝，当前也可采用静力水准加双金属标的方法得以满足。由于近 20 多年监测技术的快速发展，许多监测仪器的准确度有了较大提高，许多高准确度的仪器，如垂线、引张线、真空激光准直、静力水准等已普遍被采用，因此，在这次修订时，将拱坝和重力坝的坝基位移准确度要求进行了统一，考虑到拱坝位移监测方法的多样化，坝体位移保持了原规范的准确度要求。也就是说，拱坝的坝基位移准确度要求有了提高；并且，本次修订中去除了挠度监测和挠度监测准确度要求，因为挠度监测其实是水平位移监测，原规范对它们的准确度分别作出规定，造成了不应有的矛盾。在本次修订中，还将高边坡从滑坡体中分离出来，提高了高边坡变形监测的准确度要求，使高边坡的安全监控得到了保证。此外，本次修订中增加了地下洞室变形监测的准确度要求。

5.2 监 测 设 计

5.2.1 水平位移监测方法较多，近20多年，随着大坝安全监测工作受到重视，许多大坝都设置了水平位移监测系统，这方面实践较多，渐渐地形成了较合理的布置模式。在这次修订中，放进了本标准中。

对于重力坝或支墩坝的坝体和坝基水平位移监测，本标准建议采用引张线法，真空激光准直法和垂线法监测。

引张线法由于设备简单、直观、准确度高、费用少，在国内大坝安全监测中使用较广，也较有成效。真空激光准直法，虽然费用高一些，但它可以同时监测水平和垂直位移，准确度高，性能稳定，也颇受大坝业主喜爱。垂线法可以同时测定大坝各个高程的水平位移，正倒垂结合，又可为各种水平位移准直法提供位移基准值，准确度也高。在混凝土坝水平位移监测中，为优先选用项目。

视准线和大气激光准直受旁折光影响严重，不易达到变形监测最低准确度要求，故规定当坝长较短、条件有利时才可选用，一般只适用于中小工程。

对于拱坝坝体和坝基的水平位移，在这次修订中，废弃了导线法，而建议采用垂线监测。

导线法由于测量复杂，费时费工，误差较大，虽有设备上的改进，但成功事例仍不多。垂线法可以同时测得大坝不同高程径向和切向位移，方法简单，准确度高，易实现自动化监测，它已成为当今国内外拱坝水平位移监测布置的主流形式。

5.2.3 垂线在大坝水平位移的监测中处于中心的位置，它不仅能测读大坝有关高程的水平位移，而且它又常常为各类准直线提供位移基准值。因此，垂线的安装埋设质量要求较高。

影响垂线准确度的主要因素是气流，解决的办法有以下几种：

（1）控制线体长度。修订后的规范规定，垂线的长度不宜大于50m。

（2）加防风保护管。正垂线一般都应加防风保护管。

（3）增大重锤重量或浮体的浮力。正垂线的重锤重量和倒垂线浮体的浮力取决于垂线长度，重锤重量越大，稳定的时间就越短，受气流等影响也就越小，但观测灵敏度和观测准确度将受影响。经调查了解，在实际使用中，按原规范确定的浮力偏小，影响观测准确度。原规范倒垂浮力的计算公式是苏联的经验公式，这次修订对该式做了修改，修改后的浮力计算式如下：

$$P > 250(1 + 0.01L) \tag{1}$$

式中　P——浮子浮力，N；

　　　L——测线长度，m。

和原式相比，对于 50m 长的线体，浮力增大 75N，即增长 7.5kgf 的力。

与上述修改相匹配，测线宜采用强度较高的不锈钢丝或不锈钢瓦钢丝，其直径应保证极限拉力大于浮子浮力的 3 倍。并推荐选用 $\phi 1.0 \sim 1.2$mm 的钢丝。

5.2.4　采用钢丝作为线体的引张线准直系统，通常均需在测点处设置浮托装置，以克服因线体垂度大而造成测点处仪器设置的困难。近年采用高强质轻的碳纤维增强复合材料（CFRP）做线体，其垂度仅为钢丝线体的 1/4～1/5，抗拉强度高于高强不锈钢丝 1.4 倍以上。因此，采用 CFRP 材料作为线体的引张线准直系统，其线长可以大于 200m，但不宜超过 500m。

5.2.9、5.2.10　由于目前几乎不可能实现在工程设计阶段准确无误地预测岩体的基本状况及其在施工、运行过程中的变化情况，因此坝基、坝肩周围的岩体成了大坝安全的一个薄弱环节。近些年，国内一些工程高边坡和地下洞室暴露的问题，都说明了这一点。另外，根据对失事大坝的统计，大多数失事大坝也是由于基础存在问题而引起的。因此，在这次修订中，增加了岩体变形监测的内容。

测斜仪和多点位移计是近 10 多年来国内使用较为成功的仪器。测斜仪可以监测地下不同高程岩体的变形情况，可以测出边坡滑移面的位置。多点位移计可以用来监测地下断层位移或边坡滑移情况，可以测出地下洞室围岩松动圈的范围，使用较广。

5.4　观　　测

5.4.4　激光准直系统的观测，目前基本上都采用自动化监测方法。大气激光准直系统因需修正大气环境的扰动影响，每一测次应观测两测回。真空激光准直系统管道内真空度若符合要求，测量系统基本不受环境影响。如果通过检验和测试，各测点多次测量中误差符合测量准确度要求，则可免去每一测次观测一测回，仅实施单次测量。

6 渗流监测

6.3 监测设施及其安装

6.3.1 《混凝土大坝安全监测技术规范（试行）》（SDJ 336—1989）已经 20 多年的试行，通过国内工程的大量实践，U 形测压管已近 10 年鲜有采用，因此，本次修订予以取消。

单孔多管式测压管设置主要目的是监测基础分层水压力状态。从此类测压管运行情况看，各岩层间封闭隔离困难，虽节约了造孔费用，但很难达到预期的实用效果。为保证不同岩层地下水压力监测的可靠性，尽量避免采用单孔多管式测压管。

7 应力、应变及温度监测

7.2 监 测 设 计

7.2.1 国内拉西瓦（$H=250$m）、小湾（$H=294.5$m）等工程均发现存在无应力计处于有应力的工作状态的情况。初步研究认为这种情况与无应力计的结构型式及安装埋设方式有关。故增加"200m以上特高拱坝的无应力计的结构型式及安装埋设方式宜进行专门论证"的内容。

7.2.4 坝基、坝肩岩体是大坝安全的薄弱环节，因此在规范修订中，在增加岩体变形监测的同时，增加了坝基、坝肩岩体的应力和应变监测。

7.2.7 为指导施工加强混凝土坝温控，在规范修订中，对重力坝纵缝及拱坝横缝面各灌浆区的温度监测提出了明确的要求。

7.4 观 测

7.4.1 为便于混凝土温控以及确定应变计、无应力计等的基准值，对应变计、无应力计和温度计的初期（第一周）观测的频次做出了明确规定，其他内部监测仪器如测缝计、钢筋计、锚杆应力计、压应力计等可参照执行。

水工隧洞安全监测技术规范

SL 764—2018

2018-12-05 发布　　　　　　　　　2019-03-05 实施

前　　言

根据水利技术标准制修订计划安排，按照 SL 1—2014《水利技术标准编写规定》的要求，编制本标准。

本标准共 12 章和 6 个附录，主要技术内容有：

——监测项目及测点布置；

——巡视检查；

——环境量监测；

——变形监测；

——渗流监测；

——应力、应变及温度监测；

——专项监测；

——监测自动化系统；

——监测资料整理与整编；

——监测系统运行管理与维护。

本标准为全文推荐。

本标准批准部门：中华人民共和国水利部

本标准主持机构：水利部运行管理司

本标准解释单位：水利部运行管理司

本标准主编单位：水利部大坝安全管理中心

本标准参编单位：南京水利科学研究院

　　　　　　　　　中水东北勘测设计研究有限责任公司

中国电建集团西北勘测设计研究院有限公司

中国电建集团昆明勘测设计研究院有限公司

本标准出版、发行单位：中国水利水电出版社

本标准主要起草人：何勇军　宋守平　李宏恩　张国栋

高　垠　张建辉　李　铮　范光亚

赵志勇　徐海峰　杨　阳　李　卓

杨东利　陈树联

本标准审查会议技术负责人：袁培进

本标准体例格式审查人：陈　昊

本标准在执行过程中，请各单位注意总结经验，积累资料，随时将有关意见和建议反馈给水利部国际合作与科技司（通信地址：北京市西城区白广路二条 2 号；邮政编码：100053；电话：010－63204533；电子邮箱：bzh@mwr.gov.cn），以供今后修订时参考。

目　次

1 总 则

1.0.1 为规范水工隧洞安全监测，掌握水工隧洞运行性态，指导工程施工和运行，反馈设计，降低安全风险，制定本标准。

1.0.2 本标准适用于水利水电工程1级、2级、3级水工隧洞的安全监测；4级、5级水工隧洞可参照执行。水工隧洞级别划分应按 GB 50201《防洪标准》、SL 252《水利水电工程等级划分及洪水标准》和 SL 279《水工隧洞设计规范》的规定执行。

1.0.3 安全监测对象应包括泄洪（排沙）洞、输水洞、引水隧洞、尾水隧洞、导流洞、压力钢管、调压室、尾闸室、封堵体等。其他如地下厂房、主变室、交通洞、母线洞、通风洞等非通水水利水电工程隧洞的安全监测可参照本标准执行。

1.0.4 安全监测应包括施工期监测和运行期监测。

1.0.5 安全监测方式应包括巡视检查和仪器监测。

1.0.6 监测仪器设备安装埋设前，应进行检测、校准；测量仪表应定期检定/校准。

1.0.7 本标准主要引用下列标准：

GBZ 159　工作场所空气中有害物质监测的采样规范

GB/T 16529.2　光纤光缆接头　第2部分：分规范、光纤光缆接头盒和集纤盘

GB/T 21431　建筑物防雷装置检测技术规范

GB 50086　岩土锚杆与喷射混凝土支护工程技术规范

GB 50201　防洪标准

SL 212　水工预应力锚固设计规范

SL 252　水利水电工程等级划分及洪水标准

SL 279　水工隧洞设计规范

SL 281　水电站压力钢管设计规范

SL 386　水利水电工程边坡设计规范

SL 551　土石坝安全监测技术规范

SL 601　混凝土坝安全监测技术规范

SL 616　水利水电工程水力学原型观测规范

SL 655　水利水电工程调压室设计规范

SL 725　水利水电工程安全监测设计规范

HJ/T 61　辐射环境监测技术规范

1.0.8　水工隧洞安全监测除应符合本标准规定外，尚应符合国家现行有关标准的规定。

2 术　语

2.0.1 水工隧洞安全监测　hydraulic tunnel safety monitoring

利用巡视检查、仪器监测与分析手段对水工隧洞安全信息进行采集和分析的过程。

2.0.2 施工期监测　construction period monitoring

从开始施工到投入运行前（含充水试验期）进行的安全监测。

2.0.3 运行期监测　operation period monitoring

投入运行后进行的安全监测。

2.0.4 监测断面　monitoring section

对水工隧洞工程安全有控制性作用，并集中布置有监测仪器的断面。

2.0.5 内水压力监测　internal water pressure monitoring

对作用于水工隧洞内壁水压力的监测。

2.0.6 外水压力监测　external water pressure monitoring

对作用于水工隧洞外壁水压力的监测。

2.0.7 监测主机　monitoring computer

用于安全监测数据接收、存储、处理和监测设施管理的计算机。

3 监测项目及测点布置

3.1 一 般 规 定

3.1.1 水工隧洞安全监测应根据隧洞类型、级别、用途、重要性及失事后的影响程度、工作条件、沿线地形地质条件、施工方法、支护和衬砌方式以及生态环境要求等因素设置。

3.1.2 水工隧洞安全监测应包括围岩和支护衬砌结构、封堵体结构以及对隧洞安全有重大影响的进、出口边坡等。

3.1.3 凡符合下列情况之一的水工隧洞应进行安全监测:

1 1~3 级水工隧洞。

2 大洞径、高水头、高流速水工隧洞。

3 不良地质洞段。

4 软岩隧洞,包括湿陷性黄土、膨胀土、软黏土等各类软岩、土洞洞段。

5 采用新技术的洞段。

6 浅埋或深埋隧洞。

7 隧洞线路通过的区域有重要建(构)筑物及有环境要求的洞段。

8 洞室开挖发生过坍塌、冒顶以及支护、衬砌发生过质量事故的洞段。

3.1.4 水工隧洞围岩和支护结构的安全监测重点应包括Ⅲ类及以下围岩段、断层破碎带、膨胀性围岩段、隧洞交叉段、溶岩及高地应力段、受邻区影响较大地段等。

3.1.5 封堵体安全监测应根据围岩条件、承受水头以及防渗要求等确定。

3.1.6 进、出口边坡安全监测应根据边坡等级、地质条件及边坡对隧洞安全影响程度等确定。水工隧洞进、出口边坡级别应按 SL 386 执行。

3.1.7 调压室的安全监测应按 SL 655 执行。

3.1.8 压力钢管的安全监测应按 SL 281 执行。

3.1.9 水工隧洞安全监测应突出重点、兼顾全面、统筹安排、配合布置。

3.1.10 安全监测设计应收集下列基本资料:

1 工程规模、设计标准和水工隧洞类型、级别、支护及衬砌方式、施工方法以及环境保护要求等资料。

2 水文资料。

3 地形、地质资料。

4 试验资料。

5 设计成果。

6 监测仪器设备资料。

7 其他相关资料。

3.1.11 监测仪器设备应具有适用性、可靠性、耐久性、经济性，且便于实现自动化。仪器设备选型宜根据地质条件、结构计算及模型试验成果、类似工程经验等确定。

3.1.12 对监测仪器和信号传输线缆应进行防护设计。

3.1.13 钻爆法施工的隧洞对其临近建（构）筑物有较大影响时，应进行爆破振动监测。

3.1.14 水工隧洞施工应进行现场量测监控，安全监测应按 GB 50086 执行。

3.2 监 测 项 目

3.2.1 水工隧洞安全监测项目应包括巡视检查，环境量、变形、渗流、应力、应变、温度监测及专项监测。监测项目设置应兼顾施工期临时监测。

3.2.2 环境量监测项目包括水位、水温、冰冻、泥沙淤积和冲刷等。

3.2.3 变形监测应包括隧洞围岩内部变形、洞壁收敛变形、地表沉降、接缝及裂缝开合度等。

3.2.4 渗流监测应包括渗透压力、内外水压力、扬压力及渗流量等。

3.2.5 应力、应变及温度监测应包括支护结构混凝土应力应变、钢筋应力、围岩压力、锚杆应力、锚固荷载、压力钢管钢板应力及混凝土内部温度等。

3.2.6 施工期应重点监测围岩变形、锚固荷载及混凝土内部温度等；运行期应重点监测围岩变形、内外水压力及衬砌结构应力应变等。

3.2.7 水工隧洞安全监测项目应符合附录 A 表 A.0.1 的规定。

3.3 监测断面及测点布置

3.3.1 监测断面布置应符合下列要求：

1 根据隧洞功能、等级、地质条件、支护结构型式、受力状态、施工方法等因素，选择代表性洞段，每个洞段宜布置 1～3 个监测断面。

2 钢筋混凝土岔管监测断面宜根据应力状态确定。

3 洞口边坡监测断面应根据地质地形条件、建筑物布置确定。

4 设有帷幕灌浆的封堵体前后均应设置监测断面。

5 不同监测项目监测断面宜结合布置。

6 监测断面数量应根据施工安全及反馈设计需要进行调整。

3.3.2 变形监测应符合下列要求：

1 施工期围岩收敛变形和拱顶沉降首次测量断面距掌子面不宜大于 1m。Ⅲ级围岩断面间距不宜大于 50m；Ⅳ级围岩不宜大于 40m；Ⅴ级围岩不宜大于 30m；断层破碎带宜为 5～10m。对于洞口、浅埋段、软弱地层或地质条件较差洞段，监测断面应适当加密。收敛变形监测每个断面应不少于 3 个测点。

2 岩体内部变形监测宜布置在围岩条件较差、地质构造带、洞室交叉、洞口、上覆岩体较薄等洞段，每个洞段宜布置 1～3 个监测断面，每个断面宜布置 3～5 个测孔，每个测孔宜布置 3～6 个测点。测点位置应根据围岩地质条件、径向位移变化梯度确定。围岩内部变形监测基准点应设在变形影响区之外，深度应大于 1.5 倍洞径。

3 接缝监测宜布置在混凝土衬砌结构与围岩接缝、压力钢管与混凝土衬砌接缝、混凝土衬砌分缝等部位。每个监测断面应不少于 3 个测点。

4 裂缝监测应布置在支护衬砌结构出现危害性裂缝部位。

5 洞口边坡变形监测应在主滑方向设置 1～3 个表面变形监测断面。

6 隧洞封堵体与围岩或衬砌结构接缝监测每个监测断面应不少于 3 个测点，宜布置在顶部和两侧对称部位。

7 浅埋段隧洞地表沉降测点宜沿洞轴线布置，应不少于 3 个断面，每个断面应不少于 3 个测点，宜布置在洞顶和两侧受影响的范围内。

8 湿陷性黄土、膨胀土、软黏土洞段中的支护衬砌结构应设置 1～3 个监测断面，每个断面应不少于 3 个测点。

3.3.3 渗流监测应符合下列要求：

1 外水压力监测断面应根据水文地质条件，在埋深大、裂隙发育洞段布设，并应与变形监测结合设置，每个监测断面布置 1～3 个测点。通过灌浆加固周边围岩的高水压隧洞渗流测点应设置在围岩固结灌浆圈以外。

2 水工隧洞穿越防渗帷幕时，应进行帷幕防渗效果监测，并在防渗帷幕前后 0.5～1m 内布置测点。

3 渗漏影响浅埋隧洞或围岩（土）稳定性的洞段，应布置渗透压力监测，每个监测断面宜布置 3～6 个测点。

4 隧洞进、出口建筑物，泄洪洞出口消力池等基础宜设置扬压力监测。测点布置应根据建筑物结构型式和水文地质条件等因素确定。

5 1 级、2 级隧洞的封堵体应设置渗透压力监测，每个监测断面应不少于 3 个测点，宜布置在封堵体与围岩或衬砌混凝土结构间。

6 湿陷性黄土洞段，应设置渗漏监测。

7 渗水部位宜按分区、分段原则设置渗水量监测。

8 内水压力监测断面可布置在隧洞最大内水压力部位。

3.3.4 应力应变及温度监测应符合下列要求：

1 监测断面应按隧洞功能、地质条件、结构形式、受力状态及施工条件选择，施工期监测断面数量宜根据施工安全需要确定；永久监测断面宜布置在具有代表性或关键的部位，并宜与施工监测断面相结合。

2 测点布置应根据时空关系，围岩应力分布、岩体结构和地质代表性，设计计算得到的变化梯度合理确定测点数量。

3 混凝土应变测点应沿拱圈布置，拱顶和左右侧拱腰附近应不少于 3 个测点，地质条件不良、受力状态复杂时，宜在拱腰和拱脚位置增设测点。

4 钢筋混凝土衬砌中应布置钢筋应力测点，钢筋应力计应与被测钢筋同轴。

5 围岩与支护结构间的压应力测点应根据围岩压力分布和方向布置。

3.3.5 锚杆应力和预应力锚索（杆）荷载监测应符合下列要求：

1 对于全断面设系统锚杆的监测断面，在拱顶、拱腰和拱脚应布置 3～7 个锚杆应力测孔，每根锚杆宜布置 1～3 个测点。对局部加强锚杆监测，应在加强区域内选择有代表性的部位设置锚杆应力测点，测点可根据围岩条件和现场情况适当调整。

2 预应力锚索（杆）监测应按 SL 212 执行，监测锚索宜采用无黏结锚索。

3.3.6 钢支撑和压力钢管应（压）力监测布置应符合下列规定：

1 采用型钢、钢管、钢筋格栅等钢支撑支护时，应监测围岩压力和钢支撑应力。围岩对钢支撑压力的监测应在拱顶和两侧对称布置测点，测点数量根据围岩条件和钢支撑类型确定。

2 钢支撑压力（应力）监测应根据钢支撑类型确定。型钢宜在表面布置应变测点，钢筋格栅宜设钢筋应力测点。

3 压力钢管应力监测宜在钢管表面上（前）、下（后）、左、右对称布置测点。

3.3.7 封堵体温度测点可根据施工温控需要布置。

3.3.8 隧洞进、出口边坡支护结构应力和应变监测布置应符合下列要求：

1 边坡支护结构压力（应力）监测断面应布置在边坡稳定性较差、支护结构受力较大的部位，数量宜根据潜在不稳定体的规模确定。

2 沿抗滑支挡结构正面不同高程宜布置压力（应力）、混凝土应变和钢筋应力测点，按抗滑结构高度可分别在 3～5 个高程处布设监测点。

3 边坡采用锚杆、预应力锚索等加固时，应监测锚杆（索）受力状态。锚杆（索）计数量应按 SL 212 执行。

3.4 监 测 频 次

3.4.1 围岩内埋设的监测仪器，监测频次应符合下列要求：

1 仪器安装后、掌子面开挖前应进行首次监测。

2 距离掌子面 3 倍洞径范围内，每个开挖循环应监测 1 次，且不应少于 1 次/d。

3 当监测量值或其变化速率较大时应加密监测频次。

4 当监测量值超过计算或预估允许值时，应加密监测频次。

3.4.2 混凝土衬砌结构内埋设的监测仪器，初期应随着混凝土的水化热变化加密监测频次。

3.4.3 除以上情况以外，监测频次应符合附录 A 表 A.0.2 的规定。相关项目宜同步监测，时间序列应连续。

4 巡 视 检 查

4.0.1 施工期及运行期均应对水工隧洞进行巡视检查。

4.0.2 巡视检查可分为日常巡查、年度巡查和特殊巡查。

4.0.3 巡视检查程序应根据水工隧洞的实际情况和阶段制定。

4.0.4 日常巡查应符合下列要求：

1 施工期：开挖后衬砌前宜每周1～3次；衬砌后1个月内宜每周1次，此后可逐步减少次数，但每月不宜少于1次。

2 充水试验前后，应对隧洞进行全面检查；充水试验期间宜每日检查1～2次。

3 运行期每月不宜少于1次。

4 洞内放空时，应进行洞内项目检查。

4.0.5 运行期第一年的年度巡视检查不应少于2次，以后可为每年1次。

4.0.6 发生危及隧洞安全运行的特殊情况时，应进行特殊巡视检查。

4.0.7 巡视检查中如发现隧洞有异常迹象，应及时分析原因，并向主管部门报告。

4.0.8 巡视检查应包括下列内容，不同巡查项目要求见附录B表B.0.1：

1 围岩（施工期）：岩体裂缝、局部危岩、地下渗水等。

2 支护结构：变形、裂缝、错位、渗水、腐蚀、析钙等。

3 排水系统：排水孔工作状况、排水量及水质变化等。

4 地表及洞口边坡：地表变形、渗水或涌水以及滑坡等。

5 封堵体：变形和渗水情况。

6 泄水隧洞：高流速区空化空蚀和进出口水流流态情况。

7 监测系统：仪器安装埋设及系统运行情况。

8 水工隧洞沿程：引起地质、地貌变化的自然、人为活动等。

4.0.9 可按下列方法进行检查：

1 可采用目视、耳听、手摸、鼻嗅等直观方法。

2 可辅以锤、钎、量尺、放大镜、望远镜、照相设备、摄像设备等工器具。

3 可利用视频监视系统辅助检查。

4 可采用工程措施、专用设备及化学试剂等特殊方式辅助检查。

4.0.10 记录和整理应符合下列要求：

1 应按附录B表B.0.2填写巡视检查表，必要时应附简图、照片或影像记录。

    2 巡视检查记录应及时整理分析，并与历史检查结果对比，如发现异常应及时复查。

    3 重大缺陷部位应设立专项记录。

4.0.11 巡视检查报告应符合下列要求：

    1 日常巡视检查中发现异常情况，应及时提交检查报告。

    2 年度巡视检查工作结束后，应及时提交检查报告。

    3 特殊巡视检查工作结束后，应及时提交检查报告。

    4 巡视检查报告及其电子文档应存档备查，报告内容见附录 B.0.3。

5 环境量监测

5.1 一般规定

5.1.1 环境量监测项目包括进出口水位、进口水温、冰冻、进口泥沙淤积和出口冲刷等。

5.1.2 环境量监测项目应结合隧洞工程特点按照附录 A.0.1 选择性设置，项目测次应符合附录 A.0.2 的规定

5.2 进出口水位

5.2.1 进出口水位监测测点设置应符合下列要求：

1 测点应设在稳固的岸坡或永久建筑物上。

2 测点应设在水流平稳、受风浪和进出口水流影响较小、设备安装与监测方便处。

5.2.2 进出口水位监测设备和频次应符合下列要求：

1 水工隧洞通水前应完成水位监测永久测点设置。

2 监测设备应设置水尺观测。必要时应增设自记水位计或遥测水位计。

3 水尺的零点标高每年应校测 1 次，零点有变化时应及时校测。

5.2.3 水位监测允许误差应满足表 5.2.3 的要求。

表 5.2.3 水位监测允许误差

水位变幅 ΔZ/m	$\leqslant 10$	$10 < \Delta Z \leqslant 15$	>15
允许误差/cm	2	$2‰\Delta Z$	3

5.3 进口水温

5.3.1 测温垂线应布置在隧洞进口洞脸部位，根据隧洞进口直径大小，布置 1～3 个测点。

5.3.2 测温允许误差应不大于 0.5℃。

5.4 冰冻

5.4.1 冰冻监测应包括静冰压力、动冰压力、冰厚、冰温等。

5.4.2 静冰压力及冰温监测应符合下列要求：

1 结冰前，可在坚固建筑物前缘，自水面至最大结冰厚度以下 10～15cm 处，每 20～40cm 设置 1 个压力传感器，并在附近相同深度处，设置 1 个温度

计同时监测。

  2 应自结冰之日起开始监测，每日至少监测 2 次。在冰层胀缩变化剧烈时期，应加密频次。

  3 应同时进行冰温、冰厚监测。

5.4.3 动冰压力监测应符合下列要求：

  1 消冰前应根据变化趋势，在坚固建筑物前缘适当位置安设冰压力传感器监测。

  2 在风浪过程或流冰过程中应连续监测，并应同时监测冰情、气温、风力和风向。

5.5 进口泥沙淤积和出口冲刷

5.5.1 监测断面应设置在进口泥沙淤积和出口冲刷区域。

5.5.2 监测可采用水下摄像、地形测量法或断面测量法。

6 变 形 监 测

6.1 一 般 规 定

6.1.1 变形监测包括进出口边坡、围岩表面变形、围岩内部变形、衬砌结构变形、接缝及裂缝开合度、浅埋段地表沉降等。

6.1.2 变形监测平面坐标及高程应与设计、施工和运行各阶段的控制网相一致，并宜与国家控制网建立联系。

6.1.3 监测项目和频次应符合附录 A 的规定。

6.1.4 变形量的正负号应符合下列规定：

1 洞口边坡水平位移：向坡外为正，反之为负；向左为正，反之为负。垂直位移：向下为正，反之为负。

2 隧洞围岩变形：向洞内为正，反之为负。

6.1.5 变形监测精度应符合表 6.1.5 的规定。

表 6.1.5 变 形 监 测 精 度

监 测 项 目		位移量中误差限值/mm
进出口边坡	土质边坡	±3.0
	岩质边坡	±2.0
洞身	表面变形	±2.0
	深部变形	±0.3
接缝、裂缝开合度		±0.2

6.2 监 测 仪 器 与 方 法

6.2.1 隧洞围岩及支护结构表面变形监测宜采用收敛计、全站仪或水准仪；深部变形监测宜采用多点位移计或滑动测微计；接缝及裂缝监测宜采用测缝（位移）计。

6.2.2 边坡表面变形监测宜采用全站仪和水准仪，也可采用全球导航卫星系统（GNSS）监测。边坡内部变形监测宜采用测斜仪、多点位移计及滑动测微计等，重要部位应采用垂线等监测方法。

6.2.3 浅埋段地表沉降监测宜采用精密水准仪，也可采用多点位移计。

6.2.4 洞口边坡表面水平位移监测宜采用边角交会法或极坐标法，也可采用视准线法。垂直位移监测宜采用水准法。

6.2.5 变形监测方法还应符合 SL 725、SL 601、SL 551 的规定。

6.3 监测设施安装

6.3.1 表面水平位移测墩宜高出地面 1.2m，强制对中装置的对中误差应小于 0.2mm，倾斜度应不大于 4′。

6.3.2 围岩表面收敛监测测桩安装前，应清除测桩安装处的松动岩石，测桩应牢固可靠，埋深不宜大于 20cm。

6.3.3 水平位移测墩，测斜仪、多点位移计和滑动测微计等相关土建及使用要求应符合 SL 601 的规定。

6.3.4 电缆连接和编号应符合监测设计要求进行，见附录 C。

6.4 观 测

6.4.1 采用收敛计监测围岩表面变形时，应根据收敛测线长度调节收敛计的张力，使其为恒定值，同时量测现场温度以修正测值。每次量测应测读 3 次，且读数互差不应超出收敛计的精度，取其平均值作为当次测值。

6.4.2 测斜仪、多点位移计和滑动测微计等仪器的监测要求应符合 SL 601 的规定。

6.4.3 表面水平位移观测的边角交会法、视准线法的监测要求应符合 SL 601 的规定。

6.4.4 采用水准法观测垂直位移时，应采用相应精度等级的水准测量，在满足精度要求的前提下，也可采用三角高程法。垂直位移观测方法的观测要求应符合 SL 601 的规定。

6.4.5 GNSS 变形监测宜采用实时在线自动监测方法，若采用人工监测，应采用 B 级及以上精度的 GNSS 静态测量法。

7 渗 流 监 测

7.1 一 般 规 定

7.1.1 渗流监测项目包括渗透压力、内外水压力、扬压力、渗流量监测。

7.1.2 渗流监测项目和频次应符合附录 A 的规定。

7.2 监 测 仪 器 与 方 法

7.2.1 渗透压力、内外水压力、扬压力宜采用渗压计监测，浅埋水工隧洞的外水压力可采用测压管监测。

7.2.2 渗流量可采用容积法或量水堰法监测。

7.3 监 测 设 施 安 装

7.3.1 渗压计安装应符合下列要求：

1 渗压计宜采用钻孔埋设安装方式。帷幕或固结灌浆部位附近埋设安装的渗压计应在灌浆完成后实施。

2 渗压计安装时，应测量渗压计安装坐标，测读渗压计初始读数。

3 渗压计埋设安装应按 SL 551 或 SL 601 执行。

7.3.2 测压管安装应符合下列要求：

1 测压管宜采用双面热镀锌无缝钢管或硬工程塑料管，进水管段应设反滤装置。

2 测压管安装时，应测量管口坐标、管长及管口、管底高程。

3 测压管安装后应设保护装置。

4 测压管制作及安装应按 SL 551 或 SL 601 执行。

7.3.3 量水堰安装应按 SL 551 或 SL 601 执行。

7.3.4 电缆连接和编号应符合监测设计要求，见附录 C。

7.4 观 测

7.4.1 采用钢尺水位计测量测压管水位时，应连续测量 2 次，差值不大于 2cm。

7.4.2 采用容积法测量渗流量时，应连续测量 2 次，每次容器充水时间宜大于 10s，测量结果差值应不大于均值的 5%。

7.4.3 采用量水堰测量渗流量时，堰上水头应连续测量 2 次，差值不大于 1mm。

8 应力、应变及温度监测

8.1 一 般 规 定

8.1.1 应力、应变及温度监测项目包括锚杆应力，锚固荷载，混凝土应力、应变，钢筋应力，围岩压力，压力钢管钢板应力，混凝土温度及岩体温度等。

8.1.2 应力应变及温度监测项目和频次应符合附录 A 的规定。

8.2 监 测 仪 器 与 方 法

8.2.1 锚杆应力应采用锚杆应力计监测，预应力锚索荷载应采用锚索测力计监测。

8.2.2 混凝土应力应变应采用应变计、无应力计监测，钢筋应力应采用钢筋应力计监测。

8.2.3 钢支撑结构应力应采用钢板应力计或点焊式应变计等监测；钢筋格栅应力应采用钢筋应力计监测。

8.2.4 围岩与衬砌混凝土接触压力应采用压应力计监测。

8.2.5 混凝土温度应采用温度计监测。

8.3 监 测 设 施 安 装

8.3.1 仪器安装应保持正确位置及方向，及时对仪器检测，并防止仪器损坏。各种仪器的安装要求应符合 SL 601 的规定，并应满足下列要求：

　　1 混凝土内应力应变仪器埋设时，宜取得混凝土的配合比、不同龄期的弹性模量、热膨胀系数等相关资料。必要时，还应取样进行混凝土徐变试验。

　　2 应变计埋设时，可采用支座、支杆或钢丝固定。

　　3 在隧洞衬砌中埋设无应力计时，宜选择在大体积混凝土或隧洞超挖较多部位。应使无应力计筒大口朝上，其应变计周围筒内的混凝土应与相应应变计组外的混凝土相同。

　　4 钢筋应力计、锚杆应力计、钢板应力计埋设宜采用焊接法。焊接时应采取降温措施，仪器内的温度不应超过 60℃。

　　5 压力（应力）计埋设时，应使仪器承压面朝向岩体并固定在钢筋或结构物上，浇筑的混凝土应与承压面可靠接触，混凝土振捣应避开压力（应力）计埋设部位。

　　6 锚索测力计应在无黏结锚索中安装，混凝土墩钢垫板与钻孔轴向垂直，其倾斜度不宜大于 2°，测力计与锚孔同轴，偏心应不大于 5mm。测力计垫板厚度不宜小于 2cm，垫板与锚板平整光滑，表面粗糙度为 $Ra25$。安装后，首先按要求进行单束锚索预紧，使其各束锚索受力均匀。然后分 4~5 级进行整体张拉，最大张力宜为设计总荷载的 115%。锚索测力计安装可按 SL 551 执行。

8.3.2 监测仪器埋设时，应记录仪器及电缆埋设参数及附近浇筑的混凝土和环境条件。安装后，应做好标识与保护。

8.3.3 电缆连接和编号应符合监测设计要求，见附录 C。

8.4 观 测

8.4.1 应力应变及温度仪器监测要求应符合 SL 551 和 SL 601 的规定。

8.4.2 锚索测力计安装锁定后应加密监测频次，48h 内宜按每日 3 次，7 日内宜按每日 1 次进行监测，之后应按附录 A 表 A.0.2 执行。

8.4.3 应力应变及温度仪器埋设后，应根据混凝土的特性、仪器的性能及周围的温度及时测读。

9 专项监测

9.1 围岩松动监测

9.1.1 围岩松动监测应符合下列规定：

1 围岩松动监测断面应根据围岩不同岩性、不同施工方法选定，宜选择高应力碎胀性围岩、断层区等具有代表性的断面。

2 每个监测断面应不少于3个测孔（点）。

9.1.2 监测方法应符合下列规定：

1 隧洞围岩松动监测可采用声波法、地质雷达法、地震波法、钻孔全景光学成像法和多点位移计等。

2 监测方法应根据水工隧洞的埋深、规模及其与周围介质的物性差异选择。当地质条件复杂或有多种干扰因素时宜采用综合监测方法，多种方法相互验证。

3 地质雷达法、地震波法监测断面应沿隧洞轴线掌子面进尺方向在洞底和洞壁布置。

4 声波法、钻孔摄像法、多点位移计法监测时，钻孔深度应超过预测的围岩松动圈1m以上。

9.2 爆破振动监测

9.2.1 爆破开挖施工对附近建筑物或设施产生影响时，应进行爆破振动监测。监测对象为受振动影响的建（构）筑物及其他有特殊要求的设施。

9.2.2 爆破振动监测应采用仪器监测和宏观调查相结合的方法。

9.2.3 应根据工程爆破设计、施工、监测对象及所处部位的地质、地形条件，确定爆破振动测点位置及数量。爆破振动测点位置及数量应符合下列要求：

1 水工隧洞开挖应进行爆破质点振动速度监测及爆破影响深度检测。

2 大型洞室开挖爆破应布置1～2个与静态监测断面一致的重点监测断面。

3 每一个监测断面应设3～5个测点。

4 按不同围岩类别，宜每100m布置一组垂直于被测基岩面的声波观测孔，每条洞不少于1组。

5 洞间距小于1.5倍平均洞径的相邻洞爆破时，应在非爆破的邻洞布置质点振动速度测点，定期进行监测。

9.2.4 爆破振动监测设计应针对工程爆破动力响应条件，结合静态安全监测情况统筹安排，合理布置。

9.2.5 宏观调查与巡视检查，应采取爆前爆后对比检测方法。

9.2.6 在保护对象的相应部位，爆前应设置明显测量标识，爆后应调查该部位变化情况。

9.2.7 保护对象受爆破影响的程度应根据宏观调查与巡视检查结果，并对照仪器监测成果评估。

9.2.8 爆破振动监测应包括质点振动速度和加速度监测。

9.2.9 监测仪器设备应符合下列规定：

1 传感器频带应覆盖被测物理量的频率。

2 记录设备的采样频率应大于被测物理量的上限主振频率的 12 倍。

3 传感器和记录设备的测量幅值范围应满足被测物理量的预估幅值要求。

9.2.10 测点布置应符合下列规定：

1 每一测点宜布置竖向、水平径向和水平切向三个方向的传感器。

2 需获取爆破振动传播规律时，测点至爆源的距离，应按近密远疏的规律布置，测点数应不少于 5 个。

9.2.11 传感器安装应符合下列规定：

1 安装前，应根据测点布置情况对测点及其传感器进行统一编号。固定内部测点传感器的充填材料，其声阻抗应与被测介质相一致，可与静态监测仪器一同埋设。

2 传感器安装部位的岩石介质或基础表面应进行清理、清洗，并应与传感器紧密连接。

3 宜用石膏、螺栓、水泥砂浆或水玻璃等材料，把速度传感器固定在监测部位。

4 传感器安装时，每一测点不同方向的传感器安装角度误差应不大于 5°。

5 应收集爆破规模、爆破方式、孔网参数及起爆网路等爆破参数。

9.2.12 安全性初步评价应根据保护对象类型，按爆破振动安全允许标准确定。省级以上（含省级）重点保护古建筑与古迹的安全允许振速、应经专家论证选取，并报相应文物管理部门批准；爆破振动安全允许标准见附录 D。

9.3 水力学监测

9.3.1 1 级水工隧洞、大洞径、高水头、高流速及采用新技术的隧洞，应进行水力学监测。

9.3.2 监测项目、方法和要求应符合 SL 616 的规定。

9.4　施工环境安全监测

9.4.1 施工环境安全监测应包括粉尘浓度、有毒有害气体及放射性监测。

9.4.2 粉尘浓度及有毒有害气体监测应符合 GBZ 159 的规定。

9.4.3 放射性监测应符合 HJ/T 61 的规定。

10　监测自动化系统

10.1　一　般　规　定

10.1.1　在建水工隧洞宜建立监测自动化系统，已建水工隧洞监测系统更新改造时，宜建立监测自动化系统。在满足监测精度的条件下，系统结构和功能应力求简单实用，宜选用技术先进、性能可靠的系统设备和通信方式。

10.1.2　监测自动化系统设计原则应为"实用、可靠、先进、经济"，系统宜简单、稳定、维护方便，易于改造和升级。

10.2　系　统　设　备

10.2.1　系统设备基本功能应符合下列要求：

　　1　应具有自动巡测、自检、自诊断功能。

　　2　应具备掉电保护功能。

　　3　应具有现场采集数据显示、存储和远程通信功能。

　　4　应具有防雷及抗干扰功能。

　　5　常规传感器采集单元应具备人工测量接口，可补测、比测；光纤解调仪应具有光纤耦合接入端口，可进行人工比测。

　　6　可接入模拟量、数字量信号。

　　7　数据采集缺失率应不大于2％。

10.2.2　系统设备基本性能应符合下列要求：

　　1　平均无故障时间（MTBF）应不小于6300h。

　　2　防雷电感应应不小于500W。

　　3　瞬态电位差应小于1000V。

　　4　测量装置掉电运行时间应不小于72h。

　　5　定时采集间隔应可选可调。

　　6　单点采集时间应小于30s。

　　7　巡测时间应小于30min。

　　8　存储容量应不小于50测次存储数据容量。

　　9　工作环境温度应为－10～50℃，相对湿度应不大于95％RH。

　　10　供电电源应为交流220V或直流12V。

　　11　通信接口应支持符合国际标准的通用通信接口。

10.3　自动化系统软件

10.3.1　数据采集装置与监测主机之间应具有双向数据传输功能。

10.3.2 自动化系统软件应具有监测数据自动甄别、计算、维护、备份、资料整编和分析等功能；具有异常数据和设备故障报警功能；具有可视化界面，可修改系统设置、设备参数及运行方式；具有在线监测、离线分析、人工输入、数据库管理、数据备份、图形报表制作、信息查询和发布等功能；具有系统管理、权限设置、运行日志等功能。

10.4 监测自动化系统结构与组成

10.4.1 监测自动化系统应由监测仪器、数据采集装置、通信装置、计算机及外部设备、数据采集和管理软件、供电和防雷设施等组成。

10.4.2 监测自动化系统可采用集中式和分布式。

10.4.3 监测站及监测管理站应符合下列规定：

1 监测站不得设置在具有较强电磁干扰和易遭雷击的场所，应具备通风、防潮、防鼠等条件，并应有接地和防雷设施，接地电阻应不大于 10Ω。

2 监测管理站应满足监测主机正常运行的环境要求，并应配备打印机、不间断电源、净化电源及接地防雷设备等，接地电阻应不大于 4Ω。

3 防雷装置检测应符合 GB/T 21431 的规定。

10.4.4 数据通信应符合下列规定：

1 系统通信可采用光纤、双绞线等有线方式或无线通信方式，误码率应不大于 10^{-6}。

2 通信线路敷设时应采取避雷和防电磁干扰的措施。

10.5 系 统 安 装 与 调 试

10.5.1 系统安装与保护应符合下列要求：

1 系统设备安装及电（光）缆布线应整齐。设备箱体、光纤终端盒、支座及支架等应安装牢固。

2 监测设施应采取必要的防护措施。室外电（光）缆的敷设要求见附录 C。

10.5.2 监测自动化系统安装调试过程中，应对系统仪器设备进行检测、检验、标定，并应做好记录。

10.5.3 监测自动化系统调试时，各监测点应连续测试，并应与人工监测数据同步比测。

10.5.4 监测自动化系统设备更新改造时，应保留原有可用的监测设施，并应保证监测资料的连续性。

10.5.5 系统安装调试完成后应提交安装调试报告。

11　监测资料整理与整编

11.1　一　般　规　定

11.1.1　监测资料整理与整编内容应包括巡视检查、变形、渗流、应力应变、环境量及专项监测等。

11.1.2　各监测项目的监测数据应采用标准记录表格,宜按附录 E.1 执行。

11.1.3　监测资料整理与整编应符合附录 E 的规定,整编成果应项目齐全、考证准确、数据可靠、方法合理、图表完整、格式统一、说明完备。

11.1.4　施工期和运行期应对监测资料进行日常整理,应定期进行资料整编分析,评估水工隧洞工作状态。施工期应重点关注围岩稳定及其时空分布的关系,应对监测资料及时整理、分析、反馈;运行期应重点分析支护结构应力和内外水压力。在充水试验、阶段验收、竣工验收、出现异常或险情状态时应进行资料分析,并提出资料分析报告;在充水试验、竣工验收时均应先做全面的资料分析,分别为充水试验、验收及运行提供依据。

11.1.5　应建立监测资料数据库,并宜建立监测数据信息管理系统。

11.2　监测设施基本资料整理

11.2.1　监测设施基本资料应包括安全监测系统设计、布置、埋设、竣工等资料,以及系统运行后的维护和更新改造资料,主要应包括下列内容:

　　——监测设施及测点的布置图;

　　——安装考证资料;

　　——仪器资料;

　　——其他相关资料。

11.2.2　安装考证资料记录应及时、准确、完备,考证图表格式宜按附录 F 执行。初次整编时,应按工程监测项目对各项考证资料全面收集、整理和审核。在以后各阶段,监测设施和仪器有变化时,如校测设施和设备检验维修、设备或仪表损坏、失效、报废、停测、新增或改(扩)建等,均应重新填制或补充相应的考证图表,并注明变更原因、内容、时间等有关情况备查。

11.2.3　监测设施基本资料应及时归档。

11.3　监　测　资　料　整　编

11.3.1　巡视检查、人工监测和自动化监测完成后,应及时检查、检验原始记录的准确性、可靠性、完整性,对于测量因素产生的异常值应进行处理。

11.3.2 计算各监测物理量应及时形成电子文档，并打印出主要图表供查用。图表宜按附录 E.1 执行，物理量的计算公式可按附录 E.3 执行。

11.3.3 监测资料整编应包括监测资料统计、绘制有关图表、初步分析等，应按附录 E.2 执行。

11.3.4 监测资料初步分析应包括监测资料的趋势性分析、特征值分析、相关性分析、突变值判断等内容，如有异常，应检查计算有无错误和监测系统有无故障，经综合比较判断，确认监测物理量异常时，应及时上报，并应及时对工程进行相应的安全复核或专题论证。

11.3.5 监测资料整理整编后应编写年度整编报告，并及时归档。

12 监测系统运行管理与维护

12.1 一般规定

12.1.1 监测系统运行管理单位应制定监测系统管理制度，包括日常监测、仪器设备管理与维护、监测数据记录与处理等。

12.1.2 承担监测系统运行的管理人员应具备相应的专业知识和技能，并应经过岗位培训。

12.2 运行管理与维护

12.2.1 运行管理人员应做好监测系统运行记录与监测数据保存，及时整理分析数据，定期提出分析意见。

12.2.2 应根据工程特点和监测系统情况制定监测系统运行管理制度，并在运行管理中适时改进。

12.2.3 监测系统运行过程中，运行管理人员应及时分析监测数据变化，掌握工程性态，发现异常及时上报。

12.2.4 监测数据应定期进行整理整编、刊印、存档。

12.2.5 监测自动化系统运行与管理应符合下列要求：

1 应制定监测自动化系统运行管理规程。

2 监测数据每3个月应备份1次。

3 系统时钟每月应校正1次。

4 应定期检查监测自动化系统运行情况，做好记录，存档备查。

5 应配置足够的备品备件，并应及时进行系统维护维修，做好记录。

6 监测自动化系统采集的数据宜每年进行1次人工比测，并编写比测报告。

7 监测自动化系统宜每5年进行1次全面检查，根据检查结果进行相应处理。

12.2.6 接地电阻应每2年检测1次，并应符合10.4.3条的要求。

12.2.7 监测系统鉴定应由专业技术单位承担，通过检验测试、校验测试和数据分析等方法分析监测系统运行情况，提出运行维护或维修处理意见，鉴定结论应由主管部门审定，并向上级主管部门报备。

附录 A   监测项目与测次

A.0.1   水工隧洞安全监测项目分类和选择应按表 A.0.1 确定。

表 A.0.1   水工隧洞安全监测项目分类和选择

序号	监测项目	监测内容	水工隧洞级别		
			1级	2级	3级
1	巡视检查	巡视检查	●	●	●
2	环境量	1) 进出口水位	●	●	●
		2) 进口水温	○	○	○
		3) 冰冻	○	○	○
		4) 进口泥沙淤积	○	○	○
		5) 出口冲刷	○	○	○
3	变形	1) 进出口边坡	○	○	○
		2) 围岩表面变形	●	●	●
		3) 围岩内部变形	●	○	○
		4) 衬砌结构变形	●	●	○
		5) 接缝、裂缝开合度	●	○	○
		6) 浅埋段地表沉降	○	○	○
4	渗流	1) 渗透压力	●	●	○
		2) 内外水压力	●	●	○
		3) 扬压力	●	●	○
		4) 渗流量	○	○	○
5	应力、应变及温度	1) 锚杆应力	●	○	○
		2) 锚固荷载	●	●	●
		3) 混凝土应力、应变	●	○	○
		4) 钢筋应力	●	○	○
		5) 围岩压力	●	○	○
		6) 压力钢管钢板应力	●	○	○
		7) 混凝土温度	●	○	○
		8) 岩体温度	○	○	○

表 A.0.1（续）

表 A.0.1（续）

序号	监测项目	监测内容	水工隧洞级别		
			1级	2级	3级
6	围岩松动	围岩松动监测	○	○	○
7	水力学	水力学监测	○	○	○
8	爆破振动	爆破振动监测	○	○	○

注：有●者为必测项目，有○者为选测项目，可根据需要选测。

A.0.2 水工隧洞安全监测项目及监测频次应按表 A.0.2 选择。特殊时期（如发生大洪水、地震等），应增加频次。

表 A.0.2 水工隧洞安全监测项目及监测频次

序号	监测项目	监测内容	施工期监测频次		运行期监测频次
			充水试验之前	充水试验期间	
1	巡视检查	巡视检查	1次/周～3次/周	2次/d～1次/d	2次/月～1次/月
2	环境量	1）进出口水位	2次/d～1次/d	4次/d～2次/d	2次/d～1次/d
		2）进口水温	—	1次/d	1次/d
		3）冰冻	按需要	按需要	按需要
		4）进口泥沙淤积	按需要	按需要	按需要
		5）出口冲刷	按需要	按需要	按需要
3	变形	1）进口边坡	1次/周～1次/月	1次/d	2次/月～1次/季
		2）围岩表面变形	1次/周～1次/月	—	
		3）围岩内部变形	1次/周～1次/月	3次/d～1次/d	2次/月～1次/季
		4）衬砌结构变形	1次/周～1次/月	3次/d～1次/d	2次/月～1次/季
		5）接缝、裂缝开合度	1次/周～1次/月	3次/d～1次/d	2次/月～1次/季
		6）浅埋段地表沉降	1次/周～1次/月	3次/d～1次/d	2次/月～1次/季

表 A.0.2（续）

序号	监测项目	监测内容	施工期监测频次		运行期监测频次
			充水试验之前	充水试验期间	
4	渗流	1) 渗透压力	1次/周~1次/月	3次/d~1次/d	2次/月~1次/季
		2) 内外水压力	1次/周~1次/月	3次/d~1次/d	2次/月~1次/季
		3) 扬压力	1次/周~1次/月	3次/d~1次/d	2次/月~1次/季
		4) 渗流量	1次/周~1次/月	3次/d~1次/d	2次/月~1次/季
5	应力、应变及温度	1) 锚杆应力	1次/周~1次/月	3次/d~1次/d	2次/月~1次/季
		2) 锚固荷载	1次/周~1次/月	3次/d~1次/d	2次/月~1次/季
		3) 混凝土应力应变	1次/周~1次/月	3次/d~1次/d	2次/月~1次/季
		4) 钢筋应力	1次/周~1次/月	3次/d~1次/d	2次/月~1次/季
		5) 混凝土温度	1次/周~1次/月	3次/d~1次/d	2次/月~1次/季
		6) 岩体温度	1次/周~1次/月	3次/d~1次/d	2次/月~1次/季

注1：表中频次均系正常情况下人工测读的最低要求。根据需要，监测自动化系统可适当加密频次。

注2：在施工期，根据施工进度快慢，选择变形和应力监测的频次。在充水试验期，根据充水速率及水头选择监测频次。在运行期，当变形、渗流等量值变化速率大时，频次取上限，趋于稳定时可取下限。

附录 B 巡视检查内容与格式

B.0.1 巡视检查内容应按表 B.0.1 确定。

表 B.0.1 巡视检查内容

项目（部位）		日常巡查	年度巡查	特殊巡查
围岩（施工期）	岩体裂缝	●	/	/
	局部危岩	●	/	/
	地下渗水	●	/	/
支护结构	变形	○	○	●
	裂缝、错位	○	○	●
	渗水	○	○	●
	腐蚀、析钙	○	○	●
排水系统	排水孔工作状态	○	○	●
	排水量	○	○	●
	排水水质	○	○	●
地表及洞口边坡	沿洞线地表变形	●	●	●
	洞内渗水或洞外涌水	●	●	●
	进出口边坡滑坡	●	●	●
封堵体	变形或裂缝	○	●	●
	渗水	○	●	●
泄水隧洞	空化空蚀	○	○	●
	水流流态	○	○	●
监测系统	安装埋设	○	/	/
	监测仪器状态	●	●	●
	自动化系统运行情况	●	●	●
水工隧洞沿程	自然条件变化	●	●	●
	人为活动	●	●	●

注：●为必查项目，○为选查项目，/为不查项目。

B.0.2 巡视检查记录格式应按表 B.0.2 填写。

表 B.0.2 巡 视 检 查 表

日期： 　　　天气： 　　　进口水位： 　　　出口水位：

项目（部位）		检查情况	检查人员	备注
围岩（施工期）	岩体裂缝			
	局部危岩			
	地下渗水			
支护结构	变形			
	裂缝、错位			
	渗水			
	腐蚀、析钙			
排水系统	排水孔工作状态			
	排水量			
	排水水质			
地表及洞口边坡	沿洞线地表变形			
	洞内渗水或洞外涌水			
	进出口边坡滑坡			
封堵体	变形或裂缝			
	渗水			
监测系统	安装埋设			
	监测仪器状态			
	自动化系统运行情况			
水工隧洞沿程	自然条件变化			
	人为活动			
其他情况：				

B.0.3 巡视检查报告宜包括下列内容：

　　——检查日期；

　　——本次检查的目的和任务；

　　——检查组参加人员名单及其职务；

　　——检查环境条件及结果（包括文字记录、缩略图、影像资料）；

　　——历次检查结果的对比、分析和判断；

　　——异常情况发现、分析及判断；

　　——必须加以说明的特殊问题；

　　——检查结论（包括对某些检查结论的不一致意见）；

　　——检查组的建议；

　　——检查组成员的签名。

附录C 线缆布置与连接

C.0.1 线缆选择应符合下列要求：

1 电缆应与监测仪器适配，并应具有耐酸、耐碱、防水、绝缘等性能。

2 电缆及电缆接头在环境温度为-25~+60℃、承受水压为1.0 MPa时，绝缘电阻应不小于100MΩ。

3 电缆芯线应在100m内无接头。

4 差动电阻式仪器采用的电缆芯线间电阻的偏差应不大于5%。

5 光纤、光缆均应为单模光纤。

6 光纤仪器引出线应选用仪器自带尾缆或室内光纤等软性光纤。无压隧洞可选用铠装光缆，有压隧洞应选用水下光缆，光缆芯数根据监测仪器数量和光纤仪器串接方式确定。

7 光缆的最小允许弯曲半径应不小于其外径的25倍。

8 光缆、光缆接头盒及附件应具有相应的耐水压能力。

C.0.2 监测仪器线缆敷设应满足下列要求：

1 应规划监测仪器线缆路径，避免干扰，不宜以明线方式敷设。对有压隧洞，应预留通道，整体敷设。

2 监测仪器和线缆沿线应设置明显标志，避免因隧洞后续施工对监测仪器和线缆造成损坏。

3 线缆保护管宜采用热镀锌钢管，钢管内径应不小于线缆束直径的1.2倍，跨缝时应设伸缩节。

4 无压隧洞内的明铺线缆应架设于最高水面线50cm以上或拱顶。

5 有压隧洞监测线缆走线应采用钢管保护，敷设于衬砌混凝土内部。

6 埋设线缆时应避免线缆承受过大拉力或接触毛石和振捣器，线缆在保护管的出口和入口处应用橡皮或麻布等包扎，以防受损；线缆未引入监测站前，应可靠保护，线缆头不得受潮进水。

C.0.3 橡胶护套电缆的接头应采用硫化接头或双层热缩套管，PVC护套电缆应采用热缩管或专用防水接头。高水压下的电缆应采用专用防水接头。

C.0.4 电缆芯线的焊接应采用锡焊，不得使用焊锡膏，芯线的接头应错开，并应采用适配热塑套管或绝缘胶带绝缘，接线后电缆性能应不低于C.0.1的要求。

C.0.5 光缆续接、接头盒及终端盒的光纤熔接等相关要求应符合GB/T 16529.2的规定。

附录 D 爆破振动安全允许标准

表 D 爆破振动安全允许标准

序号	保护对象类型		安全允许振速/(cm/s)		
			<10Hz	10~50Hz	50~100Hz
1	一般砖房，非抗震的大型砌块建筑物		2.0~2.5	2.3~2.8	2.7~3.0
2	钢筋混凝土结构房屋		3.0~4.0	3.5~4.5	4.2~5.0
3	一般古建筑与古迹		0.1~0.3	0.2~0.4	0.3~0.5
4	水工隧洞		7~15		
5	交通隧洞		10~20		
6	水电站及发电厂中心控制室设备		0.5		
7	新浇大体积混凝土龄期/d	初凝~3	2.0~3.0		
		3~7	3.0~7.0		
		7~28	7.0~12.0		

注 1：表列频率为主振频率，系指最大振幅所对应波频率。

注 2：频率范围可根据类似工程或现场实测波形选取。选取频率时亦可参考下列数据：洞室爆破小于 20Hz，深孔爆破 10~60Hz，浅孔爆破 40~100Hz。

注 3：非挡水新浇大体积混凝土的安全允许振速，可根据本表给出的上限值选取。

附录 E　监测资料整编与分析的方法和内容

E.1　监测物理量相关图表

E.1.1　水工隧洞围岩收敛监测记录表格式见表 E.1.1。

表 E.1.1　收敛监测记录表

工程名称			监测断面			测线		
监测日期 /年-月-日	主尺 观测值 /mm	游标 尺测值 /mm	温度修正 后测值 /mm	收敛 变形量 /mm	收敛速率 /(mm/d)	温度 /℃		观测人

E.1.2　单支差阻式仪器监测记录表格式见表 E.1.2。

表 E.1.2　差阻式仪器监测记录表

测点编号		仪器编号		仪器类型	差阻式	监测类型	
初始电阻比 W_0		初始电阻 R_0		最小读数 f		温度常数 a	
				温度补偿系数 b		零度电阻 R'	
监测日期	电阻 比 W_1	电阻 R_1	整编 值 v	温度 T		备注	

注1：适用于单支差阻式仪器监测数据记录。

注2：仪器为渗压计时，v 为渗透压力，MPa；仪器为钢筋计（锚杆应力计）时，v 为应力，MPa；仪器为位移计时，v 为应变，10^{-6}；仪器为测缝计时，v 为开合度，mm。

E.1.3 多支成套差阻式仪器监测记录表格式见表 E.1.3。

表 E.1.3　差阻式仪器（多支）监测记录表

测点编号			仪器数量/支		仪器类型	差阻式	监测类型	
初始值及计算系数		仪器编号	电阻比 W_0	电阻 R_0	最小读数 f	零度电阻 R'	温度常数 a	温度补偿系数 b
		1号传感器						
		2号传感器						
		3号传感器						
		⋮						
监测日期	电阻比 W			电阻 R			整编值 v		
	电阻比 W_1	电阻比 W_2	电阻比 W_3	…	电阻 R_1	电阻 R_2	电阻 R_3	…	整编值 v_1	整编值 v_2	整编值 v_3	…

注1：适用于多支差阻式仪器监测数据记录。
注2：仪器为钢筋计（或锚杆应力计）时，v 为应力，MPa；仪器为多点位移计时，v 为应变，10^{-6}。

E.1.4 单支振弦式仪器监测记录表格式见表 E.1.4。

表 E.1.4　单支振弦式仪器监测记录表

测点编号		仪器编号		仪器类型	振弦式	监测类型	
初始模数 R_0		初始温度 T_0		计算系数 G		计算系数 K	
监测日期	观测模数 R_1	观测温度 T_1	整编值 v	备　注			

注1：适用于单支振弦式仪器监测数据记录。
注2：仪器为渗压计时，v 为渗透压力，MPa；仪器为钢筋计（或锚杆应力计）时，v 为应力，MPa；仪器为位移计时，v 为应变，10^{-6}；仪器为测缝计时，v 为开合度，mm。

E.1.5 振弦式仪器（多支）监测记录表格式见表 E.1.5。

表 E.1.5 振弦式仪器（多支）监测记录表

测点编号		仪器数量/支		仪器类型	振弦式	监测类型	
初始值及计算系数	仪器编号	初始模数 R_0	初始温度 T_0	计算系数 G	计算系数 K	备 注	
	1号传感器						
	2号传感器						
	3号传感器						
	⋮						
监测日期	模数 R			温度 T			整编值 v		
监测日期	模数 R_1	模数 R_2	模数 R_3	⋯	温度 T_1	温度 T_2	温度 T_3	⋯	整编值 v_1	整编值 v_2	整编值 v_3	⋯

注1：适用于振弦式仪器（多支）监测数据记录。
注2：仪器为钢筋计（或锚杆应力计）时，v 为应力，MPa；仪器为多点位移计时，v 为应变，10^{-6}。

E.1.6 隧洞内气温或岩体温度监测成果统计表格式见表 E.1.6。

表 E.1.6 隧洞内气温或岩体温度监测成果统计表   单位：℃

工程名称			工程部位											
日 期		月 份												
日 期		1	2	3	4	5	6	7	8	9	10	11	12	
	1													
	2													
	⋮													
	31													
全月统计	最高													
全月统计	日期													
全月统计	最低													
全月统计	日期													
全月统计	均值													
全年统计		最高			最低				均值						
全年统计		日期			日期										
备 注														

E.1.7 内部变形（多点位移计）监测成果统计表格式见表 E.1.7。

表 E.1.7 内部变形（多点位移计）监测成果统计表

年　　　　　　首测日期

工程名称										工程部位			备注
监测日期	测点编号	测点 M1/mm			测点 M2/mm			…					
		M1-1	M1-2	M1-3	M2-1	M2-2	M2-3	…	…	…			
	埋深/m	…	…	…	…	…	…	…	…	…			
全年特征值统计	最大值												
	日期												
	最小值												
	日期												
	平均值												
	年变幅												

注 1：沿洞室断面径向布置，围岩深度从浅（洞壁）至深。
注 2：向洞壁方向位移（拉伸）为正；向围岩深度方向位移（压缩）为负。

E.1.8 围岩表面位移监测成果统计表（收敛计量测）格式见表 E.1.8。

表 E.1.8 围岩表面位移监测成果统计表（收敛计量测）

年　　　　　　首测日期　　　　　　单位：mm

监测日期		测点编号及位移					备注
		测点 1	测点 2	测点 3	…	测点 n	
全年特征值统计	最大值						
	日期						
	最小值						
	日期						
	平均值						
	年变幅						

注：向洞内为正，反之为负。

E. 1. 9 渗流量统计表格式见表 E. 1. 9。

表 E. 1. 9　渗流量监测成果统计表

_____年

监测日期	测点编号及渗流量/(L/s)			流量 /(m³/s)	备注
	测点1	测点2	…		
全年特征值统计	最大值				
	日期				
	最小值				
	日期				
	平均值				
	年变幅				

E. 1. 10　应力、应变及温度监测成果统计表格式见表 E. 1. 10。

表 E. 1. 10　应力、应变及温度监测成果测值统计表

（应力单位为 MPa；应变单位为 10^{-6}；温度单位为℃）

_____年

日期 （年-月-日）	测点1	测点2	测点3	测点4	测点5	…
全年特征值统计	最大值					
	日期					
	最小值					
	日期					
	平均值					
	年变幅					

E.1.11 测值过程线图见图 E.1.11。

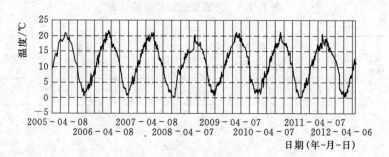

图 E.1.11　测值过程线图

E.1.12 隧洞收敛监测测点布置图见图 E.1.12。

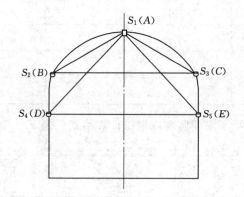

图 E.1.12　隧洞收敛监测测点布置图

E.1.13 隧洞收敛变形测值过程线图见图 E.1.13。

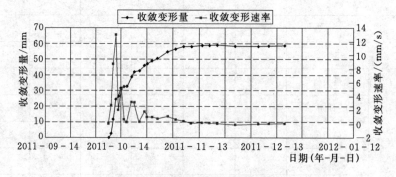

图 E.1.13　隧洞收敛变形过程线图

E.1.14 隧洞多点位移计监测过程线图见图 E.1.14。

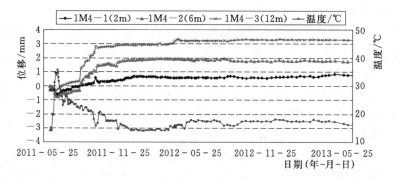

图 E.1.14　隧洞多点位移计监测过程线图

E.1.15　隧洞接缝开度与温度关系过程线图见图 E.1.15。

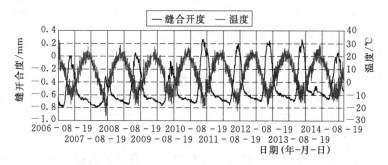

图 E.1.15　隧洞接缝开度与温度关系过程线图

E.2　各种监测物理量的整理与整编要求

E.2.1　监测资料的收集应符合下列规定:

1　第一次整编时应完整收集工程基本资料、监测设施资料和仪器设备考证资料等,并单独刊印成册,以后每年应根据变动情况,及时加以补充或修正。

2　收集有关物理量设计计算值和经分析后确定的监控指标。

3　收集整编时段内的各项日常整理后的资料,包括所有监测数据、文字和图表。

E.2.2　监测资料的整理与整编工作应符合下列规定:

1　在收集有关资料的基础上,应对整编时段内的各项监测物理量按时序进行列表统计和校对等整理工作。如发现可疑数据,不宜删改,应标注记号,并加注说明。应绘制各监测物理量过程线图,以及能表示各监测物理量在时间和空间上的分布特征图和与有关因素的相关关系图。在此基础上,应对监测资料进行初步分析,阐述各监测物理量的变化规律以及对工程安全的影响,提出运行和处理意见。

2 监测自动化系统采集的数据可按监测频次的要求进行表格形式的整编，但绘制测值过程线时应选取所有测值进行，对于特殊情况（如流量骤变、地震等）和工程出现异常时增加频次所采集的监测数据也应整编入内。

3 对于重要监测物理量（如变形、渗透压力、应力、流量、气温等），整编时除表格形式外，还应绘制测值过程线、测值分布图等。

E.2.3 现场检查资料应包括下列主要内容：

1 每次整理与整编时，对本时段内现场检查发现的异常问题及其原因分析、处理措施和效果等作出完整编录，同时简要引述前期现场检查结果并加以对比分析。

2 将原始记录换算成所需的监测物理量，并判断测值有无异常。如有遗漏、误读（记）或异常，应及时补（复）测、确认或更正，并记录有关情况。原始监测数据的检查、检验主要内容有：

　　1）作业方法是否符合规定。

　　2）监测记录是否正确、完整、清晰。

　　3）各项检验结果是否在限差以内。

　　4）是否存在粗差。

　　5）是否存在系统误差。

3 经检查、检验后，若判定监测数据不在限差以内或含有粗差，应立即重测；若判定监测数据含有较大的系统误差时，应分析原因，并设法减少或消除其影响。

E.2.4 环境量监测资料应包括下列主要内容：

1 隧洞内气温和岩体温度监测资料整编，遵照表 E.1.6 的格式填制逐日平均气温统计表。

2 应将月、年内的极值和均值以及极值出现的日期分别填入"全月统计"和"全年统计"栏中。

E.2.5 变形监测资料应包括下列主要内容：

1 变形监测资料整编，应根据工程所设置的监测项目进行各监测物理量列表统计，遵照附录 E 中表 E.1.7、表 E.1.8 的格式填制。

2 在列表统计的基础上，绘制应能表示各监测物理量变化的过程线图，以及在时间和空间上的分布特征图和与有关因素的相关关系图（如充水过程、流量、气温等）。

E.2.6 渗流量监测资料应包括下列主要内容：

1 渗流量监测资料整编，应将各监测物理量按隧洞不同部位分别列表统计，并同时抄录监测时相应流量，必要时还应抄录温度等。

2 渗流量监测统计表遵照附录 E 中表 E.1.9 的格式填制。绘制渗流量变化的过程线图，必要时还应简述水质直观情况。

3 水质分析资料的整编，可根据工程实际情况编制相应的图标和必要的文字报告说明。

E.2.7 应力、应变及温度监测资料应包括下列主要内容：

1 应力、应变监测资料整编，遵照表 E.1.10 的格式填制，必要时同步抄录监测时对应的流量、测点伴测温度等。

2 根据需要绘制应力、应变与流量和测点伴测温度等变化的相关过程线图。

E.2.8 其他工作和为科研而设置的项目的成果整编，可根据具体情况和需要参照本标准编制有关图表和文字说明。

E.2.9 应补充或修正有关监测设施的变动或检验、校测情况，以及各种基本资料表、图等，确保资料衔接和连续。

E.2.10 年度资料整编应包括整编后的资料审定及编印等工作。刊印成册的整编资料主要内容和编排顺序宜为：

1 封面。封面内容应包括工程名称、整编时段、编号、整编单位、刊印日期等。

2 目录。

3 整编说明。整编说明应包括本时段内工程变化和运行概况，监测设施的维修、检验、校测及更新改造情况，现场检查和监测工作概况，监测资料的精度和可信程度，监测工作中发现的问题及其分析、处理情况（可附上有关报告、文件等），对工程运行管理的意见和建议，参加整编的工作人员等。

4 基本资料。基本资料包括工程基本资料、监测设施和仪器设备基本资料等。

5 监测项目汇总表。监测项目汇总表包括监测部位、监测项目、监测方法、监测频次、测点数量、仪器设备型号等。

6 监测资料初步分析成果。监测资料初步分析成果主要是综述本时段内各监测资料分析的结果，包括分析内容、方法、结论和建议。

7 监测资料整编图表。监测资料整编图表（含现场检查成果表、各监测项目测值图表）的编排顺序可按监测项目的编排次序编印。

8 封底。

E.2.11 月报、季报等可参照年报执行，并可适当简化。

E.2.12 整编的成果应包括下列主要内容：

1 整编成果的内容、项目、频次等齐全，各类图表的内容、规格、符号、单位及标注方式和编排顺序等符合规定要求。

2 各项监测资料整编的时间与前次整编衔接，监测部位、测点及坐标系统等与历次整编一致。

3 各监测物理量的计（换）算和统计正确，有关图件准确、清晰，整编说明全面，需要说明的其他事项无遗漏，资料初步分析结论和建议符合实际。

E.3 常用监测物理量的计算公式

E.3.1 渗流量可按下列公式计算：

1 容积法

$$Q = \frac{V}{t} \qquad\qquad (E.3.1-1)$$

式中 Q——渗流量，L/s；

V——充水体积，L；

t——充水时间，s。

2 直角三角堰

$$Q = 1.4 H^{\frac{5}{2}} \qquad\qquad (E.3.1-2)$$

式中 Q——渗流量，m^3/s；

H——堰顶水头，m。

3 矩形堰

$$Q = mb\sqrt{2g}\, H^{\frac{3}{2}} \qquad\qquad (E.3.1-3)$$

$$m = 0.402 + 0.054\frac{H}{P}$$

式中 Q——渗流量，m^3/s；

b——堰宽，m；

H——堰上水头，m；

g——重力加速度，m/s^2；

P——堰口至堰槽底的距离，m。

E.3.2 差动电阻仪器测值换算监测物理量可按下列公式计算：

1 应变

$$\varepsilon = f'\Delta z + b\Delta T \qquad\qquad (E.3.2-1)$$

式中 ε——应变，10^{-6}；

f'——应变计最小读数，$10^{-6}/0.01\%$；

Δz——电阻比变化量，0.01%；

b——应变计温度修正系数，$10^{-6}/℃$；

ΔT——温度变化量，℃。

2 缝的开合度

$$J = f\Delta z + b\Delta T \qquad (E.3.2-2)$$

式中 J——缝的开合度，mm；

   f——测缝计最小读数，mm/0.01%；

   Δz——电阻比变化量，0.01%；

   b——测缝计温度修正系数，mm/℃；

   ΔT——温度变化量，℃。

3 渗透压力

$$P = f\Delta z - b\Delta T \qquad (E.3.2-3)$$

式中 P——渗透压力，MPa；

   f——孔隙压力计最小读数，MPa/0.01%；

   Δz——电阻比变化量，0.01%；

   b——孔隙压力计温度修正系数，MPa/℃；

   ΔT——温度变化量，℃。

4 钢筋应力

$$\sigma = f\Delta z + b\Delta T \qquad (E.3.2-4)$$

式中 σ——钢筋应力，MPa；

   f——钢筋应力计最小读数，MPa/0.01%；

   Δz——电阻比变化量，0.01%；

   b——钢筋应力计温度修正系数，MPa/℃；

   ΔT——温度变化量，℃。

5 温度

$$\left.\begin{array}{l} T = \alpha'\Delta R，\quad T \geqslant 0℃ \\ T = \alpha''\Delta R，\quad T < 0℃ \end{array}\right\} \qquad (E.3.2-5)$$

式中 T——温度，℃；

   ΔR——电阻变化量，$\Delta R = R - R_0'$；

   R——实测的仪器电阻，Ω；

   R_0'——0℃时的仪器的计算电阻，Ω；

   α'，α''——温度常数，℃/Ω。

E.3.3 振弦式仪器测值换算监测物理量可按下列公式计算：

1 应变

$$\varepsilon = K(f_i^2 - f_0^2) + K_t(T_i - T_0) = K(F_i - F_0) + K_t(T_i - T_0)$$
$$(E.3.3-1)$$

式中 ε——当前时刻相对于初始位置时的应变，10^{-6}；

   K——应变计系数，$10^{-6}/Hz^2$；

   f_0——应变计初始的输出频率，Hz；

F_0——应变计初始的输出频率模数，kHz^2；

f_i——应变计当前时刻的输出频率，Hz；

F_i——应变计当前时刻的输出频率模数，kHz^2；

K_t——应变计温度修正系数，$10^{-6}/℃$；

T_i——应变计当前时刻的温度值，$℃$；

T_0——取初始输出频率模数时对应的温度值，$℃$。

2 缝的开合度

$$J = K(f_i^2 - f_0^2) + K_t(T_i - T_0) = K(F_i - F_0) + K_t(T_i - T_0)$$

$$(E.3.3-2)$$

式中 J——当前时刻相对于初始位置时的开合度，mm；

K——测缝计系统，mm/Hz^2；

f_0——测缝计初始的输出频率，Hz；

F_0——测缝计初始的输出频率模数，kHz^2；

f_i——测缝计当前时刻的输出频率，Hz；

F_i——测缝计初始的输出频率模数，kHz^2；

K_t——测缝计温度修正系数，$mm/℃$；

T_i——测缝计当前时刻的温度值，$℃$；

T_0——取初始输出频率模数时对应的温度值，$℃$。

3 渗透压力或压力

$$P = -K(f_i^2 - f_0^2) - K_t(T_i - T_0) = -K(F_i - F_0) - K_t(T_i - T_0)$$

$$(E.3.3-3)$$

式中 P——当前时刻相对于初始时刻的渗透压力或压力，MPa；

K——渗压计或压力计最小读数，MPa/Hz^2；

f_0——渗压计或压力计初始的输出频率，Hz；

F_0——渗压计或压力计初始的输出频率模数，kHz^2；

f_i——渗压计或压力计当前时刻的输出频率，Hz；

F_i——渗压计或压力计当前时刻的输出频率模数，kHz^2；

K_t——渗压计或压力计温度修正系数，$MPa/℃$；

T_i——渗压计或压力计当前时刻的温度值，$℃$；

T_0——取初始输出频率模数时对应的温度值，$℃$。

4 钢筋应力

$$\sigma = K(f_i^2 - f_0^2) + K_t(T_i - T_0) = K(F_i - F_0) + K_t(T_i - T_0)$$

$$(E.3.3-4)$$

式中 σ——当前时刻相对于初始位置时的应力，MPa；

K——钢筋应力计系数，MPa/Hz^2；

f_0——钢筋应力计初始的输出频率，Hz；

F_0——钢筋应力计初始的输出频率模数，kHz^2；

f_i——钢筋应力计当前时刻的输出频率，Hz；

F_i——钢筋应力计当前时刻的输出频率模数，kHz^2；

K_t——钢筋应力计温度修正系数，MPa/℃；

T_i——钢筋应力计当前时刻的温度值，℃；

T_0——取初始输出频率模数时对应的温度值，℃。

附录 F 监测仪器考证表

F.0.1 振弦式测缝计（位移计）安装埋设考证表格式见表 F.0.1。

表 F.0.1 振弦式测缝计（位移计）安装埋设考证表

工程名称				工程部位			
测点编号			仪器型号			仪器生产厂家	
仪器出厂编号			量程/mm			埋设区及材料	
埋设断面号/m			埋设位置			埋设方向	
仪器读数	初始读数 /kHz^2		初始温度 /℃		仪器系数 /(mm/kHz^2)		温度系数 /(mm/℃)
埋设前							
埋设后							
埋设示意图 及说明							
埋设时段		年 月 日至 年 月 日				天　气	
有关责任人	主　管		埋设者			填表者	
	校核者		监测者			填表日期	

F.0.2 差动电阻式测缝计（位移计）安装埋设考证表格式见表 F.0.2。

表 F.0.2 差动电阻式测缝计（位移计）安装埋设考证表

工程名称			工程部位	
测点编号		仪器型号		仪器生产厂家	
仪器出厂编号		量程/mm		埋设区及材料	
埋设断面号/m		埋设位置		埋设方向	
仪器参数	最小读数/(mm/0.01%)			温度修正系数/(mm/℃)	
	温度系数/(℃/Ω)			0℃电阻/Ω	
	耐水压/MPa			绝缘电阻/MΩ	
	电缆类型			电缆芯数	
	电缆长度/m			电缆接头型式	
埋设前测值	电阻比/0.01%			温度电阻/Ω	
埋设后测值	电阻比/0.01%			温度电阻/Ω	
埋设示意图及说明					
埋设时段	年 月 日至 年 月 日			天 气	
有关责任人	主 管		埋设者		填表者	
	校核者		监测者		填表日期	

819

F.0.3 光纤式测缝计（位移计）安装埋设考证表格式见表 F.0.3。

表 F.0.3 光纤式测缝计（位移计）安装埋设考证表

工程名称			工程部位			
测点编号		仪器型号			仪器生产厂家	
仪器出厂编号		量程/mm			埋设区及材料	
埋设断面号/m		埋设位置			埋设方向	
仪器参数	最大波长/nm			最小波长/nm		
	位移系数					
埋设前测值	最大波长/nm			最小波长/nm		
埋设后测值	最大波长/nm			最小波长/nm		
埋设示意图及说明						
埋设时段	年 月 日至 年 月 日				天 气	
有关责任人	主 管		埋设者		填表者	
	校核者		监测者		填表日期	

F.0.4 多点位移计安装埋设考证表格式宜符合表 F.0.4 的要求。

表 F.0.4 多点位移计安装埋设考证表

工程名称				工程部位					
测孔编号			断面号/m				断面中位置		
钻孔直径 /mm			钻孔深度 /m				倾向及倾角		
仪器型号			仪器生产厂家				量程/mm		
传感器类型			锚头类型				锚头数量/个		
测杆材质			测杆总长度 /m				灌浆材料		
传感器编号	1 号传感器		2 号传感器		3 号传感器		4 号传感器		…
出厂编号									
锚头深度/m									
仪器系数									
温度系数									
仪器读数	读数 R	温度 T	读数 R	温度 T	读数 R	温度 T	读数 R	温度 T	读数 R 温度 T
安装前读数									
安装后读数									
埋设示意图 及说明									
埋设时段	年 月 日至 年 月 日						天 气		
安装日期	年 月 日			初读数日期			年 月 日		
有关责任人	主 管			埋设者			填表者		
	校核者			监测者			填表日期		

注：不同类型传感器，仪器参数及读数单位有所不同。

F.0.5 测压管安装埋设考证（钻孔法）表格式见表 F.0.5。

表 F.0.5　测压管安装埋设考证表（钻孔法）

工程或项目名称						
钻孔编号		钻孔直径/m		初见水位/m		稳定水位/m	
测点编号		断面号		断面中位置			
管底高程/m		管口高程/m		管长/m		管内径/mm	
透水段结构和长度/m					管材		
透水材料		透水材料底、顶高程/m				—	
封孔材料		封孔材料底、顶高程/m				—	
埋设日期		天　气					
埋设示意图及说明							
有关责任人	主　管		埋设者		填表者		
	校核者		监测者		填表日期		

F. 0. 6 渗压计安装埋设考证表格式宜符合表 F.0.6 的要求。

表 F. 0. 6　渗压计安装埋设考证表

工程部位				测点编号	
埋设参数	断面号/m		仪器参数	仪器型号	
	断面中位置			量程/kPa	
	高程/m			出厂编号	
	埋设区域			生产厂家	
				仪器系数/(kPa/Hz²)	
	回填材料			温度系数/(kPa/℃)	
				电缆长度/m	
埋设前后仪器测值	埋设前/Hz		温度/℃		
	埋设后/Hz		温度/℃		
埋设日期		天　气			
埋设示意图及说明					
有关责任人	主　管		埋设者		填表者	
	校核者		监测者		填表日期	

F.0.7 应变计（无应力计、钢筋应力计、锚杆应力计）安装埋设考证表格式见表 F.0.7。

表 F.0.7 应变计（无应力计、钢筋应力计、锚杆应力计）安装埋设考证表

工程部位				仪器型号	
测点编号				量程	
埋设参数	断面号/m		仪器参数	出厂编号	
				生产厂家	
	断面中位置			最小读数/(ε/0.01%)	
				温修系数/(ε/℃)	
	高程/m			温度系数/(℃/Ω)	
				0℃电阻/Ω	
	埋设区域			电缆长度/m	
埋设前测值	电阻比/0.01%			温度电阻/Ω	
埋设后测值	电阻比/0.01%			温度电阻/Ω	
埋设示意图及说明					
埋设时段		年 月 日至 年 月 日			
有关责任人	主管		埋设者		填表者	
	校核者		监测者		填表日期	

注：此表为差阻式仪器安装埋设考证表，对于振弦式仪器可参照执行。

F. 0. 8 温度计安装埋设考证表格式见表 F. 0. 8。

表 F. 0. 8 温度计安装埋设考证表

工程部位				测点编号		
埋设参数	断面号		仪器参数	仪器型号		
	位　置			生产厂家		
	高程/m			出厂编号		
	埋设区域			温度系数/(℃/Ω)		
				0℃电阻/Ω		
				电缆长度/m		
埋设前温度电阻/Ω			埋设后温度电阻/Ω			
埋设示意图及说明						
埋设时段		年　　月　　日至　　年　　月　　日				
有关责任人	主　管		埋设者		填表者	
	校核者		监测者		填表日期	
注：此表为铜电阻式温度计埋设，对于其他类型温度计可参照执行。						

标 准 用 词 说 明

标准用词	严 格 程 度
必须	很严格，非这样做不可
严禁	
应	严格，在正常情况下均应这样做
不应、不得	
宜	允许稍有选择，在条件许可时首先应这样做
不宜	
可	有选择，在一定条件下可以这样做

中华人民共和国水利行业标准

水工隧洞安全监测技术规范

SL 764—2018

条 文 说 明

目　次

1 总 则

1.0.4 安全监测包括施工期和运行期监测，不同阶段水工隧洞安全监测工作的内容和重点不同。可行性研究阶段主要是提出安全监测规划方案，包括主要监测项目、仪器设备数量和投资估算。初步设计阶段主要是提出安全监测总体设计，包括监测项目设置、断面选择及测点布置、监测仪器及设备选型与数量确定、投资概算。招标设计阶段主要是提出安全监测设计或招标文件，包括监测项目设置、断面选择及测点布置、仪器设备技术性能指标要求及清单、各监测仪器设施的安装技术要求、监测频次要求、资料整编及分析要求和投资预算等。施工阶段的主要工作是提出施工详图和技术要求，做好仪器设备的检验、埋设、安装、调试和保护工作，编写埋设记录和考证资料，及时取得初始（基准）值，固定专人监测，保证监测设施完好和监测数据连续、可靠、完整，并绘制竣工图和编制竣工报告；及时进行监测资料分析，编写施工期工程安全监测报告，评价施工期隧洞安全状况，为施工提供决策依据。充水试验阶段是施工期中的特殊阶段，充水试验前制定好监测工作计划，并拟定相应的监控指标；充水试验过程中做好仪器监测和现场检查，及时分析监测资料，评价工程安全性态，提出充水试验安全监测专题报告。进入运行阶段后，按规范和设计要求开展监测工作，并做好监测设施的检查、维护、校正、更新、补充和完善，及时对监测资料整编和分析，编写监测报告，评价水工隧洞的运行状态，提出工程安全监测资料分析报告，及时归档。

1.0.5 仪器监测与巡视检查不同，仪器监测是定量的，可以量测到水工隧洞工程的性态，提供长期连续系列的资料，能发现水工隧洞结构在不同荷载条件下的微小变化趋势，定量评估水工隧洞安全运行性态与发展趋势。巡视检查能够在时间和空间上补充仪器量测的不足，更能全面、直观地对工程结构性态进行快速、整体的初步诊断。

3 监测项目及测点布置

3.1 一 般 规 定

3.1.1 水工隧洞为地下隐蔽工程，根据功能和用途可分泄洪（排沙）洞、输水隧洞、引水隧洞、尾水隧洞、导流洞等，与其密切相关的建筑物有压力钢管、调压室、尾闸室（或布置于岩体中的竖井式闸门井）、封堵体等。为保证水工隧洞及其相关建筑物的安全运行，设置必要的安全监测尤为重要。

水工隧洞监测项目和测点布置以实用、有效、简单、可行为原则，合理选择监测断面、测点位置及适宜的监测仪器设备，尽可能采用多种监测手段，保证监测资料的完整性、可靠性，全面系统地掌握建筑物运行状态，从而达到安全监测的目的。

为此，安全监测就需要在了解水工隧洞级别、用途、工作条件、地质条件、施工方法、支护方式等多种因素的基础上进行设置。

3.1.2 水工隧洞为在山体中或地下开挖的、具有封闭断面的过水通道。无论采用何种支护衬砌形式，影响水工隧洞安全与稳定的主要因素是围岩自身的稳定以及支护衬砌稳定情况。因此，水工隧洞安全监测范围主要为洞周围岩、支护衬砌结构，施工导流洞封堵体结构。另外，隧洞进、出口边坡若对隧洞安全影响较大时，也需进行监测。

3.1.3 深埋隧洞存在高地应力、岩爆、地下水压力较大、有毒气体等多种不良地质问题，故设置安全监测是必要的。如锦屏二级水电站引水隧洞长达16.67km，断面直径为13m，穿越锦屏山主峰山体，洞群沿线上覆岩体最大埋深约为2525m，岩爆频繁。因隧洞地质条件、大埋深、高地应力和岩爆等内部因素和钻爆法施工动力干扰等外部因素影响，隧洞开挖后的围岩稳定与安全受到极大考验。为此，设计选取7条隧洞中的4号引水隧洞作为原型，运用监测技术并结合数据处理，分析在钻爆法开挖施工条件下，隧洞围岩位移与围岩应力的变化特征，为优化完善设计和改进施工措施提供可靠依据。

3.1.4 本条中所列的洞段在工程实践中，是围岩极易失稳和产生塌方的地段，这些洞段是施工期和运行期监测的重点。

3.1.5 封堵体分为直接与水库连通和与水工隧洞连通两种，其设计级别分别与挡水建筑物和与之连接的水工隧洞相一致。有些挡水封堵体，设计级别往往较高，但封堵体所在位置围岩条件较好，承受水头较低甚至为明流，封堵体不会产生稳定问题，而且即使发生内水外渗也无不利影响，不会危及岩体和山坡稳定，也不会危及临近建筑物安全或造成环境破坏。对于这类的挡水封堵体可不进行安全监测。

3.1.9 突出重点是指根据不同工程特点和监测目的，有针对性地布置变形、渗流和应力应变测点，设置相应的监测仪器，并经论证选定水力学、变形控制网等专项监测项目。根据施工、通水、运行等不同阶段先后顺序，选择监测重点。设计时根据水工隧洞衬砌结构及围岩条件、计算分析成果，在影响工程安全或能敏感反映工程安全运行状态的部位布置测点。监测断面、监测项目和监测点的选择，要以监测目的为先导，做到"少而精"。兼顾全面是指对监测系统的设计要有总体方案，从全局出发，既要控制关键，又要兼顾全局。需根据安全控制的重要性，对水工隧洞分为关键监测部位、重要监测部位和一般监测部位三个层次。对关键部位和重要部位应适当地重复和平行布置测点，留有冗余；对一般部位需顾及工程枢纽建筑物的整体，并设置反应最敏感的监测项目。此外，有相关因素的监测仪器布置要相互配合，以便综合分析。统筹安排是指对各部位不同时期的监测项目的选定需从施工、首次通水和运行全过程考虑，监测项目相互兼顾，永久与临时相结合，做到一个项目多种用途，统一规划，分步实施。配合布置是指安全监测设施的施工与主体工程施工需同步实施。现场巡视检查与仪器监测相互补充。一些异常现象不能通过仪器单点监测的方法发现，需要通过巡视检查才可及时发现，如混凝土衬砌新增裂缝和渗漏点、水工隧洞附近山坡有漏水点或涌水点等。

3.1.11 监测仪器包含了传感器、配套电缆、测量仪表和可用于实现自动化测量数据采集装置。监测仪器是安全监测的工具，监测仪器的可靠性和准确性直接影响对建筑物结构性态和安全的评估，所以监测仪器的适用性和可靠性是选择监测仪器时首先要考虑的。水利水电工程的特点是环境条件差，使用寿命长，因此，应该选择技术成熟、经长期工程运行考验的监测仪器。

针对不同的工程特点，监测仪器选择还考虑特殊要求，如：较长隧洞，要考虑仪器长距离信号传输能力；高压隧洞，仪器要满足耐高压要求等。

3.1.14 锚喷支护设计的常用方法主要有工程类比法、监控量测法和理论计算法三种。其中工程类比法是根据国内外大量的工程实践总结出来的，具有广泛的实用性，所以应用最普遍，是锚喷设计最基本和行之有效的设计方法。监控量测法是近几年发展起来的一种较为科学的设计方法，核心是以综合反映各种地质因素和工程因素的围岩位移和位移速率作为位移是否稳定的判据，评价围岩稳定状态，了解工程地质、水文地质变化趋势，检验支护参数是否合理，是进一步优化设计和保证施工安全的重要依据。该法简单易行，对恶劣地质条件的支护工程是不可缺少的设计方法。

由于Ⅳ类、Ⅴ类围岩地质条件复杂，围岩稳定程度差，支护对围岩有害变形制约作用明显，采用监控设计法进行设计支护效果更为突出，所以在不良围岩条件，大洞室的地下工程中，采用监控量测法更为重要。

综上所述，本标准引入了 GB 50086《岩土锚杆与喷射混凝土支护工程技术规范》中关于监控量测内容。

3.2 监 测 项 目

3.2.6 施工期安全监测在隧洞施工中占有重要的地位，在指导隧洞设计、合理确定初期支护参数、选定二次支护及衬砌的合理时间等方面起着重要作用。

水工隧洞施工中，围岩的稳定性直接关系到施工的安全性，仅靠开挖前的勘探资料进行判断是有限的，由于不同地区岩体结构性状、节理裂隙发育状态、地下水分布情况等地质因素具有随机性，很多地质问题都是在施工过程中逐步认识的，这就需要在施工中对围岩稳定性进行监测，监测围岩的变形及收敛情况，同时监测支护结构的稳定与变形，使隧洞围岩和支护结构处于受控状态。

在水工隧洞运行期，洞周围岩、支护衬砌在水压力（内水和外水）的作用下，应力、应变、渗透压力等性态均会发生一定变化。不同水压力作用下，围岩、支护衬砌性态变化是否会影响水工隧洞的稳定，是运行期安全监测需要关注的问题。因此，运行期安全监测应重点监测围岩的变形与稳定、围岩支护及衬砌结构、水压力等。

3.3 监测断面及测点布置

3.3.1 隧洞监测断面布置与功能、等级、地质条件、支护衬砌结构形式、受力状态、施工方法等密切相关，施工期以监测围岩及支护结构变形为主，保证施工安全，不同的监测项目尽量结合布置，便于监测资料相互印证、分析。

钢筋混凝土岔管的监测断面一般布置在岔管的主管、锥管及岔管跨度相对较大处，具有多个岔管时，可在主支管或主支锥相贯线、腰线及肋板等部位设置监测断面，并加强相贯线、腰线折角点部位监测。

3.3.2 根据实测统计资料分析，一般情况下，在距开挖面前 0.5 倍洞径位置，围岩变形就开始发生了，其值占全部变形的 5%～20%。因而，监测仪器埋设距开挖面越远，围岩变形"丢失"的越多，为此要求测点位置尽可能靠近掌子面。但是太靠近掌子面，仪器的安全防护比较困难。本条规定初测断面距掌子面不宜大于 1m。如果不具备以上条件，可适当调整测点位置。但无论测点埋设在什么位置，都要以实测的全过程变形曲线或典型收敛过程线的规律，求取围岩的实际变形值。

隧洞工程大多数的安全监测量值与时间变化和空间变化密切相关，测点布置尽量靠近开挖掌子面，同时要及时安装和取得初始读数。收敛变形监测以构成三角形为一个测量单元，其测点一般布置在顶拱中点和两侧边墙。对于大型洞室应在边墙对称设置多个测点，构成不同的三角形测量单元。对于岩爆和膨胀性围岩，应力急剧释放和岩体膨胀产生的变形破坏占主导地位，洞室底板也会产生上抬破坏变形，需布置测点进行监测。

岩体内部变形，对于中小型工程断面布置的测孔数取小值，大型工程取大值。接缝、洞口边坡、地表沉降测点规定每个监测断面不宜少于3个，以便于从测得的量值中找到变化规律，同时可以对监测数据进行相互对比和印证。

土洞衬砌结构的变形不仅反映衬砌结构本身的应力、应变状态，而且直接反映洞周土体的稳定状态。因此，在湿陷性黄土、膨胀土、软黏土等土质较差洞段设置监测断面，进行收敛变形监测，了解和掌握隧洞的工作状态，发现问题及时处理。

3.3.5 锚杆应力监测测点，一般中小洞室取下限，大洞室取上限。若了解锚杆应力分布规律或最大值至少布置3个测点。测点布置应根据时空关系，围岩应力分布、岩体结构和地质代表性，设计计算得到的变化梯度合理确定测点数量，梯度大的点距小，梯度小的点距大。

3.4 监测频次

3.4.1 围岩或支护结构的安全监测，在施工初期，由于受围岩应力释放的影响，监测量值主要受开挖影响较大，开挖影响范围为3～5倍洞径，这一时期的监测量值占整个监测量值的70%以上，为重视这一期间的监测，本条规定了应进行的监测频次。同时，这部分监测也是围岩稳定分析和运行期资料分析的基础。

在监测仪器位置3倍洞径之内施工时，监测量值的变化受施工影响较大。尽管大多数这种影响不会产生严重危害，但也应进行监测。一是了解量值的变化因素，二是可对施工质量评估。如：隧洞回填和固结灌浆，灌浆密实的顶拱部位应变计与灌浆前量值有显著的变化。

安装在围岩的监测仪器主要有：顶拱沉降测点、收敛测点、锚杆应力计、多点位移计等；安装在支护结构的监测仪器主要有：顶拱沉降测点、收敛测点、格栅拱架受力计、支护与围岩接触压力计等。

3.4.2 埋入混凝土的仪器监测量值，初期受混凝土水化热温度影响变化较大，也是混凝土强度显著增长阶段，这一时期跟踪监测是必要的，是监测量值初始值选定阶段。

3.4.3 安全监测是一项长期性与周期性的动态采集和分析判断的过程，根据水工隧洞服役的不同阶段、目的与工况，采取相应的监测项目与监测频次，不同监测项目存在关联性，如隧洞结构变形发生异常时，隧洞应力和渗流压力可能也发生异常，在时间序列上监测信息符合渐变到突变的过程，以获取资料的完整性与规范性。附录 A.0.2 所规定的监测频次，主要考虑监测数据的连续性，为监测数据异常情况做对比分析，从而找出主要影响因素。

4 巡 视 检 查

4.0.1 据统计分析，大部分水工隧洞突发事件的发生是有征兆的，是可以通过巡视检查发现的。巡视检查在水工隧洞安全监测与管理中十分重要，应由有经验的工程技术人员采用必要的技术手段，对水工隧洞结构安全进行巡视检查。除现场巡视检查外，还应采用现场检测、探测、仪器监测等方法，配置必要的适用于水工隧洞测量、检测与探测的专业设备。

4.0.2 日常巡查是指有经验的工程专业人员在施工和运行过程中对隧洞围岩、混凝土衬砌、钢衬结构进行的巡视检查，检查结果以表格方式记载。年度巡查是由管理单位组织隧洞运行维护专业技术人员按规定的检查程序和频次，对隧洞进行较为全面详细的巡视检查，结合隧洞检查、运行、维护记录、监测数据等资料及上一年度检查报告，编制本年度安全检查报告。特殊巡查是指在隧洞所在区域发生地震和其他影响隧洞安全运行的特殊情况（如滑坡、泥石流等）以及隧洞放空时，主管单位负责组织安全检查组及时进行的巡视检查，并编制特殊巡查报告。

4.0.6 地震、危及隧洞安全的大洪水等自然灾害对水工隧洞安全影响是有过程的，如地震后水工隧洞损伤的全部特征可能不会立即显现，可能数天甚至更长时间才能全部显现，因此，特殊巡视检查既包括事件发生后的即时检查和详细检查，也包括事件发生后某一连续时段的后续检查，并与震前记录或基准值比较分析。

4.0.8 围岩的巡视检查主要是施工期的日常巡视检查，支护结构施工完成后无法再行检查，除非施工过程中发生质量事故需拆除支护结构返工的洞段。支护结构的日常巡视检查主要是施工期的检查，内容包括变形、裂缝、错位和渗水情况等。洞内渗水的年度或特殊巡视检查仅在隧洞放空时进行。

5 环 境 量 监 测

5.1 一 般 规 定

5.1.1 环境的改变，会对水工隧洞的工作状态产生很大的影响，环境是影响结构内部应力应变和变形的外在因素，也是水工隧洞安全监测的重要组成部分。与水工隧洞安全监测有关的环境量主要包括进口水位、进口水温、冰冻、进口泥沙淤积和出口冲刷等项目。进口水位（水荷载）是水工隧洞需要承担的主要荷载，水温和水位一样，是水工隧洞变形、渗流、应力的主要影响因素，在监测进口水位的同时，也进行水温监测。另外，冰冻对隧洞进、出口的水力学条件产生影响，对库岸及进出口边坡产生冰荷载，冰盖和冰推力会影响隧洞及进出口的受力条件等；泥沙淤积对隧洞的过流能力或者发电机组产生影响或危害；冲刷对隧洞及进出口岸坡产生影响，严重时会破坏结构。因此，也需要进行冰冻、泥沙淤积和冲刷等监测。

6 变 形 监 测

6.1 一 般 规 定

6.1.2 国家控制网是具有统一坐标系统的高精度测量控制网，它是各种测量的基础，由于工程各阶段的测量控制网通常是在不同时期、不同单位建立和施测的，为了能够相互利用和协调不同阶段的测量资料，做此规定。

6.1.4 由于各种水工隧洞的洞口边坡走向受影响因素众多，边坡位移方向正负号的表述很难与大坝等一致，边坡变形分析更关注开挖后边坡朝向临空面的稳定问题，本条规定洞口边坡的水平位移为向坡外为正，反之为负。垂直于边坡临空面的位移方向采用面向边坡临空面采用右手坐标系，向左为正，反之为负。

6.3 监 测 设 施 安 装

6.3.2 洞室收敛监测是用收敛计测量洞室围岩表面两点连线（基线）方向上的相对位移，通常情况下，围岩由表及里变形衰减较快，为监测真实的围岩净空变形，收敛测桩不宜埋深太大，但围岩表面由于开挖爆破等因素影响一般较为破碎松动，不能代表围岩真实变形，且测桩保护难度大，收敛测桩也不宜埋设在表面。根据各类围岩条件及众多工程经验，本条强调了收敛测桩的埋深。

7 渗 流 监 测

7.2 监 测 仪 器 与 方 法

7.2.2 渗流量监测点一般设在排水洞、自流排水孔或交通洞内。排水孔监测单孔渗流量，具备集水条件时，集水沟内可分区设置量水堰，监测分区渗流量。

8 应力、应变及温度监测

8.4 观 测

8.4.1~8.4.3 仪器埋设后，根据埋设位置、材料的特性、仪器的性能及周围的温度等，从初期各次合格的监测值中选定初始值。对于锚杆应力计等需要灌浆安装的监测仪器，在灌浆结束固结稳定后再进行初始值测量。

9 专 项 监 测

9.1 围 岩 松 动 监 测

9.1.1 围岩松动监测是指测定由于爆破的动力作用、岩体开挖应力释放引起的岩体扩容作用下导致的围岩表层岩体的松动厚度。围岩松动范围及其变化是隧洞工程支护设计和评价围岩稳定的重要参数之一，围岩松动圈监测的主要目的是评价隧洞工程岩体稳定性。监测成果可以作为锚杆及其他支护设计和围岩稳定分析的依据。为合理确定水工隧洞支护方案提供科学依据，需进行围岩松动圈监测。

9.2 爆 破 振 动 监 测

9.2.2 巡视检查是对爆区周围的保护对象进行大范围的查看；宏观调查是有针对性地对保护对象进行爆破前后对比观察。

9.2.5 爆破对保护对象可能产生危害时，进行宏观调查与巡视检查，其主要的检查内容为：保护对象的外观在爆破前后有无变化；邻近爆区的岩土裂隙、层面及需保护建筑物上原有裂缝等在爆破前后有无变化；在爆区周围设置的监测标志有无变化；爆破振动、飞石、有害气体、粉尘、噪声、水击波、涌浪等对人员、生物及相关设施等有无不良影响。

9.2.6 对爆破保护对象设置测量标志，使用测图、拍照或录像等方法对保护对象的整体情况，包括有无裂缝、裂缝位置、裂缝宽度及长度等，进行详细描述。宏观调查测量标志点的部位尽量与仪器监测点相一致。爆破前后，调查人员及其所使用的调查设备（尺、放大镜等）相同。

9.2.7 根据宏观调查与巡视检查结果，并对照仪器监测成果，评估保护对象受爆破影响的程度。评价标准如下：

（1）未破坏：建筑物、基岩完好；原有裂缝无明显变化，爆破前后读数差值不超过所使用设备的测量不确定度。

（2）轻微破坏：建筑物、基岩轻微损坏，如房屋的墙面有少量抹灰脱落；爆破前后原有裂缝的读数差值超过所使用设备的测量不确定度，但不超过0.5mm，经维修后不影响其使用功能。

（3）破坏：建筑物、基岩出现破坏，如房屋的墙体错位、掉块；原有裂缝张开延伸，并出现新的细微裂缝等。

（4）严重破坏：建筑物严重破坏，原有裂缝张开延伸和错位，出现新裂缝，甚至房屋倒塌。

9.2.10 当只布置两个方向的传感器时，一般布置竖直向和水平径向；根据工程经验，在可能产生较大振动的两个方向上布置传感器，如：相邻洞或本洞爆破时，在沿洞轴和垂直于洞壁两个水平方向上布置传感器。爆破振动传播规律测试时，根据爆破规律参考已有经验公式估算测点至爆源的距离；每一测点布置竖直向、水平径向和水平切向三个方向的传感器。

9.2.11 原配在传感器上的长螺杆是经过专门设计的，全部插入砂土中才能满足测试要求。在传感器安装过程中，安装角度偏差大，将影响测试的精度。声阻抗是指材料的声波速度值与其密度值的乘积。合理选择自触发设定值，设置的量程、记录时间及采样频率等应满足被测物理量的要求。

9.2.12 选取建筑物安全允许振速时，综合考虑建筑物的重要性、建筑质量、新旧程度、自振频率、地基条件等因素；选取隧道、巷道安全允许振速时，综合考虑构筑物的重要性、围岩状况、断面大小、深埋大小、爆源方向、振动频率等因素。

9.3 水力学监测

9.3.1 水力学监测目的是监测水工隧洞过水时的工作性态、检验工程设计的合理性，并指导工程运行。

10 监测自动化系统

10.2 系统设备

10.2.2 系统设备适用工作环境，除湿度外，主要针对采集单元和光纤光栅式解调仪内的电子元件工作温度，电子元件设计工作温度通常是在 0～40℃，电子元件 0～−10℃时由于其工作时自身保持一定的热量，尚可正常工作。工程经验表明，在室外温度低于−10℃的寒冷地区，设备元件易出现故障和损坏的情况。因此，在我国北方寒冷地区，系统设备箱通常加装电加热（含温度控制）装置，以保证监测系统设备的正常工作，温度控制装置一般选用带测温传感器的温度控制器，能设定温度区间，避免加热器的频繁启动。例如：设定当设备箱内温度低于 2℃时自动启动加热系统，当设备箱内温度达到 20℃时自动停止加热，这样就可保持设备始终在正常温度范围内工作。

目前应用较多的通信接口有 RS232、RS485、以太网等。可支持光纤、双绞线、GPRS/GSM、超短波及卫星等其他通信方式。隧洞监测系统通信设计时，通常要考虑仪器类型、测点布置以及监测仪器的数量等因素，来选择合适的数据通信方式，有时甚至是多种通信方式的组合应用。

10.4 监测自动化系统结构与组成

10.4.2 集中式系统结构简单，但极易受到干扰，不易扩展，一般适用于测点数量少、布置相对集中和通信传输距离不远的监测自动化系统。分布式监测系统具有可靠性高、抗干扰能力强、测量时间短、便于扩展等特点，目前得到了广泛应用，适用于监测仪器数量较多、布置较分散、通信传输距离较远的监测自动化系统。

11 监测资料整理与整编

11.1 一 般 规 定

11.1.4 对水工隧洞工作状态作出评估分为三种状态：

（1）正常状态。系指水工隧洞达到设计要求的功能，无影响正常使用的缺陷，且各主要监测量的变化处于正常运行状态。

（2）异常状态。系指水工隧洞的某项功能已不能完全满足设计要求，或主要监测量出现某些异常，因而影响工程正常运行状态，但在一定控制运用条件下工程能安全运行。

（3）险情状态。系指水工隧洞出现危及安全的严重缺陷，或环境中某些危及安全的因素正在加剧，或主要监测量出现较大异常，若按设计条件继续运行将出现大事故的状态。

11.1.5 本条款要求建立监测资料数据库或信息化管理系统，对监测资料形成电子化文档，并在此基础上进行有效的管理，以提高监测资料整编的效率和可用性。

11.2 监测设施基本资料整理

11.2.1 四大类监测设施基本资料具体内容如下：

（1）监测设施及测点的布置图。平面布置图包含了各建筑物监测项目及设备位置。纵横剖面布置图包含了建筑物的轮廓尺寸、材料分区和必要的地质情况。

（2）安装考证资料。有关各水准基点、起测基点、工作基点、校核基点、监测点，以及监测设施平面坐标、高程、结构、安设情况、设置日期和测读起始值、基准值等文字和数据考证表。

（3）仪器资料。各种仪器的型号、规格、主要附件、购置日期、生产厂家、仪器使用说明书、出厂合格证、出厂日期、购置日期、检验率定等资料。

（4）其他相关资料。有关的数据采集仪表和电缆走线的考证或说明资料。

11.2.2 考虑监测设施和仪器设备的变更，如校测高程改变、设施和设备维修、设备或仪表损坏、失效报废或改（扩）建等，都有可能导致测值的非正常化，为了便于分析原因，因此要求这些变更情况作为监测设施和仪器的考证资料记录在案。

11.3 监 测 资 料 整 编

11.3.1 由于测量因素（包括仪器故障、人工测读及输入错误等）产生的异常测值会影响分析成果的有效性和可靠性，因此，要求及时检查、检验原始记录准确性、可靠性、完整性，并进行处理。

11.3.4 监测资料整编的具体内容如下：

（1）历次巡视检查资料，通过水工隧洞洞壁外观异常部位、变化规律和发展趋势，定性判断与工程安全的可能联系，关注施工期、初次通水运行及遭受地震后各关键结构的异常表现。

（2）监测量随时间的变化规律，以判断工程有无异常和向不利安全方向发展的时效作用。

（3）监测量在空间分布上的情况和特点，以判断工程有无异常区和不安全部位。

（4）各监测量的特征值和异常值，并与相同条件下的设计值、试验值、分析预报值，以及历年变化范围相比较，得到分析预警结果。

11.3.5 报告为纸质版和电子版，电子版为标准格式电子文档，一般为 Word 及 Excel 文档、CAD 文档、PDF 文档等。

《水库运行管理通用法规标准选编》
编　委　会

主　　任：张文洁

副 主 任：储建军　徐　洪　邓勋发

主　　编：刘　岩　范连志　李成业

副 主 编：郭健玮　许　浩　曲　璐

参编人员：周庆瑜　邓　森　于敬舟　徐　林　华荣孙

　　　　　李　锐　罗红云　刘焕虎　李锡佳　范志刚

　　　　　朱红星　侯文昂　王　雷　张御帆　冯　瑜

　　　　　邓亚峰　张　备

编写单位：水利部运行管理司

　　　　　水利部建设管理与质量安全中心

　　　　　广西大藤峡水利枢纽开发有限责任公司

前　言

　　水库是重要的水利基础设施，水库安全事关人民群众生命财产安全和社会稳定。目前，我国已建成各类水库近 10 万座。随着经济社会的快速发展，加之近年来极端气候事件频发，对水库运行管理提出了更高要求和挑战。为加强水库安全管理和技术管理工作，有力促进水库运行管理工作质量和水平的提高，我们组织编写了《水库运行管理通用法规标准选编》一书。

　　本书收集和整理了现行水库运行管理涉及的常用行政法规和技术标准等，分为法律法规、标准规范和政策性文件三个部分，内容全面，实用性强，能够很好地满足水库日常运行管理工作需要，可供水库运行管理和监督检查人员参考使用。

　　本书资料截至 2023 年 1 月，分为上、下两册。

　　书中如有错误之处，敬请批评指正。

编者
2023 年 6 月

目　录

下　　册

三、政　策　性　文　件

水库地震监测技术要求

GB/T 31077—2014

2014-12-22发布　　　　　　　　　2015-06-01实施

前　　言

本标准按照 GB/T 1.1—2009 给出的规则起草。

本标准由中国地震局提出。

本标准由全国地震标准化技术委员会（SAC/TC 225）归口。

本标准起草单位：中国地震局地震预测研究所、地壳运动监测工程研究中心、中国地震局地质研究所、山东省地震局、中国地震台网中心、中国地震应急搜救中心。

本标准主要起草人：薛兵、赵翠萍、吴书贵、马文涛、林榕光、蒋海昆、王勤彩、华卫、宋彦云、和平。

引　言

现有的水库地震监测手段有测震观测、地表自由场强震观测、地壳形变观测、地下流体观测等。测震与强震观测直接观测地震活动及其地表强烈震动效应，地壳形变观测和地下流体观测主要用于监测水库蓄水引起的库区地壳形变情况、库区断层形变情况、地下水渗流与扩散情况等，有助于分析库区地震活动与水库蓄水的关系。

水库地震监测是保障水库安全的重要手段，为了加强防震减灾工作，保障水利水电工程建设与安全管理，规范水库地震监测工作，特制定本标准。

目　次

1 范　　围

　　本标准规定了开展水库地震监测的要求和水库地震台网建设、运行、数据产出的要求。

　　本标准适用于水库地震监测。

2 规范性引用文件

下列文件对于本文件的应用是必不可少的。凡是注日期的引用文件，仅注日期的版本适用于本文件。凡是不注日期的引用文件，其最新版本（包括所有的修改单）适用于本文件。

GB/T 19531.1—2004　地震台站观测环境技术要求　第1部分：测震

GB 21075—2007　水库诱发地震危险性评价

GB 50011　建筑抗震设计规范

GB 50057—2010　建筑物防雷设计规范

GB 50174—2008　电子信息系统机房设计规范

GB 50223—2008　建筑工程抗震设防分类标准

GB 50343—2012　建筑物电子信息系统防雷技术规范

DB/T 2　地震波形数据交换格式

DB/T 7　地震台站建设规范　重力台站

DB/T 8　地震台站建设规范　地形变台站

DB/T 17—2006　地震台站建设规范　强震动台站

DB/T 19　地震台站建设规范　全球定位系统连续观测台站

DB/T 20　地震台站建设规范　地下流体台站

3 术 语 和 定 义

下列术语和定义适用于本文件。

3.1

水库地震台网 **seismological network for reservoir – induced earthquake**
监视水库诱发地震的地震台网。
［GB/T 18207.2—2005，定义 5.2.6］

3.2

水库区 **reservoir area**
水库正常蓄水位淹没的范围。
［GB 21075—2007，定义 3.3］

3.3

水库影响区 **reservoir influenced area**
水库区及其外延 10km 的范围。
［GB 21075—2007，定义 3.4］

3.4

水库地震监测区 **monitoring arca for reservoir earthquake**
水库影响区及其周围 50km 范围内历史上发生过 5 级以上地震的区域。

3.5

水库地震重点监测区 **key monitoring area for reservoir earthquake**
水库地震危险性评价认为水库诱发地震可能性较大的库段、库首区及活动断层分布区域。

3.6

最小完整性震级 **minimum completeness magnitude**
在给定的时间、空间范围内，地震监测台网始终能够完整记录到的最小地震的震级。

4 水库地震监测要求

4.1 基 本 要 求

4.1.1 坝高高于 100m 且库容大于 $5 \times 10^8 m^3$ 的新建水库，应建设水库地震台网，开展水库地震监测。

4.1.2 根据水库诱发地震危险性评价，若水库诱发地震最大震级 M 大于 5 级，或水库诱发地震震中烈度大于Ⅶ度的其他新建大型水库，应建设水库地震台网，开展水库地震监测。

4.1.3 坝高高于 100m 或库容大于 $5 \times 10^8 m^3$ 的已建水库，若近三年来水库影响区内发生震群活动且最大震级达到近震震级 $M_L 3.0$ 级，应按 GB 21075—2007 第 8 章对水库诱发地震危险性进行确定性评价，若可能发生的最大诱发地震震级大于 5 级，则应补建水库地震台网，开展水库地震监测。

4.1.4 水库地震台网应由地震观测台站、实时数据传输系统、水库地震台网中心构成。

4.1.5 水库地震台网应建设测震观测台站和自由场强震动观测台站，符合 GB 21075—2007 甲级工作要求的大型水利水电工程项目，宜增加建设地壳形变观测、地下流体观测、活动断层监测方面的观测台站。

4.1.6 水库地震台网中心应承担观测数据分析处理及日常运行维护任务。

4.1.7 水库地震台网终止运行应同时满足下列条件：

  a) 水库蓄水后地震监测时间达到 10 年以上；

  b) 经过不少于 3 次达到设计最高水位的周期性水位变化；

  c) 水库影响区内近 3 年没有发生近震震级 $M_L 3.0$ 级以上地震；

  d) 水库影响区内近 3 年没有发生与蓄水及放水过程有关的震群活动；

  e) 按照附录 B 所示方法，水库影响区内地震活动水平连续 3 年不高于蓄水前水库所在区域的背景地震活动水平。

4.1.8 若当地专业区域地震台网的监测能力没有达到地震近震震级 $M_L 3.0$ 级，则应保留部分测震台站。

4.1.9 需终止测震台网运行时，应编制评估报告。评估报告应对 4.1.7 的要求逐条论述。

4.2 测 震 观 测 要 求

4.2.1 水库地震台网至少应具有 4 个测震台站，测震台站的布设数量和分布应满足监测能力和地震定位误差的要求。

4.2.2 水库地震台网的监测能力应达到近震震级 $M_L1.5$ 级，水平定位误差应小于 3km；重点监测区的监测能力应达到近震震级 $M_L0.5$ 级，水平定位误差应小于 1km。

4.2.3 测震观测台站应能够记录振幅在 $3×10^{-8}$ m/s～$1×10^{-2}$ m/s 范围内的地面振动。

4.2.4 宜采用宽频带数字化观测方式，观测频带涵盖 0.05Hz～40Hz。部分台站可采用短周期数字化观测，其观测频带应涵盖 0.5Hz～40Hz。

4.2.5 流动地震仪的配置数量，不宜少于测震台站数量的 20%。

4.3 强 震 观 测 要 求

4.3.1 强震动台站的布设数量和分布应满足最大烈度区及重点区域的强震动监测和烈度估算的要求。

4.3.2 强震动台站观测量为地面振动加速度，观测频带应涵盖 0.01Hz～50Hz 能够完整记录加速度峰值不大于 $20m/s^2$ 的地面振动。

4.4 地 壳 形 变 观 测 要 求

4.4.1 地壳形变与断层活动观测涉及的观测项目有断层形变观测、地应变观测、地倾斜观测、重力观测、GNSS 观测等，观测项目的选择可参考附录 C。

4.4.2 台站建设可参考 DB/T 7、DB/T 8、DB/T 19。

4.5 地 下 流 体 观 测 要 求

4.5.1 地下流体观测项目有水位、水温、水化学等，观测项目的选择参考附录 D。

4.5.2 台站建设可参考 DB/T 20。

4.6 实时数据传输系统要求

4.6.1 水库地震台站应采用连续观测方式，观测数据应实时传输、汇集到水库地震台网中心进行分析处理。对于不支持自动连续观测的测项，其观测数据应及时汇总到水库地震台网中心。

4.6.2 实时数据传输的最大延迟时间不宜超过 10s。

4.6.3 测震观测台站设计时，应考虑数据传输的冗余设计及采用多种适宜的数据传输方式，保证在任何一种通信故障发生时，数据中断的台站数应不超过 25%，中断持续时间不超过 48h。

4.7 水库地震台网中心要求

4.7.1 水库地震台网中心应具有以下功能：

a）实时观测数据接收；

b）事件自动检测、定位及震级计算；

c）人机交互地震事件分析处理；

d）观测数据整理及归档、地震速报、地震编目；

e）在线观测数据存储、实时数据流交换、数据共享与服务；

f）系统运行监控，包括台站运行状态监控。

4.7.2 水库地震台网中心技术系统是由计算机、服务器等设备构成的局域网系统，所提供的资源和性能应满足实现 4.7.1 所列各项功能的需求。

4.7.3 水库地震台网中心应具有一定的在线数据存储能力，且能够存储至少 3 个月的原始观测数据及 5 年的地震事件数据。

5 水库地震台网建设要求

5.1 台站布设原则

5.1.1 测震台站布设原则

5.1.1.1 宜采用均匀网状布设的原则。

5.1.1.2 外侧台站连线所围区域及其外延 20km 应覆盖水库地震监测区。

5.1.1.3 对于水库地震重点监测区，应适当增加台站密度，并保证其处于外侧台站连线所包围的区域之内。

5.1.2 强震动台站布设原则

5.1.2.1 近坝区的重要部位、水库地震监测区中的最大烈度区应重点布设。

5.1.2.2 布设数量和台站分布应有利于监测水库诱发地震危险性评价确定的高烈度区及近坝区的强地面振动，有利于烈度值估算，并有利于较大地震震级的测算。

5.2 测震观测场地勘选

5.2.1 观测场地背景地噪声水平按照地区分类（见 GB/T 19531.1—2004 附录 C）应满足以下要求：

    a）A 类地区、B 类地区和 C 类地区：应保证占总数 3/4 的台站，其背景地噪声水平小于 Ⅱ 级环境地噪声水平，即 $Enl < 1 \times 10^{-7}\,\text{m/s}$，其余台站应小于 Ⅲ 级环境地噪声水平，即 $Enl < 3.16 \times 10^{-7}\,\text{m/s}$；

    b）D 类地区和 E 类地区：应保证占总数 1/2 的台站，其背景地噪声水平小于 Ⅱ 级环境地噪声水平，其余台站宜小于 Ⅲ 级环境地噪声水平。

    注：环境地噪声水平 Enl 为 1Hz～20Hz 频带内的噪声有效值（见 GB/T 19531.1—2004 附录 A）。

5.2.2 观测场地应满足以下要求：

    a）选在坚硬、完整、未风化的基岩岩体上；

    b）避开地质断层带，应避开陡坡、风口、河滩等地；

    c）避开对地震观测有影响的发展规划区域；

    d）避开各种干扰源（大型水库除外）的距离应符合 GB/T 19531.1—2004 第 5 章的要求；

    e）无线传输观测数据的台站，场址与台网中心或中继站之间应满足无线信道通信要求。

5.2.3 应对观测场地环境地噪声水平进行连续 24h 观测，观测采样率应不小于 100 点/s。具体观测方法、观测仪器以及观测结果的分析、处理和计算，按 GB/T 19531.1—2004 附录 A 中的有关规定进行。

5.2.4 对场地观测结果进行分析、处理和计算时，应同时计算频带 20Hz～40Hz 的地噪声水平，其有效值不应高出 Enl 的 3 倍。

5.3 测震台网监测能力估算

依据测震台站分布和场地背景噪声测试结果，按照附录 A 的方法评估测震台网的监测能力。

5.4 强震观测场地勘选

5.4.1 观测场地应满足以下要求：

a) 应避开局部地形起伏变化大的地点，与高大建筑物之间的距离应大于建筑物的高度与长度；在无合适的自由场地时，可布设在独立的一层或二层房屋建筑物的底层地面上；

b) 应避开可能影响观测的振动源，如大型的马达、泵站、发电机、塔柱状结构、重型车辆道路、大型管道等设施；

c) 台址场地的最大背景振动加速度噪声有效值宜小于 0.001m/s^2。

d) 拟采用无线方式传输观测数据的台站，场址与台网中心或中继站之间应满足无线信道通信要求。

5.4.2 应按照 DB/T 17—2006 附录 A 的要求对台址场地进行工程地质测试和地面脉动测试。

5.5 台 站 建 设

5.5.1 观测仪器墩建设

5.5.1.1 观测仪器墩面中心的地理参数测定，应符合下列规定：

a) 经纬度测量误差不大于 0.3″；

b) 海拔高程测量误差不大于 15m；

c) 地理子午线测量误差不大于 0.5°。

5.5.1.2 制作安装地震计的仪器墩应符合下列规定：

a) 仪器墩基凿制过程中不应采用爆破作业；

b) 仪器墩面的四边，宜与地理子午线平行或垂直；

c) 仪器墩不应与任何建筑体相连；

d) 仪器墩可建于地面，建议其长×宽宜为 1.0m×0.8m，高出房内地面宜为 0.3m～0.6m；也可采用坑式仪器墩，坑式仪器墩的深度宜为 0.5m～0.8m；

e）仪器墩（含坑式仪器墩）四周应有隔震槽，隔震槽宽度宜为 0.1m～0.2m，深度宜为 0.2m～0.3m，槽底及四周应采取防潮措施，有渗水现象时应采取抗渗措施；

f）仪器墩应一次性浇筑混凝土，振捣密实，墩面平整，中心刻有地理子午线；仪器墩浇筑前应清除干净基岩表面的碎石、泥沙、风化层等；

g）仪器墩应采用强度等级不低于 C30 的素混凝土；有渗水现象的基岩，其仪器墩应采用强度等级不低于 C30 的防渗素混凝土；

h）无渗水现象的基岩，可直接凿制成仪器墩。

5.5.1.3 制作安装加速度计的仪器墩应符合下列规定：

a）仪器墩的长×宽宜为 0.4m×0.4m，高出房内地面 0.1m～0.2m；

b）在基岩上制作仪器墩，按照 5.5.1.2 的有关规定进行；

c）若强震动台站与测震台站共址建设，则仪器墩可共用；

d）土层场地上应先除去表层腐殖土或回填土，在土层中插入钢筋，现场浇筑仪器墩；

e）土层场地上浇筑仪器墩，应采用 $\phi 20$ 规格的螺纹钢筋，钢筋插入土层的深度宜为 0.5m～1.0m，保留在仪器墩内的长度约为 0.15m，插筋的倾角宜为 45°～60°，插筋数量宜为 8 根，均匀布置。

5.5.1.4 若加速度计和地震计安装在同一个仪器墩上，则仪器墩的制作应符合 5.5.1.2 的要求。

5.5.2 观测室建设

5.5.2.1 新建的观测室应按照 GB 50223—2008 中重点设防类（乙类）建筑确定抗震设防标准。观测室的抗震设计应符合 GB 50011 中的有关规定。

5.5.2.2 观测室建筑物防雷应按 GB 50057—2010 第三类防雷建筑物设防。

5.5.2.3 观测室电子信息系统防雷，应符合 GB 50343—2012 中 C 等级的雷电防护有关要求。

5.5.2.4 观测室墙壁、顶壁和地面应采取防潮和防尘措施，有渗水现象的应采取抗渗措施。

5.5.2.5 安装宽频带地震计的观测室，应采用密封门，观测室内日温度变化应小于 2.5℃，相对湿度保持在 20%～90%；当观测室内日温度变化大于 1℃时，应对宽频带地震计采取保温措施。

5.5.2.6 强震观测室可利用现有建筑物，其抗震设防及防雷措施需满足 5.5.2.1～5.5.2.3 的要求。

5.5.3 线缆敷设

5.5.3.1 观测室内线缆应采用套管穿引后暗装或明装敷设。套管应采用镀锌钢管。

5.5.3.2 传输电缆线宜采用镀锌钢管穿引或采用镀锌套管。室外地下敷设深度应大于 0.3m，寒冷地区敷设深度应在本地区冻土层以下。

5.5.3.3 室外交流供电线宜选用铠装电缆地下敷设，敷设深度应大于 0.3m，寒冷地区敷设深度应在本地区冻土层以下。

5.5.3.4 穿越观测室墙壁的敷设线应采用绝热材料封堵。

5.5.4 观测室配电

5.5.4.1 采用交流供电的台站，观测室应有配电箱，应配置不间断电源（UPS），不间断电源应提供不少于 3 天的供电储备。

5.5.4.2 采用太阳能供电的台站，依据台站所有设备的总功率需求和当地气象情况配置太阳能电池板和蓄电池组，一般应能够提供连续 15 天连续阴雨天气情况下的供电储备。

5.5.5 设备配置

5.5.5.1 测震台站的观测设备、辅助设备及其主要技术指标，应符合表 1 的要求。

表 1　测震观测设备、辅助设备及主要技术指标

设备名称		主要技术指标	主要功能或用途	数量
地震计	宽频带地震计	频带宽度：0.05Hz～40Hz 灵敏度：2000Vs/m（差分输出） 动态范围大于120dB 非线性失真小于1% 最大输出电压范围：±20V（差分）	1. 三分向一体结构 2. 应具有标定信号输入功能 3. 应具有摆锤锁止与开锁功能 4. 应具有安装方位基准标志	1台
	短周期地震计	频带宽度：0.5Hz～40Hz 灵敏度：2000Vs/m（差分输出） 动态范围大于120dB 非线性失真小于1% 最大输出电压范围：±20V（差分）	1. 三分向一体结构 2. 应具有标定信号输入功能 3. 应具有摆锤锁止与开锁功能 4. 应具有安装方位基准标志	
数据采集器		满量程输入信号：±20V（差分） 动态范围大于130dB 分辨力：6μV 频带范围：0Hz～40Hz 采样率大于或等于100Hz 时间服务小于1ms（UTC） 数字滤波器应具有最小相位特性	1. 应具有与标准 UTC 时间同步的功能 2. 应具有标定信号输出功能 3. 应具有基于 TCP/IP 协议的网络数据传输功能	1台

设备名称		主要技术指标	主要功能或用途	数量
电源设备	UPS 不间断电源	输出功率：500VA 最大供电时间大于 72h（负载功率 30W）	用于交流供电台站	1 台
	直流稳压电源	应符合观测设备供电要求	观测设备供电	2～3 台
	太阳能供电系统	太阳能电池：200W～400W 12V 蓄电池：200AH～400AH	用于太阳能供电台站	1 套
通信设备	无线数传电台	发射功率：1W～2W 有效数据传输速率大于或等于 19200bps 误码率小于 10^{-7} 最大数报传输延时小于 2s	具有双工或半双工通信功能，用于采用无线数据传输的地震台站	1 台
	移动通信数据传输设备	有效数据传输速率大于或等于 64kbps 最大数据传输延时小于 2s	用于采用网络数据传输的地震台站	1 台
	网络传输设备	数据传输速率大于或等于 512kbps 最大数据传输延时小于 2s		

注 1：采用一体化数字地震仪时，技术指标不应低于数据采集器和地震计组合的系统指标。

注 2：使用无线数传设备应取得当地无线电管理部门关于频率资源的许可；特殊地区太阳能供电系统可做必要调整。

注 3：采用表中列出以外的设备传输观测数据，应满足连续、实时传输观测数据的要求。

5.5.5.2 强震动台站的观测设备、辅助设备及其主要技术指标，应符合表 2 的要求。

表 2 强震观测设备、辅助设备及主要技术指标

设备名称	主要技术指标	主要功能或用途	数量
强震加速度计	频带宽度：0Hz～50Hz 满量程：$\pm 2g_n$ 灵敏度：2.5V/g_n 或 1.25V/g_n 动态范围大于 120dB 非线性失真小于 1% 横向灵敏度比小于 1% 零位漂移小于或等于 500μg_n/℃	1. 三分向一体结构 2. 应具有标定信号输入功能 3. 应具有安装方位基准标志	1 台

表 2（续）

设备名称		主要技术指标	主要功能或用途	数量
数据采集器		满量程输入信号： ±5V 或 ±2.5V（差分） 动态范围大于或等于 120dB 当满量程输入信号为 ±5V 时，分辨力：1.5μV 当满量程输入信号为 ±2.5V 时，分辨力：0.75μV 频带范围：0Hz～80Hz 采样率大于或等于 200Hz 时间服务小于 1ms（UTC） 数据存储容量大于 4Gbytes	1. 应具有与标准 UTC 时间同步的功能 2. 应具有标定信号输出功能 3. 应具有基于 TCP/IP 协议的网络数据传输功能	1 台
电源设备	UPS 不间断电源	输出功率：500V·A 最大供电时间大于 72h（负载功率 30W）	用于交流供电台站	1 台
	直流稳压电源	应符合观测设备供电要求	观测设备供电	2～3 台
	太阳能供电系统	太阳能电池：200W～400W 12V 蓄电池：200AH～400AH	用于太阳能供电台站	1 套
通信设备	移动通信数据传输设备	有效数据传输速率大于或等于 64kbps 最大数据传输延时小于 2s	用于采用网络数据传输的地震台站	1 台
	网络传输设备	数据传输速率大于或等于 512kbps 最大数据传输延时小于 2s		

注 1：采用一体化数字强震仪时，技术指标不应低于数据采集器和地震计组合的系统指标。

注 2：当观测台站同时安装强震与测震观测设备时，可共用电源和通信设备，共用设备应满足强震与测震同时连续观测的要求。

注 3：采用表中列出以外的设备传输观测数据，应满足连续、实时传输观测数据的要求。

5.6 无线数据传输信道设计与中继站建设

5.6.1 采用无线数据通信方式传输观测数据时，无线信道的选择应综合考虑路径、经济和维护等条件，以及无线发射对周围环境的影响。

5.6.2 当观测台站至台网中心不具备架设无线信道条件时，或者传输误码率不能满足要求时，应建设无线数据传输中继站或有线传输数据中继站，进行数据传输的转接。

5.6.3 采用无线超短波数据通信方式时，应对传输信道进行接收场强测试和误码率测试，接收场强宜高于 20dB 的电平余量。

5.6.4　采用扩频微波数据通信方式时，应对传输信道进行误码率测试。

5.6.5　中继站至台网中心的数据传输宜采用扩频微波或公用数据网，支持 TCP/IP 协议，支持台网中心与观测台站之间的双向通信。

5.6.6　中继站的建设应满足 5.5.3.1～5.5.3.3 的要求。

5.7　水库地震台网中心建设

5.7.1　水库地震台网中心一般宜设在通信畅通、交通方便、供电有保障、便于运行管理的场所。

5.7.2　水库地震台网中心应按照 GB 50223—2008 中重点设防类（乙类）建筑确定抗震设防标准。观测室的抗震设计应符合 GB 50011 中的有关规定。

5.7.3　水库地震台网中心建筑物防雷应按 GB 50057—2010 中第三类防雷建筑物设防。

5.7.4　水库地震台网中心电子信息系统防雷，应符合 GB 50343—2012 中 C 等级的雷电防护有关要求。

5.7.5　水库地震台网中心应建设固定的机房，配置数据分析处理、值班等工作室。

5.7.6　水库地震台网中心机房的设计应符合 GB 50174—2008 中 C 级电子信息系统机房的有关要求。

5.8　水库地震台网中心设备配置

水库地震台网中心主要设备配置见表3。

表3　水库地震台网中心主要设备及主要功能

设备名称	主要功能及用途	技术要求
数据交换服务器	用于实时数据接收与实时数据交换，汇集和缓存各台站实时数据流，支持实时数据在线分析处理	应满足所有观测台站实时数据接收、连续观测数据共享服务的需求；能够在线缓存72h的连续观测数据
数据处理服务器	承担实时数据处理和人机交互分析处理任务，包括地震事件分析、数据归档、地震编目等计算任务	应满足处理数据量及计算负荷要求
数据存储服务器	用于存储归档观测数据及资料，包括各种台网产出数据等	能够存储至少一年的连续观测数据，长期保存地震事件数据及台网产出数据等
地震信息与数据共享服务器	用于地震信息发布，观测资料共享	

表 3（续）

设备名称	主要功能及用途	技术要求
运行监控终端	显示系统运行状态（包括台站设备运行状态）	
人机交互终端	用于人机交互分析处理	依据台站数量配置，至少配置 2 个终端
打印机	用于文档、报告等打印	
网络设备	用于构成台网中心网络化数据处理环境	包括路由器、调制解调器、交换机等
无线数传电台	用于接收无线直传台站的实时数据	依无线直传台站数量配置
不间断电源	用于支撑系统的连续不间断运行	供电中断时，应至少支撑系统运行 8h
发电机	用作系统备用供电	
空调	用于保障机房环境符合 GB 50174 中 C 级电子信息系统机房要求	

注 1：当台站数量较少时，各服务器可共享硬件资源。

注 2：表中各服务器按照逻辑功能划分。

6 水库地震台网运行

6.1 试 运 行

6.1.1 水库地震监测台站（实时传输）及数据中心设备安装和联调完成后，应对台站设备、数据中心设备、通信设备、各种软件、运行参数进行测试和检查。在实施正常运行前，应进行不少于连续 3 个月的试运行。

6.1.2 试运行期间，更换关键设备或软件、发生重大故障导致系统运行中断 24h，应视为试运行中断，在故障排除或技术更新后，需重新开始试运行。

6.1.3 试运行期间，各项运行指标达到 6.2 的要求，运行产出符合第 7 章的要求，可转入正常运行。

6.1.4 水库地震台网至少应在水库蓄水前一年投入正常运行。

6.2 运 行 要 求

6.2.1 测震台站的故障中断时间不宜超过 24h，月运行率不宜低于 95%。

6.2.2 测震台站的运行仪器每月至少应标定一次，地震计的自振周期与阻尼的变化率应小于 5%。

6.2.3 强震动台站应定期进行仪器标定，加速度计的自振周期与阻尼的变化应小于 5%。

6.2.4 应及时处理测震台站和强震动台站的观测数据及地震事件，及时汇集和整理流动测量数据及资料，定期编制观测报告。

6.2.5 测震观测原始波形数据、地震事件波形数据应永久保存。

6.2.6 对水库影响区及其外延 20km 内发生近震震级 M_L3.0 级以上的地震应进行速报，速报时间不应超过 15min。速报内容包括地震的发震时刻、震中位置、震源深度、震级、距库岸的最短距离、距大坝的距离。

6.2.7 水库影响区及其外延 20km 内发生近震震级 M_L3.0 级以上地震，应立即处理强震动观测数据，若近震震级 M_L 达到 4.0 级，应进行烈度速报。

6.2.8 在处理较大地震事件时，测震台站记录数据出现限幅现象而不能进行震级计算的情况下，应使用强震动观测数据计算震级。使用强震观测数据计算震级时，应将强震动观测数据进行积分运算，转换为速度记录。

6.3 应 急 流 动 观 测

6.3.1 在水库地震重点监测区之外的水库影响区内发生震群活动，并显示出地震活动增强的趋势，应在该地震集中活动区周围增设临时测震台站，开展应急流动观测，以增强该区域的地震监测能力，使之达到水库重点监测区的监测水平。

6.3.2 当水库影响区内发生近震震级 $M_L4.0$ 级以上或有较大社会影响的地震时，应启动应急流动观测。

6.3.3 应急流动观测宜将测震设备部署在靠近震中的地方，以提高后续余震的定位精度。

6.3.4 观测场址的选择应综合考虑基岩条件、通信条件和维护的方便性，避开风口及可能遭受水淹的地方，避开附近的干扰源。

6.3.5 应急流动观测仪器应避免遭受雨淋和日晒，并保障观测设备的供电。可通过无线数传电台、公共移动通信网等手段将观测数据实时传输至水库地震台网中心。

6.4 数据交换与共享

6.4.1 水库地震台网与所在地区区域地震台网应相互交换观测数据。连续观测数据交换宜采用实时或准实时传输方式实现。应共享的测震观测数据包括：连续波形数据、地震事件波形数据、地震月报目录、观测报告。

6.4.2 测震连续数据卷和事件数据卷的交换格式应符合 DB/T 2 的要求。

7　水库地震台网的产出

7.1　测震台网的产出

7.1.1　原始观测数据

7.1.1.1　连续数据卷，数据格式应符合 DB/T 2 的要求。

7.1.1.2　地震事件数据卷，数据格式应符合 DB/T 2 的要求。

7.1.1.3　连续数据卷在线存储应不少于 3 个月，地震事件数据卷在线存储应不少于 5 年。连续数据卷和地震事件数据卷应备份在离线介质中长期保存。

7.1.2　水库地震目录

7.1.2.1　水库地震目录参数包括发震时刻、震中经度、震中纬度、震级、震源深度、精度、震中参考地名、距库岸的最短距离、距大坝的距离。可增加近震震级 M_L3.0 级以上地震的震源机制、应力降、震源尺度、拐角频率。

7.1.2.2　水库地震目录应包括水库地震监测区内的所有地震事件。

7.1.2.3　应每月编制水库地震目录。

7.1.3　水库地震观测报告

7.1.3.1　水库地震观测报告包括：发震时刻、震中经度、震中纬度、震源深度、震级，以及各台站主要震相到时、记录清晰的初动符号、最大振幅、周期等震相数据。

7.1.3.2　水库地震观测报告应包括水库地震监测区内的所有地震事件。

7.1.3.3　应每月编制水库地震观测报告。

7.1.4　水库地震事件分析报告

7.1.4.1　水库地震监测区内发生最大震级达近震震级 M_L3.0 级以上的震群活动，且连续两天地震次数累计超过 10 次，或水库地震监测区内发生近震震级 M_L4.0 级以上地震，应编写水库地震事件分析报告。

7.1.4.2　水库地震事件分析报告内容应包括地震活动性分析、震情趋势分析等。近震震级 M_L 超过 4.0 级时，还应给出地震性质分析。

7.1.5　水库地震监测年报

　　水库地震监测年报应包括台网运行维护情况、台网产出情况、水库地震监测区地震活动性分析、水库诱发地震危险性分析等内容。

7.2　强震台网的产出

7.2.1　近震震级 M_L3.0 级以上的水库地震事件应包括：原始数据、峰值加速度、反应谱。

7.2.2 近震震级 $M_L4.0$ 级以上的水库地震事件除满足 7.2.1 要求外，还应增加水库地震烈度分布或烈度值。

7.2.3 强震动观测报告，包括近震震级 $M_L3.0$ 级以上的地震动峰值加速度、反应谱，近震震级 $M_L4.0$ 级以上的地震烈度分布等。

7.3 资料及数据的归档

7.3.1 建设单位应归档保存水库地震台网的基础资料、运行维护信息及观测数据。

7.3.2 基础资料归档内容应包括：水库地震危险性评价报告，水库地震台网技术设计报告、竣工报告、试运行验收报告和竣工验收意见，蓄水前的地震背景活动分析报告。

7.3.3 运行维护信息归档内容应包括：仪器参数、运行日志及维护记录。

7.3.4 观测数据归档内容应包括：每天水库水位数据、地震事件波形数据、地震事件强震动波形数据、观测报告、月报目录及分析报告等。

附录 A
（规范性附录）
水库测震台网监测能力估算

A.1 估算测震台站台基噪声水平

在至少 24h 的连续记录资料中，选择没有地震事件及个别干扰的时段，分别截取白天、夜间各 1h 长度的北南向或东西向观测数据，按照以下步骤估算台基噪声水平：

a）依据地震仪灵敏度等参数将截取数据换算为速度量，并进行积分运算；

b）进行带通滤波，滤波器的频带取为 2Hz～20Hz，其阻带衰减不小于每倍频程 12dB；

c）计算滤波后数据的均方根值作为台基噪声水平的估计值。

A.2 确定测震台站对指定震级的监测范围

为保证从连续观测数据流中有效检出地震事件，地震事件初动震相信噪比取为 3，S 波振幅取为 P 波振幅的 3 倍，并按照有效值的 2.2 倍来估算峰值，则可有效检出的地震事件的 S 波峰值振幅的估计值为测震台站台基噪声水平的 20 倍。

依据近震震级计算式（A.1）确定测震台站对指定震级的监测范围。

$$M_L = \lg(A_\mu) + R(\Delta) + S(\Delta) \tag{A.1}$$

式中：M_L——用 S 波最大振幅计算的震级；

$\quad A_\mu$——最大地动位移，取值为 S 波峰值振幅的估计值，单位为微米（μm）；

$R(\Delta)$——量规函数；

$S(\Delta)$——台站校正值，对于基岩台 $S(\Delta)$ 取值为 0，对于松软土层 $S(\Delta)$ 取值为 0.3～0.6。

对于指定震级 M_L，使用式（A.1）得到 $R(\Delta)$，依据表 A.1 给出的量规函数 $R(\Delta)$ 与震中距 Δ 的关系，得到的震中距 Δ 即为测震台站对该震级 M_L 的监测范围。

表 A.1　量规函数 $R(\Delta)$ 与震中距的关系

Δ/km	0～5	10	15	20	25	30	35	40	45	50
$R(\Delta)$	1.8	1.9	2.0	2.1	2.3	2.5	2.7	2.8	2.9	3.0
Δ/km	55	60～70	75～85	90～100	110	120	130～140	150～160	170～180	190
$R(\Delta)$	3.1	3.3	3.3	3.4	3.5	3.5	3.5	3.6	3.7	3.7

A.3　估算测震台网监测能力

取 M_L 依次为 0.5、1.0、1.5、2.0、2.5，计算各个台站对应每个 M_L 取值的监测范围，按照 4 个台站监测区域的交集作为测震台网的监测区域，相应的 M_L 取值即为测震台网对该区域的监测能力。

附录 B
（规范性附录）
水库影响区地震活动水平评估

B.1 背景地震活动水平的基本表述

背景地震活动水平以背景地震发生率进行表征，背景地震发生率指在没有应力扰动情况下，区域范围内单位时间的地震频次。理论上可认为背景地震发生率与时间无关，即背景地震在时间上是平稳的。在空间上可以不均匀。背景地震发生率的估算受时间范围、空间范围的选取以及地震丛集分布等因素的影响。

B.2 地震目录最小完整性震级的确定

地震的震级-频度在较大范围内满足式（B.1）所示的古登堡-里克特（G-R）关系：

$$\lg N = a - bM \tag{B.1}$$

式中：N——大于或等于震级 M 的地震个数；

a、b——常数，反映地震活动水平和强度分布特征。

由于台网监测能力的限制，低于最小完整性需级的地震不能全部有效地监测到。利用式（B.1）可确定最小完整性震级的大小。

记 M_c 为地震目录最小完整性震级。为了确定地震目录最小完整性震级 M_c，从小到大选择不同的起始震级 M_0，对地震目录中震级大于或等于 M_0 的地震应用式（B.1）进行线性回归分析，求出 b 值。当选择的起始震级 M_0 小于最小完整性震级 M_c 时，b 值随着起始震级 M_0 的增加而不断增大，当 M_0 增加到一定程度后 b 值将出现一个基本稳定的状态，将 b 值开始出现基本稳定状态时对应的震级 M_0 作为地震目录最小完整性震级 M_c。

B.3 丛 集 地 震 剔 除

使用 K-K 法从地震目录中剔除余震等丛集地震活动。

假定两次地震震级分别为 m_i 和 m_j，两次地震之间空间距离为 r_{rj}，间隔时间为 Δt_{ij}，当满足式（B.2）时，认定后一次地震（m_j）是前一次地震（m_i）的"余震"，在地震目录中删除后一次地震（m_j）。

$$r_{ij} \leqslant R_0(m_i); \ \Delta t_{ij} \leqslant T_0(m_i); \ m_j < m_i \tag{B.2}$$

式中：R_0、T_0——与 m_i 有关的参数，分别表示空间和时间窗的尺度，取值见表 B.1。

表 B.1 附表 K-K 法"余震"认定空间、时间窗取值

m_i	$R_0(m_i)$/km	$T_0(m_i)$/d	m_i	$R_0(m_i)$/km	$T_0(m_i)$/d
2.0～2.5	30	6	5.0～5.9	50	183
2.5～3.5	30	12	5.5～6.5	50	365
3.5～4.0	30	23	6.5～7.0	100	548
4.0～4.5	40	46	7.0～7.5	100	730
4.5～5.0	40	92	7.5～8.0	150	913

B.4 基于水库地震台网的背景地震发生率估算

收集水库地震台网投入运行以来的水库地震台网产出的地震目录,确定其最小完整性震级。

对水库地震台网投入运行至水库蓄水时水库地震台网产出的地震目录,对 4 级以上地震依据 B.3 剔除其丛集地震,然后统计每个月震级大于最小完整性震级的地震数量,计算月平均值 E_1 和标准差 σ_1。其中月平均值 E_1 作为蓄水前月平均背景地震发生率。

B.5 基于水库区及邻近区域历史地震的背景地震发生率估算

收集有较完备地震记录以来至水库蓄水前水库区及其外围 150 km 范围内的地震目录,确定其最小完整性震级,并对 4 级以上地震依据 B.3 剔除其丛集地震,统计每年震级大于最小完整性震级的地震数量,计算年平均值 E_2 和标准差 σ_2。其中年平均值 E_2 作为蓄水前水库所在区域的年背景地震发生率。

若水库影响区远小于年背景地震发生率统计区域,可依据水库影响区和年背景地震发生率统计区域的面积差异,并考虑地震的空间分布状况,对年背景地震发生率进行适当修正。

B.6 水库影响区地震活动水平评估

对水库地震台网每月产出的水库地震影响区内的地震目录,对 4 级以上地震依据 B.3 剔除其丛集地震,使用与 B.4 相同的最小完整性震级,统计该月震级大于或等于最小完整性震级的地震数量,作为月地震发生率。

对水库地震台网每年产出的水库地震影响区内的地震目录,对 4 级以上地震依据 B.3 剔除其丛集地震,使用与 B.5 相同的最小完整性震级,统计该年震级大于或等于最小完整性震级的地震数量,作为年地震发生率。

当连续 3 年每月的地震发生率不高于蓄水前月平均背景地震发生率的 $(1+\sigma_1)$ 倍，且每年的年地震发生率也不高于蓄水前水库所在区域的年背景地震发生率的 $(1+\sigma_2)$ 倍，可认为水库地震活动水平恢复到蓄水前水库所在区域的背景地震活动水平。

附录 C

（资料性附录）

水库地震监测中的地壳形变监测

水库地震监测中的地壳形变监测，旨在蓄水前获取库区的区域地壳形变和应变场的背景资料，在蓄水后监测工程施工与运行过程中库首区的区域形变和应变场的动态变化。以长江三峡工程诱发地震监测系统为例，采用的地壳形变观测项目有：GNSS 观测、精密水准测量、跨断层短水准测量、重力观测、跨断层激光测距和跨断层定点连续形变观测，连续观测工程重点部位的地壳形变，定期和不定期地监测水库地震重点监测区内主要断裂的运动及变形，其观测项目、台网布设情况、观测目的参见表 C.1。

表 C.1　长江三峡工程水库诱发地震监测系统中的地壳形变监测

观测项目	台网布设情况	观测目的
GNSS 观测	长江三峡工程水库透发地震监测系统 GPS 监测网，由巴东、兴山、武汉三个 GPS 基准站与三峡库首区 21 个流动 GPS 监测站组成，监测区域水平形变。流动 GPS 观测站建在库首及其邻近区域，主要考虑区域构造、断层活动及工程特殊部位监测的需要	观测三峡库区地表形变
精密水准测量	长江三峡工程诱发地震监测系统精密水准网，由宜昌、三斗坪、香溪、巴东 4 处过江，将长江南北测线联结形成多环线，测线总长约 800km，监测区域垂直形变。在测网中实现部分水准点与 GPS 观测、重力测量共点联测，以实现统一、完整的几何与物理量的综合监测	测量三峡库区形变场，获取三峡库区形变基本图像
重力观测	长江三峡工程诱发地震监测系统区域重力监联网与区域垂直形变网同线路，由 52 个测点组成，点距在 20km 左右	依据蓄水情况进行多次复测，获取与蓄水过程相关的重力观测资料
跨断层激光测距	长江三峡工程诱发地震监测系统断层形变监测网，根据活动断层分布与活动情况，共建设了跨库区 6 个主要断层的断层激光测距子网，每个子网由 4 个点构成，分别建在断层两侧，组成一个独立的大地四边形	直接监测断层的水平运动和垂直运动

表 C.1（续）

观测项目	台网布设情况	观测目的
跨断层短水准测量	长江三峡工程诱发地震监测系统跨断层水准测量。共布设 6 条跨断层水准测线，每条测线在断层上、下盘均建有 2~3 个基岩水准标石，测定各点之间的高差变化	直接监测断层的水平运动和垂直运动
跨断层定点连续形变观测	长江三峡工程诱发地震监测系统，在库区跨仙女山断层布设了周坪一个测站，布设了倾斜仪和伸缩仪，开展跨断层定点连续形变监测	连续监测断层测点的形变

附录 D

（资料性附录）
水库地震监测中的地下流体监测

水库地震监测中的地下流体监测，主要测项有水位、水温和水化学观测等。以长江三峡工程水库诱发地震监测系统为例，地下流体监测主要测项为水位、水温，其台网布设情况、观测目的参见表 D.1。

表 D.1　长江三峡工程水库诱发地震监测系统中的地下水监测

观测项目	台网布设情况	观测目的
三峡井网是地下水动态综合观测网，主要测项有水位、水温观测	长江三峡工程水库诱发地震地下水动态监测井网，在潜在震源区内与坝区附近，选择地下水映震的敏感构造部位布设了 8 口观测井。在 3 个潜在震源区内，井间距控制在 4.2km～10.9km 之间；在坝区附近，井间距控制在 2.6km～8.8km 之间	监测井水位动态变化以及可能相伴出现的井水温度的变化
辅助测项为降雨、气压、气温、库水位观测	与 8 口观测井同址布设	用于从水位、水温监测数据中排除大气压力、库水位和气温变化的影响

参 考 文 献

[1] DB/T 38—2010 地震台网设计技术要求 地下流体观测网
[2] DB/T 39—2010 地震台网设计技术要求 重力观测网
[3] DB/T 40—2010 地震台网设计技术要求 地壳形变观测网
[4] Keilis - Borok V I，Knopoff L. Bursts of altershock of strong earthquakes [J]. Nature，1980，238（P5744）：259-263
[5] 邢灿飞，龚凯虹，杜瑞林. 长江三峡工程地壳形变监测网络 [J]. 大地测量与地球动力学，2003，23（1）：114-118
[6] 车用太，鱼金子，刘五洲. 三峡井网的布设与观测井建设 [J]. 地震地质，2002，24（3）：423-431

水库诱发地震监测技术规范

SL 516—2013

2013－09－17发布　　　　　　　　　　2013－12－17实施

前　　言

　　是根据水利部水利行业标准制修订计划，按照《水利技术标准编写规定》（SL 1—2002）的要求，编制本标准。

　　本标准共7章和6个附录，主要技术内容有：

　　——总则；

　　——术语；

　　——监测台网布置；

　　——监测系统组成与技术要求；

　　——监测系统设备的安装、调试与验收；

　　——监测系统的运行与监控；

　　——监测数据处理分析与速报。

　　本标准为全文推荐。

　　本标准批准部门：**中华人民共和国水利部**

　　本标准主持机构：**水利部建设与管理司**

　　本标准解释单位：**水利部建设与管理司**

　　本标准主编单位：**中国水利水电科学研究院**

　　　　　　　　　　中国长江三峡集团公司

　　本标准出版、发行单位：**中国水利水电出版社**

　　本标准主要起草人：**胡　晓　常廷改　胡　斌　苏克忠**

　　　　　　　　　　　苏　立　邢国良　张艳红　李　敏

许　光　许亮华　张翠然　王　静

刘文清　宋　伟　李保华

本标准审查会议技术负责人：高安泽

本标准体例格式审查人：陈登毅

目　次

水
库
运
行
管
理

通用法规标准选编

1 总 则

1.0.1 为规范我国水库诱发地震监测技术工作，提供判别水库诱发地震或天然地震的科学依据，监测与分析水库诱发地震的发展趋势，采取相应的应急措施，制定本标准。

1.0.2 本标准适用于坝高 100m 以上，库容 5 亿 m^3 以上的水库，且根据《水库诱发地震危险性评价》（GB 21075）的评价结果，可能诱发 5 级及以上地震的新建、扩建水库的水库诱发地震监测。

1.0.3 监测工作可分为 4 个阶段，各阶段的工作应符合下列规定：

1 可行性研究阶段：进行现场勘选，提出监测系统的总体布置、监测仪器及设备的数量、监测系统的工程投资估算。

2 初步设计阶段：提出监测系统设计文件，包括监测系统布置图、仪器设备清单及工程概算等。

3 施工阶段：提出施工详图。做好仪器设备的率定、安装、调试和保护，绘制竣工图，编写建台报告和试运行报告。

4 运行管理阶段：进行监测系统的管理与维护，保障监测设备的正常运行，并做好地震记录的处理分析和速报工作。

1.0.4 水库诱发地震监测台网布设，应根据水库诱发地震危险性评价的结果和水库等级提出合理的台站布局和组网要求。

1.0.5 水库诱发地震监测仪器应稳定可靠，技术指标应能满足工程监测需要。宜采用数字化传输技术组网。

1.0.6 水库诱发地震监测台网应至少在蓄水前 1 年投入正式运行。

1.0.7 水库蓄水 6 年以上，且至少有 3 次达到正常蓄水位，仍未诱发水库地震的台网，应对历年监测资料进行系统整理分析，编写出总结报告，报送水库上级主管部门批准，向地震工作主管部门备案后，可不再进行监测。

1.0.8 本标准的引用标准主要有以下标准：

《水库诱发地震危险性评价》（GB 21075）

《水工建筑物强震动安全监测技术规范》（SL 486）

1.0.9 水库诱发地震监测技术工作除应符合本标准外，尚应符合国家现行有关标准的规定。

2 术　　语

2.0.1　水库诱发地震　reservoir-induced earthquake

　　在特殊的地震地质背景下，由于水库蓄水或水位变化而引发的地震。

2.0.2　水库诱发地震影响区　reservoir-induced earthquake influenced area

　　水库正常蓄水位淹没区及其外延 10km 的范围。

2.0.3　水库诱发地震监测台网　reservoir-induced earthquake monitoring network

　　由 4 个及 4 个以上地震监测台站组成的监测网络/体系。

2.0.4　地震监测台站　earthquake monitoring station

　　设置地震监测仪器的基层机构。

2.0.5　水库诱发地震监测台网管理中心　managing center of reservoir-induced earthquake monitoring network

　　安装地震监测管理计算机、软件和相关外围设备的场所。

2.0.6　短周期地震计　short period seismograph

　　工作频带的低频端在 0.5～1Hz，高频端在 20Hz 以上的地震计。

3 监测台网布置

3.0.1 应根据水库诱发地震危险性评价的结果，结合水库等级和监测精度提出合理的台站布局。

1 坝高在 $100\sim200m$，且总库容在 5 亿～10 亿 m^3 之间的大（2）型水库，宜由 4 个台站组网，将水库影响区内的可能震中包围在监测台网内。

2 坝高在 $100\sim200m$，且总库容在 10 亿～100 亿 m^3 之间的大（1）型水库，台站的布局应满足有效地震监测下限 $M_L1.0$ 级、震中定位精度 2km 的要求。

3 坝高大于 200m，或总库容大于 100 亿 m^3 的大（1）型水库，台站布局应满足下列要求：

　　1）重点监测区：控震能力有效地震监测下限定为 $M_L0.5$ 级，震中定位精度 1km。

　　2）一般监测区：控震能力有效地震监测下限为 $M_L1.0$ 级，震中定位精度 2km。

　　3）必要时，可视具体情况增加地形变、地应力等监测手段。

4 流动地震仪的配置数量不宜少于台站总数量的 20%。

3.0.2 对于没有建设监测台网的已建水库，若发生水库诱发地震，应及时布设不少于 4 个台站所组成的临时监测台网进行监测，必要时应设置固定监测台网。

3.0.3 台站应符合下列原则：

1 台站远离各种干扰源，具体要求见附录 A。

2 台站测点应建在相对完整的基岩上。

3 在 $1\sim20Hz$ 频带范围内，背景振动速度噪声均方根值应低于 1×10^{-7} m/s。

4 台站面积宜不小于 $64m^2$，观测室面积宜不小于 $12m^2$，应配备太阳能供电系统，防雷接地电阻宜小于 10Ω，设备接地电阻宜小于 4Ω。

3.0.4 台网管理中心的布置应符合下列条件：

1 应布置在通信畅通、交通方便、有供电保障的地点。

2 台网管理中心应设有计算机房、办公室、值班室等，其总面积宜不小于 $80m^2$。机房装修应符合国家有关标准。

3 数据传输方式当采用无线传输时，应对周围各种场强进行测试，以便避开各种无线干扰。

4 台网管理中心供电、避雷及天线建设应符合附录 B 的技术要求。

3.0.5 中继站面积宜不小于 $64m^2$，观测室面积宜不小于 $12m^2$。应配备太阳能供电系统。在有条件的情况下，交流电可作为辅助供电。防雷接地电阻宜小于 10Ω，设备接地电阻宜小于 4Ω。

4 监测系统组成与技术要求

4.0.1 监测系统应包括台站、台网管理中心、数据传输与中继三大部分。

4.0.2 台站的组成与技术要求应包括下列内容：

1 台站宜由地震计、数据采集器、数据传输设备和不间断供电系统组成。

2 台站监测仪器设备中的地震信号检测应以地震计为主，可配置加速度计。对监测仪器设备的基本技术要求，见附录 C。

4.0.3 台网管理中心组成与技术要求应包括下列内容：

1 应配置用于地震数据处理的计算机网络，具备地震数据实时接收、处理和热备份功能。

2 应有存储连续波形数据功能，配置大容量可读写设备和光盘刻录机。

3 应有数据共享与服务功能，配置提供数据共享的服务器，并应和相应级别的地震信息网络相连。

4 应有地震报警及系统故障监视报警功能。

5 地震数据处理系统应具备人机交互分析处理功能。

6 应配备数据处理分析的专用软件，见附录 D。

4.0.4 数据传输与中继组成及技术要求应包括下列内容：

1 台网数据传输方式可根据现场条件，确定采用有线、无线及有线和无线相结合等方式。

2 可采用多路数据汇集技术，同时传输多路数据及进行多台数据的中继转接，见附录 E。

3 利用有线信道传输实时地震波形时，地震波形数据必须采用专线传输，传输速率应不小于 19200bit/s，误码率低于 10^{-7}。

4 超短波信道场强的电平裕量，一般情况下应不小于 30dB，有条件可采用全双工或半双工双向信道。

5 信道中继可采用有线信道与有线信道的转接，无线信道与无线信道的转接或有线信道与无线信道的转接。其转接功能可采用多信道汇集复用后再转发或单信道直接转发。

6 系统各节点之间数据传输方式参见附录 F。

5 监测系统设备的安装、调试与验收

5.1 安 装

5.1.1 台网监测系统安装前，应对仪器设备进行检测，合格后方可进行安装。

5.1.2 地震计应安装在基墩上。基墩长 100cm，宽 80cm，高出地坪 20cm。基墩顶面应刻出子午线。

5.1.3 地震计使用前应调整水平。

5.1.4 各种设备应牢靠固定，有条件的台站应采用仪器箱（架）安装，机箱体应与地面或墙壁固定并与接地体良好连接。

5.1.5 GPS 天线应安装在室外离地面高度 2m 以上的开阔位置，接收卫星的圆锥体张角应大于 90°，应保证能同时接收 4 颗以上卫星的信号。GPS 天线应安装在避雷防护区内，其天线体与数据采集器之间的连接线距离应保证 GPS 接收天线正常工作。

5.1.6 台网管理中心设备仪器安装应根据中心机房总体设计的布局统筹考虑。各设备宜分类安装，各机柜以及数据处理计算机之间应合理布局，避免过长的连线。应有结构化综合布线系统。各种配线应有记录并存档。

5.1.7 仪器线路连接应保证连接可靠，并做好防尘防潮处理，电源及避雷器的连接应保证足够的接触面积，外露连接电缆导线应增加必要的安全护套，保证仪器设备有足够的通风散热空间。

5.2 调试与参数设置

5.2.1 数据采集器安装后，应按要求设置工作参数，同一套仪器三分向增益应保持一致。

5.2.2 安装后，应对数据采集器和地震计进行现场标定。

5.2.3 台网管理中心的数据接收处理系统应与各台站的设备进行联调。

5.3 验 收

5.3.1 监测系统建成并经考核运行后应申请进行验收。

5.3.2 验收时宜提交下列资料：

1 水库诱发地震监测设计报告。

2 水库诱发地震监测竣工报告。

3　水库诱发地震监测试运行报告。

4　水库诱发地震监测考核运行报告。

5　水库诱发地震监测工程监理报告。

6　相关的设备、仪器、软件使用说明书等技术资料。

6　监测系统的运行与监控

6.1　台 站 运 行 与 监 控

6.1.1　应每天一次进行地震计脉冲标定，每年进行一次系统正弦波信号序列标定。

6.1.2　地震计、数据采集器维修或更换后，应重新进行正弦波信号序列标定。

6.1.3　台站应建立维护日志。内容包括仪器设备名称和编号、维修日期、故障原因、仪器工作参数记录以及仪器更换记录等。

6.2　台网管理中心运行与监控

6.2.1　应建立台网管理中心 24 小时全日制值班制度，负责台网管理中心设备、通信信道以及台站运行情况的管理、检查和维护。

6.2.2　应每天检查各台站脉冲标定幅度及周期的变化。当发现有变化时应及时测试检查原因并排除故障。

6.2.3　应建立地震通信专线及中继专线的档案，内容包括每条专线路由、专线类别、专线代号（或名称）、专线公里数、中继专线代号（或名称）、中继专线长度、开通日期、长话专线月租金与中继线租金等。

6.2.4　应建立台网值班日志、各种管理规章制度和操作规程，包括地震速报、值班、台站维护、设备维护等。

7 监测数据处理分析与速报

7.1 监测数据处理与速报

7.1.1 台网管理中心应负责监测数据处理与速报。

7.1.2 每天应及时完成地震事件的常规处理，包括震相分析、最大震幅及其周期值测量、持续时间测量、地震基本参数测定（发震时刻、震中位置、震源深度及震级）、参数文件存盘等。

7.1.3 应每天检查连续波形数据文件，对不满足触发条件的地震事件波形数据应进行人工截取存盘。

7.1.4 应每天测量并记录各台站的脉冲标定值。

7.1.5 应将连续波形数据文件和地震波形数据文件全部永久保存。

7.1.6 应编制地震目录（月报、年报），并按规定进行速报。

7.1.7 监测数据应纳入所在区域地震台网的数据共享。

7.2 监测数据分析

7.2.1 台网管理中心应负责组织监测数据分析。

7.2.2 应根据水库蓄水前后在水库诱发地震影响区地震活动总体水平是否变化、记录地震的序列特征和时、空、强特征进行数据分析来判定是否诱发了水库地震。

7.2.3 水库蓄水前后在水库诱发地震影响区地震活动总体水平没有明显变化（强度、频度、震中分布），可判定没有水库诱发地震发生。

7.2.4 水库蓄水前后在水库诱发地震影响区地震活动总体水平明显增强，可根据地震的时、空、强特征和序列特征进一步来判定。

7.2.5 判定为水库诱发地震后，应加强分析研究，可根据诱发地震发展趋势，预测最大震级。

7.2.6 对强震动加速度记录的分析，应按 SL 486 的要求进行。

附录 A 台站至不同振动干扰源的最小距离

表 A 台站至不同振动干扰源的最小距离表   单位：km

干扰源类型	干扰源的最小距离	
	干扰源与地震仪位于差别很大的地质结构上或中间隔有山脉或冲积的谷地	干扰源与地震仪位于相同的地质结构上，并且中间无山脉或冲积的谷地相隔
主要公路、机械化农场	0.5	1.0
主要铁路、飞机场	3.0	5.0
岩石破碎机、重型机械、火力发电厂	3.0	5.0
采石场、射击场、大吨位冲击实验场（站）	2.0	3.0
高大建筑物	0.2	0.2
低建筑物、高大树木	0.03	0.03
高围栏、低树木、高灌木	0.025	0.025
大型输油输气管道	10.0	10.0

附录 B　台站与台网管理中心供电、避雷及天线建设要求

B.1　监　测　台　站

B.1.1　交流供电的台站，电源输入端应安装配电盘、空气开关、避雷器及漏电保护器。交流供电输入电源应满足 180～260V 的要求，并应配有蓄电池或不间断电源。

B.1.2　使用太阳能供电的地震台站，应根据功耗的要求架设太阳能供电设备。供电应保证台站连续工作 14 天。

B.1.3　无线地震台站应建设牢固的天线和避雷针底座。

B.1.4　地震计与数据采集器相距大于 10m 时，数据线应采用镀锌钢管保护，且不宜与电源线路并行架设。

B.1.5　台站应设立公共接地点，仪器接地应采用集中单点连接。

B.1.6　避雷设施应符合下列规定：

　　1　地震监测台站应进行防雷设计和安装防雷设施。

　　2　易发生直击雷区，应安装避雷针，避雷接地体应独立设置，接地电阻宜小于 10Ω。

　　3　通信线路和供电线路应安装避雷器，接地引线应满足相关规范要求。

B.2　台　网　管　理　中　心

B.2.1　台网管理中心的通信线路和交流供电线路应考虑避雷措施并按要求埋设地线。仪器设备地线的接地电阻宜小于 4Ω。

B.2.2　无线接收天线底座应安全牢固，并宜缩短天线馈线的长度。

B.2.3　应采用在线式 UPS 供电系统，确保在交流电供电中断的情况下，系统正常工作在 8h 以上。

附录 C 台站监测仪器设备的配置和基本技术要求

C.0.1 台站应配置三分向短周期地震计，其主要技术指标见表 C.0.1。短周期地震计安装时应调整机械零点和自振周期，并进行标定。

表 C.0.1 短周期地震计主要技术指标

序号	内容	技术指标
1	传感器类型	三分向正交一体地震计，误差小于 0.2°
2	频带	0.5~40Hz，地动速度平坦
3	灵敏度	1000V·s/m（单端输出）或者 2000V·s/m（差分输出）
4	噪声	0.5~20Hz 频带内地震计自身噪声应低于 3dB
5	最大输出信号和失真度	±10V 总谐波失真度小于 −80dB
6	横向振动抑制	优于 10^{-2}
7	动态范围	>120dB
8	最低寄生共振频率	>100Hz
9	标定功能	标定线圈内阻小于 60Ω，标定常数 10m·s^{-2}/Amp
10	输出阻抗	<100Ω
11	工作稳定性	工作寿命按 10 年设计与制造，平均无故障时间大于 30000h，防电压波动和浪涌，掉电保护和 30min 内自恢复；防信号过载，过载解除后 5min 内恢复常态工作；全工作温度范围内灵敏度变化小于 ±5%；±10℃ 温度变化范围内机械零位和输出偏压保持正常

C.0.2 台站应配置数字化地震数据采集器，其主要技术指标参见表 C.0.2。

表 C.0.2 数据采集器主要技术指标

序号	内容	技术指标
1	数据采集器道数	普通型：1，3，6（2组），9（3组）通道 流动型：3 通道
2	信号输入方式	双端平衡差分输入
3	输入阻抗	≥100kΩ（单边）
4	输入信号满度值	±10V、±20V 可程控选择（差分信号输入）

表 C.0.2（续）

序号	内容	技 术 指 标
5	A/D 转换	24－bit
6	动态范围	≥130dB@50 sps/ch
7	系统噪声	<1LSB（有效值）
8	非线性失真度	<－110dB@50 sps/ch
9	路际串扰	<－110dB
10	数字滤波	FIR 数字滤波器，可选线性相移或最小相移滤波器
11	通带波动	<0.1dB
12	通带外衰减	>135dB
13	输出采样率	分组可设 1sps/ch、10sps/ch、20sps/ch、50sps/ch、100sps/ch、200sps/ch
14	频带范围	0～0.4Hz、4Hz、10Hz、20Hz、40Hz、80Hz
15	去零点滤波器	一阶数字高通滤波器
16	高通滤波	可设截止周期 100s、300s、1000s，或关滤波
17	标定信号发生器	不低于 16－bit 以上 DAC，输出±5mA
18	标定信号类型	阶跃、正弦波，或二进制编码信号（选项）
19	标定输出	信号频率、幅度、周期数可设置
20	标定启动方式	指令方式、定时方式
21	校时方式	内置 GPS 接收机
22	授时/守时精度	优于 1ms
23	环境与状态监控	采集器具备环境与状态监控能力

C.0.3 配置的数据处理系统应能保证运行实时数据接收、连续数据保存、事件检测等实时任务，同时还可以在不影响实时任务的情况下运行"交互处理"程序，支持人机交互事件分析操作。

C.0.4 配置在线式 UPS 供电系统。

C.0.5 地震监测数据直传台通过超短波数传电台、有线台通过光纤传到中继站、台网管理分中心或台网管理中心。监测台站的设备链路及工作原理如图 C.0.5－1 和图 C.0.5－2 所示。

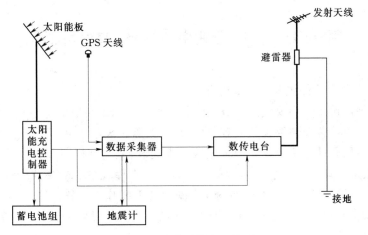

图 C.0.5-1 直传地震台工作原理图

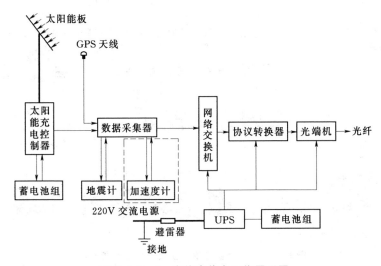

图 C.0.5-2 有线直传台工作原理图

附录 D 台网管理中心设备和软件配置

D.0.1 设备和软件主要分为 4 部分：

1 硬件设备。主要包括服务器、接收设备、网络交换机等。

2 供电设备。主要包括大容量的 UPS 电源、蓄电池组、配线箱等。

3 专用软件。主要包括数据接收与发送软件、实时处理软件、人机交互软件、数据管理软件、系统运行监控软件、数据库软件、VPN 服务软件、强震动监控系统软件、强震数据处理分析软件以及操作系统软件等。

4 辅助设备。主要包括电话、传真机、PC 机、网络打印机、桌椅、文件柜、空调等。

D.0.2 主要设备工作原理如图 D.0.2 所示。

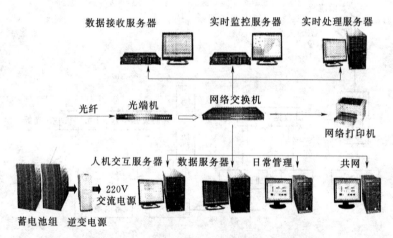

图 D.0.2 台网管理中心主要设备工作原理

附录 E 无线、有线直传中继站工作原理

E. 0. 1 中继站的网络交换机（或串口服务器）将接收到其他台站的地震监测数据和本站点的数据汇集成一路信号，直传中继站通过超短波数传电台（或网络电台），有线中继站通过光纤传到台网管理中心或光纤接入点。

E. 0. 2 中继站设备链路如图 E.0.2-1 和图 E.0.2-2 所示。

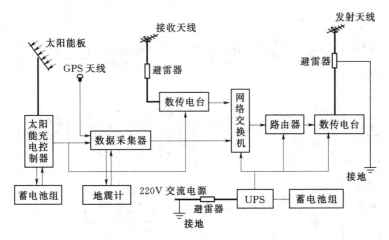

图 E. 0. 2-1 无线直传中继站链路图

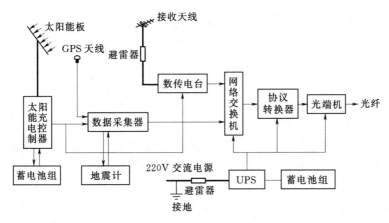

图 E. 0. 2-2 有线直传中继站链路图

附录 F　监测系统之间数据传输方式

F.0.1　台站与中继站之间宜采用超短波通信方式进行波形数据传输。在具备通信条件的情况下，可利用通信网络系统以 IP 协议方式通过光纤进行波形数据传输。

F.0.2　系统各节点之间的数据传输方式如图 F.0.2 所示。

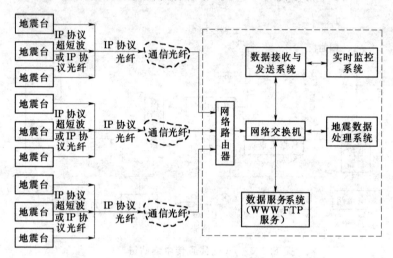

图 F.0.2　系统各节点之间的数据传输方式示意图

标 准 用 词 说 明

标准用词	在特殊情况下的等效表述	要求严格程度
应	有必要、要求、要、只有……才允许	要 求
不应	不允许、不许可、不要	
宜	推荐、建议	推 荐
不宜	不推荐、不建议	
可	允许、许可、准许	允 许
不必	不需要、不要求	

中华人民共和国水利行业标准

水库诱发地震监测技术规范

SL 516—2013

条 文 说 明

目　次

1 总 则

1.0.1 为规范我国水库诱发地震监测技术工作，为判别水库诱发地震或天然地震提供科学依据，还可监测水库诱发地震的发展趋势，以便采取相应的应急措施，达到防灾减灾的目的。

水库诱发地震是在特殊的地震地质背景下，由于水库蓄水或水位变化而引发的地震。水库诱发地震的震源机制很复杂，目前在理论上还没有比较统一的认识。我国对水库诱发地震危险性研究分两个阶段。第一阶段是在工程地质勘察阶段，按照《水利水电工程地质勘察规范》（GB 50487）的要求：在查明库区工程地质、水文地质、地震地质后，"分析水库诱发地震的可能性，预测诱发地震位置，最大震级及其对工程的影响"（6.2.1 条）和按照《水库诱发地震危险性评价》（GB 21075）的标准，对水库影响区的地震地质条件，采用地震地质类比法，对水库诱发地震可能性、可能发震库段和最大震级进行综合评价。第二阶段是对诱发地震可能最大震级大于 5 级的水库进行监测。本标准就是为规范我国水库诱发地震监测技术工作而编制的。

1.0.2 该条文说明了本标准的适用范围。主要依据现行的国家标准和国务院令，并参考了水利行业标准和地震局管理办法而给出的适用范围。

《水利水电工程地质勘察规范》（GB 50487）中，6.2.1 条规定：在勘察的可行性研究阶段，要"分析水库诱发地震的可能性，预测诱发地震的位置，最大震级及其对工程的影响"。

《水库诱发地震危险性评价》（GB 21075）中，规定了要对坝高 100m 以上、库容 5 亿 m^3 以上的水库，进行水库诱发地震危险性评价，并进一步提出了根据水库影响区的地震地质条件，采用地震地质类比法，对水库诱发地震可能性、可能发震库段和最大震级进行综合评价。评价结果有：

（1）不可能诱发水库地震；

（2）可能诱发 5 级以下水库地震；

（3）可能诱发大于 5 级的水库地震。

中华人民共和国国务院令 2004 年第 409 号《地震监测管理条例》第十四条规定："坝高 100 米以上、库容 5 亿立方米以上，且可能诱发 5 级以上地震的水库"应当建设专用地震监测台网。"且可能诱发 5 级以上地震的水库"，正是依据前两个国家标准评价的结果。

《水工建筑物抗震设计规范》（SL 203—97）第 1.0.7 条规定："坝高超过 100m、库容大于 5 亿 m^3 的水库，如有可能发生高于 6 度的水库诱发地震时，应在水库蓄水前就进行地震前期监测。"其内容与国家标准基本一致。

《水库地震监测管理办法》第九条规定："坝高100米以上、库容5亿立方米以上的新建水库，应当建设水库地震监测台网，开展水库地震监测。"

国际大坝委员会统计，世界已建大坝3万多座，产生水库诱发地震的有近120个实例，其中多为小震，大于5级的只有20余例，我国已建大型水库400余座，发生水库诱发地震的有20余例，几乎全是弱震，震级大于5级的只有新丰江6.1级1例。水库诱发地震发生率很低，约为0.3%。只有在特殊的地震地质条件下才诱发，采用地震地质类比法经过近40年的实践证明是行之有效的。因此，只对库容5亿 m^3 以上，且可能诱发5级以上地震的水库才建设专用水库地震监测台网。

1.0.4 水库诱发地震监测台网布设，根据水库诱发地震危险性评价和水库等级的不同提出相应的数量和精度要求。这是因为不同等级的水库淹没区范围的大小有很大差异。在建设总投资和水库管理人员配备上也有很大差别。

1.0.7 本条是根据国内外水库诱发地震震例，多发生在开始蓄水时期，经蓄水3～5年后，并有3次达到正常高水位仍未诱发地震的水库，就不再发生。

3 监测台网布置

3.0.1 对水库诱发地震监测台网的布置，具体提出了监测密度不同的要求。大（2）型水库回水区范围小，建设总投资少，水库管理人员配备少，宜由 4 个地震监测台站组网，将水库影响区内的可能震中包围在网内。4 个台站组网即能确定水库诱发地震的时间、震级、震中位置的三要素，满足基本需要。对于大（1）型和特大型水库，则进一步提出了不同精度要求。其精度由台网的有效地震监测下限震级和震中定位精度控制。水库坝高大于 200m，或总库容大于 100 亿 m³ 的大（1）工程的监测台网的布置要求，也与目前金沙江下游溪洛渡水电站（坝高 278m，总库容 115.7 亿 m³）、白鹤滩水电站（坝高 277m，总库容 179.24 亿 m³）、三峡水利枢纽（坝高 181m，总库容 393 亿 m³）等监测台网的精度要求大体相同。

3.0.3、3.0.4 在总结我国水库诱发地震监测台网布置经验的基础上，对水库诱发地震监测台网的台站、台网管理中心、中继站的技术指标分别提出了具体要求。

4 监测系统组成与技术要求

4.0.1～4.0.4 数字地震监测系统包括：地震信号检测、采集、传输、记录、数据处理以及时间服务、标定、供电等技术部分。可分成地震台站、台网管理中心、数据传输与中继三大部分，并分别对这三大部分提出了具体技术指标要求。提出的依据是从我国水库诱发地震监测遥测自动化的要求出发，又考虑到我国目前的监测设备生产技术水平。这些要求与《中国数字地震观测网络技术规程》（JSGC‑01）基本一致。

地震监测系统所用的地震仪，随着电子技术的不断进步，已由熏烟记录、墨水记录、光记录向模拟磁带记录、数字磁带记录和全数字记录的方向发展。目前，已达到宽频带、大动态范围、遥测传输、实时数据处理的先进技术指标。这是本标准提出技术要求的主要根据。

其中"地震信号检测应以地震计为主，可配置加速度计"，这是因为地震计可记录位移或速度量，可用来判定地震的时间、地点、强度三要素。加速度计可直接提供加速度时程，而加速度值是目前水工建筑物抗震设计规范主要依据的动参数。

5 监测系统设备的安装、调试与验收

5.1 安 装

5.1.1～5.1.7 地震监测台网系统包括地震计、数据采集器、计算机、供电设备、通信设备及其他辅助设备。各种设备的安装应严格按照有关规定进行。特别强调地震监测台网系统安装前，应对全部的仪器、设备进行严格检测，合格后方可进行安装。

5.2 调试与参数设置

5.2.1～5.2.3 规定了地震计、数据采集器、数传设备（数传电台、网络电台）的调试与参数设置，应严格按照有关规定设置。台网管理中心的数据接收以及汇集处理系统应与各台站的设备进行联调，保证地震监测系统运行正常、工作可靠。更详细的要求可参见《中国数字地震观测网络技术规程》（JSGC－01）。

5.3 验 收

5.3.1 台网监测系统验收首先要完成管理人员技术培训。需对地震监测台网进行 3～6 个月的试运行。再经 1 年的考核运行后，且有关资料提交齐全的情况下，方可申请进行验收。

5.3.2 验收时，提交的水库诱发地震监测设计报告、水库诱发地震监测竣工报告、水库诱发地震监测试运行报告的主要内容可参考如下：

水库诱发地震监测设计报告内容

1 序言

　　水库工程位置，主要工程特征指标；

　　地震监测台网设计的依据、目的、规模；

　　地震监测台网设计工作的负责人、参加人员、完成时间。

2 区域地震地质背景

　　自然条件：地理位置、对外交通、气候条件、地貌特征；

　　区域地质构造：构造格架、主要活动断裂、新构造运动特征；

　　区域地震活动性；

　　工程场地地震安全性评价；

　　水库诱发地震危险性评价。

3 台网总体设计

区域地震监测台站分布现状；

水库诱发地震监测台网设计的思路和依据。

4 台网设计方案

监测系统组成与技术要求；

子台的勘选及确定；

数据传输方案的比较和确定；

台网管理中心的设计；

监测设备和仪器的技术指标要求。

5 台网建设的基本要求

土建工程，供电，防雷措施，通信，交通，仪器设备选型。

6 投资预算

水库诱发地震监测竣工报告内容

1 序言

水库工程位置，主要工程特征指标；

施工的依据、目的、监测台网的规模；

监测设计工作负责人、参加人员、施工时间。

2 监测台网子台及管理中心环境

地理位置：经度、纬度、高程；

地形及地震地质背景；

地脉动测试水平；

无线干扰场强及测试调查结果。

3 土建工程

台站基本建设：包括建观测室、混凝土摆墩、供电、防雷；

信号传输与中继：信号传输分有线传输和无线传输。前者施工需铺设光纤，后者需建立中继站；

台网管理中心建设：包括建信号接收和计算机房、配电室、值班室及必要的维修室和资料库房及防雷设备等。

4 仪器设备的测试、验收

按照设计报告提出的技术指标和有关规范的规定进行测试、验收，合格后方可安装。

5 仪器设备的安装与调试

按照仪器使用说明书和有关规范的要求进行安装与调试。

6 台网运行情况

包括信道状况，仪器设备状况，常规测试参数登记，故障出现时间，故障排除时间，以及运转进行的时间段记录。

水库诱发地震监测试运行报告内容

1 试运行基本情况

试运行开始、结束时间，故障及处理，设备及参数调整说明。试运行负责人及参加人员。

2 基本运行环境

温度、湿度、电源系统、避雷系统。

3 系统设备状况

设备及软件名称、型号、数量。

4 系统技术指标

监控、数据传输处理和存储能力。

5 监测台网数据与地震记录处理分析结果

6 监测系统的运行与监控

6.1 台站运行与监控

6.1.1～6.1.3 规定了对监测台站运行监控的基本要求。更详细的要求可参见《中国数字地震观测网络技术规程》(JSGC‑01)。

6.2 台网管理中心运行与监控

6.2.1～6.2.4 规定了对监测台网运行监控的基本要求，特别强调要建立台网值班日志和各种管理规章制度和操作规程，包括地震速报、值班、台站维护、设备维护等。

7 监测数据处理分析与速报

7.1 监测数据处理与速报

7.1.1～7.1.7 规定了台网管理中心每天应完成地震事件的数据处理与必要的速报要求。

7.2 监 测 数 据 分 析

7.2.1～7.2.4 规定了数据分析是根据水库蓄水前后在水库影响区地震活动总体水平是否变化和记录地震的序列特征和时、空、强特征来判定是否诱发了水库地震。

水库诱发地震特征，是根据国内的新丰江水库、三峡水库、二滩水电站等水库诱发地震的监测经验和国外的水库诱发地震实例分析综合出来的，可作参考。

水库诱发地震特征：

（1）水库诱发地震在发震时间上，与库水位的升降变化密切相关。当水库开始蓄水后，随着水位的迅速上升，往往出现频繁的小震，最大地震往往与最高水位相对应，并有滞后现象。新丰江库水位、地震释放能量与地震频度综合曲线见图1。

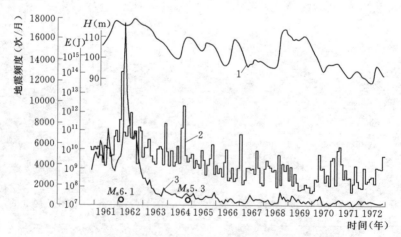

图 1 新丰江库水位、地震释放能量与地震频度综合曲线
1—月平均水位 H（m）；2—地震释放能量 E（J）；3—地震频度（次/月）

（2）水库诱发地震在发震空间上，震中多分布在水库内和距水库边线10km 范围内，并密集于断层带附近和透水岩石地区。地震的震源深度很浅，一般为 1~5km，最深不超过 10km。

（3）水库诱发地震在发震强度上，多为弱震，震级大于 5 级的是少数。目前，全世界发生水库诱发地震有 100 余例，其中约 65% 为弱震，多属外生成因的岩溶塌陷地震和滑坡地震等，约 35% 为震级大于 5 级。震级在 6.0~6.5 的只有 4 例，多属内生成因的构造型水库诱发地震，是进行水库诱发地震监测的重点。

（4）水库诱发地震在地震序列上，多为"前震—主震—余震"型，而天然构造大地震往往缺少前震，属"主震—余震"型。

（5）水库诱发地震在地震频度 N 与震级 M 在半对数坐标上的直线（$\lg N = a - bM$）的斜率 b 值，与构造地震不同，水库诱发地震 b 值一般大于 1，或大于同级构造地震的 b 值。

7.2.5 当判定为水库诱发地震后，需加强分析研究，可根据地震发展趋势，预测水库诱发地震的最大震级，以便采取相应的应急措施，达到防灾减灾的目的。

土石坝养护修理规程

SL 210—2015

替代 SL 210—98

2015 - 02 - 09 发布　　　　　　　　　　　2015 - 05 - 09 实施

前　言

根据水利技术标准制修订计划安排，按照 SL 1—2014《水利技术标准编写规定》的要求，对 SL 210—98《土石坝养护修理规程》进行修订。

本标准共 6 章和 2 个附录，主要技术内容为：

——检查；

——养护；

——修理；

——白蚁及其他动物危害防治。

本次修订的主要内容有：

——增加了总则、术语、检查等 3 章；

——增加了除土石坝外的输水、泄水、引水、过坝、发电建筑物，附属建筑物和设施，以及与枢纽安全有关的边坡的检查、养护及修理相关内容；

——增加了养护、修理的新材料、新技术与新方法。

本标准为全文推荐。

本标准所替代标准的历次版本为：

——SL 210—98

本标准批准部门：中华人民共和国水利部

本标准主持机构：水利部建设与管理司

本标准解释单位：水利部建设与管理司

本标准主编单位：水工程安全与灾害防治工程技术研究中心

　　　　　　　　长江科学院

本标准参编单位：长江勘测规划设计研究院

湖北清江水电开发有限责任公司

本标准出版、发行单位：中国水利水电出版社

本标准主要起草人：李端有　廖仁强　甘孝清　李　强

王　煌　王　健　尤迎春　张家发

邹双朝　梁　俊　谭　勇　宁　晶

本标准审查会议技术负责人：盛金保

本标准体例格式审查人：曹　阳

本标准在执行过程中，请各单位注意总结经验，积累资料，随时将有关意见和建议反馈给水利部国际合作与科技司（通信地址：北京市西城区白广路二条 2 号；邮政编码：100053；电话：010 - 63204565；电子邮箱：bzh @ mwr.gov.cn），以供今后修订时参考。

目　　次

1 总 则

1.0.1 为保证土石坝枢纽的安全、完整和正常运行，规范土石坝枢纽养护修理工作的程序、方法和要求，制定本标准。

1.0.2 本标准适用于水利水电工程中1级、2级、3级、4级土石坝及其枢纽所包含的其他水工建筑物、地下洞室、边坡和设施的养护修理，5级土石坝可参照执行。

1.0.3 养护修理内容应包括检查、养护、修理、白蚁及其他动物危害防治四部分。

1.0.4 养护修理工作应坚持"经常养护，随时维修，养重于修，修重于抢"的原则，做到安全可靠、技术先进、注重环保、经济合理。

1.0.5 修理应包括工程损坏调查、修理方案制定与报批、实施、验收等四个工作程序。

1.0.6 较大修理项目应由运行管理单位提出修理技术方案，报上级主管部门审批后实施。影响结构安全的重大修理项目应由工程原设计单位或由具有资质的设计单位进行专项设计，并报上级主管部门批准后实施。重大修理项目完工后应由上级主管部门主持验收，验收应满足 SL 223《水利水电建设工程验收规程》的要求。

1.0.7 修理项目的实施与质量控制应符合下列规定：

　　1 对较大修理项目，管理单位可自行承担，但必须明确项目负责人，并建立质量安全保证体系，严格执行质量标准和工艺流程，确保工程质量。对重大修理项目，应委托具有相应资质的专业队伍承担。

　　2 修理项目实施时，应充分考虑枢纽的调度与运行，确保工程和施工的安全。

　　3 修理项目施工质量标准应符合国家或行业现行相关施工质量评定标准要求。

1.0.8 土石坝枢纽中混凝土建筑物、地下洞室、闸门及启闭设备的养护与修理，以及位于水下的修理应按 SL 230《混凝土坝养护修理规程》的有关规定执行。

1.0.9 本标准主要引用下列标准：

SL 62　水工建筑物水泥灌浆施工技术规范

SL 166　水利水电工程坑探规程

SL 174　水利水电工程混凝土防渗墙施工技术规范

SL 223　水利基本建设工程验收规程

SL 230　混凝土坝养护修理规程

SL 274　碾压式土石坝设计规范

SL 377　水利水电工程锚喷支护技术规范

SL 386　水利水电工程边坡设计规范

SL 436　堤坝隐患探测

SL 501　土石坝沥青混凝土面板和心墙设计规范

SL 514　水工沥青混凝土施工规范

SL 551　土石坝安全监测技术规范

SL 621　大坝安全监测仪器报废标准

DL/T 949　水工建筑物塑性嵌缝密封材料技术标准

DL/T 5144　水工混凝土施工规范

DL/T 5238　土坝灌浆技术规范

DL/T 5255　水电水利工程边坡施工技术规范

DL/T 5406　水工建筑物化学灌浆施工规范

1.0.10　土石坝枢纽的养护修理除应符合本标准规定外，尚应符合国家现行有关标准的规定。

2 术 语

2.0.1 检查 inspection

为了查找水工建筑物、地下洞室、边坡和设施等存在的隐患、缺陷与损坏，有计划、有组织开展的现场查勘、测量、记录等工作。

2.0.2 养护 maintenance

为了保证水工建筑物、地下洞室、边坡和设施等正常使用而进行的保养和防护措施。养护分为经常性养护、定期养护和专门性养护。

2.0.3 修理 repair

当水工建筑物、地下洞室、边坡和设施等发生损坏、性能下降以致失效时，为使其恢复到原设计标准或使用功能所采取的各种修补、处理、加固等措施。修理可分为及时性维修、岁修、大修和抢修。

2.0.4 调查 investigation

针对水工建筑物、地下洞室、边坡和设施等的某一具体隐患、缺陷和损坏而开展的详细的、系统的现场检查和资料整理、分析与研究工作。

2.0.5 防护 protection

为防止水工建筑物、地下洞室、边坡和设施等遭受阳光、大气、水、化学物质、温度等外因破坏而采取的预防性保护措施。

2.0.6 经常性养护 routine maintenance

在日常巡视检查、年度检查或特别检查过程中发现缺陷与隐患后，能够及时进行处理的养护。

2.0.7 定期养护 periodical maintenance

为了维持水工建筑物、地下洞室、边坡和设施等安全运行而定期进行的养护，包括年度养护、汛前养护、冬季养护等。

2.0.8 专门性养护 special maintenance

为了保证水工建筑物、地下洞室、边坡和设施等某个组成部分所具备的特定功能正常发挥而进行的针对性养护。

2.0.9 岁修 annual repair

每年有计划地对各水工建筑物、地下洞室、边坡和设施等进行的修理工作。

2.0.10 大修 intensive repair

当水工建筑物、地下洞室、边坡和设施等出现影响使用功能和存在结构安全隐患时，而采取的重大修理措施。

2.0.11 抢修 emergency repair

当水工建筑物、地下洞室、边坡和设施等出现重大安全隐患时，在尽可能短的时间内暂时性消除隐患而采取的突击性修理措施。

2.0.12 土石结合部 contact area between soil and rigid structure

土石坝中土体与混凝土等刚性建筑物接触的区域，容易因不均匀沉降、回填不密实等而产生集中渗漏通道。

2.0.13 蚁患区 termite damaging area

土石坝坝体、坝端及离坝脚线一定范围内存在白蚁危害的区域。

2.0.14 蚁源区 termite vulnerable area

土石坝坝区及其管理范围内有白蚁发生且可能转移危害到大坝的区域。

2.0.15 菌圃 fungus garden

蚁巢的主体，是培养白蚁"粮食"（白球菌）的基质，蚁巢内温度、湿度的调节器。菌圃所滋生的鸡枞菌等真菌指示物，可帮助人们寻找或发现白蚁。

2.0.16 泥被、泥线 mud quilt、mud string

覆盖在白蚁所取食物上或土面上的薄层泥皮，由白蚁从土内搬出均匀小土粒和其唾液制成。

2.0.17 分群孔 swarming exit hole

又称移殖孔、羽化孔。在白蚁分群季节里，巢内发育成熟的长翅繁殖蚁从巢内爬出地面，进行移殖分飞专用的孔道。

3 检　查

3.1 一　般　规　定

3.1.1 运行管理单位应根据本标准规定，结合所管辖土石坝枢纽的实际情况确定检查项目和内容。

3.1.2 运行管理单位应制订详细的检查方案，并经技术负责人审批后执行。

3.1.3 检查过程中，检查人员应对异常和损坏部位做出详细说明，并摄影或录像，以备专项调查和养护修理时查阅。

3.1.4 消力池等建筑物的水下部分应定期抽干进行检查，或采用水下视频等水下检查方法进行检查。

3.1.5 对于多泥沙河流上的大坝，应定期检查近坝区水库泥沙淤积情况。

3.1.6 检查宜与大坝安全监测巡视检查结合进行。

3.1.7 应结合设计、施工、运行和安全监测成果等对检查结果进行综合分析，查明病害成因，确定病害类型与规模，制定养护修理方案。

3.2 检查分类、时间和频次

3.2.1 检查应分为日常巡视检查、年度检查和特别检查。

3.2.2 日常巡视检查每月不宜少于 1 次，汛期应视汛情相应增加次数。库水位首次达到设计洪水位前后或出现历史最高水位时，每天不应少于 1 次。如遇特殊情况和工程出现异常时，应增加次数。

3.2.3 年度检查宜在每年的汛前、汛后、高水位、死水位、低气温及冰冻较严重地区的冰冻和融冰期进行，每年不宜少于 2 次。

3.2.4 特别检查应在坝区遇到大洪水、有感地震、库水位骤升骤降，以及其他影响大坝安全的特殊情况时进行。

3.3 检查项目和内容

3.3.1 土石坝检查项目和内容可按 SL 551 执行。枢纽混凝土建筑物、金属结构、地下洞室、边坡、安全监测设施等检查项目和内容可按 SL 601 和 SL 230 执行。

3.3.2 土石坝日常巡视检查应以裂缝、异常变形、渗漏、沉陷、滑坡、淤堵以及影响枢纽正常运行的外界干扰等检查为主；年度检查除日常巡视检查的内容外，还应根据枢纽实际情况适当增加白蚁危害检查、坝下埋涵（管）检查、水下检查、淤积检查等内容；特别检查应以专项检查为主，兼顾日常巡视检查的内容。

3.3.3 土石坝日常巡视检查应包括下列内容：

1 大坝表面缺陷。包括坝坡的塌陷、隆起、滑动、松动、剥落、冲刷、垫层流失、架空、风化变质等，坝顶的塌陷、积水、路面工作状况，混凝土面板的不均匀沉陷、破损、接缝开合和表面止水工作状况、面板和趾板接触处沉降、错动、张开等。

2 大坝坝体、防浪墙、混凝土面板裂缝。包括裂缝的类型、部位、尺寸、走向和规模等。

3 大坝渗漏。包括坝体、坝基渗漏，绕坝渗流，以及渗漏的类型、部位、渗漏量、规模、水质和溶蚀现象等，尤其应重点关注土石结合部的渗漏状况。

4 大坝坝体滑坡。包括滑坡引起的裂缝宽度、裂缝形状、裂缝两端错动，排水是否畅通，以及上部的塌陷和下部的隆起等。有渗流监测设施的还应观察坝体内的浸润线是否过高。

5 排水与导渗设施工作状况。包括截渗和减压设施有无破坏、穿透、淤塞等现象；排水反滤设施是否有堵塞和排水不畅，渗水有无骤增、骤减和浑浊现象。

3.3.4 土石坝年度检查还应包括下列内容：

1 坝下埋涵（管）的裂缝、渗漏、破损、断裂、位错、沉降等。

2 白蚁及其他动物危害。

3.3.5 土石坝特别检查应包括因大洪水、有感地震、库水位骤升骤降，以及其他影响大坝安全的情况发生后出现的下列险情和异常情况：

1 已发生的较为明显的大坝坝体滑坡。

2 大坝变化异常的裂缝。

3 大坝、两岸坝肩变化异常的渗漏。

4 大坝变化异常的变形。

3.4 检查方法和要求

3.4.1 常规检查可采用目视、耳听、手摸、鼻嗅、脚踩等直观方法，或辅以锤、钎、钢卷尺、放大镜、石蕊试纸等简单工具器材。

3.4.2 特殊检查可采用开挖探坑（或槽）、探井、钻孔取样或孔内电视、向孔内注水试验、投放化学试剂、潜水员探摸或水下电视、水下摄影或录像、超声波、雷达探测等方法，对工程内部、水下部位或坝基进行检查。具备条件时，可采用水下多波束等设备对库底淤积、边坡崩塌堆积体等进行检查。

3.4.3 检查应符合下列规定：

1 检查人员应为熟悉工程情况的专业技术人员。

2 日常检查人员应相对稳定，检查时应带好必要的辅助工具和记录笔、簿，以及照相机、录像机等影像设备。

3 年度检查和特别检查总负责人应为运行管理单位行政负责人或主管部门行政负责人。年度检查和特别检查应成立检查工作组，组长应由经验丰富且熟悉本工程情况的水工专业工程师担任，成员应由相关专业技术人员和高级技术工人组成。

4 年度检查和特别检查应制定详细的检查计划并做好准备工作。

3.5　检查记录、报告及存档

3.5.1 记录和整理应符合下列规定：

1 应做好详细的现场记录。发现异常情况时，应详细记述时间、部位、险情，并绘出草图，宜进行测图、摄影或录像。对于有可疑迹象部位的记录，应在现场进行校对。

2 现场记录应及时整理，登记专项卡片。应将本次检查结果与上次或历次检查结果进行对比分析，如有异常，应立即复查。

3.5.2 报告、存档应符合下列规定：

1 检查结束后应编写检查报告。

2 检查记录、图件、影像资料和检查报告的纸质文档和电子文档等均应整理归档。

4 养 护

4.1 一 般 规 定

4.1.1 养护工作应做到及时消除土石坝枢纽的表面缺陷和局部工程问题，随时防护可能发生的损坏，保持土石坝枢纽的安全、完整、正常运行。

4.1.2 养护对象应包括坝顶、坝端、坝坡、混凝土面板、坝基与坝区、泄输水建筑物、排水设施、闸门及启闭设备、地下洞室、边坡、安全监测设施及其他辅助设施等。闸门及启闭设备、地下洞室、安全监测设施的养护应按 SL 230 的规定执行。

4.1.3 养护应包括经常性养护、定期养护和专门性养护，并符合下列规定：

　　1 经常性养护应及时进行。

　　2 定期养护应在每年汛前、汛后、冬季来临前或易于保证养护工程施工质量的时间段内进行。

　　3 专门性养护应在极有可能出现问题或发现问题后，制定养护方案并及时进行，若不能及时进行养护施工时，应采取临时性防护措施。

4.1.4 运行管理单位应根据本标准规定，并结合工程具体情况，确定养护项目、内容、方法、时间和频次。

4.2 坝 顶 养 护

4.2.1 应及时清除坝顶的杂草、弃物。坝顶出现的坑洼和雨淋沟缺应及时用相同材料填平补齐，并保持一定的排水坡度。坝顶公路路面应经常规范养护，出现损坏时应及时按原路面要求修复，不能及时修复的应用土或石料临时填平。

4.2.2 防浪墙、坝肩、踏步、栏杆、路缘石等出现局部破损时应及时修补或更换，保持完整和轮廓鲜明。

4.2.3 应及时清除坝端的堆积物。坝端出现局部裂缝、坑凹时应查明原因，并及时填补。

4.2.4 坝顶灯柱歪斜，线路和照明设备损坏时，应及时修复或更换。

4.2.5 坝顶排水系统出现堵塞、淤积或损坏时，应及时清除和修复。

4.3 坝 坡 养 护

4.3.1 坝坡养护应达到坡面平整，无雨淋沟，无荆棘杂草丛生现象；护坡砌块应完好，砌缝紧密，填料密实，无松动、塌陷、脱落、架空等现象；排水系统应完好无淤堵。

4.3.2 干砌块石护坡养护应符合下列规定：

1 及时填补、楔紧个别脱落或松动的护坡石料。

2 及时更换风化或冻毁的块石，并嵌砌紧密。

3 块石塌陷、垫层被淘刷时，应先翻出块石，恢复坝体和垫层后，再将块石嵌砌紧密。

4.3.3 混凝土或浆砌块石护坡养护应符合下列规定：

1 及时填补伸缩缝内流失的填料，填补时应将缝内杂物清洗干净。

2 护坡局部发生剥落、裂缝或破碎时，应及时采用水泥砂浆表面抹补、喷浆或填塞处理，处理时应将表面清洗干净。如破碎面较大，且垫层被淘刷、砌体有架空现象时，应临时用石料填塞密实，待岁修或大修时按 5.3 节有关规定彻底修理。

3 排水孔如有不畅，应及时疏通或补设。

4.3.4 堆石护坡或碎石护坡因石料滚动造成厚薄不均时应及时整平。

4.3.5 草皮护坡养护应符合下列规定：

1 应经常修整、清除杂草、防治病虫害，保持护坡完整美观。若杂草严重，应及时用化学或人工去除杂草；发现病虫害时，应立即喷洒杀虫剂或杀菌剂；使用化学药剂时，应防止污染环境。

2 草皮干枯时，应及时洒水或施肥养护。

3 出现雨淋沟时，应及时还原坝坡，补植草皮。

4.3.6 坝坡坡面排水系统、坝体与岸坡连接处的排水沟、两岸山坡上的截水沟出现堵塞、淤积或损坏时，应及时清除和修复。

4.3.7 严寒地区坝坡养护应符合下列规定：

1 在冰冻期间，应积极防止冰凌对护坡的破坏。

2 可根据具体情况，采用打冰道或在护坡临水处铺放塑料薄膜等方法减少冰压力。

3 具备条件时可采用机械破冰法、动水破冰法或水位调节法破碎坝前冰盖。

4 坝坡排水系统内如有积水，应在入冬前清除干净。

4.4 混凝土面板养护

4.4.1 水泥混凝土面板的养护和防护可参照 SL 230 中混凝土表面养护与防护的有关规定执行。

4.4.2 沥青混凝土面板的养护应采取下列措施：

1 表面封闭层出现龟裂、剥落等老化现象时应及时进行修复。

2 夏季气温较高的地区，应采用浇水的方法对沥青混凝土面板表面进行降温，防止斜坡流淌。

3 冬季气温较低的地区，应采取保温措施，防止沥青混凝土面板冻裂。

4.4.3 面板变形缝止水带的止水盖板（片）、嵌缝止水条、柔性填料等出现局部损坏、老化现象时，应及时修复或更换。

4.5 坝 区 养 护

4.5.1 设置在坝区范围内的排水设施、监测设施、交通设施和绿化等，应保持完整、美观，无损坏现象。

4.5.2 绿化区内的树木、花卉出现缺损或枯萎时，应及时补植或灌水、施肥养护。

4.5.3 坝区范围内出现白蚁活动迹象时，应按第6章的规定进行治理。

4.5.4 坝区范围内出现新的渗漏逸出点时，应设置观测设施进行持续观测，分析查明原因后再行处理。

4.5.5 上游设有铺盖的土石坝应避免放空水库，防止铺盖出现干裂或冻裂。应避免库水位骤降引起坝体滑坡，损坏铺盖。

4.5.6 坝区内的排水、导渗设施养护应符合下列规定：

1 应达到无断裂、损坏、堵塞、失效现象，排水畅通。

2 应及时清除排水沟（管）内的淤泥、杂物及冰塞，保持通畅。

3 排水沟（管）局部出现松动、裂缝和损坏时，应及时用水泥砂浆修补。

4 排水沟（管）的基础遭受冲刷破坏时，应先恢复基础，后修复排水沟（管）。修复时应使用与基础相同的土料并夯实。排水沟（管）如设有反滤层时，也应按设计标准进行修复。

5 应随时检查修补滤水坝趾或导渗设施周边山坡的截水沟，防止山坡浑水淤塞坝趾导渗排水设施。

6 减压井应经常进行清理疏通，必要时洗井，保持排水畅通；周围如有积水渗入井内，应将积水排干，填平坑洼，保持井周无积水。减压井的井口应高出地面，防止地表水倒灌。如减压井已被损坏无法修复，可将该减压井用滤料填实，另建新减压井。

7 应经常检查并防止土石坝的导渗和排水设施遭受下游浑水倒灌或回流冲刷，必要时可修建导流墙或将排水体上部受回流影响部分的表层石块用砂浆勾缝，排水体下部与排水暗沟相连，保证排水体正常排渗。

4.6 边 坡 养 护

4.6.1 混凝土喷护边坡表面滋生的杂草与杂物应及时清除。

4.6.2 边坡排水沟、截水沟内的杂草与淤积物等应及时清除，保持沟内清洁与流水畅通。排水沟、截水沟表面出现的破损应及时整修恢复。排水孔出现堵塞时应及时疏通。

4.6.3 应定期观察边坡的稳定情况，清除落石，必要时设置防护设施。

4.6.4 边坡出现冲沟、缺口、沉陷及坍落时应进行整修。

4.6.5 边坡挡土墙应定期检查，发现异常现象应及时采取下列措施：

1 清除挡土墙上的草木。

2 墙体出现裂缝或断缝时，应先进行稳定处理，再进行补缝。

3 排水孔应保持畅通，出现严重渗水时，应增设排水孔或墙后排水设施。

4.6.6 边坡锚固系统的养护应符合下列规定：

1 应定期检查边坡支护锚杆的外露部分是否出现锈蚀。如锈蚀严重，应先去锈，再用水泥砂浆保护。

2 应定期检查边坡支护预应力锚索外锚头的封锚混凝土的碳化与剥蚀情况。如碳化或剥蚀情况较为严重，应按 SL 230 的有关规定进行处理。

3 应加强锚杆和预应力锚索支护边坡的防水、排水工作，防止地下水入渗，减轻或避免地下水对锚杆和锚索的腐蚀作用。

4.7 监 测 设 施 维 护

4.7.1 水管式沉降仪、钢丝位移计等安全监测系统应经常维护。水管式沉降仪观测玻璃管及储水桶内的杂质应及时清理，并定期更换系统内的液体；钢丝位移计系统应保持工作台清洁，观测标尺应经常擦油维护，并做好观测台的防腐除锈工作。

4.7.2 其他安全监测设施维护应按 SL 230 的有关规定执行。

4.7.3 安全监测设施报废应按 SL 621 的规定执行。

4.8 其 他 养 护

4.8.1 有排漂设施的应定期排放漂浮物；无排漂设施的可采用浮桶、浮桶结合索网或金属栅栏等措施拦截漂浮物并定期清理。

4.8.2 应定期监测坝前泥沙淤积和泄洪设施下游冲淤情况。淤积影响枢纽正常运行时，应进行冲沙或清淤；冲刷严重时应进行防护。

4.8.3 坝肩和输、泄水道的岸坡应定期检查，及时疏通排水沟、孔，对滑坡体及其坡面损坏部位应立即处理。

4.8.4 大坝上设置的钢木附属设备（灯柱、线管、栏杆、标点盖等），应定期涂刷油漆，防锈防腐。

4.8.5 应保证大坝两端的山坡和地面截水设施正常工作，防止水流冲刷坝顶、坝坡或坝脚，应及时清理岸坝结合部山坡的滑坡堆积物，并及时处理滑坡部位。

4.8.6 应定期检查输水洞、涵、管等的完好情况及其周围土体的密实情况，及时填堵存在的接触缝和接触冲刷形成的缺陷。

4.8.7 应及时打捞漂至坝前的较大漂浮物，避免遇风浪时撞击坝坡。

4.8.8 应定期开展白蚁及其他动物危害的防治工作。

4.8.9 应加强水库库岸周边安全护栏、防汛道路、界桩、告示牌等管理设施的维护与维修。

5 修　理

5.1 一　般　规　定

5.1.1 土石坝修理包括坝坡修理、混凝土面板修理、坝体（裂缝、滑坡、渗漏）修理、坝基与坝肩修理、泄输水建筑物修理、边坡修理、闸门与启闭设备修理、排水导渗设施修理以及坝下埋涵（管）修理、边坡修理、枢纽其他水工建筑物修理等。

5.1.2 修理包括岁修、大修和抢修，应符合下列规定：

　　1 岁修应根据大坝运行中所发生的和巡视检查所发现的病害和问题，每年定期进行。

　　2 大修应在工程发生较大损坏、修复工作量大、工程问题技术性较复杂、经过临时抢修未做永久性处理时进行。

　　3 抢修应在突然发生危及大坝安全的各种险情时进行。抢修方法见附录 A。

5.1.3 修理报批程序应符合下列规定：

　　1 岁修应由管理单位提出岁修计划，上报主管部门审批；岁修计划经主管部门审批后，管理单位应根据批准的计划，组织好工程项目的施工。

　　2 大修应由管理单位提出大修工程的可行性研究报告，向上级主管部门申报立项，经上级主管部门审批后，管理单位应根据批准的工程项目组织实施。

5.1.4 修理项目施工管理应符合下列规定：

　　1 岁修项目的实施，宜由具有相应技术力量的施工队伍承担；管理单位若具有相应技术力量，也可自行承担，但应明确工程项目负责人，建立质量保证体系，严格执行各项质量标准和工艺流程，确保施工质量。

　　2 大修项目的实施，应由具有相应施工资质的施工队伍承担，并应执行招投标制和监理制。

　　3 凡涉及安全度汛的修理项目，应在汛前完成；汛前完成有困难的，应采取临时安全度汛措施；临时安全度汛措施应报上级主管部门批准（或备案）。

5.1.5 制订坝体修理方案时，应考虑渗漏、裂缝、滑坡等病害的综合修理。

5.1.6 修理完成后应加强安全监测，必要时可按 SL 551 的规定增设安全监测设施。

5.2　病害调查与成因分析

5.2.1　病害调查包括坝体裂缝调查、坝体滑坡调查和渗漏调查。病害调查应制定详细的调查方案，明确调查手段和方法。枢纽其他水工建筑物混凝土病害调查应按 SL 230 的规定执行。边坡稳定性调查可按坝体滑坡调查的规定执行。

5.2.2　病害调查宜与安全监测和必要的隐患探测相结合。根据现场检查的结果和安全监测分析的成果尚不能确定病害类型、规模和部位时，可针对性地开展隐患探测。根据隐患探测结果仍不能判断病害原因时，应进行专题研究。

5.2.3　隐患探测包括坑探、人工锥探或机械锥探以及无损隐患探测；坑探可按 SL 166 的规定执行；无损隐患探测可按 SL 436 的规定执行。

5.2.4　应根据附录 B 表 B.1.1 中的裂缝特征、表 B.2.1 中的滑坡特征、表 B.3.1 中的渗漏特征，结合现场检查、安全监测和隐患探测结果进行综合分析，分别判断坝体裂缝、坝体滑坡和渗漏的类型。应对照附录 B 表 B.1.2、表 B.2.2 和表 B.3.2 综合分析坝体裂缝、坝体滑坡和渗漏形成的主要原因。应根据上述病害产生原因、类型及规模选择适当的处理方法。

5.3　坝　坡　修　理

5.3.1　坝坡修理按修理的性质不同，可分为临时性紧急抢护和永久性加固修理。临时性紧急抢护可采用砂袋压盖、抛石、石笼、混凝土模袋等方法；永久性加固修理可采用填补翻修、干砌石缝黏结、混凝土盖面加固、混凝土框格加固、沥青渣油混凝土护坡等方法。

5.3.2　坝坡破坏经临时紧急抢修而趋于稳定后，应尽快进行永久性加固修理。宜首先考虑在现有基础上填补翻修，如填补翻修不足以防止局部破坏，可采取包括改变护坡形式在内的其他修理措施。

5.3.3　砌石护坡修理应符合下列规定：

　　1　砌石护坡包括干砌石护坡、浆砌石护坡、条石护坡和混凝土灌砌块石护坡。根据护坡损坏的轻重程度，可采用下列方法进行修理：

　　　　1）出现局部松动、塌陷、隆起、底部淘空、垫层流失等现象时，可采用填补翻修。

　　　　2）出现局部破坏淘空，导致上部护坡滑动坍塌时，可增设阻滑齿墙。

　　　　3）对于护坡石块较小，不能抗御风浪冲刷的干砌石护坡，可采用细石混凝土灌缝和浆砌或混凝土框格结构；对于厚度不足、强度不够的干砌石护坡或浆砌石护坡，可在原砌体上部浇筑混凝土盖面，增强抗冲能力。

　　　　4）沿海台风地区和北方严寒冰冻地区，修理时应采用块石粒径和重量符合设计要求的石料竖砌，如无大块径的石料，可采用细石混凝土填缝或框格结构加固。

2 护坡修理材料应符合下列规定：

1）护坡石料应选用石质良好、质地坚硬、不易风化的新鲜石料，不应选用页岩作护坡块石；石料几何尺寸应根据大坝所在地区的风浪大小和冰冻程度来确定。

2）垫层材料应选用具有良好的抗水性、抗冻性、耐风化和不易被水溶解的砂砾石、卵石或碎石，粒径和级配应根据坝壳土料性质选定。

3）浆砌材料中的水泥标号不应低于 32.5 号；砂料应质地坚硬、清洁、级配良好，天然砂含泥量应低于 5%，人工砂石粉含量应低于 12%。

3 坡面处理应符合下列规定：

1）清除需要翻修部位的块石和垫层时，应保护好未损坏的部分砌块。

2）坡面有坑凹时应用与坝体相同的材料回填夯实，应保证坡面密实平顺。

3）严寒冰冻地区应在坝坡土体与砌石垫层之间增设一层用非冻胀材料铺设的防冻保护层；防冻保护层厚度应大于当地冻层深度。

4）西北黄土地区粉质壤土坝体，回填坡面坑凹时，应选用重黏性土料回填。

4 垫层铺设应符合下列规定：

1）垫层厚度应根据反滤层的原则设计，厚度宜为 0.15～0.25m；严寒冰冻地区的垫层厚度应大于当地冻层深度。

2）应按 SL 274 的规定，根据坝坡土料的粒径和性质，确定垫层的层数及各层的粒径，由小到大逐层均匀铺设。

5 铺砌石料应符合下列规定：

1）砌石应以原坡面为基准，在纵、横方向挂线控制，自下而上，错缝竖砌，紧靠密实，塞垫稳固，大块封边，表面平整，注意美观。

2）浆砌石应先坐浆，后砌石；无冰冻地区水泥砂浆标号应不低于 M5，冰冻地区应不低于 M10；砌缝内砂浆应饱满，缝口应用比砌体砂浆高一等级的砂浆勾平缝；修补完成后应洒水养护。

6 浆砌框格或阻滑齿墙应符合下列规定：

1）浆砌框格护坡宜做成菱形或正方形，框格用浆砌石或混凝土筑成，其宽度不宜小于 0.5m，深度不宜小于 0.6m，冰冻地区应按防冻要求适当加深；框格间距视风浪大小而定，不宜小于 4m，每隔 3～4 个框格应设变形缝，缝宽 15～20mm。

2）阻滑齿墙应沿坝坡每隔 3～5m 设置一道，平行坝轴线嵌入坝体；齿墙宽度不宜小于 0.5m，深度不宜小于 1.0m（含垫层厚度）；沿齿墙长度方向每 3～5m 应设置 1 个排水孔。

7 细石混凝土灌缝应符合下列规定：

 1） 灌缝前应清除块石缝隙内的泥沙、杂物，并用水冲洗干净。

 2） 缝内应灌满捣实，并抹平缝口。

 3） 每隔适当距离，应留一狭长缝口不灌注，作为排水出口。

8 混凝土盖面应符合下列规定：

 1） 护坡表面及缝隙应清洗干净。

 2） 混凝土盖面厚度应根据风浪大小确定，厚度宜为 50～70mm。

 3） 无冰冻地区混凝土标号不应低于 C10，严寒冰冻地区不应低于 C15。

 4） 盖面混凝土应自下而上浇筑；每 3～5m 应设置 1 条变形缝。

 5） 若原护坡垫层遭破坏，应先补做垫层，修复护坡，再加盖混凝土。

5.3.4 混凝土护坡修理应符合下列规定：

1 混凝土护坡包括现浇混凝土护坡和预制混凝土块护坡。根据护坡损坏情况，可采用局部填补、翻修加厚、增设阻滑齿墙和更换预制块等方法进行修理。

2 当护坡发生局部断裂破碎时，可采用现浇混凝土局部填补，施工应满足下列要求：

 1） 凿除破损部分时，应保护好完好的部分。

 2） 新老混凝土结合处应凿毛并清洗干净。

 3） 新填补的混凝土标号不应低于原护坡混凝土标号。

 4） 应按 DL/T 5144 的规定拌制混凝土，在结合处先铺 10～20mm 厚砂浆，再填筑混凝土；填补面积较大时应自下而上浇筑混凝土。

 5） 新浇混凝土表面应收浆抹光，洒水养护。

 6） 应处理好伸缩缝和排水孔。

 7） 护坡因垫层遭受淘刷而损坏时，应先按设计要求修补垫层，严寒冰冻地区垫层下还应增设防冻保护层。

3 护坡破碎面积较大、护坡混凝土厚度不足、抗风浪能力差时，可采用翻修加厚混凝土护坡的方法，但应符合下列规定：

 1） 应按满足承受风浪和冰推力的要求，重新设计，确定护坡尺寸和厚度。

 2） 原混凝土板面应凿毛清洗干净，先铺一层 10～20mm 厚的水泥砂浆，然后再浇筑混凝土盖面。

 3） 按设计要求处理好伸缩缝和排水孔。

4 护坡出现滑移现象或基础淘空、上部混凝土板坍塌下滑时，可采用增设阻滑齿墙的方法修理，但应符合下列规定：

    1）阻滑齿墙应平行坝轴线布置，并嵌入坝体；齿墙尺寸按 5.3.3 条的规定执行。

    2）严寒冰冻地区，应在齿墙底部及两侧增设防冻保护层。

    3）齿墙两侧应按原坡面平整夯实，铺设垫层后，重新浇筑混凝土护坡板，并应处理好与原护坡板的接缝。

  5 更换预制混凝土板应符合下列规定：

    1）拆除破损部分预制板时，应保护好完好部分。

    2）垫层应按符合防止冲刷的要求铺设。

    3）更换的预制混凝土板应铺设平稳、接缝紧密。

5.3.5 抛石护坡修理应符合下列规定：

  1 修理前应仔细检查堆石体底部垫层是否被冲刷。如被冲刷，应按滤料级配铺设垫层，厚度不应小于 0.3m。

  2 抛石法回填护坡时，堆石中应有一半以上的石块达到设计要求的直径。

  3 抛石应按照先小石后大石的顺序进行，保证面层以大石为主。

  4 所用块石应质地坚硬、密实、不风化、无裂缝和尖锐棱角。

  5 抛石的质量和厚度应符合 SL 274 的规定。

5.3.6 草皮护坡可采用添补、更换的方法进行修理，应符合下列规定：

  1 添补的草皮宜就近选用，草皮种类宜选择低茎蔓延的草类，不应选用茎高叶疏的草类。

  2 补植草皮时，应带土成块移植，移植时间以春、秋两季为宜。

  3 移植时应扒松坡面土层，洒水铺植，贴紧拍实，定期洒水。坝坡若为砂性土，应先在坡面铺一层壤土，再铺植草皮。

5.4 混凝土面板修理

5.4.1 水泥混凝土面板裂缝和损坏，应根据下列情况进行修理：

  1 面板局部裂缝或破损可采用水泥砂浆、环氧砂浆、H52 系列特种涂料等防渗堵漏材料进行表面涂抹。

  2 较宽的面板裂缝、伸缩缝止水破坏可采用表面粘补或凿槽嵌补方法进行修理。

  3 挤压破坏修理应在变形趋于稳定后，凿除损坏的混凝土，采用与面板同等级混凝土修复。应同时在面板结构缝中填充柔性材料。

  4 面板脱空应在分析论证后，采用合适的材料进行回填处理。脱空尚未引起面板损坏时，可采用钻孔充填掺加适量粉煤灰的水泥砂浆进行修补；脱空引起面板损坏时，应凿除破损混凝土，并采用掺加一定比例水泥的改性垫层料回填，然后用同等级混凝土修复面板。

5.4.2 水泥混凝土面板表面涂抹技术应符合下列规定：

1 采用水泥砂浆进行表面涂抹修理裂缝时，施工应满足下列工艺要求：

1） 将裂缝凿成深 20mm、宽 200mm 的毛面，清洗干净并洒水保持湿润。

2） 先用纯水泥浆涂刷一层底浆，再涂抹水泥砂浆，最后用铁抹压实、抹光。

3） 涂抹后，应及时进行洒水养护，并防止阳光直晒或冬季受冻。

4） 使用的水泥标号不应低于 32.5 号；水泥砂浆配比宜为 1：1～1：2。

2 采用环氧砂浆进行表面涂抹修理裂缝时，施工应满足下列工艺要求：

1） 沿裂缝凿槽，槽深 10～20mm，槽宽 50～100mm，槽面应平整，并清洗干净，无尘粉，无软弱带，坚固密实，待干燥后用丙酮涂抹一遍。

2） 涂抹环氧砂浆前，应先在槽面用毛刷均匀涂刷一层环氧基液薄膜；基液涂刷后应注意保护，严防灰尘、杂物掉入；待基液中的气泡消除后，再涂抹环氧砂浆，间隔时间宜为 30～60min。

3） 环氧砂浆应分层均匀铺摊，每层厚度 5～10mm，用铁抹反复用力压抹，使其表面翻出浆液，如有气泡应刺破压实；表面用烧热（不应发红）的铁抹压实抹光，应与原混凝土面齐平，结合紧密。

4） 环氧砂浆压填完后，应在表面覆盖塑料布及模板，再用重物加压，使环氧砂浆与混凝土结合完好，并应注意养护，控制温度，养护温度宜为 20℃±5℃，避免阳光直射。

5） 环氧砂浆涂抹施工应在气温 15～40℃ 的条件下进行。

6） 环氧砂浆的配比应根据修理对象和条件，按设计要求配制。

7） 环氧砂浆每次配制的数量，应根据施工能力确定，做到随用随配。

8） 施工现场应通风良好，施工人员应戴口罩和橡皮手套操作，严禁皮肤直接接触环氧材料；使用工具及残液不应随便抛弃或投入水库中。

3 采用 H52 系列防渗堵漏涂料处理面板裂缝时，施工应满足下列工艺要求：

1） 混凝土表面处理时应铲除疏松物，清除污垢；沿裂缝凿成深 5mm、口宽 5mm 的 V 形槽；裂缝周围 0.2m 范围内的混凝土表面应轻微加糙。

2） 涂料配制应搅拌均匀，若发现颗粒和漆皮，应用 80～120 目的铜丝网或不锈钢丝网过滤。

3） 涂料涂抹时应分次分层均匀涂刷于裂缝处混凝土表面，每次间隔 1～3h。

4）涂料配制数量应根据施工能力和用量确定，每次配料应在 1h 内用完。

5）涂料未干前应避免受到雨水或其他液体冲洗和人为损坏。

6）涂料应存放于温度较低、通风干燥之处，远离火源，避免日光直射；涂料配制地点和施工现场应通风良好；施工人员操作时，应戴口罩和橡皮手套。

5.4.3 水泥混凝土面板表面粘补技术应符合下列规定：

1 表面粘补材料应根据具体情况和工艺水平确定，可选用橡皮、玻璃布等止水材料及相应的胶粘剂。

2 采用橡皮进行表面粘补时，施工应符合下列工艺要求：

1）粘贴前应进行凿槽，槽宽 140～160mm，槽深 20mm，长度超过损坏部位两端各 150mm，并清洗干净，保持干燥。

2）槽面干燥后，应先涂刷一层环氧基液，再用膨胀水泥砂浆找平，待表面凝固后，洒水养护 3d。

3）按需要尺寸准备好橡皮，应先放入容重为 1840kg/m³ 的浓硫酸液中浸 5～10min，再用水冲洗干净，晾干。

4）粘贴橡皮时应先在膨胀水泥砂浆表面涂刷一层环氧基液，再沿伸缩缝走向放一条高度与宽度均为 5mm 的木板条，其长度与损坏长度一致；再按板条高度铺填一层环氧砂浆，然后将橡皮粘贴面涂刷一层环氧基液；从伸缩缝处理部位的一端开始，将橡皮铺贴在刚铺填好的环氧砂浆上；铺贴时应用力压实，直至环氧砂浆从橡皮边缘挤出来为止。

5）应在粘贴好的橡皮表面盖上塑料布，再堆砂加重加压。

6）环氧砂浆固化后，应在橡皮表面再涂刷一层环氧基液，其上再铺填一层环氧砂浆，并用铁抹压实抹光，表面与原混凝土面齐平。

3 采用玻璃布进行表面粘补时，施工应符合下列工艺要求：

1）粘补前，应对玻璃布进行除油蜡处理；可将玻璃布放置在碱水中煮沸 0.5～1h，用清水漂净，晾干。

2）先将混凝土表面凿毛，并冲洗干净；凿毛面宽 400mm，长度应超过裂缝两端各 200mm；待凿毛面干燥后，用环氧砂浆抹平。

3）玻璃布粘贴层数应视具体情况而定，宜 2～3 层。事先按需要尺寸将玻璃布裁剪好，第 1 层宽 300mm，长度按裂缝实际长度加两端压盖长各 150mm，第 2 层、第 3 层每层长度、宽度递增 40mm，以便压边。

4）应在粘贴面均匀刷一层环氧基液，然后将玻璃布展开拉直，置于混凝土面上，用刷子抹平玻璃布使其贴紧，并使环氧基液浸透玻璃布。在玻璃布上刷环氧基液，按同样方法粘贴第2层、第3层。

5.4.4 水泥混凝土面板凿槽嵌补应符合下列规定：

1 嵌补材料应根据裂缝和伸缩缝的具体情况确定，可选用PV密封膏、聚氯乙烯胶泥、沥青油膏等材料。

2 嵌补前应沿混凝土裂缝或伸缩缝凿槽，槽的形状和尺寸根据裂缝位置和所选用的嵌补材料而定；槽内应冲洗干净，再用高标号水泥砂浆抹平，干燥后进行嵌补。

3 采用PV密封膏嵌补时，施工应满足下列工艺要求：

1）混凝土表面应保持干燥、平整、密实，无油污、浮灰。

2）嵌填密封膏前，应先用毛刷薄薄涂刷一层PV粘结剂，待粘结剂基本固化后嵌填密封膏。

3）密封膏分A、B两组，各组应先搅拌均匀，按需要数量分别量称，倒入容器（量杯或桶）中搅拌，搅拌时速度不宜过快，并应按同一方向旋转；搅拌均匀后即可嵌填。

4）嵌填时应将密封膏从下至上挤压入缝内；待密封膏固化后，再在密封膏表面涂刷一层面层保护胶。

5.4.5 水泥混凝土面板的剥蚀、碳化等其他缺陷修理可按SL 230中的有关规定执行。

5.4.6 面板变形缝止水带出现整体破坏、严重渗漏或严重老化现象时，应按DL/T 949的规定及时进行更换。

5.4.7 沥青混凝土面板修理包括表面修理、层间修理和大面积重修。修理前应分析沥青混凝土破坏的原因，根据SL 501和原设计制定相应的修理方案，并将库水位降至修理范围以下。沥青混凝土面板修理可采用简式断面或复式断面结构形式，见附录B.4节。

5.4.8 沥青混凝土面板修理及细部处理施工应按SL 514的有关规定执行。

5.4.9 混凝土面板水下缺陷修理方法可按SL 230中有关水下修理的规定执行。

5.5 坝 体 裂 缝 修 理

5.5.1 坝体裂缝修理可采用翻松夯实法、灌土封口法、开挖回填法、充填式黏土灌浆法或开挖回填与充填式黏土灌浆相结合的方法，选用时应遵循下列原则：

1 表面干缩裂缝、冰冻裂缝以及深度小于1m的浅层裂缝，可采用翻松夯实法、灌土封口法进行修理。

2 深度 1～3m 的中等深度裂缝，可采用开挖回填法进行修理。若为沉陷裂缝，应待裂缝发展趋于稳定后采用。若库水位较高不易采用全部开挖回填或开挖有困难时，可采用开挖回填与下部充填式黏土灌浆相结合的方法处理。

3 深度大于 3m 的深层裂缝，可采用充填式黏土灌浆或采用上部开挖回填与下部充填式黏土灌浆相结合的方法处理。但滑坡主裂缝不宜采用灌浆法进行处理。

5.5.2 采用翻松夯实法和灌土封口法修理裂缝时，应符合下列规定：

1 翻松夯实法施工时，应将缝口土料翻松并湿润，然后夯压密实，封堵缝口，面层再铺约 100mm 厚的砂性土保护层，防止继续开裂。寒冷地区应在坝坡或坝顶用块石、碎石、砂性土作保护层，保护层厚度应大于当地冻土深度。

2 灌土封口法施工时，应采用干而细的砂壤土从缝口灌入缝内，并用竹片或板条填塞捣实，然后在缝口用黏性土封堵压实。

5.5.3 采用开挖回填法修理裂缝时，应符合下列规定：

1 开挖方法可采用梯形楔入法、梯形加盖法和梯形十字法，见附录 B 图 B.1.3。梯形楔入法宜用于裂缝不太深的非防渗部位，梯形加盖法宜用于裂缝不深的防渗斜墙及均质土坝迎水坡裂缝修理，梯形十字法宜用于坝体或坝端的横向裂缝修理。

2 裂缝的开挖长度应超过裂缝两端 1m、深度超过裂缝尽头 0.5m；开挖坑槽底部的宽度不应小于 0.5m。坑槽边坡应满足稳定及新旧填土结合的要求，较深坑槽也可开挖成阶梯形，以便出土和安全施工。

3 坑槽开挖应做好安全防护工作，防止坑槽进水、土壤干裂或冻裂；挖出的土料应远离坑口堆放，不同土质应分区堆放。

4 回填土料应符合坝体土料的设计要求；对沉陷裂缝应选择塑性较大的回填土料，并控制含水量高于最优含水量的 1‰～2‰；对滑坡、干缩和冰冻裂缝的回填土料，应控制含水量等于或低于最优含水量的 1‰～2‰。

5 回填时应分层夯实，特别注意坑槽边角处的夯实质量，压实厚度应为填土厚度的 2/3。

6 对贯穿坝体的横向裂缝，应沿裂缝方向，每隔 5m 挖十字形结合槽一个，开挖的宽度、深度与裂缝开挖的要求一致。

5.5.4 充填式黏土灌浆除应按 DL/T 5238 的规定执行外，还应符合下列要求：

1 应根据隐患探测和分析成果做好灌浆设计。孔位布置时每条裂缝均应布设灌浆孔；裂缝较长时，应在两端、转弯处及缝宽突变处布设灌浆孔；灌浆孔与导渗或观测设施的距离不应小于 3m。

2 应采用干钻、套管跟进的方式造孔，孔径宜为 50～76mm。

3 配制浆液的土料应选择具有失水性快、体积收缩小的中等黏性土料，黏粒含量宜为 20%～45%；应在保持浆液对裂缝具有足够充填能力的前提下尽量提高浆液的浓度；泥浆密度应控制在 1450～1700kg/m³；可在浆液中掺入重量为干料 1%～3%的硅酸钠（水玻璃）或采用先稀后浓的浆液，增强充填效果；浸润线以下充填时可在浆液中渗入重量为干料 10%～30%的水泥，加速凝固。

4 灌浆压力应在保证坝体安全的前提下通过试验确定。灌浆管上端孔口压力宜为 0.05～0.3MPa；施灌时灌浆压力应逐步由小到大，不得突然增加；灌浆过程中，应维持压力稳定，波动范围不应超过 5%。

5 施灌时应采用"由外到里、分序灌浆"和"由稀到稠、少灌多复"的方式进行，在设计压力下，灌浆孔段经连续 3 次复灌而不再吸浆时，灌浆即可结束。施灌时应密切注意坝坡的稳定及其他异常现象，发现异常变化时应立即停止灌浆。

6 应在浆液初凝后进行封孔。应先扫孔到底，分层填入直径为 20～30mm 的干黏土泥球，每层厚度宜为 0.5～1.0m，然后捣实；均质土坝可向孔内灌注浓泥浆或灌注最优含水量的制浆土料捣实。

7 雨季及库水位较高时，不宜进行灌浆。

5.5.5 采用开挖回填与充填灌浆相结合的方法处理裂缝时，应符合下列规定：

1 应先沿裂缝开挖一定深度的坑槽，开挖完成后立即回填。

2 回填时应按照充填灌浆的要求进行布孔，并预埋灌浆管。

3 回填完成后，应按照充填灌浆的方法对下部裂缝进行灌浆处理。

5.5.6 塑性混凝土心墙裂缝处理可根据实际情况采用化学灌浆的处理方法，化学灌浆施工应按 DL/T 5406 的规定执行。

5.6 坝体滑坡修理

5.6.1 坝体滑坡修理宜用于已经发生且滑动已终止的滑坡，或经过临时抢护需进行永久性处理的滑坡。坝体滑坡修理应符合下列规定：

1 凡因坝体渗漏引起的坝体滑坡，修理时应同时进行渗漏处理，处理施工按 5.7 节的规定执行。

2 滑坡处理前，应防止雨水渗入裂缝内。可用塑料薄膜等覆盖封闭滑坡裂缝，同时应在裂缝上方开挖截水沟，拦截和引走坝面的雨水。

5.6.2 滑坡修理应根据滑坡类型、滑坡状况、滑坡成因、已采取的抢护措施、滑坡修理方法适用性等因素综合考虑，按"上部削坡减载，下部压重固脚"的原则，采用开挖回填、加培缓坡、压重固脚、混凝土防渗墙、导渗排水等多种方法进行综合处理，选用时应遵循下列原则：

 1 因坝身单薄、坝坡过陡引起的滑坡，可采用加培缓坡的方法进行修理。因滑坡体底部脱离坝脚而出现的深层滑坡，可采用压重固脚的方法进行修理。因排水体失效、坝坡土体饱和而引起的滑坡，可采用导渗排水的方法进行修理。

 2 因坝身填筑碾压不实，浸润线过高而造成的背水坡滑坡，在有条件放空水库的情况下，应以上游防渗为主，辅以下游压坡、导渗和放缓坝坡。上游防渗可增加黏土斜墙。当水库不能放空时，可采取抛土或放淤方法防渗，也可采用混凝土防渗墙。

 3 坝体有软弱夹层或抗剪强度较低，且背水坡较陡而造成的滑坡，如清除夹层有困难时，应以放缓坝坡为主，辅以坡脚排水压重的方法进行处理。

 4 因坝体土料含水量较大、孔隙水压力过大而引起的滑坡，可采用放缓坝坡、压重固脚和加强排水的方法。对迎水坡滑坡，应降低库水位，在滑坡体坡脚抛筑透水压重体，在透水压重体上填土培厚坝脚；如不具备降低库水位条件时，应采用水上抛石或砂袋、土工模袋的方式进行压坡固脚。

 5 因排水设施堵塞而引起的背水坡滑坡，可采用分段清理排水设施，恢复排水能力的方法。如无法完全恢复排水能力时，可在排水体上部设置贴坡排水，然后在滑坡体下部修筑压重体。

5.6.3 采用开挖回填法修理滑坡时，应符合下列规定：

 1 开挖与回填的次序应符合上部减载、下部压重的原则，不应在滑坡体上部压重。

 2 应彻底挖除滑坡体上部已松动的土体，再按设计坝坡线分层回填夯实。若滑坡体方量很大，不能全部挖除时，可将滑弧上部能利用的松动土体移做下部回填土方，回填时由下至上分层回填夯实。

 3 开挖时，对未滑动的坡面应按边坡稳定要求放足开口线；回填时，应将开挖坑槽时的阶梯逐层削成斜坡，做好新老土的结合。

 4 应严格控制填土施工质量，土料的含水率和干容重应符合设计要求。

 5 应恢复或修好坝坡的护坡和排水设施。

5.6.4 采用加培缓坡法修理滑坡时，应符合下列规定：

 1 应按坝坡稳定分析的结果确定放缓坝坡的坡比。

 2 修理时应将滑动土体上部进行削坡，按放缓的坝坡加大断面，分层回填压实。

 3 回填前应先将坝趾排水设施向外延伸或接通新的排水体。

 4 回填后应恢复和接长坡面排水设施及护坡。

5.6.5 采用压重固脚法修理滑坡时，应符合下列规定：

1 应根据当地土料、石料资源和滑坡的具体情况选用镇压台、压坡体等压重固脚形式。

2 镇压台或压坡体应沿滑坡段全面铺筑，并伸出滑坡段两端5～10m，其高度和长度应通过稳定分析确定。石料镇压台的高度宜为3～5m；压坡体的高度宜为滑坡体高度的1/2左右，边坡坡比宜为1∶3.5～1∶5.0。

3 采用土料压坡体时，应先满铺一层厚约0.5～0.8m的砂砾石反滤层，再回填压坡体土料。

4 镇压台和压坡体的布置不应影响坝容坝貌，并应恢复或修好原有排水设施。

5.6.6 采用导渗排水法修理滑坡时，应符合下列规定：

1 导渗沟的布置和要求应按5.7.15条的规定执行，导渗沟的下部应延伸至坝坡稳定的部位或坝脚，并与排水设施连通。

2 导渗沟之间滑坡体的裂缝，应进行表层开挖、回填封闭处理。

5.7　大坝渗漏修理

5.7.1 大坝渗漏处理包括坝体渗漏处理、坝基渗漏处理与绕坝渗漏处理。当坝体与坝基或坝肩同时存在异常渗漏时，应结合具体渗漏情况进行综合处理。

5.7.2 渗漏处理应遵照"上截下排"的原则，采取截渗、导渗排水措施。

5.7.3 截渗可采用抛投细粒土料、加固上游黏土防渗铺盖、抽槽回填、铺设土工膜、套井回填、混凝土防渗墙、劈裂灌浆、高压喷射灌浆、帷幕灌浆、充填灌浆、级配料灌浆等方法。下游导渗排水可采用导渗沟、反滤层导渗等方法。选用时应遵循下列原则：

1 抛投细粒土料法宜用于微小裂缝引起且规模较小的渗漏。抛投细粒土料仍不能止漏时应采取其他截渗措施。

2 加固上游黏土防渗铺盖法宜用于水库具备放空条件，且当地有做防渗铺盖的土料资源的情况。

3 抽槽回填法宜用于渗漏部位明确且高程较高的均质坝和斜墙坝渗漏处理。

4 铺设土工膜法宜用于均质坝和斜墙坝渗漏处理。

5 套井回填截渗法宜用于均质坝和宽心墙坝渗漏处理，或黏土心墙坝心墙加高处理。

6 混凝土防渗墙法宜用于坝基、坝体和绕坝渗漏的综合处理。

7 劈裂式灌浆法宜用于坝体质量普遍不好，坝后坡有大面积散浸或多处明显渗漏、浸润线出逸点过高，问题性质和部位不能完全确定的渗漏处理。

8 高压喷射灌浆法宜用于软弱土层、砂层、砂砾石层地基渗漏的处理，也可用于含量不多的大粒径卵石层和漂石层地基的渗漏处理。当卵石、漂石层过厚、含量过多时不宜采用。

9 帷幕灌浆法宜用于非岩性的砂砾石坝基和基岩破碎的坝基渗漏处理。

10 充填灌浆法宜用于隐患多而分散的低矮土石坝渗漏处理。

11 上层为相对不透水，下层为强透水的双层地层结构坝基，可采取上游做黏土铺盖与下游排水减压井相结合的方法，不宜采用劈裂灌浆法。

5.7.4 导渗排水修理可采用贴坡排水、棱体排水、褥垫排水、坝体内竖向排水层和水平排水层、排水沟、减压井、透水盖重等，选用时宜遵循下列原则：

1 贴坡排水宜用于均质坝的坝面渗流处理。

2 棱体排水宜用于下游有水的情况，其顶部高程应超出下游最高水位0.5m以上。

3 褥垫排水宜用于下游无水的情况。

4 倾斜或垂直的内部竖向排水层加坝体水平排水层宜用于成层性的较高土石坝，降低施工期产生的孔隙水压力。

5 排水沟、减压井或两者相结合宜用于透水坝基表层有一层相对不透水层以及有一定的渗流量的情况，但不应超过允许水力坡降。

6 透水盖重宜用于坝体相对不透水下的坝址下游部位。

7 反滤层宜用于细料和粗料之间过渡区以及渗水出水口地点，如下游棱体排水、靠坝体侧面和靠坝基的底面、上游坡底面、黏土心墙和粗料壳之间等。

5.7.5 采用加固上游黏土防渗铺盖时，应符合下列规定：

1 黏土铺盖的长度应满足渗流稳定的要求，根据地基允许的平均水力坡降确定，宜大于5～10倍水头。

2 黏土铺盖的厚度应满足抵抗渗透压力破坏的要求，铺盖前端厚度不应小于0.5～1m；与坝体相接处厚度宜为1/6～1/10水头，不应小于3m。

3 对于砂料含量少、层间系数不合乎反滤要求、透水性较大的地基，应先铺筑滤水过渡层，再回填铺盖土料。

4 铺盖土料应选用相对不透水土料，其渗透系数应比地基砂砾石层小100倍以上，并在等于或略高于最优含水量的情况下压实。

5.7.6 采用抽槽回填截渗处理渗漏时，应符合下列规定：

1 库水位应降至渗漏通道高程以下1m。

2 抽槽范围应超过渗漏通道高程以下1m和渗漏通道两侧各2m，槽底宽度应不小于0.5m，槽坡应满足稳定及新旧填土结合的要求，必要时应加支撑，确保施工安全。

3 回填土料应与坝体土料一致；回填土应分层夯实，每层厚度100～

150mm，压实厚度应为填土厚度的 2/3；回填土夯实后的干容重不应低于原坝体设计值。

5.7.7 采用土工膜截渗时，除应按照 SL 231 的规定执行外，还应符合下列规定：

1 土工膜厚度选择应根据承受水压大小确定。承受 30m 以下水头时，可选用非加筋聚合物土工膜，铺膜总厚度 0.3～0.6mm；承受 30m 以上水头时，宜选用复合土工膜，膜厚不应小于 0.5mm。

2 土工膜铺设范围应超过渗漏范围 2～5m。

3 土工膜的连接宜采用焊接，热合宽度不应小于 0.1m；采用胶合剂粘接时，粘接宽度不应小于 0.15m；复合土工膜的连接应先缝合底层土工布，再焊接土工膜，最后缝合上层土工布。

4 土工膜铺设前应进行坡面处理。先将铺设范围内的护坡拆除；再将坝坡表层土挖除 0.3～0.5m，彻底清除树根杂草；坡面修整应平顺、密实；然后沿坝坡每隔 5～10m 挖防滑沟一道，沟深 1.0m，沟底宽 0.5m。

5 土工膜铺设时应将卷成捆的土工膜沿坝坡由下而上纵向铺放，周边采用 V 形槽埋设好；铺膜时不应拉得太紧，防止受拉破坏；施工人员不应穿带钉鞋进入现场。

6 回填保护层应与土工膜铺设同步进行。保护层可采用砂壤土或砂，厚度不应小于 0.5m。先回填防滑槽，再回填坡面，边回填边压实。保护层上面再按设计恢复原有护坡。

5.7.8 采用套井回填截渗时，应符合下列规定：

1 井位宜沿坝轴线偏上游布置，两端应超过渗漏范围 3～5m，井底高程应在渗漏高程以下 1～2m。井距视打井方式而定，采用冲抓式打井机具造孔时，开孔直径为 1.1～1.2m 时，井距宜为 0.8～0.9m。

2 应严格按照"先主井、后套井"的顺序打井造孔。造孔时，应先打相邻的两个主孔，主孔回填后，再打两孔之间的套孔。造孔应连续作业，不应停歇；应严格控制井孔的垂直度。

3 打井完毕后，应立即连续分层回填黏土并夯实。回填土料应选用含水量符合设计要求、颗粒松散的黏壤土，分层回填厚度宜为 0.3～0.5m；夯击时夯锤落距 2～3m，夯击次数 20～25 次；回填时应保持井底无水。

4 出现严重塌孔时，可用土回填击实后，再进行冲抓；当井底有渗水时，可倾倒干土，反复抓尽，直至把水吸干。

5.7.9 采用混凝土防渗墙截渗时，除应按 SL 174 的规定执行外，还应符合下列规定：

1 防渗墙形式宜采用槽孔式防渗墙。

2 防渗墙宜沿坝轴线偏上游布置；防渗墙底宜支承在坚实的基岩上，且宜嵌入不透水或相对不透水岩面以下 0.5～1.0m；防渗墙的厚度应按抗渗、抗溶蚀的要求计算确定，宜为 0.6～1.0m；槽孔长度应根据坝体填筑质量、混凝土连续浇筑能力确定，宜为 4～9m。

3 防渗墙混凝土等级应根据抗渗要求确定，抗渗等级宜为 S6～S8，抗压强度等级宜为 2.0～10.0MPa；混凝土的配合比应根据混凝土能在直升导管内自然流动和在槽孔内自然扩散的要求确定，入孔时的坍落度宜为 180～220mm，扩散度宜为 340～480mm，最大骨料粒径不应大于 4cm。

4 泥浆下浇筑混凝土应采用直升导管法，导管直径 200～250mm，相邻导管间距不应大于 2.5m，导管距孔端的距离 1.0～1.5m（二期槽孔为 0.5～1.0m）；导管底部孔口应保持埋在混凝土面下 1.0～6.0m；槽孔内混凝土面应均匀上升，高差不应大于 0.5m，混凝土上升速度每小时不应小于 1.0m；混凝土终浇面应高出墙顶设计高程 0.5m 左右。

5 浇筑过程中应随时检测混凝土的各项性能指标；每 30min 测 1 次槽孔内的混凝土面，每 2h 测 1 次导管内的混凝土面，防止导管提升时脱空。

5.7.10 采用劈裂式灌浆截渗时，除应按 DL/T 5238 的规定执行外，还应符合下列规定：

1 应根据坝体土质、隐患性质和坝高等情况，合理确定劈裂后形成的防渗泥墙厚度，宜为 50～200mm。

2 灌浆孔宜布置在渗漏坝段的坝轴线或略偏上游的位置，两端超过渗漏范围 3～5m。应先选择实施单排孔，河槽段终孔距离宜为 3～5m，弯曲坝段和岸坡段应缩小孔距，终孔距离宜为 2～3m。如果单排孔实施完毕仍达不到截渗要求时，可在第一排孔的上游侧增加灌浆孔排数，排距宜为 0.5～1.0m。

3 造孔时应分 1、2、3 序造孔，灌完第 1 序孔后，视情况再造第 2 序孔、第 3 序孔；造孔深度应大于隐患深度 2～3m，如副排孔处无隐患，则孔深应约为相应主排孔深的 1/3；坝体造孔应采用干钻、套管跟进的方式进行。

4 浆液配制应满足 20% 以上的黏粒含量和 40% 以上的粉粒含量要求；浆液的容重宜为 1270～1570kg/m³，黏度应达到 30s 以上。

5 灌浆压力应通过现场试验确定，灌浆管孔口上端压力值不宜超过 50kPa。

6 灌浆时应先灌河槽段，后灌岸坡段和弯曲段，采用孔底灌浆全孔灌注的方式进行。开始先用稀浆，经过 3～5min 后再加大泥浆稠度；在灌浆中，应先对第 1 序孔采用"少灌多复"的方式轮灌，每孔每次平均灌浆量以孔深计，每米孔深控制在 0.5～1m³，当浆液升至孔口，经连续 3 次复灌不再吸浆时，即可终止灌浆；每孔灌浆次数应在 5 次以上，两次灌浆间隔时间不少于 5d。

7 每孔灌完后应拔出灌浆管，向孔内注满容重大于 $1470kg/m^3$ 的稠浆进行封孔，直至浆面升至坝顶不再下降为止。

8 整个灌浆过程中应对坝体变形、渗流状况、灌浆压力、裂缝、冒浆等项目进行监测，保证灌浆期间坝体安全和灌浆质量；发现异常变化时，应立即停止灌浆，经查明原因进行必要的处理后，才能继续灌浆。

9 在雨季或库水位较高时，不宜进行灌浆。

5.7.11 采用高压喷射灌浆处理坝基渗漏时，除应按 DL/T 5200 的规定执行外，还应符合下列规定：

1 灌浆处理前，应详细了解地基的工程地质和水文地质资料，选择相似的地基做灌浆围井试验，取得可靠技术参数后，进行灌浆设计。

2 灌浆孔轴线宜沿坝轴线偏上游布置；有条件放空的水库，灌浆孔位可布置在上游坝脚部位；凝结的防渗板墙应与坝体防渗体连成整体，伸入坝体防渗体内的长度不应小于 1/10 头；防渗板墙的下端，应伸入相对不透水层。

3 单排孔孔距宜为 1.6～1.8m，双排孔孔距可适当加大，但不宜超过 2.5m。

4 坝体钻孔应采用干钻套管跟进方法进行，管口应安设浆液回收设施，防止灌浆时浆液破坏坝体；地基灌浆结束后，坝体钻孔应按 5.5.4 条的规定进行封孔。

5 检查验收宜采用与墙体形成三角形的围井，布置在施工质量较差的孔位处进行压水试验，测定 ω 值或 K 值。

5.7.12 采用帷幕灌浆防渗时，应进行帷幕灌浆设计。施工除应按 SL 62 的规定执行外，还应符合下列规定：

1 灌浆帷幕应与坝身防渗体接合在一起。

2 帷幕深度应根据地质条件和防渗要求确定，宜伸入相对不透水层。

3 浆液材料应通过试验确定。可灌比 $M \geqslant 10$ 且地基渗透系数超过 40～50m/d 时，宜采用黏土水泥浆，浆液中水泥用量占干料的 20%～40%；可灌比 $M \geqslant 15$ 且渗透系数超过 60～80m/d 时，宜采用水泥浆。

4 坝体部分造孔应采用干钻、套管跟进的方式；如坝体与坝基接触面没有混凝土盖板，应先用水泥砂浆封固套管管脚，再进行坝基部分的钻孔灌浆工序。

5.7.13 采用充填灌浆法处理渗漏时，应按 5.5.4 条的规定执行。

5.7.14 对于喀斯特发育的岩溶地区、断层裂隙较多、大裂隙地区的绕坝渗漏可采用级配料灌浆技术进行修理，施工应符合下列规定：

1 封堵时应先用水冲灌砂石骨料，再用水泥浆压力灌浆闭气封堵，最后

939

堵住大小漏水通道。

2 灌浆轴线应选在坝轴线和漏水通道的上游。

3 如 3 倍库水深度范围内有相对不透水层，应灌至相对不透水层；如无相对不透水层，应灌至 2～3 倍库水深度，形成悬挂式帷幕；如在坝下有较大的溶洞，漏水特别严重或危及大坝安全，应进行全封闭灌浆。

4 灌浆材料可选用水泥、黏土、砂石料、水玻璃、速凝剂等进行配制，水泥标号不应小于 42.5，砂石料可根据溶洞、裂隙大小确定。

5 施工前应选择具有代表性的试验段（宜为 20～30m）进行钻、灌试验。

6 第 1 序孔和第 2 序孔宜采用 108～146mm 孔径，第 3 序孔和第 4 序孔宜采用 89～108mm 孔径，孔口位置偏差不应超过 100mm，孔斜不应大于 2%。钻孔穿越土层时应设置套管。

7 灌浆前应进行压水试验。压力 0.3MPa，压水孔段长约 5m。应根据单位吸水量，了解岩层裂隙、溶洞的发育程度，选择适当的浆液浓度。

8 投料可采用水冲法将砂、砾石、卵石或碎石等粗骨料填入洞、缝内，骨料粒径应与漏水通道大小相适应。料径应满足能在洞、缝中沉积，能形成反滤骨架并具有可灌性，可灌比不小于 8 的要求。

9 灌浆压力不应小于 0.3MPa，灌浆过程中应根据实际情况变换浆液浓度：

　　1） 当某一浓度的浆液持续 30～60min，或灌入量已达到 400L，而压力无明显变化时，则提高一级浓度。

　　2） 当压力增加很快，或吸浆量很小时，则降低一级浓度，或用清水洗孔后再灌稀浆。

10 灌浆完成后，应用浓水泥浆或 1∶2 的水泥砂浆将孔口充填密实。土体内的钻孔应采用黏土球回填并捣实。

5.7.15 采用导渗沟法处理坝体渗漏时，应符合下列规定：

1 导渗沟的形状可采用 Y 形、W 形、I 形等，但不应采用平行于坝轴线的纵向沟。

2 导渗沟的长度应根据坝坡渗水出逸点至排水设施的距离确定，深度 0.8～1.0m，宽度 0.5～0.8m，间距视渗漏情况而定，宜为 3～5m。

3 沟内应按反滤层要求回填砂砾石料，填筑顺序按粒径由小到大、由周边到内部，填成封闭的棱柱体，不同粒径的反滤料应严格分层填筑；也可用无纺布包裹砾石或砂卵石料，填成封闭的棱柱体。

4 导渗沟的顶面应铺砌块石或回填黏土保护层，厚度 0.2～0.3m。

5.7.16 采用贴坡式砂石反滤层导渗法处理坝体渗漏时，应符合下列规定：

1 铺设范围应超过渗漏部位四周各 1m。

2 铺设前应进行坡面清理，将坡面的草皮杂物清除干净，深度 0.1～0.2m。

3 应按砂、小石、大石、块石保护层的次序由下至上逐层铺设反滤料；砂、小石、大石各层厚度为 0.15～0.2m，块石保护层厚度为 0.2～0.3m。

4 经反滤层导出的渗水应引入集水沟或滤水坝趾内排出。

5.7.17 采用土工织物反滤层导渗法处理坝体渗漏时，除应按 GB 50290 的规定执行外，还应符合下列规定：

1 铺设范围、坡面清理应与贴坡式砂石反滤层导渗方法相同。

2 应在清理好的坡面上满铺土工织物。铺设时，沿水平方向每隔 5～10m 做一道 V 形防滑槽加以固定，防止滑动；然后再满铺一层透水砂砾料，厚度 0.4～0.5m；最后再压 0.2～0.3m 厚的块石保护层。

3 土工织物连接可采用缝接、搭接或粘接。缝接时，土工织物重压宽度宜为 0.1m，可用各种化纤线手工缝合 1～2 道；搭接面宽度宜为 0.5m；粘接面宽度宜为 0.1～0.2m。

4 导出的渗水应引入集水沟或滤水坝趾内排出。

5.7.18 采用坝后导渗、压渗方法时，应符合下列规定：

1 坝基为双层结构，坝后地基湿软时，可根据地基地质情况，采用开挖排水明沟导渗或打减压井进行处理；坝后土层较薄、有明显翻水冒沙以及隆起现象时，应采用压渗处理。

2 排水明沟宜平行或垂直于坝轴线布置，并与坝趾排水体连接；垂直于坝轴线布置时，排水明沟的间距可根据渗漏状况确定，宜为 5～10m；排水明沟的尾端应设横向排水沟，将渗漏水集中排走；排水沟的底部和边坡，均应采用滤层保护。

3 压渗台的范围和厚度应根据渗水出露范围和渗水压力确定。宜根据当地土料或石料资源情况，采用土料压渗台或石料压渗台。实施时，应先铺设滤料垫层，再铺填石料或土料。

5.8 排水导渗设施修理

5.8.1 排水沟（管）的修理应符合下列规定：

1 沟（管）段发生破坏或堵塞时，应将破坏或堵塞的部分挖除，按原设计要求修复。

2 沟（管）的基础（或坝体）被冲刷破坏时，应用与坝体相同的土料先修复坝体，后修复沟（管）。

5.8.2 坝下游减压井、导渗体和滤水体等的修理应符合下列规定：

1 减压井发生堵塞或失效时，可采用洗井冲淤的方法进行修理。修理时应按掏淤清孔、洗孔冲淤、安装滤管、回填滤料、安设井帽、疏通排水道等程序进行。

2 导渗体和滤水体发生堵塞或失效时，可采用翻修清洗的方法进行修理。修理时应先拆除堵塞部位的导渗体或滤水体，清洗疏通渗水通道，按设计要求重新铺设反滤料，恢复导渗体或滤水体。

3 对于贴坡式和堆石坝趾滤水体，应在滤水体与坝体接触的部位设置截流沟或矮挡土墙，或封闭滤水体顶部，防止坝坡土粒堵塞滤水体。

5.9 坝下埋涵（管）修理

5.9.1 混凝土涵（管）壁渗漏修理应按 SL 230 中有关混凝土渗漏处理的规定执行。浆砌石涵出现灰浆脱落或裂缝漏水时，应将砌缝或裂缝洗涤干净，用玻璃纤维堵塞漏缝，再用掺有水玻璃的快速水泥砂浆勾缝。

5.9.2 涵（管）质量差、洞壁单薄、漏水严重或发生断裂时可采用内衬和套管进行加固。

5.9.3 因地基不均匀沉陷而导致涵（管）断裂时，应首先加固地基，再修复涵（管）结构。如断裂部位在进、出口附近，可直接挖出松软土体，用三合土分层填筑夯实；如断裂部位在中段，可在洞内钻孔进行基础固结灌浆或开挖基础换土回填。

5.9.4 涵（管）因未做截水环引起的渗漏，可在坝体迎水坡一侧增建截水墙。

5.9.5 因涵（管）进口形状不当而产生空蚀时，应改善进口形状。进口形状宜改成椭圆形曲线，闸门槽与洞身之间应设渐变段。对无压洞及部分开启的有压洞，可在负压区设置通气孔。涵（管）混凝土的磨损、空蚀、剥蚀和碳化修理可按 SL 230 的规定执行。

5.10 边 坡 修 理

5.10.1 边坡修理前应按 SL 386 的规定进行边坡治理和加固设计。对于 15m 以上的土质边坡和 30m 以上的岩质边坡，或地质条件、环境条件特别复杂的边坡，应进行特殊设计。

5.10.2 边坡修理应综合考虑边坡治理与加固、边坡水土保持和生态恢复等各方面的因素，做到保护环境，并与周围环境相协调。边坡修理应优先采取治理措施，若仍不能满足要求或难以实施时应采取加固措施。

5.10.3 边坡的治理和加固可采用下列措施中的一种或多种相结合：

1 减载、削坡和压坡。

2 排水和防渗。包括修建坡面及坡顶截水沟、排水沟、排水孔，边坡内部排水井、排水洞等。

3 坡面防护。包括用于土质边坡的各种形式的护砌和人工植被，用于岩质边坡的喷混凝土、喷纤维混凝土、挂网喷混凝土以及柔性主动支护、土工合成材料防护等措施。

4 边坡锚固。包括各种支护锚杆、预应力锚索、抗滑洞塞等。

5 支挡结构。包括各种形式的挡土墙、抗滑桩、土钉、柔性被动支护措施等。

5.10.4 当边坡需要采取锚固措施进行加固时，可采用锚杆与挡土墙、锚杆与抗滑桩、锚杆与混凝土格构、锚杆与混凝土塞或混凝土板相结合的支护形式。

5.10.5 挡土墙发生倾斜、凹凸、滑动及下沉时，应先消除侧压因素，再选择锚固法、套墙加固法或增设支撑墙等进行加固。严重损坏的挡土墙应将损坏部分拆除重建。

5.10.6 边坡锚固修理应按 SL 377 的规定执行。挡土墙、抗滑桩等的修理应按 DL/T 5255 的规定执行。

5.10.7 较高等级的边坡应在修理时增加安全监测设施，对边坡的变形、渗流等进行监测。

6 白蚁及其他动物危害防治

6.1 一 般 规 定

6.1.1 凡土栖白蚁分布区域内的土石坝，或有动物在坝体内营巢作穴的土石坝，都应有专业防治人员，开展白蚁及其他动物危害的防治工作。

6.1.2 防治工作应坚持"以防为主、防治结合、因地制宜、综合治理、安全环保、持续控制"的原则。

6.1.3 防治范围应包括坝区及其管理范围。

6.1.4 水库管理单位每年应编制白蚁及其他动物危害年度防治计划和防治方案，做好检查和防治工作。

6.1.5 由于白蚁及其他动物危害形成的空洞修理等应按5.5.3条和5.5.4条的规定执行。

6.2 白蚁及其他动物危害检查

6.2.1 白蚁及其他动物危害检查分为日常检查、定期普查和专项检查三类，应分别遵守下列规定：

    1 日常检查由大坝管理单位人员承担，对坝区及其管理范围内进行常规检查，重点检查曾经发生过白蚁及其他动物危害的部位。日常检查应与大坝的日常巡视检查相结合。

    2 定期普查由白蚁防治专业技术人员承担，定期对土石坝工程各部位进行全面检查。定期普查宜春、秋两季各进行一次。

    3 专项检查由白蚁防治和水利工程专业技术人员联合承担，在土石坝工程大修前集中进行检查。

6.2.2 白蚁危害检查的范围应包括蚁患区和蚁源区：

    1 蚁患区的检查范围应为坝体、大坝两端及距坝脚线50m范围以内。

    2 蚁源区的检查范围应为大坝两端及坝脚线以外300～500m范围以内。若检查范围之外毗邻处有山体和树林的，应扩大检查至1000m范围以内。

6.2.3 其他动物危害检查的范围应包括坝体及两岸坝肩。

6.2.4 白蚁及其他动物危害检查应包括下列内容：

    1 应检查大坝是否有湿坡、散浸、漏水、跌窝等现象，辨析是否因白蚁危害引起。

    2 应检查大坝及周边地区白蚁活动时留下的痕迹，辨别蚁种。

    3 应检查大坝迎水面漂浮物中是否有白蚁蛀蚀物。

4 应检查大坝表面泥被、泥线的分布密度、分群孔数量和真菌指示物等。

5 应检查蚁源区范围内树木和植被上泥被泥线分布情况。

6 应检查坝体及两岸坝肩是否存在动物洞穴入口。

6.2.5 白蚁及其他动物危害检查可采用下列方法：

1 迹查法：由白蚁防治专业技术人员在大坝及蚁源区根据白蚁活动时留下的地表迹象和真菌指示物来判断是否有白蚁危害。

2 锹铲法：在白蚁经常活动的部位，用铁锹或挖锄将白蚁喜食的植物根部翻开，查看是否有活白蚁及蚁路等活动迹象。

3 引诱法：采用白蚁喜食的饵料，在坝体坡面上设置引诱桩、引诱坑或引诱堆等方法引诱白蚁觅食。

4 仪探法：采用探地雷达、高密度电阻率法等仪器探测白蚁及其他动物巢穴。

5 嗅探法：利用猎犬、警犬等对白蚁巢穴气味有灵敏反应的动物进行探测。

6.2.6 检查过程中应做好记录，绘制白蚁活动痕迹分布图，标注白蚁活动位置和痕迹类型，并在白蚁活动的地方设置明显标记或标志。检查结束后，应对白蚁及其他动物危害进行分析论证，划分危害程度等级，并根据危害程度制定防治方案。

6.3 白 蚁 危 害 预 防

6.3.1 白蚁危害预防可采用工程措施和非工程措施。

6.3.2 工程措施包括修筑防蚁层和隔蚁墙等物理屏障，设置毒土防蚁带和注药防蚁带等药土屏障，实施时应符合下列规定：

1 修筑防蚁层时，应采用粒径 2～4mm 的煤渣或粗砂，在大坝正常蓄水位以上至背水坡反滤层以上修筑，厚度 200mm。

2 修筑隔蚁墙时，应采用 1∶9 比例的石灰土，在大坝两端与山坡接头处，从正常蓄水位以上至背水坡反滤坝以上修筑，深度 2m，宽度 0.5～0.6m。

3 设置毒土防蚁带时，应使用与药物均匀拌和处理过的、与土石坝坝体土质类似或一致的土体修筑。

4 设置注药防蚁带时，应在可能的蚁源区与大坝之间，按照直径 15～20mm、孔距 0.3～0.4m、孔深 0.8～1.0m 的标准钻孔，在孔内灌药，形成 0.8m 宽的毒土防蚁带。

5 土坝进行加高培厚或改建、扩建工程时，应清除基础表层的杂草，有白蚁隐患的应先进行彻底处理后再施工；工程建设需要取土时，应对取土场白蚁危害进行检查和处理，带有白蚁或菌圃的土料不应进入坝区。

6.3.3 采取非工程措施时应符合下列规定：

1 应在坝区适合种植树木和植物的部位，栽种对白蚁具有驱避作用的林木和植物。栽种树木的面积较大时，宜营造混交林，既种植白蚁喜食的林木，又种植对白蚁有驱避作用的林木。

2 白蚁分飞期（4—6月），宜减少坝区灯光。

3 白蚁分飞期（4—6月），应在土石坝表面喷洒1‰～2‰的五氯酚钠溶液、3‰～4‰的白蚁粉溶液或柴油。

4 应清除坝坡、两岸山坡及蚁源区白蚁喜食的物料，消除白蚁繁殖条件。同时可放养或保护白蚁的天敌。

6.4 白 蚁 危 害 治 理

6.4.1 白蚁危害治理可采用下列方法：

1 采用破巢除蚁法时，应符合下列规定：

1） 沿蚁路追挖主巢时，应连续性完成，捕捉蚁王、蚁后并及时将追挖的坑槽回填夯实。

2） 水库处于汛期或高水位时，不宜采用破巢法。

3） 追挖主巢须穿越坝身时，应制定专项技术方案并经上级主管部门批准后方可进行。

2 采用熏烟毒杀法时，应先用可杀死白蚁的药物配成药剂，放入密封的烟剂燃烧筒内，插入蚁路内，将燃烧筒内的烟雾通过鼓风机等吹入洞内，然后密封洞口，利用毒烟杀死白蚁。

3 采用挖坑诱杀法时，应在白蚁活动较多的坝坡附近，挖掘长0.5m、宽0.3m、深0.5m的土坑，坑内放置松木、杉木、甘蔗渣等引诱物，洒上淘米水，每隔10d左右检查一次，将诱集的白蚁用药物进行毒杀。

4 采用药物诱杀法时，应符合下列规定：

1） 诱杀白蚁的诱饵应由药物制成。

2） 诱饵投放时间应在白蚁地表活动季节，投放地点应选择有白蚁正在活动的位置。

3） 诱饵投放后7～10d应检查觅食情况，发现有觅食现象时，应做好标记和记录。

4） 诱饵投放后20～30d，应查找死巢的地面指示物（炭棒菌），及时破巢除蚁或灌填，不留隐患。

5 采用药物灌浆法时，应利用蚁道或锥探孔，用小型灌浆机将黏土和药物制成的泥浆灌注充填蚁道和蚁穴。药物灌浆应防止污染水源。

6 采用毒土灭杀法时，若为表土灭杀，应在坝坡表面喷洒药物或从洞眼灌入土中；若为深土灭杀，应在坝坡上打深 0.3m 的孔，孔距 0.3m，在孔内灌入药物。

6.4.2 白蚁防治所使用的药物应符合国家和地方的现行规定。

6.4.3 白蚁防治应急处置应符合下列规定：

1 白蚁检查中发现重大的白蚁危害时，应立即启动应急处置措施。

2 白蚁检查中发现严重的白蚁危害时，应立即安排专人进行观测，并采取相应措施进行处置。发现蚁害导致的工程险情征兆时，应立即制定应急处置方案，并准备必要的抢险物资、设备和白蚁防治药物、器械。

3 发现大面积白蚁活动痕迹时，应立即标识和封闭区域，在区域内地面和地面附着物实施全面喷药，并加强观测、做好记录，直至表面白蚁消除，同时探查巢穴进行彻底灭治。

4 高水位期间发生因蚁害导致大坝出现漏洞、塌坑、散浸、裂缝等险情时，应按照"先抢险后治蚁"的原则先进行应急抢险，水位退到安全水位以下后再进行白蚁危害处置。

6.4.4 土石坝白蚁危害防治应达到的标准为连续 3 年以上无成年蚁巢、坝体无幼龄蚁巢。

6.5 其他动物危害防治

6.5.1 其他动物危害防治可采用下列方法：

1 采用人工捕杀法时，可在具有危害性的动物经常活动出没的地方，设置笼、铁夹、竹弓、陷井等进行捕杀；但应在周围设置栏杆等封闭措施及警告标示，防止人员误伤。

2 采用诱饵毒杀法时，可将拌有药物的食物，放在动物经常出没的地方，诱其吞食后中毒死亡；但应防止人或家畜误食。

3 对狐、獾等较大的动物，可采用人工开挖洞穴追捕法。

4 采用灌浆药杀法时，可用锥探灌浆方法将拌有药物的黏土浆液灌入巢穴内，驱赶或堵死动物，填塞洞穴。

6.5.2 对驱走或捕杀有害动物后留在坝体内的洞穴，应及时采取开挖回填或灌浆填塞等方法进行处理，不留隐患。

附录A 抢 修

A.1 一 般 规 定

A.1.1 汛期或高水位情况下，大坝发生的漏洞、管涌和流土、滑坡、塌坑、严重淘刷等现象，都属危及大坝安全的险情，必须进行紧急抢修。

A.1.2 抢修就是抢险，实行行政首长负责制和岗位责任制。

A.1.3 险情发生后，应迅速分析，准确判断，拟定抢修方案，统一指挥，及时组织抢修，并向上级主管部门和有关防汛部门报告。

A.1.4 险情发生后，应迅速降低库水位，减轻险情压力和抢修难度；为防止险情进一步恶化，对库水位的降低速度，宜不超过允许骤降设计值。

A.1.5 能按永久性要求抢修的险情，应按永久性要求进行一次性的抢修；不能按永久性要求抢修的险情，应采取临时性措施抢修，防止险情扩大，确保大坝安全；凡采取临时措施抢修的险情，汛后必须进行彻底处理。

A.2 漏 洞 的 抢 修

A.2.1 漏洞的抢修应按照"前堵后排，堵排并举，抢早抢小，一气呵成"的原则进行，即在临水坡堵塞漏洞进水口，截断漏水来源，在背水坡导渗排水，防止险情扩大。严禁使用不透水材料强塞硬堵出水口，以免造成更大险情。

A.2.2 临时堵塞洞口常用的方法可采用塞堵和盖堵，或两者兼用。当漏洞进口部位明显且较大时，可采用投物塞堵洞口、盖堵闭浸或围堰闭浸；当漏洞进口部位不明显，可采用土工膜或篷布盖堵方法堵塞漏洞进口。

A.2.3 背水导排应根据具体情况采用反滤盖压或反滤围井方法把水安全排出。当漏洞出水口小而多，且漏水量不大时，可用反滤盖压法；当漏洞出口只有一处，或较集中且流量较大时，可用反滤围井法。

A.2.4 堵塞漏洞进口应满足下列要求：

　　1 应以快速、就地取材为原则准备抢堵物料；用编织袋或草袋装土、作物禾梗、树木等作为投堵的物料；用篷布或油布进行盖培闭浸。

　　2 抢险人员应分成材料组织、挖土装袋、运输、抢投、安全监视等小组，分头行事，紧张有序地进行抢堵。

　　3 投物抢堵。当投堵物料准备充足后，应在统一指挥下，快速向洞口投放堵塞物料，以堵塞漏洞，减小水势。

　　4 止水闭浸。当洞口水势减小后，将事先准备好的篷布（或油布）沉入水下铺盖洞口，然后在篷布上压土袋，达到止水闭浸；有条件的也可在洞口外围用土袋作围堰止水闭浸。

 5 抢堵时，应安排专人负责安全监视工作；当发现险情恶化，抢堵不能成功时，应迅速报警，以便抢险人员安全撤退；抢堵成功后，应继续进行安全监视，防止出现新的险情，直到彻底处理好为止。

A.2.5 采用反滤盖压方法抢修渗水漏洞时，应满足下列要求：

 1 背水坝脚附近发生的渗水漏洞小而多，面积大，并连成片，渗水涌沙比较严重，可采用此法。

 2 根据当地能及时利用的反滤材料情况，可选择土工织物反滤压盖、砂石反滤压盖、梢料反滤压盖等方法抢护。

 3 采用土工织物反滤压盖时，应把地基上一切带有尖、棱的石块和杂物清除干净，并加以平整，然后满铺一层土工织物，其上再铺 0.4～0.5m 厚的砂石透水料，最后满压块石或砂袋一层；土工织物压盖范围至少应超过渗水范围周边 1.0m。

 4 采用砂石反滤压盖时，应先清理铺设范围内的杂物和软泥，对涌水涌沙较严重的出口应用块石或砖块抛填，消杀水势，然后普遍盖压一层约 0.2m 厚的粗砂，其上先后再铺各 0.2m 厚的小石和大石各一层，最后压盖一层块石保护层；砂石反滤压盖范围应超过渗水范围周边 1.0m。

 5 采用梢料反滤压盖时，其清基要求、消杀渗水水势均与土工织物、砂石反滤压盖相同；梢料铺盖应按层梢层席方式进行，即先铺一层厚 0.10～0.15m 的细梢料，后铺一层厚 0.15～0.20m 的粗梢料，再铺席片或草垫；其上再按细梢料、粗梢料、席片的顺序铺设，总厚度应以能制止涌水带沙，浑水变清，稳定险情为原则，然后在梢层上面压盖块石或砂袋，以免梢料漂浮。

 6 压盖工作完成后，应做集渗导排沟引排渗水，防止渗水漫溢；并应加强监视工作，密切监视原渗水范围是否有外延现象发生。

A.3 管涌和流土的抢修

A.3.1 管涌的抢修应按"反滤导渗，控制涌水，留有渗水出路"的原则进行；宜在背水面进行抢修，抢修方法应根据管涌险情的具体情况和抢修器材的来源情况确定，常用的方法有反滤压盖、反滤围井、减压围井和透水压渗台等。

A.3.2 采用反滤盖压方法抢修管涌时，应满足下列要求：

 1 适用于背水坝脚附近发生的管涌处数较多、面积较大、并连成片、渗水涌沙比较严重的地方。

 2 根据当地能及时利用的反滤材料情况，可选择土工织物反滤压盖、砂石反滤压盖、梢料反滤压盖等方法抢护；具体抢护方法和要求按附录 A.2.5 条规定执行。

A.3.3 采用反滤围井抢修管涌和流土时，应满足下列要求：

1 一般适用于背水坡脚附近地面的管涌、流土数目不多，面积不大的情况；或数目虽多，但未连成大面积，可以分片处理的情况；对位于水下的管涌、流土，当水深较浅，也可采用此法。

2 围井的具体做法应根据导渗材料确定，可采用砂石反滤围井、土工织物反滤围井和梢料反滤围井等。

3 反滤围井填筑前，应将渗水集中引流，并清基除草，以利围井砌筑；围井筑成后应注意观察防守，防止险情变化和围井漏水倒塌。

4 砂石反滤围井的具体做法与附录 A.2.5 条规定相同。

5 采用土工织物围井时，应将围井范围内一切带有尖、棱的石块和杂物清除，表面加以平整后，先铺土工织物，然后在其上填筑砂袋或砂砾石料，周围用土袋垒砌做成围井；围井范围以能围住管涌、流土出口和利于土工织物铺设为度，围井高度以能使漏出的水不带泥沙为度。

6 在土工织物和砂石料缺少的地方，可采用梢料围井；梢料围井应按细梢料、粗梢料、块石压顶的顺序铺设；细梢料一般用麦秸、稻草，铺设厚度为 0.2~0.3m；粗梢料宜采用柳枝和秫秸，铺设厚度为 0.3~0.4m；其填筑要求与砂石反滤围井相同。

A.3.4 采用减压围井抢修管涌和流土时，应满足下列要求：

1 适用于临水面与背水面之间水头差较小，高水位持续时间短，出险处周围地表坚实，当地缺乏土工织物和砂石反滤材料的情况。

2 减压围井的形式应根据险情的具体情况，有针对性地采用；对个别或面积较小的管涌或流土险情，可采用无滤层围井或无滤桶围井；对出现分布范围较大的管涌群险情时，可采用抢筑背水月堤；背水月堤的填筑工程量和完成时间，必须能适时控制险情的发展和安全的需要。

A.3.5 采用透水压渗台抢修管涌和流土时，应满足下列要求：

1 适用于管涌或流土较多，范围较大，当地反滤料缺乏，但砂土料源比较丰富的地方。

2 透水压渗台填筑前，应清除填筑范围内的杂物，迅速铺填透水性大的砂土料；不得使用黏土料直接填压，以免堵塞渗水出路，加剧险情恶化。

3 透水压渗台的厚度，应根据管涌、流土的渗压大小，填筑砂土料的物理力学性质，进行渗压平衡确定。

4 透水压渗台铺填完成后，应继续监视观测，防止险情发生变化。

A.4 塌坑的抢修

A.4.1 塌坑发生后，应迅速分析产生塌坑的原因，按塌坑的类型确定抢修方案。塌坑的类型有：塌坑内干燥无水或稍有浸水，属干塌坑；塌坑内有水，属湿塌坑。湿塌坑常伴有渗水、漏洞发生，要特别注意抢修。

A.4.2 抢护方法。干塌坑可采用翻填夯实法进行修理；湿塌坑可采用填塞封堵法或导渗回填法等方法进行修理。

A.4.3 采用翻填夯实修理干塌坑时，应先将坑内松土杂物翻出，然后用好土回填夯实。

A.4.4 采用填塞封堵法修理湿塌坑时，应遵照下列原则进行：

1 如果是临水面的湿塌坑，且塌坑不是漏洞的进口，可按填塞封堵法修理；如果塌坑成为漏洞的进口，则按漏洞的抢修方法进行抢修。

2 塌坑口在库水位以上时，可用干土快速向坑内填筑，先填四周，再填中间，待填土露出水面后，再分层用木杠捣实填筑，直至顶面。

3 塌坑口在库水位以下时，可用编织袋或麻袋装土，直接在水下填实塌坑，再抛投黏土帮宽帮厚封堵。

A.4.5 采用导渗回填修理塌坑时，应满足下列要求：

1 适用于背水面发生的塌坑。

2 应先将坑内松湿软土清除，再按反滤层要求铺设反滤料导渗。

3 反滤导渗层铺设好后，再用黏土分层回填压实。

4 导出的渗水，应集中安全地引入排水沟或坝体外。

A.5 滑坡的抢修

A.5.1 对于发展迅速的滑坡，应采取快速、有效的临时措施，按照"上部削坡减载，下部固脚阻滑"的原则及时抢修，阻止滑坡的发展；对于发展缓慢的滑坡，可按5.6节所述要求进行修理。

A.5.2 抢护应采用下列方法。

1 发生在迎水面的滑坡，可在滑动体坡脚部位抛砂石料或砂袋压重固脚，在滑动体上部削坡减载，减少滑动力。有条件时应立即停止放水，避免库水位持续下降。

2 发生在背水面的滑坡，可采用压重固脚、滤水土撑、以沟代撑等方法进行抢修。宜降低库水位，但应控制降低速度，避免迎水面发生滑坡。

A.5.3 采用压重固脚方法抢修时，应符合下列规定：

1 适用条件：坝身与基础一起滑动的滑坡。

2 坝区周围有足够可取的作为压重体的当地材料。

3 压重体应沿坝脚布置，宽度和高度视滑坡体的大小和所需压重阻滑力而定；堆砌压重体时，应分段清除松土和稀泥，及时堆砌压重体；不得沿坡脚全面同时开挖后，再堆砌压重体。

A.5.4 采用滤水土撑法抢修时，应符合下列规定：

1 适用条件：坝区石料缺乏、滑动裂缝达到坝脚的滑坡。

2 土撑布置：应根据滑坡范围大小，沿坝脚布置多个土撑；两端压着裂缝各布置一个土撑，中间土撑视滑坡严重程度布置，间距宜为 5～10m；单个土撑的底宽宜为 3～5m，土撑高度宜为滑动体的 1/2～2/3，土撑顶宽 1～2m，后边坡 1：4～1：6；视阻滑效果可加密加大土撑。

3 土撑结构：铺筑土撑前，应沿底层铺设一层 0.10～0.15m 厚的砂砾石（或碎砖、芦柴）起滤水导渗作用，再在其上铺砌一层土袋，土袋上沿坝坡分层填土压实。

A.5.5 采用以沟代撑法抢修时，应符合下列规定：

1 适用条件：坝身局部滑动的滑坡。

2 撑沟布置：应根据滑坡范围布置多条 I 形导渗沟，以导渗沟作为支撑阻滑体，上端伸至滑动体的裂缝部位，下端伸入未滑动的坝坡 1～2m，撑沟的间距视滑坡严重程度而定，宜为 3～5m。

3 有关撑沟的构造要求按第 5 章的规定执行。

A.6　洪水漫坝顶的抢护

A.6.1 当可能出现洪水位超过坝顶的情况时，应快速在坝顶部位抢筑子堰，防止洪水漫坝顶；子捻形式应以能就地取材、抢筑容易为原则进行选择；宜采用土袋子堰。

A.6.2 采用土袋子捻抢护坝顶时，应遵照下列原则进行：

1 人员组织。应将抢险人员分成取土、装袋、运输、铺设、闭浸等小组，分头各行其事，做到紧张有序，忙而不乱。

2 土袋准备。可用编织袋、麻袋或草袋，袋内装土七八成满，不得用绳扎口，以利铺设。

3 铺设进占。在距上游坝肩 0.5～1.0m 处，将土袋沿坝轴线紧密铺砌，袋口朝向背水面；堰顶高度应超过推算的最高水位 0.5～1.0m；子堰高不足1.0m 的可只铺单排土袋，较高的子堰应根据高度加宽底层土袋的排数；铺设土袋时，应迅速抢铺完第一层，再铺第二层，上下层土袋应错缝铺砌。

4 止水闭浸。应随同铺砌土袋的同时，进行止水闭浸工作；止水方式可采用在土袋迎水面铺塑料薄膜或在土袋后打土戗；采用塑膜止水时，塑膜层数不少于两层，塑膜之间采用折扣搭接，长度不小于 0.5m，在土袋底层脚前沿坝轴线挖 0.2m 深的槽，将塑膜底边埋入槽内，再在塑膜外铺一排土袋，将塑膜夹于两排土袋之间；采用土戗止水时，应在土袋底层边沿坝轴线挖宽0.3m、深 0.2m 的结合槽，然后分层铺土夯实，土戗边坡不小于 1：1。

5 随着水位的上涨，应始终保证子堰高过洪水位，直至洪水下落到原坝顶以下，大坝脱险为止。

6 汛后，应重新进行洪水复核，选择经济合理的加固方案，进行彻底处理。

附录 B 修　　理

B.1　坝体裂缝修理

B.1.1　土石坝裂缝类型及特征见表 B.1.1。

表 B.1.1　土石坝裂缝类型及特征表

类型	裂缝名称	裂 缝 特 征
按裂缝部位	表面裂缝	裂缝暴露在坝体表面，缝口较宽，一般随深度变窄而逐渐消失
	内部裂缝	裂缝隐藏在坝体内部，水平裂缝常呈透镜状，垂直裂缝多为下宽上窄的形状
按裂缝走向	横向裂缝	裂缝走向与坝轴线垂直或斜交，一般出现在坝顶，严重的发展到坝坡，近似铅垂或稍有倾斜，防浪墙及坝肩砌石常随缝开裂
	纵向裂缝	裂缝走向与坝轴线平行或接近平行，多出现在坝顶及坝坡上部，有的也出现铺盖上，一般较横缝长
	水平裂缝	裂缝平行或接近水平面，常发生在坝体内部，多呈中间裂缝较宽，四周裂缝较窄的透镜状
	龟纹裂缝	裂缝呈龟纹状，没有固定的方向，纹理分布均匀，一般与土石坝表面垂直，缝口较窄，深度 0.1～0.2m，很少超过 1m
按裂缝成因	沉陷裂缝	多发生在坝体与岸坡接合段，河床与台地接合段，土石坝合龙段，坝体分区分期填筑交界处，坝下埋管的部位，坝体与溢洪道边墙接触的部位等
	滑坡裂缝	裂缝中段接近平行于坝轴线，缝两端逐渐向坝脚延伸，在平面上呈弧形，缝较长。多出现在坝顶、坝肩、背水坡坝坡及排水不畅的坝坡下部。在水位骤降或地震情况下，迎水坡也可能出现。形成过程短促，缝口有明显错动，下部土体移动，有离开坝体倾向
	干缩裂缝	多出现在坝体表面，密集交错，没有固定方向，分布均匀，有的呈龟纹裂缝形状，降雨后裂缝变窄或消失。有的也出现在防渗体内部，其形状呈透镜状
	冰冻裂缝	发生在冰冻影响深度以内，表层呈破碎、脱空现象，缝宽及缝深随气温变化
	振动裂缝	在经受强烈振动或烈度较大的地震后发生纵横向裂缝，横向裂缝的缝口有时间延长，缝口逐渐变小或弥合；纵向裂缝的缝口没有变化。防浪墙多出现裂缝，严重的可能使坝顶防浪墙及灯柱倾倒

B.1.2　土石坝裂缝形成的主要原因见表 B.1.2。

表 B.1.2　土石坝裂缝形成的主要原因

分类		成　因
表面裂缝	横向裂缝 设计	1. 坝轴线方向坝基地质条件或地形变形差异较大，坝体压缩变形不同，相邻断面不均匀沉降 2. 坝体下部与刚性建筑物连接，造成其与邻近区域内的压缩变形差异较大 3. 坝端存在未经处理的湿陷性黄土，蓄水后发生沉陷设计各坝段断面不同，或在平面上采用折线型或反拱坝型，造成局部应力集中 4. 坝端有拉应力集中的部位
	横向裂缝 施工	1. 分段填筑时，各坝段施工进度不同，上升速度不一致，接合部位坡度太陡等产生不均匀沉降 2. 分段分期施工及合龙段采取台阶式连接，产生不均匀沉降 3. 碾压不密实，坝体干容重低，或压实密度不同，特别是坝下埋管部位，管壁填土夯实不够，开成裂缝 4. 未按设计要求填土，各坝段土料不同，沉降不均匀，形成裂缝 5. 加高大坝后所延长的坝段与原有坝体产生不均匀沉降引起裂缝 6. 地震及其他强烈振动 7. 干缩冻胀等原因
	横向裂缝 其他	1. 地震及其他强烈振动影响 2. 干缩冻胀影响
	纵向裂缝 设计	1. 沿坝基横断面地质条件差异较大 2. 坝体跨骑在条形山脊上，坝体固结沉陷时同时向两侧移动引起裂缝 3. 深层透水坝基，由于截水墙的压缩性远高于两侧天然地基，导致不均匀沉降 4. 坝基存在未经处理的湿陷性黄土，上游侧先蓄水沉降，下游侧后沉降 5. 斜墙坝和心墙坝的防渗体与透水体的沉降速度不同 6. 设计坝坡太陡，抗滑稳定系数不够
	纵向裂缝 施工	1. 培厚加高施工，新老坝体不均匀沉降 2. 贴坡导渗处理时砂层压实度不够，渗水作用下砂层湿陷，接合面顶部形成裂缝 3. 坝体压实不够，压实密度不均匀 4. 横断面分期施工时，分别从上、下游取土，土料性质不同；上、下游填筑进度不平衡，填筑层高过大、接合面坡度太陡，碾压质量差或漏压 5. 未按设计断面完成，坝坡过陡、背水坡渗水逸出点抬高、坝坡渗透稳定性不够
	纵向裂缝 管理	1. 库水位骤降，超过设计允许值，迎水坡产生较大孔隙水压，可能产生纵向裂缝，甚至滑坡 2. 坝体排渗设施堵塞或损坏 3. 坝坡堆放重物，附加荷载造成裂缝
	纵向裂缝 其他	1. 地震及其他强烈振动影响 2. 背水坡为草皮护坡，暴雨后排水不畅，表面发生裂缝
	龟纹裂缝	长期干燥影响下，表面含水蒸发，土体收缩干裂温度发生强烈变化

表 B.1.2（续）

分类		成 因
内部裂缝	水平裂缝	1. 薄心墙坝，心墙后期可压缩性比两侧坝壳大，心墙下部沉陷，而上部在坝壳挤压下不能下沉，造成心墙拉裂 2. 在峡谷高压缩性地基上筑坝时，上部坝体因为拱作用不能沉降，与下部沉降坝体间形成水平裂缝 3. 填土质量差，未碾压密实，引起干缩裂缝 4. 分期填筑时，先期与后期之间的边界存在漏压 5. 分期填筑时，降雨及长期曝晒时表面处理不善
	横向裂缝	坝基局部有高压缩性软弱夹层，其压缩性远比相邻坝基大，局部坝体下部产生拉应变，引起横向裂缝
	纵向裂缝	1. 坝体下部和刚性结构物连接部位，会因不均匀沉降产生应力集中，形成裂缝 2. 由于填筑料含水量过高，竣工后土体因水分蒸发，干缩变形，坝体内部产生拉应力，形成裂缝

B.1.3 采用开挖回填修理坝体裂缝时，可分别采用梯形楔入法、梯形加盖法和梯形十字法，见图 B.1.3。

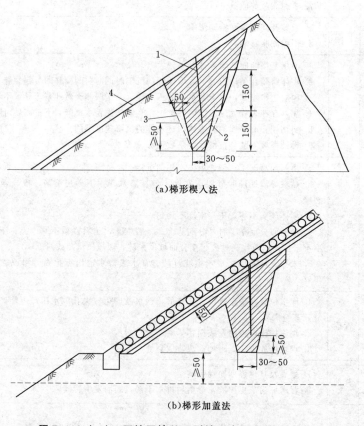

（a）梯形楔入法

（b）梯形加盖法

图 B.1.3（一） 开挖回填处理裂缝示意图（单位：cm）

1—裂缝；2—开挖线；3—回填时削坡线；4—草皮护坡

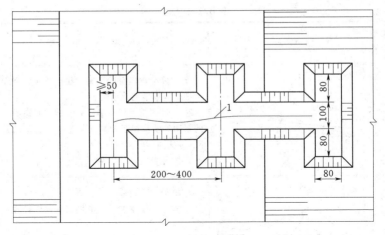

(c)梯形十字法

图 B.1.3（二） 开挖回填处理裂缝示意图（单位：cm）

1—裂缝；2—开挖线；3—回填时削坡线；4—草皮护坡

B.2 坝体滑坡修理

B.2.1 土石坝滑坡类型及特征见表 B.2.1。

表 B.2.1 土石坝滑坡类型及特征表

类型	滑坡名称	滑坡形状	滑坡特征
按滑坡的性质	剪切性滑坡		1. 坝面首先出现一条主要的纵向裂缝（以下简称主裂缝）及一些不连续的短小裂缝。主裂缝两端逐渐以弯弧形向坝体下部延伸，随着滑坡的发展，上述变形逐渐加快 2. 主裂缝两侧上下错开，随着滑坡的发展，错动距离逐渐加大，滑动体下部将出现带状或椭圆形隆起，并向下游推移 3. 坝坡越陡，滑坡的可能越大
	塑流性滑坡		1. 多发生在含水量较大的高塑性黏土填筑的坝体 2. 滑坡的性质是由于土的蠕动作用或塑性流动 3. 在滑坡前，滑动体上部通常不出现明显的纵缝，而是坡面的位移量连续增加。滑动体下部也可能有隆起现象，其中沿软弱层发生的塑流滑坡也会出现纵向裂缝和错距 4. 滑坡过程较为缓慢，但含水量较大、排水不良时，塑性流动也会出现较快的速度

表 B.2.1（续）

类型	滑坡名称	滑坡形状	滑坡特征
按滑坡的性质	液化性滑坡		1. 多发生在坝身或坝基有级配均匀、密度较小的中细砂或细砂的土坝 2. 滑坡的原因是当细砂处于饱和状态时，受强烈的振动，砂粒相互脱离处于悬浮状态，以致失去或降低抗滑能力 3. 骤然发生，无征兆
按滑面的形状	圆弧滑坡		1. 滑动面呈圆弧形 2. 滑弧上端通常位于坝顶或靠近坝肩的上下游坡面上 3. 建于基岩或坚实地基的土坝，滑弧将通过坝趾或坝坡；若属于土基，滑弧有可能穿过坝基
按滑面的形状	折线滑坡		1. 多发生在斜墙坝与心墙坝 2. 在沿滑坡体中心且垂直于坝轴线的剖面上，滑缝为两个或两个以上折线构成。砂质坝或砂质坝壳，一般以水位高程为滑缝转折点
	混合滑坡		1. 多发生在坝基或坝体有软弱夹层的土坝 2. 在滑坡体中心且垂直于坝轴线的剖面上，滑缝由通过软弱层的直线与坝体内的曲线组成。当软弱夹层的厚度超过 5m 时，滑面也可能呈圆弧状
按滑坡的部位	上游滑坡		1. 多发生在水位骤降、大风浪袭击或地震等时期 2. 滑坡体的大小与高度取决于水位骤降的幅度和速度、风浪的大小、地震的烈度等
	下游滑坡		1. 多发生在高水位、持续的特大暴雨和地震时期 2. 滑坡体上部位于坝顶者较为常见

B.2.2 土石坝滑坡形成的主要原因见表 B.2.2。

表 B.2.2　土石坝滑坡形成的主要原因

分类		成因
坝体滑坡	设计	1. 基础有淤泥层或其他高压缩性土，勘察未探明，设计未能进行处理 2. 选择坝址时，未能避开渊潭或水塘，坝脚沉降过大引起滑坡 3. 坝端破碎带采取适当防渗措施，产生绕坝渗漏，使局部坝体饱和，引起滑坡 4. 设计中计算指标选用偏高，或对地震考虑不够，坝坡过陡 5. 排水设计不当，背水坡出现渗水逸出，浸润线抬高，引起坝体滑坡

表 B. 2. 2（续）

分类		成　因
坝体滑坡	施工	1. 碾压不实，干容重未达标，土体抗剪强度不足 2. 水中填筑时未能严格按施工技术要求进行，形成集中软弱层 3. 抢筑临时拦洪断面和合龙段，过坡过陡，填筑质量差 4. 冬季施工没有采取适当措施，冻土层解冻后形成软弱层 5. 将黏性较大、透水性较小的土料填筑在下部，黏性较小、透水性较大的土料填筑在上部，蓄水后，背水坡上部湿润饱和，造成滑坡 6. 心墙坝的砂壳填筑不好，蓄水后产生较大湿陷 7. 土坝加高培厚，新旧坝体之间结合不好，渗水饱和后造成背水坡滑坡
	管理	1. 库水位下降速度过快，上游坝体不能及时排水，形成较大的渗透压力，造成坝坡失稳 2. 坝体土料中的细颗粒堵塞了排水体，浸润线抬高，土体饱和度增加，抗剪强度降低 3. 坝后减压设施堵塞，坝基渗透压力和浮托力增加
	其他	1. 强烈地震引起坝体滑坡 2. 持续大暴雨，使坝体土体饱和，风浪淘刷破坏护坡形成陡坎 3. 大坝附近爆破施工，坝体上部堆载过大

B. 3　坝　体　渗　漏　修　理

B. 3. 1　土石坝渗漏类型及特征见表 B. 3. 1。

表 B. 3. 1　土石坝渗漏类型及特征表

类型	渗漏类别	渗漏特征
按渗漏的部位	坝体渗漏	渗漏的逸出点均在背水坡面或坡脚，其逸出现象有散浸（坝坡湿润）和集中渗漏
	坝基渗漏	渗水通过坝基的透水层，从坝脚或坝脚以外的覆盖层的薄弱部位逸出。如坝后沼泽化、流土和管涌等
	接触渗漏	渗水从坝体、坝基、岸坡的接触面或坝体与刚性建筑物的接触面通过，在坝后相应的部位逸出
	绕坝渗漏	渗水通过坝端山体未挖除的坡积层、岩石裂缝、溶洞和生物洞穴等从下游岸坡逸出
	散浸	坝体渗漏部位呈湿润状态，随时间延长可使土体饱和软化，甚至在坝下游坡面形成细小而分布较广的水流
	集中渗漏	渗水可从坝体、坝基或两岸山体的一个或几个孔穴集中流出。有无压流或射流两种。有清水也有浑水

B. 3. 2　土石坝渗漏形成的主要原因见表 B. 3. 2。

表 B.3.2 土石坝渗漏形成的主要原因

分类		成因
坝体渗漏	设计	坝体单薄，边坡太陡，渗水从滤水体以上逸出 防渗体设计断面不足；与下游坝体缺乏良好的过渡层，使防渗体破坏而渗漏 坝下埋管强度不足；埋管位于性质差异较大的地基时未做特殊处理，造成管身断裂；埋管管身未做截水环或截水环尺寸不足 坝后滤水体排水效果不良；对下游可能出现的洪水倒灌无防护措施，泄洪时滤水体被淤塞，迫使坝体浸润线抬高，渗水从坡面逸出
	施工	分层填筑时碾压层太厚，碾压不密实，致使每层填土上部密实而下部疏松，形成水平渗漏通道 填料含量砂砾太多，渗透系数过大 未控制好填料含水量，碾压未达到设计要求的密实度 分段填筑时，由于土层厚薄不同，上升速度不一致，相邻两段的接合部分少压或漏压形成松土带 取土不合理，将透水性较小的土料填在下部，透水性较大的土料填在上部，致使浸润线与设计不符，渗水从坝坡逸出 冬季施工时，未对冻土做彻底处理，冻土被填在坝体内，形成软弱夹层 滤水体施工时，砂石料质量不好，级配不合理，或滤层材料铺设混乱，或被削坡弃土堵塞，使得滤水体作用降低或失效
	其他	白蚁及其他动物危害 地震引起的贯穿性裂缝
坝基渗漏	设计	勘探工作深度不够，设计时未能采取有效防渗措施 防渗措施不满足抗渗要求 黏土铺盖与透水砂砾石地基之间未设有效的滤层，铺盖在渗水压力作用下破坏 对天然铺盖了解不够，薄弱部位未做补强处理
	施工	水平铺盖和垂直防渗设施施工质量较差 管理不善，在库内任意取土，造成天然铺盖受损 基岩的强风化和破碎带未处理，截水墙未深入至新鲜基岩上 基岩上部的冲积层未按设计要求彻底清理干净
	管理	库水位消落，黏土铺盖裸露曝晒出现开裂，或在铺盖上取土或打桩 减压井或其他防渗措施养护维修不善，出现问题后未及时处理 坝后任意取土
接触渗漏		基础处理不好，未做接合槽或做得不彻底 坝肩接合部分坡面太陡，且清基不彻底，或未做防渗刺墙 埋管、闸墙等混凝土与坝体接合处因施工条件不好，回填质量差，或未做截水环（墙）及其他止水措施
绕坝渗漏		岸坡存在渗水通道 岸坡天然铺盖被破坏 溶洞及生物洞穴或植物腐烂形成孔洞

B.4 沥青混凝土面板修理

B.4.1 沥青混凝土面板结构形式可分为简式断面和复式断面，结构形式见图 B.4.1。

B.4.2 沥青混凝土面板封闭层厚度宜为 1～2mm；防渗层厚度宜为 6～10cm；整平胶结层厚度宜为 5～10cm。复式断面沥青混凝土面板排水层厚度宜为 6～10cm，下防渗层厚度宜为 5～8cm。防渗层和排水层厚度可按 SL 501—2010 附录 C 的规定进行核算。

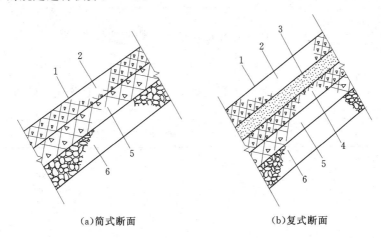

(a)简式断面　　　　　　　　(b)复式断面

图 B.4.1 沥青混凝土面板断面形式

1—封闭层；2—防渗层（复式断面为上防渗层）；3—排水层；
4—下防渗层；5—整平胶结层；6—垫层

标准用词说明

标准用词	严格程度
必须	很严格，非这样做不可
严禁	
应	严格，在正常情况下均应这样做
不应、不得	
宜	允许稍有选择，在条件许可时首先应这样做
不宜	
可	有选择，在一定条件下可以这样做

标准历次版本编写者信息

SL 210—98

本标准主编单位：湖北省水利厅

本标准参编单位：荆州市水利局

　　　　　　　　宜昌市水利局

　　　　　　　　襄阳市水利局

　　　　　　　　漳河水库管理局

本标准主要起草人：刘贵永　　杨常武　　倪汉文　　乐志明

　　　　　　　　　徐兴孝　　李体福

中华人民共和国水利行业标准

土石坝养护修理规程

SL 210—2015

条 文 说 明

目　次

1 总 则

1.0.1 本条是规程编制的目的和依据。近年来大量养护、修理的新材料、新技术、新方法应用于水利水电工程中，其技术也日趋成熟，本次修订将这些新材料、新技术、新方法纳入到本规程中。同时将除土石坝以外的其他水工建筑物、地下洞室、边坡、设施等的养护与修理也纳入本规程中，便于大坝运行管理单位实际操作。

1.0.2 土石坝的等级划分标准按照 SL 252《水利水电工程等级划分及洪水标准》执行。

我国现有各类型水库 9 万余座，其中 90％以上水库大坝是土石坝。其他类似土石坝的坝型，如水中填土坝、水力冲填坝、爆破堆石坝等的养护和修理均可参照本规程执行。

养护修理对象包括：作为主要挡水建筑物的土石坝及坝上附属设施；与土石坝配套的其他水工建筑物、地下洞室等，如：进/出水口塔体、引（输）水隧洞、电站厂房（含球阀室、地下厂房、主变室、尾闸室、尾调室等地下洞室群和地面厂房）、尾水隧（支）洞、调压井（室）、导流洞、泄洪洞、溢洪道、消力池（或水垫塘）、交通洞、施工洞等；与枢纽安全有关的边坡（滑坡），如隧洞进/出口边坡、近坝工程高边坡、近坝库岸滑坡等；与枢纽安全有关的设施，如安全监测设施、排漂设施、防护栏杆及安全警示标志等。

1.0.3 土石坝的修理包括及时性维修、岁修、大修和抢修。岁修、大修所进行的工程是永久性工程；抢修多属临时性的抢护工程，事后还要再按永久性工程进行大修处理，故将抢修置于附录 A 内。根据汛后全面检查所发现的工程问题，编制岁修计划，报批后进行岁修。当工程发生较大损坏、修复工作量大，技术性较复杂时，运行管理单位亦可报请上级主管部门邀请设计、科研及施工等单位共同研究制订专门的修复计划，报批后进行大修。当工程发生事故，危及工程安全时，运行管理单位应立即组织力量进行抢修（或抢险），并同时上报主管部门采取进一步的处理措施。

1.0.4 土石坝枢纽的检查与养护是重点，运行管理单位应特别重视检查与养护。检查和养护可将病害消除在萌芽状态，既可保证大坝安全，又可大大降低维修费用。

1.0.6 较大修理项目指修理工程量较多、投资较大的项目；重大修理项目指影响工程整体安全的项目或投资大的项目。较大修理项目与重大修理项目的区分由大坝主管部门根据投资审批权限和对工程的安全影响程度确定。因人工费、材料费、机械使用费等均为不确定因素，本标准未对投资额度进行明确界定，具体判别时由大坝主管部门掌握。

1.0.8　经本次修订后，本标准与 SL 230《混凝土坝养护修理规程》均包括了与土石坝和混凝土坝相关的其他水工建筑物、地下洞室、边坡及设施。为避免两部规范重复内容太多，将边坡的养护与修理放在本标准中，而将枢纽其他水工建筑物、地下洞室、金属结构、安全监测设施等的养护和修理放在 SL 230 中，具体执行时可以互相参照。

3 检 查

3.1 一 般 规 定

3.1.1 检查是养护修理的基础，是发现工程异常和损坏的重要手段，因此需按照本标准和有关规范的规定对土石坝及其枢纽所包含其他水工建筑物、地下洞室、边坡、设施等进行检查。

检查项目和内容结合需要检查的对象制定，详见 3.3 节和 SL 551《土石坝安全监测技术规范》中的现场检查部分。

3.1.2 检查方案主要包括检查项目、检查内容、检查时间、检查频次、检查人员组成、检查路线、检查工具、检查方法与检查记录等具体内容。

3.1.4 消力池定期抽水或水下视频检查的时间一般为 5~10 年，一般与大坝安全定期检查时间相同，在每次大坝安全定期检查前进行。两次大坝安全定期检查期内抽水检查或水下视频检查的次数不能少于 1 次。

3.1.6 SL 551 现场检查一章较为详细地规定了检查的各项内容和方法，其中部分检查内容与养护、修理需要检查的内容重复，其检查结果可直接引用，作为养护和修理的依据。这样做可以大大减少检查的工作量，避免人力和物力浪费。

3.2 检查分类、时间和频次

3.2.3、3.2.4 对于特别检查，必要时组织专人对可能出现险情的部位进行连续监视。如果土石坝枢纽既满足年度检查的要求，又满足特别检查的要求，可以将特别检查与年度检查可以结合起来进行。

3.3 检查项目和内容

3.3.2 日常巡视检查、年度检查与特别检查的内容要有所区别和侧重。日常巡视检查主要针对日常巡视中容易被直观发现的缺陷，如坝坡表面缺陷、裂缝，混凝土裂缝、剥蚀，坝体与坝基渗漏，金属结构腐蚀与变形，岩土体裂缝与表面松动，排水导渗设施损坏与淤堵等。年度检查主要针对不易被直观发现或特殊运行工况下才可能出现的缺陷，如坝体滑坡、混凝土碳化、混凝土冻融剥蚀、泄洪道（洞）与消力池混凝土磨损和空蚀、水下缺陷、淤积等。特别检查主要针对特殊工况下出现了险情或有险情征兆时有明显变化的缺陷，如迅速增大的混凝土裂缝、渗漏量突变的渗漏、迅速增加的大坝、围岩与边坡变形等。

3.4 检查方法和要求

3.4.3 年度检查和特别检查的准备工作包括:

(1) 安排好水库调度,为检查输水、泄水建筑物或进行水下检查创造条件。

(2) 做好电力安排,为检查工作提供必要的动力和照明。

(3) 排干检查部位的积水,清除检查部位的堆积物。

(4) 安装或搭设临时交通设施,便于检查人员行动和接近检查部位。

(5) 采取安全防范措施,确保检查工作、设备及人身安全。

(6) 准备好工具、设备、车辆或船只,以及测量、记录、绘草图、照相、录像等器具。

4 养　护

4.1　一　般　规　定

4.1.3　随着我国水库大坝运行管理水平的提升和维护费用的增加，养护已成为保障大坝安全和正常运行的重要措施。大多数水库大坝除了日常开展的及时性养护和定期养护外，还专门针对冻害、碳化、空蚀等病害开展了专门养护。因此，本次修订增加了养护的分类，将养护划分为经常性养护、定期养护和专门性养护。

4.1.4　如果养护所采用的技术、材料和方法有相应的技术标准，除按本标准规定执行外，还应符合相应技术标准的规定。

4.2　坝　顶　养　护

4.2.3　坝端是指坝体与山坡的接触部分，易遭到破坏，也易忽视，在此特别列出。

4.3　坝　坡　养　护

4.3.5　草皮养护的方法有很多，管理单位要根据所使用的草种选择相应的养护方法。

4.4　混凝土面板养护

4.4.1　因混凝土面板位于大坝上游，部分浸没于水下，进行保养和防护时要注意采取相应的安全措施。若为定期养护或专门性养护，不具备水库放空条件时，一般采用降低库水位，使面板露出水面的部分更多。

4.4.3　一般情况下，变形缝止水带不需要特别养护，若出现大面积破损或老化，则需纳入修理的范畴。

4.5　坝　区　养　护

4.5.1　坝区是指按国家规定划定的大坝管理范围，本标准特指除坝顶与坝坡之外的属于大坝管理范围的区域，包括了坝基。

4.6　边　坡　养　护

4.6.2　边坡排水沟破损后，沟内的水会渗入边坡岩土体中，增加渗透压力，并减少岩体和土体的力学参数，引起边坡失稳，因此边坡排水沟出现破损时要及时修复。

4.6.3 对于可能发生滚石的边坡，其防护设施主要是防护网。防护网在公路边坡中应用较为广泛，技术较为成熟，可以应用于水利水电工程中。

4.6.5、4.6.6 边坡加固措施主要有预应力锚索、锚杆、挡土墙、抗滑桩等，抗滑桩位于边坡岩土体内部，无法进行养护。本标准仅列出挡土墙、预应力锚索、锚杆的养护，其中预应力锚索和锚杆的承力部分位于边坡岩土体内，无法进行养护，仅需对其外露的部分进行养护。

5 修 理

5.1 一 般 规 定

5.1.5 坝体渗漏、裂缝、滑坡等病害的修理方法不是各自独立的，往往一种方法既可以修理渗漏问题，也可能修理裂缝和滑坡问题，因此选择修理方法时需综合考虑，以减少修理成本。

5.2 病害调查与成因分析

5.2.1 存在下列一种或多种情况的边坡可以初步判别为有可能失稳的边坡：

（1）顺坡向卸荷裂隙发育。

（2）已发生倾倒变形或蠕变。

（3）下软上硬的双层或多层结构边坡已发生张裂变形。

（4）开挖边坡岩体为碎裂结构和散体结构。

（5）岩质边坡存在有倾向坡外的结构面，且结构面的倾角小于坡角并大于其内摩擦角。

（6）坡面上出现平行边坡走向的张裂缝或环形裂缝。

（7）分布有巨厚层崩积物。

（8）坡脚被水淹没或水流淘刷的土质边坡。

（9）有迹象表明边坡有可能失稳或曾经失稳的边坡。

5.2.3 无损隐患探测的主要方法及适用条件如下：

（1）电磁法。包括瞬变电磁法、频率域电磁法、可控源音频大地电磁法等。可以用于探测土石坝坝体和防渗墙的均匀性、孔洞，黏土斜墙的连续性、空洞，土石坝管涌和散浸等。

（2）高密度电法。可以用于土石坝裂缝、空洞、渗漏等隐患探测。

（3）示踪法。包括染料和其他非放射性材料示踪法、同位素示踪法，可以用于土石坝渗漏探测。

（4）地质雷达法。可以用于土石坝渗漏区、空洞、松散区及坝基软弱层等隐患探测，也可以用于坝体浸润线及砂土特性等。

（5）声波法。可以用于土石坝渗漏探测。

（6）连续表面波法。可以用于土石坝裂缝、松散区、防渗墙质量等隐患探测。

（7）红外热像法。可以用于土石坝渗漏探测。

（8）地温法。可以用于土石坝渗漏探测。

5.2.4 土石坝病害类型的判断，可以采取下列方法：

（1）坝体内部裂缝的判断。

一般可以结合坝基、坝体情况从下列几个方面进行分析判断，如有其中之一，可能产生内部裂缝：

a. 当库水位每次上升到某一高程时，在无外界影响的情况下，渗漏量突然增加，且较有规律性。

b. 沉降和位移量比较大的坝段。

c. 填筑碾压质量较差，沉降量比设计值小，而且没有其他客观因素影响。

d. 个别测压管水位比同断面的其他测压管水位低很多，浸润线呈现反常；或注水试验，其渗透系数远高于其他部位；或当库水位上升到某一高程时，测压管水位突然升高。

e. 钻探时孔口无回水，或钻杆突然掉落。

f. 沉降率悬殊的相邻坝段。

（2）坝体滑坡的判断。

一般可以根据经常性检查、观察的情况，并结合安全监测资料分析结果，从下列几个方面进行分析判断：

a. 从裂缝的形状进行判断。滑动裂缝的主要特征表现为：主裂缝两端有向坝坡下部逐渐弯曲的趋势；主裂缝两侧有错动。

b. 从裂缝发展规律进行判断。滑动性裂缝初期发展缓慢，后期逐渐加快。

c. 从坝坡位移规律进行判断。坝坡在短时间内出现持续而显著的位移时，特别是伴随有裂缝现象时。坝坡下部水平位移大于上部水平位移；坝坡下部垂直位移向上，上部垂直位移向下。

d. 从浸润线监测成果进行判断。当库水位相近而测压管水位逐渐升高时需特别关注。

e. 根据孔隙水压力监测成果进行判断。如实测孔隙压力系数高于设计值时，对坝坡稳定不利，需及时进行坝坡稳定复核，并做出滑坡判断。

（3）大坝坝体和坝基的异常渗漏。可以根据下列现象进行判别：

a. 土石坝发生散浸、漏水、翻砂冒水、砂沸、管涌流土或沼泽化、塌坑、浑水等现象时，上游发生漩涡、翻泡、塌坑等现象时，可以判定为异常渗漏。

b. 对坝后渗流进行观察，发现下列现象时，可能存在异常渗漏。

ⅰ）观察坝后渗出的水色、部位和表面现象。如果是清澈见底、不含土颗粒，一般正常渗漏。如果渗水由清变浊，或明显可见土颗粒，则属于异常渗漏。

ⅱ）坝脚出现集中渗漏，如果渗漏量剧增，或渗水突然变浑浊，则是坝体发生渗漏破坏的征兆。如果渗漏量突然减少和中断，可能是渗漏通道顶壁坍塌引起的暂时堵塞，是坝体渗漏破坏进一步恶化的征兆。

ⅲ）滤水体以上坝坡渗水均属异常渗漏。

ⅳ）渗水颜色为红色、黑色等，可能是渗水带出土料中的矿物质，会引起渗透破坏或堵塞滤水体。

c. 根据安全监测资料分析成果进行异常渗漏判断。

ⅰ）根据库水位、测压管水位、渗漏量等过程线及库水位与测压管水位关系曲线、库水位与渗漏量关系曲线来判断渗漏情况。

ⅱ）库水位相同的情况下，渗漏量不变或逐年减少为正常渗漏。渗漏量随时间增加而增大，甚至发生突然变化，属于异常渗漏。

5.3 坝 坡 修 理

护坡是土石坝外部结构的重要组成部分。设置护坡的目的主要是抵御风浪、防护冰凌、防止雨水冲刷和风蚀，保护坝身。护坡的类型很多，根据当地建筑材料不同而异，本标准中仅列出了砌石护坡、混凝土护坡和草皮护坡等常见护坡类型的修理方法和要求，其他类型的护坡可参照类似护坡的修理方法和要求进行修理。

严寒冰冻地区大坝护坡的养护修理，东北地区有很多好的经验，其主要经验是：①护坡尺寸和厚度需满足承受风浪和冰推力的要求；②垫层需满足防止冲刷、管涌的要求；③坝体如为黏土时，需在其中修一层防冻保护层。

沿海台风地区大风浪是大坝护坡损坏的重要因素，海南、广东、福建等省对护坡抗御大风浪都有很好的经验，主要是用大块径、大重量的石料，竖砌紧密。

西北地区有许多粉砂壤土的坝体，易受雨水冲刷和风的侵蚀，对坝体的保护，山西、陕西等省也有许多好经验，主要是在坝体表面加做黏性土保护层和加强坝面排水设施，尤其是要在下游坝肩做纵向排水沟，防止雨水直接冲刷坝坡。

本标准将这些经验已列入条文中。

5.3.3 有关浆砌石所采用的水泥标号和砂料指标，详见 SD 120—84《浆砌石坝施工技术规定》第 2.1.2 条和第 3.2.4 条。

5.3.6 低茎蔓延的草类可以采用爬根草（或称盘根草，蜈蚣草）。

湖北省使用草甘膦除草剂消除坝坡杂草效果很好，故本标准推荐使用该药剂进行大坝的除杂净草。使用时需注意下列问题：

（1）药液配比。草甘膦：清水为 1∶2～1∶4，为增强药液附着力，可在每千克药液中参配 0.2kg 洗衣粉。

（2）施药时间。以杂草生长旺盛至成熟的 7—8 月为好，喷药时间要选择露水干后的晴热高温天气，这样有利于药液的吸收和传导。

（3）施药方法。用一般喷雾器均匀喷洒，以杂草叶面附满水珠为准。

（4）药效检验。喷药后 7～10d，杂草开始凋萎枯黄，半月后根系腐烂死亡。

5.4　混凝土面板修理

5.4.1

1、2 混凝土面板常用于堆石坝上游面的防渗，如位于湖北省宜昌市的西北口水库，大坝就是钢筋混凝土面板防渗碾压式堆石坝，常见的损坏多是面板裂缝，该面板已发生裂缝 257 条，经过修理的有 134 条，缝宽小于 3mm 的未做处理；采用的处理方法多是表面涂抹、表面粘补和凿槽嵌补。

4 大桥水库主坝为堆石面板坝，最大坝高 93m，坝体经 10 年的正常沉降与"5·12"汶川地震沉降，大坝上游混凝土防渗面板及坝顶混凝土路面出现由脱空引起的局部裂缝与变形。经上游防渗面板与坝顶路面脱空区域与脱空深度调查，同时分析脱空产生的原因以及对大坝安全运行的影响，提出对脱空区域的处理方案。采用不低于 M10 的高流动性水泥砂浆进行充填灌浆处理，孔距 2.0m 梅花布置，灌浆压力以不对混凝土结构产生破坏作为控制压力，采用不同浆液浓度多次灌浆使其达到密实饱满，效果较好。株树桥水库，最大坝高 78m，为钢筋混凝土面板堆石坝，1990 年蓄水后出现渗漏，且面板下部出现脱空现象，经分析认证后，对面板脱空采取了两个处理方式：对面板出现破损且需重新浇筑混凝土的部位，采用回填改性垫层料的方法，然后浇筑混凝土；对脱空严重但面板较为完整的部位，采用凿孔充填灌浆的方法。回填垫层料为掺加 5％～8％ 水泥的改性垫层料，充填灌浆料为掺加适量粉煤灰的水泥砂浆。经处理后，大坝渗漏明显改善，效果较好。

5.4.2

1 条文中水泥标号和水泥砂浆配比指标系采用《水工建筑物养护修理工作手册》（水利电力出版社，1980）第三章混凝土建筑物裂缝的处理中所提出的数据，详见该书第 147 页。

2 用于面板裂缝修理的环氧材料的组合成分如下：

1） 环氧基液：环氧树脂＋增韧剂＋稀释剂＋固化剂。

2） 环氧粘结剂：环氧基液＋粉状填料。

3） 环氧砂浆：环氧粘结剂＋砂。

4） 环氧混凝土：环氧砂浆＋石子。

其参考配合比可以按表 1 和表 2 中数据选用。

表1 环氧基液配比（重量比）

材料名称		环氧树脂	固化剂			增韧剂		稀释剂	
		6101号	间苯二胺	二乙烯三胺	乙二胺	304号	二丁酯	690号	丙酮
配合比	1	100	16				30		20
	2	100			6～7		20		
	3	100		10				15	10

表2 环氧砂浆配比（重量比）

材料名称		环氧树脂			固化剂		增韧剂		稀释剂		填料	
		637号	634号	6101号	间苯二胺	乙二胺	304号	邻苯二甲酸二丁酯	690号	甲苯	石英粉	砂
配合比	1	100			12			10		15	600	800
	2		100		15～17		30		20		500	850
	3		100		18			20	15		150	450
	4		100		14		30				125	375
	5		100			6		15		5		1041

3 H52系列防腐、堵漏、粘结涂料是中船总公司七○一研究所研制的新产品，原用于舰船、钢桩码头及各类化工设备的防腐问题；该产品对钢铁、混凝土、石材的附着力极强，有较高的柔韧性和耐冲击性；该产品抗拉强度不小于7MPa，抗压强度不小于80MPa；近年来，在水坝、隧道、储水池、各种管道和容器等的防渗、堵漏、补强方面推广应用，效果很好，其施工简便、价格便宜，故本标准特将该产品列入。如江西万安水库大坝和泄洪道裂缝的处理，武汉市1.4m直径混凝土自来水管接缝脱落漏水采用该材料处理后，能承受0.6MPa的水压等。

5.4.4

1 嵌补材料。该款中仅列出了PV密封膏、聚氯乙烯胶泥和沥青油膏等常用的三种材料，嵌补材料还有环氧焦油砂浆、酮亚胺环氧砂浆、沥青砂浆、沥青麻丝和预缩砂浆等；有关聚氯乙烯胶泥和沥青油膏的配制及施工工艺，可参考《水工建筑物养护修理工作手册》一书中的有关内容。

2 凿槽处理。嵌补时沿裂缝凿槽一般采用三种槽形：一是V形，V形口宽2～6cm，深4～6cm；二是梯形，梯形上口宽9～16cm，底部宽4～6cm，深4～6cm；三是倒梯形，倒梯形上口宽6～9cm，底部宽10～15cm，深4～6cm。V形槽多用于竖直裂缝，梯形槽多用于水平裂缝，倒梯形槽一般多用于顶面裂缝及有水渗出的裂缝。

3 PV 密封膏是南京水利科学研究院研制的处理混凝土裂缝的产品，在湖北省西北口面板坝裂缝处理中得到应用，处理后观察，效果很好。该产品拉断伸长率不小于 800%，拉断强度不小于 0.2MPa，抗渗性不小于 1.0MPa，且施工简便，故将该产品纳入本标准。

5.4.7 大部分修理工作属于表面修理的范畴，包括：

（1）防渗层破坏区域的局部修补。

（2）对穿透表面防渗层或贯穿面板各层料的裂缝进行处理与封闭。

（3）封闭层局部与全面修复。

表面修理与局部修补的程序包括从破坏区域切割掉防渗材料，必要时用喷灯烘烤并研磨，铺洒乳化沥青层，铺筑并碾压沥青混凝土。然后在良好的、未被破坏的沥青混凝土表面铺洒表面处治层。

5.5 坝体裂缝修理

5.5.4

6 浆液初凝时间约为 12h。

5.5.5

1 坑槽开挖深度约 2m。

5.6 坝体滑坡修理

5.6.1 条文中提出的滑动已终止的滑坡，是指滑坡体已相对稳定或滑动的发展极为缓慢，可以进行永久性处理的滑坡。

5.6.6 导渗排水处理滑坡，主要是指采用导渗沟的形式，利用导渗沟将坝坡内的渗水安全导出，使坝坡干燥，增加稳定性，同时以沟代撑，稳定坝坡。

5.7 大坝渗漏修理

5.7.1 土石坝坝体都具有一定的透水性，渗漏现象不可避免，通常有正常渗漏和异常渗漏。当渗漏水从导渗排水设施排出，逸出坡降小于允许值，并不会引起土体渗透破坏时，称为正常渗漏。当渗漏存在渗透破坏或渗漏量较大而影响蓄水兴利和发电效益时称为异常渗漏。对于异常渗漏，要认真检查、观测、研究分析，并根据分析结果采取必要的处理措施，减小渗漏或防止渗漏扩大。

水库库底的淤积会增加铺盖的厚度，使新建水库渗漏量随水库运行时间的延续而减少，因此对于新建水库的渗漏可以在经过一段时间的试运行后再分析决定是否进行修理以及采取何种修理措施。

5.7.3 处理坝基渗漏和绕坝渗漏的方法很多，除本条文中提出的几种方法外，还有射水法建造混凝土防渗墙、铺设土工膜等修理方法，若具备条件时可以采用。

SL 210—98 将振动沉模防渗板墙法作为处理坝体渗漏的方法列入条文。考虑该方法目前已较少使用，因此本次修订时在条文中将该方法删除。

5.7.7 土工薄膜是一种新型坝工建筑材料，简称土工膜。近 30 年来，土工薄膜在土石坝工程防渗方面得到广泛应用；但土工膜在土石坝工程设计上目前尚缺少较为完整统一的设计理论和准则，本标准中所提出的指标或数据，是参考《水利管理技术资料选编》（水利电力部水利管理司，1986）中"土工薄膜在坝工中的应用"、《小型水库管理丛书》（中国水利水电出版社，1994）第二分册第二章第五节（二）"塑料薄膜防渗斜墙"及《水利工程管理技术》杂志中土工织物应用专栏有关土工膜应用的文章等技术资料后，结合实际应用情况，为便于操作而提出的综合性数据。

常用的土工膜有聚乙烯、聚氯乙烯、复合土工膜等几种。

土工膜防渗的成败，取决于薄膜保护层的稳定，保护层的稳定又取决于坝坡的坡度和保护层的厚度，因此，铺设土工膜时坝坡的坡度不得陡于 1∶2.5，保护层垂直于坝坡的厚度不小于 50cm。

5.7.8 冲抓套井回填黏土截渗墙的机理，是利用冲抓机具，在坝体渗漏范围造井，用黏性土料分层回填夯实，形成一连续的套接黏土防渗墙，截断渗流通道，达到截渗目的。

关于排距。要根据坝高和渗漏情况确定，一般坝高在 25m 以下时，可以考虑一排套井，在施工中再根据渗漏情况增设加强孔；坝高超过 25m，达到 40m 时，可以考虑布置两排或三排套井，若钻井直径为 1100mm 时，两排套井的排距为 0.89m，井距为 0.86m，三排套井时，排距为 0.83m，井距为 0.95m。

造孔机具。一般都采用浙江省天台县机械厂生产的 8JZ-95 型冲抓式打井机。其主要技术性能指标见表 3。

表 3　8JZ-95 型冲抓式打井机主要技术性能指标表

项　目	单位	技术性能指标	项　目		单位	技术性能指标
直径	cm	110	底架尺寸		cm	700×109
钻孔深度	m	40	全部重量（机重）		kg	3500
启动速度	m/s	0.7	配套动力		kN	17～22
启动能力	kN	30	夯垂重量		kN	6～8
钢丝绳直径	mm	17.5	配套机具	安全笼	个	1
钻头重量	kg	1540		弃土车	辆	1
塔架高度	cm	540		自翻斗车	辆	1

5.7.9 混凝土防渗墙是利用专用机具，在坝体或地基中建造槽孔，以泥浆固

壁，采用直升导管法向槽孔内浇筑混凝土，形成连续的混凝土防渗墙，截断渗漏途径，达到防渗目的。

对于处理坝基的防渗墙，其上部要与坝体的防渗体相连接，墙的下部要嵌入基岩的弱风化层；对于处理坝体的防渗墙，其下部要与基础防渗体相连接；对于处理坝体、坝基的防渗墙，可以从坝顶造槽孔，直达基岩的弱风化层。

槽孔长度与造孔机具、坝体填筑质量、混凝土供应能力有关，在保证造孔安全成墙的前提下，槽孔越长，套接接缝越少，墙的防渗性能越好。国内建造混凝土防渗墙的槽孔长度，短的1.85m，长的达到38.2m，实际操作时，可以灵活选用。

混凝土防渗材料分为钢性材料和柔性材料。钢性材料有纯混凝土和钢塑混凝土；柔性材料有塑性混凝土和自凝灰浆等。根据具体情况采用。

造孔垂直精度。为了保证槽孔间接合处满足防渗墙最小厚度的要求，钻孔的垂直度要达到一定的精度，我国葛洲坝防渗墙钻孔偏斜率控制在0.3%～0.5%，本条文中提出的孔斜率为0.4%。为保证钻孔的垂直精度，造孔机具均要设置导向装置。

5.7.10 利用一定的灌浆压力将坝体劈裂，同时灌注泥浆充填裂缝和漏洞，截断渗流途径。DL/T 5238—2010《土坝灌浆技术规范》中提出，灌浆最大允许压力可以在现场试验确定，也可以用公式计算，计算公式见DL/T 5238—2010的附录三。

灌浆土料和浆液浓度。为便于操作，提出了一般控制数值；具体应用时，也可以按DL/T 5238—2010中灌浆土料选择表和浆液物理力学性能表的要求采用，见表4和表5。

表4　灌浆土料选择表　　　　　　　　　　　　　　　　%

项目	劈裂式灌浆	充填式灌浆	项目	劈裂式灌浆	充填式灌浆
塑性指数	8～5	10～25	砂粒含量	10～30	<10
黏粒含量	20～30	20～45	有机质含量	<2	<2
粉粒含量	30～50	40～70	可溶盐含量	<8	<8

表5　浆液物理力学性能表

项目	劈裂式灌浆	充填式灌浆	项目	劈裂式灌浆	充填式灌浆
容量 /（t/m³）	1.3～1.6	1.3～1.6	胶体率 /%	>70	>80
黏度 /s	20～70	30～100	失水量 /（cm³/30min）	10～30	10～30
稳定性 /（g/cm³）	0.1～0.15	<0.1			

5.7.11 高压喷射灌浆是利用置于钻孔中的喷射装置射出高压水束冲击破坏被灌地层结构，同时将浆液灌入，形成按设计方向、深度、厚度和结构形式，与地基紧密结合的、连续的防渗帷幕体，达到截渗防渗的目的。该项技术具有设备简单、适应性广、工效高、效果好等优点，已先后在全国20多个省（自治区、直辖市）的100多项工程中推广应用，取得了较好效果，故本标准将其列入。

条文中提出造孔时，要求坝体部分干钻、套管跟进方式进行，是考虑只单独处理坝基渗漏、坝体不需要处理的情况下，防止高压水、气切割地层的混合液体回流时破坏坝体结构；如果坝体与坝基一并处理时，可以不采用该项措施。

5.7.12 条文中提出要求造孔时，坝体部分干钻、套管跟进，坝体与基岩接触面用水泥砂浆封固管脚的措施，是考虑许多水库坝体只设有黏土截水槽，没有设混凝土盖板，为防止钻孔和灌浆时循环水和浆液侵入坝体而采取的必要措施。

5.7.13 土坝坝体灌浆分为充填式灌浆和劈裂式灌浆。充填式灌浆适用于处理性质和范围都已确定的局部隐患；劈裂式灌浆适用于处理范围较大，问题性质和部位又都不能完全确定的隐患。本条所述属充填式灌浆，采用该方法时，要事先做好隐患探测和分析，进行充填式灌浆设计，准备好灌浆材料和机具，然后按布孔、造孔、制浆、灌浆、封孔的工艺流程进行。

5.7.17 土工织物是取代砂石滤水材料的一种新型滤水材料，是以维纶、涤纶、丙纶为原料，采用针刺法生产而成，称为无纺土工布，它具有强度高、弹性好、渗透性强、施工简易、造价低廉等优点，在水工建筑物的防汛抢险、滤水导渗方面得到广泛运用；土工布的规格以每平方米重量进行区分，目前生产的规格有 $150 \sim 500 g/m^2$，幅宽 2m，长 50m；用于散浸导渗时一般采用 $300 \sim 350 g/m^2$ 的土工布。

5.7.18 坝后导渗、压渗处理坝基渗漏的方法很多，条文中提出的是各地比较广泛采用的几种方法，除此之外，还有砂土压渗和铺设土工膜防渗等方法，可以灵活采用。

5.8 排水导渗设施修理

5.8.2

3 过去修建的堆石坝趾滤水体的顶部，大多没有进行封闭处理，经过多年的运用，滤水坝趾堵塞现象比较普遍，究其原因多属坝坡土粒被雨水冲刷侵入滤水坝趾内所致，因此本条提出滤水坝趾顶部要进行封闭处理或设排水沟，防止坝坡土粒进入滤水坝趾内。

5.9 坝下埋涵（管）修理

5.9.2 衬砌加固分为两种。内衬是涵管内壁衬砌一层浆砌块石或预制混凝土。套管法是将预制的钢筋混凝土管或钢丝网水泥管一节一节地套在原涵管之中，然后在新旧涵管之间填充水泥砂浆或预埋骨料灌浆。衬砌或套管后，过水段面及通过流量均相应减小。

6 白蚁及其他动物危害防治

6.2 白蚁及其他动物危害检查

6.2.1 白蚁的地表活动与温度变化、植被的增减等自然环境有着密切的关系，每年春季（4—6月）和秋季（9—11月）为白蚁地表活动旺盛季节，此时进行普查最佳。

6.2.5

   1 迹查法。即组织适当的专业技术人员，在坝坡排成一字形队形，寻找白蚁地表痕迹。根据湖北省荆江大堤白蚁防治统计资料，采用地表查找方法查出的白蚁占总数的84%，是最有效的方法。

   2 引诱法。适用于植被减少、自然环境遭到破坏、在地表查不出白蚁痕迹的情况。引诱桩、堆、坑的设置标准是纵距10m左右，横距5m左右；发现白蚁活动迹象的桩、坑、堆后，要做好标记和记录。

   （1）引诱堆。即就地铲下坝坡的杂草，与1/3的泥土混合堆放，堆的底径约60cm左右，高约40～50cm，在坝坡呈梅花形堆放，堆底放置白蚁喜食的饵料；白蚁喜食的饵料一般有干枯的野艾蒿、茅草、松木片、甘蔗渣、桉树皮、棉籽壳等；引诱堆每隔15d翻堆检查一次，检查后随时还原，往往可以发现大量白蚁。

   （2）引诱桩。即将松树做成30cm×5cm×3cm的木桩，钉入坝坡土内25cm，木桩的布置与引诱堆相同。

6.2.6 检查结束后，要对白蚁的危害程度进行分级，然后根据不同危害程度开展白蚁防治工作。白蚁危害程度分重大危害、严重危害、中度危害、轻度危害四级。

   （1）重大危害。蚁巢进入成年巢期，巢龄15年以上；空腔容积达5m³以上；坝体内有贯穿性蚁道；因白蚁活动造成漏洞、跌窝、脱坡等重大险情；成片水保林木（含苗木）80%以上存在白蚁危害。

   （2）严重危害。蚁巢进入中龄期，巢龄5年及以上；坝体上有分群孔；因白蚁危害造成散浸、湿坡等一般性险情；成片水保林木60%以上存在白蚁危害。

   （3）中度危害。蚁巢尚处幼龄期，巢龄5年以下；大坝100m长度内白蚁活动迹象多于5处；成片水保林木30%以上存在白蚁危害。

   （4）轻度危害。检查时发现有白蚁活动迹象和活白蚁，但尚达不到中度危害程度。

6.3　白　蚁　危　害　预　防

6.3.1　坝区周围 500～1000m 范围的山坡、荒地、坟墓等是白蚁"安营扎寨"的基地，是传播白蚁的主要来源，因此要加强坝区周围的环境管理，消灭白蚁的滋生地。

6.3.3

　　2　白蚁分飞期减少坝区灯光的目的是避免招来有翅成虫繁殖，从生态环境上防止白蚁滋生。

　　4　白蚁喜食的物料包括枯枝、杂草、艾蒿、茅草根等。白蚁的天敌包括鸡群、青蛙、蟾蜍、蜘蛛、蝙蝠和鸟类等。

6.4　白　蚁　危　害　治　理

6.4.1　药物灌浆是治理白蚁三个环节中的灌填环节，在采用破巢除蚁或药物诱杀灭蚁之后，要采取灌填措施，充填留在坝体内的蚁路，杜绝隐患。

6.4.4　施药 1 个月后或第 2 年同期，蚁害地表特征明显减少，说明灭治已有效果。但停药二三年后由于幼龄群体的繁衍扩大，泥被泥线等地表特征又会明显增加。因此，防治土坝白蚁必须坚持连续几年施药，才能真正达到控制蚁害的目的。

附录 A 抢 修

A.2 漏 洞 的 抢 修

A.2.3 反滤围井仅作为防止险情扩大出口的临时措施，不能完全消除险情。采用反滤围井作漏洞出口导渗排水时，要满足下列要求：

(1) 坝坡尚未软化、出口在坡脚附近的漏洞，可以采用此法；坝坡已被水浸泡软化的不能采用。

(2) 砌筑围井前要清基引流，将洞口周围的杂草清除；用竹筒或皮管将漏水进行临时性的引流，以利围井砌筑。

(3) 围井砌筑。围井范围视洞口多少而定，单个洞口围井直径为 1~2m，围井高度能使漏出的水不带泥沙，一般高度为 1~1.5m；围井垒砌一定高度后，拔除临时引流管，在井内按反滤要求填砂石反滤材料；然后继续将围井垒砌到预定高度。

(4) 安设好溢水口，在距围井顶 0.3~0.5m 处安设竹筒或钢管，将水安全引出。

混凝土坝养护修理规程

SL 230—2015

替代 SL 230—98

2015－02－09 发布   2015－05－09 实施

前　　言

根据水利技术标准制修订计划安排，按照 SL 1—2014《水利技术标准编写规定》的要求，对 SL 230—98《混凝土坝养护修理规程》进行修订。

本标准共 9 章和 5 个附录，主要技术内容有：

——检查；

——养护；

——裂缝修补；

——补强加固；

——渗漏处理；

——剥蚀、磨损、空蚀及碳化修理；

——水下修补与清淤（渣）。

本次修订的主要内容有：

——增加了术语章节，并将补强加固单独成章；

——增加了除混凝土大坝外的输水、泄水、引水、过坝、发电建筑物，附属建筑物和设施，以及与枢纽安全有关的边坡的检查、养护及修理相关内容；

——增加了养护、修理的新材料、新技术与新方法。

本标准为全文推荐。

本标准所替代标准的历次版本为：

——SL 230—98

本标准批准部门：**中华人民共和国水利部**

本标准主持机构：**水利部建设与管理司**

本标准解释单位：水利部建设与管理司

本标准主编单位：水工程安全与灾害防治工程技术研究中心

长江科学院

本标准参编单位：长江勘测规划设计研究院

湖北清江水电开发有限责任公司

本标准出版、发行单位：中国水利水电出版社

本标准主要起草人：李端有　廖仁强　甘孝清　李　强

王　煌　王　健　贡建兵　敖　昕

邹双朝　李　珍　谭　勇　韩贤权

本标准审查会议技术负责人：盛金保

本标准体例格式审查人：王庆明

本标准在执行过程中，请各单位注意总结经验，积累资料，随时将有关意见和建议反馈给水利部国际合作与科技司（通信地址：北京市西城区白广路二条 2 号；邮政编码：100053；电话：010 - 63204565；电子邮箱：bzh @ mwr. gov. cn），以供今后修订时参考。

目　次

1 总 则

1.0.1 为保证混凝土坝枢纽的安全、完整和正常运行，规范混凝土坝枢纽养护修理工作的程序、方法和要求，制定本标准。

1.0.2 本标准适用于水利水电工程中1级、2级、3级、4级混凝土坝及其枢纽所包含其他水工建筑物、地下洞室、边坡和设施的养护修理，5级混凝土坝可参照执行。

1.0.3 养护修理内容应包括检查、养护及修理三部分。

1.0.4 养护与修理工作应坚持"经常养护，随时维修，养重于修，修重于抢"的原则，应做到安全可靠、技术先进、注重环保、经济合理。

1.0.5 修理应包括工程损坏调查、修理方案制定与报批、实施、验收等四个工作程序。

1.0.6 较大修理项目应由运行管理单位提出修理技术方案，报经上级主管部门审批后实施。影响结构安全的重大修理项目应由工程原设计单位或由具有相应设计资质的设计单位进行专项设计，并报上级主管部门批准后实施。重大修理项目完工后应由上级主管部门主持验收，验收应满足 SL 223《水利水电建设工程验收规程》的要求。

1.0.7 修理项目的实施与质量控制应符合下列规定：

    1 对较大修理项目，管理单位可自行承担，但应明确项目负责人，并建立质量安全保证体系，严格执行质量标准和工艺流程，确保工程质量。对重大修理项目，应委托具有相应资质的专业队伍承担。

    2 修理项目实施时，应充分考虑枢纽的调度与运行，确保工程和施工的安全。

    3 修理项目施工质量标准应符合国家或行业现行相关施工质量评定标准要求。

1.0.8 边坡的养护与修理应按 SL 210《土石坝养护修理规程》的有关规定执行。

1.0.9 本标准主要引用下列标准：

    GB 1596   用于水泥和混凝土中的粉煤灰

    GB 6722   爆破安全规程

    GB 8076   混凝土外加剂

    GB 50086   锚杆喷射混凝土支护技术规范

    GB 50550   建筑结构加固工程施工质量验收规范

SL 46　水工预应力锚固施工规范

SL 62　水工建筑物水泥灌浆施工技术规范

SL 191　水工混凝土结构设计规范

SL 210　土石坝养护修理规程

SL 211　水工建筑物抗冰冻设计规范

SL 223　水利基本建设工程验收规程

SL 253　溢洪道设计规范

SL 352　水工混凝土试验规程

SL 377　水利水电工程锚喷支护技术规范

SL 601　混凝土坝安全监测技术规范

SL 621　大坝安全监测仪器报废标准

CECS 146　碳纤维片材加固混凝土结构技术规程

DL/T 5144　水工混凝土施工规范

DL/T 5389　水工建筑物岩石基础开挖工程施工技术规范

1.0.10　混凝土坝枢纽的养护修理除应符合本标准规定外，尚应符合国家现行有关标准的规定。

2 术 语

2.0.1 检查 inspection

为了查找水工建筑物、地下洞室、边坡和设施等存在的隐患、缺陷与损坏，有计划、有组织开展的现场查勘、测量、记录等工作。

2.0.2 养护 maintenance

为了保证水工建筑物、地下洞室、边坡和设施等正常使用而进行的保养和防护措施。养护分为经常性养护、定期养护和专门性养护。

2.0.3 修理 repair

当水工建筑物、地下洞室、边坡和设施等发生损坏、性能下降以致失效时，为使其恢复到原设计标准或使用功能所采取的各种修补、处理、加固等措施。修理可分为及时性维修、岁修、大修和抢修。

2.0.4 调查 investigation

针对水工建筑物、地下洞室、边坡和设施等的某一具体隐患、缺陷和损坏而开展的详细的、系统的现场检查、测量和资料整理、分析与研究工作。

2.0.5 防护 protection

为避免水工建筑物、地下洞室、边坡和设施等遭受阳光、大气、水、化学物质、温度等外因破坏而采取的预防性保护措施。

2.0.6 经常性养护 routine maintenance

在日常巡视检查、年度检查或特别检查过程中发现缺陷与隐患后，能够及时进行处理的养护。

2.0.7 定期养护 periodical maintenance

为了维持水工建筑物、地下洞室、边坡和设施等安全运行而定期进行的养护，包括年度养护、汛前养护、冬季养护等。

2.0.8 专门性养护 special maintenance

为了保证水工建筑物、地下洞室、边坡和设施等某个组成部分所具备的特定功能正常发挥而进行的针对性养护。

2.0.9 岁修 annual repair

每年有计划地对各水工建筑物、地下洞室、边坡和设施等进行的修理工作。

2.0.10 大修 intensive repair

当水工建筑物、地下洞室、边坡和设施等出现影响使用功能和存在结构安全隐患时，而采取的重大修理措施。

2.0.11 抢修 emergency repair

当水工建筑物、地下洞室、边坡和设施等出现重大安全隐患时，必须在尽可能短的时间内暂时性消除隐患而采取的突击性修理措施。

2.0.12 水下调查 underwater survey

为了弄清水工建筑物位于水下部分的缺陷、损坏等情况，借助潜水员和水下探测设备开展的水下缺陷、损坏调查。

2.0.13 水下修补 underwater repair

利用潜水员和各类潜水设备、水下施工设备，对水工建筑物的水下缺陷、损坏等进行修补的作业。

3 检 查

3.1 一 般 规 定

3.1.1 运行管理单位应根据本标准规定，结合所管辖混凝土坝枢纽的实际情况确定检查项目和内容。

3.1.2 运行管理单位应制定详细的检查方案，并经技术负责人审批后执行。

3.1.3 检查过程中，检查人员应对异常和损坏部位做出详细说明，并摄影或录像。

3.1.4 消力池等建筑物的水下部分应定期抽干进行检查，或采用水下视频等方法进行检查。

3.1.5 对于多泥沙河流上的大坝，应定期检查近坝区水库泥沙淤积情况。

3.1.6 检查宜与大坝安全监测巡视检查结合进行。

3.1.7 应结合设计、施工、运行和安全监测成果等对检查结果进行综合分析，查明病害成因，确定病害类型与规模，制定养护修理方案。

3.2 检查分类、时间和频次

3.2.1 检查应分为日常巡视检查、年度检查和特别检查。

3.2.2 日常巡视检查每月不宜少于1次，汛期应视汛情相应增加次数。库水位首次达到设计洪水位前后或出现历史最高水位时，每天不应少于1次。如遇特殊情况和工程出现异常时，应增加次数。

3.2.3 年度检查宜在每年的汛前、汛后、高水位、死水位、低气温及冰冻较严重地区的冰冻和融冰期进行，每年不宜少于2次。

3.2.4 特别检查应在坝区遇到大洪水、有感地震、库水位骤升骤降，以及其他影响大坝安全的特殊情况时进行。

3.3 检查项目和内容

3.3.1 检查项目和内容可按 SL 601 执行。

3.3.2 日常巡视检查应以表面缺陷、裂缝、剥蚀、渗漏和影响枢纽正常运行的外界干扰等检查为主；年度检查除日常巡视检查的内容外，还应根据枢纽实际情况适当增加混凝土磨损与空蚀检查、混凝土碳化检查、水下检查、淤积检查等内容；特别检查应以专项检查为主，兼顾日常巡视检查的内容。

3.3.3 日常巡视检查应包括下列内容：

    1 混凝土表面缺陷。包括蜂窝、麻面、孔洞、缺棱掉角、挤压破坏等。

2 混凝土与墙体裂缝。包括裂缝的类型、部位、尺寸、走向和规模等。

3 混凝土剥蚀。包括剥蚀的部位、深度、范围和规模等。

4 渗漏。包括坝体、坝基渗漏，绕坝渗流，围岩及边坡渗漏，闸门渗漏，堵头渗漏等，以及渗漏的类型、部位、渗漏量、规模、水质和溶蚀现象等。

5 钢筋锈蚀。包括钢筋混凝土结构的露筋现象和锈蚀程度。

6 围岩及边坡表面裂缝、坍塌、鼓起、松动，滑坡等。

7 建筑物的倾斜或不均匀沉降。

8 边坡支挡与支护结构的完好性。

9 所有排水与导渗设施的完好性、堵塞状况及排水状况。

10 接触缝与变形缝的开合状况，变形缝止水设施的完好性与渗漏情况。

11 金属结构病害。包括锈蚀、裂纹、鼓包、脱焊与扭曲变形，止水设施完好性等。

12 启闭设备病害。包括起吊装置的完好性、表面润滑等。

13 安全监测设施的完好性及工作状况。

14 外界干扰。包括影响枢纽正常与安全运行的杂物，动植物危害等。

3.3.4 年度检查还应包括下列内容：

1 过流部位混凝土的裂缝、磨损与空蚀状况。

2 混凝土碳化深度与规模。

3 混凝土冻融剥蚀情况。

4 位于水下的缺陷。

5 水库淤积。包括淤积高程、淤积厚度、淤积物的种类、水下地形以及支流河口是否有拦门坎等。

6 闸门启闭状况。包括门槽卡阻、气蚀；启闭灵活性；开度指示器准确性；过载保护装置有效性；接地电阻与绝缘电阻；信号灯完好性；备用电源等。

3.3.5 特别检查应包括因大洪水、有感地震、库水位骤升骤降，以及其他影响大坝安全的情况发生后出现的下列险情和异常情况：

1 大坝、地下洞室、边坡等部位变化异常的裂缝。

2 大坝、两岸坝肩、地下洞室、边坡等部位变化异常的渗漏。

3 大坝、地下洞室、边坡、金属结构等部位变化异常的变形。

4 非常严重的混凝土碳化。

3.4 检查方法和要求

3.4.1 常规检查可采用目视、耳听、手摸、鼻嗅、脚踩等直观方法，或辅以锤、钎、钢卷尺、放大镜、石蕊试纸等简单工具器材。

3.4.2 特殊检查可采用开挖探坑（或槽）、探井、钻孔取样或孔内电视、向孔内注水试验、投放化学试剂、潜水员探摸或水下电视、水下摄影或录像、超声波、雷达探测等方法，对工程内部、水下部位或坝基进行检查。具备条件时，可采用水下多波束等设备对库底淤积、边坡崩塌堆积体等进行检查。

3.4.3 检查应符合下列要求：

1 检查人员应为熟悉工程情况的专业技术人员。

2 日常检查人员应相对稳定，检查时应带好必要的辅助工具和记录笔、簿以及照相机、录像机等影像设备。

3 年度检查和特别检查总负责人应为运行管理单位行政负责人或主管部门行政负责人。年度检查和特别检查应成立检查工作组，组长应由经验丰富且熟悉本工程情况的水工专业工程师担任，成员应由相关专业技术人员和高级技术工人组成。

4 年度检查和特别检查应制定详细的检查计划并做好准备工作。

3.5 检查记录、报告及存档

3.5.1 记录和整理应符合下列规定：

1 应做好详细的现场记录。发现异常情况时，应详细记述时间、部位、险情，并绘出草图，宜进行测图、摄影或录像。对于有可疑迹象部位的记录，应在现场进行校对。

2 现场记录应及时整理，登记专项卡片。应将本次检查结果与上次或历次检查结果进行对比分析，如有异常，应立即复查。

3.5.2 报告、存档应符合下列规定：

1 检查结束后应编写检查报告。

2 检查记录、图件、影像资料和检查报告的纸质文档和电子文档等均应整理归档。

4 养　护

4.1 一　般　规　定

4.1.1 养护工作应做到及时消除混凝土坝枢纽的表面缺陷和局部工程问题，随时防护可能发生的损坏，保持混凝土坝枢纽的安全、完整、正常运行。

4.1.2 养护对象应包括混凝土建筑物表面、变形缝止水设施、排水设施、闸门及启闭设备、地下洞室、边坡、安全监测设施及其他辅助设施等，以及冻害、碳化与氯离子侵蚀、化学侵蚀等的防护。

4.1.3 养护应包括经常性养护、定期养护和专门性养护，并应符合下列规定：

1 经常性养护应及时进行。

2 定期养护应在每年汛前、汛后、冬季来临前或易于保证养护工程施工质量的时间段内进行。

3 专门性养护应在极有可能出现问题或发现问题后，制定养护方案并及时进行，若不能及时进行养护施工时，应采取临时性防护措施。

4.1.4 运行管理单位应根据本标准和相关标准的规定，并结合工程具体情况，确定养护项目、内容、方法、时间和频次。

4.2 混凝土表面养护和防护

4.2.1 混凝土建筑物表面及沟道等应经常清理，保持表面清洁整齐，无积水、散落物、杂草、垃圾和乱堆的杂物、工具等。

4.2.2 过流面应保持光滑、平整；泄洪前应清除过流面上可能引起冲磨损坏的石块和其他重物。

4.2.3 混凝土建筑物表面出现轻微裂缝时，应加强检查与观测，并采取封闭处理等措施。

4.2.4 出现渗漏时，应加强观测，必要时采取导排措施。

4.2.5 混凝土表面剥蚀、磨损、冲刷、风化等类型的轻微缺陷，宜采用水泥砂浆、细石混凝土或环氧类材料等及时进行修补。

4.2.6 混凝土碳化与氯离子侵蚀应采取下列防护措施：

1 对碳化可能引起钢筋锈蚀的混凝土表面应采用涂料涂层全面封闭防护。碳化与氯离子侵蚀引起钢筋锈蚀时，应采用涂料涂层封闭等防护措施。

2 对有氯离子侵蚀的钢筋混凝土表面可采用涂料涂层封闭防护，也可采用阴极保护。

4.2.7 混凝土冻害可采取下列防护措施：

    1 易受冰压损坏的部位，可采用人工、机械破冰或安装风、水管吹风、喷水扰动等防护措施。

    2 冻拔、冻胀损坏可采取下列防护措施：

      1）冰冻期排干积水、降低地下水位，减压排水孔清淤、保持畅通。

      2）采用草、土料、泡沫塑料板、现浇或预制泡沫混凝土板等物料覆盖保温。

      3）在结构承载力允许的条件下采用加重法减小冻拔损坏。

    3 冻融损坏可采取下列防护措施：

      1）冰冻期排干积水，及时修补溢流面、迎水面水位变化区出现的剥蚀或裂缝。

      2）易受冻融损坏的部位采用物料覆盖保温或采取涂料涂层防护。

      3）防止闸门漏水，避免发生冰拔和冻融损坏。

4.2.8 化学侵蚀可采取下列防护措施：

    1 已形成渗透通道或出现裂缝的溶出性侵蚀，可采用灌浆封堵或加涂料涂层防护。

    2 酸类和盐类侵蚀可采取下列防护措施：

      1）加强环境污染监测，减少污染排放。

      2）轻微侵蚀可采用涂料涂层防护，严重侵蚀可采用浇筑或衬砌形成保护层防护。

4.2.9 常用防护材料可按附录 A 表 A 选用。防护涂料老化后应及时更新。

4.3　变形缝止水设施养护

4.3.1 沥青井养护应采取下列措施：

    1 出流管、盖板等设施应经常保养，溢出的沥青应及时清除。

    2 沥青井应每 5～10 年加热一次，沥青不足时应补灌，沥青老化时应及时更换，更换的废沥青应回收处理。

4.3.2 变形缝填充材料养护应采取下列措施：

    1 变形缝充填材料老化脱落时应及时更换相同材料或应用较为成熟的新材料进行充填封堵。

    2 变形缝填充施工前应将变形缝清理干净。若存在渗漏现象，应先进行渗漏处理，保持缝内干燥。

4.3.3 应定期清理各类变形缝止水设施下游的排水孔，保持排水通畅。

4.4　排水设施养护

4.4.1 坝面、廊道、地下洞室、边坡及其他表面的排水沟、排水孔应经常进行人工或机械清理，保持排水通畅。

4.4.2 坝体、基础、溢洪道边墙及底板、地下洞室、护坡等的排水孔应经常进行人工掏挖或机械疏通。疏通时不应损坏孔底反滤层。无法疏通时，应在附近增补排水孔。

4.4.3 集水井、集水廊道的淤积物应及时清除。抽排设备应经常进行维护，保证正常抽排。

4.4.4 地下洞室的顶拱、边墙等部位出现渗漏时，应增设排水孔，并设置导排设施。

4.5 闸门及启闭设备养护

4.5.1 闸门表面养护应采取下列措施：

   1 应定期清理闸门、拦污栅上附着的水生物和杂草污物等。

   2 应定期清理门槽、底坎处的碎石、杂物。

   3 应做好支承行走装置的润滑和防锈。

4.5.2 闸门防腐养护应采取涂层保护或阴极保护。

4.5.3 闸门防水与止水养护应采取下列措施：

   1 应定期检查止水的整体性，不应有断裂或撕裂。

   2 应及时清理杂草、冰凌或其他障碍物。

   3 应及时更换松动锈蚀的螺栓。水封座的粗糙表面应进行打磨或涂抹环氧树脂，保持光滑平整。

   4 应定期调整橡胶水封的预压缩量，使松紧适当；应采取措施防止橡胶水封老化，出现老化现象时应及时更换。

   5 应做好木水封的防腐处理。

   6 应做好金属水封的防锈处理。

4.5.4 闸门启闭设备养护应采取下列措施：

   1 应定期清理机房、机身、备用电源、闸门井以及操作室等。

   2 应及时更换和添加润滑油，保持设备润滑良好。

   3 应定期量测电机绝缘电阻，保持电机干燥。

   4 应定期清除钢丝绳表面的污物，清洗后涂抹油脂保护。

4.5.5 运行过程发现闸门有振动和爬行等异常现象时，应及时分析原因，必要时采取相应处理措施。

4.5.6 备用电源及通信、避雷、照明等设施应经常维护，保持正常工作状态。

4.6 地下洞室养护

4.6.1 地下洞室的衬砌混凝土养护应按 4.2 节的规定执行。发现局部衬砌漏水时，应加强观测，并采取封堵和导排措施。

4.6.2 地下洞室内的排水廊道、排水沟、排水孔出现淤积、堵塞或损坏时，应及时采取人工掏挖、机械疏通或高压水冲洗等方法进行疏通和修复。

4.6.3 应加强洞室顶拱、边墙等部位的检查，及时清除裸露岩体表面松动的石块，清理隧洞内的积渣；应对地下厂房渗漏点进行截堵或导排，并做好通风防潮工作。

4.6.4 应加强对地下厂房内岩锚吊车梁的观测，发现裂缝时，应按第 5 章的规定及时分析处理。

4.6.5 过流隧洞应定期进行排干检查与维护。应经常清理过流隧洞进口附近的漂浮物。

4.6.6 地下洞室围岩若出现大面积掉块的现象，应采用喷锚或混凝土衬砌的方法加以保护。喷锚施工应按 SL 377 的规定执行，混凝土衬砌施工应按 DL/T 5144 的规定执行。

4.7　安全监测设施维护

4.7.1 应定期检查各类安全监测设施的工作状态，及时保养和维护。损坏且具备修复条件的安全监测设施应及时修复。

4.7.2 易损坏的安全监测设施应加盖上锁、建围栅或房屋进行保护，如有损坏应及时修复。

4.7.3 应及时清除动物在安全监测设施中筑的巢窝。易被动物破坏的安全监测设施应设防护装置。

4.7.4 有防潮湿、防锈蚀要求的安全监测设施，应采取除湿措施，定期进行防腐处理。

4.7.5 应经常维护安全监测自动化采集系统的避雷装置。

4.7.6 观测房及观测站应保持室内干燥，室内温度应满足安全监测仪器的工作温度要求，必要时采取保暖措施。观测房应保持外观整洁，通往观测房的道路应通畅，无杂草、杂物。

4.7.7 安全监测设施维护除应满足本标准规定外，还应满足安全监测仪器厂家提出的设备维护要求。

4.7.8 安全监测设施报废应按 SL 621 的规定执行。

4.8　其 他 养 护

4.8.1 有排漂设施的应定期排放漂浮物；无排漂设施的可利用溢流表孔定期排漂，无溢流表孔且漂浮物较多的，可采用浮桶、浮桶结合索网或金属栏栅等措施拦截漂浮物并定期清理。

4.8.2 应定期监测坝前泥沙淤积和泄洪设施下游冲淤情况。淤积影响枢纽正常运行时，应进行冲沙或清淤；冲刷严重时应进行防护。

4.8.3 应定期检查大坝管理信息系统的运行状况，线路、网络、设施出现故障时应及时排除或更换。

4.8.4 应加强安全护栏、防汛道路、界桩、告示牌等管理设施的维护与维修。

5 裂 缝 修 补

5.1 一 般 规 定

5.1.1 裂缝宽度大于钢筋混凝土结构允许的最大裂缝宽度时，应进行裂缝修补。裂缝宽度不大于钢筋混凝土结构允许的最大裂缝宽度时，可根据裂缝规模、外观要求等决定是否进行修补。钢筋混凝土结构允许的最大裂缝宽度见附录 B 表 B.1。

5.1.2 裂缝修补前应开展裂缝调查，并判定裂缝类型。

5.1.3 裂缝修补应遵循下列原则：

    1 裂缝尚未威胁到混凝土构件的耐久性或防水性时，应根据裂缝宽度判断是否需要修补。

    2 确认必须进行修补的裂缝，应根据裂缝的类型制定修补方案，确定修补材料、修补方法和修补时间。

    3 静止裂缝可即时进行修补，并根据裂缝宽度和干湿环境选择修补材料和修补方法。

    4 活动裂缝应先消除其成因，并观察一段时间，确认已稳定后，再按静止裂缝的修理方法进行修补。不能完全消除成因，但确认对结构、构件的安全性不构成危害时，可使用具有弹性或柔韧性较好的材料进行修补。

    5 尚在发展的裂缝应分析其原因，采取措施制止或减缓其发展，待裂缝停止发展后，再选择适宜的材料和方法进行修补或加固。

5.2 裂 缝 调 查

5.2.1 裂缝调查分为基本调查、补充调查及专题研究。裂缝调查应制定详细的调查方案，明确调查手段和调查方法。

5.2.2 基本调查应包括下列内容，具体见附录 B.2.1 条。

    1 裂缝状况。

    2 裂缝附近情况。

    3 裂缝发展情况。

    4 影响使用情况。

    5 设计资料。

    6 安全监测资料。

    7 施工情况。

    8 建筑物运行及周围环境情况。

5.2.3 补充调查应包括下列内容，具体见附录 B.2.2 条。

1 建筑物结构尺寸。

2 混凝土劣化度。

3 钢筋及其锈蚀状况。

4 实际作用（荷载）。

5 基础变形。

6 裂缝详查。

7 建筑物运行及环境变化条件的详查。

5.2.4 专题研究应包括下列内容，具体见附录 B.2.3 条。

1 结构计算。

2 混凝土材料试验。

3 构件静荷载试验。

4 结构振动试验。

5.2.5 裂缝调查可采用附录 B.2.4 条所列调查仪器和调查方法。

5.3 裂缝成因分析

5.3.1 裂缝成因分析应符合下列程序：

1 应根据基本调查结果与附录 B 表 B.3 对照分析开裂原因。

2 根据基本调查结果不能推断开裂原因时，应进行裂缝补充调查，并根据补充调查结果对照附录 B 表 B.3 分析开裂原因。

3 根据补充调查结果仍不能推断开裂原因时，应进行专题研究。

5.3.2 应根据裂缝宽度、裂缝深度、裂缝走向、裂缝宽度变化趋势等，并结合裂缝成因分析结果，对裂缝类型进行判别。

5.3.3 应根据裂缝调查结果及裂缝成因分析结果，结合设计对水工建筑物提出的使用要求，对出现裂缝的水工建筑物做出修补或补强加固的判断。

5.4 裂缝修补技术

5.4.1 水工建筑物混凝土裂缝修补可采用喷涂法、粘贴法、灌浆法、充填法、结构补强法、附加钢筋法、外部施加预应力法、碳纤维加固法等。选用时宜遵循下列原则：

1 喷涂法宜用于修补宽度不大于 0.3mm 的表层微细裂缝。

2 粘贴法分为表面粘贴法和开槽粘贴法两种，前者宜用于修补宽度不大于 0.3mm 的表层裂缝，后者宜用于修补宽度大于 0.3mm 的表层裂缝。

3 灌浆法分为低压慢注法和压力注浆法两种，前者宜用于修补宽度为 0.2~1.5mm 静止的独立裂缝、贯穿性裂缝以及蜂窝状局部缺陷；后者宜用于修补大型结构贯穿性裂缝、大体积混凝土的蜂窝状严重缺陷以及深而蜿蜒的裂缝。

4 充填法宜用于修补宽度大于 0.5mm 的活动裂缝和静止裂缝。

5 结构补强法包括增大断面法、锚固法、预应力法等，宜用于处理因结构超载产生的裂缝、裂缝长时间不处理导致混凝土强度降低、火灾造成的裂缝影响结构强度等。施工应按第 6 章的规定执行。

6 附加钢筋法、外部施加预应力法、碳纤维加固法宜用于修补贯穿性裂缝。施工应按第 6 章的规定执行。

5.4.2 喷涂法施工应符合下列要求：

1 表面喷涂材料可选用环氧树脂类、聚酯树脂类、聚氨酯类、改性沥青类等涂料。

2 喷涂法施工应满足下列工艺要求：

1）用钢丝刷或风沙枪清除表面附着物和污垢，并凿毛、冲洗干净。

2）用树脂类材料充填混凝土表面气孔。混凝土表面凹凸不平的部位应先涂刷一层树脂基液，后用树脂砂浆抹平。

3）喷涂或涂刷 2～3 遍。第一遍喷涂应采用经稀释的涂料。涂膜总厚度应大于 1mm。

5.4.3 粘贴法施工应符合下列要求：

1 粘贴材料可选用橡胶片材、聚氯乙烯片材等。

2 表面粘贴法施工应满足下列工艺要求：

1）用钢丝刷或风砂枪清除表面附着物和污垢，并凿毛、冲洗干净。

2）粘贴片材前使基面干燥，并涂刷一层胶粘剂，再加压粘贴刷有胶粘剂的片材。

3 开槽粘贴法施工应满足下列工艺要求：

1）沿裂缝凿矩形槽，槽宽 180～200mm、槽深 20～40mm、槽长超过缝端 150mm，并清洗干净。

2）槽面涂刷一层树脂基液，再用树脂基砂浆找平。

3）沿缝铺设 50～60mm 宽的隔离膜，再在隔离膜两侧干燥基面上涂刷胶粘剂，粘贴刷有胶粘剂的片材，并用力压实。

4）槽两侧面涂刷一层胶粘剂，回填弹性树脂砂浆，并压实抹光。回填后表面应与原混凝土面齐平，结构示意图见附录 B 图 B.4.1-1。

5.4.4 充填法施工应符合下列要求：

1 充填材料应根据裂缝的类型进行选择。静止裂缝可选用水泥砂浆、聚合物水泥砂浆、树脂砂浆等；活动裂缝宜选用弹性树脂砂浆和弹性嵌缝材料等。

2 静止裂缝充填法施工应满足下列工艺要求：

    1） 沿裂缝凿 V 形槽，槽宽、深 50～60mm，并清洗干净。

    2） 槽面应涂刷基液，涂刷树脂基液时应使槽面处于干燥状态，涂刷聚合物水泥浆时应使槽面处于潮湿状态。

    3） 向槽内充填修补材料，并压实抹光。

3 活动裂缝充填法施工应满足下列工艺要求：

    1） 沿裂缝凿 U 形槽，槽宽、深 50～60mm，并清洗干净。

    2） 用砂浆找平槽底面，并铺设隔离膜。

    3） 用胶粘剂涂刷槽侧面，再嵌填弹性嵌缝材料，并用力压实。

    4） 回填砂浆应与原混凝土面齐平，结构示意图见附录 B 图 B.4.1-2。

5.4.5 灌浆法施工应符合下列要求：

1 灌浆材料应根据裂缝的类型选择，静止裂缝可选用水泥浆材、环氧浆材、高强水溶性聚氨酯浆材等；活动裂缝可选用弹性聚氨酯浆材等。

2 宽度不小于 0.2mm 的裂缝，宜按 200mm 等间距设置灌浆孔；宽度小于 0.2mm 的裂缝，宜按 100～150mm 等间距设置灌浆孔。

3 灌浆法施工应满足下列工艺要求：

    1） 按设计要求布置灌浆孔。

    2） 钻孔、洗孔、埋设灌浆管。

    3） 沿裂缝凿宽、深 50～60mm 的 V 形槽，并清洗干净，在槽内涂刷基液，用砂浆嵌填封堵。

    4） 压水检查。孔口压力为 50%～80% 设计灌浆压力，宜为 0.2～0.4MPa。

    5） 垂直裂缝和倾斜裂缝灌浆应从深到浅、自下而上进行；接近水平状裂缝灌浆可从低端或吸浆量大的孔开始；灌浆压力宜为 0.2～0.5MPa，当进浆顺利时可适当降低灌浆压力。

    6） 灌浆结束封孔时的吸浆量应小于 0.02L/5min。

    7） 在浆材固化强度达到设计要求后，再钻检查孔进行压水试验，检查孔单孔吸水量应小于 0.01L/min，不合格时应补灌。

    8） 水泥灌浆施工应按 SL 62 的规定执行。

    9） 灌浆宜在低温季节或裂缝开度大时进行。

5.4.6 裂缝修补材料、施工环境和养护应符合下列要求：

1 应选用标号不低于 42.5 的硅酸盐水泥、普通硅酸盐水泥，受侵蚀性介质影响或有特殊的要求时，按有关规范或通过试验选用。

2 应选用质地坚硬、清洁、级配良好的中砂，砂的细度模数宜为 2.4～2.6。

3 各种混凝土及砂浆的配合比应通过试验确定。

4 常用修补材料可按附录 B.4 表 B.4.2 选用。

5 修补施工前宜进行工艺性试验。

6 修补施工宜在 5～25℃ 环境条件下进行，不应在雨雪或大风等恶劣气候的露天环境下进行。

7 树脂类修补材料宜干燥养护不少于 3d；水泥类修补材料应潮湿养护不少于 14d；聚合物水泥类材料应先潮湿养护 7d，再干燥养护不少于 14d。

6 补 强 加 固

6.1 一 般 规 定

6.1.1 混凝土结构经确认需要加固时，应进行加固设计。

6.1.2 当出现下列情况时，应进行补强加固：

1 设计或施工不当、材料质量不符合要求、使用功能改变、遭受灾害以及工程老化等原因导致混凝土结构强度不满足要求。

2 裂缝、水体中有害离子侵蚀、化学腐蚀等引起建筑物混凝土结构强度降低不满足要求。

3 水工混凝土结构强度不满足抗震要求。

4 出现深层裂缝和贯穿性裂缝且对结构面有较大削弱，导致结构强度降低不满足要求。

6.1.3 补强加固设计与施工应遵循下列原则：

1 水工混凝土结构加固设计应与施工方法紧密结合，并采取有效措施，保证与原结构连接可靠，能够协同工作。

2 因振动、冻融、高温、腐蚀、坝基不均匀沉降导致的水工混凝土结构损伤破坏，应在加固设计中提出相应的处理对策，再进行加固。

3 水工混凝土结构的加固应不损伤原结构，并保留具有利用价值的结构构件，避免不必要的拆除或置换。

4 加固施工过程中，若发现原结构或相关工程隐蔽部位的构造有严重缺陷时，应立即停止施工，采取有效措施进行处理后，方可继续加固施工。

5 加固施工应采取必要的安全防护措施。

6 补强加固验收应按 GB 50550 的规定执行。

6.2 补强加固技术

6.2.1 补强加固可采用灌浆法、锚固法、预应力法、粘贴玻璃钢法、粘贴碳纤维法、粘贴钢板（筋）法、增大断面法、喷射混凝土法、置换混凝土法、外包钢法等。选用时宜遵循下列原则：

1 灌浆法宜用于深层裂缝和贯穿裂缝的补强加固。

2 锚固法包括采用普通锚杆、预应力锚索（杆）加固，宜用于影响建筑物抗滑稳定或整体受力的裂缝的加固，地基、边坡、地下洞室的岩体及水工混凝土结构的加固。

3 预应力法宜用于因强度不足而开裂部位的补强加固及钢筋混凝土梁、

板、柱和桁架的加固：

    1）原构件截面偏小或需要增加其使用荷载。

    2）原构件需要改善其使用性能。

    3）原构件处于高应力、应变状态，且难以直接卸除其结构上的荷载。

    4 粘贴玻璃钢法和粘贴碳纤维法宜用于钢筋混凝土梁、板、轴心受压、大偏心受压及受拉构件的加固。

    5 粘贴钢板（筋）法宜用于承受静力作用且处于正常湿度环境中的钢筋混凝土受弯、大偏心受压和受拉构件的加固。

    6 增大断面法宜用于钢筋混凝土受弯、受压构件的加固。

    7 植筋法宜用于钢筋混凝土结构构件的锚固。

    8 喷射混凝土法宜用于边坡、地下洞室、水工隧洞的加固。

    9 置换混凝土法宜用于受压区混凝土强度偏低及有严重缺陷的梁、柱混凝土承重构件加固。

    10 外包钢法宜用于不允许显著增大截面尺寸，但又要求大幅度提高其承载力的混凝土构件的加固。

6.2.2 灌浆法施工应符合下列要求：

    1 灌浆材料可选用水泥类浆材、环氧类浆材、高强水溶性聚氨酯浆材和甲凝浆材等。

    2 灌浆法施工应按 5.4.5 条的规定执行。

6.2.3 锚固法施工应符合下列要求：

    1 锚杆施工除应按 SL 377 的规定执行外，还应符合下列要求：

        1）钻孔孔位偏差不应大于 100mm，孔斜不应大于 3%，超深不宜大于 100mm。

        2）钻孔应清洗干净，孔内不得残留废渣、岩芯。

        3）对于水泥砂浆锚杆，根据锚孔部位和方向，可采用先注浆后插杆或先插杆后注浆的方法。先插杆后注浆时应安装排气管，排气管距孔底 50～100mm。

        4）倾斜向上的锚杆插入钻孔后，应在孔口处用铁楔或木楔固定锚杆，并封闭孔口。

    2 预应力锚索施工除应按 SL 46 的规定执行外，还应符合下列要求：

        1）钻孔孔位偏差不应大于 100mm，孔斜不应大于 3%。

        2）锚孔围岩灌浆应采用单钻单灌的方式分段进行，段长不宜大于 8m。

        3）扫孔作业宜在灌浆后 1～3d 进行，扫孔后应清洗干净，孔内不应残留废渣、岩芯。

        4）承压垫座的承压面与锚孔轴线应保持垂直，误差不应大于 0.5°，垫座孔道中心线应与锚孔轴线重合。

5）预应力锚束应经检验合格后吊装安放，应根据锚孔的朝向合理选择填浆方式。

6）设计张拉力、超张拉力、超张拉持荷稳压时间、超载安装力及张拉程序均应符合加固设计要求。

6.2.4 预应力法施工应符合下列要求：

1 应根据预应力吨位选用不同直径的预应力锚杆或锚索等材料。

2 预应力法施工除应按 SL 46 的规定执行外，还应符合下列要求：

1）宜用钢筋探测器探查钢筋位置，钻孔时避开钢筋。

2）预应力钢束或钢丝应做防锈处理。

3）施加预应力方向应与裂缝面垂直。

6.2.5 粘贴玻璃钢法施工应符合下列规定：

1 粘贴材料可选用环氧树脂、聚酯树脂等胶粘剂和玻璃丝布等。

2 粘贴玻璃钢法施工工艺：

1）混凝土表面应清刷干净并保持干燥，用树脂腻料找平；有较大裂缝或缺陷时应做灌浆处理。

2）玻璃丝布应除蜡，并用清水漂洗晾干。

3）一次配制胶粘剂和腻料的数量不宜过多，应做到随配随用。

4）基面涂刷胶粘剂，粘贴玻璃丝布，粘贴层数不宜少于 3 层，各层应无气泡、无折皱、密实平整。

5）施工环境温度宜在 10～25℃，不应在温度过高、过低或雨、雾天气施工。

6）施工结束后宜干燥养护不少于 3d。

6.2.6 粘贴碳纤维法施工应符合下列规定：

1 粘贴部位混凝土表层含水率应小于 4‰，环境温度应低于 50℃。混凝土表面应露出结构本体，并保持洁净。构件转角应成圆弧状，半径不应小于 20mm。

2 粘贴面平整度应达到 5mm/m，转角部位应抹成平滑曲面，凹凸部位应找平。

3 胶料应严格按比例充分搅拌后配制。配制的胶料应无沉淀、色差、气泡，并应防止灰尘杂质混入胶料。

4 应按设计要求裁剪碳纤维，不应损坏横向织物面。涂抹粘结胶应均匀，敷贴碳纤维应平整无气泡。多层粘贴，可重复上述步骤，但宜在表面干燥后立即进行下一层粘贴施工。如间歇时间超过 60min，应等 12h 后再行粘贴下一层。

5 最后一层碳纤维表面应涂抹粘结胶进行防护，涂抹应均匀充分。

6 粘贴完成并经固化后应进行密实度检验，密实度应符合 CECS 146 的规定。

6.2.7 粘贴钢板（筋）法施工应按 6.2.5 条的规定执行。

6.2.8 增大断面法施工应符合下列规定：

1 补强加固材料可选用水泥混凝土和聚合物混凝土。

2 增大断面法施工应满足下列工艺要求：

　1）混凝土表面应凿毛、冲洗干净，并涂刷界面处理剂。

　2）新老混凝土结合面应设置锚筋，间距宜为 300～400mm，锚固长度宜为锚筋直径的 15 倍。

　3）新浇混凝土强度等级应高于老混凝土强度等级。

3 可埋设应变计等监测仪器进行混凝土应力监测。

6.2.9 喷射混凝土法施工除应按 SL 377 的规定执行外，还应符合下列要求：

1 喷射的混凝土应满足受喷面或受喷工程所需的抗压、抗拉、抗剪等强度要求；若有抗渗要求，还应达到设计的抗渗标号。

2 喷射的混凝土应与受喷面具有很好的粘附性。

3 应保证喷射混凝土的回弹率，水平喷射时不应大于 15％，向上喷射时不应大于 25％。

4 喷射混凝土作业区的粉尘浓度不应大于 10mg/m³。

5 喷射施工全过程，不应发生堵管漏喷或停喷。

6.2.10 置换混凝土法施工应符合下列规定：

1 加固梁式构件时，应对原构件进行有效的支撑。加固柱、墙等构件时，应对原结构、构件在施工全过程中的承载状态进行验算、观测和控制，置换界面处的混凝土不应出现拉应力，若控制有困难，应采取支顶等措施进行卸荷。

2 置换用混凝土的强度等级应比原构件混凝土高一级，且不应低于 C25。

3 混凝土的置换深度应符合下列规定：

　1）板不应小于 40mm。

　2）梁、柱采用人工浇筑时，不应小于 60mm，采用喷射法施工时，不应小于 50mm。

4 混凝土的置换长度应按混凝土强度和缺陷的检测及验算结果确定。非全长置换时，两端应分别延伸不小于 100mm 的长度。

5 置换部分应位于构件截面受压区内，且应根据受力方向，将有缺陷混凝土剔除；剔除位置应在沿构件整个宽度的一侧或对称的两侧；不应仅剔除截面的一隅。

6.2.11 补强加固后宜进行效果检查。

7 渗 漏 处 理

7.1 一 般 规 定

7.1.1 发现渗漏现象时，应首先进行调查分析，查明原因，判断渗漏的危害性，决定是否处理。

7.1.2 渗漏处理应遵循"上截下排、以截为主、以排为辅、先排后堵"的原则。

7.1.3 渗漏处理方案应根据渗漏调查、成因分析及渗漏处理判断的结果，结合具体工程结构特点、环境条件（温度、湿度、水质等）、时间要求、施工作业空间限制，选择适当的修补方法、修补材料、工艺和施工时机，达到预期的修复目标。

7.1.4 防水堵漏宜靠近渗漏源头。对于建筑物本身渗漏的处理，凡有条件的，宜在迎水面堵截。

7.1.5 渗漏处理宜在枯水期内进行。

7.1.6 漏水封堵后表面应选用水泥防水砂浆、聚合物水泥砂浆或树脂砂浆等进行保护。

7.1.7 选择修补材料时，应考虑修补材料对水质的无污染性和修补材料在特定环境下的耐久性。

7.1.8 渗漏处理材料、施工环境和养护应符合5.4.6条的规定。

7.2 渗漏调查及成因分析

7.2.1 渗漏调查可分为基本情况调查、调查分析及专题研究。渗漏调查应制定调查方案，明确调查手段和调查方法。

7.2.2 基本情况调查应包括下列内容，具体见附录C.1.1条。

　　1 渗漏状况。

　　2 溶蚀状况。

　　3 安全监测资料。

　　4 设计资料。

　　5 施工情况。

　　6 运行管理状况。

　　7 建筑物使用功能、安全性、耐久性、美观等。

7.2.3 调查分析应包括下列内容：

　　1 渗漏状况详查，分析渗漏量与库水位、温度、湿度、时间的关系。

2 工程水文地质状况和水质分析。

3 按实际作用（荷载）进行设计复核。

4 取样测定混凝土抗压强度、容重、抗渗等级和弹性模量等。

7.2.4 经基本情况调查和调查分析仍不能查明渗漏水来源及途径时，应进行专题研究。

7.2.5 渗漏调查可采用附录 C.1.2 条所列的方法。

7.2.6 应将渗漏调查结果与附录 C 表 C.2 进行对照分析，查找渗漏原因，并根据渗漏原因、渗漏性质及渗漏大小选择适当的渗漏处理方法。

7.3 集 中 渗 漏 处 理

7.3.1 当集中渗漏的水压不大于 0.1MPa 时可采用直接堵漏法、导管堵漏法、木楔堵塞法等；当集中渗漏的水压大于 0.1MPa 时，可采用灌浆堵漏法。堵漏材料可选用快凝止水砂浆或水泥浆材、化学浆材。

7.3.2 直接堵漏法施工应满足下列工艺要求：

1 以漏点为圆心，剔成直径 10～30mm，深 20～50mm 的圆孔，并用水冲洗干净。

2 将快凝止水砂浆捻成与圆孔直径接近的锥形小团，待其将凝固之际，迅速堵塞于孔内，并向孔壁四周挤压，经 30s，检查无渗漏后，表面抹防水面层。

7.3.3 导管堵漏法施工应满足下列工艺要求：

1 清除漏水孔壁的松动混凝土，凿成适合下管的孔洞。

2 将导管插入孔中，使渗漏水顺管导出。导管四周用快凝止水砂浆封堵，凝固后拔出导管。

3 按照直接堵漏法用快凝止水砂浆封堵导管孔。

7.3.4 木楔堵塞法施工应满足下列工艺要求：

1 将漏水处凿成圆孔，将铁管插入孔中，使渗漏水顺管导出，铁管长度应小于孔深。

2 在铁管四周用快凝止水砂浆封堵，凝固后将裹有棉纱的木楔打入铁管堵住渗漏水。

7.3.5 灌浆堵漏法施工应满足下列工艺要求：

1 将孔口扩成喇叭状，并冲洗干净。

2 用快凝砂浆埋设灌浆管，使渗漏水从管内导出，用高强砂浆回填管口四周至原混凝土面。

3 砂浆强度达到设计要求后进行顶水灌浆。

4 灌浆压力宜为 0.2～0.4MPa。灌浆堵漏法结构示意图见附录 C 图

C.3.1-1。

7.4 裂缝渗漏处理

7.4.1 裂缝渗漏处理可采用直接堵塞法、导渗止漏法和灌浆法等。

7.4.2 裂缝渗漏处理应先止漏后修补，裂缝修补应按第5章的规定执行。大坝上游面水平裂缝的渗漏处理应进行专项设计。

7.4.3 直接堵塞法施工应满足下列工艺要求：

1 沿缝面凿U形槽，并用水冲洗干净。

2 将快凝止水砂浆捻成条形，逐段塞入槽中，挤压密实，使砂浆与槽壁紧密结合，堵住漏水。

7.4.4 导渗止漏法可分为缝侧钻斜孔排水管导渗和缝内开槽排水管导渗两种方式。其施工应符合下列规定：

1 导渗管在缝的侧面时应满足下列工艺要求：

1）在裂缝的一侧钻斜孔，斜孔穿过缝面，并在孔内埋设排水管导渗。

2）裂缝修补后封闭排水管。结构示意图见附录C图C.3.1-2。

2 导渗管在缝内时应满足下列工艺要求：

1）沿漏水裂缝凿槽，并在裂缝渗漏较为集中的部位埋设排水管导渗（数量视渗漏的情况而定）。

2）用棉丝等沿裂缝填塞，使渗漏水从排水管排出，再用快凝止水砂浆迅速封闭槽口，最后封闭排水管。

7.5 散渗处理

7.5.1 散渗处理可采用表面涂抹粘贴法、喷射混凝土（砂浆）法、防渗面板法、灌浆法等。

7.5.2 表面涂抹粘贴法宜用于混凝土轻微散渗处理，材料可选用各种有机或无机防水涂料及玻璃钢等，施工应满足下列工艺要求：

1 混凝土表面凿毛，清除破损混凝土并冲洗干净。

2 采用快速堵漏材料对出渗点强制封堵，使混凝土表面干燥。

3 基面处理和涂抹施工按5.4.2条的规定执行。

4 粘贴玻璃钢施工按6.2.5条的规定执行。

5 粘贴法的粘贴材料可选用厚3~6mm的橡胶片材，施工按5.4.3条的规定执行。

7.5.3 喷射混凝土（砂浆）法施工应符合下列规定：

1 有渗水的受喷面宜采用干式喷射；无渗水的受喷面宜采用半湿式喷射或湿式喷射。

2 喷射厚度在 50mm 以下时，宜采用喷射砂浆；厚度为 50~100mm 时，宜采用喷射混凝土或钢丝网喷射混凝土；厚度为 100~200mm 时，宜采用钢筋网喷射混凝土或钢纤维喷射混凝土。

3 喷射混凝土（砂浆）施工应按 GB 50086 和 SL 377 的规定执行。

7.5.4 防渗面板施工应符合下列规定：

1 防渗面板材料可选用水泥混凝土、沥青混凝土等。

2 水泥混凝土施工应按 DL/T 5144 的规定执行。

7.5.5 灌浆法施工除应按 SL 62 的规定执行外，还应符合下列要求：

1 灌浆材料可选用水泥浆材或化学浆材。

2 灌浆孔可设置在坝上游面、廊道或坝顶处，孔距根据渗漏状况确定。

3 灌浆压力宜为 0.2~0.5MPa。

4 灌浆结束后散渗面应采用防水涂层防护。

7.6 变形缝渗漏处理

7.6.1 变形缝渗漏处理可采用嵌填法、粘贴法、锚固法、灌浆法及补灌沥青等。宜采用热沥青进行补灌，当补灌沥青有困难或无效时，可采用化学灌浆。

7.6.2 嵌填法的弹性嵌缝材料可选用橡胶类、沥青基类或树脂类等，施工应满足下列工艺要求：

1 沿缝凿宽、深均为 50~60mm 的 V 形槽。

2 清除缝内杂物及失效的止水材料，并冲洗干净。

3 槽面涂刷胶粘剂，槽底缝口设隔离棒，嵌填弹性嵌缝材料。

4 回填弹性树脂砂浆，应与原混凝土面齐平。

7.6.3 锚固法施工应符合下列规定：

1 局部修补时应做好变形缝的止水搭接。

2 防渗材料可选用橡胶、紫铜、不锈钢等片材，锚固件可采用锚固螺栓、钢压条等。

3 锚固金属片材施工应满足下列工艺要求：

1）沿缝两侧凿槽，槽宽 350mm，槽深 80~100mm。

2）在缝两侧各钻一排锚栓孔，排距 250mm、孔径 22~25mm、孔距 500mm、孔深 300mm，并冲洗干净，预埋锚栓。

3）清除缝内堵塞物，嵌入沥青麻丝。

4）挂橡胶垫，再将金属片材套在锚栓上。

5）安装钢垫板、拧紧螺母压实。

6）片材与缝面之间充填密封材料，片材与坝面之间充填弹性树脂砂浆，结构示意图见附录 C 图 C.3.1-3。

4 锚固橡胶板施工应满足下列工艺要求：

1）沿缝两侧各 300mm 范围将混凝土面修理平整。

2）凿 V 形槽，槽宽、深 50～60mm，并冲洗干净。

3）在缝两侧各钻一排锚栓孔，排距 500m，孔径 40mm，孔深 400mm，孔距 500mm。

4）用高压水冲洗钻孔，将树脂砂浆放入孔内，插入直径 20mm、长 450mm 的锚栓，锚栓应垂直迎水面。

5）V 形槽内涂刷胶粘剂，铺设隔离棒再嵌填嵌缝材料。

6）在锚栓部位浇一层宽 120mm 树脂砂浆垫层找平。

7）根据锚栓位置，在橡胶片上开孔，将宽 600mm、厚 6mm 的橡胶片套在锚栓上，及时安装压板，拧紧螺母。结构示意图见附录 C 图 C.3.1-4。

7.6.4 灌浆法施工应满足下列工艺要求：

1 灌浆材料可选用弹性聚氨酯、改性沥青浆材等。

2 沿缝凿宽、深 50～60mm 的 V 形槽。

3 在处理段的上、下端骑缝钻止浆孔，孔径 40～50mm，孔深不应超过原止水片，清洗后用树脂砂浆封堵。

4 骑缝钻灌浆孔，孔径 15～20mm，孔距 500mm，孔深 300～400mm。

5 用压力水冲洗钻孔，将直径 10～15mm、长 150～200mm 灌浆管埋入钻孔内 50mm，密封灌浆管四周。

6 冲洗槽面，用快凝止水砂浆嵌填。

7 逐孔洗缝，控制管口风压 0.1MPa，水压 0.05～0.1MPa。

8 灌浆前对灌浆管进行通风检查，风压不应超过 0.1MPa。

9 自下而上逐孔灌注，灌浆压力宜为 0.2～0.5MPa，灌至基本不吸浆时并浆，后结束灌浆。

7.6.5 补灌沥青法施工应符合下列规定：

1 沥青井加热可采用电加热法或蒸汽加热法。

2 蒸汽加热时，加热前用风水轮换冲洗加热管，加热的进气压力宜为 0.3～0.4MPa，回气压力宜为 0.1～0.2MPa，持续加热 24～36h。

3 井内沥青膏加热温度应控制在 120～150℃。

4 应检查沥青熔化和老化程度。

5 补灌的沥青膏配比应由试验确定。

6 补灌的沥青膏经熔化熬制后灌注井内，灌注后膏面应低于井口 0.5～1.0m。

7 沥青灌注完成后应对井口、管口加盖保护。

7.7　基础及绕坝渗漏处理

7.7.1　帷幕深度不够或帷幕失效，混凝土与基岩接触面产生渗漏等原因引起的基础渗漏，可采用灌浆法进行处理。基础排水设施堵塞无法疏通时应补设排水孔。

7.7.2　基础渗漏处理应采取"以截为主，以排为辅"的原则。绕坝渗漏处理宜采取封堵的措施，封堵后仍有少量漏水时，可增设排水设施。

7.7.3　灌浆法施工除应按 SL 62 的规定执行外，还应符合下列要求：

1　接触面接触灌浆，孔深应钻至基岩面以下 2m。当同时补做帷幕时，接触段灌浆应单独划分为一孔段，并先行灌浆。

2　防渗性能差的帷幕应加密灌浆孔。

3　断层破碎带垂直或斜交于坝轴线、贯穿坝基且渗漏严重时应加深加厚灌浆帷幕。

4　帷幕孔深不大于 8m 宜采用风钻钻孔，超过 8m 的深孔宜采用机钻钻孔。机钻孔的孔径宜为 75～91mm，检查孔的孔径应不小于 110mm。

5　灌浆压力宜通过试验确定。

7.7.4　绕坝渗漏处理应符合下列规定：

1　山体岩石比较破碎时宜采用水泥灌浆做防渗帷幕；山体岩石节理裂隙发育时宜采用水泥灌浆或化学灌浆做防渗帷幕。

2　岩溶渗漏可采用灌浆、堵塞、阻截、铺盖和下游导排等处理措施。

3　岸坡坝肩下游应布置导渗排水设施。

4　土质岸坡宜采用上游回填黏性土等防渗铺盖与下游面增设反滤、排水设施相结合的方法。

5　岩溶地区、断层裂隙较多、大裂隙地区的绕坝渗漏可采用级配料灌浆技术进行处理，施工应按 SL 210 的规定执行。

8 剥蚀、磨损、空蚀及碳化修理

8.1 一 般 规 定

8.1.1 混凝土出现剥蚀、磨损、空蚀、碳化等现象时应及时进行检查，并根据检查结果进行评估，需要时进行修补。

8.1.2 修理前应进行剥蚀、磨损、空蚀及碳化调查，调查应制定调查方案，明确调查手段和调查方法。

8.1.3 剥蚀、磨损、空蚀、碳化修理应遵循下列原则：

1 应以"凿旧补新"方式为主，即清除损伤的老混凝土，浇筑回填能满足特定耐久性要求的修补材料。

2 清除损伤的老混凝土时，应保证不损害周围完好的混凝土，凿除厚度应均匀，不应出现薄弱断面。

3 应选用工艺成熟、技术先进、经济合理的修补材料，并按有关规范和产品指南严格控制施工质量。

8.1.4 修理完成后应加强养护工作，宜避免或延缓剥蚀、磨损、空蚀、碳化现象的再次发生。

8.1.5 基面处理应符合下列规定：

1 剥蚀损伤的混凝土应凿除并清理干净。

2 应采用圆片锯等切槽，形成整齐规则的边缘，轮廓线间夹角不宜小于90°。

3 对钢筋锈蚀引起的剥蚀，混凝土凿除时应暴露钢筋的锈蚀面，并进行除锈处理。

4 采用水泥基材料修补时，基面应吸水饱和，但表面不应有明水；采用树脂基材料修补时，基面宜保持干燥或满足修补材料允许的湿度要求。

5 回填修补材料前，基面应涂刷与修补材料相适应的基液或界面粘结材料。

6 修补厚度大于150mm时，应布设锚筋。

8.1.6 修补材料选择应符合下列规定：

1 修补厚度小于20mm时宜选用聚合物水泥砂浆或树脂砂浆；厚度为20～50mm时宜选用水泥基砂浆；厚度为50～150mm时宜选用一级配混凝土；厚度大于150mm时宜选用二级配混凝土。

2 选择修补材料时应遵循性能相似原则，修补材料的力学性能和物理性能应与基底混凝土相似。

8.1.7 修补材料回填施工应符合下列规定：

1 回填低流动性砂浆和混凝土时，应振捣密实并及时抹面，抹面时应反复揉压、拍打，但不应加水，高强硅粉混凝土抹面后应立即覆盖保湿。

2 修补材料应在界面粘结材料适用时间内回填。

3 修补表面应光滑平整。

4 过流面大体积混凝土的修补施工，宜采用滑模、真空作业。

8.1.8 修理材料、施工环境和养护应符合5.4.6条的规定。

8.2 剥蚀、磨损、空蚀及碳化调查

8.2.1 应根据水工建筑物的运行工况，定期对易遭受冲磨与空蚀破坏的混凝土结构进行观测与检查，及时编写检测报告。

8.2.2 冻融剥蚀调查分为基本调查、补充调查和专题研究。冻融剥蚀的调查应包括下列内容：

1 基本调查应包括下列内容，具体见附录D.1.1条。

　1）剥蚀的部位特征。

　2）气温特性。

　3）剥蚀区特征。

　4）设计资料。

　5）施工情况。

　6）管理状况。

　7）影响运行情况。

2 补充调查应包括混凝土抗压强度、动弹性模量、抗冻等级、抗渗等级检测等，必要时可对损伤混凝土进行微观结构分析。

3 经补充调查仍不能判断剥蚀原因时，应进行专题研究。

4 若剥蚀破坏是由多种因素叠加引起，还应进行室内材料试验、模型试验和强度复核等专题研究。

8.2.3 钢筋锈蚀剥蚀调查分为基本调查和补充调查。钢筋锈蚀剥蚀调查应包括下列内容：

1 基本调查应包括下列内容，具体见附录D.1.2条。

　1）混凝土剥蚀情况。

　2）钢筋状况。

　3）运行及环境条件。

　4）设计资料。

　5）施工情况。

　6）管理情况。

2 补充调查应包括下列内容：

1）混凝土剥落的特征、施工缺陷等。

2）混凝土抗压强度、抗渗等级、碳化深度、氯离子含量检测等，必要时可进行微观结构分析。

3）钢筋锈蚀情况及强度检测。

4）环境有害介质及其含量的检测。

3 钢筋锈蚀剥蚀调查方法见附录 D.1.4 条。

8.2.4 磨损和空蚀调查分为基本调查、补充调查、水工模型试验和专题研究。磨损和空蚀调查应包括下列内容：

1 基本调查应包括下列内容，具体见附录 D.1.3 条。

1）磨损和空蚀状况。

2）过水情况。

3）泥沙特性。

4）过水面不平整度。

5）磨损和空蚀的发展过程。

6）设计资料。

7）施工情况。

8）管理状况。

2 补充调查应包括下列内容：

1）校核结构物的体形和尺寸。

2）复核水力计算书及水工模型试验报告。

3）过水面状况详查：冲坑、冲沟、裂缝、混凝土强度等。

3 经补充调查仍不能断定空蚀原因时，应进行水工模型试验和专题研究。

4 泄水建筑物经短期运行即发生较严重磨蚀破坏，或长期运行发生周期性、重复性破坏时，应重新审查与评估结构布置与体形设计的合理性，必要时通过模型试验再行论证。

8.2.5 混凝土碳化修理前应进行碳化深度调查。碳化深度调查方法见附录 D.1.5 条。

8.3 剥蚀、磨损及空蚀成因分析

8.3.1 应将冻融剥蚀调查结果与附录 D 表 D.2.1 中所列原因进行对照分析，并根据成因、部位、剥蚀程度、剥蚀规模等综合考虑选择适当的处理方法。

8.3.2 应将钢筋锈蚀剥蚀调查结果与附录 D 表 D.2.2 所列原因进行对照分析，并根据成因、部位、剥蚀程度、剥蚀规模等综合考虑选择适当的处理方法。

8.3.3 应将磨损和空蚀破坏调查结果与附录 D 表 D.2.3 所列原因进行对照分析，并根据成因、部位、磨损和空蚀程度、磨损和空蚀规模等综合考虑选择适当的处理方法。

8.4 冻融剥蚀及碳化修理

8.4.1 冻融剥蚀修理前应先凿除损伤混凝土，然后回填能满足抗冻要求的修补材料，并采取止漏、排水等措施。

8.4.2 冻融剥蚀和碳化修理施工应符合下列规定：

1 基面处理按 8.1.5 条的规定执行。

2 修补材料浇筑回填宜分层施工，且在上一层修补材料浇筑完成但尚未初凝或完全固化前浇筑下一层。如上一层凝固或固化后施工下一层，应凿毛上一层表面，并涂刷粘结剂。

8.4.3 修补材料应符合下列规定：

1 修补材料可选用水泥基修补材料和树脂基修补材料等；冻融剥蚀修补材料的抗冻等级应符合 SL 191 的规定。

2 配制抗冻混凝土及砂浆所用原材料除应符合 DL/T 5144 的规定外，还应符合下列要求：

1） 应选用强度等级不低于 42.5 的硅酸盐水泥、普通硅酸盐水泥。

2） 应掺用引气剂和减水剂，质量应符合 GB 8076 的规定。

3） 可掺用硅粉或Ⅰ级粉煤灰，硅粉应符合《水工混凝土硅粉品质标准暂行规定》的规定，粉煤灰应符合 GB 1596 的规定，粉煤灰和硅粉的掺量应通过试验确定。

4） 砂的细度模数宜为 2.3～3.0；骨料中含有活性骨料成分时，应进行专门试验论证。

3 混凝土、砂浆的配合比应通过试验确定，抗冻性能试验应按 SL 352 的规定执行。对不具备抗冻试验条件的小规模修补工程，其混凝土的含气量、水灰比应按 SL 211 的规定选用，抗冻砂浆的含气量不应低于 7%。

8.4.4 常用冻融剥蚀、碳化修补材料见附录 D 表 D.3.1、表 D.3.2。

8.5 钢筋锈蚀引起的混凝土剥蚀修理技术

8.5.1 钢筋锈蚀剥蚀修补应符合下列规定：

1 对碳化引起的钢筋锈蚀，应将保护层全部凿除，处理锈蚀钢筋，用高抗渗等级的混凝土或砂浆修补，并用防碳化涂料防护。

2 对氯离子侵蚀引起的钢筋锈蚀，应凿除受氯离子侵蚀损坏的混凝土，处理锈蚀钢筋，用高抗渗等级的材料修补，并用涂层防护。

8.5.2 修补材料应符合下列规定：

1 修补材料宜选用抗渗等级不低于 W12 的水泥混凝土及砂浆、聚合物水泥混凝土及砂浆，对遭受严重侵蚀的部位可选用树脂混凝土及砂浆。

2 修补材料的性能不应低于建筑物材料原设计指标。

3 配制水泥混凝土及砂浆所用原材料除应符合 DL/T 5144 的规定外，还应符合下列要求：

　　1）有氯离子侵蚀的环境中，水泥混凝土和砂浆应掺用钢筋阻锈剂，聚合物水泥砂浆及混凝土和硅粉砂浆及混凝土可掺用阻锈剂。

　　2）掺用的硅粉和粉煤灰的品质应符合 8.4.3 条的规定。

4 混凝土及砂浆的水灰比宜小于 0.40。

8.5.3 常用钢筋锈蚀剥蚀修补材料见附录 D 表 D.3.1、表 D.3.2。

8.6　磨损和空蚀修理技术

8.6.1 空蚀修理可通过修改体型、控制和处理不平整度、设置通气设施等降低空蚀强度的方法，也可采用高抗空蚀材料护面的方法，同时在运行过程中通过改变泄流运行方式降低空蚀危害。

8.6.2 磨损和空蚀破坏修理应符合下列规定：

1 磨损破坏应采用高抗冲耐磨材料进行修补；空蚀破坏应采用高抗空蚀材料进行修补。

2 空蚀破坏修理应遵循下列原则：

　　1）若空蚀为体形不合理原因引起，应修改体形。

　　2）若空蚀为表面不平整原因引起，应对表面进行处理，处理后的不平整度应符合 SL 253 的规定。

　　3）应增设通气减蚀设施。

8.6.3 磨损和空蚀破坏的修补可选用下列材料：

1 修补悬移质磨损破坏可选用高强硅粉混凝土（及砂浆）、高强硅粉铸石混凝土（及砂浆）、铸石板等。

2 修补推移质冲磨破坏可选用高强铁矿石硅粉混凝土（及砂浆）、高强硅粉混凝土（及砂浆）等。

3 修补空蚀破坏可选用高强硅粉钢纤维混凝土、高强硅粉混凝土（及砂浆）、聚合物水泥混凝土（及砂浆）等，温度变化不大或经常处于水下的部位也可选用树脂混凝土（及砂浆）。

8.6.4 常用磨损和空蚀修补材料见附录 D 表 D.3.1、表 D.3.2。

9 水下修补与清淤（渣）

9.1 一般规定

9.1.1 水库水位无法降低至需修补缺陷部位高程以下，或无法排干水工建筑物内的充填水，或降低水位与排干充填水措施与水下修补相比费用较高时，应进行水下修补。水下淤积物影响枢纽正常运行或效益发挥时，应进行水下清淤（渣）。

9.1.2 水下修补和水下清淤（渣）前应开展水下调查工作。水下调查前应根据调查对象、调查项目和调查要求等选择水下调查手段，制定水下调查方案，并按编制的方案实施。

9.1.3 水下修补宜采用无毒、无污染的环保材料。

9.1.4 水下修补完成后宜对水下修补效果进行检查。

9.2 水下调查

9.2.1 修补水下调查内容应包括损坏部位、规模、程度及周边障碍、淤积等。清淤（渣）水下调查内容应包括水下地形测量、堆渣和淤积物的块度大小、分布等。

9.2.2 水下调查宜采用潜水、水下摄影、水下电视、水下机器人、水下多波束和水上仪器探测等方式。水下调查应进行水下定位，以确定缺陷所在的位置。

9.2.3 水下调查后应及时整理资料、绘制成图、编辑照片或录像、提出水下调查报告。

9.2.4 对于深度和难度较大的水下调查，应聘请专业队伍开展工作。

9.2.5 根据水下调查结果，对照附录 B 和附录 C 分析损坏原因，并做出是否修补的判断。

9.3 水下修补内容与技术

9.3.1 水下修补可采用潜水法或沉柜、侧壁沉箱、钢围堰法等。沉柜法宜用于水深 2.5～12.5m 水下结构水平段和缓坡段的修补，侧壁沉箱法宜用于水下结构的垂直段和陡坡段的修补，钢围堰法宜用于闸室等孔口部位的修补，潜水法可用于水下各类修补。

9.3.2 水下清理应符合下列规定：

　　1 清除表面淤积物，凿除混凝土损坏部分，并冲洗干净。

2 水下临时、废弃建筑物或岩石可采用水下爆破清除。

3 浇筑混凝土的清理范围应为浇筑区以外 1.5～2.0m。

9.3.3 水下电焊与切割的操作技术应遵守有关作业安全规程的规定。

9.3.4 水下爆破除应符合 DL/T 5389 和 GB 6722 的有关规定外，还应符合下列要求：

1 水下爆破应经充分的论证和必要的现场试验，制定爆破方案。

2 应采用抗水的或经防水处理的爆破器材。

3 应采用电或塑料导爆管起爆方式，不应使用导火索起爆方式。

4 爆破前应对爆区周围重要建（构）筑物、设施进行安全防护。

5 爆破前应撤离爆破影响范围内的船只、可移动的设施、人员等。

6 应明确爆破冲击波（水击波）和爆破振动的安全控制标准，并加强监测。

9.3.5 水下钻孔机具可选用风钻、液压钻或机钻等。

9.3.6 水下锚固可采用锚筋锚固、锚栓锚固。锚筋锚固宜用于水下混凝土浇筑，锚栓锚固宜用于水下修补锚贴固定。锚固剂可选用水泥基或树脂类等。

9.3.7 水下嵌缝宜用于迎水面的裂缝、变形缝的修补，施工应符合下列规定：

1 凿槽、嵌缝的施工工艺应按 5.4.3 条的规定执行。

2 凿槽可选用风镐、液压机具、高压水枪等，槽面清洗可选用钢丝刷、液压刷或高压水等。

3 嵌缝材料可选用水下聚合物水泥砂浆、水下树脂砂浆等。

9.3.8 水下锚固、水下灌浆宜用于水下裂缝、变形缝的修补处理。施工工艺应分别按 7.6.3 条和 7.6.4 条的规定执行，嵌缝应采用水下嵌缝材料。

9.3.9 水下混凝土施工应符合下列规定：

1 水下混凝土浇筑可采用导管法、泵压法、倾注法、袋装叠置法，宜优先采用导管法。导管法施工技术要求应按附录 E 的规定执行。浇筑水下不分散混凝土时，其直接通过水深不应大于 500mm。

2 水下混凝土浇筑前应按 9.3.2 条的规定清理基面。

3 水下模板工程除应按 DL/T 5144 的规定执行外，还应符合下列要求：

　　1）应按双向受力条件设计。

　　2）应选用钢模或钢木混合结构，模板应密封、不透水。

4 水下混凝土施工可采用水下电视监控并录像。

9.3.10 常用水下修补材料见附录 E.2 表 E.2。

9.4　水　下　清　淤（渣）

9.4.1 水下清淤（渣）宜优先利用大坝自有的冲淤建筑物进行水力冲淤。如无冲淤建筑物或水力冲淤不能满足要求时，可采用吸管法和机械挖除法等方法。

9.4.2 吸管法宜用于粒径小于 100mm 的淤积物清理，施工应符合下列规定：

1 应由潜水员进行吸管的水下定位和移动，管口宜高出淤积面 100mm。

2 清淤时，潜水员距吸管的安全距离应大于 2m。

3 供风压力应由现场试验确定。

9.4.3 机械挖除法宜用于粒径大于 100mm 的淤积物和堆渣的清理，施工应符合下列规定：

1 近岸边、水深较浅的部位可选用风镐、素铲等开挖机具；水深较深的部位可选用抓斗船、挖泥船等开挖机具。

2 开挖机具定位导向标志可采用浮标、GPS 等。

3 开挖不应损坏已有建筑物。

4 开挖渣料和淤积物应运至指定地点。

9.4.4 清淤（渣）完成后应进行水下地形测量，对清挖效果进行检查。水下清渣和清淤后高程应满足要求，对于流道内可能影响发电机组安全的淤积物和块渣应清理干净。

附录 A　常用防护方法与材料

表 A　常用防护材料与施工方法

名称或类型	适用范围	施工方法
环氧砂浆涂料	防碳化、防氯离子渗透、耐磨、耐化学侵蚀	人工刷涂、高压无气喷涂
呋喃改性环氧涂料	防碳化	人工刷涂、高压无气喷涂
环氧沥青厚浆涂料	防碳化、防氯离子渗透、耐磨、耐化学侵蚀	人工刷涂、高压无气喷涂
丙烯酸涂料	防碳化	人工刷涂、高压无气喷涂
聚氨酯涂料	防碳化、防氯离子渗透、耐磨、耐化学侵蚀	刷涂、喷涂，高压无气喷涂
氯丁胶乳沥青防水涂料	防碳化、防氯离子渗透、防水、耐化学侵蚀	人工刷涂、高压无气喷涂
耐蚀类石材 耐蚀类陶瓷 耐蚀密实混凝土板	防碳化、防氯离子渗透、防水、耐酸蚀	耐蚀水泥砂浆衬砌
聚氯乙烯板、膜	耐酸蚀、防水	合成树脂胶粘剂粘贴
丙乳水泥涂料	防碳化	人工刷涂

注 1：化学侵蚀防护的设计与施工可按 GB 50046《工业建筑防腐蚀设计规范》和 GB 50212《建筑防腐施工及验收规范》执行。

注 2：化学侵蚀防护工程量较大时，其材料、施工方法可根据侵蚀介质性质与浓度，结合一些成功防护实例，经过材料性能对比试验和现场工艺验证来确定。

注 3：防护用各类砂浆材料在附录 B、附录 C 和附录 D 中列出。

附录 B 裂缝修补

B.1 钢筋混凝土结构允许最大裂缝宽度

表 B.1 钢筋混凝土结构允许的最大裂缝宽度

环境条件类别	钢筋混凝土结构	预应力混凝土结构	
	最大裂缝宽度 /mm	裂缝控制等级	最大裂缝宽度 /mm
一	0.40	三	0.20
二	0.30	二	一
三	0.25	一	一
四	0.20		
五	0.15		

注 1：当结构构件承受水压且水力梯度 $i > 20$ 时，表列数字减小 0.05。

注 2：结构构件的混凝土保护层厚度大于 50mm 时，表列数字可增加 0.05。

注 3：若结构构件表面设有专门的防渗面层等防护措施时，最大裂缝宽度允许值可适当加大。

注 4：表中规定适用于采用热轧钢筋的钢筋混凝土结构和采用预应力钢丝、钢绞线、螺纹钢筋及钢棒的预应力混凝土结构；当采用其他类别的钢筋时，其最大裂缝宽度控制要求可按专门标准确定。

注 5：对于严寒地区，当年冻融循环次数大于 100 时，最大裂缝宽度适当减小。

注 6：环境类别条件：一类为室内正常环境；二类为室内潮湿环境，露天环境，长期处于地下或水下的环境；三类为淡水水位变动区，有轻度化学侵蚀性地下水的地下环境，海水水下区；四类为海上大气区，轻度盐雾作用区，海水水位变化区，中度化学侵蚀性环境；五类为使用除冰盐的环境，海水浪溅区，重度盐雾作用区，严重化学侵蚀性环境。

注 7：裂缝控制等级：一级为严格要求不出现裂缝的构件；二级为一般要求不出现裂缝的构件；三级为允许出现裂缝的构件。

B.2 裂缝调查内容与方法

B.2.1 基本调查内容应包括下列内容：

 1 裂缝状况调查应包括下列内容：

 1）裂缝宽度。

 2）裂缝长度。

 3）混凝土建筑物的两个对应表面裂缝的位置是否对称，廊道内是否漏水，判断裂缝是否贯穿。

 4）裂缝形态有无规律性。

 5）裂缝开裂部位有无钢筋锈蚀和盐类析出。

 2 裂缝附近调查应包括下列内容：

1）裂缝附近混凝土表面的干、湿状态，污物和剥蚀情况。

2）裂缝及其端部附近有无细微裂缝。

3 裂缝发展情况调查包括观察裂缝宽度和长度的变化，及其与环境、建筑物作用（荷载）的相关性。

4 影响建筑物使用的调查包括裂缝的漏水量、析出物、钢筋锈蚀、外观损伤，建筑物有无异常变形等。

5 设计资料调查包括设计依据、设计作用（荷载）、结构计算成果、钢筋及结构断面图、建筑材料及有关试验数据等。

6 安全监测资料调查包括裂缝发生前后建筑物的变形、渗流、应力、温度、水位等的变化。

7 施工情况调查应包括下列内容：

1）按表 B.2.1 进行混凝土的原材料调查。

表 B.2.1　混凝土原材料调查

原材料	调查内容
水泥	种类及牌号、品质检验资料
骨料	种类、产地、岩质、颗粒级配、表观密度、吸水率、杂质含量（黏土、有机杂质、盐类、泥块等）、碱活性
外加剂	种类及牌号、品质检验资料、掺量
水	水质分析

2）钢筋种类、强度指标和试验资料。

3）混凝土的设计配合比和施工配合比。

4）浇筑及养护情况，包括搅拌、运输、浇筑、养护和施工环境条件。

5）混凝土试验资料包括坍落度、含气量、抗压强度、抗拉强度、极限拉伸值、弹性模量等。

6）基础情况包括基岩种类、岩性、变形模量、断层及基础处理等。

7）使用模板情况包括模板种类、制作与安装、拆模时间等。

8）施工中的裂缝记录。

8 建筑物运行情况及周围环境调查应包括下列内容：

1）运行期实际作用（荷载）及其变化情况。

2）气温变化情况。

3）相对湿度变化情况。

4）建筑物距海岸或盐湖的距离、海风风向及环境污染等。

B.2.2 补充调查内容应包括下列内容：

1 当建筑物或构件的实际断面尺寸与设计不符时，应进行测量并与设计图核对。

 2 混凝土质量状况调查应包括下列内容：

 1）建筑物混凝土强度试验，可采用钻取混凝土芯样进行强度试验，当无法取芯样或不允许取芯样时可采用回弹仪进行检测。

 2）碳化深度试验，凿孔、向孔内喷洒1%的酚酞溶液进行检测，已碳化的混凝土不变色，未碳化的混凝土变为红色。

 3）氯化物含量试验按SL 352的规定执行。

 3 钢筋状况调查应包括下列内容：

 1）破损试验：将混凝土凿至主筋位置，观测保护层厚度、钢筋位置、钢筋用量及钢筋锈蚀情况，对钢筋腐蚀程度按表B.2.2进行评估。

表 B.2.2 钢筋腐蚀度等级

等级	钢筋的状态
Ⅰ	铁锈呈黑皮状或整体薄而致密、混凝土表面不带锈斑
Ⅱ	部分有小面积的斑点状浮锈
Ⅲ	虽无明显的断面缺损，但沿钢筋圆周或全长已产生浮锈
Ⅳ	已产生断面缺损

 2）非破损试验：测定钢筋保护层厚度可用钢筋探测仪，钢筋的锈蚀情况可用电化学法测定。

 3）抗拉试验：当钢筋属Ⅲ级腐蚀度以上必须校核结构承载力时，应取样做钢筋抗拉试验或测定钢筋的截面积，取样后及时修复。

 4 结构上作用（荷载）的调查应包括下列内容：

 1）开裂时实际作用（荷载）是否超过设计作用（荷载）。

 2）除设计作用（荷载）外，建筑物是否有以下因素引起的应力：气温、冰冻、干缩及吸水等引起的建筑物自身变形约束所产生的应力；冲击、振动、共振等瞬时作用（荷载）引起的应力。

 5 基础变形调查：地基或建筑物有异常变形，应迅速调查，并对建筑物进行校核。

 6 裂缝详查应包括下列内容：

 1）表层裂缝深度可用凿槽法检测，深层裂缝和贯穿裂缝的深度可用超声波仪、面波仪等仪器检测。

 2）在裂缝处用环氧粘贴玻璃条，检查裂缝宽度变化；用游标卡尺或千分表、测缝计等测定裂缝宽度，同时记录结构物的变形、作用（荷载）及环境条件。

 7 建筑物运行及环境条件变化详查应包括下列内容：

1）建筑物用途变更。

2）年冻融次数。

3）地下水含硫酸根离子和镁离子等的浓度。

4）工业污水酸、碱、盐的含量。

5）大气的含盐量。

B.2.3 专题研究内容应包括下列内容：

1 根据建筑物实际尺寸、钢筋数量和直径、材料及其物理力学性能、作用（荷载）和运行环境、裂缝的长度深度进行结构应力和抗滑稳定计算，分析建筑物开裂部位的应力及抗滑稳定性。

2 混凝土材料试验应包括下列内容：

1）混凝土孔隙率试验。

2）混凝土碱骨料反应试验。

3）微观结构分析。可采用偏光显微镜观察、X射线衍射试验判定骨料中的碱活性矿物和采用电子显微镜观察骨料的碱活性反应生成物。

3 构件静荷载试验应包括下列内容：

1）构件荷载试验的加载方法可采用油压千斤顶法、重物法等。

2）构件荷载试验的测定项目及测试仪表见表 B.2.3。

表 B.2.3　构件荷载试验的测定项目及测试仪表

测定项目		测 试 仪 表
变形		水准仪、千分表、差动变压器式位移计、应变式变位计、测微计
应变	钢筋	电阻应变计
	混凝土	电阻应变计、位移传感器
基础位移		经纬仪、水准仪、百分表、差动变压器式沉降计、倾斜仪

4 结构振动试验应包括下列内容：

1）运行荷载或运行机械在运转过程中引起的应力疲劳试验。

2）结构固有频率试验。

3）地震影响的振动试验。

B.2.4 裂缝调查可采用下列调查仪器和调查方法：

1 裂缝宽度可采用塞尺、游标卡尺、千分表、裂缝刻度尺、刻度放大镜和测缝计进行量测。对于活动裂缝和尚在发展的裂缝，可采用环氧粘贴玻璃条检测裂缝宽度变化。裂缝宽度调查记录内容见表 B.2.4。

表 B.2.4 裂缝宽度调查记录表

日期：___年___月___日　　　　气温：___℃　　　　相对湿度：___%

序号	裂缝编号	位置	走向				宽度/mm	长度/m	深度/m	渗漏	溶蚀	备注
			垂直	水平	倾斜	环向						
1												
2												
⋮												

量测工具：　　　　　量测人：　　　　　记录人：

2 裂缝深度可采用凿槽法和取芯法进行检测，也可采用超声波仪和面波仪等仪器进行检测。

3 其他调查项目采用相关的专业仪器进行检测。混凝土内部缺陷检测可采用超声脉冲法、声发射法、脉冲回波法、射线法、雷达波反射法、红外热谱法等。

B.3 裂缝形成的主要原因

表 B.3 混凝土裂缝形成的主要原因

分类			原因
材料	原材料	水泥	水泥的非正常凝结 水泥的水化热 水泥的非正常膨胀 水泥含碱量高
		骨料	质量低劣 使用了碱活性骨料
		拌和水	拌和水含有氯化物
		外加剂	使用不当
	混凝土		配合比设计不合理 混凝土的沉降及泌水 混凝土的收缩
施工	混凝土	拌和	掺合料拌和不匀 拌和时间过长
		运输浇筑	运输时改变了配合比 浇筑顺序不合适 浇筑速度不当 振捣不足
		养护	硬化前受到振动或加荷 初期养护时急骤干燥 初期冻害

分 类			原 因
施工	混凝土	温控	温控设计不合理 浇筑温度过高 通水冷却不及时 新浇混凝土气温骤降无保温措施
	钢筋	钢筋	钢筋被扰动 保护层厚度不足
	模板	模板	模板变形 模板漏浆 支撑下沉 过早拆模
使用与环境	物理	温湿度	环境温湿度的变化 构件两面的温湿度差 反复冰融 火灾 表面加热
	化学	侵蚀	酸碱盐类的侵蚀 碳化引起的钢筋锈蚀 氯离子侵入使钢筋锈蚀
结构及作用（荷载）	作用（荷载）	长期作用（荷载）组合	运行中的荷载在长期荷载组合之内 运行中的荷载超过长期荷载组合
		短期作用（荷载）组合	运行中的荷载在短期荷载组合之内 运行中的荷载超过短期荷载组合
	构造设计		断面及钢筋用量不足、受力钢筋直径过粗混凝土强度等级不当 钢筋接头、锚固、构造筋等设计不当
	支承条件		不均匀沉陷 冻害
其他			其他

B.4　常用裂缝修补方法与材料

B.4.1　常用的混凝土裂缝修补结构图见图 B.4.1-1、图 B.4.1-2。

B.4.2　常用的混凝土裂缝、渗漏、剥蚀修补材料见表 B.4.2。

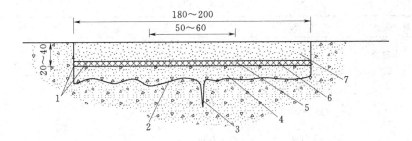

1—胶粘剂；2—树脂基液；3—裂缝；4—树脂砂浆；5—隔离膜；
6—橡胶片材；7—弹性树脂砂浆

图 B.4.1-1 活动裂缝粘贴修补图（单位：mm）

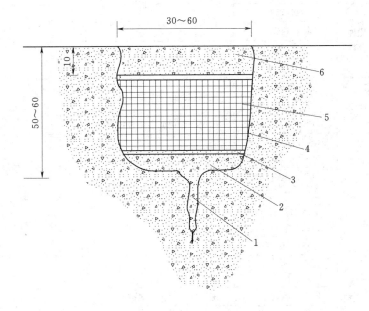

1—裂缝；2—水泥基砂浆；3—隔离膜；4—胶粘剂；
5—弹性嵌缝材料；6—水泥基砂浆

图 B.4.1-2 活动裂缝充填修补图（单位：mm）

表 B.4.2 常用的混凝土裂缝、渗漏、剥蚀修补材料

分 类		名 称	主 要 用 途
砂浆与混凝土原材料	水泥	硅酸盐水泥	配制各种水泥基混凝土及砂浆
		中热硅酸盐水泥	
		普通硅酸盐水泥	
		抗硫酸盐水泥	

表 B.4.2 （续）

分　类		名　称	主　要　用　途
砂浆与混凝土原材料	掺合料	粉煤灰	各种水泥基混凝土及砂浆掺合料
		硅粉	配制高强和抗磨蚀混凝土及砂浆
	外加剂	普通减水剂	配制水泥砂浆、混凝土
		高效减水剂	配制高强混凝土（抗冲耐磨）、流态泵送混凝土、抗冻混凝土
		引气剂	配制抗冻性混凝土
		水下不分散剂	配制水下不分散混凝土
		速凝剂	配制喷射混凝土
		膨胀剂	配制补偿收缩混凝土
		早强剂	配制早强混凝土
	特种骨料	铸石砂	配制抗冲磨铸石砂浆及混凝土
		铸石粗骨料	
		铁矿石砂子	配制抗冲磨铁矿石砂浆及混凝土
		铁矿石粗骨料	
	树脂	环氧树脂	配制树脂砂浆及混凝土
		不饱和聚酯树脂	
		PBM-1树脂	配制水下树脂砂浆及混凝土
	胶乳	丙烯酸酯共聚乳液（丙乳 PAE）	配制聚合物水泥砂浆和混凝土
		氯丁胶乳（CR）	
		丁苯胶乳（SBR）	
		乙烯-醋酸乙烯共聚乳液（EVA）	
		环氧树脂乳液	
	树脂固化剂	潮湿（或水下）环氧固化剂	配制潮湿（或水下）环氧砂浆
		环氧低温固化剂	配制低温固化环氧砂浆
		弹性环氧固化剂	配制弹性环氧砂浆
特种砂浆、混凝土		干性预缩水泥砂浆	嵌填混凝土裂缝或用作有机嵌缝材料的表面保护材料；小面积混凝土剥蚀修补
		水泥防水砂浆	混凝土结构表面防水处理
		补偿收缩水泥砂浆	混凝土表面剥蚀薄层修补，包括混凝土碳化、钢筋锈蚀的防护修补
		丙乳胶乳水泥砂浆	混凝土裂缝嵌填、混凝土结构表面防水处理、混凝土薄层剥蚀修补和钢筋混凝土结构表面防护处理
		氯丁胶乳水泥砂浆	
		环氧乳液水泥砂浆	

表 B.4.2（续）

分 类	名 称	主 要 用 途
特种砂浆、混凝土	普通环氧砂浆	混凝土裂缝嵌填、混凝土薄层剥蚀修补的防护处理
	潮湿或水下环氧砂浆	
	低温环氧砂浆	
	弹性环氧砂浆	
	高强水泥石英砂浆	含悬移质高速水流对混凝土磨损破坏的修补
	高强硅粉铸石混凝土（砂浆）	磨损破坏的修补
	硅粉（钢纤维）抗冲磨混凝土	磨损、气蚀破坏的修补
	高强耐磨粉煤灰混凝土（砂浆）	磨损破坏的修补
	高硅粉铁矿石骨料混凝土（砂浆）	推移质冲磨破坏的修补
	钢板和钢轨间嵌填混凝土	
	高抗冻性混凝土	冻融破坏的修补加固
	喷射混凝土（砂浆）	混凝土结构的修补、加固和防渗漏处理
	流态泵送混凝土	混凝土结构的修补加固
	预填骨料压浆混凝土	混凝土结构的修补加固
	沥青混凝土	迎水面的散渗处理
	水下不分散混凝土	水下混凝土结构的修补加固
灌浆材料	LW 水溶性聚氨酯浆材	混凝土缝和孔洞的快速堵漏
	丙烯酰胺（丙凝）浆材	混凝土蜂窝孔洞和裂缝的堵漏处理
	水泥（超细水泥）浆材	混凝土裂蜂窝孔洞的灌浆补强加固和防渗处理；若有堵漏要求亦可加入水玻璃、丙凝、水溶性聚氨酯等
	环氧树脂灌浆材料	混凝土裂缝的补强加固和防渗处理
	甲凝灌浆材料	混凝土细微裂缝的补强和防渗处理
	HW 水溶性聚氨酯浆材	混凝土裂缝、孔洞的堵漏处理和补强
	SK 聚氨酯浆材	

表 B. 4. 2 （续）

分　类	名　称	主　要　用　途
嵌缝密封材料	SR 塑性止水材料	变形缝、裂缝的嵌填密封止水（冷施工）
	GB 止水材料	
	PU-1、PU-2 弹塑性嵌缝密封材料	
	聚氨酯嵌缝材料	
	西基密封腻子 XM43	
	遇水膨胀橡胶止水材料	
	自粘性橡胶密封带	
	橡胶改性沥青嵌缝油膏	混凝土构件接缝的防水嵌填
	聚氯乙烯防渗胶泥	
快速堵漏止水材料	水泥快速堵漏剂	快速封堵混凝土孔洞和裂缝的渗漏
	水玻璃或水泥水玻璃浆材	地下混凝土结构或大体积混凝土连通蜂窝孔洞和裂缝（缝宽大于 0.5mm）漏水的处理和补强
防水片材	氯丁橡胶片材	变形缝、裂缝的防渗处理，迎水面的散渗处理
	三元乙丙橡胶片材	
	聚氯乙烯片材	
	橡胶布	
其他	RI-103 型钢筋阻锈剂 NS-2 型钢筋阻锈剂	修补由氯盐侵蚀引发的钢筋锈蚀破坏
	YJ302 界面处理剂 ZY 界面处理剂	提高新老混凝土的界面粘结强度
	药卷式锚杆锚固剂 早强锚固剂 水下锚固剂	快速锚固、新老混凝土间的锚固、水下锚固
	静态膨胀破碎剂	无声爆破拆除
	环氧玻璃钢 聚酯玻璃钢	混凝土结构的防渗、防腐及补强加固处理

注：可供选择的常用外加剂和树脂固化剂产品列于条文说明。

附录 C 渗 漏 处 理

C.1 渗漏调查内容与方法

C.1.1 基本情况调查应包括下列内容：

1 渗漏状况：渗漏类型、部位和范围，渗漏水来源、途径、是否与水库相通、渗漏量、压力、浊度等，并将调查结果绘成图表。

2 溶蚀状况：部位、渗析物的颜色、形状、数量。

3 安全监测资料：变形、渗流、温度、应力及水位等。

4 设计资料：设计依据的规范、设计图、设计说明书、设计选用的材料及其性能指标、地质资料等。

5 施工情况：材料、配合比、试验数据、浇筑及养护、质量控制记录、工程进度、施工环境、竣工资料、验收报告等。

6 运行管理状况：作用（荷载）、水位、温度、地下水的变化，混凝土养护修理情况等。

7 建筑物使用功能、安全性、耐久性、美观等。

C.1.2 渗漏调查可采用下列方法：

1 渗漏量调查可采用容积法和量水堰法进行量测。

2 对渗漏通道可采用示踪技术、电磁法、声发射、地质雷达、核磁共振等进行检查。

3 对水面以下的裂缝渗漏或变形缝渗漏调查可采用潜水员、水下机器人视频检查与示踪检查相结合的方式进行。

C.2 渗漏形成的主要原因

表 C.2 渗漏形成的主要原因

分 类		原 因
原材料	水泥	水泥品种选用不适当
	骨料	骨料的品质低劣、级配不当
	止水材料	止水材料年久老化腐烂、失去原来弹塑性而开裂或被挤出等
设计	勘察	坝址的地质勘探工作不够，基础有隐患
	结构	混凝土强度、抗渗等级低 坝基防渗排水措施考虑不周，帷幕深度或厚度不够 变形缝尺寸设计不合理、止水结构不合理、止水材料的长期允许伸缩率不能满足变形要求等

表 C.2（续）

分 类		原 因
施工	配合比	配合比不合理
	浇筑	浇筑程序不合理、间歇时间过长、层面处理不符合要求、振捣不密实
	养护	养护不及时或时间不够、养护措施不当
	温控	温控措施不当
	坝基防渗	防渗设施施工质量差 基岩的强风化层及破碎带未按设计要求彻底清理 基础清理不彻底，结合部施工质量不符合设计要求、接触灌浆质量差
	止水带	位置偏离、周边混凝土有蜂窝孔洞、焊接不严密、密封材料嵌填质量差、与混凝土面脱离等
运行管理	运行条件改变	基岩裂隙的发展、渗流的变化、冻害、抗渗性能降低、水位与作用（荷载）变化
	管理	养护维修不善
	物理、化学因素的作用	帷幕排水设施、变形缝止水结构等损坏，沥青老化，混凝土与基岩接触不良、流土、管涌、冻害、溶蚀等
其 他		地震等

C.3 常用渗漏处理方法与修补材料

C.3.1 常用的混凝土渗漏修补结构图见图 C.3.1-1～图 C.3.1-4。

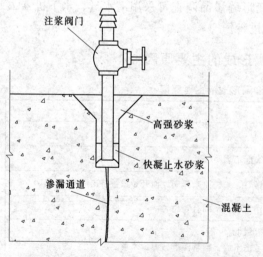

图 C.3.1-1 灌浆法集中渗漏处理示意图

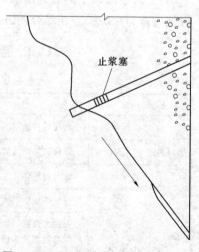

图 C.3.1-2 导渗止漏法处理示意图

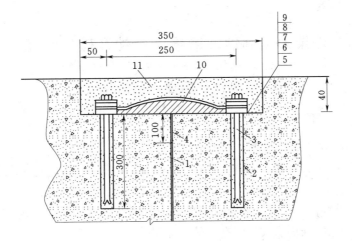

1—变形缝；2—锚栓孔；3—锚栓 M16；4—沥青麻丝；5—橡胶垫，厚 10mm；

6—不锈钢片，厚 0.5～2mm；7—钢垫板；8—垫圈；

9—螺母；10—弹性密封材料；11—弹性环氧砂浆

图 C.3.1-3 锚固不锈钢片变形缝渗漏处理示意图（单位：mm）

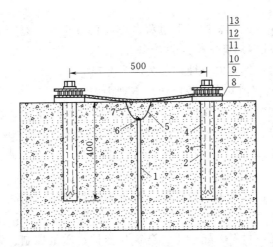

1—变形缝；2—锚栓孔；3—环氧砂浆；4—锚栓；5—胶粘剂；

6—隔离棒；7—弹性环氧砂浆；8—树脂砂浆找平；9—橡胶片；

10—橡胶垫；11—钢压板；12—垫圈；13—螺母

图 C.3.1-4 锚固橡胶板变形缝渗漏处理示意图（单位：mm）

C.3.2 常用的渗漏处理材料见附录 B 表 B.4.2。

附录 D 剥蚀、磨损、空蚀及碳化修理

D.1 剥蚀、磨损、空蚀及碳化
调查内容与方法

D.1.1 冻融剥蚀基本调查应包括下列内容：

1 剥蚀的部位特征：朝向、过水情况、是否属水位变化区或易被水所饱和的部位等。

2 气温特性：气温年变化、历年最低气温、最冷月平均气温、气温正负交替次数、冻融循环次数、混凝土最大冻深等。

3 剥蚀区特征：破坏形态、区域大小、深度、钢筋外露情况等。

4 设计资料：设计依据的规范、设计说明书、设计图、混凝土的设计指标等。

5 施工情况：材料、配合比、浇筑与养护、试验数据、质量控制、环境条件、竣工资料。

6 管理状况：冻融剥蚀发展过程、养护修理记录，是否有冲磨剥蚀、钢筋锈蚀、水质侵蚀等病害发生或联合作用。

7 影响运行情况：安全性、耐久性、美观等。

D.1.2 钢筋锈蚀剥蚀基本调查应包括下列内容：

1 混凝土剥蚀情况：剥蚀区的部位、范围、顺筋裂缝、疏松剥落等。

2 钢筋状况：钢筋的位置、直径、保护层厚度、钢筋锈迹和露筋等。

3 运行及环境条件：作用（荷载）及其变化、冻融、磨损、空蚀、化学侵蚀及水位、温度、湿度、风向等。

4 设计资料：计算书、设计图、混凝土强度等级、耐久性指标、配筋及保护层厚度等。

5 施工情况：材料、配合比、浇筑与养护、质量控制、施工环境及竣工资料等。

6 管理情况：剥蚀发展过程、养护修理记录，碳化深度、氯离子含量等监测资料。

D.1.3 磨损和空蚀基本调查应包括下列内容：

1 磨损和空蚀状况：部位、形状、长度、宽度、深度，钢筋的弯曲、断裂情况。

2 过水情况：流量、流速、流态、过水历时等。

3 泥沙特性：多年平均输沙量、含沙量、年最大含沙量、颗粒组成、矿物成分、硬度等。

4 过水面不平整度：部位、形状、高度或深度等。

5 磨损和空蚀的发展过程。

6 设计资料：设计依据的规范、水工模型试验资料、水力计算书、结构设计书、设计图等。

7 施工情况：材料、配合比、浇筑与养护、质量控制、施工环境、竣工资料等。

8 管理状况：运行和养护修理记录等。

D.1.4 钢筋锈蚀剥蚀调查应采用下列方法：

1 目视检查。钢筋锈蚀剥蚀破坏时，会有下列形态特征：

1）有锈迹透过保护层渗到混凝土表面。

2）钢筋所在位置的混凝土表面出现与钢筋平行的细裂缝。

3）裂缝在混凝土厚度范围内从一根钢筋延伸向另一根钢筋，保护层局部剥离空鼓（若用锤子敲击，会有清晰的空洞声）。

4）混凝土保护层局部呈片状剥离崩落，使钢筋外露，处于自由锈蚀状态。

2 仪器测试应采用下列方法：

1）利用钢筋位置和保护层厚度测试仪检测钢筋的位置和保护层的厚度。

2）利用酚酞指示剂测定混凝土的碳化深度。

3）由于氯离子侵蚀引起的钢筋锈蚀，采用硝酸银滴定和电位滴定等方法测定氯离子侵入深度。

4）利用自然电位法测量混凝土中钢筋的电位及其变化规律，判断钢筋所处的状态。

5）测量混凝土电阻率，当实测值大于 $12000\Omega \cdot cm$ 时，可判定不发生锈蚀；当实测值小于 $5000\Omega \cdot cm$ 且自然电位法判定具备锈蚀条件时，可判定已发生钢筋锈蚀；实测值介于 $5000\sim12000\Omega \cdot cm$ 时，可能存在锈蚀。

3 破样检查法。对可能发生锈蚀的部位，可凿去局部保护层，直接观察钢筋的锈蚀程度。

D.1.5 碳化深度调查应采用下列方法：

1 选用适当的工具在混凝土表面形成直径约 15mm 的孔洞（深度应大于混凝土的碳化深度且大于 10mm）。

2 向孔洞内滴或者喷 1% 的酚酞酒精溶液。

3 用游标卡尺或碳化深度测定仪测定没有变色的混凝土的深度。

D.2 剥蚀、磨损及空蚀形成的主要原因

D.2.1 混凝土产生冻融剥蚀的主要原因见表 D.2.1。

表 D.2.1 冻融剥蚀的主要原因

分 类		原 因
环境条件	气温	环境气温的正负变化使混凝土遭受反复的冻融
	饱水条件	处于水位变化区 天然降水或渗漏水积存
混凝土原材料	水泥	水泥品种选用不适当
	掺合料	掺用不适当
	骨料	品质低劣
	外加剂	未掺引气剂或引气效果差
设计	抗冻等级	抗冰等级偏低，水灰比过高
施工	拌和	混凝土配合比现场控制不严 拌和时间短、不均匀，含气量不足
	运输浇筑	运输、浇筑过程改变了混凝土配合比 运输、浇筑过程中含气量损失过多 浇筑振捣不密实 施工工艺不当
	养护	初期养护时急骤干燥失水 早期受冻
其 他		运行管理不善等

D.2.2 混凝土产生钢筋锈蚀剥蚀的主要原因见表 D.2.2。

表 D.2.2 钢筋锈蚀的主要原因

分 类		原 因
环境条件	有害介质	钢筋保护层碳化或中性化 钢筋保护层被氯离子侵入 水中的有害介质侵蚀
	温度	冻融
	湿度	干湿循环
	水流	冲刷磨损
混凝土原材料	水泥	水泥品种选用不当
	掺合料	掺用不适当

表 D.2.2（续）

分	类	原 因
混凝土原材料	骨料	砂石料中含泥土杂质 砂石料的氯盐含量超标
	外加剂	所用外加剂引入了过多的氯盐
	水	水质不符合规范要求
设计	构件	构件的几何形状不佳，保护层厚度不足 混凝土耐久性设计指标偏低
施工	拌和	混凝土配合比现场控制不严 混凝土拌和时间短，不均匀
	运输、浇筑	运输、浇筑过程改变了混凝土配合比 浇筑振捣不密实 钢筋错位，保护层厚度不足
	养护	早期养护不充分
运行条件	运行条件改变	超载、温度应力、地基不均匀沉降引起的裂缝 应力疲劳作用使微裂纹扩展

D.2.3 混凝土产生磨损和空蚀的主要原因见表 D.2.3。

表 D.2.3 磨损和空蚀的主要原因

分	类	原 因
建筑物的设计轮廓曲线（体型）	体型	建筑物几何形状不合理 建筑形式复杂（弯道、跌坎、变坡、收缩、扩散渐变段等）
	进水口	进口曲线不合理
	门槽	矩形门槽宽深比不合理
	岔洞	主支洞夹角、出口收缩比、岔尖形式不合理
	出口	出口断面收缩不合理
	消能工	消能工布置不合理 池内设消力坎、消力墩、趾墩等不合理 挑流鼻坎体形不合理
	护面	设计护面材料的抗磨损、空蚀能力低，抗磨损、空蚀材料与基底混凝温度变形不一致
含沙水流	悬移质	悬移质冲刷磨损
	推移质	推移质冲击磨损、空蚀
	杂物	杂物磨损

表 D.2.3（续）

分类		原　因
施工	施工质量	过水面施工质量差 护面与基面的粘结不牢固 模板变形 泄水建筑物进口、消力池或水跃区内的石渣、施工残余物未消除
	不平整度	施工表面与设计不符 过水面有升坎、跌坎、凹陷、凸起 过水面上有钢筋头或预埋件露头
运行管理	水流	闸门开启方式不合理 泄流流速偏高
	维护	表面破损未及时修补

D.3　常用剥蚀、磨损及空蚀修补材料

D.3.1　对于大面积剥蚀修补，修补材料与修补层厚度宜遵循表 D.3.1 的规定。

D.3.2　对于小面积修补，宜选用聚合物水泥砂浆和树脂砂浆。修补材料与修补层厚度宜遵循表 D.3.2 的规定。

表 D.3.1　大面积剥蚀修补材料与修补层厚度范围

混凝土或砂浆种类	修补厚度/mm	
	上限	下限
混凝土		30
水泥砂浆	40	20
聚合物水泥混凝土		30
聚合物水泥砂浆	40	10
树脂混凝土	40	15
树脂砂浆	15	5

表 D.3.2　小面积剥蚀修补材料与修补层厚度范围

混凝土或砂浆种类	修补厚度/mm	
	上限	下限
聚合物水泥砂浆	25	12
环氧砂浆	12	6
聚酯树脂砂浆	12	6

附录 E 水 下 修 补 技 术

E.1 导管法浇筑水下混凝土技术要求

E.1.1 应确保混凝土配制强度比设计强度提高 40%～50%，拌和物容重应不低于 21kN/m³，混凝土坍落度宜为 10～220mm，并应加入减水剂、引气剂。

E.1.2 首浇混凝土数量应不少于 2m³，管脚堆高应不低于 0.5m，导管口埋入深度应不小于 0.3m。

E.1.3 浇筑过程中，不同间距的导管最小埋入深度应符合表 E.1.3 的规定。

表 E.1.3 导管最小埋入深度 单位：cm

导管间距	≤500	600	700	800
最小埋深	60～90	90～120	120～140	130～160

E.1.4 浇筑过程中，混凝土降落速度超过容许值时，应增大导管埋深。

E.1.5 浇筑因故中断时应增大导管埋深，中断时间超过 40min 或水已入管时，应做施工缝处理。

E.1.6 浇筑过程中，导管每次提升高度应为 150～200mm。

E.1.7 浇筑过程中，混凝土上升速度不应小于 200mm/h，对于大仓面宜为 300～400mm/h，对于小仓面宜为 500～1500mm/h。

E.1.8 拆除导管时，应降低导管，并避免摆动，导管拆除时间宜控制在 15min 以内。

E.1.9 终浇阶段，在水灰比不变情况下，应适当增加水泥用量，坍落度增大至 200～220mm；并将混凝土二级配改为一级配；同时增加导管埋深以取得平坦的混凝土浇筑顶面；终浇高程应大于设计高程 100mm。

E.2 常用水下修补材料

表 E.2 常用水下修补材料

分类	名 称	主 要 技 术 性 能
水下嵌缝材料	水下环氧砂浆	水中抗压强度可达 100MPa，水中抗拉强度可达 16MPa，水中黏结强度可达 3.6MPa
	SXM 水下快速密封材料	最小初凝时间为 8min，最小终凝时间为 12min，抗压强度可达 28MPa，抗拉强度可达 2.9MPa，黏结强度可达 1.5MPa
	GBW 遇水膨胀止水条	抗水压 2MPa 以上，膨胀率可达 200%以上，具有自黏性，黏结强度高于本体强度

表 E.2（续）

分类	名 称	主 要 技 术 性 能
水下表面修补材料	HK-963 水下环氧黏结剂	在水中具有较好的涂刷性能，与钢板、混凝土均有很高的黏结力，黏结强度可达 2MPa 以上
	橡胶片材	分为氯丁橡胶、丁基橡胶和三元乙丙橡胶等，与混凝土有良好的黏结性，黏结剥离力可达 22N/2.5cm，抗拉强度高达 100MPa，撕裂强度高达 300MPa
	SR 防渗盖片	抗渗性可达 1.5MPa，撕裂强度近 200N，抗拉强度大于 200N/5cm，可适用于冷粘贴
	GB 复合土工膜止水板	拉伸强度大于 10MPa，断裂伸长率大于 200%，抗渗性可达 3MPa
	水下不分散混凝土（砂浆）	水中水泥流失率小于 5%，具有自流平、自密实性，保水性好，抗压强度可达 50MPa，黏结强度可达 2MPa
	水下聚合物混凝土（砂浆）	包括改性聚酯树脂和改性环氧树脂，抗压强度可达 80MPa，抗拉强度可达 10MPa，黏结强度可达 3MPa
水下灌浆材料	水下环氧浆材	主要由环氧树脂、水下固化剂、稀释剂、增塑剂及改性剂等组成，具有抗压、抗拉强度高、黏度大的特性，适用于水下裂缝补强灌浆，但可灌性较差
水下灌浆材料	水溶性聚氨酯浆材	主要由聚氨酯、稀释剂、增塑剂、表面活性剂、催化剂、乳化剂等组成，具有良好的亲水性，可灌性好的特点，低强类型适用于变形缝处理，高强类型适用于补强加固
	聚氨酯/环氧树脂互穿网络浆材	结合了聚氨酯和环氧树脂的双重优点，既可作防渗堵漏，又可作补强加固，可灌性好，抗压、抗拉强度高（80MPa、13MPa）
	聚氨酯/甲凝互穿网络浆材	利用了甲凝强度高和可灌性好的优势，克服了甲凝体积收缩的缺点，具有较高的抗压强度和黏结强度。适用于水下变形缝灌浆

标 准 用 词 说 明

标准用词	严 格 程 度
必须	很严格，非这样做不可
严禁	
应	严格，在正常情况下均应这样做
不应、不得	
宜	允许稍有选择，在条件许可时首先应这样做
不宜	
可	有选择，在一定条件下可以这样做

标准历次版本编写者信息

SL 230—98

本标准主编单位：水利部丹江口水利枢纽管理局

本标准参编单位：中国水利水电科学研究院

本标准主要起草人：沈淑英　黄国兴　杨小云　匡少涛

张锡彭　江　桦　陈改新　潘文昌

赵国甫　付建军　王　立

中华人民共和国水利行业标准

混凝土坝养护修理规程

SL 230—2015

条 文 说 明

目　次

1 总 则

1.0.1 本条是规程编制的目的和依据。本标准是对 SL 230—98《混凝土养护修理规程》的修订。近年来大量养护、修理的新材料、新技术、新方法应用于水利水电工程中，其技术也日趋成熟，本次修订将这些新材料、新技术、新方法纳入到本规程中。同时将除混凝土坝以外的其他水工建筑物、地下洞室、边坡、设施等的养护与修理也纳入本规程中，便于大坝运行管理单位实际操作。

1.0.2 混凝土坝的等级划分标准按照 SL 252《水利水电枢纽工程等级划分与设计标准》执行。

养护修理对象包括：作为主要挡水建筑物的混凝土大坝及坝上附属设施；与混凝土坝配套的其他水工建筑物、地下洞室等，如：进/出水口塔体、引（输）水隧洞、电站厂房（含球阀室、地下厂房、主变室、尾闸室、尾调室等地下洞室群和地面厂房）、尾水隧（支）洞、调压井（室）、导流洞、泄洪洞、溢洪道、消力池（或水垫塘）、交通洞、施工洞等；与枢纽安全有关的边坡（滑坡），如隧洞进/出口边坡、近坝工程高边坡、近坝库岸滑坡等；与枢纽安全有关的设施，如安全监测设施、排漂设施、防护栏杆及安全警示标志等。

1.0.3 混凝土坝枢纽的检查与养护是重点，运行管理单位应特别重视检查与养护。检查和养护可将病害消除在萌芽状态，既可保证大坝安全，又可大大降低维修费用。

1.0.6 较大修理项目指修理工程量较多、投资较大的项目；重大修理项目指影响工程整体安全的项目或投资大的项目。较大修理项目与重大修理项目的区分由大坝主管部门根据投资审批权限和对工程的安全影响程度确定。因人工费、材料费、机械使用费等均为不确定因素，本标准未对投资额度进行明确界定，具体判别时由大坝主管部门掌握。

1.0.8 经本次修订后，SL 230 与 SL 210《土石坝养护修理规程》均包括了与混凝土坝和土石坝相关的其他水工建筑物、地下洞室、边坡及设施。为避免两部标准重复内容太多，将枢纽其他水工建筑物、地下洞室、金属结构、安全监测设施等的养护和修理放在 SL 230 中，而将边坡的养护与修理放在 SL 210 中，具体执行时可以互相参照。

3 检 查

3.1 一 般 规 定

3.1.1 检查是养护修理的基础，是发现工程异常和损坏的重要手段，因此需按照本标准和有关标准的规定对混凝土坝及其枢纽所包含其他水工建筑物、地下洞室、边坡、设施等进行检查。

检查项目和内容结合需要检查的对象制定，详见 3.3 节和 SL 601《混凝土坝安全监测技术规范》中的"现场检查"部分。

3.1.2 检查方案主要包括检查项目、检查内容、检查时间、检查频次、检查人员组成、检查路线、检查工具、检查方法与检查记录等具体内容。

3.1.4 消力池定期抽水或水下视频检查的时间一般为 5～10 年，一般与大坝安全定期检查时间相同，在每次大坝安全定期检查前进行。两次大坝安全定期检查期内抽水检查或水下视频检查的次数不少于 1 次。

3.1.6 SL 601—2013"现场检查"一章较为详细地规定了检查的各项内容和方法，其中部分检查内容与养护、修理需要检查的内容重复，其检查结果可以直接引用，作为养护和修理的依据。这样做可以大大减少检查的工作量，避免人力和物力浪费。

3.2 检查分类、时间和频次

3.2.3、3.2.4 对于特别检查，必要时组织专人对可能出现险情的部位进行连续监视。如果混凝土坝枢纽既满足年度检查的要求，又满足特别检查的要求，可以将特别检查与年度检查可以结合起来进行。

3.3 检 查 项 目 和 内 容

3.3.2 日常巡视检查、年度检查与特别检查的内容要有所区别和侧重。日常巡视检查主要针对日常巡视中容易被直观发现的缺陷，如混凝土裂缝、剥蚀、坝体与坝基渗漏、金属结构腐蚀与变形、岩土体裂缝与表面松动、排水导渗设施损坏与淤堵等。年度检查主要针对不易被直观发现或特殊运行工况下才可能出现的缺陷，如混凝土碳化、混凝土冻融剥蚀、泄洪道（洞）与消力池混凝土磨损和空蚀、水下缺陷、淤积等。特别检查主要针对特殊工况下出现了险情或有险情征兆时有明显变化的缺陷，如迅速增大的混凝土裂缝、渗漏量突变的渗漏、迅速增加的大坝、围岩与边坡变形等。

3.3.3 闸门及启闭设备、工程边坡、安全监测设施等的检查内容在 SL 601 中没有规定，具体可按下列内容进行检查。

闸门及启闭设备检查包括下列内容：

（1）闸门有无变形、裂纹、脱焊、锈蚀及损坏现象；门槽有无卡阻、汽蚀等情况；启闭是否灵活；开度指示器是否清晰、准确；止水设施是否完好。

（2）吊点结构是否牢固；栏杆、螺杆等有无锈蚀、裂缝、弯曲等现象。两吊点钢丝绳松紧程度是否一致，钢丝绳或节链有无锈蚀、磨损、断丝等现象，表面润滑脂良好；在卷扬筒上排列是否均匀整齐、端部压板是否固定。

（3）启闭机能否正常工作；制动、限位设备、过载保护装置是否准确有效，保护罩和封闭罩壳装设牢固；设备本体和外壳、支架等接地良好；电源、传动、润滑等系统是否正常；启闭是否灵活可靠；备用电源及手动启闭是否可靠。

（4）电源信号灯是否正常，电流表指示是否正确，位置信号灯是否正确，高度显示仪与闸门实际位置是否一致；PLC面板有无故障信号。

（5）启闭机和动力设备绝缘电阻是否不小于 $0.5M\Omega$；电源开关、接触器等导线接头是否松动，触头分合状态和位置是否正常；启动电流是否正常。如有异常，及时消除，并作处理。

边坡可按下列内容进行检查：

（1）边坡坡面有无新裂缝、塌滑发生，原有裂缝有无扩大、延伸；地表有无裂缝、隆起或下陷，原有裂缝有无扩大、延伸；塌滑体有无新的活动迹象。

（2）排水沟、截水沟是否通畅、排水孔是否正常；是否有新的地下水露头，原有的渗水量和水质有无变化。

（3）对于滑坡体，应特别开展下列检查：滑坡前缘坡脚处是否有堵塞多年的泉水复活现象，或者出现泉水（井水）突然干枯，井（钻孔）水位突变等类似的异常现象；滑坡体前缘是否出现横向及纵向放射状裂缝，是否出现土体上隆（凸起）现象；是否有岩石开裂或被剪切挤压的音响；动物是否有异常反映；滑坡体四周岩（土）体是否出现小型崩塌和松弛现象；后缘的裂缝是否急剧扩展，并从裂缝中冒出热气或冷风；滑坡体边缘附近的树木是否出现枯萎或歪斜等。

安全监测系统可按下列内容进行检查：

（1）变形监测系统。

a. 垂线系统应检查浮筒或阻尼油桶内油位是否偏高或偏低，钢丝是否能自由移动，钢丝是否受风、虫、灰尘影响等。

b. 引张线系统引张线的浮船是否正常浮托着，引张线测点箱的浮船的水箱液面高度是否下降，引张线是否处于自由状态。

c. 垂线坐标仪和引张线仪是否受水、虫、灰尘影响，是否能正常工作。

d. 静力水准系统管路是否受损，是否有漏液现象，液面高度是否过高或过低。

e. 校核基点、工作基点和表面变形测点强制对中基座和水准标芯是否锈蚀，观测墩标识是否清晰。保护装置是否完整，是否被泥沙、浮土等覆盖。

（2）渗流监测系统。

a. 测压管、地下水位观测孔的孔口保护装置是否完好、排水是否通畅，能否正常打开，标识是否清晰。

b. 量水堰堰板是否存在锈蚀和长满青苔的情况。量水堰观测水尺是否锈蚀，刻度是否清晰。

c. 压力表有无破损，精度、量程是否合适；是否定期率定，工作是否正常。

d. 用于渗漏量监测的排水孔有无淤堵，是否能够正常排水。

e. 用于渗漏量监测的排水沟内是否有淤积物和漂浮物，流水是否畅通。

（3）环境量监测系统。

a. 超声波水位计的信号反射区域内有无遮挡物，外装防护罩是否锈蚀，能否正常工作，用于防漂浮物和水葫芦等的围栏是否能够正常工作。

b. 浮子式水位计悬索是否卡紧水位轮，浮子是否自由升降，水位井（管）内是否淤堵。

c. 雨量筒是否有损坏，器口是否水平、是否有变形，器身是否稳定。雨量筒翻斗翻转是否通畅。

（4）自动化采集系统。

a. 自动化采集系统箱体是否受到渗水、灰尘或人为损害，防雷器是否已被雷电流击穿。

b. 自动化采集系统通信电缆与供电电缆是否受损，电缆架设设施是否完好，保护标志是否完好。

c. 自动化采集系统是否能够正常采集数据，是否能够正常分析处理数据并发出报警，是否能够正常上报数据。电源系统是否能够正常工作。

d. 各自动化监测仪器是否正常工作，是否出现损坏。

（5）其他。

a. 各种电缆是否受鼠咬或盗割，有无断裂之处。

b. 未接入自动化系统的仪器电缆标识是否清晰。

c. 观测站与观测房内是否干燥、整洁，仪器保护装置是否损坏。

3.3.4

1　过流部位包括过流隧洞、泄洪洞、泄洪孔、溢洪道等的表面。过流隧洞因平时处于过流状态，无法进行日常巡视检查，只能在年度检查中进行。泄洪洞、泄洪孔、溢洪道等因只在汛期开启使用，平时不存在磨损和空蚀破坏，因此也只需在年度检查中进行。

3.4　检查方法和要求

3.4.3

4　年度检查和特别检查的准备工作包括下列内容：

（1）安排好水库调度，为检查输水、泄水建筑物或进行水下检查创造条件。

（2）做好电力安排，为检查工作提供必要的动力和照明。

（3）排干检查部位的积水，清除检查部位的堆积物。

（4）安装或搭设临时交通设施，便于检查人员行动和接近检查部位。

（5）采取安全防范措施，确保检查工作、设备及人身安全。

（6）准备好工具、设备、车辆或船只，以及测量、记录、绘草图、照相、录像等器具。

4 养 护

4.1 一 般 规 定

4.1.3 随着我国水库大坝运行管理水平的提升和维护费用的增加，养护已成为保障大坝安全和正常运行的重要措施。大多数水库大坝除了日常开展的及时性养护和定期养护外，还专门针对冻害、碳化、空蚀等病害开展了专门养护。因此，本次修订增加了养护的分类，将养护划分为经常性养护、定期养护和专门性养护。

4.1.4 如果养护所采用的技术、材料和方法有相应的技术标准，除按本标准的规定执行外，还需要符合相应技术标准的规定。

4.2 混凝土表面养护和防护

4.2.3 混凝土建筑物表面轻微裂缝是指宽度小于附录 B 附表 B.1 中所列值的裂缝。

4.2.4 "必要时"是指对设备运行带来安全隐患，或对表面混凝土表面及表面装饰物产生破坏时。

4.2.5 混凝土表面的剥蚀、磨损、冲刷、风化等类型的轻微缺陷是指单个缺陷面积较小，总体规模不大的缺陷。若缺陷规模较大，则纳入修理的范畴。

4.2.6 碳化引起钢筋锈蚀是指碳化深度达到或超过钢筋保护层厚度，导致钢筋锈蚀。

4.2.7 易受冰压损坏的部位，是指溢洪道的胸墙、闸墩、闸门等部位。易受冻融损坏的部位，是指坝面易积水处、溢流面、放空后的输、泄水洞（管）等。

4.2.8 溶出性侵蚀（俗称"流白浆"），是指渗漏水将混凝土中的氢氧化钙析出，使混凝土强度不断降低、渗漏量逐渐加大。轻微侵蚀，是指化学侵蚀介质已开始对表层面产生侵蚀或已对表层面产生侵蚀并有发展可能的。严重侵蚀，是指采用涂层保护还不能阻止化学侵蚀继续发展的。

4.3 变形缝止水设施养护

4.3.3 各类变形缝止水设施，是指坝体横缝，溢洪道，输、泄水洞（管），厂房等变形缝止水设施。各类变形缝止水设施要保持完整无损，无渗水或渗漏量不超过允许范围。

4.4 排水设施养护

4.4.1 人工清理，是指人工用锹、铲、勺或竹木、金属杆（管）类等简单工具进行疏通。机械清理，是指使用机钻进行疏通，或采用风、水冲洗进行疏通等。

4.4.4 本条应用于渗漏量较小的情况，若渗漏量较大或渗漏面积较大时，则要分析渗漏原因，然后采取相应的修理措施。导排设施包括排水管和排水沟，排水管一端插入排水孔，另一端与排水沟相连。排水管与排水孔相连的部位采用水泥砂浆或其他防水材料进行密封处理，防止渗漏水外溢，保持地下洞室表面干燥。

4.5 闸门及启闭设备养护

4.5.1 闸门表面养护定期清理的时间可根据实际情况自行确定，但时间间隔一般不大于3个月。

    1 定期清理闸门上附着的水生物和杂草污物是为了保持梁格排水畅通。

    2 定期清理门槽、底坎处的碎石、杂物是为了防止卡阻。

4.5.2 闸门的腐蚀一般分为化学腐蚀和电化学腐蚀两类。钢与氧气或非电解质溶液作用而发生的腐蚀，称为化学腐蚀；钢与水或电解质溶液接触形成微小腐蚀电池而引起的腐蚀，称为电化学腐蚀。钢闸门的腐蚀多属电化学腐蚀。

    钢闸门防腐蚀措施主要有两种。一种是在钢闸门表面涂上覆盖层，将钢材母体与氧或电解质隔离，以免产生化学腐蚀或电化学腐蚀。另一种是供给适当的保护电能，使钢结构表面积聚足够的电子，成为一个整体阴极而得到保护，即电化学保护。

    钢闸门防腐处理前需进行表面处理，清除钢闸门表面的氧化皮、铁锈、焊渣、油污、旧漆及其他污物。经过处理的钢闸门要求表面无油脂、无污物、无灰尘、无锈蚀、表面干燥、无失效的旧漆等。目前钢闸门表面处理方法有人工处理、火焰处理、化学处理和喷砂处理等。人工处理就是靠人工铲除锈和旧漆。火焰处理是对旧漆和油脂有机物，借燃烧使之碳化而清除。化学处理是利用碱液或有机溶剂与旧漆层发生反应来除漆，利用无机酸与钢铁的锈蚀产物进行化学反应清理铁锈。喷砂处理方法较多，常见的干喷砂除锈除漆法是用压缩空气驱动砂粒通过专用的喷嘴以较高的速度冲到金属表面，依靠砂粒的冲击和摩擦以除锈、除漆。

4.5.4 钢丝绳更换润滑油脂一般每3年进行1次；设备润滑部分在每月检查时若发现油质不合格或油位降低，则及时清洗相关的润滑设备，并更换新油或加油至正常油位。设备金属结构、外壳、机架、罩壳及闸门等的除锈刷漆一般每5年进行1次。

4.6　地下洞室养护

4.6.1　地下洞室混凝土衬砌上的渗漏若采取封堵的措施，需增加相应的导排措施，防止外水压力对混凝土结构的破坏。

4.6.3　地下厂房内出现的渗漏现象，在进行截堵或导排后，还要做好通风防潮工作，防止厂房内的设备生锈，影响正常运行。

4.6.4　岩锚吊车梁的裂缝有可能是由于地下厂房围岩变形引起的，处理这类裂缝前可先对围岩进行处理，待围岩变形稳定后再处理岩锚吊车梁裂缝。

4.6.5　过流隧洞由于受高速水流和隧洞内外水压作用的影响，会出现裂缝、磨损和空蚀现象。过流隧洞排干会影响机组运行或供水需要，且排干成本较高，因此，无法在日常巡视检查中对裂缝、磨损和空蚀现象进行检查，需在年度检查中进行。

4.7　安全监测设施维护

4.7.1　监测设施维护主要包括引张线系统、垂线系统、激光准直系统、静力水准系统、竖直传高系统、表面变形控制网及测点、测压管、量水堰、自动化采集系统以及暴露在外的其他仪器等的保养与维护。其他内观观测仪器维护主要是引出电缆和电缆标识的维护。

4.7.6　安全监测设施对环境温度和湿度要求较高。我国的南方往往比较潮湿，观测房内一般配备除湿装置，并保持良好的通风。位于大坝内部的观测房，不具备通风条件，但房内往往因坝体渗水而较为潮湿，要配备除湿装置。我国的北方冬天温度较低，观测房内要配备必要的加热装置，保证室内温度不低于仪器正常工作时的最低温度要求。

4.7.7　混凝土坝安全监测设施，如引张线系统、垂线系统、激光准直系统、静力水准系统等，因仪器型号和厂家不同，测量原理、结构、安装使用方法、维护与维修方法也不尽相同，具体操作时可参照各类仪器的专业技术规范和仪器说明书的要求执行。

4.8　其他养护

4.8.2　定期监测，是指排沙、清淤前、后对坝前及进水口淤积情况的监测。

5 裂 缝 修 补

5.1 一 般 规 定

5.1.1 当裂缝宽度小于附录 B 表 B.1 中的数值，而裂缝规模较大，或对混凝土外观要求较高时，属于裂缝修补的情形。

5.1.2 混凝土裂缝类型根据其成因可分为结构性裂缝和非结构性裂缝，其中又可分为温度裂缝、干缩裂缝、钢筋锈蚀裂缝、荷载裂缝、沉陷裂缝、冻胀裂缝、碱骨料反应裂缝等。根据其开度变化可分为静止裂缝、活动裂缝和尚在发展的裂缝。根据其深度可分为表层裂缝、深层裂缝和贯穿裂缝。

　　结构性裂缝是由外荷载引起的裂缝；非结构性裂缝是由变形引起的裂缝，如温度变化、混凝土收缩等。

　　静止裂缝是指形态、尺寸和数量已稳定不再发展的裂缝；活动裂缝是指现有工作环境和条件下始终不能稳定、易随结构受力、变形或温度变化而时张时合的裂缝；尚在发展的裂缝是指长度、宽度、数量仍在发展，但经历一段时间后将会终止的裂缝。

5.2 裂 缝 调 查

5.2.1 裂缝调查是分析裂缝成因、判断是否修补或补强加固，以及选择修补或补强加固方法的基础，因此裂缝修补前必须进行这项工作。

　　由于裂缝成因复杂，为了做好裂缝调查工作，附录 B 列出了调查的项目。调查原则上按所列的项目进行，如经验丰富的专家大体上能推断出裂缝原因，可适当减少调查内容。

5.2.2 基本调查的目的是了解裂缝的基本资料，主要以目测为主，并调查以往有关资料，不需要进行试验，计算分析。一般可根据基本调查取得的资料推断出裂缝成因，判断是否需要修补或补强加固，从而选定修补或补强加固的方法。

5.2.3 补充调查的目的是进一步搜集有关资料。根据基本调查结果无法推断裂缝原因，或发现数个可能引起裂缝的原因而无法确定开裂的主要原因时才有必要进行。

5.3 裂 缝 成 因 分 析

5.3.3 水工建筑物的使用要求包括承载能力、耐久性、安全性、防水性、气密性及美观等。

修补是指恢复建筑物耐久性、防水性等措施；补强加固是指恢复建筑物承载能力和抗滑稳定等措施。

引用附表 B.1 中数值时，需注意以下几方面：

(1) 大气区与浪溅区的分界线为设计最高水位加 1.5m。

(2) 浪溅区与水位变动区的分界线为设计最高水位减 1.0m。

(3) 水位变动区与水下区的分界线为设计最低水位减 1.0m。

(4) 盐雾作用区为离海岸线 500m 范围内的地区。

(5) 冻融比较严重的三类环境条件的建筑物，可将其环境类别提高为四类。

5.4 裂缝修补技术

5.4.3 活缝修补铺隔离膜的目的是使橡胶片材不与基底粘结，能在 50～60mm 宽范围内自由变形。

橡胶片材有氯丁橡胶、三元乙丙橡胶等，橡胶具有良好的防渗性能、弹性、延伸性、耐老化性，可使用温度范围大，使用寿命可达几十年，与混凝土等材料能良好的粘结，能耐酸、碱、盐，不受霉菌、细菌及海洋生物的侵害等。粘贴橡胶片材修补大坝上游面裂缝应用较多，例如湖南东江混凝土双曲拱坝上游面高程 138.00～161.30m，粘贴氯丁橡胶片材面积达 2190m²；浙江紧水滩大坝上游面高程 103.00～111.00m 裂缝处理，粘贴三元乙丙橡胶片材面积达 1600m²。效果均良好。

5.4.4 干燥基面涂刷树脂类基液粘结强度高，因此涂刷树脂基液时一般使槽面处于干燥状态；在潮湿基面涂刷聚合物水泥浆粘结强度高，因此涂刷聚合物水泥浆时要使槽面处于潮湿状态。

5.4.5 化学灌浆是以不吸浆为结束标准，原则上以吸浆量小于 0.01L/min，并延长适当时间或以基本不吸浆为结束标准，但在实际灌浆过程中往往难以控制。中国水科院结构材料所在引大入秦盘道岭隧洞裂缝化灌处理用吸浆量小于 0.02L/5min 作为灌浆结束标准，容易控制。因此本条选用吸浆量小于 0.02L/5min 作为化学灌浆结束标准。

采用灌浆法修补深层裂缝和贯穿裂缝应用较多，效果良好。例如河北省大黑汀水库大坝 44 号、45 号坝段有贯穿上下游的深层裂缝，采用改性环氧浆材灌浆；青铜峡大坝 29 号坝段下游面竖向裂缝采用甲凝灌浆、参窝水库大坝贯穿性裂缝采用水溶性聚氨酯浆材灌浆处理等。

5.4.6 修补施工一般在 5～25℃ 环境温度下进行，按 DL/T 5144《水工混凝土施工规范》的规定，寒冷地区的日平均气温稳定在 5℃ 以下、温和地区的日平均气温稳定在 3℃ 以下属于冬季施工，考虑修补材料的凝固硬化、使用时间及强度增长等因素，将施工环境温度下限定为日平均气温 5℃，如果低于 5℃，则必须采取保温措施。温度超过 25℃使树脂类材料固化速度加快，导致材料变脆，且高温浇筑水泥混凝土必须采取温控保湿措施。因此修补施工环境温度上限定为 25℃。

水泥类材料潮湿养护对混凝土强度发展的影响见图 1。形成不连续毛细孔所需潮湿养护时间，见表 1。因此，从强度发展与形成不连续毛细孔所需时间来考虑，对水泥基修补材料应潮湿养护 14d 以上。

水泥水化、强度增长需潮湿养护，而聚合物起增强作用需干燥养护。因此，聚合物水泥砂浆及混凝土应先潮湿养护 7d，再干燥养护不少于 14d。

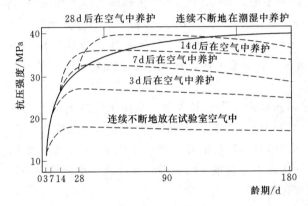

图 1 有限的潮湿养护对混凝土强度发展的影响
（美国垦务局，1975 年）

表 1 形成不连续毛细管体系所需潮湿养护时间
（悉尼·明德斯，1981 年）

水灰比	养护时间/d	水灰比	养护时间/d
0.40	3	0.60	180（6 个月）
0.45	7	0.70	365（1 年）
0.50	28	＞0.70	不可能形成

常用修补材料附录 B 中的普通减水剂产品有木钙、糖钙、JG 等；高效减水剂产品有萘系高效减水剂 FDN、NB、NF、UNF、建 - 1、AF 等；树脂磺酸盐类 SM、JSM、CRS 等；引气剂产品有 DH9、PC - 2、SJ 等；潮湿（或水下）环氧固化剂产品有酮亚胺、T31、810、MA 等；环氧低温固化剂产品有 YH - 82 等；弹性环氧固化剂产品有 CJ - 915 等。

6 补 强 加 固

6.1 一 般 规 定

6.1.1 加固设计最好委托原设计单位或具有相应资质的单位进行设计。

6.2 补 强 加 固 技 术

6.2.4 采用预应力法进行补强加固的工程较多，例如丰满大坝 34～36 号坝段的坝基面因抗剪强度低，7～49 号坝段在高程 220.00m 以上混凝土质量差，不能满足抗滑稳定要求。因此采用了大吨位预应力锚索加固，取得了良好的加固效果。湖北省杜家台分洪闸闸墩垂直向贯穿裂缝，缝长 8m，最大缝宽 1.25mm，采用在闸墩顶部布置 2 根预应力锚索纵贯整个闸墩，进行预应力加固，效果良好。

6.2.5 采用粘贴玻璃钢补强加固渡槽、水闸工作桥大梁、钢丝网面板闸门等水工钢筋混凝土结构已很普遍。例如江苏万福闸工作桥大梁有 10 多条裂缝，缝宽 0.27mm，采用粘贴玻璃钢方法进行了补强加固；湖南望仙桥水库新安网壳渡槽、桃花江水库引水渡槽、山东乔店水库北干渠渡槽等采用粘贴玻璃钢补强加固，效果都很好。

6.2.6

6 碳纤维粘贴的密实度可采用敲击法进行检验，即用小锤敲击碳纤维表面，通过不同声音判别其粘贴密实情况。

6.2.11 补强加固效果检查包括下列内容：

（1）检查裂缝闭合情况。

（2）用应变计测定钢筋或混凝土的应变。

（3）用静载试验测定钢筋混凝土构件挠度。

（4）用动载试验测定钢筋混凝土构件振动特性。

7 渗 漏 处 理

7.1 一 般 规 定

7.1.1 需要进行渗漏处理的状况如下：

(1) 作用（荷载）、变形、扬压力值超过设计允许范围。

(2) 影响大坝耐久性、防水性。

(3) 基础出现管涌、流土及溶蚀等渗透破坏。

(4) 变形缝止水结构、基础帷幕、排水等设施损坏。

(5) 基础渗漏量突变或超过设计允许值。

(6) 影响设备安全运行和耐久性。

7.1.2 对坝体渗漏的处理，主要措施是在坝的上游面封堵，这样即可直接阻止渗漏，又可以防止坝体侵蚀，降低坝体渗透压力，有利于建筑物稳定。对坝基渗漏的处理，以截为主，以排为辅。对于接触渗漏和绕坝渗漏的处理，一般采取封堵的措施，以减少水量损失，防止渗透变形。

7.1.4 防水堵漏宜靠近渗漏源头的做法既可直接堵漏，又可以防止建筑物本身的溶蚀，降低渗透压力，有利于建筑物的稳定。对于某些在迎水面封堵有困难且渗漏水在建筑物体内不影响结构稳定的，如隧洞、涵管、廊道及地下厂房等，可在背水面堵截，减少或消除漏水以改善混凝土工作环境。

7.2 渗漏调查及成因分析

7.2.6 不同渗漏类型的处理方法见表2。

表 2　不同渗漏类型的处理方法

序号	渗漏类型	适用条件	渗漏处理方法	备　注
1	集中渗漏	水压不大于0.1MPa	直接堵漏法、导管堵漏法、木楔堵塞法	直接堵漏法在漏水孔较小时采用，木楔堵塞法和导管堵漏法在漏水孔较大时采用
		水压大于0.1MPa	灌浆堵漏法	也可用于混凝土密实性差、内部蜂窝孔隙较大的情况
2	裂缝渗漏		直接堵塞法、导渗止漏法、动水灌浆堵漏法	水压较小采用直接堵塞法，水压较大采用导渗止漏法，水压大、流速快、渗漏量大采用动水灌浆堵漏法

表 2（续）

序号	渗漏类型	适用条件	渗漏处理方法	备 注
3	散渗	轻微散渗	表面涂抹粘贴法	
		大面积散渗	喷射混凝土（砂浆）法	
		严重渗漏、抗渗性能差的迎水面	防渗面板法	
		混凝土密实性较差或网状深层裂缝产生的散渗	灌浆法	
4	变形缝渗漏		嵌填法 粘贴法 锚固法 灌浆法 补灌沥青法	补灌沥青法适用于沥青井止水结构的渗漏处理
5	基础渗漏		灌浆法	
6	绕坝渗漏	岩体破碎	灌浆法	可补设排水孔或导渗平洞
		岩溶渗漏	灌浆法 堵塞法 阻截法 铺盖法 下游导排法	
		土质岸坡	铺盖法	同时在下游面设反滤、排水设施

7.5 散渗处理

7.5.3 喷射混凝土施工方法有干式、湿式、半湿式三种。干式喷射是水与干拌材料在喷嘴处混合；湿式喷射是把水和全部原材料一起拌匀后送到喷嘴；半湿式喷射是在喷嘴之前数米处供压力水。

三种喷混凝土方法比较，在强度、粉尘量、喷出量等方面，湿式喷射法有利；在管路长度、所需的空间等方面，则是干式喷射法有利。

湿式喷射法与干式喷射法的技术参数见表3。

7.5.4 沥青混凝土浇筑防渗面板，其防渗效果好，适应坝体的变形能力强，自身结构稳定和耐久。沥青混凝土面板裂缝有自愈能力，运用安全可靠，结构简单，工程量小，施工速度快，且能在低温季节施工。

表 3 湿式喷射法与干式喷射法技术性能比较

指　标	干式喷射法	湿式喷射法 （风动型）	湿式喷射法 （泵送型）
机械设备	简单	较简单	较复杂
粉尘浓度	较大，一般＞50mg/m³	可降低50%～80%	可降低80%以上
耗风量	较大	可降低50%左右	可降低50%以上
回弹率	较大，20%～40%	可降低至10%左右	可降低至5%～10%以下
水灰比	0.4～0.5	0.5～0.55	0.55＋塑化剂
压送距离	长，200～300m	短	短
设备情况	容易	困难、中途不用停歇	困难、中途不用停歇
喷泉混凝土抗压强度	较低，一般15～25MPa	提高约50%	提高约30%～50%
水泥用量/(kg/m³)	400	450～480	480～560
混凝土坍落度/cm	5～7	8～10	10～12

当混凝土大坝上游面裂缝较多，分布范围大时，可采用浇筑沥青混凝土防渗层来处理裂缝。例如，恒仁大坝由于施工质量差、强度低及东北地区温差较大等影响，产生许多裂缝，水库蓄水前就发现2084条裂缝，后来决定对大坝上游面高程288.30～306.30m裂缝采用浇筑10cm厚沥青混凝土防渗层处理，外设6cm厚预制混凝土保护板兼施工模板（结构示意图见图2）处理面积达6700m²，效果良好。

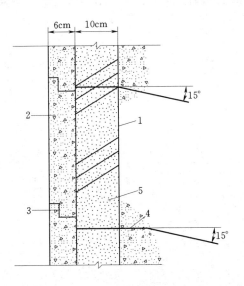

1—原坝体表面；2—预制混凝土；3—楔口；4—钢筋
$\phi16$锚深50cm；5—沥青混凝土防渗体

图2　沥青混凝土防渗层结构示意图

7.6 变形缝渗漏处理

7.6.5 补灌沥青，指大坝沥青井渗漏的处理。沥青井加热方法，刘家峡大坝采用电加热法和丹江口大坝采用的蒸汽加热法，效果都很好。

7.7 基础及绕坝渗漏处理

7.7.2 坝体两端连接的岸坡存在下列情况时，可能出现绕坝渗漏，威胁坝体安全：①条形山脊，山体单薄，在蓄水位以下存在透水夹层，坡积覆盖层未曾清除，也未做处理；②山体地质条件差，岩石破碎，节理发育，渗水量大，山体存有岩溶，井泉或生物洞穴等；③坝端接头防渗措施不完善，未做防渗帷幕或施工质量差，以及施工取土破坏了坝端上游天然覆盖土层等。

绕坝渗漏的处理主要是加强或增设岸坡上游防渗体（包括垂直防渗和水平防渗），切断绕渗通道，下游可根据需要补做或增设反滤排水措施。当坝端山体岩石破碎，可采用岸坡黏土贴坡防渗，贴坡范围应扩大到坝端渗水可能影响的范围，也可在坝端山体上游大量抛土截渗。当山体单薄岩石破碎时，可采用水泥灌浆做帷幕，岸坡节理裂缝发育，可考虑用化学材料灌浆。当坝端山包有石灰岩溶洞时，要首先设法堵洞，然后再做防渗处理。在岸坡坝端下游出逸点以下，要做好导渗排水措施。

由于排水虽可降低基础扬压力，但会增加渗漏量，甚至引起渗透变形，故要慎重对待。

8 剥蚀、磨损、空蚀及碳化修理

8.1 一 般 规 定

8.1.6 选用与基底材料弹性模量、线胀系数相近的修补材料，主要考虑了修补材料与基底材料间变形的相互协调性。如果修补材料的线胀系数比基底材料大（如环氧树脂类），那么在等温差作用下，修补材料的变形将会大于基底材料，导致结合面产生剪应力，造成修补材料鼓起脱落。

8.4 冻融剥蚀及碳化修理

8.4.3

2 掺用引气剂增加混凝土的含气量，改善气泡参数是提高水泥混凝土及砂浆抗冻性能的最有效途径。掺用减水剂，特别是掺用高效减水剂，降低混凝土水灰比，也能提高混凝土抗冻性。

掺用优质粉煤灰能改善混凝土和易性、抗渗性和抗裂性、降低干缩。同时掺用减水剂和引气剂，控制粉煤灰掺量在 20％以下，也可配制出 F300 的抗冻混凝土。

8.5 钢筋锈蚀引起的混凝土剥蚀修理技术

8.5.2

3

1） 在有氯离子的环境中，为了防止钢筋锈蚀，水泥混凝土及砂浆中应掺用钢筋阻锈剂，而聚合物水泥混凝土及砂浆和硅粉混凝土及砂浆的密实性好、抗渗等级高，氯离子不易侵入，因此只提"可掺用阻锈剂"。

8.6 磨损和空蚀修理技术

8.6.2 推移质以滑动、滚动及跳动的方式在建筑物过水面上运动，除具有悬移质的摩擦及切削作用外，还有冲砸作用。因此修补推移质磨损破坏要选用冲击韧性好的耐磨材料。抗磨蚀铁矿石骨料的冲击韧性和耐磨性比普通铁矿石和石英岩高，见表 4。用上述三种骨料配制的硅粉混凝土的抗冲磨强度试验成果见表 5。从表 5 可以看出，抗磨蚀铁矿石硅粉混凝土的抗冲磨强度最高。因此，一般选用抗磨蚀铁矿石硅粉混凝土作为推移质磨损破坏的修补材料。

表4 三种骨料岩石性能试验

性能	岩石品种		
	普通铁矿石	石英岩	抗磨蚀铁矿石
磨耗率/%	6.213	2.397	1.786
磨损硬度/cm	0.110	0.243	0.041
冲击韧性/（N·m/cm²）	43.05	20.04	388.81
压碎指标/%	11.909	3.189	1.741

表5 三种骨料硅粉混凝土对比试验

项目	骨料品种		
	普通铁矿石	石英岩	抗磨蚀铁矿石
抗压强度/MPa	74.20	84.90	79.10
抗磨强度/（h/cm）	5.55	10.35	22.97
相对抗冲磨强度	1.00	1.86	4.14

悬移质磨损修补材料可选用高强硅粉混凝土（砂浆）、高强硅粉铸石混凝土（砂浆或铸石板）等。高强硅粉混凝土（砂浆）在三门峡大坝泄洪底孔、葛洲坝二江泄水闸、潘家口大坝溢流面反弧段、大伙房水库输水洞出口消能塘等磨损破坏修补工程中都得到应用。

推移质磨损修补材料可选用高强硅粉混凝土（砂浆）、高强抗磨蚀铁矿石硅粉混凝土（砂浆）、钢轨嵌高强混凝土等。高强硅粉混凝土（砂浆）在四川渔子溪二级水电站排沙洞、映秀湾水电站拦沙闸等推移质磨损破坏修补工程中应用；高强抗磨蚀铁矿石硅粉混凝土在新疆三屯河水库泄洪排沙洞推移质冲磨破坏修补工程中应用；钢轨嵌填高强混凝土在四川石棉二级电站冲沙闸和渔子溪二级水电站排沙洞推移质磨损破坏修复工程中应用。上述材料修补效果均良好。

掺硅粉能明显提高混凝土的抗空蚀能力，如果同时掺入钢纤维和硅粉，则抗空蚀效果更为显著。不掺钢纤维和硅粉、掺硅粉以及掺钢纤维和硅粉等三种混凝土的抗空蚀性能比较试验成果见表6。

表6 抗空蚀性能比较试验

混凝土种类	水胶比/%	硅粉/%	钢纤维/%	胶材用量/（kg/m²）	空蚀量/g	抗空蚀强度/（h·m²/kg）	相对比值
普通	0.31	0	0	450	1.50	44.46	1.00
硅粉	0.31	10	0	450	0.80	83.36	1.90
钢纤维硅粉	0.31	10	0.5	450	0.08	833.63	18.80

从表6可看出，修补空蚀破坏推荐选用高强钢纤维硅粉混凝土。

9 水下修补与清淤 (渣)

9.3 水下修补内容与技术

9.3.1 钢围堰在三门峡大坝泄洪底孔进口修补中已成功应用。沉柜作为静水条件下水下专用检修工具，具有压气排水、柜体稳定、无水环境下检查直观、修补方便等特点。在江苏省万福闸、葛洲坝二江泄水闸等工程修补中已成功应用。

9.3.5 水下钻孔要求供气压力比水上作业大，即供气压力要不小于风钻所需正常工作压力、钻孔处静水压力、风压的沿程损失和局部损失的总和。因此，一般缩短风管长度，以降低风压损失。

9.3.8 水下灌浆技术运用于修补水下裂缝工程，如丹江口混凝土坝迎水面水平渗水裂缝处理，采用锚固橡胶板结合灌注聚氨酯浆材，效果良好。

9.3.9 水下混凝土浇筑是在水上拌制，在水环境中浇筑和硬化。根据浇筑中隔离环境水影响的技术措施，水下浇筑混凝土方法分为导管法、泵压法、倾注法、开底容器法等。其中导管法，通过不透水的金属导管浇筑水下混凝土，具有质量高、整体性好、浇筑速度快、不受水深和仓面大小的限制，是应用最广泛的水下混凝土浇筑方法。

水利系统反恐怖防范要求

GA 1813—2022

2022 - 12 - 28 发布　　　　　　　　　　　　2023 - 07 - 01 实施

前　　言

本文件按照 GB/T 1.1—2020《标准化工作导则　第 1 部分：标准化文件的结构和起草规则》的规定起草。

本文件由国家反恐怖工作领导小组办公室、水利部运行管理司、公安部反恐怖局、公安部科技信息化局提出。

本文件由全国安全防范报警系统标准化技术委员会（SAC/TC 100）归口。

本文件起草单位：水利部运行管理司、公安部反恐怖局、公安部科技信息化局、中国水利水电科学研究院、公安部第一研究所。

本文件主要起草人：何晓燕、张忠波、万玉倩、陈鹏、韩涵、杨昆、吴祥星、周凯、张宗远、杨玉波、邢更力、付晓娣、何畅、耿思敏。

目　次

1 范　　围

本文件规定了水利系统反恐怖防范的重点目标和重点部位、重点目标等级和防范级别、总体防范要求、常态三级防范要求、常态二级防范要求、常态一级防范要求、非常态防范要求和安全防范系统技术要求。

本文件适用于水利系统的反恐怖防范与管理。

2 规范性引用文件

下列文件中的内容通过文中的规范性引用而构成本文件必不可少的条款。其中,注日期的引用文件,仅该日期对应的版本适用于本文件;不注日期的引用文件,其最新版本(包括所有的修改单)适用于本文件。

GB 17565—2022 防盗安全门通用技术条件

GB/T 22239 信息安全技术 网络安全等级保护基本要求

GB/T 28181 公共安全视频监控联网系统信息传输、交换、控制技术要求

GB 35114 公共安全视频监控联网信息安全技术要求

GB 37300 公共安全重点区域视频图像信息采集规范

GB 50348 安全防范工程技术标准

SL 26 水利水电工程技术术语

SL 570 水利水电工程管理技术术语

3 术语和定义

GB 50348、SL 26 和 SL 570 界定的以及下列术语和定义适用于本文件。

3.1

水库工程 reservoir project

在河道、山谷或低洼地区修建挡水坝、堤堰等水工建筑物形成的人工水域。

3.2

引调水工程 water diversion project

为满足供水、灌溉、生态需水要求，兴建的跨水系、跨区域的水资源配置工程。

［来源：SL 430—2008，2.0.1，有修改］

3.3

拦河闸 barrage

为调节上游水位、控制河道泄量而拦河修建的水闸。

［来源：SL 26—2012，6.3.1.3，有修改］

3.4

节制闸 regulating sluice

为调节上游水位、满足下一级渠道分水要求而拦河（渠）修建的水闸。

［来源：SL 26—2012，6.3.1.4，有修改］

3.5

廊道 gallery

坝体内互相连通并通向坝外的纵向、横向及竖向通道。

［来源：SL 26—2012，6.2.2.20，有修改］

3.6

除险加固 rehabilitation

针对病险水库、病险水闸等存在病险的水利工程设施，所采取的一系列排除险情、加固工程的措施。

［来源：SL 570—2013，3.4.2.3，有修改］

3.7

应急照明 emergency lighting

因正常照明的电源失效而启用的照明。

［来源：GB 50034—2013，2.0.19，有修改］

3. 8

安全防范　security

综合运用人力防范、实体防范、电子防范等多种手段，预防、延迟、阻止入侵、破坏、爆炸、暴力袭击等事件的发生。

［来源：GB 50348—2018，2.0.1，有修改］

3. 9

人力防范　personnel protection

具有相应素质的人员有组织的防范、处置等安全管理行为。

［来源：GB 50348—2018，2.0.2，有修改］

3. 10

实体防范　physical protection

利用建（构）筑物、屏障、器具、设备或其组合，延迟或阻止风险事件发生的实体防护手段。

［来源：GB 50348—2018，2.0.3，有修改］

3. 11

电子防范　electronic security

利用传感、通信、计算机、信息处理及其控制、生物特征识别等技术，提高探测、延迟、反应能力的防护手段。

［来源：GB 50348—2018，2.0.4，有修改］

3. 12

安全防范系统　security system

以安全为目的，综合运用实体防范、电子防范等技术构成的防范系统。

［来源：GB 50348—2018，2.0.5，有修改］

3. 13

常态防范　regular protection

运用人力防范、实体防范、电子防范等多种手段和措施，常规性预防、延迟，阻止恐怖案事件发生的管理行为。

3. 14

非常态防范　unusual protection

在重要会议、重大活动等重要时段以及获得涉恐怖袭击等预警信息或发生上述案事件时，相关单位临时性加强防范手段和措施，提升反恐怖防范能力的管理行为。

4 重点目标和重点部位

4.1 重 点 目 标

水库工程、拦河闸工程以及具有生活供水、工业供水等功能的引调水工程为水利系统防范恐怖袭击的重点目标。

4.2 重 点 部 位

4.2.1 下列部位为水库工程反恐怖防范的重点部位：

a) 主要出入口；

b) 拦河坝；

c) 泄洪设施；

d) 取（进）水口；

e) 廊道出入口；

f) 水电厂房；

g) 调度中控室（监控中心）；

h) 启闭机房。

4.2.2 下列部位为引调水工程反恐怖防范的重点部位：

a) 主要出入口；

b) 取水口；

c) 重点渠段；

d) 重要节制闸；

e) 启闭机房；

f) 泵站（房）；

g) 配电房；

h) 调度中控室（监控中心）；

i) 重要涵洞。

4.2.3 下列部位为拦河闸工程反恐怖防范的重点部位：

a) 主要出入口；

b) 水闸主体结构；

c) 启闭机房；

d) 调度中控室（监控中心）。

5　重点目标等级和防范级别

5.1　水利系统防范恐怖袭击重点目标的等级由低到高分为三级、二级、一级。重点目标及其等级由公安机关会同水行政主管部门依据国家有关规定共同确定。

5.2　重点目标的防范分为常态防范和非常态防范。常态防范级别按防范能力由低到高分为三级防范、二级防范、一级防范，防范级别应与目标等级相适应。三级重点目标对应常态三级防范、二级重点目标对应常态二级防范、一级重点目标对应常态一级防范。

5.3　常态三级防范要求为应达到的最低标准，常态二级防范要求应在常态三级防范要求基础上执行，常态一级防范要求应在常态二级防范要求基础上执行，非常态防范要求应在常态防范要求基础上执行。

6 总体防范要求

6.1 新建、改建、扩建、除险加固重点目标的安全防范系统应纳入工程建设总体规划，同步设计、同步建设、同步验收、同步运行；已建、在建的重点目标应按本文件要求补充完善安全防范系统。

6.2 重点目标管理单位应定期开展风险评估工作，综合运用人力防范、实体防范、电子防范等手段，按常态防范与非常态防范的不同要求，落实各项安全防范措施。

6.3 重点目标管理单位应建立健全反恐怖防范管理档案和台账，包括重点目标的名称、地址或位置、单位负责人、现场负责人，现有人力防范、实体防范、电子防范措施，平面布置图等。

6.4 重点目标管理单位应根据公安机关等政府有关部门的要求，依法提供重点目标的相关信息和重要动态。

6.5 重点目标管理单位应对重要岗位人员进行安全背景审查。

6.6 重点目标管理单位应建立安全防范系统运行与维护的保障体系和长效机制，定期对系统进行维护、保养，及时排除故障，保持系统处于良好的运行状态。

6.7 重点目标管理单位应制定恐怖袭击突发事件应急预案并组织开展相关培训和定期演练。

6.8 重点目标管理单位应与属地公安机关等政府有关部门建立联防、联动、联治工作机制。

6.9 安全防范系统中涉及公民个人信息的，应依法依规进行处理，包括收集、存储、使用、加工、传输、提供、公开、删除等。

6.10 重点目标管理单位的网络与信息系统应明确安全保护等级，采取 GB/T 22239 中相应的安全保护等级的防护措施。

6.11 水利系统重点目标常态防范设施配置应符合附录 A 的规定。

7 常态三级防范要求

7.1 人力防范要求

7.1.1 重点目标管理单位应配置与安全保卫任务相适应的专（兼）职保卫管理人员、建立健全值守、巡逻、培训、检查、考核、安全防范系统运行与维护等制度。

7.1.2 重点目标管理单位负责反恐怖防范工作的主管领导、安全保卫人员应确保通信畅通。

7.1.3 专（兼）职安全保卫人员应掌握必备的专业知识和技能。

7.1.4 重点目标管理单位每年至少组织一次反恐怖教育培训。

7.1.5 重点目标管理单位应每年至少组织一次恐怖袭击突发事件应急预案演练。

7.1.6 保卫执勤人员应配备棍棒、钢叉、强光手电等必要的护卫器械。

7.1.7 重点目标管理单位应做好消防设备、救援器材、应急物资的有效性检查和台账记录，确保正常使用。

7.1.8 保卫执勤人员应对重点部位进行日常巡逻，消除安全隐患。

7.1.9 调度中控室（监控中心）应有人值守，应建立视频远程巡视机制及与现场巡逻人员的联动机制。

7.2 实体防范要求

7.2.1 拦河坝区域的实体防范应满足下列要求：
  a）主要出入口设置日常照明与应急照明；
  b）廊道出入口设置金属门或金属栅栏门；
  c）取（进）水口周边设置未经允许禁止入内、攀登、翻越、通行等标志。

7.2.2 水电厂房的实体防范应满足下列要求：
  a）设置日常照明与应急照明；
  b）主要出入口设置金属门；
  c）主要出入口设置保卫值班室。

7.2.3 水库工程的调度中控室（监控中心）的实体防范应满足下列要求：
  a）设置日常照明与应急照明；
  b）所在建（构）筑物周边设置未经允许禁止入内、攀登、翻越、通行等标志。

7.3 电子防范要求

7.3.1 拦河坝区域主要出入口应设置视频监控装置，视频监控和回放图像应能清晰显示进出人员的体貌特征和进出交通工具的号牌。

7.3.2 水库工程的启闭机房、水电厂房、取（进）水口应设置视频监控装置，视频监控和回放图像应能清晰显示监控区域内人员的活动情况。

7.3.3 水库工程的调度中控室（监控中心）所在建筑物周界应设置视频监控装置，视频监控和回放图像应能清晰显示周界区域人员的活动情况。

8 常态二级防范要求

8.1 人力防范要求

8.1.1 重点目标管理单位应建立重点部位、区域值班守卫或巡查制度，保卫执勤人员应结合安全检查等日常工作加强对重点部位、区域的巡逻、检查，巡逻周期间隔应不大于24h。

8.1.2 调度中控室（监控中心）应24h有人值守。

8.1.3 保卫执勤人员应配备对讲机等通信工具。

8.2 实体防范要求

8.2.1 拦河坝区域的实体防范应满足下列要求：

　　a) 主要出入口设置未经允许禁止入内、攀登、翻越、通行等标志；

　　b) 主要出入口设置机动车减速带和"限速"等标志；

　　c) 主要出入口设置保卫值班室和人车分离的实体屏障。

8.2.2 引调水工程的实体防范应满足下列要求：

　　a) 取水口应设置未经允许禁止入内、攀登、翻越、通行等标志；

　　b) 重点渠段及重要涵洞设置日常照明与应急照明；

　　c) 调度中控室（监控中心）、取水口、重点渠段及重要涵洞周边设置未经允许禁止入内、攀登、翻越、通行等标志。

8.2.3 拦河闸主要出入口应满足下列要求：

　　a) 周边设置未经允许禁止入内、攀登、翻越、通行等标志；

　　b) 设置实体屏障；

　　c) 设置日常照明与应急照明。

8.2.4 拦河闸水闸主体结构、启闭机房及调度中控室（监控中心）应满足下列要求：

　　a) 所在建筑物周界设置未经允许禁止入内、攀登、翻越、通行等标志；

　　b) 设置日常照明与应急照明。

8.3 电子防范要求

8.3.1 引调水工程的主要出入口应设置视频监控装置，视频监视及回放图像应能清晰显示进出人员的体貌特征、进出交通工具的号牌。

8.3.2 引调水工程的重要节制闸、启闭机房、配电房、泵站（房）以及取水口应设置视频监控装置，视频监视及回放图像应能清晰显示监控区域人员活动情况。

8.3.3 引调水工程的调度中控室（监控中心）应设置视频监控装置，视频监视及回放图像应能清晰显示进出人员的体貌特征及室内人员的活动情况。

9 常态一级防范要求

9.1 人力防范要求

9.1.1 应在重点目标主要出入口设置固定检查岗位，并应配备至少2名值守或检查人员，对进入重点目标区域的人员、物品和交通工具进行安全检查。

9.1.2 重点目标管理单位应加强对重点部位、区域的值班守卫或巡逻，保卫执勤人员对重点部位、区域的巡逻周期间隔应不大于12h。

9.1.3 重点目标主要出入口应24h有人值守。

9.2 实体防范要求

9.2.1 中型以上的地面水电厂房的周界应设置实体屏障，外侧整体高度（含防攀爬设施）不应小于2.5m。周界出入口应设置实体屏障。

9.2.2 调度中控室（监控中心）应设置防盗安全门，其防盗安全等级应不低于 GB 17565—2022 中 3 级的规定。

9.3 电子防范要求

9.3.1 拦河坝和泄洪设施应设置视频监控装置，视频监视及回放图像应能清晰显示监控区域内人员的活动情况。

9.3.2 拦河闸工程主要出入口应设置视频监控装置，视频监视及回放图像应能清晰显示进出人员的体貌特征和进出交通工具的号牌。

9.3.3 拦河闸工程主体结构周界应设置视频监控装置，视频监视及回放图像应能清晰显示监控区域内人员的活动情况。

9.3.4 拦河闸工程启闭机房、调度中控室（监控中心）应设置视频监控装置，视频监视及回放图像应能清晰显示进出人员的体貌特征和监控区域内人员的活动情况。

9.3.5 水库工程、引调水工程应设置应急公共广播系统。

10 非常态防范要求

10.1 人力防范要求

10.1.1 应启动应急响应机制，组织开展反恐怖动员，重点目标负责人或其授权人员应 24h 带班组织防范工作，在常态防范的基础上加强保卫力量。

10.1.2 根据事态发展情势，应适时启动相应级别的反恐怖应急响应。

10.1.3 重点目标管理单位应设置警戒区域，限制人员、交通工具进出，应加强对周界出入口的人员、交通工具及所携带物品的安全检查，应对人员携带的物品进行开包检查。

10.2 实体防范要求

10.2.1 应减少周界出入口的开放数量。

10.2.2 周界出入口的车辆阻挡装置应设置为阻截状态。

10.2.3 应加强实体防范设施的有效性检查。

10.3 电子防范要求

应加强电子防范设施的有效性检查，确保安全防范系统正常运行。

11 安全防范系统技术要求

11.1 一 般 要 求

11.1.1 安全防范系统的设备和材料应符合相关标准并检验合格。

11.1.2 应对安全防范系统内具有计时功能的设备进行校时，设备的时钟与北京时间误差应不大于 5s。

11.1.3 安全防范系统和设备登录密码不应为弱口令，不应存在网络安全漏洞和隐患。当基于不同传输网络的系统和设备联网时，应采取相应的网络边界安全管理措施。

11.2 视 频 监 控 系 统

11.2.1 一级重点目标的调度中控室（监控中心）应设置视频监控管理平台，实现对各个视频监控装置的集成与管理。

11.2.2 视频图像信息应实时记录，保存期限应不少于 90d。

11.2.3 水利系统涉及公共区域的视频图像信息的采集要求应符合 GB 37300 的相关规定。

11.2.4 视频监控系统应留有与公共安全视频图像信息共享交换平台联网的接口，信息传输、交换、控制协议应符合 GB/T 28181 的相关规定，联网信息安全应符合 GB 35114 的相关规定。

附录 A

（规范性）

水利系统重点目标常态防范设施配置

水利系统重点目标常态防范设施配置应符合表 A.1 的规定。

表 A.1　水利系统重点目标常态防范设施配置

序号	重点部位（分类重点目标，不同重点部位）		防范设施	配置要求		
				三级重点目标	二级重点目标	一级重点目标
1	水库工程	主要出入口	实体防护设施	未经允许禁止入内、攀登、翻越、通行等标志	—	●	●
2				机动车减速带和"限速"等标志	—	●	●
3				保卫值班室、出入口实体屏障	—	●	●
4				日常照明与应急照明	●	●	●
5			视频监控系统	视频监控装置	●	●	●
6		廊道出入口	实体防护设施	金属门或金属栅栏门	●	●	●
7		拦河坝	视频监控系统	视频监控装置	—	●	●
8		泄洪设施	视频监控系统	视频监控装置	—	●	●
9		启闭机房	视频监控系统	视频监控装置	●	●	●
10		水电厂房	实体防护设施	金属门	●	●	●
11				保卫值班室	●	●	●
12				中型以上的地面水电厂房周界设置实体屏障	—	—	●
13				日常照明与应急照明	●	●	●
14			视频监控系统	视频监控装置	●	●	●
15		调度中控室（监控中心）	实体防护措施	未经允许禁止入内、攀登、翻越、通行等标志	●	●	●
16				防盗安全门	—	●	●
17				日常照明与应急照明	●	●	●
18			视频监控系统	视频监控装置	●	●	●
19		泵站（房）	视频监控措施	视频监控装置	●	●	●
20		取（进）水口	实体防护措施	未经允许禁止入内、攀登、翻越、通行等标志	●	●	●
21			视频监控措施	视频监控装置	●	●	●
22				应急公共广播系统	—	—	●
23		保卫执勤岗位		棍棒、钢叉、强光手电等护卫器械	●	●	●
24				对讲机等通信工具	—	●	●

表 A.1（续）

序号	重点部位 （分类重点目标，不同 重点部位）		防 范 设 施		配置要求		
					三级 重点 目标	二级 重点 目标	一级 重点 目标
25		启闭机房	视频监控系统	视频监控装置	—	●	●
26		配电房	视频监控系统	视频监控装置	—	●	●
27		重要节制闸	视频监控系统	视频监控装置	—	●	●
28	引调水工程	调度中控室 （监控中心）	实体防护措施	未经允许禁止入内、攀登、翻越、 通行等标志	—	●	●
29				防盗安全门	—	—	●
30				日常照明与应急照明	—	●	●
31			视频监控系统	视频监控装置	—	●	●
32		主要出入口	视频监控系统	视频监控装置	—	●	●
33		重要渠段及 重要涵洞	实体防护措施	未经允许禁止入内、攀登、翻越、 通行等标志	—	●	●
34				日常照明与应急照明	—	●	●
35		泵站（房）	视频监控措施	视频监控装置	—	●	●
36		取水口	实体防护措施	未经允许禁止入内、攀登、 翻越、通行等标志	—	●	●
37			视频监控措施	视频监控装置	—	●	●
38			应急公共广播系统		—	—	●
39	拦河闸工程	主要出入口	实体防护措施	未经允许禁止入内、攀登、翻越、 通行等标志	—	●	●
40				实体屏障	—	●	●
41				日常照明与应急照明	—	●	●
42			视频监控措施	视频监控装置	—	●	●
43		水闸主体结构	实体防护措施	未经允许禁止入内、攀登、翻越、 通行等标志	—	●	●
44				日常照明与应急照明	—	●	●
45			视频监控措施	视频监控装置	—	—	●
46		启闭机房	实体防护措施	未经允许禁止入内、攀登、翻越、 通行等标志	—	●	●
47				日常照明与应急照明	—	●	●
48			视频监控措施	视频监控装置	—	—	●
49		调度中控室 （监控中心）	实体防护措施	未经允许禁止入内、攀登、翻越、 通行等标志	—	●	●
50				日常照明与应急照明	—	●	●
51				防盗安全门	—	—	●
52			视频监控系统	视频监控装置	—	—	●

注：表中"●"表示应配置，"—"表示不做要求。

参 考 文 献

[1] GB 50034—2013 建筑照明设计标准
[2] GB 50201—2014 防洪标准
[3] GB 50395—2007 视频安防监控系统工程设计规范
[4] GA/T 367—2001 视频安防监控系统技术要求
[5] GA/T 594—2006 保安服务操作规程与质量控制
[6] SL/T 772—2020 水利行业反恐怖防范要求
[7] JT/T 961—2020 交通运输行业反恐怖防范基本要求
[8] GA/T 1127—2013 安全防范视频监控摄像机通用技术要求
[9] GA/T 1710—2020 南水北调工程安全防范要求
[10] GA 1800.3—2021 电力系统治安反恐防范要求 第 3 部分：水力发电企业
[11] SL 430—2008 调水工程设计导则
[12] 中华人民共和国反恐怖主义法（中华人民共和国主席令第 36 号）

水库大坝安全评价导则

SL 258—2017 替代 SL 258—2000

2017 - 01 - 09 发布 2017 - 04 - 09 实施

前　　言

根据水利技术标准制修订计划安排，按照 SL 1—2014《水利技术标准编写规定》的要求，对 SL 258—2000《水库大坝安全评价导则》进行修订。

本标准共 12 章和 2 个附录，主要技术内容有：

——现场安全检查及安全检测；

——安全监测资料分析；

——工程质量评价；

——运行管理评价；

——防洪能力复核；

——渗流安全评价；

——结构安全评价；

——抗震安全评价；

——金属结构安全评价；

——大坝安全综合评价。

本次修订的主要内容有：

——拓展了导则的适用范围；

——对首次大坝安全鉴定与后续大坝安全鉴定提出了不同要求；

——对缺少基础资料的小型水库大坝安全评价工作做了简化规定；

——对原各章的基础资料要求进行了归并，增加了基础资料一章；

——增加了现场安全检查及安全检测一章；

——增加了安全监测资料分析一章；

——对章节顺序及工程质量评价、运行管理评价、金属结构安全评价、大坝安全综合评价等章节内容进行了调整，对其他章节内容进行了完善。

本标准为全文推荐。

本标准所替代标准的历次版本为：

——SL 258—2000

本标准批准部门：中华人民共和国水利部

本标准主持机构：水利部建设与管理司

本标准解释单位：水利部建设与管理司

本标准主编单位：南京水利科学研究院

水利部大坝安全管理中心

本标准参编单位：河海大学

本标准出版、发行单位：中国水利水电出版社

本标准主要起草人：盛金保　彭雪辉　王昭升　邹　鹰

骆少泽　顾培英　王　健　朱　瑶

谭界雄　向　衍　龙智飞　周克发

刘成栋　蒋金平　张士辰　李宏恩

厉丹丹　牛志伟　孙玮玮　王晓航

江　超

本标准审查会议技术负责人：李同春

本标准体例格式审查人：陈　昊

本标准在执行过程中，请各单位注意总结经验，积累资料，随时将有关意见和建议反馈给水利部国际合作与科技司（通信地址：北京市西城区白广路二条 2 号；邮政编码：100053；电话：010 - 63204565；电子邮箱：bzh @ mwr. gov. cn），以供今后修订时参考。

目　次

1 总　　则

1.0.1　为做好水库大坝安全鉴定工作，规范其技术工作的内容、方法及标准（准则），制定本标准。

1.0.2　本标准适用于坝高 15m 及以上或库容 100 万 m³ 及以上的已建水库大坝安全评价，坝高小于 15m 的小（2）型已建水库大坝可参照执行。

大坝包括永久性挡水建筑物，以及影响大坝安全的泄水、输水、过船等建筑物与其金属结构、近坝岸坡。

1.0.3　水库大坝安全评价应搜集相关基础资料，并对资料进行复核。当基础资料不满足大坝安全评价要求时，应通过补充工程地质勘察、安全检测等途径查清补齐。

1.0.4　水库大坝安全评价应在现场安全检查和监测资料分析基础上，按照现行相关规范的规定和要求，复核工程等别、建筑物级别以及防洪标准与抗震设防标准，查明工程质量及大坝现状实际工作条件，对水库大坝防洪能力、渗流安全、结构安全、抗震安全、金属结构安全以及运行管理等进行复核与评价，并综合上述复核与评价结果，对大坝安全进行综合评价。复核计算的荷载和参数应采用最新调洪计算及监测、试验、检测成果。

防洪能力、渗流安全、结构安全、抗震安全、金属结构安全的评价结论分为 A、B、C 三级。A 级为安全可靠；B 级为基本安全，但有缺陷；C 级为不安全。工程质量评价结论分为"合格""基本合格""不合格"；运行管理评价结论分为"规范""较规范""不规范"，作为大坝安全综合评价的参考依据。

1.0.5　首次大坝安全鉴定应按本标准要求对大坝安全进行全面评价，后续大坝安全鉴定应重点针对运行中暴露的质量缺陷和安全问题进行专项论证。对有安全监测资料的水库大坝，应从监测资料分析入手，了解大坝安全性状。

对险情明确、基础资料不足的一般小（1）型及小（2）型水库大坝，可由水库主管部门组织专家组在现场安全检查工作基础上，由专家组对大坝安全类别进行认定。

1.0.6　大坝安全评价宜按 1.0.4 条要求的评价内容编写专项报告，并综合各专项报告编写大坝安全综合评价报告。

1.0.7　大坝安全综合评价报告应对大坝安全状况进行分类。大坝安全类别分为一类坝、二类坝、三类坝。一类坝安全可靠，能按设计正常运行；二类坝基本安全，可在加强监控下运行；三类坝不安全，属病险水库大坝。对评定为二类、三类的大坝，应提出处置对策和加强管理的建议。

1.0.8 本标准主要引用下列标准：

GB 8076　混凝土外加剂

GB/T 14173　水利水电工程钢闸门制造、安装及验收规范

GB 18306　中国地震动参数区划图

GB/T 50107　混凝土强度检验评定标准

GB 50119　混凝土外加剂应用技术规范

GB/T 50123　土工试验方法标准

GB/T 50152　混凝土结构试验方法标准

GB 50201　防洪标准

GB 50204　混凝土结构工程施工质量验收规范

GB 50288　灌溉与排水工程设计规范

GB/T 50315　砌体工程现场检测技术标准

GB/T 50344　建筑结构检测技术标准

GB 50487　水利水电工程地质勘察规范

GB 50766　水利水电工程压力钢管制作安装及验收规范

SL 25　砌石坝设计规范

SL 41　水利水电启闭机设计规范

SL 44　水利水电工程设计洪水计算规范

SL 46　水工预应力锚固施工规范

SL 47　水工建筑物岩石基础开挖施工技术规范

SL 48　水工碾压混凝土试验规程

SL 53　水工碾压混凝土施工规范

SL 55　中小型水利水电工程地质勘察规范

SL 61　水文自动测报系统技术规范

SL 62　水工建筑物水泥灌浆施工技术规范

SL 74　水利水电工程钢闸门设计规范

SL 101　水工钢闸门及启闭机安全检测技术规程

SL 104　水利工程水利计算规范

SL 106　水库工程管理设计规范

SL 174　水利水电工程混凝土防渗墙施工技术规范

SL 176　水利水电工程施工质量检验与评定规程

SL 189　小型水利水电工程碾压式土石坝设计导则

SL 191　水工混凝土结构设计规范

SL 203　水工建筑物抗震设计规范

SL 210　土石坝养护修理规程

SL 226　水利水电工程金属结构报废标准

SL 228　混凝土面板堆石坝设计规范

SL 230　混凝土坝养护修理规程

SL 237　土工试验规程

SL 252　水利水电工程等级划分及洪水标准

SL 253　溢洪道设计规范

SL 268　大坝安全自动监测系统设备基本技术条件

SL 274　碾压式土石坝设计规范

SL 279　水工隧洞设计规范

SL 281　水电站压力钢管设计规范

SL 282　混凝土拱坝设计规范

SL 285　水利水电工程进水口设计规范

SL 314　碾压混凝土坝设计规范

SL 319　混凝土重力坝设计规范

SL 326　水利水电工程物探规程

SL 352　水工混凝土试验规程

SL 377　水利水电工程锚喷支护技术规范

SL 379　水工挡土墙设计规范

SL 381　水利水电工程启闭机制造安装及验收规范

SL 386　水利水电工程边坡设计规范

SL 432　水利工程压力钢管制造安装及验收规范

SL 501　土石坝沥青混凝土面板和心墙设计规范

SL 531　大坝安全监测仪器安装标准

SL 551　土石坝安全监测技术规范

SL 601　混凝土坝安全监测技术规范

SL 605　水库降等与报废标准

SD 120　浆砌石坝施工技术规范（试行）

CECS：02　超声回弹综合法检测混凝土强度技术规程

CECS：03　钻芯法检测混凝土强度技术规程

CJ/T 3006　供水排水用铸铁闸门

DL/T 709　压力钢管安全检测技术规程

DL/T 5100　水工混凝土外加剂技术规程

DL/T 5129　碾压式土石坝施工技术规范

DL/T 5144　水工混凝土施工规范

JGJ/T 23　回弹法检测混凝土抗压强度技术规程

JGJ/T 152　混凝土中钢筋检测技术规程

JTJ 308　船闸闸阀门设计规范

JTJ 309　船闸启闭机设计规范

1.0.9　水库大坝安全评价除应符合本标准规定外，尚应符合国家现行有关标准的规定。

2 基 础 资 料

2.1 一 般 规 定

2.1.1 应根据大坝安全评价的需要，搜集和整理水库流域概况和水文气象、工程特性、工程地质、设计与施工、安全监测、大坝安全状况、大坝运行管理等方面的资料。

2.1.2 基础资料应能反映水库工程当前的实际状况，特别应注意搜集运行过程中可能发生变化的资料，包括水文系列延长、水库功能与防洪保护对象变化、抗震标准改变、淤积与库容变化、水库特征值变化、水库调度运行方式改变、大坝下游冲刷等方面的资料。

2.1.3 应对搜集的基本资料的准确性和可靠性进行分析，对存在明显错误或系统偏差的资料，应予纠正或剔除。

2.1.4 当搜集的基础资料不满足大坝安全评价要求时，应通过走访、现场检查、补充地质勘察、安全检测等途径和手段查清补齐。

2.2 资 料 搜 集

2.2.1 流域概况和水文气象资料搜集与复核应按 SL 44 的有关规定进行。

2.2.2 工程特性方面应搜集水库大坝工程概况、工程特性表、现状工程图等资料。

2.2.3 工程地质方面应搜集和分析各阶段工程地质勘察资料，并根据需要，有针对性地补充勘探、测试及试验。

2.2.4 设计与施工方面应搜集大坝初始建设、改扩建及除险加固工程的设计、施工、验收资料，以及历次设计审查意见和批复文件。

2.2.5 安全监测方面应搜集大坝安全监测系统设计与埋设安装资料、运行期监测记录，以及历次大坝安全监测资料整编与分析报告。

2.2.6 大坝安全状况方面应搜集历次大坝安全鉴定及鉴定结论的处理情况资料，以及水库运行过程中暴露的工程质量缺陷、安全隐患、事故的处理情况资料。

2.2.7 大坝运行管理方面应搜集水库管理机构与管理制度、管理设施、调度运用、维修养护、应急管理、运行大事记、存在问题等方面的资料。

3 现场安全检查及安全检测

3.1 一 般 规 定

3.1.1 现场安全检查的目的是检查大坝是否存在工程安全隐患与管理缺陷，并为大坝安全评价工作提供指导性意见；安全检测的目的是为了揭示大坝现状质量状况，并为大坝安全评价提供能代表目前性状的计算参数。

3.1.2 现场安全检查应成立现场安全检查专家组，并由专家组完成现场安全检查工作。

3.1.3 安全检测包括坝基和土质结构的钻探试验与隐患探测、混凝土结构安全检测、砌石结构安全检测和金属结构安全检测。

安全检测应满足相关规范的要求，宜减小对检测对象结构的扰动与不利影响。

3.1.4 安全检测结果应与历史资料和运行监测资料进行对比分析，综合给出大坝安全评价所需要的参数。

3.2 现 场 安 全 检 查

3.2.1 现场安全检查应在查阅资料基础上，对大坝外观与运行状况、设备、管理设施等进行全面检查和评价，并填写现场安全检查表，编制大坝现场安全检查报告，提出大坝安全评价工作的重点和建议。

大坝现场安全检查表参见附录 A，具体可根据工程实际情况增减表中内容。

3.2.2 现场安全检查的项目和内容、方法和要求、记录和报告：土石坝应按照 SL 551 有关巡视检查的规定执行；混凝土坝应按 SL 601 有关现场检查的规定执行；其他坝型可参照土石坝或混凝土坝的要求执行，并结合坝型特点增减检查项目。

3.3 钻探试验与隐患探测

3.3.1 当缺少大坝工程地质资料或土石坝坝体填筑质量资料时，应补充工程地质勘察与钻探试验；当大坝存在可疑工程质量缺陷或运行中出现重大工程险情，且已有资料不能满足安全评价需要时，应补充钻探试验和（或）隐患探测。

3.3.2 补充工程地质勘察和钻探试验，大型水库大坝应按 GB 50487 的相关规定执行；中小型水库大坝应按 SL 55 的相关规定执行。

3.3.3 采用物探方法进行大坝工程隐患探测时，应按 SL 326 的相关规定执行。

3.4 混凝土结构安全检测

3.4.1 混凝土结构安全检测应包括下列内容，具体可根据大坝安全评价工作需要与现场检测条件确定：

1 混凝土外观质量与缺陷检测。

2 主要结构构件混凝土强度检测。

3 混凝土碳化深度、钢筋保护层厚度与锈蚀程度检测。

4 当主要结构构件或有防渗要求的结构出现裂缝、孔洞、空鼓等现象时，应检测其分布、宽度、长度和深度，并分析产生的原因。

5 当结构因受侵蚀性介质作用而发生腐蚀时，应测定侵蚀性介质的成分、含量，并检测结构的腐蚀程度。

3.4.2 混凝土结构变形检测可参照 GB/T 50152 的规定进行。

3.4.3 混凝土内部缺陷检测宜采用超声法、冲击反射法等非破损方法，必要时可采用局部破损方法对非破损检测结果进行验证。超声法的检测操作应按 SL 352 的规定执行。

3.4.4 结构构件混凝土抗压强度检测可采用回弹法、超声回弹综合法、射钉法、钻芯法等方法，具体应根据现场条件选择。如现场条件允许，应采用钻芯法对其他方法进行修正。

回弹法、超声回弹综合法、射钉法、钻芯法的检测操作应分别按 JGJ/T 23、CECS：02、SL 352、CECS：03 的规定执行。

3.4.5 结构构件混凝土劈裂抗拉强度检测宜采用圆柱体芯样试件施加劈裂荷载的方法，检测操作应按 SL 352 的规定进行。

3.4.6 混凝土结构应力检测包括混凝土和钢筋的应变检测，检测操作应按 GB/T 50152 的规定执行。

3.4.7 混凝土碳化深度检测应按 JGJ/T 23 的规定进行。

3.4.8 钢筋保护层厚度检测宜采用非破损的电磁感应法或雷达法，必要时可凿开混凝土进行验证。检测操作应按 JGJ/T 152 的规定执行。

3.4.9 钢筋锈蚀状况检测可根据测试条件和测试要求选择剔凿检测方法或电化学测定方法，并应遵守下列规定：

1 剔凿检测方法应剔凿出钢筋直接测定钢筋的剩余直径。

2 电化学测定方法的检测操作应按 SL 352 及 GB/T 50344—2004 附录 D 的规定执行，并宜配合剔凿检测方法进行验证。

3.4.10 结构构件裂缝检测应遵守下列规定：

1 检测项目应包括裂缝位置、长度、宽度、深度、形态和数量，检测记录可采用表格或图形的形式。

2 裂缝深度可采用超声法检测，必要时可钻取芯样予以验证。超声法检测操作应按 SL 352 的规定执行。

3 对于仍在发展的裂缝，应定期观测。

3.4.11 侵蚀性介质成分、含量及结构腐蚀程度检测，应根据具体腐蚀状况，参照 SL 352 及其他相应技术标准的规定进行。

3.5 砌石结构安全检测

3.5.1 砌石结构安全检测宜包括下列项目，具体可根据安全评价工作需要与现场检测条件确定：

1 石材检测。

2 砌筑砂浆（细石混凝土）检测。

3 砌石体检测。

4 砌筑质量与构造检测。

5 砌石结构损伤与变形检测。

3.5.2 检测单元、测区和测点要求可参照 GB/T 50315 的规定执行。

3.5.3 石材检测包括石材强度、尺寸偏差、外观质量、抗冻性能、石材品种等检测项目。

石材强度检测可采用钻芯法或切割成立方体试块的方法，检测操作应按 GB/T 50344 的规定执行。

3.5.4 砌筑砂浆（细石混凝土）检测包括砂浆强度、品种、抗冻性和抗渗性等检测项目。

砂浆强度检测可采用推出法、筒压法、砂浆片剪切法、砂浆回弹法、点荷法、砂浆片局压法，检测方法选用原则及检测操作应按 GB/T 50315 的规定执行。

砂浆抗冻性和抗渗性检测操作应按 SL 352 的规定执行。

3.5.5 砌石体检测包括砌石体强度、容重、孔隙率、密实性等检测项目。

砌石体强度检测可采用原位轴压法、扁顶法、切制抗压试件法，检测方法选用原则及检测操作应按 GB/T 50315 的规定执行。

砌石体容重、孔隙率、密实性检测操作应按 SD 120 的规定执行。

3.5.6 砌石结构砌筑质量与构造检测可参照 GB/T 50344 及其他相应技术标准的规定执行。

3.5.7 砌石结构变形与损伤检测包括裂缝、倾斜、基础不均匀沉降、环境侵蚀损伤、灾害损伤及人为损伤等检测项目。其中，裂缝检测应遵循下列规定：

1 测定裂缝位置、长度、宽度和数量。

2 必要时剔除抹灰，确定砌筑方法、留槎、洞口、线管及预制构件对裂缝的影响。

3 对于仍在发展的裂缝，应定期观测。

3.6 金属结构安全检测

3.6.1 钢闸门、拦污栅和启闭机的现场安全检测项目、抽样比例、检测操作、检测报告应按 SL 101 的规定执行。

3.6.2 压力钢管现场安全检测项目、抽样比例、检测操作、检测报告应按 DL/T 709 的规定执行。

3.6.3 过船和升船等其他金属结构安全检测可参照以上规定执行。

4 安全监测资料分析

4.1 一般规定

4.1.1 大坝安全监测资料分析的目的是通过水位、气温、降水量等环境量与变形、裂缝开度、应力应变、渗流压力、渗流量等效应量监测资料的分析，评估大坝安全性态是否正常或发生转异。

4.1.2 大坝安全监测资料分析内容包括监测系统完备性评价、监测资料可靠性分析、监测资料正反分析以及大坝安全性态评估。

4.1.3 大坝安全监测资料分析方法：土石坝应按 SL 551 执行；混凝土坝应按 SL 601 执行；浆砌石坝可参照 SL 601 执行。

4.1.4 施工质量缺陷、不同建筑物接合面、坝肩结合部以及运行中出现异常现象等部位附近的监测资料应作为分析的重点；对因除险加固工程建设或监测系统更新改造造成监测资料不连续的，应分阶段进行分析，并注意前后系列资料之间的对比。

4.2 监测系统完备性和监测资料可靠性评价

4.2.1 监测系统完备性评价应包括下列要点：

1 监测项目是否满足规范要求，测点布置是否合理。

2 是否建立监测数据信息管理系统，系统功能是否完备。

3 观测频次是否满足规范要求，监测资料是否按规范要求及时整编分析。

4.2.2 监测数据可靠性评价应包括下列要点：

1 监测仪器选型是否合适，埋设安装是否满足 SL 531 及 SL 551 或 SL 601 的相关规定。

2 监测仪器性能是否稳定或完好，仪器观测精度是否满足设计或规范要求。

3 自动监测系统运行是否稳定，平均无故障工作时间和采集数据缺失率是否符合 SL 268 的规定。

4 监测数据物理意义是否合理，是否超过仪器量程和材料的物理限值，检验结果是否在限差内。

5 监测数据是否符合连续性、一致性、相关性等原则。

4.3 监测资料分析

4.3.1 监测资料分析可采用比较法、作图法、特征值统计法、数学模型法，具体可参见 SL 551 或 SL 601。

4.3.2 大坝安全监测资料分析应主要包括下列工作：

1 分析历次巡视检查资料，通过大坝外观异常现象及其部位、变化规律和发展趋势，定性判断与工程安危的可能联系。

2 分析效应量随时间的变化规律，考察相同运行条件下的变化趋势和稳定性，以判断大坝运行性态有无异常和存在向不利安全方向发展的时效作用。

3 分析效应量在空间分布上的情况和特点，判断大坝是否存在异常区或不安全部位。

4 分析各效应量的特征值和异常值，并与相同条件下的设计值、试验值、模型预报值，以及历年变化范围相比较。当效应量超出警戒值时，应分析原因及对大坝安全的影响。

5 利用相关图或数学模型，分析效应量的主要影响因素及其定量关系和变化规律，以寻求效应量异常的主要原因，考察效应量与原因量相关关系的稳定性，预测效应量的发展趋势，并判断其是否影响大坝安全运行。当监测资料序列较长时，可采用统计模型，有条件时亦可采用确定性模型或混合模型。

4.4 大坝安全性态评估

4.4.1 大坝安全监测资料分析应做出下列明确结论：

1 大坝变形是否符合一般规律和趋于稳定；大坝渗流场是否稳定，土石坝的浸润线（面）及混凝土坝的坝基扬压力是否正常；大坝应力（压力）、应变是否小于规范或设计允许值。在此基础上，综合评价大坝安全性态。

2 巡视检查或监测资料应反映大坝安全性态异常的部位、性质、特征和出现的时间、运行条件，以及异常情况的处理情况与效果。

3 根据监测工作中存在的问题，对监测设备、方法、测次等提出改进意见。

4 根据监测资料分析结果，指出可能影响大坝安全的潜在隐患与原因，并针对性提出改善大坝运行管理、维修养护或除险加固的建议。

4.4.2 根据监测资料分析结果对大坝安全性态进行分级应遵循下列原则：

1 当所有监测资料变化规律正常，测值在经验值及规范、设计、试验规定的允许值内，运行过程中无异常情况，可认为大坝安全性态正常。

2 当局部监测资料存在趋势性变化现象，但测值仍在警戒值或经验值及规范、设计、试验规定的允许值以内，可认为大坝安全性态基本正常。

3 当监测资料有向大坝安全不利方向发展的明显趋势性变化，或测值发生突变，超出警戒值或经验值及规范、设计、试验规定的允许值，可认为大坝安全性态异常。

5 工程质量评价

5.1 一般规定

5.1.1 工程质量评价的目的是复核大坝基础处理的可靠性、防渗处理的有效性，以及大坝结构的完整性、耐久性与安全性等是否满足现行规范和工程安全运行要求。

5.1.2 工程质量评价应包括下列主要内容：

1 评价大坝工程地质条件及基础处理是否满足现行规范要求。

2 评价大坝工程质量现状是否满足规范要求。

3 根据运行表现，分析大坝工程质量变化情况，查找是否存在工程质量缺陷，并评估对大坝安全的影响。

4 为大坝安全评价提供符合工程实际的参数。

5.1.3 对勘测、设计、施工、验收、运行资料齐全的水库大坝，应在相关资料分析基础上，重点对施工质量缺陷处理效果、验收遗留工程施工质量及运行中暴露的工程质量缺陷进行评价。

对缺乏工程质量评价所需基本资料，或运行中出现异常的水库大坝，应补充钻探试验与安全检测（查），并结合运行表现，对大坝工程质量进行评价。

5.1.4 工程质量评价应采用下列基本方法：

1 现场检查法。通过现场检查并辅以简单测量、测试及安全监测资料分析，复核大坝形体尺寸、外观质量及运行情况是否正常，进而评判大坝工程质量。

2 历史资料分析法。通过对工程施工质量控制、质量检测（查）、验收以及安全鉴定、运行、安全监测等资料的复查和分析，对照现行规范要求，评价大坝工程质量。

3 钻探试验与安全检测法。当上述两种方法尚不能对大坝工程质量做出评价时，应通过补充钻探试验与安全检测取得原体参数，并据此对大坝工程质量进行评价。

5.1.5 当评价发现大坝工程质量不满足规范要求或存在重大质量缺陷时，应评估其对工程安全的影响，并确定是否需要采取措施进行处理。

5.1.6 对超高坝或新型材料坝，应评价其工程质量是否满足设计与论证要求。对运行中暴露工程质量缺陷或隐患的大坝，应进行专题研究。

5.2 工程地质条件评价

5.2.1 应对枢纽区地形地貌、地层岩性、地质构造、地震、水文地质等进行评价，查明是否存在影响工程安全的地质缺陷和问题，以及重大工程是否开展了地震危险性评价。

5.2.2 对运用中发生地震或工程地质条件发生重大变化的水库大坝，应评估工程地质条件变化及其对工程安全的影响。

5.3 土石坝工程质量评价

5.3.1 土石坝工程质量评价应复核坝基处理、筑坝材料选择与填筑、坝体结构、防渗体施工以及坝体与坝基、岸坡及其他建筑物的连接等是否符合现行相关设计规范、施工规范及 SL 176 的要求。

5.3.2 坝基处理质量复核应查明坝基及岸坡开挖、砂砾石坝基渗流控制、岩石坝基处理，以及易液化土、软黏土和湿陷性黄土坝基的处理等情况，大中型水库及坝高大于 30m 的小型水库土石坝应符合 SL 274 要求；其他小型水库土石坝应符合 SL 189 要求；面板堆石坝应符合 SL 228 要求。同时，坝基及岸坡开挖还应符合 SL 47 要求；砂砾石坝基渗流控制及岩石坝基处理还应符合 SL 62、SL 174、DL/T 5129 要求。

5.3.3 筑坝材料选择与填筑质量复核应查明筑坝材料的土性、颗粒含量、渗透性以及填土的压实度、相对密度或孔隙率，大中型水库及坝高大于 30m 的小型水库土石坝应符合 SL 274 要求；其他小型水库土石坝应符合 SL 189 要求；面板堆石坝应符合 SL 228 要求。坝体填筑质量同时还应符合 DL/T 5129 要求。

5.3.4 坝体结构应主要复核坝体分区、防渗体、反滤层和过渡层、坝体排水、护坡等是否符合 SL 274、SL 189、SL 228 等相应规范要求。

5.3.5 防渗体施工质量除应符合 SL 274、SL 189、SL 228、SL 501 等相应规范要求外，帷幕灌浆还应符合 SL 62 要求，土质防渗体填筑还应符合 DL/T 5129 要求，混凝土防渗墙施工还应符合 SL 174 要求，面板堆石坝的混凝土面板、趾板施工还应符合 DL/T 5144、GB 50204、GB/T 50107 的要求。

5.3.6 坝体与坝基、岸坡及其他建筑物的连接处理应符合 SL 274、SL 189、SL 228 等相应规范要求。

5.3.7 对运行中出现不均匀沉降、塌陷、裂缝、滑坡、集中渗漏、散浸等现象的土石坝，必要时应补充工程地质勘察与安全检测，以分析查明质量缺陷，并评估对大坝结构稳定、渗流稳定的影响。

5.4 混凝土坝工程质量评价

5.4.1 混凝土坝工程质量评价应复核坝基处理、坝体构造、混凝土浇筑、温度控制及防裂措施等是否符合现行相关设计规范、施工规范及 SL 176 的要求。

5.4.2 坝基处理质量复核应查明坝基开挖、固结灌浆、坝基防渗和排水、断层破碎带和软弱结构面处理、岩溶防渗处理等情况，混凝土重力坝应符合 SL 319 要求；混凝土拱坝应符合 SL 282 要求。同时，坝基开挖还应符合 SL 47 要求；固结灌浆和帷幕灌浆还应符合 SL 62 要求；混凝土防渗墙施工还应符合 SL 174 要求。

5.4.3 坝体构造应主要复核坝顶、坝内廊道及通道、坝体分缝、坝体止水和排水、大坝混凝土材料及其分区等是否符合 SL 319、SL 282、SL 314 等相应规范要求。

5.4.4 混凝土浇筑质量应复核混凝土的强度、抗渗、抗冻等级（标号），抗冲、抗磨蚀、抗溶蚀性能，以及变形模量等是否符合 SL 319、SL 282、SL 314 等相应规范要求。同时，常态混凝土还应符合 DL/T 5144、GB 50204、GB/T 50107 的要求；碾压混凝土还应符合 SL 53、SL 48 的要求。使用外加剂的，还应符合 GB 8076、DL/T 5100 和 GB 50119 的有关规定。

5.4.5 坝体温度控制及防裂措施应符合 SL 319、SL 282、SL 314 等相应规范要求。

5.4.6 对运行中出现裂缝、剥蚀、碳化、倾斜及漏水等现象的混凝土坝，应进行调查和检测，分析查明质量缺陷，并评估对大坝稳定性、耐久性以及整体安全的影响。

5.5 砌石坝工程质量评价

5.5.1 砌石坝工程质量评价应复核坝基处理、筑坝材料、坝体防渗、坝体构造、坝体砌筑、温度控制等是否符合 SL 25、SD 120 以及 SL 176 的要求。

5.5.2 坝基处理质量复核，砌石重力坝可参照混凝土重力坝执行，砌石拱坝可参照混凝土拱坝执行；筑坝材料主要复核石料和胶凝材料是否符合要求；当采用混凝土防渗面板和心墙进行坝体防渗时，其浇筑质量复核可参照 5.4.4 条执行；坝体构造主要复核坝顶布置和交通，坝内廊道和孔洞，坝体分缝、排水和基础垫层是否符合要求。

5.5.3 坝体砌筑质量应复核胶结材料的强度、抗渗、抗冻等级（标号）、抗溶蚀性能以及砌体强度、砌体容重与空隙率、砌体密实性等是否符合要求。

5.5.4 对运行中出现裂缝、漏水等现象的砌石坝，应进行调查和检测，分析查明质量缺陷，并评估对大坝稳定性及整体安全的影响。

5.6 泄水、输水及其他建筑物工程质量评价

5.6.1 泄水、输水建筑物包括溢洪道、泄洪（隧）洞、输水（隧）洞（管）及其金属结构，其他建筑物包括过船（木）建筑物、鱼道以及影响大坝安全的

近坝岸坡。

5.6.2 泄水、输水及其他建筑物的混凝土结构工程质量评价可参照 5.4 节执行，并应符合 SL 253、SL 279、SL 285、GB 50288、SL 191、SL 379 以及 DL/T 5144、GB 50107、GB 50204、SL 47、SL 62、SL 176 等标准的有关规定。

5.6.3 泄水、输水及其他建筑物的砌石结构工程质量评价可参照 5.5 节执行，并应符合 SL 253、SL 379、SD 120、SL 47、SL 62、SL 176 等标准的有关规定。

5.6.4 建筑物边坡工程质量评价应复核开挖和压脚、地面排水、地下排水、坡面支护、深层加固、灌浆处理、支挡措施等是否符合 SL 386、SL 46、SL 377 以及 SL 47、SL 62、SL 176 等标准的有关规定。

5.6.5 泄水、输水及其他建筑物金属结构工程质量评价应重点复核其制造和安装是否符合 SL 74、SL 41、SL 281 以及 GB/T 14173、SL 381、SL 432、GB 50766 等相关标准的规定。

5.7 工程质量评价结论

5.7.1 工程质量满足设计和规范要求，且工程运行中未暴露明显质量缺陷的，工程质量可评为合格。

5.7.2 工程质量基本满足设计和规范要求，且运行中暴露局部质量缺陷，但尚不严重影响工程安全的，工程质量可评为基本合格。

5.7.3 工程质量不满足设计和规范要求，运行中暴露严重质量缺陷和问题，安全检测结果大部分不满足设计和规范要求，严重影响工程安全运行的，工程质量应评为不合格。

6 运 行 管 理 评 价

6.1 一 般 规 定

6.1.1 运行管理评价的目的是评价水库现有管理条件、管理工作及管理水平是否满足相关大坝安全管理法规与技术标准的要求，以及保障大坝安全运行的需要，并为改进大坝运行管理工作提供指导性意见和建议。

6.1.2 运行管理评价内容包括对水库运行管理能力、调度运用、维修养护、安全监测的评价。

6.1.3 运行管理的各项工作应根据相应的大坝安全管理法规与技术标准，结合水库具体情况，制定相应的规章制度，并有专人负责实施。

6.2 运 行 管 理 能 力 评 价

6.2.1 运行管理能力评价应主要复核水库管理体制机制、管理机构、管理制度、管理设施等是否符合《水库大坝安全管理条例》及 SL 106 等相关大坝安全管理法规与技术标准的要求。

6.2.2 体制机制应复核水库是否划定合适的工程管理范围与保护范围；是否建立以行政首长负责制为核心的大坝安全责任制，明确政府、主管部门和管理单位责任人；是否按照要求完成水库管理体制改革任务，理顺管理体制，落实人员基本支出和工程维修养护经费。

6.2.3 管理机构应复核水库是否按照 SL 106 及相关法规与规范性文件要求组织建立适合水库运行管理需要的管理单位，并配备足额具备相应专业素养、满足水库运行管理需要的行政管理与工程技术人员。

6.2.4 管理制度应复核水库管理机构是否按照相关法规与规范性文件要求，制定适合水库实际的调度运用、安全监测、维修养护、防汛抢险、闸门操作以及行政管理、水政监察、技术档案等管理制度并严格执行。

6.2.5 管理设施应复核水库水文测报站网、工程安全监测设施、水库调度自动化系统、防汛交通与通信设施、警报系统、工程维修养护设备和防汛设施、供水建筑物及其自动化计量设施、水质监测设施、水库管理单位办公生产用房等是否完备和处于正常运行状态。管理设施完备性评价要点应包括下列内容：

    1 大型及重点中型水库应按 SL 61 要求，建立水文测报站网及自动测报系统，并与上一级系统联网；一般中小型水库至少应设置库区降水观测设施。

2 大中型水库应按 SL 551 或 SL 601 要求，设置满足水库运行管理需要并能反映工程安全性状的大坝安全监测设施；小型水库应参照 SL 551 或 SL 601 要求设置必要的安全监测设施。对具有供水功能的水库，应设置供水水量计量设施以及水质监测设施。

3 大中型水库应建立对外以及水库工程管理范围内各建筑物之间的交通道路，并配备足够数量的交通工具，满足水库日常运行管理和防汛抢险需要，大型水库道路标准应达三级以上，中型水库道路标准应达四级以上。对外道路应与正式公路相接。在道路适当地点应设置回车场、停车场，并设置路标和里程碑。小型水库应有到达枢纽主要建筑物的必要交通条件，防汛道路应到达坝肩或坝下，道路标准应满足防汛抢险需要。

4 大中型水库应配备可靠的对内、对外通信设施（备），满足水库日常管理信息传递、汛期报汛及紧急情况下报警的要求。对外通信应建立与主管部门和上级防汛指挥部门以及水库上、下游主要水文站和上、下游有关地点的有线及无线通信网络。小型水库应配备必要的通信设施，满足汛期报汛及紧急情况下报警的要求。重要小型水库应具备两种以上有效通信手段，其他小型水库应具备一种以上的有效通信手段。

5 大中型水库应根据水库工程规模和特点，按 SL 106 等规范要求配备工程维修和防汛设施，包括备用电源、照明设备、工程维修养护和防汛抢险物资与设备、应急救援设备，以及用于储备物资和设备的仓库、料场等。小型水库应结合防汛抢险需要，储备必要的防汛抢险与应急救援物料器材。

6 大中型水库及设有运行管理机构的小型水库，应根据管理人员数量与水库日常管理和防汛抢险需要，按 SL 106 确定的标准配备办公、生产用房和办公设施（备）；其他小型水库应配备必要的管理用房，满足管护人员汛期值守要求。

6.3 调度运行评价

6.3.1 调度运行评价主要复核水库调度规程编制、安全监测、应急预案编制、运行大事记、技术档案等工作是否符合相关大坝安全管理法规与技术标准的要求，以及能否按照审批的调度规程合理调度运用。

6.3.2 水库管理单位或主管部门（业主）应根据相关要求，组织编制水库调度规程，并按管辖权限经水行政主管部门审批后执行。水库汛期调度运用计划应由有调度权限的防汛抗旱指挥部门审批。

当水库调度任务、运行条件、调度方式、工程安全状况发生重大变化时，应适时对调度规程进行修订，并报原审批部门审查批准。

6.3.3 土石坝、混凝土坝应分别按 SL 551、SL 601 要求，砌石坝参照 SL

601 要求，定期开展大坝安全巡视检查与仪器监测工作，并及时对监测资料进行整编分析，用于指导大坝安全运行。对具有供水功能的水库，应对水质进行监测。

6.3.4 水库管理单位或主管部门（业主）应根据相关要求，组织编制水库大坝安全管理应急预案，并履行相应的审批和备案手续。

6.3.5 水库管理单位或主管部门（业主）应编写完整、翔实的水库运行大事记，重点记载水库逐年运行特征水位和泄量，运行中出现的异常情况及原因分析与处理情况，遭遇特大洪水、地震、异常干旱等极端事件时的大坝安全性态，历次安全鉴定结论和加固改造情况。

6.3.6 水库管理单位或主管部门（业主）应加强技术资料积累与管理，建立水库工程基本情况、建设与改造、运行与维护、检查与监测、安全鉴定、管理制度等技术档案。对缺失或存在问题的资料应查清补齐、复核校正。

6.4 工程养护修理评价

6.4.1 工程养护修理包括对水库枢纽水工建筑物、闸门与启闭设备、监测设施、防汛交通和通信设施、备用电源等的检查、测试及养护和修理，以及对影响大坝安全的生物破坏进行防治。

6.4.2 工程养护修理评价主要复核水库管理单位和主管部门（业主）是否按照相关大坝安全管理法规和技术标准要求，制订维修养护计划，落实维修养护经费，对大坝和相关设施（备）进行经常性的养护和修理，使其处于安全和完整的工作状态。

6.4.3 工程养护修理应按 SL 210、SL 230 等相关标准的要求执行。对设备还应定期检查和测试，确保其安全和可靠运行。

6.4.4 对大坝以往开展的修理和加固改造工程及其效果应做详细记载和评价。

6.5 运行管理评价结论

6.5.1 运行管理评价应做出下列明确结论：

    1 水库管理机构和管理制度是否健全，管理人员职责是否明晰。

    2 大坝安全监测、防汛交通与通信等管理设施是否完善。

    3 水库调度规程与应急预案是否制定并报批。

    4 是否能按审批的调度规程合理调度运用，并按规范开展安全监测，及时掌握大坝安全性态。

    5 大坝是否得到及时养护修理，处于安全和完整的工作状态。

6.5.2 当 6.5.1 条中五方面均做得好，水库能按设计条件和功能安全运行时，大坝运行管理可评为规范。

6.5.3 当 6.5.1 条中大部分做得好，水库基本能按设计条件和功能安全运行时，大坝运行管理可评为较规范。

6.5.4 当 6.5.1 条中大部分未做到，水库不能按设计条件和功能安全运行时，大坝运行管理应评为不规范。

7 防 洪 能 力 复 核

7.1 一 般 规 定

7.1.1 防洪能力复核的目的是根据水库设计阶段采用的水文资料和运行期延长的水文资料,并考虑建坝后上下游地区人类活动的影响以及水库工程现状,进行设计洪水复核和调洪计算,评价大坝现状抗洪能力是否满足现行有关标准要求。

7.1.2 防洪能力复核的主要内容应包括防洪标准复核、设计洪水复核计算、调洪计算及大坝抗洪能力复核。

7.1.3 如果经批复的水库现状防洪标准符合或超过现行规范要求,宜沿用原水库防洪标准。否则,应对水库防洪标准进行调整,并履行审批手续。

7.1.4 设计洪水复核计算应优先采用流量资料推求。如设计洪水复核计算成果小于原设计洪水成果,宜沿用原设计洪水成果进行调洪计算。

7.1.5 调洪计算应根据设计批复的调度原则和采用能反映工程现状的水位~泄量~库容关系曲线。当调洪计算结果低于原设计或前次大坝安全鉴定确定的指标时,宜仍沿用原特征水位和库容指标。

7.1.6 当大坝控制流域内还有其他水库时,应研究各种洪水组合,并按梯级水库调洪方式进行防洪能力的复核。考核上游水库拦洪作用对下游水库的有利因素时应留有足够余地,并应考虑上游水库超标准泄洪时的安全性。

7.1.7 对设有非常溢洪道的水库,应根据非常溢洪道下游的现状条件,复核其是否能够按原设计确定的启用方式和条件及时泄洪。

7.2 防 洪 标 准 复 核

7.2.1 应根据水库总库容以及现状防洪保护对象的重要性与功能效益指标,复核水库工程等别、建筑物级别和防洪标准是否符合 GB 50201 和 SL 252 的规定。

7.2.2 如水库现状工程等别、建筑物级别和防洪标准达不到 GB 50201 和 SL 252 要求,应根据《水利枢纽工程除险加固近期非常运用洪水标准的意见》(详见附录 B),确定水库近期非常运用洪水标准,并按 GB 50201 和 SL 252 对防洪标准进行调整,作为本次防洪能力复核调洪计算与大坝抗洪能力复核的依据。

7.3 设 计 洪 水 复 核 计 算

7.3.1 设计洪水包括设计洪峰流量、设计洪水总量、设计洪水过程线、设计洪水的地区组成和分期设计洪水等。按拥有的资料不同,设计洪水可分为由流量资料推求和由雨量资料推求。

对天然河道槽蓄能力较大的水库,应采用入库洪水资料进行设计洪水计算;若设计阶段采用的是坝址洪水资料,宜改用入库洪水资料,或估算入库洪水的不利影响。

对于难以获得流量资料的中小型水库,可根据雨量资料,计算流域设计暴雨,然后通过流域产汇流计算,推求相应频率的设计洪水。对于缺乏暴雨洪水资料的水库,可利用邻近地区实测或调查洪水和暴雨资料,进行地区综合分析,计算设计洪水。

7.3.2 由流量资料推求设计洪水应采用下列步骤:

1 利用设计阶段坝址洪水或入库洪水实测系列资料、历史调查洪水资料,并加入运行期坝址洪水或入库洪水实测系列资料,延长洪峰流量和不同时段洪量的系列,进行频率计算。当运行期无实测入库洪水资料时,可利用实测库水位和出库流量记录以及水位~库容曲线反推求算入库洪水系列资料。

2 频率曲线的线型宜采用皮尔逊Ⅲ型,对特殊情况,经分析论证后也可采用其他线型。可采用矩法或其他参数估计法初步估算频率曲线的统计参数,然后采用经验适线法或优化适线法调整初步估算的统计参数。当采用经验适线法时,宜拟合全部点据;拟合不好时,可侧重考虑较可靠的大洪水点据。

3 在分析洪水成因和洪水特性基础上,选用对工程防洪运用较不利的大洪水过程作为典型洪水过程,据以放大求取各种频率的设计洪水过程线。

7.3.3 由雨量资料推求设计洪水应采用下列步骤:

1 当流域内雨量站较多、分布比较均匀、且具有长期比较可靠的暴雨资料时,可直接选取各种历时面平均暴雨量系列,进行暴雨频率计算,推求设计暴雨。设计暴雨包括设计流域各种历时点或面暴雨量、暴雨的时程分配和面分布。当流域面积较小,且缺少各种历时面平均暴雨量系列时,可用相应历时的设计点雨量和暴雨点面关系间接计算设计面暴雨量;当流域面积很小时,可用设计点暴雨量作为流域设计面平均暴雨量。

2 在设计流域内或邻近地区选择若干个测站,对所需各种历时暴雨做频率分析,并进行地区综合,合理确定流域设计点雨量。也可从经过审批的暴雨统计参数等值线图上查算工程所需历时的设计点雨量。

3 设计暴雨量的时程分配应根据符合大暴雨雨型特性的综合或典型雨型,采用不同历时设计暴雨量同频率控制放大。

4 设计暴雨的面分布应根据符合大暴雨面分布特性的综合或典型面分布,以流域设计面雨量为控制,进行同倍比放大计算。也可采用分区的设计面雨量同频率控制放大计算。

5 根据设计暴雨计算结果，采用暴雨径流相关、扣损等方法进行产流计算，求得设计净雨过程。根据设计净雨过程，可采用单位线、河网汇流曲线等方法推求设计洪水过程线。如流域面积较小，可用推理公式计算设计洪水过程线。

6 当流域面积小于 $1000km^2$、且又缺少实测暴雨资料时，可采用经审批的暴雨径流查算图表计算设计洪水。必要时可对参数做适当修正。

7 对于采用可能最大洪水作为非常运用洪水标准的水库，应复核可能最大暴雨和可能最大洪水的计算成果。

7.3.4 特殊地区的设计洪水复核计算可参见 SL 44。

7.4 调 洪 计 算

7.4.1 应根据水库承担的任务以及运行环境和功能变化，复核水库调度运用方式，在此基础上进行洪水调节计算，按照复核确定的水库防洪标准及近期非常运用洪水标准确定水库的防洪库容、拦洪库容和调洪库容以及相应的防洪特征水位。

7.4.2 调洪计算前应做好计算条件的确定和有关资料的核查等准备工作。

1 核定起调水位应符合下列规定：

　　1） 大坝设计未经修改的，应采用原设计确定的汛期限制水位。

　　2） 大坝经过加固或改、扩建或水库控制流域人类活动对设计洪水有较大改变的，应采用经过审批重新确定的汛期限制水位。

　　3） 因各种原因降低汛期限制水位控制运用的，应仍采用原设计确定的汛期限制水位。

2 复核设计拟定的或经主管部门批准变更的调洪运用方式的实用性和可操作性，了解有无新的限泄要求。

3 复核水位～库容曲线。对多泥沙河流上淤积比较严重的水库，应采用淤积后的实测成果，且应相应缩短复核周期。

4 复核泄洪建筑物泄流能力曲线。对具有泄洪功能的输水建筑物，其泄量可加入泄流能力曲线进行调洪计算，但是否全部或部分参与泄洪，应根据 SL 104 的规定确定。

7.4.3 调洪计算宜采用静库容法。对动库容占较大比重的重要大型水库，宜采用入库设计洪水和动库容法进行调洪计算；当设计洪水采用坝址洪水时，仍宜采用静库容法。

7.4.4 调洪计算时不宜考虑气象预报。但对洪水预报条件好、预报方案完善、预报精度较高的水库，在估计预报误差留有余地的前提下，洪水调节计算时可适当考虑预报预泄。

7.5 大坝抗洪能力复核

7.5.1 应在7.4节调洪计算确定的防洪特征水位基础上，加上坝顶超高，求得满足防洪标准要求的最低坝顶高程或防浪墙顶高程，并与现状实际坝顶高程或防浪墙顶高程比较，评判大坝现状抗洪能力是否满足GB 50201和SL 252或《水利枢纽工程除险加固近期非常运用洪水标准的意见》要求。

坝顶超高应按照相关设计规范要求进行计算。

对土石坝，还应按SL 274要求复核防渗体顶高程是否满足防洪标准要求。

7.5.2 应从下列几个方面复核泄洪建筑物在设计洪水和校核洪水条件下的泄洪安全性：

1 能否安全下泄最大流量。

2 泄水对大坝有何影响。

3 泄水对下游河道有何影响。

7.5.3 对大型和全国防洪重点中型水库，宜估算下泄设计洪水、校核洪水和溃坝影响范围，以及可能造成的生命和经济损失。

7.6 防洪能力复核结论

7.6.1 防洪能力复核应做出下列明确结论：

1 水库原设计防洪标准是否满足GB 50201和SL 252要求，是否需要调整。

2 水文系列延长后，原设计洪水成果是否需要调整。

3 水库泄洪建筑物的泄流能力是否满足安全泄洪的要求。

4 水库洪水调度运用方式是否符合水库的特点，是否满足大坝安全运行的要求，是否需要修订。

5 大坝现状坝顶高程或防浪墙顶高程以及防渗体顶高程是否满足规范要求。

7.6.2 当水库防洪标准及大坝抗洪能力均满足规范要求，洪水能够安全下泄时，大坝防洪安全性应评为A级。

7.6.3 当水库防洪标准及大坝抗洪能力不满足规范要求，但满足近期非常运用洪水标准要求；或水库防洪标准及大坝抗洪能力满足规范要求，但洪水不能安全下泄时，大坝防洪安全性可评为B级。

7.6.4 当水库防洪标准及大坝抗洪能力不满足近期非常运用洪水标准要求时，大坝防洪安全性应评为C级。

8 渗 流 安 全 评 价

8.1 一 般 规 定

8.1.1 渗流安全评价的目的是复核大坝渗流控制措施和当前的实际渗流性态能否满足大坝按设计条件安全运行。

8.1.2 渗流安全评价应包括下列主要内容：

 1 复核工程的防渗和反滤排水设施是否完善，设计与施工（含基础处理）质量是否满足现行有关规范要求。

 2 查明工程运行中发生过何种渗流异常现象，判断是否影响大坝安全。

 3 分析工程防渗和反滤排水设施的工作性态及大坝渗流安全性态，评判大坝渗透稳定性是否满足要求。

 4 对大坝存在的渗流安全问题分析其原因和可能产生的危害。

8.1.3 应在现场安全检查基础上，根据工程地质勘察、渗流监测、安全检测等资料，综合监测资料分析与渗流计算对大坝渗流安全进行评价。对有渗流监测资料的大坝，首先应进行监测资料分析；对运行中暴露的异常渗流现象应做重点分析；对设有穿坝建筑物的土石坝，还应重点分析穿坝建筑物与坝体之间的接触渗透稳定是否满足要求。

8.1.4 对超高坝、新型材料坝及渗流性态复杂的大坝，必要时应补充安全检测和原体监测，通过专题研究论证，对大坝渗流安全做出评价。

8.2 渗 流 安 全 评 价 方 法

8.2.1 渗流安全评价可采用现场检查法、监测资料分析法、计算分析法和经验类比法，宜综合使用。

8.2.2 现场检查法。通过现场检查大坝渗流表象，判断大坝渗流安全状况。当工程存在下列现象时，可初步认为大坝渗流性态不安全或存在严重渗流安全隐患，并进一步分析论证：

 1 渗流量在相同条件下不断增大；渗漏水出现浑浊或可疑物质；出水位置升高或移动等。

 2 土石坝上游坝坡塌陷、下游坝坡散浸，且湿软范围不断扩大；坝趾区冒水翻砂、松软隆起或塌陷；库内出现漩涡漏水、铺盖产生严重塌坑或裂缝。

 3 坝体与两坝端岸坡、输水涵管（洞）等结合部漏水，附近坝面塌陷，渗水浑浊。

 4 渗流压力和渗流量同时增大，或者突然改变其与库水位的既往关系，在相同条件下显著增大。

8.2.3 监测资料分析法。通过分析渗流压力和渗流量与库水位之间的相关关系，判断大坝渗流性态是否正常；同时，通过渗流压力和渗流量实测值或数学模型推算值与设计、试验或规范给定的允许值相比较，判断大坝渗流安危程度。监测资料分析方法具体见 4.3 节。

8.2.4 计算分析法。通过理论方法或数值模型计算大坝的渗流量、水头、渗流压力、渗透坡降等水力要素及其分布，绘制流网图，评判防渗体的防渗效果，以及关键部位渗透坡降是否小于允许渗透坡降，浸润线（面）是否低于设计值，渗流出逸点高程是否在贴坡反滤保护范围内。常用的数值计算方法多采用渗流有限单元法。当有渗流监测资料时，应通过反演分析确定渗流参数。

8.2.5 经验类比法。对中小型水库，当缺少监测资料和渗透试验参数时，可根据工程具体情况、坝体结构与工程地质条件，依据工程经验或与类似工程对比，判断大坝渗流安全性。

8.3　土石坝渗流安全评价

8.3.1 坝基渗流安全评价应包括下列要点：

1 砂砾石层的渗透稳定性，应根据土的类型及其颗粒级配判别其渗透变形形式，核定其相应的允许渗透比降，与实际渗透比降相比，判断渗流出口有无管涌或流土破坏的可能性，以及渗流场内部有无管涌、接触冲刷等渗流隐患。

2 覆盖层为相对弱透水土层时，应复核其抗浮稳定性，其允许渗透比降宜通过渗透试验或参考流土指标确定；当有反滤盖重时，应核算盖重厚度和范围是否满足要求。

3 接触面的渗透稳定应主要评价下列两种情况：

　1）复核粗、细散粒料土层之间有无流向平行界面的接触冲刷和流向从细到粗垂直界面的接触流土可能性；粗粒料层能否对细粒料层起保护作用。

　2）复核散粒料土体与混凝土防渗墙、涵管和岩石等刚性结构界面的接触渗透稳定性。应注意分析散粒料与刚性面结合的紧密程度、出口有无反滤保护，以及与断层破碎带、灰岩溶蚀带、较大张性裂隙等接触面有无妥善处理及其抗渗稳定性。

4 应分析地基中防渗体的防渗性能与渗透稳定性。

8.3.2 坝体渗流安全评价应包括下列要点：

1 对均质坝，应复核坝体的防渗性能是否满足规范要求、坝体实际浸润线（面）和下游坝坡渗出段高程是否高于设计值，还应注意坝内有无横向或水平裂缝、松软结合带或渗漏通道等。

  2 对分区坝，应符合下列规定：

    1） 应复核心墙、斜墙、铺盖、面板等防渗体的防渗性能及渗透稳定性是否满足规范要求，心墙或斜墙的上、下游侧有无合格的过渡层，水平防渗铺盖的底部垫层或天然砂砾石层能否起保护作用，面板有无合格垫层。

    2） 应复核上游坝坡在库水骤降情况下的抗滑稳定性和下游坝坡出逸段（区）的渗透稳定性，下游坡渗出段的贴坡层是否满足反滤层的设计要求。

    3） 对于界于坝体粗、细填料之间的过渡区以及棱体排水、褥垫排水和贴坡排水，应复核反滤层设计的保土条件和排水条件是否合格，以及运行中有无明显集中渗流和大量固体颗粒被带出等异常现象。

8.3.3 对绕坝渗流，应复核两坝端填筑体与山坡结合部的接触渗透稳定性，以及两岸山脊中的地下水渗流是否影响天然岩土层的渗透稳定和岸坡的抗滑稳定；坝肩设有灌浆帷幕的，应分析灌浆帷幕的防渗性能与渗透稳定性。

8.3.4 对渗漏水，应分析渗流量与库水位之间的相关关系，并注意是否存在接触渗漏问题，以及渗漏水是否出现浑浊或可疑物质。

8.4 混凝土坝与砌石坝渗流安全评价

8.4.1 坝基渗流安全评价应包括下列要点：

  1 应分析灌浆帷幕的防渗性能与渗透稳定性，以及坝基排水孔的有效性，并结合扬压力监测数据，复核坝基扬压力系数是否满足设计和规范要求，及其对大坝抗滑稳定性的影响。

  2 坝基接触面有断层破碎带、软弱夹层和裂隙充填物时，应复核这些物质的抗渗稳定性，其允许抗渗比降宜由专项试验确定；当软弱岩层中设有排水孔时，应复核其是否设有合格的反滤料保护。

  3 对非岩石坝基，应分析地基中灌浆帷幕、防渗墙等垂直防渗体的防渗性能与渗透稳定性，复核坝基接触处相应土类的水平渗流和渗流出口的渗透稳定性。

8.4.2 对坝体，应复核坝体、上游防渗面板或心墙的防渗性能是否满足设计和规范要求。对存在坝体渗漏现象的砌石坝，应检测砌筑砂浆的强度变化及抗渗性，并复核坝体强度和抗滑稳定安全性。对设有防渗面板或心墙的砌石坝，还应复核防渗体与基础防渗帷幕是否形成连续的封闭防渗体系。

8.4.3 对绕坝渗流及岸坡地下水渗流，应通过两岸地下水动态分析，分析灌浆帷幕的防渗性能与渗透稳定性，以及两岸山脊中的地下水渗流是否影响坝肩地质构造带的渗透稳定和坝肩抗滑稳定。

8.4.4 对渗漏水，应分析析出物和水质化学成分，并与库水的化学成分做对比，以判断对混凝土建筑物或天然地基有无破坏性化学侵蚀。

8.4.5 在库水位相对稳定期或下降期，如渗流量和扬压力单独或同时出现骤升、骤降的异常现象，且多与温度有关时，还应结合温度和变形监测资料作结构变形分析。

8.5 泄水、输水建筑物渗流安全评价

8.5.1 溢洪道、泄洪洞应分别按 SL 253、SL 279，并参照 8.4 节进行渗流安全评价。

8.5.2 输水隧洞（涵管）的渗流安全评价，应检查洞（管）身有无漏水、管内有无土粒沉积、岩（土）体与洞（涵管）结合带是否有水流渗出、出口有无反滤保护，在此基础上，分析其外围结合带有无接触冲刷等渗透稳定问题。

8.6 渗流安全评价结论

8.6.1 大坝渗流安全复核应做出下列明确结论：

    1 大坝防渗和反滤排水设施是否完善。

    2 大坝渗流压力与渗流量变化规律是否正常，坝体浸润线（面）或坝基扬压力是否低于设计值。

    3 各种岩土材料与防渗体的渗透稳定性是否满足要求。

    4 运行中有无异常渗流现象存在。

8.6.2 当大坝防渗和反滤排水设施完善，设计与施工质量满足规范要求；通过监测资料分析和计算分析，大坝渗流压力与渗流量变化规律正常，坝体浸润线（面）或坝基扬压力低于设计值，各种岩土材料与防渗体的渗透比降小于其允许渗透比降；运行中无渗流异常现象时，可认为大坝渗流性态安全，评为A级。

8.6.3 当大坝防渗和反滤排水设施较为完善；通过监测资料分析和计算分析，大坝渗流压力与渗流量变化规律基本正常，坝体浸润线（面）或坝基扬压力未超过设计值；运行中虽出现局部渗流异常现象，但尚不严重影响大坝安全时，可认为大坝渗流性态基本安全，评为B级。

8.6.4 当大坝防渗和反滤排水设施不完善，或存在严重质量缺陷；通过监测资料分析和计算分析，大坝渗流压力与渗流量变化改变既往规律，在相同条件下显著增大，关键部位的渗透比降大于其允许渗透比降，或渗流出逸点高于反滤排水设施顶高程，或坝基扬压力高于设计值；运行中已出现严重渗流异常现象时，应认为大坝渗流性态不安全，评为C级。

9 结构安全评价

9.1 一般规定

9.1.1 结构安全评价的目的是复核大坝（含近坝岸坡）在静力条件下的变形、强度与稳定性是否满足现行规范要求。

9.1.2 结构安全评价的主要内容包括大坝结构强度、变形与稳定复核。土石坝的重点是变形与稳定分析；混凝土坝、砌石坝及输水、泄水建筑物的重点是强度与稳定分析。

9.1.3 结构安全评价可采用现场检查法、监测资料分析法和计算分析法。应在现场安全检查基础上，根据工程地质勘察、安全监测、安全检测等资料，综合监测资料分析与结构计算对大坝结构安全进行评价。对有变形、应力、应变及温度监测资料的大坝，首先应进行监测资料分析；对运行中暴（揭）露的影响结构安全的裂缝、孔洞、空鼓、腐蚀、塌陷、滑坡等问题或异常情况应做重点分析。

9.1.4 对超高坝、新型材料坝及结构性态复杂的大坝，必要时应补充安全检测和原体监测，通过专题研究论证，对大坝结构安全做出评价。

9.2 土石坝结构安全评价

9.2.1 土石坝结构安全评价应主要复核坝体变形规律是否正常，变幅与沉降率是否在安全经验值范围之内；以及坝坡稳定、坝顶高程、坝顶宽度、上游护坡是否满足规范要求。

坝顶高程复核见 7.5 节；坝顶宽度及上游护坡复核应按 SL 274、SL 228 及 SL 189 的规定执行。

9.2.2 变形分析包括沉降（竖向位移）分析、水平位移分析、裂缝分析，必要时应进行应力应变分析。分析方法或途径包括变形监测资料分析和变形计算分析，两者应相互验证和补充。对有变形监测资料的大坝，首先应做监测资料分析；当缺乏变形监测资料且大坝已发生异常变形和开裂，或沿坝轴线地形和地质条件变化较大有开裂疑虑时，应进行变形计算分析。变形分析应包括下列要点：

1 变形监测资料分析按 SL 551 和 4.3 节执行。

2 变形计算分析主要包括裂缝分析和应力应变分析。裂缝分析可采用基于沉降监测资料的倾度法。当缺乏沉降监测资料时，可利用沉降计算结果。沉降可按 SL 274—2001 附录 E，采用分层总和法计算，也可采用有限单元法计算。对 1 级、2 级高坝及有特殊要求的土石坝，应进行应力应变分析。应力应变分析可采用有限单元法。

3 变形分析评价应对下列问题做出结论：

1）大坝总体变形性状及坝体沉降是否稳定。

2）大坝防渗体是否产生危及大坝安全的裂缝。

3）大坝变形监测是否符合规范要求。

9.2.3 坝坡稳定复核计算应包括下列要点：

1 稳定计算的工况按 SL 274、SL 228 及 SL 189 执行，并应采用大坝现状的实际环境条件和水位参数。

2 稳定计算方法按 SL 274 及 SL 228 执行。

3 稳定分析所需的抗剪强度指标和孔隙水压力根据 SL 274 及 SL 228，按下列原则确定：

1）当无代表现状的抗剪强度参数时，对于大型及重要中型水库大坝，应钻探取样，按 GB/T 50123 及 SL 237，通过三轴试验测定抗剪强度指标；对于一般中小型水库，可按 SL 55 及 SL 237，通过直接慢剪试验测定土的有效强度指标；对渗透系数小于 10^{-7} cm/s 或压缩系数小于 0.2MPa^{-1} 的土体，也可采用直接快剪或固结快剪试验测定其总应力强度指标。

2）稳定渗流期坝体及坝基中的孔隙水压力，应根据流网确定。对于 1 级、2 级坝、重要中型水库大坝及高坝，其流网应根据孔隙水压力监测资料绘制；也可通过渗流有限单元法计算相应高水位下的渗流场，绘出流网。

3）水位降落期上游坝壳内的孔隙水压力，对于无黏性土，可通过渗流计算确定库水位降落期坝体内的浸润线位置，绘出瞬时流网，定出孔隙水压力；对于黏性土，可采用 SL 274—2001 附录 C 的方法估算，对 1 级、2 级坝及高坝，宜通过监测资料进行校核。对特高坝或特别重要的工程，宜采用有限元法进行库水位降落期的非稳定渗流计算，确定相应的渗流场及孔隙水压力。

4 稳定计算所得到的坝坡抗滑稳定安全系数，不应小于 SL 274、SL 228 及 SL 189 的规定。

9.3 混凝土坝结构安全评价

9.3.1 混凝土坝结构安全评价应主要复核大坝强度与稳定、坝顶高程、坝顶宽度等是否满足规范要求。

坝顶高程复核见 7.5 节；坝顶宽度复核应按 SL 319 及 SL 282 的规定

执行。

9.3.2 大坝强度与稳定复核，重力坝和拱坝应分别按 SL 319 和 SL 282 规定的方法进行，支墩坝等坝型可参照上述规范执行。

9.3.3 强度复核主要包括应力复核与局部配筋验算；稳定复核主要应核算重力坝与支墩坝沿坝基面和沿坝基软弱夹层、缓倾角结构面的抗滑稳定性，拱坝两岸拱座的抗滑稳定性以及支墩坝支墩的侧向稳定性，碾压混凝土重力坝还应按 SL 314 复核碾压层（缝）面的抗滑稳定，对平面曲率较小的拱坝也应验算沿坝基面的抗滑稳定性，必要时应分析斜坡坝段的整体稳定。

9.3.4 混凝土坝结构安全分析计算的有关参数，对于高坝，必要时应重新进行坝体或坝基的钻探试验；对于中、低坝，当监测资料或分析结果表明应力较高或变形较大或安全系数较低时，也应重新试验确定计算参数。在有监测资料的情况下，应同时利用监测资料进行反演分析，综合确定各计算参数。

9.3.5 混凝土坝结构安全应采用下列评价标准：

1 在现场检查或观察中，如发现下列情况之一，可认为大坝结构不安全或存在隐患，并应进一步监测和分析：

　1）坝体表面或孔洞、泄水管等削弱部位以及闸墩等个别部位出现对结构安全有危害的裂缝。

　2）坝体混凝土出现严重溶蚀现象。

　3）坝体表面或坝体内出现混凝土受压破碎现象。

　4）坝体沿建基面发生明显的位移或坝身明显倾斜。

　5）坝基下游出现隆起现象或两岸支撑山体发生明显位移。

　6）坝基或拱坝拱座、支墩坝的支墩发生明显变形或位移。

　7）坝基或拱坝拱座中的断层两侧出现明显相对位移。

　8）坝基或两岸支撑山体突然出现大量渗水或涌水现象。

　9）溢流坝泄流时，坝体发生共振。

　10）廊道内明显漏水或射水。

2 当通过监测资料分析对大坝的结构安全进行评价时，如出现下列情况之一，可认为大坝结构不安全或存在隐患。

　1）位移、变形、应力、裂缝开合度等的实测值超过有关规范或设计、试验规定的允许值。

　2）位移、变形、应力、裂缝开合度等在设计或校核条件下的数学模型推算值超过有关规范或设计、试验规定的允许值。

　3）位移、变形、应力、裂缝开合度等监测值与作用荷载、时间、空间等因素的关系突然变化，与以往同样情况对比有较大幅度增长。

3 当通过计算分析对大坝结构安全进行评价时，重力坝和拱坝的强度与稳定复核控制标准应分别满足 SL 319 和 SL 282 的要求。支墩坝的强度与稳定复核控制标准同重力坝。

9.4 砌石坝结构安全评价

9.4.1 砌石坝结构安全评价的内容、评价方法及要求同混凝土坝。

9.4.2 稳定复核应复核沿垫层混凝土与基岩接触面的滑动、沿砌石体与垫层混凝土接触面的滑动以及砌石体之间的滑动；当坝基存在软弱夹层、缓倾角结构面时，还应复核深层抗滑稳定。

9.4.3 砌石坝的强度与稳定复核控制标准应满足 SL 25 要求。

9.5 泄水、输水建筑物结构安全评价

9.5.1 泄水、输水建筑物结构安全评价主要复核建筑物顶高程（或平台高程）、泄流安全、结构强度与稳定是否满足相关规范要求。

9.5.2 溢洪道控制段顶部高程复核应按 SL 253 的规定执行，进水口建筑物安全超高复核应按 SL 285 的规定执行。

9.5.3 泄流安全应主要复核泄流能力、溢洪道泄槽边墙高度、泄洪无压隧洞过流断面、消能防冲，可根据建筑物的结构形式、材料特性与过流特点，按 SL 253、SL 279、SL 285 选取合适的计算方法和计算模型。高速水流区还应复核防空蚀能力和底板抗浮安全性。

9.5.4 溢洪道结构强度与稳定应主要复核控制段、泄槽、挑流鼻坎、消力池护坦和有关边墙、挡土墙、导墙等结构沿基底面的抗滑稳定、抗浮稳定和应力、强度，具体应按 SL 253 和 SL 379 执行。

水工隧洞结构安全应主要复核隧洞围岩稳定性和支护结构的安全，具体应按 SL 279 执行，其中围岩稳定评价应搜集原设计和开挖后揭露的地质资料，必要时进行地质勘察，分析评价隧洞围岩现状稳定性；衬砌结构复核计算可根据衬砌结构特点、荷载作用形式及围岩条件，选取合适的计算方法和计算模型。

进水口建筑物结构强度与稳定复核应按 SL 285 和 SL 191 执行。

9.6 其他建筑物结构安全评价

9.6.1 其他建筑物包括过船（木）建筑物、鱼道，以及影响大坝安全的挡土建筑物。

9.6.2 其他建筑物的结构安全评价可按照有关设计规范进行。

9.7 近坝岸坡稳定性评价

9.7.1 对影响大坝安全的近坝岸坡，应结合地质勘察及监测资料进行边坡稳

定计算分析，分析方法和控制标准应按 SL 386 执行。

9.7.2 对大型水库近坝新老滑坡体或潜在滑坡体，应开展变形及地下水监测，并定期对监测资料进行整理分析，判断其稳定性。有条件时，应建立相应的数学模型，对边坡稳定进行监控。

9.7.3 对近坝 1 级、2 级岩石边坡的稳定，应进行专题研究论证。

9.8　结构安全评价结论

9.8.1 结构安全复核应做出下列明确结论：

　　1　土石坝抗滑稳定及上游护坡是否满足规范要求；混凝土坝及其他材料坝的强度和稳定是否满足规范要求。

　　2　大坝变形规律是否正常，是否存在危及安全的异常变形。

　　3　泄水、输水和过船等建筑物的泄流安全、结构强度与稳定是否满足规范要求。

　　4　近坝岸坡是否稳定。

9.8.2 当大坝及泄水、输水和过船等建筑物的强度、稳定、泄流安全满足规范要求，无异常变形现象，近坝岸坡稳定时，可认为大坝结构安全，评为 A 级。

9.8.3 当大坝及泄水、输水和过船等建筑物的整体稳定、泄流安全满足规范要求，存在的局部强度不足或异常变形尚不严重影响工程安全，近坝岸坡整体稳定时，可认为大坝结构基本安全，评为 B 级。

9.8.4 当大坝及泄水、输水和过船等建筑物的强度、稳定、泄流安全不满足规范要求，存在危及工程安全的异常变形，或近坝岸坡不稳定时，应认为大坝结构不安全，评为 C 级。

10 抗震安全评价

10.1 一般规定

10.1.1 抗震安全评价的目的是按现行规范复核大坝工程现状是否满足抗震要求。

10.1.2 抗震安全评价应包括下列主要内容：

1 复核工程场地地震基本烈度和工程抗震设防类别，在此基础上复核工程的抗震设防烈度或地震动参数是否符合规范要求。

2 复核大坝的抗震稳定性与结构强度。

3 复核土石坝及建筑物地基的地震永久变形，以及是否存在地震液化可能。

4 复核工程的抗震措施是否合适和完善。

5 对布置强震监测台阵的大坝，应对地震原型监测资料进行分析。

10.1.3 对抗震设防烈度超过 6 度的大坝，应进行抗震安全复核。抗震设防烈度为 6 度时，可不进行抗震计算，但对 1 级水工建筑物，仍应按 SL 203 复核其抗震措施。抗震设防烈度高于 9 度的水工建筑物或高度超过 250m 的壅水建筑物，应对其抗震安全性进行专门研究论证，并报主管部门审批。

10.1.4 当工程原设计抗震设防烈度或采用的地震动参数不符合现行规范要求时，应对抗震设防烈度和地震动参数进行调整，并履行审批手续。

10.1.5 抗震复核计算的荷载与荷载组合、计算方法、计算参数及计算结果控制标准应按照相关设计规范执行，并符合 SL 203 的相关规定；抗震措施复核及地震荷载计算应按 SL 203 执行。

10.1.6 防震减灾应急预案应重点复核应急备用电源及油料储备情况，以保障地震发生后泄水建筑物启闭设备能快速紧急启动。

10.1.7 对超高坝、新型材料坝及结构性态复杂的大坝，必要时应通过专题研究论证，对大坝抗震安全做出评价。

10.2 抗震设防烈度复核

10.2.1 工程场地地震动参数及与之对应的地震基本烈度应按 GB 18306 确定。

地震基本烈度为Ⅵ度及Ⅵ度以上地区的坝高超过 200m 或库容大于 100 亿 m³ 的特大型工程，以及地震基本烈度为Ⅶ度及Ⅶ度以上地区坝高超过 150m 的大（1）型工程，应根据专门的地震危险性分析提供的基岩峰值加速度超越概率成果，按本标准 10.2.2 条的规定取值。

10.2.2 宜采用地震基本烈度作为抗震设防烈度。工程抗震设防类别为甲类的水工建筑物，应根据其遭受强震影响的危害性，在地震基本烈度基础上提高 1 度作为抗震设防烈度。

凡按本标准 10.2.1 作专门的地震危险性分析的大坝，其设计地震加速度代表值的概率水准，对壅水建筑物应取基准期 100 年内超越概率 P_{100} 为 0.02，对非壅水建筑物应取基准期 50 年内超越概率 P_{50} 为 0.05。

10.2.3 当工程现状抗震设防烈度不满足上述要求时，应按 GB 18306 和 SL 203 对抗震设防烈度进行调整，并作为本次抗震安全复核的依据。

10.3 土石坝抗震安全评价

10.3.1 土石坝（包含其他水工建筑物的土质地基）抗震安全评价应主要复核大坝抗震稳定和抗震措施是否满足规范要求，必要时还应进行坝体永久变形计算与液化可能性判别。

10.3.2 抗震稳定复核应采用拟静力法。对工程抗震设防类别为甲类、设防烈度为 8 度及以上且坝高超过 70m，或地基存在可液化土的土石坝，复核时，应满足下列要求：

1 应同时采用有限元法对坝体和坝基进行动力分析，综合判断其抗震稳定性及地震液化可能性。计算工况应按 SL 274 执行，计算方法和计算参数选取应按 SL 203 执行，计算结果控制标准应按 SL 203 和 SL 274 执行。

2 应结合动力分析计算地震引起的坝体永久变形，并考虑地震永久变形复核坝顶、防浪墙顶以及防渗体顶高程是否满足 SL 274 要求。

10.3.3 应根据 GB 50487、SL 55 及 SL 203 综合判断坝体与坝基土是否存在地震液化的可能性。

10.4 重力坝抗震安全评价

10.4.1 重力坝抗震安全评价应主要复核坝体强度、整体抗滑稳定以及抗震措施是否满足规范要求。

10.4.2 重力坝强度复核方法应以同时计入动、静力作用下的弯曲和剪切变形的材料力学法为基本分析方法。对于工程抗震设防类别为甲类，或结构及地质条件复杂的重力坝，宜同时采用有限单元法进行动力分析。

10.4.3 重力坝抗滑稳定复核应采用抗剪断强度公式计算。当坝基存在软弱夹层、缓倾角结构面时，应进行专门研究并复核坝体带动部分基岩的抗滑稳定性。

10.4.4 重力坝强度与抗滑稳定复核计算的荷载与荷载组合、计算方法、计算参数及计算结果控制标准应按 SL 319、SL 314 或 SL 25 执行，并符合 SL 203

的相关规定。

10.5 拱坝抗震安全评价

10.5.1 拱坝抗震安全评价应主要复核坝体强度与拱座稳定以及抗震措施是否满足规范要求。

10.5.2 拱坝强度复核应以动、静力拱梁分载法为基本分析方法。对于工程抗震设防类别为甲类，或结构及地质条件复杂的拱坝，宜同时采用有限单元法进行动力分析。

10.5.3 拱座的抗滑稳定复核应以刚体极限平衡法为主，按抗剪断强度公式计算。对于工程抗震设防类别为甲类或地质条件复杂的拱坝，宜辅以有限单元法或其他方法进行复核论证。

10.5.4 拱坝强度与拱座稳定复核计算的荷载与荷载组合、计算方法、计算参数及计算结果控制标准应按 SL 282、SL 314 或 SL 25 执行，并符合 SL 203 的相关规定。

10.6 泄水、输水建筑物抗震安全评价

10.6.1 溢洪道抗震安全评价应主要复核泄洪闸及边墙、挡土墙、导墙等结构的抗震稳定性、结构强度以及抗震措施是否满足规范要求。复核计算的荷载与荷载组合、计算方法、计算参数及计算结果控制标准应按 SL 253 执行，并符合 SL 203 的相关规定。

10.6.2 泄洪洞和输水洞（涵）抗震安全复核计算的荷载与荷载组合、计算方法、计算参数及计算结果控制标准应分别按 SL 285、SL 279 执行，并符合 SL 203 的相关规定，应主要复核下列内容是否满足规范要求：

    1 进水塔的塔体强度、整体抗滑和抗倾覆稳定以及塔底地基的承载力。

    2 隧洞衬砌和围岩的抗震强度和稳定性。

    3 隧洞进出口边坡的抗震稳定性。

    4 抗震措施。

10.7 其他建筑物抗震安全评价

10.7.1 其他建筑物包括过船（木）建筑物、鱼道，以及影响大坝安全的挡土建筑物、近坝岸坡和金属结构。

10.7.2 其他建筑物的抗震安全评价应按照相关设计规范和 SL 203 执行。

10.8 抗震安全评价结论

10.8.1 抗震安全评价应做出下列明确结论：

    1   工程的抗震设防烈度是否符合规范要求。

    2   大坝的抗震稳定性与结构强度是否满足规范要求。

    3   土石坝及建筑物地基是否存在地震液化可能性。

    4   近坝岸坡的抗震稳定性是否满足规范要求。

    5   工程抗震措施及防震减灾应急预案是否符合要求。

10.8.2   当抗震复核计算结果及采取的抗震措施均符合规范要求，且不存在地震液化可能性时，可认为大坝抗震安全，评为 A 级。

10.8.3   当抗震复核计算结果基本符合规范要求，或抗震措施不完善、存在局部液化可能时，可认为大坝抗震基本安全，评为 B 级。

10.8.4   当抗震复核计算结果及抗震措施不符合规范要求，或存在严重地震液化可能时，应认为大坝抗震不安全，评为 C 级。

11 金属结构安全评价

11.1 一般规定

11.1.1 金属结构安全评价的目的是复核泄水、输水建筑物的闸门（含拦污栅）、启闭机，以及压力钢管等其他影响大坝安全和运行的金属结构在现状下能否按设计要求安全与可靠运行。

11.1.2 金属结构安全评价的主要内容包括闸门的强度、刚度和稳定性复核；启闭机的启闭能力和供电安全复核；压力钢管的强度、抗外压稳定性复核。

11.1.3 应在现场安全检查基础上，综合安全检测成果及计算分析对金属结构安全进行评价。制造与安装过程中的质量缺陷、安全检测揭示的薄弱部位与构件以及运行中出现的异常与事故，应作为评价的重点。

11.1.4 金属结构安全计算分析的有关荷载、计算参数，应根据最新复核成果及监测、试验及安全检测结果确定。

11.2 钢闸门安全评价

11.2.1 应复核闸门总体布置、闸门选型、运用条件、检修门或事故门配置、启闭机室布置及平压、通风、锁定等装置等是否符合 SL 74 要求，以及能否满足水库调度运行需要。

11.2.2 应复核闸门的制造和安装是否符合设计要求及 GB/T 14173 的相关规定。

11.2.3 应现场检查闸门门体、支承行走装置、止水装置、埋件、平压设备及锁定装置的外观状况是否良好，以及闸门运行状况是否正常。现场检查如发现闸门与门槽存在明显变形和腐（锈）蚀、磨损现象，影响闸门正常运行；或闸门超过 SL 226 规定的报废折旧年限时，应做进一步的安全检测和分析。

11.2.4 闸门安全检测应按 SL 101 执行。

11.2.5 计算分析应重点复核闸门结构的强度、刚度及稳定性。复核计算的方法、荷载组合及控制标准应按 SL 74 执行。重要闸门结构还应同时进行有限元分析。

11.3 启闭机安全评价

11.3.1 应按 SL 41 复核启闭机的选型是否满足水工布置、门型、孔数、启闭方式及启闭时间要求；启闭力、扬程、跨度、速度是否满足闸门运行要求；安全保护装置与环境防护措施是否完备，运行是否可靠。

11.3.2 应复核启闭机的制造和安装是否符合设计要求及 SL 381 的相关规定。

11.3.3 应复核泄洪及其他应急闸门的启闭机供电是否有保障。

11.3.4 应现场检查启闭机的外观状况、运行状况以及电气设备与保护装置状况。现场检查如发现启闭机存在明显老化、磨损现象，影响闸门正常启闭；或启闭机超过 SL 226 规定的报废折旧年限时，应做进一步的安全检测和分析。

11.3.5 启闭机安全检测应按照 SL 101 执行。

11.3.6 计算分析应重点复核启闭能力，必要时进行启闭机结构构件的强度、刚度及稳定性复核。复核计算的方法、荷载组合及控制标准应按 SL 41 执行。

11.4 压力钢管安全评价

11.4.1 应复核压力钢管的布置、材料及构造是否符合 SL 281 要求。

11.4.2 应复核压力钢管的制造与安装是否符合设计要求及 GB 50766 与 SL 432 的相关规定。

11.4.3 应现场检查压力钢管的外观状况、运行状况及变形、腐（锈）蚀状况。如现场检查发现压力钢管存在明显安全隐患，或压力钢管超过 SL 226 规定的报废折旧年限时，应做进一步的安全检测和分析。

11.4.4 压力钢管安全检测应按 DL/T 709 执行。

11.4.5 计算分析应重点复核压力钢管的强度、抗外压稳定性。复核计算的方法、荷载组合及控制标准应按 SL 281 执行，重要的压力钢管还应同时进行有限元分析。

11.5 其他金属结构安全评价

11.5.1 其他金属结构主要包括过船（木）建筑物、鱼道金属结构以及影响大坝安全和运行的拦污栅、阀门、铸铁闸门。

11.5.2 过船（木）建筑物、鱼道的金属结构安全评价可参照 11.2 节、11.3 节执行，并符合 JTJ 308、JTJ 309 要求；拦污栅安全评价应按 SL 74 执行；阀门安全评价可参照 JTJ 308 执行；铸铁闸门安全评价可参照 CJ/T 3006 及本标准 11.2 节执行。

11.6 金属结构安全评价结论

11.6.1 金属结构安全复核应做出下列明确结论：

  1 金属结构布置是否合理，设计与制造、安装是否符合规范要求。

  2 金属结构的强度、刚度及稳定性是否满足规范要求。

  3 启闭机的启闭能力是否满足要求，运行是否可靠。

  4 供电安全是否有保障，能否保证泄水设施闸门在紧急情况下正常开启。

5 是否超过报废折旧年限，运行与维护状况是否良好。

11.6.2 当金属结构布置合理，设计与制造、安装符合规范要求；安全检测结果为"安全"，强度、刚度及稳定性复核计算结果满足规范要求；供电安全可靠；未超过报废折旧年限，运行与维护状况良好时，可认为金属结构安全，评为 A 级。

11.6.3 当金属结构安全检测结果为"基本安全"，强度、刚度及稳定性复核计算结果基本满足规范要求；有备用电源；存在局部变形和腐（锈）蚀、磨损现象，但尚不严重影响正常运行时，可认为金属结构基本安全，评为 B 级。

11.6.4 当金属结构安全检测结果为"不安全"，强度、刚度及稳定性复核计算结果不满足规范要求；无备用电源或供电无保障；维护不善，变形、腐（锈）蚀、磨损严重，不能正常运行时，应认为金属结构不安全，评为 C 级。

12 大坝安全综合评价

12.0.1 大坝安全综合评价是在现场安全检查和监测资料分析基础上，根据防洪能力、渗流安全、结构安全、抗震安全、金属结构安全等专项复核评价结果，并参考工程质量与大坝运行管理评价结论，对大坝安全进行综合评价，评定大坝安全类别。

12.0.2 大坝安全分类应按照下列原则和标准进行：

1 一类坝：大坝现状防洪能力满足 GB 50201 和 SL 252 要求，无明显工程质量缺陷，各项复核计算结果均满足规范要求，安全监测等管理设施完善，维修养护到位，管理规范，能按设计标准正常运行的大坝。

2 二类坝：大坝现状防洪能力不满足 GB 50201 和 SL 252 要求，但满足水利部颁布的水利枢纽工程除险加固近期非常运用洪水标准；大坝整体结构安全、渗流安全、抗震安全满足规范要求，运行性态基本正常，但存在工程质量缺陷，或安全监测等管理设施不完善，维修养护不到位，管理不规范，在一定控制运用条件下才能安全运行的大坝。

3 三类坝：大坝现状防洪能力不满足水利部颁布的水利枢纽工程除险加固近期非常运用洪水标准，或者工程存在严重质量缺陷与安全隐患，不能按设计正常运行的大坝。

12.0.3 防洪能力、渗流安全、结构安全、抗震安全、金属结构安全等各专项评价结果均达到 A 级，且工程质量合格、运行管理规范的，可评为一类坝；有一项以上（含一项）是 B 级的，可评为二类坝；有一项以上（含一项）是 C 级的，应评为三类坝。

虽然各专项评价结果均达到 A 级，但存在工程质量缺陷及运行管理不规范的，可评定为二类坝；而对有一至二项为 B 级的二类坝，如工程质量合格、运行管理规范，可升为一类坝，但应限期对存在的问题进行整改，将 B 级升为 A 级。

12.0.4 对评定为二类、三类的大坝，应提出控制运用和加强管理的要求。对三类坝，还应提出除险加固建议，或根据 SL 605 提出降等或报废的建议。

附录 A　大坝现场安全检查表

A.1　现场安全检查基本情况

水库名称及基本情况描述	
枢纽工程主要建筑物	
水库防洪保护对象	
检查时间	
天气	
检查时库水位/m	
检查时库容/m³	
检查人员	
现场检查发现的主要问题描述	

注：可根据工程实际情况增减表中内容。

A.2　挡水建筑物现场检查情况——土石坝

检查部位			检查情况记录
挡水建筑物	坝顶	坝顶路面	
		坝顶排水设施	
		防浪墙	
	坝体	坝体填土	
		坝体外观形象面貌	
		上游护坡设施	
		上游垫层料	
		上游反滤料	
		上游排水设施	
		下游护坡设施	
		下游垫层料	
		下游反滤料	
		下游排水设施	
	坝基	上游坝基	
		下游坝基	
		坝基截水槽（墙）	

A.2（续）

检 查 部 位			检查情况记录
挡水建筑物	坝肩	左坝肩	
		右坝肩	
	下游地面	排水沟	
		排水渠	
	近坝库岸	坝左库岸	
		坝右库岸	
	其他		
注：可根据工程实际情况增减表中内容。			

A.3　挡水建筑物现场检查情况——混凝土坝与浆砌石坝

检 查 部 位			检查情况记录
挡水建筑物	坝顶	坝顶路面	
		坝顶排水设施	
	坝体	坝体混凝土或浆砌石	
		坝体外观形象面貌	
		上游坝面	
		下游坝面	
		坝体排水设施	
		坝体内部廊道	
	坝基	上游坝基	
		下游坝基	
		坝基防渗帷幕	
		坝基排水	
	坝肩	左坝肩	
		右坝肩	
	下游地面	排水沟	
		排水渠	
	近坝库岸	坝左库岸	
		坝右库岸	
	其他		
注：可根据工程实际情况增减表中内容。			

A.4 泄水建筑物现场检查情况——溢洪道

检查部位			检查情况记录
泄水建筑物	进水段	左岸边墙	
		右岸边墙	
		底板	
	控制段	左岸边墙	
		右岸边墙	
		闸墩	
		牛腿	
		底板	
		溢流堰体	
	闸门	拦污栅	
		检修闸门	
		检修门槽	
		工作闸门	
		工作门槽	
		通气孔	
	启闭设施	启闭房（塔）	
		启闭机	
		启闭控制设施	
		启闭电源	
		备用电源	
	泄槽段	左岸边墙	
		右岸边墙	
		底板	
	消能设施	挑流鼻坎	
		消力池	
		底板	
		消能跌坎	
	尾水	尾水渠道	
		下游河道	
	交通设施	工作桥	
		交通桥	
	岸坡	左岸边坡	
		右岸边坡	
	其他		

注：可根据工程实际情况增减表中内容。

A.5 泄水建筑物现场检查情况——溢（泄）洪隧洞

检 查 部 位			检查情况记录
泄水建筑物	进水段	左岸边墙	
		右岸边墙	
		底板	
	隧洞段	闸门井	
		洞顶部	
		洞壁两侧	
		洞底板	
	闸门	拦污栅	
		检修闸门	
		检修门槽	
	闸门	工作闸门	
		工作门槽	
		通气孔	
	启闭设施	启闭房（塔）	
		启闭机	
		启闭电源	
		备用电源	
	出口段	左岸边墙	
		右岸边墙	
		底板	
		消能设施	
	尾水	尾水渠道	
		下游河道	
	其他		

注：可根据工程实际情况增减表中内容。

A.6 输（引）水建筑物现场检查情况

检 查 部 位			检查情况记录
输（引）水建筑物	进水段	左岸边墙	
		右岸边墙	
		底板	

A.6（续）

检查部位			检查情况记录
输（引）水建筑物	隧（涵）洞段	闸门井	
		洞顶部	
		洞壁两侧	
		洞底板	
	闸门	拦污栅	
		检修闸门	
		检修门槽	
	闸门	工作闸门	
		工作门槽	
		通气孔	
	启闭设施	启闭房（塔）	
		启闭机	
		启闭电源	
		备用电源	
	出口段	左岸边墙	
		右岸边墙	
		底板	
		消能设施	
	尾水	尾水渠道	
		下游河道	
	其他		
注：可根据工程实际情况增减表中内容。			

A.7　管理设施现场检查情况

检查项目			检查情况记录
管理设施	管理机构	机构组成	
		机构主管部门	
	管理队伍	行政管理人员	
		技术管理人员	
	管理制度	管理制度类型	
		管理制度执行情况	
	办公用房	办公用房面积	
		结构安全性	

A.7 （续）

检查项目			检查情况记录
管理设施	办公设备	计算机	
		打印机	
	办公设备	监控设备	
		办公桌椅	
	水雨情测报设施	水情测报设施	
		雨情测报设施	
	安全监测设施	变形监测设施	
		渗流及渗漏量监测设施	
		应力应变监测设施	
		温度监测设施	
		地震监测设施	
		环境量监测设施	
		其他监测设施	
		监测资料整理分析情况	
	交通道路	防汛上坝公路	
		与外界联系交通道路	
	车辆、船只	办公车辆	
		防汛抢险车辆	
		防汛抢险船只	
	防汛抢险储备物资	土石料	
		木桩	
		钢丝（筋）	
		编织袋	
		防汛抢险照明	
		其他	
	通信设施	固定电话	
		卫星电话	
		电台	
		移动电话	
	警报系统	上游警报设施	
		枢纽工程区警报设施	
		下游警报设施	

A.7（续）

检 查 项 目		检查情况记录
管理设施	供电及照明设施	枢纽工程区供电	
		枢纽工程区照明	
	维修养护设备及物资	维修养护机械设备	
		维修养护物资	
	调度运用计划	编制内容	
		培训	
	应急预案	编制内容	
		洪水风险图	
		有效性、可行性	
		宣传、培训及演练（习）	
	运行、维护与监测手册（OMS）	编制内容	
		培训	
	其他		

注：可根据工程实际情况增减表中内容。

A.8　水库上下游现场检查情况

检 查 项 目		检查情况记录
库区	上游已建水利水电工程	水库	
		水电站	
		水闸	
		泵站	
		山塘	
		淤地坝	
	库区渗漏情况		
	库区地下水		
	库区交通道路		
	近坝岸坡		
	库区滑坡（滑移变形）体		
	水库泥沙淤积情况		
	库区冰凌		
	库区居民区		
	库区污染源		
	库区植被		
	其他		

A.8（续）

检查项目			检查情况记录
下游	下游已建水利水电工程	水库	
		水电站	
		淤地坝	
		山塘	
		堤防	
		水闸	
		泵站	
		蓄滞洪区	
	河道断面		
	跨河桥梁		
	跨河管线		
	下游乡村分布		
	下游城镇分布		
	下游工矿企业分布		
	下游污染企业		
	下游学校与医院		
	下游自然与历史景观		
	下游道路分布		
	避难场所		
	其他		

注：可根据工程实际情况增减表中内容。

附录 B　印发《水利枢纽工程除险加固近期 非常运用洪水标准的意见》的通知

（水规〔1989〕21 号）

各流域机构、各省、自治区、直辖市水利（水电）厅局：

对已建工程提高防洪标准，由于投资过大及其他原因，一次达到《水利水电枢纽工程等级划分及设计标准》的要求确有困难者，可以考虑根据实际情况分期达标。经我部组织有关单位研究，拟定了《水利枢纽工程除险加固近期非常运用洪水标准的意见》，请结合实际情况，研究执行。在核实洪水基本资料和成果后，其非常运用洪水标准不得低于近期标准。在达到近期标准后，还应尽量备有超标准泄洪措施，力争短期内达到永久标准。

请你单位即对本地区水库逐一核查，对需要提高洪水标准的水库，做出计划和设计并组织实施。

关于小型水利枢纽工程，即 4.5 级建筑物的近期非常运用洪水标准，请各省、自治区、直辖市水利（水电）厅局按照本通知精神结合本地区实际情况自行确定，并告我部。

附件：水利枢纽工程除险加固近期非常运用洪水标准的意见。

中华人民共和国水利部

一九八九年七月二十日

水利枢纽工程除险加固近期非常 运用洪水标准的意见

一、已建水利枢纽工程在除险加固设计中，提高永久性水工建筑物非常运用洪水标准，由于投资过大或技术上的原因。执行水利水电枢纽工程等级划分及设计标准，确有困难的，除位置特别重要的水利枢纽工程外，一般水利枢纽工程经过专门讨论和主管部门批准。可以分期提高运用洪水标准，但近期非常运用洪水标准，不得低于下表规定。

二、当坝高小于 15m 时，应根据工程规模、重要性和基本资料等情况，其非常运用洪水标准可在《水利水电枢纽等级划分及设计标准》（平原区）SDJ 216—87 表三规定的幅度内分析确定。

三、在工程除险加固设计中，如增加工程量不多就可以达到 SDJ 12—78 规定的非常洪水标准，则不再执行近期标准。

永久性水工建筑物近期非常运用洪水标准表

坝型 \ 工程规模	1	2	3	4	5
土坝、堆石坝、干砌石坝	2000 年一遇	1000 年一遇	500 年一遇		
混凝土坝、浆砌石坝	1000 年一遇	500 年一遇	300 年一遇		

标 准 用 词 说 明

标准用词	严 格 程 度
必须	很严格，非这样做不可
严禁	
应	严格，在正常情况下均应这样做
不应、不得	
宜	允许稍有选择，在条件许可时首先应这样做
不宜	
可	有选择，在一定条件下可以这样做

标准历次版本编写者信息

SL 258—2000

本标准主编单位：水利部大坝安全管理中心

本标准主要起草人：王仁钟　李君纯　刘嘉炘　江　泳　盛金保

中华人民共和国水利行业标准

水库大坝安全评价导则

SL 258—2017

条 文 说 明

目　次

1 总 则

1.0.1 SL 258—2000《水库大坝安全评价导则》颁布以来，对保障水库大坝安全运行、规范与指导水库大坝安全鉴定工作、确保病险水库除险加固的针对性和科学性，发挥了不可替代的重要作用。但 SL 258—2000 所依据的法规性文件《水库大坝安全鉴定办法》（水管〔1995〕86 号）已于 2003 年修订（水建管〔2003〕271 号），所引用的部分标准也已修订，同时一批涉及水库大坝安全与管理的新法规与技术标准如《水利工程管理体制改革实施意见》（2002）、《水库降等与报废管理办法（试行）》（2003）、《小型水库安全管理办法》（2010）、SL 530—2012《大坝安全监测仪器检验测试规程》、SL 531—2012《大坝安全监测仪器安装标准》、SL 551—2012《土石坝安全监测技术规范》、SL 601—2012《混凝土坝安全监测技术规范》、SL 605—2013《水库降等与报废标准》、SL/Z 720—2015《水库大坝安全管理应急预案编制导则》、SL 706—2015《水库调度规程编制导则》等先后颁布实施或修订，还有在近年来大规模开展的病险水库除险加固实践中积累了很多新的认识和经验，为反映这些新的变化和要求，对 SL 258—2000 进行修订是非常必要的。

1991 年颁布实施的《水库大坝安全管理条例》（国务院令第 78 号）第二十二条规定，大坝主管部门应当建立大坝定期安全检查、鉴定制度。为此，水利部于 1995 年印发了《水库大坝安全鉴定办法》（水管〔1995〕86 号），2003 年又修订印发了《水库大坝安全鉴定办法》（水建管〔2003〕271 号）（以下简称《办法》），全面推行并建立了水库大坝定期安全鉴定制度。《办法》第五条规定，首次大坝安全鉴定应在工程竣工验收后 5 年内进行，以后应每隔 6～10 年进行一次，运行中遭遇特大洪水、强烈地震、工程发生重大事故或出现影响安全的异常现象后，应组织专门的安全鉴定。目前，水库大坝定期安全鉴定制度已经成为水库大坝安全管理的重要制度之一，是掌握和认定水库大坝安全状况，采取科学调度、控制运用、除险加固或降等报废等安全措施的重要依据。

《办法》第七条规定，水库大坝安全鉴定包括大坝安全评价、大坝安全鉴定技术审查和大坝安全鉴定意见审定三个基本程序。可见，大坝安全评价是大坝安全鉴定的主要技术工作，本标准即为《办法》配套使用的技术标准。

1.0.2 本标准的适用范围与《办法》一致。与原导则适用范围相比，增加了一般小（1）型水库大坝及坝高超过 15m 的小（2）型水库大坝，适用范围大大延伸。

我国现行有关水库大坝的设计、施工、监（检）测等规范大多只适用于大中型水库的1级、2级、3级坝，应用本标准对小型水库4级、5级坝进行安全评价时，可能存在引用标准与适用范围不相匹配的问题，此时，除特别说明外，小型水库大坝可参照大中型水库大坝的相关规范执行。

1.0.3 修建于20世纪50—70年代的水库大坝很多为"三无"和"三边"工程，加上管理薄弱，水库工程基本情况、建设与改造、运行与维护、检查与监测等基础资料很不完整，且可能散落在不同部门，给科学评价大坝安全带来很大困难。因此，开展大坝安全评价工作之前，应搜集相关基础资料。对缺失或存在问题的资料，要通过走访、补充工程地质勘察和安全检测等途径查清补齐，以确保大坝安全评价工作依据充分，特别是所选取的计算参数应代表大坝目前的真实现状。

1.0.4 本条规定了水库大坝安全评价工作的主要内容及评价结果分级原则。20世纪50—70年代修建的不少水库大坝设计标准偏低，很多没有进行抗震设防，且经过多年运行及经济社会的发展，很多水库的功能和运行环境发生了很大变化，因此需要按照现行标准和水库工程实际，复核水库大坝工程等别、建筑物级别以及防洪标准与抗震设防标准。

评价结果的分级原则如下：

A级，安全可靠：复核结果满足规范要求，运行性态正常，无明显裂缝、沉陷、滑塌或渗水等现象。

B级，基本安全，但有缺陷：虽然复核结果满足规范要求，但存在工程质量缺陷，运行中出现局部裂缝、沉陷、滑塌或渗水等现象。

C级，不安全：复核结果不满足规范要求，或存在严重工程质量缺陷，运行中出现局部裂缝、沉陷、滑坡（移）、倾斜或渗漏等现象。

1.0.5 大坝安全评价是一项技术性很强和工作量很大的工作，需要委托专业单位承担及搜集必要的基础资料，往往需要相当多的经费支撑。由于水库大坝大多以防洪、灌溉等公益性功能为主，经济条件普遍较差，常常难以负担大坝安全评价所需要的经费。因此，在首次大坝安全鉴定全面评价基础上，对后续大坝安全鉴定，需重点针对运行中暴露的质量缺陷和安全问题进行专项论证，而不必面面俱到；对运行状况正常，且工作条件、荷载及运行工况无明显变化的，可以在监测资料分析基础上引用前期大坝安全鉴定结论。

一般小型水库面广量大，且经济条件更差，基础资料更加匮乏，其大坝安全评价工作可以适当简化。对险情明确、基础资料不足的小型水库，可以在现场安全检查基础上，由专家根据经验对大坝安全类别进行认定。

一般小（1）型水库是指坝高低于30m、且防洪保护范围内无集镇的小（1）型水库。

1.0.6 一般来说，首次开展大坝安全鉴定的大型和防洪重点中型水库，应编写现场安全检查、安全检测、工程地质勘察、监测资料分析以及工程质量、运行管理、防洪安全、渗流安全、结构安全、抗震安全、金属结构安全等专项分析论证等报告，再综合各专项报告编写大坝安全综合评价报告，后续大坝安全鉴定及小型水库可以适当简化。

1.0.7 《办法》第六条规定，大坝安全状况分为三类，分类标准如下：

一类坝：实际抗御洪水标准达到 GB 50201—94《防洪标准》规定，大坝工作状态正常；工程无重大质量问题，能按设计正常运行的大坝。

二类坝：实际抗御洪水标准不低于水利部颁布的水利枢纽工程除险加固近期非常运用洪水标准，但达不到 GB 50201—94 规定；大坝工作状态基本正常，在一定控制运用条件下能安全运行的大坝。

三类坝：实际抗御洪水标准低于部颁水利枢纽工程除险加固近期非常运用洪水标准，或者工程存在较严重安全隐患，不能按设计正常运行的大坝。

对存在工程质量缺陷和安全隐患的"二类坝"或"三类坝"，处置对策包括控制运用、加强管理以及除险加固、降等或报废。

2 基 础 资 料

2.1 一 般 规 定

2.1.1～2.1.4 我国水库大坝绝大多数修建于 20 世纪 50—70 年代，限于当时的历史条件，很多水库尤其是小型水库为"三无工程"或"三边工程"，原勘测、设计、施工资料极其匮乏。而且由于管理缺失或管理人员专业素质低，运行管理资料也大多未得到积累和系统整理、存档，特别对运行中出现的工程安全问题以及历次维修加固情况记录不清。好在当初参加水库工程建设、熟悉工程基本情况的老同志大多仍然健在，因此，有必要结合大坝安全鉴定工作，通过走访、现场检查和查勘尽量收集大坝安全与管理方面的历史资料，对缺失和不足的资料，应通过补充地质勘察、安全检测等途径和手段查清补齐，建立与完善水库大坝基本资料技术档案。

2.2 资 料 搜 集

2.2.1 流域概况和水文气象资料主要包括：

（1）水库所在流域内的地形、地质、植被、土壤分布、水系、降水、蒸发、气温、风向、风力等基本资料，以及水库所在流域特征参数，如控制流域面积、河道长度、河道比降等。

（2）水库所在流域与相关区域的暴雨、洪水、冰情特征等资料，相关雨量站的降雨资料，相关水文（位）站历年实测洪水资料及人类活动对水文参数的影响资料。

（3）水库上、下游其他水利工程基本情况资料。

2.2.2 水库大坝工程特性资料主要包括：

（1）水库大坝工程概况，包括兴建与后期改扩建或除险加固概况，工程特性资料（工程等别与建筑物级别、防洪标准、特征水位与特征库容、水工建筑物基本情况、闸门与启闭设施及电源配置情况）。

（2）现状枢纽平面布置图、主要水工建筑物平面及典型断面图。

（3）现状库容曲线、下游河道重要控制站水位与流量关系线等。

（4）水库防洪保护对象以及灌溉、供水、发电、航运等兴利功能指标。

（5）水库下游防洪保护区和溃坝洪水风险区社会、经济、人口等资料。

2.2.3 工程地质勘察资料应收集各阶段工程地质勘察报告及检验测试报告，以获取下列资料：

（1）土石坝体和非岩石坝基各土层的颗粒组成、渗透系数、土石料的压实特性指标、强度和压缩性指标、接触关系及允许渗透比降等，坝基易液化土、软黏土和湿陷性黄土等的分布及其物理力学指标。

（2）坝基范围内存在的断层、破碎带、软弱夹层等地质构造的产状、宽度、组成物性质、延伸长度及所在部位，以及其渗漏、管涌、溶蚀和滑动对坝基和坝体的影响。

（3）地震基本资料：

①地震危险性及地面运动参数。搜集当地及邻区的历史地震资料，以及其中最大地震时地面运动特性。对1级、2级大坝宜获得下列资料：

a）地震活动性资料：历次地震的时间、震中位置、震级、震源深度、震中烈度、场地烈度、震害记录、历史地震震中分布图及地震活动性评述等。

b）地面运动参数：典型地震时的震源特性指标、在不同位置监测得到的振动过程记录、振动历时、最大振动（加速度、速度、位移）幅值、场地特征周期、残余位移、建筑物的加速度反应谱。

c）地震危险性专门分析结果及报告。

②抗震设计烈度为8度、9度的1级土石坝工程的动力学特性（包括变形和强度）试验资料；2级土石坝工程的动力强度指标。

③历史震害及地质灾害资料，包括：

a）历史上发生过的地震及水库大坝震损情况。

b）库区地质灾害及近坝库岸稳定情况。

c）水库诱发地震资料。

2.2.4 设计与施工资料主要包括：

（1）设计资料包括大坝初始建设、改扩建及除险加固工程设计报告和设计图纸，主要有：

①洪水标准、设计洪水计算、调洪演算、超高复核。

②基础（含岸坡）开挖与处理设计。不宜利用的岩土体挖除、建基面形状控制、坝基固结灌浆、接触灌浆、基础防渗排水、软弱层带的混凝土置换、预应力锚固等。

③渗流安全设计，防渗和排水设计或有关说明、防渗体和排水体的型式、细部结构及其与相邻材料的接触过渡关系，设计预计的渗流压力分布、渗流量和各材料的允许渗透比降、浸润线位置等。

④结构安全设计，包括稳定、变形和应力分析及相应的措施设计。

⑤抗震安全设计，包括抗震计算和抗震措施设计，地震计算主要有设计地震荷载及组合，地震敏感的结构部位（如内部廊道、空腔、管道、排水、反滤、工程体型）的断面及地震敏感（例如液化）材料的布置区域，动力反应或液化分析所采用的计算模型、有关参数、判别标准及计算结果。

⑥泄水、输水建筑物水力学设计，以及结构、抗震与防渗设计。

⑦金属结构试验资料和设计资料。

⑧蓄水安全鉴定和竣工验收技术鉴定设计自检报告。

（2）历次设计审查意见和批复文件。

（3）施工资料包括：

①坝体、防渗工程与排水设施、基础（含岸坡）开挖与处理工程、输泄水建筑物等的施工方法、质量控制、质量检测（查）、监理及验收的有关图件和文字报告等资料。

②金属结构材料、制造、运输、安装及竣工验收资料。

③重大设计变更资料。

④工程在施工期及运行期出现的质量事故及其处理情况的有关资料。

⑤工程竣工图，包括枢纽平面布置图、主要水工建筑物平面及典型断面图。

（4）验收资料包括：

①各个阶段的验收报告。

②蓄水安全鉴定和竣工验收技术鉴定报告。

2.2.5 安全监测资料主要包括：

（1）大坝安全监测系统设计与埋设安装资料，包括监测设施的平面、剖面布置、埋设考证表等。

（2）运行期的渗流、变形、压力（应力）、应变、环境量及水力学监测资料，环境量监测包括上下游水位、库水温、降水量、气温、坝前及库区泥沙淤积和下游冲刷等。

（3）历次大坝安全监测资料整编与分析报告。

2.2.6 大坝安全状况资料主要包括：

（1）历次大坝安全鉴定资料，包括大坝安全分析评价报告和鉴定报告书。

（2）历次大坝安全鉴定结论的处理情况和效果资料。

（3）运行中暴露的工程质量缺陷或安全隐患（如裂缝、滑坡、异常渗流）与事故（如闸门启闭故障）及处理情况资料，包括险情或事故发生时间、部位、性质、外界条件、发生发展过程、灾情等。

2.2.7 大坝运行管理资料主要包括：

（1）水库管理机构、管理队伍及管理制度。

（2）水库水管体制改革方案及两项经费落实情况。

（3）水库调度运用方案、历年最高与最低运行水位及水库效益等资料。

（4）水库应急管理资料，包括防汛抢险应急预案、大坝安全管理应急预案、防汛交通与通信设施、电力、报警设施等。

（5）水库运行大事记，包括水工建筑物与金属结构设备历年的运行、监测及维护、检修、大修、技术改造等记录。

（6）大坝存在的工程安全问题及安全管理问题以及水库运行以来发挥的效益资料。

3 现场安全检查及安全检测

3.1 一 般 规 定

3.1.1 现场安全检查可以发现问题、提出问题，需在补充地质勘察、安全检测及分析评价工作之前首先开展。

当水工建筑物和金属结构运行中出现老化或不均匀沉降、塌陷、裂缝、滑坡、倾斜等异常变形及渗漏等现象时，需对大坝和金属结构进行安全检测。

3.1.3 现场检测采用的勘探方法和工艺以及对钻孔的处理不能对建筑物结构造成损伤和留下安全隐患。

3.2 现 场 安 全 检 查

3.2.1 现场安全检查需由鉴定组织单位〔水库管理单位或主管部门（业主）〕组织完成，现场安全检查专家组需由熟悉工程基本情况及水文、地质、水工、金属结构和管理等不同专业的专家组成，现场安全检查报告一般由鉴定承担单位编制。

3.2.2 现场安全检查除目视检查外，必要时可以辅助简单的量测、测试及开挖探查。

3.3 钻探试验与隐患探测

3.3.1 结合补充工程地质勘察工作开展钻探试验，重点针对工程质量问题或缺陷，在满足相关规程规范要求的基础上，尽量减小对工程的影响，如减少钻孔对防渗体的损害、避免对下游排水体的堵塞影响等。

3.3.3 近年来，无损检测在大坝隐患探测中得到较多应用，是查找大坝工程质量缺陷和隐患的重要辅助手段，要注意探测结果与工程地质条件、大坝施工质量检测资料的综合分析。

3.4 混凝土结构安全检测

3.4.1 混凝土变形模量或弹性模量一般不通过现场检测测定，可以根据混凝土强度等级按 GB 50010《混凝土结构设计规范》采用，或参照 GB/T 50081《普通混凝土力学性能试验方法标准》的规定测定。

3.4.3、3.4.4 尽量采用非破损或局部破损的方法进行混凝土内部缺陷和结构构件抗压强度的检测，是为了避免或减少给结构带来不利的影响。

3.4.10 本条规定了混凝土结构构件裂缝检测所包括的内容及记录形式。混凝土结构构件上的裂缝按其活动性质可以分为稳定裂缝和不稳定裂缝。为判定结构可靠性或制定修补方案，需全面考虑与之相关的各种因素。其中包括裂缝成因、裂缝的稳定状态等，必要时需对裂缝进行监测。

3.5 砌石结构安全检测

3.5.7 裂缝是砌石结构最常见的损伤。裂缝可以反映出砌筑方法、留槎、洞口处理、预制构件的安装等的质量，也可以反映基础不均匀沉降以及灾害程度和范围。裂缝的位置、长度、宽度和数量是判定裂缝原因的重要依据。在裂缝处剔凿抹灰检查，可以排除一些影响因素。裂缝处于发展期则结构的安全性处于不确定期，确定发展速度和新生裂缝的部位，对于鉴定裂缝产生的原因、采取处理措施是非常重要的。

3.6 金属结构安全检测

3.6.1 钢闸门、拦污栅和启闭机的主要检测项目包括：

（1）巡视检查。

（2）闸门外观检测。

（3）启闭机性能状态检测。

（4）腐蚀检测。

（5）材料检测。

（6）无损探伤。

（7）应力检测。

（8）结构振动检测。

（9）启闭力检测。

（10）启闭机考核。

（11）特殊项目检测。

其中（1）～（3）项为必检项目，应逐孔进行检测，（4）～（9）项为抽检项目。抽检项目需根据同类型闸门孔数和同类型启闭机台数，按比例抽样检测，选样时需考虑闸门和启闭机运行状况及布置位置等因素。

3.6.2 压力钢管主要检测项目包括：

（1）巡视检查。

（2）外观检测。

（3）材质检测。

（4）无损探伤。

（5）应力检测。

（6）振动检测。

（7）水质及底质检测。

其中（1）、（2）项为必检项目。

4 安全监测资料分析

4.2 监测系统完备性和监测资料可靠性评价

4.2.2 监测资料的可靠性实际上就是监测资料的真实性，是否反映大坝实际性状。在监测资料可靠性评价过程中，对仪器故障、人工测量及输入错误等引起的各类异常测值应加以辨识并进行删除或修正处理，以确保分析成果的可靠性。

4.3 监测资料分析

4.3.1 比较法有监测值与监控指标相比较、监测物理量的相互对比、监测成果与理论的或试验的成果比较等三种方法。

作图法根据分析的要求，画出相应的过程线图、相关图、分布图以及综合过程线图（如将上游水位、降水量以及渗流压力和渗流量等画在同一张图上）等。由图可直观地了解和分析监测值的变化大小和其规律，影响监测值的荷载因素和其对监测值的影响程度，监测值有无异常等。

特征值包括各物理量历年的最大值和最小值（包括出现时间）、变幅、周期、年平均值及年变化趋势等。通过特征值的统计分析，可以看出监测物理量之间在数量变化方面是否具有一致性和合理性。

数学模型法通过建立位移、渗流压力、渗流量等效应量与库水位、气温、时效等原因量之间的关系，对监测资料进行定量分析，分为统计模型、确定性模型及混合模型。当监测资料系列较长时，常用统计模型。

4.3.2 由于大坝设计参数往往与实际情况存在较大差异，坝体形体尺寸、材料特性、防渗性能也各有不同，因而变形、渗流压力、渗流量等效应量的绝对值也就各不相同，更无严格的评价标准。故在监测资料分析中应着重分析比对效应量在相同荷载条件下的当前实测值与其历史值的相对变化情况，切忌将效应量的实测绝对值大小作为安全评价的唯一判别标准。

4.4 大坝安全性态评估

4.4.2 通过监测资料分析，可以从整体上对大坝安全性态是否正常做出定性评估，大坝是否安全还需结合渗流安全、结构安全、抗震安全计算复核综合确定。

5 工程质量评价

5.1 一般规定

5.1.3 目前，新建水库大坝工程或病险水库除险加固工程，均按基本建设程序正规建造，严格实行"三制"，勘测设计、施工和验收资料齐备，工程质量评定结果明确，并有施工自检、监理抽检以及第三方检测的数据作为依据，因此对这些水库大坝，其工程质量评价应在资料分析的基础上，重点对验收遗留工程施工质量、施工质量缺陷处理效果及运行中暴露的质量缺陷进行评价。

而早期修建的水库大坝相当多为"三无"或"三边"工程，基础资料匮乏，大坝工程质量不详，在开展首次大坝安全鉴定时，需补充钻探试验与安全检测（查）查明工程质量。

5.1.4 历史资料包括初期建设与后期加固改造、除险加固等各阶段资料；安全鉴定包括蓄水安全鉴定、竣工验收安全鉴定以及之前的历次大坝安全鉴定。

5.1.5 由于建设年代早、运行老化等原因，工程设计、工程现状质量会出现不满足现行设计、施工标准的情况，应评估其对工程结构安全的影响，并应在相关的渗流安全、结构安全、抗震安全评价专题中作进一步分析评价。

5.1.6 近年来，在西南地区出现了较多坝高超过 200m 的超高坝，已超出现行设计规范的适用范围；同时，胶凝材料砂砾石坝、橡胶坝等新型材料坝也在水库工程建设中不断应用，但暂无相应设计规范。超高坝和新型材料坝的工程质量需按通过审查的设计指标或专题论证要求进行控制。

5.2 工程地质条件评价

5.2.1 地质缺陷和问题包括断层、构造、裂隙、透水层、软弱夹层以及浸没、地下水具有腐蚀性等。

5.7 工程质量评价结论

5.7.1～5.7.3 大坝安全鉴定工程质量评价结论（合格、基本合格、不合格）与工程验收时的质量评定结果（优良、合格、不合格）没有对应关系，也不能作为工程验收质量评定的依据。

6 运 行 管 理 评 价

6.1 一 般 规 定

6.1.1~6.1.3 近年来，通过大规模的病险水库除险加固工程建设，我国水库大坝工程安全状况显著改善，但仍不时有溃坝事故发生，2010 年、2011 年、2012 年、2013 年分别有 11 座、3 座、2 座、5 座水库溃坝，究其原因，主要是由于运行管理不到位和不规范引起的。因此，通过大坝运行管理评价，发现大坝运行管理工作中的不足并加以改进，是进一步提高大坝安全保障水平的重要途径，也与国际上先进的大坝安全管理理念一致。

20 世纪 80 年代以前，我国水库大坝管理主要依赖行政手段，以各种形式的行政文件指导和实施水库管理。进入 80 年代，SLJ 702—81《水库工程管理通则》等相关技术标准发布，水库大坝管理进入了以技术标准为主导的规范化工作时期，这一阶段发布的各类标准奠定了现阶段水库大坝管理技术标准的基础。1988 年 1 月，《中华人民共和国水法》颁布实施，开始了水库大坝管理法规与技术标准体系化建设的新进程。1991 年 3 月，《水库大坝安全管理条例》颁布，奠定了水库大坝管理的法制基础。此后，一系列部门规章、规范性文件、技术标准先后发布，逐步建立了以《中华人民共和国水法》与《中华人民共和国防洪法》为基础、《水库大坝安全管理条例》为核心、部门规章和规范性文件配套、技术标准支撑的水库大坝管理法规与标准体系。

（1）与水库大坝安全管理相关的主要法律如下：

《中华人民共和国水法》（1988 年制定、2002 年修订）

《中华人民共和国防洪法》（1997 年制定）

《中华人民共和国水土保持法》（1991 年制定、2011 年修订）

《中华人民共和国水污染防治法》（1984 年制定、2009 年修订）

《中华人民共和国环境保护法》（1989 年制定）

《中华人民共和国环境影响评价法》（2002 年制定）

《中华人民共和国防震减灾法》（1997 年制定、2008 年修订）

《中华人民共和国安全生产法》（2002 年制定）

《中华人民共和国突发事件应对法》（2007 年制定）

《中华人民共和国土地管理法》（2004 年修订）

《中华人民共和国渔业法》（1986 年制定、2004 年修订）等

（2）与水库大坝安全管理相关的主要行政法规如下：

《水库大坝安全管理条例》（1991 年制定）

《防汛条例》（1991 年制定、2005 年修订）

《水土保持法实施条例》（1993 年制定）

《水污染防治法实施细则》（2000 年制定）

《水利工程管理体制改革实施意见》（2002 年制定）

《地震安全性评价管理条例》（2002 年制定）

《国家突发公共事件总体应急预案》（2006 年制定）

《国家防汛抗旱应急预案》（2006 年制定）

《取水许可和水资源费征收管理条例》（2006 年制定）

《水文条例》（2007 年制定）

《生产安全事故报告和调查处理条例》（2007 年制定）

《抗旱条例》（2009 年制定）

（3）与水库大坝安全管理相关的主要规章如下：

《水库大坝注册登记办法》（1995 年制定、1997 年修订）

《水库大坝安全鉴定办法》（1995 年制定、2003 年修订）

《综合利用水库调度通则》（1993 年制定）

《水利工程管理考核办法》（2003 年制定、2008 年修订）

《水库降等与报废管理办法（试行）》（2003 年制定）

《小型水库安全管理办法》（2010 年制定）

《水库防汛抢险应急预案编制大纲》（2006 年制定）

《病险水库除险加固工程项目建设管理办法》（2005 年制定）

《关于加强小型水库安全管理工作的意见》（2002 年制定）

《水库工程管理通则》（1981 年制定）

（4）与水库大坝安全管理相关的主要技术标准如下：

GB 50201—2014　防洪标准

GB 3838—2002　地面水环境质量标准

GB 50433—2008　开发建设项目水土保持技术规范

GB 50434—2008　开发建设项目水土流失防治标准

SL 252—2000　水利水电工程等级划分及洪水标准

SL 106—96　水库工程管理设计规范

SL 551—2012　土石坝安全监测技术规范

SL 601—2012　混凝土坝安全监测技术规范

SL 258—2000　水库大坝安全评价导则

SL 210—98　土石坝养护修理规程

SL 230—98　混凝土坝养护修理规程

SL 105—2007　水工金属结构防腐蚀规范

SL 240—1999　水利水电工程闸门及启闭机、升船机设备管理等级评定标准

SL 224—98　水库洪水调度考评规定

SL 61—2003　水文自动测报系统技术规范

SL 34—92　水文站网规划技术导则

SL 250—2000　水文情报预报规范

SL 219—98　水环境监测规范

SL 339—2006　水库水文泥沙观测规范

SL 17—90　疏浚工程施工技术规范

SL 95—94　水库渔业设施配套规范

SL 167—96　水库渔业资源调查规范

SL 104—95　水利工程水利计算规范

SL 204—98　开发建设项目水土保持方案技术规范

SL 72—94　水利建设项目经济评价规范

SL 300—2004　水利风景区评价标准

SL 297—2004　防汛储备物资验收标准

SL 298—2004　防汛物资储备定额编制规程

SL 330—2005　水情信息编码标准

SL 21—2006　降水量观测规范

SL 365—2007　水资源水量监测技术导则

SL 530—2012　大坝安全监测仪器检验测试规程

SL 531—2012　大坝安全监测仪器安装标准

SL 621—2013　水库大坝安全监测仪器报废标准

SL 605—2013　水库降等和报废标准

SL/Z 720—2015　水库大坝安全管理应急预案编制导则

SL 706—2015　水库调度规程编制导则

6.2　运行管理能力评价

6.2.2　《水库大坝安全管理条例》第十条规定："兴建大坝时，建设单位应当按照批准的设计，提请县级以上人民政府依照国家规定划定管理和保护范围，树立标志。已建大坝尚未划定管理和保护范围的，大坝主管部门应当根据安全管理的需要，提请县级以上人民政府划定。"但由于特殊的建坝历史（90%以上兴建于 20 世纪 50—70 年代，其中又多由当地群众投工投劳兴建），大多数水库的管理范围和保护范围都没有划定，水库范围内无序和盲目开发利用的现象普遍存在，影响水库正常管理和大坝安全。

《水库大坝安全管理条例》第四条规定："各级人民政府及其大坝主管部门对其所管辖的大坝的安全实行行政领导负责制。"按照该要求，所有水库应落实运行安全行政首长负责制，明确政府、水行政主管部门、管理单位运行安全3级责任人，并通过公共媒体向社会公告，接受社会各界监督。农村集体组织或用水合作组织所属小型水库，由工程所在地乡（镇）人民政府建立并落实运行安全责任制。

水库工程是国民经济和社会发展的重要基础设施，主要以防洪和灌溉等公益性功能为主。长期以来，由于管理体制不顺，管理单位机制不活，供水价格形成机制不合理，经营性资产管理运营体制不完善，运行管理和维修养护经费严重不足，导致大量水库工程得不到正常的维修养护，效益严重衰减。为此，国务院办公厅于2002年9月发布了《水利工程管理体制改革实施意见》（国办发〔2002〕45号），要求对水库管理单位进行分类定性（即根据水库功能划分为纯公益性、准公益性、经营性三类），落实"两定"（即定编定岗与定额预算）、"两费"（即公益性人员基本支出和公益性工程维修养护经费），以确保水库工程有人管、有钱管。

6.2.3 水库运行管理主体即管理机构、管理队伍在水库运行管理中占据着核心地位，是保障水库安全运行的首要保障。目前，大中型水库一般均设有运行管理单位，但工程技术人员往往不足。小型水库多为乡镇分散管理，相当一部分无管理机构，管理人员中技术人员极少，特别是小（2）型水库，一般由当地村民负责看护，甚至无人管理。因此，水利部于2010年发布了《小型水库安全管理办法》（水安监〔2010〕200号），其第十九条规定："对重要小型水库，水库主管部门（或业主）应明确水库管理单位；其他小型水库应有专人管理，明确管护人员。小型水库管理（管护）人员应参加水行政主管部门组织的岗位技术培训。"

6.2.4 管理制度建设是水库规范化管理的需要，目的是将人为因素导致的溃坝风险降低到最低程度。与水库运行管理相关规章制度包括主管部门制定的规章制度和水库管理单位自行制定的规章制度。

根据《水库大坝安全管理条例》规定，结合水库管理实际和发展要求，国务院水行政主管部门以部门规章或规范性文件的方式建立了各项水库大坝安全运行管理制度，主要包括水库大坝注册登记制度；水库运行、维护与监测制度；水库大坝安全鉴定制度；病险水库除险加固制度；水库降等与报废制度；水库大坝突发事件应急管理制度；水利工程管理考核制度；水库运行管理督查制度等。还包括责任制、档案管理、信息管理等制度。水库管理单位内部自行制定的主要是各种岗位制度，如水情测报制度、大坝巡视检查和安全监测制度、设备操作与维护制度等。

目前，很多先进国家普遍建立了水库大坝安全年度报告制度，以克服水库大坝定期安全鉴定间隔时间长、水库安全性态变化反映不及时的缺陷。如瑞士联邦法律明确规定，所有水库业主都必须编制报送水库大坝安全年度报告，作为政府监管部门及时、全面了解水库大坝安全状况的主要渠道，并作为水库业主安排维修养护计划的依据。美国在水库大坝安全年度报告制度的基础上，还建立了大坝运行许可制度，政府部门根据年度报告反映的水库大坝安全性态，决定是否允许水库业主正常运用水库。我国大中型水库也计划逐步建立大坝安全年度报告制度。大坝安全年度报告由水库管理单位专业工程师在大坝安全年度检查以及监测资料分析基础上编制，并上报主管部门备案。编制大坝安全年度报告时，水库管理单位要总结年度内在水库洪水调度、巡视检查、安全监测、工程维修养护、应急预案管理等方面的工作成果与经验，并重点分析这些方面工作存在的不足及需改进之处，评价本年度内的水库安全状况与管理工作状况。

6.2.5 管理设施是保障水库正常运行管理和确保大坝安全的必要条件和物质基础。

1 水文观测与预报是突发洪水事件监测预警、防汛抢险及水库科学调度运用的基础，除 SL 61《水文自动测报系统规范》外，《综合利用水库调度通则》（水管〔1993〕61 号）也对水库水文测报站网及自动测报系统做了规定。

2 工程安全监测设施是反映大坝运行状况的"耳目"，是检验设计和施工质量的重要技术手段，已成为水库工程设计、施工、运行管理中必不可少的一项重要内容，越来越受到高度重视。通过监测可以揭示大坝工程质量与工程结构性态，及时发现大坝安全隐患，做好突发事件预警；监测资料还可以作为大坝安全评价反演计算分析的依据。

3 防汛交通道路除满足水库日常运行管理通行要求外，要能确保紧急情况（遭遇特大洪水、地震或工程出现险情甚至出现溃坝征兆等）下，机动车辆能将防汛抢险物资、设备运送到坝上、坝肩或坝下。

4 通信设施除满足水库日常运行管理内外通信联络外，要能确保紧急情况（遭遇特大洪水、地震或工程出现险情甚至出现溃坝征兆等）下，可以及时将汛情、工情、险情等信息上报和通知有关方面，特别是可能溃坝时，要能提前将报警与人员撤离转移信号传递给有关方面和下游公众。1993 年青海省沟后水库溃坝前，管理人员发现了溃坝征兆，但因无任何通信手段，险情无法传递给下游县城，造成近 300 人死亡。这一例子提醒我们，即使管理人员及时发现了溃坝征兆，但若通信手段不健全，同样会造成重大损失。目前可以采用的通信手段很多，包括有线电话、移动电话、无线电台、卫星电话、网络等。

5 防汛设施分为两类：一是工程抢险类，如施工机械、水泥、钢筋、砂石料、麻袋、铁锹、发电机、照明设备、雨具等；二是救援类，如救生衣、救生圈、冲锋舟、便携工作灯、绳索、担架等。

6.3 调度运行评价

6.3.2 水库调度规程是水库调度运用的依据性文件。为确保大坝工程安全和充分发挥水库效益，水利部于 2012 年发布了《水库调度规程编制导则》（水建管〔2012〕442 号），要求对因水文系列延长，设计洪水发生变化；或因经济社会发展，防洪保护对象与功能发生改变；或因大坝存在病险需要控制运用的水库调度运用方式和调度规程进行修订。2015 年水利部正式颁布了 SL 706—2015《水库调度规程编制导则》。

水库调度规程需明确调度依据、调度任务与调度原则、调度要求和调度条件、调度方式等。其编制和修订的基本要求如下：

（1）编制水库调度规程应以初步设计确定的任务、原则、参数、指标为依据。特定条件下应根据水库实际运用情况和工程安全运用条件，分析确定调度条件和依据，并经审查批准。

（2）调度规程按管辖权限由县级以上水行政主管部门审批。调度运用涉及两个或两个以上行政区域的水库，由上一级水行政主管部门或流域机构审批。水库汛期调度运用计划由有调度权限的防汛抗旱指挥部门审批。

（3）水库调度应坚持"安全第一、统筹兼顾"原则，在保证工程安全、服从防洪总体安排前提下，协调防洪、兴利等任务及社会经济各用水部门的关系，发挥水库综合利用效益。兼顾梯级调度和水库群调度运用要求。

（4）当对水库调度运用方式和调度规程进行修订时，需报原审批部门审查批准。

6.3.4 水库大坝安全管理应急预案是在水库大坝发生突发事件时避免或减少损失而预先制定的方案，是提高社会、公众及水库运行管理单位应对突发事件能力，降低水库风险的重要非工程措施。为此，水利部于 2007 年发布了《水库大坝安全管理应急预案编制导则（试行）》（水建管〔2007〕164 号），要求大中型水库均应编制大坝安全管理应急预案。2015 年水利部正式颁布了 SL/Z 720—2015《水库大坝安全管理应急预案编制导则》。

水库大坝安全管理应急预案的主要内容包括：预案版本号与发放对象、编制说明、突发事件及其后果分析、应急组织体系、运行机制、应急保障、宣传、培训与演练（习）、附录、附件等。

水库大坝突发事件是指突然发生，可能导致溃坝、重大工程险情、超标准泄洪、水库水质污染，危及公共安全，需要采取应急处置措施予以应对的紧急事件，根据其后果严重程度、影响范围等因素，分为特别重大、重大、较大和一般四级：

    ——Ⅰ级，特别重大突发事件；

    ——Ⅱ级，重大突发事件；

    ——Ⅲ级，较大突发事件；

    ——Ⅳ级，一般突发事件。

应急预案一般由水库安全第一责任人所在同级人民政府或由其委托防汛指挥机构批准和发布，并报上一级人民政府水行政主管部门和防汛指挥机构备案。

应急预案应根据情况变化适时进行更新，若有重大变动，必须经原审批单位重新审批。

要定期和通过合适的方式对应急预案进行宣传、测试和演练（习），以便让参与应急处置的人员和风险区内的公众了解突发事件的应急处置流程，充分理解报警和撤离信号。

根据国家防办 2006 年 3 月发布的《水库防洪应急预案编制大纲》，水库管理单位或主管部门（业主）还应组织编制水库防洪应急预案。水库大坝安全管理应急预案要与防洪应急预案协调一致，其中应急组织体系、运行机制、应急保障等资源可共享。

6.4　工程养护修理评价

6.4.1～6.4.4　工程养护修理分为养护和修理。

养护是指为保证大坝正常使用而进行的保养和防护措施，分为经常性养护、定期养护和专门养护。

修理是指当大坝发生损坏、性能下降以致失效时，为使其恢复到原设计标准或使用功能所采取的各种修补、处理、加固等措施，分为及时性维修、岁修、大修和抢修。修理包括工程损坏调查、修理方案制定与报批、实施、验收等四个工作程序。

生物破坏是指因蚁、獾、蛇、鼠、鳗等洞穴及大的植物根孔导致大坝破坏，如漏水事故等。

7 防洪能力复核

7.1 一 般 规 定

7.1.1 水库建成投入运行后，因下述情况可能会影响到水库的防洪安全：一是原设计洪水计算结果有可能因水文资料的延长而发生变化；二是因水库控制流域内的人类活动改变了流域的产汇流条件，进而影响到原设计洪水计算结果；三是大坝工程和其防洪保护对象可能不同于原设计条件，故需要根据现状情况，复核水库适用的防洪标准。因此，为保证大坝安全，在定期安全鉴定时，需进行水库防洪安全评价。

7.1.4 根据相关规范的规定，根据资料条件，可以采用流量资料或是暴雨资料来计算设计洪水。对于大中型水库，尽可能采用流量资料来计算设计洪水。

如设计洪水复核计算成果小于原设计洪水成果，从保障水库防洪安全的角度考虑，一般沿用原设计洪水成果进行调洪计算。如果设计洪水复核计算成果明显小于原设计洪水成果，可以在充分论证的基础上，采用设计洪水复核计算成果进行调洪计算。

7.1.5 如调洪计算结果的特征水位低于原设计或前次大坝安全鉴定确定的指标时，从保障水库防洪安全的角度考虑，一般宜沿用原特征水位指标。如果调洪计算结果的特征水位明显低于原设计或前次大坝安全鉴定确定的指标时，可通过分析论证，并报请相关部门批准后，调整水库特征水位。

7.1.7 "75·8"大水后，我国很多水库增设了宣泄超标准洪水的非常溢洪道。由于多年不使用，很多非常溢洪道的行洪通道被侵占。因此，在防洪安全评价时，需复核非常溢洪道保留的必要性。如需保留，需复核在现状条件下，非常溢洪道是否能够按原设计条件正常启用以及是否能够及时泄洪。

7.2 防洪标准复核

7.2.1 由于历史原因以及水库建设之初的条件限制；或随着经济社会的发展，水库功能与防洪保护对象发生了变化，我国部分水库特别是不少小型水库的防洪标准达不到现行规范要求。

7.2.2 根据对 1954 年以来我国 3500 余座水库溃坝资料的统计分析，超过 50％的溃坝事故为洪水漫顶，造成洪水漫顶的原因则主要是因为水库自身的防洪标准不足。1963 年 8 月上旬，海河流域遭遇特大洪水，导致河北 5 座中型、17 座小（1）型、297 座小（2）型，总计 319 座水库溃坝，其中绝大多数为漫顶溃坝；1975 年 8 月 2—8 日，受 3 号台风袭击，河南驻马店地区普降大雨，平均降雨量 1028.5mm，出现历史罕见大洪水，导致板桥、石漫滩两座大型水库漫顶溃坝，继而导致下游 60 座中小型水库连锁漫顶溃坝，2.6 万余人为此丧生，成为世界坝工史上最为惨痛的溃坝事件。"75·8"大水后，1976—1985 年，通过带帽加高、新建或扩挖泄洪设施，国家投资对全国 65 座大型水库实施了以提高防洪标准为主的除险加固工程建设。1999 年以来加固的数万座病险水库中，约 45% 包含防洪达标工程建设。可见，防洪标准对保证水库大坝安全特别重要，这也是《水库大坝安全鉴定办法》将水库防洪标准是否达标作为评判"三类坝"首要依据的原因。但防洪标准不足也是我国水库大坝普遍存在的主要工程安全问题，因此在定期大坝安全鉴定中，对防洪标准达不到 GB 50201《防洪标准》和 SL 252《水利水电工程等级划分及洪水标准》要求的水库，应按现行规范要求进行调整，并将调整后的防洪标准作为调洪计算与防洪能力复核的依据。

对因各种原因，执行 GB 50201 和 SL 252 确有困难的，可以分期提高运用洪水标准，但近期非常运用洪水标准不得低于 1989 年发布的《水利枢纽工程除险加固近期非常运用洪水标准的意见》（水规〔1989〕21 号）规定，具体见附录 B。

7.3 设 计 洪 水 复 核 计 算

7.3.1 设计洪水的计算内容可以根据工程特点和复核要求计算其全部或部分。

我国已建水库大多是以坝址设计洪水作为设计依据。由于建库后库区范围内的天然河道已被淹没，使原有的河槽调蓄能力包含在了水库库容内，并且库区的产汇流条件也发生了明显改变。建库前流域内的洪水向坝址出口断面的汇流变为建库后流域内的洪水沿水库周界向水库汇入，造成建库后入库洪水较坝址洪水的洪峰流量、短时段洪量增大，峰现时间提前。据对 40 余座水库的综合分析，入库与坝址的洪峰流量的比值在 1.01～1.54 之间，其差别与水库特征、洪水时空分布特性等有关。对已建水库进行设计洪水复核时，若原设计是采用坝址设计洪水，应分析入库洪水与坝址洪水的差异，若两者差别较大时，宜改用入库设计洪水作为设计依据。

由暴雨推算设计洪水，有许多环节，如点面关系的换算、长短历时设计暴雨的确定、雨型、产汇流计算参数的确定等，要进行多次暴雨洪水实测资料，以分析这些参数随洪水特性变化的规律，特别是大洪水时的变化规律。

对于短缺流量资料和暴雨资料的水库，可以采用地区综合法估算设计洪水。我国对设计暴雨的研究，积累了丰富的资料与经验，先后完成了全国和各地区年最大 24h 暴雨量的统计参数等值线图、实测和调查最大 24h 点雨量分布图及时面深关系等。20 世纪 80 年代以来又着重研究了短历时暴雨，完成了

6h、1h暴雨量统计参数的有关图表，对暴雨点面关系作了进一步的分析综合，完成了各种历时的设计暴雨及相应的产汇流查算图表。这些成果是地区综合法的主要依据，但在使用时应注意设计流域特性的差异，并尽量利用近期发生的大暴雨洪水资料予以检验。也可以根据洪水统计参数的地区变化规律，并参照设计流域的自然地理特性进行地区综合，确定设计洪水。

7.3.2 本条为采用流量资料推求设计洪水的要点：

1 对于洪水通常是将已发生的洪水系列作为样本，应用数理统计方法来模拟它的变化规律的。样本容量愈大，其频率分布就愈接近系列的总体特征。我国大部分水库是在20世纪六七十年代兴建的，设计时所依据的洪水样本系列资料通常只有20～30年，如今这些水库已经运行了几十年，因此加入水库运行期的洪水资料，延长洪水系列后，可以提高系列的代表性，减少样本的抽样误差，使设计洪水计算结果更为准确。如果延长洪水系列后，设计洪水计算结果比原设计成果偏小时，为安全起见建议仍采用原设计洪水计算成果。

2 受气象、地域、地形、地貌等多种因素影响，洪水总体的频率曲线线型是未知的。目前只能选用能较好地拟合大多数较长洪水系列的线型来分析洪水统计规律。20世纪60年代以来，我国洪水资料验证结果表明，皮尔逊Ⅲ型曲线能适合我国大多数洪水系列，此后我国洪水频率分析一直采用皮尔逊Ⅲ型曲线。但是，我国幅员辽阔，各地水文情势差别很大，洪水成因也有所不同，而且当偏态系数 C_s 较大时，皮尔逊Ⅲ型曲线也有一定的局限性。因此对特殊情况，在经过专门分析论证的基础上，可以考虑采用其他线型。

经验适线法简易、灵活，能反映设计人员的经验，是我国设计洪水计算最常采用的一种适线法。然而，由于依赖于设计人员的经验，故难以避免主观任意性。因此，适线时尽量照顾点群的趋势，使频率曲线尽可能通过点群中心，如点据缺乏规律，可以侧重考虑上部和中部的点据，并使曲线尽量靠近精度较高的点据。对于特大洪水，要分析它们可能的误差范围，尽量不机械地通过特大洪水，而使频率曲线脱离点群。

3 设计洪水属稀遇洪水，用来确定工程规模时，要选取资料可靠、具有代表性、对工程防洪又较不利的大洪水作为典型洪水过程线。在设计洪水复核时，要注意分析洪水系列中新增部分的大洪水典型，必要时要补充新增典型洪水过程线。放大典型洪水过程线，要考虑工程防洪的设计要求和流域洪水特性。如果峰、量都对工程防洪安全起作用时，可以采用按设计洪峰流量、洪量同频率控制放大；工程防洪主要由洪峰或某个时段洪量控制时，可以采用按设计洪峰或某个时段洪量控制同倍比放大。

7.3.3 本条为采用雨量资料推求设计洪水的要点：

1 当水库控制流域内具有一定雨量资料时，一般假定设计暴雨与相应的设计洪水同频率，而由设计暴雨推算设计洪水。由设计暴雨推算设计洪水，一般根据流域面平均暴雨系列资料，采用频率分析方法直接计算设计暴雨。当流域面积较小，各种历时面平均暴雨量系列较短时，可以用设计点雨量和暴雨点面关系间接计算设计面平均暴雨量，暴雨点面关系要考虑不同历时的差别。暴雨点面关系分为定点定面与动点动面两种，一般采用本地区综合的定点定面关系；当资料条件不具备时，也可以借用动点动面关系，但要做适当修正。当流域面积很小时，较长历时点雨量与面平均雨量的差别一般较小，因此，面平均雨量可以用点雨量来代替。

2 工程设计所需的各种历时设计点暴雨量，可以根据资料条件按下列方法计算：

(1) 目前国内大多数地区的短历时雨量观测资料已积累了 30 年以上，其系列可以供频率分析之用。在这种条件下，尽可能不再沿用以往将 24h 设计雨量配暴雨递减指数 n 来推求短历时设计雨量的方法。当缺乏自记雨量记录或人工观测雨量分段较少，需要采用 24h 设计雨量配 n 值推求设计短历时雨量时，要注意了解雨强随历时变化曲线的拐点数和拐点位置，分析 n 值的合理性，估计常遇暴雨 n 值和稀遇暴雨 n 值的差异及其对推求短历时暴雨的影响。

(2) 1977 年以来，全国各地协作编制了历时为 10min～3d 的一系列暴雨统计参数等值线图。该图集全面利用了水利系统和其他系统的各种实测雨量资料和调查资料，查清了近几十年来的特大暴雨发生情况，分析方法全国基本一致，并做了地区综合。参照地形、气象条件，做了多方面的合理性检查，最后由原水利电力部有关单位审批。流域面积在 1000km² 以下的中小流域，水库设计工作中所需各历时设计点雨量都可从几种标准历时暴雨参数图中查读和内插。

3 由于实际发生的降雨过程变化复杂，不同雨型对洪峰流量计算影响较大，设计暴雨的时程分配应采用地区多次大暴雨综合的雨型或具有代表性的大暴雨的典型雨型。目前各种历时的设计雨量仍采用同频率控制，但控制历时不宜过多，一般以 2～3 个为宜。

4 中小流域设计洪水一般采用设计流域面平均雨量推算，不需要暴雨面分布雨型。当流域面积较大，需要采用分单元面积计算设计洪水过程线时，应考虑暴雨的面分布图形，计算方法可采用同倍比放大典型雨图，也可采用几种面积同频率控制放大。

5 根据设计暴雨计算结果，采用暴雨径流相关、扣损等方法进行产流计算，求得设计净雨过程。根据设计净雨过程，可采用单位线、河网汇流曲线等方法推求设计洪水过程线。如流域面积较小，可用推理公式计算设计洪水过程线。

我国幅员辽阔，产流、汇流计算方法应根据工程所在地区的自然地理、水文气象特征以及资料条件合理选用。

产流方面，在湿润与半湿润地区，当产流计算采用暴雨径流相关法时，可用前期影响雨量或降雨开始时流域蓄水量作参数。设计条件下的前期影响雨量和降雨开始时流域蓄水量可采用根据几场实测大暴雨洪水资料得出的分析值。对扣损法中的初损进行地区综合时，可采用最大初损值与产流面积建立关系。有条件时，后损可与雨强建立关系。在下垫面条件和暴雨分布不均匀的流域，宜采用分区扣损的方法。产流参数与产流面积关系密切，如采用未扣除不产流面积分析计算的产流参数，则有可能导致推算的径流偏小。

汇流方面，流域面积在 $1000km^2$ 以内的山丘地区，可以采用单位线；流域面积在 $300km^2$ 以下的可采用推理公式与单位线。当流域面积在 $1000km^2$ 以上，且降雨分布很不均匀时，可采用河网汇流曲线。

6 在水文资料短缺的 $1000km^2$ 以下设计流域，可以采用经过审定的暴雨径流查算图表计算设计洪水。水利电力部（83）水规字第 7 号文指出："……各省（直辖市、自治区）编制的《暴雨径流查算图表》在无实测流量资料系列的地区，可作为今后中小型水库（一般用于控制流域面积在 $1000km^2$ 以下的山丘区工程）进行安全复核及新工程设计洪水计算的依据。"实践表明，《暴雨径流查算图表》已达到满足推算设计洪水精度的要求，并已成为全国各地推算无资料地区中小流域工程设计洪水的一种依据。鉴于《暴雨径流查算图表》在编制时没有包括 20 世纪 80 年代以来的雨洪资料，因此，应强调搜集与分析 20 世纪 80 年代以来的较大洪水资料，以检验并修正设计成果。

7 有些大型水库采用可能最大暴雨作为校核洪水标准，洪水复核也要进行可能最大暴雨的计算。

7.3.4 特殊地区是指干旱、岩溶、冰川、平原及滨海等地区。

7.4 调 洪 计 算

7.4.1 水库调度运用方式一般以初步设计确定的任务、原则、参数、指标为依据。当水库调度任务、运行条件、调度方式、工程安全状况等发生重大变化，需要对水库调度运行方式进行调整时，要进行专题论证，重新编制调度规程，并报原审批部门审查批准。

对于不承担下游防洪任务的水库，按照复核确认的水库调洪原则，并根据泄洪建筑物的泄流能力进行洪水调节计算，确定水库的拦洪库容和调洪库容以及相应的防洪特征水位及最大下泄流量；对于承担下游防洪任务的水库，除了前述内容之外，要根据下游防洪保护对象的范围、性质、防洪标准，下游河道允许泄量，考虑与其他防洪措施配合，确定水库的防洪库容及相应的防洪特征水位。

7.4.2 本条强调了调洪计算的几点重要事项。

1 关于起调水位：

　　1） 许多水库运行中可能连续多年遭遇枯水年，入汛时库水位可能达不到设计规定的汛期限制水位。防洪安全评价时，仍需采用原设计确定的汛期限制水位作为调洪计算的起调水位。

　　2） 大坝经过改、扩建或加固后，改变了原设计的汛期限制水位，则需采用经主管部门审批重新确定的汛期限制水位作为起调水位。

　　3） 有些运行多年的水库，原设计洪水标准偏低，未达到现行规范要求，或大坝存在结构安全隐患，经水库主管部门批准，汛期降低限制水位运行的，则仍需按原设计或规范要求洪水标准的汛期限制水位进行调洪计算。因为降低汛期限制水位是标准偏低或存在工程安全隐患水库在加固前采取的临时措施，不能认为降低汛期限制水位后可抗御的洪水频率，就是该水库的设计与校核洪水标准。

2 防洪安全评价要根据原设计确定的调度运用方式进行调洪计算。如果原设计拟订的调度运用方式不合理，在不改变或影响水库其他开发目标前提下，可以考虑采用更为合理的运用方式进行调洪计算。变更后的调度运用方式要报原审批部门审查批准后执行。

3 建于多泥沙河流上的水库，经过多年运行后，库水位与库容关系曲线往往因泥沙淤积发生很大变化。调洪计算时要采用最新的水位～库容曲线。

4 需复核原设计水位与泄量关系是否经过试验或率定，如果原设计水位与泄量关系有变化，调洪计算时要采用经过试验或率定后确定的水位～泄量关系曲线。

7.4.3 对于一般大型和中小型水库，特别是湖泊型水库，实际观测资料证明仅考虑静库容进行洪水调节计算已基本反映了实际情况，调洪计算成果是可靠的。对动库容占较大比重的重要大型水库，当计入动库容后的调洪最高水位要高于静库容调洪计算结果时，可以采用入库设计洪水和动库容法进行洪水调节计算。

7.4.4 如果在原设计洪水调节计算中考虑了洪水预报，且经过复核确定洪水预报方案可靠时，可以在防洪安全评价的洪水调节计算中考虑洪水预报，但需持慎重态度。洪水调节计算中考虑洪水预报，一般仅在较大江河有优良的预报基础条件时才加以研究，确有把握时才在留有余地的条件下适当加以考虑。至于气象预报，目前的合格率还达不到要求，不能考虑。

7.5　大坝抗洪能力复核

7.5.1　大坝防洪能力要根据大坝现状实际结构尺寸进行复核。因此需要根据有关规范和工程质量评价结果，确定大坝现状条件下能够安全度汛的设计洪水位和校核洪水位及其相应的最大下泄流量。

当坝顶防浪墙承担坝顶超高的功能时，还要检查和复核防浪墙是否稳定、坚固、封闭，以及是否与大坝防渗体紧密接合。

7.5.2　为保证水库在设计和校核洪水条件下安全泄洪，在防洪安全评价时，要对泄洪建筑物的下列内容进行复核：

1　泄洪建筑物本身的安全，包括泄洪建筑物过水断面尺寸是否符合设计要求；消能设施是否完善；闸门和启闭机运行状况是否良好，能否在高水位期间安全操作等。

2　泄洪对大坝安全的影响，主要复核泄水是否淘刷坝脚，雾化是否影响坝肩稳定等。

3　下泄最大流量对下游河道及堤防安全的影响。

7.6　防洪能力复核结论

7.6.2　洪水能够安全下泄包括下列三方面内涵：

（1）泄洪建筑物的结构安全、过水断面尺寸、消能设施均符合规范和设计要求；闸门和启闭机运行状况良好、可靠。

（2）下泄洪水不淘刷坝脚，不存在泄洪雾化影响坝肩稳定问题。

（3）泄洪建筑物下游行洪通道通畅，过流能力满足下游防洪标准要求。

7.6.3　当泄洪建筑物某一方面不满足 7.6.2 条中的要求时，意味着洪水不能安全下泄。

8 渗流安全评价

8.1 一般规定

8.1.1 大坝渗流控制措施包括上游截渗措施（铺盖、各种形式的防渗墙、帷幕灌浆等）、下游导渗措施（减压井、导渗沟、褥垫排水、烟囱式排水等）以及渗流出口的反滤排水措施（贴坡反滤、棱体排水等）；实际渗流性态是指大坝真实的渗流压力分布和渗流量大小及其变化规律，以及关键部位（防渗体、不同建筑物接触面、渗流出口等）的渗透稳定性。

8.1.3 早期修建的土石坝绝大多数设有穿坝建筑物〔一是坝下输水涵管（洞），二是坝上开敞式溢洪道〕，且多为圬工结构，与坝体的接触部位是施工质量的薄弱环节，容易产生接触渗透变形，对大坝安全的危害很大。近年来的溃坝事故大多数（包括除险加固工程）都是因穿坝建筑物的接触渗漏问题导致的。因此，大坝渗流安全评价时，要特别关注穿坝建筑物的接触渗透稳定问题。

8.1.4 早期修建的水库很多为"三无"工程（无勘测、无设计、无施工质量控制）或"三边"工程（边设计、边施工、边发挥效益），工程地质条件不详，清基不彻底；上坝土料控制不严，填筑不均匀和不密实，施工层面和接头多，坝体结构复杂甚至情况不明，造成大坝渗流性态复杂，难以通过有限的监测设施和数值分析揭示真实的渗流场。

8.2 渗流安全评价方法

8.2.1 现场检查法和监测资料分析法揭示和反映的是大坝现状渗流性态，一般不能准确预测未来高水位情况下的渗流安全性，但可以通过现状反演较为真实的渗流参数和渗流边界条件，再通过计算分析法预测设计和校核运用工况下的大坝渗流安全性。因此，三种方法要配合使用，尤其是计算分析法不能脱离工程实际。

8.2.2 通过日常巡视检查及时发现渗流异常现象，是最直观和有效的渗流安全评价手段。对缺少监测设施的小型水库，尤其要重视现场检查工作。

8.2.3 在分析渗流压力监测资料时，通常情况以允许抗渗比降 $[J]$ 做渗流安全控制的标准。大坝实际运行中，如在 $J \leqslant [J]$ 的情况下已出现渗透破坏现象；或在 $J > [J]$ 的情况下却渗流性态正常，均说明原允许抗渗比降的确定不尽符合实际，必要时要通过分析或试验修正允许抗渗比降。

在分析渗流量监测资料时，要着重分析渗流量和水质的当前实测值与其历史实测值的相对变化情况。因为设计参数往往与实际情况存在较大差异，防渗体的防渗能力各不相同，因而渗流量的绝对值也就各不相同，更无严格的评价标准。故切忌将渗流量实测绝对值的大小作为大坝渗流安全评价的唯一判别标准。

考虑到渗流滞后效应，应尽量选取出现机遇最多且持续时间又较长的库水位对应的渗流监测资料进行分析，土石坝应以能否形成稳定渗流场为原则。

当采用统计模型或相关线推算未来高水位情况的渗流安全时应慎重，因统计模型或相关关系图是根据历史监测值建立的，无法考虑未来因素的随机性。

8.2.4 计算分析法中采用的渗流参数应依据地勘资料和一般工程经验综合选取。通过反演分析对渗流参数进行调整时，应同时依据渗流量和渗流压力两方面的监测资料。同样，确定性预报模型也需随以后水位升高不断作反演校正才更为可靠。

8.3 土石坝渗流安全评价

8.3.1 土石坝坝基多为第四系松散沉积物，少数为岩基，或仅有部分防渗体（如心墙、截水槽等）直接与岩基接触。坝基渗流安全问题，多以管涌、流土或接触冲刷等破坏形式直接影响到大坝的整体安全。坝基渗流安全复核要以防渗体和渗流出口为重点。渗流出口的稳定性与有无反滤保护、土体材料和施工质量等密切相关，如渗流出口有合格的反滤保护，土体的抗渗稳定性可以大大提高。

8.3.2 坝体渗流安全评价要重点关注防渗体和下游坝坡渗流段的渗透稳定，以及防渗体与坝壳料之间过渡层、穿坝建筑物与坝体填土接触带、施工层面的接触渗透稳定问题。

8.4 混凝土坝与砌石坝渗流安全评价

8.4.1 坝基渗流是混凝土坝和砌石坝渗流安全评价的重点。坝基防渗效果除影响其本身的渗透稳定性外，还影响坝体整体抗滑稳定性。

8.4.5 一些混凝土坝的渗流现象与温度有关（但滞后于气温，如每逢冬春季节），是因为当温度降低到一定程度时，坝体或岩体冷缩引起某些结合部（如坝块结合缝、坝踵接触面、坝体裂缝、岩体裂隙，甚至防渗帷幕的断裂缝等）的开合度变大所致。一旦有此现象，需结合有关变形和温度监测资料作结构分析。如发现这种现象有发展趋势时，要对工程采取相应的补救措施。

8.5 泄水、输水建筑物渗流安全评价

8.5.1、8.5.2 重点分析穿坝泄水、输水建筑物与坝体结合带的接触渗透稳

定，以及建筑物自身是否断裂（含止水破坏）漏水产生接触冲刷。

8.6 渗流安全评价结论

8.6.3 下游坝坡或坝后地面局部散浸与松软现象可以认为是局部异常渗流现象。

8.6.4 严重异常渗流现象包括：

（1）坝基、下游坡、穿坝建筑物出口附近突然出现集中渗漏。

（2）穿坝建筑物附近坝面突然出现塌陷坑。

（3）渗流量在相同条件下不断增大；渗漏水出现浑浊或可疑物质；出水位置升高或移动等。

（4）土石坝上游坝坡塌陷、下游坝坡散浸，且湿软范围不断扩大；坝趾区冒水翻砂、松软隆起或塌陷；库内出现漩涡漏水、铺盖产生严重塌坑或裂缝。

（5）坝体与两坝端岸坡、输水涵管（洞）等结合部漏水，附近坝面塌陷，渗水浑浊。

（6）渗流压力和渗流量同时增大，或者突然改变其与库水位的既往关系，在相同条件下显著增大等。

9 结构安全评价

9.1 一般规定

9.1.2 强调了不同坝型的结构安全评价重点。

9.1.3 将现场检查和监测资料分析作为结构安全评价方法，主要是强调结构安全评价工作要重视并紧密结合大坝工程现状，有针对性和突出重点，避免评价工作变成纯设计复核。

9.1.4 结构性态复杂的大坝主要指早期修建的"三无"工程与"三边"工程，上坝土料控制不严，填筑不均匀和不密实，施工层面和接头多，坝体结构复杂甚至不明。

9.2 土石坝结构安全评价

9.2.2 倾度法计算公式如下：

$$\gamma_{AB} = \frac{S_A - S_B}{\Delta l} \tag{1}$$

式中 γ_{AB}——相连两测点 A、B 之间的倾度；

S_A、S_B——分别为测点 A、B 的竖向位移量；

Δl——A、B 两测点之间的距离。

如倾度超过临界倾度，则坝体可能存在裂缝。临界倾度可以根据土梁挠曲试验获得，或以临界倾度为 1‰ 粗略判别。

在利用沉降率估算坝体裂缝可能性时，采用竣工后的沉降量计算。

9.2.3 上游坝坡抗滑稳定不利工况为水位骤降工况，以及死水位或 1/3 坝高水位工况。

当大坝坝顶兼作公路时，坝坡稳定复核计算应计及车辆荷载。

9.3 混凝土坝结构安全评价

9.3.4 随着运行时间的增长，因渗流溶蚀作用及冰冻、碳化、徐变等其他因素影响，混凝土结构会逐渐老化，致使坝体、坝基物理力学参数发生变化，且目前的计算参数统计方法也与以往发生了变化，因此要尽可能通过试验和反演分析重新确定计算参数。

9.3.5 当通过监测资料分析对大坝结构安全进行评价时，若实际运行中曾经达到的最高库水位与设计洪水位和校核洪水位相差较大，需对统计模型推算值的合理性进行分析评价。

9.8　结构安全评价结论

9.8.3　尚不严重影响工程安全的局部强度不足或异常变形包括：

（1）土坝浅层纵向或非贯穿的横向裂缝。

（2）土坝坝面局部凹陷。

（3）土坝上游护坡局部破损或塌陷。

（4）混凝土坝局部浅层裂缝等。

9.8.4　危及工程安全的异常变形包括：

（1）土坝存在贯穿性横向裂缝与水平裂缝。

（2）土坝出现滑坡裂缝，存在坝坡失稳现象或征兆。

（3）重力坝沿建基面明显位移或坝身明显倾斜。

（4）拱坝两岸拱座明显变形或位移。

（5）拱坝竖向贯穿性裂缝。

（6）坝基或两坝肩断层出现明显剪切位移等。

10 抗 震 安 全 评 价

10.1 一 般 规 定

10.1.1 中国地处环太平洋地震带和地中海—喜马拉雅山地震带之间，地质构造规模宏大并且复杂，中、强地震活动频繁，对大坝安全危害很大。2008 年 "5·12" 四川汶川特大地震共造成四川、甘肃、重庆、陕西等省（直辖市）约 2400 座水库出险，其中四川省 1803 座，高危以上险情 379 座。但在世界范围内因地震直接导致溃坝的案例并不多。由于缺少设计依据，我国早期修建的水库大坝很多未进行抗震设计。1992 年 5 月国务院发布的《中国地震烈度区划图（1990）》成为确定大坝抗震设防烈度的依据；1997 年颁布的水利技术标准 SL 203《水工建筑物抗震设计规范》成为大坝抗震设计和抗震安全复核的依据。我国第五代地震动参数区划图 GB 18306《中国地震动参数区划图》取消了不设防地区并将地震动参数明确到乡镇，2016 年正式实施后，部分水库的地震动参数和抗震设防烈度发生了变化。因此，结合大坝安全鉴定，按现行规范复核大坝抗震安全是非常必要的。

10.1.4 调整后的抗震设防烈度和地震动参数要满足现行规范要求。

10.1.6 水库大坝防震减灾应急预案应满足《中华人民共和国防震减灾法》的要求，并可以参照《水库大坝安全管理应急预案编制导则》（水建管〔2007〕164 号）对其进行复核；泄水建筑物的启闭安全是保障水库快速降低库水位的基本条件，因此对启闭设备抗震安全性，及其备用电源、油料储备等方面的检查要引起特别重视。

10.1.7 随着我国坝工技术的快速发展，超高坝、新材料坝等特殊坝型不断涌现，部分大坝已超出了相关设计规范的适用范畴，因此针对其抗震安全要结合工程实际通过专题研究论证做出评价。

10.2 抗 震 设 防 烈 度 复 核

10.2.3 抗震设防烈度是确保大坝遭遇设防标准内地震时不遭受严重破坏的重要保障，因此在定期大坝安全鉴定中，对抗震设防烈度达不到现行规范 GB 18306《中国地震动参数区划图》和 SL 203《水工建筑物抗震设计规范》要求的水库大坝，应按现行规范要求进行调整，并作为大坝抗震安全评价的依据。

10.3 土 石 坝 抗 震 安 全 评 价

10.3.2～10.3.3 近年来，我国大部分强震区的新建重要大坝已开展了动力反应分析（包括变形及土体液化等），但分布于我国强震区的已建土石坝工程面广量大，如完全采用动力法，在地震动输入、坝体材料动态性能等计算参数的选取，及安全判据的确定等方面仍存在困难，故本标准对高风险的重要工程要求采用动力法；次要的、中等风险的工程采取动力法和拟静力法并存的办法；对一般的、低风险工程，推荐按 SL 203 中的拟静力法复核。

10.4　重力坝抗震安全评价

10.4.1　对于碾压混凝土重力坝，还要复核沿碾压层面的抗滑稳定；在地震作用下，大坝转折坝段、坝间接缝、泄洪孔口及建筑物连接处等易产生应力集中效应而出现高拉应力区，因此，要重点复核这些部位的强度及其抗震措施是否符合规范要求。

10.4.2　在长期的工程实践中，运用材料力学法计算重力坝坝体强度积累了丰富经验，其计算成果是衡量坝体强度安全的主要依据，因此规定材料力学法是重力坝动力分析的基本方法。对于工程抗震设防类别为甲类，或结构及地质条件复杂的重力坝，推荐同时采用有限单元法进行动力分析；对于强震区的重要重力坝工程，还可以考虑采用非线性有限元动力分析方法进行抗震安全复核。

10.4.3　重力坝抗滑稳定动力分析时，抗剪强度公式难以满足计算要求，因此规定采用基于刚体极限平衡法的抗剪断强度公式进行分析。考虑坝体带动部分坝基沿软弱夹层或缓倾角结构面滑动的抗震稳定性评价，其分析方法、材料物理力学指标取值方法与标准、稳定性判据等尚需探索研究，因此规定要做专门研究。

10.4.4　根据坝体材料及施工工艺的不同，重力坝分为混凝土重力坝、碾压混凝土重力坝、砌石重力坝等类型，因此重力坝强度与抗滑稳定复核计算的荷载与荷载组合、计算方法、计算参数及计算结果控制标准的确定，要以 SL 203 为基础并参照各自专门规范的要求分别选取。

10.5　拱 坝 抗 震 安 全 评 价

10.5.3　拱座稳定分析问题重要且复杂，与坝址地形、地质条件、滑动体滑动模式、岩体材料动态特性等因素有关。鉴于目前拱座岩体抗震稳定性计算的方法、地震动输入、材料参数确定等研究有待进一步深入，因此仍规定采用刚体极限平衡法进行拱座稳定分析；对于工程抗震设防类别为甲类，或结构及地质条件复杂的拱坝，推荐采用有限单元法或模型试验进行比较论证。

10.6　泄水、输水建筑物抗震安全评价

10.6.1、10.6.2　从"5·12"汶川特大地震震害调查结果可知，泄水、输水

建筑物遭遇地震破坏最严重的部位为泄洪闸、进水塔等高耸结构，以及门槽变形导致启闭设备无法正常运行。因此，为确保震后水库具备快速降低库水位的能力，防止次生灾害发生，要特别重视泄水、输水建筑物泄洪闸、进水塔抗震安全复核以及闸墩变形计算。

10.8 抗震安全评价结论

10.8.2～10.8.4 在确定大坝抗震安全性级别时，主要以抗震安全复核的计算结果是否满足规范要求作为依据，同时参考工程与非工程抗震措施的有效性。

11 金属结构安全评价

11.1 一 般 规 定

11.1.1 根据对我国历史溃坝资料的统计，不少溃坝事故（包括"75·8"板桥水库溃坝、1993年青海沟后水库溃坝、2010年吉林大河水库溃坝等）特别是洪水漫顶溃坝事故与泄洪设施闸门不能及时开启有很大关系；水电站压力钢管失稳事故也时有发生。闸门不能及时开启的主要原因有三方面，一是闸门自身结构（包括门槽）变形；二是启闭机维修养护不善，不能正常工作；三是缺少备用电源，紧急情况下无法迅速开启闸门。因此，定期大坝安全鉴定时，金属结构安全评价必须作为不可或缺的内容。

11.1.2 强调启闭机供电安全复核，主要是为确保其可靠运行。

11.1.3 对中小型水库结构简单的金属结构，可以综合现场检查和安全检测结果直接对其安全性做出评价。

11.1.4 金属结构在运行中会出现腐（锈）蚀、磨损、疲劳、变形等现象，同时很多水库因水文系列延长，设计洪水发生变化，因此，金属结构安全复核计算的参数、荷载需根据最新情况调整。

11.2 钢闸门安全评价

11.2.3 现场检查如发现下列情况之一，则视为闸门存在较为严重安全隐患，应做进一步的安全检测或分析：

（1）门槽及附近混凝土空蚀、冲刷、淘空等破坏或闸室不均匀沉降而影响闸门启闭，闸墩、胸墙、牛腿等部位混凝土开裂、剥蚀、老化而影响闸门支承。

（2）闸门进水口、门槽附近及门后水流流态异常。

（3）闸门振动感知较强。

（4）闸门或埋件腐蚀达"较重腐蚀"级。

（5）门叶变形、扭曲，面板、横梁、纵梁、支臂等构件损伤、变形、错位，主要受力焊缝缺陷明显，连接螺栓损伤、变形、松动、缺件。

（6）闸门止水装置破损、变形、缺件，严重漏水。

（7）吊耳损伤、变形、吊具连接不牢，平面闸门的主轮（滑道）、侧向支承、反向支承或弧形闸门支铰损伤、变形、缺件、锈结。

（8）轨道、底槛、门楣、止水座板或弧门铰座等埋件损伤、变形、错位、混凝土淘空。

（9）闸门平压设备、锁定装置及融冰设施不可靠。

（10）通气孔坍塌、堵塞或通气不畅等。

11.3 启闭机安全评价

11.3.3 水库遭遇地震、特大暴雨洪水等极端事件时，电网供电常常中断，为确保启闭机供电安全可靠，大中型水库一般需配备柴油发电机作为备用电源。

11.3.4 现场检查如发现下列情况之一，则视为启闭机存在较为严重安全隐患，需做进一步的安全检测或分析：

（1）启闭机超工作级别运行。

（2）启闭机振动感知较强。

（3）双吊点不同步而影响运行。

（4）启闭机腐蚀达"较重腐蚀"级。

（5）卷扬启闭机机架损伤、变形、焊缝缺陷明显，制动轮缺陷明显、与制动带接触面积小，轮齿损伤、咬合不紧密，卷筒损伤、开裂，传动轴开裂、变形，滑轮组磨损、变形，钢丝绳磨损、断丝；移动式启闭机的门架或桥架损伤、变形、焊缝缺陷明显，车轮磨损、开裂，轨道变形、错位。

（6）液压启闭机液压缸损伤、开裂，活塞杆磨损、变形，液压缸或油路漏油。

（7）螺杆启闭机螺母磨损、开裂，螺杆磨损、变形。

（8）电气控制设备不完整、不能正常使用，绝缘保护与接地系统不可靠。

（9）荷载控制、行程控制、开度指示等设备不完整、不能正常使用。

（10）启闭机室错动、开裂、漏雨而影响启闭机正常运行等。

11.4 压力钢管安全评价

11.4.3 现场检查和监测如发现下列情况之一，则视为压力钢管存在较为严重安全隐患，需做进一步的安全检测或分析：

（1）钢管渗漏。

（2）钢管振动感知较强。

（3）快速闸阀或事故闸阀不能正常工作，通气孔坍塌、堵塞或通气不畅。

（4）压力钢管表面损伤、变形，焊缝缺陷明显。

（5）明管的镇墩、支墩坍塌、位移、沉陷。

（6）埋管外水压力超设计值。

（7）钢管腐蚀达"较重腐蚀"级。

11.4.5 复核计算中，静水压力根据防洪标准复核的结果重新确定，水锤压力根据水电站实际运行工况重新确定，地震荷载应根据抗震设防烈度复核的结果重新确定，施工荷载、温度荷载、管道放空时造成的管内外气压差、地下水压力、渗流水压力、不均匀沉降引起的附加应力等根据实际情况与监测资料核算；主要受力构件的尺寸采用安全检测结果。

11.5 其他金属结构安全评价

11.5.1 船闸金属结构一般包括工作闸门、事故闸门、检修闸门、工作阀门、检修阀门及其启闭机；鱼道金属结构一般包括工作门、检修门及其启闭机；阀门主要在坝内埋管上使用；铸铁闸门在很多中小型水库的输水涵洞上得到使用。

11.6 金属结构安全评价结论

11.6.4 泄水建筑物金属结构直接关系大坝安全，非泄水建筑物金属结构主要关系水库的运行，一般不直接影响大坝安全。因此，要对泄水建筑物金属结构安全给予更高关注，作为金属结构评为 C 级的主要依据；对工程安全影响相对较小的非泄水建筑物金属结构，一般不评为 C 级。

12 大坝安全综合评价

12.0.1 大坝安全综合评价是将大坝作为一个系统进行全面分析评价，在最终评定大坝安全类别时，定量和定性相结合，既高度重视工程安全，以定量评价结果为主要依据；也注重定性评价结果，鼓励做好水库大坝安全管理工作。

12.0.2 与《办法》第六条规定相比，本标准对大坝安全分类原则和标准做了适当调整和完善，更加重视管理，考虑了管理能力、安全监测、科学调度、应急预案与维修养护等非工程措施对保障大坝安全的重要作用。切合当前水库大坝安全管理实际，并具可操作性。

12.0.3 为切实保障水库大坝安全，对三类坝采用一票否决的办法，即只要防洪安全、渗流安全、结构安全、抗震安全、金属结构安全各专项复核结果有一项为 C 级的，便定为三类坝。同时，为强化水库大坝安全管理，即使各专项复核结果均为 A 级，但安全监测等管理设施不完善、维修养护不到位、管理不规范的，也可以评定为二类坝；而对有一至二项为 B 级的二类坝，如工程质量合格、运行管理规范，且可以限期将 B 级升为 A 级的，可以升为一类坝。

12.0.4 评定为二类、三类的大坝，说明大坝存在工程质量缺陷和安全隐患，为确保大坝安全，在采取必要的处置措施前，必须限制水位运行，并加强监测与巡视检查，制订应急预案。

对功能和效益显著，除险加固技术上可行、经济上合理的三类坝，要针对存在的病险与安全隐患采取工程措施进行除险加固；对病险严重、功能萎缩、风险极高，而除险加固技术上不可行、经济上不合理的"三类坝"，则要根据《水库降等与报废管理办法（试行）》（水利部令 2003 年第 18 号）和 SL 605实施降等或报废处理。

水工隧洞安全鉴定规程

SL/T 790—2020

2020-06-30 发布　　　　　　　　　　2020-09-30 实施

前　言

根据水利行业标准制修订计划安排，按照 SL 1—2014《水利技术标准编写规定》的要求，制定本标准。

本标准共 5 章和 2 个附录，主要技术内容有：

——总则；

——现状调查；

——安全检测；

——安全复核；

——安全评价。

本标准批准部门：中华人民共和国水利部

本标准主持机构：水利部运行管理司

本标准解释单位：水利部运行管理司

本标准主编单位：南京水利科学研究院

本标准参编单位：中水东北勘测设计研究有限责任公司

　　　　　　　　天津市引滦工程隧洞管理处

本标准出版、发行单位：中国水利水电出版社

本标准主要起草人：汤　雷　官福海　李　军　张建辉

　　　　　　　　　王　宏　赵明志　王海军　赵建波

本标准审查会议技术负责人：汪自力

本标准体例格式审查人：牟广丞

本标准在执行过程中，请各单位注意总结经验，积累资料，随时将有关意见和建议反馈给水利部国际合作与科技司（通信地址：北京市西城区白广路二条2号；邮政编码：100053；电话：010 - 63204533；电子邮箱：bzh@mwr.gov.cn），以供今后修订时参考。

目　次

1 总 则

1.0.1 为做好水工隧洞安全鉴定工作，规范其技术工作的内容、方法及要求，制定本标准。

1.0.2 本标准适用于已建成运行的 1 级、2 级、3 级水工隧洞安全鉴定，4级、5 级水工隧洞可参照执行。

1.0.3 水工隧洞安全鉴定范围应包括进口段、洞身段、出口段及附属建筑物。

1.0.4 水工隧洞安全鉴定应包括安全评价、技术成果审查和鉴定报告书审定。

1.0.5 水工隧洞在建成投入运行达 5 年，此后间隔 10～15 年，应进行全面安全鉴定。当水工隧洞出现下列情况之一时，也应进行全面安全鉴定或专项安全鉴定：

    1 发生较大险情。

    2 水情、工情发生较大变化，影响安全运行。

    3 遭遇泥石流、地震等严重自然灾害。

    4 有其他需要的。

1.0.6 水工隧洞管理单位应负责所管理的水工隧洞安全评价的组织和实施，委托具有能力的安全鉴定承担单位开展安全评价工作。上级主管部门应负责水工隧洞安全鉴定成果的审查和审定。

1.0.7 水工隧洞安全鉴定成果报告和鉴定报告书的编排格式，应符合附录 A的规定。

1.0.8 本标准主要引用下列标准：

    GB 18306 　中国地震动参数区划图

    GB 19517 　国家电气设备安全技术规范

    GB/T 25295 　电气设备安全设计导则

    GB/T 33112 　岩土工程原型观测专用仪器校验方法

    GB 50086 　岩土锚杆与喷射混凝土支护工程技术规范

    GB 50150 　电气装置安装工程 电气设备交接试验标准

    GB/T 50152 　混凝土结构试验方法标准

    GB 50201 　防洪标准

    GB/T 50315 　砌体工程现场检测技术标准

    GB/T 50344 　建筑结构检测技术标准

    GB 50487 　水利水电工程地质勘察规范

    GB/T 50662 　水工建筑物抗冰冻设计规范

GB 51247　水工建筑物抗震设计标准

SL 41　水利水电工程启闭机设计规范

SL 44　水利水电工程设计洪水计算规范

SL 55　中小型水利水电工程地质勘察规范

SL 74　水利水电工程钢闸门设计规范

SL 101　水工钢闸门和启闭机安全检测技术规程

SL 191　水工混凝土结构设计规范

SL 212　水工预应力锚固设计规范

SL 226　水利水电工程金属结构报废标准

SL 252　水利水电工程等级划分及洪水标准

SL 253　溢洪道设计规范

SL 279　水工隧洞设计规范

SL 281　水电站压力钢管设计规范

SL 285　水利水电工程进水口设计规范

SL 326　水利水电工程物探规程

SL 352　水工混凝土试验规程

SL 377　水利水电工程锚喷支护技术规范

SL 381　水利水电工程启闭机制造安装及验收规范

SL 386　水利水电工程边坡设计规范

SL 401　水利水电工程施工作业人员安全技术操作规程

SL 510　灌排泵站机电设备报废标准

SL 511　水利水电工程机电设计技术规范

SL 582　水工金属结构制造安装质量检验通则

SL 654　水利水电工程合理使用年限及耐久性设计规范

SL 725　水利水电工程安全监测设计规范

DL/T 5251　水工混凝土建筑物缺陷检测和评估技术规程

DL/T 5424　水电水利工程锚杆无损检测规程

JGJ/T 23　回弹法检测混凝土抗压强度技术规程

CECS 02　超声回弹综合法检测混凝土强度技术规程

1.0.9　水工隧洞安全鉴定除应符合本标准的规定外，尚应符合国家现行有关标准的规定。

2 现 状 调 查

2.1 一 般 规 定

2.1.1 水工隧洞工程现状调查内容应包括工程技术资料收集、现场检查及运行管理评价。

2.1.2 收集的工程技术资料应全面、真实、完整，满足安全评价的要求。

2.1.3 现场检查应全面，重点检查工程的薄弱部位和隐蔽部位。对检查中发现的问题、缺陷或不足，应初步分析其成因和对工程安全运行的影响。

2.1.4 现状调查完成后应进行运行管理评价，编制工程现状调查分析报告，报告编制应符合附录 A.1 的要求。工程现状调查分析报告应明确发现的工程安全问题、隐患和疑点，并提出需要进一步检测和复核的内容与要求。

2.2 技 术 资 料 收 集

2.2.1 技术资料收集应包括工程规划设计、建设、运行管理及规划与功能变化等资料。

2.2.2 工程规划设计资料应包括工程地质与水文地质勘察资料、试验与分析资料、工程设计文件和图纸，以及其他有关资料。

2.2.3 工程建设资料应包括下列主要内容：

    1 工程施工技术资料。

    2 工程检测、监理和质量监督资料。

    3 工程安全监测设施的安装埋设与监测资料。

    4 金属结构与机电设备的制造、安装资料。

    5 工程质量事故和处理资料。

    6 工程竣工验收资料和工程竣工图。

2.2.4 工程运行管理资料应包括下列主要内容：

    1 管理单位机构设置、人员配备和经费安排情况，工程管理确权划界情况。

    2 运行管理与调度的规章制度。

    3 控制运用技术文件和运行记录。

    4 历年的定期检查、应急检查、专项检测和历次安全鉴定资料。

    5 工程安全监测数据整编和分析资料。

    6 工程养护、修理和重大工程事故处理资料。

    7 应急预案和遭遇泥石流、滑坡、地震等应急处理资料。

8 水文测报及通信设施等资料。

2.2.5 工程规划与功能变化资料应包括下列主要内容：

1 水文、气象资料。

2 工程规划变化资料和最新规划数据。

3 环境条件变化情况，包括地下水水位、水质、内外部载荷等。

4 工程运用条件变化情况。

2.3 现 场 检 查

2.3.1 现场检查对象应包括岩土体、支护与衬砌结构、混凝土结构、砌体结构、金属结构、机电设备、工程管理设施和安全监测等。应重点检查岩土体的稳定性、支护结构的安全性和建筑物、设备、设施的完整性及运行状态等。

2.3.2 岩土体现场检查应包括进出口边坡、隧洞围岩等。

2.3.3 支护与衬砌结构现场检查应包括锚杆、锚索、钢筋（丝）网、衬砌、分缝等。

2.3.4 混凝土结构现场检查应包括进出口建筑物、洞身及其附属建筑物等。

2.3.5 砌体结构现场检查应包括隧洞进出口连接段两侧岸、翼墙等。

2.3.6 金属结构现场检查应包括钢衬（钢板和衬砌）、闸门和启闭机等。

2.3.7 机电设备现场检查应包括电动机、柴油发电机、变配电设备、控制设备（含自动化监控）和辅助设备等。

2.3.8 工程管理设施现场检查应包括办公、生产和辅助用房，通信设施，水文测报系统，交通道路与交通工具，维修养护设备等。

2.3.9 工程安全监测现场检查应包括安全监测项目、监测设施、监测流程和资料整编分析等。

2.4 运 行 管 理 评 价

2.4.1 水工隧洞运行管理评价应在现状调查分析的基础上，结合工程主要病害特点进行。

2.4.2 水工隧洞运行管理评价应重点分析评价下列内容：

1 管理范围是否明确可控，技术人员是否满足管理要求，运行管理和维修养护经费是否满足要求。

2 运行管理制度是否完备，水工隧洞调度运用计划是否满足标准要求，应急预案是否满足要求。

3 维修是否按方案如期进行，维修后的效果是否得到科学的评价，工程建筑物、金属结构和机电设备是否经常维护，并处于安全和完好的工作状态。

4 管理设施是否满足要求，工程安全监测是否按要求开展。

2.4.3 运行管理应按下列标准进行分级。以下三款全部或基本满足的，运行管理可评为规范，定为 A 级；满足或基本满足第三款和其余两款之一的，运行管理可评为较规范，定为 B 级；仅满足一款或均不满足的，运行管理评为不规范，定为 C 级。

 1 工程管护范围明确可控，技术人员满足管理要求，管理经费满足要求。

 2 规章、制度齐全并落实，水工隧洞按审批的调度运用计划合理运行，应急预案满足要求。

 3 工程设施完好并得到定期维护，管理设施、安全监测等满足运行要求。

3 安 全 检 测

3.1 一 般 规 定

3.1.1 安全检测内容，应根据现状调查分析报告，结合工程运行情况和影响因素综合研究确定，并与安全复核内容相协调。宜包括洞身围岩、进出口边坡的安全性，支护与衬砌结构的安全性，混凝土结构的安全性和耐久性，砌体结构的完整性和安全性，防渗、导渗与消能防冲设施的完整性和有效性，金属结构的安全性，机电设备的可靠性，监测设施的有效性和其他有关设施专项测试。

3.1.2 对无地质勘察资料或地质勘察资料不满足要求的水工隧洞，应补充地质勘察，根据隧洞级别按照 GB 50487、SL 55 的有关规定检测岩土体的基本工程性质指标。

3.1.3 安全检测应符合下列要求：

　　1 检测部位选择应能真实反映工程实际安全状态，应包括现状调查分析中发现的工程安全问题、隐患和疑点部位。

　　2 检测工作宜选在条件有利于检测和对水工隧洞运行干扰较小的时段进行，必要时进行水下检测。

　　3 检测内容应满足附录 B.2 的要求。

　　4 现场检测宜采用无损检测方法。

3.1.4 水工隧洞安全检测应划分检测洞段，并应符合下列要求：

　　1 检测洞段的划分主要根据地质条件、工程布置、工程质量现状以及洞段长度大致相近的要求进行划分。

　　2 应选取能较全面反映工程实际安全状态的洞段进行抽样检测，并应包括衬砌质量较差、缺陷较多、不良地质条件隧洞段或是病害较为严重的洞段。

　　3 检测洞段抽样比例应综合洞段数量和长度、运行情况、检测内容和条件等因素确定，并符合表 3.1.4 的规定。检测比例涉及病险分类与加固范围时，可根据实际需要检测，不受抽样比例限制。

表 3.1.4　检测洞段抽样比例

洞段数	5 段以内	6 段～10 段	11 段～20 段	20 段以上
抽样比例	50%～100%	30%～50%	20%～30%	20%

3.1.5 现场检测应做好安全防护措施，符合 SL 401 的有关规定。

3.1.6 承担现场安全检测的机构资质和人员资格应符合有关规定，安全检测完成后应编制安全检测分析报告，报告编制应满足附录 A.2 的要求。

3.2 现 场 检 测

3.2.1 隧洞围岩和进出口边坡检测方法宜按附录 B.3 的有关规定执行，检测内容宜包括下列内容：

    1 环境与外部作用。

    2 几何尺寸和整体变形。

    3 裂缝、坍塌、渗水、滑坡等病害。

    4 防渗、排水系统。

3.2.2 支护与衬砌结构检测方法宜按附录 B.3 的有关规定执行，检测内容宜包括下列内容：

    1 几何尺寸。

    2 外观质量。

    3 材料性能与结构变形情况。

    4 内部缺陷。

    5 衬砌厚度、脱空、渗漏等。

    6 衬砌分缝变形情况。

3.2.3 混凝土结构检测方法宜按附录 B.3 的有关规定执行，并应符合下列要求：

    1 检测内容宜包括下列内容：

      1）混凝土性能指标，包括强度、碳化深度等。

      2）混凝土外观质量和内部缺陷，包括裂缝等。

      3）钢筋布置、保护层厚度、钢筋锈蚀程度等。

      4）结构变形和位移、基础不均匀沉降以及渗漏等。

    2 混凝土闸门安全检测可按 DL/T 5251 的规定执行，同时还应检测零部件和埋件。

    3 混凝土结构发生腐蚀的，侵蚀性介质的成分、含量应按 SL 352 的规定测定，并检测腐蚀程度。

3.2.4 砌体结构安全检测可参照 GB/T 50315 对砌体完整性、接缝防渗有效性进行检测，必要时可取样进行砌体密度、强度检测。

3.2.5 金属结构安全检测应符合下列要求：

    1 钢板衬砌检测宜按照 SL 582、SL 281 等的有关规定执行。

    2 钢闸门、启闭机检测应按 SL 101、SL 381 的规定执行。

    3 检测内容宜包括下列内容：

      1）外观检测。

2）材料检测。

3）腐蚀检测。

4）无损探伤检测。

5）应力检测。

6）闸门启闭力检测。

7）启闭机考核。

8）其他项目检测。

3.2.6 机电设备安全检测应按 GB 50150 等的有关规定执行。

3.2.7 监测设施安全检测应按 GB/T 33112、SL 725 等的有关规定执行。

3.2.8 其他专项测试应按相应标准的有关规定执行。

3.2.9 现场检测工作结束后，应及时修补因检测造成的结构或构件的局部损伤，修补后的结构构件应满足设计和功能要求。

3.3 工程质量评价

3.3.1 工程质量评价应根据现状调查、安全检测结果，结合工程勘察和运行观测等资料综合分析，评价工程质量是否符合有关标准的规定和工程运行的要求。

3.3.2 工程质量应按下列标准进行分析：

1 检测结果均满足标准要求，运行中未发现质量缺陷，且现状满足运行要求的，评定为 A 级。

2 检测结果基本满足标准要求，运行中发现的质量缺陷尚不影响工程安全的，评定为 B 级。

3 检测结果大部分不满足标准要求，或工程运行中已发现质量问题，影响工程安全的，评定为 C 级。

4 安 全 复 核

4.1 一 般 规 定

4.1.1 安全复核应包括水力、结构、渗流、抗震、金属结构、机电设备复核等。复核应根据各项安全复核结果，分别进行安全性分级。

4.1.2 安全复核应符合下列要求：

1 根据现行标准、设计资料、施工资料、运行管理资料、现状调查、安全检测成果等进行安全复核。

2 应重点分析现状调查和安全检测发现的问题、运行中的异常情况、事故或险情的处理效果。

3 复核计算有关的荷载、参数，应根据现状调查或安全检测的结果确定；缺乏实测资料时，可参考设计资料确定，并应分析对复核计算结果的影响。

4.1.3 安全复核完成后应编制安全复核报告，报告编制应符合附录 A.3 的要求。

4.2 水 力 复 核

4.2.1 水力复核应根据水工隧洞及附属建筑物的用途、特点及外部条件变化等，选择进行过流能力、洞内流态、水面线、水力过渡过程、消能防冲、防空蚀及防洪标准复核等。

4.2.2 过流能力、洞内流态、水面线、水力过渡过程及消能防冲复核应按 SL 279 相关规定进行。

4.2.3 对于存在防空蚀要求的水工隧洞，应根据实际运行情况进行防空蚀复核，复核应按 SL 279 的相关规定进行。

4.2.4 对于存在防洪要求的水工隧洞附属建筑物，应进行防洪标准复核，复核应按 GB 50201、SL 252 及 SL 44 的相关规定进行。

4.2.5 水力安全应按下列标准进行分级：

1 满足标准要求，且满足近期规划要求，评定为 A 级。

2 满足标准要求，但不满足近期规划要求，能通过工程措施解决的，评定为 B 级。

3 不满足标准要求，评定为 C 级。

4.3 结 构 安 全 复 核

4.3.1 结构安全复核应包括围岩稳定性、支护与衬砌结构安全性、进出口边坡稳定性和附属建筑物结构安全性复核等。

4.3.2 结构复核计算应根据工程运用条件、实际结构尺寸和物理力学参数进行，对于有监测资料的，应重视反演分析。复核应选取合适的计算方法和计算模型，必要时采用数值仿真分析。当工程运用条件、结构尺寸与物理力学参数等均未发生变化且运行正常的建筑物，可不进行结构复核计算。

4.3.3 隧洞围岩稳定性复核应按 SL 279 等的规定执行，分析评价隧洞围岩现状稳定性，必要时进行地质勘察。

4.3.4 支护与衬砌结构的安全复核应按 SL 279、GB 50086 和 SL 212 等的规定执行。衬砌结构复核计算应充分考虑衬砌结构特点、荷载作用形式及围岩条件等。

4.3.5 进出口边坡安全复核应结合地质勘察及监测资料按 SL 386 的规定进行边坡稳定性计算分析。对于新老滑坡体或潜在滑坡体、危岩体，应对监测资料进行重点整理分析，判断其稳定性，必要时可开展专题研究。

4.3.6 水工隧洞封堵体的安全复核应按 SL 279 执行。

4.3.7 附属建筑物结构安全复核应按 SL 191 和 SL 285 等执行。消能防冲安全复核可根据出水口建筑物结构型式、材料特性与过流特点按 SL 253 选取合适的计算方法和计算模型。高速水流区还应复核防空蚀能力和底板抗浮安全性。

4.3.8 混凝土结构除应满足强度和裂缝控制要求外，还应根据所在部位的工作条件、地区气候和环境等情况，分别满足抗渗、抗冻、抗侵蚀和抗冲刷等耐久性的要求，并应符合 SL 279、GB/T 50662、SL 191 及 SL 654 等的有关规定。

4.3.9 结构安全应按下列标准进行分级：

1 满足标准要求，运行正常，评定为 A 级。

2 满足标准要求，结构存在质量缺陷尚不影响总体安全，评定为 B 级。

3 不满足标准要求，评定为 C 级。

4.4 渗流安全复核

4.4.1 对于水工隧洞及附属建筑物，当出现渗流条件变化或渗流安全隐患时，应进行渗流安全复核。

4.4.2 水工隧洞渗流安全复核应按 SL 279 等的规定执行。复核应选取合适的计算方法和计算模型，必要时可采用三维数值仿真分析。

4.4.3 当水工隧洞有可靠的渗流观测资料时，宜采用实测数据反馈分析，进行渗流安全复核。

4.4.4 衬砌分缝、不良地质洞段、存在高内外水压等处防渗止水措施应满足

SL 279 的要求，并重点复核。

4.4.5 渗流安全应按下列标准进行分级：

1 满足标准要求，运行正常，评定为 A 级。

2 满足标准要求，防渗、排水设施存在质量缺陷尚不影响总体安全，评定为 B 级。

3 不满足标准要求，不能正常运行，评定为 C 级。

4.5 抗震安全复核

4.5.1 当水工隧洞及其附属建筑物有抗震设防要求时，应进行抗震安全复核。临近不稳定边坡或其他建筑物可能影响工程安全时，应评估其影响。

4.5.2 水工隧洞抗震设防类别应按 GB 51247 确定，场地地震基本烈度应按 GB 18306 确定。应根据水工隧洞的类型和特点，选取合适的计算方法和计算模型，必要时可采用数值仿真分析。

4.5.3 水工隧洞及附属建筑物抗震复核应包括抗震稳定性和结构强度计算，抗震复核应符合 GB 51247 的规定。隧洞进出口边坡的抗震稳定性应按照 SL 386 复核。

4.5.4 水工隧洞抗震措施应符合 GB 51247 的相关规定，结构构件抗震构造要求应符合 SL 191 的相关规定。

4.5.5 抗震安全应按下列标准进行分级：

1 满足标准要求，抗震措施有效，评定为 A 级。

2 满足标准要求，抗震措施存在缺陷尚不影响总体安全，评定为 B 级。

3 不满足标准要求，评定为 C 级。

4.6 金属结构安全复核

4.6.1 金属结构安全复核应包括闸门、启闭机、钢板衬砌等安全复核。

4.6.2 闸门安全复核应包括下列内容：

1 闸门布置、选型、运用条件能否满足需要。

2 闸门与埋件的制造与安装质量是否符合设计与标准的要求。

3 闸门锁定装置、检修门配置能否满足需要。

4.6.3 闸门运用条件、结构尺寸与计算参数等发生不利变化时，应复核闸门结构件的强度、刚度和稳定性，按 SL 74 等标准执行。荷载应结合有关观测试验资料，按设计运用条件、结构现状进行复核。

4.6.4 启闭机结构件安全复核应按 SL 41 的规定执行。荷载应结合有关观测试验资料，按设计运用条件、结构现状进行复核。

4.6.5 钢板衬砌安全复核应按照 SL 279、SL 582 的规定执行。

4.6.6 金属结构报废应按 SL 226 的规定执行。

4.6.7 金属结构安全应按下列标准进行分级：

1 满足标准要求，运行状态良好，评定为 A 级。

2 满足标准要求，存在质量缺陷尚不影响安全运行的，评定为 B 级。

3 不满足标准要求，或不能正常运行，评定为 C 级。

4.7 机 电 设 备 安 全 复 核

4.7.1 机电设备安全复核应评价能否满足安全运行要求。

4.7.2 安全复核应包括下列内容：

1 电动机、柴油发电机等设备的选型、运用条件能否满足工程需要。

2 机电设备的制造与安装是否符合设计与标准的要求。

3 变配电设备、控制设备和辅助设备是否符合设计与标准的要求。

4.7.3 机电设备安全复核应按 GB 19517、GB 50150、SL 511、SL 381 及 SL 510 的规定执行。泄洪及其他应急闸门的启闭机供电可靠性、电气设备安全应符合 GB/T 25295 的规定。

4.7.4 机电设备安全应按下列标准进行分级：

1 满足标准要求，运行正常，评定为 A 级。

2 满足标准要求，存在质量缺陷尚不影响安全运行，评定为 B 级。

3 不满足标准要求，或不能正常运行，评定为 C 级。

5 安全评价

5.0.1 水工隧洞安全类别可划分为以下三类：

1 一类洞：管理规范，运用指标能达到设计标准，无影响正常运行的缺陷，按常规维修养护即可保证正常运行。

2 二类洞：管理较规范，运用指标基本达到设计标准，工程存在一定损坏，经大修后，可达到正常运行。

3 三类洞：管理不规范，运用指标达不到设计标准，工程存在严重损坏或严重安全问题，需加强管理，控制运用，经除险加固后，才能实现正常运行。

5.0.2 水工隧洞安全类别应根据现状调查的运行管理评价、安全检测的工程质量评价和安全复核的安全性评价分级结果，按照下列标准综合确定：

1 运行管理评价、工程质量评价与安全复核各项安全性评价分级均为 A 级，评定为一类洞。

2 运行管理评价为 B 级或 C 级，或工程质量评价与安全复核各项安全性评价分级有一项为 B 级（不含 C 级），评定为二类洞。

3 工程质量评价与安全复核各项安全性评价分级有一项为 C 级，评定为三类洞。

5.0.3 水工隧洞安全评价应编制水工隧洞安全评价报告，报告编制应符合附录 A.4 的规定。对评定为二类、三类的水工隧洞，安全评价应根据所评定的类别提出针对性的处理建议与处理前的应急措施，并根据运行管理评价结果对工程管理提出建议。

附录 A　安全鉴定报告编制要求

A.1　工程现状调查分析报告

A.1.1　基本情况

1　工程概况

包括水工隧洞所处位置，建成时间，工程规模和主要结构，工程设计效益和实际效益，最新规划成果，工程建设程序，工程建设单位，工程特性表等。

2　设计、施工情况

包括工程等别，建筑物级别，设计的工程特征值，围岩与进出口边坡情况与处理措施，施工中发生的主要质量问题与处理措施等，工程改扩建或加固情况及发生的主要质量问题与处理措施等。

3　运行管理情况

包括运行管理制度制定与执行情况，工程管理与保护范围，主要管理设施，工程调度运用方式和控制运用情况，运行期间检查检修情况，工程遭遇洪水、地震或发生事故情况与应对处理措施等。

A.1.2　工程安全状态初步分析

应结合所收集的技术资料和现场检查情况，对水工隧洞的岩土体结构、支护与衬砌结构、混凝土结构、砌体结构、金属结构、机电设备的安全状态和完好程度，以及观测设施的有效性等逐项详细描述，并对工程存在问题、缺陷产生原因和观测资料等进行初步分析。

A.1.3　运行管理评价

应对水工隧洞运行管理状况进行分析评价。

A.1.4　结论与建议

提出水工隧洞运行管理状况评价结果；明确安全检测和安全复核项目，给出工程处理的初步意见与建议。

A.2　安全检测报告

A.2.1　项目背景

简单介绍安全评价的背景和安全检测工作情况。

A.2.2　基本情况

同 A.1.1。

原有检查、检修、检测和观测资料的成果摘要。

A.2.3　本次检测方案

1 应明确检测目的与检测内容。

2 应简述各项检测方法和依据的规程规范或相关的行业管理规定等。

3 应说明抽样方案及检测数量（洞段数、测区数或测点数、钻芯数量等）。

A.2.4 检测结果与分析

按建筑物分部组成对检测结果进行叙述并分析。

A.2.5 工程质量评价

对照相关标准的规定进行水工隧洞工程质量评价。

A.2.6 结论与建议

按建筑物给出安全检测主要结论，明确水工隧洞工程质量分级，提出处理建议。

A.2.7 附图

工程检测点布置图、工程质量缺陷图、照片或录像。

A.3 安全复核报告

A.3.1 工程概况

1 工程地理位置、管理单位等基本情况。

2 本次水工隧洞安全鉴定前历次设计（包含改扩建设计、除险加固设计等）的特征值（包括工程等别与建筑物级别、设计流量等）；围岩与边坡处理设计情况；工程特性表。

3 水工隧洞施工情况，施工中出现问题、处理措施和遗留问题。

4 工程现状调查和现场安全检测成果反映出的水工隧洞存在的主要病险问题，工程复核计算的目的。

A.3.2 复核依据

1 最新工程规划、功能等要求。

2 规程规范，规划成果，参考的经典理论手册、教材等。

3 现状调查和现场安全检测成果，要对工程安全复核计算使用的相关成果进行说明并列出必要的数据，包括建筑物级别、原设计标准、围岩情况和安全检测有关资料等。

A.3.3 安全复核分析

1 复核内容按水力、结构、渗流、抗震、金属结构、机电设备安全复核进行编排。

2 复核计算应交代计算条件、计算参数、计算方法、复核标准，并对计算条件、计算参数进行说明，交代主要计算过程（非商业软件应交代软件的可靠性与应用情况，商业软件应给出版本号），给出计算输入数据、计算简图与计算结果图。

3 结构措施复核应对比规程规范要求，进行相应分析。

A.3.4 安全复核评价和建议

判断复核内容是否符合标准要求，进行各项安全性分级，并给出工程处理措施建议。

A.4 安全评价报告

A.4.1 前言

简介水工隧洞安全鉴定的委托情况、安全鉴定的原因、现场安全检测主要结论，简述安全评价复核的内容与针对性。

A.4.2 工程概况

同 A.3.1。

A.4.3 现状调查分析评价

1 工程安全问题、隐患和疑点。

2 现场安全检测和安全复核项目要求。

3 水工隧洞运行管理评价。

A.4.4 安全检测分析与质量评价

1 现场安全检测项目。

2 安全检测成果与分析。

3 工程质量分析。

4 工程质量评价结论与建议。

A.4.5 安全复核分析

重点交代复核项目、复核运用条件、复核结果与复核标准。

1 水力复核。

2 结构安全复核。

3 渗流安全复核。

4 抗震安全复核。

5 金属结构安全复核。

6 机电设备安全复核。

7 其他。

A.4.6 安全综合评价和建议

1 在专项安全分级基础上划分水工隧洞安全类别。

2 提出建议，对二类、三类水工隧洞应提出处理建议与处理前的应急措施，并根据运行管理评价结果对工程管理提出建议。

A.5 安全鉴定报告书

鉴定	全面	
种类	专项	

安全鉴定报告书

隧洞名称：＿＿＿＿＿＿

年　　月　　日

填表说明：

1. 隧洞名称：除名称外，填明隧洞类型。

2. 工程施工和验收情况：填明工程施工的基本情况和施工中曾发生的主要质量问题及处理措施，工程验收文件中有关对工程管理运用的技术要求等。

3. 隧洞运行情况：填明隧洞运行期间遭遇滑坡、泥石流、强烈地震和重大工程事故造成的工程损坏情况及处理措施等。

4. 隧洞安全分析评价：应根据对现状调查、现场安全检测和复核计算三项成果的审查结果，按规定内容逐项编写。

5. 隧洞安全类别评定：按安全类别评定标准评定的结果填列。单项工程的安全鉴定，可不填列。

隧洞名称		隧洞级别		建成年月	
所涉河流		所在地点			
设计地震烈度		鉴定时间			
隧洞主管部门		隧洞管理单位			
鉴定组织单位					
鉴定承担单位					
鉴定审定部门					

鉴定项目:

工程概况:

工程施工和验收情况:

隧洞运行情况:

本次安全鉴定安全检测、复核计算基本情况			
现场安全检测单位名称		工程安全复核单位名称	
现场安全检测项目	安全检测成果名称	工程安全复核计算项目	复核计算成果名称

隧洞安全分析评价	围岩稳定性与支护和衬砌结构安全性	
	进出口边坡稳定性和附属建筑物结构安全性	
	防渗安全性	
	抗震能力	
	过流能力与防空蚀及防洪安全	
	金属结构	
	机电设备	
	监测设施	
	运行管理	
	其他	

隧洞安全类别评定：

隧洞安全鉴定结论：

专家组组长：（签字）

年　月　日

_____隧洞安全鉴定专家组成员表

年　月　日

姓名	专家组职务	工作单位	职务	职称	从事专业	签名

鉴定组织单位意见：

负责人：(签名)　　　单位(公章)：　年　月　日

鉴定审定部门意见：

负责人：(签名)　　　单位(公章)：　年　月　日

附录 B 现场安全检测的技术要求与方法

B.1 相关检测标准

B.1.1 现场安全检测应符合下列相关标准：

GB 50086　岩土锚杆与喷射混凝土支护工程技术规范

GB/T 50152　混凝土结构试验方法标准

GB/T 50344　建筑结构检测技术标准

SL 101　水工钢闸门和启闭机安全检测技术规程

SL 326　水利水电工程物探规程

SL 352　水工混凝土试验规程

SL 377　水利水电工程锚喷支护技术规范

JGJ/T 23　回弹法检测混凝土抗压强度技术规程

DL/T 5424　水电水利工程锚杆无损检测规程

CECS 02　超声回弹综合法检测混凝土强度技术规程

B.1.2 现场安全检测还应符合相关行业管理规定。

B.2 安全检测要求

B.2.1 混凝土结构安全检测应符合下列规定：

1 检测混凝土外观质量与缺陷。

2 检测主要结构构件混凝土强度。

3 主要结构构件或有防渗要求的结构，或出现破坏结构整体性及影响工程安全运行的裂缝，应检测裂缝的分布、宽度、长度和深度，必要时应检测钢筋的锈蚀程度，分析裂缝产生的原因。

4 对承重结构荷载超过原设计荷载标准而产生明显变形的，应检测结构的应力和变形值。

5 对主要结构构件表面发生锈胀裂缝或剥蚀、磨损、保护层破坏较严重的，应检测钢筋的锈蚀程度，必要时应检测混凝土的碳化深度和钢筋保护层厚度。

6 结构因受侵蚀性介质作用而发生腐蚀的，应测定侵蚀性介质的成分、含量、检测结构的腐蚀程度。

7 混凝土衬砌检测应符合下列规定：

　1） 当采用地质雷达检测混凝土衬砌厚度和衬砌脱空时宜符合附录 B.3.15 的规定，且宜采用局部凿孔法或钻孔法校核检测结果。

2）当采用回弹法或超声回弹法检测衬砌混凝土强度时宜采用钻孔取芯法校核检测结果。

3）混凝土衬砌裂缝的调查与检测宜符合附录 B.3.16 的规定。

B.2.2 锚杆（索）检测应满足下列要求：

1 调查锚杆已有技术资料，根据已有技术资料对锚头、锚杆杆体、锚固段承载力进行验算。

2 锚杆现场检测采用抽样检测法，检测项目及抽样数量满足下列要求：

1）对锚杆外锚头锚固端质量进行全数检查。对发现有质量缺陷的外锚头进行全数检测；对未发现有质量缺陷的外锚头抽其总数的 5%，且不少于 3 个进行检测，并对外锚头锚固性能进行评价。

2）有条件时，对锚杆杆体施工质量进行检测。

3 对于全长黏结型锚杆，抽样比例宜参照 DL/T 5424 执行，且每种类型锚杆不应少于 3 根，可采用声波反射法等无损检测方法进行锚杆长度和注浆密实度的检测，且应符合国家现行行业标准 DL/T 5424 的有关规定，检测记录见表 B.2.2。

4 当出现锚杆破坏或围岩变形异常时，在采取有效安全措施或预加固措施后，应抽取锚杆总数的 1%，且每种类型锚杆不应少于 3 根，进行锚杆抗拔试验，检验其抗拔承载力。

5 需评估锚杆的耐久年限时，应根据锚杆（索）修建年代、材料选择、防腐措施、环境类别和作用等级，及当地工程经验类比确定；确有必要，可局部开挖检测锚杆腐蚀情况，按国家现行有关标准评估其耐久年限。

表 B.2.2 锚 杆 检 测 记 录 表

工程名称		锚杆编号		锚杆部位	
检测规程		仪器型号		检测日期	
检测波形及解释示意图					
名称	锚杆类型	直径 /mm	总长度 /m	外露长度 /m	入岩长度 /m	注浆密实度 /%	其他
设计值							
检测值							

检测人：　　　　　　　　　　　校核人：

B.2.3 挡墙工程检测应满足下列要求：

1 挡墙工程的检测应包括下列项目：

　　1）坡面倾角。

　　2）变形缝间距。

　　3）预制构件的支承长度。

　　4）支护结构和构件的变形与损伤。

　　5）砌筑质量与构造。

2 挡墙的几何尺寸可采用无损检测法、探坑法、钻孔法和直接测量法等方法检测。当采用地质雷达检测混凝土挡墙厚度时宜符合附录 B.3.15 的规定，且宜采用局部凿孔法或钻孔法校核检测结果。

3 变形缝间距和宽度可用全站仪、钢尺等设备测量。

4 坡面倾角可采用全站仪和吊线法检测。

5 预制构件的支承长度，可在其实际使用部位用钢尺等检测设备检测。

6 对挡墙损伤的检测宜符合下列规定：

　　1）对环境侵蚀，应确定侵蚀源、侵蚀程度和侵蚀速度。

　　2）对冻融损伤，应测定冻融损伤深度、面积，检测部位宜为水量较大的部位。

　　3）对地质灾害等造成的损伤，应确定灾害影响范围及影响程度。

　　4）对于人为因素造成的损伤，应确定损伤的程度和范围。

B.2.4 排水系统检测应满足下列要求：

1 对截、排水沟与支护结构的位置关系应采用钢尺、全站仪等设备进行测量。

2 对暗沟（管）、盲沟等地下排水设施宜采用无损检测设备探测其位置，绘制暗沟（管）、盲沟等地下排水设施与支护结构的位置关系，观察其排水效果，并做好相应的检测记录。

3 截、排水沟的断面尺寸、沟底排水坡度应进行检测，每 100m 不应少于 3 个测点。

4 对截、排水沟盖板、沟壁和沟底的外观质量应全数检查。对盖板、沟体内出现的堵塞、溢流、渗漏、淤积、冲刷和冻结及其他外观质量缺陷的部位应记录准确。

5 对排水孔的横向和竖向间距、数量、孔径、排水坡度及排水状态应进行全数检查，对存在质量缺陷排水孔的检查结果用图标识。

B.2.5 护坡检测应满足下列要求：

1 对护坡坡面的坡度、高度和表面平整度可采用全站仪、测倾仪、钢尺、靠尺和塞尺等进行检测。

2 对变形缝的宽度、填料、数量和外观质量应全数检查。

3 对护坡防护网的外观质量、孔网尺寸和布置位置应全数检查。

B.2.6 闸门检查发现下列情况之一时，应做进一步的安全检测分析：

1 门槽及附近混凝土空蚀、冲刷、淘空、开裂、剥蚀、老化等破坏。

2 闸门进水口、门槽附近及门后水流流态异常。

3 闸门振动。

4 闸门或埋件较重腐蚀。

5 门叶变形、扭曲，面板、横梁、纵梁、支臂等构件损伤、变形、错位，主要受力焊缝缺陷明显，连接螺栓损伤、变形、松动、缺件。

6 闸门止水装置破损、变形、缺件，严重漏水。

7 吊耳损伤、变形、吊具连接不牢，平面闸门的主轮（滑道）、侧向支承、反向支承或弧形闸门支铰损伤、变形、缺件、锈结。

8 轨道、底槛、门楣、止水座板或弧门铰座等埋件损伤、变形、错位、混凝土淘空。

9 闸门平压设备、锁定装置及融冰设施不可靠。

10 通气孔坍塌、堵塞或通气不畅。

11 闸门、门槽上吸附水生生物。

B.2.7 启闭机的现场检查如发现下列情况之一时，应做进一步的安全检测分析：

1 启闭机超工作级别运行。

2 启闭机振动异常。

3 双吊点不同步。

4 启闭机较重腐蚀。

5 卷扬启闭机机架损伤、变形、焊缝缺陷明显，制动轮缺陷明显、与制动带接触面积小，轮齿损伤、咬合不紧密，卷筒损伤、开裂，传动轴开裂、变形，滑轮组磨损、变形，钢丝绳磨损、断丝；移动式启闭机的门架或桥架损伤、变形、焊缝缺陷明显，车轮磨损、开裂，轨道变形、错位。

6 液压启闭机液压缸损伤、开裂，活塞杆磨损、变形，液压缸或油路漏油。

7 螺杆启闭机螺母磨损、开裂，螺杆磨损、变形。

8 电气控制设备不完整、不能正常使用，绝缘保护与接地系统不可靠。

9 荷载控制、行程控制、开度指示等设备不完整、不能正常使用。

10 启闭机室错动、开裂、漏雨而影响启闭机正常运行。

B.3 现场安全检测方法

B.3.1 检测方法应根据检测项目、检测内容、场地条件等确定。

B. 3. 2　检测项目有明确的检测标准或规定的，应按相应标准的检测方法执行；已有标准规定与实际明显不适用时，应根据实际情况适当调整或修正；检测项目缺少标准的，可参照标准检测方法适当扩大使用范围、或采用已通过技术鉴定的检测方法。后两种情况应予充分说明，给出检测细则，明确检测设备、操作要求、数据处理等，并征得委托方认可。

B. 3. 3　有相应标准的检测方法应选用国家或行业标准，对有地区特点的检测项目选用地方标准；同一种检测方法，不同标准间不一致时，除有地区特点的检测项目选用地方标准外，应按国家标准或行业标准执行。

B. 3. 4　检测抽样应具代表性。洞段检测抽样时，对有缺陷部位应进行全部检测；外观无明显差异、质量较好的，可根据情况随机抽样检查，抽样比例应不低于最小抽样比例。金属结构检测最小抽样应按 SL 101 执行。

B. 3. 5　结构构件混凝土抗压强度的检测，可采用回弹法、超声回弹综合法、射钉法或钻芯法等方法，检测操作应分别遵守下列相应技术规程的规定：

　1　回弹法、射钉法和钻芯法检测操作应按 SL 352 的规定进行。

　2　超声回弹综合法检测操作应按 CECS 02 的规定进行。

B. 3. 6　结构构件混凝土抗拉强度的检测，宜采用圆柱体芯样试件施加劈裂荷载的方法检测，检测操作应按 SL 352 的规定进行。

B. 3. 7　混凝土内部缺陷的检测，可采用超声法、雷达法、冲击反射法等非破损方法，必要时可采用局部破损方法对非破损的检测结果进行验证。采用超声法检测混凝土内部缺陷时，检测操作应按 SL 352 的规定进行。采用雷达法检测混凝土内部缺陷时，检测操作应按 SL 326 的规定进行。

B. 3. 8　混凝土结构构件裂缝的检测宜符合附录 B. 3. 16 的规定。

B. 3. 9　钢筋保护层厚度宜采用非破损的电磁感应法或雷达法进行检测，必要时可采用局部凿孔法或钻孔法进行钢筋保护层厚度的验证。

B. 3. 10　钢筋锈蚀状况的检测可根据测试条件和测试要求选择剔凿检测方法或电化学测定方法，并应遵守下列规定：

　1　钢筋锈蚀状况的剔凿检测方法，剔凿出钢筋，直接测定钢筋的剩余直径。

　2　钢筋锈蚀状况的电化学测定方法宜配合剔凿检测方法的验证。

　3　钢筋锈蚀状况的电化学测定可采用极化电极原理的检测方法，测定钢筋锈蚀电流和测定混凝土的电阻率，也可采用半电池原理的检测方法，测定钢筋的电位。相应的检测操作应按 SL 352 和 GB/T 50344—2015 附录 D 的规定进行。

B. 3. 11　混凝土碳化深度的检测，应按 JGJ/T 23 的规定进行。

B. 3. 12　混凝土结构应力的检测，检测内容包括混凝土和钢筋的应变的检测，检测操作应按 GB/T 50152 的规定进行。

B.3.13 混凝土结构变形的检测，可参照 GB/T 50152 的规定进行。

B.3.14 侵蚀性介质成分、含量、结构腐蚀程度的检测，根据具体腐蚀状况，可参照 SL 352 和其他相应技术规程的规定进行。

B.3.15 衬砌混凝土厚度和混凝土挡墙厚度的检测可采用雷达法，检测操作可参照 SL 326 的规定执行。

B.3.16 混凝土结构裂缝检测应满足下列要求：

1 裂缝的检测项目应包括裂缝的位置、长度、宽度、深度、形态和数量。

2 裂缝应采用下列检测方法：

1）裂缝的长度、走向主要通过划分网格坐标检测，辅助钢卷尺量测裂缝的起止点、转折点坐标。

2）裂缝宽度测量主要采用人工目力辅助刻度放大镜进行测量。裂缝宽度的量取应排除混凝土表面浮浆层的影响，其厚度宜为 6mm。

3）裂缝深度可采用超声法检测，必要时可钻取芯样予以验证，超声法检测操作应按 SL 352 的规定进行。

4）裂缝扩展情况检测主要采用的方法为：

——裂缝长度变化采用在裂缝端头做标记，配合钢卷尺测量坐标的方法进行；

——裂缝宽度变化分为定性观测和定量观测。定性观测可采用跨缝粘贴薄玻璃片或其他薄片状脆性材料观测；定量观测可采用人工读取刻度放大镜或跨缝粘贴裂缝扩展片的电测方法进行测量。

3 裂缝检测记录应着重以裂缝图记录裂缝形态特征，以裂缝记录表（见表 B.3.16-1、表 B.3.16-2）记录裂缝参数特征。

表 B.3.16-1　裂缝特征参数记录表

工程名称			裂缝观测部位				观测日期			
项目	起点坐标		终点坐标		裂缝长度/m	裂缝宽度/mm			典型缝	裂缝走向	
裂缝编号	X/m	Y/m	X/m	Y/m		<0.1	$0.1\sim0.2$	>0.2	宽度/mm	纵	横	斜
1												
2												
⋮												
n												
合计												
备注												

检测人：　　　　　　　　　　校核人：

表 B.3.16-2 裂缝统计表

工程名称		观测日期					
构件（或裂缝观测部位）	裂缝总数 /条	按裂缝宽度（mm）划分			按裂缝走向划分		
		<0.1	0.1~0.2	>0.2	纵	横	斜
合计							
百分比							

检测人：   校核人：

B.3.17 锚杆（索）抗拔力检测，可参照 SL 377 和 GB 50086 的规定执行。

标 准 用 词 说 明

标准用词	严 格 程 度
必须	很严格，非这样不可
严禁	
应	严格，在正常情况下均应这样做
不应、不得	
宜	允许稍有选择，在条件许可时首先应这样做
不宜	
可	有选择，在一定条件下可以这样做

中华人民共和国水利行业标准

水工隧洞安全鉴定规程

SL/T 790—2020

条 文 说 明

目　次

1 总　则

1.0.1　目前水库大坝、水闸、泵站和堤防等水利工程均有相应的安全评价标准，但尚无用于指导水工隧洞安全鉴定的标准。为了给水工隧洞运行管理提供技术支撑，进一步加强水工隧洞监督管理，及时掌握水工隧洞工程安全状况，编制《水工隧洞安全鉴定规程》，统一安全鉴定标准。

1.0.2　水工隧洞级别划分按 GB 50201《防洪标准》、GB 50288《灌溉与排水工程设计规范》和 SL 252《水利水电工程等级划分及洪水标准》执行。

1.0.3　水工隧洞安全评价范围包括进口段、洞身段、出口段及附属建筑物，包含岩土体、支护与衬砌结构、混凝土结构、砌体结构、金属结构、机电设备、工程管理和安全监测设施等。

　　鉴于自动控制设备在水工隧洞管理中的应用日益增多，且主要用于实现机电设备部分的自动控制，本标准将其评价包含在机电设备评价中，并在 2.3.7 条中明确。

1.0.5　较大险情对于不同的隧洞有所不同，典型的情况如：围岩变形导致隧洞衬砌出现裂缝并处于发展过程中，不衬砌隧洞围岩出现坍塌，高流速水工隧洞空蚀破坏，高压隧洞渗透失稳，进出口建筑物不均匀沉降等。

　　水工隧洞水情、工情发生较大变化的情况也包括水工隧洞的全面更新改造。

1.0.6　水工隧洞管理单位是指具有独立法人资格的水工隧洞管理机构，具体职责包括：制订安全鉴定工作计划，向上级主管部门申请水工隧洞的安全鉴定，委托安全鉴定工作，进行现状调查，向鉴定承担单位提供必要的基础资料；安全鉴定工作结束后，编写水工隧洞安全鉴定工作总结，向上级主管部门上报安全鉴定相关材料等。

　　水工隧洞管理单位的上级主管部门的职责包括：组织和管理本区域的水工隧洞安全鉴定工作，受理并审批水工隧洞管理单位的安全鉴定申请，组织召开水工隧洞安全鉴定成果审查会，成立水工隧洞安全鉴定专家组，主持会议，以及批准水工隧洞安全鉴定报告书等。水工隧洞安全鉴定专家组是根据工程等别和鉴定内容，由有关设计、施工、管理、科研或高等院校等方面的专家和水工隧洞上级主管部门及管理单位的技术负责人组成。水工隧洞安全鉴定专家组人数一般为 5～13 名，其中高级职称人数比例不少于 2/3。

　　安全鉴定承担单位是根据水工隧洞工程等别确定的具有相应检测资质的单位，复核计算工作宜委托具有相应勘测设计资质或工程咨询资质的单位。

2 现 状 调 查

2.1 一 般 规 定

2.1.1 现状调查是安全鉴定的基础工作，由水工隧洞安全鉴定组织单位组成经验丰富、专业齐备的专家组开展现状调研，并对安全鉴定工作提出指导性建议。水工隧洞工程现状调查内容包括工程技术资料的收集、工程现状的全面检查和工程存在问题的初步分析、运行管理评价，提出进一步安全检测和复核的项目和内容的建议。

2.1.2 技术资料的真实性与完整性是做好水工隧洞安全鉴定工作的重要保证，要尽可能数据翔实、描述准确，满足安全评价的要求。

2.1.3 根据我国水工隧洞管理与安全鉴定经验，在安全鉴定之初，应进行水工隧洞全面检查，查清水工隧洞存在的问题和缺陷。应重点检查水工隧洞的薄弱部位和隐蔽部位，以及日常不易检查到的部位。

2.1.4 对现场检查中发现的工程问题、缺陷或不足，要初步分析其成因和对工程安全运行的影响，对结论明确的内容，可不再进行分析评价。现状调查报告应明确发现的工程问题、隐患和疑点，对设计用途或使用环境发生改变的结构应在现状调查报告中明确检查和复核要求。报告需得到现状调查专家组的认可，并附现场专家组签名表。

2.2 技 术 资 料 收 集

2.2.1 管理单位可根据具体情况，按规定要求尽量将资料收集齐全，以利安全鉴定工作的开展。收集资料时，应注意收集工程建设阶段的相关原始资料。

2.3 现 场 检 查

2.3.1 支护与衬砌结构的定义与 SL 279《水工隧洞设计规范》保持一致。

2.3.3 对于无衬砌隧洞，可以直接检查锚杆、锚索和钢丝网的工作状态；对于有衬砌隧洞，当衬砌发生破坏掉落时，主要在衬砌破坏掉落的位置进行检查。对于被衬砌完全封闭的锚杆、锚索和钢丝网，一般需要进行现场检测。

2.3.7 控制设备（含自动化监控）主要包括制动器、启闭荷载限制器、力矩限制器、上下限位装置、行程限制器、缓冲器、防风夹轨器、锚定装置、液压系统保护、电器保护装置和自动化监控设备等安全装置。

2.3.8 工程管理设施为水工隧洞运行管理的重要组成部分，也作为安全检查的内容。

2.3.9 安全监测项目一般包括水位、流量、位移、裂缝、渗流、水流形态、支护结构混凝土应力、围岩压力、锚杆应力等，还包括结合工程特点设置的监测项目。

2.4 运行管理评价

2.4.1 运行管理是水工隧洞工程安全运行的重要因素。运行管理到位，一方面可及时发现工程隐患，做好养护维修，保障工程运行安全；另一方面可减少非正常运用对工程的危害，及时排除险情。因此，本次将运行管理作为水工隧洞安全评价的一个内容。

2.4.3 考虑水工隧洞的实际管理情况，本条主要考虑对工程安全运行影响的三个主要方面。第 3 款是水工隧洞工程安全运行管理较好以上的必要条件。

3 安 全 检 测

3.1 一 般 规 定

3.1.1 检测目的是为工程质量评价提供翔实、可靠和有效的检测数据与结论。为满足安全评价分析需要，检测内容应针对工程存在的问题确定。本条规定的检测内容是总结诸多水工隧洞安全鉴定的实践做出的。

3.1.2 建设资料齐备的水工隧洞要重点对验收遗留工程施工质量、质量缺陷处理效果和运行中发现的质量缺陷与影响进行评价；资料欠缺的水工隧洞应根据补充的工程地质勘察和安全检测资料，结合水工隧洞运行情况进行分析评价。当发现工程质量存在重大质量隐患时，需结合工程现状进行专门论证，并确定是否需要补充勘探试验或采取处理措施。

3.1.3 水下检测实施难度大，获取的检测数据可靠性较差。为做好水工隧洞安全鉴定工作，检测单位需在管理单位的配合下，尽可能选择在隧洞放空时进行现场检测。

3.1.5 由于水工隧洞现场可能对检测人员造成坠落、中毒等伤害，开展安全检测要按照有关规定做好通风、照明等安全防护措施。

3.1.6 承担现场安全检测的机构资质需符合国家有关部门或机构的规定。由于检测工作技术性强，专业人员的技术水平也很重要，因此还要保证检测人员具有相应的检测资格。

3.2 现 场 检 测

3.2.2 支护与衬砌结构工程质量评价的重点是评价实际质量是否满足设计要求，可参考 GB 50086《岩土锚杆与喷射混凝土支护工程技术规范》、GB/T 50662《水工建筑物抗冰冻设计规范》、JGJ 94《建筑桩基技术规范》等标准的有关规定。

3.2.3 混凝土结构工程质量评价的重点是评价强度、抗渗、抗冻等是否满足要求；对已发现的混凝土裂缝、渗漏、空鼓、剥蚀、腐蚀、碳化和钢筋锈蚀等问题，还要评估其对结构安全性、耐久性的影响。可参考 SL 279、SL 191《水工混凝土结构设计规范》、GB/T 50107《混凝土强度检验评定标准》及 GB 50204《混凝土结构工程施工质量验收规范》等标准的有关规定。

3.2.4 砌体结构工程质量评价的重点是评价砌体完整性、接缝防渗有效性、结构整体稳定性等，可参考 SL 27《水闸施工规范》、SL 435《海堤工程设计规范》等标准的有关规定。

3.2.5 金属结构质量评价的重点是评价实际质量是否满足设计要求，可参考 SL 36《水工金属结构焊接通用技术条件》、SL 41《水利水电工程启闭机设计规范》、SL 74《水利水电工程钢闸门设计规范》、SL 105《水工金属结构防腐蚀规范》及 SL 381《水利水电工程启闭机制造安装及验收规范》等标准的有关规定。

检测内容中的其他项目可包括：腐蚀检测、结构振动检测、水质检测、特殊项目检测等。对 SL 101《水工钢闸门和启闭机安全检测技术规程》中没有的检测项目可参考 DL 835《水工钢闸门和启闭机安全检测技术规程》的相关规定。

3.2.6 机电设备质量评价的重点是评价实际质量是否满足设计要求，可参考 SL 511《水利水电工程机电设计技术规范》、GB 25295《电气设备安全设计导则》等标准的有关规定。

3.2.7 监测设施质量评价的重点是评价实际质量是否满足设计要求，可参考 SL 725《水利水电工程安全监测设计规范》等标准的规定。

3.3 工程质量评价

3.3.1 现场检测结果为安全复核提供符合工程实际的参数，评价工程质量是否满足相关规范的要求，为工程维修养护或除险加固提供指导性意见。

4 安 全 复 核

4.1 一 般 规 定

4.1.1 安全复核目的是复核水工隧洞各结构与设施能否按标准与设计要求安全运行。安全复核的内容包括复核计算、结构布置、构造要求等内容。安全复核应根据实际情况，在现状调查、安全检测基础上，确定复核计算内容。安全复核一般依据 3.1.2 中的规定，选择代表性断面或典型洞段开展复核。

安全复核一般按水力、结构、渗流、抗震、金属结构、机电设备安全复核顺序进行，并明确相应内容、分析方法与标准。并将过流能力复核内容纳入水力复核、消能防冲复核纳入结构安全复核。

安全性分级为 A、B、C 三级。一般原则为：A 级为安全可靠；B 级为基本安全；C 级为不安全。

4.1.2 安全复核一般依据相关标准进行复核；对尚无标准可参照的专项复核内容可复核其是否满足设计要求。安全复核需对基本资料进行核查，在此基础上，根据现场检查、安全检测和计算分析等技术资料，进行复核。

当荷载、运用条件与方式等改变，需进行重点复核。现场检查、安全检测发现的问题、疑点或异常迹象，以及历史重大质量缺陷、验收遗留问题与运行中异常、事故或险情的处理措施与效果分析，应重点复核。安全复核有关的荷载、计算参数，需根据观测试验或安全检测的结果确定；缺乏实测资料或检测资料时，可参考设计资料取用，但必须分析对复核结果的影响。

4.2 水 力 复 核

4.2.1 水力复核需充分考虑到隧洞用途、有压还是无压、土洞还是岩洞等不同特点，不良地质等外部条件及实际运行和检测情况，进行有针对性和选择性的复核。

无压隧洞复核一般包括水面线复核，以判断判断洞顶余幅；有压隧洞复核一般包括水力过渡过程分析和消能防冲复核。

4.2.5 水工隧洞安全满足要求，虽不满足近期规划要求或过流能力不足，但可以通过工程措施解决的可评为 B。

不满足近期规划要求主要是指，在水工隧洞投入运行后，与水工隧洞相关的流域规划发生了调整，对水工隧洞的过流能力等指标提出了更高的要求等。

4.3 结构安全复核

4.3.1 水工隧洞结构安全复核应包括围岩稳定性、支护与衬砌结构安全性、进出口边坡稳定性、进水口建筑物结构强度与稳定性和出水口消能防冲复核等。

4.3.2 结构安全复核计算中的结构尺寸、主要受力构件应采用实测尺寸和有效截面，结构物的材料物理力学参数应依据检测资料分析确定。对没有标准可依据的，应根据实际情况进行分析。安全系数可参照现有标准要求确定，并应给出参考依据与理由。

水工隧洞及附属建筑物构件及荷载复杂，可依据其力学特点和数值仿真方法的适用范围，选取有限元法、离散元法等进行安全复核分析，并对数值仿真分析的适用性进行说明。

目前水工隧洞糙率系数变化的检测比较复杂、技术难度较大，必要时可采用专项试验的方法确定。

4.3.3 围岩稳定性复核需收集原设计及施工中揭露的地质信息，必要时补充进行地质勘察。

4.6 金属结构安全复核

4.6.1 本标准将金属结构与机电设备进行了区分。金属结构主要指闸门、启闭机、钢板衬砌，启闭机中的电动机作为机电设备进行评价。金属结构的安全复核应综合其设计选型、安装运用等因素。

5 安全评价

5.0.1 水工隧洞安全类别划分为三类，考虑管理等非工程措施，以使管理单位更加重视安全管理，确保安全运行。

5.0.2 安全类别的确定应综合运行管理评价、工程质量评价和结构、抗震、水力、渗流、金属结构、机电设备等各水工隧洞工程专项安全性分级结果，对水工隧洞整体进行综合分类。

5.0.3 对存在不足或病险的二类、三类水工隧洞应提出处理建议与处理前的应急措施，避免工程的老化加剧，进一步出现严重险情。

水利水电工程金属结构报废标准

SL 226—98

1998-12-23 发布　　　　　　　　　　　1998-12-23 实施

前　言

　　《水利水电工程金属结构报废标准》是根据水利部 1993 年水利行业标准编写计划的安排制定的，编写的格式和规则以 SL 01—97《水利水电技术标准编写规定》为依据。

　　本标准是水利水电工程金属结构报废应遵循的准则，通过本标准的实施，使报废更新工作规范化，保证设备安全运行，避免造成经济损失。

　　本标准主要包括以下内容：

　　——基本规定，总体上规定了水工金属结构报废条件；

　　——闸门及埋件报废，规定了腐蚀条件、强度条件、刚度条件等；

　　——启闭机报废，包括卷扬式、液压式、螺杆式启闭机等；

　　——阀门报废；

　　——升船机报废，包括升船机机架、机械零部件以及整机报废条件等；

　　——压力钢管报废；

　　——申请报废与判废报告的内容。

　　本标准解释单位：**水利部建设与管理司**

　　本标准主编单位：**水利部水工金属结构安全监测中心**

　　本标准参编单位：**水利部丹江口水利枢纽管理局**

　　本标准主要起草人：**原玉琴　李兴贵　郑圣义　顾蕴诚**

　　　　　　　　　　项经汉　钟龙炳　段晓惠

目　次

水
库
运
行
管
理

通
用
法
规
标
准
选
编

1 总　　则

1.0.1　为了使水利水电工程金属结构报废有统一可遵循的准则，使报废更新工作规范化，保证金属结构安全运行，避免造成经济损失，特制定本标准。

1.0.2　本标准适用于大、中型水利水电工程的金属结构。小型工程可参照执行。

　　水工金属结构（简称设备），包括闸门（含拦污栅）、启闭机、阀门、升船机、压力钢管等。

1.0.3　水工金属结构报废除应符合本标准外，尚应符合国家现行的有关标准的规定。

1.0.4　引用标准

　　　SL 74—95　　　　《水利水电工程钢闸门设计规范》

　　　SL 41—93　　　　《水利水电工程启闭机设计规范》

　　　GB 6067—85　　　《起重机械安全规程》

　　　GB 5972—86　　　《起重机械用钢丝绳检验和报废实用规范》

　　　SL 72—94　　　　《水利建设项目经济评价规范》

　　　GB 50201—94　　《防洪标准》

　　　DL/T 5019—94　　《水利水电工程启闭机制造、安装及验收规范》

　　　SL 101—94　　　《水工钢闸门和启闭机安全检测技术规程》

　　　SD 144—85　　　《水电站压力钢管设计规范》（试行）

2 基 本 规 定

2.0.1 水工金属结构符合下列情况之一，且经过改造仍不能满足要求，应报废。

  1 在规定的各种工况下不能安全运行；

  2 对操作、维修人员的人身安全有威胁。

2.0.2 水工金属结构技术性能符合下列情况之一，经改造仍不能有效改善，应报废。

  1 技术落后，耗能高，效率低，运行操作人员劳动强度大，且不便实现技术改造；

  2 由于设计、制造、安装等原因造成设备本身有严重缺陷。

2.0.3 因工程运行条件改变，不再适用且无法改造的设备，应报废。

2.0.4 超过规定折旧年限，经检测不能满足安全运行条件的设备，应报废（金属结构折旧年限见附录 A）。

2.0.5 遭遇意外事故破坏而不能修复的设备，应报废。

2.0.6 若设备经大修、技术改造，其性能可满足运行要求，但不如更新经济，应报废。

2.0.7 其他国家政策规定报废的设备，应按相应政策执行。

3 闸门及埋件报废

3.1 腐 蚀 条 件

3.1.1 闸门的构件，当蚀余厚度小于 6mm 时，该构件必须更换。

3.1.2 闸门的面板、主梁及边梁、弧形闸门支臂等主要构件发生锈损，该构件必须更换。

3.1.3 闸门主要构件发生腐蚀，应进行结构检测并根据实际条件作强度、刚度复核计算，不满足强度条件和刚度条件的构件，必须更换。

3.2 强 度 条 件

3.2.1 闸门进行强度验算时，材料的容许应力应按使用年限进行修正：

$$[\sigma]' = K[\sigma] \qquad (3.2.1-1)$$
$$[\tau]' = K[\tau] \qquad (3.2.1-2)$$

式中　$[\sigma]'$、$[\tau]'$——修正后的容许应力值；

　　　　K——使用年限修正系数，取 $0.90\sim0.95$，达到和超过折旧年限取 0.90；

　　$[\sigma]$、$[\tau]$——材料容许应力值，按 SL 74—95《水利水电工程钢闸门设计规范》的规定取值。

3.2.2 闸门结构强度条件：

$$\sigma < [\sigma]' \qquad (3.2.2-1)$$
$$\tau < [\tau]' \qquad (3.2.2-2)$$

式中　σ、τ——按实际截面尺寸校核计算的应力值，或结构实际检测应力值。

3.2.3 闸门承重构件，应按运行期间出现的最大荷载（或者校核荷载）进行强度计算，不满足本标准 3.2.2 时，构件必须更换。

3.2.4 闸门承重构件，在设计条件、实际最大荷载及校核荷载条件下，经结构应力检测，其强度不满足本标准 3.2.2 时，构件必须更换。

3.3 刚 度 条 件

3.3.1 闸门主梁、次梁的最大挠度与跨度之比（f/L）的取值按 SL 74—95 的规定执行。

3.3.2 主梁、次梁经实测及复核，在设计条件下其刚度不满足本标准 3.3.1 时，必须更换。

3.3.3 弧形闸门支臂经稳定性检测及复核，不满足设计要求时，必须更换。

3.4 闸门报废条件

3.4.1 整扇闸门因腐蚀条件需要更换的构件数达到30％以上时，该闸门应报废。

3.4.2 整扇闸门因强度条件需要更换的构件数达到30％以上时，该闸门应报废。

3.4.3 整扇闸门因刚度条件需要更换的构件数达到30％以上时，该闸门应报废。

3.4.4 整扇闸门因腐蚀、强度、刚度等条件需要更换的构件数达到30％以上时，该闸门应报废。

3.5 闸门埋件报废条件

3.5.1 闸门轨道严重磨损，或接头错位超过2mm且不能修复，应报废。

3.5.2 闸门埋件出现锈损，应报废。

3.5.3 闸门埋件的腐蚀、空蚀、泥沙磨损等面积超过30％以上，应报废。

3.5.4 闸门报废更新时，闸门埋件与之不相适应，应报废。

4 启闭机报废

4.1 卷扬式启闭机

4.1.1 机架：

1 焊接机架发生下列情况之一，且修复使用不安全或不经济，必须报废。

1） 主要承重构件产生裂缝；

2） 主要承重构件发生腐蚀，应进行结构应力的复核计算和应力检测，其实际应力达容许应力；

3） 主要承重构件总体稳定性经复核，不满足要求时，不得修复使用；

4） 主要承重构件的最大垂直静挠度，当额定荷载处于最不利位置时，主梁跨中挠度 Y_c 应满足：

工作级别为轻级 $\qquad Y_c < \dfrac{L}{700}$ $\qquad\qquad$ (4.1.1-1)

工作级别为中重级 $\qquad Y_c < \dfrac{L}{800}$ $\qquad\qquad$ (4.1.1-2)

式中 L——主梁跨度。

对于有悬臂吊的门机，当悬臂负荷满载时，其挠度应满足：

$$Y_c < \frac{L_c}{350} \qquad\qquad (4.1.1-3)$$

式中 L_c——悬臂梁的有效工作长度。

当小车架和机架设备直接安装在台车车架及单向门机门架上时，其挠度应满足：

简支梁 $\qquad Y_c < \dfrac{L}{2000}$ $\qquad\qquad$ (4.1.1-4)

悬臂梁 $\qquad Y_c < \dfrac{L_c}{1000}$ $\qquad\qquad$ (4.1.1-5)

2 铸造机座和箱体产生裂纹必须报废。

4.1.2 吊板、吊钩、吊头出现下列情况之一时，必须报废。

1 裂纹；

2 吊板孔眼压溃；

3 吊钩开度比原尺寸增大 10%；

4 危险断面塑性变形；

5 吊板、吊钩扭转变形大于 10°。

4.1.3 卷筒发生下列情况之一时，必须报废。

1 裂纹；

2 卷筒表面磨损严重，经复核计算和实际检测，其实际应力大于或等于容许应力。

4.1.4 制动器零件及制动轮出现下列情况之一时，必须报废。

1 裂纹；

2 摩擦片磨损 10%；

3 制动轮轮缘磨损达原厚度 10%。

4.1.5 传动齿轮出现下列情况之一时，必须报废。

1 断齿；

2 裂纹；

3 齿面点蚀损坏达啮合面 30%，且深度达原齿厚 10%；

4 齿面磨损：

    1）工作级别为轻级的启闭机的起升机构齿轮，其一级啮合齿轮磨损厚度达原齿厚 10%，开式齿轮磨损厚度达原齿厚 20%；

    2）行走机构及其他机构，其一级啮合齿轮磨损厚度超过原齿厚 15%，开式齿轮磨损厚度超过原齿厚 30%；

    3）工作级别为中级及重级的启闭机的起升机构传动齿轮磨损厚度为轻级的 50%（启闭机机构工作级别见附录 B）。

4.1.6 滑轮、在钢轨上工作的车轮、齿轮联轴器的报废按 GB 6067 的报废规定执行。

4.1.7 夹轨器在设计风力或启闭闸门时不能阻止启闭机移动，又不能修复，应报废。

4.1.8 吊梁及吊杆的报废按本标准 4.1.1 的规定执行，吊头的报废按本标准 4.1.2 的规定执行。

4.1.9 钢丝绳的报废按 GB 5972—86《起重机械用钢丝绳检验和报废实用规范》的规定执行。

4.1.10 卷扬式启闭机整机符合下列条件之一时，应整机报废。

1 经复核计算和实际检测，闸门的启闭力大于启闭机额定启闭能力或检测的实际启闭能力；

2 门式启闭机机架及卷筒、传动齿轮报废；

3 台车式及固定式启闭机，卷筒及传动齿轮报废。

4.2 液压式启闭机

4.2.1 油缸及其零件符合下列情况之一，且修复无效时，必须报废。

1 缸体或活塞杆产生裂纹；

2 活塞杆变形，在活塞杆竖直状态下，其垂直度公差大于 1000∶0.5，且全长超过杆长的 4000∶1；

3 因油缸原因，闸门提起，48h 内沉降量大于 200mm。

4.2.2 液压元件出现 50%以上的磨损、老化、泄漏严重，动作失灵，运行时噪声超过 85dB（A），必须报废。

4.3 螺杆式启闭机

4.3.1 螺杆螺母符合下列情况之一时，必须报废。

1 裂纹；

2 螺纹牙折断；

3 螺纹牙磨损、变形达到螺距的 5%；

4 受压螺杆其外径母线直线度公差大于 1000∶0.6，且全长超过杆长的 4000∶1。

4.3.2 铸造机座和箱体产生裂纹必须报废。

4.3.3 蜗轮蜗杆和伞齿轮报废按本标准 4.1.5 的规定执行。

4.3.4 螺杆式启闭机符合下列条件之一时，应整机报废。

1 机座（箱体）报废；

2 螺杆螺母报废；

3 经检测、复核，闸门启闭力大于启闭机额定启闭能力或检测的实际启闭能力。

4.4 其他型式启闭机

4.4.1 其他型式启闭机的报废按本章的有关规定执行。

5 阀 门 报 废

5.1 启 闭 操 作 系 统

5.1.1 采用螺杆螺母操作的阀门，其螺杆螺母报废按本标准 4.3.1 的规定执行。

5.1.2 采用液压操作的阀门，其操作系统报废按本标准 4.2 的规定执行。

5.1.3 阀门的传动连接杆应力超过容许值，不能安全运行者，必须报废。

5.1.4 经检测阀门启闭力安全系数小于或等于 1.05，又无改造可能，必须报废。

5.2 阀体活动部分及阀壳

5.2.1 阀体活动部分及外壳蚀余厚度小于 6mm，必须报废。

5.2.2 当阀门长期运行后，主要构件腐蚀与空蚀严重，实测应力及计算应力均达到设计容许应力的 95%，必须报废。

5.2.3 阀门在运行中振动剧烈且关闭困难，必须报废。

6 升船机报废

6.1 机　　架

6.1.1 机架结构报废按本标准 4.1.1 的规定执行。

6.1.2 与水接触构件的报废，如承船厢、浮堤等，按本标准 3.1～3.3 的规定执行。

6.2 机械零部件

6.2.1 提升机构、行走机构零部件的报废，按本标准 4.1～4.3 的规定执行。

6.2.2 传动系统的心轴，磨损量达公称尺寸的 3‰～5‰，必须报废。

6.3 整　　机

6.3.1 垂直升船机的机架及机械零部件均达到报废条件，应整机报废。

6.3.2 斜面升船牵引机械达报废条件，应整机报废。

6.4 其　　他

6.4.1 其他型式升船机的报废按本章的有关规定执行。

7 压力钢管报废

7.1 壁 厚 条 件

7.1.1 某段钢管的蚀余厚度 $\delta < D/800 + 4$（mm）或 $\delta < 6mm$ 时（D 为钢管直径），该段钢管应报废。

7.1.2 某段钢管的管壁厚度已减薄 2mm 以上时，应对该段钢管进行强度和稳定校核，并实测该段钢管应力，综合分析后不能满足设计要求，应报废。

7.2 强 度 条 件

7.2.1 明管某段钢管符合下列情况之一时，该段钢管应报废。

    1 在基本荷载组合下，管壁应力（膜应力区）大于 $0.55\sigma_s$（σ_s 为钢材的屈服极限）；

    2 位于主厂房内的明管，管壁应力大于 $0.44\sigma_s$；

    3 支承环、加劲环附近压力钢管的局部应力大于 $0.85\sigma_s$。

7.2.2 岔管符合下列情况之一时，应报废。

    1 在基本荷载组合下，岔管膜应力区的管壁应力大于 $0.5\sigma_s$；

    2 岔管局部应力区的管壁应力大于 $0.8\sigma_s$。

7.3 稳 定 和 缺 陷 条 件

7.3.1 某段钢管因意外事故、地震等作用而失稳，该段钢管应报废。

7.3.2 某段钢管（含焊缝）有裂纹，该段钢管应报废。

8 申请报废与判废报告

8.1 申 请 报 废

8.1.1 申请报废的水工金属结构，必须进行安全检测和复核计算，根据检测和计算的结果进行技术、经济论证。

8.1.2 在正常运行条件下，达到或超过使用折旧年限的水工金属结构，可申请报废。

8.1.3 符合本标准相应报废条件的水工金属结构，可申请报废。

8.1.4 申请报废的水工金属结构应具备以下资料：

   1 工程及报废对象概况；

   2 设计图、竣工图及设计、制造、安装资料；

   3 大修、改造及运行管理资料；

   4 设备事故及处理资料；

   5 安全检测和复核计算资料；

   6 申请报废报告。

8.2 判 废 报 告

8.2.1 判废报告包括以下主要内容：

   1 工程情况介绍；

   2 判废对象的运行情况及存在的主要问题；

   3 安全检测成果；

   4 复核计算成果；

   5 鉴定依据及安全评估；

   6 结论性意见。

附录 A　金属结构折旧年限

按 SL 72—94《水利建设项目经济评价规范》附录 A——水利工程固定资产分类折旧年限的规定，其中，金属结构折旧年限为：

1　压力钢管　　　　　　　　50 年
2　大型闸、阀、启闭设备　　30 年
3　中小型闸、阀、启闭设备　20 年

附录 B 启闭机机构工作级别

工 作 级 别	总设计寿命（h）	荷 载 状 态
Q1 轻	800	不经常使用，且很少启闭额定荷载
Q2 轻	1600	
Q3 中	3200	有时启闭额定荷载，一般启闭中等荷载
Q4 重	6300	经常启闭额定荷载

水库降等与报废评估导则

SL/T 791—2019

2019 - 12 - 19 发布　　　　　　　　　　2020 - 03 - 19 实施

前　　言

根据水利技术标准制修订计划安排，按照 SL 1—2014《水利技术标准编写规定》的要求，编制本标准。

本标准共 7 章和 1 个附录，主要技术内容包括：

——现状调查与初步分析；

——影响预测与评估；

——对策措施与管理；

——费用与效益估算；

——综合评估。

本标准批准部门：**中华人民共和国水利部**

本标准主持机构：**水利部运行管理司**

本标准解释单位：**水利部运行管理司**

本标准主编单位：**南京水利科学研究院**

本标准参编单位：**水利部大坝安全管理中心**

本标准出版、发行单位：**中国水利水电出版社**

本标准主要起草人：**盛金保　　王昭升　　张爱军　　龙智飞**

　　　　　　　　　向　衍　　郭健玮　　吴晓彬　　曲　璐

　　　　　　　　　厉丹丹　　周克发　　孙玮玮　　张大伟

本标准审查会议技术负责人：**程晓陶**

本标准体例格式审查人：**牟广丞**

本标准在执行过程中，请各单位注意总结经验，积累资料，随时将有关意见和建议反馈给水利部国际合作与科技司（通信地址：北京市西城区白广路二条 2 号；邮政编码：100053；电话：010－63204533；电子邮箱：bzh@mwr.gov.cn），以供今后修订时参考。

目　次

1 总　则

1.0.1　为规范水库降等与报废评估工作，制定本标准。

1.0.2　本标准适用于总库容 10 万 m^3 及以上各类已建水库降等与报废评估。

1.0.3　水库降等与报废评估应在现状调查基础上，广泛收集工程安全状况、运行管理、功能和效益、经济与社会影响、环境影响等基础资料。

1.0.4　水库降等或报废评估应包括下列内容与程序：

1　现场调查和走访，收集资料。

2　分析水库及影响区域现状，识别潜在风险。

3　预测与评估水库降等或报废的潜在影响。

4　提出对策与管理措施。

5　估算费用与效益。

6　进行综合评估，明确降等或报废结论，提出处置对策与管理措施的建议。

7　编制水库降等或报废评估报告。评估报告编制提纲见附录 A，水库降等评估报告可适当简化。

8　水库报废对生态环境影响显著的，应进行专项环境影响评估。

9　大型和重要中型水库的降等或报废评估还应针对经济、社会、环境影响以及善后措施等开展专门论证，并提出善后措施效果监测与后评估要求。

1.0.5　水库降等与报废评估应考虑利害相关方的基本需求，并提出妥善的处理方案。

1.0.6　本标准主要引用下列标准：

GB 50201　防洪标准

GB 51018　水土保持工程设计规范

SL 44　水利水电工程设计洪水计算规范

SL 72　水利建设项目经济评价规范

SL 104　水利工程水利计算规范

SL 106　水库工程管理设计规范

SL 219　水环境监测规范

SL 252　水利水电工程等级划分及洪水标准

SL 258　水库大坝安全评价导则

SL 312　水土保持工程运行技术管理规程

SL 339　水库水文泥沙观测规范

SL 483　洪水风险图编制导则

SL 605　水库降等与报废标准

HJ 19　环境影响评价技术导则　生态影响

HJ/T 88　环境影响评价技术导则

JTS/T 231－4　内河航道与港口水流泥沙模拟技术规程

1.0.7　水库降等与报废评估除应符合本标准规定外，尚应符合国家现行有关标准的规定。

2 术 语

2.0.1 水库降等 reservoir demotion

因库容减小、功能萎缩、工程安全等原因，根据水库工程等别划分标准，将水库工程等别降低进行运行和管理的处置措施。

2.0.2 水库报废 reservoir retirement

因库容或功能基本丧失等原因，废除水库功能，拆除或部分拆除主要水工建筑物的处置措施。

2.0.3 环境影响 environmental impact

由水库降等或报废导致的原水库影响范围内的水、土壤和物种等自然环境因素在物理、化学、生态方面的变化。

2.0.4 影响识别 affect recognition

发现、列举和描述约束水库降等或报废，或受水库降等或报废影响的因素，以及利害相关方关注的问题，并筛选出制约和决定评估结论的主要影响因素和问题的过程。

2.0.5 利害相关方 stakeholder

受水库降等或报废影响的有关各方。

2.0.6 综合决策法 comprehensive decision method

考虑多个影响因素，采用综合评估模型进行决策分析的方法。

3 现状调查与初步分析

3.1 一 般 规 定

3.1.1 水库降等或报废应开展现状调查和初步分析。现状调查应成立经验丰富的专家组开展工作，提出书面意见和建议。

3.1.2 现状调查应根据水库流域条件和水库降等或报废的可能影响，确定合适的调查范围和对象、调查内容和指标，以及适宜的调查方法等。

3.1.3 现状调查范围应包括工程管理与保护范围、工程影响范围；调查对象应包括库区、工程设施、管理机构、工程影响对象和受益对象。

3.1.4 现状调查内容和指标应能反映评估水库的基本特征和存在的主要问题，应包括工程基本情况、运行管理情况、安全与风险状况、功能与效益、经济与社会影响等。有敏感保护目标或特别保护对象的应做专题调查。水库报废还应调查库区淤积、水土流失、生态环境等内容。

3.1.5 现状调查方法应包括现场察看、走访、座谈和资料分析等，必要时进行问卷调查、测试或测验等。

3.1.6 初步分析应分析水库降等或报废的适用条件和可能影响，明确评估重点。

3.2 现状调查范围和对象

3.2.1 工程管理与保护范围应包括工程划界确权范围、管理范围和保护范围。调查对象应包括水库工程、管理体制和水库影响对象等。

3.2.2 工程影响范围和调查对象宜包括下列内容：

　　1 水库校核洪水位以上的集水区域内的河道、植被、野生动植物、水生生物、自然景观、人类开发活动、其他水利工程、水土流失和污染状况等。

　　2 水库正常蓄水位以上的临时淹没区和受蓄水影响区域内的边坡稳定、水土流失、养殖与旅游开发、淤积物的物化特性、库周湿地、水生生物、自然景观和文物古迹等。

　　3 水库下泄或溃坝洪水淹没范围内的河道、堤防等水利工程，乡村、城镇及人口，耕地，重要工矿企业及交通等基础设施，湖泊与湿地，自然景观，文物古迹和旅游开发等。

3.2.3 工程受益对象调查应包括下列内容：

　　1 直接受益对象，包括水库防洪保护对象、灌溉面积、供水用户、供电用户、养殖用户、生态用水对象、航运等其他用水对象等。

2 间接受益对象，包括依托水库功能开发的企事业单位因水库功能降低或丧失而影响的第三方用户。

3.3 现状调查内容和指标

3.3.1 现状调查内容应包括工程基本情况、运行管理情况、安全与风险状况、功能与效益、经济与社会影响。水库报废的还应开展环境影响调查。

3.3.2 工程基本情况调查应包括下列内容和指标：

1 工程概况，包括地理位置、工程任务、工程规模和设计标准、建筑物组成及特征参数、建设过程和水库注册登记信息等。

2 水库集水流域概况，包括流域自然地理概况、流域和河道特征、水文气象、水库集水范围、面积及其范围内的分、蓄、调水工程等基本情况。

3 水文、泥沙情况，包括降水量、径流量、洪水、输沙量、库容曲线、库内淤积等。

4 工程地质，包括地形地貌、水文地质与工程地质条件、地震基本烈度、诱发地震、浸没情况和库岸稳定等。

5 建筑物调查，包括大坝、泄水设施、输水设施、引水设施、通航设施、电站、近坝岸坡等基本情况和安全状况，收集工程设计、施工、运行、安全鉴定、除险加固等基础资料及竣工图件等。

3.3.3 运行管理情况调查应包括下列内容和指标：

1 水库所有权、管理机构、主管部门、运行机制和管理人员配置。

2 工程管理和保护范围、注册登记、调度运用、安全监测、养护修理、安全鉴定、应急预案等管理制度和落实情况。

3 水库管理房、进库道路、通信和报警设施、水雨情与工情监测设施等。

4 水库运行、更新改造等费用和来源。

3.3.4 安全与风险状况调查应包括下列内容和指标：

1 现状大坝安全状况，或最近一次大坝安全鉴定的安全类别，拟采取的工程处理措施或加固方案、经费预算及资金来源。

2 水库上游水库安全状况。

3 收集水库溃坝可能影响范围内的地理信息资料，统计涉及的人口、耕地、基础设施、工矿企业、工农业生产总值等基本情况。

3.3.5 功能与效益调查应包括下列内容和指标：

1 水库原设计任务与效益指标，现状能达到的任务与效益指标。

2 水库新出现的任务与效益指标，以及在发展规划中的地位和作用。

3 现有水库功能的可能替代方式。

4 经济效益情况，包括发电、农业灌溉、供水、航运、水产养殖、旅游等直接经济效益和依托水库功能开发的企业因水库供水或供电增加的间接经济效益。

5 社会效益情况，包括防洪减灾、农民增产增收、改善生态和航运条件、保障人饮安全等效益。

3.3.6 经济影响调查应包括下列内容和指标：

1 大坝运行的经济收益。

2 水库降等或报废后对当地工农业生产发展的可能影响和经济损失。

3 水库降等或报废后的经济收益。

4 水库降等或报废处置措施费用和可能来源。

3.3.7 社会影响调查应包括下列内容和指标：

1 工矿企业、文物古迹等的调查，包括名称、规模、位置和保护级别等。

2 水库下游防洪保护范围内的保护对象调查。

3 受水库降等或报废影响的公共、工业、商业用途的水工程设施，包括取水口、码头、污水处理厂等。

4 社区特征与环境、人口数量，水库降等报废对当地生产生活的可能影响。

5 水库降等或报废利害相关方的意见和建议。

6 工程运行期的社会影响事件及其背景、过程和处理结果。经新闻报道的，还宜收集社会舆论反映与舆情分析结果。

7 管理机构、档案资料转移、人员去向情况。

3.3.8 环境影响调查应结合建坝后的环境变化和主要生态环境问题进行调查，应包括下列内容和指标：

1 地形地貌与水土保持调查，包括工程集水区域内的地形特征、地貌类型；土地类型，土壤侵蚀现状，水土流失成因、类型，土壤流失及区域水土保持状况。

2 水系特征调查，包括流域水系形态，水库所在河流的分段、流向、长度、河道宽度、河道变化情况，下游河道壅水或阻水建筑物、河岸或堤防设计标准及特征指标等。

3 水环境调查，包括影响区域及所在河段水功能区划、水环境功能区划、水环境保护目标及分布，水质，水温，主要污染源，污染物排放量及污染物类别，库区及下游沉积物的类型及分布形态等。

4 生态环境影响调查，包括生态保护红线，受影响的珍稀或濒危物种调查、重要生态敏感区调查等。大型和重要中型水库还应开展水生生态、滨水生态、陆生生态的调查。

3.4 现 状 调 查 方 法

3.4.1 工程基本情况、运行管理情况、安全与风险状况、功能与效益调查应符合下列规定：

1 应开展专家现场查看、资料收集和复查。

2 工程安全与风险状况不明的，应按 SL 258 的规定进行调查，必要时补充检测调查。

3 水库存在明显泥沙淤积或河道缺少典型断面数据的，应按 SL 339 的规定补充测量调查。

4 影响对象应根据统计部门或权威机构发布的信息统计确定。

3.4.2 经济影响调查应根据当地的经济年鉴、统计年鉴等进行统计分析，必要时辅助问卷、访问等调查。

3.4.3 社会影响调查应包括事件调查、利害相关方意见调查和公众调查，并应符合下列规定：

1 事件调查应采用与主管部门、管理单位座谈，查找新闻报道和公众调查等方式。

2 利害相关方意见调查采用书面征询、座谈等方式，以具有法律效力的书面意见为准。

3 公众调查可采用直接征询、委托有关部门征询等方式。公众意见以行政区域按受益区和非受益区分别进行汇总、统计。

3.4.4 环境影响调查方法应符合下列规定：

1 应进行现场察看、走访、座谈、资料收集和复查，必要时补充测验调查。

2 水环境存在污染的，检测取样及检测项目应按 SL 219 的规定执行。

3 水库淤积物检测应根据可能利用类型开展相应的检测。

4 生态保护红线应根据国家和地方政府公布的范围确定。

5 特殊生态敏感区及重要生态敏感区应按权威部门发布的名录或 HJ 19 的规定确定。

6 珍稀或濒危物种应对照《国家重点保护野生动物/植物名录》、国家濒危和保护动物数据库、珍稀濒危植物名录查对确定。

3.5 初 步 分 析

3.5.1 应根据现状调查收集的基础资料和掌握的工程基本情况，按 SL 605 初步分析是否符合水库降等或报废适用条件。

3.5.2 应开展影响识别，筛选出可能影响水库降等或报废决策的主要因素，识别潜在风险，明确后续评估重点和应补充开展的调查、测验等工作。

3.5.3 应通过与水库主管部门和利害相关方座谈交流，初步确定水库降等或报废后拟达到的标准或状态。

4 影响预测与评估

4.1 一般规定

4.1.1 应通过影响预测与评估进一步分析现状水库降等或报废的适用条件，并预测和评估水库降等或报废后可能带来的影响，为水库降等或报废对策措施和管理决策提供依据。

4.1.2 影响预测与评估内容应包括库容与功能指标、工程安全条件、经济与社会影响、环境影响等。

4.1.3 影响预测与评估方法宜采用定量分析方法，难以定量的可采取定性或定量定性相结合的方法。

4.2 库容与功能指标影响预测与评估

4.2.1 库容与功能指标影响预测与评估应复核水库现状条件，确定水库现状库容与功能指标是否符合水库降等或报废条件。

4.2.2 现状条件复核应包括集水面积、水文系列资料、水位—库容关系、水位—泄量关系、经上级主管部门批准的防洪调度方案、流域规划与上游蓄滞洪条件、下游限泄条件等影响库容指标的基础信息。

4.2.3 拟降等或报废水库的库容指标应按原设计洪水标准和现状库容曲线，确定水库现状有效可蓄水容积，并应符合下列规定：

    1 设计洪水计算应按 SL 44 的规定执行，洪水调节计算应按 SL 104 的规定执行。

    2 当复核的校核洪水位低于原校核洪水位时，应按复核的校核洪水位确定可蓄水容积作为有效总库容。当由于水库淤积导致复核的校核洪水位超过原校核洪水位时，应按原校核洪水位确定可蓄水容积作为有效总库容。

    3 应按原设计正常蓄水位至死水位之间的可蓄水容积确定有效兴利库容。

4.2.4 多泥沙地区的水库应进行水库泥沙淤积预测，评估泥沙淤积对现状有效库容指标的影响。

4.2.5 水库功能指标应分析水库原设计功能指标、实际需求和利用措施，预测和评估水库功能指标丧失和新增功能利用的影响。

4.3 工程安全条件影响预测与评估

4.3.1 工程安全条件影响预测与评估应分析评估工程防洪能力、工程质量与结构安全、工程运行管理等是否符合水库降等或报废条件。

4.3.2 工程防洪能力评估应分析历史运行调度情况、上游洪水变化等，复核现状条件下的工程防洪能力。

4.3.3 工程质量与结构安全评估应包括下列内容：

1 复查工程建设和运行中出现的影响工程安全的问题及其处理情况，分析现状存在的主要问题。

2 复核大坝渗流安全、结构安全、抗震安全等。

4.3.4 工程运行管理评估应包括管理设施、运行管理能力、调度运行、养护修理，评估应急设施、应急管理能力等。

4.3.5 多泥沙地区的水库应分析泥沙淤积对工程防洪、泄输水建筑物运行安全的影响。

4.3.6 工程安全条件评估应按 SL 258 的规定执行。

4.4 经济与社会影响预测与评估

4.4.1 当水库库容与功能指标、工程安全条件符合降等或报废条件时，应开展经济与社会影响预测与评估。

4.4.2 水库经济与社会影响预测与评估应评估水库现状费用与效益、水库运行影响和水库溃坝影响，分析预测水库降等或报废的可能社会影响。

4.4.3 水库现状费用与效益评估应分析水库维持运行的费用、水库产生的经济效益和社会效益。费用与效益估算应按 SL 72 的规定执行。

4.4.4 水库运行影响应包括下列内容：

1 蓄水影响范围内的上游重要城镇、工矿区、农业基地、重要基础设施、文物古迹、珍稀或濒危物种、特殊和重要生态敏感区等对象及其安全。

2 现状下游防洪能力和防洪保护对象。

3 库水与土地资源利用引发的供水、水事纠纷和土地价值变化等。

4.4.5 水库溃坝影响应开展溃坝洪水分析和洪水风险图的绘制，分析溃坝洪水下泄可能导致的经济、社会和环境等影响：

1 溃坝洪水分析应按 SL 104 的规定执行。

2 洪水风险图绘制应按 SL 483 的规定执行。

3 影响对象应根据洪水风险图确定，包括风险人口、城镇、村庄、耕地、工矿企业等分布，以及基础设施、文物古迹、珍稀或濒危物种区、特殊和重要生态敏感区等。

4.4.6 水库降等或报废的可能社会影响预测，应分析水库受益范围与受益对象、影响范围与影响对象，分析水库降等或报废可能产生的影响，分析利害相关方、社区与公众的意见和建议，评估可能涉及的法律影响和可能产生的社会影响。

4.5 环境影响预测与评估

4.5.1 环境影响预测与评估应分析现状存在的主要环境问题，预测和评估水库降等或报废对河流、物种保护、生态环境及水文地质条件等的影响。

4.5.2 环境影响评估应包括下列内容：

  1 水库是否符合流域规划和区域规划要求。

  2 库区珍稀或濒危物种类别、分布和迁移保护的可能性。

  3 特殊或重要生态敏感区与水库的关系。

  4 水库蓄水引起的周围生态环境及水文地质条件变化。

  5 河道功能恢复需求。

  6 水库泥沙淤积情况及对环境的潜在影响。

4.5.3 环境影响评估方法可采用问卷、访谈、部门上报和计算分析等。

4.5.4 水库降等或报废应预测与评估对下游河道、河势的影响。影响原防洪保护对象、堤防安全的，还应评估其影响程度。

4.5.5 水库报废存在泥沙或污染物输移时，应预测拆坝引起的泥沙输移和水质污染对下游水环境的影响。影响预测可采用类比分析、数学模型等方法。采用数学模型方法时，泥沙输移影响预测可按 JTS/T 231-4 的规定执行，水质影响预测方法可按 HJ/T 88 的规定执行。

4.5.6 水库降等或报废可能影响珍稀或濒危物种、特殊或重要生态敏感区时，应评估可能的影响，并给出建议。

5 对策措施与管理

5.1 一 般 规 定

5.1.1 对策措施与管理应根据水库降等或报废影响范围、影响对象、时段、程度、保护目标要求，提出预防、减免、恢复、补偿、管理、监测等对策和管理措施。

5.1.2 对策和管理措施应进行经济技术论证，满足安全、环保要求。

5.1.3 对策措施应包括工程措施、非工程措施和善后管理，并制定相应方案。

5.1.4 对策措施方案应明确目标、措施内容、设施规模及工艺、实施计划、投资估算、保障措施、预期效果分析等。

5.2 工 程 措 施

5.2.1 拟降等或报废的水库应提出工程措施方案，根据工程确定工程处置、泥沙治理、水土保持、设施保护等措施。水土保持措施应按 SL 312 执行。

5.2.2 报废水库宜拆除或部分拆除大坝，恢复河道连通功能。不能拆除大坝的，泄水设施过流能力应满足防洪安全要求。保留建筑物存在结构安全隐患的，应加固处理。建筑物加固处理和防护措施应根据水库报废对上下游河道的影响分析确定。

5.2.3 库区沉积的泥沙应进行分析评估和妥善处置。可综合运用自然冲蚀、水力疏浚、机械挖除和原地固置等处理方法。

5.2.4 淤积污染物严重的水库报废，应根据水功能区划、水环境功能区划、下游水质保护要求和污染物状况，提出工程、生物处置等防止水污染与治理污染源的措施。

5.2.5 应采取适当的水土保持、环境保护和生态修复措施，防止因水库报废而出现水土流失和生态环境恶化。水库报废拆坝施工的固体废物应有相应的处置、防控措施。

5.2.6 拆坝实施计划应给出大坝拆除内容、步骤和工期，以及工程和下游影响对象的安全保护措施。

5.2.7 需采取工程措施对拟降等或报废水库功能进行补偿的，应提出工程代替措施、实施计划。

5.2.8 黄土高原地区和耕地资源缺乏的土石山区的水库报废，应论证改造为淤地坝的可行性。适合改造为淤地坝的，应按 GB 51018 执行。

5.2.9 拟降等或报废水库的生态和文物保护措施应符合下列规定：

1 珍稀、濒危植物或其他有保护价值的植物受到不利影响，应提出工程防护、移栽、引种繁殖栽培、种质库保存和管理等措施。

2 珍稀、濒危水生生物和有保护价值的水生生物的种群、数量、栖息地、洄游通道受到不利影响，应提出保护与管理措施。

3 受影响的文物保护应采取防护、加固、避让、迁移、复制、录像保存和发掘等措施。

5.3 非 工 程 措 施

5.3.1 降等水库应拟定下列非工程措施：

1 按 GB 50201 和 SL 252 确定降等后的工程规模、工程等别、建筑物级别及洪水标准，重新拟定特征参数和调度原则，并履行相应的审批手续。

2 按降等后的工程标准、特征参数和调度原则，复核工程防洪能力和建筑物安全，不符合要求的应拟定相应的工程措施。

3 分析水库降等后遭遇校核标准洪水溃坝条件下洪水可能淹没范围和主要影响对象，并制定相应的对策和应急预案。

5.3.2 报废水库应拟定下列非工程措施：

1 确定 20 年、50 年、100 年一遇洪水的可能淹没范围和主要影响对象，并提出原水库防洪保护对象安全的对策和建议。

2 拆坝可能导致水库污染物向下游输移、扩散的，应提出下游水质监测初步设计方案和保护措施。

3 拆坝对生态和环境有较大影响的，应提出生态和环境监测方案和保护计划，并针对保护计划中的难点提出解决途径。

4 监测项目应针对主要影响要素设置，明确监测方法、技术和监测资料整编要求，监测范围应与工程影响区域相适应。

5.3.3 应提出人员分流、就业引导等管理措施。

5.3.4 由于水库降等或报废产生明显不利影响的，应提出补偿措施。

5.4 善 后 管 理

5.4.1 善后管理应提出实施方案。实施方案应包括工程责任主体与管理机构的变化衔接、运行管理、工程措施处置、管理范围土地权属交接等内容。

5.4.2 水库降等善后管理措施应包括下列内容：

1 按照"分级管理，分级负责"原则，重新确定工程相关责任主体，落实安全责任制，并按照相关规定办理注册登记变更或注销手续。

2 重新拟订工程调度原则和编制调度规程，并报有关部门批准后执行。

3 依据 SL 106 和相关规定等，拟订调整工程管理机构和管理人员编制方案，以及运行管理和养护修理制度。

4 应按相关规定对水库资产及有关债权债务等拟定妥善的处置方案。

5 对已有安全监测设施，宜保留和妥善维护，并继续开展监测工作。

6 应拟定工程技术档案移交、保存和管理方案。

5.4.3 水库报废善后管理措施应包括下列内容：

1 水库报废工作验收后，应按照相关规定，办理注销手续。

2 应按相关规定，对原水库管理机构、员工安置、资产及有关债权债务等拟定妥善的处置方案。

3 不能全部拆除大坝留有残余结构的，应拟定管理措施。

4 淤积严重、有严重污染源或对生态环境有严重影响的水库报废，应提出监测方案和后期监测评估要求。

5 应拟定工程技术档案移交和长期保存方案。

6 费用与效益估算

6.1 一般规定

6.1.1 费用与效益估算应在预测评估、对策与管理措施的基础上，进行水库维持、降等或报废不同方案的费用与效益估算，并进行工程效益分析。

6.1.2 费用与效益估算应说明依据和方法。

6.1.3 费用和效益宜采用货币表示，不能用货币表示的可采用定量指标表示或定性描述。

6.2 维持现状费用与效益估算

6.2.1 水库维持现状费用应按 SL 72、水利工程设计概（估）算编制规定及地方水利工程养护修理定额标准等进行估算，并应符合下列规定：

   1 固定资产投资应包括工程除险加固或改造。

   2 年运行费应包括运行期内材料费、燃料及动力费、修理费、职工薪酬、管理费、库区基金、水资源费、其他费用及固定资产保险费等。

   3 更新改造费应包括运行期内的机电设备、金属结构以及工程设施更新改造等费用。

   4 流动资金应包括维持工程正常运行的周转资金。

6.2.2 水库维持现状效益应按 SL 72 的规定估算，应包括：

   1 防洪、治涝效益。

   2 灌溉供水、城镇供水、乡村人畜供水和养殖等效益。

   3 水力发电、航运等效益。

   4 休闲娱乐、生态等环境效益。

   5 由于水库除险加固或水库清淤等导致损失的效益。

6.3 降等或报废措施的费用与效益估算

6.3.1 水库降等或报废应开展费用与效益估算。费用估算应按 SL 72、水利工程设计概（估）算编制规定及地方水利工程养护修理定额标准等执行。效益估算应按 SL 72 的规定执行。

6.3.2 水库降等措施的主要费用应包括下列内容：

   1 水库降等工程改造或除险加固、环境治理与修复等固定资产投资。

   2 水库降等运行的年运行费、更新改造费和流动资金。

   3 管理机构调整、管理人员安置、影响对象安置等其他费用。

6.3.3 水库报废措施的主要费用应包括下列内容：

1 大坝拆除、水库功能替代工程、其他基础设施改造、环境治理与修复等工程措施费用。

2 其他费用，包括管理机构拆并、管理人员安置、影响对象安置等费用，为减免水土流失、河道不利影响等而采取的保护、管理、监测、补偿和研究等费用等。

6.3.4 水库降等或报废后的主要效益应包括下列内容：

1 节约的原水库维持费用。

2 损失的原水库维持效益。

3 上游可利用增加、下游淹没与限制减少的土地利用效益。

4 拆坝后河流连通带来的休闲娱乐、渔业、生态效益等。

5 其他效益。

6.4 工程效益分析

6.4.1 工程效益分析应对水库降等或报废方案进行技术经济比较，包括经济效益分析、社会效益和环境效益分析。

6.4.2 经济效益分析可采用有无对比法，即计算水库降等或报废状况与水库维持现状的增量费用和增量收益，并应符合下列规定：

1 增量费用应计入由于工程改造或除险加固建设期停止或部分停止运行的损失。

2 增量收益应在分析工程维持现状下的收益变化趋势后进行合理计算。

3 增量收益应计入相对现状水库维持节约的费用、工程设施资产变卖的净价值。

4 增量收益能与原收益分开计算的应单独计算，难以分开的可按整体项目收益的差额值计算。

5 应按 SL 72 关于改扩建项目的经济评价进行评价。

6.4.3 社会效益、环境效益可作定量或定性描述，可按下列原则进行：

1 优化资源配置，科学处置，化解大坝风险，消除大坝安全隐患，促进人与自然、社会、环境的和谐和可持续发展。

2 维护河流健康，改善水生态环境，促进当地产业结构调整和生态文明建设。

3 促进当地生产发展、生活水平提高、民族团结和社会稳定等。

6.4.4 应根据工程效益分析进行水库处置方案的比选，对影响效益分析结论的因素进行归纳总结，并提出建议。

7 综 合 评 估

7.1 一 般 规 定

7.1.1 综合评估应在现场调查和初步分析基础上，根据影响预测与评估、对策措施与管理、费用与效益估算结果进行综合评估和决策，提出水库维持、降等或报废的评估结论，确定合适的水库处置方案。

7.1.2 综合评估应考虑关键指标。对存在降等或报废需求，但影响因素复杂、涉及利害相关方多的水库，可采用综合评估方法进行综合决策。

7.2 水 库 降 等 评 估

7.2.1 对符合 SL 605 水库降等条件，经方案费用效益分析适合降等的水库，应降等处理，并提出降等处理方案。

7.2.2 对经综合决策评为适合降等的水库，应明确适合降等的条件，并提出相应的降等处理方案。

7.3 水 库 报 废 评 估

7.3.1 对符合 SL 605 水库报废条件，经影响预测与评估、方案费用效益分析适合报废的水库，应报废处理，并提出相应的报废处理方案。

7.3.2 对经评估明确不符合规划发展要求的水库，应报废处理，并提出相应的报废处理方案。

7.3.3 对经综合决策评为适合报废的水库，应明确适合报废的条件，并提出相应的报废处理方案。

7.4 评 估 结 论

7.4.1 应明确是否适合水库降等或报废条件。

7.4.2 应归纳水库降等或报废的各种潜在影响，提出处置方案影响预测与评估、对策措施与管理、费用与效益估算的结论。

7.4.3 应提出综合评估结论，明确水库降等或报废处置方案及实施建议。

附录 A 水库降等与报废评估
报告编制提纲

1 概述

    1.1 编制目的与依据

    1.2 采用的评价标准

    1.3 评估内容与要求

2 现状调查与初步分析

    2.1 工程基本情况

    2.2 运行管理情况

    2.3 安全与风险状况

    2.4 功能与效益

    2.5 经济影响

    2.6 社会影响

    2.7 环境现状

    2.8 初步分析

3 影响预测与评估

    3.1 库容与功能指标

    3.2 工程安全条件

    3.3 经济与社会影响

    3.4 环境影响

4 对策措施与管理

    4.1 工程措施

    4.2 非工程措施

    4.3 善后管理

5 费用与效益估算

    5.1 维持现状费用与效益估算

    5.2 降等或报废措施的费用与效益估算

    5.3 工程效益分析

6 综合评估

    6.1 水库降等或报废综合评估

    6.2 评估结论与建议

7 附录

7.1　评估工作委托函与评估标准确认函

7.2　水库特征参数表

7.3　水库工程位置图，包括库区、工程、下游等位置图

7.4　枢纽工程平面布置图

7.5　水库主要建筑物布置图

7.6　水位－库容－泄量关系

7.7　坝址水文气象统计成果

7.8　工程影响及保护对象分布图

7.9　工程替代措施布置图

7.10　水库降等或报废后的洪水淹没图

7.11　其他重要影响因素的专题图件

标 准 用 词 说 明

标准用词	严 格 程 度
必须	很严格，非这样做不可
严禁	
应	严格，在正常情况下均应这样做
不应、不得	
宜	允许稍有选择，在条件许可时首先应这样做
不宜	
可	有选择，在一定条件下可以这样做

中华人民共和国水利行业标准

水库降等与报废评估导则

SL/T 791—2019

条 文 说 明

目　次

1 总 则

1.0.1 水库降等或报废是水库生命周期的一个重要阶段，是水库工程管理工作的一项重要内容，对化解水库大坝风险、消除大坝安全隐患、合理资源配置、提高水库大坝安全管理能力具有重要意义。我国目前共有水库约 9.8 万座，90% 以上建于 20 世纪 50—70 年代，其中小型水库约占总数的 95.2%。由于经济社会发展、自然灾害影响、工程年久失修和运行环境变化等原因，一些水库淤积严重、功能丧失、效益衰减，已失去水库原有功能和作用；一些水库结构老化、水毁或震损，存在重大安全隐患，或除险加固经济上不合理。这些水库不仅威胁下游群众生命财产安全，而且还要耗费大量人力物力财力，造成管理资源浪费。

自《水库降等与报废管理办法（试行）》（水利部令 2003 年第 18 号）（以下简称《办法》）发布实施以来，有利促进了水库降等与报废工作，在消除安全隐患、降低管理成本、改善生态环境、优化工程体系、促进地方发展等方面发挥了积极的作用。2018 年 1 月水利部开展了全国范围内的水库降等与报废工作情况调查，自《办法》发布以来，新增降等与报废水库 1693 座，其中降等 819 座（中型 3 座、小型 816 座），报废 874 座（中型 3 座、小型 871 座），水库降等与报废分布情况如图 1 所示。

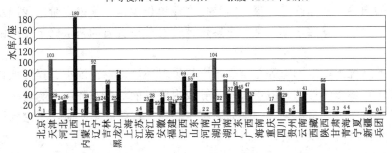

图 1 2003 年以来各地水库降等与报废情况图

伴随社会进步和经济发展带来的社会物质财富的大量累积，以及人们对安全、美好生活的追求，社会和公众对大坝安全的要求也越来越高。近年来，国家强化了环境保护、生态治理的要求。这些都对水库降等与报废管理工作具有深远的影响。本标准是 SL 605《水库降等与报废标准》的配套标准。已有实践表明，水库降等与报废工作不是单纯的工程技术问题，还涉及利害相关方的利益冲突、工程处理、水土保持、环境保护、安全保障、管理调整、职工安置、资产处置、债务处理和档案管理等，是政策性和技术性均很强的工作，工作协调难度大，评估与决策面临的因素多。实践中存在水库名不副实，水库降等报废不规范、无善后管理等行为。因此，制定本标准规范水库降等或报废评估工作十分必要，一方面适应社会环境发展需求，有理有据的开展降等报废工作；另一方面做好水库降等报废的对策与处置措施评估，满足工程安全、经济合理、节约环保的要求，并规划好善后工作。

1.0.2 本标准与《办法》、SL 605—2013《水库降等与报废标准》一致，适用于总库容 10 万 m^3 及以上各类已建水库。从实践需求看，库容 1000 万 m^3 以下的小型水库是降等与报废的主体，由水利部门管理的水电站水库属本标准规定的水库范畴。河道拦河闸坝工程、橡胶坝工程、拦截河道地下潜流的截留工程的降等或报废可参照本标准执行。

本标准规定的重要中型水库是指坝高 50m 以上或影响县城及以上城市安全的中型水库。由于大型水库和重要中型水库降等与报废涉及面广，影响重大。因此，规定需要开展专门论证，以确保科学决策。

1.0.3 本条规定了水库降等与报废评估的基本要求和技术路线。资料收集要满足评估工作的需要，基础资料缺乏时可通过现场走访、调查、测试与试验等途径进一步收集。

1.0.4 本条规定了水库降等与报废评估工作的一般内容与程序，水库可根据实际情况取舍。为节约、有效开展评估，一般由水库降等与报废工作组织实施责任单位组织专家开展现状调查，提出简化评估的意见与建议，并确定需要重点评估的内容。水库降等与报废需委托专业单位承担，根据现阶段我国小型水库管理情况，可参照水库大坝安全鉴定评价对单位资质的要求确定相应的承担单位。

一般情况下，水库降等与小型水库报废对环境影响范围小、程度低，可不开展生态环境影响评估。但当水库降等或报废可能对生态环境影响显著，会导致生态环境产生严重后果影响（如影响生态保护红线安全）时，不论水库规模大小，均需开展该项分析评估。

2 术 语

2.0.5 有关各方包括与水库降等或报废存在利害关系或者存在身份关系的主体，包括政府部门、企事业单位、社会团体、社区组织等。

3 现状调查与初步分析

3.1 一 般 规 定

3.1.1 现状调查是水库降等或报废评估的基础工作。为提高评估工作质量，现状调查的专家组需由水库降等与报废工作组织实施责任单位组织成立，专家组成要根据评估水库情况确定。一般由水利工程管理、水工结构、水文、水利经济等专家及国土等部门代表组成，必要时还可包括环境保护、法律等专家。专家组的现状调查意见和建议、专家签名表应作为附件列入水库降等或报废的最终评估报告中。

3.1.2 现状调查要根据水库功能、流域特征、工程特点及其在区域经济社会中的作用等，估计可能的影响范围、影响对象，初步确定调查工作的范围和内容。水库是现状环境的组成部分，其降等报废必然受到包括流域环境、经济社会条件在内的现状条件的约束。水库降等或报废既要了解水库降等或报废可能带来的影响，还应考虑影响和制约水库降等报废的因素。

3.1.4 调查内容和指标的数据收集和分析程度要根据受影响程度、后果和预期目标综合确定。如水库报废，一般要拆除或部分拆除原大坝工程，恢复河流的连通性，库内淤积物或污染物输移会对下游河道水质、环境等造成较大影响，就需要针对后果影响、处置对策和预期效果需求等开展相应调查。

当水库降等或报废影响敏感保护目标或特别保护对象时，要作专题调查。包括：①符合《中华人民共和国文物保护法实施细则》规定的重要文物古迹。②列入《国家重点保护野生动物/植物名录》、中国濒危和保护动物数据库（http：//www.zoology.csdb.cn/page/showEntity.vpage）、中国珍稀濒危植物名录（http：//rep.iplant.cn/protlist）的珍稀或濒危物种。③自然保护区、世界文化和自然遗产地等特殊生态敏感区；④风景名胜区、森林公园、地质公园、重要湿地、原始天然林、珍稀濒危野生动植物天然集中分布区，重要水生生物的自然产卵场及索饵场、越冬场和洄游通道、天然渔场等重要生态敏感区。⑤对社会生活、生产有重大影响的交通、通信、供水、排水、供电、供气、输油等重要基础设施。⑥遭受洪水淹没后，可能爆炸或导致毒液、毒气、放射性有害物质大量泄漏、扩散的企业。

3.1.5 评估工作尽可能借鉴和利用已有资料和研究成果。当已有资料不足时，要根据评估工作需要，开展补充勘察、测试、试验等工作。技术资料尽可能做到数据翔实、描述准确。

3.3 现状调查内容和指标

3.3.1 本条规定了水库降等或报废现状调查的主要内容，拟报废水库还需开展环境影响调查。对于水库报废，美国亨氏中心在 2002 年出版的《退役坝拆除的科学与决策》中，对美国的拆坝情况进行了系统研究，其关于拆坝决策的主要影响指标见表 1。将水库报废影响分为物理影响、化学影响、生物影响、经济影响和社会影响，相应的调查内容见表 2。

表 1　拆坝决策的主要影响指标表

影响的方面	影 响 指 标
自然的	河流水系分段、流域分割、下游水文、下游泥沙运动、下游河渠地貌、洪水平原地貌、水库地貌、上游地貌
化学的	水质、泥沙品质（库区和下游）、空气质量
生态的	水生生态系统、滨水生态系统、鱼类、鸟类、陆地动物
经济的	坝址经济、滨水经济价值、地区经济价值
社会的	工程安全与公共安全、美学和文化价值、弱势群体的考虑

表 2　调查具体内容

调查对象	编号	调 查 内 容
物理影响	1	水库下游水文条件的变化（如洪峰流量、最枯流量、年平均流量以及实时流量等）
	2	库区及其上游的泥沙冲刷情况
	3	水库下游的泥沙淤积情况
	4	泥沙粒径分析
	5	推移质分布与运动情况
	6	河道地形地貌特征（包括横断面与纵断面）
	7	洪泛平原地形地貌特征
	8	地下水补给条件
	9	流域分割情况
化学影响	1	水质参数：溶解氧；温度；pH 值；浑浊度；营养物等
	2	营养物质的季节性变化
	3	有机污染物质的重新分布情况
	4	颗粒有机物质的重新分布情况
生物影响	1	藻类生物量与物种组成的变化
	2	底栖大型无脊椎动物群的变化
	3	淡水贝类栖息地的变化

表 2（续）

调查对象	编号	调查内容
生物影响	4	修复的鱼类通道及其分布
	5	鱼类寄生虫的减少量
	6	鱼类群落结构的变化
	7	外来与入侵物种数量与分布的变化
	8	深潭栖息地的变化
	9	湿地数量与类型的变化
	10	洪泛区与河道的关联度
	11	滨水植物的变化
	12	水禽数量的变化
经济影响	1	水库运行维护以及水库报废的成本-效益
	2	水库周边地产价值的变化
	3	丧失的与获得的服务功能的价值
	4	受影响的水库周边地区基础设施运行与维护费用的变化
	5	当地商业收益的变化
社会影响	1	公众对水库报废的态度随时间的变化情况
	2	地区规划的变化情况
	3	对公共安全的态度的变化情况
	4	滨水地产的变化情况
	5	休闲娱乐方式的变化情况

由上可见，水库降等与报废是一个影响因素较多的综合决策问题。结合我国当前发展需求，为突出重点，本标准将自然（物理）的、化学的、生态的合并为环境影响，经济的和社会的合并为经济与社会影响，工程安全的单列。

3.3.7 本条规定了社会影响调查的内容和指标。水库降等或报废牵涉的利害相关方众多。随着社会价值观的多元化，以往占主导地位的水资源开发利用理念逐渐弱化，而以生态文明恢复河流自然状态、改善生态环境的理念渐渐被社会和公众所接受。水库降等或报废决策需要了解和考虑多方的利益诉求。如以供水或农业灌溉为主的水库报废，若不能有效解决居民供水和灌溉需求，将引发社会问题；报废水库泥沙迁移会影响下游河道，引发下游河道、堤防、取水口等的安全，对当地的生产生活产生影响；水库降等或报废会导致管理机构撤销或缩编，造成人员失业；还会引起水库上、下游土地利用与价值的改变；水库降等或报废会增加下游常遇洪水风险，但报废拆坝则可以恢复河流连通，带来河流生态效益和经济收益。

3.3.8 本条规定了环境影响调查的主要内容和指标。水库大坝具有阻隔作用，无论其大坝建成或拆除，河流水系特征都会发生巨大改变。大坝建成会使上游泥沙淤积，原天然河道可能不复存在，在库水长期浸泡下，河岸与库岸地质条件也可能发生变化，稳定性变差；下游则由于水库拦蓄和削减洪峰作用，原天然河道一般会萎缩，靠近大坝附近的局部河段甚至改道，由于河道萎缩和经济社会的发展，很多水库下游河道两岸原河漫滩被附近居民生产生活、经济开发、基础设施建设等活动侵占，造成下游河道的行洪能力下降。水库降等或报废，则会使这些向相反方向发展。

水库泥沙淤积是我国水库报废的主要因之一。水库泥沙淤积较严重时，需开展淤积量与分布、淤积物组成等调查，考察水库上游流域的土地利用情况，调研工业、农业以及其他产业在上游的分布及其可能排放的污染物质，通过取样检测分析判断分析泥沙污染的可能性以及污染类别。水库报废拆坝后，淤积在库区的泥沙将重新运动。小型径流式水库报废后，淤积的泥沙可能绝大部分被水流冲向下游；库容大的水库报废后，可能仍有大量的泥沙滞留在原地。库区泥沙随水流向下游输移，不但将增加下游河段的浊度，还通常导致泥沙在下游河段沉积，改变下游河道地形地貌。虽然能为下游提供更理想生境，但是细粒泥沙可能覆盖原有生境，阻塞河床基质之间的空隙，破坏鱼类产卵生境，造成鱼类死亡；还可能堵塞下游航道、取水口等，对人类生产生活造成不利影响。

当泥沙含有污染物时，拆坝后泥沙裹挟污染物向下游扩散，将对下游河流生境造成严重影响。研究表明，在农业生产为主的流域，河岸土壤受到侵蚀，河流非点源污染严重，导致库区淤积物细粒泥沙含量多且富含营养物质，拆坝后将向下游输出大量泥沙以及营养物；而以林地为主的流域，水库淤积量通常较少、其中底泥营养物含量也较小，拆坝后向下游输出的泥沙和营养物也较少。由拆坝导致灾害影响的典型案例是美国纽约州的爱德华堡坝（Fort Edward Dam）报废，由拆坝带来的不利影响一直延续至今。该坝建于 1898 年，坝高 9.45m，因公共安全问题于 1973 年拆除，库内淤积物含有多氯联苯（PCBs），污染物随泥沙运移扩散，造成下游河流生态系统灾难性影响，污染直接导致纽约州于 1976 年禁止在哈德逊河捕鱼；排放到下游的泥沙严重阻塞了哈德逊河绝大部分航道、一个码头、几个工业小区以及其他下游区域；河槽容量和过水能力下降增加了爱德华堡镇的洪水风险；未经处理的污水排入开始滞流的河中，对公众健康也造成了风险。除增加了清洁和恢复费用外，还引发了诉讼，造成渔业和通航数百万美元的收入损失。

生态环境影响调查需调查是否影响珍稀或濒危物种、重要生态敏感区。当有影响时，要调查保护对象、等级、分布、保护要求及相关法律规定等。我国早期建设的大部分水库不重视生态环境保护，缺乏建库前后的生态环境记录资料，故重点是对当前生态环境状况进行调查。环境调查的内容一般包括地形地貌与地质条件、气候与气象、水系特征、水文泥沙、水环境、土壤与水土流失、水生生态、滨水生态、陆生生态等。本条根据水库降等或报废的基本需要规定了调查的基本内容。针对大型和重要中型水库降等或报废的水生生态、滨水生态、陆生生态的调查规定如下：

（1）水生生态调查一般包括下列内容：

①水生生态体系的区域范围，水生生物种类、保护级别、种群规模、分布状况及生境条件，重点调查对珍稀保护鱼类、洄游性鱼类的影响；渔业资源的变化，鱼类产卵场、索饵场和越冬场分布变化。

②工程影响范围内有国家级和省级鱼类保护区、鱼类产卵场、索饵场和越冬场，或有洄游性鱼类和保护性鱼类及重要生态敏感区时，需调查其类型、等级、分布、保护要求等。

③工程建设前后水生生态变化情况，分析评估水库报废拆除大坝对水生生态的影响，重点调查对珍稀濒危、特有和保护性物种的影响。

（2）滨水生态调查一般包括下列内容：

①滨水生态体系的区域范围，单位面积的植物数量；植物种类的多样性，主要滨水生物的种类、保护级别、种类、分布与数量。

②工程建设前后滨水生态变化，分析评估水库报废拆除大坝可能对滨水生态的影响，重点调查对珍稀濒危、特有和保护性物种的影响。

（3）陆生生态调查一般包括下列内容：

①工程影响区植物区系、植被类型及分布，野生动物区系、种类及分布，珍稀动植物种类、种群规模、生态习性、种群结构、生境条件及分布、保护级别与保护状况等。

②受工程影响的自然保护区的类型、级别、范围与功能分区及主要保护对象状况，自然系统生产能力和稳定状况。

③工程建设前后陆生生态变化，分析评估水库报废拆除大坝可能对陆生生态的影响，重点调查对珍稀濒危、特有和保护性物种的影响。

3.4 现状调查方法

3.4.1 工程建设运行包括立项、建设、运行等阶段，收集的资料一般包括工程规划、设计、施工、验收、调度运用、安全鉴定相关资料、批复文件和运行管理等资料，要注意复查工程任务与功能、建设标准、安全状况、效益等信息及变化情况。

3.4.3 本条规定了社会影响的调查方法。公众参与要有广泛性和代表性，在知情条件下，可采用问询、问卷调查、座谈会、媒体公示等方式，敏感或知名度高时可采取听证会方式。公众意见要能反映受影响地区的公众和有关社会阶层的意愿。调查对象一般包括工程影响范围内的公众、行业主管部门和有关专家等。公众需从性别、年龄、职业、居住地、受教育程度等覆盖社会各层次，少数民族地区要有一定比例的少数民族代表。调查范围要包括工程受益区和非受益区，以非受益区的公众参与为重点。听取公众关心的问题及对水库降等或报废的意见和建议。

3.4.4　本条规定了环境影响的调查方法。环境调查的目的是了解水库影响范围内建坝前的环境，以及建坝后的环境变化和主要环境问题。其中，水库淤积物项目检测需根据可能利用类型开展相应的污染风险筛选值的检测。相应的淤积物利用标准包括GB 15618《土壤环境质量　农用地土壤污染风险管控标准（试行）》、GB 36600《土壤环境质量　建设用地土壤污染风险管控标准（试行）》、HJ 350《展览会用地土壤环境质量评价标准（暂行）》、HJ 25.3《污染场地风险评估技术导则》等。

3.5　初　步　分　析

3.5.3　拟达到的标准或状态是指水库主管部门、利害相关方均可接受的水库降等或报废处置后达到的标准或状态，以工程安全、环境安全及社会安全为主。

4 影响预测与评估

4.1 一 般 规 定

4.1.2 与 SL 605 一致，针对库容与功能指标、工程安全条件、经济与社会影响、环境影响等几个方面开展影响预测和评估。

4.1.3 影响预测与评估方法宜选用通用、成熟、简便的方法。通常采用的方法有类比分析法、数学模型法、物理模型法、图形叠置法、专业判断法等。

（1）类比分析法。选用类比工程需具有相似的自然地理环境和相似的工程规模、特性和运行方式，定性或定量地类比分析拟降等或报废工程的环境影响。

（2）数学模型法。适用于泥沙、水质等环境要素的定量预测。要注意合理选择参数、数据，进行模型的修正和验证。

（3）物理模型法。适用于难以采用数学模型预测，或对数学模型结果进行验证。可根据相似原理，建立与原型相似模型进行试验，预测有关环境要素及因子的影响。

（4）图形叠置法。可将地质、地貌、土壤、动物、植物、景观、文物、基础设施等环境特征图与工程布置图叠置，预测影响的范围、对象和程度。

（5）专业判断法。可预测不易定量的文物、景观影响等。

4.2 库容与功能指标影响预测与评估

4.2.2 水库集水面积、水文条件、淤积、泄流能力、防洪调度方案、流域规划与上游蓄滞洪条件、下游限泄条件等的变化，均会影响和改变库容指标。此外，岩溶地区可能会出现严重渗漏导致水库无法蓄水或蓄水严重不足，影响水库实际的库容指标。需根据现状条件，对基础信息进行复核。

4.2.3 考虑水库降等或报废时，水库库容指标应以有效的可蓄水容积进行衡量。如水库防洪库容淤积，可能出现挡水建筑物高度不足、水库实际容纳洪水能力不足，此时按原校核洪水位确定可蓄水容积作为有效总库容。

4.2.4 泥沙往往是决定水库寿命长短的重要因素，水库库沙比小于 100 时可认为泥沙问题严重。多泥沙地区的水库需进行水库泥沙淤积预测。水库泥沙淤积分析要根据水库类型、运用方式和资料条件等采用泥沙数学模型、经验法和类比法进行计算分析。采用代表系列的多年平均输沙量、含沙量或代表年的平均输沙量要接近多年平均值，评估泥沙淤积对现状有效库容指标的影响。

4.4 经济与社会影响预测与评估

4.4.4 除正常蓄水、滞洪影响对上游产生影响外，水库泥沙淤积也可能导致水库回水末端上延，影响上游重要对象的安全，或影响已建或在建大、中型水利水电工程的正常运行等，从而引发社会影响。

4.4.5 水库上游库区及其上游地区淹没及洪水风险降低，但下游由于洪峰流量增加或恢复将加剧萎缩河道的行洪压力，可能增加洪水风险；尤其是有防洪要求的水库的报废拆坝会增加下游洪水风险，进而影响区域或流域的防洪规划，但可以有效消除大坝溃决的洪水风险；如果河道挟沙能力不足，就会产生泥沙沉积，河床抬高，过流断面面积和河道比降减小，过流能力降低，洪水位抬高，增加洪水风险。

水库溃坝可能导致严重的经济、社会和环境损失。我国人水争地的矛盾较为突出，在经历经济快速发展后，社会物质财富也得到了极大的丰富和积累，尤其是下游城镇、人口、基础设施的快速发展，水库大坝安全问题已成为公共安全的重要组成部分。而且水库一旦失事，往往后果惨重，社会影响巨大。因此，了解水库溃坝后果，对平衡水库风险与效益，更好地进行水库降等或报废决策具有重要意义。

溃坝影响评估可按坝址遭遇校核洪水过程时，有坝条件相对无坝条件洪水下泄影响对象的增量确定。当以增量计的风险人口在 300 人，或生命损失 3 人，或直接经济损失 0.1 亿元及以上时，认为溃坝后果严重。

风险人口的计算可采用静态统计法和动态统计法。在人口相对固定或流动性弱的地区可采用静态统计法，人口流动性较大的地区可以采用动态统计法。按居民点累计估算时，可按式（1）计算：

$$P_{AR} = \sum_{i=1}^{n} P_{ARi} \tag{1}$$

式中 P_{ARi}——第 i 个居民点的人口数量，通过调查统计和人口登记数据确定，人。

溃坝生命损失可按 DeKay & McClelland 模型估算确定，按式（2）计算：

$$L_{OL} = \frac{P_{AR}}{1 + 13.277(P_{AR}^{0.440})e^{(0.759W_T - 3.790F + 2.223W_T F)}} \tag{2}$$

式中 L_{OL}——溃坝洪水淹没范围内的生命损失，人；

P_{AR}——溃坝洪水淹没范围内的风险人口，人，通过调查统计和人口登记数据确定；

W_T——警报时间，小时；

F——溃坝洪水强度赋值，取 $F = 0 \sim 1$，高坝、山区等高洪水风险区

域取 $F=1$，低坝、平原地区低洪水风险的平原泛区取 $F=0$。

直接经济损失可采用分类损失率法，按式（3）计算：

$$D = \sum_{i=1}^{n} R_i = \sum_{i=1}^{n} \sum_{j=1}^{m} R_{ij} = \sum_{i=1}^{n} \sum_{j=1}^{m} V_{ij} \eta_{ij} \qquad (3)$$

式中　R_i——第 i 个行政区的各类财产损失总值，万元；

　　　R_{ij}——第 i 个行政区内、第 j 类财产的损失值，万元；

　　　V_{ij}——第 i 个行政区内、第 j 类资产价值，万元；

　　　η_{ij}——第 i 个行政区内、第 j 类资产损失率，根据溃坝洪水严重性、历时等因素确定，%；

　　　n——行政区数；

　　　m——资产种类数。

4.4.6　水库降等或报废涉及多方利益。美国加利福尼亚州的马里布坝（Rindge Dam），建于 19 世纪 20 年代，20 世纪中期因淤满丧失功能，大坝阻隔了当地濒危鱼类南铁头鳟鱼的洄游通道，2002 年由南加利福尼亚州鳟鱼协会联盟提出拆坝，2012 年公布拆坝计划，2015 年开始拆坝，但一度遭到下游居民的反对，担心拆坝会增加洪水风险，给家园带来洪水隐患。美国罗德岛州黑石河上的波塔基特瀑布坝（Pawtucket Falls Dams），因堵塞鱼道，1748 年当地居民起诉法院同意拆除，但大坝业主组织请愿后大坝保留；1792 年重新提起争论，当时法律规定大坝如果被视为公害就可以拆除，而无须业主的同意；后来由于保护大坝建设的立法，大坝保留至今。美国马萨诸塞州的比尔里卡坝（Billerica Dam）1710 年建成，河流瀑布消失，1711—1861 年间，由于上游土地淹没、下游农田冲毁、上游运河工程等经历多次法律诉讼、拆建和功能改变，1859—1861 年美国作家、哲学家、超验主义的代表人物亨利·戴维·梭罗为该坝拆除调查提供证据，法院判定拆除，但由于内战搁置，目前仍处于争论状态。

4.5　环境影响预测与评估

4.5.2　在我国新疆塔里木河综合治理项目中，为保护塔里木河流域生物多样性和恢复退化的生态系统，规划报废叶尔羌河流域的 16 座小型平原水库，其功能由新建山区控制性水库工程替代，这是我国首次为生态修复目的而主动报废水库的实践。事实上，水库报废拆坝生态环境影响较为复杂。水库报废可能会破坏并重塑河流及滨水生态系统，甚至可能对环境造成新的胁迫，引发一系列新的问题。拆坝后，河流连续性得以恢复，库内淤积泥沙运动的障碍消除；库区由静水条件向动水条件转化，为库内泥沙冲刷提供了动力，泥沙将向下游扩散。河流地貌、水质、洪水等条件都将因河流水文条件和泥沙运动规律的改变而改变，并进一步影响湿地、水生生境和滨河滨湖植被的分布、面积和类型等，最终体现为社会影响和经济影响。水库报废拆坝影响见表3。

表3 水库报废拆坝影响

对象	影 响 内 容
水文	上游：河道比降增加，水流流速加快。 库区：库区消失，水流流速加快。 下游：水文过程恢复为无调节的自然状态。 地下水：水位和补给条件均发生相应变化
泥沙	上游：水流挟沙能力增加，流速增加，冲刷河床和堤岸。 库区：淤积的泥沙及污染物重新运动，向下游扩散。 下游：泥沙含量增加，短期内产生淤积
地貌	上游：河床下切，堤岸坍塌，河道横向变形。 库区：恢复为河道；库区暗礁、悬崖等重新出露；地下水位下降可能导致地质灾害。 下游：河床抬高，可能堵塞取水口，河滩形态可能改变或形成新的河滩
洪水	上游：水库顶托作用消失，泄流能力增加，洪水位降低，洪水风险减小。 库区：淹没范围大幅缩小，洪水位降低，洪水风险减小。 下游：溃坝洪水风险消失；水库调洪能力消失，洪水风险增加
水质	上游：由于污染物扩散速度加快，水质可能有所改善。 库区：静水变化为动水，污染物不再在水体中累积，水质可能因此有所改善；但在短时期内，由于库底泥沙的冲刷，水体浑浊度可能增加，若泥沙中含污染物质，水质有可能恶化。 下游：水体中泥沙含量增大，浑浊度增加；若泥沙不含污染物，水质无显著变化，否则水质将恶化。就长期看，水库报废使得河流上下游的水质趋于接近，改变河流水质局部（库区）恶化的趋势
水生生境	上下游：河流生境的水文、泥沙、地貌和水质条件均可能发生变化，但上下游的变化不同。 库区：静水生境变化为动水生境，湖泊生境消失，河流生境增加，可能导致适于湖泊生境的生物灭绝；河道连通性的恢复影响鱼类的迁移和繁殖能力，对洄游鱼类和常栖鱼类利弊有所不同
湿地	上游：滨河湿地消失或迁移，湿地地下水补给状况发生变化。 库区：水库湿地消失；原滨湖湿地消失或迁移；可能在原库区形成新的沼泽湿地和河滩湿地。 下游：可能形成新的河滩湿地；原湿地形态和分布范围可能变化；湿地地表水和地下水的水文状态将有所变化
植被	上下游：植物群落的分布、范围和种类都将发生变化。水文条件的变化可能导致植物群落发生演替；泥沙冲淤位置的变化影响植物群落分布；植物适应变化能力的差异导致植物种类的变化。 库区：原滨湖植物群落可能消亡；出露区域形成新的植物群落

表 3（续）

对象	影 响 内 容
经济	◇水库报废的评估、申请许可、规划设计和施工等费用； ◇与水库报废相关的河流生态修复费用； ◇基础设施改建费用； ◇水库功能替代工程建设费用； ◇水库收益消失； ◇减除水库大坝修复费用； ◇减除水库运行和管理费用； ◇新的商业机会带来的收益； ◇与河流相关的新的旅游休闲功能带来的收益； ◇减除大坝安全责任风险带来的效益； ◇滨湖滨河财产（土地、地产等）价值的改变，可能是收益也可能是亏损； ◇污水处理费用的变化，长期内可能降低，但较短时期内可能有所提高
社会	◇水库报废产生的所有变化都可能影响相关人群，从而发生社会影响； ◇区域防洪公共安全的变化； ◇旅游、休闲娱乐功能丧失或改变（从与水库相关转变为与河流相关）； ◇管理机构员工丧失就业机会； ◇管理机构撤销，档案资料需转移管理； ◇滨湖滨河财产（土地、地产等）的价值可能发生变化，如降低，可能引发社会矛盾； ◇水库大坝的历史文化价值消失； ◇水库大坝的审美价值消失，但增加了河流自由流淌的审美价值，出露的土地也可改建为公园、观鸟地、自然走廊等休闲地以增加审美价值； ◇水库灌溉、供水和发电等功能的消失给相关人群的生活造成影响； ◇水质的变化给相关人群生活造成影响，长期有利，短期内可能不利； ◇不同利益相关者之间因水库报废产生的新矛盾； ◇其他影响

水库报废的水文影响。拆坝后河流重新连通，库区水位大幅降低，上游河段的水力坡度和水流流速增加，下游河道萎缩状况得以缓解，水生和滨水生态系统、库区周边的地下水补给得以恢复自然状态。

水库泥沙和水质影响。有泥沙淤积的水库拆坝后，库内泥沙迁移可能对下游河流生境产生重大影响，特别是含有污染物的泥沙迁移。库内泥沙迁移将造成下游河流浊度增加，造成水质退化，可能沿程淤积形成沙岛或洲滩，改变河流地形地貌和河床基质，影响水生生境；还可能堵塞下游航道、取水口等。因此，需要对泥沙输移和沉积对水生生境的影响进行预测。当水库上游有人居住和存在工农业生产活动时，重金属、有机与无机污染物等经常随水流进入水库，溶解、沉积或吸附在库内淤积的泥沙内，污染物会随泥沙迁移而扩散，可能严重影响下游河道的水质。如果泥沙含有持久性污染物，在毫无防范的情况下释放到下游，对水生生态系统的影响更加巨大和持久。如前所述的美国纽约州爱德华堡坝（Fort Edward Dam）尽管拆坝前进行了研究分析，但工作不到位，未发现水库泥沙中含有上游化工厂中排放出来的多氯联苯，也未对水库淤积的泥沙采取措施，污染物随泥沙运移扩散，给下游水质、生态、航运造成了严重影响，迁移的泥沙导致河道过水能力下降，增加了下游城镇洪水风险。

　　水库报废将改变河床基质与水生生境。河床基质是重要的生境特征。拆坝后，鱼类可以到达上游，如果库内细颗粒泥沙侵蚀使得下层的砾石和卵石重新出现，鱼类的生境质量将得以改善，迁徙的鱼类数量往往回升，水生昆虫及其他生物体的数量和多样性可能增加；但如果向下游迁移的细颗粒泥沙在下游沉积减小河床渗透性，改变了河床基质的类型，就会影响鱼类的产卵和繁殖生境，降低水生生物的存活率、多样性和丰度，产生负面影响。美国 Snake 河以前的鲑鱼产量是整个哥伦比亚河流域的 45%，但四座大坝建成以后，大马哈鱼数量和种类急剧减少。为了恢复濒危的鲑鱼种群拆除了大坝，一年后鲑鱼数量明显增加，达到建坝前水平的 80%。美国 Colorado 水库拆除后释放的大量泥沙沉积在下游 12km 内的河道深潭内，阻塞粗颗粒泥沙之间的空隙，造成4000 条鱼死亡，并造成大型无脊椎动物种群密度降低和组成的改变。

　　拆坝后，上游滨河湿地将消失或迁移，下游原湿地形态和分布范围可能变化并可能出现淤积地及新的河滩湿地。报废前的沼泽植被和湿地灌木丛很可能演化为一般性的陆地植被，周期性被洪水淹没的地区可能会发育沼泽植被，由于新增生长地土壤一般比较肥沃，容易被外来物种入侵。生长在原库区出露区域的水生植物将被陆生植物代替，库区水生植物群落向适应动水生境的植物群落演化。在拆坝后的植被恢复过程中，存在外来入侵物种主宰的可能。美国威斯康星州南部 5 个原蓄水区域出露形成的陆地区域，自行恢复的植被中没有一个是由本地植物群落主导的；该州 30 处不同时期拆坝后的裸露地带观测显示，外来植被降低了植被群落的多样性，外来物种成为优势种的地点物种多样性最低。大坝拆除生态环境影响的时空关系如图 2 所示。

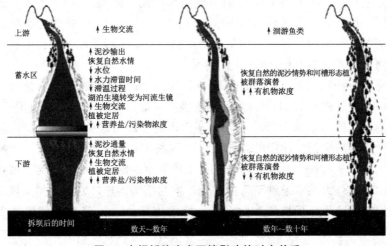

图 2　大坝拆除生态环境影响的时空关系

5 对策措施与管理

5.1 一 般 规 定

5.1.2 对策和管理措施应根据实际情况制定。美国华盛顿州奥林匹克半岛的艾尔瓦坝（Elwha Dam）和格莱因斯卡因坝（Glines Canyon Dam）位于艾尔瓦河上，主要功能为发电。艾尔瓦坝 1914 年建成，为混凝土重力坝，最大坝高 33m，坝长 140m，装机容量 14.8MW，该坝形成了 4.5km 长的艾德威尔人工湖，库容约 999.5 万 m^3。格莱因斯卡因坝位于艾尔瓦坝上游 13km 处的奥林匹克国家公园内，1927 年建成，为混凝土拱坝，最大坝高 64m，装机容量 13.3MW，该坝形成了 4km 长的米尔斯湖，库容约 4997.7 万 m^3。两坝均未设鱼梯，隔断了几种濒危鱼种在艾尔瓦河上游源头的产卵场。1992 年美国国会通过了《艾尔瓦河生态系统和渔业恢复法案》，要求内政部恢复艾尔瓦河生态系统和当地渔业。内政部确定拆坝是唯一选择，2000 年斥资 2950 万美元购买了原为私人所有的两坝，2007 年申请了为期 10 年的拆坝许可。审核机构包括美国陆军工程兵团、美国环境保护署和华盛顿州生态署。截至 2010 年 7 月，2 座水库内泥沙淤积约 1800 万 m^3，占原始总库容的 31%，其中 1500 万 m^3 淤积在米尔斯湖中。为缓解拆坝时的泥沙影响，兴建了确保水质和防洪的配套工程，包括污水处理厂、新水井、地表水取水口，并加高和新建防洪堤。2011年 9 月，历时 3 年的艾尔瓦河拆坝工程正式启动，采用分期拆除。在拆坝和降低水库水位时，利用河流将水库泥沙冲刷至下游，在河口形成栖息地，重建河口海滩，但在鱼类洄游的关键时期则限制水库泥沙排放。2012 年 3 月艾尔瓦坝拆除完毕后，又拆除了格莱因斯卡因坝，恢复了 113 km 长的鲑鱼和虹鳟栖息地。艾尔瓦河拆坝工程是美国最大的拆坝项目，包括 2 座水坝拆除费在内的艾尔瓦河恢复项目总费用达 3.25 亿美元。

圣克莱门特坝（San Clemente Dam）位于加利福尼亚州的卡梅尔河河口上游 30km 处，建于 1921 年，为混凝土拱坝，最大坝高 32m，主要用于供水，建成时的库容约 175.85 万 m^3，2008 年库内泥沙已淤积约 191 万 m^3，供水功能丧失，建坝后卡梅尔河中的虹鳟数量急剧减少，与 1950 年相比，虹鳟数量下降了 90%。20 世纪 90 年代早期，业主单位州水资源局研究认为，该坝在最大可信地震或最大洪水条件下可能遭受严重的结构破坏，因此，州大坝安全部要求采取措施确保该坝抗震和防洪安全标准达标。2006 年州水资源局发布了该坝地震安全项目环境影响报告草案，对包括大坝加固方案以及卡梅尔河改道拆坝方案进行了评估，认为加固方案可以解决安全问题，但无法解决环境问题。此后，州水资源局、州海岸保护部、美国国家海洋和大气管理局等机构开展了卡梅尔河改道拆坝方案可行性研究。2007 年州水资源局发布了该坝地震安全项目环境影响最终报告，确认卡梅尔河改道拆坝方案。对库内淤积泥沙处理，利用现场独特的地形，让卡梅尔河改道 0.8km 流入圣克莱门特溪，将原先的河段作为永久泥沙存储区，从而最大程度减少泥沙开挖和运移工程量，并相应减少工程费用和环境影响。项目于 2013 年开工，2014 年 6 月开始挖掘新的河道，2016 年完成了拆坝和栖息地修复。

5.1.3 本条规定，需根据水库降等或报废影响预测与评估的情况，针对需求确定相应的工程措施、非工程措施和善后管理要求，并制定方案，并满足安全、环保的要求。水库降等特别是水库报废不仅是工程技术问题，而是涉及经济、社会、环境、生态等众多学科，不可简单地维持现状甚至弃置不管，为确保工程安全、生态安全、社会安全，一般都需要采取必要的工程措施和非工程措施进行善后处理，包括消除遗留工程的防洪安全与结构安全隐患、管理机构调整和人员安置、水库部分功能的补偿、遗留工程的后续管理、水土保持与生态修复、监测等。

水库降等后，仍需要继续蓄水发挥相应的效益，只是蓄水规模减小而已；水工建筑物特别是大坝的挡水功能不变，不会从根本上改变河流的生态条件。因此，降等水库的善后处理一般不存在功能补偿和生态修复问题，重点是通过工程措施和非工程措施确保工程的防洪安全与结构安全，并对管理机构、管理人员、管理设施作相应精简调整，以节约运行维护成本。

水库报废拆除大坝后，如何恢复库区植被、野生动植物栖息地、鱼类洄游的通道及河道的行洪能力，如何处理沉积的泥沙和污染物，如何治理地质灾害，如何防止水土流失等一系列与生态环境相关的问题，都是报废水库善后处理必须解决的难题。除此之外，水库报废后一般还需要裁撤管理机构和对裁撤的管理人员进行安置，对原部分水库功能进行补偿，一些遗留工程可能还需要加固和后续管理等。因此，相对于降等水库，报废水库的善后处理无论技术难度和复杂性，还是从涉及面大小均要大得多，必须充分论证、科学设计、严格施工。

5.2 工 程 措 施

5.2.1 水库降等或报废均需要采取相应的工程措施。具体如下：

（1）水库降等的工程措施。水库降等后的防洪能力和大坝结构安全不足时，需按降等后的工程标准进行工程措施除险加固，消除安全隐患，保证水库的安全运行和效益发挥。

当防洪标准达不到 GB 50201 和 SL 252 的要求时，可通过降低溢洪道堰顶高程、加高大坝、增建或扩建泄洪设施等提高水库的防洪能力。对小型水库，溢洪道控制段宜改造为无闸控制的开敞式溢流堰。

当结构安全不足时，要针对工程结构缺陷开展防渗、结构强度或稳定、抗震、坝下埋涵处理、金属结构改造等除险加固。其中：小型水库的防渗加固以渗流出口做好反滤排水设施为主，必要时可结合灌浆处理，不仅投资较少、施工技术简单，而且可结合下游坝坡培厚或整治、排水体翻修等工程措施一并施工；坝下埋涵是土石坝安全的薄弱环节之一，对存在严重结构隐患的要拆除重建，对已废弃的涵洞宜拆除处理。

（2）水库报废的工程措施。水库有功能需求仍要报废的，要有水库功能替代工程。水库报废后，必须采取适当工程措施消除遗留工程的安全隐患，确保行洪安全和遗留工程的结构安全。

一般情况下要限期全部拆除大坝等挡水建筑物，恢复河道连通，有淤积物的要进行处理，确保淤积物不造成次生危害。对因淤积而报废的水库，如适于改造成淤地坝，可不拆除大坝，但必要按淤地坝安全管理要求进行管理，改建甚至新建泄水或过水工程，确保行洪安全。

报废水库的泥沙处理视具体情况，综合运用自然冲蚀、水力疏浚、机械挖除和原地固置等处理方法。当库区淤积的泥沙没有污染或仅有轻微污染时，可采用自然冲蚀或水力疏浚的方法进行处理；如库区淤积的泥沙量大，要分阶段逐步拆除大坝的方法控制泥沙运动，防止水流中的泥沙含量远超过下游河道的泥沙输移能力；当淤积泥沙重度污染、下游河道泥沙输移能力严重不足或影响下游水生动物栖息地时，要在大坝拆除前，采用机械挖除或水力疏浚方法清理库区淤积的泥沙。如果水库报废前库区仍保存有较完好的河道形态，可采用原地固置方法进行泥沙处理：首先通过控制下泄的方式，缓慢放空水库，使绝库区淤积的泥沙大部分停留在原地；然后采用护岸护坡措施、重置植被等方法固定泥沙。对于机械挖除或水力疏浚的泥沙，若无污染，可加以利用作为建筑材料、耕作用土、回填场地等用途；若污染程度较高，需在脱水处理后运送至有害废弃物掩埋场作掩埋处理。

河道治理与防护。当河流功能、河道稳定性、堤防以及生物栖息地等受水库报废的影响较大时，可通过开挖疏浚、撤迁、护岸、堤防加固、植被重置、洪泛区侵蚀控制等整治措施对河道演变加以控制，恢复河道功能和行洪能力，并保证行洪安全和岸坡的整体稳定。

水土保持和生态修复措施，以不造成水土流失为原则。对原库区淹没范围内裸露的地表重置植被或加以保护，恢复野生动植物栖息地和鱼类洄游的通道，特别要确保不因水库报废拆坝而造成水土流失和生态环境的恶化。一般可不作特别处理，由天然植被自行恢复，但易受侵蚀的库区裸露地表，需在原库区裸露地表上种植植物护坡，人工植被的设计可参考水库周边地区的植被结构。库底和库岸适宜并有条件还田的，要采取不造成水土流失的合理耕种方式；有条件改造为湿地的，可改造为湿地，但不得影响行洪安全。

功能补偿工程措施。水库报废后，防洪、灌溉、供水等功能全部丧失，如有可能，特别是严重影响下游防洪安全和当地农民生产生活时，需采取合适的工程措施进行原水库功能补偿。水库报废后，导致洪灾风险增大的，需对防洪功能进行补偿，一般可采取加高加固河道堤防的措施；当导致灌溉、供水功能丧失，严重影响当地农民生产生活时，需通过修建替代工程或重建大坝、跨区域引水和调水、开采地下水等措施予以补偿；当因水库报废影响周边地区的航道、道路、桥梁、取水口、排污口等基础设施时，需进行改建。

工程措施施工考虑。水库报废拆坝时间应避开汛期，并宜选择在植物容易生长季节。拆坝前需放空水库。拆坝废弃物应作妥善处理，防止污染环境或造成次生危害，一般可就地处理、出售或重复利用；如有污染难以处理时，要运送至废弃物填埋场作填埋处理。

5.4 善 后 管 理

5.4.2 本条规定了水库降等善后管理措施的内容。其中关于调整水库管理机构和管理人员，水库降等的组织实施单位应根据国家相关法律法规规定，做好原水库管理机构富余职工的安置工作。原库区和管理范围内的设施、土地的开发利用要优先用于原水库管理人员的安置。小（2）型水库降等后转为塘坝，需按《水库大坝注册登记办法》的规定办理水库注销手续。已有安全监测设施要根据影响需要，进行监测维护或报废，报废的应妥善处置。

5.4.3 本条规定了水库报废善后管理措施的内容。水库报废需按《水库大坝注册登记办法》的规定办理注销手续。水库报废后，不得再以任何方式蓄水利用，更不能拦蓄洪水；少量蓄水改造为景观利用的，需进行论证并经有关部门审核和批准；对拆坝后仍有残余结构的，仍需管理并落实代管单位，保障度汛安全；对改造成淤地坝的，应转入水土保持工程管理。

水库报废的组织实施单位需根据水库的所有制性质，按照相关法律法规要求，对原水库资产以及与水库有关的债权、债务进行妥善处置。

淤积严重或对生态环境有严重影响的水库报废后，应开展必要的监测工作，直到河流重新达到较稳定的平衡状态为止。监测对象包括大坝上、下游水文地质条件的变化情况；上游淤积泥沙冲刷情况；水库下游的泥沙淤积情况；河道地形地貌变化情况；河流水质变化情况；水生生物生境变化情况等。

6 费用与效益估算

6.1 一 般 规 定

6.1.1 费用与效益是水库降等或报废重要决定因素。康迪特坝（Condit Dam）位于美国华盛顿州怀特萨蒙河与哥伦比亚河交汇处上游约 5.3km 处，1913 年建成，为混凝土重力坝，最大坝高 38m，坝长 144m，装机容量 14.7MW。1991 年大坝业主太平洋电力公司开始申请新的许可证，包括"美国河流"在内的组织和团体以大坝切断鲑鱼和北美鳟鱼迁移通道为由要求拆坝。1996 年 11 月美国联邦能源监管委员会（FERC）发布了环境影响报告，要求业主设置鱼梯和过鱼显示屏，并要求增加河道流量。要获得新的许可证，就必须建造鱼梯，费用约 1 亿美元。若增加河道流量，必然会减少发电量。高昂的费用使大坝运行不再具有经济效益，1999 年业主与有关机构和利益团体签署了拆坝协议，总费用约 3500 万美元。2011 年 10 月开始拆除，2012 年 8 月底完成整个坝体拆除。

6.2 维持现状费用与效益估算

6.2.1 水库维持现状费用估算需根据行业和地方经济发展水平及相应概（估）算编制内容和定额标准进行估算。当前水利行业规定为《水利工程设计概（估）算编制规定》（水总〔2014〕429 号）。

7 综合评估

7.1 一般规定

7.1.1 水库降等或报废，尤其是水库报废不是单纯的工程技术问题，还涉及经济、社会、环境等多方面的因素。根据已有的工程案例，水库降等或报废往往是 1～2 个主要因素附加其他因素，基于主要因素进行评估决策往往直接明了、可操作性强。因此，规定明确对符合 SL 605 降等条件的水库，当方案费用效益分析适合降等时，需降等处理。

7.1.2 关键指标是指明显的可决定水库降等或报废的单一因素指标，当单一指标明确时，可一票确定，如水库无水可蓄就是典型的关键指标。已有实践表明，水库降等或报废往往是一两个关键因素决定的，附带有其他的次要因素。马屯水库位于江苏省丹阳市，是一座以防洪和灌溉为主的小（2）型水库，于 1959 年建成蓄水，均质土坝，最大坝高 6.83m，坝顶长 115m，集水面积约 0.6km²，总库容 10.82 万 m³，实际灌溉面积 600 亩。水库降等的关键指标为库容指标和功能指标不足，防洪功能显著降低，现状集水面积仅为原设计的 25％，灌溉效益基本消失，430 余亩已成为工业和其他用地，其余农田已不从水库引水灌溉。次要原因为水库现状淤积、溢洪道和涵洞存在结构安全隐患。水库降等为山塘管理，采取降低溢洪道堰顶高程、拆除放水涵洞等工程措施。

当无显著的关键指标时，可采用综合评估决策方法。综合决策方法一般通过建立评价指标体系，采用层次分析法、网络分析法、决策树、多属性效用理论等综合考虑多因素的作用和影响。综合决策指标体系需反映可能影响决策的重要因素。

（1）综合评估方法。

a. 层次分析法。层次分析法（AHP）由 T. L. Saaty 在 20 世纪 70 年代提出，该方法将半定性、半定量的问题转化为定量问题，将复杂的决策过程通过层次化模型表示，适用于解决无结构和半结构决策问题，得到了广泛应用。AHP 适用于内部独立的递阶层次结构。

b. 网络分析法。T. L. Saaty 在层次分析法基础上，对内部依存的网络结构提出了网络分析法（ANP），再融入收益、成本、风险，提出了基于网络分析法的收益、成本和风险模型 ANP/BCR（Analytic Network Process/Benefits Opportunities Costs Risks）分析模型。该法综合了递阶层次结构和网络系统结构，系统元素划分为两部分：第一部分为控制层，是一个典型的递阶层次结构，包括决策目标和评价准则，评价准则间视为相互独立且仅受评价目标的影响，各准则的权重可通过层次分析法计算得到；第二部分为网络层，包含受控制层影响的所有元素，层内元素集间相互影响，各元素相互支配，形成一个内部相互依存、相互反馈的网路结构。

水库降等或报废影响涉及面广、影响因素间相互作用，且影响评估因素定量度量难度较大，需要通过专家经验及科学评判，从备选方案中选择花费较低、获利较大且风险较小的最优方案，实现水库降等或报废科学决策的目标。ANP/BCR 法的评估模型结构如图 3 所示。

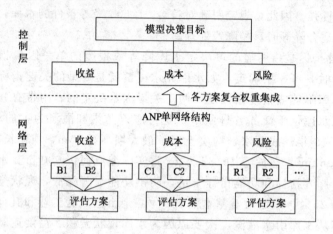

图 3 ANP/BCR 决策模型

c. 决策树法。决策树（Decision tree）以序列方式表示决策的选择和结果，并用树形图的形式进行表示。决策树开始于初因事项或是最初决策，考虑随后可能发生的事项及可能做出的决策，它需要对不同路径和结果进行分析。可用于项目综合决策和风险管理，以便在不确定的情况下选择最佳的行动步骤。图形显示也有助于决策依据的快速沟通。

其输入包含各个决策点的项目计划、各决策的可能结果、可能影响决策的事件的信息。决策树开始于最初决策，随着决策的继续，在各个决策点上，不同的事项会发生，通过估算各事项发生的可能性以及相应的成本或收益，使用者可选择最佳决策路径。其输出包括显示采取不同选择的风险逻辑分析过程；每一个可能路径的预期值计算结果。

决策树分析的优点包括对于决策问题的细节提供清楚的图解说明，能够计算到达一种情形的最优路径。缺点包括大的决策树可能过于复杂，不容易与其他人交流；为了能够用树形图表示，可能有过于简化背景环境的倾向。

（2）综合评估方法案例。采用 ANP/BCR 网络分析法进行黑洼水库降等评估（图 4、图 5）。该水库位于安徽省滁州市境内的清流河支流上，集水面积 2.12km²，总库容 56 万 m³，最大坝高 12.2m。水库上游为琅琊山丘陵区，区内为高郁闭度的天然林地，库内泥沙淤积很少；下游为滁州市城区。水库原设计为灌溉功能。大坝于 1977 年建成，防洪标准为 20 年一遇洪水设计、100 年一遇洪水校核。随着城市化发展，水库下游农田变为城市用地，2005 年纳入滁州学院校区管理范围，成为学院新区中心地带，下游为滁州市主城区和经济技术开发区，区内人口众多，还包括滁州市市政服务中心、市中心血站、八里小区以及京沪铁路等的社会热点地区。水库灌溉功能完全丧失，主要功能已转变为城市防洪和休闲娱乐。水库下游河道由西南至东北穿滁州市主城区，一旦出现溃坝险情，将造成巨大生命财产损失并造成重大社会影响。黑洼水库为村民自发兴建，施工质量较差，建成后缺乏养护修理，多年运行存在严重病险，经鉴定为三类坝。

图 4 黑洼水库地理位置卫星图

图 5 黑洼水库下游河道和重要影响对象示意图

（1）评估方案。综合考虑水库相关利益方的诉求，拟定 3 个方案，具体如下：

方案 1，维持现状。

方案 2，降等处理，将坝高 12.2m 降至 4.0m，保留总库容 9 万 m³，对保留的坝体实施除险加固，重建放水涵洞，增加为下游河道供水的灵活性。

方案 3，除险加固，采取工程措施实现防御 100 年一遇洪水，将部分兴利库容调整为调洪库容，调洪库容较维持现状增加约 45%，新开挖泄洪隧洞增加泄流量；在水库周围铺设栈道及其他环境改善措施，改善水库的游憩功能；重建放水涵，增加为下游河道供水的可靠性和灵活性。以维持现状作为基准方案，便于方案之间的比较。

（2）模型建立。

a. 影响因素识别。考虑收益、成本和风险 3 个主要因素。水库报废收益不单包括经济方面可获得的利润，如拆坝后库区及下游土地的增值，同时也需考虑因水库报废水文情势恢复以及生态环境修复后生物种类和数量增长所带来的效益，此外还包括景观及公众评价等社会价值。从成本方面来看，拆坝方案能省去除险加固及维护运营费用，同时也会产生拆坝及新建替代工程等其他费用。黑洼水库淤积量较少，且无污染，无需进行淤积物处理；此外，水库已丧失灌溉功能，无需建设替代工程。从风险来看，拆坝方案仅有洪水风险，除险加固方案则包括溃坝风险和洪水风险。

b. 网络结构建立。从收益、成本和风险三项控制准则出发，建立服务于决策目标的指标体系，进行综合权衡评估。根据黑洼水库的实际情况，确定的水库降等决策的 ANP/BCR 模型如图 6 所示。

（3）方案优势度计算。采用 1～9 标度对相互影响的两因素进行两两比较，构造判断矩阵，获得权重向量；由判断矩阵计算得到加权矩阵；利用权重向量获得超矩阵，利用加权矩阵对超矩阵进行加权，并进行列归一化；通过归一化的加权超矩阵计算各个子网络的极限超矩阵；根据极限超矩阵，得到各方案在各个子网络下的优势度；综合子网络的权重及标准化和归一化的子网络优势度值，进行方案复合权重的集成，得到方案的最终优势度，见表 4。

（4）计算结果分析。由于备选方案的收益小于成本与风险之和，采用负数加和公式得到的最终优势度为负数，不具有实际意义。除此之外，无论采用倒数还是概率加和公式，也无论是采用子网络的标准化还是归一化的优势度，得到方案的最终优势度排序相同：除险加固方案的优势度最高，维持现状方案次之，降等方案最低。退役方案的优势度远低于其他方案的原因可归结为收益较低造成综合优势度下降。

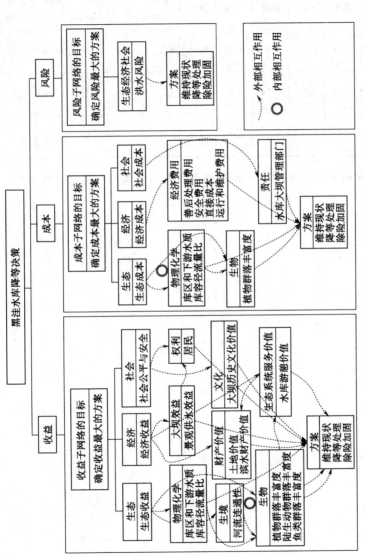

图 6　黑佳水库降等决策的 ANP/BCR 模型

表4 黑洼水库报废综合决策结果

| 方案 | 子网络的优势度 | | | | | | 最终优势度 | | | | | |
| | 标准化值 | | | 归一化值 | | | 负数加和 | | 倒数加和 | | 概率加和 | |
	收益	成本	风险	收益	成本	风险	采用Norm	采用Ideal	采用Norm	采用Ideal	采用Norm	采用Ideal
1 维持现状	0.38	0.27	0.36	0.76	0.68	1.00	−0.30	−0.28	0.35	0.34	0.38	0.34
2 降等处理	0.12	0.32	0.35	0.24	0.80	0.97	−0.45	−0.52	0.28	0.31	0.16	0.29
3 除险加固	0.5	0.4	0.29	1.00	1.00	0.81	−0.24	−0.20	0.37	0.35	0.46	0.36

研究结果得到黑洼水库业主和滁州市当地水利部门的认可，黑洼水库已实施除险加固方案。

水库降等与报废标准

SL 605—2013

2013 - 10 - 28 发布　　　　　　　　2014 - 01 - 28 实施

前　言

　　水库降等与报废是水库工程管理工作的一个重要方面，是一项政策性和技术性均很强的工作。

　　自有水库建设历史以来，人类建设的水库数量远多于现存的水库数量，其中的差额主要是由于水毁、震害、老化荒废等原因而自然消亡的，这种消亡实际上就是一种报废行为。我国现有各类水库 9.8 万余座，90% 以上修建于 20 世纪 50—70 年代，因工程老化及水毁、震害、淤积等原因，不少水库实际已降等运用甚至报废。一些地方在加强水库规范化管理的工作中也探索、尝试了水库降等与报废的程序和办法，制定了相应的规章制度。

　　为规范水库降等与报废工作，2003 年 5 月，水利部发布了《水库降等与报废管理办法（试行）》（水利部第 18 号令），本标准是其配套技术标准。

　　本标准按照《水利技术标准编写规定》（SL 1—2002）的要求编制，包括总则、水库降等适用条件、水库报废适用条件、善后处理等四方面内容。

　　本标准为全文推荐。

本标准批准部门：中华人民共和国水利部
本标准主持机构：水利部建设与管理司
本标准解释单位：水利部建设与管理司
本标准主编单位：水利部大坝安全管理中心
本标准参编单位：南京水利科学研究院
　　　　　　　　长江科学院
本标准出版、发行单位：中国水利水电出版社
本标准主要起草人：李　雷　盛金保　杨正华　黄　薇

张士辰　王昭升　彭雪辉　向　衍
程卫帅　江　超

本标准审查会议技术负责人：程晓陶

本标准体例格式审查人：陈　昊

目　次

1 总 则

1.0.1 为加强水库安全管理，规范和指导水库降等与报废工作，根据《水库降等与报废管理办法（试行）》（水利部令 2003 年第 18 号）和国家相关法律法规与技术标准制定本标准。

1.0.2 本标准适用于总库容 10 万 m^3 及以上的各类已建水库。

1.0.3 水库降等是指因库容减小或功能萎缩等原因，将水库原工程等别降低进行运行管理，相应调整水库管理机构与职责、管理措施及调度运用方式，以保证水库工程安全、节约运行维护成本和发挥相应效益的处置措施。

水库报废是指因库容或功能基本丧失等原因，停止水库运行，拆除大坝等水工建筑物和撤销水库管理机构，以确保安全和消除风险、节约运行维护成本的处置措施。

1.0.4 当水库实际工程规模达不到原工程等别划分标准，或功能衰减，或病险严重且难以限期除险加固，或管理缺失不能安全运行时，应进行降等或报废论证，符合本标准要求时应作降等或报废处理。

水库降等与报废论证应按本标准从库容、功能效益、工程安全、经济社会与环境影响、运行管理等方面进行分析评价，小型水库可适当简化。大型和重要中型水库应进行风险评估。

1.0.5 确定降等与报废的水库，应按本标准要求进行善后处理，以确保工程安全、环境安全和社会安全。

善后处理必须进行设计，并按要求执行审查和审批程序。善后处理工程应按建设程序组织实施。

1.0.6 本标准的引用标准主要有下列标准：

《防洪标准》（GB 50201）

《水库工程管理设计规范》（SL 106）

《水利水电工程等级划分及洪水标准》（SL 252）

《水库大坝安全评价导则》（SL 258）

1.0.7 水库降等与报废除应符合本标准外，尚应符合国家现行有关规程、规范和标准的规定。

2 水库降等适用条件

2.1 库容与功能指标

2.1.1 库容符合下列情况之一，而又无法采取有效措施予以恢复的水库，应予降等：

1 实际总库容不足 10 万 m^3，但注册登记为水库且按水库进行管理的。

2 工程未完建即投入使用，实际总库容未达设计工程规模，但仍按原设计工程规模进行注册登记和管理的。

3 因规划、设计等原因，水库建成后总库容达不到原设计工程规模，但仍按原设计工程规模进行注册登记和管理的。

4 水库淤积严重，现有总库容已达不到原设计工程规模的。

5 因其他工程建设分割集水面积，致使来水量减少，总库容达不到原设计工程规模的。

6 因防洪或抗震等安全需要，通过拓挖溢洪道等措施降低水库运行水位，现状总库容达不到原设计工程规模的。

2.1.2 功能指标符合下列情况之一，而又无法采取有效措施予以恢复且无新增功能的水库，应予降等：

1 因规划、设计、施工等原因，水库实际防洪、灌溉、供水、发电等功能指标达不到原设计工程规模，但仍按原设计工程规模进行注册登记和管理的。

2 因经济社会发展和产业结构调整，原设计的防洪、灌溉、供水、发电等功能需求降低或被其他工程部分替代，现状实际功能指标达不到水库原设计工程规模的。

2.2 工 程 安 全 条 件

2.2.1 当水库工程存在险情或安全隐患，无法按设计条件安全运行，而除险加固经济上不合理、技术上不可行，或因缺乏资金难以限期进行除险加固，必须限制蓄水才能确保工程安全，限制蓄水后的工程规模按 GB 50201 和 SL 252 达不到原设计工程等别标准时，应作降等处理。

2.2.2 工程安全条件符合下列情况之一，降等后可保证工程安全并可继续发挥效益的水库，应予降等：

1 工程存在质量问题，运行中出现险情的。

2 因洪水、地震等原因，工程局部破坏或出现险情的。

3 经复核鉴定，大坝属三类坝，降等后可满足相关规范要求的。

2.3 其 他 情 况

2.3.1 经济社会与环境影响符合下列情况之一的水库，宜予降等：

1 因征地、移民问题未妥善解决，水库不能按设计标准正常蓄水运用，现状蓄水量达不到原设计工程规模，且今后也难以解决的。

2 库区有重要考古发现，限制蓄水才能符合《中华人民共和国文物保护法》规定，限制蓄水后达不到原设计工程规模的。

3 库区发现珍稀或濒危动植物物种，限制蓄水才能符合国家相关法律、法规规定，限制蓄水后达不到原设计工程规模的。

4 水库蓄水引起周围生态环境及水文地质条件恶化，限制蓄水才能符合《中华人民共和国环境保护法》规定，限制蓄水后达不到原设计工程规模的。

5 水库蓄水引发上、下游严重水事纠纷，限制蓄水后可解决矛盾，限制蓄水后达不到原设计工程规模的。

2.3.2 运行管理条件符合下列情况之一，而当地生产、生活确实需要的水库，宜予降等：

1 管理严重缺失、工程老化失修，不能安全运行的。

2 无防汛交通道路与通信等设施，出现险情后，难以组织人力、物力进行抢险的。

2.3.3 因其他特殊原因经论证后需要降等的水库，应予降等。

3 水库报废适用条件

3.1 库容与功能指标

3.1.1 库容符合下列情况之一，而又无法采取有效措施予以恢复的水库，应予报废：

1 淤积严重，有效库容已淤满或基本淤满的。

2 库区渗漏严重，无法蓄水，且无防洪功能的。

3 引水水库失去水源，无水可蓄的。

4 因规划、设计、施工等原因，水库从未蓄水运用，且无利用价值的。

3.1.2 功能指标符合下列情况之一的水库，应予报废：

1 原设计功能因其他水利工程兴建被完全替代的。

2 水库失去原设计功能，且无新增功能要求的。

3.2 工程安全条件

3.2.1 当水库工程存在严重险情或安全隐患，而除险加固经济上不合理、技术上不可行，或缺乏资金难以限期进行除险加固，降等仍不能保证工程安全时，应作报废处理。

3.2.2 工程安全性符合下列情况之一，同时无恢复利用价值，且降等仍不能保证工程安全的水库，应予报废：

1 工程存在质量问题，运行中出现严重险情。

2 因洪水、地震等原因，工程遭到严重破坏。

3 经复核鉴定，大坝属三类坝。

3.3 其他情况

3.3.1 经济社会与环境影响符合下列情况之一的水库，宜予报废：

1 因征地、移民问题未妥善解决，水库无法蓄水运行，且今后也难以解决的。

2 库区有重要考古发现，不得淹没破坏，又无法迁移，需空库予以保护的。

3 库区发现珍稀或濒危动植物物种，其原生地不得淹没破坏，又无法迁移保护，需空库予以保护的。

4 水库大坝阻断了水生生物洄游通道，为保护珍稀生物物种，需拆除大坝的。

5 水库蓄水引起上、下游生态环境及水文地质条件严重恶化，违反《中华人民共和国环境保护法》规定，当地社会和公众反应强烈，需拆除大坝恢复河道功能的。

6 水库蓄水引发上、下游水事纠纷，严重影响当地经济社会的和谐发展，报废后可解决矛盾的。

3.3.2 运行管理条件符合下列情况之一，且溃坝后果严重、利用价值低的水库，宜予报废：

1 管理缺失，工程老化失修严重的。

2 无防汛交通道路与通信等设施，出现险情后，无法组织人力物力进行抢险的。

3.3.3 因其他特殊原因经论证后需要报废的水库，应予报废。

4 善后处理

4.1 水库降等善后处理

4.1.1 水库降等应采取必要的工程措施和非工程措施进行善后处理，对管理机构、人员、设施作相应调整。

4.1.2 应按 GB 50201 和 SL 258 确定降等后的水库工程规模、工程等别、建筑物级别及设计洪水标准，重新拟定水库特征参数。

4.1.3 应根据降等后的工程等别、建筑物级别、洪水标准及水库特征参数，复核水库防洪安全和水工建筑物安全，不满足要求时，应采取工程措施消除安全隐患。

4.1.4 水库降等应采取如下非工程措施：

    1 按照"分级管理，分级负责"原则，重新确定水库的相关责任主体和落实安全责任制，并按照《水库大坝注册登记办法》（水管〔1995〕86号）规定，办理注册登记变更手续。

    2 重新拟订水库调度原则和编制调度规程，并报有关部门批准后执行。

    3 依据 SL 106，调整水库管理机构和管理人员编制，拟订运行管理和维修养护制度。对降为山塘的，可撤销管理机构。

    4 对已有安全监测设施，应保留和妥善维护，并继续开展监测工作。

    5 对原水库资产及有关债权、债务进行妥善处置，并做好原水库管理机构富余员工的安置工作。

    6 工程技术档案应长期保存。对主管部门变更或管理机构撤消的，应做好工程档案的移交和管理。

4.1.5 水库降等应采取适当的水土保持和环境保护措施。

4.1.6 水库降等如影响当地居民生产生活，应采取适当措施对原水库功能进行补偿。

4.2 水库报废善后处理

4.2.1 水库报废应采取必要的工程措施和非工程措施消除遗留工程安全隐患；撤销管理机构，对人员进行安置；对水库部分功能进行补偿，并采取相应的水土保持、环境保护和生态修复措施。

4.2.2 水库报废应采取如下工程措施：

    1 宜拆除大坝，恢复河道功能。当分阶段拆除大坝时，应提出工程措施要求。

2 大坝不能全部拆除时，除应保证残留结构安全外，还应满足河道行洪安全。

3 适合改造为淤地坝的，应按淤地坝安全管理要求进行改造。

4 拆坝废弃物应作妥善处理，防止环境污染、水土流失或造成次生危害。

5 善后工程措施完工后，应组织验收。

4.2.3 水库报废应采取如下非工程措施：

1 撤销水库管理机构，对管理人员进行妥善安置。

2 不能全部拆除大坝留有残余结构的，应落实管理措施；对改造成淤地坝的，应转入水土保持工程管理。

3 对原水库资产及有关债权、债务进行妥善处置。

4 淤积严重或对生态环境有严重影响的水库报废后，应开展必要的监测工作，直到河流重新达到较为稳定的平衡状态。

5 水库报废工作验收后，应按照《水库大坝注册登记办法》（水管〔1995〕86号）的有关规定，办理注销手续。

6 工程技术档案应长期保存，并移交上一级主管部门保存或移交有关单位代为管理。

4.2.4 应对库区沉积的泥沙进行分析评估和妥善处置。可根据具体情况，综合运用自然冲蚀、水力疏浚、机械挖除和原地固置等处理方法。

4.2.5 应分析大坝拆除对上下游河道的影响，并采取必要的整治和防护措施。

4.2.6 应采取适当的水土保持、环境保护和生态修复措施，防止因水库报废而造成水土流失和生态环境恶化。

4.2.7 如水库报废严重影响下游防洪安全和当地居民生产生活，应采取适当措施对原水库功能进行补偿。

标 准 用 词 说 明

标准用词	在特殊情况下的等效表述	要求严格程度
应	有必要、要求、要、只有……才允许	要 求
不应或不得	不允许、不许可、不要	
宜	推荐、建议	推 荐
不宜	不推荐、不建议	
可	允许、许可、准许	允 许
不必	不需要、不要求	

中华人民共和国水利行业标准

水库降等与报废标准

SL 605—2013

条 文 说 明

目　次

1 总 则

1.0.2 本条为本标准的适用范围。与一般水利行业标准不同，本标准适用于所有规模的各类已建水库。从水库安全管理实践与需求看，库容1000万 m^3 以下的小型水库是降等与报废的主体。

1.0.4 本条规定了水库降等与报废的前提条件，强调水库降等或报废必须经过论证，确保科学决策，避免随意性，并提出了水库降等与报废论证的总体要求，具体要求可参见《水库降等与报废管理办法（试行）》（水利部令2003年第18号）。

1.0.5 本条强调水库降等与报废后必须进行善后处理，并规定了善后处理的总体要求。

2 水库降等适用条件

2.1 库容与功能指标

2.1.1 本条规定了水库因库容指标达不到原设计工程规模而应予降等的具体条件，全国各地均有很多实际案例，可操作性较强。

2.1.2 本条规定了水库因防洪、灌溉、供水、发电等功能指标达不到原设计工程等别划分标准，又无新增功能，而应予降等的具体条件，实际案例较少。

随着经济社会的发展和产业结构调整，一些水库功能达不到原设计等别标准或被替代，但可能增加新的功能，如供水、生态、景观等，对这类水库，在进行降等论证时，需考虑新增功能要求。

2.2 工程安全条件

2.2.1 本条规定了水库因工程安全原因而应予降等的前提条件。全国有很多病险水库长期限制蓄水控制运用，实际处于降等使用状态。严格执行本规定，可以提高病险水库除险加固决策的科学性，并促进各级政府加大对病险水库除险加固的资金投入。

对因缺乏资金难以限期进行除险加固的，一般不超过《水库大坝安全鉴定办法》规定的大坝安全鉴定周期6～10年。

2.2.2 本条规定了水库因工程安全条件而应予降等的具体情况，实际案例很多。

2.3 其他情况

2.3.1 本条规定了水库因经济社会与环境影响而适于降等的具体条件，实际操作难度大，案例也较少，因此未做强制性要求。

在水库大坝管理实践中，还存在如下造成水库实际处于降等运行状态的情况，但属于《水库大坝安全管理条例》禁止的非法或不当行为，不适宜在本标准中加以认可，否则会成为变相鼓励行为，不利于水库大坝安全管理工作：

（1）因病险严重、遭遇连续枯水年等原因，水库长期低于正常蓄水位运行，库区居民生产生活及各种开发活动下迁，占据原淹没区，造成既成事实，只能维持现状蓄水条件，而现状蓄水量达不到原设计工程规模，且今后也难以解决的。

（2）其他工程建设挤占水库库容，现有总库容已达不到原设计工程规模的。

（3）库区或大坝附近采矿等其他开发活动影响大坝安全，需限制蓄水降等运用的。

2.3.2 本条规定了水库因运行管理不到位而适于降等的具体条件，主要针对面广量大、管理条件差的小型水库，未做强制性要求，体现了一定的灵活性。2010年5月发布的水利部法规性文件《小型水库安全管理办法》（水安监〔2010〕200号）为本规定的依据。执行本规定可以促进小型水库运行管理条件的改善与管理水平的提高。

管理严重缺失是指无管理机构、管理制度和管理人员，大坝安全责任制不落实，无大坝安全管理应急预案等情况。

2.3.3 本条规定了除上述五种情况外，如有其他特殊原因，经充分论证后，也可对水库实施降等处理。

3 水库报废适用条件

3.1 库容与功能指标

3.1.1 本条规定了水库因库容丧失而应予报废的具体条件，是目前我国水库报废的主要原因，各地均有很多实际案例，可操作性强。

根据水利部大坝安全管理中心的调研，陕西省截至2003年有10座中型水库和400多座小型水库因有效库容淤满而报废；福建省安溪县情口内、鸭巴塘、蓬莱、大谋等4座小（2）型水库因上游采矿导致严重水土流失、库容淤满而报废。

有效库容指正常蓄水位以下的库容。

3.1.2 本条规定了水库因防洪、灌溉、供水、发电等功能丧失而应予报废的具体条件，在美国有很多案例，我国目前有一定的执行阻力，但已有实际案例和需求。

美国河流上大多数被拆除的水坝已失去了其原设计功能，如东部地区许多为磨坊供水或为水车提供水能动力的坝，其所服务的对象早已不复存在；另外，由于更有效的电能供给，早期的水电设施已废弃。虽然这些大坝已不再产生效益，但维护和保险费用却在继续增长，此时，报废拆除水坝无疑是更好的选择。中西部地区的小型径流式水坝的一般拆除费用约100000美元，比增加新功能而进行改建或结构修复的费用少得多。

安徽省滁州市黑洼水库1977年建成，原为灌溉用途的小（2）型水库，总库容56万 m³。大坝为均质土坝，最大坝高12.2m。随着城市化进程，水库下游农田已经变为滁州市城市用地，水库灌溉功能丧失。该水库大坝下游约200m即为滁州学院，2005年滁州学院扩展南校区将水库纳入管理范围，水库所有权已移交该校。滁州学院校方从安全角度考虑，考虑对黑洼水库作报废处理，拆除大部分坝体，仅保留少量水面和蓄水作为校园内景观。不过当地水行政主管部门不同意报废黑洼水库，并在滁州市新的防洪规划中将其视为城市防洪系统的一部分。目前，报废方案仍在论证过程中。

3.2 工程安全条件

3.2.1 本条规定了水库因工程安全原因而应予报废的前提条件。全国有很多病险水库长期带病运行，风险很高，对其中效益低下而又不具备除险加固条件的病险水库应考虑作报废处理。执行本规定，可以提高病险水库除险加固决策的科学性，并促进各级政府加大对病险水库除险加固的资金投入。

美国早期修建的一些大坝因结构老化，需要投入大量经费维修加固才能保证安全与良好的运行状态，有时报废拆坝是唯一经济和合理的选择。

3.2.2 本条规定了水库因工程安全条件而应予报废的具体条件，适用的病险水库很多，案例也较多。

根据水利部大坝安全管理中心 2000 年的调研，陕西省有 167 座小型水库因水毁而报废。

3.3 其 他 情 况

3.3.1 本条规定了水库因经济社会与环境影响而适于报废的具体条件，是国外水库报废拆坝的主要原因，我国目前操作困难很大，因此未做强制性要求，但已有实际案例。随着我国经济社会的进一步发展，社会和公众越来越关注水库的社会和环境影响，或许在未来有更多的需求，体现了前瞻性。

自然条件下的河流是一个完整的生态系统。建坝将水网分割开来，其间的生物和自然条件也被割断。大坝拆除后，原先被水库淹没的河道恢复，下游也恢复到更加自然的状态。同时，大坝拆除后，尽管水库不存在了，但可能改变或改善下游休闲条件，更加天然的水流条件增强了人们在溪谷中划船的兴趣；在平坦的溪流地区，划船者和乘船者追寻绵长的河流，露营者享受着连绵的滨水自然森林；垂钓更适合在没有被大坝分割的天然河流中进行。

美国基于经济社会与环境影响而报废拆坝的案例很多，如：

（1）Savage Rapids 坝位于俄勒冈州的 Rogue 河上，是一座混凝土分水坝，高 11.88m，1921 年建成。由于该坝不再发挥任何防洪、蓄水及发电效益，而且阻碍了鲑鱼和虹鳟的洄游通道，1994 年和 1997 年，该坝业主 Grants Pass 灌区（GPID）董事会两次投票决定拆除该坝，并同意国家海洋渔业部（NMFS）为保护濒危鱼类对该坝鱼道进行改造。1995 年，根据美国垦务局的研究，改造鱼道的花费估计将高达 2100 万美元；相反，拆坝并采取水泵引水满足当地用水需求只需要花费约 1300 万美元。

（2）Edward 坝位于缅因州的 Kennebec 河上，是一座木笼填石结构，高 7.32m，于 1837 年为通航目的修建，后用于水力发电。1993 年，大坝业主，一个小型私人公司，给联邦能源管理委员会（FERC）提出了要求延长运行许可证的申请。但一系列的研究表明，恢复几种洄游鱼类的通道所花费的费用比拆除该坝的费用多 1.7 倍；此外，拆除该坝可以恢复上游 17 英里的鱼类产卵地。因此，FERC 否决了大坝业主的请求，Edward 坝在 1999 年被拆除。

（3）Mitilija 坝位于南加利福尼亚州的 Ventura 河的支流上，1947 年建成，为变径混凝土拱坝，坝高 57.90m 高。由于该坝不再具有重要的防洪和蓄水能力，而且阻断了濒危 Steelhead 鲑鱼的洄游通道，还阻拦了大量需要补充到下游 Ventura 县海滩的沉积物，1999 年 6 月，Ventura 县官员同意拆除 Matilija 坝。该坝是美国拆除的最高大坝。

根据美国垦务局 2000 年的研究估计，拆除 Matilija 坝的费用为 2100 万～18000 万美元。费用变幅大是由于拆除的方法不同引起的。花费最少的方案，也是对下游洪水风险最大的方案，是分期拆除坝体，允许天然洪水把淤积物带至下游地区；花费最多的方案是用泥浆管直接将淤积物运送至 Ventura 县海滩。

在我国新疆塔里木河综合治理项目中，为保护塔里木河流域生物多样性和恢复退化的生态系统，规划报废叶尔羌河流域的 16 座小型平原水库，其功能由新建山区控制性水库工程替代，这是我国首次为生态修复目的而主动报废水库的实践。塔里木河下游大西海子水库总库容 9870 万 m^3，将塔里木河干流来水全部拦截，是造成下游长约 320km 河段断流的主要原因之一，本来也规划在塔里木河综合治理项目中报废。但几次放水实践发现，天然来水需要经大西海子水库的调节才能抵达河流末段。因此，大西海子水库近期必须保留，但已于 2005 年完全退出农业灌溉，完全用于下游河道生态输水。将来，当下游河道逐渐恢复、天然水流可以抵达河流末端，将重新考虑对大西海子水库实施报废处理。

在水库大坝管理实践中，还存在如下造成水库报废的情况，但属于《水库大坝安全管理条例》禁止的非法或不当行为，不适宜在本标准中加以认可：

（1）因水毁、病险严重等原因，水库长期空库运行，库区居民生产生活及各种开发活动下迁，占据库盆，造成无法继续蓄水的既成事实，只能维持现状，且今后也难以解决的。

（2）库容因其他工程建设被填埋的。

（3）库区或大坝附近采矿等其他开发活动严重威胁大坝安全，需空库运用的。

3.3.2　本条规定了水库因运行管理不到位而适于报废等的具体情况，主要针对面广量大、管理条件差、效益低下的小型水库，未做强制性要求，体现了一定的灵活性。2010 年 5 月发布的水利部《小型水库安全管理办法》（水安监〔2010〕200 号）为本条规定的依据。执行本条规定可以促进小型水库运行管理条件的改善与管理水平的提高。

4 善 后 处 理

4.1 水库降等善后处理

4.1.1 本条明确水库降等后不能弃之不管、听之任之，应采取必要的工程措施和非工程措施进行善后处理，以确保工程安全和节约运行维护成本。

4.1.2 本条规定了水库降等后工程规模、工程等别、建筑物级别及设计洪水标准确定的原则和方法。

（1）对依据库容指标而降等的水库，根据现状实际总库容；对依据功能指标而降等的水库，根据现状实际功能指标；对因工程安全条件而降等的水库，综合考虑工程安全与效益两方面因素，按照工程安全控制标准反演计算确定安全水位或限制运行水位，并作为校核洪水位；对因经济社会与环境影响而降等的水库，根据相应制约条件确定限制运行水位，并作为校核洪水位。再按 GB 50201 和 SL 252 确定降等后的水库工程规模、工程等别、建筑物级别及设计洪水标准，并重新拟订水库特征参数。

（2）对因运行管理条件而降等的水库，根据当地生产、生活用水的最低需求确定限制运行水位，并作为正常蓄水位，重新拟订水库特征参数，再按 GB 50201 和 SL 252 确定降等后的水库工程规模、工程等别、建筑物级别及设计洪水标准。

（3）如水库降等后总库容小于 10 万 m^3，则划为山塘管理，其工程等别及设计洪水标准依据山塘设计有关规程规范确定。

4.1.3 本条规定了水库降等应采取工程处理措施的原则要求。

（1）当水库降等后的防洪标准仍达不到 GB 50201 和 SL 252 要求时，需采取工程措施提高水库的防洪能力。对管理水平低、管理条件差而降等的水库，在进行防洪安全加固时，一般将泄洪建筑物改造为无闸控制的开敞式溢流堰。

（2）如按降等后的工程等别和建筑物级别复核，大坝结构安全性仍不满足现行规范和安全运行要求时，需采取工程措施进行除险加固。加固方案要充分考虑工程运用条件的变化，采用简便易行的处理措施，尽量降低建设成本。

4.1.5 本条规定了水库降等对原库区淹没范围内裸露地表水土保持和环境保护的原则要求。

水库降等后，需采取适当的水土保持与环境保护措施，并采用合理的耕种方式，对原库区淹没范围内裸露地表加以保护，确保不因水库降等而造成水土流失。

4.1.6 本条规定了降等水库功能补偿的前提条件与原则要求。

水库降等后，如影响下游防洪安全和当地群众生产生活，需采取适当措施对原水库功能进行补偿。因工矿、旅游、交通、考古等建设事业需要而要求水库降等的，由建设单位对原水库功能进行补偿。

4.2 水库报废善后处理

4.2.1 本条明确水库报废应采取必要的工程措施和非工程措施进行善后处理，以确保工程安全、生态安全与社会安全。

4.2.2 本条规定了水库报废应采取的工程处理措施，以及全部拆除大坝、部分拆除大坝、改造为淤地坝的具体要求和条件，以确保行洪安全和遗留工程的结构安全。

一般情况下，需限期拆除大坝等挡水建筑物，恢复河道到建坝前的天然状态，并对淤积物进行处理。如仅部分拆除挡水建筑物，则拆除部分的过流能力不小于原天然河道的过流能力；当残余结构存在安全隐患时，要进行适当加固。

对因淤积严重而报废的水库，如适合改造成淤地坝的，可不拆除大坝，但必须按照淤地坝安全管理的要求进行管理，改建泄水或过水设施，确保行洪安全。

拆坝时间要避开汛期，一般选择在植被容易生长季节。拆坝前，放空水库。

当分阶段逐步拆除大坝时，需提出工程措施要求，确保拆坝过程的安全。

拆坝废弃物需作妥善处理，防止污染环境或造成次生危害，一般可就地处理、出售或重复利用；如有污染难以处理时，需运送至废弃物填埋场作填埋处理。

善后工程措施完工后，由水库报废组织实施单位会同相关部门组织验收，并提交验收报告。

4.2.4 本条规定了水库报废后对库区沉积泥沙的处理要求，是水库报废善后处理的重点和难点。

水库报废前，需对库区沉积的泥沙总量、稳定性、质量（成分、颗分）、分布等进行测量、实验和分析评估，并对大坝拆除后的泥沙运动规律进行分析研究。

当泥沙没有污染或仅有轻微污染时，可采用自然冲蚀或水力疏浚的方法进行处理。如库区沉积的泥沙量很大，需采用分阶段逐步拆除大坝的方法控制泥沙运动，以免水流中的泥沙含量远超过下游河道的泥沙输移能力。

当泥沙被重度污染、下游河道泥沙输移能力严重不足或影响下游水生动物栖息地时，在大坝拆除前，采用机械挖除或水力疏浚的方法清理库区沉积的泥沙。

如果水库报废前库区仍保存有较完好的河道形态，可采用原地固置方法进行泥沙处理。首先通过控制下泄的方式，缓慢放空水库，使绝大部分泥沙停留在原地；然后采用护岸护坡措施、重置植被等方法固定泥沙。

机械挖除或水力疏浚的泥沙，若无污染，可作为建筑材料、耕作用土、回填场地等用途利用；若污染程度较高，在脱水处理后作掩埋处理。

4.2.5 本条规定了水库报废对河道整治和防护的要求。

在水库报废论证阶段，要对是否需要采取积极的人工措施进行河道整治和防护进行评估。如需要采取人工措施进行整治和防护，需委托有相应资质的单位进行设计，并经相关部门审查批复后实施。

水库报废后，如对原大坝上游水文和泥沙影响轻微，可不对河道作特别处理，任其自然演化和恢复，并在原库区河道形成并相对稳定后进行适当防护；当河流功能、生物栖息地以及河道稳定性受水库报废的影响较大时，通过采取护岸工程、堤岸植被重置、洪泛区侵蚀控制等整治措施对河道演变加以控制，保证上游河段堤岸的稳定性。

对原大坝下游河道，如河流形态及水文和泥沙条件与建库前相比变化很小，可不作特别整治，任其自然演化和恢复，并在相对稳定后进行适当防护；当河流功能、河流形态、过流能力、水文和泥沙条件、河道稳定性与建库前相比变化很大时，通过开挖、疏浚、撤迁、护砌、堤防加固与建设等措施对河道进行整治，恢复天然河道的功能和行洪能力，并保证行洪安全和岸坡的整体稳定。

4.2.6 本条规定了水库报废对水土保持、环境保护和生态修复的要求。

对原库区淹没范围内裸露的地表重置植被或加以保护，恢复野生动植物栖息地和鱼类洄游的通道，特别要确保不因水库报废而造成水土流失和生态环境的恶化。

采用植被恢复或重置的方法控制水库报废后易受侵蚀的原库区裸露地表的水土流失问题。在确定无外来物种入侵、岸坡总体稳定、雨水侵蚀不严重的情况下，可不作特别处理，任库区裸露地表的植被自行恢复；当存在外来物种入侵、岸坡不稳定、雨水侵蚀严重的情况下，需在原库区裸露地表上种植植物护坡，人工植被的设计可参考水库周边地区的植被结构。

库底和库岸适宜并有条件还田的，采取不造成水土流失的合理耕种方式；有条件改造为湿地的，可改造为湿地，但不得影响行洪安全。

因淤积严重而报废的水库，需承担水土保持责任，适宜改造成淤地坝参与小流域治理的，改造为淤地坝，并转入水土保持工程管理，确保不使泥沙二次流失。

4.2.7 本条规定了水库报废后对原水库功能进行补偿的前提条件和要求。

对防洪功能的补偿一般可采取加高加固河道堤防的措施；对灌溉、供水功能的补偿，可采取修建替代工程或重建大坝、跨区域引水和调水、开采地下水等措施。

因工矿、旅游、交通、考古等建设事业需要而要求水库报废的，由建设单位对原水库功能进行补偿。

当水库报废影响周边地区的航道、道路、桥梁、取水口、排污口等基础设施时，要对上述设施进行改建。

三、政策性文件

（一）安　全　度　汛

关于明确水库水电站防汛管理有关问题的通知

（2005 年 10 月 19 日　国家防汛抗旱总指挥部　国汛〔2005〕13 号）

各省、自治区、直辖市防汛抗旱指挥部，长江、黄河、淮河、松花江防汛总指挥部，新疆生产建设兵团防汛抗旱指挥部，水利部各流域管理机构，国家电网公司、中国电力投资集团公司、中国南方电网公司、中国华电集团公司、中国国电集团公司、中国大唐集团公司、中国华能集团公司：

2004 年湖北省清江大龙潭水电站施工围堰溃决和 2005 年云南省昭通市双龙电站蓄水工程坝体溃决，均造成了重大人员伤亡。通过对水库、水电站安全度汛存在问题的分析表明，由于管理体制变化和开发主体多元化等原因，一些水库、水电站的建设与管理没有得到有效监管，存在防汛责任制不健全、汛期调度运用计划（也称汛期调度运用方案）和防洪抢险应急预案编制审批权限不明确、防汛指挥调度权限不明确、安全度汛措施不落实等问题，严重影响防洪安全。党中央、国务院领导高度重视水库、水电站防洪安全工作，多次作出重要批示，要求切实做好水库、水电站安全度汛工作。为贯彻落实党中央、国务院领导指示精神，依据《防洪法》和《防汛条例》，结合水库、水电站防汛管理现状，经研究，就水库、水电站（包括已建与在建，下同）防汛管理的有关问题明确如下：

一、关于水库、水电站防汛行政责任人的确定

水库、水电站的防汛实行行政首长负责制，防汛行政责任人必须由相应人民政府行政领导担任。各省（自治区、直辖市）防汛抗旱指挥部应根据辖区内水库、水电站的数量、规模和防洪影响范围等因素，研究制定辖区内水库、水电站防汛行政责任人的确定原则，并督促辖区内各级防汛抗旱指挥部落实水库、水电站防汛行政责任人。水库、水电站大坝跨省级行政区域的，其防汛行政责任人由流域防汛总指挥部或水利部流域管理机构商有关省（自治区、直辖市）防汛抗旱指挥部确定。各省（自治区、直辖市）防汛抗旱指挥部要按照有关法规的规定，明确水库、水电站防汛行政责任人的职责。

二、关于水库、水电站防汛指挥调度权限的确定

水库、水电站防汛指挥调度权限原则上按照水库、水电站防洪影响范围确定，即防洪影响范围不跨县级行政区域的水库、水电站，由县级防汛抗旱指挥

部指挥调度；防洪影响范围跨县级行政区域但不跨地级行政区域的水库、水电站，由地级防汛抗旱指挥部指挥调度；防洪影响范围跨地级行政区域但不跨省级行政区域的水库、水电站，由省级防汛抗旱指挥部指挥调度；防洪影响范围跨省级行政区域和水利部各流域管理机构直管的水库、水电站由流域防汛总指挥部或水利部流域管理机构指挥调度，其中对大江大河防洪影响特别重大的水库、水电站由国家防总指挥调度。水库、水电站防洪影响范围是否跨省级行政区域由流域防汛总指挥部或水利部流域管理机构商有关省（自治区、直辖市）防汛抗旱指挥部确定。各流域防汛总指挥部、水利部流域管理机构和各省（自治区、直辖市）防汛抗旱指挥部可根据以上原则和辖区内水库、水电站的实际情况，组织对辖区内的水库、水电站逐一确定其防汛指挥调度权限。

三、关于水库、水电站汛期调度运用计划和防洪抢险应急预案审批权限的确定

水库、水电站汛期调度运用计划审批权限按照"谁调度，谁审批"的原则确定，即由行使水库、水电站防汛指挥调度权限的防汛抗旱指挥部或水利部流域管理机构审批，并报上级防汛抗旱指挥部备案，其中对大江大河防洪影响特别重大的水库、水电站的汛期调度运用计划由国家防总审批。

水库、水电站防洪抢险应急预案原则上由水库、水电站防汛行政责任人所在人民政府的防汛抗旱指挥部审批，并报上级防汛抗旱指挥部备案。有关人民政府防汛抗旱指挥部在审批防洪影响跨省级行政区域水库、水电站的防洪抢险应急预案时，应征求有关省（自治区、直辖市）防汛抗旱指挥部和水库、水电站所在流域防汛总指挥部或水利部流域管理机构的意见。

各省（自治区、直辖市）防汛抗旱指挥部、流域防汛总指挥部或水利部流域管理机构要组织对辖区内所有水库、水电站进行调查摸底，并按照以上原则和本省（自治区、直辖市）及流域的实际情况，确定水库、水电站的防汛行政责任人、防汛指挥调度权限、汛期调度运用计划和防洪抢险应急预案审批权限，明确水库、水电站防汛行政责任人的职责。确保每座水库、水电站都有明确的防汛行政责任人、防汛指挥调度部门以及汛期调度运用计划和防洪抢险应急预案审批部门。大型和全国防洪重点中型水库、水电站的防汛行政责任人、汛期调度运用计划和防洪抢险应急预案必须报国家防总、流域防汛总指挥部或水利部流域管理机构备案。以上工作请于 2006 年 4 月 30 日前完成。

各地防汛抗旱指挥部或水利部流域管理机构在执行以上规定时，如有问题和建议请及时报告国家防总。

小型水库防汛"三个责任人"履职手册（试行）

（2020 年 4 月 1 日　水利部　办运管函〔2020〕209 号）

1 总　则

1.1 目的依据

为加强小型水库防汛管理，规范防汛责任人履职行为，依据《中华人民共和国水法》《中华人民共和国防洪法》《中华人民共和国安全生产法》《水库大坝安全管理条例》《中华人民共和国防汛条例》和《小型水库安全管理办法》等有关规定，结合小型水库实际，制定本手册。

1.2 适用范围

本手册适用于总库容 10 万立方米以上、1000 万立方米以下小型水库防汛"三个责任人"的履职行为。

本手册所称防汛"三个责任人"指小型水库防汛行政责任人、防汛技术责任人和防汛巡查责任人。

1.3 责任任务

地方人民政府对本行政区域内小型水库防汛安全负总责。

水库主管部门负责所管辖小型水库防汛安全监督管理。

水库管理单位（产权所有者）负责水库调度运用、日常巡查、维修养护、险情处置及报告等防汛日常管理工作。

各级水行政主管部门对本行政区域内小型水库防汛安全实施监督指导。

1.4 设置要求

县级人民政府履行小型水库防汛和管护主导责任，统筹落实防汛"三个责任人"；乡镇人民政府履行属地管理职责。

防汛"三个责任人"分别由地方人民政府、水库主管部门、水库管理单位（产权所有者）相关负责人或具有相应履职能力的人员担任。

防汛"三个责任人"结合当地实际可单独设置，也可与大坝安全责任人等统筹设置，确保辖区内小型水库防汛与大坝安全责任全面覆盖、无缝衔接、不留死角、没有空白。防汛技术责任人应根据工作任务合理安排，履职的水库数量不宜过多，确保其工作职责能够有效履行。

县级和乡镇人民政府、水库主管部门、水库管理单位（产权所有者）应当为防汛"三个责任人"履职创造条件，提供保障。

1.5 公 示 备 案

每年汛前水库所在地人民政府或其授权部门应当组织及时更新防汛"三个责任人"名单，在水库现场、地方报纸或网络等媒体上公示公告，并报上级水行政主管部门备案。

水库主管部门或水库管理单位（产权所有者）应当在水库大坝醒目位置设立标牌，公布防汛"三个责任人"姓名、职务和联系方式等，接受社会监督，方便公众及时报告险情。

2 防汛行政责任人履职要求

2.1 任 职 条 件

按照隶属关系，由有管辖权的水库所在地政府相关负责人担任。乡镇、农村集体经济组织管理的水库，小（1）型由县级政府相关负责人担任，小（2）型由乡镇以上政府相关负责人担任。

2.2 主 要 职 责

（1）负责水库防汛安全组织领导；

（2）组织协调相关部门解决水库防汛安全重大问题；

（3）落实巡查管护、防汛管理经费保障；

（4）组织开展防汛检查、隐患排查和应急演练；

（5）组织水库防汛安全重大突发事件应急处置；

（6）定期组织开展和参加防汛安全培训。

2.3 履 职 要 点

（1）掌握了解水库基本情况

掌握水库名称、位置、功能、库容、坝型、坝高等基本情况，了解安全鉴定情况；掌握水库主管部门和水库管理单位（产权所有者）有关负责人及防汛技术责任人、巡查责任人，了解其联系方式；了解水库下游集镇、村庄、人口、厂矿和重要基础设施情况，以及应急处置方案和人员避险转移路线。

（2）协调落实防汛安全保障措施

督促水库主管部门、水库管理单位（产权所有者）制定和落实水库防汛管理各项制度，落实水雨情测报、水库调度运用方案和水库大坝安全管理（防汛）应急预案编制与演练等防汛"三个重点环节"，及时开展安全隐患治理和水毁工程修复；督促水库防汛技术责任人和巡查责任人履职尽责；协调落实工程巡查管护和防汛管理经费，落实防汛物资储备，解决水库防汛安全重大问题。

（3）组织开展防汛检查

组织开展汛前、汛中至少2次防汛检查，遇暴雨、洪水、地震及发生工程异常等，及时组织或督促防汛技术责任人组织检查。重点检查：防汛"三个重点环节"是否落实；大坝安全状况，溢洪道是否畅通，闸门及启闭机运行是否可靠，安全隐患治理和水毁工程修复是否完成；汛限水位控制是否严格；防汛物资储备、抢险队伍落实、交通通信保障等情况。

（4）组织应急处置和人员转移

水库发生重大汛情、险情、事故等突发事件时，应立即赶赴现场，指挥或配合上级部门开展应急处置，根据应急响应情况，及时做好人员转移避险。

（5）组织开展应急演练

按照水库大坝安全管理（防汛）应急预案，组织防汛技术责任人、巡查责任人、相关部门和下游影响范围内的公众，开展应急演练。演练可设定紧急集合、险情抢护、应急调度、人员转移等科目，可采用实战演练或桌面推演等方式。

（6）组织参加防汛安全培训

任职期间应做到培训上岗，新任职的应及时接受防汛安全培训，连续任职的至少每3年集中培训一次；培训可采取集中培训、视频培训或现场培训等方式。督促防汛技术责任人和巡查责任人参加水库大坝安全与防汛技术培训。

3 防汛技术责任人履职要求

3.1 任 职 条 件

按照隶属关系，由有管辖权的水库所在地水行政主管部门、水库主管部门、水库管理单位（产权所有者）技术负责人担任。

乡镇、农村集体经济组织管理的水库，小（1）型由县级水行政主管部门、水库主管部门负责人或有相应能力的人员担任，小（2）型由乡镇水利站、水库管理单位（产权所有者）技术负责人或有相应能力的人员担任。采取政府购买服务方式实行社会化管理的，可由承接主体技术负责人担任。

3.2 主要职责

(1) 为水库防汛管理提供技术指导；

(2) 指导水库防汛巡查和日常管护；

(3) 组织或参与防汛检查和隐患排查；

(4) 掌握水库大坝安全鉴定结论；

(5) 指导或协助开展安全隐患治理；

(6) 指导水库调度运用和水雨情测报；

(7) 指导应急预案编制，协助并参与应急演练；

(8) 指导或协助开展水库突发事件应急处置；

(9) 参加水库大坝安全与防汛技术培训。

3.3 履职要点

(1) 掌握了解水库基本情况

掌握水库工程状况、管理情况和下游影响，包括挡水、泄水、放水建筑物，以及库容、坝型、坝高和正常蓄水位、汛限水位，了解下游影响范围内集镇、村庄、人口、厂矿、基础设施等；掌握水库主管部门和水库管理单位（产权所有者）有关负责人及防汛行政责任人、巡查责任人，了解其联系方式；了解应急处置方案和人员避险转移路线；了解水库管理法规制度相关要求和有关专业知识。

(2) 掌握了解水库安全状况

通过现场检查、防汛检查、日常巡查、安全鉴定等途径，掌握大坝安全状况和主要病险隐患；掌握大坝安全鉴定结论，了解安全鉴定意见及大坝安全隐患、严重程度及治理情况，以及隐患消除前的控制运用措施；及时向防汛行政责任人和水库主管部门报告大坝安全状况和防汛安全重大问题。

(3) 组织或参与防汛检查和隐患排查

协助防汛行政责任人开展汛前、汛中防汛检查，组织开展汛后检查，遇暴雨、洪水、地震及发生工程异常等参与或及时组织开展检查；组织开展隐患排查，针对大坝安全、防汛安全和巡查责任人报告的工程异常进行检查，必要时邀请有关部门和专家进行特别检查，协助开展隐患治理。

(4) 指导防汛巡查和安全管理

指导防汛巡查责任人，按照巡查部位、内容、路线、频次和记录要求做好巡查工作，开展水雨情测报和大坝安全监测；落实水库调度要求，保持溢洪道畅通，控制汛限水位；做好大坝、溢洪道、放水涵等建筑物以及闸门、启闭机等设备设施的日常管护，做好工程档案管理。指导、组织或参与编制水库调度运用方案和大坝安全管理（防汛）应急预案；协助防汛行政责任人组织应急演练。

（5）协助做好应急处置

了解水库大坝安全管理（防汛）应急预案以及防汛物资、抢险队伍情况；水库大坝出现汛情、险情、事故等突发事件时，立即向防汛行政责任人报告；参与制定应急处置方案，协助做好应急调度、工程抢险、人员转移和险情跟踪等。

（6）参加防汛安全培训

上岗前及任期内应当接受培训，连续任职的至少每3年参加一次大坝安全与防汛技术培训，培训可采取集中培训、视频培训或现场培训等方式。

4 防汛巡查责任人履职要求

4.1 任 职 条 件

对于有管理单位的，防汛巡查责任人由水库管理单位负责人或管理人员担任；对于无管理单位的，由水库主管部门或负责落实有相应能力的人员担任，或督促产权所有者落实。采取政府购买服务方式实行社会化管理的，可由承接主体聘请有相应能力的人员担任。

4.2 主 要 职 责

（1）负责大坝巡视检查；
（2）做好大坝日常管护；
（3）记录并报送观测信息；
（4）坚持防汛值班值守；
（5）及时报告工程险情；
（6）参加防汛安全培训。

4.3 履 职 要 点

（1）掌握了解水库基本情况

掌握水库库容、坝型、坝高情况；掌握防汛行政责任人、技术责任人和相关部门负责同志，了解其联系方式；掌握大坝薄弱部位和检查重点，了解大坝日常管理维护的重点和要求；掌握放水设施、闸门启闭设施的操作要求，以及预警设施、设备的使用方法；了解应急处置方案和人员避险转移路线以及下游保护集镇、村庄、人口、重要设施情况。

（2）开展巡查并及时报告

掌握巡视检查路线、方法、工具、内容、频次，按照要求开展巡视检查，做好巡查记录；汛期每日应不少于1次巡查，出现大坝异常或险情、设施设备故障、库水位快速上涨等情况应加密巡查，并及时报告防汛技术责任人或防汛行政责任人；发现可能引发水库溃坝或漫坝风险、威胁下游人民群众生命财产安全的重大突发事件时，按照应急预案规定，在报告的同时及时向下游地区发出警报信息。

（3）做好大坝日常管理维护

了解水库调度运用方案，做好日常调度运用操作，严格按照调度指令操作放水设施、闸门及启闭设备，做好设备运行和放水、泄水记录；对设施设备进行日常维护，及时清理溢洪道阻水障碍物；发现不能排除的故障和问题，及时向防汛技术责任人报告。

（4）坚持防汛值班值守

认真执行水库管理制度，做好防汛值班值守；按照要求做好水雨情观测，按时报送水雨情信息；发现库水位超过汛限水位、限制运用水位或溢洪道过水时，及时报告防汛技术责任人；遭遇洪水、地震及发现工程出现异常等情况及时报告，紧急情况下按照规定发出警报。

（5）接受岗位技术培训

防汛巡查责任人应当经过培训合格后上岗，接受防汛技术责任人的岗位业务指导；连续任职的至少每2年参加一次水库防汛安全集中培训、视频培训或现场培训。

5 附　　则

5.1　各省级水行政主管部门可根据本手册，结合本地实际制定实施细则。

5.2　小型水库巡视检查工作指南作为本手册的附录1，结合本地实际参照执行。

5.3　小型水库防汛"三个责任人"相关知识点作为本手册的附录2，供使用者参阅。

附录1　小型水库巡视检查工作指南

1　总　则

1.1　为指导小型水库开展巡视检查和安全监测，编写本指南。

1.2　巡视检查包括日常巡查、防汛检查、特别检查。

1.3　巡视检查和安全监测应当制定制度，明确人员、方式、部位、频次、记录要求。

2　巡　视　检　查

2.1　检查方式

（1）日常巡查

日常巡查是由水库管理单位（产权所有者）、巡查管护人员或巡查责任人开展的大坝日常检查工作，重点检查工程和设施运行情况，及时发现挡水、泄水、放水建筑物和近坝库岸、管理设施存在的问题和缺陷。检查部位、内容、频次等应根据运行条件和工程情况及时调整，做好检查记录和重要情况报告。

检查内容：检查挡水、泄水、输水建筑物结构安全性态，金属结构与电气设备可靠性，管理设施是否满足管理需求，近坝库岸安全性等。

频次要求：汛期每天至少1次，非汛期每周至少1次，对初蓄期应加大频次。具体频次各地结合实际确定。

检查记录：根据日常巡查情况，填写巡查记录表。

小型水库大坝日常巡查频次

序号	巡查时段	巡　查　频　次		备　注
		初蓄期	运行期	
1	非汛期	1～2次/周	1次/周	具体频次各水库结合实际确定
2	汛期	1～2次/天	1次/天	

注：表中巡查频次，均系正常情况下的最低要求，初蓄期应加大频次。初蓄期是指从水库新建、改（扩）建、除险加固下闸蓄水至正常蓄水位的时期，若水库长期达不到正常蓄水位，初蓄期则为下闸蓄水后的头3年。

（2）防汛检查

防汛检查是由水库主管部门、水行政主管部门及防汛行政责任人、技术责任人组织，在汛前、汛中、汛后开展的现场检查，重点检查大坝安全情况、设施运行状况和防汛工作。

检查内容：挡水、泄水、放水建筑物安全状况，闸门及启闭设施运行状况，供电条件、备用电源、防汛物料准备情况，应急预案编报与演练、防汛抢险队伍落实情况，对防汛工作提出意见和建议。

检查频次：每年至少 3 次，分别在汛前、汛中和汛后开展。

检查记录：防汛检查情况，由防汛技术责任人填写巡查记录表。

（3）特别检查

特别检查是指遭遇洪水、地震和大坝出现异常等情况时，由水库主管部门或水库管理单位（产权所有者）组织的专门检查。必要时可邀请专家或委托专业技术单位进行检查。

检查内容：对工程进行全面检查，异常部位及周边范围应重点检查。

检查频次：发生特殊情况或接到险情报告，及时组织检查。

检查记录：特别检查应当形成检查报告。

2.2 检查方法

日常检查和防汛检查一般采用眼看、耳听、手摸、脚踩、鼻闻等直觉方法，或辅以锹、锤、尺等简单工具进行检查或量测。

眼看：观察工程平整破损、变形裂缝、塌陷隆起、渗漏潮湿等情况。

耳听：有无不正常的声响或振动。

脚踩：检查坝坡、坝脚是否有土质松软、鼓胀、潮湿或渗水。

手摸：用手对土体、渗水、水温进行感测。

鼻嗅：库水、渗水有无异常气味。

特别检查还可采用开挖探查、隐患探测、化学示踪、水下电视、潜水检查等方法。

2.3 检查要点

对挡水、泄水、放水建筑物，闸门及启闭设施，近坝库岸及管理设施情况进行检查，先总体后局部，突出重点部位和重点问题。检查中要特别关注大坝坝顶、坝坡、下游坝脚、近坝水面，溢洪道结构破损、渗漏及水毁，放水涵进出口结构破损、渗漏，闸门与启闭机老化破损，穿坝建筑物渗漏等问题。对检查中发现的重要情况，做好文字描述、拍照记录。

（1）挡水建筑物（大坝）

重点对整体形貌、防洪安全、变形稳定、渗流情况进行检查。整体形貌检查结构是否规整、断面是否清晰、坝面是否整洁，防洪安全检查挡水高程是否不足、水库淤积是否严重、蓄水历史是否过高，变形稳定检查有无明显变形和滑坡迹象，渗流情况检查下游坝坡或两坝肩是否有明显渗水，特别关注坝身溢洪道、穿坝建筑物接触渗流问题等。

对于土石坝，主要检查以下内容：

①坝顶

• 坝顶路面是否平整，有无排水设施，有无明显起伏、坑洼、裂缝、变形、积水等现象；

• 防浪墙是否规整，有无缺损、开裂、错断、倾斜、挤碎、架空等现象；

• 两侧坝肩与两岸坝端有无裂缝、塌陷、变形等现象；

• 坝顶兼做道路的有无危害大坝安全和影响运行管理的问题。

②上游坝坡

• 坝坡是否规整，有无滑塌、塌陷、隆起、裂缝、淘刷等现象；

• 护坡是否完整，有无缺失、破损、塌陷、松动、冻胀等现象；

• 近坝水面线是否规整，水面有无漩涡（漂浮物聚集）、冒泡等，有条件时检查上游铺盖有无裂缝、塌坑。

③下游坝坡

• 坝坡是否规整，有无滑动、隆起、塌坑、裂缝、雨淋沟，以及散浸（积雪不均匀融化、亲水植物集中生长）、集中渗水、流土、管涌等现象；

• 护坡是否完整，有无缺失、破损、塌陷、松动、冻胀、滑塌等现象；

• 排水系统是否完整、通畅。

④下游坝脚与坝后

• 排水棱体、滤水坝趾、减压井等导渗降压设施有无异常或破坏；

• 坝后有无影响工程安全的建筑、鱼塘等侵占现象。

⑤生物侵害

坝体有无白蚁、鼠害、兽穴、植物等生物侵害现象。

⑥近坝岸坡

边坡有无滑塌、危岩、掉块、裂缝、异常渗水等现象。

对于混凝土坝和浆砌石坝，主要检查混凝土结构的裂缝、剥蚀、渗漏、溶蚀、冻融破坏等，相邻坝段间的不均匀变形、伸缩缝开合、止水结构完整性；浆砌石结构是否规整、砂浆是否饱满、裂缝、渗水，相邻坝段间的不均匀变形、伸缩缝开合、止水结构完整性。

（2）泄水建筑物（溢洪道）

重点对整体形貌、结构变形、过水面、出口段进行检查。整体形貌检查是否完建，结构有无重大缺损，有无威胁泄洪的边坡稳定问题；结构变形检查有无结构开裂、错断、倾斜等现象；过水面检查有无护砌，护砌结构是否完整，冲刷是否严重；出口段检查消能工是否完整，有无淘刷坝脚现象。主要检查以下内容：

①进口段（引渠）

•有无人为加筑子堰、设障阻塞、拦鱼网或其他影响防洪安全的问题；

•进口水流是否平顺，水流条件是否正常，有无必要的护砌；

•边坡有无冲刷、开裂、崩塌及变形。

②控制段（闸室段）

•堰顶或闸室、闸墩、胸墙、边墙、溢流面、底板有无裂缝、渗水、剥蚀、冲刷、变形等现象；

•伸缩缝、排水孔是否完好。

③消能工

•有无缺失、损毁、破坏、冲刷、土石堆积等现象。

④工作交通桥

•有无异常变形、裂缝、断裂、剥蚀等现象。

⑤行洪通道

•下游行洪通道有无缺失、占用、阻断现象；

•下泄水流是否淘刷坝脚。

（3）放水建筑物（放水涵）

重点对整体形貌、穿坝建筑物、运行方式进行检查。整体形貌检查结构是否完整可靠，有无重大缺损；穿坝建筑物特别关注穿坝结构（含废弃封堵建筑物）防渗处理情况，是否存在变形和渗漏问题；运行方式检查无压洞是否存在有压运行情况。主要检查以下内容：

①进口段

•进水塔（或竖井）结构有无裂缝、渗水、空蚀等损坏现象，塔体有无倾斜、不均匀沉降变形；

•进口有无淤积、堵塞，边坡有无裂缝、塌陷、隆起现象；

•工作桥有无断裂、变形、裂缝等现象。

②洞身段

•洞（管）身有无断裂、坍落、裂缝、渗水、淤积、鼓起、剥蚀等现象；

•结构缝有无错动、渗水，填料有无流失、老化、脱落；

•放水时洞身有无异响。

③出口段

•出口周边有无集中渗水、散浸问题；

•出口坡面有无塌陷、变形、裂缝；

•出口有无杂物带出、浑浊水流。

（4）金属结构与电气设备（闸门与启闭机）

①启闭设施

- 启闭设施能否正常使用；
- 螺杆是否变形、钢丝有无断丝、吊点是否牢靠；
- 启闭设施有无松动、漏油，锈蚀是否严重，闸门开度、限位是否有效；
- 备用启闭方式是否可靠。

②闸门

- 闸门材质、构造是否满足运用要求；
- 闸门有无破损、腐蚀是否严重、门体是否存在较大变形；
- 行走支承导向装置是否损坏锈死、门槽门槛有无异物、止水是否完好。

③电气设备

- 有无必要的电力供应，电气设备能否正常工作；
- 重要小型水库有无必要的备用电源。

（5）管理设施

①防汛道路

- 有无达到坝肩或坝下的防汛道路；
- 道路标准能否满足防汛抢险需要。

②监测设施

- 有无必备的水位观测设施；
- 有无必要的降雨量、视频、渗流、变形等监测预警设施；
- 监测设施的运行是否正常。

③通信设施

- 是否具备基本的通信条件；
- 重要小型水库有无备用的通信方式；
- 通信条件是否满足汛期报汛或紧急情况下报警的要求。

④管理用房

- 有无管理用房；
- 能否满足汛期值班、工程管护、物料储备的要求。

⑤标识标牌

- 是否有管理和警示标识。

（6）其他情况

上述内容以外的其他情况，如近坝岸坡有无崩塌及滑坡迹象，大坝管理范围和保护范围活动情况。

2.4　常见问题

（1）挡水建筑物（大坝）

①土石坝

渗漏、裂缝、滑坡（脱坡、跌窝）、护坡破坏、白蚁危害等。

②混凝土坝与浆砌石坝

混凝土裂缝、渗漏、剥蚀、碳化等。

（2）泄水建筑物（溢洪道）

开敞溢洪道容易发生冲刷和淘刷、裂缝和渗漏、岸坡滑塌等；应当特别重视溢洪道拦鱼网、子堰等阻水障碍物，发现及时清理。

（3）放水建筑物（放水涵）

涵管（洞）容易发生裂缝、渗漏、断裂、堵塞等问题，严重时会引起坝体塌陷、滑坡，危及大坝安全；应当特别重视坝下埋涵渗漏问题。

（4）金属结构与电气设备（闸门与启闭机）

闸门常见门体变形、门槽卡阻、锈蚀损坏、螺杆弯曲等问题，启闭机常见老化破损、震动异响、运行不灵、供电不足、电气陈旧、无备用电源等问题。

（5）管理设施

防汛道路、安全监测、水雨情测报、通信条件、管理用房不满足管理要求，管理标识标牌缺失等问题。

（6）其他情况

近坝岸坡崩塌及滑动等问题。

2.5 检查记录

做好检查记录：每次巡视检查均应做好详细记录，新发现隐患应绘出草图，必要时进行测图、摄影和录像。

及时整理分析：及时整理记录，做好分析，如有异常及时复核和补测。

报告重要情况：发现重要情况及时报告。

检查记录格式参见附表1。

3 安 全 监 测

3.1 监测项目

为监视工程安全状况，部分水库除开展库水位、降雨量等环境量观测外，还设置了其他大坝安全监测项目。土石坝一般有测压管水位、渗流量和坝体沉降等项目，混凝土坝和浆砌石坝一般有扬压力、渗流量、变形、裂缝等项目。

3.2 监测频次

原则上，库水位和降雨量观测每天1次，测压管水位和渗流量观测每周1次（初蓄期每周2次），坝体沉降观测每3个月1次（初蓄期每月1次）。汛期、初蓄期以及遭遇特殊情况时，适当增加频次。具体频次由有管辖权的县级以上水行政主管部门确定。

小型水库大坝安全监测频次

序号	监测项目	监测频次		备　注
		初蓄期	运行期	
1	库水位	1次/天	1次/天	具体频次各水库结合实际确定
2	降雨量	1次/天	1次/天	
3	渗流量	2次/周	1次/周	
4	测压管水位	2次/周	1次/周	
5	坝体沉降	1次/月	1次/3月	

注：表中频次为监测基本要求，汛期、初蓄期以及遭遇特殊情况时适当增加频次。

3.3　监测记录

大坝安全监测要及时做好观测记录，记录格式参见附表2。

附表1　小型水库巡查和运用记录表

水库名称：　　巡查时间：　　当日库水位：　　当日天气：　　记录人：

序号	部　位		要点	情况	问题描述
1	挡水建筑物（大坝）	坝顶、上游坝面与近坝水面	变形、塌陷、裂缝，水面漩涡、冒泡	□正常 □有问题	
		下游坝面、坝脚与坝后、两坝肩	变形、塌陷、裂缝，渗漏、冒浑水，白蚁危害	□正常 □有问题	
2	泄水建筑物（溢洪道）	进口与控制段、泄槽与出口段	变形、坍塌，冲刷、破损	□正常 □有问题	
		边坡与下游通道	落石、滑塌，变形	□正常 □有问题	
3	放水建筑物（放水涵）	进口与涵管	变形、塌陷、塌坑	□正常 □有问题	
		出口周边	渗漏、冒浑水，塌陷、塌坑	□正常 □有问题	
4	金属结构与电气设备（闸门与启闭机）	闸门、启闭机及电气设备	变形、卡阻、锈蚀、震动、破损，运行不灵	□正常 □有问题	
5	管理设施（监测、道路、供电、通信）	水雨情测报、安全监测设施	水尺、雨量筒	□正常 □有问题	
		道路与电力、通信条件	防汛道路、电力供应、通信条件	□正常 □有问题	
6	其他情况				

附表 2　小型水库安全监测记录表

水库名称：　　　　观测时间：　　　　当日天气：　　　　记录人：

序号	监测项目	观测指标	监测值	备　注
1	环境量	库水位（m）		
		降雨量（mm）		
2	测压管水位	A 测点（m）		
		B 测点（m）		
		C 测点（m）		
3	渗流量	A 测点（L/s）		
		B 测点（L/s）		
		C 测点（L/s）		
4	沉降量	A 测点（mm）		
		B 测点（mm）		
		C 测点（mm）		
5	裂缝	A 裂缝		每条裂缝的部位及
		B 裂缝		长、宽、深（m）
		C 裂缝		
6	其他项目	项目 1		混凝土坝、浆砌石
		项目 2		坝有关项目等

附录2　小型水库防汛"三个责任人"相关知识点

序号	要点	知　　识
一、基本知识		
1	防汛理念	1）小型水库防汛做到工程安全、管理到位、应急有效； 2）防汛"三个责任人"和管理制度落实到位； 3）定期开展防汛安全检查，严格控制汛限水位； 4）及时开展安全隐患治理，工程处于安全状态； 5）要有应急预案和调度运用方案，储备防汛物资
2	汛期时段	1）汛期是由季节性降水、融雪引起的洪水多发时期； 2）汛期有凌汛、春汛、伏汛（夏汛）、秋汛，以伏汛为主，一般在5月至9月，具体根据气候和降水情况确定
3	暴雨洪水	1）24小时降雨量50毫米以上强降雨称为暴雨，暴雨可能引发洪水、泥石流和地质灾害； 2）洪水是降雨、融雪形成径流，库水位、流量增大和消落的过程； 3）洪水特征有洪峰流量、洪水总量和洪水历时三要素，洪峰流量是一次洪水过程的最大流量（立方米/秒），洪水总量是洪水总水量（万立方米），洪水历时是洪水起涨至落尽的经历时间
4	水雨情	1）水雨情是水库防汛、调度和应急管理的重要信息； 2）水情主要是库水位及变化，雨情主要是水库集水区降雨量及降雨历时和强度； 3）水雨情测报应当做到库水位和降雨量测得到、报得出和掌握住
5	水位库容	1）库水位是水库水面的高程（米），特征水位主要有正常蓄水位、设计洪水位、校核洪水位、汛限水位； 2）库容是水库蓄水容量，总库容是对应于校核洪水位的水库库容； 3）总库容10万立方米以上、1000万立方米以下的水库称为小型水库，其中总库容100万～1000万立方米的为小（1）型水库，10万～100万立方米的为小（2）型水库
6	"三大件"	1）小型水库一般由大坝、溢洪道、放水涵组成，分别发挥挡水、泄水、放水的作用，通常称为小型水库"三大件"； 2）大坝挡水形成水库，溢洪道宣泄多余的洪水，放水涵为灌溉、供水提供输水通道
7	坝型坝高	1）坝型指大坝型式，按筑坝材料主要分为土石坝、混凝土坝和砌石坝，按结构特点主要有均质土坝、黏土心墙坝、黏土斜墙坝，混凝土重力坝、拱坝、砌石重力坝，面板堆石坝等； 2）小型水库坝型中土石坝最为常见； 3）坝高指大坝的最大坝高，为建基面最低点到坝顶的最大高度

序号	要点	知　　识
二、运行管护		
8	管理制度	1) 规范的管理制度是小型水库安全运行的重要保障； 2) 主要内容包括巡视检查、水雨情测报、险情报告、调度运用、设备操作、维修养护、物资储备、档案管理等
9	注册登记	1) 已建成投入运行的水库应当注册登记，未按规定进行注册登记的，属违规运行，造成事故者严加追责； 2) 按照《水库大坝注册登记办法》，由水库主管部门、管理单位（产权所有者）向水行政部门申报注册登记，填写注册登记表，提供相关文件材料； 3) 县级水行政部门对小型水库进行注册登记，发放注册登记证书，向上级主管部门备案； 4) 情况发生变化的及时办理变更登记
10	调度运用	1) 调度运用方案是水库调度运用的依据性文件； 2) 依据调度运用方案，规范水库调度运用； 3) 汛期严格控制汛限水位； 4) 严禁溢洪道设障，及时清理漂浮物、拦鱼网等障碍物
11	防汛检查	1) 大坝、溢洪道、放水涵、库岸边坡等安全检查； 2) 闸门、启闭设备、备用电源检查，闸门启闭测试； 3) 溢洪道漂浮物、拦鱼网、子坝等阻水障碍物检查清理； 4) 防汛物资、水雨情测报，以及道路、通信、电力等保障； 5) 巡查人员、制度落实情况，巡查记录； 6) 应急预案、抢险队伍、预案演练情况
12	巡视检查	1) 巡视检查要求，包括检查部位、路线、重点、频次； 2) 做好巡查记录，对重要问题持续观察和比较； 3) 发现工程异常要及时报告技术责任人或有关部门； 4) 重点部位有坝顶及防浪墙，上游坝面及近坝水面，下游坝面，坝脚及排水棱体，坝后，两坝肩及其上下游结合部；溢洪道进口、控制段、泄槽、消能段，溢洪道边墙与土坝结合处；放水涵进口及周围、涵洞洞身、出口周围、消能工；闸门、启闭机及电气设备；库岸边坡； 5) 重点问题有大坝变形、沉陷、裂缝、塌陷、隆起、滑坡；坝脚及坝后渗漏；溢洪道、放水涵结构破损、变形，与土坝坝体结合部接触渗漏
13	常见隐患	1. 土石坝 1) 防洪能力不足，防洪标准达不到设计或规范要求； 2) 大坝稳定不够，坝体单薄，变形裂缝，护坡缺失； 3) 大坝渗流隐患，下游坡出溢点高，散浸、管涌、流土； 4) 溢洪道结构破损，冲刷破坏，消能不足，与坝体结合部渗漏，边墙高度不够，出口冲刷坝脚； 5) 放水涵老化破损，穿坝涵管接触渗漏； 6) 闸门、启闭机及电气设备老化失修，螺杆变形； 7) 通信、供电、交通条件及管理用房等设施欠缺； 8) 坝面杂草丛生，存在白蚁危害等。 2. 混凝土坝和浆砌石坝 混凝土老化、结构变形位移、扬压力增大和拱座稳定问题

序号	要点	知　识
	三、安全管理	
14	安全鉴定	1）大坝安全鉴定是水库管理基本制度之一，是全面掌握大坝安全状况的基本手段； 2）鉴定周期：首次鉴定在蓄水验收或投入使用后 5 年内进行，以后每 6～10 年鉴定一次；坝高 15 米以下小（2）型水库，在蓄水验收或投入使用后每 10 年开展一次；运行中遇特大洪水、强烈地震、工程事故或重大异常后，及时组织专门鉴定； 3）基本程序：包括安全评价、技术审查、意见审定三个基本程序。安全评价由主管部门或管理单位委托专业单位承担；县级以上水行政部门组织技术审查并审定意见 4）工作内容。评价内容包括工程质量、运行管理、防洪标准、结构安全、渗流安全、抗震安全、金属结构安全等，坝高 15 米以下小（2）型水库评价内容可适当简化； 5）安全分类。通过鉴定将大坝安全状况分为一类坝、二类坝、三类坝；一类坝是安全大坝，二类坝存在隐患，不及时处理可能发展加剧；三类坝不安全，需要采取除险加固等措施消除安全隐患
15	隐患治理	1）对鉴定或督查指出的安全隐患及时进行治理； 2）制定除险加固或隐患治理方案，并组织实施； 3）隐患消除前采取降低库水位等控制运用措施，做好应急准备工作
16	防汛抢险	1）加强检查观测，及早发现险情，做到抢早抢小； 2）做好物资储备，落实抢险队伍； 3）加强水雨情监测，正确研判险情，合理制订抢险方案； 4）加强联防联控，发生突发事件及时启动应急预案； 5）掌握险情报告、工程抢险、人员转移等要求
17	应急管理	1）制定大坝安全管理（防汛）应急预案，并审查备案； 2）通过桌面推演、实战演习等开展应急演练； 3）发现险情及时报告，开展工程抢险，组织人员转移
	四、安全保障	
18	度汛安全	1）鉴定或督查指出的重大工程安全隐患情况； 2）除险加固、水毁修复，隐患整改方案包括治理责任、措施、资金、时限和预案； 3）工程缺陷的处置，闸门、启闭机、备用电源等准备； 4）隐患消除前的控制运用和应急预案情况； 5）对符合降等或报废条件的提出相应建议
19	管理保障	1）巡查管护人员、经费、物资、设备等管理能力； 2）闸门与启闭机、防汛道路、通信、电力等保障条件； 3）水雨情测报、调度运用方案和应急预案编制修订等重要环节
20	防汛准备	1）防汛物资储备，抢险队伍落实，应急演练； 2）泄洪警报设施和机制，溢洪道泄洪障碍清除； 3）库区违规占用和危害大坝安全与防汛的活动清理

小型水库防汛"三个重点环节"工作指南（试行）

（2020 年 4 月 1 日　水利部　办运管函〔2020〕209 号）

1　总　　则

1.1　目　的　依　据

为加强小型水库防汛管理，规范水雨情测报及调度运用方案、大坝安全管理（防汛）应急预案编制，依据《中华人民共和国防汛条例》《水库大坝安全管理条例》《小型水库安全管理办法》等有关规定，结合小型水库实际，制定本指南。

1.2　适　用　范　围

本指南适用于总库容 10 万立方米以上、1000 万立方米以下的小型水库。

本指南所称防汛"三个重点环节"指水雨情测报、水库调度运用方案、水库大坝安全管理（防汛）应急预案。

1.3　责　任　主　体

小型水库防汛"三个重点环节"工作由水库主管部门和管理单位（产权所有者）负责落实，水行政主管部门负责监督指导，必要时可协助落实。

1.4　水　雨　情　测　报

小型水库应具备必要的水雨情观测和信息报送条件，按照要求开展观测和信息报送工作。

1.5　调度运用方案编制

小型水库调度运用方案编制，应坚持"安全第一、统筹兼顾"，在保证水库大坝安全的基础上，协调防洪、灌溉、供水、发电等任务关系，发挥水库综合利用效益。

1.6　大坝安全管理（防汛）应急预案编制

应急预案编制应以保障下游公众安全为首要目标，重点做好突发事件监测、险情报告、分级预警、应急调度、工程抢险和人员转移方案，明确应急救援、交通、电力、通信等保障措施。

2 水雨情测报

2.1 基本要求

小型水库库水位、降雨量测报工作，由水库管理单位（产权所有者）负责。具体可由巡查管护人员承担，也可由水文专业部门或委托相关技术单位承担。降雨量信息也可利用水库临近站点观测成果。

2.2 测报条件

水库应至少有一套库水位观测设施，能够观测死水位至坝顶的库水位信息。

水库应掌握降雨量信息，可设置降雨量观测设施，能够观测水库实时降雨量信息。

水库应具备基本的通信条件，满足汛期日常和紧急情况下水雨情信息报送要求，固定电话、移动电话和网络通信等公网无法通达的，可采用超短波电台、卫星电话或人工送达等方式。

有条件的水库，可以进行库水位、降雨量远程自动监测，可以利用当地山洪灾害预警系统、水文气象观测站点提供的降雨量信息，也可以开展视频监视。

2.3 观测频次

库水位、降雨量汛期原则上每日观测1次，当库区降雨加大、库水位上涨时，根据情况增加观测频次；非汛期可每周观测1～2次。具体观测频次由有管辖权的县级以上水行政主管部门规定。

2.4 信息报送

库水位、降雨量观测信息应做好记录，按照规定及时向水行政主管部门、水库主管部门等有关单位报送。

2.5 维护管理

水库管理单位（产权所有者）或巡查管护人员负责水雨情测报设施的日常维护，保证可靠运用。

3 调度运用方案编制

3.1 基 本 要 求

调度运用方案应明确挡水、泄水、放水"三大件"建筑物及泄水、放水等设施的使用规则,其是小型水库调度运用的依据性文件,每座水库都应编制。功能单一、调度简单的水库,可根据实际适当简化。

3.2 编 制 单 位

调度运用方案由水库主管部门和水库管理单位(产权所有者)组织编制,也可委托专业技术单位编制。

3.3 方 案 内 容

调度运用方案应当明确防洪调度、兴利调度、应急调度方式,根据调度条件及依据,规定水行政主管部门、水库主管部门及水库管理单位(产权所有者)责任与权限,落实操作要求。

对于坝高 15 米以上或总库容 100 万立方米以上且具备调度设施条件的水库,调度运用方案宜按照《水库调度规程编制导则》(SL 706)编制。

3.4 编 制 要 点

防洪调度:泄洪设施有闸控制的,应明确控制水位、调度方式、调度权限、执行程序;泄洪设施无闸控制的,防洪调度内容可适当简化,主要结合水雨情测报信息,明确防汛管理措施和汛限水位控制要求。

兴利调度:应依据灌溉、供水需求和蓄水情况,结合调度经验明确相关要求。

应急调度:应重点考虑超标准洪水、工程险情、水污染等情况,明确相应调度方式,并与水库大坝安全管理(防汛)应急预案相衔接。

3.5 控 制 运 用

小型水库应科学设定汛限水位,汛期严禁违规超汛限水位蓄水。工程存在严重安全隐患或安全鉴定为三类坝的水库,应根据保障水库大坝安全需要明确限制运用水位,实施控制运用。

限制运用水位或汛限水位低于溢洪道堰顶高程的,应落实相关泄水措施,满足水位限制要求。

3.6 审 批 修 订

调度运用方案由县级以上水行政主管部门审查批准。当调度运用条件或依据发生变化时，应及时修订，并履行审批程序。

4 大坝安全管理（防汛）应急预案编制

4.1 基 本 要 求

大坝安全管理（防汛）应急预案是针对小型水库可能发生的突发事件，为避免和减少损失预先制定的方案，每座水库都应编制。

为便于宣传、演练和使用，可依据应急预案编制适宜张贴或携带的简明应急组织体系图、应急响应流程图、人员转移路线图和分级响应表（简称"三图一表"）。

4.2 编 制 单 位

应急预案由水库主管部门和水库管理单位（产权所有者）组织编制，也可委托专业技术单位编制。

4.3 预 案 内 容

应急预案应针对水库情况和下游影响，分析可能发生的突发事件及其后果，制订应对对策，明确应急职责，预设处置方案，落实保障措施。

对于坝高 15 米以上或总库容 100 万立方米以上，且对下游城镇、村庄或厂矿人口，以及交通、电力、通信基础设施等有重要影响的水库，宜按照《水库大坝安全管理应急预案编制导则》（SL/Z 720）编制。

4.4 编 制 要 点

突发事件：包括超标准洪水、破坏性地震等自然灾害，大坝结构破坏、渗流破坏等工程事故，以及水污染事件等。

应急指挥：由地方人民政府负责，应急组织体系与地方总体应急组织体系衔接。

险情报告：应明确突发事件报告流程、内容、方式和时间要求，明确紧急情况向下游发布警报信息的方式和途径。

预警级别：应根据降雨量、库水位、预报（测）入库流量、出库流量、工程险情、下游威胁及严重程度等，明确预警级别。预警级别一般划分为Ⅰ级

（特别严重）、Ⅱ级（严重）、Ⅲ级（较重）、Ⅳ级（一般）四级。

应急处置：应根据突发事件情况建立专家会商机制，明确应急调度、工程抢险、人员转移等应急处置措施，明确工程险情和水雨情监测要求，并根据事件发展变化适时调整处置措施，重大情况随时报告上级有关部门。

人员转移：应针对发生超标准洪水和可能发生溃坝等情况，根据洪水淹没范围内集镇、村庄、厂矿人口分布和地形、交通条件，明确人员转移路线和安置位置，绘制人员转移路线图，最大限度地保障下游公众安全。

宣传演练：应明确应急预案宣传、培训和演练要求。

4.5 应 急 演 练

每年汛前，地方人民政府及其相关业务主管部门、水库主管部门、防汛行政责任人应组织开展应急演练。演练重点为应急调度、工程抢护、人员转移等科目，可采取桌面推演和实战演练等方式。

4.6 审 批 修 订

应急预案审批应按照管理权限，由所在地县级以上人民政府或其授权部门负责，并报上级有关部门备案。当水库工程情况、应急组织体系、下游影响等发生变化时，应及时组织修订，履行审批和备案程序。

5 附 则

5.1 各省级水行政主管部门可根据本指南，结合本地实际制定实施细则。

5.2 小型水库水雨情测报技术指南和调度运用方案、应急预案编制指南作为本指南的附录，结合本地实际参照执行。

附录 1　小型水库水雨情测报技术指南

1　总　　则

1.1　为加强小型水库防汛管理，规范水雨情测报工作，明确水雨情测报条件、测报频次、记录报送等基本要求，编制本指南。

1.2　本指南适用于总库容 10 万立方米以上、1000 万立方米以下小型水库水雨情测报工作。

本指南所称水雨情测报指库水位、降雨量的观测与报送，以及观测设施的管理和维护。

1.3　小型水库应具备必要的水情、雨情观测设施，也可利用当地山洪灾害预警系统、水文气象观测站点提供雨情资料，具备水雨情信息报送所需的通信条件，按照要求开展测量和报送工作。

有条件的水库可实施水雨情远程自动测报，配备大坝安全监测和图像视频监控设施。

1.4　水雨情测报人员应掌握水雨情观测仪器（设施）观测方法和有关技术要求。

1.5　采用的库水位、降雨量观测仪器，应经检测合格，符合有关技术标准。

2　库 水 位 观 测

2.1　库水位观测采用直立式水尺观测，或采用自记、遥测水位计观测。

2.2　库水位观测设施应设置在大坝上游、水流平稳、岸坡稳定处。

2.3　库水位观测高程系统应与水库大坝设计采用的高程系统一致。

2.4　库水位观测范围应能涵盖大坝坝顶与死水位之间的水位变化区。

2.5　库水位观测频次区别汛期和非汛期不同要求。汛期每日观测一次，当库区降雨加大、库水位上涨时，根据情况增加观测频次；非汛期每 2～5 日观测一次。有条件的水库，宜观测洪水过程及库水位峰、谷数据。

2.6　库水位观测结果应及时、准确记录在专用记录簿上，严禁追记、涂改和伪造。

3　降 雨 量 观 测

3.1　水库降雨量信息可通过水库自设降雨量观测设施获取，也可利用当地山洪灾害预警系统、水文气象观测站点提供雨情资料。

水库自设降雨量观测设施可采用雨量器（计），或采用自记、遥测雨量计。

3.2 水库自设降雨量观测设施可设在水库大坝附近，且空旷无遮挡处。观测站点不能完全避开建筑物、树木等障碍物影响时，要求雨量器（计）离开障碍物边缘距离至少为障碍物高度的2倍。

3.3 降雨量每日观测一次，汛期降雨量较大时增加观测频次。采用自记或遥测雨量计观测的，可每30分钟观测记录一次。

3.4 降雨量观测结果应及时、准确记录在专用记录簿上，严禁追记、涂改和伪造。

4 信 息 报 送

4.1 水雨情观测信息应及时报送水行政主管部门、水库主管部门等有关单位。汛期或发生险情情况下，应当根据降雨量、库水位及险情情况增加报送频次。

4.2 水雨情信息报送应当具备必要的通信条件，可通过固定电话、移动电话和网络通信等工具，采用可记录的语音、短信、电码等方式，确保水雨情信息及时、可靠报送。

对公网无法通达的水库，或遭遇暴雨洪水、工程险情等突发事件，应当配置临时通信条件保障水雨情报送，如超短波电台、卫星电话或人工送达等方式。

4.3 水雨情遥测信息应当保持在线传输，通信方式优选公用通信网络。在公用通信网络覆盖不到的地方，可采用超短波电台、卫星通信等方式。

5 管 理 与 维 护

5.1 小型水库水雨情观测设施应由水库主管部门或水库管理单位（产权所有者）负责设置和维护，水库管理单位或巡查管护人员负责使用管理。

5.2 每年汛前应对水雨情观测设施进行检查和维护，确保正常、可靠运用。

5.3 水雨情观测设施应定期校验，库水位观测基准高程应及时校测，工作基点发生变位时应重新设置和校验基点高程，确保观测正常、可靠。

附录2 小型水库调度运用方案编制指南

1 总 则

1.1 为加强水库调度运用管理，规范小型水库调度运用方案编制内容和要求，制定本指南。

1.2 本指南适用于总库容 10 万立方米以上、1000 万立方米以下小型水库调度运用方案的编制工作。坝高 15 米以上或总库容 100 万立方米以上，且具备泄洪调度设施条件的，宜按照《水库调度规程编制导则》（SL 706）编制。

1.3 调度运用方案是小型水库调度运用和调度运用计划编制的依据性文件，坚持"安全第一、统筹兼顾"的原则，在保证水库大坝安全前提下，协调防洪、灌溉、供水、发电等任务关系，发挥水库综合利用效益。

1.4 根据水库承担的任务和调度设施条件，小型水库调度运用方案主要内容包括：调度条件与依据、防洪调度、兴利调度、应急调度、调度管理、附表附图等。

调度运用方案应在封面或前言中说明编制目的、适用范围、编制单位、审批部门、审定时间等。

2 调 度 条 件 与 依 据

2.1 水库基本情况。主要包括工程位置、建设时间、集水面积、主要功能、工程等级、洪水标准、特征水位与相应库容，工程布置与结构特性，防汛道路、通信条件与供电设施，水雨情和工情监测情况。

2.2 泄输水设施及下游行洪条件。简述泄输水建筑物布置情况、控制性高程、泄洪输水能力、是否有闸控制，启闭设施、供电保障情况，以及下游河道安全泄量。

2.3 调度任务与条件。水库承担的主要任务、调度要求和控制性指标，包括防洪保护对象、保护标准，灌溉对象、不同时期灌溉用水量，供水对象、供水用水量等。

2.4 大坝安全状况及存在的主要问题。根据现场安全检查、最近一次水库大坝安全鉴定结论或除险加固情况，简述目前大坝安全状况及存在影响工程安全和水库调度的主要问题。说明近年来水库遭遇大洪水或高水位运行情况，对存在严重安全隐患或被鉴定为三类坝、二类坝的，应明确控制运用措施。

2.5 水库上、下游基本情况。简述水库上、下游水利工程影响，上、下游影响范围内城镇、乡村、厂矿人口及交通基础设施等情况。

2.6 其他资料。与水库运行调度相关的其他基础资料，主要包括水库特征参数表、工程位置图、枢纽平面布置图、挡水建筑物纵横剖面图、泄洪建筑物纵横剖面图、输水建筑物纵横剖面图等。

3 防 洪 调 度

3.1 调度原则。说明防洪调度运用的原则。

3.2 防洪调度运用内容包括防洪调度时段和汛期限制水位、防洪调度方式。

（1）防洪调度时段，即汛期，指江河洪水在一年中集中出现明显的时期，应结合地方实际与经验合理确定。

（2）汛期限制水位，即汛限水位，是协调防洪与兴利关系、保障水库防洪安全而设定的水位参数指标，在汛期内库水位应控制在该水位以下，只有遭遇洪水过程时允许出现短暂超越现象，洪水过后应当及时回落至汛限水位以下。

（3）防洪调度方式。应当依据防洪任务、设计洪水、水位库容关系、泄洪条件拟定防洪调度方式。

对设计洪水、水位库容关系、泄洪条件无明显变化的，按原定调度方式和参数进行防洪调度。对无设计洪水，或设计洪水、水位库容关系、泄洪条件之一发生明显变化的，进行设计洪水、水位库容关系与泄洪条件复核，通过调洪演算确定防洪调度方式和参数。

对泄洪设施无闸控制的，以库水位超过堰顶高程自由泄流为防洪运用基本方式。对泄洪设施有闸控制的，当降雨量和库水位低于一定条件时，采取逐渐开启闸门的控制泄量方式调度；当降雨量和库水位超过一定条件时，采取闸门全开的敞泄调度运用方式；洪水过后，尽快将库水位回落至汛限水位以下。

3.3 防洪调度运用应关注的几个问题：

（1）汛期库水位应严格按照汛限水位控制，不得擅自超越，不得在泄洪设施上设置任何影响泄洪的子埝、拦鱼网等挡水阻水障碍物。

（2）对工程存在严重安全隐患或鉴定为三类坝、二类坝的需明确限制运用水位，实施控制运用；当限制运用水位低于溢洪道堰顶高程时，应落实满足库水位降低要求的必要条件，如抽水泵、倒虹吸等泄流措施。

（3）在泄洪过程中，应加强泄洪设施安全、挡水建筑物安全（重点关注接触渗流、坝脚冲刷等问题）、下游行洪通道安全的巡查，发现问题及时报告。

（4）对长期低水位或空库运行的水库，应高度重视旱涝急转情况下的调度运用，遭遇洪水时应采取措施控制水位上涨速度，加强大坝安全巡查。

（5）有条件的地区可根据降水和下垫面条件，推算降水量与入库水量关系，编制降水量-库水位-泄量查算表，提升防洪调度预测预警能力。

4 兴 利 调 度

4.1 调度原则。说明灌溉、供水、发电等兴利调度原则。

（1）兼有防洪和兴利任务的水库，应协调兴利与防洪的关系，兴利服从防洪，在确保防洪安全前提下，发挥兴利效益。有条件的可绘制水库用水调度图。

（2）兼有灌溉和供水任务的水库，遇特殊干旱年或发生供水矛盾时，优先保障生活供水。

（3）兼有发电任务的水库，电调服从水调；有新增生态调度要求的水库，应尽量调剂水量补充生态供水。

4.2 调度任务。根据灌溉、供水、发电等功能和调度要求，合理调配水量，发挥水库的综合利用效益。

4.3 取水水位和用水量。说明灌溉、供水、发电的取水水位和用水量。

5 应 急 调 度

5.1 调度原则。说明水库应急调度的原则。

5.2 调度启动。说明启动和结束水库应急调度的条件与部门。

5.3 调度任务。说明水库遇超标准洪水、重大工程险情、地震、水污染等突发事件时的调度要求。

（1）对遭遇超标准洪水，说明遭遇超标准洪水的调度方式。

（2）对遭遇重大工程险情、地震等突发事件，提出降低库水位的调度措施，明确限制运用水位、水位降落速度等控制条件。

（3）对遭遇水污染突发事件，立即停止供水，进行水质检测，确定水污染类型与程度，按照应急处置要求进行调度。

5.4 应急调度应与水库大坝安全管理（防汛）应急预案衔接，协调相应的应急调度方案，并根据事件发展变化调整调度方式。

6 调 度 管 理

6.1 按照"分级负责、责权对等"原则，明确水行政主管部门、水库主管部门、水库管理单位（产权所有者）的相应责任与权限，落实管护人员调度操作要求。

6.2 建立水库调度信息、闸门操作、防汛值守等工作制度。

6.3 明确水雨情监测、调度指令、巡视检查、泄洪预警信息沟通机制。

6.4 明确水雨情信息、闸门启闭、洪水过程、工程情况、调度指令等调度信息的记录方式，做好调度信息记录，及时整理档案。

附录3 小型水库大坝安全管理（防汛）应急预案编制指南

1 总　则

1.1 为提高小型水库突发事件应急处置能力，规范和指导小型水库大坝安全管理（防汛）应急预案（以下简称预案）编制工作，制定本指南。

1.2 本指南适用于总库容 10 万立方米以上、1000 万立方米以下小型水库预案编制。对于坝高 15 米以上或总库容 100 万立方米以上，且对下游城镇、村庄、厂矿人口，以及交通、电力、通信设施等有重要影响的水库，宜按照《水库大坝安全管理应急预案编制导则》（SL/Z 720）编制。

1.3 预案编制应以保障公众安全为首要目标，按照"以人为本、分级负责、预防为主、便于操作"的原则，重点做好突发事件监测、险情报告、分级预警、应急调度、工程抢险和人员转移方案，明确应急救援、交通、通信、电力等保障措施。

1.4 预案内容主要包括水库基本情况、突发事件分析、应急组织、监测预警、应急响应、人员转移、应急保障、宣传演练、附表附图等。

预案编写提纲参见表 1。

1.5 预案封面应标注编制单位、批准单位、备案单位、发放对象、有效期等。

1.6 预案应根据情况变化适时修订。当水库工程情况、应急组织体系、下游影响等发生变化时，应当进行修订，并履行审批和备案程序。

2 突发事件分析

2.1 水库基本情况

（1）工程基本情况。水库地理位置、兴建年代、集水面积、洪水标准、特征水位与相应库容，工程地质条件及地震基本烈度，枢纽布置及大坝结构，泄洪设施与启闭设备，防汛道路、通信条件与供电设施，水雨情和工情监测情况，下游河道安全泄量，主管部门、管理机构和管护人员，工程特性表等。

（2）大坝安全状况。大坝安全状况及存在的主要安全隐患。

（3）上下游影响情况。水库上游水利工程情况；下游洪水淹没范围内集镇、村庄、厂矿、人口，以及水利工程、基础设施等分布情况。

（4）水库运行历史上遭遇的突发事件、应急处置和后果情况等。

2.2 可能突发事件

水库大坝突发事件包括超标准洪水、破坏性地震等自然灾害，大坝结构破坏、渗流破坏等工程事故，以及水污染事件等。

突发事件分析应考虑溃坝和不溃坝两种情况，有供水任务的水库还应分析水污染事件影响范围和程度。

（1）溃坝情况。溃坝破坏模式根据工程实际确定。土石坝重点考虑超校核标准洪水导致漫顶溃坝、超设计标准洪水遭遇泄洪设施闸门故障导致库水位被逼高漫顶溃坝、正常蓄水位遭遇地震导致大坝滑坡溃坝、正常蓄水位遭遇穿坝建筑物发生接触渗漏溃坝等情况；混凝土坝或浆砌石坝重点考虑超校核标准洪水导致坝体整体失稳溃坝、超设计标准洪水遭遇泄洪设施闸门故障导致库水位被逼高后坝体整体失稳溃坝、正常蓄水位遭遇地震发生大坝整体失稳溃坝等情况。

（2）不溃坝情况。重点分析工程运用过程中，遇设计洪水标准和校核洪水标准情况。

2.3　洪水后果分析

（1）分析突发事件洪水影响范围和程度，主要内容包括出库洪水、洪水演进和洪水风险图。

（2）分析方法原则上采用理论计算方法。对洪水影响范围较小的，可参照防汛经验、历史洪水等情况，由水行政主管部门会同属地人民政府确定洪水影响范围。

（3）采用理论计算方法分析时，应符合以下要求：

①出库洪水主要估算出库洪水最大流量。溃坝情况土石坝按逐步溃决、混凝土坝和浆砌石坝按瞬时全溃估算，不溃坝情况按设计和校核标准查算下泄洪水。

②洪水演进主要估算最大淹没范围和洪水到达时间。根据下游区域地形条件和历史洪水情形，估算洪水淹没范围和到达时间。

③洪水风险图主要明确淹没范围和保护对象。根据洪水淹没范围查明城镇、村庄、厂矿人口及重要设施等情况，确定人员转移路线和安置点。

2.4　水污染后果分析

根据水库功能和供水对象，分析水污染事件影响范围和严重程度。

3　应　急　组　织

3.1　水库所在地人民政府是水库大坝突发事件应急处置的责任主体，负责或授权相关部门组织协调突发事件应急处置工作。水库主管部门、水库管理单位（产权所有者）和水行政主管部门负责预案制定、宣传、演练，巡视检查、险情报告和跟踪观测，并根据自身职责参与突发事件应急处置工作。

3.2　按照属地管理、分级负责的原则，明确水库大坝突发事件应急指挥机构和指挥长、成员单位及其职责。应急指挥长应由地方人民政府负责人担任，可下设综合协调、技术支持、信息处理、保障服务小组，各组成员可由县乡人民政府及应急、水利、公安、通信、交通、电力、卫生、民政等部门及影响范围内村组人员组成。

应绘制预案应急组织体系框架图，明确地方人民政府及相关部门与应急指挥机构、水库主管部门与管理单位（产权所有者）等相关各方在突发事件应急处置中的职责与相互之间的关系。

应急组织体系框架参见图1。

3.3　地方人民政府负责组建应急管理机构，职责为：落实应急指挥机构指挥长；确定应急指挥成员单位组成，明确其职责、责任人及联系方式；组织协调有关部门开展应急处置工作。

3.4　水行政主管部门负责提供专业技术指导，职责为：参与预案实施全过程，提供应急处置技术支撑；参与应急会商，完成应急指挥机构交办任务；协助建立应急保障体系，指导预案演练。

3.5　水库主管部门负责组织预案编制和险情处置，职责为：筹措编制经费，组织预案编制；参与预案实施全过程，组织开展工程险情处置；参与应急会商，完成应急指挥机构交办任务；组织预案演练。

3.6　水库管理单位（产权所有者）负责巡视检查、险情报告和跟踪观测，其职责为：筹措编制经费，共同组织预案编制；负责巡视检查、险情报告和跟踪观测；参与预案实施全过程，配合开展工程抢险和应急调度，完成应急指挥机构交办任务；参与预案演练。

3.7　防汛行政、技术、巡查三个责任人按照履职要求，参与应急处置相关工作。

4　监　测　预　警

4.1　水库巡查人员应当通过水雨情测报、巡视检查和大坝安全监测等手段，对水库工程险情进行跟踪观测。

4.2　当水雨情、工程险情达到一定程度时，巡查人员应立即报告技术责任人。情况紧急时，可越级向大坝安全政府责任人、防汛行政责任人、当地政府应急部门等报告。发生溃坝险情时，可直接向下游淹没区发布警报信息。

（1）明确报告条件。当遭遇以下情况时，应当立即将情况报告有关部门。不同情况对应的有关部门应予以明确。

①遭遇持续强降雨，库水位超正常蓄水位或溢洪道堰顶高程，且继续上涨；

②遭遇强降雨，库水位上涨，泄洪设施边坡滑坡堵塞进口或行洪通道；

③遭遇强降雨，库水位上涨，泄洪设施闸门无法开启；

④大坝出现裂缝、塌陷、滑坡、渗漏等险情；

⑤供水水库水质被污染；

⑥其他危及大坝安全或公共安全的紧急事件。

（2）明确报告时限。发生突发事件时，巡查人员等发现者应当立即报告有关部门。有关部门应当根据突发事件情形，及时报告上级有关部门，对出现溃坝、决口等重大突发事件，应按有关规定报告国家有关部门。上述有关部门均应予以明确。

（3）明确报告内容。报告内容应包含水库名称、地址，事故或险情发生时间、简要情况。

（4）明确报告方式。突发事件报告可采用固定电话、移动电话、超短波电台、卫星电话等方式，确保有效可靠。

（5）书面报告要求。后续报告应当以书面形式报告，主要内容包含水库工程概况、责任人姓名及联系方式，工程险情发生时间、位置、经过、当前状况，已经采取的应对措施，造成的伤亡人数等。

4.3 水库防汛技术责任人接到巡查人员报告后，应立即向大坝安全政府责任人、防汛行政责任人及当地人民政府应急部门和防汛指挥机构报告，并立即赶赴水库现场，指导巡查人员加强库水位和险情变化等跟踪观测，做好观测记录与后续报告。

4.4 应急指挥机构根据事件报告，以及降雨量、库水位、出库流量、工程险情及下游灾情等情况，组织应急会商，分析研判事件性质、发展趋势、严重程度、可能后果等，确定预警级别和响应措施，并适时向下游公众、参与应急响应和处置的部门和人员发布预警信息。

4.5 突发事件预警级别根据可能后果划分为Ⅰ级、Ⅱ级、Ⅲ级、Ⅳ级。预警级别确定的原则如下（各地可根据当地实际情况进行调整）：

（1）Ⅰ级预警（特别严重）

①暴雨洪水导致库水位超过校核洪水位，大坝可能漫顶或即将漫顶；

②大坝出现特别重大险情，溃坝可能性大；

③洪水淹没区内人口1500人以上。

（2）Ⅱ级预警（严重）

①暴雨洪水导致库水位超过设计洪水位，可能持续上涨；

②大坝出现重大险情，溃坝可能性较大；

③洪水淹没区内人口300人以上。

（3）Ⅲ级预警（较重）

①降雨导致库水位超过历史最高洪水位（低于设计洪水位的情形）；

②大坝出现较严重险情；

③洪水淹没区内人口 30 人以上；

④1000 人以上供水任务的水库水质被污染。

（4）Ⅳ级预警（一般）

①库水位超过正常蓄水位或溢洪道堰顶高程，且库区可能有较强降雨过程；

②大坝存在严重安全隐患，出现险情迹象；

③1000 人以下供水任务的水库水质被污染。

5 应 急 响 应

5.1 预警信息发布后，应立即启动相应级别的应急响应，并采取必要处置措施。当突发事件得到控制或险情解除后，应及时宣布终止。

5.2 应急响应级别对应于预警级别，相应启动Ⅰ级、Ⅱ级、Ⅲ级、Ⅳ级响应，并根据事态发展变化及时调整响应级别。

5.3 不同级别的应急响应如下（各地可根据当地实际情况进行调整）：

（1）Ⅰ级响应

①应急指挥长立即赶赴水库现场，确定应对措施，并将突发事件情况报告上级人民政府和有关部门，请求上级支援；

②按照人员转移方案，立即组织洪水淹没区人员转移；

③快速召集专家组和抢险队伍，调集抢险物资和装备，开展应急处置；

④对事件变化和水雨情开展跟踪观测。

（2）Ⅱ级响应

①应急指挥长主持会商确定应对措施，并将突发事件情况报告上级人民政府和有关部门；

②应急指挥长带领专家组赶赴现场，召集抢险队伍，调集抢险物资和装备，开展应急处置；

③根据事态紧急情况决定人员转移，按照方案有序组织实施；

④加强事件变化和水雨情跟踪观测。

（3）Ⅲ级响应

①水行政主管部门（或水库主管部门）组织会商，研究提出应对措施，并将突发事件情况报告地方人民政府和有关部门；

②水行政主管部门（或水库主管部门）组织专家，召集抢险队伍，调集抢险物资和装备，开展应急处置；

③通知洪水淹没区人员做好转移准备，必要时按人员转移方案进行转移；

④加强事件变化和水雨情跟踪观测。

（4）Ⅳ级响应

①水库主管部门（或防汛行政责任人）组织会商，报告防汛行政责任人（或水库主管部门），采取应对措施，将重要情况报告当地人民政府和有关部门；

②做好抢险队伍、物资和装备准备，根据情形采取必要的处置措施；

③落实现场值守，加强巡视检查和水雨情测报。

5.4 应急处置措施主要包括如下方面：

（1）应急调度。根据突发事件情形和应急调度方案，明确调度权限和操作程序，采取降低库水位、加大泄流能力、控制污染水体等措施，并根据水情、工情、险情及灾情变化情况实时调整。

（2）工程抢险。根据突发事件性质、位置、特点等明确抢险原则、方法、方案和要求，落实抢险队伍召集和抢险物资调集方式。

（3）人员转移。根据洪水淹没区内乡镇村组、街道社区、厂矿企业人口分布和地形、交通条件，制定人员转移方案，明确人员转移路线和安置位置，绘制人员转移路线图，最大限度地保障下游公众安全。

应急响应流程参见图2，人员转移路线图示例参见图3，分级响应示例参见表2。

6 人 员 转 移

6.1 根据洪水后果分析成果制定人员转移方案，按照洪水到达前人口转移至安置点或安全地带的原则，确定人员转移范围、先后次序、转移路线、安置地点，落实负责转移工作及组织淹没区乡镇村组、街道社区、厂矿企业等责任单位和责任人，明确通信、交通等保障措施。

利用洪水到达时间差异做好预警，优化人员转移方案，有序组织人员转移。

6.2 根据淹没区乡镇村组、街道社区、厂矿企业分布和地形、交通条件确定转移路线，以转移时间短、交通干扰少及便于组织实施为设计原则，明确转移人数和路线、安置地点和交通措施，绘制人员转移路线图。

转移范围较大或转移人员较为分散的，可分区域确定转移路线；分区设置转移路线的，应当做好统筹协调，避免干扰。

6.3 设定转移启动条件，当水库大坝发生突发事件，采取应急调度和工程抢险仍无法阻止事态发展，可能威胁公众生命安全时，应对可能淹没区人员进行转移。

接到人员转移警报、命令或Ⅰ级响应后，应急管理机构应立即组织洪水淹没区人员全部转移；Ⅱ级响应时，组织分区域、分先后依次转移；Ⅲ级响应时，组织做好人员转移准备。

6.4 明确转移警报方式，在洪水淹没区设置必要的报警设施，确保紧急情况下能够发布人员转移警报。报警方式应事先约定，并通过宣传和演练让公众知晓。

人员转移警报可采用电子警报器、蜂鸣器、沿途喊话、敲打锣鼓等方式，转移准备通知可采用电视、广播、电话、手机短信方式。

6.5 明确人员转移组织实施的责任单位和责任人，水库所在地县乡人民政府以及淹没区村民委员会、有关单位负责组织人员转移，公安、交通、电力等提供救助和保障。

应急指挥长负责下达人员转移命令，应急指挥机构负责人员转移的组织协调工作。人员转移命令可以根据事态变化作出调整。

6.6 明确人员安置要求，保障转移人员住宿、饮食、医疗等基本需求，防范次生灾害和山洪、滑坡地质灾害影响，落实安置管理、治安维护要求，禁止转移人员私自返回。

7 应 急 保 障

7.1 明确突发事件应急保障条件，并与当地总体应急保障工作相衔接，落实通信、交通、电力、抢险队伍和物资等保障。

7.2 明确应急抢险与救援队伍责任人、组成和联系方式。

7.3 明确负责物资保障的责任单位与责任人、存放地点与保管人及联系方式。

7.4 明确通信、交通、电力保障责任单位与责任人及联系方式。

7.5 明确专家组、应急救援、人员转移等保障责任单位与责任人及联系方式。

7.6 落实应急经费预算、执行等管理。

8 宣 传 演 练

8.1 明确预案宣传、培训、演练的计划和方案，确定宣传、培训、演练的组织实施单位与责任人。

8.2 宣传可通过发放手册、宣传标牌和座谈宣讲等方式，培训可采取集中授课、网络授课等方式。

8.3 演练重点明确紧急集合、指挥协调、工程抢险、人员转移等科目，演练过程可采取桌面推演、实战演练等方式。

附 表 附 图

表 1 应 急 预 案 编 写 提 纲

1 前言
    1.1 编制目的和依据
    1.2 编制原则
    1.3 预案版本受控和修订
2 突发事件分析
    2.1 水库基本情况
    2.2 可能突发事件分析
    2.3 洪水后果分析
    2.4 水污染后果分析
    2.5 人员转移方案
3 应急组织
    3.1 应急组织体系
    3.2 应急指挥机构及其职责
4 监测预警
    4.1 险情监测
    4.2 险情报告
    4.3 预警级别
5 应急响应
    5.1 应急响应
    5.2 应急处置
6 人员转移
    6.1 转移方案
    6.2 转移路线
    6.3 组织实施
7 应急保障
    7.1 队伍保障
    7.2 物资保障
    7.3 通信、交通及电力保障
    7.4 其他保障
8 宣传演练
9 附表附图
    9.1 工程图表
    9.2 溃坝洪水淹没范围图
    9.3 应急组织体系图
    9.4 应急响应流程图
    9.5 人员转移路线图
    9.6 分级响应表

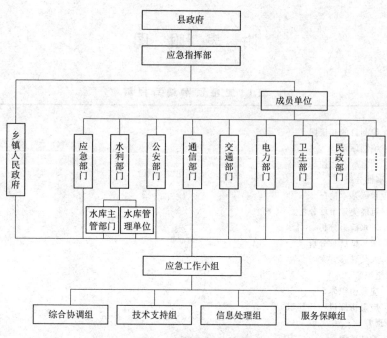

图 1　应急组织体系图

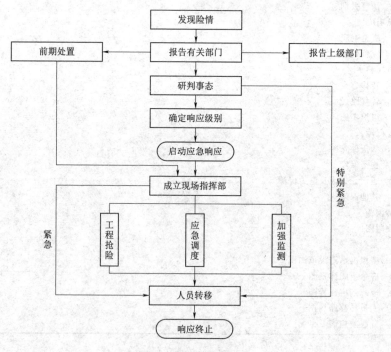

图 2　应急响应流程图

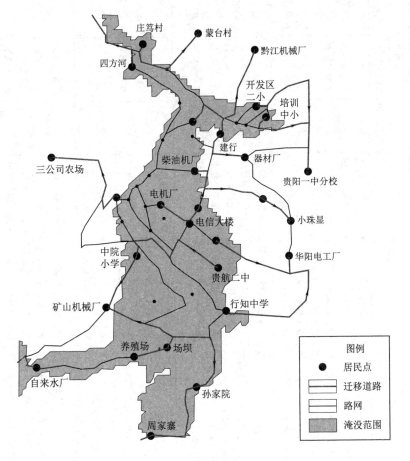

图3　人员转移路线图

说明：1）为应对可能溃坝等洪水，保障淹没区内公众生命安全，需制定人员转移方案；2）根据淹没区内城镇村组、街道社区、厂矿企业人口分布、地形、交通条件，以及洪水到达时间，明确转移范围、人员分布、转移路线、先后次序、安置地点；3）明确转移通知发布机关，如当地人民政府或应急部门；4）明确或约定转移通知发布方式，如警报器、广播喇叭、电话等，并通过宣传和演练告知公众；5）明确转移组织方案，确定责任单位、责任人和联系人，如利用基层组织、机关单位和村组干部做好转移组织实施；6）明确转移过程中的通信、交通、救援、治安、安置、生活等保障。

表 2 分级响应表

事件分级	预警		工情	应急响应措施	应急处置		
	雨情	水情			应急调度	工程抢险	人员转移
Ⅰ级	3h 降雨量达 **mm，中短期天气预报近期可能出现特大暴雨，可有较强降雨	库水位超过校核洪水位，大坝可能漫顶；溢洪道水深超过 **m，或下泄流量超过 **m³/s	特别重大险情：坝体出现大范围雨滑坡；坝体出现大面积和渗漏，伴有翻冒砂冒水；溢洪道 3 孔闸门全部无法开启，并遭遇 30 年一遇以上一遇洪水	应急指挥长立即赶赴现场，会商确定应对措施，报告上级人民政府和有关部门，请求支援；立即组织洪水淹没区人员转移；快速召集专家组和抢险队伍，调集抢险物资和装置，开展应急处置对事件变化和水雨情跟踪观测	指挥长下达应急调度指令	抢险方案由专家组提出，由应急部指挥长决定	指挥长下达人员转移命令，快速组织淹没区人员转移
Ⅱ级	3h 降雨量达 **mm，中短期天气预报近期仍有较强降雨	库水位超过设计洪水位 **m，溢洪道水深超过 **m，或下泄流量超过 **m³/s	重大险情：坝体出现局部滑坡和部和渗漏；溢洪道 3 孔闸门全部无法开启，并遭遇 10 年一遇以上洪水	应急指挥长会商确定应对措施，报告上级人民政府和部门；带领专家组赶赴现场，召集抢险队伍，调集抢险物资和装备，有序组织根据情况决定人员转移；必要时组织人员转移，加强事件变化和水雨情跟踪观测	指挥长决定应急调度指令	抢险方案由专家组提出，由应急部指挥长决定	指挥长临机决定，根据情况组织淹没区人员转移
Ⅲ级	6h 降雨量达 **mm，中短期天气预报近期可能有较强降雨	库水位超过 **m；溢洪道水深超过 **m，或下泄流量超过 **m³/s，超过下游河道安全泄量	较大险情：大坝出现多处纵向、横向裂缝；溢洪道有 2 孔闸门无法开启，并可能遭遇较强降雨	水库主管部门组织责任人组织会商，报告地方人民政府和有关部门；组织专家和抢险队伍，调集抢险物资和装备，开展应急处置；通知淹没区人员做好转移准备，必要时组织人员转移；加强事件变化和水雨情跟踪观测	水库主管部门决定应急调度	处置方案由水库主管部门制定	做好人员应急转移准备
Ⅳ级	6h 降雨量达 **mm，中短期天气预报近期可能有较强降雨	库水位超过正常蓄水位；溢洪道水深超过 **m	一般险情：大坝出现浅层裂缝；下游坡出现有 1 处间门无法开启，溢洪道门无法开启，并可能遭遇较强降雨	水库防汛行政责任人主管部门，采取应对措施，做好应急准备，根据情形采取必要处置措施，落实现场值守，加强巡视检查和水雨情测报	防汛行政责任人决定运用措施	防汛行政责任人决定采取必要措施，加强巡查检查，加强监测	做好人员应急转移准备

（二）安　全　鉴　定

水利水电建设工程蓄水安全鉴定暂行办法

(1999 年 4 月 16 日　水利部　水建管〔1999〕177 号，2017 年 12 月 22 日修正)

第一章　总　　则

第一条　为加强水利水电建设工程的安全管理，提高工程蓄水验收工作质量，保障工程及上下游人民生命财产的安全，根据《中华人民共和国防洪法》、《水库大坝安全管理条例》和《水利水电建设工程验收规程》，制定本办法。

第二条　本办法适用于库容 1 亿立方米以上的大型（包括新建、续建、改建、加固、修复等）水利水电建设工程。中型水利水电建设工程可参照执行。

第三条　水库蓄水验收前必须进行蓄水安全鉴定。蓄水安全鉴定是大型水利水电建设工程蓄水验收的必要依据，未经蓄水安全鉴定不得进行蓄水验收。

第四条　蓄水安全鉴定，由项目法人负责组织实施。设计、施工、监理、运行、设备制造等单位负责提供资料，并有义务协助鉴定单位开展工作。

第五条　水利部负责监督和指导全国水利水电建设工程蓄水安全鉴定工作。各级水行政主管部门按照工程竣工验收的分级管理权限负责监督和指导蓄水安全鉴定工作。

第六条　已竣工投入运行的水利水电工程，其安全鉴定工作遵照《水库大坝安全鉴定办法》（水利部水管〔1995〕86 号）执行。

第二章　一　般　规　定

第七条　蓄水安全鉴定的依据是有关法律、法规和技术标准，批准的初步设计报告、专题报告，设计变更及修改文件，监理签发的技术文件及说明，合同规定的质量和安全标准等。

第八条　进行蓄水安全鉴定时，鉴定范围内的工程形象面貌应基本达到《水利水电建设工程验收规程》规定的蓄水验收条件，安全鉴定使用的资料已准备齐全。

第九条　蓄水安全鉴定的范围是以大坝为重点，包括挡水建筑物、泄水建筑物、引水建筑物的进水口工程、涉及工程安全的库岸边坡及下游消能防护工程等与蓄水安全有关的工程项目。

第十条 蓄水安全鉴定工作的重点是检查工程施工过程中是否存在影响工程安全的因素，以及工程建设期发现的影响工程安全的问题是否得到妥善解决，并提出工程安全评价意见；对不符合有关技术标准、设计文件并涉及工程安全的，分析其对工程安全的影响程度，并作出评价意见；对虽符合有关技术标准、设计文件，但专家认为构成工程安全运行隐患的，也应对其进行分析和作出评价。

第十一条 蓄水安全鉴定内容：

1. 检查工程形象面貌是否符合蓄水要求。

2. 检查工程质量（包括设计、施工等）是否存在影响工程安全的隐患。

对关键部位、出现过质量事故的部位以及有必要检查的其他部位要进行重点检查，包括抽查工程原始资料和施工、设备制造验收签证，必要时应当使用钻孔取样、充水试验等技术手段进行检测。

3. 检查洪水设计标准。工程泄洪设施的泄洪能力，消能设施的可靠性，下闸蓄水方案的可靠性，以及调度运行方案是否符合防洪和度汛安全的要求。

4. 检查工程地质条件、基础处理、滑坡及处理、工程防震是否存在不利于建筑物的隐患。

5. 检查工程安全检测设施、检测资料是否完善并符合要求。

第十二条 蓄水安全鉴定工作中，不进行工程质量等级的评定。

第十三条 蓄水安全鉴定程序：

1. 安全鉴定前，安全鉴定单位制定蓄水安全鉴定工作大纲，明确鉴定的主要内容，提出鉴定工作所需资料清单。

2. 听取项目法人和设计、施工、监理、运行等建设各方的情况介绍。

3. 进行现场调查，收集资料。

4. 设计、施工、监理、运行等建设各方分别编写自检报告。

5. 专家组集中分析、研究有关工程资料，与建设各方沟通情况，必要时进行设计复核、现场检查或检测。专家组讨论并提出鉴定报告初稿。

6. 在与建设各方充分交换意见的基础上，作出工程安全评价，完成蓄水安全鉴定报告，专家组全体成员签字认可。

第三章 蓄水安全鉴定的组织

第十四条 项目法人认为工程符合蓄水安全鉴定条件时，可决定组织蓄水安全鉴定。蓄水安全鉴定，由项目法人委托具有相应鉴定经验和能力的单位承担，与之签定蓄水安全鉴定合同，并报工程验收主持单位核备。接受委托负责蓄水安全鉴定的单位（即鉴定单位）应成立专家组，并将专家组组成情况报工程验收主持单位和相应的水利工程质量监督部门核备。

第十五条　鉴定专家组应由专业水平高，工程设计、施工经验丰富，具有高级工程师以上职称的专家组成，包括水文、地质、水工、施工、机电、金属结构等有关专业。鉴定专家组三分之一以上人员须聘请责任单位以外的专家参加。

第十六条　项目法人和设计、施工、监理、运行、设备制造等参建单位的在职人员或从事过本工程设计、施工、管理的其他人员，不能担任专家组成员。

第十七条　项目法人应组织建设各方认真做好配合鉴定专家组进行的工作，包括：

1. 准确、及时提供鉴定工作所需的各种工程资料。

2. 根据专家组的要求，组织相对固定的专业人员和工作人员，向专家组介绍有关工程情况，对专家组提出的问题进行解答。

3. 根据专家组的要求，对有关问题进行补充分析工作，并提出相应的专题报告。

4. 为专家组在现场工作提供必要的工作条件。

第十八条　鉴定单位应将鉴定报告提交给项目法人，并抄报工程验收主持单位和水利工程质量监督部门。工程验收前，项目法人应负责将鉴定报告分送给验收委员会各成员。

第十九条　项目法人应组织建设各方，对鉴定报告中指出的工程安全问题和提出的建议，进行认真的研究和处理，并将处理情况书面报告验收委员会。

第二十条　建设各方应对所提供资料的准确性负责。凡在工程安全鉴定工作中提供虚假资料，发现工程安全隐患隐瞒不报或谎报的单位，由项目主管上级部门或责成有关单位按有关规定对责任者进行处理。

第二十一条　鉴定单位应独立地进行工作，提出客观、公正、科学的鉴定报告，并对鉴定结论负责。项目法人等任何单位或个人，均不得妨碍和干预鉴定单位和鉴定专家组独立地作出鉴定意见。

第二十二条　建设各方对鉴定报告有重大分歧意见的，应形成书面意见送鉴定单位，并抄报工程验收主持单位和水利工程质量监督部门。

第二十三条　进行工程验收时，验收委员会依据鉴定报告，并听取建设各方的意见，作出验收结论。当对个别疑难问题难以作出结论时，主任委员单位应组织有关专家或委托科研单位进一步论证，提出结论意见。

第二十四条　蓄水安全鉴定不代替和减轻建设各方由于工程设计、施工、运行、制造、管理等方面存在问题应负的工程安全责任。

第四章 附 则

第二十五条 蓄水安全鉴定工作所需费用，由项目法人负责从工程验收费中列支。

第二十六条 本规定由水利部负责解释。

第二十七条 本规定自颁布之日起执行。

水库大坝安全鉴定办法

(2003 年 6 月 27 日　水利部　水建管〔2003〕271 号)

第一章　总　　则

第一条　为加强水库大坝（以下简称大坝）安全管理，规范大坝安全鉴定工作，保障大坝安全运行，根据《中华人民共和国水法》、《中华人民共和国防洪法》和《水库大坝安全管理条例》的有关规定，制定本办法。

第二条　本办法适用于坝高 15m 以上或库容 100 万 m^3 以上水库的大坝。坝高小于 15m 或库容在 10 万 $m^3 \sim 100$ 万 m^3 的小型水库的大坝可参照执行。

本办法适用于水利部门及农村集体经济组织管辖的大坝。其他部门管辖的大坝可参照执行。

本办法所称大坝包括永久性挡水建筑物，以及与其配合运用的泄洪、输水和过船等建筑物。

第三条　国务院水行政主管部门对全国的大坝安全鉴定工作实施监督管理。水利部大坝安全管理中心对全国的大坝安全鉴定工作进行技术指导。

县级以上地方人民政府水行政主管部门对本行政区域内所辖的大坝安全鉴定工作实施监督管理。

县级以上地方人民政府水行政主管部门和流域机构（以下称鉴定审定部门）按本条第四、五款规定的分级管理原则对大坝安全鉴定意见进行审定。

省级水行政主管部门审定大型水库和影响县城安全或坝高 50m 以上中型水库的大坝安全鉴定意见；市（地）级水行政主管部门审定其他中型水库和影响县城安全或坝高 30m 以上小型水库的大坝安全鉴定意见；县级水行政主管部门审定其他小型水库的大坝安全鉴定意见。

流域机构审定其直属水库的大坝安全鉴定意见；水利部审定部直属水库的大坝安全鉴定意见。

第四条　大坝主管部门（单位）负责组织所管辖大坝的安全鉴定工作；农村集体经济组织所属的大坝安全鉴定由所在乡镇人民政府负责组织（以下称鉴定组织单位）。水库管理单位协助鉴定组织单位做好安全鉴定的有关工作。

第五条　大坝实行定期安全鉴定制度，首次安全鉴定应在竣工验收后 5 年内进行，以后应每隔 6～10 年进行一次。运行中遭遇特大洪水、强烈地震、工程发生重大事故或出现影响安全的异常现象后，应组织专门的安全鉴定。

第六条　大坝安全状况分为三类，分类标准如下：

一类坝：实际抗御洪水标准达到《防洪标准》（GB 50201—94）规定，大坝工作状态正常；工程无重大质量问题，能按设计正常运行的大坝。

二类坝：实际抗御洪水标准不低于部颁水利枢纽工程除险加固近期非常运用洪水标准，但达不到《防洪标准》（GB 50201—94）规定；大坝工作状态基本正常，在一定控制运用条件下能安全运行的大坝。

三类坝：实际抗御洪水标准低于部颁水利枢纽工程除险加固近期非常运用洪水标准，或者工程存在较严重安全隐患，不能按设计正常运行的大坝。

第二章　基本程序及组织

第七条　大坝安全鉴定包括大坝安全评价、大坝安全鉴定技术审查和大坝安全鉴定意见审定三个基本程序。

（一）鉴定组织单位负责委托满足第十一条规定的大坝安全评价单位（以下称鉴定承担单位）对大坝安全状况进行分析评价，并提出大坝安全评价报告和大坝安全鉴定报告书；

（二）由鉴定审定部门或委托有关单位组织并主持召开大坝安全鉴定会，组织专家审查大坝安全评价报告，通过大坝安全鉴定报告书；

（三）鉴定审定部门审定并印发大坝安全鉴定报告书。

第八条　鉴定组织单位的职责：

（一）按本办法的要求，定期组织大坝安全鉴定工作；

（二）制定大坝安全鉴定工作计划，并组织实施；

（三）委托鉴定承担单位进行大坝安全评价工作；

（四）组织现场安全检查；

（五）向鉴定承担单位提供必要的基础资料；

（六）筹措大坝安全鉴定经费；

（七）其他相关职责。

第九条　鉴定承担单位的职责：

（一）参加现场安全检查，并负责编制现场安全检查报告；

（二）收集有关资料，并根据需要开展地质勘探、工程质量检测、鉴定试验等工作；

（三）按有关技术标准对大坝安全状况进行评价，并提出大坝安全评价报告；

（四）按鉴定审定部门的审查意见，补充相关工作，修改大坝安全评价报告；

（五）起草大坝安全鉴定报告书；

（六）其他相关职责。

第十条 鉴定审定部门的职责：

（一）成立大坝安全鉴定委员会（小组）；

（二）组织召开大坝安全鉴定会；

（三）审查大坝安全评价报告；

（四）审定并印发大坝安全鉴定报告书；

（五）其他相关职责。

第十一条 大型水库和影响县城安全或坝高50m以上中型水库的大坝安全评价，由具有水利水电勘测设计甲级资质的单位或者水利部公布的有关科研单位和大专院校承担。

其他中型水库和影响县城安全或坝高30m以上小型水库的大坝安全评价由具有水利水电勘测设计乙级以上（含乙级）资质的单位承担；其他小型水库的大坝安全评价由具有水利水电勘测设计丙级以上（含丙级）资质的单位承担。上述水库的大坝安全评价也可以由省级水行政主管部门公布的有关科研单位和大专院校承担。

鉴定承担单位实行动态管理，对业绩表现差，成果质量不能满足要求的鉴定承担单位应当取消其承担大坝安全评价的资格。

第十二条 大坝安全鉴定委员会（小组）应由大坝主管部门的代表、水库法人单位的代表和从事水利水电专业技术工作的专家组成，并符合下列要求：

（一）大型水库和影响县城安全或坝高50m以上中型水库的大坝安全鉴定委员会（小组）由9名以上专家组成，其中具有高级技术职称的人数不得少于6名；其他中型水库和影响县城安全或坝高30m以上小型水库的大坝安全鉴定委员会（小组）由7名以上专家组成，其中具有高级技术职称的人数不得少于3名；其他小型水库的大坝安全鉴定委员会（小组）由5名以上专家组成，其中具有高级技术职称的人数不得少于2名；

（二）大坝主管部门所在行政区域以外的专家人数不得少于大坝安全鉴定委员会（小组）组成人员的三分之一；

（三）大坝原设计、施工、监理、设备制造等单位的在职人员以及从事过本工程设计、施工、监理、设备制造的人员总数不得超过大坝安全鉴定委员会（小组）组成人员的三分之一；

（四）大坝安全鉴定委员会（小组）应根据需要由水文、地质、水工、机电、金属结构和管理等相关专业的专家组成。

（五）大坝安全鉴定委员会（小组）组成人员应当遵循客观、公正、科学的原则履行职责。

第三章 工 作 内 容

第十三条 现场安全检查包括查阅工程勘察设计、施工与运行资料，对大坝外观状况、结构安全情况、运行管理条件等进行全面检查和评估，并提出大坝安全评价工作的重点和建议，编制大坝现场安全检查报告。

第十四条 大坝安全评价包括工程质量评价，大坝运行管理评价，防洪标准复核，大坝结构安全、稳定评价，渗流安全评价，抗震安全复核，金属结构安全评价和大坝安全综合评价等。

大坝安全评价过程中，应根据需要补充地质勘探与土工试验，补充混凝土与金属结构检测，对重要工程隐患进行探测等。

第十五条 鉴定审定部门应当将审定的大坝安全鉴定报告书及时印发鉴定组织单位。

省级水行政主管部门应当及时将本行政区域内大中型水库及影响县城安全或坝高 30m 以上小型水库的大坝安全鉴定报告书报送相关流域机构和水利部大坝安全管理中心备案，并于每年二月底前将上年度本行政区域内小型水库的大坝安全鉴定结果汇总后报送相关流域机构和水利部大坝安全管理中心备案。

第十六条 鉴定组织单位应当根据大坝安全鉴定结果，采取相应的调度管理措施，加强大坝安全管理。

对鉴定为三类坝、二类坝的水库，鉴定组织单位应当对可能出现的溃坝方式和对下游可能造成的损失进行评估，并采取除险加固、降等或报废等措施予以处理。在处理措施未落实或未完成之前，应制定保坝应急措施，并限制运用。

第十七条 经安全鉴定，大坝安全类别改变的，必须自接到大坝安全鉴定报告书之日起 3 个月内向大坝注册登记机构申请变更注册登记。

第十八条 鉴定组织单位应当按照档案管理的有关规定及时对大坝安全评价报告和大坝安全鉴定报告书进行归档，并妥善保管。

第四章 附 则

第十九条 大坝安全鉴定工作所需费用，由鉴定组织单位负责筹措，也可在基本建设前期费、工程岁修等费用中列支。

第二十条 违反本办法规定，不按要求进行大坝安全鉴定，由县级以上人民政府水行政主管部门责令其限期改正；对大坝安全鉴定工作监管不力，由上一级人民政府水行政主管部门责令其限期改正；造成严重后果的，对负有责任的主管人员和其他直接责任人员依法给予行政处分，触犯刑律的，依法追究刑事责任。

第二十一条　各省、自治区、直辖市人民政府水行政主管部门可根据本办法结合本地实际制定实施细则。

第二十二条　本办法由水利部负责解释。

第二十三条　本办法自 2003 年 8 月 1 日起施行。1995 年 3 月 20 日发布的《水库大坝安全鉴定办法》同时废止。

坝高小于 15 米的小（2）型水库
大坝安全鉴定办法（试行）

（2021 年 1 月 14 日　水利部　水运管〔2021〕6 号）

第一章　总　　则

第一条　为规范坝高小于 15 米的小（2）型水库大坝安全鉴定工作，依据《水库大坝安全管理条例》《小型水库安全管理办法》等有关规定，制定本办法。

第二条　本办法适用于库容 10 万（含）～100 万立方米（不含）且坝高小于 15 米（不含）的水库，其他水库按照《水库大坝安全鉴定办法》执行。本办法鉴定对象包括挡水建筑物、泄洪建筑物、输水建筑物、金属结构、管理设施及影响安全的岸坡等。

第三条　县级以上地方人民政府水行政主管部门对本行政区域内所管辖的坝高小于 15 米的小（2）型水库大坝安全鉴定工作实施指导和监督，负责审定大坝安全鉴定意见（以下简称鉴定审定部门）。

水库主管部门或业主单位（产权所有者）负责组织所管辖的水库大坝安全鉴定工作。乡镇人民政府、农村集体经济组织所管辖的水库大坝安全鉴定工作，由水库所在乡镇人民政府或其委托的单位负责组织（以下简称鉴定组织单位）。

第四条　大坝实行定期安全鉴定制度。新建、改（扩）建、除险加固的水库，首次安全鉴定应在竣工验收后 5 年内完成，未竣工验收的应在蓄水验收或投入使用后 5 年内完成，以后应每 10 年内完成一次。运行中遭遇大洪水、强烈地震等影响安全的重大事件，工程发生重大事故或出现影响安全的异常现象后，应及时组织安全鉴定。

第五条　大坝安全类别分为一类坝、二类坝、三类坝。分类标准如下：

一类坝：大坝现状防洪能力满足《防洪标准》（GB 50201）和《水利水电工程等级划分及洪水标准》（SL 252）要求，大坝工作状态正常，不存在影响工程安全的质量缺陷，能按设计标准正常运行的大坝。

二类坝：大坝现状防洪能力满足《防洪标准》（GB 50201）和《水利水电工程等级划分及洪水标准》（SL 252）要求，大坝工作状态基本正常，但存在部分工程质量缺陷或一般安全隐患，不会对工程安全造成重大影响，在一定控制运用条件下能安全运行的大坝。

三类坝：大坝现状防洪能力不满足《防洪标准》（GB 50201）和《水利水电工程等级划分及洪水标准》（SL 252）要求，或者存在影响工程安全的严重工程质量缺陷或安全隐患，不能按设计标准正常运行的大坝。

第六条　大坝安全鉴定经费由鉴定组织单位负责筹措。省、市、县人民政府要落实资金投入责任，按照公益性水库管理权限保障大坝安全鉴定经费投入，合理安排地方财政预算资金，完善多元化、多渠道、多层次的投入机制，建立稳定资金渠道。

第二章　基本程序及组织

第七条　大坝安全鉴定包括安全评价、技术审查和意见审定三个基本程序。

鉴定组织单位委托具有水利水电勘察和设计丙级以上资质的单位或省级以上水行政主管部门公布的具备安全评价能力的有关单位（以下简称安全评价单位）开展安全评价，提出安全评价报告。

鉴定审定部门或委托有关单位组织并主持召开大坝安全鉴定会，对大坝安全评价报告开展技术审查，通过大坝安全鉴定报告书。

鉴定审定部门审定并印发大坝安全鉴定报告书。

第八条　鉴定组织单位职责：

（一）按期组织大坝安全鉴定工作；

（二）制定大坝安全鉴定工作计划，并组织实施；

（三）委托安全评价单位开展大坝安全评价；

（四）为大坝安全评价工作提供基础资料；

（五）筹措大坝安全鉴定经费；

（六）其他相关职责。

第九条　安全评价单位职责：

（一）收集整理复核安全评价相关基础资料；

（二）组织现场安全检查，组建现场安全检查组，填写现场安全检查表（见附件1）；

（三）需补充专题评价的，根据现场安全检查结论开展工程测量、质量检测、勘探试验、专题评价等工作；

（四）对大坝安全状况进行评价，编制大坝安全评价报告；

（五）按照技术审查意见补充完善相关工作；

（六）起草大坝安全鉴定报告书（见附件2）等；

（七）其他相关职责。

第十条 鉴定审定部门职责：

（一）组建大坝安全鉴定专家组，确定专家组组长及成员；

（二）组织或委托有关单位召开技术审查会，审查大坝安全评价报告；

（三）审定并印发大坝安全鉴定报告书；

（四）其他相关职责。

第十一条 安全鉴定专家组一般由从事水文、地质、水工、金属结构和工程管理等专业的专家组成，可根据工程特性实际确定。专家人数应不少于5人，专家组组长应为具有高级技术职称的水利工程专业技术人员或具有相应能力的县级以上水行政主管部门负责人；其他专家应为具有工程师技术职称或相应能力的专业技术人员，其中至少有2名具有工程师技术职称。安全鉴定专家组人员中水库主管部门所在行政区域以外的专家人数不得少于三分之一。

第三章 评价工作内容

第十二条 安全评价工作包括资料整理复核、现场安全检查、专题评价和编制安全评价报告等。

判别大坝安全类别采用现场安全检查和专题评价相结合方式。现场安全检查能够满足大坝安全类别判别需要的，可不进行专题评价。当水库存在库区淤积严重、水文条件明显改变、坝体结构运行性态表现不明、病险问题复杂等情况，且通过现场安全检查不能判别大坝安全类别的，必须开展有关专题评价。

第十三条 资料整理复核主要包括大坝工程特性、工程地质、水文资料、大坝设计、施工、运行、检查、监测、除险加固、维修养护、以往安全鉴定情况及管理情况等资料的收集整理复核。

第十四条 现场安全检查包括查勘工程现场，查阅工程设计、施工与运行资料，与管理人员或熟悉工程情况的人员座谈等，重点关注水库大坝防洪、渗流（穿坝建筑物）、结构、金属结构等安全问题，同时反映水雨情测报、安全监测、防汛交通、通信条件、管理用房等设施问题以及下游河道、周边环境问题，填写现场安全检查表，并提出开展工程测量、质量检测、勘探试验、专题评价等意见和建议。

第十五条 有关专题评价的主要内容如下：

（一）防洪能力专题评价包括防洪标准复核、设计洪水复核、调洪计算、大坝抗洪能力复核等。

（二）渗流安全专题评价主要复核大坝渗流控制措施和渗流性态是否正常，应特别关注土石坝穿坝建筑物、刚性建筑物与土石坝结合部位的接触渗流安全问题。

（三）结构安全专题评价主要复核大坝变形、强度与稳定性是否满足规范要求。土石坝重点分析变形与抗滑稳定，关注是否存在裂缝、塌陷等；混凝土坝、砌石坝、泄洪建筑物、输水建筑物重点分析强度与稳定，关注是否存在沉降、倾斜、开裂、错位等。

（四）金属结构安全专题评价主要复核泄洪建筑物、输水建筑物的闸门、启闭机及电气设备、供电保障可靠性等。

第十六条 专题评价所需基础资料欠缺的，安全评价单位应按照有关技术标准采用专业设备补充工程测量、质量检测、勘探试验等相关工作，安全评价单位若不具备相应工程勘察或检测等资质，应委托具有相应资质的单位开展。

第十七条 现场安全检查直接判别安全类别的，安全评价报告应包括第十三条、第十四条内容；需要开展专题评价或补充工作的，安全评价报告还应包括第十五条、第十六条内容。

第四章 监 督 管 理

第十八条 县级以上水行政主管部门应建立水库大坝安全鉴定监督机制，加强对安全鉴定工作进行监督检查，对安全鉴定成果进行核查；对违反本办法规定，不按要求进行大坝安全鉴定的有关单位和人员，采取通报、约谈、现场督导等方式责令其限期整改。

第十九条 鉴定组织单位应根据安全鉴定结果，加强大坝安全管理。对鉴定为三类坝、二类坝的水库，应及时采取相应措施，尽快消除安全隐患；隐患消除前，应采取限制运用措施，加强巡视检查，加密监测，完善应急预案。对超出安全鉴定时限的水库，应及时开展安全鉴定，并采取降低水位或空库运行等限制运用措施。

第二十条 存在下列情形之一的，按水利工程运行管理和小型水库安全运行相关监督检查办法规定实施责任追究。

（一）未定期或未按规定程序开展安全鉴定、弄虚作假等；

（二）鉴定提出的工程缺陷和运行管理违法行为未按规定时限整改；

（三）经鉴定应采取除险加固、降低标准运用、降等或报废等处理措施的，在处理措施实施前未制定安全应急措施或未采取限制运用措施；

（四）其他应当列入的情形。

第二十一条 大坝安全评价相关报告和大坝安全鉴定报告书应当及时归档，并于1个月内在水库运行管理信息化平台更新数据。

大坝安全类别改变的，自大坝安全鉴定报告书印发之日起3个月内办理水库大坝注册登记变更手续。

第五章　附　　则

第二十二条　各省、自治区、直辖市人民政府水行政主管部门可结合本地实际制定实施细则。

第二十三条　本办法由水利部负责解释，自公布之日起实施。

附件 1

坝高小于 15 米的小（2）型水库大坝现场安全检查表

水库名称		注册登记号	
所在地点			
管理单位		主管部门	
总库容（万 m³）		主要功能	
设计洪水标准	年一遇	校核洪水标准	年一遇
设计洪水位（m）		校核洪水位（m）	
正常蓄水位（m）		汛限水位（m）	
主坝坝型		最大坝高（m）	
坝顶高程（m）		坝顶长度（m）	
坝顶宽度（m）		地震基本烈度	
建设完工时间		最近一次除险加固投入使用时间	
设计单位		施工单位	
运行最高水位（m）	年　月　日	运行最低水位（m）	年　月　日
检查时情况	检查日期	年　月　日	
	库水位（m）		
	天气/降水		
检查部位	检查情况描述		
挡水建筑物	（包括坝顶及防浪墙、上游面、下游面、下游坝脚及排水体、坝肩等部位）		
泄洪建筑物	（包括进口段、泄流段、消能段、行洪通道、闸门、启闭设备、电气设备等）		

检查部位	检查情况描述
输水建筑物	（包括进口段、管身或洞身、出口段、启闭设备、电气设备等）
库区	（包括库岸边坡、近坝水面、水库淤积情况等）
下游河道及周边情况	（包括下游河道淤积情况、周边环境条件变化情况等）
管理设施	（包括水雨情测报、安全监测、防汛交通、通信条件、供电设施、管理用房等）
管理制度	［包括水库管理与保护范围划界、三个责任人落实、管理人员配置、经费来源、调度运用方案、安全管理（防汛）应急预案、维修养护制度等编制审批情况］
最近一次安全鉴定情况	

检查部位	检查情况描述
除险加固和重大安全隐患处理情况	
其他	
检查结论和存在的主要问题	
大坝安全类别判别	
开展专题评价意见与相关建议	组长签名：

_____水库大坝现场安全检查组成员表

姓名	专家职务	工作单位	职称	从事专业	签名
	组长				
	组员				
	组员				
	组员				
	组员				

坝高小于 15 米的小（2）型水库

大坝安全鉴定报告书

水库名称：_____

组织单位：_____

审定部门：_____

鉴定时间：_____年___月___日

水库名称		注册登记号	
所在地点			
总库容（万 m³）		校核洪水位（m）	
主坝坝型		最大坝高（m）	
水库主管部门		水库管理单位	
工程概况	（水库位置与功能、特征水位与库容、建筑物情况、建设与加固情况、下游影响等）		
运行管理情况	（运行情况与表现、病险与处理、维修养护、管理设施、管护人员、管理制度等）		
大坝现场安全检查	（挡水建筑物、泄洪建筑物、输水建筑物、金属结构、库区及影响安全的岸坡，以及管理设施、管理制度等情况）		
专项评价	防洪标准复核	（如有）	
	渗流安全	（如有）	
	结构安全	（如有）	
	金属结构安全	（如有）	

工程存在的主要问题：
大坝安全类别评定：
意见和建议：
安全鉴定结论：   专家组组长（签名）：

_____水库大坝安全鉴定专家组成员表

姓名	专家职务	工作单位	职称	从事专业	签名
	组长				
	组员				
	组员				
	组员				
	组员				

鉴定组织单位意见：

鉴定审定部门意见：

（三）除 险 加 固

水利部关于加强中小型水库除险加固后初期蓄水管理的通知

（2013 年 3 月 12 日　水利部　水建管〔2013〕138 号）

部机关各司局，部直属各单位，各流域机构，各省、自治区、直辖市水利（水务）厅（局），各计划单列市水利（水务）局，新疆生产建设兵团水利局：

2013 年 2 月，个别地方因违规蓄水先后发生中小型水库溃口事故，暴露出病险水库除险加固后初期蓄水管理中的突出问题。为进一步规范中小型水库除险加固后初期蓄水管理，确保水库安全运行，现提出如下要求：

一、切实加强组织领导

各省（自治区、直辖市）水行政主管部门要高度重视，强化领导，切实加强本行政区域内中小型水库除险加固后初期蓄水的指导和监督检查。各县级水行政主管部门要具体组织和监督管理辖区内中小型水库初期蓄水工作。水库主管部门或单位要认真做好中小型水库除险加固后初期蓄水方案的组织制定和监督实施。水库管理单位或管护人员要认真做好中小型水库除险加固后的初期蓄水工作，切实加强安全监测和巡查观测，确保水库安全运行。

二、明确初期蓄水条件

水库除险加固后进行初期蓄水，应满足如下基本条件：一是挡水、泄水、引水建筑物和基础处理等影响工程安全的建设内容已按批准的设计要求建设完成，主体工程所有单位工程（或分部工程）验收合格满足蓄水要求，具备投入正常运行条件；二是有关监测、观测设施已按设计要求基本完成安装和调试；三是可能影响蓄水后安全运行的问题已基本处理完毕；四是水库初期蓄水方案、工程运行调度方案、度汛方案已编制完成，并经有管辖权的水行政主管部门批准；五是水库安全运行管理规章制度已建立，运行管护主体、人员已落实，大坝安全管理应急预案已报批；六是除险加固项目通过投入使用验收或竣工验收。凡不满足蓄水基本条件的水库，一律不得擅自蓄水。

三、有序进行初期蓄水

在水库除险加固后进行投入使用验收前，水库主管部门或单位应督促项目法人组织设计等单位以确保安全蓄水为原则，根据除险加固内容、运行条件等情况，编制初期蓄水方案，并报请有管辖权的水行政主管部门审查批准。批准后的初期蓄水方案由水库管理单位或管护人员具体实施，水库主管部门或单位负责监督。初期蓄水方案应明确初期蓄水期限，如需分阶段逐步蓄水，应进一步明确阶段蓄水历时、阶段蓄水控制水位、下阶段继续蓄水的条件等。同时，要做好安全监测和巡查观测的具体安排，制定应急抢险措施等。任何单位和个人不得擅自采取抬高溢洪道底坎高程等措施超标准蓄水。

四、强化安全监测与巡查观测

所有水库必须设置必要的大坝安全监测和观测设施，落实大坝监测和观测人员。水库除险加固后初期蓄水期应加密安全监测和巡查观测的频次，突出穿（跨）坝建筑物、软硬结合部、溢洪道、大坝前后坡面、坝坡脚、启闭设备等关键部位的巡查，并做好监测和巡查观测记录，进行必要的资料分析。水库主管部门或单位、水库管理单位或管护人员要加强初期蓄水期的安全值守工作，对高水位等重要蓄水时段要实行 24 小时不间断值守。

五、落实各项保障措施

所有水库必须落实大坝安全管理政府行政责任、主管部门或单位技术责任和管理单位或管护人员管护责任，并明确具体责任人。要进一步明确管理主体和管护人员，保证每座水库要有专门的管护人员。水库主管部门或单位应根据水库大坝安全管理应急预案，建立突发事件报告和预警制度，备足必要的抢险物料和设备，并组织管理单位或管护人员演练。要建立并严格实行责任追究制度，对责任不落实、措施不到位、不按规定蓄水、问题整改不力等情况，应予以严肃处理。造成严重后果涉嫌犯罪的，应依法移送司法机关。

请各省（自治区、直辖市）、计划单列市、新疆生产建设兵团水行政主管部门及时对辖区内中小型水库除险加固后初期蓄水情况进行总结，并于 2013 年 6 月 30 日前报送水利部。

关于加强小型病险水库除险加固项目验收
管理的指导意见

（2013 年 4 月 8 日　水利部　水建管〔2013〕178 号）

为加强小型病险水库除险加固项目（以下简称小型除险加固项目）验收管理，明确验收责任，规范验收行为，保证验收工作质量，根据小型除险加固项目管理有关规定，参照《水利工程建设项目验收管理规定》（水利部令第 30 号）和《水利水电建设工程验收规程》（SL 223—2008），结合小型除险加固项目特点，制定本指导意见：

一、总则

（一）小型除险加固项目验收分为法人验收和政府验收，法人验收包括分部工程验收和单位工程验收，政府验收包括蓄水验收（或主体工程完工验收，下同）和竣工验收。

（二）小型除险加固项目具备验收条件时，应当及时组织验收。未经验收或者验收不合格的，不得投入使用或者进行后续工程施工。

（三）小型除险加固项目验收的依据是国家有关法律、法规、规章和技术标准，有关主管部门的规定，大坝安全鉴定（安全评价）成果及核查意见（报告），经批准的初步设计文件、调整概算文件、设计变更文件，施工图纸及技术说明，设备技术说明书，施工合同等。

（四）省级人民政府水行政主管部门负责本行政区域内小型除险加固项目验收的组织和监督管理工作。市（地）级、县级人民政府水行政主管部门负责本行政区域内小型除险加固项目的法人验收监督管理工作。

二、关于法人验收

（五）法人验收由项目法人主持，项目法人可以委托监理单位主持分部工程验收，涉及坝体与坝基防渗、设置在软基上的溢洪道、坝下埋涵等关键部位（以下简称"关键部位"）的分部工程验收应由项目法人主持。

（六）法人验收程序主要包括施工单位提出验收申请、项目法人（或监理单位）主持召开验收会议、项目法人将验收质量结论报质量监督机构核备或核定、项目法人印发验收鉴定书。

（七）法人验收应成立验收工作组。工作组由项目法人、勘测设计、监理、施工、设备制造（供应）等单位的代表组成。对于分部工程验收，质量监督机构宜派员列席涉及关键部位的验收会议。对于单位工程验收，运行管理单位应参加验收会议，质量监督机构应派员列席验收会议。

（八）分部工程验收应具备的条件为该分部工程已完建，施工质量经评定全部合格，有关质量缺陷已处理完毕或有监理机构批准的处理意见以及满足合同约定的其他条件。

（九）分部工程验收主要内容包括：现场检查工程完成情况和工程质量；检查工程是否满足设计要求或合同约定；检查单元工程质量评定及相关档案资料；评定工程施工质量；对验收中发现的问题提出处理意见；讨论并通过分部工程验收鉴定书。

（十）对于分部工程验收中涉及的关键部位，验收工作组应对其设计、施工、监理及质量检验评定等相关资料进行重点检查，对于存在关键资料缺失、造假等影响到工程质量和安全准确评价的不予通过验收。

（十一）单位工程验收应具备的条件为该单位工程中所有分部工程已完建并验收合格；分部工程验收遗留问题已基本处理完毕，未处理的遗留问题不影响单位工程质量评定并有处理意见；合同约定的其他条件。

（十二）单位工程验收主要内容包括：现场检查工程完成情况和工程质量；检查工程是否按批准的设计内容完成；检查分部工程验收有关文件及相关档案资料；评定工程施工质量；检查分部工程验收遗留问题处理情况及相关记录；对验收中发现的问题提出处理意见；讨论并通过单位工程验收鉴定书。

（十三）项目法人应在法人验收通过之日起 10 个工作日内，将验收质量结论报质量监督机构核备（定）。质量监督机构应在收到核备（定）材料之日起 20 个工作日内完成核备（定）并反馈项目法人。

（十四）项目法人应当自法人验收通过之日起 30 个工作日内，制作法人验收鉴定书，发送参加验收单位并报送法人验收监督管理机关备案。

（十五）法人验收监督管理机关应加强对法人验收的监督管理，对法人验收工作情况组织检查，当发现验收工作中存在问题时，应及时要求项目法人予以纠正，必要时可要求暂停验收或重新验收。

三、关于政府验收

（十六）小型除险加固项目竣工验收由省级人民政府水行政主管部门会同财政部门或由其委托市（地）级水行政主管部门会同财政部门主持，蓄水验收由省级人民政府水行政主管部门或由其委托市（地）级水行政主管部门主持，具体验收方案由省级人民政府水行政主管部门确定。

（十七）政府验收程序主要包括项目法人提出验收申请、验收主持单位召开验收会议、印发验收鉴定书等。验收会议程序主要包括现场检查工程建设情况、查阅有关资料、听取有关工作报告、讨论并通过验收鉴定书等。

（十八）政府验收主持单位应成立验收委员会进行验收。验收委员会由验收主持单位、有关地方人民政府和相关部门、水库主管部门、质量和安全监督机构、运行管理等单位的代表以及相关专业的专家组成。项目法人、勘测设计、监理、施工和设备制造（供应）等单位应派代表参加验收会议，解答验收委员会提出的有关问题，并作为被验收单位代表在验收鉴定书上签字。

（十九）政府验收鉴定书通过之日起 30 个工作日内，应由验收主持单位发送有关单位。市（地）级人民政府水行政主管部门主持的政府验收，验收鉴定书应报省级人民政府水行政主管部门核备。

（二十）主体工程完工后，水库蓄水运用前，应进行蓄水验收，通过验收后方可投入蓄水运用。

（二十一）蓄水验收应具备以下条件：

1. 挡水、泄水、引水建筑物和基础处理等影响工程安全的建设内容已按批准的设计建设完成；

2. 主体工程所有单位工程验收合格，满足蓄水要求，具备投入正常运行条件；

3. 有关监测、观测设施已按设计要求基本完成安装和调试；

4. 可能影响蓄水后工程安全运行的问题和历次验收发现的问题，已基本处理完毕；

5. 未完工程和遗留问题已明确处理方案；

6. 工程初期蓄水方案、运行调度规程（方案）、度汛方案已编制完成，并经有管辖权的水行政主管部门批准；

7. 水库安全管理规章制度已建立，运行管护主体、人员已落实，大坝安全管理应急预案已报批；

8. 验收资料已准备就绪；

9. 验收主持单位认定的其他条件。

（二十二）蓄水验收应包括以下主要内容：

1. 检查工程设计内容是否涵盖大坝安全鉴定（安全评价）成果及核查意见（报告）提出的病险问题，如有调整是否经过分析论证；

2. 检查挡水、泄水、引水建筑物和基础处理等影响工程安全的建设内容是否已按批准的设计完成；

3. 检查工程是否存在质量隐患和影响工程安全运行的问题；

4. 检查工程是否满足蓄水要求，是否具备正常运行条件；

5. 鉴定工程施工质量；

6. 检查工程的初期蓄水方案、运行调度规程（方案）、度汛方案、大坝安全管理应急预案落实情况；

7. 检查运行管护主体、人员落实情况；

8. 对验收中发现的问题提出处理意见；

9. 确定未完工程清单及完工期限和责任单位等；

10. 讨论并通过蓄水验收鉴定书。

（二十三）小Ⅰ型病险水库蓄水验收前，验收主持单位应组织专家组进行技术预验收，专家组构成应基本涵盖除险加固涉及的主要专业。

专家组应现场检查工程建设情况，查阅有关建设资料，听取项目法人、设计、施工、监理等有关单位汇报，对照蓄水验收条件和验收内容对工程逐项进行检查和评价，对工程关键部位进行重点检查，提交技术预验收工作报告，提出能否进行蓄水验收的建议。

专家组成员应在技术预验收工作报告上签字，对技术预验收结论持有异议的，应将保留意见在技术预验收工作报告上明确记载并签字。

（二十四）小Ⅱ型病险水库蓄水验收应邀请相关专业专家参加验收委员会，验收委员会应安排验收专家查阅设计、施工、监理及质量安全评价资料，检查工程现场，验收专家应重点就工程建设内容、质量和安全等问题进行评价，提出验收意见并在验收鉴定书上签字。

（二十五）小型除险加固项目通过蓄水验收后，项目法人应抓紧未完工程建设，做好竣工验收的各项准备工作。

（二十六）竣工验收应在小型除险加固项目全部完成并经过一个汛期运用考验后的 6 个月内进行。

（二十七）项目法人编制完成竣工财务决算后，应报送竣工验收主持单位的财务部门进行审查和审计部门进行竣工审计。对竣工审计意见中提出的问题，项目法人应进行整改并提交整改报告。

（二十八）根据项目实际情况，需要进行专项验收的，应按照有关规定进行。

（二十九）竣工验收主持单位可以根据竣工验收工作需要，委托具有相应资质的工程质量检测单位对工程质量进行抽样检测。

（三十）竣工验收应具备以下条件：

1. 工程已按批准设计的内容建设完成，并已投入运行；

2. 工程重大设计变更已经有审批权的单位批准，一般设计变更已履行有关程序，并出具了相应文件；

3. 工程投资已基本到位，竣工财务决算已完成并通过竣工审计，审计提出的问题已整改并提交了整改报告；

4. 蓄水验收已完成，历次验收和工程运行期间发现的问题已基本处理完毕，遗留问题已明确处理方案；

5. 归档资料符合工程档案管理的有关规定；

6. 工程质量和安全监督报告已提交，工程质量达到合格标准；

7. 工程运行管理措施已落实；

8. 验收资料已准备就绪。

（三十一）竣工验收应包括以下主要内容：

1. 检查工程是否按批准的设计完成，设计变更是否履行有关程序；

2. 检查工程是否存在质量隐患和影响工程安全运行的问题；

3. 检查历次验收遗留问题和在工程运行中所发现问题的处理情况，检查工程尾工安排情况；

4. 鉴定工程质量是否合格；

5. 检查工程投资、财务管理情况及竣工审计整改落实情况；

6. 检查工程档案管理情况；

7. 检查工程初期蓄水方案、运行调度规程（方案）、度汛方案、大坝安全管理应急预案以及工程管理机构、人员、经费、管理制度等运行管理条件的落实情况；

8. 研究验收中发现的问题，提出处理意见；

9. 讨论并通过竣工验收鉴定书。

（三十二）项目法人和其他有关单位应当按照竣工验收鉴定书的要求妥善处理竣工验收遗留问题，完成工程尾工。验收遗留问题处理完毕和尾工完成并通过验收后，项目法人应当将处理情况和验收成果及时报送竣工验收主持单位。

（三十三）项目法人与工程运行管理单位不是同一单位的，工程竣工验收鉴定书印发后 60 个工作日内应完成工程移交手续。

四、其他事项

（三十四）项目法人、设计、施工、监理等有关单位对提交的验收资料负责，验收委员会（工作组）、技术预验收专家组对所提出的验收结论负责。

（三十五）小型除险加固项目验收、质量检测所需费用列入工程投资，由项目法人列支。

（三十六）本指导意见未规定之处，可参照《水利工程建设项目验收管理规定》（水利部令第 30 号）和《水利水电建设工程验收规程》（SL 223—2008）的有关规定执行。

大中型病险水库水闸除险加固项目
建设管理办法

(2014 年 8 月 19 日 国家发展改革委、水利部 发改农经〔2014〕1895 号)

第一章 总 则

第一条 为做好大中型病险水库水闸除险加固工作，加强项目建设管理，根据《中央预算内投资补助和贴息项目管理办法》（国家发展改革委第 3 号令）、《中央预算内直接投资项目管理办法》（国家发展改革委第 7 号令）等有关规定，制定本办法。

第二条 本办法适用于经安全鉴定需要开展除险加固、使用中央预算内投资的大中型病险水库水闸除险加固项目。其中，水库大坝安全鉴定结果应为三类坝；水闸安全鉴定结果应为三类闸或四类闸，并纳入《全国大中型病险水闸除险加固总体方案》。

第三条 大中型病险水库水闸除险加固工程实行项目管理。地方（有关省、自治区、直辖市、计划单列市和新疆生产建设兵团）负责管理的大中型水库水闸的除险加固属于地方项目，由项目所属的县级以上地方人民政府负总责；水利部及其流域机构负责管理的大中型水库水闸的除险加固属于中央项目，由水利部负总责。

第四条 工程实施应区分轻重缓急，优先安排与防洪保安关系密切、病险程度重、除险加固效益明显、前期工作扎实的项目。

第二章 前 期 工 作

第五条 大中型病险水库水闸除险加固项目前期工作分为安全鉴定和项目审批（核准）两个阶段。要严格执行现行相关技术规范和标准，认真做好工程勘察设计工作，确保项目前期工作深度和质量符合要求，除险加固措施安全可靠，工程投资经济合理。

第六条 拟开展除险加固的大中型病险水库水闸工程要按照《水库大坝安全鉴定办法》等有关规定和分级负责的原则，由相应水利部门组织进行安全鉴定并出具安全鉴定成果，按规定报送有关机构核查并取得核查确认意见，明确指出病险具体部位、程度和成因。各类工程的核查具体承担单位和程序由水利部另行规定。

除险加固工程应当按照安全鉴定成果核查意见确定建设内容，原则上不得列入超出安全鉴定成果核查意见的建设内容。

第七条 已完成安全鉴定和核查确认需要进行除险加固的项目，要在建设前按规定履行审批（核准）程序。

地方大中型病险水库水闸除险加固项目由地方发展改革部门按规定审批（核准），有关具体程序和权限划分由各省级发展改革委商同级水利部门按照国务院关于推进投资体制改革、减少和下放投资审批事项、提高行政效能的有关原则和要求确定。

中央直属大中型病险水库水闸除险加固项目按《中央预算内直接投资项目管理办法》（国家发展改革委第 7 号令）的有关规定办理。

第三章 投 资 计 划 管 理

第八条 地方项目由项目单位按规定向各有关省、自治区、直辖市和计划单列市、新疆生产建设兵团发展改革部门提交资金申请报告。各有关省、自治区、直辖市和计划单列市、新疆生产建设兵团发展改革部门会同同级水利部门（以下简称省级发展改革、水利部门）对资金申请报告进行初审后，将符合条件的项目及年度投资建议计划报送国家发展改革委和水利部。

中央项目投资建议计划由流域机构按规定报送水利部，水利部审核后报送国家发展改革委。

第九条 省级发展改革、水利部门首次报送地方项目年度投资建议计划时，应提交以下文件和材料：

（一）安全签定报告书和安全鉴定成果核查意见；

（二）项目可行性研究报告或初步设计批复文件；

（三）地方各级政府有关部门对地方项目建设投资的承诺文件，明确资金具体来源；

（四）地方项目资金申请报告的有关内容。

中央项目首次报送年度投资建议计划时，应提交以下文件和材料：

（一）安全鉴定报告书和安全鉴定成果核查意见；

（二）项目可行性研究报告或初步设计批复文件。

可行性研究报告由国家发展改革委审批的项目首次申报年度投资建议计划时，可视情况简化提供相关材料。

已安排过中央预算内投资的续建项目申报年度投资建议计划时，只需提交上年度该项目建设资金到位和完成情况等工程建设进展情况报告。

第十条 国家发展改革委会同水利部对省级发展改革、水利部门提出的建议计划进行审核和综合平衡后，联合下达中央补助地方大中型病险水库水闸除险加固工程项目年度投资计划，一并批复项目资金申请报告。

中央补助地方大中型病险水库水闸除险加固项目投资为定额补助性质，由地方按规定包干使用、超支不补。

中央项目投资计划由国家发展改革委审核后下达水利部。

第十一条　省级发展改革、水利部门和水利部应在收到年度投资计划后30日内分别将地方和中央项目投资计划转发下达到具体项目。

第四章　资　金　管　理

第十二条　地方项目投资由中央和地方共同负担。中央对东、中、西部地区实行差别化的投资补助政策，加大对中西部等欠发达地区的扶持力度。地方投资落实由省级人民政府负总责，各地应多渠道筹集落实项目建设资金，确保地方投资与中央投资同步、足额到位，保障项目顺利实施。

中央项目投资由中央全额安排。

第十三条　中央补助地方项目投资应全部用于大坝和水闸稳定、基础防渗、泄洪安全、金属结构等主体工程建设。要建立健全资金使用管理的各项规章制度，严禁转移、侵占、挪用和长期滞留工程建设资金。

第五章　建　设　管　理

第十四条　项目建设应严格按初步设计的批复内容组织实施，设计变更应履行相应程序，重大设计变更应报项目原审批部门批准。

第十五条　大中型病险水库水闸除险加固项目建设按规定实行项目法人责任制、招标投标制、建设监理制、合同管理制、竣工验收制等建设管理制度。鼓励实行"代建制"。

第十六条　各地要严格招标投标程序，按照《招标投标法》等有关规定规范项目招标投标行为。有关主管部门要加强对施工招投标的监督管理，严禁围标、串标以及转包、违法分包等违法违规行为。

第十七条　项目法人应严格按程序招标选定项目监理单位。监理单位须按有关规定和监理合同等为项目选配足够的监理力量，监理人员应持证上岗。

第十八条　承担项目建设的施工单位应具备相应的资质。项目法人、监理、设计及施工单位应按照有关规定，建立健全质量管理体系，落实质量管理责任；建立健全安全生产组织体系，落实安全生产责任，防止重特大安全生产事故发生；有关水利部门要加强政府质量监督，建立健全现场质量与安全监督机构，加强质量监督工作，确保工程的质量和安全。

第十九条　各地应组织制定病险水库水闸除险加固期间的工程调度运用、度汛方案和应急预案，并严格执行，确保施工期工程度汛安全。

第二十条 除险加固工程完工后，要按《水利水电建设工程验收规程》（SL 223—2008）的有关规定，及时组织竣工验收。地方组织验收的项目，其验收结果应及时报送水利部和国家发展改革委备核。

第六章 监 督 管 理

第二十一条 各省级水利部门和流域机构应于每季度首月5日前将所属中央补助病险水库水闸除险加固工程实施情况报水利部，由水利部汇总核实后定期通报，并抄送国家发展改革委。

第二十二条 国家发展改革委、水利部通过稽察、专项检查、规划或总体方案实施评估、项目实施后评价等方式对全国病险水库水闸除险加固实施情况进行监督检查。对凡经稽察、审计、检查等工作发现工程建设管理存在严重问题、地方建设资金不按承诺到位等问题的地方和项目，在整改到位前，将视情况核减或暂停安排中央投资。

第二十三条 水利部建立大中型病险水库水闸除险加固工程责任单位和责任人公告制度，及时向社会公告相关责任单位和责任人名单，接受社会监督。

第二十四条 在项目实施阶段，省级发展改革、水利部门以及有关流域机构要加强对所属项目实施情况的监督检查。对监督检查中发现的违法违规问题应责令限期改正，并依法追究有关责任人的责任。

第七章 建 后 管 护

第二十五条 项目竣工验收后，应及时办理资产交接手续，完善各项工程管理措施和管理办法，提高工程管理水平，确保工程运行安全。

第二十六条 各地要在开展工程建设的同时，按照《国务院办公厅转发国务院体改办关于水利工程管理体制改革实施意见的通知》（国办发〔2002〕45号）的要求，深化水库水闸管理体制改革，建立和完善运行管理体制机制，保证工程安全运行和充分发挥效益。

第二十七条 建立工程质量终身负责制，除险加固后的水库水闸工程在合理运行期内，遇标准内洪水出现重大安全、质量事故的，将倒查责任，严格问责，严肃追究。

第八章 附 则

第二十八条 本办法由国家发展改革委、水利部负责解释。各地可根据本办法并结合当地实际进一步细化。

第二十九条　本办法自发布之日起施行。原《病险水库除险加固工程项目建设管理办法》（发改办农经〔2005〕806 号）同时废止。法律、行政法规、部门规章对大中型病险水库水闸除险加固项目建设管理另有规定的，从其规定。

小型病险水库除险加固项目管理办法

(2021年10月19日　水利部　水运管〔2021〕313号)

第一章　总　　则

第一条　为贯彻落实《国务院办公厅关于切实加强水库除险加固和运行管护工作的通知》(国办发〔2021〕8号)要求,全面完成"十四五"小型病险水库除险加固任务,进一步规范小型病险水库除险加固项目管理,消除水库安全隐患,提升安全管理水平,制定本办法。

第二条　本办法适用于经安全鉴定为三类坝的小型水库。

第三条　各地应建立健全小型病险水库除险加固工作责任制,并逐级落实:

(一)各省、自治区、直辖市人民政府和新疆生产建设兵团对本辖区所属小型病险水库除险加固工作负总责,要将除险加固工作纳入相关规划、计划及河湖长制管理体系,加强对市、县工作的指导、监督和考核,落实地方资金投入责任,对财力较弱的市、县,省级财政要适当加大补助支持力度。

(二)地方各级人民政府负责本辖区所属小型病险水库除险加固工作,落实地方资金投入,组织有关主管部门做好项目的建设实施。

(三)地方各级水行政主管部门负责本辖区所属小型病险水库除险加固项目前期工作和建设实施工作的指导、监督和考核。

(四)项目法人负责小型病险水库除险加固项目具体实施,按照批复的建设内容和工期完成各项建设任务。

第四条　各地安排小型病险水库除险加固项目时应遵循以下原则:

(一)区分轻重缓急。优先安排病险程度重,下游有城镇、人口密集村屯或重要基础设施,一旦发生垮坝失事影响范围广、损失大的小型病险水库;承担供水、灌溉等重要生活、生产保障功能的小型病险水库;与水库下游经济和生态关系密切,除险加固后效益显著的小型病险水库。

(二)前期工作充分。优先安排前期工作扎实到位,地方资金落实,运行管护机制健全的小型病险水库。

(三)支持重点地区。加大对革命老区、原中央苏区、民族地区、边疆地区、欠发达地区等区域的小型病险水库除险加固支持力度。

第五条　各地应按照新阶段水利高质量发展要求,统筹推进除险加固和运行管护工作，结合小型病险水库除险加固项目的实施，建设、完善雨水情测报、监测预警、防汛道路、通信设备、管理用房等配套管理设施，增强极端气候条件下的信息报送和预警发布、水库大坝险情防范处置能力。落实水库管护主体、管护责任和管护人员，健全运行管护机制，提升管理水平。

第二章　前　期　工　作

第六条　地方各级水行政主管部门负责组织开展本辖区所属小型病险水库除险加固项目的前期工作，协调财政等有关部门落实前期工作经费，加强前期工作质量和进度管理。

第七条　县级以上地方水行政主管部门应按照水利部《水库大坝安全鉴定办法》《坝高小于 15 米的小（2）型水库大坝安全鉴定办法（试行）》，组织有关单位对本辖区所属小型水库进行安全鉴定。

省级水行政主管部门负责组织实施本辖区鉴定为三类坝的水库大坝安全鉴定成果核查。安全鉴定成果核查承担单位出具的核查意见必须具体指出病险的内容、部位、程度等，明确大坝安全类别。

第八条　省级水行政主管部门应依据水利部批复的小型病险水库除险加固项目实施方案，按照项目安排原则编制年度实施计划，并上报水利部备案后实施。

经备案后的年度实施计划原则上不得变动。在计划实施过程中，如遇水库需降等、报废，应在年度实施计划中予以调整，同时报水利部备案。

第九条　小型病险水库除险加固项目直接进行初步设计，初步设计指导意见将另行制定后印发。初步设计必须由具备相应资质的设计单位承担。

设计单位应针对安全鉴定成果及核查意见提出的病险问题，充分论证除险加固设计的合理性，进行小型病险水库除险加固项目初步设计，根据需要补充开展地质勘察、测量等工作，保证设计质量。

第十条　小型病险水库除险加固项目初步设计由地市级以上地方水行政主管部门进行审批。省级水行政主管部门应对初步设计及批复文件实施备案管理并进行抽查。

第十一条　小型病险水库除险加固项目初步设计原则上不能改变原工程规模。

除险加固设计除解决安全鉴定存在的病险问题外，还应逐库复核解决防洪标准低、结构不稳定、渗流不安全、泄洪能力不足等问题。其中，泄洪能力复核应以保障水库不垮坝为原则；坝顶路面应进行硬化处理；条件允许应复核加大放水设施的泄流能力。

涉及雨水情测报和大坝安全监测设施建设的项目，应结合水利部《小型水库雨水情测报和大坝安全监测设施建设与运行管理办法》要求统筹考虑，避免重复建设。

第十二条 小型病险水库除险加固项目初步设计一经批复，原则上不得变更建设内容。确需变更的，应按规定履行相应程序，重大设计变更应报原审批部门审批。任何设计变更不得降低工程的防洪标准和质量标准。

第三章 建 设 管 理

第十三条 小型病险水库除险加固项目实行项目法人责任制、招标投标制、建设监理制、合同管理制。各地可结合本地实际优化小型病险水库除险加固项目建设管理，体现简化、高效原则，提升管理实效。

第十四条 各地应按照有关规定和程序组建项目法人，配备满足工程建设需要的管理人员，主要负责人、技术负责人和财务负责人应具备相应的管理能力和工程建设管理经验，其中技术负责人应为专职人员并具备水利或相关专业中级以上技术职称或执业资格。

各地可根据实际采用集中建设管理模式，由一个项目法人负责多个小型病险水库除险加固项目建设。

第十五条 不能按照第十四条要求的条件组建项目法人的，可通过委托代建、项目管理总承包、全过程咨询等方式，引入社会专业技术力量，履行项目法人管理职责。

第十六条 各地应建立和完善对项目法人的考核机制，加强对项目法人的监督管理。

第十七条 各地应按照有关规定通过招标投标和政府采购等形式确定项目参建单位。在符合规定的前提下，可采取多个小型病险水库除险加固项目打捆方式进行招标。

第十八条 承担小型病险水库除险加固项目监理任务的监理单位应具备相应的监理资质和履职能力，每个项目选配足额、符合要求的监理力量，落实常驻监理人员，按规范实施监理。有多个小型病险水库除险加固项目的市、县，可将监理业务打捆招标确定监理单位。

第十九条 项目法人应按规定及时与勘察设计、施工、监理、设备和材料供应等中标单位签订合同，加强合同履约管理。各参建单位必须严格依照合同约定，切实履行合同义务，承担合同责任。

第二十条 小型病险水库除险加固项目原则上应在项目资金下达之日起一年内完工，并及时进行主体工程完工验收。

主体工程完工验收合格后，方可蓄水运行。

第二十一条 项目法人应参照《水利工程建设项目档案管理规定》，及时收集、整理和归档项目建设全过程资料，加强档案管理，同步实现档案数字化、信息化，向省级水行政主管部门汇交立项和验收相关档案。

第二十二条　项目竣工验收后，项目法人应及时向水库运行管理单位办理移交手续，包括工程实体、其他固定资产和工程档案资料等。

第四章　质量与安全管理

第二十三条　地方各级水行政主管部门应按照管行业必须管安全、管业务必须管安全、管生产经营必须管安全的原则，加强对本辖区所属小型病险水库除险加固项目建设质量与安全监督管理。

第二十四条　项目法人对工程建设质量负首要责任，应设置质量管理机构，建立健全质量管理制度，督促勘察设计、施工、监理、设备和材料供应等参建单位建立质量保证体系，落实质量管理主体责任。

第二十五条　项目法人和其他参建单位应严格遵守国家有关安全生产的法律、法规，全面落实安全生产责任制，建立健全安全生产规章制度，强化安全生产措施，加强安全生产培训，严防安全生产事故发生。

第二十六条　项目法人应根据项目工期要求，按照规定编制施工度汛方案，报主管部门备案并严格执行，确保工程安全度汛。正在实施除险加固的病险水库原则上汛期应空库运行。

第二十七条　小型病险水库除险加固项目实行工程质量终身责任制。项目法人和其他参建单位按照国家法律法规和有关规定，在工程建筑物设计使用年限内对工程质量承担相应责任。项目法人和其他参建单位的工作人员因调动工作、退休等原因离开该单位后，被发现在该单位工作期间违反国家有关建设工程质量管理规定，造成重大工程质量事故的，仍应当依法追究法律责任。

第五章　资　金　管　理

第二十八条　中央财政补助资金使用应严格遵守《水利发展资金管理办法》，优先用于小型病险水库除险加固项目大坝稳定、渗流安全、泄洪安全、金属结构等主体工程建设。

第二十九条　地方各级水行政主管部门应会同财政等部门及时落实项目建设资金，确保如期完成小型病险水库除险加固任务。

第三十条　地方各级水行政主管部门应督促项目法人做好项目财务管理和资金使用管理，按照基本建设财务规则进行管理和核算。

第三十一条　项目法人在完成全部建设任务后，应按照规定及时组织编制竣工财务决算。

第三十二条　地方各级水行政主管部门会同财政等部门对项目建设资金使

用管理进行指导、监督和检查，对发现的问题及时纠正，严肃处理。

第六章 监 督 管 理

第三十三条 地方各级水行政主管部门应建立健全监管机制，组织开展监督检查，对本辖区所属小型病险水库除险加固项目实施监督管理。流域管理机构按照水利部安排实施小型病险水库除险加固项目监督管理。

第三十四条 地方各级水行政主管部门应建立小型病险水库除险加固项目管理台账，逐库落实除险加固责任单位及责任人，及时跟踪掌握项目实施情况，做到加固一批、验收一批、销号一批，并将年度完成情况报上一级水行政主管部门。

第三十五条 小型病险水库除险加固项目设计、承建、招标代理等单位纳入水利行业信用监管范围，依照《水利建设市场主体信用信息管理办法》等规定实施信用动态监管，在全国和省级水利建设市场监管平台公开相关信用信息。

第三十六条 各地应结合实际把小型病险水库除险加固项目的实施情况纳入河湖长制考核评价范围，完善监督考核机制。水利部对各地小型病险水库除险加固项目实施情况进行考核。

第三十七条 各地应建立健全小型病险水库除险加固项目责任追究机制，对项目前期工作、建设管理和资金使用管理存在的问题及时督促整改，对落实不力的责任单位和相关人员实施责任追究。

第七章 附 则

第三十八条 本办法由水利部负责解释。

第三十九条 本办法自印发之日起施行。

小型水库除险加固工程初步设计技术要求

（2022 年 6 月 27 日　水利部　办运管〔2022〕195 号）

前　言

　　截至 2020 年年底，全国共有已建水库 98566 座，其中小型水库 93694 座，占比 95.1%。我国大多数小型水库建成于 20 世纪 50—70 年代，运行年限在 50 年以上的超过 50%，存在工程标准偏低、配套设施不全、老化失修严重、管理力量薄弱等问题。

　　党中央和国务院高度重视水库大坝安全，1998 年以来，先后实施 7 万余座水库除险加固，水库大坝安全状况和管理条件显著改善，安全管理水平明显提高。近年来，极端气候变化加大了水库安全运行管理的难度，大坝安全风险增加。为进一步消除病险水库安全隐患，规范水库大坝除险加固与安全运行管理工作，国务院先后发布《国务院办公厅关于切实加强水库除险加固和运行管护工作的通知》（国办发〔2021〕8 号）、《国务院关于"十四五"水库除险加固实施方案的批复》（国函〔2021〕139 号），水利部印发《关于健全小型水库除险加固和运行管护机制的意见》（办运管〔2021〕263 号）、《小型病险水库除险加固项目管理办法》和《小型水库雨水情测报和大坝安全监测设施建设与运行管理办法》（水运管〔2021〕313 号）等。同时，水利部组织有关单位推进水库工程防洪能力提升专项研究工作。

　　根据水利部安排，按照《小型病险水库除险加固项目管理办法》（水运管〔2021〕313 号）相关要求，参考《水利水电工程初步设计报告编制规程》（SL/T 619），在《重点小型病险水库除险加固工程初步设计指导意见》（水总〔2008〕428 号）、《小（2）型病险水库除险加固工程初步设计指导意见》（办规计〔2011〕206 号）和水库工程防洪能力提升专项研究基础上，水利部运行管理司组织水利水电规划设计总院编制了《小型水库除险加固工程初步设计技术要求》，旨在总结小型水库除险加固初步设计工作特点、成果及经验，明确小型水库除险加固工程初步设计工作原则、范围、洪水标准、重点内容及深度要求等，以规范初步设计工作，保障初步设计质量。

目　录

1 总 则

1.0.1 为规范小型水库除险加固工程初步设计，保障设计成果质量，依据《小型病险水库除险加固项目管理办法》，编制本技术要求。

1.0.2 本技术要求适用于经安全鉴定为三类坝的小型水库的除险加固工程初步设计。当水库需降等、报废时，应执行降等、报废等有关规定。

1.0.3 小型水库除险加固工程初步设计应根据水库大坝安全鉴定成果及核查意见，对水库存在的病险问题进行复核，并补充必要的勘察、检测和试验工作，在此基础上开展除险加固工程初步设计。

1.0.4 小型水库除险加固工程初步设计建设内容主要包括挡水、泄水、输水等建筑物及其地基与边坡病险问题的处理，近坝库岸的治理，闸门、启闭设备等设施改造，上坝防汛道路维修、改造，以及必要的雨水情测报、安全监测、管理设施等。

1.0.5 小型水库除险加固原则上按照"原规模、原标准、原功能"进行设计；经充分论证后，根据小型水库的重要性和风险等级，其洪水标准可适当提高。

1.0.6 应加强设计、施工、运行等基础资料收集、整理和分析，开展现场调查和勘测、验证等工作，为确定除险加固方案提供可靠依据。

1.0.7 经充分论证，积极慎重采用新技术、新工艺、新材料、新设备。

1.0.8 小型水库除险加固工程初步设计，应执行现行规程规范。

2 水 文

2.1 基 本 资 料

2.1.1 应收集和分析与工程设计有关的流域自然地理概况和气象特性及主要特征值，工程所在流域和相邻流域的水文（位）站、气象站、雨量站实测系列资料以及特大暴雨、历史洪水调查资料等。收集上游已建的有调节性能的水利水电工程相关资料。

2.1.2 应收集工程所在地区的水文图集（表）及水文手册等。

2.1.3 应收集工程原设计、历次安全鉴定及除险加固设计采用的分析方法和水文成果。

2.1.4 应收集并复核水库以上集水面积、河流特性以及流域下垫面变化情况。注入式（囤蓄）水库充泄水设有可靠的控制设施时，可只考虑水库本流域的集水面积。对于泥沙问题严重的河流应收集泥沙资料并复核水库库容曲线。

2.2 径　　流

2.2.1　根据参证站的径流成果按水文比拟法计算水库设计年径流时，应考虑年降雨量的差异，对计算成果进行必要的参数修正。

2.2.2　对于短缺流量资料地区，可采用各地现行的水文手册等查算设计年径流。

2.3　设　计　洪　水　计　算

2.3.1　根据《水利水电工程设计洪水计算规范》（SL 44）有关要求，结合具体资料情况，合理确定设计洪水计算方法。

　　1　水库坝址或上、下游邻近地点具有长系列流量资料和历史调查洪水时，应采用频率分析法推求设计洪水，洪水系列应进行一致性分析。

　　2　邻近的相似流域具有流量资料和洪水调查资料时，可先计算邻近流域的设计洪水，然后采用水文比拟法等推求坝址设计洪水。

　　3　缺乏流量资料时，可利用设计暴雨，采用经验单位线、瞬时单位线及推理公式法等推求设计洪水。设计暴雨可由实测降雨资料推求，也可采用各地区最新修订的暴雨图集进行查算。

2.3.2　在推求设计暴雨和设计洪水时，应关注建库以来邻近地区发生的特大暴雨、洪水，下垫面、气象等条件接近的应考虑移置，并修正相关资料用于本流域设计洪水推求。

2.3.3　必要时，可采用水文气象法计算可能最大洪水。

2.3.4　施工分期设计洪水可利用参证站按水文比拟法推求，或采用暴雨途径推求。

2.3.5　受上游水库调蓄影响时，应分析坝址设计洪水地区组成成果。

2.3.6　设计洪水计算应根据地区特点，采用多种方法，并与原设计洪水成果进行比较，确定采用的设计洪水成果。

2.3.7　应对采用的设计洪水成果进行合理性分析。

2.3.8　当上游水库有溃坝风险而影响下游水库安全时，应根据设计需要进行专门分析研究。

2.4 泥　　沙

2.4.1　设计依据站具有 20 年以上实测泥沙资料时，可统计泥沙特征值，并计算水库多年平均输沙量成果。推移质输沙量可按悬移质输沙量的经验比例估算。

2.4.2 无实测泥沙资料地区，可采用各地现行的输沙模数图或侵蚀模数成果估算水库多年平均悬移质输沙量。

2.4.3 对于不考虑排沙的水库，也可利用现状库容曲线与原库容曲线比较，获取水库淤积量，再除以两次库容曲线间隔时间，得到年平均入库沙量。

2.5 水 情 测 报

2.5.1 根据小型水库雨水情测报要求，结合区域已有站点，完善水库水文设施和水文自动测报系统。水库集水面积大于等于 20 平方公里时，应按照《水利水电工程水文自动测报系统设计规范》（SL 566）的规定布设遥测雨量站数量；集水面积小于 20 平方公里时，可结合设站需求和地区特点，布设 1～2 处遥测雨量站；集水面积小于 1 平方公里时，可仅设置坝上雨量遥测设备。

2.5.2 应设置坝上水准点、人工水尺和坝上水位、雨量遥测设备及必要的终端显示设施，具有通信条件的应设置视频图像监视设施。

2.5.3 中心站应配置必要的设备和软件，具备对监测信息的接收处理及传输等功能。

3 工 程 地 质

3.0.1 小型水库除险加固的工程勘察工作应执行《中小型水利水电工程地质勘察规范》（SL 55）中有关规定。

3.0.2 除险加固工程勘察应在安全鉴定勘察的基础上，根据安全鉴定的成果结论，针对地质病害和隐患，布置相应的勘探试验工作。

3.0.3 区域构造稳定性复核可参考区域地质资料和地震资料，工程区地震动参数应根据《中国地震动参数区划图》（GB 18306）确定。

3.0.4 对于存在渗漏或近坝库岸稳定问题的小型水库，应在分析前期勘察成果及施工、运行资料的前提下，布置必要的勘探工作，查明渗漏原因和渗漏通道，以及近坝库岸不稳定的地质条件，评价对水库、大坝的影响，提出处理建议。

3.0.5 建筑物工程地质勘察应以查明主要工程地质问题、工程险情和隐患的性质为目标，充分收集前期勘察、施工、监测及历次除险加固资料，加强工程地质分析，进行必要的地质勘察工作，并应符合下列规定：

1 存在渗漏问题时，应查明渗漏通道位置、坝体及坝基（肩）岩土体渗透性及物理力学性质，分析渗漏原因，评价坝体及坝基（肩）渗透稳定性。沿大坝防渗线和可能的渗漏部位应布置勘探剖面，剖面线上应有钻孔控制；进行压水（注水）试验，并取样进行室内物理力学试验。

2 存在地基沉陷和坝体变形问题时，应查明坝体变形破坏位置、坝基及坝体隐患类型及位置，分析地基沉陷和坝体变形破坏原因，提出处理建议。地基沉陷和坝体变形部位应布置勘探工作，并取样进行室内物理力学试验。

3 坝基及坝肩、近坝库岸存在抗滑稳定问题时，应查明软弱夹层、缓倾角裂隙及其他不利结构面的几何形态、充填情况及组合关系，确定滑动体的边界条件。应沿坝轴线及垂直坝轴线方向、近坝库岸布置勘探剖面，钻孔应进入可能的滑动面以下一定深度。

4 对于新建或改建的溢洪道、隧洞、埋涵等建筑物，应按新建工程开展工程地质勘察工作。

5 提出岩土体的物理力学参数建议值。

3.0.6 针对小型水库除险加固所需要的各种天然建筑材料，应进行详查工作。

4 工程建设必要性及工程规模

4.0.1 应说明小型水库原设计的功能任务和主要规模，阐述历次除险加固情况、实际运行状况、安全鉴定主要结论和当前的安全隐患。对主要功能仍在发挥的水库，应结合水库大坝安全鉴定的结论性意见，从持续发挥水库对保障人民生命财产安全、促进当地经济社会发展、生态环境改善以及消除安全隐患等方面的作用，论证除险加固的必要性。对于提升防洪能力的病险水库，应考虑水库失事后对下游人口、重要基础设施可能造成的生命财产损失、社会影响等，结合水库风险评估成果，论证提升防洪能力的必要性。

4.0.2 除险加固工程设计原则上不改变水库原设计正常蓄水位，确需改变时应进行充分论证，并报原审批部门批准。

4.0.3 应根据设计洪水复核成果，结合现状调度运行方式及泄洪设施，定量评价工程现状防洪能力；根据确定的洪水标准、设计洪水成果、复核后的泄流曲线及5年内修测的库容曲线，对水库设计洪水位、校核洪水位进行计算复核。

4.0.4 水库洪水调节宜采用坝址洪水静库容调洪计算方法。水库起调水位采用水库原设计的汛期限制水位或正常蓄水位，或原审批部门批准调整后的汛期限制水位或正常蓄水位。经洪水调节复核后，当设计洪水位、校核洪水位超过原设计的洪水位,不能满足防洪标准要求时,应研究降低水库原设计的汛期限制水位运行、调度运行方案的优化等非工程措施进行防洪达标的方案可行性。

4.0.5 对于确需加高水库大坝或新建、改扩建泄洪设施的水库,应根据国家现行政策及水库防洪能力提升要求,考虑水库在梯级水库中的作用,水库失事对下游影响以及防洪能力提升代价等,进行专门论证。

4.0.6 应提出除险加固后水库调度运用原则,确定水库正常蓄水位、汛期限制水位、设计洪水位、校核洪水位等主要特征水位。对经复核后汛期需降低水位运行的水库,应明确控制运用方式和时间。

4.0.7 应针对病险水库存在的主要问题,结合水库任务复核,提出除险加固的建设内容和主要措施。

4.0.8 对淤积严重、功能严重萎缩或丧失的小型水库,经充分论证后可对水库降等或报废,并取得原审批部门的认可意见。

5 工程布置及建筑物

5.1 工程等级及标准

5.1.1 应根据小型水库工程任务和规模,按照《水利水电工程等级划分及洪水标准》(SL 252)有关规定,复核水库工程等别和建筑物级别。

5.1.2 水库大坝洪水标准一般按照《水利水电工程等级划分及洪水标准》(SL 252)有关规定确定。

5.1.3 根据水库防洪保护对象或失事可能影响的范围、影响人口、下游基础设施重要性,结合坝型、坝高等条件综合分析并基于风险分析成果,洪水标准可取《水利水电工程等级划分及洪水标准》(SL 252)相关规定的上限;经充分论证,洪水标准可进一步提高。

5.1.4 小型水库4级、5级土石坝坝顶安全加高值,对应设计、校核工况取值不应小于0.5米和0.3米;4级、5级混凝土坝和浆砌石坝坝顶安全加高值,对应设计、校核工况取值不应小于0.3米和0.2米。

5.1.5 小型水库除险加固抗震设防应采用地震基本烈度。应按照相关规范要求,确定地震动参数设计采用值。

5.2 防洪能力达标方案

5.2.1 经论证确需采取工程措施实现防洪能力达标时,应对加高防浪墙或设置防浪墙、改扩建泄洪设施、增设泄洪和排沙设施、加高大坝、加高大坝与改扩建泄洪设施相结合等方案进行技术经济比选。

5.2.2 在地形地质条件具备的情况下，宜优先选用改扩建原泄洪设施方案。表孔泄洪设施控制段改建优先考虑无闸开敞式，并应对改建控制段堰型、扩宽泄流宽度、降低堰顶高程等方案进行比较；底部泄洪设施若自身存在结构安全问题必须改建加固时，可结合水库运行调度要求进行改扩建，适当提高泄洪能力。

5.2.3 原工程未设泄洪设施，经充分论证确需新建泄洪设施时，应根据其地形地质条件，对新建泄洪、排沙设施方案进行技术经济比选。对于注入式（屯蓄）水库，出库流量宜不小于入库流量。

5.2.4 当泄洪设施改造增加投资较大时，可研究适当加高坝体的方案，必要时同时采取加固措施。大坝加高不超过2米时，在坝坡稳定、渗流稳定满足规范要求的条件下，可采用"戴帽"加高方案，或加设防浪墙。

5.3 坝体结构除险加固

5.3.1 土石坝坝体填筑质量缺陷处理应分析大坝运行历史险情、坝体勘探资料，经技术经济方案比选，采取防渗墙、表面防渗、上游或下游坝坡培厚、置换筑坝材料、充填灌浆等坝体填筑质量缺陷处理措施；位于高地震区的，宜采取坝坡压重、加宽坝顶等措施。

5.3.2 土石坝抗滑稳定加固和护坡措施应符合以下要求：

1 根据地形地质条件、坝前淤积厚度、坝型、坝高、材料料源、施工条件等因素，研究坝体抗滑稳定加固方案，宜采取上游坝坡削坡放缓，下游坝坡加培方式；若上游坝坡需防渗处理时，可一并进行上游坝坡加培。对因地基稳定影响整体抗滑稳定、坝基有液化砂层时，应研究加固地基或增设盖重等工程处理措施。

2 土石坝下游马道设置应根据坡面排水、安全监测、检修、道路等设施布置要求，并结合坝坡稳定等确定。马道最小宽度不宜小于1.5米。

3 护坡结构型式应考虑坝顶和坝坡的整体性。对于原坝坡未设护坡的，上游护坡可采用堆石（抛石）、干砌石、浆砌石、钢筋混凝土框格干砌石、预制或现浇混凝土块等，并注重抗风浪、抗冰冻的适应性；下游坝坡可采用干砌石、预制混凝土块，以及钢筋混凝土框格填碎石、卵石或者框格草皮护坡等。原坝坡设有相对完整的砌石、混凝土护坡时，护坡加固宜在原护坡基础上局部翻修、加固处理，不宜拆除更换材料重建。

4 防洪风险高的水库大坝，应重视坝顶、下游坝坡防冲刷设计，宜采用硬化坝顶路面及干砌石、浆砌石或预制混凝土护坡等。

5 应加强坝顶及坝坡表面排水设计，排水布置和措施按照相关规定执行，可结合护坡措施一并考虑。

5.3.3 混凝土坝和砌石坝坝体缺陷处理应符合以下要求：

1 对混凝土坝坝面发生冻胀、碳化等破坏的混凝土，应凿除已破坏混凝土，重新补填符合要求的新混凝土。

2 坝体混凝土或砂浆存在缺陷时，可采用灌注细石混凝土、水泥砂浆等措施。

3 对坝体混凝土裂缝，应分析坝体裂缝产生的原因及其影响，采取填充法、结构补强法、灌浆法等相应处理措施。

5.3.4 混凝土坝和砌石坝抗滑稳定加固措施应符合以下要求：

1 重力坝坝基抗滑稳定加固可采取增设坝基、坝肩的防渗和排水系统。必要时也可采取增大坝体断面、设置抗滑设施（阻滑洞塞或抗滑桩）、增设预应力锚索等方案。

2 拱坝坝肩抗滑稳定处理可采取坝肩岩体固结灌浆、增设重力墩，增加预应力锚固，或局部加大断面等措施。

5.3.5 坝顶构造应符合以下要求：

1 坝顶宽度宜根据坝顶构造、坝体抗震和运行维护等因素确定，可选用4～6米。坝顶路面结构可采用混凝土、沥青混凝土等结构形式。

2 土石坝防浪墙与防渗体结合应满足有关规范要求。

3 坝顶不宜作为社会永久交通道路。确有社会交通要求的，应按《水库大坝安全管理条例》（国务院令第77号）"第十六条大坝坝顶确需兼做公路的，须经科学论证和县级以上地方人民政府大坝主管部门批准，并采取相应的安全维护措施"规定进行论证。

5.4 大坝防渗加固

5.4.1 土石坝防渗处理应符合以下要求：

1 应根据坝体断面设计，复核各工况下的坝体和坝基渗透稳定性、渗漏量，在此基础上采取针对性的处理方案。

2 当水库具备放空条件时，若覆盖层和透水层厚度小于15米，均质坝坝基可研究对上游坡脚增设垂直防渗和水平防渗结合的坝体防渗型式，并与坝体内增设垂直防渗进行经济技术比较；水库不具备放空条件或透水层厚度大于15米时，可根据地层条件和坝体防渗体型式，采取坝顶施工、坝体内增设垂直防渗等型式。

3 坝体下游存在局部渗漏情况时，可根据不同坝型，采取上游局部开槽铺黏性土或土工膜封堵、下游局部导渗和反滤贴坡加固等一种或综合措施；大范围渗漏和较大集中渗漏的处理，应结合不同坝型、坝高及下游情况，以保证质量、安全可靠及经济可行为原则，对黏土斜墙、铺设土工膜、搅拌桩、冲抓套井黏土回填、防渗墙以及加设下游反滤排水体等可能方案进行技术经济比选，选定经济合理的防渗处理型式。

    4 对坝后存在沼泽化、坝基有承压水的情况，可选用透水盖重或设减压井的措施；存在坝基强风化、断层破碎带渗漏和绕坝渗漏时，宜采用帷幕灌浆措施。

    5 岩溶渗漏可仅针对渗漏部位采取混凝土塞、黏土或土工膜水平铺盖、充填灌浆等措施。

    6 未加培下游坝坡时，下游排水设计宜修整原坝脚排水体，仍不满足要求时宜增设贴坡排水。坝体下游坝坡加培时，应根据料源、渗流出逸点高度、渗漏量、抗冻影响等因素，比选贴坡排水、褥垫排水和棱体排水方案。

5.4.2 混凝土坝和浆砌石坝防渗处理应符合以下要求：

    1 对于坝体裂缝漏水可采取封堵、灌浆等处理措施；对于坝体面状渗水严重的，可选择在坝体上游面粘贴或涂刷辅助防渗层、增设沥青混凝土或钢筋混凝土防渗面板等，并采取新老混凝土结构连接处理措施；坝体设置排水孔时，可采取清孔、排水截引等措施。

    2 对于坝基的渗漏可沿原有灌浆帷幕线进行加固灌浆，也可结合坝体防渗面板在坝前进行帷幕灌浆。应根据地质资料，复核灌浆范围及参数。

    3 对于山体较为破碎、节理裂隙发育的绕坝渗漏，可采用水泥灌浆帷幕；因岩溶而引起的绕坝渗漏可采用灌浆、堵塞、阻截、铺盖和下游导排等措施处理；宜在岸坡坝肩下游增设导渗排水设施。

5.5 泄洪设施除险加固

5.5.1 应复核泄洪设施过流能力，泄洪设施过流能力设计宜适当留有余量。

5.5.2 改扩建溢洪道应结合地形地质条件进行扩宽、加深等方案比选，宜避免大范围扩挖坝体和山体。增设溢洪道时，宜优先采用开敞式，可不设置闸门。

5.5.3 溢洪道应进行进水渠、控制段、泄槽段的水力学设计及出口消能设计，必要时可进行水工模型试验验证。控制段改建应合理选择堰型，比选宽顶堰、驼峰堰、低实用堰等。

5.5.4 对于布置在坝头的溢洪道，应重点复核溢洪道和土坝之间的隔墙高程和整体稳定、接触渗漏、上游坝坡防护及出口消能措施。下泄水流距坝脚应保持一定安全距离，防止水流冲刷坝脚，必要时应采取防护措施。进水渠流速较大时，对其附近坝坡亦应加强防护。

5.5.5 溢洪道控制段除险加固应复核堰体稳定和结构安全，复核地基渗流以及与坝体连接部位渗流稳定，必要时采取加宽堰体、凿除面层进行混凝土贴面补强，以及堰基帷幕灌浆等措施。

5.5.6 溢洪道进水渠、控制段、泄槽等部位的开挖边坡应进行稳定分析和必要的处理，并加强坡面保护措施和内外排水设计。

5.5.7 对进水口高程较低的泄洪建筑物，应根据库区泥沙淤积高程，复核进水口高程和运行安全性，复核进水口整体稳定、边坡稳定以及结构安全。整体不稳定且难以改造或改造不经济时应考虑拆除重建。

5.5.8 对泄洪隧洞应根据洞内净空、内外水压力等，复核隧洞过流能力、水力学设计和结构安全；不满足泄洪要求或结构安全要求时，可研究比选衬砌加固、扩建隧洞、拆除重建等方案。

5.5.9 应根据工程泄洪运行现状，对现有消能方式进行评价，分析消能区水流条件对大坝、河道岸坡的影响，必要时采取防护措施。

5.5.10 具备条件时，泄洪设施的泄流能力可适当留有余量，以应对超标准洪水。

5.6 坝下埋管（涵）除险加固

5.6.1 对存在安全隐患的卧管进水口，应根据地形地质条件比选采用合适的进水口型式；有条件宜改成斜拉闸门分级控制进水口型式。

5.6.2 对于坝下埋管（涵）出口附近出现渗漏、浸水的情况，应分析渗漏原因和部位，查明埋管（涵）本身破坏情况及管（涵）周填土质量，针对不同情况结合水库放空条件，比选确定处理方案。

5.6.3 因管（涵）周填土质量问题造成的渗漏，在可降低库水位或放空水库的条件下，采取进口段沿管线开挖回填、埋管（涵）外增设截水环的方案，或对埋管（涵）外壁与土坝接触部位进行灌浆、回填高塑性黏土以及出口部位进行贴坡反滤排水和导截沟等一种或综合措施，宜根据不同坝型、防渗方式选择合理的修复方案。

5.6.4 对于埋管（涵）裂缝、穿孔等问题，应采取管（涵）身补强加固、管（涵）周灌浆措施。

5.6.5 埋管（涵）存在断裂、结构强度不满足要求、不均匀沉陷等问题时，应优先采用改建隧洞方案，也可根据水库放空条件采用原址或易址重建钢筋混凝土结构埋管（涵）的处理方案，以及埋管（涵）内套管等加固处理措施。应注重新建埋管与坝体结合部位的防渗处理。新埋管（涵）位置、施工方法应结合下游渠系和沟道情况、坝高等，经比选确定。

5.6.6 经充分论证需废除原埋管（涵）并新建隧洞或管（涵）时，对原埋管（涵）封堵、防渗等措施必须安全可靠。

5.7 工程安全监测

5.7.1 监测设施建设按照"统筹协调、因库制宜、实用有效、信息共享"的原则，充分利用现有条件，结合水库规模、坝型、坝高、坝长、下游影响、通信条件等，依据有关技术标准，合理设置监测设施，并与已有监测设施及除险加固项目建设内容衔接。建立完善监测数据平台，实现信息汇集、应用和共享。

5.7.2 应收集、分析原安全监测项目、监测断面、监测设施设备的设计内容，以及设备设施运行的可靠性及失效情况等。

5.7.3 应根据工程特点、现有监测设施设备的运行情况，明确工程安全监测总体设计方案及主要建筑物安全监测布置。

5.7.4 土石坝应重点监测坝体浸润线、渗流量，以及坝面垂直位移和水平位移；混凝土坝和浆砌石坝应重点监测水平位移、扬压力，以及坝体坝基和绕坝渗流渗压等；小型水库监测设施设备基本配置见表5.7.4。

5.7.5 设施设备应根据工程实际、现有设施设备及通信条件确定，选用具备自动测报、多种通信、断电存储等功能的产品；测点编码应符合水利对象编码要求。

5.7.6 监测信息应以自动采集和报送为主，采用一站多发方式，向相关监测平台发送，有条件的应实现自动报警。因特殊原因不能自动采集和报送的应落实人工采集和报送措施。

5.7.7 应根据需要配置卫星应急通信设备，保障极端气候条件下的信息报送和预警发布能力。

5.8 建筑环境与景观

5.8.1 应选定生产现场生活区的总体布置，确定功能分区、各建筑物的标准、结构型式、内外交通等。

5.8.2 应结合当地气象条件、地理位置和人文景观等要求，提出工程管理区范围内的建筑环境和景观设计方案。

6 机电及金属结构

6.1 电 气

6.1.1 应确定现有供电电源容量、可靠性、安全性是否满足用电设施的要求。供电线路一般以就近为主，原则上不新建供电线路。涉及泄洪及大坝安全的用

表 5.7.4　小型水库监测设施设备基本配置表

工程规模	雨水情测报			渗流量	大坝安全监测		
	降水量	库水位	视频图像		渗流压力		表面变形
					土石坝	重力坝及拱坝	
小(1)型	1. 至少设置1个降水量监测点。 2. 对流域面积超过20km²的可增加具有流域代表性的监测点。	设置1个自动监测点，1组人工观测点和1组人工观测水尺和水准点。	1. 具有通信条件的应设置不少于2个视频图像监视点。 2. 坝长500m以上的根据需要增加监视点。	存在渗漏明显的大坝应设置1个渗流量监测点，有分区监测区根据需要增加监测点	1. 渗流压力监测断面根据工程规模、坝型、坝高、坝长、下游影响等情况，一般设置在最大坝高和渗流隐患坝段，坝长超过500m的根据需要增加监测断面。 2. 土石坝每个监测断面宜设置2~3个监测点，一般设置在坝顶下游侧或心（斜）墙下游侧，必要时在下游坝坡增设心（斜）墙下游地下水位监测点，根据需要设置。 3. 面板堆石坝如需设置应根据情况确定	1. 重力坝根据坝廊道，拱坝结合渗流情况设置扬压力和渗流压力监测点。 2. 下游水位或近坝地下水位监测点根据需要设置。 3. 存在明显绕坝渗漏的，根据需要设置绕坝渗流压力监测点。	1. 对坝高超过30m或对下游影响较大的土石坝、坝高超过50m或下游影响大的重力坝、拱坝，应设置表面变形监测设施。其他坝型，根据工程实际和下游影响范围要求，结合工程实际设置表面变形监测设施。 2. 土石坝以表面垂直位移监测为主，重力坝、拱坝监测以表面水平位移监测为主，且宜在坝顶下游侧布置1个变形监测纵断面。必要时，土石坝增设1个变形监测横断面。 3. 选择基础稳固的坝端或近坝便于观测区域或设置必要的工作基点和校核基点。
小(2)型			1. 具有通信条件的应设置1个视频图像监视点。 2. 坝长500m以上的根据需要增加监视点。	存在渗漏明显的大坝，坝高15m以上或影响较大的大坝应设置1个渗流量监测点，其他根据情况设置监测点	1. 渗流压力监测断面根据工程规模、坝型、坝高、坝长、下游影响等情况设置，坝高15m以下的根据需要设置监测断面。 2. 土石坝每个监测断面设置2~3个监测点，一般设置在坝顶前缘，必要时在下游坝坡增设心（斜）墙下游地下水位监测点，根据需要设置。 3. 面板堆石坝如需设置应根据情况设置监测点。		

注：本监测设施配置表为基本要求，可根据工程实际提高建设标准。

电负荷，应设置可靠的备用电源。

6.1.2 应根据电气设备实际运行状况以及复核计算成果或检测结论，确定配电系统改造方案。设备选型应节能且易于维护。

6.1.3 具备条件时宜设置现地闸站计算机监控系统。

6.2 金 属 结 构

6.2.1 应依据金属结构设备现状并结合相关除险加固方案，合理选择设备加固或更新方案；优先改造与泄水、供水有关的闸门、启闭机等设备；确需更换的设备应进行充分的鉴定评价和论证，并明确更换设备的合理使用年限。

6.2.2 应在现场安全检查或检测基础上，了解设备运行中出现的异常与事故，确定改造加固方案。更换设备的设计宜维持原布置方案不变，更换设备前要做好测量工作及现场安全检查。

6.2.3 启闭设备选择应以安全可靠、简单、易操作为原则，宜选用固定卷扬式启闭机、螺杆式启闭机、电动葫芦等设备。启闭设备宜选用带手动或无电应急操作功能的型式。

6.2.4 闸门埋件宜配合闸门改造同时进行改造或更换。当埋件更换困难时，宜对埋件表面处理后防腐，有止水要求的埋件表面可采取打磨除锈、补焊或粘钢等技术处理。

6.2.5 金属结构设备的防腐蚀宜采用涂料防护或金属热喷涂防护。

7 施 工 组 织 设 计

7.0.1 应根据除险加固工程所在地以及项目组成、对外交通运输、主要建筑材料的来源和供应条件等，选定土、石及砂砾石料场，确定料场的开采方式、运输方式，以及建筑材料的供应方式。

7.0.2 施工时段宜安排在非汛期降低库水位或汛期放空水库的情况下进行。导流建筑物应选择对工程环境影响较小的布置方案和结构型式，宜优先利用水库现有挡、输（泄）水建筑物。

7.0.3 确定施工方法、工艺以及施工设备选型，宜以对原有建筑物影响较低的施工方案为原则。

7.0.4 应结合工程实际选定施工总体布置方案，宜利用工程可用建筑材料和当地建筑材料市场材料供应条件、当地机械修配条件、水源和电力供应条件、现有通信条件，简化施工工厂设施，减少场区内料场和其他临时设施征地。施工临时设施宜优先布置在水库现有管理范围内。弃渣场宜避开环境敏感因素就近设置。

7.0.5 应编制除险加固工程施工总进度计划，确定施工分期和施工总工期，确定施工关键路线。

8 建设征地与移民安置

8.0.1 除险加固工程设计不宜增加水库淹没影响范围，并尽可能布置在水库现有征地范围内，原则上不新增永久征地。

8.0.2 因工程布置需要，确实需要增加永久征地面积时，应说明水库现有征地范围，明确本次需增加的征地范围和面积，并对征地范围内的土地权属、地类和地上附着物进行调查。

8.0.3 对前期征地手续齐全、土地权属清晰、没有遗留问题的水库，在增加投资不多的情况下，宜尽可能解决影响水库安全的管理范围土地确权划界问题。

8.0.4 各类土地和地上附着物的补偿单价可按照当地县级以上人民政府的规定执行，补偿费用应列入工程概算。

8.0.5 可根据《水利工程设计概（估）算编制规定》（建设征地移民补偿）的规定，计列征地移民勘测设计费和实施管理费、基本预备费等费用，不计前期工作费、实施机构开办费、技术培训费和监督评估费等费用。

9 环 境 保 护 设 计

9.0.1 应明确水库除险加固建筑物、淹没范围及施工活动影响范围涉及的环境敏感区和生态保护红线，严格落实相关管控要求。

9.0.2 应按相关规划、方案、工程设计、取水许可等文件批复要求或行政主管部门有关规定，复核水库生态流量。现有泄放设施不满足生态流量泄放要求的，应提出泄放与监控设施改造或补建方案。

9.0.3 应开展水库工程环境影响回顾分析和除险加固环境影响预测分析，在保障工程安全及主要功能正常发挥的条件下，论证运行期其他环境保护措施改造或补建的必要性与可行性。需改造或补建的，应提出措施方案。

9.0.4 应预测施工期各类污染物排放源强，提出施工期生产生活废污水处理、大气与噪声污染防治、固体废物处置、人群健康防护等环境保护措施方案。

10 水土保持设计

10.0.1 应根据除险加固工程建设实际扰动的土地面积确定水土流失防治责任范围，包括工程新增的占地面积，以及施工扰动、占用的水库原有土地面积。

10.0.2 应重视开挖土石方的综合利用，注重表土保护和利用，尽量减少工程弃渣，并遵循减少新增占地、便于后期利用和减少措施工程量的原则选择和确定弃渣场场址。

10.0.3 应确定水土流失防治标准和防治指标值。

10.0.4 应提出水土保持措施布局，并进行措施设计。水土保持措施宜注重植物措施。

11 工程管理设计

11.0.1 应说明现状管理机构设置、人员编制以及管理用房、交通设施等管理设施配置情况。

11.0.2 按照现行水库运行管护机制等相关规定，复核管理机构和人员，原则上不新增管理机构设置和人员编制。现状管理机构不完善、管护人员不到位的，经论证可明确提出健全管理机构设置和增加管护人员等要求。

11.0.3 应结合水库除险加固，完善必要的管理设施，包括管理用房、水文监测设施、安全监测设施、通信设施、防汛道路、交通工具、应急抢险物资仓库等。

12 工程信息化

12.0.1 宜根据水库现状，提出工程信息化建设需求，并为工程安全和防洪兴利的"预报、预警、预演、预案"提供基础支撑。

12.0.2 应结合工程调度运行和安全管理需求，确定信息采集与交换、工程安全、水库调度、决策分析、巡查巡视、预案管理等系统功能；选定水库雨水情测报、大坝安全监测、视频图像监视等信息传输方案，明确水库（大坝）监测、监视等信息的上报方案。

12.0.3 应确定业务流程及业务功能设计、主要硬件设备配置及布置方案，明确主要技术参数。

12.0.4 完善省级监测平台,小型水库雨水情测报、大坝安全监测和视频图像监视等信息应根据相关规定,共享至省级监测平台统一管理。

13 设 计 概 算

13.0.1 设计概算宜根据地方水利工程设计概(估)算编制规定及配套定额编制;没有地方编制规定及定额的地区,可依据水利部水利工程设计概(估)算编制规定及配套定额,按引水工程标准编制。

13.0.2 应按经济合理、尽可能采用机械化施工的施工方法计算工程单价。

13.0.3 按工程设计确定的建设内容和工程量,计列永久房屋建筑工程、水情自动测报系统、工程安全监测等必要的管理设施设备投资。

13.0.4 单独计列扩大建设标准的项目、经营性项目、市政交通、景观等项目投资。

13.0.5 应依据编制规定的要求计取相关独立费用,除增列必要的安全鉴定费用外,一般不增列其他费用。

（四）安 全 监 测

全国水情工作管理办法

〔2005 年 4 月 11 日　水利部　水文〔2005〕114 号〕

第一章　总　　则

第一条　为满足防汛抗旱、水资源管理、水工程建设与运行和经济社会发展需要，规范全国水情工作，加强行业管理，提高工作质量和服务水平，根据《中华人民共和国水法》和《中华人民共和国防洪法》制定本办法。

第二条　水情工作，即水文情报预报工作，主要包括水文情报、水文预报、水情服务和管理等内容。

第三条　全国水利系统以及其他单位和部门开展水情工作均应执行本办法。

第二章　职　　责

第四条　水情工作实行分级管理。水利部、流域机构、省（自治区、直辖市）水文行业管理部门（以下简称水文部门）分别代表相应水行政主管部门行使水情工作的行业管理职能。各级水文部门是同级防汛抗旱指挥部（简称防指）办事机构（简称防办）的成员单位，负责提供防汛抗旱所需的水文情报和预报，并参与防汛抗旱调度决策。

第五条　水利部水文部门负责管理和指导全国水情工作，其主要职责是：

（一）组织编制和修订全国水情工作规章、规程和技术标准，并组织贯彻实施；

（二）组织编制全国水情工作发展规划，并组织实施；

（三）负责中央报汛站网的调整和管理，编制报汛计划，下达报汛任务；组织编制中央报汛站网报汛设施更新改造规划和计划，并督促实施；

（四）为中央提供防汛抗旱、水资源管理所需水文情报、水文预报及水文分析成果，发布全国水情公告、公报和年报；

（五）组织全国水文情报预报技术研究、交流、培训和推广，开展国际合作；

（六）组织编制和修订水文预报方案，组织相关业务系统的研究、开发与应用；

（七）组织全国重点防洪地区和重要河段有关水情工作的汛前检查，及时组织大洪水、大范围旱灾和其他重大水事件有关水文情况的调查、分析与评价；

（八）负责全国水情工作总结，组织暴雨洪水专题分析、水情工作质量评定和水文情报预报效益分析；

（九）负责全国水情信息传输骨干网络、水情信息处理系统的建设、运行、维护和管理；

（十）围绕经济社会可持续发展，组织开展其他水情工作。

第六条 流域机构水文部门负责管理和指导流域片（指水利部流域机构分管范围，下同）水情工作，其主要职责是：

（一）组织贯彻和实施水情工作规章、规程和技术标准，必要时制定实施细则；

（二）组织编制流域片内水情工作发展规划，并组织实施；

（三）负责流域片报汛站网的调整和管理，编制报汛计划，下达报汛任务；负责编制所属报汛站网设施更新改造规划和计划，并组织实施；组织编制流域片报汛设施更新改造规划和计划，并督促实施；

（四）提供流域片防汛抗旱、水资源管理所需水文情报、水文预报及水文分析成果，发布流域片水情公告、公报和年报；

（五）组织流域片水文情报预报技术研究、交流、培训和推广；

（六）组织编制和修订流域片水文预报方案，组织相关业务系统的研究、开发与应用；

（七）组织流域片重点防洪地区和重要河段有关水情工作的汛前查勘，及时组织流域片大洪水、大范围旱灾和其他重大水事件有关水文情况的调查、分析与评价；

（八）负责流域片水情工作总结、水情工作质量评定和水文情报预报效益分析；

（九）负责所属水情信息传输网络、水情信息处理系统的建设、运行、维护和管理；

（十）围绕流域片经济社会可持续发展，组织开展其他水情工作。

第七条 省（自治区、直辖市）水文部门负责管理和指导辖区内水情工作，其主要职责是：

（一）组织贯彻和实施水情工作规章、规程和技术标准，必要时制定实施细则；

（二）组织编制辖区内水情工作发展规划，并组织实施；

（三）负责辖区内报汛站网的调整和管理，编制报汛计划，下达报汛任务；负责编制辖区内报汛设施更新改造规划和计划，并组织实施；

（四）提供辖区内防汛抗旱、水资源管理所需水文情报、水文预报及水文分析成果，发布辖区内水情公告、公报和年报；

（五）组织辖区内水文情报预报技术研究、交流、培训和推广；

（六）组织编制和修订辖区内水文预报方案，组织相关业务系统的研究、开发与应用；

（七）组织辖区内重点防洪地区和重要河段有关水情工作的汛前查勘，及时组织辖区内大洪水、大范围旱灾和其他重大水事件有关水文情况的调查、分析与评价；

（八）负责辖区内水情工作总结、水情工作质量评定和水文情报预报效益分析；

（九）负责辖区内水情信息传输网络、水情信息处理系统的建设、运行、维护和管理；

（十）围绕辖区内经济社会可持续发展，组织开展其他水情工作。

第三章 水 文 情 报

第八条 水文情报工作主要包括汛前准备、水情报汛、水情传输、水情监视、水文情报质量考核等内容。

第九条 水情信息主要指降水量、蒸发量、流量（水量）、水位、蓄水量、含沙量、冰情、水质、土壤墒情、地下水等水文要素及重大水事件和水工程运行特征等。

第一节 汛 前 准 备

第十条 各级水文部门要做好年度报汛站网和报汛任务调整。报汛站网调整和报汛站的设立、裁撤、迁移以及报汛任务改变（以下简称变更）必须经过上级业务主管部门的审查、批准。中央报汛站的变更，须报水利部水文部门审批；流域报汛站的变更，须经流域机构水文部门审批，并报水利部水文部门备案；省（自治区、直辖市）报汛站的变更，须经省（自治区、直辖市）水文部门审批，并报省防指、流域机构和水利部水文部门备案。

第十一条 各级水文部门要按照同级防指及上级业务主管部门的要求在汛前下达报汛任务书或委托书。逢五、逢十年份和任务变化较大的年份，在下达报汛任务时要附详细清单。报汛任务书或委托书须报上级业务主管部门备案。

第十二条 各级水文部门要做好测报设施设备的水毁修复工作，汛前要做好各项报汛通信与传输设备和数据处理系统的维护工作，确保整个系统处于良好运行状态。发现问题要及时解决，对影响安全度汛的重大问题要及时向水行政主管部门和防汛抗旱部门汇报并采取有效措施整改，以确保安全度汛。

第十三条 各级水情工作人员要认真学习和执行《水文情报预报规范》及有关规章、规程和技术标准，熟练掌握仪器设备的性能和操作规程，了解和掌握本地区自然地理特征、水情特征、水文气象演变规律、历史水旱灾害及水工程管理运用方案等；根据度汛计划及时校核和修正水情数据库中的水库汛期限制水位、河道警戒水位和保证水位等重要防汛指标以及其他特征值。

第十四条 水文情报工作要做到组织落实，责任落实，设备落实，方案落实。对可能出现的突发情况，应制定应急预案。

第二节 水 情 报 汛

第十五条 水情报汛站和各级水情管理单位要严格执行《水文情报预报规范》、水情信息编码标准和报汛任务书，及时、准确地报送各类水情信息。当发生超标准洪水和突发事件时要尽可能采取措施报告水情。

第十六条 水利部水文部门承担向国家防总提供水情信息的任务，各级水文部门和有关单位要及时、准确地提供水情信息。当防汛形势紧急时，水利部水文部门可根据情况临时调整报汛站点、报汛项目及报汛时段，各级水文部门应遵照执行。

第十七条 流域机构和省（自治区、直辖市）水文部门要满足流域防汛抗旱部门的要求，及时提供水情信息。当流域防汛形势紧急时，流域机构水文部门可根据情况临时调整报汛站点、报汛项目及报汛时段，省（自治区、直辖市）水文部门应遵照执行。

第十八条 省（自治区、直辖市）水文部门要满足省级防汛抗旱部门的要求，及时提供水情信息。流域机构各级水文部门要尽量满足当地防汛抗旱工作对水情信息的需要。

第十九条 加强对特大暴雨洪水和分洪、决口、溃坝、山洪、泥石流以及严重水污染等特殊水情的监视力度。当发现上述情况时，要采取一切可行措施向上级水文主管部门报告，并及时向当地政府、防汛抗旱指挥部门、水行政主管部门报告。

第二十条 流域机构、省（自治区、直辖市）水文部门在满足国家防办下达的报汛任务的前提下，根据实际情况确定所属水情报汛站的起报时间和标准，报水利部水文部门备案。

第二十一条 切实加强实测流量的报汛工作。报送实测流量的次数要以完整控制洪水过程为原则。

第二十二条 各级水文部门应及时向上级主管部门转报各类重要水情和特殊水事件，情况紧急时可越级上报，不得延缓或隐瞒。

第三节 水 情 传 输

第二十三条 水情信息通过公网和水利专网传输。水情信息传输基本流程一般为水情站－水情分中心－省（自治区、直辖市）和流域机构水情中心－水利部水利信息中心。

第二十四条 重要水情报汛站应配备不少于两种信道互为备份的通信设备。水情信息处理系统的接收与处理设备应具有备份。

第二十五条 各级水文部门要注重报汛时效，应力争在30分钟内将各类水情信息传送到省（自治区、直辖市）和流域机构的水情中心及水利部水利信息中心。

第二十六条 水情信息处理系统应具备信息自动接收、处理、转发、解码、入库等功能。各类原始水情信息应保存一年以上。

第二十七条 各级水文部门要建立水情数据库。水情数据库包括历史水情数据库和实时水情数据库。水利部水文部门负责制定水情数据库的技术标准，各级水文部门要相互配合，及时提供相应水文资料。

第二十八条 各级水文部门要加强对水情网络系统的管理，建立健全管理制度，对水情传输、处理等环节进行实时监控，确保网络及信息的畅通。

第四节 水 情 监 视

第二十九条 各级水文部门要建立健全水情值班制度，汛期实行24小时值班。非汛期，当发生较大汛情时应及时安排值班。

第三十条 各级水情部门及有关单位要严密监视水情变化。遇灾害性天气、较大汛情或灾情时，应及时提供雨水情分析材料。

第三十一条 当发生下列情况之一时，各级水文部门应及时向上级业务主管部门和同级防汛抗旱部门提供文字报告。如情况紧急，须先用电话报告：

（一）河道（水库）水位接近或超过保证水位（设计洪水位）；

（二）河道流量接近或超过安全泄量；

（三）分洪控制站的水位接近或达到控制水位；

（四）水位或流量超过（低于）年（月）极大（极小）值（指历史实测最高和最低水位、最大和最小流量）；

（五）水文过程线发生突变；

（六）特大暴雨；

（七）漫滩、筑坝、堵口、扒堤、决口、山洪、泥石流、异重流、浆河等特殊水情。

第三十二条 各级水文部门要建立功能齐全的水情监视系统。当发生重要水情或特殊水情，应具有自动报警功能。

第五节　水文情报质量考核

第三十三条　各级水文部门要按照有关规定对水文情报质量进行考核。考核内容包括报汛质量、信息传输、信息接收处理等。考核工作每年至少进行一次。考核结果应及时上报上级业务主管部门。

——报汛质量考核主要包括报汛任务执行情况、报汛时效性和准确率等。

——信息传输考核主要包括传输系统和计算机网络系统运行情况等。

——信息接收处理考核主要包括软件的功能以及各类水情信息的处理结果等。

第三十四条　当出现质量责任事故时，要全面分析，查明原因，并将事故原因、处理情况及时上报上级业务主管部门。

第四章　水　文　预　报

第三十五条　水文预报工作包括预报方案编制和修订、预报方案评定和检验、作业预报和预报会商等。

第三十六条　水文预报内容主要包括洪水预报、潮位预报、水库水文预报与水工程施工期水文预报、冰情与春汛预报和枯季径流预报以及山洪、泥石流、水质警报预报等。

第三十七条　水文预报工作由取得"水文、水资源调查评价资质证书"且具有水文预报业务的单位和部门承担。

第一节　预报方案编制和修订

第三十八条　水文预报方案的编制和重大修订应报主管部门正式立项，其成果由主管部门组织专业审查。

第三十九条　水文预报方案的编制，必须确保资料的质量和代表性。当资料代表性达不到规定要求时，预报方案应降级使用。

第四十条　当实测水文资料超出原水文预报方案数值范围、水文情势发生改变时，应对方案进行修订、补充或更新。

第二节　预报方案评定和检验

第四十一条　预报方案建立后，应进行精度评定和检验。方案精度评定等级按《水文情报预报规范》的有关条款评定。精度检验应采用未参加预报方案编制的资料。

第四十二条　预报方案经评定和检验后，精度达到甲等或乙等的，方可发布正式预报。丙等的可作为参考预报，仅供内部使用。丙等以下者只能用于参考估报。

第三节 作 业 预 报

第四十三条 作业预报工作流程包括雨水情监视、水文情势分析、预报计算、综合分析、预报修正、精度评定等。

第四十四条 当水情或工程运行发生较大变化时，应根据新的情况及时进行滚动预报。

第四十五条 为增长预见期或评估防汛形势，可参考降水预报或假设不同量级降雨，预测预估相应水文要素，供领导决策参考。

第四十六条 对预报方案达不到精度要求或无预报方案的地区，可根据防汛需要，进行水文情势的预测预估，但不得正式发布预报。

第四十七条 作业预报应建立规范的校核、审核和签发制度。

第四十八条 作业预报过程中的计算图表、原始资料、会商情况等应认真记录，妥善保管，以备检查或复核。

第四十九条 及时对作业预报进行总结、评定。预报误差超过有关规范要求时，要查找原因，认真总结经验教训。

第五十条 水文预报应推行首席预报员制和预报员分级制度。预报人员经考试、考核合格后，方可上岗。

第五十一条 各级水文部门应建立先进、实用的预报系统。预报系统应具备数据处理、参数率定、预报计算、实时校正、成果输出等功能。

第四节 预 报 会 商

第五十二条 各级水文部门应建立健全预报会商制度。重要水情的预报会商应由各级水文部门的分管领导或主要领导主持。

第五十三条 大江大河重要河段、重要大型水库（湖泊）、重要防洪城市的洪水预报，须由水利部、流域机构和省（自治区、直辖市）水文部门进行会商。

第五章 水 情 服 务

第五十四条 水情服务主要包括水情信息的提供与发布、危险或灾害水情的报警、预报信息的发布、旱涝趋势的展望、水文情势的分析等。

第五十五条 水文情报和水文预报应由水文部门负责发布。重要洪水预报或灾害性洪水预报应由防汛抗旱指挥机构或其授权的水文部门向社会公众发布。非水文部门制作的水文预报应在内部使用，不得向社会公众发布。

第五十六条　当堤防安全受到严重威胁、水情或水质发生突然变化，并可能对人民生活和社会经济造成影响时，水文部门应主动向水行政主管部门、防汛抗旱指挥机构和当地政府报送水情信息。

第五十七条　全国七大江河干流的洪水编号由各流域机构水文部门商水利部水文部门确定；省（自治区、直辖市）际河流的洪水编号由相关水文部门商定；其他江河的洪水编号由省（自治区、直辖市）水文部门负责。洪水编号确定后，需报上级主管部门备案。

第五十八条　向社会公众发布的洪水等级分为：一般洪水（重现期小于10年）、较大洪水（重现期大于等于10年，小于20年）、大洪水（重现期大于等于20年，小于50年）、特大洪水（重现期大于等于50年）。

第五十九条　水文情报预报效益包括社会效益、经济效益和环境效益。各级水文部门要对水文情报预报经济效益进行统计分析，广泛收集水文情报预报效益实例，并将有关材料上报同级水行政主管部门、防汛抗旱指挥机构和上级业务主管部门。

第六章　保　障　措　施

第六十条　各级水行政主管部门要高度重视水情工作，加强对水情工作的领导。

第六十一条　水情工作所需的正常业务经费（含报汛费）、设施设备运行经费等应列入年度部门预算。水文预报方案修编和各项水情业务系统建设应安排专项经费。对严重影响水情信息测报、传输、处理的设施设备以及因洪水、气象、地质等灾害引起的设施设备毁坏，各级水行政主管部门应安排经费及时配置和修复。

第六十二条　各级水文部门要建立健全水情机构，水情队伍要结构合理、人员相对稳定。要加强水情人员技术培训和在职教育，提高人员素质，培养业务骨干和技术带头人。

第六十三条　各级水文部门要重视水情基础工作，加强水情报汛、水文预报、水情会商、水情服务等业务系统的建设。加强与科研单位和高等院校合作，研究和应用水文预报的新理论、新技术和新方法，努力提高预报精度，增长有效预见期。

第六十四条　凡纳入省（自治区、直辖市）、流域和国家级报汛站网的非水文部门管辖的水情报汛站，须接受省（自治区、直辖市）、流域机构、水利部水文部门的管理和业务指导，执行相关规范、规程和技术标准。各级水文部门要加强监督、检查和指导。

第七章　奖　励　与　处　罚

第六十五条　对于在水情工作中表现突出、成绩优异的单位和个人，予以表彰和奖励。

第六十六条　对于因管理不善和失职，造成水情工作失误，产生严重影响的单位和个人，应予以通报批评，情节严重的要予以行政处分。

第六十七条　各级水文部门可根据具体情况制定相应的奖惩办法，并报上级业务主管部门备案。

第八章　附　　　则

第六十八条　流域机构、省（自治区、直辖市）水行政主管部门在本办法的基础上可以制定实施细则。

第六十九条　本办法由水利部负责解释。

第七十条　本办法自发布之日起执行。

水利部关于加强水库大坝安全监测工作的通知

（2013 年 6 月 5 日　水利部　水建管〔2013〕250 号）

部机关各司局，部直属各单位，各省、自治区、直辖市水利（水务）厅（局），各计划单列市水利（水务）局，新疆生产建设兵团水利局：

为提高水库大坝安全管理水平，保障水库大坝安全运行，依据《水库大坝安全管理条例》及国家有关规定，现就加强水库大坝安全监测工作通知如下：

一、充分认识加强水库大坝安全监测工作的重要性和必要性

水库大坝安全监测作为水库大坝安全管理的重要组成部分，是掌握水库大坝安全性态的重要手段，是科学调度、安全运行的前提。通过安全监测和资料整编分析，掌握施工期工程建设质量、运行期大坝安全程度，及时发现存在的问题和安全隐患，从而有效控制施工、检验设计，监控大坝工作状态，保证大坝安全运行。

近年来，我国大坝安全监测技术较快发展，安全监测设计逐步规范，仪器设备完好率不断提高，为大坝安全运行提供了支撑。但同时，还存在一些问题不容忽视，一些部门和单位对安全监测工作不够重视，管理粗放，安全监测设备不完善，资料整编不及时，没有建立健全相应的巡检制度和观测规程，缺乏安全监测的技术人员。这些问题在中小型水库尤为突出，许多小型水库没有监测设施，难以满足水库大坝安全管理需要。

二、规范新建水库大坝安全监测设施建设

各级水行政主管部门要督促指导水库主管部门和单位，高度重视水库大坝安全监测设施建设，项目法人要组织参建各方切实做好新建水库（含除险加固水库，下同）大坝安全监测设施的建设。水库大坝安全监测设施要与主体工程同步设计、同步建设、同步验收。设计单位要严格按照现行技术规范要求，根据新建水库大坝工程等级、规模、结构型式及其地形、地质条件和地理环境等因素，科学确定监测目标任务、监测项目、监测点位、监测仪器。有条件的地区，要立足高起点、高标准，高效率，建设水库大坝自动化监测系统。

水库建设单位（项目法人）应通过招投标选择有资质、讲信誉、业绩好的单位承担施工任务。施工单位应依据批准的设计方案，严格按照《大坝安全监测仪器安装标准》（SL 531—2012）等现行规范和标准进行仪器埋设，确保施

工质量。要高度重视施工期和首次蓄水的安全监测工作，及时取得主要监测项目各测点的基准值，保证各项监测设施完好和监测资料的完整性。安全监测设施建设应纳入监理范围，由专业监理工程师实行全过程旁站监理。

水库建设单位（项目法人）要严格按照《水利水电建设工程验收规程》（SL 223—2008）规定，在水库蓄水验收前组织对有关监测仪器、设备按设计要求完成安装和调试，对施工期监测资料进行整理分析，并对安全监测设施进行验收。

三、做好运行期水库大坝安全监测和资料整编分析工作

水库管理单位或主管部门（单位）应根据仪器监测和巡视检查项目及工程特点，按现行技术规范要求，制定监测规程和巡视检查制度，明确不同阶段、不同情况的监测和巡视检查的时间、频次、部位、内容和方法，以及巡视检查的路线和顺序等。水库初期蓄水时，水库管理单位或主管部门（单位）应制定初期蓄水监测计划，并根据需要增加监测和巡视检查内容，加密监测和巡视检查频次，加强监测和巡视检查值守等，同时应根据监测资料和巡视检查情况，及时对工程工作状态做出评估，提出初期蓄水工程安全监测专题报告。水库大坝遇地震、非常洪水等异常情况时，应加强应急监测，增加监测和巡视检查频次，对发现的问题和隐患要认真分析，及早采取措施进行处理。发现重大险情应及时报告上级主管部门（单位）。

水库管理单位或主管部门（单位）应按照现行技术规范要求，建立监测资料数据库或信息管理系统，及时整理各监测项目的原始数据，认真做好大坝安全监测资料整编，确保数据准确、完整；应定期对巡视检查记录检查、审定，保证记录资料完整、规范、准确；定期组织相关专业技术人员或委托专业机构，开展监测资料的综合分析，科学评估大坝的工作状态，提出加强大坝安全管理的建议；仪器监测和巡视检查的各种原始记录、图表、影像以及资料整编、分析成果等均应建档保存，并按分级管理制度报送有关部门备案。监测数据出现异常时，应及时复测、校正，并进行深入分析，查明异常原因，判明工程有无安全隐患或险情，如确有安全隐患或险情，应提出相应处理建议，及时报告上级主管部门（单位）。

水库管理单位成主管部门（单位）要明确责任，健全制度，加强水库大坝安全监测设施的管理与保护。仪器设备应由专人管护，建立完备的技术档案，按照技术规范要求，定期对仪器设备进行保养、率定、校验。安全监测设施不完善或仪器完好率低，不能满足大坝安全监测基本要求的工程，项目法人应研究制定布设方案，布设必须的仪器设备。有条件的地方，应建立和完善水库大坝自动化监测系统，全面提升大坝安全监测水平。水库大坝进行除险加固、扩

建、改建或监测系统更新改造时，应采取必要的替代措施，尽量保持监测资料的连续性和完整性。

四、突出做好小型水库安全监测工作

小型水库安全监测是水库大坝安全监测工作中的薄弱环节，是影响小型水库安全运行的突出因素。地方各级水行政主管部门、水库主管部门（单位）以及水库管理单位要突出做好小型水库安全监测工作。小型水库应设置水尺、量水堰等水位、渗漏量和浑浊度观测设施，并根据需要增加其他必要的安全监测项目。对重要小型水库，应开展大坝变形观测及渗压监测。对正在除险加固的小型水库，应加密对水位、渗漏等的监测。同时，要制定巡查制度，加强小型水库巡视检查，重点对穿（跨）坝建筑物、软硬结合部、溢洪道、大坝上下游坡面及下游坡脚、启闭设施等关键部位进行现场检查，并按现行技术规范要求做好巡视检查记录。南方地区土坝、土石坝还应增加白蚁活动监测等。

五、保障措施

各级水行政主管部门要加强对水库主管部门（单位）和管理单位的指导和督促检查，进一步规范和完善水库大坝安全监测工作。要建立健全大坝安全监测和巡视检查相关规章制度，确保大坝安全监测和巡视检查有章可循，有据可依。要督促水库主管部门（单位）和管理单位落实安全监测设施更新和维修养护资金，保证大坝安全监测设施完好、稳定、可靠。要加强机构能力建设，明确水库大坝安全监测岗位职责，配备必要数量、满足专业要求的人员从事安全监测工作，并时相关人员进行技术指导和岗位培训。

关于加强水文情报预报工作的指导意见

（2019 年 6 月 28 日　水利部　水文〔2019〕203 号）

水文情报预报是水文工作的重要组成部分，也是服务水利工作和经济社会发展的重要支撑。为深入贯彻新时代中央防灾减灾新理念和治水方针，守牢水旱灾害防御底线，践行水利改革发展总基调，现就加强水文情报预报工作提出如下意见。

一、总体要求

（一）指导思想

以习近平新时代中国特色社会主义思想为指导，遵循"水利工程补短板、水利行业强监管"水利改革发展总基调，以提高水文预测预报预警业务能力和服务水平为重点，深入推进洪水预报调度一体化和旱情监测评估常态化，拓展服务水资源管理与调度、水生态环境修复、水工程运行监管等方面的业务，以及时准确全面的水文情报预报信息为水旱灾害防御、水资源调度管理和水资源水生态水工程监管提供可靠的支撑和保障。

（二）工作目标

近三年（2019—2021 年），补齐水旱灾害防御水文情报预报工作主要短板，健全完善主要江河及重点水工程洪水预报预警和旱情监测评估体系；拓展服务于水资源水生态水工程监管业务工作，初步形成支撑水利重点领域监管的水文情报预报业务体系。到 2025 年，进一步提升水旱灾害防御水文情报预报能力，实现水文情报预报为水资源水生态水工程监管服务常态化，基本形成支撑水旱灾害防御和水利行业监管要求的水文情报预报业务体系。

二、主要任务

（一）强化水旱灾害防御支撑

——工程调度洪水预报。各级水行政主管部门要强化水库、水闸、分洪河道、蓄滞洪区等防洪工程洪水预报工作，健全防洪工程雨水情和工情信息报送机制，加强各类水旱灾害防御业务系统的信息融合，建设洪水预报调度一体化系统。

——旱情监测分析。各级水行政主管部门要督促做好水库等水源工程的信息报送，加强与气象、农业等部门的旱情信息共享融合，加快干旱监测预警综合平台建设。建立定期旱情综合评估分析机制，开展多源旱情信息的融合分析，提高旱情综合评估水平。

——水情预报预警。各级水行政主管部门要建立完善水情预报预警制度，组织核定主要江河湖库防洪特征值，制定中小河流、中小水库洪水预警指标及旱情预警指标，明确预警对象及范围，为开展预警工作提供依据。

各级水行政主管部门要组织建立健全水文情报预报业务值班制度，加强防汛值班雨水情监视分析，建立首报、快报、详报等信息报送机制，保障水情业务高效运行。

（二）拓展水利监管服务

——水资源管理与调度。各级水文部门要依据水资源管理与调度的要求及有关技术指标，积极开展江河湖库径流、重要饮用水水源地水量等预测预报预警工作，为水资源管理与调度等提供技术支撑。

——水利工程建设与运行。各级水行政主管部门要组织协调水利工程管理单位，及时向水文部门报送水库等水利工程雨水情信息。各级水文部门要积极开展水利工程施工期、运行期的水文预测预报预警工作，为水利工程建设、调度与运行管理等提供支撑。

——水生态文明建设。各级水文部门要依据水行政主管部门确定的生态流量（水量）指标，开展预测预报预警工作，为推行河长制湖长制、加强河湖监管和水生态文明建设等提供支撑。

——水利行业监管。各级水文部门要按照江河湖泊、水资源、水利工程、水土保持等水利行业监管的需求，找准监管服务的切入点，积极拓宽水文情报预报服务领域，为水利行业强监管提供支撑。

（三）拓宽社会服务领域

各级水行政主管部门要主动适应社会公众对水文信息服务的需求，推动水文情报预报向各类涉水事务以及社会公众日常生产生活提供及时优质的信息服务。要完善水情旱情预警社会化发布工作机制，拓宽预警发布渠道，规范预警发布业务流程，推进预警社会化服务。

三、保障措施

（一）健全业务体系和工作机制

——完善业务体系。各级水行政主管部门要健全完善与水利中心工作相适应的水文情报预报业务体系，实现地市级水文情报预报业务全覆盖，同时结合基层水文管理体制改革，推进开展县级水文情报预报业务。

——创新工作机制。各级水行政主管部门要健全上下联动、横向协同的工作机制；要严格执行《全国洪水作业预报工作管理办法》，按照水利部下达的报汛报旱任务书有关要求，及时将预报成果上报水利部；建立水情信息服务及联合会商等业务协作机制；建立健全考评机制，对工作中做出突出贡献的单位和个人，按照国家有关规定给予表彰和奖励。

（二）加强业务能力建设

——编制修订预测预报方案。各级水行政主管部门要建立预测预报方案修编工作机制，加强新技术、新方法的研究与推广应用，强化中长期水情旱情趋势预测能力建设，逐步实现精细化定量预测；组织编制水库、蓄滞洪区等防洪工程洪水预报方案，修订江河断面洪水预报方案，提高洪水预报能力；编制完善堰塞湖等突发水事件应急预测预报方案，提高应急预测预报能力；组织编制旱情、水资源、水生态等预测预报方案，支撑水旱灾害防御和水资源水生态水工程监管工作。

——升级完善业务系统。各级水行政主管部门要加强雨水情自动测报系统建设，提高水文测报现代化水平；采用大数据、云计算等，升级完善水文预报系统，推动预报调度一体化；建设旱情综合评估平台，实现监测分析常态化；建设值班、会商、信息分析等综合业务系统，提高工作效率和服务水平；加强水情旱情预警发布平台建设，支撑水情旱情预警工作。

——保障设施建设。各级水行政主管部门要优化现有水文情报预报业务网和水情信息传输网络架构，扩充带宽，扩展覆盖范围，形成覆盖各级水文部门和测站的业务网；加强业务计算、存储能力建设，建立统一管理和服务的业务支撑环境。建设专用水情值班室及会商室，配备监视大屏、视频会议会商设施，保障各级水文部门业务值班需要及异地视频联合会商要求。

——技术创新攻关。各级水行政主管部门要针对水文情报预报关键技术难题，安排专项资金进行科研攻关，推进新方法、新技术在水文情报预报工作中的应用。

（三）强化技术人才培养

——加强人员力量配备。各级水行政主管部门要根据水文部门承担的水文情报预报任务，科学合理设置业务岗位，配备与业务岗位相适应的专业技术人员，加强梯队建设，满足业务工作需要。

——建立健全首席预报员制度。各级水行政主管部门要健全水文情报预报人才激励机制，积极探索建立水文首席预报员制度，明确岗位职责，落实相应待遇。

——加强业务培训演练。各级水行政主管部门要通过在职培训、岗位练兵、交流学习等途径，提高业务人员专业技能和水平；开展水文情报预报技术竞赛，创新"以赛代训、以赛促学、训学促用"方式锻炼人才队伍。

（四）加大经费投入

各级水行政主管部门要多渠道筹措基础设施建设资金，确保持续加强水文情报预报能力建设；要将水文情报预报工作所需的断面踏勘、洪水调查、预报方案修编、信息报送、业务系统升级完善、设施设备运维等所需费用按照相关业务定额标准进行测算，纳入部门财政预算；建立与值班任务相适应的人员保障制度，制定合理的水文情报预报业务值班费标准，并给予经费保障。

小型水库雨水情测报和大坝安全监测
设施建设与运行管理办法

(2021 年 10 月 19 日　水利部　水运管〔2021〕313 号)

第一章　总　　则

第一条　为贯彻落实《国务院办公厅关于切实加强水库除险加固和运行管护工作的通知》(国办发〔2021〕8 号),全面完成"十四五"小型水库雨水情测报和大坝安全监测设施建设任务,推进和规范设施建设与运行管理,提升信息化管理水平,为落实水库预报、预警、预演、预案措施提供技术支撑,保障水库安全运行,制定本办法。

第二条　本办法适用于小型水库监测设施建设与运行管理。

本办法所称监测设施包括雨水情测报和大坝安全监测设施设备,以及监测信息汇集、应用和共享的监测平台。

第三条　省级水行政主管部门对本辖区监测设施建设与运行管理负总责,组织编制监测设施实施方案和年度实施计划,确定实施项目和内容,负责监测设施建设与运行的监督管理。县级以上水行政主管部门负责组织监测设施建设,监督运行管理。

第四条　监测设施建设按照"统筹协调、因库制宜、实用有效、信息共享"的原则,充分利用现有条件,结合水库坝型、规模、坝高、坝长、下游影响、通信条件等,依据有关技术标准,合理设置监测设施,并做好与已有监测设施及除险加固项目建设内容衔接,避免重复建设,建立完善监测平台,实现信息汇集、应用和共享。

第五条　监测设施建设与运行资金由地方人民政府负责落实,统筹地方财政预算资金和地方政府一般债券额度,保障监测设施规范建设与有效运行。

监测设施运行维护纳入水库工程维修养护资金使用范围。资金使用管理严格按照有关资金管理办法执行。

第二章　实　施　计　划

第六条　省级水行政主管部门应组织编制监测设施实施方案,明确监测设施建设与运行的目标任务、实施计划、资金安排、工作措施等内容。

第七条　省级水行政主管部门应根据监测设施实施方案组织编制年度实施

计划，按照符合工程实际、区别轻重缓急原则，确定年度项目实施名单、建设内容、设施配置、资金安排、完成时限、管护措施等。

第八条 省级水行政主管部门将实施方案和年度实施计划报送水利部备案后实施。

第三章　建　设　内　容

第九条 雨水情测报要素主要包括降水量、库水位、视频图像等，大坝安全监测要素主要包括渗流量、渗流压力、表面变形等。监测设施设备基本配置要求见附件，各地可结合实际工程特点合理配置。

第十条 监测设施的建设和运行参照《水文自动测报系统技术规范》（SL 61）、《水利水电工程安全监测设计规范》（SL 725）、《土石坝安全监测技术规范》（SL 551）、《混凝土坝安全监测技术规范》（SL 601）等雨水情、大坝安全监测、信息化相关技术标准执行，主要监测要素应满足规范标准要求。

有条件地区可结合实际探索采用新技术、新装备，提高建设标准和监测信息化水平。

第十一条 设施设备应根据工程实际、现有设施设备及通信条件确定，选用具备自动测报、双路供电、多种通信、断电存储等功能的产品；测点编码应符合水利对象编码要求。

监测信息应以自动采集和报送为主，采用一站多发方式，向相关监测平台发送，有条件的应实现自动报警。因特殊原因不能自动采集和报送的应落实人工采集和报送措施。应根据需要配置卫星应急通信设备，保障极端气候条件下的信息报送和预警发布能力。

第十二条 建立完善部级及省级监测平台，用于汇集、应用监测信息，并与水文、防汛指挥等相关业务系统实现信息共享。省级监测平台实现省、市、县水行政主管部门和水库管理单位统一使用，与部级监测平台互联互通；市、县级建立的监测平台应与省级监测平台实现信息共享。

第四章　建　设　管　理

第十三条 省级水行政主管部门可结合本地实际，优化监测设施建设管理，体现简化、高效原则，提升管理实效，保障建设质量与安全。

第十四条 各地应按照有关规定和程序组建项目法人，原则上以县级以上行政区为单元组建，统一负责本辖区内监测设施项目建设管理。

各地可因地制宜，探索采用委托代建、项目管理总承包、全过程咨询等方式，引入社会专业技术力量，参与项目建设管理。

第十五条 项目法人委托具有相应专业能力的单位统一编制辖区内监测设

施项目设计方案，设计方案应包括设施布置、设备选型、埋设安装、监测平台、运行维护等内容。

监测设施项目设计方案由地市级以上水行政主管部门审批，省级水行政主管部门应加强监督。

第十六条 项目法人应在遵守有关规定前提下，采取集中打捆方式组织招标投标，择优选取专业能力强、市场信誉好、售后服务有保障、符合项目建设要求的承建单位。

第十七条 项目法人应加强项目建设管理，建立健全质量管理保证体系，全面落实安全生产责任制，保障项目质量与安全。

第十八条 项目法人应按照年度实施计划严格控制项目进度，原则上当年项目应在当年完成。

省级水行政主管部门应统筹安排监测平台开发与设施设备建设，有条件地区监测平台可先期开发，保障监测数据及时汇集应用。

第十九条 监测设施项目完工后，县级以上地方水行政主管部门应组织完工验收。省级水行政主管部门应加强对项目验收的监督指导。

第五章 运 行 管 理

第二十条 监测设施运行维护单位由县级以上地方水行政主管部门确定。鼓励采用政府集中购买服务方式选择专业化运行维护单位开展监测设施运行维护及数据整编分析。

第二十一条 县级以上水行政主管部门应加强监测设施运行维护的监督指导，建立健全监测设施运行维护制度，严格落实运行维护岗位职责，明确信息报送、日常维护、检测校验、数据应用、技术培训等要求。

第二十二条 降水量、库水位、渗流量、渗流压力、表面变形等监测频次参照相关规范并依据工程管理实际需要执行，满足雨水情监测预警、预测预报和大坝安全管理要求。

当出现强降水、库水位明显变化，蓄水初期、遭遇大洪水、强地震、工程异常等特殊情况时，应加密监测频次。对监测中发现的数据异常应及时进行补测和比测，加强分析研判。

第二十三条 水库运行管理单位负责组织做好监测信息报送工作，应按照监测频次要求及时将监测信息上传至监测平台，做好数据存档备份与管理。信息报送按照《水利数据交换规约》（SL/T 783）、《水文监测数据通信规约》（SL 651）等标准执行，标准尚未覆盖的部分另行制定。

遇到紧急情况或重大安全问题，应及时发布预警信息，并落实安全管理措施。

第二十四条　监测设施运行维护单位应按有关规范要求，组织做好监测设施的日常检查、运行维护和检测校验，发现问题及时处理，确保监测设施正常运行。

第二十五条　县级以上地方水行政主管部门每年应组织监测资料整编，定期进行资料分析，加强分析成果应用，其中雨水情整编资料按规定向有关水文部门汇交。

第二十六条　省级水行政主管部门应建立完善监测平台运行和信息应用管理机制，明确监测平台运行工作要求。各级水行政主管部门应加强监测平台运行管理的监管，落实运行维护措施，保障监测平台正常运行，充分发挥监测信息的作用。

第二十七条　雨水情、大坝安全监测、视频图像及其他采集设备应匹配兼容，并具有网络安全防护功能。监测平台应满足信息安全技术网络安全等级保护要求，重点采取安全认证、传输加密、存储加密、数据备份等安全措施，确保信息安全。

第六章　监　督　检　查

第二十八条　各级水行政主管部门应建立健全监管机制，组织开展监督检查，对监测设施项目建设、资金使用、质量成效、运行维护等进行监督管理。

第二十九条　各级水行政主管部门应建立监测设施项目管理台账，动态掌握项目实施情况，实施精细化管理，督促项目按计划完成。

第三十条　监测设施设计、承建、招标代理等单位纳入水利行业信用监管范围，依照《水利建设市场主体信用信息管理办法》等规定实施信用动态监管，在全国和省级水利建设市场监管平台公开相关信用信息。

第三十一条　各地应建立健全监测设施项目责任追究机制，对项目前期工作、建设管理、资金使用、运行维护等存在的问题及时督促整改，对落实不力的责任单位和相关人员实施责任追究。

第七章　附　　　则

第三十二条　本办法由水利部负责解释。
第三十三条　本办法自印发之日起施行。

附件

小型水库监测设施设备基本配置表

工程规模	雨水情测报			渗流量	大坝安全监测		
	降水量	库水位	视频图像		渗流压力		表面变形
					土石坝	重力坝及拱坝	
小(1)型	1. 至少设置1个降水量监测点。2. 对有流域面积超过20km²的可增加具有流域代表性的监测点	设置1个自动监测点和1组人工观测水尺	1. 具有通信条件的应设置不少于2个视频监视点。2. 坝长500m以上的根据需要增加监视点	存在渗漏应设置的大坝渗流量监测点，有分区监测点，根据需要增加监测点	1. 渗流压力监测断面根据工程规模、坝型、坝高、坝长、下游影响等情况，一般设置在最大坝高和渗流量增加等险患段，坝长超过500m的根据需要增加监测断面。2. 土石坝每个监测横断面宜设置2~3个监测点，一般设置在坝顶下游侧或坝心、坝脚或排水体前缘，必要时在下游坝坡增设或增加监测点，下游水位以近坝地下水位或绕坝渗漏的，根据需要增设监测点。3. 面板堆石坝如需设置坝体绕坝渗流压力应根据情况确定	1. 重力坝及拱坝根据廊道、帷幕和渗流情况，其他必要时在下游坝坡设置扬压力监测点。2. 下游水位或近坝地下水位根据需要监测点设置。3. 存在明显绕坝渗漏的根据需要设置绕坝渗压力监测点。	1. 对坝高超过30米或下游影响较大的土石坝、拱坝，下游高超过50米或下游影响大的重力坝、拱坝，应设置表面变形监测设施。其他规范要求，结合工程实际和下游影响情况设置大坝变形监测设施。2. 土石坝以表面垂直位移监测为主、拱坝以表面水平移监测为主，且宜在坝顶下游侧设置1个变形监测纵断面。必要时，土石坝可增设1个监测横断面。3. 选择基础稳固的坝端或近坝便于引测区域或设置必要的工作基点和校核基点
小(2)型			1. 具有通信条件的应设置不少于1个视频监视点。2. 坝长500m以上的根据需要增加监视点	存在渗漏的大坝渗流，坝高15m以上或影响较大的应设置其他监测点，根据情况设置监测点	1. 渗流压力监测横断面根据工程规模、坝型、坝高、坝长、下游影响等情况设置，坝高15m以上的根据需要设置监测横断面。2. 土石坝每个监测横断面宜设置2~3个监测点，一般设置在坝顶下游侧或坝心、坝脚或排水体前缘，必要时在下游坝坡监测设增或增加监测点，下游水位以近坝地下水位或绕坝渗漏的，根据需要增设监测点。3. 面板堆石坝如需设置渗流压力应根据情况确定		

注：本监测设施配置表为基本要求，各地可根据实际，提高建设标准

（五）调 度 运 用

综合利用水库调度通则

(1993 年 12 月 1 日 水利部 水管〔1993〕61 号)

第一章 总 则

第一条 为合理地科学地进行综合利用水库调度运用，保证水库防洪安全，充分发挥水库的综合效益，根据《中华人民共和国水法》，制定本通则。

第二条 本通则适用于综合利用的大型及重要中、小型水库，其他水库可参照执行。

第三条 水库调度运用要依据经审查批准的流域规划、水库设计、竣工验收及有关协议等文件。水库设计中规定的综合利用任务的主、次关系和调度运用原则及指标，在调度运用中必须遵守，不得任意改变，情况发生变化需改变时，要进行重新论证并报上级主管部门批准。

第四条 水库调度要在服从防洪总体安排保证水库工程安全的前提下，协调防洪、兴利及各用水部门的关系，充分发挥水库防洪、蓄水兴利的最大综合利用效益。

第五条 水库调度运用工作的主要内容：

1. 编制水库防洪与兴利调度运用计划；

2. 进行短期、中期、长期水文预报；

3. 进行水库实时调度运用。

第六条 水库管理单位应根据水库规划设计等有关文件、资料；并掌握水库所在流域及有关区域的自然地理、水文气象、社会经济、水利化发展、河道防洪工程系统及其保护对象、综合利用各部门用水要求等基本情况，为水库调度运用提供可靠的依据。

第七条 水库管理单位，要根据本通则并结合具体情况，编制本水库的调度运用规程，按照隶属关系报上级主管部门审定。影响范围跨省（自治区、直辖市）的重要水库，应报流域机构审定。由串联、并联水库群共同负担下游防洪和兴利任务的，水库群主管部门应主持制定联合调度运用方案，并负责指挥水库群的实时调度。水库管理单位应当根据批准的计划和水库主管部门的指令进行水库的调度运用。在汛期，水库调度运用必须服从防汛指挥机构的统一指挥。

第八条 水库调度运用要采用先进技术和设备，研究优化调度方案，依靠科学进步不断提高水库调度运用工作的技术水平。

第二章 水库调度运用指标和基本资料

第九条 水库调度运用的主要技术指标包括：上级批准或有关协议文件确定的校核洪水位、设计洪水位、防洪高水位、汛期限制水位、正常蓄水位、综合利用的下限水位、死水位、库区土地征用及移民迁安高程、下游防洪系统的安全标准、城市生活及工业供水量、农牧业供水量、水电厂保证出力等。

新建成的水库，如在工程验收时规定有初期运用要求的，应根据工程状况逐年或分阶段明确规定上述运用指标，经水库主管部门审定后使用。

第十条 基本资料是水库调度运用的基础，必须可靠。对水库调度运用关系重要的几项资料要求如下：

1. 库容曲线：应使用近期合格的 1/5000～1/25000 地形图量制的库容曲线成果。在多沙河流上的水库，要求三至五年施测一次库区地形图（包括水下部分），如发生大洪水应在当年汛后施测，并绘制新库容曲线。一般河流上的水库，当泥沙淤积对有效库容影响较大时，亦应施测库区地形图，修正原库容曲线，并按程序核定后公布使用。

2. 设计洪水：运行多年的水库应对原设计洪水进行复核，使用最新审批的成果。

3. 泄水、输水建筑物的泄流曲线：应经过实测资料率定。

4. 下游河道的安全泄流量：要采用流域防洪规划所规定的水库下游河道控制断面的安全泄流量。

水库管理单位，应将水库的基本资料汇编成册，并根据资料的积累和变化情况及时予以补充和修正。

第十一条 因工程情况或设计洪水、径流量、库容、泄洪能力、下游河道安全泄流量等基本数据发生重大变化，需要改变水库设计调度运用规定时，水库管理单位提出要求，由水库主管部门组织有关单位，在核实和修正基本资料的基础上，按照有关规程、规范复核修改运用指标，报上级主管部门审定后使用。

第三章 防 洪 调 度

第十二条 水库防洪调度的任务是：根据规划设计确定或上级主管部门核定的水库安全标准和下游防护对象的防洪标准、防洪调度方式及各防洪特征水位对入库洪水进行调蓄，保障大坝和下游防洪安全。遇超标准洪水，应力求保大坝安全并尽量减轻下游的洪水灾害。

第十三条 防洪调度的原则：

1. 在保证大坝安全的前提下，按下游防洪需要对洪水进行调蓄；

2. 水库与下游河道堤防和分、滞洪区防洪体系联合运用，充分发挥水库的调洪作用；

3. 防洪调度方式的判别条件要简明易行，在实时调度中对各种可能影响泄洪的因素要有足够的估计；

4. 汛期限制水位以上的防洪库容调度运用，应按各级防汛指挥部门的调度权限，实行分级调度。

第十四条 编制防洪调度计划，一般应包括以下内容：

1. 核定（或明确）各防洪特征水位；

2. 制定实时防洪调度运用方式及判别条件；

3. 制定防御超标准洪水的非常措施及其使用条件，重要水库要绘制垮坝淹没范围图；

4. 编制快速调洪辅助图表；

5. 明确实施水库防洪调度计划的组织措施和调度权限。

第十五条 水库在汛期应依据工程防洪能力和防护对象的重要程度，采取分级控制泄洪的防洪调度方式。水库控泄级别，按下游排涝、保护农田、保障城镇及交通干线安全等不同防护要求划分，依据其防护对象的重要程度和河道主槽、堤防、动用分洪措施的行洪能力，确定各级的安全标准、安全泄量和相应的调度权限。同时，还要明确规定遇到超过下游防洪标准的洪水后，水库转为保坝为主加大泄流的判别条件。

第十六条 入库洪水具有季节变化规律的水库，应实行分期防洪调度。如原规划设计未考虑的，可由管理单位会同设计单位共同编制分期防洪调度方案，经水库主管部门审批后实施。

分期洪水时段划分，要依据气象成因和雨情、水情的季节变化规律确定，时段划分不宜过短，两期衔接处要设过渡期，使水库水位逐步抬高；分期设计洪水，要按设计洪水规范的有关规定和方法计算；分期限制水位的制定，应依据计算的分期设计洪水（主汛期，应采用按全年最大取样的设计洪水），按照不降低工程安全标准、承担下游的防洪标准和库区安全标准的原则，以及相应的泄流方式，进行调洪计算确定。

第十七条 大型水库和重要中型水库，必须依据经审定的洪水预报方案，进行洪水预报调度。预报调度形式可视水库的具体情况和需要采用预泄、补偿调节、错峰调度方式等。无论采用上述哪种预报调度方式，在实施时，都要留有适当余地，以策安全。

第十八条 当遇到超过水库校核标准的洪水时，要及时向下游报警并尽可能采取紧急抢护措施，力争保主坝和重要副坝的安全。需要采取非常泄洪措施的，要预先慎重拟定启用非常泄洪措施的条件，制定下游居民的转移方案，按审批权限经批准后实施。

第十九条 在入库洪峰已过且已出现了最高库水位后的水库水位消落阶段，应在不影响土坝坝坡稳定和下游河道堤防安全的前提下，安排水库下泄流量，尽快腾库，在下次洪水到来前使库水位回降到汛限水位。

第二十条 具有防洪兴利重叠库容的水库，应根据设计确定的收水时间，安排汛末蓄水。在实施中，可根据当时的天气形势预报和得失净效益分析提出收水意见，经水库主管部门同意后，调整收水时间，及时蓄水。

第二十一条 多泥沙河流上的水库，应根据本水库的具体情况和泥沙运动规律，研究采用适宜的排沙方式，如"异重流"排沙、"蓄清排浑"和"泄空集中拉沙"等，实行调水调沙相结合的调度方式。

第二十二条 承担防凌任务的水库，应根据水库下游河道防凌的要求，制订凌汛期水库蓄泄的调度计划。

北方严寒地区的水库，要制订冬季保护大坝、闸门建筑物防冰冻的调度运用计划。

第四章 兴 利 调 度

第二十三条 水库兴利调度的任务是：依据规划设计确定的开发目标，合理调配水量，充分发挥水库的综合利用效益。

第二十四条 兴利调度的原则：

1. 在制订计划时，要首先满足城乡居民生活用水，既要保重点任务又要尽可能兼顾其他方面的要求，最大限度地综合利用水资源。

2. 要在计划用水、节约用水的基础上核定各用水部门供水量，贯彻"一水多用"的原则，提高水的重复利用率。

3. 兴利调度方式，要根据水库调节性能和兴利各部门用水特点拟定。

4. 库内引水，要纳入水库水量的统一分配和统一调度。

第二十五条 编制兴利调度计划，应包括以下内容：

1. 当年（期、月）来水的预测。

2. 协调有关各部门对水库供水的要求。

3. 拟定各时段的水库控制运用指标。

4. 根据上述条件，制订年（期、月）的具体供水计划。

第二十六条 在兴利方面，以城市工业及生活供水为主的水库，应在保证供水前提下，合理安排其他用水。对有特别重要供水任务的水库，应预留一部分备用水量，以备连续特枯年份使用。

第二十七条 在兴利方面，以灌溉为主，兼有发电、航运等任务的水库，在编制兴利调度计划时，应注意以下问题。

1. 合理地调整灌溉用水方式，减低供水高峰。

2. 充分利用灌区内的蓄水工程，在非灌溉期或非用水高峰时由水库提前放水充蓄；在用水高峰时，灌区内的蓄水工程可与水库共同供给灌区用水。

3. 结合灌溉供水，尽量兼顾发电、航运的要求。

第二十八条 在兴利方面，以发电为主，兼有灌溉、航运等任务的水库，在编制兴利调度计划时，应按设计中的规定，协调好发电与其他用水部门间的关系。

第二十九条 有竹木流放和过鱼要求的水库，其运用方式，应尽量满足竹木流放和过鱼的合理要求。

第三十条 在实时调度中，应根据当时的库水位和前期来水情况，参照调度图和水文气象预报，调整调度计划。

对于多年调节水库，在正常蓄水情况下，一般应控制调节年度末库水位不低于规定的年消落水位，为连续枯水年的用水储备一定的水量。

当遇到特殊干旱年，水库水位已落于限制供水区时，应根据当时具体情况核减供水量，重新调整各用水部门的用水量，经上级主管部门核准后执行。

第五章 水文观测与预报

第三十一条 大型及重要中型水库，应根据水文预报及水库调度的需要布设水文站网。都要建立入库、出库站。水库所设测站的观测与报汛，均应按照国家有关水文测验规范及水文情报预报拍报办法进行。

水文测站设定以后，应长期稳定，但当流域水文情势发生重大变化时应及时调整，在调整重要水文站时，要与有关部门协商，必须使水文观测资料前后衔接。

第三十二条 为保证水库正常调度运用，水库管理单位应充分利用各种通信设施，必要时要设立专用通信手段，以保证水文信息传递及时准确，同时要做到与上、下游防汛指挥部门及有关单位通信联系畅通无阻。大型和重要中型水库，应建立自动测报和预报系统，以提高水库的调度水平。

第三十三条 大型及重要中型水库必须开展水文预报工作。各水库编制的水文预报方案须经水库主管部门审定。已使用的预报方案，应根据实测资料积累情况，进行修改或补充。实时水文预报，应按照规定发至有关单位和部门，并根据水情、雨情的变化，及时发出修正预报。

第六章 调度管理及工作制度

第三十四条 大型及重要中、小型水库，编制本水库调度运用规程的主要内容应包括：

1. 本水库承担的任务，调度运用的原则和要求；
2. 主要运用指标；
3. 防洪调度规则；
4. 兴利调度规则及绘制调度图；
5. 水文情报与预报规定；
6. 水库调度工作的规章制度。

水库管理单位要依照本水库的调度运用规程，编制调度运用计划，包括年、供水期、月（视具体需要而定）的兴利调度运用计划和汛期的调度运用计划，报请水库主管部门审批后实施，并抄报上级主管部门备查。

第三十五条 重要大型水库，应编制水库调度月报上报水库主管部门。其内容有：

1. 水库以上流域水文实况；
2. 水库调度运用过程及特征值；
3. 下月的水库调度计划和要求。

第三十六条 水库管理单位要建立调度值班制度，汛期值班人员应做到：

1. 及时收集水文气象情报，进行洪水预报作业，提出调度意见。
2. 密切注意水库安全以及上、下游防洪抢险情况，当发生异常情况时，要及时向防汛负责人和有关领导汇报。
3. 当水库泄洪、排沙或改变运用方式以及工程发生异常情况危及大坝和下游群众生命财产安全等情况时，要把情况和上级主管领导的决定，及时向有关单位联系传达。
4. 做好值班调度记录，严格履行交接班手续。对重要的调度命令和上级指示要进行录音或文字传真。
5. 严格遵守防汛纪律，服从上级主管部门调度指挥。

平时，水库管理单位要配备专职调度人员，负责处理日常的兴利调度事宜。

第三十七条 水库管理单位要建立水库调度运用技术档案制度，水文数据、水文气象预报成果、调度方案的计算成果、调度决策、水库运用数据等，要按规定及时整理归档。

第三十八条 水库调度一般每年都要进行总结，总结报告应报水库主管部门备案。总结的内容应包括：对当年来水情况（雨情、水情，多沙河流包括沙情）的分析；水文气象预报成果及其误差评定；水库防洪、兴利调度，合理性分析；综合利用经济效益评价；经验教训及今后的改进意见。

第七章 附 则

第三十九条 各流域机构和各省、自治区、直辖市水行政主管部门，可根据本通则拟定实施细则。

第四十条 本通则由水利部负责解释。

第四十一条 本通则自发布之日起施行。

大中型水库汛期调度运用规定（试行）

（2021 年 6 月 22 日　水利部　水防〔2021〕189 号）

第一章　总　　则

第一条　为规范大中型水库汛期调度运用，确保水库安全运行，充分发挥水库防洪和其他效益，根据《中华人民共和国水法》《中华人民共和国防洪法》《中华人民共和国防汛条例》等法律法规以及有关标准规范和水利部相关规章制度，制定本规定。

第二条　本规定适用于承担防洪（防凌）任务，泄洪设施具备控泄条件的大型和中型水库（含水电站，下同）。

第三条　水库汛期调度运用应当坚持安全第一、统筹兼顾，兴利服从防洪、局部服从整体的原则，实行统一调度、分级负责，在服从防洪总体安排、保证水库工程安全的前提下，协调防洪、供水、生态、调沙、发电、航运等关系，充分发挥水库综合效益。

第四条　水库汛期调度运用工作主要包括：年度汛期调度方案（运用计划）编制、审批及备案，雨水情监测预报，实时调度方案制定及调度指令下达，调度指令执行，预警信息发布，调度过程记录，调度总结分析和其他相关调度管理等工作。

第五条　本规定所称调度管理单位是指对水库有防洪调度权限的水行政主管部门和流域管理机构；调度执行单位是指具体执行防洪调度指令的水库运行管理单位。

第二章　年度汛期调度方案（运用计划）

第六条　调度执行单位汛前应当组织编制水库年度汛期调度方案（运用计划），经有审批权限的调度管理单位审查批复后执行，并报有管辖权的人民政府防汛指挥机构备案。如工程状况、运行条件、工程保护对象、设计洪水等情况发生变化时，应当及时修订报批；如工程状况、运行条件、工程保护对象、设计洪水等情况基本无变化，调度执行单位每年汛前应当向审批单位报备或者报告。流域水库群年度汛期联合调度方案（运用计划）由流域管理机构组织编制，报水利部审批。

第七条　水库年度汛期调度方案（运用计划）或水库群年度汛期联合调度

方案（运用计划）应当依据流域防御洪水方案和洪水调度方案，工程规划设计、调度规程，结合枢纽运行状况，近年汛期调度总结及当年防洪形势等编制。对存在病险的水库，应当根据病险情况制定有针对性的年度汛期调度方案（运用计划），确保安全度汛。

第八条　水库年度汛期调度方案（运用计划）主要内容包括：编制目的和依据、防洪及其他任务现状、雨水情监测及洪水预报、洪水特性、特征水位及库容、调度运用条件、防洪（防凌）调度计划、调度权限、防洪度汛措施等，其中，防洪（防凌）调度计划应包含调度任务和原则、调度方式、汛限水位及时间、运行水位控制及条件、下泄流量控制要求、供水、生态、调沙、发电和航运等其他调度需求。

第九条　水库群年度汛期联合调度方案（运用计划）主要内容包括：编制目的和依据、纳入联合调度范围的水库、联合调度原则和目标、联合调度方案、各水库调度方式、调度权限、信息报送及共享等。

第十条　有审批权限的调度管理单位应于汛前完成对水库年度汛期调度方案（运用计划）、水库群年度汛期联合调度方案（运用计划）的批复，并按规定报备。

第三章　雨水情监测预报

第十一条　调度执行单位应当组织建设完善雨水情自动测报系统，并充分共享水文等部门已有监测信息，开展雨水情监测、水文作业预报并报送相关信息等。每年汛前开展专项检查，确保设备、系统正常运行和监测数据准确可靠。

第十二条　调度执行单位应当结合已建水文气象测站，合理布设雨水情监测站点，实现雨量、入库流量、出库流量、库水位等实时测报。洪水期要加密测报频次。

第十三条　调度管理单位、调度执行单位应当开展或组织协调水文等部门共同开展水文作业预报，水文作业预报必须由水文专业技术人员承担。水文部门应当加强对大中型水库所在区域的水文作业预报。在暴雨洪水期间，应密切跟踪雨水情变化，及时滚动分析预报。预报时限、预报频次、精度和有效预见期应满足防洪调度及水库运行管理需求。

第十四条　水文预报方案应当满足相关规范要求。预报方案应包括入库流量、库水位预报等内容，预报方案精度应当达到乙级或者以上。作业预报过程中，应当加强水文气象耦合、预报调度耦合，进行实时校正和滚动预报，提高预报精度、延长预见期。

第十五条　调度执行单位应当及时向调度管理单位及相关水文部门报送雨

水情、工情、实时调度情况、预报情况等信息。信息报送频次、时效性应满足预报调度等要求。调度管理单位、调度执行单位、受影响区域有关部门应当积极推动雨水工情和调度运行信息实时共享。

第四章　实时调度方案制定及调度指令下达

第十六条　调度管理单位汛期应当密切关注实时及预报雨水情，统筹防洪、供水、生态、调沙、发电、航运等需求和水库当前工情，明确调度目标，组织制订实时调度方案，经调度会商决策后，向调度执行单位下达相应调度指令。

第十七条　调度指令应简洁准确，避免歧义。应当明确调度执行单位、调度对象、执行时间，以及出库流量、水库水位、开闸（孔）数量、机组运行台数（可根据水库实际选取相应指标）等要求。一般情况下调度指令提前一定时间下达，为调度指令执行和水库上下游做好相关安全准备留有一定时间，紧急情况下第一时间下达。

第十八条　调度指令应当以书面形式下达。紧急情况下，调度管理单位主要负责人或其授权的负责人可通过电话方式下达调度指令并做好记录，后续及时补发书面调度指令。

第十九条　调度指令除下达给调度执行单位外，应当抄送水库调度影响范围内的人民政府防汛指挥机构、地方水行政主管部门、上一级水行政主管部门或者流域管理机构，以及航运、发电等其他相关行业管理部门和单位。调度管理单位应当确保调度指令及时送达调度执行单位及相关部门和单位。

第五章　调 度 指 令 执 行

第二十条　调度执行单位应当根据经批复的水库调度规程、年度汛期调度方案（运用计划）等实施水库调度，在调度管理单位下达调度指令进行实时调度时，调度执行单位按照调度指令做好水库实时调度。

第二十一条　调度执行单位应当严格执行调度指令，按照调度指令规定的时间节点和要求进行相应调度操作，可采取书面、电话等方式反馈调度指令执行情况并做好调度记录。

第二十二条　调度执行单位对调度指令有异议时，应当及时与调度管理单位沟通，在没有接收到新的调度指令前，仍应执行当前调度指令。

第二十三条　遇特殊情况不能按照水库调度规程、年度汛期调度方案（运用计划）或调度指令调度的，调度执行单位应当及时向调度管理单位报告请示，经批准后实施；遇紧急水情、工情并危及工程等安全时，调度执行单位可根据相关预案，先行采取应急调度措施，在操作的同时同步将调度情况上报调度管理单位，并及时报送相关原因等说明材料。

第二十四条 调度管理单位应当强化水库调度运行监督管理，通过雨水情系统、电话询问、网络视频等方式实时监控水库调度运行、调度指令执行等情况，视情况可到现场监督检查。监督检查发现未按照水库调度规程和年度汛期调度方案（运用计划）调度的，或者未按调度指令执行的，调度管理单位应立即督促纠正。

第二十五条 对未按批复的水库调度规程、汛期调度方案（运用计划）或调度指令执行而违规调度的，调度管理单位对调度执行单位和相关责任人实施责任追究或提出责任追究建议。

第六章 预警信息发布

第二十六条 调度管理单位、调度执行单位应当与地方人民政府防汛指挥机构、有关部门和单位建立水库调度或蓄放水预警信息发布机制，明确相应责任和预警范围、方式等，协同开展预警宣传、演练与发布工作。

第二十七条 因水库防洪或抗旱调度导致水库上、下游径流或水位将发生明显改变时，调度执行单位应当根据预警信息发布机制责任分工，第一时间按要求发布水库调度或蓄放水预警信息，提醒有关地方、部门和单位及社会公众及时掌握河道水情变化，做好避险防范工作。

第七章 调度管理

第二十八条 调度执行单位应当配备专业技术人员，熟悉水库所在流域的水文气象特点、暴雨洪水特性，掌握水库调度规程、年度汛期调度方案（运用计划）、水库调度的制约因素、关键环节和潜在风险等。

第二十九条 调度管理单位、调度执行单位应当将调度业务培训纳入工作计划，并按计划对调度岗位人员开展相应调度业务培训，提高调度管理能力与水平。

第三十条 调度管理单位、调度执行单位每年汛前应当组织开展水库防洪调度演练（包括梯级水库联合防洪调度或单库防洪调度演练等多种形式）。

第三十一条 调度执行单位应当做好水库调度运行纸质或电子信息记录（包括库水位、入库流量、出库流量及其对应时刻、闸门启闭、电站机组出力、预警信息、调度指令内容及执行情况等），记录频次应不少于水库报汛频次，洪水期间应当详细记录所有调度和操作信息。

第三十二条 洪水调度过程和汛期结束后，调度执行单位应当及时做好水库汛期调度工作总结，并报水库调度管理单位。调度总结包括调度任务、原则和目标、雨水情监测及洪水预报、调度过程、调度成效、问题和经验等内容。

汛期，调度管理单位应及时汇总管辖范围内水库防洪调度效益，并上报上级水行政主管部门，省级水行政主管部门应当同时报送流域管理机构。

第三十三条　开展水库应急调度时，按相关规定或应急预案执行。

第八章　附　　则

第三十四条　本规定自发布之日起施行。

（六）应 急 预 案

水库防汛抢险应急预案编制大纲

（2006 年 3 月 13 日　国家防汛抗旱总指挥部　办海〔2006〕9 号）

目　录

1 总　　则

1.1 编 制 目 的

为了规范、指导《水库防汛抢险应急预案》（以下简称《应急预案》）的编制，制定本大纲。

编制《应急预案》是为了提高水库突发事件应对能力，切实做好水库遭遇突发事件时的防洪抢险调度和险情抢护工作，力保水库工程安全，最大程度保障人民群众生命安全，减少损失。

1.2 编 制 依 据

《应急预案》的编制依据是《中华人民共和国防洪法》《中华人民共和国防汛条例》《水库大坝安全管理条例》等有关法律、法规、规章以及有关技术规范、规程和经批准的水库汛期调度运用计划。

1.3 工 作 原 则

《应急预案》的编制应以确保人民群众生命安全为首要目标，体现行政首长负责制、统一指挥、统一调度、全力抢险、力保水库工程安全的原则。

1.4 适 用 范 围

1.4.1 水库遭遇的突发事件是指水库工程因以下因素导致重大险情：

1. 超标准洪水；
2. 工程隐患；
3. 地震灾害；
4. 地质灾害；
5. 上游水库溃坝；
6. 上游大体积漂移物的撞击事件；
7. 战争或恐怖事件；
8. 其他。

1.4.2 本大纲适用于大中型水库，小型水库可参照执行。

2 工 程 概 况

2.1 流 域 概 况

2.1.1 水库所在流域有关的自然地理、水文气象及流域内水利工程建设等基本情况。

2.2 工程基本情况

2.2.1 工程基本情况包括：水库工程等级、坝型以及挡水、泄水、输水等建筑物的基本情况，列出水库工程技术特性表。

2.2.2 有关技术参数及泄流曲线、库容曲线等。

2.2.3 历次重大改建、扩建、加固等基本情况。

2.2.4 大坝历次安全鉴定情况简述，附水库大坝安全鉴定报告书。

2.2.5 工程存在的主要防洪安全问题。

2.3 水 文

2.3.1 水库所在流域暴雨、洪水特征。

2.3.2 水库所在流域水文测站（包括水文自动测报系统）分布、观测项目。

2.3.3 简述水库报汛方式及洪水预报方案，以及预见期、预报精度等。

2.4 工程安全监测

2.4.1 简述水库工程安全监测项目、测点分布以及监测设施、工况等。

2.4.2 以往水库工程安全监测情况，重点分析发现的异常现象。

2.5 汛期调度运用计划

2.5.1 经批准的水库汛期调度运用计划。

2.6 历史灾害及抢险情况

2.6.1 水库兴建以前，工程所在流域发生的洪水、地震、地质等重大灾害的相关情况。

2.6.2 水库兴建以来，工程所在流域发生的大洪水、地震、地质灾害和工程重大险情等，以及水库调度、抢险和灾害损失等情况。

3 突发事件危害性分析

3.1 重大工程险情分析

3.1.1 根据水库实际情况，分析可能导致水库工程出现重大险情的主要因素。

3.1.2 分析可能出现重大险情的种类，估计可能发生的部位和程度。

3.1.3 分析可能出现的重大险情对水库工程安全的危害程度。

3.2 大坝溃决分析

3.2.1 根据水库实际情况,分析可能导致水库大坝溃决的主要因素。

3.2.2 分析可能发生的水库溃坝形式。

3.2.3 参照有关技术规范,进行溃坝洪水计算。

3.2.4 分析水库溃坝洪水对下游防洪工程、重要保护目标等造成的破坏程度和影响范围,绘制水库溃坝风险图。

3.2.5 分析水库溃坝对上游可能引发滑坡崩塌的地点、范围和危害程度。

3.3 影响范围内有关情况

3.3.1 确定影响范围内的人口、财产等社会经济情况。

3.3.2 确定影响范围内的工程防洪标准以及下游河道安全泄量等。

4 险情监测与报告

4.1 险情监测和巡查

4.1.1 规定水库工程险情监测、巡查的部位、内容、方式、频次等。

4.1.2 规定监测、巡查人员组成及监测、巡查结果的处理程序。

4.2 险情上报与通报

4.2.1 规定险情上报、通报的内容、范围、方式、程序、频次和联络方式等。

5 险 情 抢 护

5.1 抢 险 调 度

5.1.1 根据水库发生的险情,确定水库允许最高水位及最大下泄流量,制定相应的水库抢险调度方案。

5.1.2 根据抢险调度方案制定相应的操作规程,明确水库调度权限、执行部门等。

5.2 抢 险 措 施

5.2.1 根据险情及抢险调度方案,制定相应的抢险措施。

5.3　应　急　转　移

5.3.1　确定受威胁区域人员及财产转移安置任务。

5.3.2　根据受威胁区域现有交通状况、社区分布和安置点的分布情况，制定应急转移方案。

5.3.3　规定人员转移警报发布条件、形式、权限及送达方式等。

5.3.4　确定组织和实施受威胁区域人员和财产转移、安置的责任部门和责任人。

5.3.5　制定人员和财产转移后的警戒措施，明确责任部门。

6　应　急　保　障

6.1　组　织　保　障

6.1.1　明确水库防汛指挥部指挥长、副指挥长及成员单位负责人，明确实施《应急预案》的职责分工和工作方式。

6.1.2　确定水库应急抢险专家组组成。

6.2　队　伍　保　障

6.2.1　根据抢险需求和当地实际情况，确定抢险队伍组成、人员数量和联系方式，明确抢险任务，提出设备要求等。

6.3　物　资　保　障

6.3.1　根据抢险要求，提出抢险物资种类、数量和运达时间要求。

6.3.2　说明水库自备和可征调的抢险物资种类、数量、存放地点，以及交通运送、联系方式等。

6.4　通　信　保　障

6.4.1　规定紧急情况下，水情、险情信息的应急传送方式。

6.4.2　规定抢险指挥的通信方式。

6.5　其　他　保　障

6.5.1　规定交通、卫生、饮食、安全等其他保障措施。规定宣传报道的发布权限和方式等。

7 《应急预案》启动与结束

7.1 启动与结束条件

7.1.1 明确启动与结束《应急预案》的条件。

7.2 决策机构与程序

7.2.1 明确启动和结束《应急预案》的决策机构与程序。

8 附 件

8.1 附 图

1. 水库及其下游重要防洪工程和重要保护目标位置图;
2. 水库枢纽平面布置图;
3. 水库枢纽主要建筑物剖面图;
4. 水库水位-库容-面积-泄量关系曲线图;
5. 水库洪水风险图。

8.2 附 表

1. 水库工程技术特性表（附录 A）
2. 水库下游主要河段安全泄量、相应洪水频率和水位表;
3. 水库险情及抢险情况报告表（附录 B）。

8.3 大坝安全鉴定报告书

附录A 水库工程技术特性表

高程系统：

	水库名称		主坝	坝型	
	建设地点			坝顶高程（m）	
	所在河流			最大坝高（m）	
	流域面积（km²）			坝顶长度（m）	
	管理单位名称			坝顶宽度（m）	
	主管单位名称			坝基地质	
	竣工日期			坝基防渗措施	
	工程等别			防浪墙顶高程（m）	
	地震基本烈度/抗震设计烈度		副坝	坝型	
	多年平均年降水量			坝顶高程（m）	
设计	洪水标准（%）			坝顶长度（m）	
	洪峰流量（m³/s）			坝顶宽度（m）	
	3日洪量（m³）		正常溢洪道	型式	
校核	洪水标准（%）			堰顶高程（m）	
	洪峰流量（m³/s）			堰顶净宽（m）	
	3日洪量（m³）			闸门型式	
水库特性	水库调节特性			闸门尺寸	
	校核洪水位（m）			最大泄量（m³/s）	
	设计洪水位（m）			消能型式	
	正常蓄水位（m）			启闭设备	
	汛限水位（m）		非常溢洪道	型式	
	死水位（m）			堰顶高程（m）	
	总库容（m³）			堰顶净宽（m）	
	调洪库容（m³）			最大泄量（m³/s）	
	兴利库容（m³）			消能型式	
	死库容（m³）		其他泄洪设施		
工程运行	历史最高库水位（m）及发生日期				
	历史最大入库流量（m³/s）及发生日期		备注		
	历史最大出库流量（m³/s）及发生日期				

1458

附录 B 水库险情及抢险情况报告表

填报时间：

	工情		险情			灾情		抢险措施				备注
	设计标准	现行标准	出险部位	出险时间	处理情况	险情可能造成的影响	可能造成损失	技术措施	抢险物资	抢险队伍 部队	地方	
水库大坝												
泄水建筑物												
输水建筑物												
下游堤防												
其他												
水情	水库水位（m）	蓄水量（m³）		入库流量（m³/s）		出库流量（m³/s）		其他				备注
出险时水情												
最新水情												

填报单位：(盖章)   填报人：   填报单位负责人：   联系电话：

（七）注册登记与降等报废

水库大坝注册登记办法

（1995 年 12 月 28 日发布　水利部　水管〔1995〕290 号，

1997 年 12 月 25 日重新发布　水利部　水政资〔1997〕538 号）

第一条　为掌握水库大坝的安全状况，加强水库大坝的安全管理和监督，根据国务院发布的《水库大坝安全管理条例》，制定本办法。

第二条　本办法适用于中华人民共和国境内库容在 10 万立方米以上已建成的水库大坝。所指大坝包括永久性挡水建筑物以及与其配合运用的泄洪、输水等建筑物。

第三条　县级及以上水库大坝主管部门是注册登记的主管部门。水库大坝注册登记实行分部门分级负责制。

省一级或以上各大坝主管部门负责登记所管辖的库容在 1 亿立方米以上大型水库大坝和直管的水库大坝；地（市）一级各大坝主管部门负责登记所管辖的库容在 1000 万至 1 亿立方米（不含 1 亿立方米）的中型水库大坝和直管的水库大坝；县一级各大坝主管部门负责登记所管辖的库容在 10 万至 1000 万立方米（不含 1000 万立方米）的小型水库大坝。登记结果应进行汇编、建档，并逐级上报。各级水库大坝主管部门可指定机构受理大坝注册登记工作。

第四条　国务院水行政主管部门负责全国水库大坝注册登记的汇总工作。国务院各大坝主管部门和各省、自治区、直辖市水行政主管部门负责所管辖水库大坝注册登记的汇总工作，并报国务院水行政主管部门。

第五条　凡符合本办法第二条规定已建成运行的大坝管理单位，应到指定的注册登记机构申报登记。没有专管机构的大坝，由乡镇水利站申报登记。

大坝注册登记需履行下列程序：

（一）申报：已建成运行的大坝管理单位应携带大坝主要技术经济指标资料和申请书，按第三条的规定向大坝主管部门或指定的注册登记机构申报登记。注册登记受理机构认可后，即应发给相应的登记表，由大坝管理单位认真填写，经所管辖水库大坝的主管部门审查后上报。

（二）审核：注册登记机构收到大坝管理单位填报的登记表后，即应进行审查核实。

（三）发证：经审查核实，注册登记受理机构应向大坝管理单位发给注册登记证。注册登记证要注明大坝安全类别，属险坝者，应限期进行安全加固，并规定限制运行的指标。

第六条　已建成的水库大坝，自本办法施行之日起，6 个月内不申报登记的，属违章运行，造成大坝事故的，按《水库大坝安全管理条例》罚则的有关规定处理。

第七条　已注册登记的大坝完成扩建、改建的；或经批准升、降级的；或大坝隶属关系发生变化的，应在此后 3 个月内，向登记机构办理变更事项登记。大坝失事后应即向主管部门和登记机构报告。

第八条　水库大坝应按国务院各大坝主管部门规定的制度进行安全鉴定。鉴定后，大坝管理单位应在 3 个月内，将安全鉴定情况和安全类别报原登记机构，大坝安全类别发生变化者，应向原登记受理机构申请换证。

第九条　经主管部门批准废弃的大坝，其管理单位应在撤销前，向注册登记机构申请注销，填报水库大坝注销登记表，并交回注册登记证。

第十条　水库大坝注册登记的数据和情况应实事求是、真实准确，不得弄虚作假。注册登记机构有权对大坝管理单位的登记事项进行检查，并每隔 5 年对大坝管理单位的登记事项普遍复查一次。

第十一条　经发现已登记的大坝有关安全的数据和情况发生变更而未及时申报换证或在具体事项办理中有弄虚作假行为，由县级以上水库大坝主管部门对大坝管理单位处以警告或 1000 元以下罚款，对有关责任人员由其上级主管部门给予行政处分。

第十二条　水库大坝注册登记证和登记表应按照附件格式由国务院各大坝主管部门统一印制。国务院各大坝主管部门，可根据本部门需要增加登记表的附页。

大坝注册登记时，登记机构可收取注册登记表证的工本费。

水库降等与报废管理办法（试行）

（2003 年 5 月 26 日　水利部令第 18 号）

第一条　为加强水库安全管理，规范水库降低等别（以下简称降等）与报废工作，根据《中华人民共和国水法》和《水库大坝安全管理条例》，制定本办法。

第二条　本办法适用于总库容在 10 万立方米以上（含 10 万立方米）的已建水库。

第三条　降等是指因水库规模减小或者功能萎缩，将原设计等别降低一个或者一个以上等别运行管理，以保证工程安全和发挥相应效益的措施。

报废是指对病险严重且除险加固技术上不可行或者经济上不合理的水库以及功能基本丧失的水库所采取的处置措施。

第四条　县级以上人民政府水行政主管部门按照分级负责的原则对水库降等与报废工作实施监督管理。

水库主管部门（单位）负责所管辖水库的降等与报废工作的组织实施；乡镇人民政府负责农村集体经济组织所管辖水库的降等与报废工作的组织实施。

前款规定的水库降等与报废工作的组织实施部门（单位）、乡镇人民政府，统称为水库降等与报废工作组织实施责任单位。

第五条　水库降等与报废，必须经过论证、审批等程序后实施。

第六条　报废的国有水库资产的处理，执行国有资产管理的有关规定。

第七条　符合下列条件之一的水库，应当予以降等：

（一）因规划、设计、施工等原因，实际工程规模达不到《水利水电工程等级划分及洪水标准》（SL 252—2000）规定的原设计等别标准，扩建技术上不可行或者经济上不合理的；

（二）因淤积严重，现有库容低于《水利水电工程等级划分及洪水标准》（SL 252—2000）规定的原设计等别标准，恢复库容技术上不可行或者经济上不合理的；

（三）原设计效益大部分已被其他水利工程代替，且无进一步开发利用价值或者水库功能萎缩已达不到原设计等别规定的；

（四）实际抗御洪水标准不能满足《水利水电工程等级划分及洪水标准》（SL 252—2000）规定或者工程存在严重质量问题，除险加固经济上不合理或者技术上不可行，降等可保证安全和发挥相应效益的；

（五）因征地、移民或者在库区淹没范围内有重要的工矿企业、军事设施、国家重点文物等原因，致使水库自建库以来不能按照原设计标准正常蓄水，且难以解决的；

（六）遭遇洪水、地震等自然灾害或战争等不可抗力造成工程破坏，恢复水库原等别经济上不合理或技术上不可行，降等可保证安全和现阶段实际需要的；

（七）因其他原因需要降等的。

第八条　符合下列条件之一的水库，应当予以报废：

（一）防洪、灌溉、供水、发电、养殖及旅游等效益基本丧失或者被其他工程替代，无进一步开发利用价值的；

（二）库容基本淤满，无经济有效措施恢复的；

（三）建库以来从未蓄水运用，无进一步开发利用价值的；

（四）遭遇洪水、地震等自然灾害或战争等不可抗力，工程严重毁坏，无恢复利用价值的；

（五）库区渗漏严重，功能基本丧失，加固处理技术上不可行或者经济上不合理的；

（六）病险严重，且除险加固技术上不可行或者经济上不合理，降等仍不能保证安全的；

（七）因其他原因需要报废的。

第九条　凡符合本办法第七条、第八条规定，应当予以降等或者报废的水库，由水库降等与报废工作组织实施责任单位根据水库规模委托符合《工程勘察资质分级标准》和《工程设计资质分级标准》（建设部建设〔2001〕22 号）规定的具有相应资质的单位提出水库降等或者报废论证报告。

水库降等论证报告内容应当包括水库的原设计及施工简况、运行现状、运用效益、洪水复核、大坝质量评价、降等理由及依据、实施方案。

水库报废论证报告内容应当包括水库的运行现状、运用效益、洪水复核、大坝质量评价、报废理由及依据、风险评估、环境影响及实施方案。

小型水库，根据其潜在的危险程度，参照本条第二款、第三款规定确定论证内容，可以适当从简。

第十条　水库降等或者报废论证报告完成后，需要降等或者报废的，水库降等与报废工作组织实施责任单位应当逐级向有审批权限的机关提出申请。申请材料包括：

（一）降等或者报废申请书；

（二）降等或者报废论证报告；

（三）报废水库的资产核定材料；

（四）其他有关材料。

第十一条　水行政主管部门及农村集体经济组织管辖的水库降等，由水行政主管部门或者流域机构按照以下规定权限审批，并报水库原审批部门备案：

（一）跨省际边界或者对大江大河防洪安全起重要作用的大（1）型水库，由国务院水行政主管部门审批；

（二）对大江大河防洪安全起重要作用的大（2）型水库和跨省际边界的其他水库，由流域机构审批；

（三）除第（一）项、第（二）项以外的大型和中型水库由省级水行政主管部门审批；

（四）上述规定以外的小（1）型水库由市（地）级水行政主管部门审批，小（2）型水库由县级水行政主管部门审批；

（五）在一个省（自治区、直辖市）范围内的跨行政区域的水库降等报共同的上一级水行政主管部门审批。

水库报废按照同等规模新建工程基建审批权限审批。

其他部门（单位）管辖的水库降等与报废，审批权限按照该部门（单位）的有关规定执行。审批结果应当及时报同级水行政主管部门及防汛抗旱指挥机构备案。

第十二条　审批机关应当组织或委托有关单位组成由计划、财政、水行政等有关部门（单位）代表及相关专家参加的专家组，对水库降等或者报废论证报告进行审查，并在自接到降等或者报废申请后三个月内予以批复。

第十三条　水库降等与报废工作组织实施责任单位应当根据批复意见，及时组织实施水库降等或者报废的有关工作。

第十四条　水库降等的组织实施包括以下措施：

（一）必要的加固措施；

（二）相应运行调度方案的制定；

（三）富余职工安置；

（四）资料整编和归档；

（五）批复意见确定的其他措施。

第十五条　水库报废的组织实施包括以下措施：

（一）安全行洪措施的落实；

（二）资产以及与水库有关的债权、债务合同、协议的处置；

（三）职工安置；

（四）资料整编和归档；

（五）批复意见确定的其他措施。

第十六条　水库报废的组织实施责任单位应当妥善安置原水库管理人员，

库区和管理范围内的设施、土地的开发利用要优先用于原水库管理人员的安置。

第十七条 水库降等与报废工作所需经费，由水库降等与报废工作组织实施责任单位负责筹措。

第十八条 水库降等与报废实施方案实施后，由水库降等与报废工作组织实施责任单位提出申请，审批部门组织验收。

第十九条 水库降等与报废工作经验收后，应当按照《水库大坝注册登记办法》的有关规定，办理变更或者注销手续。

第二十条 对应当予以降等和报废的水库不及时降等和报废以及违反本办法规定进行降等、报废的，由县级以上人民政府水行政主管部门或者流域机构责令相关责任单位限期改正；造成安全事故等严重后果的，对负有责任的主管人员和其他直接责任人员给予行政处分；构成犯罪的，依法追究刑事责任。

第二十一条 各省、自治区、直辖市人民政府水行政主管部门可以根据本办法制定实施细则。

第二十二条 本办法由水利部负责解释。

第二十三条 本办法自 2003 年 7 月 1 日起施行。

（八）监督检查

水利工程运行管理督查工作指导意见

（2013 年 1 月 29 日　水利部　水建管〔2013〕41 号）

　　为加强水利工程运行管理监督工作，规范水利工程管理，促进工程安全运行，充分发挥工程效益，保障水资源的可持续利用，支撑经济社会的可持续发展，根据《中华人民共和国水法》《中华人民共和国防洪法》《水库大坝安全管理条例》《中华人民共和国河道管理条例》等有关法律法规的规定和要求，水利部决定建立水利工程运行管理督查制度，对全国已建水库、水闸、河道堤防等各类水利工程运行管理开展监督检查。现就水利工程运行管理监督检查（以下简称水利工程督查）提出以下意见。

一、指导思想

　　（一）以科学发展观为指导，坚持以人为本，深入贯彻落实新时期中央水利工作方针和治水方略，加快推进民生水利发展，巩固水利建设成果，让水利改革发展成果更好地惠及人民群众，确保水利工程建得成、管得好、用得起、长受益，从对人民群众生命财产安全高度负责的要求出发，全面加强水利工程督查工作，有效预防各类水利工程运行事故的发生，促进水利工程规范运行、安全运行、良性运行和管理现代化，充分发挥效益。

二、基本原则

　　（二）坚持依法依规、注重实效。以水利工程运行管理相关法律法规、技术标准为依据，充分考虑水利工程所在区域、功能特点等实际情况，综合运用法律、行政和技术等手段，务实高效开展督查工作，确保督查工作取得实效。

　　（三）坚持稳步推进、突出重点。按照水利工程的类型和分布，统筹规划各类水利工程督查工作，区分轻重缓急，分批组织实施，突出涉及防洪安全、供水安全、粮食安全、生态安全以及区域经济效益明显的重要水利工程督查。

　　（四）坚持点面结合、以点带面。注重分析总结各地水利工程运行管理工作中存在的共性问题、突出问题，不断扩大督查工作的影响范围和示范效果，通过举一反三，推动区域水利工程运行管理水平的整体提高。

　　（五）坚持督促检查、帮助提高。切实发挥督促检查作用，从水利工程运行管理工作各个层面和重要环节，逐步加强水利工程运行管理及其监管工作，充分发挥帮助指导作用，全方位提高基层单位和管理人员的安全责任意识、政策水平和业务能力。

三、主要任务

（六）督促地方各级水行政主管部门和流域管理机构认真贯彻《中华人民共和国水法》《中华人民共和国防洪法》《水库大坝安全管理条例》《中华人民共和国河道管理条例》等法律法规，落实管理各方责任，完善运行管理机制，掌握水利工程运行管理工作组织开展情况。

（七）监督检查水库、水闸、河道堤防等水利工程主管部门、管理单位执行相关法律法规、规章制度和技术标准的情况，及时发现问题，督促整改落实。

（八）通过开展水利工程督查，点面结合，全面了解水利工程运行管理情况，分析存在的普遍问题和突出问题，提出加强水利工程运行管理的工作建议和意见。

四、督查范围

（九）本指导意见适用于水利部监督检查地方各级水行政主管部门和流域管理机构对其辖区内的水利工程运行管理工作的监管情况，以及全国已建水库、水闸、河道堤防等水利工程运行管理情况，其中大中型水库、大中型水闸、3级及以上河道堤防以及已完成整治任务的中小河流重点整治项目等为督查的重点。

五、主要内容

（十）对地方水行政主管部门监管工作的主要督查内容：

管理责任制情况。地方政府、主管部门有关责任人的落实及履行职责情况，责任追究制度落实情况。

工作机制情况。地方政府和水行政主管部门制定的有关运行管理规章制度及其执行情况，水行政主管部门相关内设机构设置、职责、人员配备及工作开展情况。

水管体制改革和运行管理有关工作情况。"两项经费"落实情况，注册登记工作开展情况，安全鉴定组织实施情况，除险加固计划制定、执行以及保证措施等情况，水利工程运行管理监管工作开展情况，水利工程管理考核工作开展情况。

（十一）对水库管理单位运行管理工作的主要督查内容：

管理责任制情况。水库管理单位有关责任人的落实及履行职责情况，责任追究制度落实情况。

管理体制情况。管理机构设置、人员配备与培训情况，日常管理、安全管理、内部管理等规章制度的建立与执行情况，人员基本支出、工程维修养护经费落实情况。

水库及库区管理情况。水库大坝及库区的确权划界情况，注册登记情况，安全鉴定以及采取的除险加固处理或病险水库保坝运行措施情况，水库大坝、闸门及其启闭设备运行状况，隐患排查及整改落实情况，调度运用规程编制及有关调度执行情况，水情测报系统建立与运用情况，防汛物料准备、专项检查等工作情况，水库大坝安全管理应急预案编制和落实情况，水库突发事故报告制度建立和执行情况等。

日常管理情况。大坝、溢洪道、输水洞等建筑物以及闸门、启闭机等金属结构和电气设备的日常巡检、维修养护、更新改造情况，观测设施运行状况，工程观测项目、频率以及观测资料整编分析情况，闸门、启闭设备及机电设备操作运行情况等。

经营管理情况。水价改革及水费计收情况，电费计收情况，利用水库水土资源开展的多种经营及其经济效益情况。

（十二）对水闸管理单位运行管理工作的主要督查内容：

管理责任制情况。水闸管理单位有关责任人的落实及履行职责情况，责任追究制度落实情况。

管理体制情况。管理机构设置、人员配备与培训情况，日常管理、安全管理、内部管理等规章制度的建立与执行情况，人员基本支出、工程维修养护经费落实情况。

水闸及其管护范围管理情况。水闸及其管理和保护范围的确权划界情况，注册登记情况，安全鉴定以及采取的除险加固处理或病险水闸保闸运行措施，水闸隐患排查及整改落实情况，水闸控制运用计划编制及有关调度执行情况，水情测报系统建立与运用情况，水闸突发事故报告制度建立和执行情况等。

日常管理情况。水工建筑物、闸门及启闭机、电气及通信设施等运行状况，日常巡检、例行安检、维修养护、更新改造情况，观测设施运行状况，工程观测项目、频率以及观测资料整编分析情况等。

（十三）对河道堤防管理单位运行管理工作的主要督查内容：

管理责任制情况。河道堤防管理单位有关责任人的落实及履行职责情况，责任追究制度落实情况。

管理体制情况。管理机构设置、人员配备与培训情况，日常管理、安全管理、内部管理等规章制度的建立与执行情况，人员基本支出、工程维修养护经费落实情况。

堤防工程管理情况。堤防工程（包括堤防、排水、堤岸防护、交叉连接建筑物等）的日常检查运行情况和维修养护、除险加固等情况，堤防险工险段的隐患及危害情况，堤防生物防护、害堤动物危害及处理情况，堤防观测设施运行及隐患探测情况，河道堤防管理范围及保护范围的确权划界情况，管理范围内人员及工程设施情况，保护范围内安全管理及岸线开发利用实施情况，防汛抢险预案编制及落实情况，水情、汛情预报及其传递情况，防汛物料准备情况等。

河道管理情况。河道管理范围内建设项目审查及管理情况，河道岸线及河道采砂管理情况，河道清淤及清障工作情况等。

六、组织实施

（十四）水利部建设与管理司负责组织指导全国水利工程督查工作。水利部建设管理与质量安全中心（以下简称建安中心）负责具体组织实施，对各省（自治区、直辖市）水行政主管部门和流域管理机构的水利工程运行管理监管工作情况进行督查，抽取典型工程，对已建水库、水闸、河道堤防等水利工程运行管理情况进行督查。

（十五）建安中心负责拟定水利工程督查年度工作计划，经水利部同意后具体实施。建安中心应制定相关的管理制度和实施细则，聘请督查组长，建立督查专家库，组建督查组开展水利工程督查并提交督查工作成果。

（十六）水利工程督查实行督查组长负责制，督查组长对现场督查报告及整改意见等督查成果负责。每个督查组配备1名专职督查助理和若干名督查专家，相关流域管理机构和省级水行政主管部门可派员担任督查专家。

（十七）督查组根据年度工作计划，结合水库、水闸、河道堤防等水利工程的区域分布、工程规模、管理模式、重要程度以及运行状况等因素，抽取一定数量的水利工程，制定督查组工作方案，合理安排时间，明确职责分工，有序、高效开展现场督查。

（十八）督查组要广泛听取水行政主管部门及水利工程主管部门、管理单位的意见，深入工程现场，与有关人员座谈，查阅相关资料，全面了解工程运行管理情况，发现问题，查清原因，明确责任，有针对性提出整改意见。督查工作结束时，要客观、准确地向有关单位和部门通报督查相关情况和发现的主要问题，从贯彻落实政策法规和技术标准等方面予以指导帮助。

（十九）督查组要及时提交现场督查报告，全面反映水利工程运行监督的总体情况，好的经验要宣传推广，共性的问题要查找原因；现场督查报告要如实详细反映现场督查发现的各类问题，依据要充分，事实要清晰，定性要准确，必要时按规定程序取得相关证据，准确引用法律法规、规章制度和技术标准。

（二十）及时分析总结督查成果，根据现场督查报告反映的问题，视问题严重程度，由建安中心或建设与管理司下发整改通知。

（二十一）省级水行政主管部门要组织和督促相关单位根据整改通知，采取切实措施，认真整改落实。省级水行政主管部门负责整改落实情况的核查，原则上应在整改通知下发2个月内，将整改落实情况分别报送建设与管理司和建安中心。建安中心负责对整改落实情况适时组织复查。

（二十二）省级水行政主管部门可结合辖区内水利工程运行管理实际情况，组织开展水利工程运行管理督查工作。

七、工作要求

（二十三）切实加强督查工作组织管理。要加强领导、认真组织，创新督查工作模式，扎实做好组织管理和日常管理工作。要指导帮助流域管理机构、省级水行政主管部门开展督查工作，进一步加大水利工程运行管理技术培训力度。流域管理机构、省级水行政主管部门要选派业务能力强、作风严谨、身体健康的专家参加相关工作。督查组要认真负责、严谨求实、坚持原则、廉洁高效、客观公正地开展水利工程督查工作。

（二十四）建立完善督查工作制度。要切实加强水利工程督查工作制度建设，建立和完善水利工程督查整改意见反馈制度、复查工作制度和工作报告制度，对发现的问题及时反馈给有关部门和单位，督促其整改落实，重大问题要向水利部报告。

（二十五）积极做好督查工作协作配合。流域管理机构、省级水行政主管部门要积极协助配合建安中心及督查组开展工作，组织有关部门和单位如实提供督查工作所需文件资料。

水利工程运行管理监督检查办法（试行）

〔2019 年 4 月 17 日　水利部　水监督〔2019〕123 号，根据 2020 年 5 月 29 日《水利部办公厅关于印发水利工程运行管理监督检查办法（试行）等 5 个监督检查办法问题清单（2020 年版）的通知》（办监督〔2020〕124 号）修正〕

第一章　总　　则

第一条　为加强水利工程运行监管，落实运行管理责任，确保工程安全平稳运行，根据《中华人民共和国水法》《中华人民共和国防洪法》《水利工程管理体制改革实施意见》《关于深化小型水利工程管理体制改革的指导意见》等有关法律、法规、规章、政策文件和技术标准，制定本办法。

第二条　本办法适用于水利工程运行管理的监督检查、问题认定和责任追究。

第三条　水利部、各流域管理机构、县级以上人民政府水行政主管部门是水利工程运行管理的监督检查单位，负责监督检查、问题认定和责任追究。

第四条　水利工程管理单位（以下简称水管单位，含纯公益性、准公益性和经营性水管单位）负责所属工程的管理、运行和维护，严格履行各项职责，保证工程安全和效益发挥；水管单位是水利工程运行管理问题的第一责任人，承担对问题进行自查自纠、整改销号和信息建档等工作。

水利工程主管部门（含各级地方人民政府以及水利、能源、建设、交通、农业等有关部门）对所属工程的运行安全和水管单位负有领导责任，负责对水利工程运行管理进行监督指导、组织并督促各类检查发现问题的整改落实、按要求严格履行各项职责及落实责任追究等工作。

第五条　各级水行政主管部门对管辖范围内的水利工程及运行管理问题负有行业监管责任。

第二章　问　题　分　类

第六条　水利工程运行管理问题包括运行管理违规行为和工程缺陷。

第七条　运行管理违规行为是指有关工作人员违反或未严格执行工程运行管理有关法律、法规、规章、政策文件、技术标准和合同等各类运行管理行为。

第八条　运行管理违规行为分一般运行管理违规行为、较重运行管理违规行为、严重运行管理违规行为、特别严重运行管理违规行为。

运行管理违规行为分类标准见附件1。

第九条 工程缺陷是指因正常损耗老化、除险加固不及时、维修养护缺失或运行管理不当等造成水利工程实体、设施设备等残破、损坏或失去应有效能，影响水利工程运行或构成隐患的问题。

第十条 工程缺陷分一般工程缺陷、较重工程缺陷、严重工程缺陷。

工程缺陷分类标准见附件2。

第三章　问题认定与责任追究

第十一条 对检查发现的运行管理问题按照运行管理违规行为分类标准和工程缺陷分类标准进行认定。

第十二条 对运行管理问题进行认定时，被检查单位可现场或在48小时内提供相关材料进行陈述、申辩，各监督检查单位应听取被检查单位的陈述、申辩，对其提出的理由和材料予以复核。

第十三条 水管单位应对所属工程开展定期排查与日常检查，对发现的问题逐一登记、整改处理、建立台账、定期更新并按要求上报相关主管部门。

定期上报并已制订整改计划的运行管理问题，在提供证明材料后，原则上不计入问题数量统计。

第十四条 水利部可直接实施责任追究或责成流域管理机构、省级人民政府水行政主管部门实施责任追究，必要时可向地方人民政府提出责任追究建议，并可建议相关企、事业单位按照有关规定或合同约定实施进一步责任追究。

第十五条 责任追究包括对单位责任追究和对个人责任追究。

单位包括直接责任单位和领导责任单位，其中直接责任单位包括水管单位、工程维修养护单位等；领导责任单位包括负有领导责任的各级行政主管单位或业务主管部门。

个人包括直接责任人和领导责任人，其中直接责任人包括运行管理人员、工程维修养护单位工作人员等；领导责任人包括直接责任单位和领导责任单位的主要领导、分管领导、主管领导等。

第十六条 对责任单位的责任追究方式分为：

（一）责令整改；

（二）警示约谈；

（三）通报批评（含向省级人民政府水行政主管部门通报、水利行业内通报、向省级人民政府通报等，下同）；

（四）其他相关法律、法规、规章等规定的责任追究。

第十七条 对责任人的责任追究方式分为：

（一）责令整改；

（二）警示约谈；

（三）通报批评；

（四）建议调离岗位；

（五）建议降职或降级；

（六）建议开除或解除劳动合同；

（七）其他相关法律、法规、规章等规定的责任追究。

第十八条 根据运行管理问题的数量与类别，按责任追究标准对责任单位和责任人实施责任追究。

运行管理问题责任追究标准见附件 3。

第十九条 责任单位或责任人有下列情况之一，从重责任追究：

（一）对危及工程安全平稳运行的严重隐患未采取有效措施或措施不当；

（二）造假、隐瞒运行管理问题等恶劣行为；

（三）举报的运行管理问题经调查属实；

（四）无特殊情况，运行管理问题未按规定时限完成整改或整改不到位；

（五）一年内，同一直接责任单位被责任追究三次（含）及以上，领导责任单位管辖范围内被责任追究三家次（含）及以上；

（六）其他依法依规应予以从重责任追究的情形。

第二十条 责任单位或责任人有下列情况之一，可予以减轻或免于责任追究：

（一）主动自查自纠运行管理问题；

（二）其他依法依规应予以减轻或免于责任追究的情形。

第二十一条 对责任单位或责任人予以从重、减轻或免于责任追究时，应提供客观、准确并经核实的文件、记录、图片或声像等相关资料。

第二十二条 由水利部实施水利行业内通报（含）以上的责任追究，将按要求在"中国水利部网站"公示 6 个月。

第二十三条 对水利工程运行维修养护、功能完善、除险加固等项目建设过程中出现的质量问题和合同问题，可参照《水利工程建设质量与安全生产监督检查办法（试行）》《水利工程合同监督检查办法（试行）》有关规定实施责任追究；对运行管理中出现的资金问题，可参照《水利资金监督检查办法（试行）》有关规定实施责任追究。

第四章 附 则

第二十四条 根据运行管理问题的数量与类别，水利部下发"问题整改通知"，对威胁工程安全或不立即处理可能影响工程运行和使用寿命的运行管理问题，水利部委托或责成相关主管部门实施驻点监管，跟踪问题整改落实。

第二十五条 水管单位对照"问题整改通知"要求组织整改，明确整改措施、整改时限、整改责任单位和责任人等，并按要求将整改结果上报。

第二十六条 本办法自印发之日起施行。

附件 1

水利工程运行管理违规行为分类标准

序号	检查项目	问题描述	问题等级			
			一般	较重	严重	特别严重
	（一）综合管理					
1	组织机构与制度建设	各类运行管理职能机构、指挥机构、领导小组、体系等不健全，分工或职责不明确，岗位设置不合理		√	影响安全运行	
2		未制定运行管理的规范标准、操作规程、管理办法、实施细则等各类规章制度			√	
3		运行管理的规范标准、操作规程、管理办法、实施细则等规章制度内容不健全或针对性、操作性不强，不满足运行管理工作需要		√	影响安全运行	
4		人员、维修养护经费不足或未落实		√	影响安全运行	
5		人员配备、任命、职责及工作主要内容等未书面明确		√		
6		未编制维护队伍考核办法或编制的考核办法不满足要求		√		
7		维护队伍考核办法未落实或落实不到位		√		
8	人员管理	各类专业岗位人员数量、专业配备、技能素质不满足工作要求		√		
9		未按要求定期进行相关业务技术、专业技能等培训	√			
10		工作人员岗位职责不熟悉，业务不熟练		√		
11		未按规程规范、标准、操作细则、管理办法等各类规章制度履职		√	影响安全运行	
12		未按要求对人员业务能力进行考核评价、动态管理		√		
13		未按规定持证上岗		√	影响安全运行	
14		未正确佩戴和使用劳动防护用品		√		
15		工作人员未按要求配带可识别工作岗位性质的标识进入运行现场	√			
16	信息档案管理	档案管理制度落实执行不到位		√		
17		大中型工程，档案未设专人管理		√		

水利工程运行管理违规行为分类标准（续）

序号	检查项目	问题描述	问题等级			
			一般	较重	严重	特别严重
18	信息档案管理	无档案管理专用房屋或装具；无相应的安全防护措施		√		
19		档案分类不清、存放无序，归档不及时，查找困难		√		
20		设备设施、实体工程等验收、维修养护等工作未建立过程资料档案或档案不完整，缺乏可追溯性		√		
21		电子档案存储介质、格式不规范	√			
22		电子档案归档不及时或存储信息不全		√	重要信息缺失	
23	信息档案管理	工作记录、操作记录、台账、日志等各类运行管理工作信息未建立、未填写或填写不符合要求		√		
24		工作记录、操作记录、台账、日志等各类运行管理工作信息填写内容不真实			√	
25		保密档案的管理和利用，密级的变更和解密未按照国家有关保密的法律和行政法规的规定办理			√	
26	合同管理	合同条款不全或内容不能满足合同履行要求			√	
27		未按要求进行合同交底		√		
28		未按合同约定履约		√	影响安全运行	
29		未对合同履约情况进行监督、检查及有效的管理		√	影响安全运行	
（二）运行管理与调度						
30	工程运行管理与调度	未制定、报批调度规程、运用计划及各类运行调度方案（计划）或制定的方案（计划）不符合实际，可操作性差		√	影响安全运行或效益发挥	
31		未执行调度运行方案（计划）、规程规范、操作手册、规章制度等		√	影响安全运行或效益发挥	
32	工程运行管理与调度	调度运用方案（计划）未按要求进行演练		√		
33		具有防洪任务的工程，未开展洪水预报工作		√	中型及以上	

水利工程运行管理违规行为分类标准（续）

序号	检查项目	问题描述	问题等级			
			一般	较重	严重	特别严重
34	工程运行管理与调度	重要调度命令和上级指示无录音或文字传真			✓	
35		无正当理由，未按确定的目标、任务、调度指令或上级有关文件规定进行调度				✓
36		未及时发出指令或发出错误的指令			✓	造成恶劣影响
37		调度指令执行结束后未进行核实，发现问题未及时反馈或未跟踪处理		✓		
38		未按要求及时反馈指令执行结果	✓			
39		大中型工程，未建立调度月报制度或未编制月报		✓		
40		未按要求进行调度运用总结		✓		
41		防汛"三个责任人"、安全责任人等相关责任人不落实		未设立标识牌	未明确责任人	
42		防汛"三个责任人"、安全责任人等相关责任人履职差		✓	影响安全运行	
43		有特殊需求的水库未编制超校核洪水应急调度方案、水库群洪水联合调度运用方案、水库泥沙调度方案、凌汛期洪水调度运用方案等			✓	
44		未经论证、批准，擅自调整水库设计参数或指标			✓	
45		水库未按批准的度汛方案蓄水		✓	影响安全运行	
46		未定期对库沙比小于100的水库进行水库淤积测量，复核库容曲线			✓	
47	工程巡查（含实体工程、设备设施等）	未制定巡查（巡检）工作方案或巡查（巡检）工作方案缺少必要内容（如巡查范围、路线、频次、重点、组织措施等），不满足运行管理要求或不符合实际		✓		
48		未按巡查（巡检）等方案规定的内容与要求对工程实体、金结机电、自动化、设备设施等进行巡查（巡检）		✓		
49		巡查（巡检）过程中未及时发现各类工程缺陷，或发现后未按规定及时报告或未采取有效措施处理		✓	影响安全运行	

水利工程运行管理违规行为分类标准（续）

序号	检查项目	问题描述	问题等级			
			一般	较重	严重	特别严重
50	值班值守	未制定值班制度或值班计划		✓	防汛值班	
51		未经批准擅自调整值班计划			✓	
52		未执行交接班制度		✓		
53		值班人员脱岗，带班领导在30分钟内无法取得联系			✓	造成恶劣影响
54		防汛值班电话未保持畅通状态			✓	
55		值班人员对工作职责、工作流程不熟悉		✓	影响安全运行	
56		防汛隐患、险情、事故未及时发现并报告			✓	造成恶劣影响
57		未按规定完成值班、值守工作内容		✓	影响安全运行	
58		值班期间违反值班纪律，从事与工作无关事项			✓	
59		值班、值守工作时间安排不合理		✓		
60	计量	计量设备、设施损坏后未及时报修		✓		
61		计量数据不完整、不可靠、不真实	不完整	不可靠	不真实	造成恶劣影响
62		计量问题未及时处理		✓		
（三）应急管理						
63	应急准备	未制定工程安全事故、洪涝、冰冻灾害、火灾、重大交通事故、突发性群体事件、水质污染等应急预案或现场应急处置方案，或制定的应急预案（方案）内容不全、不符合实际、可操作性差，不满足应急工作需要		✓	影响安全运行	
64		工程突发事件应急预案未按规定报批		✓		
65		应急响应级别划分不合理		✓		
66		应急抢险组织（队伍）不落实，或应急抢险队伍素质、设备配置不满足突发事件处理要求		✓		
67		未制定应急队伍管理办法或制定的办法内容不全、不符合实际、可操作性差，不满足管理需要		✓		

水利工程运行管理违规行为分类标准（续）

序号	检查项目	问题描述	问题等级			
			一般	较重	严重	特别严重
68	应急准备	未排查各类突发事件的危险源和隐患或未建立清单及定期排查制度		√		
69		危险源、风险点划分不合理或不满足要求		√		
70		未对危险源和隐患采取有效监控措施或采取的监控措施不满足要求		√		
71		工程突发事件应急预案宣传不到位		√		
72		未按规定进行应急演练或应急演练不满足要求		√		
73		应急演练过程中存在的不足未及时总结或整改		√		
74		应急物资、设备的数量、规格、质量、存放、管理维护等不符合要求	造成物资、设备非正常损耗	发生险情时无法使用		造成恶劣影响
75		应急物资台账记录不全或账物不符	√			
76	应急处置	突发事件未按规定报告，或未及时采取应急处理措施			√	造成恶劣影响
77		发现险情后未及时启动应急响应程序			√	造成恶劣影响
78		突发事件采取应急处理措施不当			√	造成恶劣影响
79		应急调度指令发出不及时或发出错误指令			√	造成恶劣影响
（四）防汛度汛（含凌汛）						
80	度汛准备	未编制度汛方案或度汛方案针对性不强，可操作性差，不满足度汛要求		√	影响安全运行	
81		防汛预案未按要求进行备案		√		
82		度汛方案未落实或落实不到位			影响安全运行	
83		未与相关防汛部门建立沟通联络机制		√		
84		未对防汛抢险队伍进行检查或考核			√	
85		应急抢险队伍素质、设备配置不满足度汛要求			√	
86		未在水库大坝、堤防、水闸、泵站、倒虹吸、渡槽等重要部位的明显位置设置特征水位标识，或特征水位标识不明显	√			

水利工程运行管理违规行为分类标准（续）

序号	检查项目	问题描述	一般	较重	严重	特别严重
87	度汛准备	未按规定进行防汛演练或防汛演练不满足要求		√		
88		大中型工程，无防汛道路或道路不通			√	
89		工程养护不满足度汛要求	√		影响安全运行	
90		未制订防汛物资管理办法或管理办法缺少必要内容，可操作性差		内容缺少	未制订或可操作性差	
91		防汛物资管理办法未落实或落实不到位	√			
92		未按已批复的物资储备计划储备物资			√	
93		防汛物资数量、规格、质量、存放条件、管理维护等不满足要求		造成物资非正常损耗	发生险情时影响使用	造成恶劣影响
94		防汛物资台账记录不全或账物不符	√			
95	汛期检查	未制定汛期检查方案或检查方案缺少必要内容，可操作性差			影响安全运行	
96		未按规定或巡查方案进行度汛、防汛检查			√	
	（五）设备设施、软硬件系统					
97	设备设施、软硬件系统	未按要求定期检定或校准仪器设备		未按期检定或校准	未检定或校准	
98		投入运行的电气设备、仪表、压力容器、起重设备等未按规定进行检测、等级评定，或检测不合格、等级评定不满足要求的未及时整改			√	
99		未按规定对设施设备、软硬件系统进行试运行、功能性测试或调试		√	影响安全运行	
100	操作与使用	操作规程、工作手册、程序流程等未制定或制定内容不满足要求		√	影响安全运行	
101		操作规程、程序流程等未在操作地点上墙明示		√		
102		未按规程规定、程序流程等要求进行操作与使用			√	
103	蓄电池（组）	未定期对蓄电池（组）进行检测维护，或检测维护不符合要求	√			

序号	检查项目	问题描述	问题等级			
			一般	较重	严重	特别严重
104	蓄电池（组）	蓄电池（组）存在问题未及时发现和处理，或处理结果不符合要求		√		
105		蓄电池存放环境不符合相关要求	√	影响使用		
（六）供电系统						
106	高、低压系统	供电线路不畅通、事故性断电未及时按规定报告		√		
107		供电设备、线路存在问题未及时发现或发现后未处理		√	影响安全运行	
108		未遵守供电系统安全操作有关规定		√		
109		未按要求对输变电线路接地电阻进行检测，或未及时对检测不合格情况进行处理		√		
110	汽、柴油发电机	发电机防护不到位		√		
111		发电机存在问题未及时发现或发现后未处理		√	影响安全运行	
112		发电机室内存在问题未及时发现或发现后未处理	√			
（七）维修养护与功能完善（含实体工程、设备设施等）						
113	维护项目管理	未与维修、养护、修缮等单位书面明确工程质量管理责任			√	
114		未对维修、养护、修缮等单位质量管理体系建立和运行情况进行监督检查		√		
115		未按规定对维修、养护、修缮等工程和成果质量进行检查或检查不满足要求		√		
116	维修养护	未编制、核准或执行年度维修养护计划		√		
117		未编制维修养护方案或维修养护方案不满足要求		√		
118		维修养护方案未落实或落实不到位		√	影响安全运行	
119		未按规定的标准和频次进行维修养护		√	影响安全运行	
120		未按要求储备常用易损配件、耗材等，或储备的物资失效		√		
121		未按要求配备常用检修、维修、养护的工器具及设备		√		

水利工程运行管理违规行为分类标准（续）

序号	检查项目	问题描述	问题等级			
			一般	较重	严重	特别严重
122		维修养护实施过程中存在不符合规范规程或相关规定的行为		√	影响安全运行	
123		工程缺陷未按规定及时处理		√	影响安全运行	
124		工程缺陷的处理不满足要求		√	影响安全运行	
125		未按规定对维修养护项目进行检查或验收		√		
126	维修养护	签证不满足标准要求的维修养护项目			√	
127		水库、河道、湖泊、渠道、水闸等未按要求进行清淤		√		
128		大中型工程，未编制维修养护月报或维修养护月报缺少必要内容（如本月工作计划、本月巡查情况及上月完成情况等）		√		
129		发生台风、地震等特殊事件或技术改造后未开展专项检查，或检查未发现存在的较大隐患			√	
（八）安全管理						
130		未建立健全安全生产责任制			√	
131		未对安全生产责任制落实情况进行监督考核			√	
132		未按规定设置安全管理机构或未配备安全管理人员			√	
133		安全生产管理机构以及安全生产管理人员未按规定履职			√	
134	体系建设	未明确安全生产年度目标、运行安全岗位责任制，未制订安全管理实施细则			√	
135		未定期召开运行安全会议或召开会议无安全会议记录		√		
136		不具备《安全生产法》和其他有关法律、行政法规和国家标准或者行业标准规定的安全生产条件，违规进行生产或运行			√	
137		未按规定保证具备安全生产条件所必须的资金投入			√	

水利工程运行管理违规行为分类标准（续）

序号	检查项目	问题描述	问题等级			
			一般	较重	严重	特别严重
138		水库大坝、水闸等须注册登记的水利工程未注册登记或未及时变更事项登记		Ⅳ等及以下	Ⅲ等及以上	
139		大坝、水闸未按规定开展安全鉴定或成果不满足要求			√	
140		经鉴定应采取除险加固、降低标准运用或报废等处理措施的水利工程，在处理措施实施前未制定安全应急措施或未限制工程运用			√	
141		水库未经蓄水验收即投入使用或成果不满足要求			√	
142		水库、水闸等工程未划定管理和保护范围		Ⅳ等及以下	Ⅲ等及以上	
143		未与从事各类施工作业的委托单位书面明确安全生产责任			√	
144		未按规定对从事各类施工作业的委托单位进行安全技术交底			√	
145	安全生产	未按要求组织或开展运行安全、安全生产等专项检查，检查结果无反馈或无记录		√		
146		未按要求开展安全生产教育、培训和演习		√	影响安全运行	
147		特种作业人员未按规定进行安全培训			√	
148		违反安全操作规程规定从事生产活动			√	造成恶劣影响
149		使用应当淘汰的危及生产安全的工艺、设备			√	
150		危险物品的管理不满足要求			√	
151		未经依法批准，擅自生产、经营、运输、储存、使用危险物品或者处置废弃危险物品			√	造成恶劣影响
152		将生产经营项目、场所、设备发包或者出租给不具备安全生产条件或者相应资质的单位或者个人			√	
153		未与承包单位、承租单位签订专门的安全生产管理协议或者未在承包合同、租赁合同中明确各自的安全生产管理职责，或者未对承包单位、承租单位的安全生产统一协调、管理			√	

水利工程运行管理违规行为分类标准（续）

序号	检查项目	问题描述	问题等级			
			一般	较重	严重	特别严重
154	安全生产	两个以上生产经营单位在同一作业区域内进行可能危及对方安全生产的生产经营活动，未签订安全生产管理协议或者未指定专职安全生产管理人员进行安全检查与协调			√	
155		未按规定上报危险源及管控情况、隐患排查治理、事故等信息		√	瞒报	
156	安全隐患	未组织编制重大安全隐患处理方案或未及时审批下级工程管理单位上报的安全隐患处理方案			√	
157		编制的安全隐患处理方案针对性不强，可操作性差		√		
158		未按规定建立安全隐患、风险源等台账		√		
159		未及时发现安全隐患或发现安全隐患未按规定报告	一般安全隐患	重大安全隐患		造成恶劣影响
160		发现安全隐患未及时采取措施	一般安全隐患	重大安全隐患		造成恶劣影响
161		对安全隐患采取的处理措施不当		√	影响安全运行	造成恶劣影响
162		未按规定对安全隐患处理结果进行检查、验收		√		
163	消防安全	未组织开展消防安全检查、巡查和检测，或检查、巡查和检测不满足要求			√	
164		未按要求组织消防演练或演练内容无针对性			√	
165		未要求启用消防设备、消防器材		√		
166		未按规定配备或更换消防设施设备、消防器材		√		
167		消防器材的放置位置或标识不满足要求	√			
168		消防设备、器材等被障碍物遮挡，消防通道被占用		√	发生火灾时影响使用	造成恶劣影响
169		消防设备、器材等存在的问题未及时发现或发现后未处理		√	影响安全运行	造成恶劣影响
170		未按规定配置火灾报警系统或配置后未及时投入使用		√		

水利工程运行管理违规行为分类标准（续）

序号	检查项目	问 题 描 述	问 题 等 级			
			一般	较重	严重	特别严重
171	消防安全	自动报警系统未与管理终端联网		√		
172		未及时发现或处理报警信息		√		
173		易燃易爆物品未按规定存放			√	
174	网络安全	未按照网络安全等级保护制度，履行安全保护义务	泄露敏感信息	执行恶意操作		
175		故意破坏网络				√
176		未采取监测、记录网络运行状态、网络安全事件的技术措施，未按照规定留存相关的网络日志不少于六个月		√		
177		未对数据分类、重要数据备份和加密			√	
178		未制定网络安全事件应急预案			√	
179		关键信息基础设施的网络产品和服务，未按照规定与提供者签订安全保密协议，未明确安全和保密义务与责任			√	
180		非法泄露敏感信息				√
181		未按规定将服务器操作系统补丁及时更新和维护、Web Server 软件版本补丁更新、服务器合理配置等			√	
182		安全设备未设置口令或使用弱口令		√	重要安全设备	
183		未定期更换安全设备密码		√		
184		移动、Windows 客户端弱口令		√		
185		移动、Windows 客户端未及时安装更新补丁		√		
186		服务器故障未及时维护清除			√	
187	安全防护	未按要求配备安全防护器材或安全防护措施不到位		√	影响安全运行	
188		配备的安全防护器材及设施设备数量、质量和规格不满足安全生产要求		√		
189		配备的安全防护器材及设施设备损坏、损毁或丢失未及时发现并修复、增补		√	影响安全运行	
190		存在重大安全风险的工作场所未设置明显的安全警示标志，或危险作业场所未设置警戒区、安全隔离设施			√	
191		未按要求对安保人员进行培训		√		

水利工程运行管理违规行为分类标准（续）

序号	检查项目	问 题 描 述	问 题 等 级			
			一般	较重	严重	特别严重
192	安全防护	未制定和落实安保队伍考核办法，或制定的考核办法可操作性差		✓		
193		安保人员未履行交接班制度	✓			
194	安保看护	安保人员脱岗			✓	造成恶劣影响
195		未按要求对管理范围进行安全保卫巡查		✓		
196		未按要求对安防系统进行监控		✓		
197		未及时发现并制止、劝阻无关人员进入封闭管理范围内		✓		
198		未及时发现或制止偷盗或破坏工程等行为			✓	造成恶劣影响
199		对在工程管理范围内从事钓鱼、游泳、私自取水、盗水等与工程管理无关的活动未采取有效措施进行制止或处置		✓		
（九）工程监测（含安全监测、水文监测等）						
200	工程监测	未按规范要求设置工程监测项目		✓	影响安全运行	
201		未明确重要监测项目的技术指标、警戒值		✓	影响安全运行	
202		未按要求设置必要的监测基准点、监测设施等		✓		
203		监测设施、设备保护不到位或未按规定对监测设施进行检查、校验、维护		✓		
204		未开展监测工作或未对委托单位的监测工作进行检查		✓		
205		未按规定频次或要求采集监测数据		✓		
206		监测数据、资料缺失、造假		一般部位	重要部位	造假
207		未按要求对监测数据进行整理分析或未督促委托单位对监测数据及时进行整理分析、上报		✓	影响安全运行	
208		对超出警戒值、突变等异常情况未能及时发现、分析和处理			✓	
209		设备设施、软硬件系统报警未及时处理		✓		
210		对监测数据反映或预报的问题未及时发现或发现问题后未按规定报告或处理		✓	影响安全运行	
211		监测报告不符合规范或合同要求	一般错误	较重错误	内容不实	

水利工程运行管理违规行为分类标准（续）

序号	检查项目	问 题 描 述	问 题 等 级			
			一般	较重	严重	特别严重
（十）水质监测与保护						
212	水质监测	未制定水质监测方案、操作规程和工作流程等，或制定的方案、规程、流程等不符合实际，可操作性差			√	
213		监测频次或项目不满足要求	√			
214		选择的监测样本不符合规定		√		
215		监测数据造假				√
216		监测数据显示有水质问题但未及时发现或发现问题后未按规定报告或处理	√			
217		未按规定对自动水质监测设备进行定期检查、检定，或无检查、检定记录	√			
218		水质自动监测站未建立试剂使用台账	√			
219		水质自动监测站设备不洁净，影响检测结果	√			
220		水质自动监测站设备软件系统不满足规范要求或监测需要	√			
221		水质自动监测站试剂存放不符合要求	√			
222		水质自动监测站不能实现远程状态监控		√		
223		未对自动化水质监测设备监测读数进行校核、复核	√			
224		水质自动监测站维护记录不全	√			
225		对运行维护单位的管理和考核不到位	√			
226	水质保护	未明确水质污染源或未建立污染源清单	√			
227		未按要求定期开展水质巡查或污染源检查		√		
228		水质隐患未及时发现并报告	√	影响水质安全	造成恶劣影响	
229		水质隐患未及时处理或处理不当	√	影响水质安全	造成恶劣影响	
230		未及时发现并采取有效措施制止废水、污水等污染物排入受保护水体及水源保护范围内	√	影响水质安全	造成恶劣影响	

水利工程运行管理违规行为分类标准（续）

序号	检查项目	问题描述	问题等级			
			一般	较重	严重	特别严重
231	水质保护	未按规定对受保护水体静水区域（如退水闸、未启用的分水口门）进行扰动或清污		✓		
232		未按规定定期或及时对受保护水体内杂物进行清理		✓		
（十一）穿（跨）越工程						
233	建设管理（仅适用于有审批权的运管单位）	对工程管理范围内的穿（跨）越工程未审核即允许施工			✓	
234		擅自同意修建开发水利、防治水害、整治河道的各类工程和跨河、穿河、穿堤、临河的桥梁、码头、道路、渡口、管道、缆线等建筑物及设施施工			✓	
235		对管理范围内存在修建围堤、阻水渠道、阻水道路等行为未制止，或未按职责权限进行处理	不影响行洪	影响行洪		
236	工程巡查	未对管理范围内涵闸、泵站、桥梁、埋设的管道、缆线和其他穿（跨）越工程定期开展巡查		✓		
237		未及时发现穿（跨）越工程等对工程运行安全、水质造成影响的行为或隐患，或发现后未及时报告或制止			✓	造成恶劣影响
238		发现穿（跨）越工程存在重大问题未与管理单位进行沟通		✓		
239		对穿（跨）越建筑物进、出口排水不畅无出路等问题未及时协调解决，影响行洪安全		✓	影响安全运行	
（十二）外部环境与协调						
240	外部环境与协调	对工程管理范围内的永久用地、防护林带等被侵占行为未制止，或未按职责权限进行处理		✓	影响安全运行	
241		对侵占、损毁输水河道（渠道、管道）、水库、湖泊、堤防、护岸等行为未制止，或未按职责权限进行处理		✓	影响安全运行	
242		山区河道有山体滑坡、崩岸、泥石流等自然灾害的河段，存在开山采石、采矿、开荒等危及山体稳定的活动，未按职责权限进行处理		✓	影响安全运行	

水利工程运行管理违规行为分类标准（续）

序号	检查项目	问 题 描 述	问题等级			
			一般	较重	严重	特别严重
243	外部环境与协调	水库校核水位以下管理范围水面及库岸存在开发利用现象，未制止、处理		✓		
244		水库保护范围内埋设的界桩、标记、水文气象预报设施及测量标志等存在不清或被破坏现象，未制止或未按职责权限进行处理		✓		
245		水库集水范围内存在滥伐林木及陡坡开荒等加重水土流失的活动，未制止或按职责权限进行处理		✓		
246		在水库大坝管理和保护范围内进行爆破、打井、采石、采矿、挖沙、取土、修坟等危害大坝安全的活动，未制止或按职责权限进行处理			✓	
247		未制止或未按职责权限处理工程管理范围内存在的违规取土、爆破、采石、采砂、挖塘、挖沟、钻井、建房，种植农作物、芦苇、杞柳、荻柴和树木（堤防防护林除外），堆放弃置矿渣、石渣、煤灰、泥土、垃圾、非运行所需物资，设置拦河渔具等行为		✓	影响安全运行	
248		水库、湖泊、河道内存在未经批准的排污口，未按职责权限进行处理		✓	影响安全运行	
249		未经上级主管部门批准，擅自同意外部单位、个人从事工程维护、水质监测、计量等作业		✓	影响安全运行	
250		未及时向相关单位报告并协调处理影响工程安全、运行调度、水质环境及违法穿越等事件		✓	影响安全运行	
（十三）其他						
251	问题整改	对检查发现的问题整改不到位		✓		
252		被检查单位拒不配合检查，或对检查发现的问题拒不整改				✓
253		被检查单位不按检查要求提供资料或提供虚假资料			不按要求提供	提供虚假资料
254	方案审批	技术方案、实施细则等未按规定报批（报备）或审批		✓	影响安全运行	

水利工程运行管理违规行为分类标准（续）

序号	检查项目	问题描述	问题等级			
			一般	较重	严重	特别严重
255		未按要求设置千米里程牌、百米桩、界桩、界碑、警示柱、标识等，或设置错误		√		
256		未按要求对各类警示、标识进行修复、增补或更新	不影响使用	影响使用		
257		工程管理范围、保护范围未按规定埋设界桩、必要的隔离设施等		√	影响安全运行	
258	运行环境	生活区及工程运行管理范围内的环境卫生杂乱	√			
259		各类设备设施表面存在灰尘、油渍、蛛网等现象，未按维护频次要求进行清理	√			
260		绿化工作不到位	√			
261		设备设施（含临时设施）摆放不当影响工程正常运行管理		√		
262		未按要求关闭各类房门、柜门	√			

备注：分类标准未列的运行管理问题可参照类似问题进行认定。

附件 2

水利工程缺陷分类标准

序号	检查项目	问题描述	问题等级		
			一般	较重	严重
（一）水库工程					
1	坝坡、护坡及坝顶	混凝土面板不均匀沉陷、破损		√	影响安全运行
2		混凝土面板接触缝开合异常，止水破损，面板和趾板接触处沉降、错动、张开等		√	影响安全运行
3		沥青等其他防渗面板有龟裂、剥落、沉陷、滑塌、破损、裂缝等		√	影响安全运行
4		坝坡及护坡塌陷、隆起、滑动、松动、剥落、冲刷、垫层流失、架空、风化变质等		√	影响安全运行
5		草皮护坡人畜损坏或干枯坏死等	覆盖率50%～80%	覆盖率小于50%	
6		坝坡不平整，有雨淋沟，有杂草、荆棘、灌木、乔木等		√	危及堤防安全
7		坝坡有白蚁等有害动物洞穴和活动痕迹		√	影响安全运行
8		坝顶塌陷、积水等	√	影响交通	
9	坝体	坝体裂缝、滑坡		√	影响安全运行
10		大坝水平位移、垂直位移超出允许值			√
11		坝体、坝基、绕坝渗流异常，堵头渗漏		√	影响安全运行或水库不能蓄水
12	结合部位	大坝接触缝与变形缝的开合状况异常		√	影响安全运行
13		变形缝出现渗漏		√	影响安全运行
14		土石结合部渗漏		√	影响安全运行或水库不能蓄水
15	库岸	围岩及边坡渗漏		√	影响安全运行或水库不能蓄水
16		围岩及边坡表面裂缝、坍塌、鼓起、松动，滑坡等		√	影响安全运行
17		边坡支挡与支护结构破损、不完整		√	影响安全运行

水利工程缺陷分类标准（续）

序号	检查项目	问题描述	问题等级		
			一般	较重	严重
18	排水、导渗设施	排水、反滤设施破坏、堵塞、排水不畅等		√	影响安全运行
19		截渗、减压设施破坏、穿透、淤塞等		√	影响安全运行
20		导渗设施渗水骤增、骤减和浑浊等			影响安全运行
21	其他	附属建筑物倾斜、水平位移、垂直位移超出允许值			√
22		库区渗漏超标		√	影响安全运行或水库不能蓄水
23		拦河坝及近坝库岸等出现其他缺陷	√	√	影响安全运行
（二）堤防工程					
24	堤身外观	堤顶不坚实、不平整，有凹陷、裂缝、残缺；堤肩线不顺直		√	
25		硬化堤顶与土堤或垫层有脱空		√	
26		因维护不到位，堤身断面及堤顶高程不符合设计要求			合格率＜70%
27		相邻两堤段之间有错动		√	危及堤防安全
28		堤身残缺		√	危及堤防安全
29		堤坡不平顺，有雨淋沟、滑坡、裂缝、塌坑、陷坑		√	危及堤防安全
30		有杂物垃圾堆放		√	
31		堤脚隆起、下沉，残缺、被冲刷等			√
32		工程管理范围内背水堤脚及以外区域有管涌、渗水			√
33		草皮护坡中有荆棘、杂草、灌木、乔木等		√	危及堤防安全
34		有白蚁等有害动物洞穴和活动痕迹			危及堤防安全
35	堤身内部	存在洞穴、裂缝和软弱层等隐患			√
36	堤岸防护	坝式护岸土心顶部不平整、土石接合不严紧，有陷坑、脱缝、水沟、獾狐洞穴等			危及堤防安全
37		墙式护岸的混凝土墙体相邻段有错动		√	危及堤防安全

水利工程缺陷分类标准（续）

序号	检查项目	问题描述	问题等级		
			一般	较重	严重
38	堤岸防护	护脚体表面有凹陷、坍塌，护脚平台及坡面不平顺，护脚有冲动现象，水下护脚有损坏、冲失		√	危及堤防安全
39		河势有较大改变，滩岸有坍塌现象		√	危及堤防安全
40	防渗及排水设施	防渗、截水、排水设施破损、不完整		√	危及堤防安全
41		防渗设施保护层不完整，渗漏水量和水质有明显变化		√	危及堤防安全
42		排水沟进口处有孔洞暗沟、沟身有沉陷、断裂、接头漏水、阻塞，出口有冲坑悬空		√	
43		排水沟、排水孔、反滤体等排水设施堵塞、淤堵，排水不畅		√	危及堤防安全
44		减压井井口工程不完整，有积水流入井内		√	
45		减压井、排渗沟淤堵		√	危及堤防安全
46	穿堤、跨堤建筑物及其与堤防接合部	穿堤建筑物、跨堤建筑物与堤防接合的部位有不均匀沉陷、裂缝、空隙等			√
47		穿堤建筑物变形缝有错动、渗水			√
48		上、下堤道路及其排水设施与堤防接合的部位有裂缝、沉陷、冲沟	<5处	≥5处	
49		跨堤建筑物与堤顶之间的净空高度，不能满足堤顶交通、防汛抢险、管理维修等方面的要求		√	
50	生物防护工程	防浪林带、护堤林带的树木有老化、缺损或人为破坏、病虫害及缺水等现象		√	
51		草皮护坡人畜损坏或干枯坏死等	覆盖率50%～80%	覆盖率小于50%	
52	其他	堤防工程其他缺陷	√	√	危及堤防安全
（三）输水工程					
53	渠道内坡	衬砌板裂缝	设计水位以上	设计水位以下	影响安全运行
54		衬砌板下滑、塌陷、拱起	挖方渠段	填方渠段（一块面板）	填方渠段（两块及以上面板）

水利工程缺陷分类标准（续）

序号	检查项目	问题描述	问题等级 一般	较重	严重
55	渠道内坡	衬砌板伸缩缝部位长有杂草、异物等	√		
56		逆止阀堵塞、损坏	√	3≤连续＜6个	连续≥6个
57		防洪堤坍塌、溃口			√
58		混凝土衬砌封顶板与路缘石（防浪墙）间嵌缝不饱满、开裂、脱落	√		
59		一级马道以上坡面变形、沉陷、滑塌或存在纵向裂缝		单个面积＜20m² 或裂缝宽度＜2cm且裂缝长度＜5m	单个面积≥20m² 或裂缝宽度≥2cm 或裂缝长度≥5m
60		一级马道以上边坡或防洪堤存在雨淋沟、洞穴等	1处/50m且深度＜50cm	2处（含）以上/50m 或最大深度≥50cm	
61		一级马道以上边坡排水沟或截流沟淤堵、破损、排水不畅	非汛期	汛期	
62		边坡加固结构（坡面梁、抗滑桩等）变形或失效		√	影响安全运行
63	渠道外坡	边坡存在裂缝、沉陷、洞穴或土体滑塌等	√		影响安全运行
64		边坡存在雨淋沟等	√		
65		渠堤坡面或坡脚渗水	洇湿或有少量清水	连续流出清水	连续流出浑水
66		坡脚隆起、开裂	√		影响安全运行
67		坡脚积水、浸泡		√	
68		排水管堵塞、损坏	√	高填方段	
69		排水沟或截流沟淤堵、破损、排水不畅	＜20m	≥20m	
70		反滤体塌陷、土体流失			√
71		穿渠建筑物与填土接触面土体冲刷、流失破坏			√
72	输水渡槽	墩柱基础周边回填土沉陷或空洞	√		
73		墩柱基础裸露		√	

水利工程缺陷分类标准（续）

序号	检查项目	问题描述	问题等级		
			一般	较重	严重
74	输水渡槽	支座损坏			√
75		槽身沉降、变形等超出允许值			√
76		槽身、结构缝等部位洇湿、渗漏水		洇湿	渗漏水
77		槽身保温材料破损、脱落	√		
78		槽内迎水面聚脲等防渗材料开裂、脱落		√	
79		伸缩缝中密封胶条开裂、脱落		√	
80		槽身顶部防护栏杆局部锈蚀、破损	√		
81	输水倒虹吸、暗涵、涵洞、PCCP 管	管（涵）顶防护设施局部沉陷、损坏		√	
82		管（涵）顶防护设施严重沉陷、损坏、冲毁、顶部裸露			√
83		管（涵）身顶部堆积大量渣土、石堆等		√	影响安全运行
84		管（涵）身附近填土出现洇湿，局部出现小面积塌陷		√	
85		管（涵）身附近填土出现饱和状态，或出现大面积塌陷			√
86		管（涵）身及两侧 50m 范围内出现冲刷坑		深度＜结构顶部的冲刷坑并有增大趋势	深度≥结构顶部
87		管（涵）身段或结构缝渗水			√
88		相邻管（涵）节移动、错位变形超出允许值			√
89		管（涵）节之间聚脲、碳纤维布等防渗材料局部脱落、开裂		√	
90		PCCP 管道断丝			√
91		暗涵、PCCP 管等的通气孔、检修孔等损坏		√	
92		保水堰、连接井、检修孔、通气孔等园区围墙破损、裂缝或隔离网缺失、锈蚀	√		
93		保水堰、连接井、检修孔、通气孔等周边地面塌陷		√	

水利工程缺陷分类标准（续）

序号	检查项目	问题描述	问题等级 一般	问题等级 较重	问题等级 严重
94	隧洞	进出口边坡垮塌			√
95		进出口边坡不稳定（如防护结构松动脱落等）		√	
96		渗漏量超出设计允许值			√
97	下穿渠道建筑物	进出口翼墙沉降、位移、倾斜超出允许值			√
98		进出口翼墙排水管堵塞	√		
99		进出口平台沉陷、开裂	√		
100		进出口与渠堤衔接部位出现冲刷掏空、塌陷			√
101		进出口连接段排水不畅	√		
102		堵塞淤积		√	影响安全运行
103		管身内部渗漏水		一般渠段	高填方渠段
104		管身段相邻管节内部不均匀沉降	错台	有渗水	
105		管身段附近回填土塌陷			√
106	左岸排水渡槽	进出口堵塞杂物、过流不畅	√		
107		渡槽内水外溢		√	冲刷渠坡或污染水质
108		渡槽渗漏水		√	
109	其他	输水工程其他缺陷	√	√	影响安全运行
（四）水闸工程					
110	闸室	闸室结构（闸墩、底板、周边基础）倾斜、垂直位移、水平位移超出允许值			√
111		闸室结构永久缝开合超出允许值			√
112		下游底板、下游连接段非排水孔部位渗水			√
113	上、下连接段	铺盖沉陷、塌坑、裂缝		√	影响安全运行
114		铺盖排水孔淤堵，排水量、浑浊度有变化		√	影响安全运行
115		河床和岸坡冲刷或淤积		√	
116		岸墙及上下游翼墙分缝错动、不均匀沉降、位移、倾斜等超出允许值			√

水利工程缺陷分类标准（续）

序号	检查项目	问题描述	问题等级 一般	问题等级 较重	问题等级 严重
117	上、下连接段	翼墙排水孔、逆止阀堵塞、损坏，排水量、浑浊度有变化	√	3～5个	≥6个
118		翼墙背后填土及堤岸顶面沉陷、裂缝	深度<10cm	深度≥10cm	
119		上下游岸坡沉陷、坍塌、错动、开裂等		√	影响安全运行
120		裹头、背水坡及堤脚、护脚渗漏	洇湿或有少量清水	连续流出清水	连续流出浑水
121		裹头、背水坡及堤脚、护脚有雨淋沟、裂缝、滑塌、变形或沉陷、塌坑、洞穴等缺陷		√	
122		裹头、背水坡坡面排水管、排水沟等堵塞、损坏		√	
123		拦冰索损坏		√	
124		进口出现冰塞、冰坝			√
125	其他	水闸工程其他缺陷	√	√	影响安全运行

（五）交通设施

序号	检查项目	问题描述	问题等级 一般	问题等级 较重	问题等级 严重
126	运行道路	运行道路沉陷，碾压破坏	5cm≤沉陷深度<10cm，或破坏面积<50m²	10cm≤沉陷深度<15cm，或破坏面积≥50m²	沉陷深度≥15cm
127		运行道路路面开裂	裂缝深度≤面层	裂缝深度≤路基层	裂缝深度>路基层
128		道路两侧山体滑塌，或存在滑塌隐患		√	
129		泥结石路面、土质路面坑洼不平，杂草丛生	√		
130		运行道路范围内积水			
131		路缘石（防浪墙）、防撞护栏、千米里程牌、百米桩、界桩、界碑、警示柱、安全标志等缺失或损坏	√		
132		运行道路与路缘石之间、路缘石与坡面封顶板之间缝隙较大，或滋生杂草	√		
133		路面横向排水管（口）损坏、淤堵		√	

水利工程缺陷分类标准（续）

序号	检查项目	问题描述	问题等级		
			一般	较重	严重
134	交通桥涵	桥梁下部结构的墩柱、承台等倾斜、水平位移、垂直位移超出允许值			√
135		桥梁伸缩装置、支座等破损、失效		破损	失效
136		桥面铺装层老化、破损	面积＜20%	面积20%～50%	面积≥50%
137		桥梁护栏、隔离带、防撞设施等老化、破损	√		
138		渠道工程跨渠桥梁未将桥面积水引至渠堤以外	√		
139		有隔离要求的桥梁防抛网破损、封闭不严	√		
140		工程管理范围内桥台及引道护坡等不均匀沉降、坍塌等		√	影响交通安全
141		交通涵洞水平位移、垂直位移超出允许值，坍塌等		√	影响交通安全
142	其他	交通设施其他缺陷	√	√	影响交通安全
（六）管理设施					
143	闸站、厂房及管理用房	建筑物周边土体、防护体出现沉陷或裂缝		√	影响安全运行
144		建筑物基础不均匀沉降、错台、裂缝	沉降量＜5cm	5cm≤沉降量＜10cm	沉降量≥10cm
145		内外墙装饰层（砖）开裂、空鼓、隆起、脱落或吊顶损坏	√		
146		施工孔洞（门、窗框周边）封堵不密实	√		
147		屋顶漏雨、内墙泅湿	泅湿	漏雨	
148		通风、空调设备存在故障或安装不牢固		√	
149		场区排水系统淤堵、破损、排水不畅	√		
150		闸门锁定装置基础损坏		√	
151		水位尺、闸门开度尺损坏	√		
152	其他	管理设施其他缺陷	√	√	影响安全运行

序号	检查项目	问 题 描 述	问 题 等 级		
			一般	较重	严重
（七）混凝土、砌体结构					
153	混凝土工程	混凝土表面蜂窝、麻面、孔洞、缺棱掉角、挤压破坏等	0.1m²≤面积<1m²且未露筋	面积≥1m²或露筋	影响安全运行
154		混凝土剥蚀、冻融剥蚀、磨损、空蚀	单个面积<50m²或深度<5mm	单个面积≥50m²或深度≥5mm	影响安全运行
155		混凝土裂缝	缝宽<0.3mm、缝深<保护层	缝宽≥0.3mm或缝深≥保护层	影响安全运行
156		混凝土碳化		>1/2保护层厚度	≥保护层厚度
157		钢筋锈蚀		√	影响安全运行
158	砌体工程	干（浆）砌石、预制块等砌体不平整、滑动、松动、剥落、冲刷、架空、风化变质等	单个面积<50m²	单个面积≥50m²	
159		干（浆）砌石、预制块等砌体不完整、不紧密、坍塌、塌陷、隆起、垫层流失等		√	影响安全运行
160	止水设施	止水设施失效、破损、老化			影响安全运行
161	排水设施	排水设施淤堵、破损、排水不畅	√		
162	填缝材料	变形缝填缝材料老化、开裂、脱落等	√	有密封要求的失效	
（八）设备设施					
163	闸门	闸门水封裂纹、破损或对接处开裂		√	
164		闸门水封的紧固螺栓松动或缺失，固定不牢固	√		
165		闸门止水装置密封不紧密，通过任意1m长度水封范围内漏水量超过0.1L/s	开启状态	关闭状态	
166		闸门支臂、主梁等未设排水孔，长期存在积水	√		
167		闸门、埋件、构配件等锈蚀、破损	锈皮脱落	形成锈坑	破损
168		闸门构配件损坏		√	

水利工程缺陷分类标准（续）

序号	检查项目	问题描述	问题等级 一般	较重	严重
169	闸门	闸门启闭时存在异响或爬行、抖动等运行不平稳现象		√	
170		闸门在开启状态下左右偏差超过允许值		√	
171		闸门在开启状态下异常下滑超过允许值			√
172		闸门不能正常启闭			√
173		闸门锁定销不能正常使用		√	
174		闸门锁定梁变形、锈蚀	锈蚀	变形	
175		闸门开度限位装置失效		√	
176		闸门导向轮不能转动	√		
177		闸门滑轮组不能正常使用		√	
178		闸门吊耳板、吊座有裂纹			√
179		融冰装置损坏		√	影响安全运行
180	压力钢管	压力钢管镇墩、支墩的基础及结构不完整、不稳固，有开裂、破损、明显位移和沉降现象		√	影响安全运行
181		压力钢管在支墩滑道轴线上不能自由滑动		√	影响安全运行
182		压力钢管变形，有裂纹、渗水			√
183		明管有振动现象		√	
184		压力钢管防腐涂层不均匀、脱离、缺损		√	
185		进人孔和钢管伸缩节的止漏盘根压缩不均匀，漏水			影响安全运行
186		联合承载的埋管与混凝土及岩石之间缝隙增大		√	影响安全运行
187	拦污栅	拦污设施生锈，破损、变形		√	
188		拦污设施前有淤沙、污物堵塞，过水面积不满足要求		√	
189	液压启闭机	运行时存在异响或噪声超过 85dB（A）等不正常现象		√	
190		运行过程中，两侧油缸行程差超过设计要求值时，未能实现自动纠偏或超差后未停机保护		未自动纠偏	未停机保护

水利工程缺陷分类标准（续）

序号	检查项目	问题描述	问题等级		
			一般	较重	严重
191	液压启闭机	液压站动力电机不能正常启动，存在异常发热、异常气味			√
192		油缸活塞杆运动时有卡涩现象		√	
193		油温加热系统不能正常运行		√	
194		贮油箱、油泵、油缸、油管路系统漏油	渗油	滴油	流水状漏油
195		连接泵站油箱与油缸的高压软管、挠性橡胶接头有明显老化现象		√	
196		弧门液压油缸安装错误		√	
197		液压站油箱液位不在正常范围内		√	
198		设备构配件锈蚀	√		
199		机架固定不牢，地脚螺栓松动		√	
200		空气滤清器失效，或空气滤清器外罩局部破损	√		
201	固定式卷扬机、桥门式起重机、电动葫芦、螺杆启闭机等	启闭机减速器、电力液压推动器等设备、设施或部位漏油	渗油	滴油	流水状漏油
202		启闭机油位计或油窗被遮挡	√		
203		启闭机设备锈蚀	锈皮脱落	形成锈坑	
204		启闭机的传动机构连接不紧固，有松动		√	
205		启闭机基础固定不牢固，松动		√	
206		螺杆和螺母、蜗杆和涡轮等存在变形或损伤		√	
207		螺杆未涂脂保护		√	
208		台车或电动葫芦自动抓梁转动轴不灵活，无法正常挂钩或脱钩		√	
209		电动葫芦轨道两端未与端板焊接固定		√	
210		电动葫芦轨道梁安装不牢固			√
211		电动葫芦滑触线安装不满足要求		√	
212		电动葫芦工作时吊点不平衡，两侧吊点存在高差		√	
213		电动葫芦故障，不能正常行走或起吊			√

水利工程缺陷分类标准（续）

序号	检查项目	问 题 描 述	问 题 等 级		
			一般	较重	严重
214		高度指示器或负荷限制器故障		√	
215		钢丝绳末端固定不规范		√	
216		钢丝绳存在表面干燥、端头松散等问题	√		
217		钢丝绳固定圈松弛		√	
218		钢丝绳缠绕杂乱无序或有跳槽		√	
219		钢丝绳打绞、打结、机械折弯等		√	
220		钢丝绳磨损、断丝、锈蚀	锈蚀	√	达到报废标准
221		钢丝绳长度不满足闸门启闭要求或过度松弛		√	
222		滑轮存在裂纹或轮缘断裂			√
223		滑轮倾斜、松动		√	
224		滑轮系统个别滑轮不转动，轴承中缺油、有污垢或锈蚀等		√	
225	固定式卷扬机、桥门式起重机、电动葫芦、螺杆启闭机等	制动器不能正常打开或关闭			√
226		制动器无法制动		√	造成闸门下滑
227		运转时制动闸瓦未能全部离开制动轮，出现摩擦、冒烟、焦味等状况		√	
228		制动器电磁铁发热或有响声		√	
229		制动器制动衬垫与制动轮接触面积不符合要求		√	
230		制动轮与闸瓦间隙偏大、接触面积不符合要求		√	
231		制动闸瓦表面有污损、锈蚀	√		
232		变速箱、减速器等设备油位不在正常范围、油质不满足要求		√	
233		油液位尺损坏	√		
234		减速器齿轮啮合时存在异响或噪声超过 85dB（A）		√	
235		带负荷运转时电机运行不平稳，三相电流不平衡		√	
236		带负荷运转时电气设备有异常发热现象		√	

水利工程缺陷分类标准（续）

序号	检查项目	问 题 描 述	问 题 等 级		
			一般	较重	严重
237	固定式卷扬机、桥门式起重机、电动葫芦、螺杆启闭机等	带负荷运转时限位、保护、联锁装置动作不正确		√	
238		带负荷运转时控制器接头烧毁		√	
239		带负荷运转时钢丝绳有剐蹭，定、动滑轮运转不灵活，有卡阻		√	
240		机械部件运转时，有冲击声或异常声响		√	
241		小车运行机构启动时车身明显扭摆或存在打滑现象	√		
242		大、小车行走不平稳，卡阻、跳动		√	
243		大车机构桥架歪斜运行、啃轨			√
244		夹轨器不能有效固定大车		√	
245		机械部件连接处有松动、裂纹等		√	
246		联轴器键槽压溃、发生变形			√
247		吊钩无防脱装置	√		
248		吊钩表面出现疲劳性裂纹，开口部位和弯曲部位发生塑性变形			√
249		起重设备未按要求安装限位装置或装置失效		√	
250		起重设备工作结束后未进行锚定		√	
251	自动化系统	软、硬件系统功能或参数设置不符合要求，或不满足运行管理需要		√	影响安全运行
252		软件系统功能不完善、界面优化影响使用，不满足运行管理需要		√	影响安全运行
253		未按要求设置系统软件登录权限或权限设置不合理		√	
254		未按要求将相关信息录入自动化系统或录入的信息错误、不满足要求		√	
255		自动化系统故障、失效		√	影响安全运行
256		视频、水质、水量、安全等监控设备损坏		√	
257		水质自动监测站仪器间视频设备未接入分调中心、中控室视频监控系统，无法实现远程监控		√	

水利工程缺陷分类标准（续）

序号	检查项目	问题描述	问题等级		
			一般	较重	严重
258	自动化系统	自动化系统误报率、数据有效性等指标不符合要求		√	
259		信息传输能力不满足运行调度、监测、控制等要求			√
260		通信光缆断损			√
261		自动化机柜或柜内设备未固定或固定不牢	√		
262		蓄电池容量、电压不满足要求		√	
263	网络安全系统	存在 SQL 注入、XSS（跨站脚本攻击）、反序列化等安全漏洞		泄露敏感信息	执行恶意操作
264		管理系统存在垂直越权和平行越权		√	
265		未对重要系统和数据库进行容灾备份			√
266		登录用户无身份认证		√	
267	供电系统	电线安全距离不足		√	
268		电线断裂、脱落		√	
269		电杆、电塔等变形、破损、锈蚀		√	
270		电杆、电塔倒塌			√
271		高压线杆上有鸟窝或其他杂物	√		
272		输电线路杆塔接地电阻不满足设计要求；接地上引时漏接、漏引或错位引接		√	
273		高压线杆两侧导线无防震锤或防震锤与导线不在同一垂直面		√	
274		电缆保护钢管或角钢锈蚀、脱落，管口未封闭		√	
275		高、低压配电柜故障		√	影响安全运行
276		变压器运行时存在异常现象		异响异味	冒烟冒火
277		变压器母排、电缆与套管的电气连接部位松动，有发热现象			√
278		变压器套管、瓷瓶有裂纹或破损，有放电痕迹			√
279		变压器瓦斯继电器内有气体			√
280		变压器吸湿器损坏、失效		√	

水利工程缺陷分类标准（续）

序号	检查项目	问 题 描 述	问 题 等 级		
			一般	较重	严重
281		变压器电缆有破损、腐蚀现象		√	
282		变压器引线接头有过热变色现象		√	
283		变压器冷却散热装置工作不正常		√	
284		变压器温度控制器故障，三相温度显示异常		√	
285		油浸式变压器本体、蝶阀等部位有渗油现象	√		
286		油浸式变压器套管及本体油色、油位不正常，油温指示不准确		√	
287		油浸式变压器的呼吸器内硅胶不足或变色超过规定要求	√		
288	供电系统	柴油发电机故障，不能正常运行		√	系统断电时
289		柴油发电机渗油	√		
290		柴油发电机机架未按要求固定或防震垫失效	√		
291		柴油发电机排烟管与排烟口之间未安装波纹管等减振构件，排烟管穿墙未加保护套		√	
292		柴油发电机散热导风罩未安装或安装不满足要求	√		
293		柴油发电机散热通风不畅	√		
294		机房设备的布置不合理	√		
295		柴油发电机室内存在问题	√		
296		按钮、指示灯、仪表、显示屏等显示不准确或失效		√	
297		显示屏、指示灯报警功能不正常或失效		√	
298	共性问题	软件系统数据显示异常或不反映实际情况		√	
299		设备损坏或安装不符合要求		√	
300		柜体变形、损坏	√		
（九）泵站机组					
301	主电动机	水泵电机运行故障		√	
302		碳刷磨损较大，压力不满足要求		√	

水利工程缺陷分类标准（续）

序号	检查项目	问题描述	问题等级		
			一般	较重	严重
303	主电动机	轴瓦、定子温度异常		√	
304	主水泵及传动装置	填料不密实		有渗水	
305		叶片调节机构卡阻，叶片角度指示与实际情况不符		√	
306		水泵顶盖排水不畅	√	有积水	
307	油气水辅机系统	抽排泵站水泵无法正常启动或使用			√
308		排水泵启动后不出水或出水不足		√	
309		供水泵吸入口堵塞或叶轮卡涩，出力不足		√	
310		供水泵密封处渗漏水	√		
311		供水管路渗漏水	√		
312	共性问题	设备运行有异响、震动		√	
313		仪器仪表显示不准确或失效		√	
314		设备存在锈蚀、脱漆或防腐层剥落	√		
315		水泵地脚螺栓松动	√		
316		水泵两侧柔性接头老化、破损	√		
317		管路固定不牢固	√		
318		泵站配套管道、阀门、法兰密封不严，出现漏水	√		
319		电动蝶阀无法正常启闭			√
320		电缆、电线及其连接部位有发热、破损、松动现象		√	
321		测温系统、冷却系统、励磁系统或通风系统出现异常		不影响使用	影响使用
322		未按设计要求安装压力表或压力表数值与实际不符	√		
323		油色不正常、油位不在正常范围内		√	
324		油箱、油管路等部位渗漏	渗油	滴油	流水状漏油
325	其他	泵站机组其他缺陷	√	√	影响安全运行
（十）水电站机组					
326	水轮机	闸瓦轴承的瓦温超标，或温度超标后未发信号		√	
327		水轮机轴承冷却水工作不正常	√		

水利工程缺陷分类标准（续）

序号	检查项目	问题描述	问题等级		
			一般	较重	严重
328		水轮机轴承冷却水温度、压力不在允许范围内		✓	
329		运行中轴承内部有异常响声		✓	.
330		停机时各轴承油面高程不在油位标准线附近，油质不符合标准		✓	
331		导叶、导叶拐臂、剪断销损坏，工作不正常		✓	影响安全运行
332		导叶开度检测不均匀，立面和端面间隙不合格		✓	
333		主轴密封及导叶轴套有严重漏水现象		✓	影响安全运行
334		反击式水轮机导叶不能正常开关，蜗壳排气阀不能正常工作			✓
335		反击式水轮机导叶漏水，妨碍机组正常停机			✓
336		转桨式水轮机的桨叶不能正常调节			✓
337	水轮机	冲击式水轮机在全关位置时，喷针漏水			✓
338		有喷管排气阀的冲击式水轮机，开机时喷管排气阀工作不正常			✓
339		冲击式水轮机折向器工作不正常			✓
340		冲击式水轮机制动副喷嘴工作不正常			✓
341		机组各部件摆度及振动值不在允许范围内		✓	影响安全运行
342		机组自动化装置不正常		✓	影响安全运行
343		机组轴电压、轴电流不正常		✓	
344		水轮机进水主阀和调压阀的操作机构及行程开关工作不正常		✓	影响安全运行
345		水轮机迷宫间隙检测不合格		✓	
346		压力钢管、蜗壳等流道及补气管中有杂物；机组四周有杂物妨碍工作		✓	
347	发电机	定子绕组、转子绕组和铁芯的最高允许温升及温度超出制造厂规定			✓

水利工程缺陷分类标准（续）

序号	检查项目	问 题 描 述	问 题 等 级		
			一般	较重	严重
348	发电机	输出功率不变时，电压波动、最高电压、励磁电流、最低电压、定子电流等超过规定范围			√
349		当机组频率低于 49.5Hz 时，转子电流超过额定值			√
350		缺相运行次数、过负荷运行时间超过规定值			√
351		运行中功率因数不符合设计值，转子电流及定子电流高于允许值		√	
352		三相定子电压不平衡		√	
353		发电机转子回路、定子回路绝缘电阻不满足要求，接地线未拆除		√	
354		发电机、励磁系统等转动部分的声响、振动、气味等异常		√	影响安全运行
355		一次回路、二次回路各连接处有发热、变色，电压、电流互感器有异常声响，油断路器油位、油色不正常		√	影响安全运行
356		无刷励磁系统不能建压			√
357		可控硅自励系统不能建压			√
358		发电机失去励磁			√
359		发电机定子、转子冒烟、着火或有焦臭味			√
360		滑环碳刷有强烈火花经过处理无效			√
361		金属性物件等异物掉入发电机内			√
362	调速系统	用于控制油泵停止的电接点压力表故障		√	影响安全运行
363		油泵故障		√	影响安全运行
364		安全阀故障		√	影响安全运行
365		电动机缺相运行		√	影响安全运行
366		压力油罐上的可视液位计故障		√	影响安全运行
367		调速器关机时间调节故障		√	影响安全运行
368		反馈断线		√	影响安全运行
369		机频故障		√	影响安全运行
370		液压阀四周渗油		√	影响安全运行

水利工程缺陷分类标准（续）

序号	检查项目	问题描述	问题等级		
			一般	较重	严重
371	励磁系统	采用调压阀的机组，调压阀与调速器联动工作不正常		√	
372		装置或设备的温度明显升高，采取措施后仍然超过允许值		√	影响安全运行
373		系统绝缘下降，不能维持正常运行		√	影响安全运行
374		灭磁开关、磁场断路器或其他交、直流开关触头过热		√	影响安全运行
375		整流功率柜故障，不能保证发电机带额定负荷和额定功率因数连续运行		√	影响安全运行
376		冷却系统故障，短时不能恢复		√	影响安全运行
377		励磁调节器自动单元故障，手动单元不能投入		√	影响安全运行
378		自动通道长期不能正常运行		√	影响安全运行
379	其他	进水主阀、调压阀、旁通阀、空气阀，液压操作的闸阀、蝴蝶阀，电（手）动操作的蝴蝶阀、闸阀等主阀不能正常工作		√	影响安全运行
380		进水主阀无后备保护功能		√	
381		行程开关工作不正常，开度指示器位置不正确		√	
382		各信号装置工作不正常		√	
383		机组制动装置工作不正常		√	影响安全运行
384		交直流操作电源、电气部分、线路发生故障		√	影响安全运行
385		油、气、水管路渗漏或阻塞		√	
386		油、气、水系统运行不正常		√	影响安全运行
387		水电站机组其他缺陷	√		影响安全运行
（十一）其他设备					
388	消防设备	消防设备故障或损坏		√	
389		灭火装置、防毒面具等消防器材失效		√	
390		消防感烟器、声光报警器、手报按钮等未安装或失效	√		
391		未安装消防指示灯和应急照明设备，或消防指示灯和应急照明设备损坏	√		

序号	检查项目	问题描述	问题等级		
			一般	较重	严重
392	消防设备	消防系统联动控制功能不符合设计要求			√
393		未按规定设置防火隔层		√	
394	安全监测设备	安全监测设施损坏、失效，未按规定进行处置			√
395		仪器设备精度不符合规范要求		√	
396		安全监测内观数据采集传输系统故障		√	
397		安全监测数据采集设备仪器故障		√	
398		安全监测线缆断损			√
399		安全监测线缆摆放凌乱	√		
400		安全监测保护设施缺失、损坏	√		
401	附属设备	接地和避雷设施不符合要求		一般设备	重要设备
402		避雷器套管有破损、裂缝，有放电痕迹		√	
403		防雷装置引下线连接松动，有烧伤痕迹和断股现象		一般设备	重要设备
404		防鼠板未安装或安装不满足要求	√		
405		绝缘橡胶垫未铺设或铺设不满足要求	√		
406		扶梯、栏杆、门窗、盖板、照明等附属设施存在破损、缺失等	√		
407		渠道、建筑物及闸站（泵站）防护围栏或围网缺失、破损、锈蚀、松动	√		
408		管理范围内井盖丢失或破损	√		
409		电缆沟（槽、井）盖板缺失、破损	√		
410		电缆沟（井）内线缆被积水浸泡		√	
411		各类柜门锁具损坏，无法关闭	√		
412		各类线缆、设备绝缘不满足要求		√	
413		各类线缆破损、老化		√	
414		各类仪表、指示灯故障或显示异常		√	
415		室外设备设施变形、受潮、锈蚀或损坏	√		
416		室外设备漏油、漏液		√	

水利工程缺陷分类标准（续）

序号	检查项目	问 题 描 述	问 题 等 级		
			一般	较重	严重
417	附属设备	室外设备、设施未按要求固定或固定不牢固	✓		
418		重要设备、设施铭牌标识缺失	✓		
419		设备、设施的安装位置影响其功能作用	✓		
420		铅酸蓄电池电解液液位不在正常范围内		✓	
421		发动机机油、冷却液液面不在正常范围内		✓	
422		机械设备转动部位或钢丝绳等连接件润滑养护不到位	✓		
423		计量设备、设施损坏，计量数据不完整、不可靠		✓	
424		清污设备设施出现故障		✓	影响安全运行
425		清污系统功能失效			✓
（十二）其他					
426	工程实体	工程实体存在质量缺陷	✓	✓	影响安全运行
427	设备设施	设备设施实体存在缺陷	✓	✓	影响安全运行
428	各类系统	系统的硬件和软件存在问题	✓	✓	影响安全运行
429	管线	未对供电、安全监测、通信、视频等各类管线进行集束、规整、标识或标识错误		✓	
430	工程运行环境	工程管理范围内有杂物堆放	✓		
431		绿化成活率不满足合同要求	✓		
432		设备温度、湿度环境不满足规范要求		✓	
433	设计缺陷	设计缺（漏）项，影响工程、设备设施功能使用			✓
434		软件系统设计存在缺陷		影响正常使用	影响安全运行
435	施工缺陷	设备、设施、软件等安装不满足合同或设计、规程、规范要求		不影响正常使用	影响正常使用
436		各类设备设施的安装位置影响日常维修养护		✓	
备注：分类标准未列的运行管理问题可参照类似问题进行认定。					

附件 3-1

直接责任单位的责任追究标准

分类	N 值					责令整改	警示约谈	通报批评
	大中型工程			小型工程				
	Ⅰ等	Ⅱ等	Ⅲ等	Ⅳ等	Ⅴ等			
一般	$N<14$			$N<12$		√		
	$N\geqslant14$			$N\geqslant12$		○	√	
较重	$N<10$			$N<8$		√		
	$10\leqslant N<16$			$8\leqslant N<12$		○	√	
	$N\geqslant16$			$N\geqslant12$		○	○	√
严重	$N<6$			$N<4$		√		
	$6\leqslant N<12$			$4\leqslant N<8$		○	√	
	$N\geqslant12$			$N\geqslant8$		○	○	√
特别严重	$N<3$			$N<2$		○	○	√
	$N\geqslant3$			$N\geqslant2$		○	○	√

备注：1. 根据水利水电工程的不同等别区分 N 值范围。

2. "N" 系指在一次检查中发现的运行管理问题数目，下表同。

3. "√" 为可采用的最高责任追究方式，"○" 为可选择采用的责任追究方式，下表同。

4. "通报批评" 包含向省级人民政府水行政主管部门通报、水利行业内通报、向省级人民政府通报，根据发现问题数量、类别及责任单位的性质确定通报范围，问题性质严重、影响恶劣的，可直接向省级人民政府分管负责同志和主要负责同志通报，下表同。

附件 3-2

领导责任单位的责任追究标准

对直接责任单位责任追究 \ 对领导责任单位责任追究	警示约谈	通报批评
警示约谈	√	
通报批评	○	√

备注："对直接责任单位责任追究" 以同一领导责任单位涉及直接责任单位中受到的最高责任追究方式为准。

附件 3－3

直接责任人的责任追究标准

对直接责任单位 责任追究 ＼ 对直接责任人 责任追究	责令 整改	警示 约谈	通报 批评	建议 调离岗位	建议降职 或降级	建议开除或 解除劳动合同
责令整改	○	√				
警示约谈		○	√			
通报批评			○	√	√	√

备注：根据直接责任单位的责任追究方式确定直接责任人的责任追究方式。

附件 3－4

领导责任人的责任追究标准

对领导责任单位 责任追究 ＼ 对领导责任人 责任追究	警示约谈	通报批评	建议调离 岗位	建议降职 或降级	建议开除或 解除劳动合同
警示约谈	√				
通报批评	○	√	√	√	√

备注：根据领导责任单位的责任追究方式确定领导责任人的责任追究方式。

水利水电工程（水库、水闸）运行
危险源辨识与风险评价导则（试行）

（2020 年 1 月 2 日　水利部　办监督函〔2019〕1486 号）

1　总　　则

1.1　为科学辨识与评价水利水电工程运行危险源及其风险等级，有效防范生产安全事故，根据《中华人民共和国安全生产法》《国务院安委会办公室关于印发标本兼治遏制重特大事故工作指南的通知》（安委办〔2016〕3 号）、《国务院安委会办公室关于实施遏制重特大事故工作指南构建双重预防机制的意见》（安委办〔2016〕11 号）和《水利部关于开展水利安全风险分级管控的指导意见》（水监督〔2018〕323 号）等，制定本导则。

1.2　本导则适用于水库、水闸工程运行危险源的辨识与风险评价。

1.3　水库、水闸工程运行危险源（以下简称危险源）是指在水库、水闸工程运行管理过程中存在的，可能导致人员伤亡、健康损害、财产损失或环境破坏，在一定的触发因素作用下可转化为事故的根源或状态。

水库、水闸工程运行重大危险源（以下简称重大危险源）是指在水库、水闸工程运行管理过程中存在的，可能导致人员重大伤亡、健康严重损害、财产重大损失或环境严重破坏，在一定的触发因素作用下可转化为事故的根源或状态。

重大危险源包含《中华人民共和国安全生产法》定义的危险物品重大危险源。在工程管理范围内危险物品的生产、搬运、使用或者储存，其危险源辨识与风险评价参照国家和行业有关法律法规和技术标准。

1.4　危险源辨识与风险评价应严格执行国家和水利行业有关法律法规、技术标准和本导则。

1.5　水库、水闸工程运行管理单位或承担运行管理职责的单位是危险源辨识、风险评价和管控的责任主体。农村集体经济组织所属的小型水库、水闸，其所在地乡镇人民政府或其有关部门是危险源辨识、风险评价和管控的责任主体（以上统称管理单位）。

管理单位应结合本单位实际，根据工程运行情况和管理特点，科学、系统、全面地开展危险源辨识与风险评价，严格落实相关管理责任和管控措施，有效防范和减少生产安全事故。

县级以上水行政主管部门、流域管理机构和水库主管部门依据有关法律法规、技术标准和本导则对危险源辨识与风险评价工作进行技术指导、培训、监督与检查。

1.6 管理单位应组织制定危险源辨识与风险评价管理制度，明确有关部门的职责、辨识范围、流程、方法、频次等，在此基础上组织专业技术人员开展危险源辨识和风险评价，编制危险源辨识与风险评价报告，主要内容及要求详见附件1。

危险源辨识与风险评价报告应经管理单位运管和安全管理部门负责人、分管运管和安全管理部门的负责人以及主要负责人签字确认，必要时应先组织专家进行审查。

1.7 管理单位应全方位、全过程开展危险源辨识与风险评价，至少每个季度开展1次（含汛前、汛后），对危险源实施动态管理，及时掌握危险源的状态及其风险的变化趋势，更新危险源及其风险等级。

1.8 管理单位应对危险源进行登记，明确责任部门、责任人、安全措施和应急措施，并于每季度第一个月6日前通过水利安全生产信息系统报送相关信息。对重大危险源和风险等级为重大的一般危险源应建立专项档案，并报主管部门备案。危险物品重大危险源应按照规定同时报应急管理部门备案。

1.9 管理单位可依照有关法律法规和技术标准，结合本单位和工程实际增减危险源内容，按照本导则的方法判定风险。

1.10 危险源辨识与风险评价工作情况作为安全评价中运行管理评价的重要依据。

2 危险源类别、级别与风险等级

2.1 危险源分六个类别，分别为构（建）筑物类、金属结构类、设备设施类、作业活动类、管理类和环境类，各类的辨识与评价对象主要有：

2.1.1 构（建）筑物类（水库）：挡水建筑物、泄水建筑物、输水建筑物、过船建筑物、桥梁、坝基、近坝岸坡等。

构（建）筑物类（水闸）：闸室段、上下游连接段、地基等。

2.1.2 金属结构类：闸门、启闭机械等。

2.1.3 设备设施类：电气设备、特种设备、管理设施等。

2.1.4 作业活动类：作业活动等。

2.1.5 管理类：管理体系、运行管理等。

2.1.6 环境类：自然环境、工作环境等。

2.2 危险源辨识分两个级别，分别为重大危险源和一般危险源。

2.3 危险源的风险评价分为四级，由高到低依次为重大风险、较大风险、一般风险和低风险，分别用红、橙、黄、蓝四种颜色标示。

2.3.1 重大风险：极其危险，由管理单位主要负责人组织管控，上级主管部门重点监督检查。必要时，管理单位应报请上级主管部门并与当地应急管理部门沟通，协调相关单位共同管控。

2.3.2 较大风险：高度危险，由管理单位分管运管或有关部门的领导组织管控，分管安全管理部门的领导协助主要负责人监督。

2.3.3 一般风险：中度危险，由管理单位运管或有关部门负责人组织管控，安全管理部门负责人协助其分管领导监督。

2.3.4 低风险：轻度危险，由管理单位有关部门或班组自行管控。

3 危险源辨识

3.1 危险源辨识是指对有可能产生危险的根源或状态进行分析，识别危险源的存在并确定其特性的过程，包括辨识出危险源以及判定危险源类别与级别。

危险源辨识应考虑工程正常运行受到影响或工程结构受到破坏的可能性，以及相关人员在工程管理范围内发生危险的可能性、储存物质的危险特性、数量以及仓储条件，环境、设备的危险特性等因素，综合分析判定。

3.2 危险源应由在工程运行管理和（或）安全管理方面经验丰富的专业人员及基层管理人员（技术骨干），采用科学、有效及相适应的方法进行辨识，对其进行分类和分级，汇总制定危险源清单，并确定危险源名称、类别、级别、事故诱因、可能导致的事故等内容，必要时可进行集体讨论或专家技术论证。

3.3 危险源辨识方法主要有直接判定法、安全检查表法、预先危险性分析法、因果分析法等。

3.4 危险源辨识应优先采用直接判定法，不能用直接判定法辨识的，应采用其他方法进行判定。当本工程出现符合《水库工程运行重大危险源清单》（附件2)、《水闸工程运行重大危险源清单》（附件3）中的任何一条要素的，可直接判定为重大危险源。

3.5 当相关法律法规、规程规范、技术标准发布（修订）后，或构（建）筑物、金属结构、设备设施、作业活动、管理、环境等相关要素发生变化后，或发生生产安全事故后，管理单位应及时组织辨识。

4 危险源风险评价

4.1 危险源风险评价是对危险源在一定触发因素作用下导致事故发生的可能性及危害程度进行调查、分析、论证等，以判断危险源风险程度，确定风险等级的过程。

4.2 危险源风险评价方法主要有直接评定法、作业条件危险性评价法（LEC

法）、风险矩阵法（LS 法）等。

4.3 对于重大危险源，其风险等级应直接评定为重大风险；对于一般危险源，其风险等级应结合实际选取适当的评价方法确定。

4.4 对于工程维修养护等作业活动或工程管理范围内可能影响人身安全的一般危险源，评价方法推荐采用作业条件危险性评价法（LEC 法），见《水利水电工程施工危险源辨识与风险评价导则（试行）》（办监督函〔2018〕1693号）。

4.5 对于可能影响工程正常运行或导致工程破坏的一般危险源，应由管理单位不同管理层级以及多个相关部门的人员共同进行风险评价，评价方法推荐采用风险矩阵法（LS 法），见附件 4《一般危险源风险评价方法——风险矩阵法（LS 法）》。

4.6 一般危险源的 L、E、C 值（作业条件危险性评价法）或 L、S 值（风险矩阵法）参考取值范围及风险等级范围见《水库工程运行一般危险源风险评价赋分表（指南）》（附件 5）和《水闸工程运行一般危险源风险评价赋分表（指南）》（附件 6）。

5　附　　则

5.1 本导则自发布之日起施行。

附件1

危险源辨识与风险评价报告主要内容及要求

一、工程简介：工程概况（包括工程组成、工程等别、设计标准、抗震等级、主要特征值、工程地质条件及周边自然环境等），工程运行管理概况（工程建设年份及运行时间、安全鉴定情况、除险加固情况，危险物质仓储区、生活及办公区的危险特性描述等），管理单位安全生产管理基本情况。

二、危险源辨识与风险评价主要依据。

三、危险源辨识和风险评价方法：结合工程运行管理实际选用相适应的方法。

四、危险源辨识与风险评价内容：危险源名称、类别、级别、所在部位或项目、事故诱因、可能导致的事故，危险源风险等级。

五、安全管控措施：根据危险源辨识与风险评价结果，对危险源提出安全管理制度、技术及管理措施等。

六、应急预案：根据危险源辨识与风险评价结果，提出有关应急预案。

附件 2

水库工程运行重大危险源清单

序号	类别	项目	重大危险源	事故诱因	可能导致的后果
1	构（建）筑物类	挡水建筑物	坝体与坝肩、穿坝建筑物等结合部渗漏	接触冲刷	失稳、溃坝
2			坝肩绕坝渗流，坝基渗流，土石坝坝体渗流	防渗设施失效或不完善	变形、位移、失稳、溃坝
3			土石坝坝顶受波浪冲击	洪水、大风；防浪墙损坏	漫顶、溃坝
4			土石坝上、下游坡	排水设施失效；坝坡滑动	失稳、溃坝
5			存在白蚁的可能（土石坝）	白蚁活动、筑巢	管涌、溃坝
6			混凝土面板（面板堆石坝）	水流冲刷；面板破损、接缝开裂；不均匀沉降	失稳、溃坝
7			拱座（拱坝）	混凝土或岩体应力过大；拱座变形	结构破坏、失稳、溃坝
8			拱坝坝顶溢流，坝身开设泄水孔	坝身泄洪振动；孔口附近应力过大	结构破坏、溃坝
9		泄水建筑物	溢洪道、泄洪（隧）洞消能设施	水流冲击或冲刷	设施破坏，失稳、溃坝
10			泄洪（隧）洞渗漏	接缝破损、止水失效	结构破坏、失稳、溃坝
11			泄洪（隧）洞围岩	不良地质	变形、结构破坏、失稳、溃坝
12		输水建筑物	输水（隧）洞（管）渗漏	接缝破损、止水失效	结构破坏、失稳、溃坝
13			输水（隧）洞（管）围岩	不良地质	变形、结构破坏、失稳、溃坝
14		坝基	坝基	不良地质	沉降、变形、位移、失稳、溃坝
15	金属结构类	闸门	工作闸门（泄水建筑物）	闸门锈蚀、变形	失稳、漫顶、溃坝
16		启闭机械	启闭机（泄水建筑物）	启闭机无法正常运行	
17	设备设施类	电气设备	闸门启闭控制设备（泄水建筑物）	控制功能失效	
18			变配电设备	设备失效	

水库工程运行重大危险源清单（续）

序号	类别	项目	重大危险源	事故诱因	可能导致的后果
19	设备设施类	特种设备	压力管道	水锤	设备设施破坏
20	作业活动类	作业活动	操作运行作业	作业人员未持证上岗、违反相关操作规程	
21	管理类	运行管理	安全鉴定与隐患治理	未按规定开展或隐患治理未及时到位	设备设施严重损（破）坏
22			观测与监测	未按规定开展	
23			安全检查	未按规定开展或检查不到位	
24			外部人员的活动	活动未经许可	
25			泄洪、放水或冲沙等	警示、预警工作不到位	影响公共安全
26	环境类	自然环境	自然灾害	山洪、泥石流、山体滑坡等	工程及设备严重损（破）坏，人员重大伤亡

附件3

水闸工程运行重大危险源清单

序号	类别	项目	重大危险源	事故诱因	可能导致的后果
1	构（建）筑物类	闸室段	底板、闸墩渗漏	渗漏异常、接缝破损、止水失效	沉降、位移、失稳
2		上下游连接段	消力池、海漫、防冲墙、铺盖、护坡、护底渗漏	渗漏异常、接缝破损、止水失效	沉降、位移、失稳、河道及岸坡冲毁
3			岸、翼墙渗漏	渗漏异常、接缝破损、止水失效	墙后土体塌陷、位移、失稳
4			岸、翼墙排水	排水异常、排水设施失效及边坡截排水沟不畅	墙后土体塌陷、位移、失稳
5			岸、翼墙侧向渗流	侧向渗流异常、防渗设施不完善	位移、失稳
6		地基	地基地质条件	地基土或回填土流失、不良地质	沉降、变形、位移、失稳
7			地基基底渗流	基底渗流异常、防渗设施不完善	沉降、位移、失稳
8	金属结构类	闸门	工作闸门	闸门锈蚀、变形	闸门无法启闭或启闭不到位，严重影响行洪泄流安全，增加淹没范围或无法正常蓄水，失稳、位移
9		启闭机械	启闭机	启闭机无法正常运行	
10	设备设施类	电气设备	闸门启闭控制设备	控制功能失效	
11			变配电设备	设备失效	
12	作业活动类	作业活动	操作运行作业	作业人员未持证上岗、违反相关操作规程	
13	管理类	运行管理	安全鉴定	未按规定开展	设备设施严重损（破）坏
14			观测与监测	未按规定开展	
15			安全检查	安全检查不到位	
16			外部人员的活动	活动未经许可	
17			泄洪、放水或冲沙等	警示、预警工作不到位	影响公共安全
18	环境类	自然环境	自然灾害	山洪、泥石流、山体滑坡等	工程及设备严重损（破）坏，人员重大伤亡

附件 4

一般危险源风险评价方法——风险矩阵法（LS 法）

一、风险矩阵法（LS 法）的数学表达式为

$$R = L \times S \qquad \text{（公式 1）}$$

式中：R——风险值；

L——事故发生的可能性；

S——事故造成危害的严重程度。

二、L 值的取值过程与标准

L 值应由管理单位三个管理层级（分管负责人、部门负责人、运行管理人员）、多个相关部门（运管、安全或有关部门）人员按照以下过程和标准共同确定：

第一步：由每位评价人员根据实际情况和表 1，参照附件 5、附件 6 初步选取事故发生的可能性数值（以下用 L_c 表示）。

表 1   L 值 取 值 标 准 表

	一般情况下 不会发生	极少情况下 才发生	某些情况下发生	较多情况下发生	常常会发生
L 值	3	6	18	36	60

第二步：分别计算出三个管理层级中，每一层级内所有人员所取 L_c 值的算术平均数 L_{j1}、L_{j2}、L_{j3}。

其中：$j1$ 代表分管负责人层级；

$\quad\quad\;\; j2$ 代表部门负责人层级；

$\quad\quad\;\; j3$ 代表管理人员层级；

第三步：按照下式计算得出 L 的最终值。

$$L = 0.3 \times L_{j1} + 0.5 \times L_{j2} + 0.2 \times L_{j3} \qquad \text{（公式 2）}$$

三、S 值取值标准

S 值应按标准计算或选取确定，具体分为以下两种情况：

在分析水库工程运行事故所造成危害的严重程度时，应综合考虑水库水位 H 和工程规模 M 两个因素，用两者的乘积值 V 所在区间作为 S 取值的依据。V 值应按照表 2 计算，S 值应按照表 3 取值。

表 2　V 值 计 算 表

水库水位 H ＼ 工程规模 M		小（2）型 取值 1	小（1）型 取值 2	中型 取值 3	大（2）型 取值 4	大（1）型 取值 5
H≤死水位	取值 1	1	2	3	4	5
死水位＜H≤汛限水位	取值 2	2	4	6	8	10
汛限水位＜H≤正常蓄水位	取值 3	3	6	9	12	15
正常蓄水位＜H≤防洪高水位	取值 4	4	8	12	16	20
H＞防洪高水位	取值 5	5	10	15	20	25

表 3　水库工程 S 值取值标准表

V 值区间	危害程度	水库工程 S 值取值
V≥21	灾难性的	100
16≤V≤20	重大的	40
11≤V≤15	中等的	15
6≤V≤10	轻微的	7
V≤5	极轻微的	3

在分析水闸工程运行事故所造成危害的严重程度时，仅考虑工程规模这一因素，S 值应按照表 4 取值。

表 4　水闸工程 S 值取值标准表

工程规模	小（2）型	小（1）型	中型	大（2）型	大（1）型
水闸工程 S 值	3	7	15	40	100

四、一般危险源风险等级划分

按照上述内容，选取或计算确定一般危险源的 L、S 值，由公式 1 计算 R 值，再按照表 5 确定风险等级。

表 5　一般危险源风险等级划分标准表——风险矩阵法（LS 法）

R 值区间	风险程度	风险等级	颜色标示
R＞320	极其危险	重大风险	红
160＜R≤320	高度危险	较大风险	橙
70＜R≤160	中度危险	一般风险	黄
R≤70	轻度危险	低风险	蓝

附件5

水库工程运行一般危险源风险评价赋分表（指南）

序号	类别	项目	一般危险源	事故诱因	可能导致的后果	风险评价方法	L值范围	E值范围	S值或C值范围	R值或D值范围	风险等级范围
1	构（建）筑物类	挡水建筑物	坝顶车辆行驶	车辆超载、超速、超高、碰撞	路面损坏、防浪墙损坏、坝体结构变形或破坏	LS法	3~18	—	3~100	9~1800	低~重大
2			坝顶排水	排水设施失效、积水	交通中断、车辆损坏	LS法	3~6	—	3~100	9~600	低~重大
3			混凝土、浆砌石坝坝体渗漏	接缝破损、止水失效	结构破坏	LS法	3~36	—	3~100	9~3600	低~重大
4			混凝土、浆砌石坝坝体内部廊道渗漏	接缝破损、止水失效	沉降、设备损坏	LS法	3~18	—	3~100	9~1800	低~重大
5			混凝土、浆砌石坝坝体内部廊道排水	排水设施失效、积水	沉降、设备损坏	LS法	3~18	—	3~100	9~1800	低~重大
6			上游坝坡面	滑坡、裂缝	结构破坏、坝坡失稳	LS法	3~36	—	3~100	9~3600	低~重大
7			上游坝坡受波浪冲刷	护坡结构破损	结构破坏	LS法	3~18	—	3~100	9~1800	低~重大
8			下游坝坡面	滑坡、裂缝	结构破坏、坝坡失稳	LS法	3~36	—	3~100	9~3600	低~重大
9			下游坝坡受水流冲刷	护坡结构破损	护坡剥蚀	LS法	3~6	—	3~100	9~600	低~重大
10			坝肩排水	排水设施失效	位移、变形	LS法	3~18	—	3~100	9~1800	低~重大
11		泄水建筑物	溢洪道进水段、泄槽段进水坡	水流冲刷	崩塌、开裂	LS法	3~36	—	3~100	9~3600	低~重大
12			溢洪道结构表面	水流冲刷	结构破坏、裂缝、剥蚀、空蚀	LS法	3~18	—	3~100	9~1800	低~重大
13			溢洪道渗漏	接缝破损、止水失效	位移、墙后土体塌陷	LS法	3~18	—	3~100	9~1800	低~重大

水库工程运行一般危险源风险评价赋分表（指南）（续）

序号	类别	项目	一般危险源	事故诱因	可能导致的后果	风险评价方法	L值范围	E值范围	S值或C值范围	R值或D值范围	风险等级范围
14	构（建）筑物类	泄水建筑物	溢洪道溢流堰体	水流冲刷	结构破坏、剥蚀、空蚀	LS法	3~36	—	3~100	9~3600	低~重大
15			溢洪道溢流	防渗设施不完善	位移、沉降	LS法	3~18	—	3~100	9~1800	低~重大
16			溢洪道洪道下游河床、岸坡	水流冲刷、淤积物	回陷、滑坡、堵塞	LS法	3~18	—	3~100	9~1800	低~重大
17			泄洪（隧）洞进出口段表面	水流冲刷	滑塌	LS法	3~18	—	3~100	9~1800	低~重大
18			泄洪（隧）洞隧洞段表面	水流冲刷	结构破坏、裂缝、剥蚀、空蚀	LS法	3~36	—	3~100	9~3600	低~重大
19			泄洪（隧）洞消能设施	水流冲刷	消能设施破坏	LS法	3~18	—	3~100	9~1800	低~重大
20			泄洪（隧）洞排气设施	排气不畅	空蚀破坏、震动	LS法	3~18	—	3~100	9~1800	低~重大
21			泄洪（隧）洞渗流	防渗设施不完善	位移、沉降	LS法	3~18	—	3~100	9~1800	低~重大
22			泄洪（隧）洞围岩	不良地质	变形、位移	LS法	3~18	—	3~100	9~1800	低~重大
23		输水建筑物	输水（隧）洞下游河床、岸坡	水流冲刷、淤积物	回陷、滑坡、堵塞	LS法	3~18	—	3~100	9~1800	低~重大
24			输水（隧）洞（管）进水段、出口段表面	水流冲刷	结构破坏、滑塌	LS法	3~18	—	3~100	9~1800	低~重大
25			输水（隧）洞（管）洞段表面	水流冲刷	结构破坏、裂缝、剥蚀、空蚀	LS法	3~6	—	3~100	9~600	低~重大
26			输水（隧）洞（管）消能设施	水流冲刷	消能设施破坏	LS法	3~18	—	3~100	9~1800	低~重大

水库工程运行一般危险源风险评价赋分表（指南）（续）

序号	类别	项目	一般危险源	事故诱因	可能导致的后果	风险评价方法	L值范围	E值范围	S值或C值范围	R值或D值范围	风险等级范围
27	输水建筑物	输水（隧）洞（管）排气设施	排气不畅	空蚀破坏、震动	LS法	3~6	—	3~100	9~600	低~重大
28		输水（隧）洞（管）渗流	防渗设施不完善	位移、沉降	LS法	3~18	—	3~100	9~1800	低~重大
29		输水（隧）洞（管）隧洞围岩	不良地质	变形、位移	LS法	3~18	—	3~100	9~1800	低~重大
30		输水（隧）洞（管）下游河床、岸坡	水流冲刷、淤积物	凹陷、滑坡、堵塞	LS法	3~6	—	3~100	9~600	低~重大
31	过船建筑物类（构（建）筑物类）	过船建筑物中船只通行	船只碰撞	建筑物结构损坏、船体损坏、航道堵塞	LS法	3~18	—	3~100	9~1800	低~重大
32		过船建筑物中船载物品	物品掉落	航道堵塞、环境污染	LS法	3~6	—	3~100	9~600	低~重大
33	桥梁	桥梁上车辆行驶	车辆超载、超高、碰撞	桥体损坏、垮塌	LS法	3~18	—	3~100	9~1800	低~重大
34		桥梁下方船只通行	船只碰撞	桥体损坏、垮塌	LS法	3~18	—	3~100	9~1800	低~重大
35		桥梁上有大型机械运行	超重、碰撞	桥体损坏、垮塌	LS法	3~6	—	3~100	9~600	低~重大
36		桥梁表面排水	排水设施失效、积水	交通中断	LS法	3~6	—	3~100	9~600	低~重大
37	近坝岸坡	近坝岸地质条件	不良地质	变形、失稳、坍塌	LS法	3~36	—	3~100	9~3600	低~重大
38		近坝岸坡表面	水流冲刷	岸坡损坏、变形、滑塌	LS法	3~18	—	3~100	9~1800	低~重大
39		近坝岸坡排水	排水设施失效	变形、滑塌	LS法	3~18	—	3~100	9~1800	低~重大

水库工程运行一般危险源风险评价赋分表（指南）（续）

序号	类别	项目	一般危险源	事故诱因	可能导致的后果	风险评价方法	L值范围	E值范围	S值或C值范围	R值或D值范围	风险等级范围
40	金属结构类	闸门									
41		启闭机械	参考附件6《水闸工程运行一般危险源风险评价赋分表（指南）》								
42		电气设备									
43		特种设备									
44	设备设施类	管理设施	水文测报站网及自动测报系统	功能失效	影响工程调度运行	LS法	3~18	—	3~100	9~1800	低~重大
45			观测设施	设施损坏	影响工程调度运行	LS法	3~6	—	3~100	9~600	低~重大
46			变形、渗流、应力应变、温度等安全监测系统	功能失效	不能及时发现工程隐患或险情	LS法	3~18	—	3~100	9~1800	低~重大
47			水质监测系统	功能失效	不能及时发现水质问题	LS法	3~6	—	3~100	9~600	低~重大
48			通信及预警设施	设施损坏	影响工程调度运行、防汛抢险	LS法	3~18	—	3~100	9~1800	低~重大
49			闸门远程控制系统	功能失效	影响闸门启闭、工程调度运行	LS法	3~18	—	3~100	9~1800	低~重大
50			网络设施	设施损坏	影响闸门启闭、工程调度运行、安全监测数据传输	LS法	3~18	—	3~100	9~1800	低~重大
51			防汛抢险照明设施	设施损坏	影响夜间防汛抢险	LS法	3~6	—	3~100	9~600	低~重大
52			防汛上坝道路	设施损坏	影响防汛人员、物资等运送	LS法	3~6	—	3~100	9~600	低~重大

水库工程运行一般危险危险源风险评价赋分表（指南）（续）

序号	类别	项目	一般危险源	事故诱因	可能导致的后果	风险评价方法	L值范围	E值范围	S值或C值范围	R值或D值范围	风险等级范围
53	设备设施类	管理设施	与外界联系交通道路	设施损坏	影响工程防汛抢险	LS法	3~6	—	3~100	9~600	低~重大
54			消防设施	设施损坏	不能及时扑灭火灾，影响工程运行安全	LS法	3~18	—	3~100	9~1800	低~重大
55			防雷保护系统	功能失效	电气系统损坏，影响工程运行安全	LS法	3~18	—	3~100	9~1800	低~重大
56	作业活动类	作业活动	机械作业	违章指挥、违章操作、违反劳动纪律、使用防护用品、未正确上岗	机械伤害	LEC法	0.5~3	2~6	3~7	3~126	低~一般
57			起重、搬运作业		起重伤害、物体打击	LEC法	0.5~3	2~6	3~7	3~126	低~一般
58			高空作业		高处坠落、物体打击	LEC法	0.5~6	2~6	3~7	3~252	低~较大
59			电焊作业		灼烫、触电、火灾	LEC法	0.5~3	2~6	3~7	3~126	低~一般
60			带电作业	未持证	触电	LEC法	0.5~3	2~6	3~7	3~126	低~一般
61			有限空间作业		淹溺、窒息、坍塌	LEC法	0.5~3	2~6	3~7	3~126	低~一般
62			水上观测与检查作业		淹溺	LEC法	0.5~6	2~6	3~7	3~252	低~较大
63			水下观测与检查作业		淹溺	LEC法	0.5~3	2~6	3~7	3~126	低~一般
64			车辆行驶		车辆伤害	LEC法	0.5~6	2~6	3~15	3~270	低~较大
65			船舶行驶		淹溺	LEC法	0.5~6	2~6	3~15	3~270	低~较大
66	管理类	管理体系	机构组成与人员配备	机构不健全	影响工程运行管理	LS法	3~18	—	3~100	9~1800	低~重大
67			安全管理规章制度与操作规程制定	制度不健全	影响工程运行管理	LS法	3~18	—	3~100	9~1800	低~重大
68			防汛抢险物料准备	物料准备不足	影响工程防汛抢险	LS法	3~6	—	3~100	9~600	低~重大

水库工程运行一般危险源风险评价赋分表（指南）（续）

序号	类别	项目	一般危险源	事故诱因	可能导致的后果	风险评价方法	L值范围	E值范围	S值或C值范围	R值或D值范围	风险等级范围
69	管理类	管理体系	维修养护物资准备	物资准备不足	影响工程运行安全	LS法	3~6	—	3~100	9~600	低~重大
70			人员基本支出和工程维修养护经费落实	经费未落实	影响工程运行管理	LS法	3~18	—	3~100	9~1800	低~重大
71			管理、作业人员教育培训	培训不到位	影响工程运行安全、人员作业安全	LS法	3~18	—	3~100	9~1800	低~重大
72			管理和保护范围划定	范围不明确	影响工程运行管理	LS法	3~18	—	3~100	9~1800	低~重大
73			管理和保护范围内修建码头、鱼塘等	管理不到位	影响工程防汛抢险	LS法	3~18	—	3~100	9~1800	低~重大
74		运行管理	调度规程运用计划编制与报批	未编制	影响工程运行安全	LS法	3~6	—	3~100	9~600	低~重大
75			汛期调度运用计划编制与报批	未编制、报批	影响工程防汛抢险	LS法	3~18	—	3~100	9~1800	低~重大
76			应急预案编制、报批、演练	未编制、报批或演练	影响工程防汛抢险	LS法	3~18	—	3~100	9~1800	低~重大
77			监测资料整编分析	未落实	不能及时发现工程隐患	LS法	3~18	—	3~100	9~1800	低~重大
78			维修养护计划制订	未制定	不能及时消除工程隐患	LS法	3~6	—	3~100	9~600	低~重大
79			操作票、工作票管理及使用	未落实	影响工程运行管理	LS法	3~18	—	3~100	9~1800	低~重大

水库工程运行一般危险源风险评价赋分表（指南）（续）

序号	类别	项目	一般危险源	事故诱因	可能导致的后果	风险评价方法	L值范围	E值范围	S值或C值范围	R值或D值范围	风险等级范围
80	管理类	运行管理	警示、禁止标识设置	设置不足	影响工程运行安全、人员安全	LS法	3~18	—	3~100	9~1800	低~重大
81			上游水库泄洪	未及时通知	影响工程运行安全	LS法	3~18	—	3~100	9~1800	低~重大
82			管理和保护范围内山体（土体）存在潜在滑坡、落石区域	大风、暴雨、洪水等	坍塌、物体打击	LEC法	0.5~3	0.5~3	3~15	0.75~135	低~一般
83			库区淤积物	山体滑坡	浪涌破坏	LS法	3~18	—	3~100	9~1800	低~重大
84			船只、漂浮物	碰撞	影响工程运行安全	LS法	3~18	—	3~100	9~1800	低~重大
85			雷电、暴雨雪、大风、冰雹、极端温度等恶劣气候	防护措施不到位、极端天气前后的安全检查不到位	影响工程运行安全	LS法	3~18	—	3~100	9~1800	低~重大
86					影响工程运行安全	LS法	3~18	—	3~100	9~1800	低~重大
87	环境类	自然环境	结构受侵蚀性介质作用	侵蚀性介质接触	建筑物结构损坏	LS法	3~18	—	3~100	9~1800	低~重大
88			水生生物	吸附在闸门、门槽上	影响闸门启闭	LS法	3~6	—	3~100	9~600	低~重大
89			水面漂浮物、垃圾	门槽附近堆积	影响闸门启闭	LS法	3~18	—	3~100	9~1800	低~重大
90			危险的动、植物	蜇伤、咬伤、扎伤等	影响人身安全	LEC法	0.5~3	2~6	3~7	3~126	低~一般
91			老鼠、蛇等	打洞	影响工程运行安全	LS法	3~18	—	3~100	9~1800	低~重大
92			有毒有害气体	溢出	中毒	LEC法	0.5~3	2~6	3~7	3~126	低~一般

水库工程运行一般危险源风险评价赋分表（指南）（续）

序号	类别	项目	一般危险源	事故诱因	可能导致的后果	风险评价方法	L值范围	E值范围	S值或C值范围	R值或D值范围	风险等级范围
93	环境类	工作环境	斜坡、步梯、通道、作业场地	结冰或湿滑	高处坠落、扭伤、摔伤	LEC法	0.5~3	2~6	3~7	3~126	低～一般
94			临边、临水部位	防护措施不到位	高处坠落、淹溺	LEC法	0.5~3	2~6	3~7	3~126	低～一般
95			人员密集活动	拥挤、踩踏	人员伤亡	LEC法	0.5~1	0.5~3	3~40	0.75~120	低～一般
96			食堂食材	有毒物质、变质	人员中毒	LEC法	0.5~1	2~6	3~15	3~90	低～一般
97			可燃物堆积	明火	火灾	LEC法	0.5~3	2~6	3~7	3~126	低～一般
98			电源插座	漏电、短路、线路老化等	火灾、触电	LEC法	0.5~3	2~6	3~7	3~126	低～一般
99			大功率电器使用	过载、线路老化、电器质量不合格等	火灾	LEC法	0.5~3	2~6	3~7	3~126	低～一般
100			游客的活动	管理不到位、防护措施不到位、安全意识不足等	高处坠落、触电	LEC法	0.5~3	2~6	3~7	3~126	低～一般

附件6

水闸工程运行一般危险源风险评价赋分表（指南）

序号	类别	项目	一般危险源	事故诱因	可能导致的后果	风险评价方法	L值范围	E值范围	S值或C值范围	R值或D值范围	风险等级范围
1	构（建）筑物类	闸室段	底板、闸墩、胸墙结构表面	水流冲刷	结构破坏、裂缝、剥蚀	LS法	3~18	—	3~100	9~1800	低~重大
2			底板、闸墩渗流	防渗设施不完善	位移、沉降	LS法	3~18	—	3~100	9~1800	低~重大
3			交通桥、工作桥上车辆行驶	车辆超超载、超速、超高、碰撞	排架柱、桥体损坏	LS法	3~18	—	3~100	9~1800	低~重大
4			交通桥、工作桥上有大型机械运行	超重、碰撞	排架柱、桥体损坏	LS法	3~6	—	3~100	3~600	低~重大
5			交通桥、工作桥表面排水	排水设施失效、积水	交通中断、车辆损坏	LS法	3~6	—	3~100	3~600	低~重大
6			启闭机房及控制室屋面及外墙防水	防水设施失效、暴雨	设备损坏	LS法	3~18	—	3~100	9~1800	低~重大
7		上下游连接段	消力池、海漫、防冲墙、铺盖、护坡、护底结构表面	水流冲刷	设施破坏	LS法	3~18	—	3~100	9~1800	低~重大
8			消力池、海漫、防冲墙、铺盖、护坡、护底渗漏	接缝破损、止水失效	位移、结构破坏	LS法	3~18	—	3~100	9~1800	低~重大
9			消力池、海漫、防冲墙、铺盖、护坡、护底排水	排水设施失效	变形、滑塌	LS法	3~18	—	3~100	9~1800	低~重大
10			防冲槽	水流冲刷、淤积物	回陷	LS法	3~18	—	3~100	9~1800	低~重大

水闸工程运行一般危险源风险评价赋分表（指南）（续）

序号	类别	项目	一般危险源	事故诱因	可能导致的后果	风险评价方法	L值范围	E值范围	S值或C值范围	R值或D值范围	风险等级范围
11	构（建）筑物类	上下游连接段	岸、翼墙排水	接缝破损、止水失效	位移、变形	LS法	3~36	—	3~100	3~3600	低~重大
12			岸、翼墙结构表面	水流冲刷	结构破坏、裂缝、剥蚀、变形	LS法	3~18	—	3~100	9~1800	低~重大
13			上下游河床、岸坡表面	水流冲刷、淤积物	凹陷、滑坡、堵塞	LS法	3~18	—	3~100	9~1800	低~重大
14	金属结构类	闸门	工作闸门止水	暴露、磨损、侵蚀性介质	止水老化及破损、渗漏	LS法	3~18	—	3~100	9~1800	低~重大
15			工作闸门闸下水流	流态异常	闸门振动	LS法	3~36	—	3~100	3~3600	低~重大
16			工作闸门门体及埋件	暴露、磨损、锈蚀	影响闸门启闭	LS法	3~18	—	3~100	9~1800	低~重大
17			工作闸门支承行走机构部件	暴露、磨损、锈蚀	影响闸门启闭	LS法	3~6	—	3~100	3~600	低~重大
18			工作闸门吊耳、吊座	暴露、锈蚀	影响闸门启闭	LS法	3~6	—	3~100	3~600	低~重大
19			工作闸门锁定梁、销	暴露、锈蚀	影响闸门启闭	LS法	3~6	—	3~100	3~600	低~重大
20			工作闸门开度限位装置	功能失效	闸门启闭无上下限保护	LS法	3~18	—	3~100	9~1800	低~重大
21			工作闸门融冰装置	功能失效	影响闸门启闭	LS法	3~18	—	3~100	9~1800	低~重大
22			检修闸门止水暴露	暴露、磨损、侵蚀性介质	止水老化及破损、渗漏	LS法	3~6	—	3~100	3~600	低~重大
23	启闭机械		卷扬式启闭机部件	磨损、锈蚀	影响启闭	LS法	3~36	—	3~100	3~3600	低~重大
24			卷扬式启闭机钢丝绳	磨损、锈蚀、压块松动	影响启闭	LS法	3~36	—	3~100	3~3600	低~重大

水闸工程运行一般危险源风险评价赋分表（指南）（续）

序号	类别	项目	一般危险源	事故诱因	可能导致的后果	风险评价方法	L值范围	E值范围	S值或C值范围	R值或D值范围	风险等级范围
25	金属结构类	启闭机械类	液压式启闭机部件	磨损、锈蚀	影响启闭	LS法	3~36	—	3~100	3~3600	低~重大
26			液压式启闭机自动纠偏系统	功能失效	影响设备运行	LS法	3~6	—	3~100	3~600	低~重大
27			液压式启闭机油泵	未及时维修养护	影响启闭	LS法	3~18	—	3~100	9~1800	低~重大
28			液压式启闭机油管系统	功能失效	影响启闭	LS法	3~6	—	3~100	3~600	低~重大
29			液压式油油量、油质	油质不纯、油量不足	影响设备运行	LS法	3~18	—	3~100	9~1800	低~重大
30			螺杆式启闭机部件	变形	影响启闭	LS法	3~18	—	3~100	9~1800	低~重大
31			门机部件	磨损、锈蚀	影响启闭	LS法	3~18	—	3~100	9~1800	低~重大
32			门机制动器	磨损、锈蚀	影响设备运行	LS法	3~6	—	3~100	3~600	低~重大
33			门机轨道	磨损、锈蚀	影响设备运行	LS法	3~6	—	3~100	3~600	低~重大
34			门机钢丝绳	磨损、锈蚀、压块松动	影响启闭	LS法	3~36	—	3~100	3~3600	低~重大
35			电动葫芦部件	磨损、锈蚀	影响启闭	LS法	3~18	—	3~100	9~1800	低~重大
36			电动葫芦钢丝绳	磨损、锈蚀、压块松动	影响启闭	LS法	3~36	—	3~100	3~3600	低~重大
37			电动葫芦吊钩	锈蚀	影响启闭	LS法	3~6	—	3~100	3~600	低~重大
38			电动葫芦制动轮	磨损、锈蚀	影响设备运行	LS法	3~6	—	3~100	3~600	低~重大
39			电动葫芦轨道	磨损、锈蚀	影响设备运行	LS法	3~6	—	3~100	3~600	低~重大
40	设备设施类	电气设备	供电、变配电设备架空线路	线路老化、绝缘降低	触电、设备损坏	LS法	3~18	—	3~100	9~1800	低~重大
41			供电、变配电设备电缆	线路老化、绝缘降低	触电、设备损坏	LS法	3~18	—	3~100	9~1800	低~重大

水闸工程运行一般危险源风险评价赋分表（指南）（续）

序号	类别	项目	一般危险源	事故诱因	可能导致的后果	风险评价方法	L值范围	E值范围	S值或C值范围	R值或D值范围	风险等级范围
42	设备设施类	电气设备	供电、变配电设备仪表	功能失效	仪表损坏	LS法	3~6	—	3~100	3~600	低~重大
43			高压开关设备	未及时维修养护	影响设备运行	LS法	3~18	—	3~100	9~1800	低~重大
44			设备接地	未检查接地	触电	LS法	3~18	—	3~100	9~1800	低~重大
45			防静电设备	未检查设备状况	触电、设备损坏	LS法	3~18	—	3~100	9~1800	低~重大
46			柴油发电设备	未及时维修养护	停电、影响运行	LS法	3~18	—	3~100	9~1800	低~重大
47			发电机备用柴油	油量不足	停电、影响运行	LS法	3~18	—	3~100	9~1800	低~重大
48			备用供电回路	未检查线路状况	停电、影响运行	LS法	3~36	—	3~100	3~3600	低~重大
49			电梯	未及时维修养护、未定期检测	影响正常运行	LEC法	0.5~3	2~6	3~15	3~270	低~重大
50		特种设备	压力钢管	未及时维修养护、未定期检测	影响正常运行	LS法	3~18	—	3~100	9~1800	低~重大
51			锅炉	未及时维修养护、未定期检测	影响正常运行	LS法	3~18	—	3~100	9~1800	低~重大
52			压力容器	未及时维修养护、未定期检测	影响正常运行	LS法	3~18	—	3~100	9~1800	低~重大
53			专用机动车辆	未及时维修养护、未定期检测	影响工程调度运行	LEC法	0.5~3	2~6	3~15	3~270	低~重大
54		管理设施	水文测报站网及自动测报系统	功能失效	影响工程调度运行	LS法	3~18	—	3~100	9~1800	低~重大
55			观测设施	设施损坏	影响工程调度运行	LS法	3~6	—	3~100	3~600	低~重大

水闸工程运行一般危险源风险评价赋分表（指南）（续）

序号	类别	项目	一般危险源	事故诱因	可能导致的后果	风险评价方法	L值范围	E值范围	S值或C值范围	R值或D值范围	风险等级范围
56	设备设施类		变形、渗流、应力应变、温度、地震等安全监测系统	功能失效	不能及时发现工程隐患或险情	LS法	3~18	—	3~100	9~1800	低~重大
57			通信及预警设施	设施损坏	影响工程调度运行、防汛抢险	LS法	3~18	—	3~100	9~1800	低~重大
58			闸门远程控制系统	功能失效	影响闸门启闭、工程调度运行	LS法	3~18	—	3~100	9~1800	低~重大
59		管理设施	网络设施	设施损坏	影响闸门启闭、工程调度运行、安全监测数据传输	LS法	3~18	—	3~100	9~1800	低~重大
60			防汛抢险照明设施	设施损坏	影响夜间防汛抢险	LS法	3~6	—	3~100	3~600	低~重大
61			防汛上坝道路	设施损坏	影响防汛人员、物资等运送	LS法	3~6	—	3~100	3~600	低~重大
62			与外界联系交通道路	设施损坏	影响工程防汛抢险	LS法	3~6	—	3~100	3~600	低~重大
63			消防设施	设施损坏、过期或失效	不能及时预警、不能正常发挥灭火功能	LS法	3~18	—	3~100	9~1800	低~重大
64			防雷保护系统	功能失效	电气系统损坏、影响工程运行安全	LS法	3~18	—	3~100	9~1800	低~重大
65	作业活动类	作业活动	机械作业	违章指挥、违章操作、违反劳动纪律、未正确使用防护用品、无证上岗	机械伤害	LEC法	0.5~3	2~6	3~7	3~126	低~一般
66			起重、搬运作业		起重伤害、物体打击	LEC法	0.5~3	2~6	3~7	3~126	低~一般
67			高空作业		高处坠落、物体打击	LEC法	0.5~6	2~6	3~7	3~252	低~较大
68			电焊作业		灼烫、触电、火灾	LEC法	0.5~3	2~6	3~7	3~126	低~一般

水闸工程运行一般危险源风险评价赋分表（指南）（续）

序号	类别	项目	一般危险源	事故诱因	可能导致的后果	风险评价方法	L值范围	E值范围	S值或C值范围	R值或D值范围	风险等级范围
69	作业活动类	作业活动	带电作业	违章指挥、违章操作、违反劳动纪律、使用个人防护用品、无证上岗	触电	LEC法	0.5~3	2~6	3~7	3~126	低～一般
70			有限空间作业		淹溺、窒息、坍塌	LEC法	0.5~3	2~6	3~7	3~126	低～一般
71			水上观测与检查作业		淹溺	LEC法	0.5~3	2~6	3~7	3~126	低～一般
72			水下观测与检查作业		淹溺	LEC法	0.5~6	2~6	3~7	3~252	低～较大
73			车辆行驶		车辆伤害	LEC法	0.5~3	2~6	3~15	3~270	低～较大
74			船舶行驶		淹溺	LEC法	0.5~3	2~6	3~15	3~270	低～较大
75	管理类	管理体系	机构组成与人员配备	机构不健全	影响工程运行管理	LS法	3~18	—	3~100	9~1800	低～重大
76			安全管理规章制度与操作规程制定	制度不健全	影响工程运行管理	LS法	3~18	—	3~100	9~1800	低～重大
77			防汛抢险物料准备	物料准备不足	影响工程防汛抢险	LS法	3~6	—	3~100	3~600	低～重大
78			维修养护物资准备	物资准备不足	影响工程运行安全	LS法	3~6	—	3~100	3~600	低～重大
79			人员基本支出和工程维修养护经费落实	经费未落实	影响工程运行管理	LS法	3~18	—	3~100	9~1800	低～重大
80			管理、作业人员教育培训	培训不到位	影响工程运行安全、人员作业安全	LS法	3~18	—	3~100	9~1800	低～重大
81		运行管理	管理和保护范围划定	范围不明确	影响工程运行管理	LS法	3~18	—	3~100	9~1800	低～重大
82			调度规程编制与报批	未编制、报批	影响工程运行安全	LS法	3~18	—	3~100	9~1800	低～重大
83			汛期调度运用计划编制与报批	未编制、报批	影响工程运行安全	LS法	3~6	—	3~100	3~600	低～重大
84			应急预案编制、报批、演练	未编制、报批或演练	影响工程防汛抢险	LS法	3~18	—	3~100	9~1800	低～重大

水闸工程运行一般危险源风险评价赋分表（指南）（续）

序号	类别	项目	一般危险源	事故诱因	可能导致的后果	风险评价方法	L值范围	E值范围	S值或C值范围	R值或D值范围	风险等级范围
85	管理类	运行管理	监测资料整编分析	未落实	不能及时发现工程隐患	LS法	3~18	—	3~100	9~1800	低~重大
86			维修养护计划制订	未制定	不能及时消除工程隐患	LS法	3~6	—	3~100	3~600	低~重大
87			操作票、工作票管理及使用	未落实	影响工程运行管理	LS法	3~18	—	3~100	9~1800	低~重大
88			警示、禁止标识设置	设置不足	影响工程运行管理、人员安全	LS法	3~18	—	3~100	9~1800	低~重大
89	环境类	自然环境	管理和保护范围内山体（土体）存在潜在滑坡、落石区域	大风、暴雨、洪水等	坍塌、物体打击	LEC法	0.5~3	0.5~3	3~15	0.75~135	低~一般
90			船只、漂浮物	碰撞	浪涌破坏	LS法	3~18	—	3~100	9~1800	低~重大
91			雷电、暴雨雪、大风、冰雹、极端温度等恶劣气候	防护措施不到位、极端天气前后的安全检查不到位	影响工程运行安全	LS法	3~18	—	3~100	9~1800	低~重大
92			结构受侵蚀性介质作用	侵蚀性介质接触	影响工程运行安全	LS法	3~18	—	3~100	9~1800	低~重大
93			水生生物	吸附在闸门、门槽上	建筑物结构损坏	LS法	3~18	—	3~100	9~1800	低~重大
94			水面漂浮物、垃圾	在门槽附近堆积	影响闸门门启闭	LS法	3~6	—	3~100	3~600	低~重大
95			危险的动、植物	蓄伤、咬伤、扎伤等	影响闸门门启闭	LS法	3~18	—	3~100	9~1800	低~重大
96			危险的动、植物	蓄伤、咬伤、扎伤等	影响人身安全	LEC法	0.5~3	2~6	3~7	3~126	低~一般

水闸工程运行一般危险源风险评价赋分表（指南）（续）

序号	类别	项目	一般危险源	事故诱因	可能导致的后果	风险评价方法	L值范围	E值范围	S值或C值范围	R值或D值范围	风险等级范围
97	环境类	自然环境	老鼠、蛇等	打洞	影响工程运行安全	LS法	3~18	—	3~100	9~1800	低~重大
98		环境	有毒有害气体	溢出	中毒	LEC法	0.5~3	2~6	3~7	3~126	低~一般
99			斜坡、步梯、通道、作业场地	结冰或湿滑	高处坠落、扭伤、摔伤	LEC法	0.5~3	2~6	3~7	3~126	低~一般
100			临边、临水部位	防护措施不到位	高处坠落、淹溺	LEC法	0.5~3	2~6	3~7	3~126	低~一般
101		工作环境	人员密集活动	拥挤、踩踏	人员伤亡	LEC法	0.5~1	0.5~3	3~40	0.75~120	低~一般
102			食堂食材	有毒物质	人员中毒	LEC法	0.5~1	2~6	3~15	3~90	低~一般
103			可燃物堆积	明火	火灾	LEC法	0.5~3	2~6	3~7	3~126	低~一般
104			电源插座	漏电、短路、线路老化等	火灾、触电	LEC法	0.5~3	2~6	3~7	3~126	低~一般
105			大功率电器使用	过载、线路老化、电器质量不合格等	火灾	LEC法	0.5~3	2~6	3~7	3~126	低~一般
106			游客的活动	管理不到位、防护措施不到位、安全意识不足等	高处坠落、触电	LEC法	0.5~3	2~6	3~7	3~126	低~一般

汛限水位监督管理规定（试行）

（2020 年 6 月 3 日　水利部　水防〔2020〕99 号）

第一章　总　　则

第一条　为加强汛限水位监督管理，明确监督管理事项、职责和措施，确保防洪安全，根据《中华人民共和国水法》《中华人民共和国防洪法》《中华人民共和国防汛条例》《水库大坝安全管理条例》和《水利监督规定（试行）》等法律法规规章制度制定本规定。

第二条　本规定所称汛限水位是指所有具有防洪功能的水库、水电站和湖泊（以下统称水库）设置的防洪限制水位或汛期限制水位。

第三条　本规定适用于汛限水位复核、调整和控制运行的监督管理。

第四条　汛限水位监督管理坚持依法依规、属地管理、分级负责的原则，分为监督管理单位对水库运行管理单位及其主管部门（单位）或业主的监督管理，以及上级单位对下级单位的监督管理。

第五条　各级水行政主管部门和流域管理机构是监督管理单位，按照管理权限分级负责汛限水位的监督管理，组织开展监督检查，对发现的问题提出整改要求并督促整改，对责任单位和责任人实施问责或提出责任追究建议。

第六条　水库运行管理单位及其主管部门（单位）或业主，地方各级水行政主管部门和流域管理机构是汛限水位监督管理的责任单位。

第七条　汛限水位监督管理以问题为导向，对超汛限水位运行的水库进行重点监督检查。

第二章　汛限水位复核与调整

第八条　所有具有防洪功能的水库应设定汛限水位，汛限水位在工程规划设计审批等文件中确定。

第九条　水库主管部门（单位）或业主汛前应对汛限水位进行复核。

对设计洪水、工程状况、工程运行条件等发生变化需要调整汛限水位的水库，应组织规划设计单位研究提出汛限水位调整意见，报有审批权限单位批准。

对经安全鉴定为病险水库的，应组织论证提出降低运行水位等措施的意见，报主管部门批准。

第十条 汛前，水库主管部门（单位）或业主应向有管辖权的监督管理单位上报经审定的汛限水位。地方各级水行政主管部门和流域管理机构按照管理权限汇总上报的汛限水位，并负责录入信息系统，报上一级水行政主管部门备案。

省级水行政主管部门汇总大型和重要中型水库、水电站及重要湖泊的汛限水位报水利部和相关流域管理机构备案。

第三章 监督管理职责

第十一条 水利部履行以下监督管理职责：

（一）依据有关法律法规规章制度，制定汛限水位监督管理的规定；

（二）组织指导实施汛限水位监督管理工作；

（三）对全国大型和重要中型水库、水电站及重要湖泊实施在线监管；

（四）组织对汛限水位监督管理情况开展现场检查，对发现的问题提出整改要求，检查整改落实情况；

（五）对责任单位和责任人实施责任追究或提出责任追究建议。

第十二条 流域管理机构履行以下监督管理职责：

（一）指导实施本流域片区内水库汛限水位监督管理工作，对直管水库汛限水位的监督管理负直接责任；

（二）对本流域片区内的大型和重要中型水库、水电站及重要湖泊实施在线监管，开展现场检查；

（三）对发现的问题提出整改要求；

（四）督促问题整改并检查整改情况；

（五）对责任单位和责任人实施责任追究或提出责任追究建议；

（六）按照水利部授权或要求开展汛限水位监督管理有关工作。

第十三条 地方各级水行政主管部门履行以下监督管理职责：

（一）按照管理权限负责本辖区内水库汛限水位监督管理工作，对本级直管水库汛限水位的监督管理负直接责任；

（二）对下级水行政主管部门、水库运行管理单位及其主管部门（单位）或业主负监督责任；

（三）对下级水行政主管部门、水库运行管理单位及其主管部门（单位）或业主开展检查，对发现的问题提出整改要求，督促完成整改，并检查整改情况；

（四）对下级水行政主管部门、水库运行管理单位及其主管部门（单位）或业主实施责任追究或提出责任追究建议；

（五）下级水行政主管部门接受上级水行政主管部门和流域管理机构的监

督管理，按整改要求整改，报告整改情况。

第十四条 水库主管部门（单位）或业主负责汛限水位复核、调整、上报，组织、督促水库运行管理单位按要求整改，接受水行政主管部门和流域管理机构的监督。

水库运行管理单位负责执行经批准的汛期调度运用计划、防洪调度指令，按规定报送水情工情信息，接受有管辖权单位的监督管理，负责问题整改。

水库运行管理单位及其主管部门（单位）或业主对汛限水位执行负直接责任。

第四章 监督管理事项

第十五条 汛限水位监督管理包括以下事项：

（一）按相关规定复核、调整、上报汛限水位情况；

（二）汛期按批准的汛限水位运行情况；

（三）按规定或防洪调度指令执行情况；

（四）按规定报送实时水情、工情信息情况；

（五）汛期其他涉及汛限水位调度运行管理事项。

第十六条 水库运行管理单位应严格执行批准的汛期调度运用计划，不得擅自在汛限水位以上蓄水运行。汛限水位以上防洪库容调度运用，应按照水行政主管部门或流域管理机构下达的防洪调度指令执行。

第十七条 调洪过程的退水阶段，水行政主管部门或流域管理机构应依据雨水情预测预报、洪水调度方案、汛期调度运用计划、水库调度规程，结合洪水过程、水库工程状况、泄洪能力、保护对象等，在确保水库自身安全和下游防洪安全的前提下，下达调度指令，将水位降至汛限水位。

水库应按以下原则降至汛限水位：

（一）当预报后期无降雨过程，在确保群众生命财产安全的前提下，按照下游河道安全行洪流量或警戒水位对应的流量下泄，降至汛限水位；

在下列情况下，可调整下泄流量：

1. 水库大坝安全有水位消落幅度要求；

2. 水库库区安全有水位消落幅度要求；

3. 水库下游河道有错峰调度需求；

4. 水库下游有应对突发事件需求；

5. 水库上下游有其他特殊需求。

（二）当预报后期有降雨发生标准内洪水，水库水位将明显上涨时，在确保群众生命财产安全和下游防洪工程安全的前提下，按照不小于下游河道安全行洪流量或警戒水位对应的流量，且不大于保证水位对应的流量下泄，降至汛限水位或以下。

（三）当预报后期有强降雨发生超标准洪水，有可能危及水库安全时，应发布预警信息，提请落实人员转移、紧急抢护等措施，可启用正常溢洪道或非常溢洪道，必要时还应采取非常规措施，加大下泄流量降低水库水位，确保水库大坝安全和人民群众生命安全。

遇特殊情况，需报上一级水行政主管部门或流域管理机构批准。

各级水行政主管部门或流域管理机构应根据管理权限监督水库调度过程和执行情况。

第十八条 汛期，当水库发生险情影响防洪安全时，应降低水位乃至空库运行。水库主管部门（单位）或业主应及时组织安全鉴定，提出降低运行水位意见，按管理权限报水行政主管部门或流域管理机构批准。

第五章 监督管理程序和方式

第十九条 汛限水位监督管理工作程序：

（一）制定汛限水位监督管理工作方案；

（二）组织开展汛限水位监督管理；

（三）发现并确认问题；

（四）提出问题整改意见；

（五）督促问题整改；

（六）提出责任追究意见；

（七）实施责任追究。

第二十条 监督管理单位采取"线上线下"方式开展监督管理。

"线上"方式是指监督管理单位利用实时水雨情系统，通过比对已录入信息系统的汛限水位与水库实时水位，对水库进行 24 小时在线监控。

"线下"方式是指监督管理单位实施现场监督管理。主要采取"四不两直"方式开展。检查完成后，现场监督检查组应按要求及时提交监督检查报告。

第六章 问题确认和整改

第二十一条 通过在线监控和现场检查，超汛限水位运行的水库应列为重点监督对象。

以下情况属于违规行为：

（一）设计洪水、工程状况或运行条件发生变化，水库主管部门（单位）或业主未组织规划设计单位研究提出汛限水位调整意见，并报有审批权限单位批准的；

（二）汛前，水库主管部门（单位）或业主未复核汛限水位的；

（三）汛前，水库主管部门（单位）或业主未向有管辖权的监督管理单位上报经审定的汛限水位的；

（四）未按照管理权限汇总上报水库汛限水位，并录入信息系统，报上一级水行政主管部门或流域管理机构备案的；

（五）水库运行管理单位及其主管部门（单位）或业主未按规定上报实时水情、工情信息的；

（六）无调蓄洪水过程擅自超汛限水位运行的；

（七）汛限水位以上防洪库容调度运用，未按照防洪调度指令执行的；

（八）调蓄洪水过程长时间在汛限水位以上运行，经分析论证水库水位回落过程不合理的；

（九）汛期，当水库发生险情影响防洪安全时，水库主管部门（单位）或业主未降低水位运行的；

（十）拒不整改，推诿、阻碍、拒绝监督检查，造假或隐瞒问题的；

（十一）如有其他情况超汛限水位运行，根据实际情况分析论证认定。

第二十二条 对监督管理发现的汛限水位违规问题，按照严重程度分为一般问题、较重问题和严重问题三个等级。违规问题分类标准见附件1。

监督管理单位按前款规定对发现问题的严重程度进行确认。违规问题确认清单（式样）见附件2。本办法未作出规定的，由监督管理单位根据实际情况依法依规对问题严重程度进行认定。

第二十三条 监督管理单位确认问题后应及时向责任单位发出整改通知，督促整改落实。

第二十四条 责任单位接到整改通知后，应明确整改责任人，制定整改措施，按要求完成整改，并向监督管理单位报告。对确认的问题有异议的，在执行整改的同时，可向本级或上一级监督管理单位提出申诉。

第七章 责 任 追 究

第二十五条 监督管理单位按照管理权限，根据发现问题的数量、性质和严重程度，对有关责任单位和责任人实施责任追究或提出责任追究建议。

第二十六条 责任追究包括对责任单位的责任追究和对责任人的责任追究。责任追究分类标准见附件3、附件4。

对责任单位的责任追究包括对直接责任单位和监督管理责任单位的责任追究。

对责任人的责任追究包括对责任单位的直接责任人、分管领导及主要领导等责任人的责任追究。

第二十七条 对责任单位的责任追究方式按等级分为：

（一）责令整改；

（二）约谈；

（三）通报批评（含向省级人民政府水行政主管部门通报、水利行业内通报、向省级人民政府通报等，下同）；

（四）其他相关法律法规、规章制度规定的责任追究。

第二十八条 对责任人的责任追究方式按等级分为：

（一）责令整改；

（二）约谈；

（三）通报批评；

（四）建议停职或调整岗位；

（五）建议降职或降级；

（六）建议开除或解除劳动合同；

（七）其他相关法律法规、规章制度规定的责任追究。

第二十九条 有以下情形之一的，从重认定问题等级、从重实施责任追究：

（一）两次（含）以上违规超汛限水位的；

（二）违规超汛限水位运行造成水库严重损毁、河道重大险情、群众生命财产严重损失的。

第八章 附 则

第三十条 地方各级水行政主管部门或流域管理机构可根据本规定制定实施细则。

第三十一条 本规定自发布之日起施行。

附件 1

汛限水位违规问题分类标准

序号	问题描述	问题等级	责任单位		
			水库运行管理单位	水库主管部门（单位）或业主	地方水行政主管部门或流域管理机构
1	设计洪水发生变化，未组织规划设计单位研究提出汛限水位调整意见，并报有审批权限单位批准	严重		√	
2	工程状况发生变化，未组织规划设计单位研究提出汛限水位调整意见，并报有审批权限单位批准	严重		√	
3	工程运行条件发生变化，未组织规划设计单位研究提出汛限水位调整意见，并报有审批权限单位批准	较重		√	
4	汛前未复核汛限水位	较重		√	
5	汛前未向有管辖权的监督管理单位上报经审定的汛限水位	一般		√	
6	未按照管理权限汇总上报汛限水位，并录入信息系统，报上一级水行政主管部门或流域管理机构备案	一般			√
7	未按规定上报实时水情、工情信息	较重	√	√	
8	无调蓄洪水过程擅自超汛限水位运行	严重	√	√	
9	汛限水位以上防洪库容调度运用未按照防洪调度指令执行	严重	√	√	
10	调蓄洪水过程长时间在汛限水位以上运行，经分析论证水库水位回落过程不合理	严重			√
11	汛期，当水库发生险情影响防洪安全时，未降低水位运行	严重		√	
12	拒不整改	严重	√	√	√
13	推诿监督检查	一般	√	√	√
14	阻碍监督检查	较重	√	√	√
15	拒绝监督检查	严重	√	√	√
16	造假或隐瞒问题	严重	√	√	√

附件 2

汛限水位违规问题确认清单（式样）

监督管理单位：　　　　　　检查时间：　　　　　　检查人员：

序号	问题	问题等级	佐证材料编号及页码	整改建议	现场整改情况	备注
1						
2						
3						
4						
5						
6						
...						

附件 3

责任单位责任追究分类标准（直接责任单位）

问题等级	问题项数（N）	责任追究方式		
		责令整改	约谈	通报批评
一般问题	$N=1$	√		
	$N \geqslant 2$	○	√	
较重问题	$N=1$	○	√	
	$2 \leqslant N < 4$		○	√
	$N \geqslant 4$			○
严重问题	$N=1$		○	√
	$N=2$		○	√
	$N \geqslant 3$			○

备注：1. 问题项数（N）是指单次监督检查中发现的问题数目；

　　　2. "√"为可选择采取的责任追究方式，"○"为应采取的责任追究方式，下表同；

　　　3. 对在同一次监督检查中发现的问题涉及多个问题等级的，可采用发现问题对应的最高责任追究方式。

责任单位责任追究分类标准（监督管理责任单位）

对直接责任单位的责任追究方式 ＼ 对监督管理责任单位的责任追究方式	约谈	通报批评
约谈	√	
通报批评	○	√

附件 4

责任人责任追究分类标准（直接责任人）

对责任单位的责任追究方式 ＼ 对直接责任人的责任追究方式	责令整改	约谈	通报批评	建议停职或调整岗位	建议降职或降级	建议开除或解除劳动合同
责令整改	√					
约谈	○	√				
通报批评			○	√	√	√

备注：同一责任单位存在多个直接责任人的，对各直接责任人的责任追究方式，根据其所应负责的问题项数，按照附件 3 认定的对直接责任单位的责任追究方式确定。

责任人责任追究分类标准（领导责任人）

对直接责任人的责任追究方式 ＼ 对领导责任人的责任追究方式	责令整改	约谈	通报批评	建议停职或调整岗位	建议降职或降级	建议开除或解除劳动合同
责令整改	√					
约谈	○	√				
通报批评		○	√			
建议停职或调整岗位			○	√		
建议降职或降级			○	√	√	
建议开除或解除劳动合同			○	√	√	√

备注：同一领导责任人对应多个直接责任人的，对领导责任人的责任追究方式，根据多个直接责任人中受到的最高等级责任追究方式确定。

小型水库安全运行监督检查办法

(2022 年 2 月 25 日　水利部　水监督〔2022〕82 号)

第一章　总　　则

第一条　为进一步加强小型水库运行管护，落实安全运行主体责任，规范监督检查和责任追究工作，根据《中华人民共和国防洪法》《水库大坝安全管理条例》《国务院办公厅关于切实加强水库除险加固和运行管护工作的通知》《小型水库安全管理办法》《关于深化小型水利工程管理体制改革的指导意见》《水利工程运行管理监督检查办法（试行）》和《关于落实水库安全度汛应急抢护措施的通知》等有关法律、法规、规章、政策文件，制定本办法。

第二条　本办法适用于水利部组织的小型水库安全运行监督检查，地方各级水行政主管部门依照法定职责开展监督检查时参照执行。

第三条　小型水库安全运行监督检查与责任追究工作应坚持依法依规、客观公正、分级实施、措施适当的原则。

第四条　小型水库安全管理责任主体为水库管理单位、水库主管部门（或业主）以及相应的水行政主管部门、地方人民政府。农村集体经济组织所属小型水库安全的主管部门为所在地乡、镇人民政府。

第二章　检查内容、方式方法与程序

第五条　小型水库安全运行监督检查严格按照问题清单进行，主要内容包括运行管理和工程实体两个方面。

运行管理方面主要检查以下内容：

（一）防汛行政责任人、防汛技术责任人、防汛巡查责任人（以下简称防汛"三个责任人"）落实情况；

（二）水库雨水情测报、调度运用方案（调度计划）、大坝安全管理（防汛）应急预案（以下简称防汛"三个重点环节"）落实情况；

（三）日常巡查及维修养护情况；

（四）综合管理情况。

工程实体方面主要检查以下内容：

（一）主体建筑物情况；

（二）设备设施情况。

问题清单详见附件 1。

第六条 小型水库安全运行监督检查主要采取"四不两直"方式开展。

对领导批示、信访举报、媒体曝光、交办转办等特殊情况和问题线索，应针对具体情况采取明查与暗访相结合的方式开展专项调查、检查等。

第七条 检查组一般由两名以上具有水利工程管理相关工作经验的人员组成，一般采取下列方法开展现场检查工作：

（一）察看小型水库工程现场；

（二）查阅小型水库注册登记、调度运用、维修养护、巡查巡检、安全鉴定、经费使用、问题上报及处理等资料；

（三）询问管理单位有关人员和防汛"三个责任人"或组织座谈，必要时要求管理单位作出说明；

（四）进行必要的延伸检查和质证等。

第八条 小型水库安全运行监督检查通过"查、认、改、罚"等环节开展工作，主要工作流程如下：

（一）将小型水库安全运行监督检查纳入年度监督检查计划；

（二）制定监督检查工作方案；

（三）组建检查组，组织开展现场监督检查；

（四）对检查发现的问题予以佐证和认定；

（五）及时向管理单位、县级以上水行政主管部门反馈检查发现的问题；

（六）对检查发现的问题提出整改及责任追究意见建议；

（七）下发整改通知，督促问题整改及整改核查；

（八）根据相关规定实施责任追究；

（九）检查发现涉嫌违纪、违法的问题线索，移交相关纪检监察机关或司法机关。

第九条 现场检查发现问题时，检查组应留存必要的佐证材料，如复印相关证明档案、文件，拍摄记录问题的照片和视频等，相关单位和个人应积极配合检查工作。

第三章 问题认定与整改

第十条 小型水库安全运行监督检查发现的问题严格依据问题清单条款予以具体描述和准确认定。

第十一条 水利部组织监督检查发现的问题经核实认定后，按要求形成问题台账，全部上传至水利监督信息平台。

第十二条 被检查单位应按照整改要求，制定整改措施，明确整改事项、整改时限、责任单位和责任人等，对需长期整改的问题，持续跟踪落实整改情况，确保整改到位。

第十三条 各省级水行政主管部门相关业务主管部门在规定期限内应及时汇总整理问题整改落实情况，并在水利监督信息平台填报整改情况和上传佐证材料。

第十四条 县级以上水行政主管部门负责对本地区检查发现问题整改工作进行督促和指导，对整改状态、佐证材料进行审核。

第十五条 水利部、省级水行政主管部门视情况组织对问题整改情况开展现场复查复核工作。

第四章 责 任 追 究

第十六条 根据检查发现问题的类别、数量，综合量化打分后按责任追究标准对责任单位和责任人实施责任追究。

第十七条 按管理权限，水利部可直接或授权流域管理机构、责成省级水行政主管部门实施责任追究，必要时可向省级人民政府提出责任追究建议，并可建议相关企事业单位按照有关规定或合同约定实施进一步责任追究。

第十八条 责任追究包括对单位责任追究和对个人责任追究。

单位包括直接责任单位和领导责任单位。直接责任单位包括小型水库管理单位、产权所有者、小型水库主管部门（或业主）、工程维修养护单位等；领导责任单位包括负有领导责任的上级行政主管单位或业务主管单位（部门）。

个人包括直接责任人和领导责任人。直接责任人包括防汛"三个责任人"、运行管理人员、工程维修养护单位工作人员等；领导责任人包括直接责任单位和领导责任单位的主要负责人、分管负责人、主管部门负责人等。

第十九条 对单位责任追究的方式分为：

（一）责令整改；

（二）约谈；

（三）情况通报（含向省级人民政府水行政主管部门通报、水利行业内通报、向地方人民政府通报等，下同）；

（四）其他相关法律、法规、规章等规定或合同约定的责任追究方式。

第二十条 对个人责任追究的方式分为：

（一）责令整改；

（二）约谈；

（三）情况通报；

（四）建议调离岗位；

（五）建议降职或降级；

（六）建议开除或解除劳动合同；

（七）其他相关法律、法规、规章等规定的责任追究。

责任追究标准见附件 2。

第二十一条 责任单位或责任人有下列情况之一，应予以从重责任追究：

（一）对危及小型水库运行安全的严重隐患未及时发现或发现后未采取有效措施或措施不当；

（二）存在造假、隐瞒安全运行问题等恶劣行为；

（三）未按要求时限完成安全运行问题整改或整改不到位（因雨水情等原因暂时无法实施整改措施且已制定了整改计划的除外）；

（四）上报问题整改情况与实际不符或未按既定整改措施推动整改工作；

（五）同一直接责任单位一年内被"约谈"或"情况通报"两次以上；

（六）其他依法依规应予以从重责任追究的情形。

第二十二条 责任单位主动自查自纠运行问题，并及时采取有效措施消除隐患的，可予以减轻或免于责任追究。

第五章 附 则

第二十三条 小型水库工程运行问题分类、检查、认定、责任追究和整改等工作的相关要求和程序在其他法律、法规、规章、规范性文件另有规定的从其规定。

第二十四条 小型水库发生垮坝等重大事故时，由水利部组织调查组赴现场开展事故调查，按照管理权限和相关法律法规对责任单位、责任人实施责任追究。

第二十五条 本办法自印发之日起施行，原《小型水库安全运行监督检查办法（试行）》（水监督〔2019〕123 号）同时废止。

附件1

小型水库安全运行监督检查问题清单

问题序号	检查项目	问题描述	扣除分值		
			2分	5分	8分
(一) 防汛"三个责任人"落实情况					
1	行政责任人	无行政责任人			√
2		行政责任人未参加过岗位培训	履职一般	履职差	
3		行政责任人履责情况差,如:不清楚自身工作职责;不掌握水库基本情况;不了解水库安全运行状况;未协调落实防汛安全保障措施;未督促有关部门和人员加强水库安全管理;不掌握巡查责任人、技术责任人联系方式;检查期间无法与行政责任人取得联系等(具体参照办公厅发布的《小型水库防汛"三个责任人"履职手册》)		√	影响运行安全
4	技术责任人	无技术责任人			√
5		技术责任人未参加过岗位培训	履职一般	履职差	
6		技术责任人履责情况差,如:不清楚自身工作职责;不掌握水库基本情况;不了解大坝安全状况和主要病险隐患;不熟悉调度运用方案、安全管理(防汛)应急预案等内容;未及时解决巡查责任人反映的问题并提供技术支撑;未定期到水库现场;未协助做好应急处置;检查期间无法与技术责任人取得联系等(具体参照办公厅发布的《小型水库防汛"三个责任人"履职手册》)		√	影响运行安全
7	巡查责任人	无巡查责任人			√
8		巡查责任人未参加过岗位培训	履职一般	履职差	
9		巡查责任人履责情况差,如:不清楚自身工作职责;不掌握水库基本情况;不了解水库安全运行状况;不清楚如何看护和巡查水库,不能说出巡查时间和次数,不能提供巡查记录;不清楚特征水位;不清楚大坝出现异常或险情时报告程序及采取的抢险措施;未按要求做好雨水情观测和记录报告;检查期间无法与巡查责任人取得联系等(具体参照办公厅发布的《小型水库防汛"三个责任人"履职手册》)		√	影响运行安全

小型水库安全运行监督检查问题清单（续）

问题序号	检查项目	问题描述	扣除分值 2分	扣除分值 5分	扣除分值 8分
（二）防汛"三个重点环节"落实情况					
10	雨水情测报	无雨水情测报设备，如库区无水尺或水位标识且无水位自动测报设备；无雨量监测设备（如有其他方式获取雨情预报信息，不作为问题）		能观测水位无法测量雨量	✓
11		设置的水位尺、水位标识因位置不当或刻度剥蚀等原因不满足观测需要	观测困难		无法读取水位且无自动测报设备
12		缺乏有效的通信（报警）手段，不满足汛期雨水情报送和紧急情况下报送预警信息的要求			✓
13	水库调度运用方案（调度计划）	无水库调度运用方案（调度计划）			✓
14		水库调度运用方案（调度计划）未获得批复或未备案	✓		
15		水库调度运用方案（调度计划）可操作性差		✓	
16	大坝安全管理（防汛）应急预案	无安全管理（防汛）应急预案			✓
17		安全管理（防汛）应急预案未获得批复或未备案		✓	
18		安全管理（防汛）应急预案可操作性差	✓		
19		未按要求对安全管理（防汛）应急预案进行演练		✓	
（三）日常巡查、大坝监测及维修养护					
20	巡查、监测	巡查（巡检）通道不满足巡查（巡检）需要		✓	
21		未对大坝进行安全监测、采集监测数据（如有要求）		✓	
22	工程维护	未按要求进行日常维护	✓		
23		对影响大坝安全的白蚁危害等安全隐患未及时进行处理		✓	
（四）综合管理					
24	运行经费	水库管理经费无稳定来源	✓		
25	注册登记	水库未按要求注册登记		✓	
26		注册登记信息存在问题	✓	错误信息	虚假信息
27	考核管理	未将水库运行管护纳入河湖长制考核体系	✓		

小型水库安全运行监督检查问题清单（续）

问题序号	检查项目	问题描述	扣除分值		
			2分	5分	8分
28	调度运用	未按调度运用方案（调度计划）或统一指挥调度运行			√
29		非汛期超设计标准蓄水		未按规定采取放水措施	未采取放水措施
30		水库汛期违规超汛限水位运行		未按规定采取放水措施	未采取放水措施
31		安全鉴定为三类坝未按规定控制蓄水运行			√
32	安全鉴定	未按要求开展大坝安全鉴定〔具体要求参照《水库大坝安全鉴定办法》和《坝高小于15米的小（2）型水库大坝安全鉴定办法》〕		√	从未按要求开展过安全鉴定
33		鉴定或认定结论尚未处理	一类坝	二类坝	
34	监测资料	未组织监测资料整编，雨水情整编资料未按规定向有关水文部门汇交（设监测站水库）	√		
35	应急管理	未储备必要的应急物资（根据坝型，储备袋类、砂石、块石等物料）		√	
36		防汛通道和通信手段不满足应急抢险需要（上坝道路及警报设施等）			√
37		缺少必要的管理用房	√		
38		未划定工程管理范围和保护范围	√		
39	其他	大坝管理和保护范围内存在爆破、打井、采石、采矿、挖沙、取土、修坟等危害大坝安全的行为		√	
40		大坝的集水区域内存在乱伐林木、陡坡开荒等导致水库淤积的行为		√	
41		库区内存在围垦和进行采石、取土等危及山体的行为		√	
42		在坝体违规修建码头、开挖渠道、超载堆放杂物等		√	
43		在坝体堆放杂物、晾晒粮草等	√	长期堆放及晾晒	
44		在水库管理范围内违规建设房屋、养殖场等		√	
45		坝体周边存在垃圾围坝，未及时清理	√		

小型水库安全运行监督检查问题清单（续）

问题序号	检查项目	问题描述	扣除分值		
			2分	5分	8分
（五）主体建筑物					
46	挡水建筑物	混凝土或砌石坝坝身存在漏水现象，土石坝坝后存在散浸现象	轻微渗漏	明显渗漏	渗漏范围和渗漏量不断增大，影响运行安全
47		土石坝渗流异常且出现流土、管涌或漏洞现象			√
48		存在明显变形、不稳定或有滑坡迹象			√
49		存在裂缝、塌坑、凹陷、隆起等现象		√	影响运行安全
50		土石坝反滤排水缺失、破损、塌陷、淤堵	15m以下低坝	坝高15m～30m	坝高30m以上
51		存在蚁害及动物洞穴等孔洞		√	影响运行安全
52		近坝库岸存在不稳定边坡		存在裂缝、位移、危岩、落石等情况	已有失稳趋势
53		排水沟塌陷或存在淤堵	不影响排水	影响排水	
54	泄洪建筑物	无泄洪建筑物（如有要求）			√
55		行洪设施不符合相关规定和要求，如未按要求设置消力池、溢洪道未连接河道或洪水无散流条件等		√	影响行洪安全
56		泄洪建筑物不能正常运行，如：闸门无法开启、加设子堰、人为设障（拦鱼栅、拦鱼网）等			√
57	泄洪建筑物	存在明显变形、不稳定或有滑坡迹象		√	泄洪建筑物位于土坝上或采用坝下泄洪洞
58		存在裂缝、塌坑、凹陷、隆起等		√	泄洪建筑物位于土坝上或采用坝下泄洪洞
59		岸坡及边墙失稳		√	泄洪建筑物位于土坝上或采用坝下泄洪洞
60		泄洪时冲刷坝体及下游坝脚等		√	

小型水库安全运行监督检查问题清单（续）

问题序号	检查项目	问题描述	扣除分值		
			2分	5分	8分
61	泄洪建筑物	溢洪道基础及边墙渗水	轻微渗漏不影响运行安全	明显渗漏影响运行安全	泄洪建筑物位于土坝上或采用坝下泄洪洞
62		泄洪通道不畅通		√	
63		放水建筑物不能正常运行，如：闸门无法开启或关闭、进水口淤堵等		√	
64	放水建筑物	存在明显变形、不稳定或有滑坡迹象		√	坝下埋涵（管）
65		存在裂缝、塌坑、凹陷、隆起等		√	坝下埋涵（管）
66		涵（洞、虹吸管）出口附近有渗漏		√	坝下埋涵（管）
67		管（洞）身有损坏、渗漏		√	坝下埋涵（管）
68		出口段水流有杂物带出、浑浊		√	坝下埋涵（管）
69	其他	擅自实施或未及时发现并制止各类影响工程泄洪能力的行为			√
70		坝下建筑物与坝体连接部位有接触渗漏现象或失稳征兆		√	影响运行安全
71		工程存在其他实体缺陷	不影响运行安全	影响运行安全	严重影响运行安全
（六）设备设施					
72	金结机电设备	闸门及启闭设施锈蚀、变形		√	
73		闸门主要承重件出现裂缝		√	
74		闸门漏水	√	漏水严重	
75		钢丝绳锈蚀、断丝		√	
76		电气设备及备用电源故障		√	
77		绝缘、接地和避雷等设施不符合要求	√		
78	安全监测设备	未按要求设置必要的安全监测设备设施		√	
79		安全监测设备设施损坏、失效		√	
80	标识、标牌	未设置公示牌		√	
81		公示牌存在错误或虚假信息，如：未载明"三个责任人"及其联系方式，公示内容与实际不符等		√	
82		公示牌和重要警示标识等设置位置不醒目	√		
83		重要设备、设施铭牌标识缺失	√		
84	其他	设备设施存在其他实体缺陷	不影响运行安全	影响运行安全	严重影响运行安全

备注：清单中未列的工程实体问题可参照《水利工程运行管理监督检查办法（试行）》及类似问题进行认定。

附件 2-1

直接责任单位的责任追究标准

单座水库得分	责令整改	约谈	情况通报
$100 > P \geqslant 60$	√		
$40 \leqslant P < 60$	○	√	
$P < 40$	○	○	√

备注：1. "P"指在一批次检查中单座水库得分，N_1、N_2、N_3指不同扣分情形的问题数量。
单座水库得分 $P = 100 - 8 \times N_1 - 5 \times N_2 - 2 \times N_3$。

2. "√"为应采用的责任追究方式，"○"为可选择采用的责任追究方式，下表同。

3. "情况通报"包含向省级人民政府水行政主管部门通报、水利行业内通报、向地方人民政府通报，根据发现问题数量、类别及责任单位的性质确定通报范围，问题性质严重、影响恶劣的，可直接向省级人民政府分管负责同志和主要负责同志通报，下表同。

附件 2-2

领导责任单位的责任追究标准

对直接责任单位责任追究 ＼ 对领导责任单位责任追究	约谈	情况通报
约谈	√	
情况通报	○	√

备注：1. 当同一领导责任单位管辖范围内被责任追究的水库数量占同一批次检查水库数量的 20% 及以上时，对领导责任单位实施责任追究。

2. "对领导责任单位责任追究"以同一领导责任单位涉及直接责任单位中受到的最高责任追究方式为准。

附件 2-3

直接责任人的责任追究标准

对直接责任单位责任追究 ＼ 对直接责任人责任追究	责令整改	约谈	情况通报	建议调离岗位	建议降职或降级	建议开除或解除劳动合同
责令整改	○	√				
约谈		○	√			
情况通报			○	√	√	√

备注：根据直接责任单位的责任追究方式确定直接责任人的责任追究方式，并按照管理权限实施。

附件 2 - 4

领导责任人的责任追究标准

对领导责任单位责任追究 ＼ 对领导责任人责任追究	约谈	情况通报	建议调离岗位	建议降职或降级	建议开除或解除劳动合同
约谈	√				
情况通报	○	√	√	√	√

备注：根据领导责任单位的责任追究方式确定领导责任人的责任追究方式，并按照管理权限实施。

（九）管理体制改革

水利部关于转发《国务院办公厅转发国务院体改办关于水利工程管理体制改革实施意见的通知》的通知

(2002年10月11日 水利部 水建管〔2002〕429号)

各省、自治区、直辖市水利（水务）厅（局），各计划单列市水利（水务）局，新疆生产建设兵团水利局，各流域机构，部直属各有关单位：

经国务院批准，《水利工程管理体制改革实施意见》（以下简称《实施意见》）已于2002年9月17日由国务院办公厅转发。这是今年继新水法颁布以后，我国水利工作中的又一件大事，是水利工程管理上的一个重要里程碑，必将有力地促进水利工程管理，提高水利工程的社会、经济和生态效益。

现将《国务院办公厅转发国务院体改办关于水利工程管理体制改革实施意见的通知》（国办发〔2002〕45号）转发给你们。为贯彻落实好《实施意见》，全面推进水利工程管理体制（以下简称水管体制）改革工作，现提出以下要求：

一、提高认识，加强领导

《实施意见》的颁布实施，体现了党中央、国务院对水利工作的高度重视，不仅对当前加强水利工程管理、充分发挥水利工程效益具有重要的现实意义，而且对水利事业长远发展，对促进水资源的可持续利用，保障经济社会的可持续发展具有深远的历史意义。各单位要充分认识水管体制改革的重要意义，把水管体制改革作为落实中央治水方针的一项重要工作，采取切实措施抓紧抓好。

水管单位存在的问题是长期积累形成的，改革涉及方方面面，涉及全国47万多水管单位职工的切身利益。《实施意见》的贯彻落实需要水利系统内部各部门的分工与合作，需要各级政府财政、计划、社保、编制等部门的大力支持，需要做大量的沟通与协调工作。各省（自治区、直辖市）水利（水务）厅（局）和有关流域机构要成立由厅（局、委）领导挂帅的水管体制改革领导小组，明确专门的办事机构和专职人员。各单位的领导班子要认真研究水管体制改革问题，一把手要亲自抓，分管领导要具体抓，做到准确把握改革方向，正确指导改革实践，妥善处理革问题。

二、认真学习，大力宣传

各单位要深入学习、广泛宣传《实施意见》，努力提高广大干部职工对贯彻落实《实施意见》的重要意义和紧迫性的认识，树立改革意识，为改革营造良好的氛围。通过深入学习，各级领导干部要做到真正吃透《实施意见》的精神，把握改革大局；负责水管体制改革组织实施的同志要做到精通《实施意见》，以适应指导和组织水利工程管理体制改革工作的需要。当前宣传的重点，一是积极主动地向各级政府和有关部门汇报和宣传，使他们了解《实施意见》，争取他们的支持；二是要向广大水利干部职工特别是水管单位的职工宣传，讲清改革的目的、改革的方向和改革的具体措施，使他们积极支持和参与改革。

三、抓紧制定《实施意见》的具体实施方案

实施方案是贯彻落实《实施意见》的重要基础。各省（自治区、直辖市）水行政主管部门要积极协助政府制定《实施意见》的具体实施方案。实施方案应当包括水管体制改革的组织形式、实施机构、责任任务、阶段目标、进度安排，以及水管单位的分类定性、经费落实、管养分离、人员分流、改革试点、学习宣传等内容。实施方案要实事求是，因地制宜，具有可操作性。实施编制工作要于 2003 年 3 月底以前完成，并报水利部备案。

四、认真做好水管单位分类定性工作

水管单位分类定性是畅通水管单位财政资金渠道的前提。各地部门要按照《实施意见》的要求，积极协同地方编制、财政部门，根据水管单位的功能和收益情况，确定水管单位的性质。这项工作要于 2003 年 6 月底以前完成。

五、抓紧经费测算工作

经费测算是落实财政补助资金的重要依据。在水利部、财政部正式颁布《水利工程管理单位定岗标准》和《水利工程管理单位费用编制规定及定额》之前，各地经费测算工作可暂按中央和地方有关财政预算编制和财务管理的规定进行。各地水利部门要积极向政府汇报，加强同财政部门的沟通，确保在 2003 年 8 月底以前，完成经费测算工作，有条件的地方要争取列入明年的财政预算。

六、搞好试点，全面推进水管体制改革工作

各省（自治区、直辖市）要分别不同地区、不同类型选择一定数量具有代表性的水管单位，作为改革的试点单位，进行跟踪研究。对改革中出现的新情

况、新问题，要及时研究、及时处理，对改革中发现的好经验、好做法，要及时宣传、及时推广。通过改革试点，积累经验，实现"以点带面"和"以点促面"，全面推进本地区的水管体制改革工作。水利部将选择一批水库、水闸、堤防、灌区等水管单位，作为全国水管体制改革的试点联系单位。各地可推荐有代表性的水管单位作为部试点联系候选单位，并于 2003 年 3 月底以前将推荐单位名单报部。

七、做好全国水管体制改革信息交流工作

为掌握全国水管体制改革动态，及时通报各地改革进展情况，推广改革的好经验、好做法，部将建立水管体制改革信息通报制度，定期发布全国水管体制改革工作动态。各地要于每年 6 月底和 12 月底将本省（自治区、直辖市）水管体制改革工作进展情况报部。

附件：《国务院办公厅转发国务院体改办关于水利工程管理体制改革实施意见的通知》（国办发〔2002〕45 号）

附件

国务院办公厅转发国务院体改办关于水利工程管理体制改革实施意见的通知

(2002 年 9 月 17 日　国办发〔2002〕45 号)

各省、自治区、直辖市人民政府，国务院各部委、各直属机构：

国务院体改办关于《水利工程管理体制改革实施意见》已经国务院同意，现转发给你们，请认真贯彻执行。

水利工程管理体制改革实施意见

为了保证水利工程的安全运行，充分发挥水利工程的效益，促进水资源的可持续利用，保障经济社会的可持续发展，现就水利工程管理体制改革（以下简称水管体制改革）提出以下实施意见。

一、水管体制改革的必要性和紧迫性

水利工程是国民经济和社会发展的重要基础设施。50 多年来，我国兴建了一大批水利工程，形成了数千亿元的水利固定资产，初步建成了防洪、排涝、灌溉、供水、发电等工程体系，在抗御水旱灾害，保障经济社会安全，促进工农业生产持续稳定发展，保护水土资源和改善生态环境等方面发挥了重要作用。

但是，水利工程管理中存在的问题也日趋突出，主要是：水利工程管理体制不顺，水利工程管理单位（以下简称水管单位）机制不活，水利工程运行管理和维修养护经费不足，供水价格形成机制不合理，国有水利经营性资产管理运营体制不完善等。这些问题不仅导致大量水利工程得不到正常的维修养护，效益严重衰减，而且对国民经济和人民生命财产安全带来极大的隐患，如不尽快从根本上解决，国家近年来相继投入巨资新建的大量水利设施也将老化失修、积病成险。因此，推进水管体制改革势在必行。

二、水管体制改革的目标和原则

（一）水管体制改革的目标。

通过深化改革，力争在 3 至 5 年内，初步建立符合我国国情、水情和社会主义市场经济要求的水利工程管理体制和运行机制：

——建立职能清晰、权责明确的水利工程管理体制；

——建立管理科学、经营规范的水管单位运行机制；

——建立市场化、专业化和社会化的水利工程维修养护体系；

——建立合理的水价形成机制和有效的水费计收方式；

——建立规范的资金投入、使用、管理与监督机制；

——建立较为完善的政策、法律支撑体系。

（二）水管体制改革的原则。

1. 正确处理水利工程的社会效益与经济效益的关系。既要确保水利工程社会效益的充分发挥，又要引入市场竞争机制，降低水利工程的运行管理成本，提高管理水平和经济效益。

2. 正确处理水利工程建设与管理的关系。既要重视水利工程建设，又要重视水利工程管理，在加大工程建设投资的同时加大工程管理的投入，从根本上解决"重建轻管"问题。

3. 正确处理责、权、利的关系。既要明确政府各有关部门和水管单位的权利和责任，又要在水管单位内部建立有效的约束和激励机制，使管理责任、工作绩效和职工的切身利益紧密挂钩。

4. 正确处理改革、发展与稳定的关系。既要从水利行业的实际出发，大胆探索，勇于创新，又要积极稳妥，充分考虑各方面的承受能力，把握好改革的时机与步骤，确保改革顺利进行。

5. 正确处理近期目标与长远发展的关系。既要努力实现水管体制改革的近期目标，又要确保新的管理体制有利于水资源的可持续利用和生态环境的协调发展。

三、水管体制改革的主要内容和措施

（一）明确权责，规范管理。

水行政主管部门对各类水利工程负有行业管理责任，负责监督检查水利工程的管理养护和安全运行，对其直接管理的水利工程负有监督资金使用和资产管理责任。对国民经济有重大影响的水资源综合利用及跨流域（指全国七大流域）引水等水利工程，原则上由国务院水行政主管部门负责管理；一个流域内，跨省（自治区、直辖市）的骨干水利工程原则上由流域机构负责管理；一省（自治区、直辖市）内，跨行政区划的水利工程原则上由上一级水行政主管部门负责管理；同一行政区划内的水利工程，由当地水行政主管部门负责管理。各级水行政主管部门要按照政企分开、政事分开的原则，转变职能，改善管理方式，提高管理水平。

水管单位具体负责水利工程的管理、运行和维护，保证工程安全和发挥效益。

水行政主管部门管理的水利工程出现安全事故的，要依法追究水行政主管

部门、水管单位和当地政府负责人的责任；其他单位管理的水利工程出现安全事故的，要依法追究业主责任和水行政主管部门的行业管理责任。

（二）划分水管单位类别和性质，严格定编定岗。

1. 划分水管单位类别和性质。根据水管单位承担的任务和收益状况，将现有水管单位分为三类：

第一类是指承担防洪、排涝等水利工程管理运行维护任务的水管单位，称为纯公益性水管单位，定性为事业单位。

第二类是指承担既有防洪、排涝等公益性任务，又有供水、水力发电等经营性功能的水利工程管理运行维护任务的水管单位，称为准公益性水管单位。准公益性水管单位依其经营收益情况确定性质，不具备自收自支条件的，定性为事业单位；具备自收自支条件的，定性为企业。目前已转制为企业的，维持企业性质不变。

第三类是指承担城市供水、水力发电等水利工程管理运行维护任务的水管单位，称为经营性水管单位，定性为企业。

水管单位的具体性质由机构编制部门会同同级财政和水行政主管部门负责确定。

2. 严格定编定岗。事业性质的水管单位，其编制由机构编制部门会同同级财政部门和水行政主管部门核定。实行水利工程运行管理与维修养护分离（以下简称管养分离）后的维修养护人员、准公益性水管单位中从事经营性资产运营和其他经营活动的人员，不再核定编制。各水管单位要根据国务院水行政主管部门和财政部门共同制定的《水利工程管理单位定岗标准》，在批准的编制总额内合理定岗。

（三）全面推进水管单位改革，严格资产管理。

1. 根据水管单位的性质和特点，分类推进人事、劳动、工资等内部制度改革。事业性质的水管单位，要按照精简、高效的原则，撤并不合理的管理机构，严格控制人员编制；全面实行聘用制，按岗聘人，职工竞争上岗，并建立严格的目标责任制度；水管单位负责人由主管部门通过竞争方式选任，定期考评，实行优胜劣汰。事业性质的水管单位仍执行国家统一的事业单位工资制度，同时鼓励在国家政策指导下，探索符合市场经济规则、灵活多样的分配机制，把职工收入与工作责任和绩效紧密结合起来。

企业性质的水管单位，要按照产权清晰、权责明确、政企分开、管理科学的原则建立现代企业制度，构建有效的法人治理结构，做到自主经营，自我约束，自负盈亏，自我发展；水管单位负责人由企业董事会或上级机构依照相关规定聘任，其他职工由水管单位择优聘用，并依法实行劳动合同制度，与职工签订劳动合同；要积极推行以岗位工资为主的基本工资制度，明确职责，以岗定薪，合理拉开各类人员收入差距。

要努力探索多样化的水利工程管理模式，逐步实行社会化和市场化。对于新建工程，应积极探索通过市场方式，委托符合条件的单位管理水利工程。

2. 规范水管单位的经营活动，严格资产管理。由财政全额拨款的纯公益性水管单位不得从事经营性活动。准公益性水管单位要在科学划分公益性和经营性资产的基础上，对内部承担防洪、排涝等公益职能部门和承担供水、发电及多种经营职能部门进行严格划分，将经营部门转制为水管单位下属企业，做到事企分开、财务独立核算。事业性质的准公益性水管单位在核定的财政资金到位情况下，不得兴办与水利工程无关的多种经营项目，已经兴办的要限期脱钩。企业性质的准公益性水管单位和经营性水管单位的投资经营活动，原则上应围绕与水利工程相关的项目进行，并保证水利工程日常维修养护经费的足额到位。

加强国有水利资产管理，明确国有资产出资人代表。积极培育具有一定规模的国有或国有控股的企业集团，负责水利经营性项目的投资和运营，承担国有资产的保值增值责任。

（四）积极推行管养分离。

积极推行水利工程管养分离，精简管理机构，提高养护水平，降低运行成本。

在对水管单位科学定岗和核定管理人员编制基础上，将水利工程维修养护业务和养护人员从水管单位剥离出来，独立或联合组建专业化的养护企业，以后逐步通过招标方式择优确定维修养护企业。

为确保水利工程管养分离的顺利实施，各级财政部门应保证经核定的水利工程维修养护资金足额到位；国务院水行政主管部门要尽快制定水利工程维修养护企业的资质标准；各级政府和水行政主管部门及有关部门应当努力创造条件，培育维修养护市场主体，规范维修养护市场环境。

（五）建立合理的水价形成机制，强化计收管理。

1. 逐步理顺水价。水利工程供水水费为经营性收费，供水价格要按照补偿成本、合理收益、节约用水、公平负担的原则核定，对农业用水和非农业用水要区别对待，分类定价。农业用水水价按补偿供水成本的原则核定，不计利润；非农业用水（不含水力发电用水）价格在补偿供水成本、费用、计提合理利润的基础上确定。水价要根据水资源状况、供水成本及市场供求变化适时调整，分步到位。

除中央直属及跨省级水利工程供水价格由国务院价格主管部门管理外，地方水价制定和调整工作由省级价格主管部门直接负责，或由市县价格主管部门提出调整方案报省级价格主管部门批准。国务院价格主管部门要尽快出台《水利工程供水价格管理办法》。

2. 强化计收管理。要改进农业用水计量设施和方法，逐步推广按立方米计量。积极培育农民用水合作组织，改进收费办法，减少收费环节，提高缴费率。严格禁止乡村两级在代收水费中任意加码和截留。

供水经营者与用水户要通过签订供水合同，规范双方的责任和权利。要充分发挥用水户的监督作用，促进供水经营者降低供水成本。

（六）规范财政支付范围和方式，严格资金管理。

1. 根据水管单位的类别和性质的不同，采取不同的财政支付政策。纯公益性水管单位，其编制内在职人员经费、离退休人员经费、公用经费等基本支出由同级财政负担。工程日常维修养护经费在水利工程维修养护岁修资金中列支。工程更新改造费用纳入基本建设投资计划，由计划部门在非经营性资金中安排。

事业性质的准公益性水管单位，其编制内承担公益性任务的在职人员经费、离退休人员经费、公用经费等基本支出，以及公益性部分的工程日常维修养护经费等项支出，由同级财政负担，更新改造费用纳入基本建设投资计划，由计划部门在非经营性资金中安排；经营性部分的工程日常维修养护经费由企业负担，更新改造费用在折旧资金中列支，不足部分由计划部门在非经营性资金中安排。事业性质的准公益性水管单位的经营性资产收益和其他投资收益要纳入单位的经费预算。各级水行政主管部门应及时向同级财政部门报告该类水管单位各种收益的变化情况，以便财政部门实行动态核算，并适时调整财政补贴额度。

企业性质的水管单位，其所管理的水利工程的运行、管理和日常维修养护资金由水管单位自行筹集，财政不予补贴。企业性质的水管单位要加强资金积累，提高抗风险能力，确保水利工程维修养护资金的足额到位，保证水利工程的安全运行。

水利工程日常维修养护经费数额，由财政部门会同同级水行政主管部门依据《水利工程维修养护定额标准》确定。《水利工程维修养护定额标准》由国务院水行政主管部门会同财政部门共同制定。

2. 积极筹集水利工程维修养护岁修资金。为保障水管体制改革的顺利推进，各级政府要合理调整水利支出结构，积极筹集水利工程维修养护岁修资金。中央水利工程维修养护岁修资金来源为中央水利建设基金的30%（调整后的中央水利建设基金使用结构为：55%用于水利工程建设，30%用于水利工程维护，15%用于应急度汛），不足部分由中央财政给予安排。地方水利工程维修养护岁修资金来源为地方水利建设基金和河道工程修建维护管理费，不足部分由地方财政给予安排。

中央维修养护岁修资金用于中央所属水利工程的维修养护。省级水利工程维修养护岁修资金主要用于省属水利工程的维修养护，以及对贫困地区、县所属的非经营性水利工程的维修养护经费的补贴。

3. 严格资金管理。所有水利行政事业性收费均实行"收支两条线"管理。经营性水管单位和准公益性水管单位所属企业必须按规定提取工程折旧。工程折旧资金、维修养护经费、更新改造经费要做到专款专用，严禁挪作他用。各有关部门要加强对水管单位各项资金使用情况的审计和监督。

（七）妥善安置分流人员，落实社会保障政策。

1. 妥善安置分流人员。水行政主管部门和水管单位要在定编定岗的基础上，广开渠道，妥善安置分流人员。支持和鼓励分流人员大力开展多种经营，特别是旅游、水产养殖、农林畜产和建筑施工等具有行业和自身优势的项目。利用水利工程的管理和保护区域内的水土资源进行生产或经营的企业，要优先安排水管单位分流人员。在清理水管单位现有经营性项目的基础上，要把部分经营性项目的剥离与分流人员的安置结合起来。

剥离水管单位兴办的社会职能机构，水管单位所属的学校、医院原则上移交当地政府管理，人员成建制划转。在分流人员的安置过程中，各级政府和水行政主管部门要积极做好统筹安排和协调工作。

2. 落实社会保障政策。各类水管单位应按照有关法律、法规和政策参加所在地的基本医疗、失业、工伤、生育等社会保险。在全国统一的事业单位养老保险改革方案出台前，保留事业性质的水管单位仍维持现行养老制度。

转制为中央企业的水管单位的基本养老保险，可参照国家对转制科研机构、工程勘察设计单位的有关政策规定执行。各地应做好转制前后离退休人员养老保险待遇的衔接工作。

（八）税收扶持政策。

在实行水利工程管理体制改革中，为安置水管单位分流人员而兴办的多种经营企业，符合国家有关税法规定的，经税务部门核准，执行相应的税收优惠政策。

（九）完善新建水利工程管理体制。

进一步完善新建水利工程的建设管理体制。全面实行建设项目法人责任制、招标投标制和工程监理制，落实工程质量终身责任制，确保工程质量。

要实现新建水利工程建设与管理的有机结合。在制定建设方案的同时制定管理方案，核算管理成本，明确工程的管理体制、管理机构和运行管理经费来源，对没有管理方案的工程不予立项。要在工程建设过程中将管理设施与主体工程同步实施，管理设施不健全的工程不予验收。

（十）改革小型农村水利工程管理体制。

小型农村水利工程要明晰所有权，探索建立以各种形式农村用水合作组织为主的管理体制，因地制宜，采用承包、租赁、拍卖、股份合作等灵活多样的经营方式和运行机制，具体办法另行制定。

（十一）加强水利工程的环境与安全管理。

1. 加强环境保护。水利工程的建设和管理要遵守国家环保法律法规，符合环保要求，着眼于水资源的可持续利用。进行水利工程建设，要严格执行环境影响评价制度和环境保护"三同时"制度。水管单位要做好水利工程管理范围内的防护林（草）建设和水土保持工作，并采取有效措施，保障下游生态用水需要。水管单位开展多种经营活动应当避免污染水源和破坏生态环境。环保部门要组织开展有关环境监测工作，加强对水利工程及周边区域环境保护的监督管理。

2. 强化安全管理。水管单位要强化安全意识，加强对水利工程的安全保卫工作。利用水利工程的管理和保护区域内的水土资源开展的旅游等经营项目，要在确保水利工程安全的前提下进行。

原则上不得将水利工程作为主要交通通道；大坝坝顶、河道堤顶或闸台确需兼作公路的，需经科学论证和有关主管部门批准，并采取相应的安全维护措施；未经批准，已作为主要交通通道的，对大坝要限期实行坝路分离，对堤防要限制交通流量。

地方各级政府要按照国家有关规定，支持水管单位尽快完成水利工程的确权划界工作，明确水利工程的管理和保护范围。

（十二）加快法制建设，严格依法行政。

要尽快修订《水库大坝安全管理条例》，完善水利工程管理的有关法律、法规。各省、自治区、直辖市要加快制定相关的地方法规和实施细则。各级水行政主管部门要按照管理权限严格依法行政，加大水行政执法的力度。

四、加强组织领导

水管体制改革的有关工作由国务院水行政主管部门会同有关部门负责。各有关部门要高度重视，统一思想，密切配合。要加强对各地改革工作的指导，选择典型进行跟踪调研。对改革中出现的问题，要及时研究，提出解决措施。

各省、自治区、直辖市人民政府要加强对水管体制改革工作的领导，依据本实施意见，结合本地实际，制定具体实施方案并组织实施。

各级水行政主管部门和水管单位要认真组织落实改革方案，并做好职工的思想政治工作，确保水管体制改革的顺利进行和水利工程的安全运行。

关于深化小型水利工程
管理体制改革的指导意见

(2013 年 4 月 1 日　水利部、财政部　水建管〔2013〕169 号)

近年来，各地对小型水利工程管理体制改革进行了有益的探索，取得了一定的进展。但小型水利工程管理仍存在管护主体缺失、管护责任难以有效落实等问题，严重影响了工程安全运行和效益充分发挥。为加强小型水利工程管理，根据《中共中央国务院关于加快水利改革发展的决定》（中发〔2011〕1 号，以下简称 2011 年中央 1 号文件）的要求，现就深化小型水利工程管理体制改革，提出如下意见：

一、指导思想、原则和目标

（一）指导思想。以科学发展观为指导，全面贯彻落实 2011 年中央 1 号文件和中央水利工作会议精神，明晰工程产权，落实管护主体和责任，对公益性小型水利工程管护经费给予补助，探索社会化和专业化的多种水利工程管理模式，建立健全科学的管理体制和良性运行机制，确保工程安全运行和效益充分发挥。

（二）基本原则。一是权责一致。明晰所有权，界定管理权，明确使用权，搞活经营权，落实管护主体和责任。二是政府主导。强化政府责任，加强组织领导，调动各方积极性，综合推进改革。三是突出重点。重点解决管护主体、管护责任和管护经费等问题。四是因地制宜。结合本地实际情况推进改革，不搞"一刀切"；积极探索社会化和专业化的多种工程管理模式，明晰产权，注重发挥工程效益；已完成改革任务且工程效益发挥正常的，原则上不作调整。

（三）改革目标。到 2020 年，基本扭转小型水利工程管理体制机制不健全的局面，建立适应我国国情、水情与农村经济社会发展要求的小型水利工程管理体制和良性运行机制：

——建立产权明晰、责任明确的工程管理体制；

——建立社会化、专业化的多种工程管护模式；

——建立制度健全、管护规范的工程运行机制；

——建立稳定可靠、使用高效的工程管护经费保障机制；

——建立奖惩分明、科学考核的工程管理监督机制。

二、改革范围

（四）明确改革范围。改革范围为县级及以下管理的小型水利工程，主要包括：

——小型水库，即总库容 100 万立方米～1000 万立方米（不含）的小（1）型水库和总库容 10 万立方米～100 万立方米（不含）的小（2）型水库；

——中小河流及其堤防，包括流域面积小于 3000 平方公里的河流及其上兴建的防洪标准小于 50 年一遇的 3 级以下堤防，防潮（洪）标准小于 20 年一遇的海堤及沿堤涵闸；

——小型水闸，即最大过闸流量 20 立方米每秒～100 立方米每秒（不含）的小（1）型水闸和最大过闸流量小于 20 立方米每秒的小（2）型水闸；

——小型农田水利工程及设备，包括控制灌溉面积 1 万亩、除涝面积 3 万亩以下的农田水利工程，大中型灌区末级渠系及量测水设施等配套建筑物，喷灌、微灌设施及其输水管道和首部，塘坝、堰闸、机井、水池（窖、柜）及装机功率小于 1000 千瓦的泵站等；

——农村饮水安全工程，包括日供水规模 200 立方米～1000 立方米（不含）的 Ⅳ 型集中式供水工程和日供水规模小于 200 立方米的 Ⅴ 型集中式供水工程，分散式供水工程；

——淤地坝，包括库容 50 万立方米～500 万立方米（不含）的大型淤地坝、库容 10 万立方米～50 万立方米（不含）的中型淤地坝和库容 1 万立方米～10 万立方米（不含）的小型淤地坝；

——小型水电站，包括单站装机容量 5 万千瓦及以下的水电站；

单一农户自建自用的小型水利工程，不纳入此次改革范围。

三、主要内容

（五）明晰工程产权。按照"谁投资、谁所有、谁受益、谁负担"的原则，结合基层水利服务体系建设、农业水价综合改革的要求，落实小型水利工程产权。个人投资兴建的工程，产权归个人所有；社会资本投资兴建的工程，产权归投资者所有，或按投资者意愿确定产权归属；受益户共同出资兴建的工程，产权归受益户共同所有；以农村集体经济组织投入为主的工程，产权归农村集体经济组织所有；以国家投资为主兴建的工程，产权归国家、农村集体经济组织或农民用水合作组织所有，具体由当地人民政府或其授权的部门根据国家有关规定确定。产权归属已明晰的工程，维持现有产权归属关系。县级人民政府或其授权的部门负责工程产权界定工作，向明晰产权的工程所有者颁发产权证书，载明工程功能、管理与保护范围、产权所有者及其权利与义务、有效期等基本信息。

（六）落实工程管护主体和责任。工程产权所有者是工程的管护主体，应当健全管护制度，落实管护责任，确保工程正常运行。涉及公共安全的小型水利工程要明确安全责任主体，落实工程安全责任。

县级水利部门和基层水利服务机构要加强对小型水利工程管理与运行维护的监管和技术指导，督促工程产权所有者切实履行管理责任，保障工程安全长效运行。

（七）落实工程管护经费。多渠道筹集工程管护经费，建立稳定的管护经费保障机制。管护经费原则上由工程产权所有者负责筹集，财政适当给予补助。积极研究制定优惠政策，鼓励和动员社会各方面力量支持小型水利工程管护。完善"民办公助""一事一议"等机制，引导农民群众参与小型水利工程管护。

中央财政通过现行政策和资金渠道，对中西部地区、贫困地区县级管理的国有公益性工程维修养护经费给予补助。地方财政可通过公共财政预算、政府性基金以及其他水利规费收入，安排小型水利工程维修养护经费。按照规定的比例和范围，安排部分从土地出让收益中计提的农田水利建设资金支持小型农田水利工程管护。建立财政补助经费奖补机制，按照"奖优罚劣"的原则，根据管护实效进行补助，具体补助标准与方式，由各地因地制宜确定。

（八）探索工程管理模式。针对不同类型工程特点，因地制宜采取专业化集中管理及社会化管理等多种管护方式。各地应切实加强基层水利服务体系建设，健全完善基层水利服务机构，可结合实际成立专业化维修养护队伍，组建农民用水合作组织，开展集约化的维修养护服务。在确保工程安全、公益属性和生态保护的前提下，鼓励采取承包、租赁、拍卖、股份合作和委托管理等方式，实施小型水利工程的运行管理，搞活经营权，并服从防汛指挥调度、非常情况下的水资源调度。实行承包、租赁、拍卖、股份合作和委托等方式管理的，要签订有效的运行管理合同，明确工程管护主体、管护责任、管护范围，以及相应的奖补政策、违约责任等。

（九）加强业务指导和行业监督。各级水利部门应加强业务指导，有计划地组织技术培训，不断提高管护人员素质，增强基层工程管理单位、农村集体经济组织和农民用水合作组织等的管护能力。县级水行政主管部门要强化对小型水利工程的行业监督，有效防止水资源浪费和掠夺式经营。

四、保障措施

（十）加强领导，精心组织。各地要高度重视，加强组织领导，落实工作责任，把改革列入重要议事日程，纳入年度目标考核内容，根据当地实际情况，制定切实可行、针对性强、可操作的改革实施方案，明确改革的范围、目标、原则、年度计划、工作流程、组织方式以及相关职责划分等。各级水利、财政部门要建立有效的工作机制，加强指导，精心组织，全力推进。

（十一）规范考核，强化监管。建立监督考核机制，实行分级考核，考核结果作为安排补助经费的重要依据。水利部、财政部以省级为单元，对改革情况进行考核；省级水利、财政部门以县级为单元进行考核；县级水利、财政部门对辖区内的工程管理单位进行监督考核，确保财政补助经费落实到工程、专款专用。同时完善相关公示制度，提高民主参与和监督水平。

（十二）试点先行，分类推进。小型水利工程管理体制改革涉及面广、情况复杂、政策性强、任务艰巨，各地要先行试点、典型引路、分类实施、全面推进。各地根据不同区域、不同工程类型，可选取一些县（市）开展试点，加强指导和扶持。

（十）标　准　化

关于推进水利工程标准化管理的指导意见

（2022 年 3 月 24 日　水利部　水运管〔2022〕130 号）

为深入贯彻党中央、国务院决策部署，落实新阶段水利高质量发展目标任务，加快推进水利工程标准化管理工作，确保工程运行安全和效益持续发挥，制定如下意见。

一、指导思想和总体目标

（一）指导思想

以习近平新时代中国特色社会主义思想为指导，深入贯彻落实"节水优先、空间均衡、系统治理、两手发力"治水思路，坚持人民至上、生命至上，统筹发展和安全，立足新发展阶段、贯彻新发展理念、构建新发展格局，推动高质量发展，强化水利体制机制法治管理，推进工程管理信息化智慧化，构建推动水利高质量发展的工程运行标准化管理体系，因地制宜，循序渐进，推进水利工程标准化管理，保障水利工程运行安全，保证工程效益充分发挥。

（二）总体目标

"十四五"期间，强化工程安全管理，消除重大安全隐患，落实管理责任，完善管理制度，提升管理能力，建立健全运行管理长效机制，全面推进水利工程标准化管理。2022 年底前，省级水行政主管部门和流域管理机构建立起水利工程标准化管理制度标准体系，全面启动标准化管理工作；2025 年底前，除尚未实施除险加固的病险工程外，大中型水库全面实现标准化管理，大中型水闸、泵站、灌区、调水工程和 3 级以上堤防等基本实现标准化管理；2030年底前，大中小型水利工程全面实现标准化管理。

二、标准化管理要求

水利工程管理单位（以下简称水管单位）要落实管理主体责任，执行水利工程运行管理制度和标准，充分利用信息平台和管理工具，规范管理行为，提高管理能力，从工程状况、安全管理、运行管护、管理保障和信息化建设等方面，实现水利工程全过程标准化管理。

（一）工程状况。工程现状达到设计标准，无安全隐患；主要建筑物和配套设施运行性态正常，运行参数满足现行规范要求；金属结构与机电设备运行正常、安全可靠；监测监控设施设置合理、完好有效，满足掌握工程安全状况需要；工程外观完好，管理范围环境整洁，标识标牌规范醒目。

（二）安全管理。工程按规定注册登记，信息完善准确、更新及时；按规定开展安全鉴定，及时落实处理措施；工程管理与保护范围划定并公告，重要边界界桩齐全明显，无违章建筑和危害工程安全活动；安全管理责任制落实，岗位职责分工明确；防汛组织体系健全，应急预案完善可行，防汛物料管理规范，工程安全度汛措施落实。

（三）运行管护。工程巡视检查、监测监控、操作运用、维修养护和生物防治等管护工作制度齐全、行为规范、记录完整，关键制度、操作规程上墙明示；及时排查、治理工程隐患，实行台账闭环管理；调度运用规程和方案（计划）按程序报批并严格遵照实施。

（四）管理保障。管理体制顺畅，工程产权明晰，管理主体责任落实；人员经费、维修养护经费落实到位，使用管理规范；岗位设置合理，人员职责明确且具备履职能力；规章制度满足管理需要并不断完善，内容完整、要求明确、执行严格；办公场所设施设备完善，档案资料管理有序；精神文明和水文化建设同步推进。

（五）信息化建设。建立工程管理信息化平台，工程基础信息、监测监控信息、管理信息等数据完整、更新及时，与各级平台实现信息融合共享、互联互通；整合接入雨水情、安全监测监控等工程信息，实现在线监管和自动化控制，应用智能巡查设备，提升险情自动识别、评估、预警能力；网络安全与数据保护制度健全，防护措施完善。

三、主要工作内容

（一）制定标准化管理工作实施方案。省级水行政主管部门和流域管理机构要加强顶层设计，按照因地制宜、循序渐进的工作思路，制定本地区（单位）水利工程标准化管理工作实施方案，明确目标任务、实施计划和工作要求，落实保障措施，有计划、分步骤组织实施，统筹推进水利工程标准化管理工作。

（二）建立工程运行管理标准体系。省级水行政主管部门和流域管理机构要依据国家和水利部颁布的相关管理制度和技术标准规范，结合工程运行管理实际，梳理工程状况、安全管理、运行管护、管理保障和信息化建设等方面的管理事项，制定标准化管理制度，按照工程类别编制标准化工作手册示范文本，构建本地区（单位）工程运行管理标准体系，指导水管单位开展标准化管理。以县域为单元，深化管理体制改革，健全长效运行管护机制，全面推进小型水库标准化管理，积极探索农村人饮工程标准化管理。

（三）推进标准化管理的实施。水管单位要根据省级水行政主管部门或流域管理机构制定的标准化工作手册示范文本，编制所辖工程的标准化工作手册，针对工程特点，理清管理事项、确定管理标准、规范管理程序、科学定岗定员、建立激励机制、严格考核评价。

全面推进标准化管理，按规定及时开展工程安全鉴定，深入开展隐患排查治理，加快病险工程除险加固，加强工程度汛和安全生产管理，保障工程实体安全；规范工程巡视检查、监测监控、操作运用、维修养护和生物防治等活动；划定工程管理与保护范围，加强环境整治；健全并严格落实运行管理各项制度，切实强化人员、经费保障，改善办公条件；加强数字化、网络化、智能化应用，不断提升在线监管、自动化控制和预警预报水平，落实网络安全管理责任。

（四）做好标准化管理评价。水利部制定《水利工程标准化管理评价办法》，明确标准化基本要求和水利部评价标准。省级水行政主管部门和流域管理机构要结合实际，制定本地区（单位）的标准化评价细则及其评价标准，评价内容及其标准应满足水利部确定的标准化基本要求，建立标准化管理常态化评价机制，深入组织开展标准化评价工作。评价结果达到省级或流域管理机构评价标准的，认定为省级或流域管理机构标准化管理工程。通过省级或流域管理机构标准化评价且满足水利部评价条件的，可申请水利部评价。通过水利部评价的，认定为水利部标准化管理工程。

四、保障措施

（一）加强组织领导。省级水行政主管部门要加快出台推进水利工程标准化管理的意见（方案），将标准化工作纳入河湖长制考核范围，建立政府主导、部门协作、自上而下的推进机制。选择管理水平较高、基础条件较好的工程或地区先行先试，积累经验、逐步推广。创新工程管护机制，大力推行专业化管护模式，不断提高工程管护能力和水平。流域管理机构要加强流域内水利工程标准化管理的监督指导和评价。

（二）落实资金保障。省级水行政主管部门要落实好《水利工程管理体制改革实施意见》（国办发〔2002〕45号）、《关于切实加强水库除险加固和运行管护工作的通知》（国办发〔2021〕8号）文件的要求，积极与相关部门沟通协调，多渠道筹措运行管护资金，推进水利工程标准化管理建设。

（三）推进智慧水利。省级水行政主管部门和流域管理机构要按照智慧水利建设总体布局，统筹已有应用系统，补充自动化监测监控预警设施，完善信息化网络平台，推进水利工程智能化改造和数字孪生工程建设，提升水利工程安全监控和智能化管理水平。

（四）强化激励措施。地方各级水行政主管部门和流域管理机构要将标准化建设成果作为单位及个人的业绩考核、职称评定等重要依据，对标准化管理取得显著成效的，在相关资金安排上予以优先考虑。中国水利工程优质（大禹）奖评选把水利工程标准化建设成果作为运行可靠方面评审的重要参考。

（五）严格监督检查。各级水行政主管部门和流域管理机构要把标准化管理工作纳入水利工程监督范围，加强监督检查，按年度发布标准化管理建设进展情况，对工作推进缓慢、问题整改不力、成果弄虚作假的，严肃追责问责。加强对标准化评价工作的监督检查，规范操作程序，保障公开、公正、透明，杜绝各种违规违法行为。

水利工程标准化管理评价办法

（2022 年 3 月 24 日　水利部　水运管〔2022〕130 号）

第一条　为加强水利工程标准化管理，科学评价水利工程运行管理水平，保障工程运行安全和效益充分发挥，依据《关于推进水利工程标准化管理的指导意见》，制定本办法。

第二条　水利工程标准化管理评价（以下简称标准化评价）是按照评价标准对工程标准化管理建设成效的全面评价，主要包括工程状况、安全管理、运行管护、管理保障和信息化建设等方面。

第三条　本办法适用于已建成运行的大中型水库、水闸、泵站、灌区、调水工程以及 3 级以上堤防等工程的标准化管理评价工作。其他水库、水闸、堤防、泵站、灌区和调水工程参照执行。

第四条　水利部负责指导全国水利工程标准化管理和评价，组织开展水利部标准化评价工作。

流域管理机构负责指导流域内水利工程标准化管理和评价，组织开展所属工程的标准化评价工作，受水利部委托承担水利部评价的具体工作。

省级水行政主管部门负责本行政区域内所管辖水利工程标准化管理和评价工作。

第五条　标准化评价按水库、水闸、堤防等工程类别，分别执行相应的评价标准。

泵站、灌区工程标准化评价按照《水利部办公厅关于印发大中型灌区、灌排泵站标准化规范化管理指导意见（试行）的通知》（办农水〔2019〕125 号）执行。调水工程评价标准另行制定。

第六条　省级水行政主管部门和流域管理机构应按照水利部确定的标准化基本要求，制定本地区（单位）水利工程标准化管理评价细则及其评价标准，评价认定省级或流域管理机构标准化管理工程。

第七条　水利部评价按照水利部评价标准执行，申报水利部评价的工程，需具备以下条件：

（一）工程（包括新建、除险加固、更新改造等）通过竣工验收或完工验收投入运行，工程运行正常；

（二）水库、水闸工程按照《水库大坝注册登记办法》和《水闸注册登记管理办法》的要求进行注册登记；

（三）水库、水闸工程按照《水库大坝安全鉴定办法》和《水闸安全鉴定管理办法》的要求进行安全鉴定，鉴定结果达到一类标准或完成除险加固，堤防工程达到设计标准；

（四）水库工程的调度规程和大坝安全管理应急预案经相关单位批准；

（五）工程管理范围和保护范围已划定；

（六）已通过省级或流域管理机构标准化评价。

第八条 水利部评价实行千分制评分。通过水利部评价的工程，评价结果总分应达到 920 分（含）以上，且主要类别评价得分不低于该类别总分的 85%。

第九条 省级水行政主管部门负责本行政区域内所管辖水利工程申报水利部评价的初评、申报工作。

流域管理机构负责所属工程申报水利部评价的初评、申报工作。

部直管工程由工程管理单位初评后，直接申报水利部评价。

第十条 申报水利部评价的工程，由水利部按照工程所在流域委托相应流域管理机构组织评价。流域管理机构所属工程，由水利部或其委托的单位组织评价。

第十一条 水利部和流域管理机构建立标准化评价专家库，评价专家组从专家库抽取评价专家的人数不得少于评价专家组成员的三分之二；被评价工程所在省（自治区、直辖市）或所属流域管理机构的评价专家不得担任评价专家组成员。

第十二条 通过水利部评价的工程，认定为水利部标准化管理工程，进行通报。

第十三条 通过水利部评价的工程，由水利部委托流域管理机构每五年组织一次复评，水利部进行不定期抽查；流域管理机构所属工程由水利部或其委托的单位组织复评。对复评或抽查结果，水利部予以通报。

省级水行政主管部门和流域管理机构应在工程复评上一年度向水利部提交复评申请。

第十四条 通过水利部评价的工程，凡出现以下情况之一的，予以取消。

（一）未按期开展复评；

（二）未通过复评或抽查；

（三）工程安全鉴定为三类及以下（不可抗力造成的险情除外），且未完成除险加固；

（四）发生较大及以上生产安全事故；

（五）监督检查发现存在严重运行管理问题；

（六）发生其他造成社会不良影响的重大事件。

第十五条 本办法由水利部负责解释。

第十六条 本办法自发布之日起施行。《水利工程管理考核办法》及其有关考核标准（2019 年修订发布，2021 年部分修改）同时废止。已通过水利部水利工程管理考核验收的，在达到规定复核年限前依然有效。

大中型水库工程标准化管理评价标准

（2022年3月24日　水利部　水运管〔2022〕130号）

类别	项目	标准化基本要求	水利部评价标准		
			评价内容及要求	标准分	评价指标及赋分
一工程状况（230分）	1. 工程面貌与环境	①工程整体完好。②工程管理范围整洁有序。③工程管理范围绿化、水土保持良好	工程整体完好、外观整洁，工程管理范围整洁有序，无垃圾堆放现象；工程管理范围绿化程度较高，水土保持良好，水生态环境良好	25	①工程形象面貌较差，扣10分。②工程管理范围杂乱，存在垃圾杂物堆放问题，扣5分。③工程管理范围宜绿化区域绿化率60%～80%扣2分，低于60%扣5分。④管理范围存在中度及以上水土流失现象，水生态环境差，扣5分
	2. 挡水建筑物	①主坝和副坝完好。②防浪墙、反滤体完好。③与两岸及其他建筑物结合部位情况正常	主坝和副坝完好，坝面和护坡平整，坝体变形、渗流正常；防浪墙、反滤体、廊道、导渗排水沟完好；与两岸及其他建筑物结合部位变形、渗流情况正常；无高秆杂草、树木、洞穴蚁害	40	①坝顶、坝坡（面）存在变形、破损、裂缝、渗漏、碳化等问题，扣15分。②防浪墙、反滤体、廊道、导渗排水沟存在开裂、破损、堵塞现象，扣10分。③与两岸及其他建筑物结合部位存在异常变形、渗漏问题，扣10分。④存在高秆杂草、树木、洞穴蚁害等危害工程问题，扣5分
	3. 泄水建筑物	①溢洪道、泄洪洞完好。②闸室、底板、消能工完好。③与坝体、边坡结合部位情况正常	溢洪道、泄洪洞完好，进出口通畅，闸室、底板、边墙、消能工结构完好，运行正常，与坝体、边坡结合部位变形、渗流情况正常	40	①结构存在开裂、剥蚀冲刷、水毁破损等现象，扣10分。②进出口存在阻水、淤塞、不畅问题，扣10分。③与坝体、边坡结合部位存在异常变形、渗漏问题，扣10分。④边坡存在落石、不稳定问题，扣10分

（续）

类别	项目	标准化基本要求	水利部评价标准		
			评价内容及要求	标准分	评价指标及赋分
一 工程状况（230分）	4. 输（引）水建筑物	①进水塔、输水洞（涵）、进出水口完好。②与坝体、边坡结合部位情况正常。③坝下埋涵无明显安全隐患	进水塔、输水洞（涵）完好，进出水口结构正常，与坝体、边坡结合部位变形、渗流情况正常，坝下埋涵无明显隐患	40	①进水塔存在变形开裂、剥蚀破损现象，扣10分。②输水洞（涵）及进出水口存在异常变形、渗漏问题，扣10分。③与坝体、边坡结合部位存在异常变形、渗漏问题，扣10分。④坝下埋涵存在安全隐患问题，扣10分
	5. 金属结构与机电设备	①闸门及启闭设施完好，运行正常。②机电设备和电源保障正常	闸门及启闭机设施完好，运行正常；门槽、钢丝绳、螺杆、液压部件、支座、止水正常，电气设备、供电电源正常，备用电源保障条件良好；启闭机房满足运行要求，定期开展闸门、启闭机安全检测与设备等级评定	40	①闸门及启闭设施存在变形、锈蚀问题，门槽结构、钢丝绳、螺杆、液压部件、行走支承、止水封条、限位装置存在缺陷，扣15分。②启闭机、电器设备、供电和备用电源存在老化、漏电、漏油、不稳定问题，扣15分。③启闭机房不完整、启闭设备未得到有效保护，或启闭机房破损，扣5分。④未定期开展闸门、启闭机安全检测及设备等级评定，扣5分
	6. 管理设施	①水库雨水情测报、安全监测设施满足运行管理要求。②防汛道路、通信条件、电力供应满足防汛抢险要求	水库雨水情测报、安全监测、视频监视、警报设施，防汛道路、通信条件、电力供应、管理用房满足运行管理和防汛抢险要求	30	①雨水情测报、安全监测设施设置不足，扣10分。②视频监视、警报设施设置不足，稳定性、可靠性存在缺陷，扣5分。③防汛道路路况差、通信条件不可靠、电力供应不稳定，扣10分。④管理用房存在不足，扣5分
	7. 标识标牌	①设置有责任人公示牌。②设置有安全警示标牌	工程管理区域内设置必要的工程标识、责任人牌、安全警示等标牌，内容准确清晰，设置合理	15	①工程名称简介、保护要求、宣传标识错乱、模糊，扣5分。②责任人公示牌内容不实、损坏模糊，扣5分。③安全警示标牌布局不合理、埋设不牢固，扣5分

（续）

类别	项目	标准化基本要求	水利部评价标准		
			评价内容及要求	标准分	评价指标及赋分
二 安全管理（280分）	8. 注册登记	①按规定完成注册登记	按规定完成注册登记，信息完整准确，变更登记及时	30	①未按规定注册登记，此项不得分。②注册登记信息不完整、不准确，存在虚假或错误问题等，扣20分。③注册登记信息与工程实际存在差异，变更登记不及时，扣10分
	9. 责任制	①大坝安全责任人和防汛责任人落实，完成公示公告。②责任人履职到位	以行政首长负责制为核心的大坝安全责任人和防汛责任人落实，职责明确，履职到位	20	①责任人不落实，扣10分。②责任人履职存在不足，扣5分。③未定期组织或参加培训，扣5分
	10. 工程划界	①工程管理范围完成划定，完成公告并设有界桩。②工程保护范围和保护要求明确	按照规定划定工程管理范围和保护范围，管理范围设有界桩（实地桩或电子桩）和公告牌，保护范围和保护要求明确；管理范围内土地使用权属明确	35	①未完成工程管理范围划定，此项不得分。②工程管理范围界桩和公告牌设置不合理、不齐全，扣10分。③工程保护范围划定率不足50%扣10分，未划定扣15分。④土地使用证领取率低于60%，每低10%扣2分，最高扣10分
	11. 保护管理	①开展水事巡查，处置发现问题，做好巡查记录。②工程管理范围内无违规建设行为，工程保护范围内无危害工程运行安全的活动	依法开展工程管理范围和保护范围巡查，发现水事违法行为予以制止，并做好调查取证、及时上报、配合查处工作，工程管理范围内无违规建设行为，工程保护范围内无危害工程安全活动	25	①未有效开展水事巡查工作，巡查不到位、记录不规范，扣5分。②发现问题未及时有效制止，调查取证、报告投诉、配合查处不力，扣5分。③工程管理范围内存在违规建设行为或危害工程安全活动，扣10分；工程保护范围内存在危害工程安全活动，扣5分

类别	项目	标准化基本要求	水利部评价标准		
			评价内容及要求	标准分	评价指标及赋分
二 安全 管理 （280 分）	12.安全 鉴定	①按照规定开展大坝安全鉴定。 ②安全鉴定发现问题落实处理措施	按照《水库大坝安全鉴定办法》及有关技术标准开展安全鉴定；鉴定成果用于指导水库安全运行管理和除险加固、更新改造	50	①未在规定期限内开展安全鉴定，此项不得分。 ②鉴定承担单位不符合规定，扣20分。 ③鉴定成果未用于指导水库安全运行、更新改造和除险加固等，扣15分。 ④末次安全鉴定中存在的问题，整改不到位，有遗留问题未整改，扣15分
	13.防汛 组织	①防汛抢险队伍落实，职责明确。 ②制定防汛抢险应急预案，开展演练或推演	防汛抢险任务明确、队伍落实、措施具体、责任到人，开展防汛检查，制定有防汛抢险应急预案并开展演练，防汛抢险人员参加培训	20	①无防汛抢险应急预案或预案未审批、报备，扣10分。 ②预案针对性、可操作性不强，防汛抢险任务不明确、队伍不落实、措施不具体，未开展演练，扣5分。 ③未开展防汛检查，扣5分
	14.防汛 物料	①有明确的防汛物料储备制度，落实管理人员。 ②防汛物料储备满足要求，管理有序	防汛物料储备制度健全，落实专人管理；物料储备满足要求，仓储规范，齐备完好，存放有序，建档立卡；防汛通信设备、抢险器具完好	25	①防汛物料储备制度不健全，调用规则不明确，未落实专人管理，扣10分。 ②防汛物料储备不满足要求，存放不当，台账混乱，扣10分。 ③通信设备、抢险器具保障率低，扣5分
	15.应急 预案	①制定有水库大坝安全管理应急预案，完成审批或报备。 ②开展演习演练	按照规定编制水库大坝安全管理应急预案，完成审批或报备；应急预案内容完整，针对性、实用性和可操作性强，突发事件报告和工程抢护机制明确，开展演习演练和宣传培训	25	①无水库大坝安全管理应急预案，此项不得分。 ②水库大坝安全管理应急预案未完成审批或报备，扣10分。 ③预案内容不完整，措施不具体，针对性和可操作性不强，扣5分。 ④突发事件报告和工程抢护机制不明确，扣5分。 ⑤未开展演习演练和宣传培训，扣5分

（续）

类别	项目	标准化基本要求	水利部评价标准		
			评价内容及要求	标准分	评价指标及赋分
二 安全管理 （280分）	16. 安全生产	①落实安全生产责任制。 ②开展安全生产隐患排查治理，建立台账记录。 ③编制安全生产应急预案并开展演练。 ④1年内无较大及以上生产安全事故	安全生产责任制落实；定期开展安全隐患排查治理，排查治理记录规范；开展安全生产宣传和培训，安全设施及器具配备齐全并定期检验，安全警示标识、危险源辨识牌等设置规范；编制安全生产应急预案并完成报备，开展演练；1年内无较大及以上生产安全事故	50	①1年内发生较大及以上生产安全事故，此项不得分。 ②安全生产责任落实不到位，制度不健全，扣10分。 ③安全生产隐患排查不及时，隐患整改治理不彻底，台账记录不规范，扣10分。 ④安全设施及器具不齐全，未定期检验或不能正常使用，安全警示标识、危险源辨识牌设置不规范，扣5分。 ⑤安全生产应急预案未编制、未报备，扣5分。 ⑥未按要求开展安全生产宣传、培训和演练，扣5分。 ⑦3年内发生一般及以上生产安全事故，扣15分
三 运行管护 （210分）	17. 雨水情测报	①开展雨水情测报。 ②运用雨水情测报成果指导调度运用	开展雨水情测报和洪水预测预报，测预报合格率符合规范要求，运用测报成果指导调度运用	25	①雨水情测报规范性、实时性不足，扣10分。 ②未开展洪水预报，扣5分；预报精度低，记录不完整，合格率不符合规范要求，扣5分。 ③未运用测报成果指导调度运用，扣5分
	18. 工程巡查	①开展工程巡查。 ②做好巡查记录，发现问题及时处理	按照规定开展日常巡查、年度巡查和特别巡查，巡查路线、频次和内容符合要求，巡查记录规范，发现问题处理及时到位	40	①未开展工程巡查，此项不得分。 ②巡查不规范，巡查路线、频次和内容不符合规定，扣15分。 ③巡查记录不完整、不准确，扣10分。 ④巡查发现问题处理不及时到位，扣15分

（续）

类别	项目	标准化基本要求	水利部评价标准		
			评价内容及要求	标准分	评价指标及赋分
三 运行管护（210分）	19. 安全监测	①开展安全监测。②做好监测记录，开展整编分析	按照规定开展安全监测，监测项目、频次符合要求，记录完整，数据可靠，资料整编分析及时，开展监测设备校验和比测	40	①未开展安全监测，此项不得分。②监测项目、频次、记录等不规范，扣15分。③缺测严重，数据可靠性差，整编分析不及时，扣15分。④监测设施考证资料缺失或不可靠，未定期开展监测设备校准，未定期对自动化监测项目进行人工比测，扣10分
	20. 维修养护	①开展工程维修养护。②做好维修养护记录	按照规定开展工程设施维修养护，制定养护计划，实施过程规范，维修养护到位，工作记录完整；大修项目有设计和审批，按计划完成；项目实施和验收规范，资料齐全	40	①未开展维修养护，此项不得分。②维修养护不及时、不到位，扣15分。③未制定维修养护计划，实施过程不规范，未按计划完成，扣10分。④维修养护工作验收标准不明确，过程管理不规范，扣5分。⑤大修项目无设计、无审批，验收不及时，扣5分。⑥维修养护记录缺失或混乱，扣5分
	21. 调度运用	①制定水库调度规程和方案（计划），调度运行计划落实。②调度操作流程规范，调度记录完整	按照规定编制水库调度规程和调度运用方案（计划），并经主管部门审批；调度运行计划落实，调度规则和要求清晰，防洪调度任务和方式明确；汛限水位控制严格，闸门操作规范，调度记录完整	40	①无水库调度规程或调度运用方案（计划），此项不得分。②调度规程或调度方案未审批，扣10分；调度原则、调度权限不清晰，修订不及时，调度指标和调度方式变动未履行程序，扣5分。③未严格执行调度规程、方案、计划和上级指令，扣10分。④调度记录不完整、不规范，扣5分。⑤汛期违规超汛限水位蓄水，扣10分

左侧竖排标题：水库运行管理　通用法规标准选编

类别	项目	标准化基本要求	水利部评价标准		
			评价内容及要求	标准分	评价指标及赋分
三 运行管护（210分）	22. 工程效益	①发挥工程设计效益。②社会服务、生态环境作用明显	工程防洪、供水、灌溉等功能充分发挥，促进经济社会发展，发挥生态保护、改善环境、观光休闲等作用	25	①设计效益发挥不充分，扣15分。②社会服务、生态环境作用不明显，扣10分
四 管理保障（180分）	23. 管理体制	①管理主体明确，责任落实到人。②岗位设置和人员满足运行管理需要	管理体制顺畅，权责明晰，责任落实；管养机制健全，岗位设置合理，人员满足工程管理需要；管理单位有职工培训计划并按计划落实	35	①管理体制不顺畅，扣10分。②管理机构不健全，岗位设置与职责不清楚，扣10分。③运行管护机制不健全，未实现管养分离，扣10分。④未开展业务培训，人员专业技能不足，扣5分
	24. 标准化工作手册	①编制标准化管理工作手册，满足运行管理需要	按照有关标准及文件要求，编制标准化管理工作手册，细化到管理事项、管理程序和管理岗位，针对性和执行性强	20	①未编制标准化管理工作手册，此项不得分。②标准化管理手册编制质量差，不能满足相关标准及文件要求，扣10分。③标准化管理手册未细化，针对性和可操作性不强，扣5分。④未按标准化管理手册执行，扣5分
	25. 规章制度	①管理制度满足需要，明示关键制度和规程	建立健全并不断完善各项管理制度，内容完整，要求明确，按规定明示关键制度和规程	30	①管理制度不健全，扣10分。②管理制度针对性和操作性不强，落实或执行效果差，扣10分。③闸门操作等关键制度和规程未明示，扣10分
	26. 经费保障	①工程运行管理和维修养护经费满足工程管护需要。②人员工资足额兑现	管理单位运行管理经费和工程维修养护经费及时足额保障，满足工程管护需要，来源渠道稳定，财务管理规范；人员工资按时足额兑现，福利待遇不低于当地平均水平，按规定落实职工养老、医疗等社会保险	45	①运行管理、维修养护等费用不能及时足额到位，扣20分。②运行管理、维修养护等经费使用不规范，扣10分。③人员工资不能按时发放，福利待遇低于当地平均水平，扣10分。④未按规定落实职工养老、医疗等社会保险，扣5分

（续）

类别	项目	标准化基本要求	水利部评价标准		
			评价内容及要求	标准分	评价指标及赋分
四 管理保障（180分）	27. 精神文明	①基层党建工作扎实，领导班子团结。②单位秩序良好，职工爱岗敬业	重视党建工作，注重精神文明和水文化建设，管理单位内部秩序良好，领导班子团结，职工爱岗敬业，文体活动丰富	20	①领导班子成员受到党纪政纪处分，且在影响期内，此项不得分。②上级主管部门对单位领导班子的年度考核结果不合格，扣10分。③单位秩序一般，精神文明和水文化建设不健全，扣10分
	28. 档案管理	①档案有集中存放场所，档案管理人员落实，档案设施完好。②档案资料规范齐全，存放管理有序	档案管理制度健全，配备档案管理人员；档案设施完好，各类档案分类清楚，存放有序，管理规范；档案管理信息化程度高	30	①档案管理制度不健全，管理不规范，设施不足，扣10分。②档案管理人员不明确，扣5分。③档案内容不完整、资料缺失，扣10分。④工程档案信息化程度低，扣5分
五 信息化建设（100分）	29. 信息化平台建设	①应用工程信息化平台。②实现工程信息动态管理	建立工程管理信息化平台，实现工程在线监管和自动化控制；工程信息及时动态更新，与水利部相关平台实现信息融合共享、上下贯通	40	①未应用工程信息化平台，此项不得分。②未建立工程管理信息化平台，扣10分。③未实现在线监管或自动化控制，扣10分。④工程信息不全面、不准确，或未及时更新，扣10分。⑤工程信息未与水利部相关平台信息融合共享，扣10分
	30. 自动化监测预警	①监测监控基本信息录入平台。②监测监控出现异常时及时采取措施	雨水情、安全监测、视频监控等关键信息接入信息化平台，实现动态管理；监测监控数据异常时，能够自动识别险情，及时预报预警	30	①雨水情、安全监测、视频监控等关键信息未接入信息化平台，扣10分。②数据异常时，无法自动识别险情，扣10分。③出现险情时，无法及时预警预报，扣10分
	31. 网络安全管理	①制定并落实网络平台管理制度	网络平台安全管理制度体系健全；网络安全防护措施完善	30	①网络平台安全管理制度体系不健全，扣10分。②网络安全防护措施存在漏洞，扣20分

说明：1. 本标准中"标准化基本要求"为省级制定标准化评价标准的基本要求，"水利部评价标准"为申报水利部标准化评价的标准。

2. 部级标准化评价，根据标准化评价内容及要求采用千分制考核，总分达到920分（含）以上，且工程状况、安全管理、运行管护、管理保障四个类别评价得分均不低于该类别总分85%的为合格。评价中若出现合理缺项，合理缺项评价得分计算方法为"合理缺项得分＝[项目所在类别评价得分/（项目所在类别标准分－合理缺项标准分）]×合理缺项标准分"。

3. 表中扣分值为评分要点的最高扣分值，评分时可依据具体情况在该分值范围内酌情扣分。

（十一）综 合 工 作

关于水利工程用地确权有关问题的通知

(1992 年 2 月 24 日　国家土地管理局、水利部　〔1992〕国土〔籍〕字第 11 号)

各省、自治区、直辖市及计划单列市土地（国土）管理局（厅）、水利（水电）厅（局）、各流域机构：

　　为依法确认水利工程用地的所有权、使用权，保障水利工程的正常运行和河道的行洪安全，根据《中华人民共和国土地管理法》《中华人民共和国水法》和《中华人民共和国河道管理条例》对水利工程用地及其管理和保护范围内土地的划界、登记发证有关问题做如下通知：

　　一、水利工程管理范围内的土地（包括水利工程用地、护渠地、护堤地），符合国家土地管理局《关于确定土地权属问题的若干意见》（〔1989〕国土〔籍〕字第 73 号）第八条规定范围的，属于国家所有，不再补办用地手续。水利工程用地、护渠地和护堤地应依法确定土地所有权和使用权。护渠地、护堤地和水库库区内滩地已有使用单位的，按照国家土地管理局《关于确定土地权属的若干意见》和《河道管理条例》的有关规定办理。

　　二、国家兴建水库和整治河道新增可利用的土地属于国家所有。新增可利用的国有土地，由县级以上人民政府在用于移民安置和河道管理以及河道整治之后，所余土地由县级以上人民政府统一组织开发利用，水利部门需要使用的，可优先考虑。

　　三、土地管理部门在确定水利工程保护范围内的土地权属时，应根据水利管理有关法规规定土地用途和其他限制条件。

　　四、凡土地权属界限明确，与原批准范围相符，但界限内实际面积与原征用或划拨文件批准的面积不一致的，按照原征用或划拨文件批准的所有权和使用权，面积误差在登记发证时予以更正，超出或不足部分不再另办手续。

　　五、凡在同一县（市、区）境内的各河道工程、干渠、支渠、专用防汛公路、水库及其他独立的水利工程用地，均可分别作为一宗地由土地所在地县级土地管理部门登记。

　　六、位于城乡居民点及独立工矿区以外的水利工程用地的图件比例尺按土地利用现状调查的规定要求执行。局部需要放大图件比例尺的，经土地和水利部门共同商定后，可由水利部门提供符合登记要求的图件。

　　位于城乡居民点及独立工矿区内的水利工程用地，由土地管理部门统一组织地籍勘丈，水利部门可以承担全部或部分地籍勘丈任务。

七、水利用地登记发证，按照国家土地管理局等四部局〔1990〕国土〔籍〕字第 93 号文《关于土地登记收费及管理办法》中规定的项目及标准进行收费。

希望土地管理部门与水行政主管部门密切配合，做好水利工程用地的确权和登记发证工作。

关于印发《水利工程管理单位定岗标准（试点）》和《水利工程维修养护定额标准（试点）》的通知

（2004 年 7 月 29 日　水利部、财政部　水办〔2004〕307 号）

根据国务院办公厅转发的《水利工程管理体制改革实施意见》（国办发〔2002〕45 号，以下简称《实施意见》）精神，水利部、财政部共同制定了《水利工程管理单位定岗标准（试点）》（以下简称《定岗标准》）和《水利工程维修养护定额标准（试点）》（以下简称《定额标准》），并决定在各流域机构选择部分水利工程管理单位（以下简称水管单位）进行试点。现将《定岗标准》和《定额标准》印发你们，并就有关事项通知如下，请认真贯彻执行。

一、《定岗标准》和《定额标准》是《实施意见》的重要配套文件，是水管单位合理定岗定员的重要依据，也是财政部门核定各项补助经费的参考依据之一。试点单位要做好宣传，抓好培训，认真做好贯彻落实工作。

二、《定岗标准》和《定额标准》适用于水利部、财政部确定的中央直属水利工程管理体制改革试点单位，各地自行试点的水管单位参照执行。其他水管单位可参照《定岗标准》进行定岗定员。

水利部《关于发布全国水利工程管理体制改革试点联系市（县）和单位的通知》（办建管〔2003〕81 号）公布的全国水管体制改革试点联系市（县）和单位可纳入各地的试点范围。

各流域机构的试点单位和试点方案由水利部、财政部确定。

三、《定岗标准》和《定额标准》所称水管单位，是指直接从事水利工程管理、具有独立法人资格、实行独立核算的工程管理单位。

试点单位要在认真测算的基础上做好水管单位的分类定性工作。对于纯公益性水管单位和经营性水管单位，因其承担的任务不同，应分别将其定性为事业单位和企业。对于准公益性水管单位，应视其经营收益状况而定，不具备自收自支条件的，定性为事业单位；具备自收自支条件的，定性为企业。

四、根据分类定性和管养分离的要求，《定岗标准》只对管养分离后纯公益性单位和准公益性单位中公益性部分的管理、运行、观测等岗位进行定岗定员；对承担水利工程维修养护以及供水、发电等经营性任务岗位的定岗定员，不适用本《定岗标准》，其所需岗位和人员应本着精简高效的原则确定。

五、《定岗标准》的岗位设置和岗位定员按照"因事设岗、以岗定责、以工作量定员"的原则确定。每类工程的岗位数量是该类工程管理单位中承担公益性管理任务可设置岗位数的上限。

"因事设岗"，是指一个水管单位在承担的纯公益性管理任务中具有某个岗位的职责时，才能设置相应岗位；否则不应设置。

"以工作量定员"，是指在劳动定额分析的基础上，按年工作量的多少合理确定岗位人员。坚持"一人多岗"。杜绝"以岗定员"和"按事定员"。

六、《定岗标准》以管理单一工程的基层水管单位（独立法人）为对象进行定岗定员。对一个管理单位同时管理多个水利工程的、实行集约化管理的，适用《定岗标准》进行定岗定员时，应遵循以下具体原则：

水管单位的单位负责、行政管理、技术管理、财务与资产管理、水政监察以及辅助类岗位应统一设置，合理归并。

同时管理多个大中型水库、水闸、灌区、泵站及1～4级河道堤防工程的管理单位，其单位负责、行政管理、技术管理、财务与资产管理及水政监察等5类岗位的定员总数，以单个工程上述5类岗位定员总数最大值为基数，乘以1.0～1.3的调整系数；运行、观测类岗位定员按各工程分别定员后累加，鼓励一人多岗，能够归并的应予以归并。

同时管理多个小型水库工程的管理单位，其单位负责、行政管理、技术管理、财务与资产管理及水政监察等5类岗位的定员总数，以单个工程上述5类岗位定员总数最大值为基数，乘以1.0～3.0的调整系数；运行管理类岗位定员按各工程分别定员后累加。

为优化人员结构，精简管理机构，推进集约化管理，提倡一个管理单位同时管理多个水利工程。对于中小型水利工程，可逐步实现区域化管理，组建区域化的维修养护企业。严格限制新增管理单位。坚决杜绝趁改革之机膨胀管理单位数量。

七、地处偏僻的水管单位，因其交通不便、信息闭塞，生产、生活条件艰苦，社会化服务滞后，可在现阶段设置少量的工程保卫、车船驾驶、办公及生活区管理、后勤服务等辅助类岗位。要严格控制、精简辅助类岗位和人员，大力提倡和积极推进辅助职能的社会化服务。

八、《定岗标准》中未涉及的由水管单位负责管理的其他各类公益性工程或设施（如船闸等），其运行、观测类定岗定员可参照有关规定执行，但单位负责、行政管理、技术管理、财务与资产管理、水政监察等类岗位及定员不得另行增加。

九、《定额标准》是水利工程管理单位实行"管养分离"后年度日常的水利工程维修养护经费预算编制和核定的依据。洪水和其他重大险情造成的工程修复、应急度汛、防汛备石及工程抢险费用、水利工程更新改造费用及其他专项费用另行申报和核定。

十、《定额标准》为公益性水利工程维修养护经费定额标准。对准公益性水利工程，要按照工程的功能或资产比例划分公益部分，具体划分方法是：

同时具有防洪、发电、供水等功能的准公益性水库工程，参照《水利工程管理单位财务制度（暂行）》[（94）财农字第397号文]，采用库容比例法划分：公益部分维修养护经费分摊比例＝防洪库容/（兴利库容＋防洪库容）。

同时具有排涝、灌溉等功能的准公益性水闸、泵站工程，按照《水利工程管理单位财务制度（暂行）》的规定，采用工作量比例法划分：公益部分维修养护经费分摊比例＝排水工时/（提水工时＋排水工时）。

灌区工程由各地根据其功能、水费到位情况、工程管理状况等因素合理确定公益部分维修养护经费分摊比例。

十一、适用《定额标准》的，要对水利工程按照堤防工程、控导工程、水闸工程、泵站工程、水库工程和灌区工程等进行分类，按照《定额标准》的规定划分工程维修养护等级。根据工程维修养护等级和相关的工程维修养护规程及考核标准，按照《定额标准》的规定，合理确定维修养护项目及其工程（工作）量。

十二、对于《定额标准》中调整系数的使用，要根据水利工程实际形态和实际的影响因素，按照《定额标准》的规定，合理确定水利工程维修养护的调整系数，分别计算出调整系数的调整增减值，最终计算出水利工程维修养护项目工程（工作）量。

十三、各试点主管单位要根据所辖水利工程特点和管理要求，相应制定水利工程维修养护规定和考核办法，作为对水管单位工作考核的依据。试点单位要在"管养分离"的基础上，由管理单位与维修养护单位签订维修养护合同，合同的主要内容应包括：项目名称、项目内容、工程（工作）量、合同金额、质量要求、考核监督、结算方式及违约责任等。

十四、根据《实施意见》规定，对于只承担防洪、排涝任务的河道堤防、水闸、泵站等纯公益性工程，适用《定岗标准》确定的岗位人员的基本支出，可纳入各级财政负担；对于既承担防洪、排涝任务，又兼有供水、发电等有经营性的水库、水闸、泵站、灌区等准公益性工程，适用《定岗标准》确定的岗位人员等项支出，根据工程的功能和公益性、经营性资产比例，合理确定财政负担水平。

要将事业性质的准公益性水管单位的经营性资产净收益和其他投资收益纳入单位的经费预算，按照收支两条线原则，统一核算水管单位的经费支出。

十五、《定岗标准》和《定额标准》的试点工作由水利部、财政部共同组织实施。各地要建立以水行政和财政主管部门牵头、其他相关部门参加的组织领导机构，精心策划，认真组织，加强指导，稳步推进。

十六、各试点单位要积极推进"管养分离"，明确岗位职责，合理确定水管单位的岗位和人员数量。各级水行政主管部门和财政部门要严格把关，认真审查。各地各单位要及时总结和推广试点工作中的好经验、好做法，并将试点工作进展情况、《定岗标准》和《定额标准》执行过程中遇到的问题和建议及时反馈水利部、财政部。

关于加强水利专业技术人员继续教育工作的实施意见

（2008 年 4 月 14 日　水利部　水人教〔2008〕70 号）

部机关各司局，部直属各单位，各省、自治区、直辖市水利（水务）厅（局），各计划单列市水利（水务）局，新疆生产建设兵团水利局：

为贯彻落实《中共中央国务院关于进一步加强人才工作的决定》和《干部教育培训工作条例（试行）》，全面加强专业技术人才队伍建设，按照《国家中长期科学和技术发展规划纲要（2006—2020 年）》（以下简称《规划纲要》）和人事部、教育部、科技部、财政部《关于加强专业技术人员继续教育工作的意见》的要求，结合水利行业实际，现就加强水利专业技术人员继续教育工作提出以下实施意见。

一、加强水利专业技术人员继续教育工作的指导思想和目标任务

1. 指导思想。以邓小平理论和"三个代表"重要思想为指导，坚持科学发展观，深入贯彻科教兴国、人才强国战略，落实党中央关于大规模培训干部、大幅度提高干部素质的要求，大力实施水利人才战略，紧紧围绕《"十一五"水利人才规划纲要》，以能力建设为核心，以高层次创新型专业技术人才为重点，有计划、分领域、分类别、分层次、多渠道、多形式、全方位开展大规模的继续教育活动，完善继续教育制度，提高继续教育质量，增强继续教育的针对性、实效性，不断提高水利专业技术人才队伍的整体素质和创新能力。

2. 目标任务。逐步形成以需求为导向，单位负责与个人履行义务相结合，各方面积极性充分发挥的继续教育运行机制；不断完善并落实继续教育的配套政策与规章制度；实行科学化、制度化管理；不断加大工作力度和经费投入，加强培训机构、师资和教材等继续教育基础建设；逐步实现水利专业技术人员继续教育率达 100％，基本达到每个专业技术人员每年脱产或集中参加继续教育的时间累计不少于 12 天或 72 学时，使专业技术人员得到与科技进步、岗位要求和个人发展相适应的培养与训练，知识结构及时更新，创新能力全面提高，为促进水利事业又好又快发展提供智力支持和人才保障。

二、以培养高层次创新型水利专业技术人才为重点，开展大规模的继续教育活动

3. 大力开展高层次创新型人才的继续教育。以高层次专业技术人员为重

点，有针对性地开展专项继续教育，着力培养一批创新型专业技术人才。围绕农村饮水安全、病险水库除险加固、灌区续建配套与节水改造、农村水电开发、城乡水环境整治等水利重点工作、重大工程项目和重点科研任务，推出一批创新攻关与培养训练相结合的项目，实现项目、资金与人才培训紧密结合。水利部将以水利青年科技英才和水利部"5151人才工程"人选为重点，加强高层次水利专业技术人才培训，着力培养创新能力和科学精神，在提高科研成果水平和效益的同时，努力造就一批跻身国际前沿的水利学术技术带头人和水利科学家，并通过他们的影响、辐射和带动作用，形成优秀的创新团队。各级水利部门和单位要以提高自主创新能力为重点，结合水利技术改造、科技创新及新技术、新设备、新材料的引进与推广应用等，积极开展高层次专业技术人员继续教育活动。

4. 加快推进中高级水利专业技术人员的继续教育。以中高级专业技术人员为重点加快实施水利专业技术人才知识更新工程。水利专业技术人才知识更新工程是"十一五"水利干部教育培训工作的重点龙头工程之一，涉及水利规划设计、水资源管理、建设管理、水土保持、农村水利、防汛抗旱、水能资源及农村水电、水文和水利信息化、水利移民等9个领域，与水利重点工作密切相关。水利部每年会同人事部举办1～2期示范性高级研修班，带动水利行业专业技术人员知识更新培训。水利部机关业务司局、直属单位每年围绕水利重点工作和重大项目、技术课题，面向水利系统专业技术人员举办20～30期专题研修班。各级水利部门和单位要从落实"十一五"规划，推进水利事业发展的高度，按照知识更新工程的总体部署，加强统筹协调，完善政策措施，狠抓项目落实，加快实施进度，确保完成培训10万名中高级专业技术人才的任务。

5. 着力普及初级水利专业技术人员的继续教育。初级水利专业技术人员是水利专业技术人员的重要组成部分，要通过大规模的继续教育活动，普及初级水利专业技术人员的继续教育，为全面落实继续教育工作任务奠定基础。初级专业技术人员继续教育要以传授知识、提升技能为重点，加强水利新知识、新理论和新技术培训，使其夯实专业基础，完善知识结构，拓宽知识面。水利部将坚持每年围绕水利重点工作，制定并落实面向水利行业举办的培训班计划，及时开展水利工作方针政策、技术新规范和新标准等培训。各级水利部门和单位要为初级专业技术人员尤其是青年专业技术人员参加继续教育创造条件、提供机会，鼓励他们树立终身学习理念，不断提升专业能力和水平。

6. 统筹兼顾其他各类专业技术人员的继续教育。在加强水利工程类专业技术人员继续教育的同时，要高度重视、统筹兼顾水利系统现有的经济、会计、政工、卫生、安全、新闻、出版、档案、翻译等类别专业技术人员的继续教育工作。国家相关业务主管部门有继续教育规定的，按照其规定执行；没有继续教育规定的，水利系统内相应专业的业务牵头部门应积极承担该类专业技术人员继续教育的组织指导工作，结合本专业特点，分层次开展专业技术人员继续教育活动，实现全员培训，切实提高本业务领域内专业技术人员整体素质和专业水平。

三、完善机制，改进内容，创新方法，全面加强继续教育基础建设

7. 建立完善有关管理制度。完善继续教育培训登记制度，对水利行业的专业技术人员全面实施继续教育培训登记制度，通过培训证书和学习档案，连续记载专业技术人员接受继续教育的基本情况。水利部直属单位的专业技术人员统一使用《水利行业培训证书》进行培训登记。实行继续教育评估制度，对各级水利部门和单位的继续教育总体工作、责任目标、活动内容、个人学习效果等实施综合评估；对继续教育培训班实施培训质量评估，考核培训课程和培训组织实施的质量和效果。实施继续教育统计制度，把继续教育纳入人才工作统计体系之中，对继续教育人数、时间、内容、经费等进行统计。建立完善继续教育激励约束机制，将专业技术职务评聘与继续教育相结合，把专业技术人员参加继续教育的情况作为聘任专业技术职务或申报评定专业技术资格的重要条件。

8. 科学设置培训内容。专业技术人员继续教育的内容要注意挖掘深度、拓宽广度，以专业科目培训为主导，公需科目培训为补充。专业科目培训要立足水利科技发展前沿，体现专业发展趋势，注重理论和实践相结合。水利部将确定部分水利专业培训科目，并印发培训大纲。各地水利部门要结合本地区水利工作特点拟定有针对性的专业培训科目。公需科目培训要立足拓展知识、开阔眼界、启发创新思维。公需科目培训按照人事部统一安排组织实施，各地水利部门可与当地人事部门联合开展一些具有特色的公需科目培训。公需科目的学习时间一般不超过国家规定继续教育总学时的三分之一。

9. 创新继续教育方式方法。开展继续教育要因地制宜、按需施教，根据不同层次专业技术人员的特点，精心设计培训方案，综合运用集中培训、研讨交流、技术考察、自学研究、特殊培养等多种培训形式开展继续教育，重在学以致用，取得实效。水利部将大力推广远程网络培训，充分运用中国水利教育培训网，开发适应专业技术人员继续教育特点的水利类网络培训课件，不断提高水利专业技术人员继续教育的信息化和现代化水平。各级水利部门和单位要积极探索适应专业技术人员学习特点的继续教育方式方法，推广研究式、体验式、导师制等培训方式，为专业技术人员提供量身合体的继续教育服务，对重要、特殊和关键岗位上的人才可以采取个性化方式进行培养。

10. 加强继续教育基础建设。按照兼职为主、专兼结合的原则，加快建设

一支业务精通、经验丰富的继续教育师资队伍。按照教育者先受教育的原则，水利系统各类培训机构的专职教师每年应参加不少于1个月的更新知识培训。积极依托高等院校、科研院所和高新技术企业，聘任政治素质高、专业功底扎实、实践经验丰富的人员作为兼职教师。建立继续教育师资库，实现师资资源共享。组织编写一批高质量的水利类继续教育教材和课程大纲。充分发挥水利行业定点培训机构、水利院校、科研院所的继续教育主阵地作用。鼓励企事业单位、学术团体、专业协会、高等院校、科研机构和培训机构以提高继续教育质量和效益果为目的，实行多种形式的联合办学或委托办学，建立生产、科研和教学相结合的协作关系。

四、加强领导，营造氛围，加大投入，保障专业技术人员继续教育任务的落实

11. 提高认识，加强组织领导。各级水利部门要高度重视专业技术人员的继续教育工作，要把继续教育纳入人才工作的总体布局进行统筹考虑，加强组织领导，按照任务明确、人员到位、经费落实的要求，进一步健全继续教育工作机构，充实工作力量。企事业单位要根据继续教育任务需求配备相应工作人员，具体负责计划制定、组织实施和日常管理等工作，保证继续教育任务的顺利完成。各级水利社团和中介组织要充分发挥作用，广泛联络和动员会员单位，开展形式多样的专业技术人员继续教育活动。

12. 营造推动继续教育工作的良好氛围。加强舆论宣传，通过多种媒体，加大对专业技术人员继续教育工作重大意义、典型经验、有关政策和重点工作的宣传力度，帮助各级部门、单位和专业技术人员进一步提高对继续教育重要性的认识，积极营造推动继续教育工作的良好舆论氛围。充分发挥中国水利网、中国水利教育培训网、《中国水利教育与人才》杂志等行业媒体的舆论宣传作用，并结合水利专业技术人员继续教育工作实际，积极探索建立新的信息交流、沟通平台，为促进水利专业技术人员继续教育创造良好的舆论氛围。

13. 不断加大继续教育投入。建立健全水利部门、单位和个人共同参与的多层次、多渠道投入机制，进一步加大对继续教育的投入。各级水利部门要在财政预算中安排足额的继续教育工作经费，水利企业要按照国家有关企业技术开发费税前扣除管理规定，落实企业专业技术人员继续教育经费，一般企业按照职工工资总额的1.5%提取职工教育经费，从业人员技术素质要求高、培训任务重、经济效益较好的企业可按2.5%提取。事业单位可参照企业相关规定，不断加大对专业技术人员继续教育的经费投入。重大水利工程建设项目、技术改造项目等要按一定比例安排教育培训经费，用于专业技术人员培训，促进项目建设与人才培养同步发展。

小型水库安全管理办法

（2010 年 6 月 3 日　水利部　水安监〔2010〕200 号）

第一章　总　　则

第一条　为加强小型水库安全管理，确保工程安全运行，保障人民生命财产安全，依据《中华人民共和国水法》《中华人民共和国防洪法》《中华人民共和国安全生产法》和《水库大坝安全管理条例》等法律、法规，制定本办法。

第二条　本办法适用于总库容 10 万立方米以上、1000 万立方米以下（不含）的小型水库安全管理。

第三条　小型水库安全管理实行地方人民政府行政首长负责制。

第四条　小型水库安全管理责任主体为相应的地方人民政府、水行政主管部门、水库主管部门（或业主）以及水库管理单位。

农村集体经济组织所属小型水库安全的主管部门职责由所在地乡、镇人民政府承担。

第五条　县级水行政主管部门会同有关主管部门对辖区内小型水库安全实施监督，上级水行政主管部门应加强对小型水库安全监督工作的指导。

第六条　小型水库防汛安全管理按照防汛管理有关规定执行，并服从防汛指挥机构的指挥调度。

第七条　小型水库安全管理工作贯彻"安全第一、预防为主、综合治理"的方针，任何单位和个人都有依法保护小型水库安全的义务。

第二章　管　理　责　任

第八条　地方人民政府负责落实本行政区域内小型水库安全行政管理责任人，并明确其职责，协调有关部门做好小型水库安全管理工作，落实管理经费，划定工程管理范围与保护范围，组织重大安全事故应急处置。

第九条　县级以上水行政主管部门负责建立小型水库安全监督管理规章制度，组织实施安全监督检查，负责注册登记资料汇总工作，对管理（管护）人员进行技术指导与安全培训。

第十条　水库主管部门（或业主）负责所属小型水库安全管理，明确水库管理单位或管护人员，制定并落实水库安全管理各项制度，筹措水库管理经费，对所属水库大坝进行注册登记，申请划定工程管理范围与保护范围，督促水库管理单位或管护人员履行职责。

第十一条 水库管理单位或管护人员按照水库管理制度要求，实施水库调度运用，开展水库日常安全管理与工程维护，进行大坝安全巡视检查，报告大坝安全情况。

第十二条 小型水库租赁、承包或从事其他经营活动不得影响水库安全管理工作。租赁、承包后的小型水库安全管理责任仍由原水库主管部门（或业主）承担，水库承租人应协助做好水库安全管理有关工作。

第三章 工 程 设 施

第十三条 小型水库工程建筑物应满足安全运用要求，不满足要求的应依据有关管理办法和技术标准进行改造、加固，或采取限制运用的措施。

第十四条 挡水建筑物顶高程应满足防洪安全及调度运用要求，大坝结构、渗流及抗震安全符合有关规范规定，近坝库岸稳定。

第十五条 泄洪建筑物要满足防洪安全运用要求。对调蓄能力差的小型水库，应设置具有足够泄洪能力的溢洪道或其他泄洪设施，下游泄洪通道应保持畅通。泄洪建筑物的结构及抗震安全应符合有关规范规定，控制设施应满足安全运用要求。

第十六条 放水建筑物的结构及抗震安全应符合有关规范规定。对下游有重要影响的小型水库，放水建筑物应满足紧急情况下降低水库水位的要求。

第十七条 小型水库应有到达枢纽主要建筑物的必要交通条件，配备必要的管理用房。防汛道路应到达坝肩或坝下，道路标准应满足防汛抢险要求。

第十八条 小型水库应配备必要的通信设施，满足汛期报汛或紧急情况下报警的要求。对重要小型水库应具备两种以上的有效通信手段，其他小型水库应具备一种以上的有效通信手段。

第四章 管 理 措 施

第十九条 对重要小型水库，水库主管部门（或业主）应明确水库管理单位；其他小型水库应有专人管理，明确管护人员。小型水库管理（管护）人员应参加水行政主管部门组织的岗位技术培训。

第二十条 小型水库应建立调度运用、巡视检查、维修养护、防汛抢险、闸门操作、技术档案等管理制度并严格执行。

第二十一条 水库主管部门（或业主）应根据水库情况编制调度运用方案，按有关规定报批并严格执行。

第二十二条 水库管理单位或管护人员应按照有关规定开展日常巡视检

查，重点检查水库水位、渗流和主要建筑物工况等，做好工程安全检查记录、分析、报告和存档等工作。重要小型水库应设置必要的安全监测设施。

第二十三条　水库主管部门（或业主）应按规定组织所属小型水库工程开展维修养护，对枢纽建筑物、启闭设备及备用电源等加强检查维护，对影响大坝安全的白蚁危害等安全隐患及时进行处理。

第二十四条　水库主管部门（或业主）应按规定组织所属小型水库进行大坝安全鉴定。对存在病险的水库应采取有效措施，限期消除安全隐患，确保水库大坝安全。水行政主管部门应根据水库病险情况决定限制水位运行或空库运行。对符合降等或报废条件的小型水库按规定实施降等或报废。

第二十五条　重要小型水库应建立工程基本情况、建设与改造、运行与维护、检查与观测、安全鉴定、管理制度等技术档案，对存在问题或缺失的资料应查清补齐。其他小型水库应加强技术资料积累与管理。

第五章　应　急　管　理

第二十六条　水库主管部门（或业主）应组织所属小型水库编制大坝安全管理应急预案，报县级以上水行政主管部门备案；大坝安全管理应急预案应与防汛抢险应急预案协调一致。

第二十七条　水库管理单位或管护人员发现大坝险情时应立即报告水库主管部门（或业主）、地方人民政府，并加强观测，及时发出警报。

第二十八条　水库主管部门（或业主）应结合防汛抢险需要，成立应急抢险与救援队伍，储备必要的防汛抢险与应急救援物料器材。

第二十九条　地方人民政府、水行政主管部门、水库主管部门（或业主）应加强对应急预案的宣传，按照应急预案中确定的撤离信号、路线、方式及避难场所，适时组织群众进行撤离演练。

第六章　监　督　检　查

第三十条　县级以上水行政主管部门应会同有关主管部门对小型水库安全责任制、机构人员、工程设施、管理制度、应急预案等落实情况进行监督检查，掌握辖区内小型水库安全总体状况，对存在问题提出整改要求，对重大安全隐患实行挂牌督办，督促水库主管部门（或业主）改进小型水库安全管理。

第三十一条　水库主管部门（或业主）应对存在的安全隐患明确治理责任，落实治理经费，按要求进行整改，限期消除安全隐患。

第三十二条　县级以上水行政主管部门每年应汇总小型水库安全监督检查和隐患整改资料信息，报上级水行政主管部门备案。县级以上水行政主管部门应督促并指导水库主管部门（或业主）加强工程管理范围与保护范围内有关活动的安全管理。

第七章 附　则

第三十三条　本办法自公布之日起施行。

水利部关于进一步明确和落实小型水库管理主要职责及运行管理人员基本要求的通知

(2013 年 7 月 19 日　水利部　水建管〔2013〕311 号)

各省、自治区、直辖市水利（水务）厅（局），各计划单列市水利（水务）局，新疆生产建设兵团水利局：

为切实加强小型水库安全管理，确保水库安全运行和效益充分发挥，根据《水库大坝安全管理条例》等法律法规，现就进一步明确和落实小型水库管理主要职责和运行管理人员基本要求提出如下意见。

一、落实小型水库大坝管理责任

地方各级人民政府对本行政区域内小型水库安全负总责，组织协调有关部门做好水库安全管理工作，落实工程管护经费，划定工程管理范围和保护范围，组织重大突发事件和安全事故的应急处置。全面建立和落实水库大坝安全责任制，逐库落实政府责任人、水库主管部门责任人（或产权所有者）和水库管理单位责任人（或管护人员），逐级签订责任书，明确各类责任人的具体责任。

各级水行政主管部门负责本行政区域内所有小型水库（包括非水利系统管理的水库）安全管理的监督、指导，督促水库主管部门（或产权所有者）切实履行主管部门的职责。水行政主管部门要把小型水库安全监督管理工作纳入年度目标考核内容，树立水库安全管理汛期与非汛期并重意识，建立分工明确、职责清晰、奖惩分明、常抓不懈、齐抓共管的长效工作机制；建立辖区内所有小型水库安全责任人名册，利用公共媒体予以公告，接受社会监督；建立小型水库安全年度检查制度，设立小型水库安全状况台账，全面掌握辖区内所有小型水库的安全状况；组织实施水库运行管理督查、专项检查、电话抽查等多种方式的水库安全监督检查，对于发现的问题要及时提出整改意见和建议，督促有关单位限期整改到位；加强水库安全管理宣传、教育和培训，增强水库管理人员的安全责任意识和管理水平，逐步推行水库管护人员持证上岗制度。

水库主管部门（或产权所有者）承担所属小型水库安全管理职责，水利、建设、农业、交通、国资、林业等部门是其所管辖水库的主管部门，乡镇人民政府是乡镇、农村集体经济组织管理水库的主管部门。水库主管部门（或产权所有者）应明确水库管理单位或管护人员，组织制定并落实水库安全管理各项制度，筹措水库管理经费，对所属水库大坝进行注册登记，申请划定工程管理范围与保护范围，督促水库管理单位（或管护人员）履行职责。

水库管理单位（或管护人员）按照水库管理制度要求，实施水库调度运用，开展水库日常安全管理与工程维护，进行大坝安全巡视检查，报告大坝安全情况。水库管理单位（或管护人员）要重视小型水库管理设施的建设与维护，配备满足水库正常运行必要的工程管理设施，包括满足预报预警需要的通信设施以及大坝安全监测的水位、雨量、渗漏量等指标的大坝监测设施，重要小型水库还应设置大坝变形观测和渗压观测设施。有条件的地方要建立水库安全状况信息监测系统，实时监控辖区内所有小型水库的运行状况。

二、探索建立小型水库新型管护模式

按照《关于深化小型水利工程管理体制改革的指导意见》（水建管〔2013〕169号）的要求，针对水库工程的特点，因地制宜探索建立专业化集中管理及社会化管理等多种管护模式。水库主管部门（或产权所有者）要积极推行小型水库专业化集中管理模式，可以按区域或水系组建专门的管理单位对多个小型水库实行集中管理，可以通过划归或委托代管等方式，由国有大中型水库管理单位、专业管理单位实行专业化管理。

坝高15米以上或库容100万立方米以上的小型水库，原则上应由当地政府作为管护主体，落实管护责任；对于安全风险较大、工程所有权难以清晰界定、所有者无力承担管理责任的小型水库，可以将所有权和使用权、管理权分离，由政府直接指定工程管理单位或管护人员进行管理；重点小型水库必须有水库管理单位负责工程的运行管理；其他小型水库，必须聘请专职的管护人员进行管理。

三、明确水库运行管理主要职责

（一）闸门启闭作业

运行管理人员（或管护人员）应严格按照有关规程及调度指令操作闸门启闭设备。调度指令必须由水库管理单位负责人发出，无管理单位的由水库主管部门负责人发出，未经批准，不得擅自启闭。

闸门启闭前，应先检查相关设备有无异常，确认正常后，再执行启闭操作程序，并做好设备运行的记录工作。闸门启闭运行过程中，若发现异常情况，应立即停机检查，并向调度人和主管部门报告。

（二）大坝安全监测

运行管理人员（或管护人员）应按照现行技术规范要求，做好水库大坝的仪器检测和巡视检查。水库初期蓄水时，应根据需要增加监测和巡视检查内容，加密监测和巡视检查频次，加强监测和巡视检查值守等；水库大坝遇地震、非常洪水等异常情况时，应加强应急监测，增加监测和巡视检查频次，对发现的问题和隐患要认真分析，及早采取措施进行处理。发现重大险情应及时报告上级主管部门。

加强水库的巡视检查，重点对溢洪道、大坝上下游坡面及下游坡脚、启闭设施以及坝体与溢洪道、涵管等建筑物结合部等关键部位进行现场检查，并按现行技术规范要求做好巡视检查记录。南方地区土石坝还应加强白蚁活动检查等。

仪器检测和巡视检查的各种原始记录、图表、影像以及资料整编、分析成果等均应建档保存，并按分级管理制度报送有关部门备案。监测数据出现异常时，应及时复测、校正，并进行深入分析，查明异常原因，判断工程有无安全隐患或险情，如确有安全隐患或险情，应提出相应处理建议，及时报告上级主管部门。

（三）维修养护

水库管理单位（或管护人员）应按照已批准的年度维修养护计划进行工程维修养护，保持坝体表面完整、溢洪道完好、放水设施畅通，备用电源可靠，保证闸门及启闭设备运行正常。

影响安全度汛的工程维修应在汛前完成，汛前不能完成的，应采取临时安全度汛措施，并报告上级主管部门。工程维修养护完成后，应及时做好技术资料的整理、归档。

（四）其他

水库管理单位（或管护人员）应当在汛前按照有关规定做好防汛物资储备工作；水库汛期水位超过汛限水位时，应及时报告上级主管部门做好预警工作；水库大坝出现险情时，应会同有关单位开展应急救灾、群众转移以及水毁修复等工作。

水库管理单位（或管护人员）应根据现行技术规范要求，结合已批准的白蚁防治方案，按照"先治后防、防治兼施"的原则，开展水库大坝白蚁防治工作。

水库管理单位（或管护人员）应配合有关单位做好大坝注册登记、安全鉴定、管理人员培训、年度安全检查、除险加固等工作。

四、运行管理人员基本要求

小型水库运行管理人员（或管护人员）应严格按照《水利工程管理单位定岗标准（试点）》，视水库规模、功能、任务等实际情况配备，小（1）型水库管护人员原则上应不少于3人，小（2）型水库原则上应不少于2人。管护人员应熟练掌握输放水设施操作及维护技能，了解水工建筑物的养护修理规程和有关质量标准，具有发现、处理运行中的常见故障的能力以及水工建筑物养护修理能力。

运行管理人员（或管护人员）须经专门业务培训合格后方可上岗，可逐步实行小型水库管理人员持证上岗制度。小型水库主管部门和管理单位应注重大坝安全管理工作，强化对各岗位人员的监督管理，定期检查各项规章制度建立落实情况，并加强业务指导。

运行管理人员（或管护人员）要认真履行工作职责，对不履行管理职责或履行管理职责不到位的管理人员，按照有关规定进行处理，造成严重后果的，应依法追究相关行政和法律责任。

水利档案工作规定

（2020 年 9 月 7 日　水利部、国家档案局　水办〔2020〕195 号）

第一章　总　　则

第一条　为了加强水利档案工作，推进水利档案科学、规范管理，丰富水利档案资源，充分发挥档案在贯彻落实水利改革发展总基调中的作用，推进水利治理体系和治理能力现代化，根据《中华人民共和国档案法》《机关档案管理规定》等法律法规，结合水利档案工作实际，制定本规定。

第二条　水利档案是指水利系统各单位在从事水利工作及相关活动中直接形成的，对国家、社会和本单位具有保存价值的各种文字、图表、声像等不同形式的历史记录，是国家档案资源的重要组成部分。

第三条　水利部机关、直属单位和地方水利部门（以下统称各单位）应当建立档案工作责任制，健全档案管理制度，加强档案宣传教育，依法开展水利档案工作。

第四条　各单位应将水利档案工作列入单位发展规划、工作计划和考核体系，档案工作经费应列入单位年度预算，为档案的保管保护、规范管理和开发利用提供保障。

第五条　水利档案工作实行统一领导、分级管理的原则，维护档案完整与安全，便于利用和开发。

第二章　档案机构、职责和人员

第六条　水利部依法制定水利档案工作发展规划和制度、标准，在职责范围内指导水利系统档案工作。水利部办公厅负责具体业务工作，履行水利部机关档案管理职能。

第七条　各单位应当确定档案工作机构或档案工作负责部门（以下统称档案管理部门），负责管理本单位的档案，并对所属单位的档案工作实行监督和指导。

第八条　流域管理机构档案馆负责本流域管理机构机关以及所属单位应进馆档案的接收、管理和提供利用等工作，业务上接受流域管理机构档案管理部门指导。

第九条　各单位档案管理部门的基本任务是：

（一）贯彻执行档案工作的法律法规和方针政策，建立健全本单位档案工作制度；

（二）监督、指导本单位各种文件材料的形成、整理、归档以及所属单位的档案工作；

（三）集中统一管理本单位全部档案并提供利用，按照有关规定定期移交档案；

（四）负责水利工程建设项目档案的监督、指导，并按规定组织开展档案验收；

（五）负责档案信息化建设工作，统筹推动传统载体档案数字化和电子文件、电子档案规范管理；

（六）组织档案业务交流和培训，开展档案工作宣传、教育活动等。

第十条 各单位应当建立档案管理工作网络，档案管理部门应当配备与工作量相匹配的专职档案工作人员，承担本单位档案业务工作；内设机构应当指定人员承担本部门文件材料的收集、整理和归档工作。

第十一条 档案工作人员应为正式在编人员，且政治可靠、忠于职守、遵纪守法，具备档案管理、信息管理等相应的专业知识与技能，其中档案专业人员可以按照国家有关规定评定专业技术职称。

第十二条 档案工作人员应保持相对稳定。调离岗位或退休的，应当在离岗前办好交接手续。涉密档案工作人员的调离应当按照有关保密法律法规执行。

第三章 档案基础设施

第十三条 各单位应当分别设置档案办公用房、整理用房、阅览用房和档案库房，可根据工作需要设置档案数字化用房、展览用房、服务器机房等，各类用房面积应满足业务开展和发展的需要，宜集中布置、自成一区。

第十四条 各单位档案保管条件应符合国家规范要求。档案库房应当根据需要配备密闭五节柜、密集架、防磁柜等档案装具，配备温湿度监测调控等设备，安装全封闭防火防盗门窗、遮光阻燃窗帘、防护栏等防护设施；应当配备消防系统，并根据档案载体选择洁净气体、惰性气体或高压细水雾灭火设备。

第十五条 各单位应当按照档案信息化要求，建设和配备能够满足库房现代化管理、档案数字化、电子文件及电子档案管理需求的基础设施设备。档案整理用房、阅览用房、档案数字化用房应当安装视频监控设备。

第四章 档案收集、整理和归档

第十六条 水利档案包括：

（一）文书、科技（科研、基建、设备）、人事、会计档案；

（二）履行水利行业特有职责形成的专业档案；

（三）照片、录音、录像等音像档案；

（四）业务数据、公务电子邮件、网页信息、社交媒体档案；

（五）印章、题词、奖牌、奖杯、奖章、证书、锦旗、公务礼品等实物档案；

（六）其他档案。前款（一）（二）（三）项包含传统载体档案和电子档案两种形式。

第十七条 各单位应当按照国家对各门类档案收集范围的相关规定，编制本单位文件材料归档范围和档案保管期限表。水利部机关、地方水行政主管部门文件材料归档范围和档案保管期限表经同级档案主管部门审查同意后施行；水利部直属单位文件材料归档范围和档案保管期限表经水利部审查同意后施行。文件材料归档范围和档案保管期限表应当全面、系统反映本单位主要职能活动和基本历史面貌。

第十八条 各单位文书或业务部门按照归档范围及时收集应归档的文件材料，归档文件材料应为原件，应当真实、准确、系统，组件齐全、内容完整。

第十九条 档案整理应遵循文件材料的形成规律，保持文件材料的有机联系，区分不同价值，便于保管和利用。各门类档案的整理方法按照有关规范执行。

第二十条 各单位档案经文书或业务部门整理完毕后，应当在第二年6月底前向本单位档案管理部门归档，集中管理；归档时间有特殊规定的，从其规定。归档时交接双方根据归档目录清点核对，并履行交接手续。流域管理机构建立档案馆的，流域管理机构机关应当按照要求向档案馆归档、移交，所属单位应当按照规定定期向档案馆移交档案。任何部门和人员不得将应归档文件材料拒绝归档或据为己有。

第二十一条 涉及国家秘密的档案的管理和利用，密级的变更和解密，应当依照有关保守国家秘密的法律、行政法规规定办理。

第二十二条 各单位应当按照国家规定定期向同级综合档案馆移交档案，并做好移交档案的密级变更或解除工作，提出划控与开放意见。涉及机关发生机构变动或者撤销、合并等情形的，档案移交按照有关规定进行。

第五章　档案保管、鉴定和利用

第二十三条 各单位档案管理部门应当根据档案载体的不同要求对档案进行存储和保管，定期清点档案数量，检查档案保管状况，做好档案防火、防盗、防紫外线、防有害生物、防水、防潮、防尘、防高温、防污染等防护工作，发现问题及时处理，确保档案实体安全和信息安全。

第二十四条　各单位应当为档案工作人员配备必要的劳动保护用品，避免档案管理过程中有毒有害物质损害健康。

第二十五条　各单位应当建立健全档案安全工作机制，制定档案管理应急预案并定期组织演练，以应对突发事件和自然灾害。

第二十六条　各单位应当定期对已达到保管期限的档案进行鉴定处置，并形成鉴定工作报告。档案的鉴定、销毁必须按国家有关规定进行，严禁擅自处置档案。档案销毁应当在指定场所进行。涉密档案的销毁应当符合《国家秘密载体销毁管理规定》。

第二十七条　各单位应当积极开展档案利用工作，建立健全档案利用制度，推进档案信息开发工作，采取编制全宗介绍、组织沿革、大事记等方式，深度挖掘档案信息资源，发挥档案价值。全宗介绍、组织沿革等应当纳入全宗卷管理。

第二十八条　各单位应当建立完善档案统计工作机制，对所保管的档案情况、档案年度出入库情况、档案设施设备情况、档案利用情况、档案移交进馆情况、档案鉴定销毁情况、档案信息化情况、档案工作人员情况等定期统计并建立完备的台账。统计结果应当真实、准确、完整。

第六章　档案信息化建设

第二十九条　各单位应当加强档案信息化工作，将档案信息化工作纳入本单位电子政务和信息化总体规划。档案信息化工作应当与单位信息化建设协调配合，实现系统互联互通，资源共享利用，并采取措施保障档案信息安全。

第三十条　各单位可按照相关标准规范开展数字档案馆（室）建设，统筹传统载体档案数字化、电子文件归档与电子档案管理工作，不断提升档案信息化水平。

第三十一条　各单位应按照国家有关规定及《电子文件归档与电子档案管理规范》（GB/T 18894）等标准规范开展电子文件归档与电子档案管理工作，建立管理制度，配备软硬件设施，完善电子档案管理系统。电子档案的文件格式和质量应当符合标准要求，元数据应当齐全完整，满足长期保存和档案馆进馆要求。

第三十二条　各单位应当积极推进电子档案管理系统建设，系统应当功能完善、适度前瞻，满足电子档案真实性、可靠性、完整性、可用性管理要求，与单位办公系统、业务系统等相互衔接。

第三十三条　电子档案应当来源可靠、程序规范、要素合规，应当采用多种方式备份，采取有效措施严防信息篡改、丢失、外泄，确保档案信息安全。

流域管理机构档案馆可以对重要电子档案进行异地备份保管。电子档案与传统载体档案具有同等效力，可以以电子形式作为凭证使用。

第三十四条　各单位应当建立档案数字化常态机制，有序开展档案数字化工作。档案数字化应当符合真实性管理要求，数字化过程的元数据应当收集齐全，数字复制件应当保持原貌并纳入电子档案管理系统统一管理。对已经实现数字化的档案原件应妥善保管。

第三十五条　涉密档案进行数字化、涉密电子文件归档与电子档案管理应当严格遵守保密规定。

第三十六条　各单位通过政府购买服务方式实现档案整理、数字化等辅助性工作的，应加强规范化管理，并按国家有关规定执行。

第七章　监　督　检　查

第三十七条　各单位下列档案管理情况，依法接受档案主管部门的监督检查，并接受上级主管部门的监督指导：

（一）档案工作责任制和管理制度落实情况；

（二）档案库房、设施、设备配置使用和维护情况；

（三）档案工作人员管理情况；

（四）档案收集、整理、保管、提供利用等情况；

（五）档案信息化建设和信息安全保障情况；

（六）对所属单位的档案工作监督和指导情况。

第三十八条　各单位对档案检查发现存在的问题，应当及时整改；对检查发现的档案安全隐患，应当及时采取补救措施予以消除。

第三十九条　任何单位和个人对档案违法行为，有权向档案主管部门和有关机关举报。

第八章　奖　励　与　处　罚

第四十条　有下列情形之一的，由县级以上档案主管部门联合水行政主管部门，或由本单位依据有关规定给予表彰奖励。

（一）档案的收集、整理、移交做出显著成绩的；

（二）档案保管、保护和现代化管理做出显著成绩的；

（三）档案利用、开发取得突出效果的；

（四）同违反档案法律、法规的行为作斗争，表现突出的；

（五）从事专（兼）职档案工作满15年的。

第四十一条　对违反档案法律法规有关规定的单位或个人，由县级以上档案主管部门或上级主管部门责令限期改正；情节严重的，对相关责任人员依法给予处分；涉嫌构成犯罪的，移送司法机关依法追究刑事责任。

第九章　附　则

第四十二条　人事档案、会计档案管理分别按照《干部人事档案工作条例》《会计档案管理办法》执行。

第四十三条　本规定由水利部和国家档案局负责解释。

第四十四条　本规定自印发之日起施行，原《水利档案工作规定》（水办〔2003〕105 号）同时废止。

国务院办公厅关于切实加强水库
除险加固和运行管护工作的通知

（2021 年 4 月 2 日　国务院办公厅　国办发〔2021〕8 号）

各省、自治区、直辖市人民政府，国务院各部委、各直属机构：

水库安全事关人民群众生命财产安全。近年来，各地区各有关部门按照党中央、国务院决策部署，集中开展了几轮大规模的病险水库除险加固，取得明显成效，水库安全状况不断改善，但部分水库由于运行时间长、管理不到位等原因，安全隐患依然严重。为切实加强水库除险加固和运行管护工作，经国务院同意，现就有关事项通知如下：

一、总体要求

（一）指导思想。以习近平新时代中国特色社会主义思想为指导，深入贯彻党的十九大和十九届二中、三中、四中、五中全会精神，认真落实党中央、国务院决策部署，坚持以人民为中心的发展思想，立足新发展阶段、贯彻新发展理念、构建新发展格局，坚持建管并重，严格落实各方责任，加快推进水库除险加固，及时消除安全隐患，加强监测预警设施建设，健全常态化管护机制，确保水库安全长效运行，充分发挥其在防汛减灾、供水保障和农业灌溉等方面的重要作用。

（二）目标任务。2022 年年底前，有序完成 2020 年已到安全鉴定期限水库的安全鉴定任务；对病险程度较高的水库，抓紧实施除险加固；探索实行小型水库专业化管护模式。2025 年年底前，全部完成 2020 年前已鉴定病险水库和 2020 年已到安全鉴定期限、经鉴定后新增病险水库的除险加固任务；对"十四五"期间每年按期开展安全鉴定后新增的病险水库，及时实施除险加固；健全水库运行管护长效机制。

二、强化工作措施

（三）分类完善支持政策。按照相关实施方案做好病险水库除险加固，处理好存量项目与增量项目的关系，切实把隐患和问题消除在萌芽状态。在大中型水库方面，对已完成安全鉴定的 256 座病险水库除险加固，中央预算内投资给予积极支持，其中 2000 年以后建成的要进一步查清病险原因，督促落实相关责任，如有违规问题要严肃问责；以后经安全鉴定新增的病险水库除险加固所需资金，原则上由地方承担，中央预算内投资对遭遇高烈度地震、超标准洪水等原因发生病险的水库除险加固予以支持。在小型水库方面，对已完成安全鉴定的病险水库除险加固，中央财政予以补助支持；以后经安全鉴定新增的病险水库除险加固所需资金，原则上由地方承担，中央财政对小型水库维修养护给予适当补助，支持地方统筹财政预算资金和地方政府一般债券资金保障小型水库除险加固、维修养护及雨水情测报和安全监测设施建设。（水利部、国家发展改革委、财政部等部门和地方人民政府按职责分工负责）

（四）加快实施水库除险加固。做好水库安全鉴定，优化安全鉴定程序，提高鉴定成果质量。严格落实项目法人责任制、招标投标制、工程监理制和合同管理制，严格执行基本建设程序，加快前期工作，加强勘察设计、施工进度、质量安全、资金使用、竣工验收等各环节监管，确保按期完成水库除险加固建设任务，确保工程和资金安全。对已实施除险加固的水库，要加快竣工验收，确保尽快投入正常运行。合理妥善实施水库降等报废，建立退出机制，对功能萎缩、规模减小、除险加固技术不可行或经济不合理的，经过充分论证后进行降等或报废，并同步解决好生态保护和修复等相关问题。（水利部等部门和地方人民政府按职责分工负责）

（五）加强水库运行管护。全面落实水库安全管理责任制，按照相关法律和规定落实责任人。在做好病险水库控制运用的基础上，进一步落实水库管护主体、人员和经费，做好日常巡查、维修养护、安全监测、调度运用、防汛抢险等工作，逐库修订完善防汛抢险应急预案，配备必要的管理设施和抢险物料，推进管理规范化标准化。积极创新管护机制，对分散管理的小型水库，切实明确管护责任，实行区域集中管护、政府购买服务、"以大带小"等管护模式。切实管好用好中央财政小型水库维修养护补助资金，发挥其撬动作用。积极培育管护市场，鼓励发展专业化管护企业，不断提高小型水库管护能力和水平。（水利部等部门和地方人民政府按职责分工负责）

（六）提升信息化管理能力。加快建设水库雨水情测报、大坝安全监测等设施，健全水库安全运行监测系统，加强分析研判，及时发布预警信息。建立完善全国统一的水库管理信息填报、审核、更新机制，实现水库除险加固和运行管护等信息动态管理。积极推广应用第五代移动通信（5G）、大数据、人工智能等信息技术，促进系统融合、信息共享，为水库安全运行提供技术支撑。（水利部等部门和地方人民政府按职责分工负责）

三、严格落实责任

（七）落实属地管理责任。省级人民政府对本辖区所属水库除险加固和运行管护负总责，要将水库除险加固和运行管护工作纳入"十四五"规划和相关计划以及河湖长制管理体系。认真组织开展隐患排查，做到问题早发现、早处理，避免水库"久病成险"。落实地方资金投入责任，制定水库运行管护定额标准，对财力较弱的市县，省级财政要适当加大补助支持力度。健全市场化机制，带动地方投资和民间投资，扩大有效投资。在确保工程安全、生态环境安全的前提下，探索引入社会资本参与小型水库经营，用经营收益承担部分管护费用。（地方人民政府负责）

（八）强化部门监督指导责任。水利部要健全规章制度和技术标准，加强对水库除险加固、运行管护和资金使用管理等工作的指导、监督和考核；能源、交通运输等有关部门要结合各自职能，切实加强对所管辖水库的监督管理。国家发展改革委负责安排大中型水库除险加固中央预算内投资。财政部负责安排小型水库除险加固和维修养护中央补助资金。（各有关部门按职责分工负责）

（九）健全责任追究机制。制定水库除险加固和运行管护工作问责办法，明确责任追究主体、内容、程序等，完善监督保障措施。坚持"花钱必问效、无效必问责"，充分发挥纪检监察、审计和稽察等部门作用，加强资金监管，确保资金安全。持续开展水库专项检查、暗访督查、稽察督导和质量巡检，督促有关地方依法依规对发现的问题及时进行整改，对落实不力的责任单位和相关人员实施责任追究。（水利部牵头负责）

各有关方面要根据本通知要求，结合职责分工和工作实际，认真抓好贯彻落实。地方各级人民政府要加强统筹协调，细化实化各项政策措施，确保落地见效。各有关部门要密切配合，齐抓共管，形成合力。水利部要加强对本通知落实工作的跟踪督促，重大情况及时向国务院报告。

关于健全小型水库除险加固和运行管护机制的意见

（2021 年 8 月 30 日　水利部　水运管〔2021〕263 号）

我国小型水库量大面广，77％的小型水库建于 20 世纪 50—70 年代，建设标准总体偏低，运行时间较长，设施老化严重，除险加固不彻底，75％的小型水库由乡镇人民政府和农村集体经济组织管理，管护能力不足。由于先天不足、后天失养，小型水库安全隐患依然突出，是"十四五"时期防汛薄弱环节。为贯彻落实《国务院办公厅关于切实加强水库除险加固和运行管护工作的通知》（国办发〔2021〕8 号）要求，健全小型水库除险加固和运行管护常态化机制，提高小型水库安全管理水平，现提出如下意见。

一、总体要求

（一）指导思想

以习近平新时代中国特色社会主义思想为指导，全面贯彻落实习近平总书记关于水库大坝安全和"十四五"时期解决防汛薄弱环节的重要指示批示精神，坚持人民至上、生命至上，紧紧围绕新阶段水利高质量发展，压实小型水库管理各方责任，建立健全体制机制，强化部门监管，坚持两手发力，实现"人员不伤亡、水库不垮坝、重要堤防不决口、重要基础设施不受冲击"目标，保障工程安全、效益发挥。

（二）"十四五"目标任务

小型水库管护主体权责进一步明晰，管理体制机制进一步完善，分散管理的小型水库全面推行区域集中管护、政府购买服务、"以大带小"等专业化管护模式，运行管护常态化机制基本建立。

已鉴定的小型病险水库除险加固任务全面完成，工程建设标准、项目管理能力明显提高，水库安全鉴定和除险加固常态化机制基本建立。

小型水库监测设施建设基本完成，数据台账准确、完整，管理信息系统功能进一步提升，管理信息融合共享机制基本建立，管理信息化、标准化水平显著提升。

二、切实明确各方责任

（三）压实县级人民政府主导责任

县级人民政府是小型水库除险加固和运行管护的责任主体，应梳理细化责任清单，加强监管能力建设，指导监督相关部门和乡镇人民政府履职尽责。乡镇人民政府履行属地管理职责，应明确专职工作人员，组织做好相关工作。涉及公共安全的小型水库，县级人民政府或乡镇人民政府应按照工程产权归属，落实安全责任。委托社会力量或相关单位代管的小型水库，管护责任主体不变。

（四）强化省、市级人民政府统筹指导

省级人民政府强化统筹和政策引导，将小型水库除险加固和运行管护工作纳入河长制湖长制体系，筹集小型水库除险加固和运行管护省级补助资金，强化对市、县级人民政府工作的指导、监督和考核。市级人民政府发挥承上启下作用，完善支持政策和资金补助机制，加强指导监督。

（五）落实水行政主管部门监管责任

地方各级水行政主管部门对小型水库除险加固和运行管护负有监管责任，应根据本辖区经济社会发展情况，制定完善小型水库除险加固和运行管护的制度、标准和规范，加强除险加固项目前期工作、施工过程的监管，逐步建立小型水库除险加固和运行管护评价体系，完成任务目标，保障工程建设质量与运行安全。

三、实行专业化管护模式

（六）实行区域集中管护

鼓励有条件的地区，由县级人民政府、乡镇人民政府或其授权部门明确具有一定能力的机构，以县域或乡镇为片区，对片区内的小型水库实行统一管护，加强管护机构能力建设指导，建立绩效考核机制。

（七）实行政府购买管护服务

鼓励政府有序引导符合要求的企业、机构、社会组织等社会力量参与小型水库运行管护。应根据本辖区相关制度、标准和规范确定购买内容，编制指导目录和合同范本，规范购买服务流程，明晰双方职责。购买内容可包含小型水库日常巡查、保洁清障、维修养护等基本工作，以及监测设施运行维护、数据整编分析等信息化管理工作。

（八）实行"以大带小"管护

鼓励符合就近代管条件的小型水库，委托给大中型水利工程管理单位管护，发挥其专业技术和人力资源优势，对小型水库实施专业化管护。代管单位依据代管合同开展工作，履行合同规定的职责。鼓励代管单位统一承担除险加固项目管理和运行管护工作。

（九）探索其他管护模式

鼓励探索其他行之有效的小型水库管护模式，如"小小联合""工程保险"

等。在确保工程安全、生态环境安全的前提下，探索引入社会资本参与小型水库经营，用经营收益承担部分管护费用，督促经营者参与管护工作。鼓励实行小型水库、中小河流堤防、小型水闸、农村饮水等农村公共基础设施一体化管护。

四、提升除险加固项目管理效能

（十）提升除险加固建设标准

小型水库除险加固项目在解决安全鉴定出的病险问题之外，应以"大坝不漫顶"为原则，逐库复核解决防洪标准低、泄洪能力不足的问题，增强保坝能力。特别是高坝以及受威胁区域人口密集、存在重要基础设施的高风险坝，应尽早安排实施。应结合除险加固项目，进一步完善监测设施、防汛道路、通信设备、管理用房等配套设施，使新一代信息技术和传统方法有效结合，切实提高极端天气等情况下工程安全保障水平。

（十一）完善除险加固项目管理机制

小型水库除险加固项目建设管理应结合本辖区实际，体现"简化、高效"原则，不断进行优化。原则上由县级以上人民政府或其授权部门组建项目法人，对本辖区小型水库实行统一除险加固。省级水行政主管部门应对初步设计及其批复文件进行备案管理，切实提高前期工作质量。鼓励政府与社会力量合作，通过招标选择工程总承包、代建、全过程咨询等单位，强化合同履约，提高项目管理专业化水平。

五、建立信息化管理机制

（十二）加快监测设施建设

小型水库雨水情和大坝安全等监测设施建设，应严格执行有关技术标准，根据工程规模和安全管理需要，实现降水量、水库水位、大坝渗流量、压力、表面变形等数据、图像或视频的自动采集报送、分析研判、预警发布。鼓励有条件的地区采用新技术、新材料、新装备，进一步提高建设标准和监测现代化水平。

（十三）健全管理信息融合共享机制

准确掌握、实时更新小型水库基本数据、现场照片或视频、防汛"三个责任人"及"三个重点环节"资料、安全鉴定、除险加固、降等报废、病险水库安全度汛措施等信息，加快实现省、市、县各级与全国水库管理信息系统、水利部"水利一张图"资源融合、信息共享，促进管理扁平化、决策精准化，为构建具有预报、预警、预演、预案功能的智慧水利体系提供基础支撑。

六、落实保障措施

(十四) 多渠道筹措资金

地方各级水行政主管部门应积极协调财政等有关部门，多渠道筹集小型水库除险加固和运行管护资金，管好用好中央财政补助资金，统筹地方财政预算资金、地方政府一般债券资金予以支持，支持引入民间投资。逐步完善准经营性、经营性小型水库收费制度，安排一定比例的收益用于小型水库除险加固和运行管护。

(十五) 积极培育市场

地方各级水行政主管部门应积极协调财政、市场监管等有关部门，制定完善本辖区政府购买小型水库运行管护服务的政策措施，合理确定承接主体市场准入门槛，引导社会力量根据购买服务内容，逐步形成具有一定规模的专业化市场主体。以质量为核心，实施小型水库除险加固和运行管护市场监管，探索市场信用体系建设。

(十六) 探索标准化管理

根据小型水库管理相关制度、标准和规范，做好注册登记、日常巡查、维修养护、监测预警、安全鉴定、除险加固、降等报废、调度运用、安全度汛、应急管理等工作，突出抓好病险水库限制运用，规范运行管护工作。持续开展深化小型水库管理体制改革样板县创建，积极探索水利工程标准化建设，总结推广先进经验和有效做法，发挥典型示范引领作用，逐步全面推进，实现小型水库管理规范化、标准化。

(十七) 加强督查考核

省级水行政主管部门应对小型水库除险加固、监测设施建设、运行管护、资金使用管理等工作，加强督查考核，强化问题整改，对落实不力的责任单位和相关人员实施责任追究。水利部将对小型水库除险加固、运行管护和资金使用管理等工作进行督查和考核，并将小型水库安全运行考核结果纳入水利部组织实施的国务院督查激励工作中。